注册环保工程师专业考试复习教材

（第四版）

水污染防治工程技术与实践

（中册）

全国勘察设计注册工程师环保专业管理委员会
中国环境保护产业协会
编

中国环境出版集团·北京

图书在版编目（CIP）数据

注册环保工程师专业考试复习教材. 水污染防治工程技术与实践/全国勘察设计注册工程师环保专业管理委员会，中国环境保护产业协会编. —北京：中国环境出版集团，2017.3（2019.11 重印）

ISBN 978-7-5111-2896-6

Ⅰ. ①注… Ⅱ. ①全… ②中… Ⅲ. ①水污染防治—资格考试—自学参考资料 Ⅳ. ①X

中国版本图书馆CIP数据核字（2016）第190476号

出 版 人 武德凯
策划编辑 沈 建 葛 莉
责任编辑 葛 莉 董蓓蓓 宾银平
责任校对 尹 芳
封面设计 彭 杉

出版发行 中国环境出版集团
（100062 北京市东城区广渠门内大街 16 号）
网 址：http://www.cesp.com.cn
电子邮箱：bjgl@cesp.com.cn
联系电话：010-67112765（编辑管理部）
010-67113412（第二分社）
发行热线：010-67125803，010-67113405（传真）
印 刷 北京中科印刷有限公司
经 销 各地新华书店
版 次 2017 年 3 月第 1 版
印 次 2019 年 11 月第 2 次印刷
开 本 787×1092 1/16
印 张 42.75
字 数 1013 千字
定 价 380 元（全三册）

注册环保工程师专业考试复习教材

编委会

《水污染防治工程技术与实践》分册

编 写 组

主　编：左剑恶

编　写：（按姓氏笔画排列）

马　金　井　鹏　吴　静　李　彭　邱　勇

陈　超　周　律　席劲瑛

前　言

环境工程作为一门以环境科学为基础、以工程技术为主导的解决复杂环境问题的工程学科，具有起步晚、发展较快、多学科相互渗透、技术工艺复杂等特点，主要包括水污染防治、大气污染防治、固体废物处理处置、物理污染控制、污染修复等工程技术领域。环保工程师的主要职责就是要在从事环境工程设计、咨询等活动中，通过环境工程措施来削减污染物排放，使其稳定达到国家或地方环境法规、标准规定的污染物排放限值，其从业范围包括环境工程设计、技术咨询、设备招标和采购咨询、项目管理、施工指导及污染治理设施运行管理等各类环境工程服务活动。环保工程师作为环境工程设计、工程咨询服务的主要力量，应具有一定的理论知识、扎实的专业技能、丰富的实际工程经验和良好的职业道德，并能准确理解、正确应用各类环境法规、标准和政策，综合解决各类复杂环境问题。

为加强对环境工程设计相关专业技术人员的管理，提高环境工程设计技术人员综合素质和业务水平，保证环境工程质量，维护社会公共利益和人民生命财产安全，2005 年 9 月 1 日起国家实施了注册环保工程师执业资格制度，并开始实行注册环保工程师资格考试。注册环保工程师资格考试实行全国统一大纲、统一考试制度，分为基础考试和专业考试，2007 年至今，已成功组织了 9 次考试。

根据新修订的《勘察设计注册环保工程师执业资格专业考试大纲》（2014 年版）要求，全国勘察设计注册工程师环保专业管理委员会秘书处和中国环境保护产业协会组织环境工程领域的资深专家重新编写了“注册环保工程师专业考试复习教材”系列丛书，供环境工程专业技术人员参加注册环保工程师资格专业考试复习使用。同时，也供从事环境工程设计、咨询、项目管理等方面的环境工程专业技术人员，以及高等院校环境工程专业的师生在实际工作、教学、学习中参考使用。

本复习教材以《勘察设计注册环保工程师执业资格专业考试大纲》（2014 年版）为依据，内容力求体现专业考试大纲对以下三个层次知识和技能的要求：

（1）了解：是指注册环保工程师应知的与环境工程设计密切相关的知识和技能。

（2）熟悉：是指注册环保工程师开展执业活动必须熟悉的知识和技能。

（3）掌握：是指注册环保工程师必须掌握，并能够熟练地运用于工程实践的知识和必备技能。

根据注册环保工程师执业资格专业考试和环境工程专业的特点，本复习教材内容以注册环保工程师应熟悉和掌握的具有共性的专业理论知识、环境工程实际技能为重点，既不同于普通教科书，也不同于一般理论专著，力求达到科学性、系统性与实用性的统一。为保证知识的系统性，本复习教材部分章节的编排并非与大纲一一对应，但其基本涵盖了大纲要求的全部内容。

本复习教材丛书共分五个分册：《水污染防治工程技术与实践》《大气污染防治工程技术与实践》《固体废物处理处置工程技术与实践》《物理污染控制工程技术与实践》《综合类法规和标准》。

参加本复习教材编写的单位近20个。其中，《水污染防治工程技术与实践》分册由清华大学环境学院编写；《大气污染防治工程技术与实践》分册由北京航空航天大学环境科学与工程系、福建龙净环保股份有限公司、中国恩菲工程技术有限公司、北京纬纶华业环保科技股份有限公司、广东佳德环保科技有限公司、北京国能中电节能环保技术股份有限公司、北京师范大学、北京科技大学、北京工业大学编写；《固体废物处理处置工程技术与实践》分册由清华大学环境学院、中国城市建设研究院、中国恩菲工程技术有限公司编写；《物理污染控制工程技术与实践》分册由合肥工业大学机械与汽车工程学院、清华大学电机工程与应用电子技术系、首都经济贸易大学安全与环境工程学院、深圳中雅机电实业有限公司、广东启源建筑工程设计院有限公司编写。

本复习教材的编写在全国勘察设计注册工程师环保专业管理委员会专家组的指导下完成，编写过程中得到了编写人员所在单位的大力支持，并参考了我国现行的环境工程高等教育的推荐教材和环境工程手册、专著等，在此表示诚挚的谢意。

本复习教材编写历时两年，不少内容几易其稿，凝聚了全体编写人员的心血。但由于环境工程技术涉及面广，本复习教材又是新考试大纲颁布实施后的重新编写，难免有差错之处，敬请广大读者批评指正，以期在本教材再版时补充和修正。

编　者

2016年8月

目　录

第 1 章　污水处理工程总体设计......1
　1.1　污水收集与提升......1
　1.2　污水处理厂总体设计......37

第 2 章　污水预处理工程......45
　2.1　污水预处理工艺及构筑物设计......45
　2.2　污水一级处理（沉淀）工艺及构筑物设计......52

第 3 章　污水生物处理工程基础......60
　3.1　活性污泥法......60
　3.2　生物膜法......104
　3.3　污水生物脱氮除磷......129
　3.4　膜生物反应器......137
　3.5　厌氧生物处理......144
　3.6　污水二级处理工艺设计......155
　3.7　生物处理单元构筑物设计......158

第 4 章　污水物理与化学处理工程基础......178
　4.1　混凝......178
　4.2　沉淀、澄清及浓缩......186
　4.3　沉砂......202
　4.4　隔油......204
　4.5　气浮......207
　4.6　过滤......213
　4.7　吸附......219
　4.8　离子交换......225
　4.9　膜分离......232
　4.10　中和......244
　4.11　化学沉淀......246
　4.12　氧化还原......247
　4.13　萃取、吹脱和汽提......252
　4.14　消毒......255

第 5 章 污水再生利用工程 260
5.1 污水再生利用的意义与基本原则 260
5.2 污水再生利用的途径与水质要求 261
5.3 再生水水源及水质特征 269
5.4 污水深度处理单元技术 270
5.5 城镇污水深度处理组合工艺 289

第 6 章 工业废水处理工程 294
6.1 我国工业废水分类、来源及特征 294
6.2 工业废水处理设计的基本方法 298
6.3 纺织染整工业废水处理工艺 301
6.4 制浆造纸工业废水处理工艺 308
6.5 屠宰与肉类加工工业废水处理工艺 317
6.6 酿造工业废水处理工艺 321
6.7 制糖废水处理工艺 330
6.8 食品工业废水处理工艺 334
6.9 制药废水处理工艺 343
6.10 石油化工工业废水处理工艺 355
6.11 电子工业废水处理工艺 361
6.12 化学工业废水处理工艺 362
6.13 钢铁工业废水处理工艺 368
6.14 有色金属冶炼工业废水处理工艺 372
6.15 机械加工工业废水处理工艺 384
6.16 生活垃圾填埋场渗滤液处理工艺 397
6.17 工业园区废水处理工艺 402

第 7 章 污泥处理工程 405
7.1 污泥的分类及特性 405
7.2 污泥处理技术和方法 407
7.3 污泥的最终处置与利用方法 410
7.4 污泥的浓缩原理及应用 411
7.5 污泥厌氧消化原理及应用 413
7.6 污泥脱水原理及应用 417
7.7 污泥干化原理及应用 420

第 8 章 污水污泥处理过程的常用设备、药剂及仪表 424
8.1 污水污泥处理过程的常用设备 424
8.2 污水污泥处理过程的常用药剂 451
8.3 污水污泥处理过程的常用仪表 457

8.4 污水污泥处理过程的控制系统 464

第 9 章 污水自然净化工程 472
9.1 人工湿地污水处理技术 472
9.2 污水土地处理技术 479
9.3 污水稳定塘处理技术 490

第 10 章 流域水污染防治工程 499
10.1 水体污染物的来源、特性及其危害 499
10.2 流域水污染防治的原则和主要方法 503
10.3 污染水体水质净化与生态修复主要方法 514

附 件

一、环境质量标准
GB 3097—1997 海水水质标准 523
GB 3838—2002 地表水环境质量标准 530
GB 5084—2005 农田灌溉水质标准 539
GB 11607－89 渔业水质标准 544
GB/T 14848—93 地下水质量标准 549

二、污染物排放（控制）标准
GB 3544—2008 制浆造纸工业水污染物排放标准 554
GB 4287—2012 纺织染整工业水污染物排放标准 561
GB 8978—1996 污水综合排放标准 570
GB 13456—2012 钢铁工业水污染物排放标准 590
GB 13457－92 肉类加工工业水污染物排放标准 598
GB 13458—2013 合成氨工业水污染物排放标准 604
GB 14374—93 GB/T 14375～14378—93
航天推进剂水污染物排放与分析方法标准 611
GB 14470.1—2002 兵器工业水污染物排放标准 火炸药 614
GB 14470.2—2002 兵器工业水污染物排放标准 火工药剂 620
GB 14470.3—2011 弹药装药行业水污染物排放标准 626
GB 15580—2011 磷肥工业水污染物排放标准 633
GB 15581—95 烧碱、聚氯乙烯工业水污染物排放标准 639
GB 18466—2005 医疗机构水污染物排放标准 647
GB 18486—2001 污水海洋处置工程污染控制标准 676
GB 18918—2002 城镇污水处理厂污染物排放标准 680
GB 19430—2013 柠檬酸工业水污染物排放标准 690

GB 20425—2006 皂素工业水污染物排放标准......696
GB 20426—2006 煤炭工业污染物排放标准......700
GB 20922—2007 城市污水再生利用 农田灌溉用水水质......707
GB 21523—2008 杂环类农药工业水污染物排放标准......712
GB 21901—2008 羽绒工业水污染物排放标准......747
GB 21903—2008 发酵类制药工业水污染物排放标准......752
GB 21904—2008 化学合成类制药工业水污染物排放标准......759
GB 21905—2008 提取类制药工业水污染物排放标准......767
GB 21906—2008 中药类制药工业水污染物排放标准......773
GB 21907—2008 生物工程类制药工业水污染物排放标准......779
GB 21908—2008 混装制剂类制药工业水污染物排放标准......789
GB 21909—2008 制糖工业水污染物排放标准......794
GB 24188—2009 城镇污水处理厂污泥泥质......799
GB 25461—2010 淀粉工业水污染物排放标准......803
GB 25462—2010 酵母工业水污染物排放标准......809
GB 25463—2010 油墨工业水污染物排放标准......815
GB 26877—2011 汽车维修业水污染物排放标准......823
GB 27631—2011 发酵酒精和白酒工业水污染物排放标准......829
GB 28936—2012 缫丝工业水污染物排放标准......835
GB 28937—2012 毛纺工业水污染物排放标准......840
GB 28938—2012 麻纺工业水污染物排放标准......845
GB 30486—2013 制革及毛皮加工工业水污染物排放标准......850
GB/T 18919—2002 城市污水再生利用 分类......856
GB/T 18920—2002 城市污水再生利用 城市杂用水水质......859
GB/T 18921—2002 城市污水再生利用 景观环境用水水质......863
GB/T 19923—2005 城市污水再生利用 工业用水水质......871
GB/T 23484—2009 城镇污水处理厂污泥处置 分类......876
GB/T 23485—2009 城镇污水处理厂污泥处置 混合填埋用泥质......878
GB/T 23486—2009 城镇污水处理厂污泥处置 园林绿化用泥质......882
GB/T 24600—2009 城镇污水处理厂污泥处置 土地改良用泥质......888
GB/T 24602—2009 城镇污水处理厂污泥处置 单独焚烧用泥质......893
GB/T 25031—2010 城镇污水处理厂污泥处置 制砖用泥质......899
CJ 343—2010 污水排入城镇下水道水质标准......904

三、环境工程相关技术（设计）规范

GB 50014—2006 室外排水设计规范（2014 年版）......913
GB 50335—2002 污水再生利用工程设计规范......973
GB 50428—2015 油田采出水处理设计规范......982
GB 50788—2012 城镇给水排水技术规范......1009

GB 50810—2012 煤炭工业给水排水设计规范 1021
GB 50963—2014 硫酸、磷肥生产污水处理设计规范 1037
GB 50102—2014 工业循环水冷却设计规范 1049
GB/T 50109—2014 工业用水软化除盐设计规范 1083
GB/T 51146—2015 硝化甘油生产废水处理设施技术规范 1102
GB/T 51147—2015 硝胺类废水处理设施技术规范 1112
HJ 471—2009 纺织染整工业废水治理工程技术规范 1122
HJ 493—2009 水质采样 样品的保存和管理技术规范 1139
HJ 574—2010 农村生活污染控制技术规范 1153
HJ 575—2010 酿造工业废水治理工程技术规范 1163
HJ 576—2010 厌氧-缺氧-好氧活性污泥法污水处理工程技术规范 1185
HJ 577—2010 序批式活性污泥法污水处理工程技术规范 1208
HJ 578—2010 氧化沟活性污泥法污水处理工程技术规范 1234
HJ 579—2010 膜分离法污水处理工程技术规范 1261
HJ 580—2010 含油污水处理工程技术规范 1274
HJ 2002—2010 电镀废水治理工程技术规范 1284
HJ 2003—2010 制革及毛皮加工废水治理工程技术规范 1311
HJ 2004—2010 屠宰与肉类加工废水治理工程技术规范 1334
HJ 2005—2010 人工湿地污水处理工程技术规范 1349
HJ 2006—2010 污水混凝与絮凝处理工程技术规范 1361
HJ 2007—2010 污水气浮处理工程技术规范 1377
HJ 2008—2010 污水过滤处理工程技术规范 1395
HJ 2011—2012 制浆造纸废水治理工程技术规范 1416
HJ 2013—2012 升流式厌氧污泥床反应器污水处理工程技术规范 1438
HJ 2014—2012 生物滤池法污水处理工程技术规范 1457
HJ 2015—2012 水污染治理工程技术导则 1481
HJ 2018—2012 制糖废水治理工程技术规范 1519
HJ 2019—2012 钢铁工业废水治理及回用工程技术规范 1535
HJ 2021—2012 内循环好氧生物流化床污水处理工程技术规范 1550
HJ 2022—2012 焦化废水治理工程技术规范 1574
HJ 2023—2012 厌氧颗粒污泥膨胀床反应器废水处理工程技术规范 1623
HJ 2024—2012 完全混合式厌氧反应池废水处理工程技术规范 1638
HJ 2029—2013 医院污水处理工程技术规范 1654
HJ 2030—2013 味精工业废水治理工程技术规范 1670
HJ 2036—2013 染料工业废水治理工程技术规范 1688
HJ 2038—2014 城镇污水处理厂运行监督管理技术规范 1707
HJ 2041—2014 采油废水治理工程技术规范 1721
HJ 2045—2014 石油炼制工业废水治理工程技术规范 1734
HJ 2047—2014 水解酸化反应器污水处理工程技术规范 1755

HJ 2048—2014 饮料制造废水治理工程技术规范......1766
HJ 2051—2014 烧碱、聚氯乙烯工业废水处理工程技术规范......1784
CJJ 60—2011 城镇污水处理厂运行、维护及安全技术规程......1808
CJJ 131—2009 城镇污水处理厂污泥处理技术规程......1839

四、法律法规
中华人民共和国水污染防治法（中华人民共和国主席令 第八十七号）......1854

五、技术政策
草浆造纸工业废水污染防治技术政策（环发[1999]273 号）......1867
城市污水处理及污染防治技术政策（城建[2000]124 号）......1869
印染行业废水污染防治技术政策（环发[2001]118 号）......1873
湖库富营养化防治技术政策（环发[2004]59 号）......1876
城市污水再生利用技术政策（建科[2006]第 100 号）......1883
城镇污水处理厂污泥处理处置及污染防治技术政策（试行）
（建城[2009]23 号）......1888

中华人民共和国国家标准

烧碱、聚氯乙烯工业水污染物排放标准

Discharge standard of water pollutants for caustic alkali and polyvinyl chloride industry

GB 15581—95
代替 GB 8978—88烧碱部分

为贯彻执行《中华人民共和国环境保护法》《中华人民共和国水污染防治法》《中华人民共和国海洋环境保护法》，促进烧碱、聚氯乙烯工业生产工艺和污染治理技术进步，防治水污染，特制订本标准。

1 主题内容与适用范围

1.1 主题内容

本标准按照生产工艺和废水排放去向，分年限规定了烧碱、聚氯乙烯工业水污染物最高允许排放浓度和吨产品最高允许排水量。

1.2 适用范围

本标准适用于烧碱、聚氯乙烯工业（包括以食盐为原料的水银电解法、隔膜电解法和离子交换膜电解法生产液碱、固碱和氯氢处理过程，以及以氢气、氯气、乙烯、电石为原料的聚氯乙烯等产品）企业的排放管理，以及建设项目环境影响评价、设计、竣工验收及其建成后的排放管理。本标准不适用于苛化法烧碱。

2 引用标准

GB 3097 海水水质标准
GB 3838 地面水环境质量标准
GB 6920 水质 pH 值的测定 玻璃电极法
GB 7468 水质 总汞的测定 冷原子吸收分光光度法
GB 7469 水质 总汞的测定 高锰酸钾-过硫酸钾消解法 双硫腙分光光度法
GB 7488 水质 五日生化需氧量（BOD_5）的测定 稀释与接种法
GB 8978 污水综合排放标准
GB 11897 水质 游离氯和总氯的测定 *N,N*-二乙基-1,4-苯二胺滴定法
GB 11898 水质 游离氯和总氯的测定 *N,N*-二乙基-1,4-苯二胺分光光度法
GB 11901 水质 悬浮物的测定 重量法
GB 11914 水质 化学需氧量的测定 重铬酸盐法

3 术语

3.1 烧碱工业废水

指以食盐水为原料采用水银电解法、隔膜电解法、离子交换膜电解法生产液碱、固碱和氯氢处理过程所排放的废水。

3.2 水银电解法

指以食盐水为原料采用水银电解槽生产液碱、固碱及氯氢处理过程的生产工艺。

3.3 隔膜电解法

指以食盐水为原料采用隔膜电解槽生产液碱、固碱和氯氢处理过程的生产工艺，废水包括打网水、含氯废水和含碱废水。

3.4 打网水

本标准所指打网水是清洗隔膜电解槽及修槽冲洗排水。

3.5 离子交换膜电解法

指以食盐水为原料采用离子交换膜电解槽生产液碱、固碱及氯氢处理过程的生产工艺。废水包括含氯废水和含碱废水。

3.6 聚氯乙烯工业废水

指以氯气、氢气、乙烯、电石为原料生产聚氯乙烯，生产工艺过程排放的废水。

3.7 电石法

指以电石、氯气和氢气为原料生产聚氯乙烯的生产工艺，废水包括电石废水和聚氯乙烯废水。

3.8 电石废水

指以电石为原料生产氯乙烯单体过程排放的电石渣浆（液）和废水。

3.9 乙烯氧氯化法

指以氯气、乙烯、氧气为原料采用乙烯氧氯化法生产聚氯乙烯的生产工艺。

4 技术内容

4.1 企业类型

按产品加工类别分为：烧碱企业、聚氯乙烯企业。

4.1.1 烧碱企业按生产工艺分为：水银电解法、隔膜电解法、离子交换膜电解法。

4.1.2 聚氯乙烯企业按生产工艺分为：电石法聚氯乙烯、乙烯氧氯化法聚氯乙烯。

4.2 标准分级

按排入水域的类别划分标准级别。

4.2.1 排入 GB 3838 中Ⅲ类水域（水体保护区除外）、GB 3097 中三类海域的废水，执行一级标准。

4.2.2 排入 GB 3838 中Ⅳ、Ⅴ类水域、GB 3097 中四类海域的废水，执行二级标准。

4.2.3 排入设置二级污水处理厂的城镇下水管网的废水，执行三级标准。

4.2.4 排入未设置二级污水处理厂的城镇下水管网的废水，必须根据下水道出水受纳水域的功能要求，分别执行 4.2.1 和 4.2.2 的规定。

4.2.5 GB 3838 中Ⅰ、Ⅱ类水域和Ⅲ类水域中的水体保护区，GB 3097 中二类海域，禁止新建排污口，扩建、改建项目不得增加排污量。

4.3 标准值

本标准按照不同年限分别规定了烧碱、聚氯乙烯工业水污染物最高允许排放浓度和吨产品最高允许排水量。

4.3.1 1989 年 1 月 1 日之前建设的烧碱企业按表 1 执行、聚氯乙烯企业按表 2 执行。

表 1 烧碱企业水污染物最高允许排放限值（1989 年 1 月 1 日前建设的企业）

生产方法 \ 级别 \ 项目		最高允许排放浓度/（mg/L）				吨产品排水量/(m^3/t)	pH 值
		汞	石棉	活性氯	悬浮物		
水银电解法	一级	0.05	—	10	100	2	6～9
	二级	0.05	—	10	150		
	三级	0.05	—	10	300		
隔膜电解法	一级	—	50	35	100	7	
	二级	—	70	35	200		
	三级	—	70	35	300		
离子交换膜电解法	一级	—	—	10	100	2	
	二级	—	—	10	200		
	三级	—	—	10	300		

表 2 聚氯乙烯企业水污染物最高允许排放限值（1989 年 1 月 1 日前建设的企业）

生产方法 \ 废水类别 \ 级别 \ 项目			最高允许排放浓度/（mg/L）						吨产品排水量/(m^3/t)	pH 值
			总汞	氯乙烯	化学需氧量（COD_{Cr}）	生化需氧量（BOD_5）	悬浮物	硫化物		
电石法	电石废水	一级	—	—	—	—	100	1	8	6～9
		二级	—	—	—	—	250	2		
		三级	—	—	—	—	400	2		
	聚氯乙烯废水	一级	0.05	—	150	60	100	—	5	
		二级	0.05	—	200	80	250	—		
		三级	0.05	—	500	300	400	—		
乙烯氧氯化法	聚氯乙烯废水	一级	—	5	100	30	100	—	7	
		二级	—	10	150	60	200	—		
		三级	—	10	500	300	400	—		

4.3.2 1989 年 1 月 1 日至 1996 年 6 月 30 日之间建设的烧碱企业按表 3 执行、聚氯乙烯企业按表 4 执行。

4.3.3 1996 年 7 月 1 日起建设的烧碱企业按表 5 执行、聚氯乙烯企业按表 6 执行。

4.3.4 应根据建设的企业环境影响评价报告书(表)的批准日期分别按第 4.3.1、4.3.2 和 4.3.3 条规定确定标准执行年限；未经环境保护行政主管部门审批建设的企业，应按补做的环境影响报告书（表）的批准日期确定标准的执行年限。

4.4 其他规定

4.4.1 烧碱废水中不允许排入盐泥水。

4.4.2 污染物最高允许排放浓度按日均值计算，吨产品最高允许排水量按月均值计算。吨产品最高允许排水量不包括间接冷却水、厂区生活污水及厂内锅炉、电站排水。

表 3　烧碱企业水污染物最高允许排放限值（1989 年 1 月 1 日至 1996 年 6 月 30 日建设的企业）

生产方法	项目 级别	最高允许排放浓度/（mg/L）				吨产品排水量/（m^3/t）	pH 值
		汞	石棉	活性氯	悬浮物		
水银电解法	一级	0.05	—	5	70	1.5	6～9
	二级	0.05	—	5	150		
	三级	0.05	—	5	300		
隔膜电解法	一级	—	50	35	70	7	
	二级	—	50	35	150		
	三级	—	70	35	300		
离子交换膜电解法	一级	—	—	5	70	1.5	
	二级	—	—	5	150		
	三级	—	—	5	300		

表 4　聚氯乙烯企业水污染物最高允许排放限值（1989 年 1 月 1 日至 1996 年 6 月 30 日建设的企业）

生产方法	废水类别	项目 级别	最高允许排放浓度/（mg/L）						吨产品排水量/（m^3/t）	pH 值
			总汞	氯乙烯	化学需氧量（COD_{Cr}）	生化需氧量（BOD_5）	悬浮物	硫化物		
电石法	电石废水	一级	—	—	—	—	70	1	8	6～9
		二级	—	—	—	—	200	1		
		三级	—	—	—	—	400	2		
	聚氯乙烯废水	一级	0.03	2	100	60	70	—	4	
		二级	0.03	5	150	80	200	—		
		三级	0.03	5	500	250	400	—		
乙烯氧氯化法	聚氯乙烯废水	一级	—	2	80	30	70	—	5	
		二级	—	2	100	60	150	—		
		三级	—	5	500	250	350	—		

表 5　烧碱企业水污染物最高允许排放限值（1996 年 7 月 1 日起建设的企业）

生产方法	项目 级别	最高允许排放浓度/（mg/L）			吨产品排水量/（m^3/t）	pH 值
		石棉	活性氯	悬浮物		
隔膜电解法	一级	50	20	70	5	6～9
	二级	50	20	150		
	三级	70	20	300		
离子交换膜电解法	一级	—	2	70	1.5	
	二级	—	2	100		
	三级	—	2	300		

表 6　聚氨乙烯企业水污染物最高允许排放限值（1996 年 7 月 1 日起建设的企业）

生产方法	废水类别	项目 级别	最高允许排放浓度/（mg/L）						吨产品排水量/（m^3/t）	pH 值
			总汞	氯乙烯	化学需氧量（COD_{Cr}）	生化需氧量（BOD_5）	悬浮物	硫化物		
电石法	电石废水	一级	—	—	—	—	70	1	5	6～9
		二级	—	—	—	—	200	1		
		三级	—	—	—	—	400	2		
	聚氯乙烯废水	一级	0.005	2	100	30	70	—	4	
		二级	0.005	2	150	60	150	—		
		三级	0.005	2	500	250	250	—		
乙烯氧氯化法	聚氯乙烯废水	一级	—	2	80	30	70	—	5	
		二级	—	2	100	60	150	—		
		三级	—	2	500	250	250	—		

4.4.3 若烧碱和聚氯乙烯企业为非单一产品废水混合排放，或烧碱、聚氯乙烯工业废水与其他废水（如生活污水及其他排水）混合排放，则废水排放口污染物最高允许排放浓度按附录 A 计算。吨产品最高允许排水量则必须在各车间排放口测定。

4.4.4 污泥、固体废物及废液应合理处置。

5 监测

5.1 采样点

汞、石棉、活性氯、氯乙烯应在车间废水处理设施排放口采样，其他污染物在厂排放口采样，所有排放口应设置废水计量装置和排放口标志。

5.2 采样频率

按生产周期确定采样频率，生产周期在 8 h 以内，每 2 h 采样一次，生产周期大于 8 h 的，每 4 h 采样一次。

5.3 产量的统计

企业的产品产量、原材料使用量等，以法定月报表或年报表为准。

5.4 测定方法

本标准采用的测定方法见表 7。

表 7 测定方法

序号	项目	方 法	方法来源
1	pH 值	玻璃电极法	GB 6920
2	悬浮物	重量法	GB 11901
3	化学需氧量 COD_{Cr}	重铬酸盐法	GB 11914
4	硫化物	对氨基二四基苯胺比色法 1)	
5	汞	冷原子吸收分光光度法 高锰酸钾-过硫酸钾消解法 双硫腙分光光度法	GB 7468 GB 7469
6	生化需氧量（BOD_5）	稀释与接种法	GB 7488
7	活性氯	*N,N*-二乙基-1,4-苯二胺滴定法 *N,N*-二乙基-1,4-苯二胺光度法	GB 11897 GB 11898
8	氯乙烯	气相色谱法 2)	
9	石棉	重量法 3)	GB 11901

注：1）暂采用《水和废水监测分析方法》，国家有关方法标准颁布后，执行国家标准。

2）暂采用附录 B 规定的顶空气相色谱法，国家方法标准颁布后，执行国家标准。

3）暂采用重量法，国家方法标准颁布后，执行国家标准。

6 标准实施监督

本标准由各级人民政府环境保护行政主管部门负责监督实施。

附录 A（补充件）

混合废水排放口污染物最高允许排放浓度计算方法

$$C=\frac{\sum Q_iC_i+\sum Q_jC_j}{\sum Q_i+\sum Q_j} \tag{A1}$$

$$Q_i=W_iq_i \tag{A2}$$

式中：C —— 污染物最高允许排放浓度，mg/L；

Q_i —— 某一产品一定时间内最高允许排水量，m^3；

C_i —— 某一产品的某一污染物的最高允许排放浓度，mg/L；

W_i —— 某一产品一定时间内的产量，t；

q_i —— 某一产品单位产量最高允许排水量，m^3/t；

C_j —— 其他某种废水的某一污染物的排放浓度，mg/L；

Q_j —— 其他某种废水一定时间的排水量，m^3。

注：i=1，2，3，…；表示非单一产品废水中第 i 种废水。

j=1，2，3，…；表示其他废水（生活及非生产直接排水）中第 j 种废水。

附录B（补充件）

水中氯乙烯的测定方法　顶空气相色谱法

B1 仪器

B1.1 气相色谱仪，带 FID 检测器。

B1.2 恒温水浴，控温精度±1℃。

B1.3 气液平衡管（50 mL 比色管，总体积 75 mL）。

B1.4 注射器，1 mL，5 mL 注射器，10～100 mL 微量注射器。

B1.5 医用反口橡皮塞。

B2 试剂

B2.1 甲醇，优级纯。

B2.2 色谱柱载体：GDX-103（30～60 目）。

B2.3 氯乙烯，纯度 96%以上。

B2.4 氯乙烯标准贮备液；取 10 mL 容量瓶加入约 9.8 mL 甲醇，开口放置 10min，称重，准确至 0.lmg。用带气密阀的注射器吸取 5 mL 氯乙烯，在甲醇液面上方 5mm 处缓缓注入液面上。重新称重，稀释至刻度，盖好塞，摇匀。由净增重量计算氯乙烯浓度，再经适当稀释成中间溶液备用。

B3 步骤

B3.1 标准曲线的绘制

取若干支 50 mL 比色管，注入 75 mL 纯水，用微量注射器分取不同体积的中间溶液于比色管中，使浓度分别为 0.2，0.4，0.6，0.8，1.0 μg/L。用反口塞封口，细铁丝勒紧。在反口塞上抽一长针头，针尖在 50 mL 刻度处，另插一短针头，通过三通与通气系统相连。在恒定压力下，由短针向比色管内通入氮气，水由长针冒出，使水面降到 50 mL 刻度处，立即拔出长针，停止通气拔出短针。将比色管放入 40℃恒温水浴中平衡 40 min，用预热到 40 ℃的注射器抽取液上气体 1 mL，进色谱仪分析，记录峰高。每个比色管只能取气一次。同样用不加样品的纯水测定空白，绘制浓度-峰高校准曲线。

B3.2 取样

将水样平稳地沿管壁流入 50 mL 比色管，全部充满不留空间，塞上反口塞，用细铁丝勒紧，带回实验室。

B3.3 测定

将取回样品按上述步骤进行排水，恒温平衡后，抽取 1 mL 进色谱仪测定，记录峰高。

B3.4 色谱条件

色谱柱：ϕ4 mm×2 m 玻璃柱，内装 GDX-103。

柱温：50℃

检测器温度：150℃。

载气：高纯氮 50 mL/min。

氢气：50 mL/min。

空气：500 mL/min。

B3.5 计算

$$氯乙烯浓度（\mu g/L）= C_1 \frac{h_2}{h_1} \quad (B1)$$

式中：C_1 ——氯乙烯标准溶液浓度，μg/L；

h_1——标准溶液峰高，mm；

h_2——相同进样量的样品峰高，mm。

附加说明：

本标准由国家环境保护局科技标准司提出。

本标准由中国环境科学研究院标准所、锦西化工研究院负责起草。

本标准主要起草人邓福山、夏青、曹万君、曲秀兰。

本标准由国家环境保护局负责解释。

中华人民共和国国家标准

医疗机构水污染物排放标准

Discharge standard of water pollutants for medical organization

GB 18466—2005
代替 GB 18466—2001
部分代替 GB 8978—1996

前 言

为贯彻《中华人民共和国环境保护法》《中华人民共和国水污染防治法》《中华人民共和国海洋环境保护法》《中华人民共和国大气污染防治法》《中华人民共和国传染病防治法》，加强对医疗机构污水、污水处理站废气、污泥排放的控制和管理，预防和控制传染病的发生和流行，保障人体健康，维护良好的生态环境，制定本标准。

本标准规定了医疗机构污水及污水处理站产生的废气和污泥的污染物控制项目及其排放限值、处理工艺与消毒要求、取样与监测和标准的实施与监督等。

本标准自实施之日起，代替《污水综合排放标准》（GB 8978—1996）中有关医疗机构水污染物排放标准部分，并取代《医疗机构污水排放要求》（GB 18466—2001）。新、扩、改医疗机构自本标准实施之日起按本标准实施管理，现有医疗机构在 2007 年 12 月 31 日前达到本标准要求。

本标准的附录 A、附录 B、附录 C、附录 D、附录 E 和附录 F 为规范性附录。

本标准为首次发布。

本标准由国家环境保护总局科技标准司提出并归口。

本标准委托北京市环境保护科学研究院和中国疾病预防控制中心起草。

本标准由国家环境保护总局 2005 年 7 月 27 日批准。

本标准 2006 年 1 月 1 日起实施。

本标准由国家环境保护总局负责解释。

1 范围

本标准规定了医疗机构污水、污水处理站产生的废气、污泥的污染物控制项目及其排放和控制限值、处理工艺和消毒要求、取样与监测和标准的实施与监督。

本标准适用于医疗机构污水、污水处理站产生污泥及废气排放的控制，医疗机构建设项目的环境影响评价、环境保护设施设计、竣工验收及验收后的排放管理。当医疗机构的办公区、非医疗生活区等污水与病区污水合流收集时，其综合污水排放均执行本标准。建有分流污水收集系统的医疗机构，其非病区生活区污水排放执行 GB 8978 的相关规定。

2 规范性引用文件

下列标准和本标准表 5、表 6 所列分析方法标准及规范所含条文在本标准中被引用即构成为本标准的条文，与本标准同效。当上述标准和规范被修订时，应使用其最新版本。

GB 8978 污水综合排放标准

GB 3838 地表水环境质量标准

GB 3097 海水水质标准

GB 16297 大气污染物综合排放标准

HJ/T 55 大气污染物无组织排放监测技术导则

HJ/T 91 地表水和污水检测技术规范

3 术语和定义

本标准采用下列定义。

3.1 医疗机构 medical organization

指从事疾病诊断、治疗活动的医院、卫生院、疗养院、门诊部、诊所、卫生急救站等。

3.2 医疗机构污水 medical organization wastewater

指医疗机构门诊、病房、手术室、各类检验室、病理解剖室、放射室、洗衣房、太平间等处排出的诊疗、生活及粪便污水。当医疗机构其他污水与上述污水混合排出时一律视为医疗机构污水。

3.3 污泥 sludge

指医疗机构污水处理过程中产生的栅渣、沉淀污泥和化粪池污泥。

3.4 废气 waste gas

指医疗机构污水处理过程中产生的有害气体。

4 技术内容

4.1 污水排放要求

4.1.1 传染病和结核病医疗机构污水排放一律执行表 1 的规定。

4.1.2 县级及县级以上或 20 张床位及以上的综合医疗机构和其他医疗机构污水排放执行表 2 的规定。直接或间接排入地表水体和海域的污水执行排放标准，排入终端已建有正常运行城镇二级污水处理厂的下水道的污水，执行预处理标准。

4.1.3 县级以下或 20 张床位以下的综合医疗机构和其他所有医疗机构污水经消毒处理后方可排放。

4.1.4 禁止向 GB 3838 Ⅰ、Ⅱ类水域和Ⅲ类水域的饮用水保护区和游泳区，GB 3097 一、二类海域直接排放医疗机构污水。

4.1.5 带传染病房的综合医疗机构，应将传染病房污水与非传染病房污水分开。传染病房的污水、粪便经过消毒后方可与其他污水合并处理。

4.1.6 采用含氯消毒剂进行消毒的医疗机构污水，若直接排入地表水体和海域，应进行脱氯处理，使总余氯小于 0.5 mg/L。

表 1　传染病、结核病医疗机构水污染物排放限值（日均值）

序号	控制项目	标准值
1	粪大肠菌群数/（MPN/L）	100
2	肠道致病菌	不得检出
3	肠道病毒	不得检出
4	结核杆菌	不得检出
5	pH	6～9
6	化学需氧量/（COD） 浓度/（mg/L） 最高允许排放负荷/[g/（床位·d）]	 60 60
7	生化需氧量/（BOD） 浓度/（mg/L） 最高允许排放负荷/[g/（床位·d）]	 20 20
8	悬浮物/（SS） 浓度/（mg/L） 最高允许排放负荷/[g/（床位·d）]	 20 20
9	氨氮/（mg/L）	15
10	动植物油/（mg/L）	5
11	石油类/（mg/L）	5
12	阴离子表面活性剂/（mg/L）	5
13	色度/（稀释倍数）	30
14	挥发酚/（mg/L）	0.5
15	总氰化物/（mg/L）	0.5
16	总汞/（mg/L）	0.05
17	总镉/（mg/L）	0.1
18	总铬/（mg/L）	1.5
19	六价铬/（mg/L）	0.5
20	总砷/（mg/L）	0.5
21	总铅/（mg/L）	1.0
22	总银/（mg/L）	0.5
23	总α/（Bq/L）	1
24	总β/（Bq/L）	10
25	总余氯[1)，2)]/（mg/L）（直接排入水体的要求）	0.5

注：1）采用含氯消毒剂消毒的工艺控制要求为：消毒接触池的接触时间≥1.5 h，接触池出口总余氯 6.5～10 mg/L。

2）采用其他消毒剂对总余氯不做要求。

表 2　综合医疗机构和其他医疗机构水污染物排放限值（日均值）

序号	控制项目	排放标准	预处理标准
1	粪大肠菌群数/（MPN/L）	500	5 000
2	肠道致病菌	不得检出	—
3	肠道病毒	不得检出	—
4	pH	6～9	6～9
5	化学需氧量（COD） 浓度/（mg/L） 最高允许排放负荷/[g/（床位·d）]	 60 60	 250 250

序号	控制项目	排放标准	预处理标准
6	生化需氧量/（BOD） 浓度/（mg/L） 最高允许排放负荷/[g/（床位·d）]	 20 20	 100 100
7	悬浮物（SS） 浓度（mg/L） 最高允许排放负荷/[g/（床位·d）]	 20 20	 60 60
8	氨氮/（mg/L）	15	—
9	动植物油/（mg/L）	5	20
10	石油类/（mg/L）	5	20
11	阴离子表面活性剂/（mg/L）	5	10
12	色度/（稀释倍数）	30	—
13	挥发酚/（mg/L）	0.5	1.0
14	总氰化物/（mg/L）	0.5	0.5
15	总汞/（mg/L）	0.05	0.05
16	总镉/（mg/L）	0.1	0.1
17	总铬/（mg/L）	1.5	1.5
18	六价铬/（mg/L）	0.5	0.5
19	总砷/（mg/L）	0.5	0.5
20	总铅/（mg/L）	1.0	1.0
21	总银/（mg/L）	0.5	0.5
22	总α/（Bq/L）	1	1
23	总β/（Bq/L）	10	10
24	总余氯[1) 2)]（mg/L）	0.5	—

注：1）采用含氯消毒剂消毒的工艺控制要求为：

排放标准：消毒接触池接触时间≥1 h，接触池出口总余氯 3～10 mg/L。

预处理标准：消毒接触池接触时间≥1 h，接触池出口总余氯 2～8 mg/L。

2）采用其他消毒剂对总余氯不做要求。

4.2 废气排放要求

4.2.1 污水处理站排出的废气应进行除臭除味处理，保证污水处理站周边空气中污染物达到表 3 要求。

4.2.2 传染病和结核病医疗机构应对污水处理站排出的废气进行消毒处理。

表 3 污水处理站周边大气污染物最高允许浓度

序号	控制项目	标准值
1	氨/（mg/m^3）	1.0
2	硫化氢/（mg/m^3）	0.03
3	臭气浓度/（无量纲）	10
4	氯气/（mg/m^3）	0.1
5	甲烷（指处理站内最高体积百分数/%）	1

4.3 污泥控制与处置

4.3.1 栅渣、化粪池和污水处理站污泥属危险废物，应按危险废物进行处理和处置。

4.3.2 污泥清掏前应进行监测，达到表 4 要求。

表 4　医疗机构污泥控制标准

医疗机构类别	粪大肠菌群数/（MPN/g）	肠道致病菌	肠道病毒	结核杆菌	蛔虫卵死亡率/%
传染病医疗机构	≤100	不得检出	不得检出	—	>95
结核病医疗机构	≤100	—	—	不得检出	>95
综合医疗机构和其他医疗机构	≤100	—	—	—	>95

5 处理工艺与消毒要求

5.1 医疗机构病区和非病区的污水，传染病区和非传染病区的污水应分流，不得将固体传染性废物、各种化学废液弃置和倾倒排入下水道。

5.2　传染病医疗机构和综合医疗机构的传染病房应设专用化粪池，收集经消毒处理后的粪便排泄物等传染性废物。

5.3　化粪池应按最高日排水量设计，停留时间为 24～36 h，清掏周期为 180～360 d。

5.4　医疗机构的各种特殊排水应单独收集并进行处理后，再排入医院污水处理站。

5.4.1 低放射性废水应经衰变池处理。

5.4.2 洗相室废液应回收银，并对废液进行处理。

5.4.3 口腔科含汞废水应进行除汞处理。

5.4.4 检验室废水应根据使用化学品的性质单独收集，单独处理。

5.4.5 含油废水应设置隔油池处理。

5.5　传染病医疗机构和结核病医疗机构污水处理宜采用二级处理+消毒工艺或深度处理+消毒工艺。

5.6　综合医疗机构污水排放执行排放标准时，宜采用二级处理+消毒工艺或深度处理+消毒工艺；执行预处理标准时宜采用一级处理或一级强化处理+消毒工艺。

5.7　消毒剂应根据技术经济分析选用，通常使用的有：二氧化氯、次氯酸钠、液氯、紫外线和臭氧等。采用含氯消毒剂时按表 1、表 2 要求设计。

5.7.1 采用紫外线消毒，污水悬浮物浓度应小于 10 mg/L，照射剂量 30～40 mJ/cm^2，照射接触时间应大于 10s 或由试验确定。

5.7.2 采用臭氧消毒，污水悬浮物浓度应小于 20 mg/L，臭氧用量应大于 10 mg/L，接触时间应大于 12 min 或由试验确定。

6 取样与监测

6.1 污水取样与监测

6.1.1 应按规定设置科室处理设施排出口和单位污水外排口，并设置排放口标志。

6.1.2 表 1 第 16～22 项，表 2 第 15～21 项在科室处理设施排出口取样，总α、总β在衰变池出口取样监测。其他污染物的采样点一律设在排污单位的外排口。

6.1.3 医疗机构污水外排口处应设污水计量装置，并宜设污水比例采样器和在线监测设备。

6.1.4 监测频率

6.1.4.1 粪大肠菌群数每月监测不得少于 1 次。采用含氯消毒剂消毒时，接触池出口总余氯每日监测不得少于 2 次（采用间歇式消毒处理的，每次排放前监测）。

6.1.4.2 肠道致病菌主要监测沙门氏菌、志贺氏菌。沙门氏菌的监测，每季度不少于 1 次；志贺氏菌的监测，每年不少于 2 次。其他致病菌和肠道病毒按 6.1.4.3 规定进行监测。结核病医疗机构根据需要监测结核杆菌。

6.1.4.3 收治了传染病病人的医院应加强对肠道致病菌和肠道病毒的监测。同时收治的感染上同一种肠道致病菌或肠道病毒的甲类传染病病人数超过 5 人，或乙类传染病病人数超过 10 人、或丙类传染病病人数超过 20 人时，应及时监测该种传染病病原体。

6.1.4.4 理化指标监测频率：pH 每日监测不少于 2 次，COD 和 SS 每周监测 1 次，其他污染物每季度监测不少于 1 次。

6.1.4.5 采样频率：每 4 小时采样 1 次，一日至少采样 3 次，测定结果以日均值计。

6.1.5 监督性监测按 HJ/T 91 执行。

6.1.6 监测分析方法按表 5 和附录执行。

6.1.7 污染物单位排放负荷计算见附录 F。

表 5　水污染物监测分析方法

序号	控制项目	测　定　方　法	测定下限/（mg/L）	方法来源
1	粪大肠菌群数	多管发酵法		附录 A
2	沙门氏菌			附录 B
3	志贺氏菌			附录 C
4	结核杆菌			附录 E
5	总余氯	*N*,*N*-二乙基-1,4-苯二胺分光光度法 *N*,*N*-二乙基-1,4-苯二胺滴定法		GB 11898 GB 11897
6	化学需氧量（COD_{Cr}）	重铬酸盐法	30	GB 11914
7	生化需氧量（BOD_5）	稀释与接种法	2	GB 7488
8	悬浮物（SS）	重量法		GB 11901
9	氨氮	蒸馏和滴定法 比色法	0.2 0.05	GB 7478 GB 7479
10	动植物油	红外光度法	0.1	GB/T 16488
11	石油类	红外光度法	0.1	GB/T 16488
12	阴离子表面活性剂	亚甲蓝分光光度法	0.05	GB 7494
13	色　度	稀释倍数法		GB 11903
14	pH 值	玻璃电极法		GB 6920
15	总　汞	冷吸收分光光度法 双硫腙分光光度法	0.000 1 0.002	GB 7468 GB 7469
16	挥发酚	蒸馏后 4-氨基安替比林分光光度法	0.002	GB 7490
17	总氰化物	硝酸银滴定法 异烟酸-吡唑啉酮比色法 吡啶-巴比妥酸比色法	0.25 0.004 0.002	GB 7486 GB 7486 GB 7486
18	总　镉	原子吸收分光光度法（螯合萃取法） 双硫腙分光光度法	0.001 0.001	GB 7475 GB 7471

序号	控制项目	测　定　方　法	测定下限/（mg/L）	方法来源
19	总　铬	高锰酸钾氧化－二苯碳酰二肼分光光度法	0.004	GB 7466
20	六价铬	二苯碳酰二肼分光光度法	0.004	GB 7467
21	总　砷	二乙基二硫代氨基甲酸银分光光度法	0.007	GB 7485
22	总　铅	原子吸收分光光度法（螯合萃取法）	0.01	GB 7475
		双硫腙分光光度法	0.01	GB 7470
23	总　银	原子吸收分光光度法	0.03	GB/T 15555.2
		镉试剂 2B 分光光度法	0.01	GB 11908
24	总α	厚源法	0.05 Bq/L	EJ/T 1075
25	总β	蒸发法		EJ/T 900

6.2　大气取样与监测

6.2.1　污水处理站大气监测点的布置方法与采样方法按 GB 16297 中附录 C 和 HJ/T55 的有关规定执行。

6.2.2　采样频率，每 2 h 采样 1 次，共采集 4 次，取其最大测定值。每季度监测 1 次。

6.2.3　监测分析方法按表 6 执行。

表 6　大气污染物监测分析方法

序号	控制项目	测定方法	方法来源
1	氨	次氯酸钠-水杨酸分光光度法	GB/T 14679
2	硫化氢	气相色谱法	GB/T 14678
3	臭气浓度（无量纲）	三点比较式臭袋法	GB/T 14675
4	氯气	甲基橙分光光度法	HJ/T 30
5	甲烷	气相色谱法	CJ/T 3037

6.3　污泥取样与监测

6.3.1　取样方法，采用多点取样，样品应有代表性，样品重量不小于 1 kg。清掏前监测。

6.3.2　监测分析方法见附录 A、附录 B、附录 C、附录 D 和附录 E。

7　标准的实施与监督

7.1　本标准由县级以上人民政府环境保护行政主管部门负责监督实施。

7.2　省、自治区、直辖市人民政府对执行本标准不能达到本地区环境功能要求时，可以根据总量控制要求和环境影响评价结果制定严于本标准的地方污染物排放标准。

附录 A（规范性附录）

医疗机构污水和污泥中粪大肠菌群的检验方法

A.1 仪器和设备

A.1.1 高压蒸汽灭菌器。

A.1.2 干燥灭菌箱。

A.1.3 培养箱：37℃。

A.1.4 恒温水浴箱。

A.1.5 电炉。

A.1.6 天平。

A.1.7 灭菌平皿。

A.1.8 灭菌刻度吸管。

A.1.9 酒精灯

A.2 培养基和试剂

A.2.1 乳糖胆盐培养液

A.2.1.1 成分

蛋白胨 20 g

猪胆盐（或牛、羊胆盐） 5 g

乳糖 5 g

0.4%溴甲酚紫水溶液 2.5 mL

蒸馏水 1 000 mL

A.2.1.2 制法

将蛋白胨、猪胆盐及乳糖溶解于 1 000 mL 蒸馏水中，调整 pH 到 7.4，加入指示剂，充分混匀，分装于内有倒管的试管中。115℃灭菌 20 min。贮存于冷暗处备用。

A.2.2 三倍浓度乳糖胆盐培养液

A.2.2.1 成分

蛋白胨 60 g

猪胆盐（或牛、羊胆盐） 15 g

乳糖 15 g

0.4%溴甲酚紫水溶液 7.5 mL

蒸馏水 1 000mL

A.2.2.2 制法

制法同附录 A2.1.2。

A.2.3 伊红亚甲基蓝培养基（EMB 培养基）

A.2.3.1 成分

蛋白胨 10 g

乳糖	10 g
磷酸氢二钾	2 g
琼脂	20 g
2%伊红水溶液	20 mL
0.5%美蓝水溶液	13 mL
蒸馏水	1 000 mL

A.2.3.2 制法

将琼脂加到 900 mL 蒸馏水中，加热溶解，然后加入磷酸氢二钾和蛋白胨，混匀使溶解，再加入蒸馏水补足至 1 000 mL，调整 pH 至 7.2～7.4。趁热用脱脂棉和砂布过滤，再加入乳糖，混匀，定量分装于烧瓶内，115℃灭菌 20 min，作为储备培养基贮存于冷暗处备用。

临用时，加热融化储备培养基，待冷至 60℃左右，根据烧瓶内培养基的容量，加入一定量的已灭菌的 2%伊红水溶液和 0.5%美蓝水溶液，充分摇匀（防止产生气泡），倾注平皿备用。

A.2.4 乳糖蛋白胨培养液

A.2.4.1 成分

蛋白胨	10 g
牛肉膏	3 g
乳糖	5 g
氯化钠	5 g
1.6%溴甲酚紫乙醇溶液	1 mL
蒸馏水	1 000 mL

A.2.4.2 制法

将蛋白胨、牛肉膏、乳糖及氯化钠加热溶解于 1 000 mL 蒸馏水中，调整 pH 至 7.2～7.4，加入 1.6%溴甲酚紫乙醇溶液 1 mL，充分混匀，分装于内有倒管的试管中。115℃灭菌 20 min。贮存于冷暗处备用。

A.2.5 革兰氏染色液

A.2.5.1 结晶紫染色液

结晶紫	1 g
95%乙醇溶液	20 mL
1%草酸铵水溶液	1 000 mL

将结晶紫溶于乙醇中，然后与草酸铵水溶液混合。

A.2.5.2 革兰氏碘液

碘	1 g
碘化钾	2 g
蒸馏水	300 mL

将碘与碘化钾混合，加入蒸馏水少许，充分摇匀，待完全溶解，再加入蒸馏水至 300 mL。

A.2.5.3 脱色液

95%乙醇。

A.2.5.4 沙黄复染液

沙黄	1 g
95%乙醇	2 g
蒸馏水	90 mL

将沙黄溶于95%乙醇中，然后用蒸馏水稀释。

A.2.6 染色法

染色的基本步骤为：①涂片：在载玻片上滴加一滴生理盐水，用灭菌的接种环取菌落少许，与生理盐水混匀，涂布成薄膜；②干燥：在室温中使其自然干燥；③固定：将涂片迅速通过火焰2～3次，以载玻片反面接触皮肤，热而不烫为度；④染色：滴加结晶紫染色液，染色1 min，水洗；⑤媒染：滴加革兰氏碘液，作用1 min，水洗；⑥脱色：滴加95%乙醇脱色，约30 s，水洗；⑦复染：滴加复染液，复染1 min，水洗。

革兰氏阳性菌染色后呈紫色，革兰氏阴性菌染色后呈红色。

注：亦可用1∶10稀释的石炭酸复红染色液做复染剂，复染时间为10 s。

A.3 检验程序

检验程序见图A1。

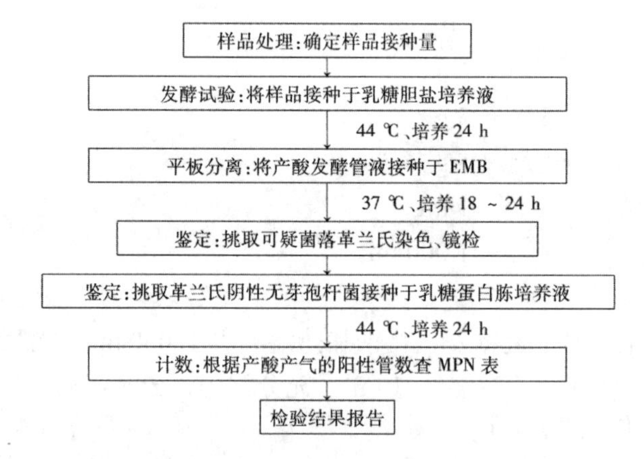

图A1 污水、污泥中粪大肠菌群检验程序

A.4 操作步骤

A.4.1 样品准备

A.4.1.1 污水

污水样品应至少取200 mL，使用前应充分混匀。

根据预计的污水样品中粪大肠菌群数确定污水样品接种量。粪大肠菌群数量相对较少的接种量一般为10、1、0.1 mL。粪大肠菌群数较多时接种量为1、0.1、0.01 mL或0.1、0.01、0.001 mL等。

接种量少于1 mL时，水样应制成稀释样品后供发酵试验使用。接种量为0.1、0.01 mL时，取稀释比分别为1∶10、1∶100。其他接种量的稀释比依此类推。

1∶10稀释样品的制作方法为：吸取1 mL水样，注入到盛有9 mL灭菌水的试管中，混匀，制成 1∶10 稀释样品。因此，取 1 mL 1∶10 稀释样品，等于取 0.1 mL 污水样品。其他稀释比的稀释样品同法制作。

注 1：若样品为经过氯消毒的污水，应在采样后立即用 5%硫代硫酸钠溶液充分中和余氯。

A.4.1.2　污泥

污泥样品应至少取 200 g，使用前应充分混匀。

根据预计的污泥样品中粪大肠菌群数量确定污泥样品接种量。粪大肠菌群数量相对较少的污泥样品接种量一般为 0.1、0.01、0.001 g。粪大肠菌群数量较多时接种量为 0.01、0.001、0.000 1 g 或 0.001、0.000 1、0.000 01 g 等。

污泥样品应制成稀释样品后供发酵试验使用。接种量 0.1、0.01、0.001 g 的稀释样品制作方法如下：取 20 g 污泥样品，加入到三角烧瓶中，加灭菌水使成 200 mL，混匀，制成 1∶10 稀释样品。吸取 1∶10 稀释样品 1 mL，注入到盛有 9 mL 灭菌水的试管中，混匀，制成 1∶100 稀释样品。按同法制成 1∶1 000 稀释样品。接种 1 mL 1∶10、1∶100、1∶1 000 稀释样品等于接种 0.1、0.01、0.001 g 污泥样品。

注 1：若样品为经过氯消毒的污泥，应在采样后立即用 5%硫代硫酸钠溶液充分中和余氯。

A.4.2　发酵试验

将样品接种于装有乳糖胆盐培养液的试管（内有小倒管）中，44℃培养 24 h。样品接种体积以及管内乳糖胆盐培养液的浓度与体积根据以下条件确定：

样品为污水时，取三个接种量，每个接种量的样品分别接种于 5 个试管内，共需 15 个试管。试管内乳糖胆盐培养液的浓度与体积应根据接种量确定。若接种量为 10 mL，吸取 10 mL 样品接种于装有 5 mL 三倍浓度乳糖胆盐培养液的试管内；若接种量为 1 mL 时，吸取 1 mL 样品接种于装有 10 mL 普通浓度乳糖胆盐培养液的试管内；若接种量少于 1 mL 时，吸取 1 mL 稀释样品接种于装有 10 mL 普通浓度乳糖胆盐培养液的试管内。

样品为污泥时，取三个接种量，每个接种量的稀释样品分别接种于 3 个试管内，共需 9 个试管。9 个试管中，各装有 10 mL 乳糖胆盐培养液。各个试管接种稀释样品体积均为 1 mL。

A.4.3　平板分离

大肠杆菌分解乳糖产酸时培养液变色、产气时小倒管内出现气泡。经 24 h 培养后，将产酸的试管内培养液分别划线接种于 EMB 培养基上。置于 37℃培养箱中，培养 18～24 h。

A.4.4　鉴定

挑选可疑粪大肠菌群菌落，进行革兰氏染色和镜检。可疑菌落有：①深紫黑色，具有金属光泽的菌落；②紫黑色，不带或略带金屑光泽的菌落；③淡紫红色，中心色较深的菌落。

上述涂片镜检的菌落如为革兰氏阴性无芽孢杆菌，则挑取上述典型菌落 1～3 个接种于盛有 5 mL 乳糖蛋白胨培养液倒管和倒管的试管内，置于 44℃培养箱中培养 24 h。产酸产气试管为粪大肠菌群阳性管。

A.5　计数

根据证实有粪大肠菌群存在的阳性管数，查表 A.1 或 A.2 可得 100 mL 污水或 1 g 污泥中粪大肠菌群 MPN 值。

由于表 A.1 和表 A.2 是按一定的 3 个 10 倍浓度差接种量设计的（污水接种量为 10、1

和 0.1 mL，污泥接种量为 0.1、0.01 和 0.001 g)，当采用其他 3 个 10 倍浓度差接种量时，需要修正表内 MPN 值，具体方法如下：

表内所列污水（污泥）最大接种量增加 10 倍时表内 MPN 值相应降低 10 倍；污水（污泥）最大接种量减少 10 倍时表内 MPN 值相应增加 10 倍。如污水接种量改为 1、0.1 和 0.01 mL 时，表 A.1 内 MPN 值相应增加 10 倍。其他的 3 个 10 倍浓度差接种量的 MPN 值相应类推。

由于表 A.1 内 MPN 值的单位为每 100 mL 污水样品中 MPN 值，而污水以 1 L 为报告单位，因此，需将查表 A.1 得到的 MPN 值乘上 10，换算成 1 L 污水样品中的 MPN 值。

表 A.1 污水中粪大肠菌群最可能数（MPN）检索表

（污水样品接种量为 5 份 10 mL 水样，5 份 1 mL 水样和 5 份 0.1 mL 水样）

阳性管数			每 100 mL 水样中 MPN	阳性管数			每 100 mL 水样中 MPN	阳性管数			每 100 mL 水样中 MPN
接种 10 mL 水样	接种 10 mL 水样	接种 0.1 mL 水样		接种 10 mL 水样	接种 10 mL 水样	接种 0.1 mL 水样		接种 10 mL 水样	接种 10 mL 水样	接种 0.1 mL 水样	
0	0	0	0	2	0	0	5	4	0	0	13
0	0	1	2	2	0	1	7	4	0	1	17
0	0	2	4	2	0	2	9	4	0	2	21
0	0	3	5	2	0	3	12	4	0	3	25
0	0	4	7	2	0	4	14	4	0	4	30
0	0	5	9	2	0	5	16	4	0	5	36
0	1	0	2	2	1	0	7	4	1	0	17
0	1	1	4	2	1	1	9	4	1	1	21
0	1	2	6	2	1	2	12	4	1	2	26
0	1	3	7	2	1	3	14	1	1	3	31
0	1	4	9	2	1	4	17	4	1	4	36
0	1	5	11	2	1	5	19	4	1	5	42
0	2	0	4	2	2	0	9	4	2	0	22
0	2	1	6	2	2	1	12	4	2	1	26
0	2	2	7	2	2	2	14	4	2	2	32
0	2	3	9	2	2	3	17	4	2	3	38
0	2	4	11	2	2	4	19	4	2	4	44
0	2	5	13	2	2	5	22	4	2	5	50
0	3	0	6	2	3	0	12	4	3	0	27
0	3	1	7	2	3	1	14	4	3	1	33
0	3	2	9	2	3	2	17	4	3	2	39
0	3	3	11	2	3	3	20	4	3	3	45
0	3	4	13	2	3	4	22	4	3	4	52
0	3	5	15	2	3	5	25	4	3	5	59
0	4	0	8	2	4	0	15	4	4	0	34
0	4	1	9	2	4	1	17	4	4	1	40
0	4	2	11	2	4	2	20	4	4	2	47
0	4	3	13	2	4	3	23	4	4	3	54
0	4	4	15	2	4	4	25	4	4	4	62
0	4	5	17	2	4	5	28	4	4	5	69
0	5	0	9	2	5	0	17	4	5	0	41
0	5	1	11	2	5	1	20	4	5	1	48
0	5	2	13	2	5	2	23	4	5	2	56
0	5	3	15	2	5	3	26	4	5	3	64
0	5	4	17	2	5	4	29	4	5	4	72
0	5	5	19	2	5	5	32	4	5	5	81
1	0	0	2	3	0	0	8	5	0	0	23

阳性管数			每100 mL水样中MPN	阳性管数			每100 mL水样中MPN	阳性管数			每100 mL水样中MPN
接种10 mL水样	接种10 mL水样	接种0.1 mL水样		接种10 mL水样	接种10 mL水样	接种0.1 mL水样		接种10 mL水样	接种10 mL水样	接种0.1 mL水样	
1	0	1	4	3	0	1	11	5	0	1	31
1	0	2	6	3	0	2	13	5	0	2	43
1	0	3	8	3	0	3	16	5	0	3	58
1	0	4	10	3	0	4	20	5	0	4	76
1	0	5	12	3	0	5	23	5	0	5	95
1	1	0	4	3	1	0	11	5	1	0	33
1	1	1	6	3	1	1	14	5	1	1	46
1	1	2	8	3	1	2	17	5	1	2	63
1	1	3	10	3	1	3	20	5	1	3	84
1	1	4	12	3	1	4	23	5	1	4	110
1	1	5	14	3	1	5	27	5	1	5	130
1	2	0	6	3	2	0	14	5	2	0	49
1	2	1	8	3	2	1	17	5	2	1	70
1	2	2	10	3	2	2	20	5	2	2	94
1	2	3	12	3	2	3	24	5	2	3	120
1	2	4	15	3	2	4	27	5	2	4	150
1	2	5	17	3	2	5	31	5	2	5	180
1	3	0	8	3	3	0	17	5	3	0	79
1	3	1	10	3	3	1	21	5	3	1	110
1	3	2	12	3	3	2	24	5	3	2	140
1	3	3	15	3	3	3	28	5	3	3	180
1	3	4	17	3	3	4	32	5	3	4	210
1	3	5	19	3	3	5	36	5	3	5	250
1	4	0	11	3	4	0	21	5	4	0	130
1	4	1	13	3	4	1	24	5	4	1	170
1	4	2	15	3	4	2	28	5	4	2	220
1	4	3	17	3	4	3	32	5	4	3	280
1	4	4	19	3	4	4	36	5	4	4	350
1	4	5	22	3	4	5	40	5	4	5	430
1	5	0	13	3	5	0	25	5	5	0	240
1	5	1	15	3	5	1	29	5	5	1	350
1	5	2	17	3	5	2	32	5	5	2	540
1	5	3	19	3	5	3	37	5	5	3	920
1	5	4	22	3	5	4	41	5	5	4	1 600
1	5	5	24	3	5	5	45	5	5	5	>1 600

表 A.2 污泥中粪大肠菌群最可能数（MPN）检索表

（污泥样品接种量为 3 份 0.1 g 泥样，3 份 0.01 g 泥样和 3 份 0.001 g 泥样）

阳性管数			每1 g泥样中MPN	阳性管数			每1 g泥样中MPN	阳性管数			每1 g泥样中MPN
接种0.1 g污样管	接种0.01 g污样管	接种0.001 g污样管		接种0.1 g污样管	接种0.01 g污样管	接种0.001 g污样管		接种0.1 g污样管	接种0.01 g污样管	接种0.001 g污样管	
0	0	0	<3	1	2	0	11	3	0	0	23
0	0	1	3	1	2	1	15	3	0	1	39
0	0	2	6	1	2	2	20	3	0	2	64
0	0	3	9	1	2	3	24	3	0	3	95
0	1	0	3	1	3	0	16	3	1	0	43
0	1	1	6.1	1	3	1	20	3	1	1	75
0	1	2	9.2	1	3	2	24	3	1	2	120
0	1	3	12	1	3	3	29	3	1	3	160
0	2	0	6.2	2	0	0	9.1	3	2	0	93

阳性管数			每1g泥样中MPN	阳性管数			每1g泥样中MPN	阳性管数			每1g泥样中MPN
接种0.1g污样管	接种0.01g污样管	接种0.001g污样管		接种0.1g污样管	接种0.01g污样管	接种0.001g污样管		接种0.1g污样管	接种0.01g污样管	接种0.001g污样管	
0	2	1	9.3	2	0	1	14	3	2	1	150
0	2	2	12	2	0	2	20	3	2	2	210
0	2	3	16	2	0	3	26	3	2	3	290
0	3	0	9.4	2	1	0	15	3	3	0	240
0	3	1	13	2	1	1	20	3	3	1	460
0	3	2	16	2	1	2	27	3	3	2	1 100
0	3	3	19	2	1	3	34	3	3	3	>1 100
1	0	0	3.6	2	2	0	21				
1	0	1	7.2	2	2	1	28				
1	0	2	11	2	2	2	35				
1	0	3	15	2	2	3	42				
1	1	0	7.3	2	3	0	29				
1	1	1	11	2	3	1	36				
1	1	2	15	2	3	2	44				
1	1	3	19	2	3	3	53				

A.6 检验结果报告

根据粪大肠菌群 MPN 值，报告 1 L 污水或 1 g 污泥样品中粪大肠菌群 MPN 值。

附录 B（规范性附录）

医疗机构污水和污泥中沙门氏菌的检验方法

B.1 仪器和设备

B.1.1 高压蒸汽灭菌器。
B.1.2 干燥灭菌箱。
B.1.3 培养箱。
B.1.4 恒温水浴箱。
B.1.5 电炉。
B.1.6 天平。
B.1.7 灭菌平皿。
B.1.8 灭菌刻度吸管。
B.1.9 酒精灯。

B.2 培养基和试剂

B.2.1 亚硒酸盐增菌液（SF 增菌液）

B.2.1.1 成分

胰蛋白胨（或多价胨）	10 g
磷酸氢二钠（Na_2HPO_3）	16 g
磷酸二氢钠（NaH_2PO_3）	2.5 g
乳糖	4 g
亚硒酸氢钠	4 g
蒸馏水	1 000 mL

B.2.1.2 制法

除亚硒酸氢钠外，将以上各成分放入蒸馏水中，加热溶化。再加入亚硒酸氢钠，待完全溶解后，调整 pH 到 7.0～7.1，分装于三角烧杯内。121℃灭菌 15 min 备用。

B.2.2 二倍浓度亚硒酸盐增菌液（二倍浓度 SF 增菌液）

B.2.2.1 成分

除蒸馏水改为 500 mL 外，其他成分同附录 B.2.1.1。

B.2.2.2 制法

制法同附录 B.2.1.2。

B.2.3 SS 培养基

B.2.3.1 基础培养基

B.2.3.1.1 成分

牛肉膏	5 g
示胨	5 g
三号胆盐	3.5 g

琼脂	17 g
蒸馏水	1 000 mL

B.2.3.1.2 制法

将牛肉膏、示胨和胆盐溶解于 400 mL 蒸馏水中。将琼脂加到 600 mL 蒸馏水中，煮沸使其溶解。再将二者混合，121℃灭菌 15 min，保存备用。

B.2.3.2 完成培养基

B.2.3.2.1 成分

基础培养基	1 000 mL
乳糖	10 g
柠檬酸钠	8.5 g
硫代硫酸钠	8.5 g
10%柠檬酸铁溶液	10 mL
1%中性红溶液	2.5 mL
0.1%煌绿溶液	0.33 mL

B.2.3.2.2 制法

加热溶化基础培养基，按比例加入除中性红和煌绿溶液以外的各成分，充分混合均匀，调整 pH 到 7.0，加入中性红和煌绿溶液，倾注平板。

注：制好的培养基宜当日使用，或保存于冰箱内于 18 h 内使用。煌绿溶液配好后应在 10d 以内使用。

B.2.4 亚硫酸铋琼脂培养基（BS 培养基）

B.2.4.1 基础培养基

B.2.4.1.1 成分

蛋白胨	10 g
牛肉膏	5 g
氯化钠	5 g
琼脂	20 g
蒸馏水	1 000 mL

B.2.4.1.2 制法

加热溶解各成分，按每份 100 mL 的量分装于 250 mL 三角瓶中，121℃灭菌 20 min 备用。

B.2.4.2 亚硫酸铋贮备液

B.2.4.2.1 成分

柠檬酸铋铵	2 g
亚硫酸钠	20 g
磷酸氯二钠	10 g
葡萄糖	10 g
蒸馏水	200 mL

B.2.4.2.2 制法

将柠檬酸铋铵溶解于 50 mL 沸水中，同时将压硫酸钠溶解于 100 mL 沸水中，混合两液并煮沸 3 min，趁热加入磷酸氯二钠搅拌至溶解。冷却后，加入剩余的 50 mL 葡萄糖水溶液，贮存于冰箱中。

B.2.4.3 柠檬酸铁煌绿贮备液

B.2.4.3.1 成分

柠檬酸铁	2 g
煌绿（1%水溶液）	25 mL
蒸馏水	200 mL

B.2.4.3.2 制法

将上述成分溶解于水中，盛于已灭菌的玻璃瓶内，贮存于冰箱。

B.2.4.4 完成培养基

B.2.4.4.1 成分

基础培养基	100 mL
亚硫酸铋贮备液	20 mL
柠檬酸铁煌绿贮备液	4.5 mL

B.2.4.4.2 制法

加热融化基础培养基并冷却至 50℃，同时分别加热亚硫酸铋贮备液和柠檬酸铁煌绿贮备液至 50℃。在无菌操作下将后者加入到前者去，充分混合，无菌倾入已灭菌的培养皿中。

B.2.5 三糖铁琼脂培养基（TSI 培养基）

B.2.5.1 成分

蛋白胨	20 g
牛肉膏	5 g
乳糖	10 g
蔗糖	10 g
葡萄糖	1 g
氯化钠	5g
硫酸亚铁铵	0.2 g
硫代硫酸钠	0.2 g
琼脂	12 g
酚红	0.025 g
蒸馏水	1 000 mL

B.2.5.2 制法

将除琼脂和酚红以外的各成分溶解于蒸馏水中，调 pH 至 7.4。加入琼脂，加热煮沸，再加入 0.2%酚红水溶液 12.5 mL，摇匀。分装试管，装量宜多些，以便得到较高的底层。121℃灭菌 15 min。放置高层斜面备用。

B.2.6 沙门氏菌诊断血清

B.3 检验程序

检验程序见图 B1。

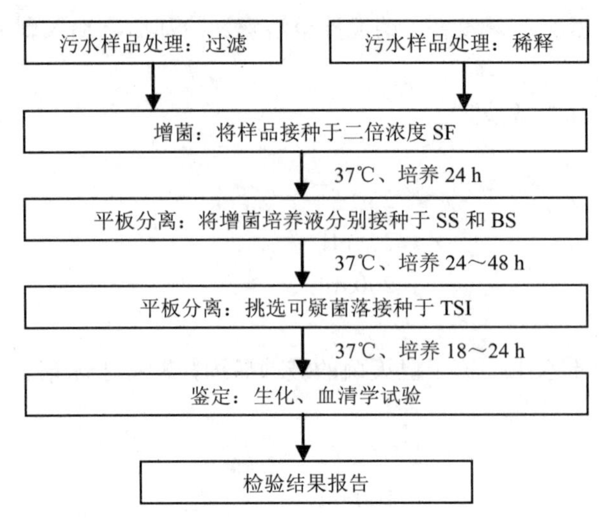

图 B1　污水、污泥中沙门氏菌检验程序

B.4　操作步骤

B.4.1　样品处理和增菌

B.4.1.1　污水

取 200 mL 污水，用灭菌滤膜进行抽滤，用 100 mL 二倍浓度 SF 增菌液把滤膜上截留的杂质洗脱到灭菌三角烧瓶内，充公摇匀，置于 37℃恒温培养箱，增菌培养 12～24 h。

注：若样品为经过氯消毒的污水，应在采样后立即用 5%硫代硫酸钠溶液充分中和余氯。

B.4.1.2　污泥

用灭菌匙称取污泥 20 g，放入灭菌容器内，加入 200 mL 灭菌水，充分混匀，制成 1∶10 混悬液。吸取上述 1∶10 混悬液 100 mL，加入到装有 100 mL 二倍浓度 SF 增菌液的已灭菌的三角烧瓶内，摇匀，置于 37℃恒温培养箱，增菌培养 24 h。

注：若样品为经过氯消毒的污泥，应在采样后立即用 5%硫代硫酸钠溶液充分中和余氯。

B.4.2　平板分离

取上述增菌培养液，分别接种于 SS 培养基平板和 BS 培养基平板，置于 37℃培养箱中，培养 24～48 h。观察各平板上生长的菌落形态。

挑取在 SS 培养基平板上呈无色透明或中间有黑心，直径 1～2 mm 的菌落；挑取在 BS 培养基平板上呈黑色的菌落或灰绿色的可疑肠道病原菌菌落。每个平板最少挑取 5 个菌落，接种于 TSI 培养基中，置于 37℃培养箱中，培养 18～24 h。

B.4.3　鉴定

B.4.3.1　血清学试验

在 TSI 培养基中，如不发酵乳糖，发酵葡萄糖产酸产气或只产酸不产气，一般产生硫化氢，有动力者，先与沙门氏 A-F 群 O 多价血清作玻璃片凝集，凡与多价 O 血清凝集者，再与 O 因子血清凝集，以确定所属群别，然后用 H 因子血清，确定血清型。双向菌株应证实两相的 H 抗原，有 Vi 抗原的菌型（伤寒和丙型副伤寒沙门氏菌）应用 Vi 因子血清检验。

B.4.3.2 生化试验

应进行葡萄糖、甘露醇、麦芽糖、乳糖、蔗糖、靛基质、硫化氢、动力、尿素试验。沙门氏菌属中除伤寒沙门氏菌和鸡沙门氏菌不产气外，通过发酵葡萄糖、产气、均发酵甘露醇和麦芽糖（但猪沙门氏菌、雏沙门氏菌不发酵麦芽糖），不分解乳糖、蔗糖，尿素酶和靛基质为阴性，通常产生硫化氢。除鸡、雏沙门氏菌和伤寒沙门氏菌的O型菌株无动力外，通常均有动力。

如遇多价O血清不凝集而一般生化反应符合上述情况时，可加做侧金盏花醇、水杨素和氰化钾试验，沙门氏菌均为阴性。

B.5 检验结果报告

根据检验结果，报告一定体积的样品中存在或不存在沙门氏菌。

附录 C（规范性附录）

医疗机构污水及污泥中志贺氏菌的检验方法

C.1 仪器和设备

C.1.1 高压蒸汽灭菌器。
C.1.2 干燥灭菌箱。
C.1.3 培养箱。
C.1.4 恒温水浴箱。
C.1.5 电炉。
C.1.6 天平。
C.1.7 灭菌平皿。
C.1.8 灭菌刻度吸管。
C.1.9 酒精灯。

C.2 培养基和培养液

C.2.1 革兰氏阴性增菌液（GN 增菌液）
C.2.1.1 成分

胰蛋白胨（或多价胨）	20 g
葡萄糖	1 g
甘露醇	2 g
枸橼酸钠	5 g
去氧胆酸钠	0.5 g
磷酸氢二钾	16 g
磷酸二氢钾	2.5 g
氯化钠	5 g
蒸馏水	1 000 mL

C.2.1.2 制法

将以上各成分加入蒸馏水中溶化，调整 pH 至 7.0，煮沸过滤，115℃灭菌 20 min。贮存于冷暗处备用。

C.2.2 二倍浓度革兰氏阴性增菌液（二倍浓度 GN 增菌液）
C.2.2.1 成分

除蒸馏水改为 500 mL 外，其他成分同附录 C.2.1.1。

C.2.2.2 制法

制法同附录 C.2.1.2。

C.2.3 SS 培养基

同附录 B.2.3。

C.2.4 伊红亚甲基蓝琼脂培养基（EMB 培养基）

同附录 A.2.3。

C.2.5 三糖铁琼脂（TSI 培养基）

同附录 B.2.5。

C.2.6 志贺氏菌诊断血清

C.3 检验程序

检验程序见图 C1。

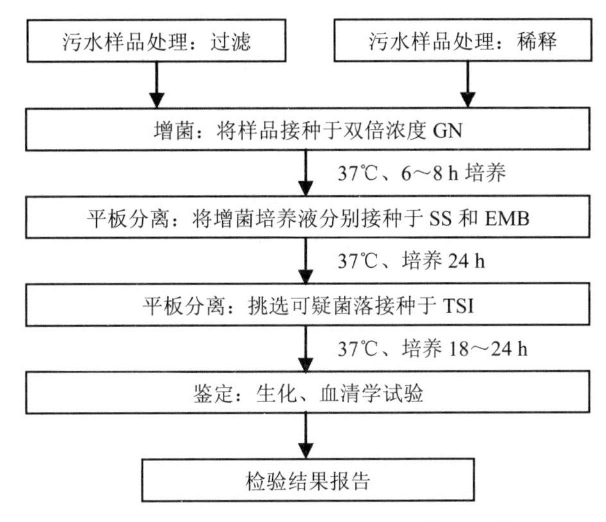

图 C1 污水、污泥中志贺氏菌检验程序

C.4 操作步骤

C.4.1 样品处理和增菌培养

C.4.1.1 污水

取 200 mL 污水，用灭菌滤膜进行抽滤。用 100 mL 二倍浓度 GN 增菌液把滤膜上截留的杂质洗脱到已灭菌的三角烧瓶内，摇匀，置于 37℃恒温培养箱，增菌培养 6～8 h。

注：若样品为经过氯消毒的污水，应在采样后立即用 5%硫代硫酸钠溶液充分中和余氯。

C.4.1.2 污泥

取污泥 30 g，放入灭菌容器内，加入 300 mL 灭菌水，充分混匀制成 1∶10 混悬液。吸取上述 1∶10 混悬液 100 mL，加入到装有 100 mL 二倍浓度 GN 增菌液的已灭菌的三角烧瓶内，搅匀，置于 37℃恒温培养箱中，增菌培养 6～8 h。

注：若样品为经过氯消毒的污泥，应在采样后立即用 5%硫代硫酸钠溶液充分中和余氯。

C.4.2 分离

取上述增菌培养液，分别接种 SS 培养基平板和 EMB 培养基平板，置于 37℃培养箱中培养 24 h。

挑取在 SS 培养基平板和 EMB 培养基平板上呈无色透明，直径 1～1.5 mL 的可疑肠道病原菌菌落。每个平板最少挑取 5 个菌落，接种于 TSI 培养基，置于 37℃培养箱中培养 18～24 h。

挑取在 TSI 中，葡萄糖产酸不产气，无动力，不产生硫化氢，上层斜面乳糖不分解的菌株，可做血清学和生化试验。

C.4.3 鉴定

C.4.3.1 血清学试验

志贺氏菌属分为 4 个群，先与多价血清作玻璃片凝集试验，如为阳性，再分别与 A、B、C、D 群血清凝集，并进一步与分型血清做玻璃片凝集，最后确定其血清型。

C.4.3.2 生化试验

应进行葡萄糖、甘露醇、麦芽糖、乳糖、蔗糖、靛基质、硫化氢、动力、尿素试验。志贺氏菌属能分解葡萄糖，但不产气（福氏志贺氏菌 6 型有时产生少量气体），一般不能分解乳糖和蔗糖，宋内氏志贺氏菌对乳糖和蔗糖迟缓发酵产酸。志贺氏菌属均不产生硫化氢，不分解尿素，无动力。对甘露醇、麦芽糖的发酵及靛基质的产生，则因菌株不同而异。

如遇多价血清玻璃片凝集试验为阴性，而生化反应符合上述情况时，可加做肌醇、水杨酸、V-P、枸橼酸盐、氰化钾等试验。志贺氏菌属均为阴性反应。

C.5 检验结果报告

根据检验结果，报告一定体积的样品中存在或不存在志贺氏菌。

附录 D（标准的附录）

医疗机构污泥中蛔虫卵的检验方法

D.1 仪器和设备

D.1.1 离心机。
D.1.2 金属筛：60 目。
D.1.3 显微镜。
D.1.4 恒温培养箱。
D.1.5 高压蒸汽灭菌器。
D.1.6 冰箱。
D.1.7 振荡器。

D.2 培养基和试剂

D.2.1 3%福尔马林溶液或 3%盐酸溶液
D.2.2 饱和硝酸钠溶液（比重 1.38～1.40）或饱和氯化钠溶液
D.2.3 30%次氯酸钠溶液

D.3 检验程序

蛔虫卵检验程序见图 D1。

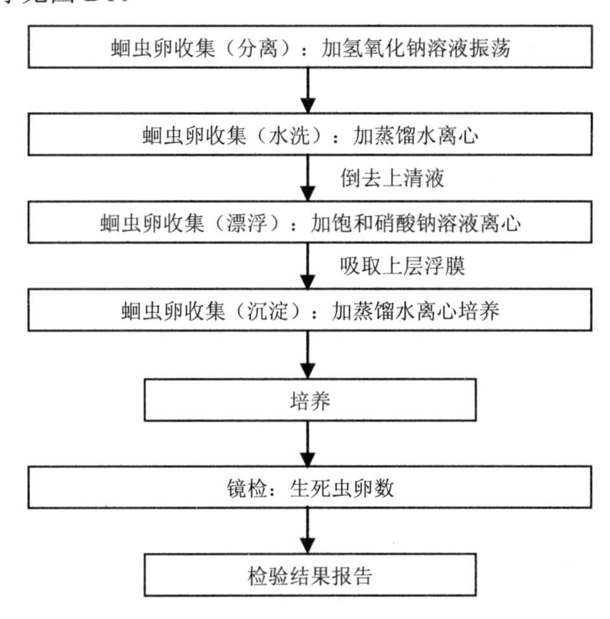

图 D1 污泥中蛔虫卵检验程序

D.4 操作步骤

D.4.1 采样及样品处理

样品采集后应立即送到实验室检验。若不能立即检验时，可在 100 g 污泥中加入 5 mL 3%福尔马林或 3%盐酸溶液，在 4～10℃冰箱内保存。若样品为经过氯消毒的污泥，应在现场取样后立即用 5%硫代硫酸钠溶液充分中和余氯。

D.4.2 蛔虫卵收集

D.4.2.1 分离

将 100 g 污泥样品和 50 mL 5%氢氧化钠溶液，分别注入三角烧杯内，置于振荡器上，以 200～300 次/min 速度振荡 30 min，然后静置 30 min，以使蛔虫卵不再黏附在污泥上。

D.4.2.2 水洗

将上述样品分装在离心管内，以 2 000～2 500 r/min 的转速离心 5 min。倒去离心管上部的液体，加入容量为沉淀物 10 倍的蒸馏水，混匀，以 2 000～2 500 r/min 的转速离心 5 min，

如此反复数次，直至沉淀物上面的液体接近透明。

D.4.2.3 漂浮

离心管内注入饱和硝酸钠溶液或饱和氯化钠溶液，搅匀，以 2 000～2 500 r/min 的转速离心 5 min。

注 1：由于蛔虫卵的相对密度小于饱和硝酸钠溶液和饱和氯化钠溶液的相对密度，管内绝大多数的蛔虫卵会浮聚在液面上。

注 2：氯化钠溶液投加量以大于沉淀物量 20 倍为宜。

注 3：根据污泥性状，可以调整离心转速或时间。

D.4.2.4 沉淀

反复吸取管中浮膜转移至另一离心管中，加入 10 倍水量的蒸馏水，搅匀，以 5 000 r/min 的转速离心 5 min，慢慢吸去上清液。

注：由于蛔虫卵比水的相对密度大，蛔虫卵将沉在管底内。

D.4.3 培养

在离心管中，加入 2～3 mL 无菌的生理盐水或自来水和几滴 3%福尔马林溶液，摇匀，转移至试管或直接置于 24～26℃恒温箱，培养 20 d。培养中，若溶液量少于 2 mL 时，应及时补充生理盐水或自来水。

D.4.4 镜检

培养后，将样品静置 30 mL 后吸去试管内上层较浑浊的液体，加入约为沉淀物两倍量的蒸馏水或 30%次氯酸钠溶液，混匀，在显微镜下计数死活蛔虫卵数。

注 1：活虫卵经过 20 d 的培养会逐渐发育到幼虫期，而死虫卵则在同一条件下仍然保持单细胞期或停留于某一发育阶段，故可以区别。

注 2：30%次氯酸钠溶液能使虫卵最外层蛋白质壳逐渐溶解，便于在显微镜下清晰观察卵内的幼虫。

D.5 蛔虫卵死亡率计算

按下式计算蛔虫卵死亡率

$$A = \frac{m}{m+n} \times 100$$

式中：A——蛔虫卵死亡率，%；

m——死亡蛔虫卵数；

n——存活蛔虫卵数。

D.6 检验结果报告

根据检验结果，报告 100 g 污泥中蛔虫卵死亡率。

附录 E（规范性附录）

医疗机构污水和污泥中结核杆菌的检验方法

E.1 仪器和设备

E.1.1 电炉。
E.1.2 恒温水浴箱。
E.1.3 高压蒸汽灭菌器。
E.1.4 滤菌器。
E.1.5 离心机。
E.1.6 恒温培养箱。
E.1.7 乙酸纤维膜：孔径为 0.3～0.7 μm
E.1.8 玻璃漏斗 G2：孔径为 10～15 μm
E.1.9 玻璃漏斗 G4：孔径为 3～4 μm
E.1.10 酒精灯

E.2 培养基和试剂

E.2.1 改良罗氏培养基
E.2.1.1 成分

磷酸二氢钾	2.4 g
硫酸镁	0.24 g
枸橼酸镁	0.6 g
谷氨酸钠	1.2 g
甘油	12 mL
淀粉	30 g
蒸馏水	600 mL
鸡蛋液（包括蛋清和蛋黄）	1 000 mL
20%孔雀绿	20 mL

E.2.1.2 制法

将磷酸二氢钾、硫酸镁、枸橼酸钠、谷氨酸钠、甘油及蒸馏水混合于烧杯内，放在沸水浴中加热溶解。加入淀粉继续加热 1 h，摇动使其溶解，待冷却至 50℃加鸡蛋液及孔雀绿，溶解，混匀。制成斜面，保持温度 90℃，灭菌 1 h。

E.2.2 小川氏培养基
E.2.2.1 成分

甲液：无水磷酸二氢钾	1 g
味精	1 g
蒸馏水	100 mL
乙液：全蛋液	200 mL

甘油　　　　　　　　　　　6 mL

2%孔雀绿　　　　　　　　　6 mL

E.2.2.2　制法

甲、乙两液混合分装试管内。制成斜面，保持温度 90℃灭菌 1 h。

E.2.3　pH 为 7.0 的磷酸盐缓冲液（1mol/L）。

E.2.4　10%吐温（Tween）80 水溶液加等量 30%过氧化氢溶液。

E.2.5　4%硫酸溶液。

E.3　检验程序

结核杆菌检验程序见图 E1。

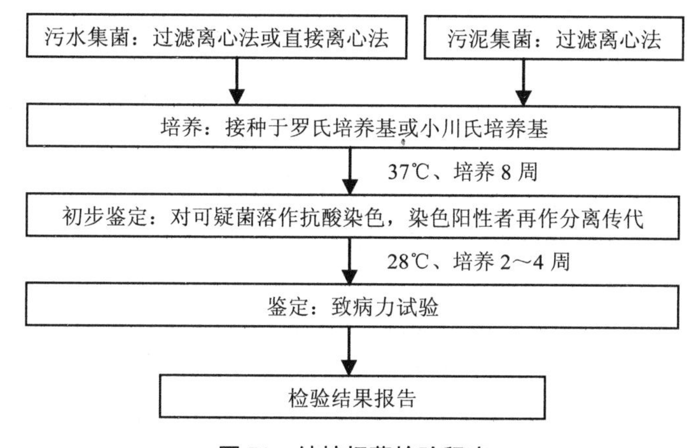

图 E1　结核杆菌检验程序

E.4　操作步骤

E.4.1　集菌

污水集菌可采用过滤离心法或直接离心法，污泥集菌可采用过滤离心法。

E.4.1.1　污水样品

过滤离心法：用经煮沸消毒的乙酸纤维滤膜（孔径 0.3～0.7 μm）抽滤，安装严密后，

取污水样 500 mL 抽滤，根据悬浮物的多少，一份水样需更换数张滤膜，将同一份水样滤膜集中于小烧杯内。根据滤膜的多少用 100～200 mL 4%硫酸溶液反复冲洗，静置 30 min 后，收集洗液于离心管中，3 000 r/min，离心 30 min，弃去上清液，沉淀物中加 1 mL 灭菌生理盐水混合均匀后，供接种用。

直接离心法：水样 500 mL，分装于 50 mL 或 200 mL 灭菌离心管中，3 000 r/min，离心 30 min。同一份水样的沉淀物集中于试管内，加等量 4%硫酸处理 30 min，供接种用。如体积过大，再次离心浓缩后接种。

注：若样品为经过氯消毒的污水，应在采样后立即用 5%硫代硫酸钠溶液充分中和余氯。

E.4.1.2　污泥样品

过滤离心法：取污泥 10 g 加 100 mL 蒸馏水冲洗过滤（滤纸漏斗），再经玻璃漏斗 G2（孔径 10～15 μm）和 G4（孔径 3～4 μm）抽滤，最后经滤膜（孔径 0.45～0.7 μm）抽滤。

取下滤膜，用4%硫酸3 mL，充分振摇冲洗30 min。

注：若样品为经过氯消毒的污泥，应在采样后立即用5%硫代硫酸钠溶液充分中和余氯。

E.4.2 接种

污水的集菌液：全部接种于改良罗氏培养基或小川氏培养基培养管内斜面上，每支培养管接种0.1 mL。

污泥的集菌液：吸取2个0.1 mL，分别接种于改良罗氏培养基或小川氏培养基培养管内斜面上。

E.4.3 培养

已接种的培养基置于37℃培养箱内培养。培养2周后开始观察结果，每周观察2次。一般需要培养8周。

分离菌株：在罗氏培养基上呈淡黄色或无色的粗糙型菌落，作抗酸染色，阳性者作分离传代。分离传代菌株如生长速度在两周以上，则需作菌型鉴定；应用耐热触酶试验和传代培养于28℃培养2～4周，观察是否生长，用此方法即可进行初步鉴定。

E.4.4 致病力试验

耐热触酶反应阴性，28℃不生长之菌落为可疑结核杆菌。于小白鼠尾静脉接种 1 mg菌量（5 mg/mL 菌液，每只动物接种0.2 mL），死亡时观察病变或8周后解剖脏器发现典型结核病变者可确认为检出结核杆菌。其耐热触酶试验方法如下：

取菌落3～5 mg分散于0.5 mL磷酸盐缓冲液中，置68℃水浴中20 min后取出，冷却后加吐温80 h和过氧化氢溶液混合液0.5 mL。

发生气泡为阳性，30 min不产生气泡者为阴性。人型、牛型结核杆菌，胃分枝杆菌和海鱼分枝杆菌为阴性，其他非典型抗酸菌和非致病抗酸菌为阳性。人型、牛型结核杆菌在28 ℃培养不生长，胃分枝杆菌和海鱼分枝杆菌28℃培养能生长。

E.5 检验结果报告

根据检验结果，报告一定体积的样品中存在或不存在结核杆菌。

附录 F（规范性附录）

医疗机构污水污染物（COD、BOD、SS）单位排放负荷计算方法

水污染物单位排放负荷计算公式：

$$L=C\times Q/N$$

式中：L——水污染物单位排放负荷，g/（床·d）；

C——污染物排放浓度，mg/L；

Q——日排水量，m^3/d；

N——床位数，床。

中华人民共和国国家标准

污水海洋处置工程污染控制标准

Standard for pollution control of sewage marine disposal engineering

GB 18486—2001
代替 GWKB 4—2000

前 言

为贯彻执行《中华人民共和国环境保护法》和《中华人民共和国海洋环境保护法》，规范污水海洋处置工程的规划设计、建设和运行管理，保证在合理利用海洋自然净化能力的同时，防止和控制海洋污染，保护海洋资源，保持海洋的可持续利用，维护海洋生态平衡，保障人体健康，制定本标准。

本标准规定了污水海洋处置工程主要水污染物的排放浓度限值、初始稀释度、混合区范围及其他一般规定。

本标准内容(包括实施时间)等同于 2000 年 2 月 29 日国家环境保护总局发布的《污水海洋处置工程污染控制标准》（GWKB 4—2000），自本标准实施之日起，代替 GWKB 4—2000。

《地面水环境质量标准》（GB 3838—1988）正在进行修订，在 GB 3838—1988 修订稿出台之前，本标准引用标准暂执行《地表水环境质量标准》（GHZB 1—1999）。

本标准由国家环境保护总局负责解释。

1 主题内容与适用范围

1.1 主题内容

本标准规定了污水海洋处置工程主要水污染物排放浓度限值、初始稀释度、混合区范围及其他一般规定。

1.2 适用范围

本标准适用于利用放流管和水下扩散器向海域或向排放点含盐度大于 5‰的年概率大于 10%的河口水域排放污水（不包括温排水）的一切污水海洋处置工程。

2 引用标准

下列标准所含条文，在本标准中引用即构成本标准的条文。

GB 3097—1997 海水水质标准

GB 8978—1996 污水综合排放标准

GHZB 1—1999　地表水环境质量标准

当上述标准被修订时，应使用其最新版本。

3 定 义

3.1 污水扩散器

沿着管道轴线设置多个出水口，使污水从水下分散排出的设施称为污水扩散器，其形状有直线型、L 型和 Y 型等。

3.2　放流管

由陆上污水处理设施将污水送至扩散器的管道或隧道称为放流管。大型放流管一般在岸边设有竖井。

3.3　污水海洋处置

放流管加污水扩散器合称为污水放流系统；将污水由陆上处理设施经放流系统从水下排入海洋称为污水海洋处置。

3.4　初始稀释度

污水由扩散器排出后，在出口动量和浮力作用下与环境水体混合并被稀释，在出口动量和浮力作用基本完结时污水被稀释的倍数称为初始稀释度。

3.5　混合区

污水自扩散器连续排出，各个瞬时造成附近水域污染物浓度超过该水域水质目标限值的平面范围的叠加（亦即包络）称为混合区。

3.6　污染物日允许排放量

指本标准涉及的每种污染物通过污水海洋处置工程的日允许排放总量。

4 技术内容

4.1 标准值

4.1.1 进入放流管的水污染物浓度日均值必须满足表 1 的规定。

4.1.2 表 1 中未列出的项目可参照《污水综合排放标准》（GB 8978—1996）执行。

表 1　污水海洋处置工程主要水污染物排放浓度限值　　单位：mg/L

序号	污染物项目	标准值	序号	污染物项目	标准值
1	pH（单位）	6.0～9.0	12	总氰化物≤	0.5
2	悬浮物（SS）≤	200	13	硫化物≤	1.0
3	总 α 放射性（Bq/L）≤	1	14	氟化物≤	15
4	总 β 放射性（Bq/L）≤	10	15	总氮≤	40
5	大肠菌群（个/ml）≤	100	16	无机氮≤	30
6	粪大肠菌群（个/ml）≤	20	17	氨氮≤	25
7	五日生化需氧量（BOD_5）≤	150	18	总磷≤	8.0
8	化学需氧量（COD_{Cr}）≤	300	19	总铜≤	1.0
9	石油类≤	12	20	总锌≤	5.0
10	动植物油≤	70	21	总汞≤	0.05
11	挥发性酚≤	1.0	22	总镉≤	0.1

序号	污染物项目	标准值	序号	污染物项目	标准值
23	总铬≤	1.5	32	有机磷农药（以P计）≤	0.5
24	六价铬≤	0.5	33	苯系物≤	2.5
25	总砷≤	0.5	34	氯苯类≤	2.0
26	总铅≤	1.0	35	甲醛≤	2.0
27	总镍≤	1.0	36	苯胺类≤	3.0
28	总铍≤	0.005	37	硝基苯类≤	4.0
29	总银≤	0.5	38	丙烯腈≤	4.0
30	总硒≤	1.0	39	阴离子表面活性剂（LAS）≤	10
31	苯并[a]芘（μg/L）≤	0.03	40	总有机碳（TOC）≤	120

4.2 初始稀释度的规定

污水海洋处置排放点的选取和放流系统的设计应使其初始稀释度在一年 90%的时间保证率下满足表 2 规定的初始稀释度要求。

表 2 90%时间保证率下初始稀释度要求

排放水域	海 域		按地面水分类的河口水域		
水质类别	第二类	第四类	III类	IV类	V类
初始稀释度≥	45	35	50	40	30

注：对经特批在第二类海域划出一定范围设污水海洋处置排放点的情形，按 90%时间保证率下初始稀释度应≥55。

4.3 混合区规定

污水海洋处置工程污染物的混合区规定如下：

若污水排往开敞海域或面积≥600 km^2（以理论深度基准面为准）的海湾及广阔河口，允许混合区范围：$A_a \leq 3.0\ km^2$。

若污水排往＜600 km^2 的海湾，混合区面积必须小于按以下两种方法计算所得允许值（A_a）中的小者：

$$（一）A_a=2\,400（L+200）（m^2）$$

式中：L——扩散器长度，m。

$$（二）A_a=A_0/200\times10^6（m^2）$$

式中：A_0——计算至湾口位置的海湾面积，m^2。

对于重点海域和敏感海域，划定污水海洋处置工程污染物的混合区时还需要考虑排放点所在海域的水流交换条件、海洋水生生态等。

4.4 一般规定

4.4.1 污水海洋处置的排放点必须选在有利于污染物向外海输移扩散的海域，并避开由岬角等特定地形引起的涡流及波浪破碎带。

4.4.2 污水海洋处置排放点的选址不得影响鱼类洄游通道，不得影响混合区外邻近功能区的使用功能。在河口区，混合区范围横向宽度不得超过河口宽度的 1/4。

4.4.3 扩散器必须铺设在全年任何时候水深至少达 7 m 的水底，其起点离低潮线至少 200 m。

4.4.4 必须综合考虑排放点所在海域的水质状况、功能区的要求和周边的其他排放源，计算表 1 中所列各类污染物的允许排放量。对实施污染物排放总量控制的重点海域，确定污水海洋处置工程污染物的允许排放量时，应考虑该海域的污染物排放总量控制指标。

4.4.5 污水通过放流系统排放前须至少经过一级处理。

4.4.6 污水海洋处置不得导致纳污水域混合区以外生物群落结构退化和改变。

4.4.7 污水海洋处置不得导致有毒物质在纳污水域沉积物或生物体中富集到有害的程度。

5 监 测

5.1 污水监测

5.1.1 采样点：进入放流管的污水水质监测在陆上处理设施出水口或竖井中采样。

5.1.2 采样频率：实测的水污染物排放浓度按日均值计算，每次监测要 24 h 连续采样，每 4 h 采一个样。

5.1.3 污水水样监测按《污水综合排放标准》规定的方法进行。

5.2 初始稀释度与混合区监测

5.2.1 初始稀释度：根据每个采样时刻的水流条件在出水口周围沿扩散器轴线适当布点采样监测，并取各点同一时刻监测值的平均计算该时刻的初始稀释度。每次监测时间必须覆盖至少一个潮周期，等时间间隔采样不少于 8 次。

5.2.2 混合区：根据排放点处的具体水文条件合理布点采样监测。每个点须采上、中、下混合样。每次监测采样时间必须覆盖至少一个潮周期，采样时刻应抓住高潮、低潮、涨急、落急等特定水流条件。

5.2.3 海水水样监测按《海水水质标准》规定的方法进行。

6 标准实施监督

6.1 本标准由县级以上人民政府环境保护行政主管部门负责监督实施。

6.2 沿海各省、自治区、直辖市人民政府可根据当地的实际情况需要，制定地方污水海洋处置工程污染控制标准，并报国家环境保护行政主管部门备案。

中华人民共和国国家标准

城镇污水处理厂污染物排放标准

Discharge standard of pollutants for municipal wastewater treatment plant

GB 18918—2002

前 言

为贯彻《中华人民共和国环境保护法》《中华人民共和国水污染防治法》《中华人民共和国海洋环境保护法》《中华人民共和国大气污染防治法》《中华人民共和国固体废物污染环境防治法》，促进城镇污水处理厂的建设和管理，加强城镇污水处理厂污染物的排放控制和污水资源化利用，保障人体健康，维护良好的生态环境，结合我国《城市污水处理及污染防治技术政策》，制定本标准。

本标准规定了城镇污水处理厂出水、废气和污泥中污染物的控制项目和标准值。

本标准自实施之日起，城镇污水处理厂水污染物、大气污染物的排放和污泥的控制一律执行本标准。

排入城镇污水处理厂的工业废水和医院污水，应达到 GB 8978《污水综合排放标准》、相关行业的国家排放标准、地方排放标准的相应规定限值及地方总量控制的要求。

本标准为首次发布。

本标准由国家环境保护总局科技标准司提出。

本标准由北京市环境保护科学研究院、中国环境科学研究院负责起草。

本标准由国家环境保护总局 2002 年 12 月 2 日批准。

本标准由国家环境保护总局负责解释。

1 范 围

本标准规定了城镇污水处理厂出水、废气排放和污泥处置（控制）的污染物限值。

本标准适用于城镇污水处理厂出水、废气排放和污泥处置（控制）的管理。

居民小区和工业企业内独立的生活污水处理设施污染物的排放管理，也按本标准执行。

2 规范性引用文件

下列标准中的条文通过本标准的引用即成为本标准的条文，与本标准同效。

GB 3838　地表水环境质量标准

GB 3097　海水水质标准

GB 3095 环境空气质量标准
GB 4284 农用污泥中污染物控制标准
GB 8978 污水综合排放标准
GB 12348 工业企业厂界噪声标准
GB 16297 大气污染物综合排放标准
HJ/T 55 大气污染物无组织排放监测技术导则
当上述标准被修订时，应使用其最新版本。

3 术语和定义

3.1 城镇污水（municipal wastewater）
指城镇居民生活污水，机关、学校、医院、商业服务机构及各种公共设施排水，以及允许排入城镇污水收集系统的工业废水和初期雨水等。
3.2 城镇污水处理厂（municipal wastewater treatment plant）
指对进入城镇污水收集系统的污水进行净化处理的污水处理厂。
3.3 一级强化处理（enhanced primary treatment）
在常规一级处理（重力沉降）基础上，增加化学混凝处理、机械过滤或不完全生物处理等，以提高一级处理效果的处理工艺。

4 技术内容

4.1 水污染物排放标准
4.1.1 控制项目及分类
4.1.1.1 根据污染物的来源及性质，将污染物控制项目分为基本控制项目和选择控制项目两类。基本控制项目主要包括影响水环境和城镇污水处理厂一般处理工艺可以去除的常规污染物，以及部分一类污染物，共 19 项。选择控制项目包括对环境有较长期影响或毒性较大的污染物，共计 43 项。
4.1.1.2 基本控制项目必须执行。选择控制项目，由地方环境保护行政主管部门根据污水处理厂接纳的工业污染物的类别和水环境质量要求选择控制。
4.1.2 标准分级
根据城镇污水处理厂排入地表水域环境功能和保护目标，以及污水处理厂的处理工艺，将基本控制项目的常规污染物标准值分为一级标准、二级标准、三级标准。一级标准分为 A 标准和 B 标准。部分一类污染物和选择控制项目不分级。
4.1.2.1 一级标准的 A 标准是城镇污水处理厂出水作为回用水的基本要求。当污水处理厂出水引入稀释能力较小的河湖作为城镇景观用水和一般回用水等用途时，执行一级标准的 A 标准。
4.1.2.2 城镇污水处理厂出水排入 GB 3838 地表水Ⅲ类功能水域（划定的饮用水水源保护区和游泳区除外）GB 3097 海水二类功能水域和湖、库等封闭或半封闭水域时，执行一级标准的 B 标准。
4.1.2.3 城镇污水处理厂出水排入 GB 3838 地表水Ⅳ、Ⅴ类功能水域或 GB 3097 海水三、四类功能海域，执行二级标准。

4.1.2.4 非重点控制流域和非水源保护区的建制镇的污水处理厂，根据当地经济条件和水污染控制要求，采用一级强化处理工艺时，执行三级标准。但必须预留二级处理设施的位置，分期达到二级标准。

4.1.3 标准值

4.1.3.1 城镇污水处理厂水污染物排放基本控制项目，执行表1和表2的规定。

4.1.3.2 选择控制项目按表3的规定执行。

表1 基本控制项目最高允许排放浓度（日均值） 单位：mg/L

<table>
<tr><th rowspan="2">序号</th><th rowspan="2" colspan="2">基本控制项目</th><th colspan="2">一级标准</th><th rowspan="2">二级标准</th><th rowspan="2">三级标准</th></tr>
<tr><th>A 标准</th><th>B 标准</th></tr>
<tr><td>1</td><td colspan="2">化学需氧量（COD）</td><td>50</td><td>60</td><td>100</td><td>120①</td></tr>
<tr><td>2</td><td colspan="2">生化需氧量（BOD_5）</td><td>10</td><td>20</td><td>30</td><td>60①</td></tr>
<tr><td>3</td><td colspan="2">悬浮物（SS）</td><td>10</td><td>20</td><td>30</td><td>50</td></tr>
<tr><td>4</td><td colspan="2">动植物油</td><td>1</td><td>3</td><td>5</td><td>20</td></tr>
<tr><td>5</td><td colspan="2">石油类</td><td>1</td><td>3</td><td>5</td><td>15</td></tr>
<tr><td>6</td><td colspan="2">阴离子表面活性剂</td><td>0.5</td><td>1</td><td>2</td><td>5</td></tr>
<tr><td>7</td><td colspan="2">总氮（以N计）</td><td>15</td><td>20</td><td>—</td><td>—</td></tr>
<tr><td>8</td><td colspan="2">氨氮（以N计）②</td><td>5（8）</td><td>8（15）</td><td>25（30）</td><td>—</td></tr>
<tr><td rowspan="2">9</td><td rowspan="2">总磷（以P计）</td><td>2005年12月31日前建设的</td><td>1</td><td>1.5</td><td>3</td><td>5</td></tr>
<tr><td>2006年1月1日起建设的</td><td>0.5</td><td>1</td><td>3</td><td>5</td></tr>
<tr><td>10</td><td colspan="2">色度（稀释倍数）</td><td>30</td><td>30</td><td>40</td><td>50</td></tr>
<tr><td>11</td><td colspan="2">pH</td><td colspan="4">6～9</td></tr>
<tr><td>12</td><td colspan="2">粪大肠菌群数/（个/L）</td><td>10^3</td><td>10^4</td><td>10^4</td><td>—</td></tr>
</table>

注：①下列情况下按去除率指标执行：当进水COD大于350 mg/L时，去除率应大于60%；BOD大于160 mg/L时，去除率应大于50%。

②括号外数值为水温＞12℃时的控制指标，括号内数值为水温≤12℃时的控制指标。

表2 部分一类污染物最高允许排放浓度（日均值） 单位：mg/L

序号	项目	标准值
1	总汞	0.001
2	烷基汞	不得检出
3	总镉	0.01
4	总铬	0.1
5	六价铬	0.05
6	总砷	0.1
7	总铅	0.1

表 3 选择控制项目最高允许排放浓度（日均值） 单位：mg/L

序号	选择控制项目	标准值	序号	选择控制项目	标准值
1	总镍	0.05	23	三氯乙烯	0.3
2	总铍	0.002	24	四氯乙烯	0.1
3	总银	0.1	25	苯	0.1
4	总铜	0.5	26	甲苯	0.1
5	总锌	1.0	27	邻-二甲苯	0.4
6	总锰	2.0	28	对-二甲苯	0.4
7	总硒	0.1	29	间-二甲苯	0.4
8	苯并[a]芘	0.000 03	30	乙苯	0.4
9	挥发酚	0.5	31	氯苯	0.3
10	总氰化物	0.5	32	1,4-二氯苯	0.4
11	硫化物	1.0	33	1,2-二氯苯	1.0
12	甲醛	1.0	34	对硝基氯苯	0.5
13	苯胺类	0.5	35	2,4-二硝基氯苯	0.5
14	总硝基化合物	2.0	36	苯酚	0.3
15	有机磷农药（以 P 计）	0.5	37	间-甲酚	0.1
16	马拉硫磷	1.0	38	2,4-二氯酚	0.6
17	乐果	0.5	39	2,4,6-三氯酚	0.6
18	对硫磷	0.05	40	邻苯二甲酸二丁酯	0.1
19	甲基对硫磷	0.2	41	邻苯二甲酸二辛酯	0.1
20	五氯酚	0.5	42	丙烯腈	2.0
21	三氯甲烷	0.3	43	可吸附有机卤化物（AOX，以 Cl 计）	1.0
22	四氯化碳	0.03			

4.1.4 取样与监测

4.1.4.1 水质取样在污水处理厂处理工艺末端排放口。在排放口应设污水水量自动计量装置、自动比例采样装置，pH、水温、COD 等主要水质指标应安装在线监测装置。

4.1.4.2 取样频率为至少每 2 h 一次，取 24 h 混合样，以日均值计。

4.1.4.3 监测分析方法按表 4 或国家环境保护总局认定的替代方法、等效方法执行。

4.2 大气污染物排放标准

4.2.1 标准分级

根据城镇污水处理厂所在地区的大气环境质量要求和大气污染物治理技术和设施条件，将标准分为三级。

表4 水污染物监测分析方法

序号	控制项目	测定方法	测定下限/（mg/L）	方法来源
1	化学需氧量（COD）	重铬酸盐法	30	GB 11914—89
2	生化需氧量（BOD）	稀释与接种法	2	GB 7488—87
3	悬浮物（SS）	重量法		GB 11901—89
4	动植物油	红外光度法	0.1	GB/T 16488—1996
5	石油类	红外光度法	0.1	GB/T 16488—1996
6	阴离子表面活性剂	亚甲蓝分光光度法	0.05	GB 7494—87
7	总氮	碱性过硫酸钾-消解紫外分光光度法	0.05	GB 11894—89
8	氨氮	蒸馏和滴定法	0.2	GB 7478—87
9	总磷	钼酸铵分光光度法	0.01	GB 11893—89
10	色度	稀释倍数法		GB 11903—89
11	pH	玻璃电极法		GB 6920—86
12	粪大肠菌群数	多管发酵法		1）
13	总汞	冷原子吸收分光光度法 双硫腙分光光度法	0.000 1 0.002	GB 7468—87 GB 7469—87
14	烷基汞	气相色谱法	10 ng/L	GB/T 14204—93
15	总镉	原子吸收分光光度法（螯合萃取法） 双硫腙分光光度法	0.001 0.001	GB 7475—87 GB 7471—87
16	总铬	高锰酸钾氧化-二苯碳酰二肼分光光度法	0.004	GB 7466—87
17	六价铬	二苯碳酰二肼分光光度法	0.004	GB 7467—87
18	总砷	二乙基二硫代氨基甲酸银分光光度法	0.007	GB 7485—87
19	总铅	原子吸收分光光度法（螯合萃取法） 双硫腙分光光度法	0.01 0.01	GB 7475—87 GB 7470—87
20	总镍	火焰原子吸收分光光度法 丁二酮肟分光光度法	0.05 0.25	GB 11912—89 GB 11910—89
21	总铍	活性炭吸附——铬天菁S光度法		1）
22	总银	火焰原子吸收分光光度法 镉试剂2B分光光度法	0.03 0.01	GB 11907—89 GB 11908—89
23	总铜	原子吸收分光光度法 二乙基二硫氨基甲酸钠分光光度法	0.01 0.01	GB 7475—87 GB 7474—87
24	总锌	原子吸收分光光度法 双硫腙分光光度法	0.05 0.005	GB 7475—87 GB 7472—87
25	总锰	火焰原子吸收分光光度法 高碘酸钾分光光度法	0.01 0.02	GB 11911—89 GB 11906—89
26	总硒	2,3-二氨基萘荧光法	0.25 μg/L	GB 11902—89
27	苯并[a]芘	高压液相色谱法 乙酰化滤纸层析荧光分光光度法	0.001 μg/L 0.004 μg/L	GB 13198—91 GB 11895—89

序号	控制项目	测定方法	测定下限/（mg/L）	方法来源
28	挥发酚	蒸馏后 4-氨基安替比林分光光度法	0.002	GB 7490—87
29	总氰化物	硝酸银滴定法 异烟酸-吡唑啉酮比色法 吡啶-巴比妥酸比色法	0.25 0.004 0.002	GB 7486—87 GB 7486—87 GB 7486—87
30	硫化物	亚甲基蓝分光光度法 直接显色分光光度法	0.005 0.004	GB/T 16489—1996 GB/T 17133—1997
31	甲醛	乙酰丙酮分光光度法	0.05	GB 13197—91
32	苯胺类	N-（1-萘基）乙二胺偶氮分光光度法	0.03	GB 11889—89
33	总硝基化合物	气相色谱法	5 μg/L	GB 4919—85
34	有机磷农药（以 P 计）	气相色谱法	0.5 μg/L	GB 13192—91
35	马拉硫磷	气相色谱法	0.64 μg/L	GB 13192—91
36	乐果	气相色谱法	0.57 μg/L	GB 13192—91
37	对硫磷	气相色谱法	0.54 μg/L	GB 13192—91
38	甲基对硫磷	气相色谱法	0.42 μg/L	GB 13192—91
39	五氯酚	气相色谱法 藏红 T 分光光度法	0.04 μg/L 0.01	GB 8972—88 GB 9803—88
40	三氯甲烷	顶空气相色谱法	0.30 μg/L	GB/T 17130—1997
41	四氯化碳	顶空气相色谱法	0.05 μg/L	GB/T 17130—1997
42	三氯乙烯	顶空气相色谱法	0.50 μg/L	GB/T 17130—1997
43	四氯乙烯	顶空气相色谱法	0.2 μg/L	GB/T 17130—1997
44	苯	气相色谱法	0.05	GB 11890—89
45	甲苯	气相色谱法	0.05	GB 11890—89
46	邻-二甲苯	气相色谱法	0.05	GB 11890—89
47	对-二甲苯	气相色谱法	0.05	GB 11890—89
48	间-二甲苯	气相色谱法	0.05	GB 11890—89
49	乙苯	气相色谱法	0.05	GB 11890—89
50	氯苯	气相色谱法		HJ/T 74—2001
51	1,4-二氯苯	气相色谱法	0.005	GB/T 17131—1997
52	1,2-二氯苯	气相色谱法	0.002	GB/T 17131—1997
53	对硝基氯苯	气相色谱法		GB 13194—91
54	2,4-二硝基氯苯	气相色谱法		GB 13194—91
55	苯酚	液相色谱法	1.0 μg/L	1）
56	间-甲酚	液相色谱法	0.8 μg/L	1）
57	2,4-二氯酚	液相色谱法	1.1 μg/L	1）
58	2,4,6-三氯酚	液相色谱法	0.8 μg/L	1）
59	邻苯二甲酸二丁酯	气相、液相色谱法		HJ/T 72—2001
60	邻苯二甲酸二辛酯	气相、液相色谱法		HJ/T 72—2001
61	丙烯腈	气相色谱法		HJ/T 73—2001
62	可吸附有机卤化物（AOX）（以 Cl 计）	微库仑法 离子色谱法	10 μg/L	GB/T 15959—1995 HJ/T 83—2001

注：暂采用下列方法，待国家方法标准发布后，执行国家标准。

1）《水和废水监测分析方法（第四版）》，中国环境科学出版社，2002 年。

4.2.1.1 位于 GB 3095 一类区的所有（包括现有和新建、改建、扩建）城镇污水处理厂，自本标准实施之日起，执行一级标准。

4.2.1.2 位于 GB 3095 二类区和三类区的城镇污水处理厂，分别执行二级标准和三级标准。其中 2003 年 6 月 30 日之前建设（包括改、扩建）的城镇污水处理厂，实施标准的时间为 2006 年 1 月 1 日；2003 年 7 月 1 日起新建（包括改、扩建）的城镇污水处理厂，自本标准实施之日起开始执行。

4.2.1.3 新建（包括改、扩建）城镇污水处理厂周围应建设绿化带，并设有一定的防护距离，防护距离的大小由环境影响评价确定。

4.2.2 标准值

城镇污水处理厂废气的排放标准值按表 5 的规定执行。

表 5 厂界（防护带边缘）废气排放最高允许浓度　　单位：mg/m^3

序号	控制项目	一级标准	二级标准	三级标准
1	氨	1.0	1.5	4.0
2	硫化氢	0.03	0.06	0.32
3	臭气浓度（量纲为 1）	10	20	60
4	甲烷（厂区最高体积分数/%）	0.5	1	1

4.2.3 取样与监测

4.2.3.1 氨、硫化氢、臭气浓度监测点设于城镇污水处理厂厂界或防护带边缘的浓度最高点；甲烷监测点设于厂区内浓度最高点。

4.2.3.2 监测点的布置方法与采样方法按 GB 16297 中附录 C 和 HJ/T 55 的有关规定执行。

4.2.3.3 采样频率，每 2 h 采样一次，共采集 4 次，取其最大测定值。

4.2.3.4 监测分析方法按表 6 执行。

表 6 大气污染物监测分析方法

序号	控制项目	测定方法	方法来源
1	氨	次氯酸钠-水杨酸分光光度法	GB/T 14679—93
2	硫化氢	气相色谱法	GB/T 14678—93
3	臭气浓度	三点比较式臭袋法	GB/T 14675—93
4	甲烷	气相色谱法	CJ/T 3037—95

4.3 污泥控制标准

4.3.1 城镇污水处理厂的污泥应进行稳定化处理，稳定化处理后应达到表 7 的规定。

表 7 污泥稳定化控制指标

稳定化方法	控制项目	控制指标
厌氧消化	有机物降解率/%	＞40
好氧消化	有机物降解率/%	＞40
好氧堆肥	含水率/%	＜65
	有机物降解率/%	＞50
	蠕虫卵死亡率/%	＞95
	粪大肠菌群菌值	＞0.01

4.3.2 城镇污水处理厂的污泥应进行污泥脱水处理，脱水后污泥含水率应小于 80%。

4.3.3 处理后的污泥进行填埋处理时，应达到安全填埋的相关环境保护要求。

4.3.4 处理后的污泥农用时，其污染物含量应满足表 8 的要求。其施用条件须符合 GB 4284 的有关规定。

表 8 污泥农用时污染物控制标准限值

序号	控制项目	最高允许含量（以干污泥计）/（mg/kg）	
		酸性土壤（pH<6.5）	中性和碱性土壤（pH≥6.5）
1	总镉	5	20
2	总汞	5	15
3	总铅	300	1 000
4	总铬	600	1 000
5	总砷	75	75
6	总镍	100	200
7	总锌	2 000	3 000
8	总铜	800	1 500
9	硼	150	150
10	石油类	3 000	3 000
11	苯并[a]芘	3	3
12	多氯代二苯并二噁英/多氯代二苯并呋喃（PCDD/PCDF 单位：ng/kg）	100	100
13	可吸附有机卤化物（AOX）（以 Cl 计）	500	500
14	多氯联苯（PCB）	0.2	0.2

4.3.5 取样与监测

4.3.5.1 取样方法，采用多点取样，样品应有代表性，样品重量不小于 1 kg。

4.3.5.2 监测分析方法按表 9 执行。

表 9 污泥特性及污染物监测分析方法

序号	控制项目	测定方法	方法来源
1	污泥含水率	烘干法	1）
2	有机质	重铬酸钾法	1）
3	蠕虫卵死亡率	显微镜法	GB 7959—87
4	粪大肠菌群菌值	发酵法	GB 7959—87
5	总镉	石墨炉原子吸收分光光度法	GB/T 17141—1997
6	总汞	冷原子吸收分光光度法	GB/T 17136—1997
7	总铅	石墨炉原子吸收分光光度法	GB/T 17141—1997
8	总铬	火焰原子吸收分光光度法	GB/T 17137—1997
9	总砷	硼氢化钾-硝酸银分光光度法	GB/T 17135—1997
10	硼	姜黄素比色法	2）

序号	控制项目	测定方法	方法来源
11	矿物油	红外分光光度法	2）
12	苯并[a]芘	气相色谱法	2）
13	总铜	火焰原子吸收分光光度法	GB/T 17138—1997
14	总锌	火焰原子吸收分光光度法	GB/T 17138—1997
15	总镍	火焰原子吸收分光光度法	GB/T 17139—1997
16	多氯代二苯并二噁英/多氯代二苯并呋喃（PCDD/PCDF）	同位素稀释高分辨毛细管气相色谱/高分辨质谱法	HJ/T 77—2001
17	可吸附有机卤化物（AOX）		待定
18	多氯联苯（PCB）	气相色谱法	待定

注：暂采用下列方法，待国家方法标准发布后，执行国家标准。

1）《城镇垃圾农用监测分析方法》。

2）《农用污泥监测分析方法》。

4.4 城镇污水处理厂噪声控制按 GB 12348 执行。

4.5 城镇污水处理厂的建设（包括改、扩建）时间以环境影响评价报告书批准的时间为准。

5 其他规定

城镇污水处理厂出水作为水资源用于农业、工业、市政、地下水回灌等方面不同用途时，还应达到相应的用水水质要求，不得对人体健康和生态环境造成不利影响。

6 标准的实施与监督

6.1 本标准由县级以上人民政府环境保护行政主管部门负责监督实施。

6.2 省、自治区、直辖市人民政府对执行国家污染物排放标准不能达到本地区环境功能要求时，可以根据总量控制要求和环境影响评价结果制定严于本标准的地方污染物排放标准，并报国家环境保护行政主管部门备案。

关于发布《城镇污水处理厂污染物排放标准》（GB18918-2002）修改单的公告

国家环境保护总局公告　2006 年 第 21 号

为贯彻《中华人民共和国水污染防治法》，加强对城镇污水处理厂建设和运行的管理，改善城镇水环境质量，现发布《城镇污水处理厂污染物排放标准》（GB 18918—2002）修改单，本修改单自发布之日起实施。

特此公告。

附件：《城镇污水处理厂污染物排放标准》（GB 18918—2002）修改单

二〇〇六年五月八日

附件：

《城镇污水处理厂污染物排放标准》（GB 18918—2002）修改单

4.1.2.2　修改为：城镇污水处理厂出水排入国家和省确定的重点流域及湖泊、水库等封闭、半封闭水域时，执行一级标准的 A 标准，排入 GB 3838 地表水Ⅲ类功能水域（划定的饮用水源保护区和游泳区除外）、GB 3097 海水二类功能水域时，执行一级标准的 B 标准。

中华人民共和国国家标准

柠檬酸工业水污染物排放标准

Discharge standard of water pollutants for citric acid industry

GB 19430—2013
代替 GB 19430—2004

前　言

为贯彻《中华人民共和国环境保护法》《中华人民共和国水污染防治法》《中华人民共和国海洋环境保护法》《国务院关于加强环境保护重点工作的意见》等法律、法规和《国务院关于编制全国主体功能区规划的意见》，保护环境，防治污染，促进柠檬酸工业生产工艺和污染治理技术的进步，制定本标准。

本标准规定了柠檬酸工业企业生产过程中水污染物排放限值、监测和监控要求。

本标准中的污染物排放浓度均为质量浓度。

柠檬酸工业企业排放大气污染物（含恶臭污染物）、环境噪声适用相应的国家污染物排放标准，产生固体废物的鉴别、处理和处置适用国家固体废物污染控制标准。

本标准首次发布于 2004 年，本次为第一次修订。

本次修订的主要内容：

——调整了排放标准体系和标准名称；

——根据落实国家环境保护规划、环境保护管理和执法工作的需要，增加了水污染物控制项目，提高了污染物排放控制要求；

——为促进区域经济与环境协调发展，推动经济结构的调整和经济增长方式的转变，引导柠檬酸工业生产工艺和污染治理技术的发展方向，规定了水污染物特别排放限值。

——为完善国家环境保护标准体系，规范水污染物排放行为，适应国家水污染防治工作的需要，增加了水污染物间接排放限值。

自本标准实施之日起，《柠檬酸工业污染物排放标准》（GB 19430—2004）同时废止。

地方省级人民政府对本标准未作规定的污染物项目，可以制定地方污染物排放标准；对本标准已作规定的污染物项目，可以制定严于本标准的地方污染物排放标准。

本标准由环境保护部科技标准司组织制订。

本标准主要起草单位：中国环境科学研究院、中国轻工业清洁生产中心、中国发酵工业协会、日照金禾生化集团有限公司。

本标准环境保护部 2013 年 2 月 25 日批准。

本标准自 2013 年 7 月 1 日起实施。

本标准由环境保护部解释。

1 适用范围

本标准规定了柠檬酸工业企业或生产设施的水污染物排放限值、监测和监控要求，以及标准的实施与监督等相关规定。

本标准适用于现有柠檬酸工业企业或生产设施的水污染物排放管理。

本标准适用于对柠檬酸工业企业建设项目的环境影响评价、环境保护设施设计、竣工环境保护验收及其投产后的水污染物排放管理。

本标准适用于法律允许的水污染物排放行为。新设立污染源的选址和特殊保护区域内现有污染源的管理，按照《中华人民共和国水污染防治法》《中华人民共和国海洋环境保护法》《中华人民共和国环境影响评价法》等法律的相关规定执行。

本标准规定的水污染物排放控制要求适用于企业直接或间接向其法定边界外排放水污染物的行为。

2 规范性引用文件

本标准引用了下列文件或其中的条款。凡未注明日期的引用文件，其最新版本适用于本标准。

GB/T 6920　水质　pH 值的测定　玻璃电极法

GB/T 11893　水质　总磷的测定　钼酸铵分光光度法

GB/T 11901　水质　悬浮物的测定　重量法

GB/T 11903　水质　色度的测定

GB/T 11914　水质　化学需氧量的测定　重铬酸盐法

HJ 505　水质　五日生化需氧量（BOD_5）的测定　稀释与接种法

HJ 535　水质　氨氮的测定　纳氏试剂分光光度法

HJ 536　水质　氨氮的测定　水杨酸分光光度法

HJ 537　水质　氨氮的测定　蒸馏-中和滴定法

HJ 636　水质　总氮的测定　碱性过硫酸钾消解紫外分光光度法

HJ/T 86　水质　生化需氧量（BOD）的测定　微生物传感器快速测定法

HJ/T 195　水质　氨氮的测定　气相分子吸收光谱法

HJ/T 199　水质　总氮的测定　气相分子吸收光谱法

HJ/T 399　水质　化学需氧量的测定　快速消解分光光度法

《污染源自动监控管理办法》（国家环境保护总局令　第 28 号）

《环境监测管理办法》（国家环境保护总局令　第 39 号）

3 术语和定义

下列术语和定义适用于本标准。

3.1　柠檬酸工业　citric acid industry

指以玉米（淀粉）、薯干（淀粉）等为主要原料，通过糖化、发酵、提取和精制等过程生产柠檬酸产品的生产企业或生产设施。

3.2 现有企业 existing facility

指本标准实施之日前，已建成投产或环境影响评价文件已通过审批的柠檬酸生产企业或生产设施。

3.3 新建企业 new facility

指本标准实施之日起，环境影响评价文件通过审批的新建、改建和扩建的柠檬酸生产设施建设项目。

3.4 排水量 effluent volume

指生产设施或企业向企业法定边界以外排放的废水的量，包括与生产有直接或间接关系的各种外排废水（含厂区生活污水、冷却废水、厂区锅炉和电站排水等）。

3.5 单位产品基准排水量 benchmark effluent volume per unit product

指用于核定水污染物排放浓度而规定的生产单位柠檬酸产品的废水排放量上限值。

3.6 直接排放 direct discharge

指排污单位直接向环境排放水污染物的行为。

3.7 间接排放 indirect discharge

指排污单位向公共污水处理系统排放水污染物的行为。

3.8 公共污水处理系统 public wastewater treatment system

指通过纳污管道等方式收集废水，为两家以上排污单位提供废水处理服务并且排水能够达到相关排放标准要求的企业或机构，包括各种规模和类型的城镇污水处理厂、区域（包括各类工业园区、开发区、工业聚集地等）废水处理厂等，其废水处理程度应达到二级或二级以上。

4 水污染物排放控制要求

4.1 自 2013 年 7 月 1 日起至 2014 年 12 月 31 日止，现有企业执行表 1 规定的水污染物排放限值。

表 1 现有企业水污染物排放限值及单位产品基准排水量

单位：mg/L（pH 值、色度除外）

序号	污染物项目	限值		污染物排放监控位置
		直接排放	间接排放	
1	pH 值	6～9	6～9	企业废水总排放口
2	色度（稀释倍数）	50	100	
3	悬浮物	80	160	
4	五日生化需氧量（BOD_5）	40	80	
5	化学需氧量（COD_{Cr}）	150	300	
6	氨氮	15	30	
7	总氮	25	80	
8	总磷	2.0	4.0	
单位产品基准排水量/（m^3/t）		40		排水量计量位置与污染物排放监控位置一致

4.2 自 2015 年 1 月 1 日起，现有企业执行表 2 规定的水污染物排放限值。

4.3 自 2013 年 7 月 1 日起，新建企业执行表 2 规定的水污染物排放限值。

表 2　新建企业水污染物排放限值及单位产品基准排水量

单位：mg/L（pH 值、色度除外）

序号	污染物项目	限值		污染物排放监控位置
		直接排放	间接排放	
1	pH 值	6～9	6～9	企业废水总排放口
2	色度（稀释倍数）	40	100	
3	悬浮物	50	160	
4	五日生化需氧量（BOD_5）	20	80	
5	化学需氧量（COD_{Cr}）	100	300	
6	氨氮	10	30	
7	总氮	20	80	
8	总磷	1.0	4.0	
单位产品基准排水量/（m^3/t）		30		排水量计量位置与污染物排放监控位置一致

4.4　根据环境保护工作的要求，在国土开发密度已经较高、环境承载能力开始减弱，或环境容量较小、生态环境脆弱，容易发生严重环境污染问题而需要采取特别保护措施的地区，应严格控制企业的污染物排放行为，在上述地区的企业执行表 3 规定的水污染物特别排放限值。

执行水污染物特别排放限值的地域范围、时间，由国务院环境保护主管部门或省级人民政府规定。

表 3　水污染物特别排放限值及单位产品基准排水量

单位：mg/L（pH 值、色度除外）

序号	污染物项目	限值		污染物排放监控位置
		直接排放	间接排放	
1	pH 值	6～9	6～9	企业废水总排放口
2	色度（稀释倍数）	30	50	
3	悬浮物	10	50	
4	五日生化需氧量（BOD_5）	10	20	
5	化学需氧量（COD_{Cr}）	50	100	
6	氨氮	8	10	
7	总氮	15	50	
8	总磷	1.0	2.0	
单位产品基准排水量/（m^3/t）		20		排水量计量位置与污染物排放监控位置一致

4.5　水污染物排放浓度限值适用于单位产品实际排水量不高于单位产品基准排水量的情况。若单位产品实际排水量超过单位产品基准排水量，须按式（1）将实测水污染物浓度换算为水污染物基准排水量排放浓度，并以水污染物基准排水量排放浓度作为判定排放是否达标的依据。产品产量和排水量统计周期为一个工作日。

在企业的生产设施同时生产两种以上产品、可适用不同排放控制要求或不同行业国家污染物排放标准，且生产设施产生的污水混合处理排放的情况下，应执行排放标准中规定的最严格的浓度限值，并按式（1）换算水污染物基准排水量排放浓度。

$$\rho_{基} = \frac{Q_{总}}{\sum Y_i \cdot Q_{i基}} \cdot \rho_{实} \qquad (1)$$

式中：$\rho_{基}$——水污染物基准排水量排放浓度，mg/L；

$Q_{总}$——排水总量，m^3；

Y_i——某种产品产量，t；

$Q_{i基}$——某种产品的单位产品基准排水量，m^3/t；

$\rho_{实}$——实测水污染物排放浓度，mg/L。

若$Q_{总}$与$\sum Y_i \cdot Q_{i基}$的比值小于 1，则以水污染物实测浓度作为判定排放是否达标的依据。

5 水污染物监测要求

5.1 对企业排放废水的采样，应根据监测污染物的种类，在规定的污染物排放监控位置进行，有废水处理设施的，应在该设施后监控。企业应按照国家有关污染源监测技术规范的要求设置采样口，在污染物排放监控位置应设置排污口标志。

5.2 新建企业和现有企业安装污染物排放自动监控设备的要求，按有关法律和《污染源自动监控管理办法》的规定执行。

5.3 对企业污染物排放情况进行监测的频次、采样时间等要求，按国家有关污染源监测技术规范的规定执行。

5.4 企业产品产量的核定，以法定报表为依据。

5.5 企业应按照有关法律和《环境监测管理办法》的规定，对排污状况进行监测，并保存原始监测记录。

5.6 对企业排放水污染物浓度的测定采用表 4 所列的方法标准。

表 4 水污染物浓度测定方法标准

序号	污染物项目	分析方法标准名称	方法标准编号
1	pH 值	水质 pH 值的测定 玻璃电极法	GB/T 6920
2	色度	水质 色度的测定	GB/T 11903
3	悬浮物	水质 悬浮物的测定 重量法	GB/T 11901
4	生化需氧量	水质 五日生化需氧量（BOD_5）的测定 稀释与接种法	HJ 505
		水质 生化需氧量（BOD）的测定 微生物传感器快速测定法	HJ/T 86
5	化学需氧量	水质 化学需氧量的测定 重铬酸盐法	GB/T 11914
		水质 化学需氧量的测定 快速消解分光光度法	HJ/T 399
6	氨氮	水质 氨氮的测定 纳氏试剂分光光度法	HJ 535
		水质 氨氮的测定 水杨酸分光光度法	HJ 536
		水质 氨氮的测定 蒸馏-中和滴定法	HJ 537
		水质 氨氮的测定 气相分子吸收光谱法	HJ/T 195
7	总氮	水质 总氮的测定 碱性过硫酸钾消解紫外分光光度法	HJ 636
		水质 总氮的测定 气相分子吸收光谱法	HJ/T 199
8	总磷	水质 总磷的测定 钼酸铵分光光度法	GB/T 11893

6 实施与监督

6.1 本标准由县级以上人民政府环境保护主管部门负责监督实施。

6.2 在任何情况下，企业均应遵守本标准规定的污染物排放控制要求，采取必要措施保证污染防治设施正常运行。各级环保部门在对设施进行监督性检查时，可以现场即时采样或监测的结果，作为判定排污行为是否符合排放标准以及实施相关环境保护管理措施的依据。在发现企业耗水或排水量有异常变化的情况下，应核定企业的实际产品产量和排水量，按本标准的规定，换算水污染物基准排水量排放浓度。

中华人民共和国国家标准

皂素工业水污染物排放标准

The discharge standard of water pollutants for sapogenin industry

GB 20425—2006
部分代替 GB 8978—1996

前 言

为贯彻《中华人民共和国环境保护法》《中华人民共和国水污染防治法》和《中华人民共和国海洋环境保护法》，促进我国皂素工业的可持续发展和污染防治水平的提高，保障人体健康，维护生态平衡，制定本标准。

本标准自实施之日起，皂素工业企业污染物排放执行本标准，不再执行《污水综合排放标准》（GB 8978）中相关的排放限值。

本标准为首次发布。

按有关法律规定，本标准具有强制执行的效力。

本标准由国家环境保护总局科技标准司提出。

本标准起草单位：武汉化工学院、湖北省环保局、湖北省十堰市环保局。

本标准由国家环境保护总局 2006 年 9 月 1 日批准。

本标准自 2007 年 1 月 1 日起实施。

本标准由国家环境保护总局解释。

1 适用范围

本标准分两个时间段规定了皂素工业企业吨产品日均最高允许排水量，水污染控制指标日均浓度限值和吨产品最高水污染物允许排放量。

本标准适用于生产皂素和只生产皂素水解物的工业企业的水污染物排放管理，以及皂素工业建设项目环境影响评价、建设项目环境保护设施设计、竣工验收及其投产后的水污染控制与管理。

本标准适用于法律允许的污染物排放行为，新设立生产线的选址和特殊保护区域内现有生产线的管理，按《中华人民共和国水污染防治法》第二十条和第二十七条、《中华人民共和国海洋环境保护法》第三十条、《饮用水水源保护区污染防治管理规定》的相关规定执行。

2 规范性引用文件

下列标准中的条文通过本标准的引用而成为本标准的条文，与本标准同效。

GB 3097 海水水质标准

GB 3838 地表水环境质量标准

GB 6920 水质 pH 值的测定 玻璃电极法

GB 7478 水质 铵的测定 蒸馏和滴定法

GB 7488 水质 五日生化需氧量的测定 稀释与接种法

GB 11893 水质 总磷的测定 钼酸铵分光光度法

GB 11896 水质 氯化物的测定 硝酸银滴定法

GB 11901 水质 悬浮物的测定 重量法

GB 11903 水质 色度的测定

GB 11914 水质 化学需氧量的测定 重铬酸盐法

当上述标准被修订时，应使用其最新版本。

3 定义

3.1 皂素工业企业

指利用黄姜、穿地龙等薯蓣类植物以及剑麻、番麻等各种植物为原料通过生物化工方法生产成品皂素或水解物的所有工业企业。其皂素产量和吨产品排污量以月为单位进行核算。

3.2 水解物

指通过酸解过程、洗涤并干燥后形成的皂素与渣的混合物。

3.3 排水量

指在生产的酸解过程中的洗涤液及允许排放的原料冲洗水的总排放量。

3.4 洗涤液

指在生产过程的酸解后分离得到的液体和直接用于洗涤水解物的各次工艺用水。第一次洗涤液是指酸解后分离得到的液体，也称“头道液”。

3.5 原料冲洗水

指在黄姜、穿地龙等植物原料的粉碎过程中直接用于冲洗的生产用水。

3.6 冷却水

指从水解物中提取皂素过程中起间接冷却作用回收汽油的工艺用水。

3.7 皂素渣

指用汽油等萃取剂从水解物中提取皂素后残留的固形物。

3.8 现有皂素企业

指本标准实施之日前建成或批准环境影响报告书的企业。

3.9 新建皂素企业

指本标准实施之日起批准环境影响报告书的新建、改建、扩建皂素企业。

4 污染物排放控制要求

4.1 现有皂素企业

2007 年 1 月 1 日至 2008 年 12 月 31 日，执行表 1 的规定；自 2009 年 1 月 1 日起，执行表 2 的规定。

4.2 新建（包括改、扩建）皂素企业

自本标准实施之日起执行表 2 的规定。

表 1 现有皂素企业水污染排放控制限值

污染物项目	化学需氧量（COD_{Cr}）		五日生化需氧量（BOD_5）		悬浮物（SS）		氨氮		氯化物（Cl^-）		总磷		排水量	pH 值	色度/倍
	kg/t	mg/L	kg/t	mg/L	kg/t	mg/L	kg/t	mg/L	kg/t	mg/L	kg/t	mg/L	m3/t		
标准限值	240	400	36	60	60	100	72	120	360	600	0.6	1.0	600	6～9	100

注：①产品为皂素；②总磷、色度为参考指标。

表 2 新建皂素企业水污染排放控制限值

污染物项目	化学需氧量（COD_{Cr}）		五日生化需氧量（BOD_5）		悬浮物（SS）		氨氮		氯化物（Cl^-）		总磷		排水量	pH 值	色度/倍
	kg/t	mg/L	kg/t	mg/L	kg/t	mg/L	kg/t	mg/L	kg/t	mg/L	kg/t	mg/L	m3/t		
标准限值	120	300	20	50	28	70	32	80	120	300	0.2	0.5	400	6～9	80

注：①产品为皂素；②色度为参考指标。

5 采样与监测

5.1 采样点

采样点设在企业废水排放口。在排放口必须设置污水流量连续计量装置和污水比例采样装置。企业必须安装化学需氧量在线监测装置。

5.2 采样频率

采样频率按生产周期确定。生产周期在 8h 以内的，每 2h 采集一次，日采样不低于 4 次；生产周期大于 8h 的，每 4h 采集一次，日采样不低于 6 次，排放浓度取日均值。

5.3 排污量的计算

皂素产品的产量以法定月报表为准，月排水量以流量连续计量装置测定数值为准，水污染物排放浓度的月均值根据该月日均值累积数与该月天数计算，由产品产量和测定的排水量及水污染物排放浓度，计算企业吨皂素排水量和吨皂素的污染物排放量。

5.4 测定方法

本标准采用的测定方法按表 3 执行。

表 3 水污染控制指标测定方法

序 号	项 目	测定方法	方法标准号
1	五日生化需氧（BOD_5）	稀释与接种法	GB 7488
2	化学需氧量（COD_{Cr}）	重铬酸钾法	GB 11914
3	悬浮物（SS）	重量法	GB 11901
4	pH 值	玻璃电极法	GB 6920
5	氨氮	蒸馏和滴定法	GB 7478
6	色度	稀释倍数法	GB 11903
7	总磷	钼酸铵分光光度法	GB 11893
8	氯化物	硝酸银滴定法	GB 11896

6 其他控制措施

6.1 原料冲洗水应经沉淀处理后回用。

6.2 冷却水应循环使用。

6.3 允许直接对综合废水进行处理达到本标准要求，提倡对第一次洗涤液（头道液）首先回收其中的糖类等物质后，再进行生化处理并达到本标准要求。

7 标准实施与监督

7.1 本标准由县级以上人民政府环境保护行政主管部门负责监督实施，定期对企业执行本标准的情况进行检查与审核。

7.2 县级人民政府环境保护行政主管部门负责对企业、环境监测站上报的各种监测数据进行审核和管理。

中华人民共和国国家标准

煤炭工业污染物排放标准

Emission standard for pollutants from coal industry

GB 20426—2006
部分代替 GB 8978—1996
GB 16297—1996

前　言

为控制原煤开采、选煤及其所属煤炭贮存、装卸场所的污染物排放，保障人体健康，保护生态环境，促进煤炭工业可持续发展，根据《中华人民共和国环境保护法》《中华人民共和国水污染防治法》《中华人民共和国大气污染防治法》和《中华人民共和国固体废物污染环境防治法》，制定本标准。

本标准主要包括如下内容：

——规定了采煤废水和选煤废水污染物排放限值；

——规定了煤炭工业地面生产系统大气污染物排放限值和无组织排放限值；

——规定了煤矸石堆置场管理技术要求；

——规定了煤炭矿井水资源化利用指导性技术要求；

新建生产线自 2006 年 10 月 1 日起、现有生产线自 2007 年 10 月 1 日起，煤炭工业水污染物排放按本标准执行，不再执行《污水综合排放标准》（GB 8978—1996）；煤炭工业大气污染物排放按本标准执行，不再执行《大气污染物综合排放标准》（GB 16297—1996）；煤矸石堆置场污染物控制和管理按本标准规定的技术要求执行。

本标准为首次发布。

按有关法律规定，本标准具有强制执行的效力。

本标准由国家环境保护总局科技标准司提出。

本标准起草单位：国家环境保护总局环境标准研究所、中国矿业大学（北京）、煤炭科学研究总院杭州环境保护研究所、兖矿集团有限公司、煤炭科学研究总院唐山分院。

本标准由国家环境保护总局 2006 年 9 月 1 日批准。

本标准自 2006 年 10 月 1 日起实施。

本标准由国家环境保护总局解释。

1　适用范围

本标准规定了原煤开采、选煤水污染物排放限值，煤炭地面生产系统大气污染物排放限值，以及煤炭采选企业所属煤矸石堆置场、煤炭贮存、装卸场所污染物控制技术要求。

本标准适用于现有煤矿（含露天煤矿）、选煤厂及其所属煤矸石堆置场、煤炭贮存、装卸场所污染防治与管理，以及煤炭工业建设项目环境影响评价、环境保护设施设计、竣工环境保护验收及其投产后的污染防治与管理。

本标准适用于法律允许的污染物排放行为，新设立生产线的选址和特殊保护区域内现有生产线的管理，按《中华人民共和国大气污染防治法》第十六条、《中华人民共和国水污染防治法》第二十条和第二十七条、《中华人民共和国海洋环境保护法》第三十条、《饮用水水源保护区污染防治管理规定》的相关规定执行。

2 规范性引用文件

下列标准的条款通过本标准的引用而成为本标准的条文，与本标准同效。凡不注明日期的引用文件，其最新版本适用于本标准。

GB 3097 海水水质标准

GB 3838 地表水环境质量标准

GB 5084 农田灌溉水质标准

GB 5086.1～2 固体废物 浸出毒性浸出方法

GB/T 6920 水质 pH 值的测定 玻璃电极法

GB/T 7466 水质 总铬的测定

GB/T 7467 水质 六价铬的测定 二苯碳酰二肼分光光度法

GB/T 7468 水质 总汞的测定 冷原子吸收分光光度法

GB/T 7470 水质 铅的测定 双硫腙分光光度法

GB/T 7471 水质 镉的测定 双硫腙分光光度法

GB/T 7472 水质 锌的测定 双硫腙分光光度法

GB/T 7475 水质 铜、锌、铅、镉的测定 原子吸收分光光度法

GB/T 7484 水质 氟化物的测定 离子选择电极法

GB/T 7485 水质 总砷的测定 二乙基二硫代氨基甲酸银分光光度法

GB/T 8970 空气质量 二氧化硫的测定 四氯汞盐—盐酸副玫瑰苯胺比色法

GB/T 11901 水质 悬浮物的测定 重量法

GB/T 11911 水质 铁、锰的测定 火焰原子吸收分光光度法

GB/T 11914 水质 化学需氧量的测定 重铬酸盐法

GB/T 15432 环境空气 总悬浮颗粒物的测定 重量法

GB/T 16157 固定污染源排气中颗粒物测定与气态污染物采样方法

GB/T 16488 水质 石油类和动植物油的测定 红外光度法

GB 18599 一般工业固体废物贮存、处置场污染控制标准

HJ/T 55 大气污染物无组织排放监测技术导则

HJ/T 91 地表水和污水监测技术规范

3 术语和定义

下列术语与定义适用于本标准。

3.1 煤炭工业 coal industry

指原煤开采和选煤行业。

3.2 煤炭工业废水 coal industry waste water

煤炭开采和选煤过程中产生的废水，包括采煤废水和选煤废水。

3.3 采煤废水 mine drainage

煤炭开采过程中，排放到环境水体的煤矿矿井水或露天煤矿疏干水。

3.4 酸性采煤废水 acid mine drainage

在未经处理之前，pH 值小于 6.0 或者总铁质量浓度大于或等于 10.0 mg/L 的采煤废水。

3.5 高矿化度采煤废水 mine drainage of high mineralization

矿化度（无机盐总含量）大于 1000 mg/L 的采煤废水。

3.6 选煤 coal preparation

利用物理、化学等方法，除掉煤中杂质，将煤按需要分成不同质量、规格产品的加工过程。

3.7 选煤厂 coal preparation plant

对煤炭进行分选，生产不同质量、规格产品的加工厂。

3.8 选煤废水 coal preparation waste water

在选煤厂煤泥水处理工艺中，洗水不能形成闭路循环，需向环境排放的那部分废水。

3.9 大气污染物排放浓度 air pollutants emission concentration

指在温度 273 K，压力为 101325 Pa 时状态下，排气筒中污染物任何 1 h 的平均浓度，单位为：mg/m^3（标）或 mg/Nm^3。

3.10 煤矸石 coal slack

采掘煤炭生产过程中从顶、底板或煤夹矸混入煤中的岩石和选煤厂生产过程中排出的洗矸石。

3.11 煤矸石堆置场 waste heap

堆放煤矸石的场地和设施。

3.12 现有生产线 existing facility

本标准实施之日前已建成投产或环境影响报告书已通过审批的煤矿矿井、露天煤矿、选煤厂以及所属贮存、装卸场所。

3.13 新（扩、改）建生产线 new facility

本标准实施之日起环境影响报告书通过审批的新、扩、改煤矿矿井、露天煤矿、选煤厂以及所属贮存、装卸场所。

4 煤炭工业水污染物排放限值和控制要求

4.1 煤炭工业废水有毒污染物排放限值

煤炭工业[包括现有及新（扩、改）建煤矿、选煤厂]废水有毒污染物排放浓度不得超过表 1 规定的限值。

4.2 采煤废水排放限值

现有采煤生产线自 2007 年 10 月 1 日起，执行表 2 规定的现有生产线排放限值；在此之前过渡期内仍执行《污水综合排放标准》(GB 8978—1996)。自 2009 年 1 月 1 日起执行

表 2 规定的新（扩、改）建生产线排放限值。

表 1　煤炭工业废水有毒污染物排放限值

序号	污染物	日最高允许排放浓度/（mg/L）
1	总汞	0.05
2	总镉	0.1
3	总铬	1.5
4	六价铬	0.5
5	总铅	0.5
6	总砷	0.5
7	总锌	2.0
8	氟化物	10
9	总α放射性	1Bq/L
10	总β放射性	10Bq/L

表 2　采煤废水污染物排放限值

序号	污 染 物	日最高允许排放浓度/（mg/L）（pH 值除外）	
		现有生产线	新建（扩、改）生产线
1	pH 值	6～9	6～9
2	总悬浮物	70	50
3	化学需氧量（COD_{Cr}）	70	50
4	石油类	10	5
5	总铁	7	6
6	总锰[(1)]	4	4

注：（1）总锰限值仅适用于酸性采煤废水。

新（扩、改）建采煤生产线自本标准实施之日 2006 年 10 月 1 日起，执行表 2 规定的新（扩、改）建生产线排放限值。

4.3　选煤废水排放限值

现有选煤厂自 2007 年 10 月 1 日起，执行表 3 规定的现有生产线排放限值；在此之前过渡期内仍执行《污水综合排放标准》（GB 8978—1996）。自 2009 年 1 月 1 日起，应实现水路闭路循环，偶发排放应执行表 3 规定新（扩、改）建生产线排放限值。

新（扩、改）建选煤厂，自本标准实施之日起，应实现水路闭路循环，偶发排放应执行表 3 规定新（扩、改）建生产线排放限值。

表 3　选煤废水污染物排放限值

序号	污染物	日最高允许排放浓度/（mg/L）（pH 值除外）	
		现有生产线	新（扩、改）建生产线
1	pH 值	6～9	6～9
2	悬浮物	100	70
3	化学需氧量（COD_{Cr}）	100	70

序号	污染物	日最高允许排放浓度/（mg/L）（pH 值除外）	
		现有生产线	新（扩、改）建生产线
4	石油类	10	5
5	总铁	7	6
6	总锰	4	4

4.4 煤炭开采（含露天开采）水资源化利用技术规定

4.4.1 对于高矿化度采煤废水，除执行表 2 限值外，还应根据实际情况深度处理和综合利用。高矿化度采煤废水用作农田灌溉时，应达到 GB 5084 规定的限值要求。

4.4.2 在新建煤矿设计中应优先选择矿井水作为生产水源，用于煤炭洗选、井下生产用水、消防用水和绿化用水等。

4.4.3 建设坑口燃煤电厂、低热值燃料综合利用电厂，应优先选择矿井水作为供水水源优选方案。

4.4.4 建设和发展其他工业用水项目，应优先选用矿井水作为工业用水水源；可以利用的矿井水未得到合理、充分利用的，不得开采和使用其他地表水和地下水水源。

5 煤炭工业地面生产系统大气污染物排放限值和控制要求

5.1 现有生产线自 2007 年 10 月 1 日起，排气筒中大气污染物不得超过表 4 规定的限值；在此之前过渡期内仍执行《大气污染物综合排放标准》（GB 16297—1996）。新（扩、改）建生产线，自本标准实施之日起，排气筒中大气污染物不得超过表 4 规定的限值。

表 4 煤炭工业大气污染物排放限值

污染物	生产设备	
	原煤筛分、破碎、转载点等除尘设备	煤炭风选设备通风管道、筛面、转载点等除尘设备
颗粒物	80 mg/Nm^3 或设备去除效率＞98%	80 mg/Nm^3 或设备去除效率＞98%

5.2 煤炭工业除尘设备排气筒高度应不低于 15 m。

5.3 煤炭工业作业场所无组织排放限值。

现有生产线在 2007 年 10 月 1 日起，煤炭工业作业场所污染物无组织排放监控点浓度不得超过表 4 规定的限值。在此之前过渡期内仍执行《大气污染物综合排放标准》（GB 16297—1996）。新（扩、改）建生产线，自本标准实施之日起，作业场所颗粒物无组织排放监控点浓度不得超过表 5 规定的限值。

表 5 煤炭工业无组织排放限值

污染物	监控点	作业场所	
		煤炭工业所属装卸场所	煤炭贮存场所、煤矸石堆置场
		无组织排放限值/（mg/Nm^3）（监控点与参考点浓度差值）	无组织排放限值/（mg/Nm^3）（监控点与参考点浓度差值）
颗粒物	周界外浓度最高点[(1)]	1.0	1.0
二氧化硫		—	0.4

注：（1）周界外浓度最高点一般应设置于无组织排放源下风向的单位周界外 10 m 范围内，若预计无组织排放的最大落地浓度点越出 10 m 范围，可将监控点移至该预计浓度最高点。

6 煤矸石堆置场污染控制和其他管理规定

6.1 煤矿煤矸石应集中堆置，每个矿井宜设立一个煤矸石堆置场。煤矸石堆置场选址应符合 GB 18599 的有关要求。

6.2 煤矸石应因地制宜，综合利用，如可用于修筑路基、平整工业场地、烧结煤矸石砖、充填塌陷区、采空区等。不宜利用的煤矸石堆置场应在停用后三年内完成覆土、压实稳定化和绿化等封场处理。

6.3 建井期间排放的煤矸石临时堆置场，自投产之日起不得继续使用。临时堆置场停用后一年内完成封场处理。临时堆置场关闭与封场处理应符合 GB 18599 的有关要求。

6.4 煤矸石堆置场应采取有效措施，防止自燃。已经发生自燃的煤矸石堆场应及时灭火。

6.5 煤矸石堆置场应构筑堤、坝、挡土墙等设施，堆置场周边应设置排洪沟、导流渠等，防止降水径流进入煤矸石堆置场，避免流失、坍塌的发生。

6.6 按照 GB 5086 规定的方法进行浸出试验，煤矸石属于 GB l8599 所定义 II 类一般工业固体废物的煤矸石堆置场，应采取防渗透的技术措施。

6.7 露天煤矿采场、排土场使用期间，应通过定期喷洒水或化学剂等措施，抑制粉尘的产生。

7 监测

7.1 水污染物监测

7.1.1 煤炭工业废水采样点应设置在排污单位废水处理设施排放口（有毒污染物在车间或车间处理设施排放口采样），按规定设置标志。采样口应设置废水计量装置，宜设置废水在线监测设备。

7.1.2 采样频率

采煤废水和选煤废水，采样应在正常生产条件下进行，每 3 h 采样一次；每次监测至少采样 3 次。任何一次 pH 值测定值不得超过标准规定的限值范围，其他污染物浓度排放限值以测定均值计。

7.1.3 监测频率

采煤废水和选煤废水应每月监测一次。

如发现煤炭工业废水超过表 1 中所列的任何一项有毒污染物限值指标，应报告县级以上人民政府环境保护行政主管部门，并持续进行监测，监测频率每月至少 1 次。

7.1.4 监督性监测参照 HJ/T 91 执行。

7.1.5 水样在采用重铬酸钾法测定 COD_{Cr} 值之前，采用中速定量滤纸去除水样中煤粉的干扰。

7.1.6 本标准采用的污染物测定方法按表 6 执行。

表 6 污染物项目测定方法

序号	项目	测定方法	最低检出浓度（量）	方法来源
1	pH 值	玻璃电极法	0.1	GB/T 6920
2	悬浮物	重量法	4 mg/L	GB/T 11901
3	化学需氧量	重铬酸盐法（过滤后）	5 mg/L	GB/T 11914

序号	项目	测定方法	最低检出浓度（量）	方法来源
	（COD_{Cr}）			
4	石油类	红外光度法	0.1 mg/L	GB/T 16488
5	总铁、总锰	火焰原子吸收分光光度法	0.03 mg/L、0.01 mg/L	GB/T 11911
6	总α放射性、总β放射性	物理法	0.05 Bq/L	《环境监测技术规范（放射性部分）》，国家环境保护总局
7	总汞	冷原子吸收分光光度法	0.1 μg/L	GB/T 7468
8	总镉	双硫腙分光光度法	1 μg/L	GB/T 7471
9	总铬	高锰酸钾氧化－二苯碳酰二肼分光光度法	0.004 mg/L	GB/T 7466
10	六价铬	二苯碳酰二肼分光光度法	0.004 mg/L	GB/T 7467
11	总铅	原子吸收分光光度法 双硫腙分光光度法	10 μg/L 0.01 mg/L	GB/T 7475 GB/T 7470
12	总砷	二乙基二硫代氨基甲酸银分光光度法	0.007 mg/L	GB/T 7485
13	总锌	原子吸收分光光度法 双硫腙分光光度法	0.02 mg/L 0.005 mg/L	GB/T 7475 GB/T 7472
14	氟化物	离子选择电极法	0.05 mg/L	GB/T 7484

7.2 大气污染物监测

7.2.1 排气筒中大气污染物的采样点数目及采样点位置的设置，按 GB/T 16157 规定执行。

7.2.2 对于大气污染物日常监督性监测，采样期间的工况应为正常工况。排污单位和实施监测人员不得随意改变当时的运行工况。以连续 1 h 的采样获得平均值，或在 1 h 内，以等时间间隔采集 4 个或以上样品，计算平均值。

建设项目环境保护竣工验收监测的工况要求和采样时间频次按国家环境保护主管部门制定的建设项目环境保护设施竣工验收监测办法和规范执行。

7.2.3 无组织排放监测按 HJ/T 55 的规定执行。

7.2.4 颗粒物测定方法采用 GB/T 15432；二氧化硫测定方法采用 GB/T 8970。

8 标准实施监督

8.1 本标准 2006 年 10 月 1 日起实施。

8.2 本标准由县级以上人民政府环境保护行政主管部门负责监督实施。

中华人民共和国国家标准

城市污水再生利用　农田灌溉用水水质

The reuse of urban recycling water—Quality of farmland irrigation water

GB 20922—2007

前　言

为贯彻我国水污染防治和水资源开发方针，做好城镇节约用水工作，合理利用水资源，实现城镇污水资源化，减轻污水对环境的污染，促进城镇建设和经济建设可持续发展，制定《城市污水再生利用》系列标准。

本标准第 4 章表 1 为强制性，其他为推荐性。

《城市污水再生利用》系列标准分为六项：

——《城市污水再生利用　分类》

——《城市污水再生利用　城市杂用水水质》

——《城市污水再生利用　景观环境用水水质》

——《城市污水再生利用　补充水源水质》

——《城市污水再生利用　工业用水水质》

——《城市污水再生利用　农田灌溉用水水质》

本标准为系列标准的六项之一。

本标准为首次发布。

本标准由中华人民共和国建设部提出。

本标准由建设部给水排水产品标准化技术委员会归口。

本标准由农业部环境保护科研监测所负责起草。

本标准主要起草人：王德荣、张泽、沈跃、刘凤枝、徐应明、程波、王农、杨德芬、贾兰英、张庆安、师荣光。

1　范围

本标准规定了城市污水再生利用灌溉农田的规范性引用文件、术语和定义、水质要求、其他规定和监测与分析方法。

本标准适用于以城市污水处理厂出水为水源的农田灌溉用水。

2　规范性引用文件

下列文件中的条款通过本标准的引用而成为本标准的条款。凡是注日期的引用文件，其随后所有的修改单（不包括勘误的内容）或修订版均不适用于本标准，然而，鼓励根据本标准达成协议的各方研究是否可使用这些文件的最新版本。凡是不注日期的引用文件，其最新版本适用于本标准。

规范性引用文件如下：

GB/T 5750.4　生活饮用水标准检验方法　感官性状和物理指标

GB/T 5750.6　生活饮用水标准检验方法　金属指标

GB/T 6920　水质　pH 的测定　玻璃电极法

GB/T 7467　水质　六价铬的测定　二苯碳酰二肼分光光度法

GB/T 7468　水质　总汞的测定　冷原子吸收分光光度法（GB/T 7468—1987，eqv ISO 5666/1～3：1983）

GB/T 7474　水质　铜的测定　二乙基二硫代氨基甲酸钠分光光度法

GB/T 7475　水质　铜、锌、铅、镉的测定　原子吸收分光光谱法

GB/T 7484　水质　氟化物的测定　离子选择电极法

GB/T 7485　水质　总砷的测定　二乙基二硫代氨基甲酸银分光光度法（GB/T 7485—1985，neq ISO 6592：1982）

GB/T 7486　水质　氰化物的测定　第一部分：总氰化物的测定（GB/T 7486—1987，eqv ISO 6703/1～2：1984）

GB/T 7488　水质　五日生化需氧量（BOD_5）的测定　稀释与接种法（GB/T 7488—1987，eqv ISO 5815：1983）

GB/T 7489　水质　溶解氧的测定　碘量法（GB/T 7489—1987，eqv ISO 5813：1983）

GB/T 7490　水质　挥发酚的测定　蒸馏后 4-氨基安替比林分光光度法（GB/T 7490—1987，eqv ISO 6493：1984）

GB/T 7494　水质　阴离子表面活性剂的测定　亚甲基蓝分光光度法（GB/T 7494—1987，neq ISO7875-1：1984）

GB/T 8538　饮用天然矿泉水检验方法

GB/T 11890　水质　苯系物的测定　气相色谱法

GB/T 11896　水质　氯化物的测定　硝酸银滴定法

GB/T 11898　水质　游离氯和总氯的测定　N,N-二乙基-1,4-苯二胺分光光度法（GB/T 11898—1989，eqv ISO 7393-2：1985）

GB/T 11901　水质　悬浮物的测定　重量法

GB/T 11902　水质　硒的测定　2,3-二氨基萘荧光法

GB/T 11906　水质　锰的测定　高锰酸钾分光光度法

GB/T 11910　水质　镍的测定　丁二铜肟分光光度法

GB/T 11911　水质　铁、锰的测定　火焰原子吸收分光光度法

GB/T 11912　水质　镍的测定　火焰原子吸收分光光度法

GB/T 11913　水质　溶解氧的测定　电化学探头法

GB/T 11914　水质　化学需氧量的测定　重铬酸盐法

GB/T 11934　水源水中乙醛、丙烯醛卫生检验标准方法　气相色谱法

GB/T 11937　水源水中苯系物卫生检验标准方法　气相色谱法

GB/T 13197　水质　甲醛的测定　乙酰丙酮分光光度法
GB/T 15503　水质　钒的测定　钽试剂（BPHA）萃取分光光度法
GB/T 16488　水质　石油类和动植物油的测定　红外光度法
GB/T 16489　水质　硫化物的测定　亚甲基蓝分光光度法
HJ/T 49　水质　硼的测定　姜黄素分光光度法
HJ/T 50　水质　三氯乙醛的测定　吡唑啉酮分光光度法
HJ/T 58　水质　铍的测定　铬菁 R 分光光度法
HJ/T 59　水质　铍的测定　石墨炉原子吸收分光光度法
NY/T 396　农用水源环境质量监测技术规范

3　术语和定义

下列术语和定义适用于本标准。

3.1　城市污水　municipal wastewater

排入国家按行政建制设立的市、镇污水收集系统的污水统称。它由综合生活污水、工业废水和地下渗入水三部分组成，在合流制排水系统中，还包括截流的雨水。

3.2　农田灌溉　farmland irrigation

按照作物生长的需要，利用工程设施，将水送到田间，满足作物用水需求。

3.3　纤维作物　fibre crops

生产植物纤维的农作物。主要的纤维作物有棉花、黄麻和亚麻等。

3.4　旱地谷物　dry grain

在干旱半干旱地区依靠自然降水和人工灌溉的禾谷类作物，如小麦、大豆、玉米等。

3.5　水田谷物　wet grain

适于水泽生长的一类禾谷类作物。宜在土层深厚、肥沃的土壤中生长，并保持一定水层，如水稻等。

3.6　露地蔬菜　open-air vegetables

除温室、大棚蔬菜外的陆地露天生长的需加工、烹调及去皮蔬菜。

4　水质要求

城市污水再生处理后用于农田灌溉，水质基本控制项目和选择控制项目及其指标最大限值应分别符合表 1、表 2 的规定。

表 1　基本控制项目及水质指标最大限值　　单位：mg/L

序号	基本控制项目	灌溉作物类型			
		纤维作物	旱地谷物 油料作物	水田谷物	露地蔬菜
1	生化需氧量（BOD_5）	100	80	60	40
2	化学需氧量（COD_{Cr}）	200	180	150	100
3	悬浮物（SS）	100	90	80	60
4	溶解氧（DO）　≥	0.5			
5	pH 值（无量纲）	5.5～8.5			
6	溶解性总固体（TDS）	非盐碱地地区 1 000，盐碱地地区 2 000			1 000

<table>
<tr><th rowspan="2">序号</th><th rowspan="2">基本控制项目</th><th colspan="4">灌溉作物类型</th></tr>
<tr><th>纤维作物</th><th>旱地谷物
油料作物</th><th>水田谷物</th><th>露地蔬菜</th></tr>
<tr><td>7</td><td>氯化物</td><td colspan="4">350</td></tr>
<tr><td>8</td><td>硫化物</td><td colspan="4">1.0</td></tr>
<tr><td>9</td><td>余氯</td><td colspan="2">1.5</td><td colspan="2">1.0</td></tr>
<tr><td>10</td><td>石油类</td><td colspan="2">10</td><td>5.0</td><td>1.0</td></tr>
<tr><td>11</td><td>挥发酚</td><td colspan="4">1.0</td></tr>
<tr><td>12</td><td>阴离子表面活性剂（LAS）</td><td colspan="2">8.0</td><td colspan="2">5.0</td></tr>
<tr><td>13</td><td>汞</td><td colspan="4">0.001</td></tr>
<tr><td>14</td><td>镉</td><td colspan="4">0.01</td></tr>
<tr><td>15</td><td>砷</td><td colspan="2">0.1</td><td colspan="2">0.05</td></tr>
<tr><td>16</td><td>铬（六价）</td><td colspan="4">0.1</td></tr>
<tr><td>17</td><td>铅</td><td colspan="4">0.2</td></tr>
<tr><td>18</td><td>粪大肠菌群数（个/L）</td><td colspan="3">40 000</td><td>20 000</td></tr>
<tr><td>19</td><td>蛔虫卵数（个/L）</td><td colspan="4">2</td></tr>
</table>

表 2 选择控制项目及水质指标最大限值 单位：mg/L

序号	选择控制项目	限值	序号	选择控制项目	限值
1	铍	0.002	10	锌	2.0
2	钴	1.0	11	硼	1.0
3	铜	1.0	12	钒	0.1
4	氟化物	2.0	13	氰化物	0.5
5	铁	1.5	14	三氯乙醛	0.5
6	锰	0.3	15	丙烯醛	0.5
7	钼	0.5	16	甲醛	1.0
8	镍	0.1	17	苯	2.5
9	硒	0.02			

5 其他规定

5.1 处理要求：纤维作物、旱地谷物要求城市污水达到一级强化处理，水田谷物、露地蔬菜要求达到二级处理。

5.2 农田灌溉时，在输水过程中主渠道应有防渗措施，防止地下水污染；最近灌溉取水点的水质应符合本标准的规定。

5.3 城市污水再生利用灌溉农田之前，各地应根据当地的气候条件，作物的种植种类及土壤类别进行灌溉试验，确定适合当地的灌溉制度。

6 监测与分析方法

6.1 监测

6.1.1 基本控制项目必须检测。选择控制项目，根据污水处理厂接纳的工业污染物的类别和农业用水质量要求选择控制。

6.1.2 城市污水再生利用农田灌溉用水基本控制项目和选择控制项目的监测布点及监测频率，应符合 NY/T 396 的要求。

6.2 分析方法

本标准控制项目分析方法按表 3、表 4 进行。

表 3 基本控制项目分析方法

序号	分析项目	测定方法	方法来源
1	生化需氧量（BOD_5）	稀释与接种法	GB/T 7488
2	化学需氧量（COD_{Cr}）	重铬酸盐法	GB/T 11914
3	悬浮物	重量法	GB/T 11901
4	溶解氧	碘量法	GB/T 7489
		电化学探头法	GB/T 11913
5	pH 值	玻璃电极法	GB/T 6920
6	溶解性总固体	重量法	GB/T 5750.4
7	氯化物	硝酸银滴定法	GB/T 11896
8	硫化物	亚甲基蓝分光光度法	GB/T 16489
9	余氯	N,N-二乙基对苯二胺（DPD）分光光度法	GB/T 11898
10	石油类	红外光度法	GB/T 16488
11	挥发酚	蒸馏后 4-氨基安替比林分光光度法	GB/T 7490
12	阴离子表面活性剂	亚甲基蓝分光光度法	GB/T 7494
13	汞	冷原子吸收分光光度法	GB/T 7468
14	镉	原子吸收分光光度法	GB/T 7475
15	砷	二乙基二硫代氨奉甲酸银分光光度法	GB/T 7485
16	镉（六价）	二苯碳酰二肼分光光度法	GB/T 7467
17	铅	原子吸收分光光度法	GB/T 7475
18	粪大肠菌数（个/100 mL）	多管发酵法	GB/T 8538
19	蛔虫卵数（个/L）	沉淀集卵法	1)

注：1）采用《农业环境监测实用手册》第三章，中国标准出版社，2001 年 9 月，待国家标准测定方法颁布后，执行国家标准。

表 4 选择控制项目分析方法

序号	分析项目	测定方法	方法来源
1	铍	铬菁 R 分光光度法	HJ/T 58
		石墨炉原子吸收分光光度法	HJ/T 59
2	钴	无火焰原子吸收分光光度法	GB/T 5750.6
3	铜	原子吸收分光光度法	GB/T 7475
		二乙基二硫代氨基甲酸钠分光光度法	GB/T 7474
4	氟化物	离子选择电极法	GB/T 7484
5	铁	火焰原子吸收分光光度法	GB/T 11911
			GB/T 5750.6
6	锰	高锰酸钾分光光度法	GB/T 11906
7	钼	无火焰原子吸收分光光度法	GB/T 5750.6
8	镍	火焰原子吸收分光光度法	GB/T 11912
		丁二酮肟分光光度法	GB/T 11910
9	硒	2,3-二氨基萘荧光法	GB/T 11902
10	锌	原子吸收分光光度法	GB/T 7475
11	硼	姜黄素分光光度法	HJ/T 49
12	钒	钽试剂（BPHA）萃取分光光度法	GB/T 15503
		无火焰原子吸收分光光度法	GB/T 5750.6
13	氰化物	硝酸银滴定法	GB/T 7486
14	三氯乙醛	吡唑啉酮分光光度法	HJ/T 50
15	丙烯醛	气相色谱法	GB/T 11934
16	甲醛	乙酰丙酮分光光度法	GB/T 13197
17	苯	气相色谱法	GB/T 11890
			GB/T 11937

中华人民共和国国家标准

杂环类农药工业水污染物排放标准

Effluent standards of pollutants for heterocyclic pesticides industry

GB 21523—2008

前 言

为贯彻《中华人民共和国环境保护法》《中华人民共和国水污染防治法》和《国务院关于落实科学发展观 加强环境保护的决定》，加强对农药工业污染物的产生和排放控制，促进农药工业技术进步，改善环境质量，保障人体健康，制定本标准。

本标准以杂环类农药工业清洁生产工艺及治理技术为依据，结合污染物的生态影响，规定了杂环类农药吡虫啉、三唑酮、多菌灵、百草枯、莠去津、氟虫腈原药生产过程中污染物排放的控制项目、排放限值，适用于杂环类农药吡虫啉、三唑酮、多菌灵、百草枯、莠去津、氟虫腈原药生产企业水污染物排放管理。

为促进地区经济与环境协调发展，推动经济结构的调整和经济增长方式的转变，引导工业生产工艺和污染治理技术的发展方向，本标准规定了水污染物特别排放限值。

杂环类农药工业企业排放大气污染物（含恶臭污染物）、环境噪声适用相应的国家污染物排放标准，产生固体废物的鉴别、处理和处置适用国家固体废物污染物控制标准。

自本标准实施之日起，杂环类农药吡虫啉、三唑酮、多菌灵、百草枯、莠去津、氟虫腈原药生产企业水污染物排放按本标准执行，不再执行《污水综合排放标准》（GB 8978—1996）。除上述六种原药以外的其他杂环类农药生产企业水污染物排放仍执行《污水综合排放标准》（GB 8978—1996）。

本标准附录 A～附录 J 为规范性附录。

本标准为首次发布。

按照有关法律规定，本标准具有强制执行的效力。

本标准由环境保护部科技标准司组织制定。

本标准起草单位：环境保护部南京环境科学研究所、沈阳化工研究院。

本标准环境保护部 2008 年 3 月 17 日批准。

本标准自 2008 年 7 月 1 日实施。

本标准由环境保护部解释。

1 适用范围

本标准规定了杂环类农药吡虫啉、三唑酮、多菌灵、百草枯、莠去津、氟虫腈原药生产过程中水污染物排放限值。

本标准适用于吡虫啉、三唑酮、多菌灵、百草枯、莠去津、氟虫腈原药生产企业的污染物排放控制和管理，以及建设项目的环境影响评价、建设项目环境保护设施设计、竣工验收及其运营期的排放管理。

本标准同时适用于环保行政主管部门对生产企业的污染物排放进行监督管理。

本标准只适用于法律允许的水污染物排放行为。新设立的杂环类农药工业企业的选址和特殊保护区域内现有污染源的管理，按照《中华人民共和国水污染防治法》《中华人民共和国海洋环境保护法》和《中华人民共和国环境影响评价法》等法律的相关规定执行。

本标准规定的水污染物排放控制要求适用于企业向地表水体的排放行为。莠去津、氟虫腈排放浓度限值也适用于向设置污水处理厂的城镇排水系统排放；现有企业向设置污水处理厂的城镇排水系统排放其他水污染物时，其排放控制要求由杂环类农药工业企业与城镇污水处理厂根据其污水处理能力商定或执行相关标准，并报当地环境保护主管部门备案；建设项目拟向设置污水处理厂的城镇污水排水系统排放水污染物时，其排放控制要求由建设单位与城镇污水处理厂商定或执行相关标准，由依法具有审批权的环境保护主管部门批准。

2 规范性引用文件

本标准内容引用了下列文件中的条款。凡是不注日期的引用文件，其有效版本适用于本标准。

GB/T 6920—86 水质 pH 值的测定 玻璃电极法

GB/T 7478—87 水质 铵的测定 蒸馏和滴定法

GB/T 7479—87 水质 铵的测定 纳氏试剂比色法

GB/T 7483—87 水质 氟化物的测定 氟试剂分光光度法

GB/T 7484—87 水质 氟化物的测定 离子选择电极法

GB/T 7486—87 水质 氰化物的测定 第一部分：总氰化物的测定

GB/T 11889—89 水质 苯胺类的测定 *N*-（1-萘基）乙二胺偶氮分光光度法

GB/T 11890—89 水质 苯系物的测定 气相色谱法

GB/T 11893—89 水质 总磷的测定 钼酸铵分光光度法

GB/T 11894—89 水质 总氮的测定 碱性过硫酸钾消解紫外分光光度法

GB/T 11901—89 水质 悬浮物的测定 重量法

GB/T 11903—89 水质 色度的测定

GB/T 11914—89 水质 化学需氧量的测定 重铬酸盐法

GB/T 13197—91 水质 甲醛的测定 乙酰丙酮分光光度法

GB/T 14672—93 水质 吡啶的测定 气相色谱法

GB/T 15959—1995 水质 可吸附有机卤素（AOX）的测定 微库仑法

HJ/T 70—2001 高氯废水 化学需氧量的测定 氯气校正法

HJ/T 132—2003 高氯废水 化学需氧量的测定 碘化钾碱性高锰酸钾法

《污染源自动监控管理办法》（国家环境保护总局令 第 28 号）

《环境监测管理办法》（国家环境保护总局令 第 39 号）

3 术语和定义

下列术语和定义适用于本标准。

3.1 吡虫啉

中文通用名：吡虫啉，英文通用名：imidacloprid，其他名称：咪蚜胺、蚜虱净，化学名：1-[（6-氯-吡啶）甲基]-4,5-二氢-*N*-硝基-1-氢咪唑-2-胺，分子式：$C_9H_{10}ClN_5O_2$，相对分子质量：255.7。CAS 号：138261-41-3，化学结构式：

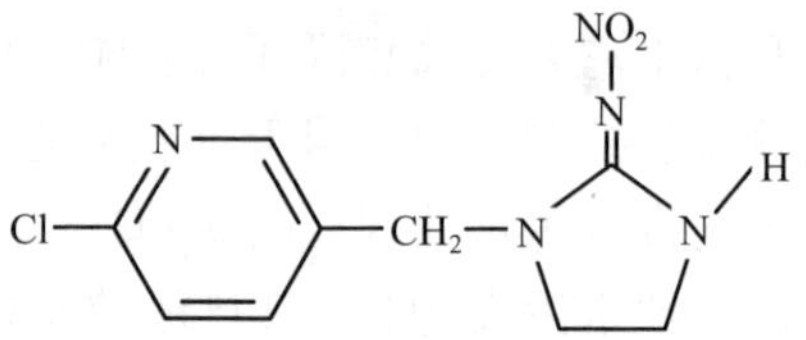

3.2 三唑酮

中文通用名：三唑酮，英文通用名：triadimefon，其他名称：百里通、粉锈宁，化学名：1-（4-氯苯氧基）-3,3-二甲基-1-（1,2,4-三唑-1-基）-2-丁酮，分子式：$C_{14}H_{16}ClN_3O_2$，相对分子质量：293.8。CAS 号：43121-43-3，化学结构式：

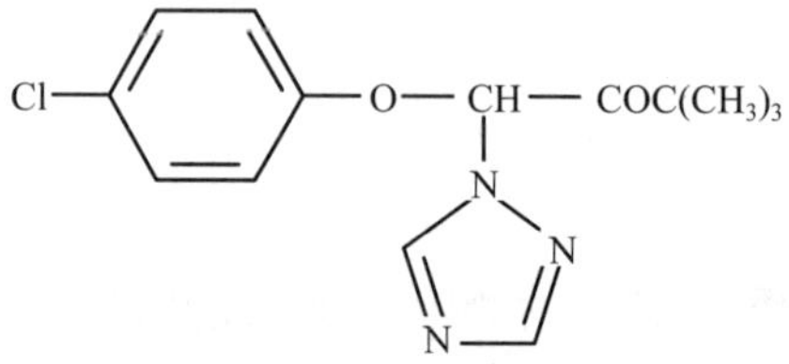

3.3 多菌灵

中文通用名：多菌灵，英文通用名：carbendazim，其他名称：苯骈咪唑 44 号、棉萎灵。化学名称：苯骈咪唑-2-氨基甲酸甲酯，分子式：$C_9H_9N_3O_2$，相对分子质量：191.2。CAS 号：10605-21-7，化学结构式：

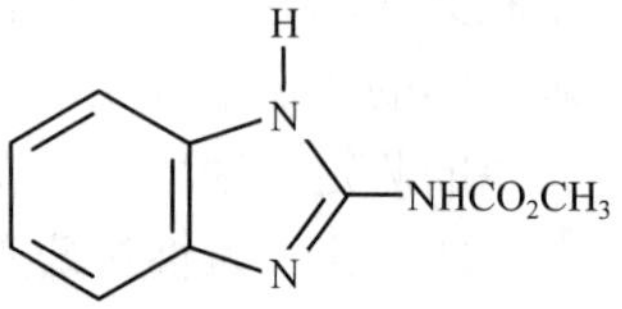

3.4 百草枯

中文通用名：百草枯，英文通用名：paraquat，其他名称：克芜踪、对草快。化学名称：1,1′-二甲基-4,4′-联吡啶阳离子盐，分子式：$C_{12}H_{14}Cl_2N_2$，相对分子质量：257.2。CAS 号：1910-42-5，化学结构式：

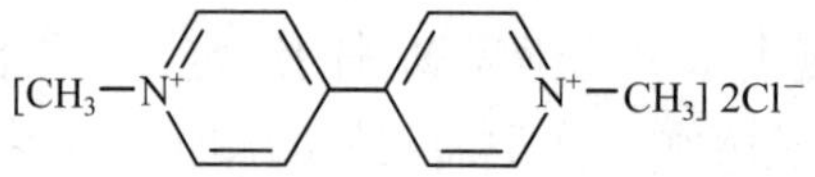

3.5 莠去津

中文通用名：莠去津，英文通用名：atrazine，其他名称：阿特拉津、莠去尽、园保净。化学名称：2-氯-4-乙胺基-6-异丙胺基-1,3,5-三嗪，分子式：$C_8H_{14}ClN_5$，相对分子质量：215.7。CAS 号：1912-24-9，化学结构式：

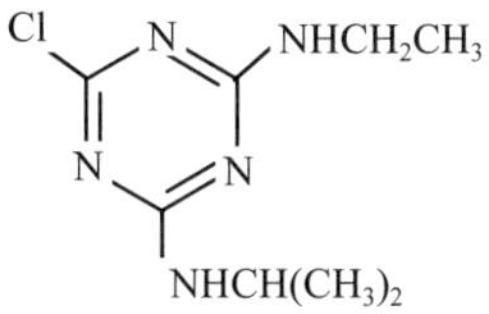

3.6 氟虫腈

中文通用名：氟虫腈，英文通用名：fipronil，其他名称：锐劲特。化学名称：（RS）-5-氨基-1-（2,6-二氯-a,a,a-三氟-对-甲苯基）-4-三氟甲基亚磺酰基吡唑-3-腈，分子式：$C_{12}H_4Cl_2F_6N_4OS$，相对分子质量：437.2。CAS 号：120068-37-3，化学结构式：

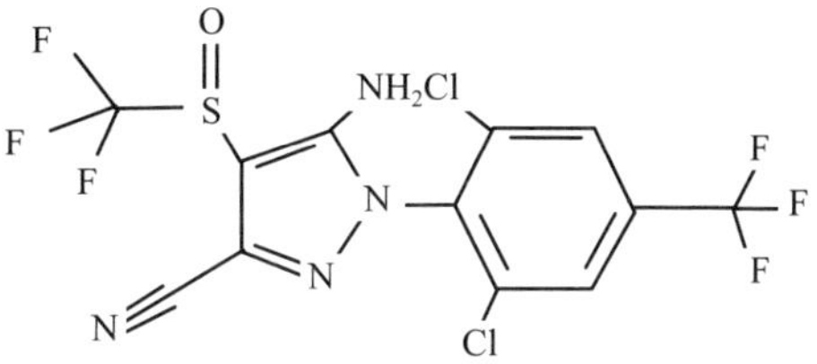

3.7 现有企业

本标准实施之日前建成投产或环境影响评价文件已通过审批的杂环类（吡虫啉、三唑酮、多菌灵、百草枯、莠去津、氟虫腈）原药生产企业或生产设施。

3.8 新建企业

本标准实施之日起环境影响评价文件通过审批的新、改、扩建的杂环类（吡虫啉、三唑酮、多菌灵、百草枯、莠去津、氟虫腈）原药生产建设项目。

3.9 排水量

指生产设施或企业排放到企业法定边界外的废水量。包括与生产有直接或间接关系的各种外排废水（含厂区生活污水、冷却废水、厂区锅炉和电站废水等）。

3.10 单位产品基准排水量

指用于核定水污染物排放浓度而规定的生产单位农药产品的废水排放量上限值。

4 水污染物排放控制要求

4.1 排放限值

4.1.1 现有企业自 2008 年 7 月 1 日起执行表 1 规定的水污染物排放质量浓度限值。

4.1.2 现有企业自 2009 年 7 月 1 日起执行表 2 规定的水污染物排放质量浓度限值。

4.1.3 新建企业自 2008 年 7 月 1 日起执行表 2 规定的水污染物排放质量浓度限值。

4.1.4 根据环境保护工作的要求，在国土开发密度已经较高、环境承载能力开始减弱，或环境容量较小、生态环境脆弱，容易发生严重环境污染问题而需要采取特别保护措施的地区，应严格控制企业的污染物排放行为，在上述地区的杂环类农药工业现有企业和新建企业执行表 3 规定的水污染物特别排放限值。

表 1 现有企业水污染物排放限值 单位：mg/L（pH 值、色度除外）

序号	污染物项目	排放质量浓度限值						污染物排放监控位置
		吡虫啉原药生产企业	三唑酮原药生产企业	多菌灵原药生产企业	百草枯原药生产企业	莠去津原药生产企业	氟虫腈原药生产企业	
1	pH 值	6～9	6～9	6～9	6～9	6～9	6～9	企业废水处理设施总排放口
2	色度（稀释倍数）	50	50	50	50	50	50	
3	悬浮物	70	70	70	70	70	70	
4	化学需氧量（COD_{Cr}）	150	150	150	150	150	100	
5	氨氮	15	15	15	15	15	15	
6	总氰化合物	—	—	—	0.5	—	0.5	
7	氟化物	—	—	—	—	—	10	
8	甲醛	—	—	—	—	—	1.0	
9	甲苯	—	—	—	—	—	0.1	
10	氯苯		—	—	—	—	0.2	
11	可吸附有机卤化物（AOX）	—	—	—	—	—	1.0	
12	苯胺类	—	—	—	—	—	1.0	
13	2-氯-5-氯甲基吡啶	5	—	—	—	—	—	
14	咪唑烷	15	—	—	—	—	—	
15	吡虫啉	10	—	—	—	—	—	
16	三唑酮	—	5	—	—	—	—	
17	对氯苯酚	—	1	—	—	—	—	
18	多菌灵	—	—	5	—	—	—	
19	邻苯二胺	—	—	3	—	—	—	
20	吡啶	—	—	—	5	—	—	
21	百草枯离子	—	—	—	0.1	—	—	
22	2,2′:6′,2″-三联吡啶	—	—	—	不得检出 1)	—	—	
23	莠去津	—	—	—	—	5	—	生产设施或车间排放口
24	氟虫腈	—	—	—	—	—	0.05	
单位产品基准排水量/（m^3/t）		200	25	150	30	40	230	排水量计量位置与污染物排放监控位置相同

1）2,2′:6′,2″-三联吡啶检出限：0.08 mg/L。

表 2　新建企业水污染物排放限值　单位：mg/L（pH 值、色度除外）

序号	污染物项目	排放质量浓度限值						污染物排放监控位置
		吡虫啉原药生产企业	三唑酮原药生产企业	多菌灵原药生产企业	百草枯原药生产企业	莠去津原药生产企业	氟虫腈原药生产企业	
1	pH 值	6～9	6～9	6～9	6～9	6～9	6～9	企业废水处理设施总排放口
2	色度（稀释倍数）	30	30	30	30	30	30	
3	悬浮物	50	50	50	50	50	50	
4	化学需氧量（COD_{Cr}）	100	100	100	100	100	100	
5	氨氮	10	10	10	10	10	10	
6	总氰化合物	—	—	—	0.4	—	0.5	
7	氟化物	—	—	—	—	—	10	
8	甲醛	—	—	—	—	—	1.0	
9	甲苯	—	—	—	—	—	0.1	
10	氯苯	—	—	—	—	—	0.2	
11	可吸附有机卤化物（AOX）	—	—	—	—	—	1.0	
12	苯胺类	—	—	—	—	—	1.0	
13	2-氯-5-氯甲基	—	—	—	—	—	—	
	吡啶	2	—	—	—	—	—	
14	咪唑烷	10	—	—	—	—		
15	吡虫啉	5	—	—	—	—	—	
16	三唑酮	—	2	—	—	—	—	
17	对氯苯酚	—	0.5	—	—	—	—	
18	多菌灵	—	—	2	—	—	—	
19	邻苯二胺	—	—	2	—	—	—	
20	吡啶	—	—	—	2	—	—	
21	百草枯离子	—	—	—	0.03	—	—	
22	2,2′:6′,2″-三联吡啶	—	—	—	不得检出[1)]	—	—	
23	莠去津	—	—	—	—	3	—	生产设施或车间排放口
24	氟虫腈	—	—	—	—	—	0.04	
单位产品基准排水量/（m^3/t）		150	20	120	18	20	200	排水量计量位置与污染物排放监控位置相同

注：1）2,2′:6′,2″-三联吡啶检出限：0.08 mg/L。

表 3 水污染物特别排放限值 单位：mg/L（pH 值、色度除外）

序号	污染源项目	排放质量浓度限值						污染物排放监控位置
		吡虫啉原药生产企业	三唑酮原药生产企业	多菌灵原药生产企业	百草枯原药生产企业	莠去津原药生产企业	氟虫腈原药生产企业	
1	pH 值	6～9	6～9	6～9	6～9	6～9	6～9	企业废水处理设施总排放口
2	色度（稀释倍数）	20	20	20	20	20	20	
3	悬浮物	30	30	30	30	30	30	
4	化学需氧量（COD_{Cr}）	80	80	80	80	80	80	
5	总磷	0.5	0.5	0.5	0.5	0.5	0.5	
6	总氮	15	15	15	15	15	15	
7	氨氮	5	5	5	5	5	5	
8	总氰化合物	—	—	—	0.2	—	0.2	
9	氟化物	—	—	—	—	—	5	
10	甲醛	—	—	—		—	0.5	
11	甲苯	—	—	—	—	—	0.06	
12	氯苯	—	—	—	—	—	0.1	
13	可吸附有机卤化物（AOX）	—	—	—	—	—	0.5	
14	苯胺类	—	—	—	—	—	0.5	
15	2-氯-5-氯甲基吡啶	1	—	—	—	—	—	
16	咪唑烷	5	—	—	—	—	—	
17	吡虫啉	3	—	—	—		—	
18	三唑酮	—	1	—	—	—	—	
19	对氯苯酚	—	0.3	—	—	—	—	
20	多菌灵	—	—	1	—	—	—	
21	邻苯二胺	—	—	1	—	—	—	
22	吡啶	—	—	—	1	—	—	
23	百草枯离子	—	—	—	0.01	—	—	
24	2,2′:6′,2″-三联吡啶	—	—	—	不得检出[1]	—	—	
25	莠去津	—	—	—	—	1	—	生产设施或车间排放口
26	氟虫腈	—	—	—	—	—	0.01	
单位产品基准排水量（m^3/t）		150	20	120	18	20	100	排水量计量位置与污染物排放监控位置相同

注：1）2,2′:6′,2″-三联吡啶检出限：0.08 mg/L。

4.2 基准水量排放质量浓度的换算

4.2.1 水污染物排放质量浓度限值适用于单位产品实际排水量不高于单位产品基准排水量的情况。若单位产品实际排水量超过单位产品基准排水量，应按污染物单位产品基准排水量将实测水污染物质量浓度换算为水污染物基准水量排放质量浓度，并以水污染物基准水量排放质量浓度作为判定排放是否达标的依据。产品产量和排水量统计周期为一个工作日。

4.2.2　在企业的生产设施同时生产两种以上产品、可适用不同排放控制要求或不同行业国家污染物排放标准，且生产设施产生的废水混合处理排放的情况下，应执行排放标准中规定的最严格的质量浓度限值，并按式（1）换算水污染物基准水量排放质量浓度：

$$\rho_{基}=\frac{Q_{总}}{\sum Y_i \times Q_{i基}}\times \rho_{实} \tag{1}$$

式中：$\rho_{基}$——水污染物基准水量排放质量浓度，mg/L；

$Q_{总}$——排水总量，t；

Y_i——某产品产量，t；

$Q_{i基}$——某产品的单位产品基准排水量，t/t；

$\rho_{实}$——实测水污染物质量浓度，mg/L。

若 $Q_{总}$与$\sum Y_i \times Q_{i基}$的比值小于 1，则以水污染物实测质量浓度作为判定排放是否达标的依据。

4.3　生产过程中的水污染控制要求

4.3.1　对各工段产生的废水应分别进行集中处理。

4.3.2　严格实施“清污分流”，对废水贮池、管网进行防腐、防渗漏处理，避免废水渗漏到清水下水管网中；加强管理，增加集水池，杜绝地面冲洗水、设备冲洗水进入清水沟，把这类废水引入稀废水收集池。

4.3.3　在蒸馏后的产品抽滤操作过程中应采取有效措施控制产品流失，以减少悬浮物的产生量，提高产品回收率。

4.3.4　莠去津生产过程产生的废水应在储池中停留 7 d 以上，以沉降悬浮物。

5　监测要求

5.1　对企业排放废水采样应根据监测污染物的种类，在规定的污染物排放监控位置进行。在污染物排放监控位置须设置排污口标志。

5.2　新建企业应按照《污染源自动监控管理办法》的规定，安装污染物排放自动监控设备，与环保部门监控设备联网，并保证设备正常运行。各地现有企业安装污染物排放自动监控设备的要求由省级环境保护主管部门规定。

5.3　对企业污染物排放情况进行监测的频次、采样时间等要求，按国家有关污染源监测技术规范的规定执行。

5.4　企业产品产量的核定，以法定报表为依据。

5.5　企业须按照有关法律和《环境监测管理办法》的规定，对排污状况进行监测，并保存原始监测记录。

5.6　对企业排放水污染物浓度的测定采用表 4 所列的方法标准。

6　标准实施与监督

6.1　本标准由县级以上人民政府环境保护行政主管部门负责监督实施。

6.2　在任何情况下，企业均应遵守本标准规定的污染物排放控制要求，采取必要措施保证污染防治设施正常运行。各级环保部门在对企业进行监督性检查时，可以将现场即时采样或监测的结果，作为判定排污行为是否符合排放标准以及实施相关环境保护管理措施的依据。在发现企业耗水或排水量有异常变化的情况下，应核定企业的实际产品产量和排水量，按本标准的规定，换算水污染物基准水量排放质量浓度。

6.3 执行水污染物特别排放限值的地域范围、时间，由国务院环境保护主管部门或省级人民政府规定。

表4 水污染物项目分析方法

序号	污染物项目	分析方法标准名称	标准编号
1	pH 值	水质 pH 值的测定 玻璃电极法	GB 6920—1986
2	化学需氧量	水质 化学需氧量的测定 重铬酸盐法 1)	GB 11914—1989
		高氯废水 化学需氧量的测定 氯气校正法	HJ/T 70—2001
		高氯废水 化学需氧量的测定 碘化钾碱性高锰酸钾法	HJ/T 132—2003
3	悬浮物	水质 悬浮物的测定 重量法	GB 11901—1989
4	色度	水质 色度的测定	GB 11903—1989
5	氨氮	水质 铵的测定 蒸馏和滴定法	GB 7478—1987
		水质 铵的测定 纳氏试剂比色法	GB 7479—1987
6	总磷	水质 总磷的测定 钼酸铵分光光度法	GB 11893—1989
7	总氮	水质 总氮的测定 碱性过硫酸钾消解分光光度法	GB 11894—1989
8	2-氯-5-氯甲基吡啶	水质 吡啶的测定 气相色谱法	GB /T 14672—1993
9	吡虫啉	废水中吡虫啉农药的测定 液相色谱法	附录 A
10	咪唑烷	废水中咪唑烷的测定 气相色谱法	附录 B
11	三唑酮	废水中三唑酮的测定 气相色谱法	附录 C
12	对氯苯酚	废水中对氯苯酚的测定 液相色谱法	附录 H
13	多菌灵	废水中多菌灵的测定 气相色谱法	附录 D
14	邻苯二胺	水质 苯胺类的测定 N-（1-萘基）乙二胺偶氮分光光度法	GB/T 11889—1989
15	总氰化物	水质 氰化物的测定 第一部分：总氰化物的测定	GB 7486—1987
16	吡啶	水质 吡啶的测定 气相色谱法	GB/T 14672—1993
17	百草枯离子	废水中百草枯离子的测定 液相色谱法	附录 E
18	2,2′:6′,2″-三联吡啶	废水中 2,2′:6′,2″-三联吡啶的测定 气相色谱-质谱法	附录 F
19	莠去津	废水中莠去津的测定 气相色谱法	附录 G
20	甲醛	水质 甲醛的测定	GB 13197—1991
21	甲苯	水质 苯系物的测定 气相色谱法	GB 11890—1989
22	氯苯	水质 苯系物的测定 气相色谱法	GB 11890—1989
23	氟化物	水质 氟化物的测定 氟试剂分光光度法	GB 7483—1987
		水质 氟化物的测定 离子选择电极法	GB 7484—1987
24	可吸附有机卤素（AOX）	水质 可吸附有机卤素（AOX）的测定 微库仑法	GB/T 15959—1995
25	氰虫腈	废水中氰虫腈的测定 气相色谱法	附录 I

注：1）测定莠去津生产废水样品 COD_{Cr} 时，注意下列事项：

a. 不经稀释直接测试的水样（COD_{Cr} 值在 700 mg/L 以下的），在重铬酸钾加入量为 5.0 mL、10.0 mL 时，取样量分别不得低于 10.0 mL、20.0 mL；

b. 取样量为 10.0 mL、20.0 mL 时硫酸汞加入量分别为 1.5 g、3.0 g。

附录 A（规范性附录）

废水中吡虫啉农药的测定　液相色谱法

A.1 方法原理

吡虫啉的测定采用液相色谱分析法。液相色谱分离系统由两相——固定相和流动相组成。固定相可以是吸附剂、化学键合固定相（或在惰性载体表面涂上一层液膜）、离子交换树脂或多孔性凝胶；流动相是各种溶剂。被分离混合物由流动相液体推动进入色谱柱，根据各组分在固定相及流动相中的吸附能力、分配系数、离子交换作用或分子尺寸大小的差异进行分离。分离后的组分依次流入检测器的流通池，检测器把各组分浓度转变成电信号，经过放大，用记录器记录下来就得到色谱图。色谱图是定性、定量分析的依据。

取一定体积含吡虫啉的废水，用微孔过滤器过滤，以甲醇-水溶液为流动相，以 5μm C_{18} 填料为固定相的色谱柱和紫外检测器，对废水中的吡虫啉进行液相色谱分离和测定。

A.2 适用范围

本方法可用于工业废水中吡虫啉含量测定。仪器最小检出量（以 S/N=3 计）为 5.0×10^{-10} g，方法最低测定质量浓度为 0.1 mg/L。

A.3 试剂

标准品，吡虫啉（＞99.0%），化学结构式：

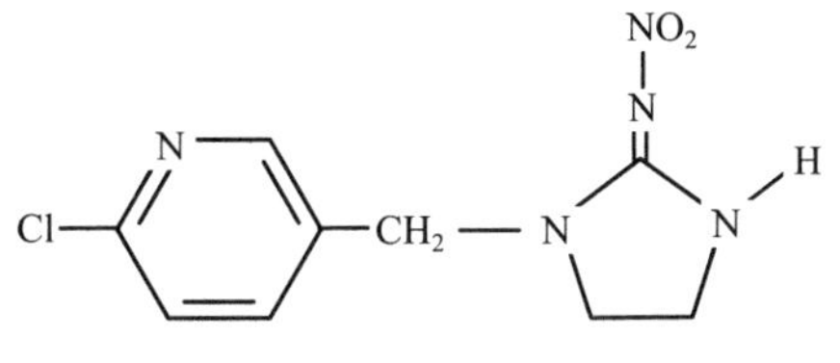

NO_2 N Cl CH$_2$ N N H

甲醇，HPLC 级；

超纯水，电导率＜0.1 μS/cm。

A.4 仪器设备

液相色谱仪：配置 UV 检测器和色谱数据处理系统；

针头式过滤器滤膜孔径：0.45 μm；

色谱柱：4.6 mm×250 mm C_{18} 柱。

A.5 测定步骤

A.5.1　农药标准溶液的配制

称取吡虫啉标样 0.01 g（精确到 0.000 1 g），置于 100 mL 容量瓶中，用甲醇溶解并定容，摇匀；准确吸取 2.00 mL 上述溶液，于另一个 100 mL 容量瓶中，加甲醇稀释并定容，摇匀，制得 2.00 mg/L 吡虫啉标准溶液。

A.5.2 试样溶液的制备

取一定量的废水样，经针头式过滤器过滤后，直接进液相色谱测定。若废水样中吡虫啉浓度较高，可经甲醇稀释一定倍数后，待 HPLC 测定。

A.5.3 测定

1）液相色谱测定条件

流动相：甲醇+水=60+40；

流速：0.40 mL/min；

柱温：室温（±2℃）；

检测波长：270 nm；

进样量：50 μL；

保留时间：约 8.2 min。

典型色谱图见图 A.1。

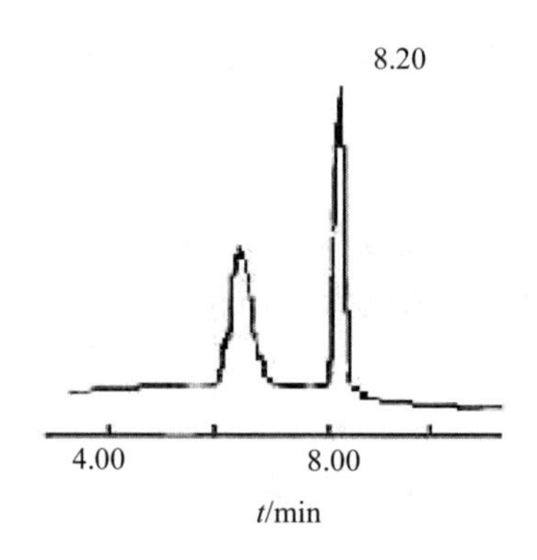

图 A. 1 吡虫啉液相色谱图

2）色谱分析

在上述色谱条件下，待仪器稳定后，连续进标样溶液数次，直至相邻两次吡虫啉峰面积相对变化小于 5%后，按照标样溶液、试样溶液、试样溶液、标样溶液的顺序进样分析。

A.6 计算

将测得的试样溶液以及试样前后标样溶液中吡虫啉的峰面积分别进行平均。

废水试样中吡虫啉的质量浓度ρ（mg/L）按式（A.1）计算：

$$\rho=A_1\times \rho_0/A_0\times D \tag{A.1}$$

式中：A_1——试样溶液中吡虫啉峰面积的平均值；

A_0——标样溶液中吡虫啉峰面积的平均值；

ρ_0——标样溶液中吡虫啉的质量浓度，mg/L；

D——稀释倍数。

两次平行测定结果之差，应不大于 5%，取其算术平均值作为测定结果。

A.7 方法的精密度和准确度

对添加吡虫啉质量浓度为 0.50～10.0 mg/L 的试样进行重复测定，相对标准偏差为 1.7%～3.5%、添加回收率为 94.5%～98.9%。

附录 B（规范性附录）

废水中咪唑烷的测定　气相色谱法

B.1 方法原理

咪唑烷的测定采用气相色谱分析法。气相色谱分析法是以惰性气体作为流动相，利用试样中各组分在色谱柱中的气相和固定相间的分配系数不同进行分离。汽化后的试样被载气带入色谱柱中运行时，组分就在其中的两相间进行反复多次的分配（吸附－脱附－放出），由于固定相对各种组分的吸附能力不同（即保留作用不同），各组分在色谱柱中的运行速度就不同，经过一定的柱长后，便彼此分离，顺序进入检测器，产生的离子流信号经放大后，在记录器上形成各组分的色谱峰，根据色谱峰进行定性定量测定。

取一定体积含咪唑烷的废水，经丙酮稀释、无水硫酸钠干燥，丙酮定容后，使用壁涂DB-5（5%苯基甲基硅酮固定相）毛细管色谱柱和氮磷检测器，对废水中的咪唑烷进行气相色谱分离和测定。

B.2 适用范围

本方法可用于工业废水中咪唑烷含量的测定。仪器最小检出量（以 S/N=3 计）2.0×10^{-10} g，方法最低测定质量浓度 0.2 mg/L。

B.3 仪器设备

气相色谱仪：配置 NP 检测器和色谱数据处理系统；

分析天平：精度±0.000 1 g；

色谱柱：石英毛细管柱，10 m×0.53 mm，膜厚 2.65 μm，固定相 5%苯基甲基硅酮；氮吹仪。

B.4 试剂

标准品：咪唑烷（＞95.%），化学结构式：

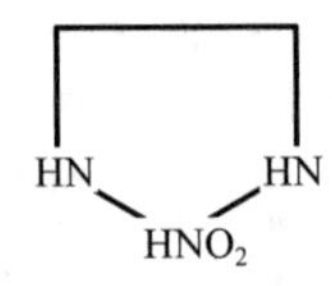

丙酮：分析纯，重蒸一次；

无水硫酸钠：分析纯。

B.5 测定步骤

B.5.1 标准溶液的配制

称取咪唑烷标准品 0.01 g（精确到 0.000 1 g），于 100 mL 容量瓶中，用丙酮溶解并定容，摇匀；准确吸取 2.00 mL 上述溶液，于另一个 100 mL 容量瓶中，加丙酮稀释并定容，摇匀，制得 2.00 mg/L 咪唑烷标准溶液。

B.5.2 试样溶液的制备

取 10.0 mL 废水样，置于 1 000 mL 容量瓶中，用丙酮稀释并定容，摇匀；吸取上述溶液 5.00 mL 于 50 mL 三角烧瓶中，加适量无水硫酸钠吸去水分后，经氮吹仪吹干，加丙酮定容至一定体积，待气相色谱测定。

B.5.3 测定

（1）色谱条件

温度：柱温起始温度 100℃，以 10℃/min 的速率升至 220℃，保持 5 min 后回到 100℃，保持 1 min；汽化室 250℃；检测室 300℃；

气体流速：载气（氮气）15 mL/min，氢气 2.0 mL/min，空气 60 mL/min；

进样方式：无分流进样；

进样体积：1 μL；

保留时间：约 8.7 min。

典型色谱图见图 B.1。

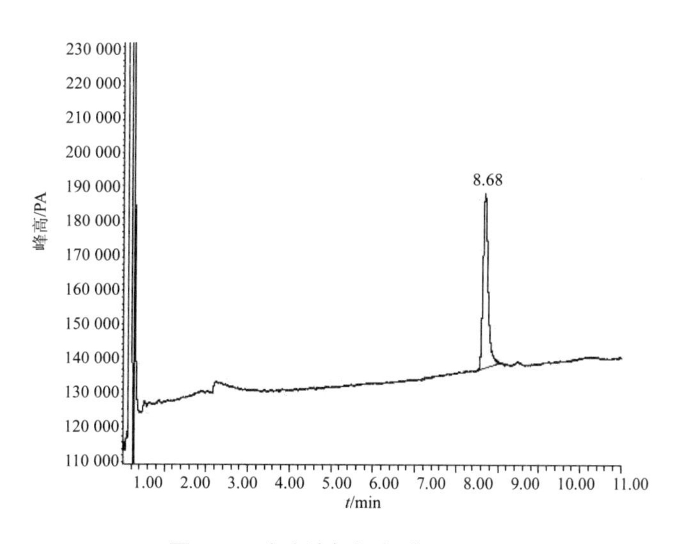

图 B.1 咪唑烷气相色谱图

（2）色谱分析

在上述色谱条件下，待仪器稳定后，连续进标样溶液数次，直至相邻两次咪唑烷峰面积相对变化小于 10%后，按照标样溶液、试样溶液、试样溶液、标样溶液的顺序进样分析。

B.6 计算

将测得的试样溶液以及试样前后标样溶液中咪唑烷的峰面积分别进行平均。

废水试样中咪唑烷的质量浓度ρ（mg/L）按式（B.1）计算：

$$\rho = \frac{A_1 \times \rho_0 \times v_1}{A_0} \times 20 \tag{B.1}$$

式中：A_1——试样溶液中咪唑烷峰面积的平均值；

A_0——标样溶液中咪唑烷峰面积的平均值；

ρ_0——标样溶液中咪唑烷的质量浓度，mg/L；

v_1——定容体积，mL。

两次平行测定结果之差，应不大于 10%，取其算术平均值作为测定结果。

B.7 方法的精密度和准确度

对添加咪唑烷质量浓度为 2.00～10.0 mg/L 的试样进行重复测定，相对标准偏差为 5.6%～12.5%、添加回收率为 82.7%～90.7%。

附录 C（规范性附录）

废水中三唑酮的测定　气相色谱法

C.1 方法原理

三唑酮的测定采用气相色谱分析法。气相色谱分析法是以惰性气体作为流动相，利用试样中各组分在色谱柱中的气相和固定相间的分配系数不同进行分离。汽化后的试样被载气带入色谱柱中运行时，组分就在其中的两相间进行反复多次的分配（吸附—脱附—放出），由于固定相对各种组分的吸附能力不同（即保留作用不同），各组分在色谱柱中的运行速度就不同，经过一定的柱长后，便彼此分离，顺序进入检测器，产生的离子流信号经放大后，在记录器上形成各组分的色谱峰，根据色谱峰进行定性定量测定。

含有三唑酮的水样经有机溶剂提取、浓缩后，使用壁涂 DB-5（5%苯基甲基硅酮固定相）毛细管色谱柱和氮磷检测器，对水样中的三唑酮进行气相色谱分离和测定。

C.2 适用范围

本方法可用于工业废水和地表水中三唑酮含量的测定。仪器最小检出量（以 S/N=3 计）为 1.0×10^{-10} g，方法最低测定质量浓度为 0.001 mg/L。

C.3 试剂

标准品：三唑酮（＞97%），化学结构式：

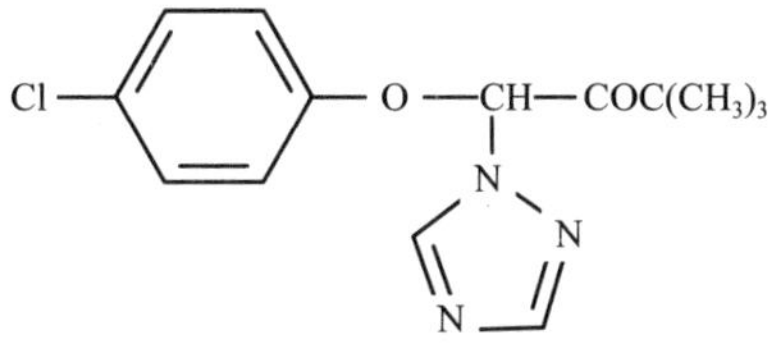

丙酮、甲苯、无水硫酸钠：均为分析纯。

C.4 仪器设备

气相色谱仪：配制 NP 检测器和色谱数据处理系统；

色谱柱：长 10 m 内径为 0.53 mm 液膜厚度 2.65 μm，固定相为 5%苯基甲基硅酮的石英毛细管柱；

旋转蒸发仪；

具塞三角瓶：250 mL；

分液漏斗：250 mL。

C.5 测定步骤

C.5.1 标准溶液的配制

准确称取三唑酮标准品 0.01 g（精确到 0.000 1 g），置于 100 mL 容量瓶中，用丙酮溶解并定容，摇匀；吸取上述溶液 1.00 mL 于另一个 100 mL 容量瓶中，用甲苯稀释并定容，制得 1.00 mg/L 三唑酮标准溶液。

C.5.2 试样溶液的制备

准确量取一定体积的水样于 250 mL 分液漏斗中，加甲苯振荡提取 3 次后，合并甲苯相，经旋转蒸发仪蒸发浓缩至一定体积，待气相色谱测定。

C.5.3 测定

（1）色谱测定条件

柱温：程序升温，起始温度 80℃，保持 0 min；程序 1 速率 5℃/min，升温至 100℃，保持 1 min；

程序 2 速率 20℃/min，升温至 200℃，保持 5 min；程序 3 回到 80℃，保持 1 min；

汽化室温度：250℃；检测室温度：300℃；

气体流速：载气（氮气）15 mL/min，氢气 2.0 mL/min，空气 60 mL/min；

进样方式：无分流进样；

进样体积：1 μL；

保留时间：约 10.7 min。

典型色谱图见图 C.1。

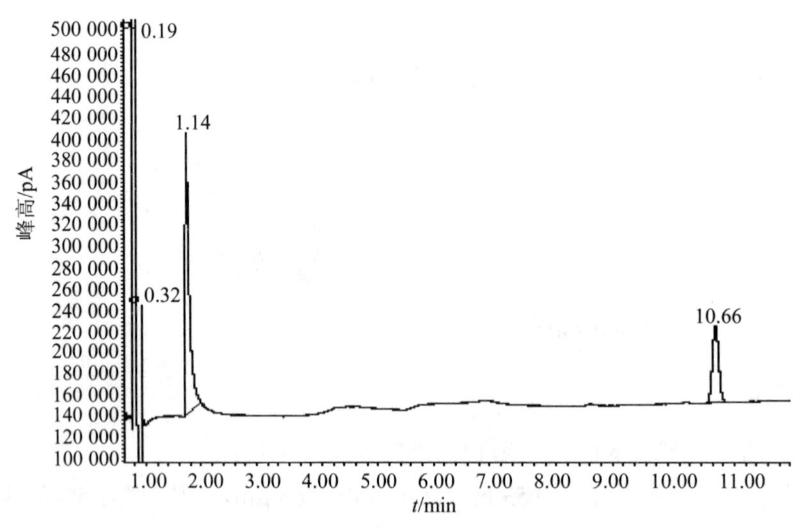

图 C.1 三唑酮气相色谱图

（2）色谱分析

在上述色谱条件下，待仪器稳定后，连续进标样溶液数次，直至相邻两次三唑酮峰面积相对变化小于 10%后，按照标样溶液、试样溶液、试样溶液、标样溶液的顺序进样分析。

C.6 计算

将测得的试样溶液以及试样前后标样溶液中三唑酮的峰面积分别进行平均。

废水试样中三唑酮的质量浓度ρ（mg/L）按式（C.1）计算：

$$\rho = \frac{A_1 \times \rho_0 \times V_1}{A_0 \times V_w} \tag{C.1}$$

式中：A_1——试样溶液中三唑酮峰面积的平均值；

A_0——标样溶液中三唑酮峰面积的平均值；

ρ_0——标样溶液中三唑酮的质量浓度，mg/L；

V_1——定容体积，mL；

V_w——量取水样体积，mL。

两次平行测定结果之差，应不大于 10%，取其算术平均值作为测定结果。

C.7 方法的精密度和准确度

对添加三唑酮浓度为 0.20～5.00 mg/L 的水样进行重复测定，相对标准偏差为 3.3%～7.9%、添加回收率为 96.7%～98.3%。

附录 D（规范性附录）

废水中多菌灵的测定　气相色谱法

D.1 方法原理

多菌灵的测定采用气相色谱分析法。气相色谱分析法是以惰性气体作为流动相，利用试样中各组分在色谱柱中的气相和固定相间的分配系数不同进行分离。汽化后的试样被载气带入色谱柱中运行时，组分就在其中的两相间进行反复多次的分配（吸附—脱附—放出），由于固定相对各种组分的吸附能力不同（即保留作用不同），各组分在色谱柱中的运行速度就不同，经过一定的柱长后，便彼此分离，顺序进入检测器，产生的离子流信号经放大后，在记录器上形成各组分的色谱峰，根据色谱峰进行定性定量测定。

含有多菌灵的水样经有机溶剂提取、浓缩后，使用壁涂 DB-5（5%苯基甲基硅酮固定相）毛细管色谱柱和氮磷检测器，对水样中的多菌灵进行气相色谱分离和测定。

D.2 适用范围

本方法可用于工业废水和地表水中多菌灵的测定。仪器最小检出量（以 S/N=3 计）为 1.0×10^{-9}g，方法最低测定质量浓度为 0.01 mg/L。

D.3 试剂

标准品：多菌灵（＞95.%），化学结构式：

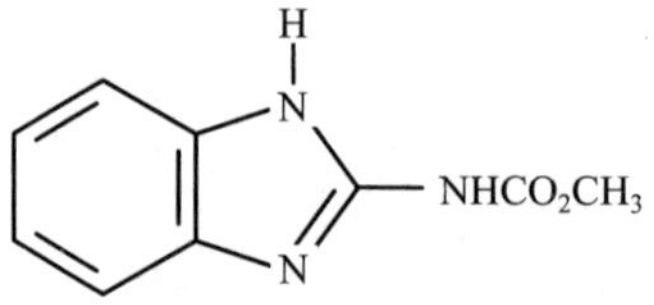

H
N
$NHCO_2CH_3$
N

丙酮、乙醇、乙酸乙酯、无水硫酸钠等均为分析纯。

D.4 仪器设备

气相色谱仪，配置 NP 检测器和色谱数据处理系统；

色谱柱：长 10 m 内径为 0.53 mm 液膜厚度 2.65 μm，固定相为 5%苯基甲基硅酮的石英毛细管柱；

旋转蒸发仪；

具塞三角瓶：250 mL；

分液漏斗：250 mL。

D.5 测定步骤

D.5.1 标准溶液的配制

准确称取 0.01 g 的多菌灵标准品（精确到 0.000 1 g），置于 100 mL 容量瓶中，用乙醇溶解并定容，摇匀；吸取上述溶液 2.00 mL 于另一个 100 mL 容量瓶中，用乙酸乙酯稀释并定容，摇匀，制得 2 mg/L 多菌灵标准溶液。

D.5.2 试样溶液的制备

准确吸取一定量水样于 250 mL 分液漏斗中，加乙酸乙酯振荡提取 3 次后，合并有机相，经旋转蒸发仪蒸发浓缩至一定体积，待气相色谱测定。

D.5.3 测定

（1）色谱测定条件

温度条件：柱温，起始温度 120℃，以 10℃/min 的速率升至 250℃，保持 5 min 后回到 100℃，保持 1 min；汽化室 250℃；检测室 300℃。

气体流速：载气（氮气）15 mL/min，氢气 2.0 mL/min，空气 60 mL/min。

进样方式：无分流进样。

进样体积：1 μL。

保留时间：约 5.7 min。

典型色谱图见图 D.1。

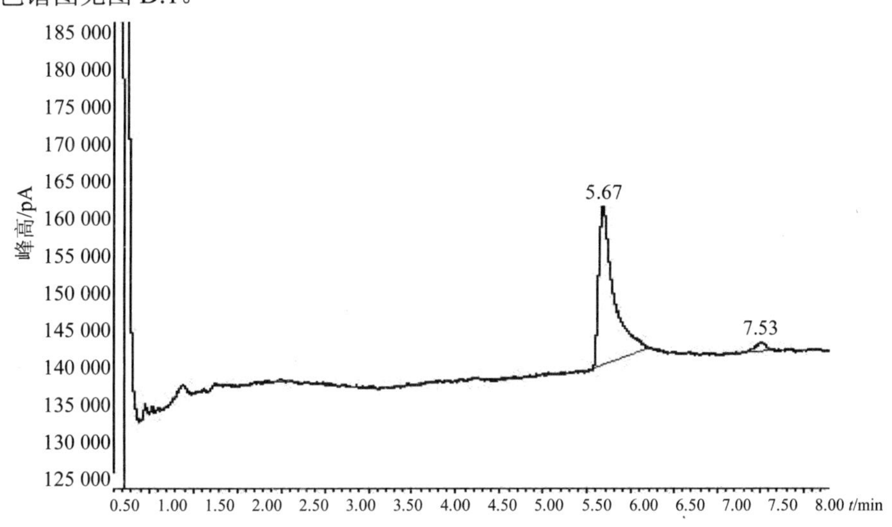

图 D.1 多菌灵气相色谱图

（2）色谱分析

在上述色谱条件下，待仪器稳定后，连续进标样溶液数次，直至相邻两次多菌灵峰面积相对变化小于 10%后，按照标样溶液、试样溶液、试样溶液、标样溶液的顺序进样分析。

D.6 计算

将测得的试样溶液以及试样前后标样溶液中多菌灵的峰面积分别进行平均。

废水试样中多菌灵的质量浓度ρ（mg/L）按式（D.1）计算：

$$\rho = \frac{A_1 \times \rho_0 \times V_1}{A_0 \times V_w} \tag{D.1}$$

式中：A_1——试样溶液中多菌灵峰面积的平均值；

A_0——标样溶液中多菌灵峰面积的平均值；

ρ_0——标样溶液中多菌灵的质量浓度，mg/L；

V_1——定容体积，mL；

V_w——量取水样体积，mL。

D.7 方法的精密度和准确度

对添加多菌灵质量浓度为 0.50～10.0 mg/L 的水样进行重复测定，相对标准偏差为 2.6%～5.5%、添加回收率为 90.7%～95.7%。

附录 E（规范性附录）

废水中百草枯离子的测定　液相色谱法

E.1 方法原理

百草枯离子的测定采用液相色谱分析法。液相色谱分离系统由两相——固定相和流动相组成。固定相可以是吸附剂、化学键合固定相（或在惰性载体表面涂上一层液膜）、离子交换树脂或多孔性凝胶；流动相是各种溶剂。被分离混合物由流动相液体推动进入色谱柱，根据各组分在固定相及流动相中的吸附能力、分配系数、离子交换作用或分子尺寸大小的差异进行分离。分离后的组分依次流入检测器的流通池，检测器把各组分浓度转变成电信号，经过放大，用记录器记录下来就得到色谱图。色谱图是定性、定量分析的依据。

取一定体积含有百草枯离子的废水，用针头过滤器过滤，以辛磺酸钠-乙腈-缓冲溶液为流动相，在以 Spherisorb Pheny、5 μm 为填料的色谱柱和紫外可变波长检测器，对废水中的百草枯离子进行液相色谱分离和测定。

E.2 适用范围

本方法适用于工业废水和地面水中百草枯离子的测定，仪器最小检出量（以 S/N=3 计）为 10^{-12} g，方法最低测定质量浓度为 10 μg/L。

E.3 试剂

百草枯二氯化物标样（使用前须在 120℃干燥 4 h 以上）：含量≥98.0%，化学结构式：

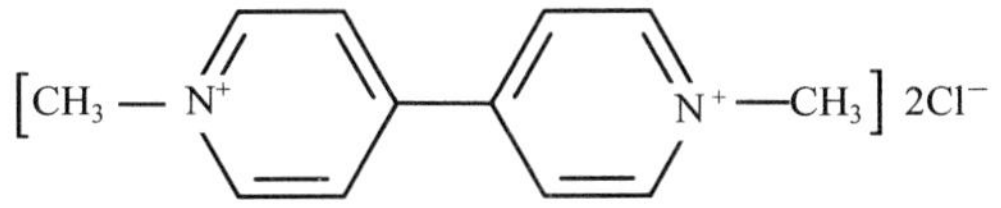

$$[CH_3 - N^{+} \cdots N^{+} - CH_3]\ 2Cl^{-}$$

乙腈：色谱纯；
二乙胺：分析纯；
磷酸：分析纯；
浓盐酸：分析纯；
1-辛磺酸钠：分析纯；
水：新蒸二次蒸馏水。

E.4 仪器

液相色谱仪：具有紫外可变波长检测器和定量进样阀；
色谱数据处理机或色谱工作站；
色谱柱：3.2 mm（id）×250 mm 不锈钢柱，内装耐酸、pH≤2，苯基 C_{18} 色谱柱 5 μm 填充物；

过滤器：滤膜孔径约 0.45 μm；

微量进样器：50 μl。

E.5 液相色谱操作条件

流动相流量：0.5 mL/min；

柱温：室温（温差变化应不大于 2℃）；

检测波长：258 nm；

进样体积：20 μl；

保留时间：百草枯离子约 6.5 min。

典型的百草枯离子液相色谱图见图 E.1。

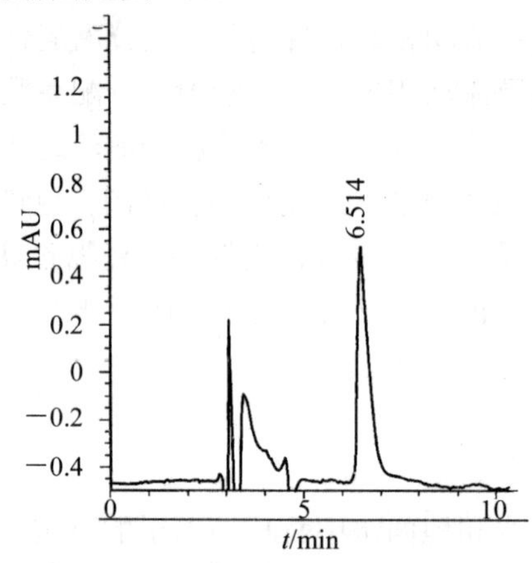

图 E.1 百草枯离子液相色谱图

E.6 测定步骤

E.6.1 标样溶液的制备

称取百草枯二氯化物标样 0.005 g（精确至 0.000 02 g），置于 500 mL 容量瓶中，加水溶解并定容，摇匀；用移液管吸取 1 mL 上述溶液，置于另一个 100 mL 容量瓶中，加水定容，摇匀。

E.6.2 试样溶液的制备

取废水试样，用一次性过滤器过滤，过滤后的样品应立即进样。

E.6.3 流动相制备

称取 3.64 g 辛磺酸钠，溶于 900 mL 二次蒸馏水中，加入 16 mL 磷酸，再用二乙胺调至 pH=2，再加入 100 mL 乙腈，混合均匀后，用 0.45 μm 滤膜过滤，超声处理 10 min。

E.6.4 测定

在上述色谱条件下，待仪器稳定后，连续注入数针标样溶液，直至相邻两针百草枯离子峰面积相对变化小于 1.5%后，按照标样溶液、试样溶液、试样溶液、标样溶液的顺序进样分析。

E.7 计算

将测得的两针试样溶液以及试样前后两针标样溶液中百草枯的峰面积分别进行平均。废水试样中百草枯的质量浓度ρ_1（μg/L）按式（E.1）计算：

$$\rho_1=A_1\times\rho_0/A_0 \tag{E.1}$$

式中：A_1——废水样品中百草枯峰面积的平均值；

A_0——标样溶液中百草枯峰面积的平均值；

ρ_0——标样溶液中百草枯的质量浓度，μg/L。

两次平行测定结果之差，应不大于 1.0%，取其算术平均值作为测定结果。

E.8 方法的精密度和准确度

对添加百草枯离子质量浓度为 16～76 μg/L 的水样进行重复测定，相对标准偏差为 0.06%，添加回收率为 91.4%～107%。

附录 F（规范性附录）

废水中 2,2′:6′,2″-三联吡啶的测定 气相色谱-质谱法

F.1 方法原理

2,2′:6′,2″-三联吡啶的测定采用气相色谱-质谱分析法。气相色谱分析法是以惰性气体作为流动相，利用试样中各组分在色谱柱中的气相和固定相间的分配系数不同进行分离。汽化后的试样被载气带入色谱柱中运行时，组分就在其中的两相间进行反复多次的分配（吸附—脱附—放出），由于固定相对各种组分的吸附能力不同（即保留作用不同），各组分在色谱柱中的运行速度就不同，经过一定的柱长后，便彼此分离，顺序进入检测器，产生的离子流信号经放大后，在记录器上形成各组分的色谱峰，根据色谱峰进行定性定量测定。

质谱法是通过将所研究的混合物或者单体裂解成离子，然后使形成的离子按质荷比（m/e）进行分离，经检测和记录系统得到离子的质荷比和相对强度的谱图（质谱图），根据质谱图进行定性定量分析。质谱法的特点是分析快速、灵敏、分辨率高、样品用量少且分析对象范围广。气相色谱-质谱联用，使复杂有机混合的分离与鉴定能快速同步地一次完成。

含有 2,2′:6′,2″-三联吡啶的水样经过氢氧化钠、乙酸乙酯处理后，采用 GC-MS 进行定性与定量测定。

F.2 适用范围

本方法适用于工业废水和地面水中 2,2′:6′,2″-三联吡啶的测定，仪器最小检出量（以 S/N=3 计）为 8×10^{-11} g，方法的检出限为 0.08 mg/L。

F.3 试剂

2, 2′:6′,2″-三联吡啶标准样品：纯度＞98%，化学结构式：

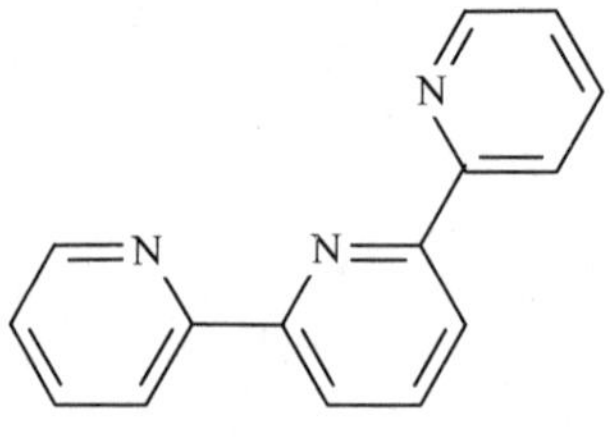

N N N

乙酸乙酯：色谱纯；

氢氧化钠溶液：1 mol/L；

二苯-2-甲基吡啶：纯度＞99%。

F.4 仪器

气质联用仪器：GC-MS 测试仪，裂分/进样系统，使用裂分模式，带有自动进样器；

色谱柱：CPSi 18，0.25（id）mm×30 m×0.25 μm 毛细管柱。

F.5 样品溶液的制备

取 2.0 g（大约 14 mL）百草枯二氯化物水样，放入 14 mL 的带盖玻璃瓶中，加 2.0 mL 1 mol/L 的氢氧化钠溶液，小心振荡（不能沾到瓶盖上）后再加入 6 mL 乙酸乙酯，并摇匀。将此玻璃瓶放入一个抗溶剂腐蚀的带盖子的并且密封的塑料试管中，离心 2min，取上层液体（溶液 A）。

F.6 操作条件

温度条件：程序升温：初始 150℃保持 1 min；

程序 1：40℃/min 迅速升到 260℃；

程序 2：2℃/min 迅速升到 270℃；

程序 3：40℃/min 升到 320℃，保持 2 min；

进样口温度：300℃；

接口温度：300℃；

MS 源温度：250℃；

载气流速：150℃时氦气流速为 42 cm/s［恒压模式，1.1×10^5 Pa（16 lb/in^2），真空修正］；

质量扫描范围：全扫描，35～290 u（原子质量单位）；

离子模式及电压：El+，70eV；

电子多极电压：500V。

为了初步检测水样是否含有 2,2':6',2"-三联吡啶，可选用如下典型测试条件（一次进样）：

分流比：27∶1；

进样体积：2 μL。

一次进样后，可能水样中 2,2':6',2"-三联吡啶含量过低，受到仪器检测灵敏度限制，此时可改变分流比及进样体积以增大进样量（二次进样），典型的测试条件如下所示：

分流比：1∶1；

进样体积：1 μL；

典型的 2,2′:6′,2″-三联吡啶总离子流色谱图及质谱图分别如图 F.1 及图 F.2 所示。

F.7 测定

取制备后的溶液 A 进行 GC-MS 分析，m/z233，m/z205 的碎片峰对应 2,2′:6′,2″-三联吡啶的碎片峰。

对添加 2,2′:6′,2″-三联吡啶质量浓度小于 1.0 mg/L 的水样进行重复测定，相对标准偏差小于 30%，添加回收率为 70%～130%。

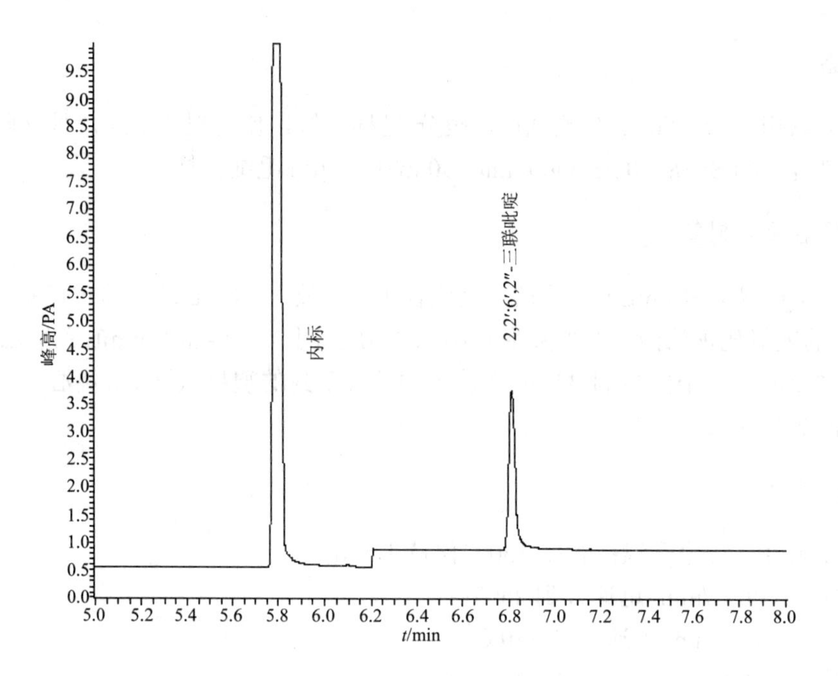

图 F.1 2, 2′: 6′, 2″-三联吡啶总离子流色谱图

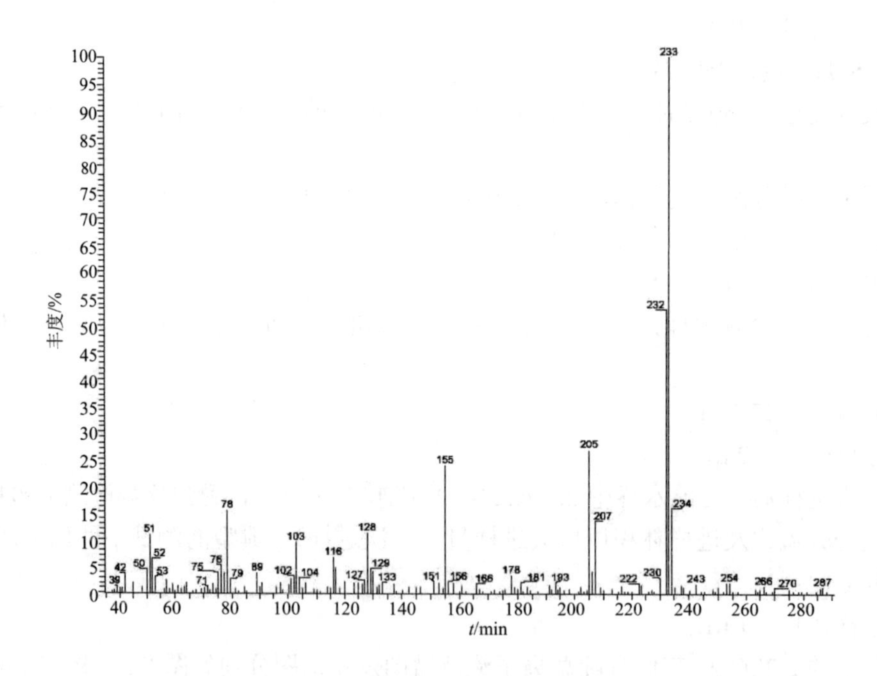

图 F.2 2, 2′: 6′, 2″-三联吡啶质谱图

附录 G（规范性附录）

废水中莠去津的测定　气相色谱法

G.1 方法原理

莠去津的测定采用气相色谱分析法。气相色谱分析法是以惰性气体作为流动相，利用试样中各组分在色谱柱中的气相和固定相间的分配系数不同进行分离。汽化后的试样被载气带入色谱柱中运行时，组分就在其中的两相间进行反复多次的分配（吸附—脱附—放出），由于固定相对各种组分的吸附能力不同（即保留作用不同），各组分在色谱柱中的运行速度就不同，经过一定的柱长后，便彼此分离，顺序进入检测器，产生的离子流信号经放大后，在记录器上形成各组分的色谱峰，根据色谱峰进行定性定量测定。

含莠去津的水样用有机溶剂萃取后，使用壁涂 5%苯基聚硅氧烷的毛细管柱和氢火焰离子检测器，对水样中的莠去津进行气相色谱分离和测定。

G.2 适用范围

本方法适用于工业废水和地面水中莠去津的测定，仪器最小检出量为 10^{-12} g（以 S/N=3 计），方法最低测定质量浓度为 0.25 μg/L。

G.3 仪器

气相色谱仪：具有氢火焰离子检测器和色谱数据处理机；

色谱柱：30 m×0.25 mm 毛细管柱，壁涂 5%苯基聚硅氧烷，膜厚 0.25 μm；

旋转蒸发仪。

G.4 试剂

莠去津标准品：纯度 98.3%，化学结构式：

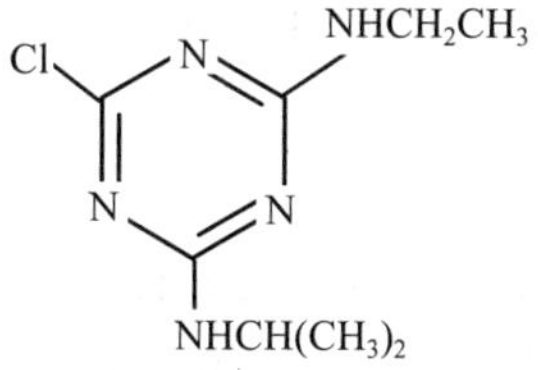

Cl　N　$NHCH_2CH_3$

N　N

$NHCH(CH_3)_2$

氯仿：分析纯并经过一次蒸馏；

二氯甲烷：分析纯并经过一次蒸馏；

正己烷：分析纯并经过一次蒸馏；

丙酮：分析纯并经过一次蒸馏；

二次蒸馏水。

G.5 气相色谱操作条件

温度：柱温 180℃，汽化温度 300℃，检测器温度 300℃；

气体流速（mL/min）：载气（氮气）约 30，氢气约 30，空气约 400；

分流比：30∶1；

进样体积：1 μL；

保留时间：莠去津约 10.3 min。

典型的莠去津的气相色谱图见图 G.1。

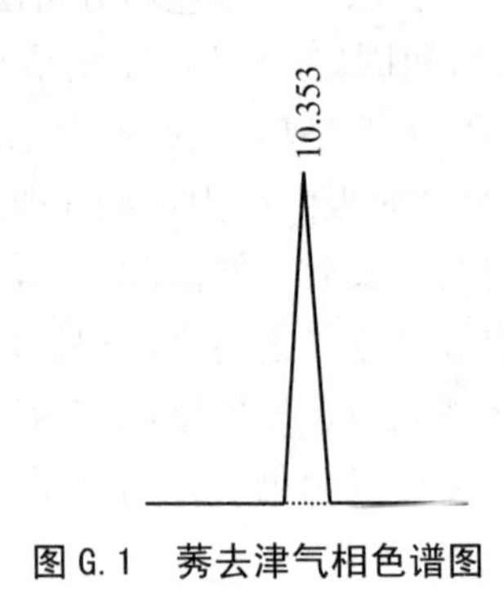

图 G.1　莠去津气相色谱图

G.6 测定步骤

G.6.1 标样溶液的制备

准确称取适量的莠去津标准品，用丙酮溶解配成 1 000 mg/L 的贮备液，然后根据需要稀释成适当质量浓度的标准工作液。

G.6.2 水样溶液的制备

准确量取 200 mL 莠去津水样，用 3×50 mL 三氯甲烷萃取，在旋转蒸发仪（40℃）中蒸出大部分的溶剂后，定容至 10 mL，随后进行 GC 测定。

G.6.3 测定

在上述色谱操作条件下，待仪器稳定后，连续注入数针标样溶液，直至相邻两针莠去津峰面积相对变化小于 1.5%后，按照标样溶液、试样溶液、试样溶液、标样溶液的顺序进样分析。

G.6.4 计算

将测得的两针试样溶液以及试样前后两针标样溶液中莠去津的峰高（或峰面积）分别计算平均值。试样中莠去津的质量浓度ρ（mg/L）按式（G.1）计算：

$$\rho = \frac{\rho_{标} \times V_{标} \times H_{样} \times V_{终}}{V_{样} \times H_{标} \times V_{w}} \tag{G.1}$$

式中：ρ——水样中莠去津的质量浓度，mg/L；

$\rho_{标}$——标样溶液的质量浓度，mg/L；

$V_{标}$——标样溶液的进样体积，μL；

$V_{终}$——有机相溶液的定容体积，mL；

$V_{样}$——有机相溶液的进样体积，mL；

$H_{标}$——标样溶液的峰高，mm，或峰面积，mm^2；

$H_{样}$——有机相溶液的峰高，mm，或峰面积，mm^2；

V_w——水样体积，L。

G.6.5　允许差

两次平行测定结果之差，应不大于 1.0%，取其算术平均值作为测定结果。

G.6.6　方法的精密度和准确度

对添加莠去津质量浓度为 2.0～40 mg/L 的水样进行重复测定，相对标准偏差为 2.08%，回收率为 96.2%～103%。

附录 H（规范性附录）

废水中对氯苯酚的测定　液相色谱法

H.1 方法原理

对氯苯酚的测定采用液相色谱分析法。液相色谱分离系统由两相——固定相和流动相组成。固定相可以是吸附剂、化学键合固定相（或在惰性载体表面涂上一层液膜）、离子交换树脂或多孔性凝胶；流动相是各种溶剂。被分离混合物由流动相液体推动进入色谱柱，根据各组分在固定相及流动相中的吸附能力、分配系数、离子交换作用或分子尺寸大小的差异进行分离。分离后的组分依次流入检测器的流通池，检测器把各组分质量浓度转变成电信号，经过放大，用记录器记录下来就得到色谱图。色谱图是定性、定量分析的依据。

含对氯苯酚的水样经 0.45 μm 膜过滤后，直接进液相色谱（C18 反相柱，紫外检测器）测定。

H.2 适用范围

本方法可用于工业废水和地表水中对氯苯酚的测定。仪器最小检出量（以 S/N=3 计）为 2.0×10^{-10} g，方法最低测定质量浓度为 0.01 mg/L。

H.3 试剂

标准品：对氯苯酚（>95.%），化学结构式：

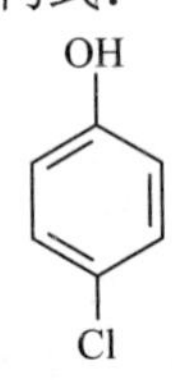

乙腈：色谱纯；

磷酸：分析纯。

H.4 仪器设备

液相色谱仪，配置紫外检测器和色谱数据处理系统；

色谱柱：4.6 mm×250 mm 5μm 反相 C_{18} 柱。

H.5 测定步骤

H.5.1　标准溶液的配制

称取 0.100 0 g 对氯苯酚标准品（精确到 0.000 1 g），置于 100 mL 容量瓶中，用乙腈溶解并定容，摇匀；吸取上述溶液 1.00 mL 于另一个 100 mL 容量瓶中，用乙腈稀释并定容，摇匀，制得 10 mg/L 对氯苯酚标准溶液。

H.5.2 试样溶液的制备

取一定量的水样，经 0.45 μm 水膜过滤后，直接进液相色谱测定。若废水样中对氯苯酚浓度较高，可用纯水稀释一定倍数、滤膜过滤后，待液相色谱测定。

H.5.3 测定

（1）液相谱测定条件

流动相：乙腈：水（磷酸调节 pH 值为 3.0）＝85∶15，流速为 1.0 mL/min；

进样体积：20 μL；

保留时间：约 3.07 min。

典型色谱图见图 H.1。

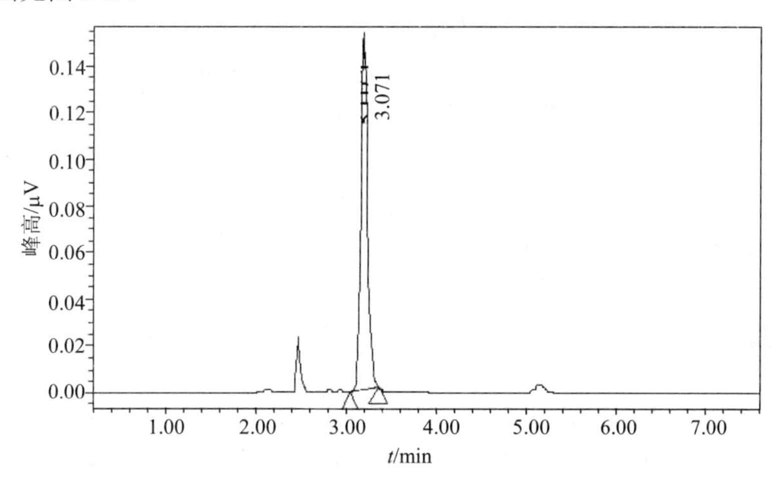

图 H.1 对氯苯酚液相色谱图

（2）色谱分析

在上述色谱条件下，待仪器稳定后，连续进标样溶液数次，直至相邻两次对氯苯酚峰面积相对变化小于 10%后，按照标样溶液、试样溶液、试样溶液、标样溶液的顺序进样分析。

H.6 计算

将测得的试样溶液以及试样前后标样溶液中对氯苯酚的峰面积分别进行平均。

废水试样中对氯苯酚的质量浓度ρ（mg/L）按式（H.1）计算：

$$\rho = \frac{A_1 \times \rho_0}{A_0} \times D \qquad \text{(H.1)}$$

式中：A_1——试样溶液中对氯苯酚峰面积的平均值；

A_0——标样溶液中对氯苯酚峰面积的平均值；

ρ_0——标样溶液中对氯苯酚的质量浓度，mg/L；

D——稀释倍数。

H.7 方法的精密度和准确度

对添加对氯苯酚质量浓度为 0.05～10.0 mg/L 的水样进行重复测定，相对标准偏差为 2.6%～5.5%，回收率为 95.0%～102%。

附录 I（规范性附录）

废水中氟虫腈的测定　气相色谱法

I.1 方法原理

氟虫腈的测定采用气相色谱分析法。气相色谱分析法是以惰性气体作为流动相，利用试样中各组分在色谱柱中的气相和固定相间的分配系数不同进行分离。汽化后的试样被载气带入色谱柱中运行时，组分就在其中的两相间进行反复多次的分配（吸附—脱附—放出），由于固定相对各种组分的吸附能力不同（即保留作用不同），各组分在色谱柱中的运行速度就不同，经过一定的柱长后，便彼此分离，顺序进入检测器，产生的离子流信号经放大后，在记录器上形成各组分的色谱峰，根据色谱峰进行定性定量测定。

含有氟虫腈的水样用正己烷萃取后，使用壁涂 5%苯基聚硅氧烷的毛细管柱和电子捕获检测器（ECD），对水样中的氟虫腈进行气相色谱分离和测定。

I.2 适用范围

本方法适用于工业废水和地面水中氟虫腈的测定。仪器最小检出量为 5×10^{-13}g（以 S/N=3 计），最低测定质量浓度为 0.002 5 μg/L，适用质量浓度为 12～120 μg/L。

I.3 仪器

气相色谱仪：具有电子捕获检测器（ECD）和色谱数据处理机；

色谱柱：石英毛细管色谱柱（30 m×0.25 mm×0.25 μm）；

旋转蒸发仪。

I.4 试剂

正己烷：分析纯并经过一次重蒸馏；

丙酮：分析纯并经过一次重蒸馏；

二次蒸馏水；

氟虫腈标准品：纯度≥97%，化学结构式：

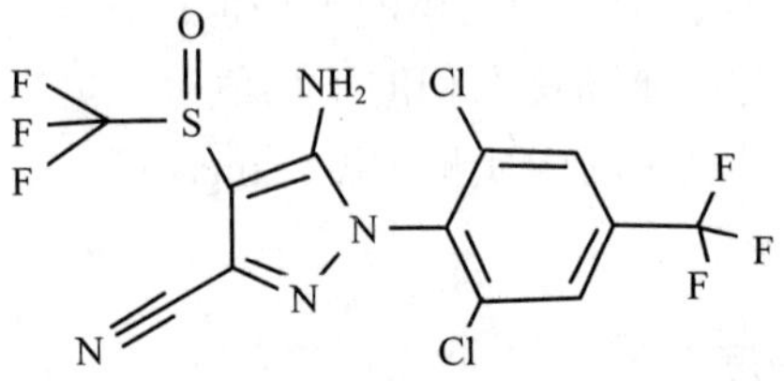

O
F
F
F
S
NH_2
Cl
N
F
F
F
N
N
Cl

I.5 气相色谱操作条件

柱温：初始温度 180℃，以 5℃/min 的速率升至 230℃，保持 2 min；

温度：气化室 260℃，检测器 300℃；

气体流速（mL/min）：氮气约 1.5；

分流比：不分流；

进样体积：1 μL；

保留时间：氟虫腈约 9.9 min。

上述气相色谱操作条件，是典型操作参数。可根据不同仪器特点，对给定的操作参数作适当的调整，以期获得最佳效果。典型的氟虫腈的气相色谱图见图 I.1。

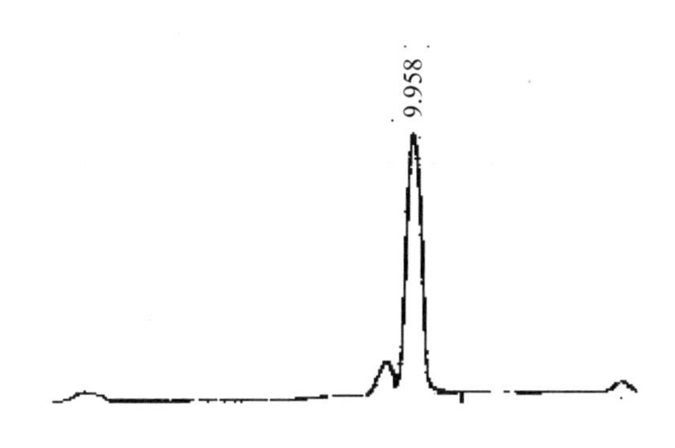

图 I.1 氟虫腈气相色谱图

I.6 测定步骤

I.6.1 标样溶液的制备

准确称取适量的氟虫腈标准品，用丙酮溶解配成 100 mg/L 的贮备液，然后根据需要用正己烷稀释成适当质量浓度的标准工作液。

I.6.2 水样溶液的制备

准确量取 20 mL 氟虫腈水样，用 20 mL 正己烷萃取两次，合并有机相，在旋转蒸发仪（40℃）中蒸出大部分的正己烷后定容至 10 mL，随后进行 GC 测定。

I.6.3 测定

在上述色谱操作条件下，待仪器稳定后，连续注入数针标样溶液，直至相邻两针氟虫腈峰面积相对变化小于 10%后，按照标样溶液、试样溶液、试样溶液、标样溶液的顺序进样分析。

I.7 计算

将测得的两针试样溶液以及试样前后两针标样溶液中氟虫腈的峰面积分别进行平均。试样中氟虫腈的质量浓度ρ（μg/L）按（I.1）式计算：

$$\rho=\frac{\rho_{标}\times H_{样}\times V_{终}}{H_{标}\times V_{w}} \tag{I.1}$$

式中：ρ——水样中氟虫腈的质量浓度，μg/L；

$\rho_{标}$——标样溶液的质量浓度，μg/L；

$V_{终}$——有机相溶液的定容体积，mL；

$H_{标}$——标样溶液的峰高或峰面积；

$H_{样}$——有机相溶液的峰高或峰面积；

V_w——水样体积，mL。

I.8 方法的精密度和准确度

对添加氟虫腈质量浓度为 5～25 μg/L 的水样进行重复测定，相对标准偏差为 2.95%～5.13%，回收率为 91.7%～103%。

中华人民共和国国家标准

羽绒工业水污染物排放标准

Discharge standard of water pollutants for down industry

GB 21901—2008

前　言

为贯彻《中华人民共和国环境保护法》《中华人民共和国水污染防治法》《中华人民共和国海洋环境保护法》《国务院关于落实科学发展观 加强环境保护的决定》等法律、法规和《国务院关于编制全国主体功能区规划的意见》，保护环境，防治污染，促进羽绒工业生产工艺和污染治理技术的进步，制定本标准。

本标准规定了羽绒工业企业水污染物排放限值、监测和监控要求。为促进区域经济与环境协调发展，推动经济结构的调整和经济增长方式的转变，引导工业生产工艺和污染治理技术的发展方向，本标准规定了水污染物特别排放限值。

本标准中的污染物排放浓度均为质量浓度。

羽绒工业企业排放大气污染物（含恶臭污染物）、环境噪声适用相应的国家污染物排放标准，产生固体废物的鉴别、处理和处置适用国家固体废物污染控制标准。

本标准为首次发布。

自本标准实施之日起，羽绒工业企业的水污染物排放控制按本标准的规定执行，不再执行《污水综合排放标准》（GB 8978—1996）中的相关规定。

本标准由环境保护部科技标准司组织制订。

本标准主要起草单位：中国羽绒工业协会、环境保护部环境标准研究所。

本标准环境保护部 2008 年 4 月 29 日批准。

本标准自 2008 年 8 月 1 日起实施。

本标准由环境保护部解释。

1 适用范围

本标准规定了羽绒企业或生产设施水污染物排放限值。

本标准适用于现有羽绒企业或生产设施的水污染物排放管理。

本标准适用于对羽绒工业建设项目的环境影响评价、环境保护设施设计、竣工环境保护验收及其投产后的水污染物排放管理。

本标准适用于法律允许的污染物排放行为。新设立污染源的选址和特殊保护区域内现有污染源的管理，按照《中华人民共和国大气污染防治法》《中华人民共和国水污染防治法》《中华人民共和国海洋环境保护法》《中华人民共和国固体废物污染环境防治法》《中华人民共和国放射性污染防治法》《中华人民共和国环境影响评价法》等法律、法规、规章的相关规定执行。

本标准规定的水污染物排放控制要求适用于企业向环境水体的排放行为。

企业向设置污水处理厂的城镇排水系统排放废水时，其污染物的排放控制要求由企业与城镇污水处理厂根据其污水处理能力商定或执行相关标准，并报当地环境保护主管部门备案；城镇污水处理厂应保证排放污染物达到相关排放标准要求。

建设项目拟向设置污水处理厂的城镇排水系统排放废水时，由建设单位和城镇污水处理厂按前款的规定执行。

2 规范性引用文件

本标准内容引用了下列文件或其中的条款。

GB/T 6920—1986 水质 pH 值的测定 玻璃电极法

GB/T 7478—1987 水质 铵的测定 蒸馏和滴定法

GB/T 7479—1987 水质 铵的测定 纳氏试剂比色法

GB/T 7481—1987 水质 铵的测定 水杨酸分光光度法

GB/T 7488—1987 水质 五日生化需氧量（BOD_5）的测定 稀释与接种法

GB/T 7494—1987 水质 阴离子表面活性剂的测定 亚甲蓝分光光度法

GB/T 11893—1989 水质 总磷的测定 钼酸铵分光光度法

GB/T 11894—1989 水质 总氮的测定 碱性过硫酸钾消解紫外分光光度法

GB/T 11901—1989 水质 悬浮物的测定 重量法

GB/T 11914—1989 水质 化学需氧量的测定 重铬酸盐法

GB/T 16488—1996 水质 石油类和动植物油的测定 红外光度法

HJ/T 195—2005 水质 氨氮的测定 气相分子吸收光谱法

HJ/T 199—2005 水质 总氮的测定 气相分子吸收光谱法

HJ/T 399—2007 水质 化学需氧量的测定 快速消解分光光度法

《污染源自动监控管理办法》（国家环境保护总局令 第 28 号）

《环境监测管理办法》（国家环境保护总局令 第 39 号）

3 术语和定义

下列术语和定义适用于本标准。

3.1 羽绒工业

指将鹅、鸭的羽毛、羽绒经水洗和高温烘干消毒工艺生产符合国家相关产品质量标准的水洗羽毛绒产品，并将其作为填充料生产各种羽绒制品（包括各式羽绒服装及羽绒被、枕、褥、垫、睡袋等）的工业。

羽绒工业包括以下三种企业类型：水洗羽毛绒加工企业，羽绒制品加工企业，水洗羽毛绒与羽绒制品联合生产企业。

3.2 现有企业

指本标准实施之日前已建成投产或环境影响评价文件已通过审批的羽绒企业或生产

设施。

3.3 新建企业

指本标准实施之日起环境影响评价文件通过审批的新建、改建和扩建羽绒工业建设项目。

3.4 排水量

指生产设施或企业向企业法定边界以外排放的废水的量，包括与生产有直接或间接关系的各种外排废水（如厂区生活污水、冷却废水、厂区锅炉和电站排水等）。

3.5 单位产品基准排水量

指用于核定水污染物排放浓度而规定的生产单位水洗羽毛绒产品（含水率≤13%）的废水排放量上限值。

4 水污染物排放控制要求

4.1 自2009年1月1日起至2010年6月30日止，现有企业执行表1规定的水污染物排放限值。

4.2 自2010年7月1日起，现有企业执行表2规定的水污染物排放限值。

4.3 自2008年8月1日起，新建企业执行表2规定的水污染物排放限值。

表1 现有企业水污染物排放浓度限值及单位产品基准排水量 单位：mg/L（pH值除外）

序号	污染物项目	限值	污染物排放监控位置
1	pH值	6～9	企业废水总排放口
2	悬浮物	70	
3	五日生化需氧量（BOD_5）	20	
4	化学需氧量（COD_{Cr}）	100	
5	氨氮	15	
6	总氮	20	
7	总磷	0.5	
8	阴离子表面活性剂	5	
9	动植物油	10	
单位产品基准排水量/（m^3/t）		90	排水量计量位置与污染物排放监控位置一致

注：单位产品基准排水量适用于水洗羽毛绒加工企业和水洗羽毛绒与羽绒制品联合生产企业。

表2 新建企业水污染物排放浓度限值及单位产品基准排水量 单位：mg/L（pH值除外）

序号	污染物项目	限值	污染物排放监控位置
1	pH值	6～9	企业废水总排放口
2	悬浮物	50	
3	五日生化需氧量（BOD_5）	15	
4	化学需氧量（COD_{Cr}）	80	
5	氨氮	12	
6	总氮	16	
7	总磷	0.5	
8	阴离子表面活性剂	3	
9	动植物油	5	
单位产品基准排水量/（m^3/t）		60	排水量计量位置与污染物排放监控位置一致

注：单位产品基准排水量适用于水洗羽毛绒加工企业和水洗羽毛绒与羽绒制品联合生产企业。

4.4 根据环境保护工作的要求，在国土开发密度较高、环境承载能力开始减弱，或水环境容量较小、生态环境脆弱，容易发生严重水环境污染问题而需要采取特别保护措施的地区，应严格控制企业的污染排放行为，在上述地区的企业执行表3 规定的水污染物特别排放限值。

执行水污染物特别排放限值的地域范围、时间，由国务院环境保护主管部门或省级人民政府规定。

表3 水污染物特别排放限值 单位：mg/L（pH 值除外）

序号	污染物项目	限值	污染物排放监控位置
1	pH 值	6～9	企业废水总排放口
2	悬浮物	20	
3	五日生化需氧量（BOD_5）	10	
4	化学需氧量（COD_{Cr}）	50	
5	氨氮	5	
6	总氮	10	
7	总磷	0.5	
8	阴离子表面活性剂	1	
9	动植物油	3	
单位产品基准排水量/（m^3/t）		30	排水量计量位置与污染物排放监控位置一致

注：单位产品基准排水量适用于水洗羽毛绒加工企业和水洗羽毛绒与羽绒制品联合生产企业。

4.5 水污染物排放浓度限值适用于单位产品实际排水量不高于单位产品基准排水量的情况。若单位产品实际排水量超过单位产品基准排水量，须按式（1）将实测水污染物浓度换算为水污染物基准水量排放浓度，并以水污染物基准水量排放浓度作为判定排放是否达标的依据。产品产量和排水量统计周期为一个工作日。

在企业的生产设施同时生产两种以上产品，可适用不同排放控制要求或不同行业国家污染物排放标准，且生产设施产生的污水混合处理排放的情况下，应执行排放标准中规定的最严格的浓度限值，并按式（1）换算水污染物基准水量排放浓度。

$$\rho_{基}=\frac{Q_{总}}{\sum Y_i \cdot Q_{i基}} \cdot \rho_{实} \tag{1}$$

式中：$\rho_{基}$——水污染物基准水量排放浓度，mg/L；

$Q_{总}$——排水总量，m^3；

Y_i——第 i 种产品产量，t；

$Q_{i基}$——第 i 种产品的单位产品基准排水量，m^3/t；

$\rho_{实}$——实测水污染物排放浓度，mg/L。

若 $Q_{总}$与$\sum Y_i \times Q_{i基}$的比值小于1，则以水污染物实测浓度作为判定排放是否达标的依据。

5 水污染物监测要求

5.1 对企业排放废水的采样应根据监测污染物的种类，在规定的污染物排放监控位置进行，有废水处理设施的，应在该设施后监控。在污染物排放监控位置应设置永久性排污口标志。

5.2 新建企业应按照《污染源自动监控管理办法》的规定，安装污染物排放自动监控设备，并与环境保护主管部门的监控设备联网，保证设备正常运行。各地现有企业安装污染物排放自动监控设备的要求由省级环境保护主管部门规定。

5.3 对企业水污染物排放情况进行监测的频次、采样时间等要求，按国家有关污染源监测技术规范的规定执行。

5.4 企业产品产量的核定，以法定报表为依据。

5.5 对企业排放水污染物浓度的测定采用表4所列的方法标准。

表4 水污染物浓度测定方法标准

序号	污染物项目	方法标准名称	方法标准编号
1	pH值	水质 pH值的测定 玻璃电极法	GB/T 6920—1986
2	悬浮物	水质 悬浮物的测定 重量法	GB/T 11901—1989
3	五日生化需氧量	水质 五日生化需氧量（BOD_5）的测定 稀释与接种法	GB/T 7488—1987
4	化学需氧量	水质 化学需氧量的测定 重铬酸盐法	GB/T 11914—1989
		水质 化学需氧量的测定 快速消解分光光度法	HJ/T 399—2007
5	氨氮	水质 铵的测定 蒸馏和滴定法	GB/T 7478—1987
		水质 铵的测定 纳氏试剂比色法	GB/T 7479—1987
		水质 铵的测定 水杨酸分光光度法	GB/T 7481—1987
		水质 氨氮的测定 气相分子吸收光谱法	HJ/T 195—2005
6	总氮	水质 总氮的测定 碱性过硫酸钾消解紫外分光光度法	GB/T 11894—1989
		水质 总氮的测定 气相分子吸收光谱法	HJ/T 199—2005
7	总磷	水质 总磷的测定 钼酸铵分光光度法	GB/T 11893—1989
8	阴离子表面活性剂	水质 阴离子表面活性剂的测定 亚甲蓝分光光度法	GB/T 7494—1987
9	动植物油	水质 石油类和动植物油的测定 红外光度法	GB/T 16488—1996

5.6 企业须按照有关法律和《环境监测管理办法》的规定，对排污状况进行监测，并保存原始监测记录。

6 实施与监督

6.1 本标准由县级以上人民政府环境保护主管部门负责监督实施。

6.2 在任何情况下，羽绒生产企业均应遵守本标准的水污染物排放控制要求，采取必要措施保证污染防治设施正常运行。各级环保部门在对企业进行监督性检查时，可以现场即时采样或监测的结果，作为判定排污行为是否符合排放标准以及实施相关环境保护管理措施的依据。在发现企业耗水或排水量有异常变化的情况下，应核定企业的实际产品产量和排水量，按本标准规定，换算水污染物基准水量排放浓度。

中华人民共和国国家标准

发酵类制药工业水污染物排放标准

Discharge standard of water pollutants for pharmaceutical industry fermentation products category

GB 21903—2008

前　言

为贯彻《中华人民共和国环境保护法》《中华人民共和国水污染防治法》《中华人民共和国海洋环境保护法》《国务院关于落实科学发展观　加强环境保护的决定》等法律、法规和《国务院关于编制全国主体功能区规划的意见》，保护环境，防治污染，促进制药工业生产工艺和污染治理技术的进步，制定本标准。

本标准规定了发酵类制药工业企业水污染物排放限值、监测和监控要求。为促进区域经济与环境协调发展，推动经济结构的调整和经济增长方式的转变，引导工业生产工艺和污染治理技术的发展方向，本标准规定了水污染物特别排放限值。

本标准中的污染物排放浓度均为质量浓度。

发酵类制药工业企业排放大气污染物（含恶臭污染物）、环境噪声适用相应的国家污染物排放标准，产生固体废物的鉴别、处理和处置适用国家固体废物污染控制标准。

本标准为首次发布。

自本标准实施之日起，发酵类制药工业企业的水污染物排放控制按本标准的规定执行，不再执行《污水综合排放标准》（GB 8978—1996）中的相关规定。

本标准由环境保护部科技标准司组织制订。

本标准主要起草单位：华北制药集团环境保护研究所、河北省环境科学研究院、环境保护部环境标准研究所、中国化学制药工业协会。

本标准环境保护部 2008 年 4 月 29 日批准。

本标准自 2008 年 8 月 1 日起实施。

本标准由环境保护部解释。

1 适用范围

本标准规定了发酵类制药企业或生产设施水污染物的排放限值。

本标准适用于现有发酵类制药企业或生产设施的水污染物排放管理。

本标准适用于对发酵类制药工业建设项目的环境影响评价、环境保护设施设计、竣工环境保护验收及其投产后的水污染管理。

与发酵类药物结构相似的兽药生产企业的水污染防治与管理也适用于本标准。

本标准适用于法律允许的污染物排放行为。新设立污染源的选址和特殊保护区域内现有污染源的管理，按照《中华人民共和国大气污染防治法》《中华人民共和国水污染防治法》《中华人民共和国海洋环境保护法》《中华人民共和国固体废物污染环境防治法》《中华人民共和国放射性污染防治法》《中华人民共和国环境影响评价法》等法律、法规、规章的相关规定执行。

本标准规定的水污染物排放控制要求适用于企业向环境水体的排放行为。

企业向设置污水处理厂的城镇排水系统排放废水时，其污染物的排放控制要求由企业与城镇污水处理厂根据其污水处理能力商定或执行相关标准，并报当地环境保护主管部门备案；城镇污水处理厂应保证排放污染物达到相关排放标准要求。

建设项目拟向设置污水处理厂的城镇排水系统排放废水时，由建设单位和城镇污水处理厂按前款的规定执行。

2 规范性引用文件

本标准内容引用了下列文件或其中的条款。

GB/T 6920—1986 水质 pH 值的测定 玻璃电极法

GB/T 7472—1987 水质 锌的测定 双硫腙分光光度法

GB/T 7475—1987 水质 铜、锌、铅、镉的测定 原子吸收分光光度法

GB/T 7478—1987 水质 铵的测定 蒸馏和滴定法

GB/T 7479—1987 水质 铵的测定 纳氏试剂比色法

GB/T 7481—1987 水质 铵的测定 水杨酸分光光度法

GB/T 7486—1987 水质 氰化物的测定 第一部分 总氰化物的测定

GB/T 7488—1987 水质 五日生化需氧量（BOD_5）的测定 稀释与接种法

GB/T 11893—1989 水质 总磷的测定 钼酸铵分光光度法

GB/T 11894—1989 水质 总氮的测定 碱性过硫酸钾消解紫外分光光度法

GB/T 11901—1989 水质 悬浮物的测定 重量法

GB/T 11903—1989 水质 色度的测定

GB/T 11914—1989 水质 化学需氧量的测定 重铬酸盐法

GB/T 13193—1991 水质 总有机碳（TOC）的测定 非色散红外线吸收法

GB/T 15441—1995 水质 急性毒性的测定 发光细菌法

HJ/T 71—2001 水质 总有机碳的测定 燃烧氧化－非分散红外吸收法

HJ/T 195—2005 水质 氨氮的测定 气相分子吸收光谱法

HJ/T 199—2005 水质 总氮的测定 气相分子吸收光谱法

HJ/T 399—2007 水质 化学需氧量的测定 快速消解分光光度法

《污染源自动监控管理办法》（国家环境保护总局令 第 28 号）

《环境监测管理办法》（国家环境保护总局令 第 39 号）

3 术语和定义

下列术语和定义适用于本标准。

3.1 发酵类制药

指通过发酵的方法产生抗生素或其他的活性成分，然后经过分离、纯化、精制等工序生产出药物的过程，按产品种类分为抗生素类、维生素类、氨基酸类和其他类。其中，抗生素类按照化学结构又分为β-内酰胺类、氨基糖苷类、大环内酯类、四环素类、多肽类和其他。

3.2 现有企业

本标准实施之日前已建成投产或环境影响评价文件已通过审批的发酵类制药企业或生产设施。

3.3 新建企业

本标准实施之日起环境影响评价文件通过审批的新建、改建、扩建发酵类制药工业建设项目。

3.4 排水量

指生产设施或企业向企业法定边界以外排放的废水的量，包括与生产有直接或间接关系的各种外排废水（含厂区生活污水、冷却废水、厂区锅炉和电站排水等）。

3.5 单位产品基准排水量

指用于核定水污染物排放浓度而规定的生产单位产品的废水排放量上限值。

4 水污染物排放控制要求

4.1 排放限值

4.1.1 自2009年1月1日起至2010年6月30日止，现有企业执行表1规定的水污染物排放浓度限值。

4.1.2 自2010年7月1日起，现有企业执行表2规定的水污染物排放浓度限值。

4.1.3 自2008年8月1日起，新建企业执行表2规定的水污染物排放浓度限值。

表1 现有企业水污染物排放浓度限值

单位：mg/L（pH值、色度除外）

序号	污染物项目	限值	污染物排放监控位置
1	pH值	6～9	企业废水总排放口
2	色度（稀释倍数）	80	
3	悬浮物	100	
4	五日生化需氧量（BOD_5）	60（50）	
5	化学需氧量（COD_{Cr}）	200（180）	
6	氨氮	50（45）	
7	总氮	100（90）	
8	总磷	2.0	
9	总有机碳	60（50）	
10	急性毒性（$HgCl_2$毒性当量）	0.07	
11	总锌	4.0	
12	总氰化物	0.5	

注：括号内排放限值适用于同时生产发酵类原料药和混装制剂的联合生产企业。

表 2　新建企业水污染物排放浓度限值

单位：mg/L（pH 值、色度除外）

序号	污染物项目	限值	污染物排放监控位置
1	pH 值	6～9	企业废水总排放口
2	色度（稀释倍数）	60	
3	悬浮物	60	
4	五日生化需氧量（BOD_5）	40（30）	
5	化学需氧量（COD_{Cr}）	120（100）	
6	氨氮	35（25）	
7	总氮	70（50）	
8	总磷	1.0	
9	总有机碳	40（30）	
10	急性毒性（$HgCl_2$ 毒性当量）	0.07	
11	总锌	3.0	
12	总氰化物	0.5	

注：括号内排放限值适用于同时生产发酵类原料药和混装制剂的联合生产企业。

表 3　水污染物特别排放浓度限值

单位：mg/L（pH 值、色度除外）

序号	污染物项目	限值	污染物排放监控位置
1	pH 值	6～9	企业废水总排放口
2	色度（稀释倍数）	30	
3	悬浮物	10	
4	五日生化需氧量（BOD_5）	10	
5	化学需氧量（COD_{Cr}）	50	
6	氨氮	5	
7	总氮	15	
8	总磷	0.5	
9	总有机碳	15	
10	急性毒性（$HgCl_2$ 毒性当量）	0.07	
11	总锌	0.5	
12	总氰化物	不得检出	

注：总氰化物检出限为 0.25 mg/L。

4.1.4　根据环境保护工作的要求，在国土开发密度较高、环境承载能力开始减弱，或水环境容量较小、生态环境脆弱，容易发生严重水环境污染问题而需要采取特别保护措施的地区，应严格控制企业的污染物排放行为，在上述地区的企业执行表 3 规定的水污染物特别排放限值。

执行水污染物特别排放限值的地域范围、时间，由国务院环境保护主管部门或省级人民政府规定。

4.2 基准水量排放浓度换算

4.2.1 生产不同类别的发酵类制药产品，其单位产品基准排水量见表 4。

表 4 发酵类制药工业企业单位产品基准排水量

单位：m^3/t

序号	药品种类		代表性药物	单位产品基准排水量
1	抗生素	β—内酰胺类	青霉素	1 000
			头孢菌素	1 900
			其他	1 200
		四环类	土霉素	750
			四环素	750
			去甲基金霉素	1 200
			金霉素	500
			其他	500
		氨基糖苷类	链霉素、双氢链霉素	1 450
			庆大霉素	6 500
			大观霉素	1 500
			其他	3 000
		大环内酯类	红霉素	850
			麦白霉素	750
			其他	850
		多肽类	卷曲霉素	6 500
			去甲万古霉素	5 000
			其他	5 000
		其他类	洁霉素、阿霉素、利福霉素等	6 000
2	维生素		维生素 C	300
			维生素 B_{12}	115 000
			其他	30 000
3	氨基酸		谷氨酸	80
			赖氨酸	50
			其他	200
4	其他			1 500

注：排水量计量位置与污染物排放监控位置相同。

4.2.2 水污染物排放浓度限值适用于单位产品实际排水量不高于单位产品基准排水量的情况。若单位产品实际排水量超过单位产品基准排水量，须按式（1）将实测水污染物浓度换算为水污染物基准水量排放浓度，并以水污染物基准水量排放浓度作为判定排放是否达标的依据。产品产量和排水量统计周期为一个工作日。

在企业的生产设施同时生产两种以上产品、可适用不同排放控制要求或不同行业国家污染物排放标准，且生产设施产生的污水混合处理排放的情况下，应执行排放标准中规定的最严格的浓度限值，并按式（1）换算水污染物基准水量排放浓度。

$$\rho_{基}=\frac{Q_{总}}{\sum Y_i \cdot Q_{i基}} \cdot \rho_{实} \quad (1)$$

式中：$\rho_{基}$——水污染物基准水量排放浓度，mg/L；

$Q_{总}$——排水总量，m^3；

Y_i——第 i 种产品产量，t；

$Q_{i基}$——第 i 种产品的单位产品基准排水量，m^3/t；

$\rho_{实}$——实测水污染物排放浓度，mg/L。

若 $Q_{总}$与$\sum Y_i \cdot Q_{i基}$的比值小于 1，则以水污染物实测浓度作为判定排放是否达标的依据。

5 水污染物监测要求

5.1 对企业排放废水的采样应根据监测污染物的种类，在规定的污染物排放监控位置进行，有废水处理设施的，应在该设施后监控。在污染物排放监控位置应设置永久性排污口标志。

5.2 新建企业应按照《污染源自动监控管理办法》的规定，安装污染物排放自动监控设备，并与环境保护主管部门的监控设备联网，保证设备正常运行。各地现有企业安装污染物排放自动监控设备的要求由省级环境保护主管部门规定。

5.3 对企业水污染物排放情况进行监测的频次、采样时间等要求，按国家有关污染源监测技术规范的规定执行。

5.4 企业产品产量的核定，以法定报表为依据。

5.5 对企业排放水污染物浓度的测定采用表 5 所列的方法标准。

表 5 水污染物浓度测定方法标准

序号	污染物项目	方法标准名称	方法标准编号
1	pH 值	水质 pH 值的测定 玻璃电极法	GB/T 6920—1986
2	色度	水质 色度的测定	GB/T 11903—1989
3	悬浮物	水质 悬浮物的测定 重量法	GB/T 11901—1989
4	五日生化需氧量	水质 五日生化需氧量（BOD_5）的测定 稀释与接种法	GB/T 7488—1987
5	化学需氧量	水质 化学需氧量的测定 重铬酸盐法	GB/T 11914—1989
		水质 化学需氧量的测定 快速消解分光光度法	HJ/T 399—2007
6	氨氮	水质 铵的测定 蒸馏和滴定法	GB/T 7478—1987
		水质 铵的测定 纳氏试剂比色法	GB/T 7479—1987
		水质 铵的测定 水杨酸分光光度法	GB/T 7481—1987
		水质 氨氮的测定 气相分子吸收光谱法	HJ/T 195—2005
7	总氮	水质 总氮的测定 碱性过硫酸钾消解紫外分光光度法	GB/T 11894—1989
		水质 总氮的测定 气相分子吸收光谱法	HJ/T 199—2005
8	总磷	水质 总磷的测定 钼酸铵分光光度法	GB/T 11893—1989
9	总有机碳	水质 总有机碳（TOC）的测定 非色散红外线吸收法	GB/T 13193—1991
		水质 总有机碳的测定 燃烧氧化－非分散红外吸收法	HJ/T 71—2001
10	总锌	水质 锌的测定 双硫腙分光光度法	GB/T 7472—1987
		水质 铜、锌、铅、镉的测定 原子吸收分光光度法	GB/T 7475—1987
11	总氰化物	水质 氰化物的测定 第一部分 总氰化物的测定	GB/T 7486—1987
12	急性毒性	水质 急性毒性的测定 发光细菌法	GB/T 15441—1995

5.6 企业须按照有关法律和《环境监测管理办法》的规定，对排污状况进行监测，并保存原始监测记录。

6 实施与监督

6.1 本标准由县级以上人民政府环境保护主管部门负责监督实施。

6.2 在任何情况下，发酵类制药生产企业均应遵守本标准规定的水污染物排放控制要求，采取必要措施保证污染防治设施正常运行。各级环保部门在对企业进行监督性检查时，可以现场即时采样或监测的结果，作为判定排污行为是否符合排放标准以及实施相关环境保护管理措施的依据。在发现企业耗水或排水量有异常变化的情况下，应核定企业的实际产品产量和排水量，按本标准的规定，换算水污染物基准水量排放浓度。

中华人民共和国国家标准

化学合成类制药工业水污染物排放标准

Discharge standard of water pollutants for pharmaceutical industry chemical synthesis products category

GB 21904—2008

前　言

为贯彻《中华人民共和国环境保护法》《中华人民共和国水污染防治法》《中华人民共和国海洋环境保护法》《国务院关于落实科学发展观　加强环境保护的决定》等法律、法规和《国务院关于编制全国主体功能区规划的意见》，保护环境，防治污染，促进制药工业生产工艺和污染治理技术的进步，制定本标准。

本标准规定了化学合成类制药工业企业水污染物排放限值、监测和监控要求。为促进区域经济与环境协调发展，推动经济结构的调整和经济增长方式的转变，引导工业生产工艺和污染治理技术的发展方向，本标准规定了水污染物特别排放限值。

本标准中的污染物排放浓度均为质量浓度。

化学合成类制药工业企业排放大气污染物（含恶臭污染物）、环境噪声适用相应的国家污染物排放标准，产生固体废物的鉴别、处理和处置适用国家固体废物污染控制标准。

本标准为首次发布。

自本标准实施之日起，化学合成类制药工业企业的水污染物排放控制按本标准的规定执行，不再执行《污水综合排放标准》（GB 8978—1996）中的相关规定。

本标准由环境保护部科技标准司组织制订。

本标准主要起草单位：哈尔滨工业大学、河北省环境科学研究院、环境保护部环境标准研究所。

本标准环境保护部 2008 年 4 月 29 日批准。

本标准自 2008 年 8 月 1 日起实施。

本标准由环境保护部解释。

1 适用范围

本标准规定了化学合成类制药企业或生产设施水污染物的排放限值。

本标准适用于现有化学合成类制药企业或生产设施的水污染物排放管理。

本标准适用于对化学合成类制药工业建设项目的环境影响评价、环境保护设施设计、竣工环境保护验收及其投产后的水污染物排放管理。

本标准也适用于专供药物生产的医药中间体工厂（如精细化工厂）。与化学合成类药物结构相似的兽药生产企业的水污染防治与管理也适用于本标准。

本标准适用于法律允许的污染物排放行为。新设立污染源的选址和特殊保护区域内现有污染源的管理，按照《中华人民共和国大气污染防治法》《中华人民共和国水污染防治法》《中华人民共和国海洋环境保护法》《中华人民共和国固体废物污染环境防治法》《中华人民共和国放射性污染防治法》《中华人民共和国环境影响评价法》等法律、法规、规章的相关规定执行。

本标准规定的水污染物排放控制要求适用于企业向环境水体的排放行为。

企业向设置污水处理厂的城镇排水系统排放废水时，有毒污染物总镉、烷基汞、六价铬、总砷、总铅、总镍、总汞在本标准规定的监控位置执行相应的排放限值；其他污染物的排放控制要求由企业与城镇污水处理厂根据其污水处理能力商定或执行相关标准，并报当地环境保护主管部门备案；城镇污水处理厂应保证排放污染物达到相关排放标准要求。

建设项目拟向设置污水处理厂的城镇排水系统排放废水时，由建设单位和城镇污水处理厂按前款的规定执行。

2 规范性引用文件

本标准内容引用了下列文件或其中的条款。

GB/T 6920—1986 水质 pH 值的测定 玻璃电极法

GB/T 7467—1987 水质 六价铬的测定 二苯碳酰二肼分光光度法

GB/T 7468—1987 水质 总汞的测定 冷原子吸收分光光度法

GB/T 7472—1987 水质 锌的测定 双硫腙分光光度法

GB/T 7474—1987 水质 铜的测定 二乙基二硫代氨基甲酸钠分光光度法

GB/T 7475—1987 水质 铜、锌、铅、镉的测定 原子吸收分光光度法

GB/T 7478—1987 水质 铵的测定 蒸馏和滴定法

GB/T 7479—1987 水质 铵的测定 纳氏试剂比色法

GB/T 7481—1987 水质 铵的测定 水杨酸分光光度法

GB/T 7485—1987 水质 总砷的测定 二乙基二硫代氨基甲酸银分光光度法

GB/T 7486—1987 水质 氰化物的测定 第一部分 总氰化物的测定

GB/T 7488—1987 水质 五日生化需氧量（BOD_5）的测定 稀释与接种法

GB/T 7490—1987 水质 挥发酚的测定 蒸馏后 4-氨基安替比林分光光度法

GB/T 11889—1989 水质 苯胺类化合物的测定 N-（1-萘基）乙二胺偶氮分光光度法

GB/T 11893—1989 水质 总磷的测定 钼酸铵分光光度法

GB/T 11894—1989 水质 总氮的测定 碱性过硫酸钾消解紫外分光光度法

GB/T 11901—1989 水质 悬浮物的测定 重量法

GB/T 11903—1989 水质 色度的测定

GB/T 11910—1989 水质 镍的测定 丁二酮肟分光光度法

GB/T 11912—1989 水质 镍的测定 火焰原子吸收分光光度法

GB/T 11914—1989 水质 化学需氧量的测定 重铬酸盐法

GB/T 13193—1991 水质 总有机碳（TOC）的测定 非色散红外线吸收法

GB/T 13194—1991 水质 硝基苯、硝基甲苯、硝基氯苯、二硝基甲苯的测定 气相色谱法

GB/T 14204—1993 水质 烷基汞的测定 气相色谱法

GB/T 15441—1995 水质 急性毒性的测定 发光细菌法

GB/T 16489—1996 水质 硫化物的测定 亚甲基蓝分光光度法

GB/T 17130—1997 水质 挥发性卤代烃的测定 顶空气相色谱法

GB/T 17133—1997 水质 硫化物的测定 直接显色分光光度法

HJ/T 70—2001 高氯废水 化学需氧量的测定 氯气校正法

HJ/T 71—2001 水质 总有机碳的测定 燃烧氧化－非分散红外吸收法

HJ/T 132—2003 高氯废水 化学需氧量的测定 碘化钾碱性高锰酸钾法

HJ/T 195—2005 水质 氨氮的测定 气相分子吸收光谱法

HJ/T 199—2005 水质 总氮的测定 气相分子吸收光谱法

HJ/T 399—2007 水质 化学需氧量的测定 快速消解分光光度法

《污染源自动监控管理办法》（国家环境保护总局令 第 28 号）

《环境监测管理办法》（国家环境保护总局令 第 39 号）

3 术语和定义

下列术语和定义适用于本标准。

3.1 化学合成类制药

采用一个化学反应或者一系列化学反应生产药物活性成分的过程。

3.2 现有企业

本标准实施之日前已建成投产或环境影响评价文件已通过审批的化学合成类制药企业或生产设施。

3.3 新建企业

本标准实施之日起环境影响评价文件通过审批的新建、改建和扩建化学合成类制药工业建设项目。

3.4 排水量

指生产设施或企业向企业法定边界以外排放的废水的量，包括与生产有直接或间接关系的各种外排废水（含厂区生活污水、冷却废水、厂区锅炉和电站排水等）。

3.5 单位产品基准排水量

指用于核定水污染物排放浓度而规定的生产单位产品的废水排放量上限值。

4 水污染物排放控制要求

4.1 排放限值

4.1.1 自 2009 年 1 月 1 日起至 2010 年 6 月 30 日止，现有企业执行表 1 规定的水污染物排放浓度限值。

4.1.2 自 2010 年 7 月 1 日起，现有企业执行表 2 规定的水污染物排放浓度限值。

4.1.3 自 2008 年 8 月 1 日起，新建企业执行表 2 规定的水污染物排放浓度限值。

表 1 现有企业水污染物排放浓度限值

单位：mg/L（pH 值、色度除外）

序号	污染物项目	限值	污染物排放监控位置
1	pH 值	6～9	企业废水总排放口
2	色度（稀释倍数）	50	
3	悬浮物	70	
4	五日生化需氧量（BOD_5）	40（35）	
5	化学需氧量（COD_{Cr}）	200（180）	
6	氨氮（以 N 计）	40（30）	
7	总氮	50（40）	
8	总磷	2.0	
9	总有机碳	60（50）	
10	急性毒性（$HgCl_2$ 毒性当量）	0.07	
11	总铜	0.5	
12	总锌	0.5	
13	总氰化物	0.5	
14	挥发酚	0.5	
15	硫化物	1.0	
16	硝基苯类	2.0	
17	苯胺类	2.0	
18	二氯甲烷	0.3	
19	总汞	0.05	车间或生产设施废水排放口
20	烷基汞	不得检出*	
21	总镉	0.1	
22	六价铬	0.5	
23	总砷	0.5	
24	总铅	1.0	
25	总镍	1.0	

注：* 烷基汞检出限：10 ng/L。

括号内排放限值适用于同时生产化学合成类原料药和混装制剂的联合生产企业。

表 2 新建企业水污染物排放浓度限值

单位：mg/L（pH 值、色度除外）

序号	污染物项目	限值	污染物排放监控位置
1	pH 值	6～9	企业废水总排放口
2	色度（稀释倍数）	50	
3	悬浮物	50	
4	五日生化需氧量（BOD_5）	25（20）	
5	化学需氧量（COD_{Cr}）	120（100）	
6	氨氮（以 N 计）	25（20）	
7	总氮	35（30）	

序号	污染物项目	限值	污染物排放监控位置
8	总磷	1.0	企业废水总排放口
9	总有机碳	35（30）	
10	急性毒性（$HgCl_2$毒性当量）	0.07	
11	总铜	0.5	
12	总锌	0.5	
13	总氰化物	0.5	
14	挥发酚	0.5	
15	硫化物	1.0	
16	硝基苯类	2.0	
17	苯胺类	2.0	
18	二氯甲烷	0.3	
19	总汞	0.05	车间或生产设施废水排放口
20	烷基汞	不得检出*	
21	总镉	0.1	
22	六价铬	0.5	
23	总砷	0.5	
24	总铅	1.0	
25	总镍	1.0	

注：*烷基汞检出限：10 ng/L。
括号内排放限值适用于同时生产化学合成类原料药和混装制剂的联合生产企业。

4.1.4 根据环境保护工作的要求，在国土开发密度较高、环境承载能力开始减弱，或水环境容量较小、生态环境脆弱，容易发生严重水环境污染问题而需要采取特别保护措施的地区，应严格控制企业的污染物排放行为，在上述地区的企业执行表3规定的水污染物特别排放限值。

执行水污染物特别排放限值的地域范围、时间，由国务院环境保护主管部门或省级人民政府规定。

表3 水污染物特别排放浓度限值

单位：mg/L（pH值、色度除外）

序号	污染物项目	限值	污染物排放监控位置
1	pH值	6～9	企业废水总排放口
2	色度（稀释倍数）	30	
3	悬浮物	10	
4	五日生化需氧量（BOD_5）	10	
5	化学需氧量（COD_{Cr}）	50	
6	氨氮	5	
7	总氮	15	
8	总磷	0.5	
9	总有机碳	15	
10	急性毒性（$HgCl_2$毒性当量）	0.07	
11	总铜	0.5	
12	总锌	0.5	
13	总氰化物	不得检出[1)]	

序号	污染物项目	限值	污染物排放监控位置
14	挥发酚	0.5	企业废水总排放口
15	硫化物	1.0	
16	硝基苯类	2.0	
17	苯胺类	1.0	
18	二氯甲烷	0.2	
19	总汞	0.05	车间或生产设施废水排放口
20	烷基汞	不得检出 2)	
21	总镉	0.1	
22	六价铬	0.3	
23	总砷	0.3	
24	总铅	1.0	
25	总镍	1.0	

注：1）总氰化物检出限：0.25 mg/L。
2）烷基汞检出限：10 ng/L。

4.2 基准水量排放浓度换算

4.2.1 生产不同类别的化学合成类制药产品，其单位产品基准排水量见表 4。

表 4 化学合成类制药工业单位产品基准排水量 单位：m^3/t

序号	药物种类	代表性药物	单位产品基准排水量
1	神经系统类	安乃近	88
		阿司匹林	30
		咖啡因	248
		布洛芬	120
2	抗微生物感染类	氯霉素	1 000
		磺胺嘧啶	280
		呋喃唑酮	2 400
		阿莫西林	240
		头孢拉定	1 200
3	呼吸系统类	愈创木酚甘油醚	45
4	心血管系统类	辛伐他汀	240
5	激素及影响内分泌类	氢化可的松	4 500
6	维生素类	维生素 E	45
		维生素 B_1	3 400
7	氨基酸类	甘氨酸	401
8	其他类	盐酸赛庚啶	1 894
注：排水量计量位置与污染物排放监控位置相同。			

4.2.2 水污染物排放浓度限值适用于单位产品实际排水量不高于单位产品基准排水量的情况。若单位产品实际排水量超过单位产品基准排水量，须按式（1）将实测水污染物浓度换算为水污染物基准水量排放浓度，并以水污染物基准水量排放浓度作为判定排放是否达标的依据。产品产量和排水量统计周期为一个工作日。

在企业的生产设施同时生产两种以上产品、可适用不同排放控制要求或不同行业国家污染物排放标准，且生产设施产生的污水混合处理排放的情况下，应执行排放标准中规定的最严格的浓度限值，并按式（1）换算水污染物基准水量排放浓度。

$$\rho_{基}=\frac{Q_{总}}{\sum Y_i \cdot Q_{i基}} \cdot \rho_{实} \tag{1}$$

式中：$\rho_{基}$——水污染物基准水量排放浓度，mg/L；

$Q_{总}$——排水总量，m^3；

Y_i——第 i 种产品产量，t；

$Q_{i基}$——第 i 种产品的单位产品基准排水量，m^3/t；

$\rho_{实}$——实测水污染物排放浓度，mg/L。

若 $Q_{总}$与$\sum Y_i \cdot Q_{i基}$的比值小于 1，则以水污染物实测浓度作为判定排放是否达标的依据。

5 水污染物监测要求

5.1 对企业排放废水的采样应根据监测污染物的种类，在规定的污染物排放监控位置进行，有废水处理设施的，应在该设施后监控。在污染物排放监控位置应设置永久性排污口标志。

5.2 新建企业应按照《污染源自动监控管理办法》的规定，安装污染物排放自动监控设备，并与环境保护主管部门的监控设备联网，保证设备正常运行。各地现有企业安装污染物排放自动监控设备的要求由省级环境保护主管部门规定。

5.3 对企业水污染物排放情况进行监测的频次、采样时间等要求，按国家有关污染源监测技术规范的规定执行。

5.4 企业产品产量的核定，以法定报表为依据。

5.5 对企业排放水污染物浓度的测定采用表 5 所列的方法标准。

5.6 企业须按照有关法律和《环境监测管理办法》的规定，对排污状况进行监测，并保存原始监测记录。

表 5 水污染物浓度测定方法标准

序号	污染物项目	方法标准名称	方法标准编号
1	pH 值	水质 pH 值的测定 玻璃电极法	GB/T 6920—1986
2	色度	水质 色度的测定	GB/T 11903—1989
3	悬浮物	水质 悬浮物的测定 重量法	GB/T 11901—1989
4	化学需氧量	水质 化学需氧量的测定 重铬酸盐法 水质 化学需氧量的测定 快速消解分光光度法 高氯废水 化学需氧量的测定 氯气校正法 高氯废水 化学需氧量的测定 碘化钾碱性高锰酸钾法	GB/T 11914—1989 HJ/T 399—2007 HJ/T 70—2001 HJ/T 132—2003
5	五日生化需氧量	水质 五日生化需氧量（BOD_5）的测定 稀释与接种法	GB/T 7488—1987
6	总氮	水质 总氮的测定 碱性过硫酸钾消解紫外分光光度法 水质 总氮的测定 气相分子吸收光谱法	GB/T 11894—1989 HJ/T 199—2005
7	总磷	水质 总磷的测定 钼酸铵分光光度法	GB/T 11893—1989

序号	污染物项目	方法标准名称	方法标准编号
8	氨氮	水质　铵的测定　蒸馏和滴定法 水质　铵的测定　纳氏试剂比色法 水质　铵的测定　水杨酸分光光度法 水质　氨氮的测定　气相分子吸收光谱法	GB/T 7478—1987 GB/T 7479—1987 GB/T 7481—1987 HJ/T 195—2005
9	总有机碳	水质　总有机碳（TOC）的测定　非色散红外线吸收法 水质　总有机碳的测定　燃烧氧化－非分散红外吸收法	GB/T 13193—1991 HJ/T 71 —2001
10	急性毒性	水质　急性毒性的测定　发光细菌法	GB/T 15441—1995
11	总汞	水质　总汞的测定　冷原子吸收分光光度法	GB/T 7468—1987
12	总镉	水质　铜、锌、铅、镉的测定　原子吸收分光光度法	GB/T 7475—1987
13	烷基汞	水质　烷基汞的测定　气相色谱法	GB/T 14204—1993
14	六价铬	水质　六价铬的测定　二苯碳酰二肼分光光度法	GB/T 7467—1987
15	总砷	水质　总砷的测定　二乙基二硫代氨基甲酸银分光光度法	GB/T 7485—1987
16	总铅	水质　铜、锌、铅、镉的测定　原子吸收分光光度法	GB/T 7475—1987
17	总镍	水质　镍的测定　丁二酮肟分光光度法 水质　镍的测定　火焰原子吸收分光光度法	GB/T 11910—1989 GB/T 11912—1989
18	总铜	水质　铜、锌、铅、镉的测定　原子吸收分光光度法 水质　铜的测定　二乙基二硫代氨基甲酸钠分光光度法	GB/T 7475—1987 GB/T 7474—1987
19	总锌	水质　锌的测定　双硫腙分光光度法 水质　铜、锌、铅、镉的测定　原子吸收分光光度法	GB/T 7472—1987 GB/T 7475—1987
20	总氰化物	水质　氰化物的测定　第一部分　总氰化物的测定	GB/T 7486—1987
21	挥发酚	水质　挥发酚的测定　蒸馏后 4-氨基安替比林分光光度法	GB/T 7490—1987
22	硫化物	水质　硫化物的测定　亚甲基蓝分光光度法 水质　硫化物的测定　直接显色分光光度法	GB/T 16489—1996 GB/T 17133—1997
23	硝基苯类	水质　硝基苯、硝基甲苯、硝基氯苯、二硝基甲苯的测定　气相色谱法	GB/T 13194—1991
24	苯胺类	水质　苯胺类化合物的测定　N-（1-萘基）乙二胺偶氮分光光度法	GB/T 11889—1989
25	二氯甲烷	水质　挥发性卤代烃的测定　顶空气相色谱法	GB/T 17130—1997

6 实施与监督

6.1　本标准由县级以上人民政府环境保护主管部门负责监督实施。

6.2　在任何情况下，化学合成类制药生产企业均应遵守本标准规定的水污染物排放控制要求，采取必要措施保证污染防治设施正常运行。各级环保部门在对企业进行监督性检查时，可以现场即时采样或监测的结果，作为判定排污行为是否符合排放标准以及实施相关环境保护管理措施的依据。在发现企业耗水或排水量有异常变化的情况下，应核定企业的实际产品产量和排水量，按本标准的规定，换算水污染物基准水量排放浓度。

中华人民共和国国家标准

提取类制药工业水污染物排放标准

Discharge standard of water pollutants for pharmaceutical industry extraction products category

GB 21905—2008

前 言

为贯彻《中华人民共和国环境保护法》《中华人民共和国水污染防治法》《中华人民共和国海洋环境保护法》《国务院关于落实科学发展观 加强环境保护的决定》等法律、法规和《国务院关于编制全国主体功能区规划的意见》，保护环境，防治污染，促进制药工业生产工艺和污染治理技术的进步，制定本标准。

本标准规定了提取类制药工业企业水污染物的排放限值、监测和监控要求。为促进区域经济与环境协调发展，推动经济结构的调整和经济增长方式的转变，引导工业生产工艺和污染治理技术的发展方向，本标准规定了水污染物特别排放限值。

本标准中的污染物排放浓度均为质量浓度。

提取类制药工业企业排放大气污染物（含恶臭污染物）、环境噪声适用相应的国家污染物排放标准，产生固体废物的鉴别、处理和处置适用国家固体废物污染控制标准。

本标准为首次发布。

自本标准实施之日起，提取类制药工业企业的水污染物排放控制按本标准的规定执行，不再执行《污水综合排放标准》（GB 8978—1996）中的相关规定。

本标准由环境保护部科技标准司组织制订。

本标准主要起草单位：河北省环境科学研究院、环境保护部环境标准研究所。

本标准环境保护部 2008 年 4 月 29 日批准。

本标准自 2008 年 8 月 1 日起实施。

本标准由环境保护部解释。

1 适用范围

本标准规定了提取类制药（不含中药）企业或生产设施水污染物的排放限值。

本标准适用于现有提取类制药企业或生产设施的水污染物排放管理。

本标准适用于对提取类制药工业建设项目的环境影响评价、环境保护设施设计、竣工环境保护验收及其投产后的水污染物排放管理。

与提取类制药生产企业生产药物结构相似的兽药生产企业的水污染防治和管理也适

用于本标准。

本标准适用于不经过化学修饰或人工合成提取的生化药物、以动植物提取为主的天然药物和海洋生物提取药物生产企业。本标准不适用于用化学合成、半合成等方法制得的生化基本物质的衍生物或类似物、菌体及其提取物、动物器官或组织及小动物制剂类药物的生产企业。

本标准适用于法律允许的污染物排放行为。新设立污染源的选址和特殊保护区域内现有污染源的管理，按照《中华人民共和国大气污染防治法》《中华人民共和国水污染防治法》《中华人民共和国海洋环境保护法》《中华人民共和国固体废物污染环境防治法》《中华人民共和国放射性污染防治法》《中华人民共和国环境影响评价法》等法律的相关规定执行。

本标准规定的水污染物排放控制要求适用于企业向环境水体的排放行为。

企业向设置污水处理厂的城镇排水系统排放废水时，其污染物的排放控制要求由企业与城镇污水处理厂根据其污水处理能力商定或执行相关标准，并报当地环境保护主管部门备案；城镇污水处理厂应保证排放污染物达到相关排放标准要求。

建设项目拟向设置污水处理厂的城镇排水系统排放废水时，由建设单位和城镇污水处理厂按前款的规定执行。

2 规范性引用文件

本标准内容引用了下列文件或其中的条款。

GB/T 6920—1986 水质 pH 值的测定 玻璃电极法

GB/T 7478—1987 水质 铵的测定 蒸馏和滴定法

GB/T 7479—1987 水质 铵的测定 纳氏试剂比色法

GB/T 7481—1987 水质 铵的测定 水杨酸分光光度法

GB/T 7488—1987 水质 五日生化需氧量（BOD_5）的测定 稀释与接种法

GB/T 11893—1989 水质 总磷的测定 钼酸铵分光光度法

GB/T 11894—1989 水质 总氮的测定 碱性过硫酸钾消解紫外分光光度法

GB/T 11901—1989 水质 悬浮物的测定 重量法

GB/T 11903—1989 水质 色度的测定

GB/T 11914—1989 水质 化学需氧量的测定 重铬酸盐法

GB/T 13193—1991 水质 总有机碳（TOC）的测定 非色散红外线吸收法

GB/T 15441—1995 水质 急性毒性的测定 发光细菌法

GB/T 16488—1996 水质 石油类和动植物油的测定 红外光度法

HJ/T 71—2001 水质 总有机碳的测定 燃烧氧化-非分散红外吸收法

HJ/T 195—2005 水质 氨氮的测定 气相分子吸收光谱法

HJ/T 199—2005 水质 总氮的测定 气相分子吸收光谱法

HJ/T 399—2007 水质 化学需氧量的测定 快速消解分光光度法

《污染源自动监控管理办法》（国家环境保护总局令 第 28 号）

《环境监测管理办法》（国家环境保护总局令 第 39 号）

3 术语和定义

下列术语和定义适用于本标准。

3.1 提取类制药

指运用物理的、化学的、生物化学的方法，将生物体中起重要生理作用的各种基本物质经过提取、分离、纯化等手段制造药物的过程。

3.2 现有企业

本标准实施之日前已建成投产或环境影响评价文件已通过审批的提取类制药企业或生产设施。

3.3 新建企业

本标准实施之日起环境影响评价文件通过审批的新建、改建和扩建提取类制药工业建设项目。

3.4 排水量

指生产设施或企业向企业法定边界以外排放的废水的量，包括与生产有直接或间接关系的各种外排废水（含厂区生活污水、冷却废水、厂区锅炉和电站废水等）。

3.5 单位产品基准排水量

指用于核定水污染物排放浓度而规定的生产单位产品的污水排放量上限值。

4 水污染物排放控制要求

4.1 自 2009 年 1 月 1 日起至 2010 年 6 月 30 日止，现有企业执行表 1 规定的水污染物排放浓度限值。

4.2 自 2010 年 7 月 1 日起，现有企业执行表 2 规定的水污染物排放浓度限值。

4.3 自 2008 年 8 月 1 日起，新建企业执行表 2 规定的水污染物排放浓度限值。

表 1 现有企业水污染物排放浓度限值及单位产品基准排水量

单位：mg/L（pH 值、色度除外）

序号	污染物项目	限值	污染物排放监控位置
1	pH 值	6～9	企业废水总排放口
2	色度（稀释倍数）	80	
3	悬浮物	70	
4	五日生化需氧量（BOD_5）	30	
5	化学需氧量（COD_{Cr}）	150	
6	动植物油	10	
7	氨氮	20	
8	总氮	40	
9	总磷	1.0	
10	总有机碳	50	
11	急性毒性（$HgCl_2$ 毒性当量）	0.07	
单位产品基准排水量/（m^3/t）		500	排水量计量位置与污染物排放监控位置一致

表 2　新建企业水污染物排放浓度限值及单位产品基准排水量

单位：mg/L（pH 值、色度除外）

序号	污染物项目	限值	污染物排放监控位置
1	pH 值	6～9	企业废水总排放口
2	色度（稀释倍数）	50	
3	悬浮物	50	
4	五日生化需氧量（BOD_5）	20	
5	化学需氧量（COD_{Cr}）	100	
6	动植物油	5	
7	氨氮	15	
8	总氮	30	
9	总磷	0.5	
10	总有机碳	30	
11	急性毒性（$HgCl_2$ 毒性当量）	0.07	
单位产品基准排水量/（m^3/t）		500	排水量计量位置与污染物排放监控位置一致

4.4　根据环境保护工作的要求，在国土开发密度较高、环境承载能力开始减弱，或水环境容量较小、生态环境脆弱，容易发生严重水环境污染问题而需要采取特别保护措施的地区，应严格控制企业的污染物排放行为，在上述地区的企业执行表 3 规定的水污染物特别排放限值。

表 3　水污染物特别排放浓度限值

单位：mg/L（pH 值、色度除外）

序号	污染物项目	限值	污染物排放监控位置
1	pH 值	6～9	企业废水总排放口
2	色度（稀释倍数）	30	
3	悬浮物	10	
4	五日生化需氧量（BOD_5）	10	
5	化学需氧量（COD_{Cr}）	50	
6	动植物油	5	
7	氨氮	5	
8	总氮	15	
9	总磷	0.5	
10	总有机碳	15	
11	急性毒性（$HgCl_2$ 毒性当量）	0.07	
单位产品基准排水量/（m^3/t）		500	排水量计量位置与污染物排放监控位置一致

执行水污染物特别排放限值的地域范围、时间，由国务院环境保护主管部门或省级人民政府规定。

4.5　水污染物排放浓度限值适用于单位产品实际排水量不高于单位产品基准排水量的情况。若单位产品实际排水量超过单位产品基准排水量，须按式（1）将实测水污染物浓度换算为水污染物基准水量排放浓度，并以水污染物基准水量排放浓度作为判定排放是否达标的依据。产品产量和排水量统计周期为一个工作日。

在企业的生产设施同时生产两种以上产品、可适用不同排放控制要求或不同行业国家污染物排放标准，且生产设施产生的污水混合处理排放的情况下，应执行排放标准中规定的最严格的浓度限值，并按式（1）换算水污染物基准水量排放浓度。

$$\rho_{基} = \frac{Q_{总}}{\sum Y_i \cdot Q_{i基}} \cdot \rho_{实} \tag{1}$$

式中：$\rho_{基}$——水污染物基准水量排放浓度，mg/L；

$Q_{总}$——排水总量，m^3；

Y_i——第 i 种产品产量，t；

$Q_{i基}$——第 i 种产品的单位产品基准排水量，m^3/t；

$\rho_{实}$——实测水污染物排放浓度，mg/L。

若 $Q_{总}$与$\sum Y_i \cdot Q_{i基}$的比值小于 1，则以水污染物实测浓度作为判定排放是否达标的依据。

5 水污染物监测要求

5.1 对企业排放废水的采样应根据监测污染物的种类，在规定的污染物排放监控位置进行，有废水处理设施的，应在该设施后监控。污染物排放监控位置应设置永久性排污口标志。

5.2 新建企业应按照《污染源自动监控管理办法》的规定，安装污染物排放自动监控设备，并与环境保护主管部门的监控设备联网，保证设备正常运行。各地现有企业安装污染物排放自动监控设备的要求由省级环境保护主管部门规定。

5.3 对企业水污染物排放情况进行监测的频次、采样时间等要求，按国家有关污染源监测技术规范的规定执行。

5.4 企业产品产量的核定，以法定报表为依据。

5.5 对企业排放水污染物浓度的测定采用表 4 所列的方法标准。

表 4 水污染物浓度测定方法标准

序号	污染物项目	方法标准名称	方法标准编号
1	pH 值	水质 pH 值的测定 玻璃电极法	GB/T 6920—1986
2	色度	水质 色度的测定	GB/T 11903—1989
3	悬浮物	水质 悬浮物的测定 重量法	GB/T 11901—1989
4	五日生化需氧量	水质 五日生化需氧量（BOD_5）的测定 稀释与接种法	GB/T 7488—1987
5	化学需氧量	水质 化学需氧量的测定 重铬酸盐法	GB/T 11914—1989
		水质 化学需氧量的测定 快速消解分光光度法	HJ/T 399—2007
6	动植物油	水质 石油类和动植物油的测定 红外光度法	GB/T 16488—1996
7	氨氮	水质 铵的测定 蒸馏和滴定法	GB/T 7478—1987
		水质 铵的测定 纳氏试剂比色法	GB/T 7479—1987
		水质 铵的测定 水杨酸分光光度法	GB/T 7481—1987
		水质 氨氮的测定 气相分子吸收光谱法	HJ/T 195—2005

序号	污染物项目	方法标准名称	方法标准编号
8	总氮	水质　总氮的测定　碱性过硫酸钾消解紫外分光光度法	GB/T 11894—1989
		水质　总氮的测定　气相分子吸收光谱法	HJ/T 199—2005
9	总磷	水质　总磷的测定　钼酸铵分光光度法	GB/T 11893—1989
10	总有机碳	水质　总有机碳（TOC）的测定　非色散红外线吸收法	GB/T 13193—1991
		水质　总有机碳的测定　燃烧氧化—非分散红外吸收法	HJ/T 71—2001
11	急性毒性	水质　急性毒性的测定　发光细菌法	GB/T 15441—1995

5.6　企业须按照有关法律和《环境监测管理办法》的规定，对排污状况进行监测，并保存原始监测记录。

6 实施与监督

6.1　本标准由县级以上人民政府环境保护主管部门负责监督实施。

6.2　在任何情况下，提取类制药生产企业均应遵守本标准规定的水污染物排放控制要求，采取必要措施保证污染防治设施正常运行。各级环保部门在对企业进行监督性检查时，可以现场即时采样或监测的结果，作为判定排污行为是否符合排放标准以及实施相关环境保护管理措施的依据。在发现企业耗水或排水量有异常变化的情况下，应核定企业的实际产品产量和排水量，按本标准的规定，换算水污染物基准水量排放浓度。

中华人民共和国国家标准

中药类制药工业水污染物排放标准

Discharge standard of water pollutants for pharmaceutical industry Chinese traditional medicine category

GB 21906—2008

前　言

为贯彻《中华人民共和国环境保护法》《中华人民共和国水污染防治法》《中华人民共和国海洋环境保护法》《国务院关于落实科学发展观　加强环境保护的决定》等法律、法规和《国务院关于编制全国主体功能区规划的意见》，保护环境，防治污染，促进制药工业生产工艺和污染治理技术的进步，制定本标准。

本标准规定了中药类制药企业或生产设施水污染物排放限值。

本标准适用于现有中药类制药企业或生产设施的水污染物排放管理。

本标准适用于对中药类制药工业企业排放大气污染物（含恶臭污染物）、环境噪声适用相应的国家污染物排放标准，产生固体废物的鉴别、处理和处置适用国家固体废物污染控制标准。

本标准为首次发布。

自本标准实施之日起，中药类制药工业企业的水污染物排放控制按本标准的规定执行，不再执行《污水综合排放标准》（GB 8978—1996）中的相关规定。

本标准由环境保护部科技标准司组织制订。

本标准主要起草单位：中国环境科学研究院、中国中药协会、河北省环境科学研究院。

本标准环境保护部 2008 年 4 月 29 日批准。

本标准自 2008 年 8 月 1 日起实施。

本标准由环境保护部解释。

1 适用范围

本标准规定了中药类制药企业或生产设施水污染物排放限值。

本标准适用于现有中药类制药企业或生产设施的水污染物排放管理。

本标准适用于对中药类制药工业建设项目的环境影响评价、环境保护设施设计、竣工环境保护验收及其投产后的水污染物排放管理。

本标准适用于以药用植物和药用动物为主要原料，按照国家药典，生产中药饮片和中成药各种剂型产品的制药工业企业。藏药、蒙药等民族传统医药制药工业企业以及与中药类药物相似的兽药生产企业的水污染防治与管理也适用于本标准。当中药类制药工业企业提取某种特定药物成分时，应执行提取类制药工业水污染物排放标准。

本标准适用于法律允许的污染物排放行为。新设立污染源的选址和特殊保护区域内现有污染源的管理，按照《中华人民共和国大气污染防治法》《中华人民共和国水污染防治法》《中华人民共和国海洋环境保护法》《中华人民共和国固体废物污染环境防治法》《中华人民共和国放射性污染防治法》《中华人民共和国环境影响评价法》等法律、法规、规章的相关规定执行。

本标准规定的水污染物排放控制要求适用于企业向环境水体的排放行为。

企业向设置污水处理厂的城镇排水系统排放废水时，有毒污染物总汞、总砷在本标准规定的监控位置执行相应的排放限值；其他污染物的排放控制要求由企业与城镇污水处理厂根据其污水处理能力商定或执行相关标准，并报当地环境保护主管部门备案；城镇污水处理厂应保证排放污染物达到相关排放标准要求。

建设项目拟向设置污水处理厂的城镇排水系统排放废水时，由建设单位和城镇污水处理厂按前款的规定执行。

2 规范性引用文件

本标准内容引用了下列文件或其中的条款。

GB/T 6920—1986 水质 pH 值的测定 玻璃电极法

GB/T 7468—1987 水质 总汞的测定 冷原子吸收分光光度法

GB/T 7478—1987 水质 铵的测定 蒸馏和滴定法

GB/T 7479—1987 水质 铵的测定 纳氏试剂比色法

GB/T 7481—1987 水质 铵的测定 水杨酸分光光度法

GB/T 7485—1987 水质 总砷的测定 二乙基二硫代氨基甲酸银分光光度法

GB/T 7486—1987 水质 氰化物的测定 第一部分 总氰化物

GB/T 7488—1987 水质 五日生化需氧量（BOD_5）的测定 稀释与接种法

GB/T 11893—1989 水质 总磷的测定 钼酸铵分光光度法

GB/T 11894—1989 水质 总氮的测定 碱性过硫酸钾消解紫外分光光度法

GB/T 11901—1989 水质 悬浮物的测定 重量法

GB/T 11903—1989 水质 色度的测定

GB/T 11914—1989 水质 化学需氧量的测定 重铬酸盐法

GB/T 13193—1991 水质 总有机碳（TOC）的测定 非色散红外线吸收法

GB/T 15441—1995 水质 急性毒性的测定 发光细菌法

GB/T 16488—1996 水质 石油类和动植物油的测定 红外光度法

HJ/T 71—2001 水质 总有机碳的测定 燃烧氧化—非分散红外吸收法

HJ/T 195—2005 水质 氨氮的测定 气相分子吸收光谱法

HJ/T 199—2005 水质 总氮的测定 气相分子吸收光谱法

HJ/T 399—2007 水质 化学需氧量的测定 快速消解分光光度法

《污染源自动监控管理办法》（国家环境保护总局令 第 28 号）

《环境监测管理办法》（国家环境保护总局令 第 39 号）

3 术语和定义

下列术语和定义适用于本标准。

3.1 中药制药

指以药用植物和药用动物为主要原料，根据国家药典，生产中药饮片和中成药各种剂型产品的过程。

3.2 现有企业

本标准实施之日前已建成投产或环境影响评价文件已通过审批的中药类制药企业或生产设施。

3.3 新建企业

本标准实施之日起环境影响评价文件通过审批的新建、改建和扩建中药类制药工业建设项目。

3.4 排水量

指生产设施或企业向企业法定边界以外排放的废水的量。包括与生产有直接或间接关系的各种外排废水（含厂区生活污水、冷却废水、厂区锅炉和电站废水等）。

3.5 单位产品基准排水量

指用于核定水污染物排放浓度而规定的生产单位产品的废水排放量上限值。

4 水污染物排放控制要求

4.1 自 2009 年 1 月 1 日起至 2010 年 6 月 30 日止，现有企业执行表 1 规定的水污染物排放浓度限值。

4.2 自 2010 年 7 月 1 日起，现有企业执行表 2 规定的水污染物排放浓度限值。

表 1 现有企业水污染物排放浓度限值及单位产品基准排水量

单位：mg/L（pH 值、色度除外）

序号	污染物项目	限值	污染物排放监控位置
1	pH 值	6～9	企业废水总排放口
2	色度（稀释倍数）	80	
3	悬浮物	70	
4	五日生化需氧量（BOD_5）	30	
5	化学需氧量（COD_{Cr}）	130	
6	动植物油	10	
7	氨氮	10	
8	总氮	30	
9	总磷	1.0	
10	总有机碳	30	
11	总氰化物	0.5	
12	急性毒性（$HgCl_2$ 毒性当量）	0.07	
13	总汞	0.05	车间或生产设施废水排放口
14	总砷	0.5	
单位产品基准排水量/（m^3/t）		300	排水量计量位置与污染物排放监控位置一致

4.3 自 2008 年 8 月 1 日起，新建企业执行表 2 规定的水污染物排放浓度限值。

表 2 新建企业水污染物排放浓度限值及单位产品基准排水量

单位：mg/L（pH 值、色度除外）

序号	污染物项目	限值	污染物排放监控位置
1	pH 值	6～9	企业废水总排放口
2	色度（稀释倍数）	50	
3	悬浮物	50	
4	五日生化需氧量（BOD_5）	20	
5	化学需氧量（COD_{Cr}）	100	
6	动植物油	5	
7	氨氮	8	
8	总氮	20	
9	总磷	0.5	
10	总有机碳	25	
11	总氰化物	0.5	
12	急性毒性（$HgCl_2$ 毒性当量）	0.07	
13	总汞	0.05	车间或生产设施废水排放口
14	总砷	0.5	
单位产品基准排水量/（m^3/t）		300	排水量计量位置与污染物排放监控位置一致

4.4 根据环境保护工作的要求，在国土开发密度较高、环境承载能力开始减弱，或水环境容量较小、生态环境脆弱，容易发生严重水环境污染问题而需要采取特别保护措施的地区，应严格控制企业的污染物排放行为，在上述地区的企业执行表 3 规定的水污染物特别排放限值。

表 3 水污染物特别排放浓度限值

单位：mg/L（pH 值、色度除外）

序号	污染物项目	限值	污染物排放监控位置
1	pH 值	6～9	企业废水总排放口
2	色度（稀释倍数）	30	
3	悬浮物	15	
4	五日生化需氧量（BOD_5）	15	
5	化学需氧量（COD_{Cr}）	50	
6	动植物油	5	
7	氨氮	5	
8	总氮	15	
9	总磷	0.5	
10	总有机碳	20	
11	总氰化物	0.3	
12	急性毒性（$HgCl_2$ 毒性当量）	0.07	
13	总汞	0.01	车间或生产设施废水排放口
14	总砷	0.1	
单位产品基准排水量/（m^3/t）		300	排水量计量位置与污染物排放监控位置一致

执行水污染物特别排放限值的地域范围、时间，由国务院环境保护主管部门或省级人民政府规定。

4.5 水污染物排放浓度限值适用于单位产品实际排水量不高于单位产品基准排水量的情况。若单位产品实际排水量超过单位产品基准排水量，须按式（1）将实测水污染物浓度换算为水污染物基准水量排放浓度，并以水污染物基准水量排放浓度作为判定排放是否达标的依据。产品产量和排水量统计周期为一个工作日。

在企业的生产设施同时生产两种以上类别的产品、可适用不同排放控制要求或不同行业国家污染物排放标准，且生产设施产生的污水混合处理排放的情况下，应执行排放标准中规定的最严格的浓度限值，并按式（1）换算水污染物基准水量排放浓度。

$$\rho_{基}=\frac{Q_{总}}{\sum Y_i \cdot Q_{i基}} \cdot \rho_{实} \qquad (1)$$

式中：$\rho_{基}$——水污染物基准水量排放浓度，mg/L；

$Q_{总}$——排水总量，m^3；

Y_i——第 i 种产品产量，t；

$Q_{i基}$——第 i 种产品的单位产品基准排水量，m^3/t；

$\rho_{实}$——实测水污染物排放浓度，mg/L。

若 $Q_{总}$与$\sum Y_i \cdot Q_{i基}$的比值小于 1，则以水污染物实测浓度作为判定排放是否达标的依据。

5 水污染物监测要求

5.1 对企业排放废水的采样应根据监测污染物的种类，在规定的污染物排放监控位置进行，有废水处理设施的，应在该设施后监控。在污染物排放监控位置应设置永久性排污口标志。

5.2 新建企业应按照《污染源自动监控管理办法》的规定，安装污染物排放自动监控设备，并与环境保护主管部门的监控设备联网，保证设备正常运行。各地现有企业安装污染物排放自动监控设备的要求由省级环境保护主管部门规定。

5.3 对企业水污染物排放情况进行监测的频次、采样时间等要求，按国家有关污染源监测技术规范的规定执行。

5.4 企业产品产量的核定，以法定报表为依据。

5.5 对企业排放水污染物浓度的测定采用表 4 所列的方法标准。

5.6 企业须按照有关法律和《环境监测管理办法》的规定，对排污状况进行监测，并保存原始监测记录。

6 实施与监督

6.1 本标准由县级以上人民政府环境保护主管部门负责监督实施。

6.2 在任何情况下，中药类制药生产企业均应遵守本标准规定的水污染物排放控制要求，采取必要措施保证污染防治设施正常运行。各级环保部门在对企业进行监督性检查时，可以现场即时采样或监测的结果，作为判定排污行为是否符合排放标准以及实施相关环境保护管理措施的依据。在发现企业耗水或排水量有异常变化的情况下，应核定企业的实际产品产量和排水量，按本标准规定，换算水污染物基准水量排放浓度。

表 4 水污染物浓度测定方法标准

序号	污染物项目	方法标准名称	方法标准编号
1	pH 值	水质 pH 值的测定 玻璃电极法	GB/T 6920—1986
2	色度	水质 色度的测定	GB/T 11903—1989
3	悬浮物	水质 悬浮物的测定 重量法	GB/T 11901—1989
4	五日生化需氧量	水质 五日生化需氧量（BOD_5）的测定 稀释与接种法	GB/T 7488—1987
5	化学需氧量	水质 化学需氧量的测定 重铬酸盐法	GB/T 11914—1989
		水质 化学需氧量的测定 快速消解分光光度法	HJ/T 399—2007
6	动植物油	水质 石油类和动植物油的测定 红外光度法	GB/T 16488—1996
7	氨氮	水质 铵的测定 蒸馏和滴定法	GB/T 7478—1987
		水质 铵的测定 纳氏试剂比色法	GB/T 7479—1987
		水质 铵的测定 水杨酸分光光度法	GB/T 7481—1987
		水质 氨氮的测定 气相分子吸收光谱法	HJ/T 195—2005
8	总氮	水质 总氮的测定 碱性过硫酸钾消解紫外分光光度法	GB/T 11894—1989
		水质 总氮的测定 气相分子吸收光谱法	HJ/T 199—2005
9	总磷	水质 总磷的测定 钼酸铵分光光度法	GB/T 11893—1989
10	总有机碳	水质 总有机碳（TOC）的测定 非色散红外线吸收法	GB/T 13193—1991
		水质 总有机碳的测定 燃烧氧化-非分散红外吸收法	HJ/T 71—2001
11	总氰化物	水质 氰化物的测定 第一部分 总氰化物	GB/T 7486—1987
12	总汞	水质 总汞的测定 冷原子吸收分光光度法	GB/T 7468—1987
13	总砷	水质 总砷的测定 二乙基二硫代氨基甲酸银分光光度法	GB/T 7485—1987
14	急性毒性	水质 急性毒性的测定 发光细菌法	GB/T 15441—1995

中华人民共和国国家标准

生物工程类制药工业水污染物排放标准

Discharge standard of water pollutants for pharmaceutical industry Bio-pharmaceutical category

GB 21907—2008

前 言

为贯彻《中华人民共和国环境保护法》《中华人民共和国水污染防治法》《中华人民共和国海洋环境保护法》《国务院关于落实科学发展观 加强环境保护的决定》等法律、法规和《国务院关于编制全国主体功能区规划的意见》，保护环境，防治污染，促进制药工业生产工艺和污染治理技术的进步，制定本标准。

本标准规定了生物工程类制药工业企业水污染物排放限值、监测和监控要求。为促进区域经济与环境协调发展，推动经济结构的调整和经济增长方式的转变，引导工业生产工艺和污染治理技术的发展方向，本标准规定了水污染物特别排放限值。

本标准中的污染物排放浓度均为质量浓度。

生物工程类制药工业企业排放大气污染物（含恶臭污染物）、环境噪声适用相应的国家污染物排放标准，产生固体废物的鉴别、处理和处置适用国家固体废物污染控制标准。

本标准为首次发布。

自本标准实施之日起，生物工程类制药工业企业的水污染物排放控制按本标准的规定执行，不再执行《污水综合排放标准》（GB 8978—1996）中的相关规定。

本标准附录 A 为规范性附录。

本标准由环境保护部科技标准司组织制订。

本标准主要起草单位：华东理工大学、上海市生物医药行业协会、河北省环境科学研究院、环境保护部环境标准研究所、中国医药生物技术协会、上海市环境保护局。

本标准环境保护部 2008 年 4 月 29 日批准。

本标准自 2008 年 8 月 1 日起实施。

本标准由环境保护部解释。

1 适用范围

本标准规定了生物工程类制药企业或生产设施水污染物排放限值。

本标准适用于现有生物工程类制药企业或生产设施的水污染物排放管理。

本标准适用于对生物工程类制药工业建设项目的环境影响评价、环境保护设施设计、竣工环境保护验收及其投产后的水污染物排放管理。

本标准适用于采用现代生物技术方法（主要是基因工程技术等）制备作为治疗、诊断等用途的多肽和蛋白质类药物、疫苗等药品的企业。本标准不适用于利用传统微生物发酵技术制备抗生素、维生素等药物的生产企业。生物工程类制药的研发机构可参照本标准执行。利用相似生物工程技术制备兽用药物的企业的水污染物防治与管理也适用于本标准。

本标准适用于法律允许的污染物排放行为。新设立污染源的选址和特殊保护区域内现有污染源的管理，按照《中华人民共和国大气污染防治法》《中华人民共和国水污染防治法》《中华人民共和国海洋环境保护法》《中华人民共和国固体废物污染环境防治法》《中华人民共和国放射性污染防治法》《中华人民共和国环境影响评价法》等法律的相关规定执行。

本标准规定的水污染物排放控制要求适用于企业向环境水体的排放行为。

企业向设置污水处理厂的城镇排水系统排放废水时，其污染物的排放控制要求由企业与城镇污水处理厂根据其污水处理能力商定或执行相关标准，并报当地环境保护主管部门备案；城镇污水处理厂应保证排放污染物达到相关排放标准要求。

建设项目拟向设置污水处理厂的城镇排水系统排放废水时，由建设单位和城镇污水处理厂按前款的规定执行。

2 规范性引用文件

本标准内容引用了下列文件或其中的条款。

GB/T 6920—1986 水质 pH 值的测定 玻璃电极法

GB/T 7478—1987 水质 铵的测定 蒸馏和滴定法

GB/T 7479—1987 水质 铵的测定 纳氏试剂比色法

GB/T 7481—1987 水质 铵的测定 水杨酸分光光度法

GB/T 7488—1987 水质 五日生化需氧量（BOD_5）的测定 稀释与接种法

GB/T 7490—1987 水质 挥发酚的测定 蒸馏后 4-氨基安替比林分光光度法

GB/T 11893—1989 水质 总磷的测定 钼酸铵分光光度法

GB/T 11894—1989 水质 总氮的测定 碱性过硫酸钾消解紫外分光光度法

GB/T 11897—1989 水质 游离氯和总氯的测定 N,N-二乙基-1,4-苯二胺滴定法

GB/T 11898—1989 水质 游离氯和总氯的测定 N,N-二乙基-1,4-苯二胺分光光度法

GB/T 11901—1989 水质 悬浮物的测定 重量法

GB/T 11903—1989 水质 色度的测定

GB/T 11914—1989 水质 化学需氧量的测定 重铬酸盐法

GB/T 13193—1991 水质 总有机碳（TOC）的测定 非色散红外线吸收法

GB/T 13197—1991 水质 甲醛的测定 乙酰丙酮分光光度法

GB/T 15441—1995 水质 急性毒性的测定 发光细菌法

GB/T 16488—1996 水质 石油类和动植物油的测定 红外光度法

HJ/T 71—2001 水质 总有机碳的测定 燃烧氧化—非分散红外吸收法

HJ/T 195—2005 水质 氨氮的测定 气相分子吸收光谱法

HJ/T 199—2005 水质 总氮的测定 气相分子吸收光谱法

HJ/T 347—2007 水质　粪大肠菌群的测定　多管发酵和滤膜法（试行）

HJ/T 399—2007　水质　化学需氧量的测定　快速消解分光光度法

《污染源自动监控管理办法》（国家环境保护总局令　第28号）

《环境监测管理办法》（国家环境保护总局令　第39号）

3 术语和定义

下列术语和定义适用于本标准。

3.1　生物工程类制药

指利用微生物、寄生虫、动物毒素、生物组织等，采用现代生物技术方法（主要是基因工程技术等）进行生产，作为治疗、诊断等用途的多肽和蛋白质类药物、疫苗等药品的过程，包括基因工程药物、基因工程疫苗、克隆工程制备药物等。

3.2　现有企业

本标准实施之日前已建成投产或环境影响评价文件已通过审批的生物工程类制药企业或生产设施。

3.3　新建企业

本标准实施之日起环境影响评价文件通过审批的新建、改建和扩建生物工程类制药工业建设项目。

3.4　排水量

指生产设施或企业向企业法定边界以外排放的废水的量，包括与生产有直接或间接关系的各种外排废水（含厂区生活污水、冷却废水、厂区锅炉和电站排水等）。

3.5　单位产品基准排水量

指用于核定水污染物排放浓度而规定的生产单位产品的废水排放量上限值。

4 水污染物排放控制要求

4.1　排放限值

4.1.1　自2009年1月1日起至2010年6月30日止，现有企业执行表1规定的水污染物排放浓度限值。

4.1.2　自2010年7月1日起，现有企业执行表2规定的水污染物排放浓度限值。

4.1.3　自2008年8月1日起，新建企业执行表2规定的水污染物排放浓度限值。

4.1.4　根据环境保护工作的要求，在国土开发密度较高、环境承载能力开始减弱，或水环境容量较小、生态环境脆弱，容易发生严重水环境污染问题而需要采取特别保护措施的地区，应严格控制企业的污染物排放行为，在上述地区的企业执行表3 规定的水污染物特别排放限值。

执行水污染物特别排放限值的地域范围、时间，由国务院环境保护主管部门或省级人民政府规定。

表 1 现有企业水污染物排放浓度限值

单位：mg/L（pH 值、色度、粪大肠菌群数除外）

序号	污染物项目	限值	污染物排放监控位置
1	pH 值	6～9	企业废水总排放口
2	色度（稀释倍数）	80	
3	悬浮物	70	
4	五日生化需氧量（BOD_5）	30	
5	化学需氧量（COD_{Cr}）	100	
6	动植物油	10	
7	挥发酚	0.5	
8	氨氮	15	
9	总氮	50	
10	总磷	1.0	
11	甲醛	2.0	
12	乙腈	3.0	
13	总余氯（以 Cl 计）	0.5	
14	粪大肠菌群数 1) /（MPN/L）	500	
15	总有机碳（TOC）	30	
16	急性毒性（$HgCl_2$ 毒性当量）	0.07	

注：1）消毒指示微生物指标。

表 2 新建企业水污染物排放浓度限值

单位：mg/L（pH 值、色度、粪大肠菌群数除外）

序号	污染物项目	限值	污染物排放监控位置
1	pH 值	6～9	企业废水总排放口
2	色度（稀释倍数）	50	
3	悬浮物	50	
4	五日生化需氧量（BOD_5）	20	
5	化学需氧量（COD_{Cr}）	80	
6	动植物油	5	
7	挥发酚	0.5	
8	氨氮	10	
9	总氮	30	
10	总磷	0.5	
11	甲醛	2.0	
12	乙腈	3.0	
13	总余氯（以 Cl 计）	0.5	
14	粪大肠菌群数 1) /（MPN/L）	500	
15	总有机碳（TOC）	30	
16	急性毒性（$HgCl_2$ 毒性当量）	0.07	

注：1）消毒指示微生物指标。

表 3 水污染物特别排放浓度限值

单位：mg/L（pH 值、色度、粪大肠菌群数除外）

序号	污染物项目	限值	污染物排放监控位置
1	pH 值	6～9	企业废水总排放口
2	色度（稀释倍数）	30	
3	悬浮物	10	
4	五日生化需氧量（BOD_5）	10	
5	化学需氧量（COD_{Cr}）	50	
6	动植物油	1.0	
7	挥发酚	0.5	
8	氨氮	5	
9	总氮	15	
10	总磷	0.5	
11	甲醛	1.0	
12	乙腈	2.0	
13	总余氯（以 Cl 计）	0.5	
14	粪大肠菌群数 1) /（MPN/L）	100	
15	总有机碳（TOC）	15	
16	急性毒性（$HgCl_2$ 毒性当量）	0.07	

注：1）消毒指示微生物指标。

4.2 基准水量排放浓度换算

4.2.1 生产不同类别的生物工程类制药产品，其单位产品基准排水量见表 4。

表 4 生物工程类制药工业企业单位产品基准排水量 单位：m^3/kg

序号	药物种类	单位产品基准排水量	排水量计量位置
1	细胞因子 1)、生长因子、人生长激素	80 000	排水量计量位置与污染物排放监控位置一致
2	治疗性酶 2)	200	
3	基因工程疫苗	250	
4	其他类	80	

注：1）细胞因子主要指干扰素类、白介素类、肿瘤坏死因子及相类似药物。

2）治疗性酶主要指重组溶栓剂、重组抗凝剂、重组抗凝血酶、治疗用酶及相类似药物。

4.2.2 水污染物排放浓度限值适用于单位产品实际排水量不高于单位产品基准排水量的情况。若单位产品实际排水量超过单位产品基准排水量，须按式（1）将实测水污染物浓度换算为水污染物基准水量排放浓度，并以水污染物基准水量排放浓度作为判定排放是否达标的依据。产品产量和排水量统计周期为一个工作日。

在企业的生产设施同时生产两种以上产品、可适用不同排放控制要求或不同行业国家污染物排放标准，且生产设施产生的污水混合处理排放的情况下，应执行排放标准中规定的最严格的浓度限值，并按式（1）换算水污染物基准水量排放浓度。

$$\rho_{基}=\frac{Q_{总}}{\sum Y_i \cdot Q_{i基}} \cdot \rho_{实} \tag{1}$$

式中：$\rho_{基}$——水污染物基准水量排放浓度，mg/L；

$Q_{总}$——排水总量，m^3；

Y_i——第 i 种产品产量，t；

$Q_{i基}$——第 i 种产品的单位产品基准排水量，m^3/t；

$\rho_{实}$——实测水污染物排放浓度，mg/L。

若 $Q_{总}$与$\sum Y_i \cdot Q_{i基}$的比值小于 1，则以水污染物实测浓度作为判定排放是否达标的依据。

4.3　其他控制要求

涉及生物安全性的废水、废液等须进行灭活灭菌后才能进入相应的收集处理系统。

5 水污染物监测要求

5.1　对企业排放废水的采样应根据监测污染物的种类，在规定的污染物排放监控位置进行，有废水处理设施的，应在该设施后监控。在污染物排放监控位置应设置永久性排污口标志。

5.2　新建企业应按照《污染源自动监控管理办法》的规定，安装污染物排放自动监控设备，并与环境保护主管部门的监控设备联网，保证设备正常运行。各地现有企业安装污染物排放自动监控设备的要求由省级环境保护主管部门规定。

5.3　对企业水污染物排放情况进行监测的频次、采样时间等要求，按国家有关污染源监测技术规范的规定执行。

5.4　企业产品产量的核定，以法定报表为依据。

5.5　对企业排放水污染物浓度的测定采用表 5 所列的方法标准。

表 5　水污染物浓度测定方法标准

序号	污染物项目	方法标准名称	方法标准编号
1	pH 值	水质　pH 值的测定　玻璃电极法	GB/T 6920—1986
2	色度	水质　色度的测定	GB/T 11903—1989
3	悬浮物	水质　悬浮物的测定　重量法	GB/T 11901—1989
4	五日生化需氧量	水质　五日生化需氧量（BOD_5）的测定　稀释与接种法	GB/T 7488—1987
5	化学需氧量	水质　化学需氧量的测定　重铬酸盐法	GB/T 1914—1989
		水质　化学需氧量的测定　快速消解分光光度法	HJ/T 399—2007
6	动植物油	水质　石油类和动植物油的测定　红外光度法	GB/T 16488—1996
7	挥发酚	水质　挥发酚的测定　蒸馏后 4-氨基安替比林分光光度法	GB/T 7490—1987
8	氨氮	水质　铵的测定　蒸馏和滴定法	GB/T 7478—1987
		水质　铵的测定　纳氏试剂比色法	GB/T 7479—1987
		水质　铵的测定　水杨酸分光光度法	GB/T 7481—1987
		水质　氨氮的测定　气相分子吸收光谱法	HJ/T 195—2005
9	总氮	水质　总氮的测定　碱性过硫酸钾消解紫外分光光度法	GB/T 11894—1989
		水质　总氮的测定　气相分子吸收光谱法	HJ/T 199—2005

序号	污染物项目	方法标准名称	方法标准编号
10	总磷	水质　总磷的测定　钼酸铵分光光度法	GB/T 11893—1989
11	甲醛	水质　甲醛的测定　乙酰丙酮分光光度法	GB/T 13197—1991
12	乙腈	吹脱捕集气相色谱法	附录 A
13	总余氯	水质　游离氯和总氯的测定　N,N-二乙基-1,4-苯二胺滴定法	GB/T 11897—1989
		水质　游离氯和总氯的测定　N,N-二乙基-1,4-苯二胺分光光度法	GB/T 11898—1989
14	粪大肠菌群数	水质　粪大肠菌群的测定　多管发酵和滤膜法	HJ/T 347—2007
15	总有机碳	水质　总有机碳（TOC）的测定　非色散红外线吸收法	GB/T 13193—1991
		水质　总有机碳的测定　燃烧氧化－非分散红外吸收法	HJ/T 71—2001
16	急性毒性	水质　急性毒性的测定　发光细菌法	GB/T 15441—1995

注：测定暂无适用方法标准的污染物项目，使用附录所列方法，待国家发布相应的方法标准并实施后，停止使用。

5.6　企业须按照有关法律和《环境监测管理办法》的规定，对排污状况进行监测，并保存原始监测记录。

6 实施与监督

6.1　本标准由县级以上人民政府环境保护主管部门负责监督实施。

6.2　在任何情况下，生物工程类制药生产企业均应遵守本标准规定的水污染物排放控制要求，采取必要措施保证污染防治设施正常运行。各级环保部门在对企业进行监督性检查时，可以现场即时采样或监测的结果，作为判定排污行为是否符合排放标准以及实施相关环境保护管理措施的依据。在发现企业耗水或排水量有异常变化的情况下，应核定企业的实际产品产量和排水量，按本标准规定，换算水污染物基准水量排放浓度。

附录 A（规范性附录）

乙腈的测定　吹脱捕集气相色谱法（P&T-GC-FID）

A.1 方法原理

通过吹脱管用氮气（或氦气）将水样中的挥发性有机物（Volatile Organic Compounds，VOCs）连续吹脱出来，通过气流带入并吸附于捕集管中，将水样中的 VOCs 全部吹脱出来以后，停止对水样的吹脱并迅速加热捕集管，将捕集管中的 VOCs 热吹脱附出来，进入气相色谱仪。气相色谱仪采用在线冷柱头进样，使热脱附的 VOCs 冷凝浓缩，然后快速加热进样。

A.2 干扰及消除

用 P&T-GC-FID 法测定水中挥发性有机物时，水样中的半挥发性有机物不会干扰分析测定。

A.3 方法的适用范围

本方法用于江、河、湖等地表水中的挥发性有机物的测定，也适用于污水中挥发性有机物的测定，但样品要做适当的稀释。乙腈的最低检出限为 0.02 μg/L。

A.4 水样采集与保存

用水样荡洗玻璃采样瓶三次，将水样沿瓶壁缓缓倒入瓶中，滴加盐酸使水样 pH<2，瓶中不留顶上空间和气泡，然后将样品置于 4℃无有机气体干扰的区域保存，在采样 14 d 内分析。

A.5 仪器

1）气相色谱仪：氢火焰离子化检测器（FID）。
2）吹脱捕集装置。
3）吹脱管：5 mL，25 mL。
4）捕集管：Tenax/Silica Gel/Charcoal。
5）气密性注射器：5 mL，25 mL。
6）样品瓶：40 mL 棕色螺口玻璃瓶。
7）微量注射器：1 μL，9 μL。

A.6 试剂

1）VOCs 混合标准样品：VOCs1 混标（24 种）和 VOCs2 混标（54 种）。根据需要购买不同含量的浓标混合贮备液。
2）纯水：二次蒸馏水，在使用前用高纯氮气吹 10 min，验证无干扰后方可使用。
3）内标：对溴氟苯，浓度为 100 μg/mL。

4）保护剂：盐酸（1∶1），抗坏血酸（分析纯）。

A.7 步骤

1）色谱条件

毛细管色谱柱：60 m×0.25 mm（内径），膜厚 1.0 μm。

柱温：40℃ ⟶（1 min）⟶ 4℃/min ⟶ 100℃（6 min）⟶ 10℃/min ⟶ 200℃（5 min）。

进样温度：180℃；检测器温度：220℃。

载气：高纯 N_2，1.7 mL/min。

燃烧气：H_2，35 mL/min。

助燃气：空气，350 mL/min。

进样方式：不分流进样。

2）吹脱捕集条件

吹脱时间 8 min，捕集温度 35℃，解析温度 180℃，解析时间 6 min，烘烤温度 220℃，烘烤时间 25 min，吹脱气体为高纯 N_2，吹脱流速 40 mL/min。

3）工作曲线

取适量 VOCs1 混标，用纯水配制质量浓度为 0.4、0.8、4.0、10.0、50.0 μg/L 的标准溶液，另取适量 VOCs2 混标，用纯水配制质量浓度为 0.1、1.0、5.0、10.0、50.0 μg/L 的标准溶液，分别进样，记录峰的保留时间和峰高（或峰面积），绘制工作曲线。

4）样品测定

用气密性注射器吸取 25 mL 水样，加入 1 μL 内标（质量浓度为 4 μg/L），注入吹脱管，进行分析测定，记录色谱峰的保留时间和峰高（或峰面积）。

5）定量计算

记录每个化合物的峰高（或峰面积），通过校准曲线查得水样中各化合物的质量浓度。

6）标准样品的色谱图

如下图所示。

A.8 精密度和准确度

将质量浓度为 4.0 μg/L 的 VOCs1 乙腈混合标样和质量浓度为 5.0 μg/L 的 VOCs2 乙腈混合标样分别测定 7 次，由测定结果计算相对标准偏差和回收率。

VOCs1 乙腈混合标样相对标准偏差为 3.6%，回收率为 103%。

A.9 注意事项

1）采样瓶最好为棕色瓶，样品采集后即处于密闭体系，并应尽快分析。

2）若样品中含有余氯，在采样时应加入相当于所采水样重量 0.5%的抗坏血酸，将样品中的余氯除去。

3）样品采集、分析过程中做好质量控制和质量保证工作，保证测试数据的准确性。

4）污水样品要采用 5 mL 的吹脱管。

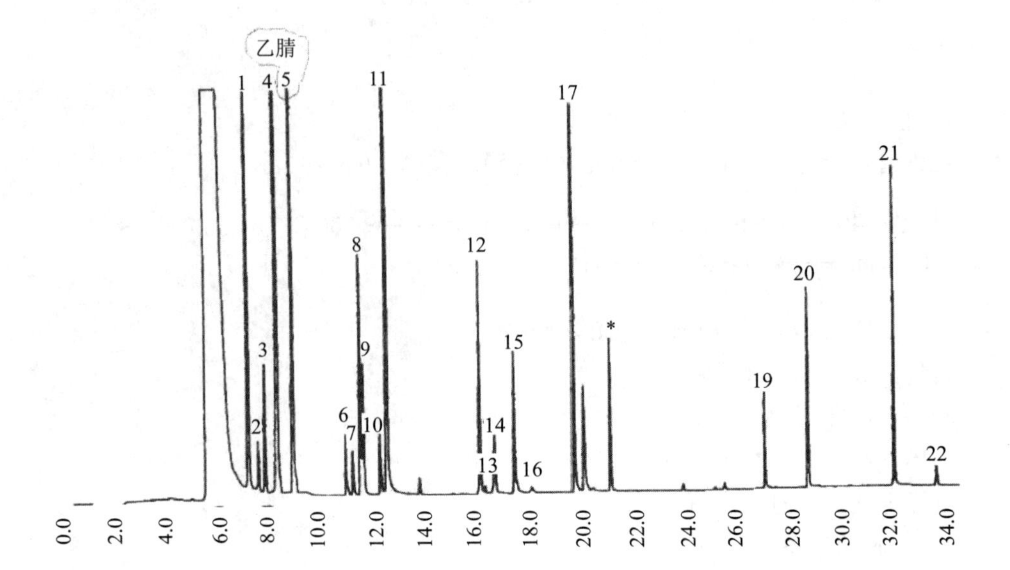
乙腈
1
2
3
4
5
6
7
8
9
10
11
12
13
14
15
16
17
*
19
20
21
22
0.0
2.0
4.0
6.0
8.0
10.0
12.0
14.0
16.0
18.0
20.0
22.0
24.0
26.0
28.0
30.0
32.0
34.0

中华人民共和国国家标准

混装制剂类制药工业水污染物排放标准

Discharge standard of water pollutants for pharmaceutical industry Mixing/Compounding and formulation category

GB 21908—2008

前　言

为贯彻《中华人民共和国环境保护法》《中华人民共和国水污染防治法》《中华人民共和国海洋环境保护法》《国务院关于落实科学发展观 加强环境保护的决定》等法律、法规和《国务院关于编制全国主体功能区规划的意见》，保护环境，防治污染，促进制药工业生产工艺和污染治理技术的进步，制定本标准。

本标准规定了混装制剂类制药工业企业水污染物排放限值、监测和监控要求。为促进区域经济与环境协调发展，推动经济结构的调整和经济增长方式的转变，引导工业生产工艺和污染治理技术的发展方向，本标准规定了水污染物特别排放限值。

本标准中的污染物排放浓度均为质量浓度。

混装制剂类制药工业企业排放大气污染物（含恶臭污染物）、环境噪声适用相应的国家污染物排放标准，产生固体废物的鉴别、处理和处置适用国家固体废物污染控制标准。

本标准为首次发布。

自本标准实施之日起，混装制剂类制药工业企业的水污染物排放控制按本标准的规定执行，不再执行《污水综合排放标准》（GB 8978—1996）中的相关规定。

本标准由环境保护部科技标准司组织制订。

本标准主要起草单位：河北省环境科学研究院、环境保护部环境标准研究所。

本标准环境保护部 2008 年 4 月 29 日批准。

本标准自 2008 年 8 月 1 日起实施。

本标准由环境保护部解释。

1 适用范围

本标准规定了混装制剂类制药企业或生产设施水污染物排放限值。

本标准适用于现有混装制剂类制药企业或生产设施的水污染物排放管理。

本标准适用于对混装制剂类制药工业建设项目的环境影响评价、环境保护设施设计、竣工环境保护验收和建成投产后的水污染物排放管理。

通过混合、加工和配制，将药物活性成分制成兽药的生产企业的水污染防治和管理也适用于本标准。

本标准不适用于中成药制药企业。

本标准适用于法律允许的污染物排放行为。新设立的污染源的选址和特殊保护区域内现有污染源的管理，按照《中华人民共和国大气污染防治法》《中华人民共和国水污染防治法》《中华人民共和国海洋环境保护法》《中华人民共和国固体废物污染环境防治法》《中华人民共和国放射性污染防治法》《中华人民共和国环境影响评价法》等法律的相关规定执行。

本标准规定的水污染物排放控制要求适用于企业向环境水体的排放行为。

企业向设置污水处理厂的城镇排水系统排放废水时，其污染物的排放控制要求由企业与城镇污水处理厂根据其污水处理能力商定或执行相关标准，并报当地环境保护主管部门备案；城镇污水处理厂应保证排放污染物达到相关排放标准要求。

建设项目拟向设置污水处理厂的城镇排水系统排放废水时，由建设单位和城镇污水处理厂按前款的规定执行。

2 规范性引用文件

本标准内容引用了下列文件或其中的条款。

GB/T 6920—1986 水质 pH 值的测定 玻璃电极法

GB/T 7478—1987 水质 铵的测定 蒸馏和滴定法

GB/T 7479—1987 水质 铵的测定 纳氏试剂比色法

GB/T 7481—1987 水质 铵的测定 水杨酸分光光度法

GB/T 7488—1987 水质 五日生化需氧量（BOD_5）的测定 稀释与接种法

GB/T 11893—1989 水质 总磷的测定 钼酸铵分光光度法

GB/T 11894—1989 水质 总氮的测定 碱性过硫酸钾消解紫外分光光度法

GB/T 11901—1989 水质 悬浮物的测定 重量法

GB/T 11914—1989 水质 化学需氧量的测定 重铬酸盐法

GB/T 13193—1991 水质 总有机碳（TOC）的测定 非色散红外线吸收法

GB/T 15441—1995 水质 急性毒性的测定 发光细菌法

HJ/T 71—2001 水质 总有机碳的测定 燃烧氧化—非分散红外吸收法

HJ/T 195—2005 水质 氨氮的测定 气相分子吸收光谱法

HJ/T 199—2005 水质 总氮的测定 气相分子吸收光谱法

HJ/T 399—2007 水质 化学需氧量的测定 快速消解分光光度法

《污染源自动监控管理办法》（国家环境保护总局令 第 28 号）

《环境监测管理办法》（国家环境保护总局令 第 39 号）

3 术语和定义

下列术语和定义适用于本标准。

3.1 混装制剂类制药

指用药物活性成分和辅料通过混合、加工和配制，形成各种剂型药物的过程。

3.2 现有企业

本标准实施之日前已建成投产或环境影响评价文件已通过审批的混装制剂类制药企业或生产设施。

3.3 新建企业

本标准实施之日起环境影响评价文件通过审批的新建、改建和扩建混装制剂类制药工业建设项目。

3.4 排水量

指生产设施或企业向企业法定边界以外排放的废水的量。包括与生产有直接或间接关系的各种外排废水（含厂区生活污水、冷却废水、厂区锅炉和电站排水等）。

3.5 单位产品基准排水量

指用于核定水污染物排放浓度而规定的生产单位产品的废水排放量上限值。

4 水污染物排放控制要求

4.1 自 2009 年 1 月 1 日起至 2010 年 6 月 30 日止，现有企业执行表 1 规定的水污染物排放浓度限值。

表 1 现有企业水污染物排放浓度限值及单位产品基准排水量 单位：mg/L（pH 值除外）

序号	污染物项目	限值	污染物排放监控位置
1	pH 值	6～9	企业废水总排放口
2	悬浮物	50	
3	五日生化需氧量（BOD_5）	20	
4	化学需氧量（COD_{Cr}）	80	
5	氨氮	15	
6	总氮	30	
7	总磷	1.0	
8	总有机碳	30	
9	急性毒性（$HgCl_2$ 毒性当量）	0.07	
单位产品基准排水量/（m^3/t）		300	排水量计量位置与污染物排放监控位置一致

4.2 自 2010 年 7 月 1 日起，现有企业执行表 2 规定的水污染物排放浓度限值。

4.3 自 2008 年 8 月 1 日起，新建企业执行表 2 规定的水污染物排放浓度限值。

表 2 新建企业水污染物排放浓度限值及单位产品基准排水量 单位：mg/L（pH 值除外）

序号	污染物项目	限值	污染物排放监控位置
1	pH 值	6～9	企业废水总排放口
2	悬浮物	30	
3	五日生化需氧量（BOD_5）	15	
4	化学需氧量（COD_{Cr}）	60	
5	氨氮	10	
6	总氮	20	
7	总磷	0.5	
8	总有机碳	20	
9	急性毒性（$HgCl_2$ 毒性当量）	0.07	
单位产品基准排水量/（m^3/t）		300	排水量计量位置与污染物排放监控位置一致

4.4 根据环境保护工作的要求，在国土开发密度较高、环境承载能力开始减弱，或水环境容量较小、生态环境脆弱，容易发生严重水环境污染问题而需要采取特别保护措施的地区，应严格控制企业的污染物排放行为，在上述地区的企业执行表3规定的水污染物特别排放限值。

执行水污染物特别排放限值的地域范围、时间，由国务院环境保护主管部门或省级人民政府规定。

表3 水污染物特别排放限值 单位：mg/L（pH值除外）

序号	污染物项目	限值	污染物排放监控位置
1	pH值	6～9	企业废水总排放口
2	悬浮物	10	
3	五日生化需氧量（BOD_5）	10	
4	化学需氧量（COD_{Cr}）	50	
5	氨氮	5	
6	总氮	15	
7	总磷	0.5	
8	总有机碳	15	
9	急性毒性（$HgCl_2$毒性当量）	0.07	
单位产品基准排水量/（m^3/t）		300	排水量计量位置与污染物排放监控位置一致

4.5 水污染物排放浓度限值适用于单位产品实际排水量不高于单位产品基准排水量的情况。若单位产品实际排水量超过单位产品基准排水量，须按式（1）将实测水污染物浓度换算为水污染物基准水量排放浓度，并以水污染物基准水量排放浓度作为判定排放是否达标的依据。产品产量和排水量统计周期为一个工作日。

在企业的生产设施同时生产两种以上产品、可适用不同排放控制要求或不同行业国家污染物排放标准，且生产设施产生的污水混合处理排放的情况下，应执行排放标准中规定的最严格的浓度限值，并按式（1）换算水污染物基准水量排放浓度。

$$\rho_{基}=\frac{Q_{总}}{\sum Y_i\cdot Q_{i基}}\cdot\rho_{实} \tag{1}$$

式中：$\rho_{基}$——水污染物基准水量排放浓度，mg/L；

$Q_{总}$——排水总量，m^3；

Y_i——第i种产品产量，t；

$Q_{i基}$——第i种产品的单位产品基准排水量，m^3/t；

$\rho_{实}$——实测水污染物排放浓度，mg/L。

若$Q_{总}$与$\sum Y_i\cdot Q_{i基}$的比值小于1，则以水污染物实测浓度作为判定排放是否达标的依据。

5 水污染物监测要求

5.1 对企业排放废水的采样应根据监测污染物的种类，在规定的污染物排放监控位置进行，有废水处理设施的，应在该设施后监控。在污染物排放监控位置应设置永久性排污口标志。

5.2　新建企业应按照《污染源自动监控管理办法》的规定，安装污染物排放自动监控设备，并与环境保护主管部门的监控设备联网，保证设备正常运行。各地现有企业安装污染物排放自动监控设备的要求由省级环境保护主管部门规定。

5.3　对企业水污染物排放情况进行监测的频次、采样时间等要求，按国家有关污染源监测技术规范的规定执行。

5.4　企业产品产量的核定，以法定报表为依据。

5.5　对企业排放水污染物浓度的测定采用表 4 所列的方法标准。

5.6　企业须按照有关法律和《环境监测管理办法》的规定，对排污状况进行监测，并保存原始监测记录。

表 4　水污染物浓度测定方法标准

序号	污染物项目	方法标准名称	方法标准编号
1	pH 值	水质　pH 值的测定　玻璃电极法	GB/T 6920—1986
2	悬浮物	水质　悬浮物的测定　重量法	GB/T 11901—1989
3	五日生化需氧量	水质　五日生化需氧量（BOD_5）的测定　稀释与接种法	GB/T 7488—1987
4	化学需氧量	水质　化学需氧量的测定　重铬酸盐法	GB/T 11914—1989
		水质　化学需氧量的测定　快速消解分光光度法	HJ/T 399—2007
5	氨氮	水质　铵的测定　蒸馏和滴定法 水质　铵的测定　纳氏试剂比色法 水质　铵的测定　水杨酸分光光度法 水质　氨氮的测定　气相分子吸收光谱法	GB/T 7478—1987 GB/T 7479—1987 GB/T 7481—1987 HJ/T 195—2005
6	总氮	水质　总氮的测定　碱性过硫酸钾消解紫外分光光度法 水质　总氮的测定　气相分子吸收光谱法	GB/T 11894—1989 HJ/T 199—2005
7	总磷	水质　总磷的测定　钼酸铵分光光度法	GB/T 11893—1989
8	总有机碳	水质　总有机碳（TOC）的测定　非色散红外线吸收法 水质　总有机碳的测定　燃烧氧化－非分散红外吸收法	GB/T 13193—1991 HJ/T 71—2001
9	急性毒性	水质　急性毒性的测定　发光细菌法	GB/T 15441—1995

6 实施与监督

6.1　本标准由县级以上人民政府环境保护主管部门负责监督实施。

6.2　在任何情况下，混装制剂类制药生产企业均应遵守本标准规定的水污染物排放控制要求，采取必要措施保证污染防治设施正常运行。各级环保部门在对企业进行监督性检查时，可以现场即时采样或监测的结果，作为判定排污行为是否符合排放标准以及实施相关环境保护管理措施的依据。在发现企业耗水或排水量有异常变化的情况下，应核定企业的实际产品产量和排水量，按本标准的规定，换算水污染物基准水量排放浓度。

中华人民共和国国家标准

制糖工业水污染物排放标准

Discharge standard of water pollutants for sugar industry

GB 21909—2008

前　言

为贯彻《中华人民共和国环境保护法》《中华人民共和国水污染防治法》《中华人民共和国海洋环境保护法》《国务院关于落实科学发展观　加强环境保护的决定》等法律、法规和《国务院关于编制全国主体功能区规划的意见》，保护环境，防治污染，促进制糖工业生产工艺和污染治理技术的进步，制定本标准。

本标准规定了制糖工业企业水污染物排放限值、监测和监控要求。为促进区域经济与环境协调发展，推动经济结构的调整和经济增长方式的转变，引导工业生产工艺和污染治理技术的发展方向，本标准规定了水污染物特别排放限值。

本标准中的污染物排放浓度均为质量浓度。

制糖工业企业排放大气污染物（含恶臭污染物）、环境噪声适用相应的国家污染物排放标准，产生固体废物的鉴别、处理和处置适用国家固体废物污染控制标准。

本标准为首次发布。

自本标准实施之日起，制糖工业企业的水污染物排放控制按本标准的规定执行，不再执行《污水综合排放标准》（GB 8978—1996）中的相关规定。

本标准由环境保护部科技标准司组织制订。

本标准主要起草单位：中国轻工业清洁生产中心、环境保护部环境标准研究所、中国糖业协会、国家糖业质量监督检验中心。

本标准环境保护部 2008 年 4 月 29 日批准。

本标准自 2008 年 8 月 1 日起实施。

本标准由环境保护部解释。

1 适用范围

本标准规定了制糖企业或生产设施水污染物排放限值。

本标准适用于现有制糖企业或生产设施的水污染物排放管理。

本标准适用于对制糖工业建设项目的环境影响评价、环境保护设施设计、竣工环境保护验收及其投产后的水污染物排放管理。

本标准适用于法律允许的污染物排放行为。新设立污染源的选址和特殊保护区域内现有污染源的管理，按照《中华人民共和国大气污染防治法》《中华人民共和国水污染防治法》《中华人民共和国海洋环境保护法》《中华人民共和国固体废物污染环境防治法》《中华人民共和国放射性污染防治法》《中华人民共和国环境影响评价法》等法律、法规、规章的相关规定执行。

本标准规定的水污染物排放控制要求适用于企业向环境水体的排放行为。

企业向设置污水处理厂的城镇排水系统排放废水时，其污染物的排放控制要求由企业与城镇污水处理厂根据其污水处理能力商定或执行相关标准，并报当地环境保护主管部门备案；城镇污水处理厂应保证排放污染物达到相关排放标准要求。

建设项目拟向设置污水处理厂的城镇排水系统排放废水时，由建设单位和城镇污水处理厂按前款的规定执行。

2 规范性引用文件

本标准内容引用了下列文件或其中的条款。

GB/T 6920—1986 水质 pH 值的测定 玻璃电极法

GB/T 7478—1987 水质 铵的测定 蒸馏和滴定法

GB/T 7479—1987 水质 铵的测定 纳氏试剂比色法

GB/T 7481—1987 水质 铵的测定 水杨酸分光光度法

GB/T 7488—1987 水质 五日生化需氧量（BOD_5）的测定 稀释与接种法

GB/T 11893—1989 水质 总磷的测定 钼酸铵分光光度法

GB/T 11894—1989 水质 总氮的测定 碱性过硫酸钾消解紫外分光光度法

GB/T 11901—1989 水质 悬浮物的测定 重量法

GB/T 11914—1989 水质 化学需氧量的测定 重铬酸盐法

HJ/T 195—2005 水质 氨氮的测定 气相分子吸收光谱法

HJ/T 199—2005 水质 总氮的测定 气相分子吸收光谱法

HJ/T 399—2007 水质 化学需氧量的测定 快速消解分光光度法

《污染源自动监控管理办法》（国家环境保护总局令 第 28 号）

《环境监测管理办法》（国家环境保护总局令 第 39 号）

3 术语和定义

下列术语和定义适用于本标准。

3.1 甘蔗制糖

以甘蔗的蔗茎为原料，通过物理和化学的方法，去除杂质、提取出含高纯度蔗糖的食糖成品的过程。

3.2 甜菜制糖

以甜菜的块根为原料，通过物理和化学的方法，去除杂质、提取出含高纯度蔗糖的食糖成品的过程。

3.3 现有企业

指本标准实施之日前已建成投产或环境影响评价文件已通过审批的制糖企业或生产设施。

3.4 新建企业

指本标准实施之日起环境影响评价文件通过审批的新建、改建和扩建制糖工业建设项目。

3.5 排水量

指生产设施或企业向企业法定边界以外排放的废水的量，包括与生产有直接或间接关系的各种外排废水（如厂区生活污水、冷却废水、厂区锅炉和电站排水等）。

3.6 单位产品基准排水量

指用于核定水污染物排放浓度而规定的生产单位糖产品的废水排放量上限值。

4 水污染物排放控制要求

4.1 自 2009 年 5 月 1 日起至 2010 年 6 月 30 日止，现有企业执行表 1 规定的水污染物排放限值。

4.2 自 2010 年 7 月 1 日起，现有企业执行表 2 规定的水污染物排放限值。

4.3 自 2008 年 8 月 1 日起，新建企业执行表 2 规定的水污染物排放限值。

表 1 现有企业水污染物排放浓度限值及单位产品基准排水量 单位：mg/L（pH 值除外）

序号	污染物项目	限值		污染物排放监控位置
		甘蔗制糖	甜菜制糖	
1	pH 值	6～9	6～9	企业废水总排放口
2	悬浮物	100	120	
3	五日生化需氧量（BOD_5）	40	50	
4	化学需氧量（COD_{Cr}）	120	150	
5	氨氮	15	15	
6	总氮	20	20	
7	总磷	1.0	1.0	
单位产品（糖）基准排水量/（m^3/t）		68	32	排水量计量与污染物排放监控位置一致

表 2 新建企业水污染物排放浓度限值及单位产品基准排水量 单位：mg/L（pH 值除外）

序号	污染物项目	限值		污染物排放监控位置
		甘蔗制糖	甜菜制糖	
1	pH 值	6～9	6～9	企业废水总排放口
2	悬浮物	70	70	
3	五日生化需氧量（BOD_5）	20	20	
4	化学需氧量（COD_{Cr}）	100	100	
5	氨氮	10	10	
6	总氮	15	15	
7	总磷	0.5	0.5	
单位产品（糖）基准排水量/（m^3/t）		51	32	排水量计量与污染物排放监控位置一致

4.4 根据环境保护工作的要求，在国土开发密度较高、环境承载能力开始减弱，或水环境容量较小、生态环境脆弱，容易发生严重水环境污染问题而需要采取特别保护措施的地区，应严格控制企业的污染排放行为，在上述地区的企业执行表3规定的水污染物特别排放限值。

执行水污染物特别排放限值的地域范围、时间，由国务院环境保护主管部门或省级人民政府规定。

表3 水污染物特别排放限值 单位：mg/L（pH值除外）

序号	污染物项目	限值		污染物排放监控位置
		甘蔗制糖	甜菜制糖	
1	pH值	6～9	6～9	企业废水总排放口
2	悬浮物	10	10	
3	五日生化需氧量（BOD_5）	10	10	
4	化学需氧量（COD_{Cr}）	50	50	
5	氨氮	5	5	
6	总氮	8	8	
7	总磷	0.5	0.5	
单位产品（糖）基准排水量/（m^3/t）		34	20	排水量计量与污染物排放监控位置一致

4.5 水污染物排放浓度限值适用于单位产品实际排水量不高于单位产品基准排水量的情况。若单位产品实际排水量超过单位产品基准排水量，须按式（1）将实测水污染物浓度换算为水污染物基准水量排放浓度，并以水污染物基准水量排放浓度作为判定排放是否达标的依据。产品产量和排水量统计周期为一个工作日。

在企业的生产设施同时生产两种以上产品、可适用不同排放控制要求或不同行业国家污染物排放标准，且生产设施产生的污水混合处理排放的情况下，应执行排放标准中规定的最严格的浓度限值，并按式（1）换算水污染物基准水量排放浓度。

$$\rho_{基}=\frac{Q_{总}}{\sum Y_i\cdot Q_{i基}}\cdot\rho_{实} \tag{1}$$

式中：$\rho_{基}$——水污染物基准水量排放浓度，mg/L；

$Q_{总}$——排水总量，m^3；

Y_i——第 i 种产品产量，t；

$Q_{i基}$——第 i 种产品的单位产品基准排水量，m^3/t；

$\rho_{实}$——实测水污染物排放浓度，mg/L。

若 $Q_{总}$ 与 $\sum Y_i\cdot Q_{i基}$ 的比值小于1，则以水污染物实测浓度作为判定排放是否达标的依据。

5 水污染物监测要求

5.1 对企业排放废水的采样应根据监测污染物的种类，在规定的污染物排放监控位置进行，有废水处理设施的，应在该设施后监控。在污染物排放监控位置须设置永久性排污口标志。

5.2 新建企业应按照《污染源自动监控管理办法》的规定，安装污染物排放自动监控设备，并与环境保护主管部门的监控设备联网，保证设备正常运行。各地现有企业安装污染物排放自动监控设备的要求由省级环境保护主管部门规定。

5.3 对企业水污染物排放情况进行监测的频次、采样时间等要求，按国家有关污染源监测技术规范的规定执行。

5.4 企业产品产量的核定，以法定报表为依据。

5.5 对企业排放水污染物浓度的测定采用表 4 所列的方法标准。

5.6 企业须按照有关法律和《环境监测管理办法》的规定，对排污状况进行监测，并保存原始监测记录。

表 4 水污染物浓度测定方法标准

序号	污染物项目	方法标准名称	方法标准编号
1	pH 值	水质 pH 值的测定 玻璃电极法	GB/T 6920—1986
2	悬浮物	水质 悬浮物的测定 重量法	GB/T 11901—1989
3	五日生化需氧量	水质 五日生化需氧量（BOD_5）的测定 稀释与接种法	GB/T 7488—1987
4	化学需氧量	水质 化学需氧量的测定 重铬酸盐法	GB/T 11914—1989
		水质 化学需氧量的测定 快速消解分光光度法	HJ/T 399—2007
5	氨氮	水质 铵的测定 蒸馏和滴定法	GB/T 7478—1987
		水质 铵的测定 纳氏试剂比色法	GB/T 7479—1987
		水质 铵的测定 水杨酸分光光度法	GB/T 7481—1987
		水质 氨氮的测定 气相分子吸收光谱法	HJ/T 195—2005
6	总氮	水质 总氮的测定 碱性过硫酸钾消解紫外分光光度法	GB/T 11894—1989
		水质 总氮的测定 气相分子吸收光谱法	HJ/T 199—2005
7	总磷	水质 总磷的测定 钼酸铵分光光度法	GB/T 11893—1989

6 实施与监督

6.1 本标准由县级以上人民政府环境保护主管部门负责监督实施。

6.2 在任何情况下，制糖企业均应遵守本标准规定的水污染物排放控制要求，采取必要措施保证污染防治设施正常运行。各级环保部门在对企业进行监督性检查时，可以现场即时采样或监测的结果，作为判定排污行为是否符合排放标准以及实施相关环境保护管理措施的依据。在发现企业耗水或排水量有异常变化的情况下，应核定企业的实际产品产量和排水量，按本标准规定，换算水污染物基准水量排放浓度。

中华人民共和国国家标准

城镇污水处理厂污泥泥质

Quality of sludge from municipal wastewater treatment plant

GB 24188—2009

前 言

本标准的 4.2.1 为强制性的，其余为推荐性的。

本标准由中华人民共和国住房和城乡建设部提出。

本标准由住房和城乡建设部给水排水产品标准化技术委员会归口。

本标准负责起草单位：北京市市政工程管理处。

本标准主要起草人：杨树丛、曹洪林、王春顺、蒋兰、赵晓光、封勇、曹佳红、刘爽、江涛、李文宏、高燚、林毅。

本标准为首次发布。

1 范围

本标准规定了城镇污水处理厂污泥泥质的控制指标及限值。

本标准适用于城镇污水处理厂的污泥。

居民小区的污水处理设施的污泥，可参照本标准执行。

2 规范性引用文件

下列文件中的条款通过本标准的引用而成为本标准的条款。凡是注日期的引用文件，其随后所有的修改单（不包括勘误的内容）或修订版均不适用于本标准，然而，鼓励根据本标准达成协议的各方研究是否可使用这些文件的最新版本。凡是不注日期的引用文件，其最新版本适用于本标准。

GB 7959　粪便无害化卫生标准

GB/T 17134　土壤质量　总砷的测定　二乙基二硫代氨基甲酸银分光光度法

GB/T 17135　土壤质量　总砷的测定　硼氢化钾-硝酸银分光光度法

GB/T 17136　土壤质量　总汞的测定　冷原子吸收分光光度法

GB/T 17137　土壤质量　总铬的测定　火焰原子吸收分光光度法

GB/T 17138　土壤质量　铜、锌的测定　火焰原子吸收分光光度法

GB/T 17139　土壤质量　镍的测定　火焰原子吸收分光光度法

GB/T 17141　土壤质量　铅、镉的测定　石墨炉原子吸收分光光度法

GB 18918　城镇污水处理厂污染物排放标准

CJ/T 221　城市污水处理厂污泥检验方法

CJ 3082　污水排入城市下水道水质标准

3 术语和定义

下列术语和定义适用于本标准。

3.1　城镇污水处理厂污泥　sludge from municipal wastewater.treatment plant

城镇污水处理厂在污水净化处理过程中产生的含水率不同的半固态或固态物质，不包括栅渣、浮渣和沉砂池砂砾。

3.2　城镇污水处理厂污泥泥质　quality 0f sludge from municipal wastewater treatment plant

特指经过稳定化处理或脱水处理后的城镇污水处理厂污泥达到的质量标准。

4 要求

4.1　一般规定

4.1.1　城镇污水处理厂污泥的稳定化处理，应符合 GB 18918 的相关规定。

4.1.2　城镇污水处理厂污泥不应任意弃置，不应向划定的污泥处理、处置场以外的任何区域排放。

4.1.3　排入城镇下水道的污水水质应符合 CJ 3082 的要求。

4.2　泥质

4.2.1　城镇污水处理厂污泥泥质基本控制指标及限值应满足表 1 的要求，表 1 中第 3 项、第 4 项适用于新建、改建、扩建的城镇污水处理厂。

表 1　泥质基本控制指标及限值

序号	基本控制指标	限值
1	pH	5～10
2	含水率/%	＜80
3	粪大肠菌群菌值	＞0.01
4	细菌总数/（MPN/kg 干污泥）	＜10^8

4.2.2　城镇污水处理厂污泥泥质选择性控制指标及限值应满足表 2 的要求。

表 2　泥质选择性控制指标及限值　　单位：mg/kg 干污泥

序号	选择性控制指标	限值
1	总镉	＜20
2	总汞	＜25
3	总铅	＜1 000
4	总铬	＜1 000
5	总砷	＜75
6	总铜	＜1 500
7	总锌	＜4 000
8	总镍	＜200
9	矿物油	＜3 000

序号	选择性控制指标	限值
10	挥发酚	＜40
11	总氰化物	＜10

5 取样和监测

5.1 取样方法

采取多点取样混合，样品应有代表性，样品质量不小于 1kg。

5.2 监测分析方法

按表 3 执行。

表 3 监测分析方法

序号	指标	监测分析方法	方法来源
1	pH	玻璃电极法	CJ/T 221
2	含水率	重量法	CJ/T 221
3	粪大肠菌群菌值	发酵法	GB 7959
4	细菌总数	平皿计数法	CJ/T 221
5	总镉	石墨炉原子吸收分光光度法	GB/T 17141
		常压消解后原子吸收分光光度法[a] 常压消解后电感耦合等离子体发射光谱法 微波高压消解后原子吸收分光光度法 微波高压消解后电感耦合等离子体发射光谱法	CJ/T 221
6	总汞	冷原子吸收分光光度法	GB/T 17136
		常压消解后原子荧光法[a]	CJ/T 221
7	总铅	石墨炉原子吸收分光光度法	GB/T 17141
		常压消解后原子荧光法[a] 微波高压消解后原子荧光法 常压消解后原子吸收分光光度法 常压消解后电感耦合等离子体发射光谱法 微波高压消解后原子吸收分光光度法 微波高压消解后电感耦合等离子体发射光谱法	CJ/T 221
8	总铬	火焰原子吸收分光光度法[a]	GB/T 17137
		常压消解后电感耦合等离子体发射光谱法 微波高压消解后电感耦合等离子体发射光谱法 常压消解后二苯碳酰二肼分光光度法 微波高压消解后二苯碳酰二肼分光光度法	CJ/T 221
9	总砷	二乙基二硫代氨基甲酸银分光光度法 硼氢化钾—硝酸银分光光度法	GB/T 17134 GB/T 17135
		常压消解后原子荧光法[a] 常压消解后电感耦合等离子体发射光谱法 微波高压消解后电感耦合等离子体发射光谱法	CJ/T 221

序号	指标	监测分析方法	方法来源
10	总铜	火焰原子吸收分光光度法	GB/T 17138
		常压消解后原子吸收分光光度法[a] 常压消解后电感耦合等离子体发射光谱法 微波高压消解后原子吸收分光光度法 微波高压消解后电感耦合等离子体发射光谱法	CJ/T 221
11	总锌	火焰原子吸收分光光度法	GB/T 17138
		常压消解后原子吸收分光光度法[a] 常压消解后电感耦合等离子体发射光谱法 微波高压消解后原子吸收分光光度法 微波高压消解后电感耦合等离子体发射光谱法	CJ/T 221
12	总镍	火焰原子吸收分光光度法	GB/T 17139
		常压消解后原子吸收分光光度法[a] 常压消解后电感耦合等离子体发射光谱法 微波高压消解后原子吸收分光光度法 微波高压消解后电感耦合等离子体发射光谱法	CJ/T 221
13	矿物油	红外分光光度法[a] 紫外分光光度法	CJ/T 221
14	挥发酚	蒸馏后 4-氨基安替比林分光光度法	CJ/T 221
15	总氰化物	蒸馏后吡啶-巴比妥酸光度法 蒸馏后异烟酸-吡唑啉酮分光光度法[a]	CJ/T 221

[a] 为仲裁方法。

中华人民共和国国家标准

淀粉工业水污染物排放标准

Discharge standard of water pollutants for starch industry

GB 25461—2010

前言

为贯彻《中华人民共和国环境保护法》《中华人民共和国水污染防治法》《中华人民共和国海洋环境保护法》《国务院关于落实科学发展观　加强环境保护的决定》等法律、法规和《国务院关于编制全国主体功能区规划的意见》，保护环境，防治污染，促进淀粉工业生产工艺和污染治理技术的进步，制定本标准。

本标准规定了淀粉工业企业水污染物排放限值、监测和监控要求。为促进区域经济与环境协调发展，推动经济结构的调整和经济增长方式的转变，引导工业生产工艺和污染治理技术的发展方向，本标准规定了水污染物特别排放限值。

本标准中的污染物排放浓度均为质量浓度。

淀粉工业企业排放大气污染物（含恶臭污染物）、环境噪声适用相应的国家污染物排放标准，产生固体废物的鉴别、处理和处置适用国家固体废物污染控制标准。

本标准为首次发布。

自本标准实施之日起，淀粉工业企业的水污染物排放控制按本标准的规定执行，不再执行《污水综合排放标准》（GB 8978—1996）中的相关规定。

地方省级人民政府对本标准未作规定的污染物项目，可以制定地方污染物排放标准；对本标准已作规定的污染物项目，可以制定严于本标准的地方污染物排放标准。

本标准由环境保护部科技标准司组织制订。

本标准主要起草单位：中国环境科学研究院、环境保护部环境标准研究所、中国淀粉工业协会。

本标准环境保护部 2010 年 9 月 10 日批准。

本标准自 2010 年 10 月 1 日起实施。

本标准由环境保护部解释。

1　适用范围

本标准规定了淀粉企业或生产设施水污染物排放限值、监测和监控要求，以及标准的实施与监督等相关规定。

本标准适用于现有淀粉企业或生产设施的水污染物排放管理。

本标准适用于对淀粉工业建设项目的环境影响评价、环境保护设施设计、竣工环境保护验收及其投产后的水污染物排放管理。

本标准适用于法律允许的污染物排放行为。新设立污染源的选址和特殊保护区域内现有污染源的管理，按照《中华人民共和国大气污染防治法》《中华人民共和国水污染防治法》《中华人民共和国海洋环境保护法》《中华人民共和国固体废物污染环境防治法》《中华人民共和国环境影响评价法》等法律、法规、规章的相关规定执行。

本标准规定的水污染物排放控制要求适用于企业直接或间接向其法定边界外排放水污染物的行为。

2 规范性引用文件

本标准内容引用了下列文件或其中的条款。

GB/T 6920—1986 水质 pH 值的测定 玻璃电极法

GB/T 11893—1989 水质 总磷的测定 钼酸铵分光光度法

GB/T 11894—1989 水质 总氮的测定 碱性过硫酸钾消解紫外分光光度法

GB/T 11901—1989 水质 悬浮物的测定 重量法

GB/T 11914—1989 水质 化学需氧量的测定 重铬酸盐法

HJ/T 195—2005 水质 氨氮的测定 气相分子吸收光谱法

HJ/T 199—2005 水质 总氮的测定 气相分子吸收光谱法

HJ/T 399—2007 水质 化学需氧量的测定 快速消解分光光度法

HJ 484—2009 水质 氰化物的测定 容量法和分光光度法

HJ 505—2009 水质 五日生化需氧量（BOD_5）的测定 稀释与接种法

HJ 535—2009 水质 氨氮的测定 纳氏试剂分光光度法

HJ 536—2009 水质 氨氮的测定 水杨酸分光光度法

HJ 537—2009 水质 氨氮的测定 蒸馏-中和滴定法

《污染源自动监控管理办法》（国家环境保护总局令 第 28 号）

《环境监测管理办法》（国家环境保护总局令 第 39 号）

3 术语和定义

下列术语和定义适用于本标准。

3.1 淀粉工业 starch industry

从玉米、小麦、薯类等含淀粉的原料中提取淀粉以及以淀粉为原料生产变性淀粉、淀粉糖和淀粉制品的工业。

3.2 变性淀粉 modified starch

原淀粉经过某种方法处理后，不同程度地改变其原来的物理或化学性质的产物。

3.3 淀粉糖 starch sugar

利用淀粉为原料生产的糖类统称淀粉糖，是淀粉在催化剂（酶或酸）和水的作用下，淀粉分子不同程度解聚的产物。

3.4 淀粉制品 starch product

利用淀粉生产的粉丝、粉条、粉皮、凉粉、凉皮等称为淀粉制品。

3.5 现有企业 existing facility

本标准实施之日前已建成投产或环境影响评价文件已通过审批的淀粉企业或生产设施。

3.6 新建企业 new facility

本标准实施之日起环境影响评价文件通过审批的新建、改建和扩建淀粉工业建设项目。

3.7 排水量 effluent volume

指生产设施或企业向企业法定边界以外排放的废水的量，包括与生产有直接或间接关系的各种外排废水（如厂区生活污水、冷却废水、厂区锅炉和电站排水等）。

3.8 单位产品基准排水量 benchmark effluent volume per unit product

指用于核定水污染物排放浓度而规定的生产单位淀粉产品或以单位淀粉生产变性淀粉、淀粉糖、淀粉制品的废水排放量上限值。

3.9 公共污水处理系统 public wastewater treatment system

指通过纳污管道等方式收集废水，为两家以上排污单位提供废水处理服务并且排水能够达到相关排放标准要求的企业或机构，包括各种规模和类型的城镇污水处理厂、区域（包括各类工业园区、开发区、工业聚集地等）废水处理厂等，其废水处理程度应达到二级或二级以上。

3.10 直接排放 direct discharge

指排污单位直接向环境排放水污染物的行为。

3.11 间接排放 indirect discharge

指排污单位向公共污水处理系统排放水污染物的行为。

4 水污染物排放控制要求

4.1 自 2011 年 1 月 1 日起至 2012 年 12 月 31 日止，现有企业执行表 1 规定的水污染物排放限值。

表 1 现有企业水污染物排放浓度限值及单位产品基准排水量

单位：mg/L（pH 值除外）

序号	污染物项目	限值		污染物排放监控位置
		直接排放	间接排放	
1	pH 值	6～9	6～9	企业废水总排放口
2	悬浮物	50	70	
3	五日生化需氧量（BOD_5）	45	70	
4	化学需氧量（COD_{Cr}）	150	300	
5	氨氮	25	35	
6	总氮	40	55	
7	总磷	3	5	
8	总氰化物（以木薯为原料）	0.5	0.5	
单位产品（淀粉）基准排水量/（m^3/t）	以玉米、小麦为原料	5		排水量计量位置与污染物排放监控位置一致
	以薯类为原料	12		

4.2 自2013年1月1日起，现有企业执行表2规定的水污染物排放限值。

4.3 自2010年10月1日起，新建企业执行表2规定的水污染物排放限值。

表2 新建企业水污染物排放浓度限值及单位产品基准排水量

单位：mg/L（pH值除外）

序号	污染物项目	限值		污染物排放监控位置
		直接排放	间接排放	
1	pH值	6～9	6～9	企业废水总排放口
2	悬浮物	30	70	
3	五日生化需氧量（BOD_5）	20	70	
4	化学需氧量（COD_{Cr}）	100	300	
5	氨氮	15	35	
6	总氮	30	55	
7	总磷	1	5	
8	总氰化物（以木薯为原料）	0.5	0.5	
单位产品（淀粉）基准排水量/（m^3/t）	以玉米、小麦为原料	3		排水量计量位置与污染物排放监控位置一致
	以薯类为原料	8		

4.4 根据环境保护工作的要求，在国土开发密度较高、环境承载能力开始减弱，或水环境容量较小、生态环境脆弱，容易发生严重水环境污染问题而需要采取特别保护措施的地区，应严格控制企业的污染排放行为，在上述地区的企业执行表3规定的水污染物特别排放限值。

表3 水污染物特别排放限值

单位：mg/L（pH值除外）

序号	污染物项目	限值		污染物排放监控位置
		直接排放	间接排放	
1	pH值	6～9	6～9	企业废水总排放口
2	悬浮物	10	30	
3	五日生化需氧量（BOD_5）	10	20	
4	化学需氧量（COD_{Cr}）	50	100	
5	氨氮	5	15	
6	总氮	10	30	
7	总磷	0.5	1.0	
8	总氰化物（以木薯为原料）	0.1	0.1	
单位产品（淀粉）基准排水量/（m^3/t）	以玉米、小麦为原料	1		排水量计量位置与污染物排放监控位置一致
	以薯类为原料	4		

执行水污染物特别排放限值的地域范围、时间，由国务院环境保护行政主管部门或省级人民政府规定。

4.5 水污染物排放浓度限值适用于单位产品实际排水量不高于单位产品基准排水量的情况。若单位产品实际排水量超过单位产品基准排水量，须按式（1）将实测水污染物浓度换算为水污染物基准水量排放浓度，并以水污染物基准水量排放浓度作为判定排放是否达标的依据。产品产量和排水量统计周期为一个工作日。

在企业的生产设施同时生产两种以上产品、可适用不同排放控制要求或不同行业国家污染物排放标准，且生产设施产生的污水混合处理排放的情况下，应执行排放标准中规定的最严格的浓度限值，并按式（1）换算水污染物基准水量排放浓度。

$$\rho_{基}=\frac{Q_{总}}{\sum Y_i \cdot Q_{i基}} \cdot \rho_{实} \tag{1}$$

式中：$\rho_{基}$——水污染物基准水量排放浓度，mg/L；

$Q_{总}$——排水总量，m^3；

Y_i——第 i 种产品产量，t；

$Q_{i基}$——第 i 种产品的单位产品基准排水量，m^3/t；

$\rho_{实}$——实测水污染物排放浓度，mg/L。

若 $Q_{总}$ 与 $\sum Y_i \cdot Q_{i基}$ 的比值小于 1，则以水污染物实测浓度作为判定排放是否达标的依据。

5 水污染物监测要求

5.1 对企业排放废水的采样应根据监测污染物的种类，在规定的污染物排放监控位置进行，有废水处理设施的，应在该设施后监控。在污染物排放监控位置应设置永久性排污口标志。

5.2 新建企业和现有企业安装污染物排放自动监控设备的要求，按有关法律和《污染源自动监控管理办法》的规定执行。

5.3 对企业水污染物排放情况进行监测的频次、采样时间等要求，按国家有关污染源监测技术规范的规定执行。

5.4 企业产品产量的核定，以法定报表为依据。

5.5 对企业排放水污染物浓度的测定采用表 4 所列的方法标准。

表 4 水污染物浓度测定方法标准

序号	污染物项目	方法标准名称	方法标准编号
1	pH 值	水质 pH 值的测定 玻璃电极法	GB/T 6920—1986
2	悬浮物	水质 悬浮物的测定 重量法	GB/T 11901—1989
3	五日生化需氧量	水质 五日生化需氧量（BOD_5）的测定 稀释与接种法	HJ 505—2009
4	化学需氧量	水质 化学需氧量的测定 重铬酸盐法	GB/T 11914—1989
		水质 化学需氧量的测定 快速消解分光光度法	HJ/T 399—2007
5	氨氮	水质 氨氮的测定 纳氏试剂分光光度法	HJ 535—2009
		水质 氨氮的测定 水杨酸分光光度法	HJ 536—2009
		水质 氨氮的测定 蒸馏-中和滴定法	HJ 537—2009
		水质 氨氮的测定 气相分子吸收光谱法	HJ/T 195—2005
6	总氮	水质 总氮的测定 碱性过硫酸钾消解紫外分光光度法	GB/T 11894—1989
		水质 总氮的测定 气相分子吸收光谱法	HJ/T 199—2005
7	总磷	水质 总磷的测定 钼酸铵分光光度法	GB/T 11893—1989
8	总氰化物	水质 氰化物的测定 容量法和分光光度法	HJ 484—2009

5.6 企业须按照有关法律和《环境监测管理办法》的规定，对排污状况进行监测，并保

存原始监测记录。

6 实施与监督

6.1 本标准由县级以上人民政府环境保护行政主管部门负责监督实施。

6.2 在任何情况下，淀粉生产企业均应遵守本标准规定的水污染物排放控制要求，采取必要措施保证污染防治设施正常运行。各级环保部门在对企业进行监督性检查时，可以现场即时采样或监测的结果，作为判定排污行为是否符合排放标准以及实施相关环境保护管理措施的依据。在发现企业耗水或排水量有异常变化的情况下，应核定企业的实际产品产量和排水量，按本标准规定，换算水污染物基准水量排放浓度。

中华人民共和国国家标准

酵母工业水污染物排放标准

Discharge standard of water pollutants for yeast industry

GB 25462—2010

前 言

为贯彻《中华人民共和国环境保护法》《中华人民共和国水污染防治法》《中华人民共和国海洋环境保护法》《国务院关于落实科学发展观 加强环境保护的决定》等法律、法规和《国务院关于编制全国主体功能区规划的意见》，保护环境，防治污染，促进酵母工业生产工艺和污染治理技术的进步，制定本标准。

本标准规定了酵母工业企业水污染物排放限值、监测和监控要求。为促进区域经济与环境协调发展，推动经济结构的调整和经济增长方式的转变，引导工业生产工艺和污染治理技术的发展方向，本标准规定了水污染物特别排放限值。

本标准中的污染物排放浓度均为质量浓度。

酵母工业企业排放大气污染物（含恶臭污染物）、环境噪声适用相应的国家污染物排放标准，产生固体废物的鉴别、处理和处置适用国家固体废物污染控制标准。

本标准为首次发布。

自本标准实施之日起，酵母工业企业的水污染物排放控制按本标准的规定执行，不再执行《污水综合排放标准》（GB 8978—1996）中的相关规定。

地方省级人民政府对本标准未作规定的污染物项目，可以制定地方污染物排放标准；对本标准已作规定的污染物项目，可以制定严于本标准的地方污染物排放标准。

本标准由环境保护部科技标准司组织制订。

本标准主要起草单位：中国地质大学（武汉）、环境保护部环境标准研究所、湖北省环境保护厅、宜昌市环境保护局。

本标准环境保护部 2010 年 9 月 10 日批准。

本标准自 2010 年 10 月 1 日起实施。

本标准由环境保护部解释。

1 适用范围

本标准规定了酵母企业或生产设施水污染物排放限值、监测和监控要求，以及标准的实施与监督等相关规定。

本标准适用于现有酵母企业或生产设施的水污染物排放管理。

本标准适用于对酵母工业建设项目的环境影响评价、环境保护设施设计、竣工环境保护验收及其投产后的水污染物排放管理。

本标准适用于法律允许的污染物排放行为。新设立污染源的选址和特殊保护区域内现有污染源的管理，按照《中华人民共和国大气污染防治法》《中华人民共和国水污染防治法》《中华人民共和国海洋环境保护法》《中华人民共和国固体废物污染环境防治法》《中华人民共和国环境影响评价法》等法律、法规、规章的相关规定执行。

本标准规定的水污染物排放控制要求适用于企业直接或间接向其法定边界外排放水污染物的行为。

2 规范性引用文件

本标准内容引用了下列文件或其中的条款。

GB/T 6920—1986 水质 pH 值的测定 玻璃电极法

GB/T 11893—1989 水质 总磷的测定 钼酸铵分光光度法

GB/T 11894—1989 水质 总氮的测定 碱性过硫酸钾消解紫外分光光度法

GB/T 11901—1989 水质 悬浮物的测定 重量法

GB/T 11903—1989 水质 色度的测定

GB/T 11914—1989 水质 化学需氧量的测定 重铬酸盐法

HJ/T 195—2005 水质 氨氮的测定 气相分子吸收光谱法

HJ/T 199—2005 水质 总氮的测定 气相分子吸收光谱法

HJ/T 399—2007 水质 化学需氧量的测定 快速消解分光光度法

HJ 505—2009 水质 五日生化需氧量（BOD_5）的测定 稀释与接种法

HJ 535—2009 水质 氨氮的测定 纳氏试剂分光光度法

HJ 536—2009 水质 氨氮的测定 水杨酸分光光度法

HJ 537—2009 水质 氨氮的测定 蒸馏-中和滴定法

《污染源自动监控管理办法》（国家环境保护总局令 第 28 号）

《环境监测管理办法》（国家环境保护总局令 第 39 号）

3 术语和定义

下列术语和定义适用于本标准。

3.1 酵母工业 yeast industry

以甘蔗糖蜜、甜菜糖蜜等为原料，通过发酵工艺生产各类干酵母、鲜酵母产品的工业。

3.2 现有企业 existing facility

本标准实施之日前已建成投产或环境影响评价文件已通过审批的酵母企业或生产设施。

3.3 新建企业 new facility

本标准实施之日起环境影响评价文件通过审批的新建、改建和扩建酵母工业建设项目。

3.4 排水量 effluent volume

指生产设施或企业向企业法定边界以外排放的废水的量，包括与生产有直接或间接关系的各种外排废水（如厂区生活污水、冷却废水、厂区锅炉和电站排水等）。

3.5 单位产品基准排水量 benchmark effluent volume per unit product

指用于核定水污染物排放浓度而规定的生产单位酵母产品（以纯干酵母重量计）的废水排放量上限值。

3.6 公共污水处理系统 public wastewater treatment system

指通过纳污管道等方式收集废水，为两家以上排污单位提供废水处理服务并且排水能够达到相关排放标准要求的企业或机构，包括各种规模和类型的城镇污水处理厂、区域（包括各类工业园区、开发区、工业聚集地等）废水处理厂等，其废水处理程度应达到二级或二级以上。

3.7 直接排放 direct discharge

指排污单位直接向环境排放水污染物的行为。

3.8 间接排放 indirect discharge

指排污单位向公共污水处理系统排放水污染物的行为。

4 水污染物排放控制要求

4.1 自 2011 年 1 月 1 日起至 2012 年 12 月 31 日止，现有企业执行表 1 规定的水污染物排放限值。

表 1 现有企业水污染物排放浓度限值及单位产品基准排水量

单位：mg/L（pH 值、色度除外）

序号	污染物项目	限值		污染物排放监控位置
		直接排放	间接排放	
1	pH 值	6～9	6～9	企业废水总排放口
2	色度（稀释倍数）	50	80	
3	悬浮物	70	100	
4	五日生化需氧量（BOD_5）	40	80	
5	化学需氧量（COD_{Cr}）	300	400	
6	氨氮	15	25	
7	总氮	25	40	
8	总磷	1.0	2.0	
单位产品基准排水量/（m^3/t）		100		排水量计量位置与污染物排放监控位置一致

4.2 自 2013 年 1 月 1 日起，现有企业执行表 2 规定的水污染物排放限值。

4.3 自 2010 年 10 月 1 日起，新建企业执行表 2 规定的水污染物排放限值。

表 2 新建企业水污染物排放浓度限值及单位产品基准排水量

单位：mg/L（pH 值、色度除外）

序号	污染物项目	限值		污染物排放监控位置
		直接排放	间接排放	
1	pH 值	6～9	6～9	企业废水总排放口
2	色度（稀释倍数）	30	80	
3	悬浮物	50	100	
4	五日生化需氧量（BOD_5）	30	80	
5	化学需氧量（COD_{Cr}）	150	400	
6	氨氮	10	25	
7	总氮	20	40	
8	总磷	0.8	2.0	
单位产品基准排水量/（m^3/t）		80		排水量计量位置与污染物排放监控位置一致

4.4 根据环境保护工作的要求，在国土开发密度较高、环境承载能力开始减弱，或水环境容量较小、生态环境脆弱，容易发生严重水环境污染问题而需要采取特别保护措施的地区，应严格控制企业的污染排放行为，在上述地区的企业执行表 3 规定的水污染物特别排放限值。

表 3 水污染物特别排放限值

单位：mg/L（pH 值、色度除外）

序号	污染物项目	限值		污染物排放监控位置
		直接排放	间接排放	
1	pH 值	6～9	6～9	企业废水总排放口
2	色度（稀释倍数）	20	30	
3	悬浮物	20	50	
4	五日生化需氧量（BOD_5）	20	30	
5	化学需氧量（COD_{Cr}）	60	150	
6	氨氮	8	10	
7	总氮	10	20	
8	总磷	0.5	0.8	
单位产品基准排水量/（m^3/t）		70		排水量计量位置与污染物排放监控位置一致

执行水污染物特别排放限值的地域范围、时间，由国务院环境保护行政主管部门或省级人民政府规定。

4.5 水污染物排放浓度限值适用于单位产品实际排水量不高于单位产品基准排水量的情况。若单位产品实际排水量超过单位产品基准排水量，须按式（1）将实测水污染物浓度换算为水污染物基准水量排放浓度，并以水污染物基准水量排放浓度作为判定排放是否达标的依据。产品产量和排水量统计周期为一个工作日。

在企业的生产设施同时生产两种以上产品、可适用不同排放控制要求或不同行业国家污染物排放标准，且生产设施产生的污水混合处理排放的情况下，应执行排放标准中规定的最严格的浓度限值，并按式（1）换算水污染物基准水量排放浓度。

$$\rho_{基}=\frac{Q_{总}}{\sum Y_i \cdot Q_{i基}}\cdot \rho_{实} \quad (1)$$

式中：$\rho_{基}$——水污染物基准水量排放浓度，mg/L；

$Q_{总}$——排水总量，m^3；

Y_i——第 i 种产品产量，t；

$Q_{i基}$——第 i 种产品的单位产品基准排水量，m^3/t；

$\rho_{实}$——实测水污染物排放浓度，mg/L。

若 $Q_{总}$ 与 $\sum Y_i \cdot Q_{i基}$ 的比值小于 1，则以水污染物实测浓度作为判定排放是否达标的依据。

5 水污染物监测要求

5.1 对企业排放废水的采样应根据监测污染物的种类，在规定的污染物排放监控位置进行，有废水处理设施的，应在该设施后监控。在污染物排放监控位置应设置永久性排污口标志。

5.2 新建企业和现有企业安装污染物排放自动监控设备的要求，按有关法律和《污染源自动监控管理办法》的规定执行。

5.3 对企业水污染物排放情况进行监测的频次、采样时间等要求，按国家有关污染源监测技术规范的规定执行。

5.4 企业产品产量的核定，以法定报表为依据。

5.5 对企业排放水污染物浓度的测定采用表 4 所列的方法标准。

表 4 水污染物浓度测定方法标准

序号	污染物项目	方法标准名称	方法标准编号
1	pH 值	水质 pH 值的测定 玻璃电极法	GB/T 6920—1986
2	色度	水质 色度的测定	GB/T 11903—1989
3	悬浮物	水质 悬浮物的测定 重量法	GB/T 11901—1989
4	五日生化需氧量	水质 五日生化需氧量（BOD_5）的测定 稀释与接种法	HJ 505—2009
5	化学需氧量	水质 化学需氧量的测定 重铬酸盐法	GB/T 11914—1989
		水质 化学需氧量的测定 快速消解分光光度法	HJ/T 399—2007
6	氨氮	水质 氨氮的测定 纳氏试剂分光光度法	HJ 535—2009
		水质 氨氮的测定 水杨酸分光光度法	HJ 536—2009
		水质 氨氮的测定 蒸馏-中和滴定法	HJ 537—2009
		水质 氨氮的测定 气相分子吸收光谱法	HJ/T 195—2005
7	总氮	水质 总氮的测定 碱性过硫酸钾消解紫外分光光度法	GB/T 11894—1989
		水质 总氮的测定 气相分子吸收光谱法	HJ/T 199—2005
8	总磷	水质 总磷的测定 钼酸铵分光光度法	GB/T 11893—1989

5.6 企业须按照有关法律和《环境监测管理办法》的规定，对排污状况进行监测，并保存原始监测记录。

6 实施与监督

6.1 本标准由县级以上人民政府环境保护行政主管部门负责监督实施。

6.2 在任何情况下，生产企业均应遵守本标准规定的水污染物排放控制要求，采取必要措施保证污染防治设施正常运行。各级环保部门在对企业进行监督性检查时，可以现场即时采样或监测的结果，作为判定排污行为是否符合排放标准以及实施相关环境保护管理措施的依据。在发现企业耗水或排水量有异常变化的情况下，应核定企业的实际产品产量和排水量，按本标准规定，换算水污染物基准排水量排放浓度。

中华人民共和国国家标准

油墨工业水污染物排放标准

Discharge standard of water pollutants for printing ink industry

GB 25463—2010

前 言

为贯彻《中华人民共和国环境保护法》《中华人民共和国水污染防治法》《中华人民共和国海洋环境保护法》《国务院关于落实科学发展观 加强环境保护的决定》等法律、法规和《国务院关于编制全国主体功能区规划的意见》，保护环境，防治污染，促进油墨工业生产工艺和污染治理技术的进步，制定本标准。

本标准规定了油墨工业企业水污染物排放限值、监测和监控要求，适用于油墨工业企业水污染防治和管理。为促进区域经济与环境协调发展，推动经济结构的调整和经济增长方式的转变，引导油墨工业生产工艺和污染治理技术的发展方向，本标准规定了水污染物特别排放限值。

本标准中的污染物排放浓度均为质量浓度。

油墨工业企业排放大气污染物（含恶臭污染物）、环境噪声适用相应的国家污染物排放标准，产生固体废物的鉴别、处理和处置适用国家固体废物污染控制标准。

本标准为首次发布。

自本标准实施之日起，油墨工业企业的水污染物排放控制按本标准的规定执行，不再执行《污水综合排放标准》（GB 8978—1996）中的相关规定。

地方省级人民政府对本标准未作规定的污染物项目，可以制定地方污染物排放标准；对本标准已作规定的污染物项目，可以制定严于本标准的地方污染物排放标准。

本标准由环境保护部科技标准司组织制订。

本标准主要起草单位：华东理工大学、环境保护部环境标准研究所、中国日用化工协会。

本标准环境保护部 2010 年 9 月 10 日批准。

本标准自 2010 年 10 月 1 日起实施。

本标准由环境保护部解释。

1 适用范围

本标准规定了油墨工业企业水污染物排放限值、监测和监控要求，以及标准的实施与监督等相关规定。

本标准适用于油墨工业企业的水污染物排放管理，以及油墨工业企业建设项目的环境影响评价、环境保护设施设计、竣工环境保护验收及其投产后的水污染物排放管理。

本标准适用于法律允许的污染物排放行为。新设立污染源的选址和特殊保护区域内现有污染源的管理，按照《中华人民共和国大气污染防治法》《中华人民共和国水污染防治法》《中华人民共和国海洋环境保护法》《中华人民共和国固体废物污染环境防治法》《中华人民共和国环境影响评价法》等法律、法规、规章的相关规定执行。

本标准规定的水污染物排放控制要求适用于企业直接或间接向其法定边界外排放水污染物的行为。

2 规范性引用文件

本标准内容引用了下列文件或其中的条款。

GB/T 6920—1986 水质 pH 值的测定 玻璃电极法

GB/T 7466—1987 水质 总铬的测定 高锰酸钾氧化-二苯碳酰二肼分光光度法

GB/T 7467—1987 水质 六价铬的测定 二苯碳酰二肼分光光度法

GB/T 7468—1987 水质 总汞的测定 冷原子吸收分光光度法

GB/T 7469—1987 水质 总汞的测定 高锰酸钾-过硫酸钾消解法 双硫腙分光光度法

GB/T 7470—1987 水质 铅的测定 双硫腙分光光度法

GB/T 7471—1987 水质 镉的测定 双硫腙分光光度法

GB/T 7475—1987 水质 铜、锌、铅、镉的测定 原子吸收分光光度法

GB/T 11889—1989 水质 苯胺类化合物的测定 N-（1-萘基）乙二胺偶氮分光光度法

GB/T 11890—1989 水质 苯系物的测定 气相色谱法

GB/T 11893—1989 水质 总磷的测定 钼酸铵分光光度法

GB/T 11894—1989 水质 总氮的测定 碱性过硫酸钾消解紫外分光光度法

GB/T 11901—1989 水质 悬浮物的测定 重量法

GB/T 11903—1989 水质 色度的测定 稀释倍数法

GB/T 11914—1989 水质 化学需氧量的测定 重铬酸盐法

GB/T 14204—1993 水质 烷基汞的测定 气相色谱法

GB/T 16488—1996 水质 石油类和动植物油的测定 红外光度法

HJ/T 195—2005 水质 氨氮的测定 气相分子吸收光谱法

HJ/T 199—2005 水质 总氮的测定 气相分子吸收光谱法

HJ/T 341—2007 水质 汞的测定 冷原子荧光法

HJ/T 399—2007 水质 化学需氧量的测定 快速消解分光光度法

HJ 501—2009 水质 总有机碳的测定 燃烧氧化-非分散红外吸收法

HJ 503—2009 水质 挥发酚的测定 4-氨基安替比林分光光度法

HJ 505—2009 水质 五日生化需氧量（BOD_5）的测定 稀释与接种法

HJ 535—2009 水质 氨氮的测定 纳氏试剂分光光度法

HJ 536—2009 水质 氨氮的测定 水杨酸分光光度法

HJ 537—2009 水质 氨氮的测定 蒸馏-中和滴定法

《污染源自动监控管理办法》（国家环境保护总局令 第 28 号）

《环境监测管理办法》（国家环境保护总局令 第 39 号）

3 术语和定义

下列术语和定义适用于本标准。

3.1 油墨工业 ink industry

指以颜料、填充料、连接料和辅助剂为原料制备印刷用油墨的工业，包括自制颜料、树脂的油墨生产。

3.2 综合油墨生产企业 comprehensive ink manufacturers

指含有颜料生产且颜料年产量在 1 000 t 及以上的油墨工业企业。

3.3 其他油墨生产企业 other ink manufacturers

指不含颜料生产的油墨工业企业或含颜料生产且颜料年产量在 1 000 t 以下的油墨工业企业。

3.4 平版油墨 planographic printing ink

指适用于各种平版印刷方式的油墨总称。

3.5 干法平版油墨 planographic printing ink by dry method

指采用颜料干粉与连接料等材料混合、研磨而成的平版油墨。

3.6 湿法平版油墨 planographic printing ink by wet method

指采用含水的颜料滤饼与连接料等材料混合、研磨而成的平版油墨。

3.7 凹版油墨 gravure ink

指用于凹版印刷的油墨的总称。

3.8 柔版油墨 flexographic printing ink

指用于柔版印刷的油墨的总称。

3.9 基墨 primary ink

指将含水的颜料滤饼与油墨连接料混合均匀，并除去其中剩余水分而制成的油墨基料。

3.10 现有企业 existing facility

指本标准实施之日前已建成投产或环境影响评价文件已通过审批的油墨工业企业或生产设施。

3.11 新建企业 new facility

指本标准实施之日起环境影响评价文件通过审批的新建、改建和扩建油墨工业设施建设项目。

3.12 排水量 effluent volume

指生产设施或企业向企业法定边界以外排放的废水的量，包括与生产有直接或间接关系的各种外排废水（如厂区生活污水、冷却废水、厂区锅炉和电站排水等）。

3.13 单位产品基准排水量 benchmark effluent volume per unit product

指用于核定水污染物排放浓度而规定的生产单位产品的废水排放量上限值。

3.14 公共污水处理系统 public wastewater treatment system

指通过纳污管道等方式收集废水，为两家以上排污单位提供废水处理服务并且排水能够达到相关排放标准要求的企业或机构，包括各种规模和类型的城镇污水处理厂、区域（包括各类工业园区、开发区、工业聚集地等）废水处理厂等，其废水处理程度应达到二级或二级以上。

3.15 直接排放 direct discharge

指排污单位直接向环境水体排放污染物的行为。

3.16 间接排放 indirect discharge

指排污单位向公共污水处理系统排放污染物的行为。

4 水污染物排放控制要求

4.1 自 2011 年 1 月 1 日起至 2011 年 12 月 31 日止，现有企业执行表 1 规定的水污染物排放限值。

表 1 现有企业水污染物排放浓度限值

单位：mg/L（pH 值、色度除外）

序号	污染物项目	限值			污染物排放监控位置
		直接排放		间接排放	
		综合油墨生产企业	其他油墨生产企业		
1	pH 值	6～9	6～9	6～9	企业废水总排放口
2	色度（稀释倍数）	80	80	80	
3	悬浮物	70	70	100	
4	五日生化需氧量（BOD_5）	30	30	50	
5	化学需氧量（COD）	150	100	300	
6	石油类	10	10	10	
7	动植物油	15	15	15	
8	挥发酚	0.5	0.5	0.5	
9	氨氮	15	15	25	
10	总氮	50	30	50	
11	总磷	1.0	1.0	2.0	
12	苯胺类	2.0	—	2.0[1)]	
13	总铜	0.5	—	0.5[1)]	
14	苯	0.1	0.1	0.1	
15	甲苯	0.2	0.2	0.2	
16	乙苯	0.6	0.6	0.6	
17	二甲苯	0.6	0.6	0.6	
18	总有机碳（TOC）	30	30	60	
19	总汞	0.002			车间或生产设施废水排放口
20	烷基汞	不得检出			
21	总镉	0.1			
22	总铬	0.5			
23	六价铬	0.2			
24	总铅	0.1			

注：1）仅适用于综合油墨生产企业。

4.2 自 2012 年 1 月 1 日起，现有企业执行表 2 规定的水污染物排放限值。

4.3 自 2010 年 10 月 1 日起，新建企业执行表 2 规定的水污染物排放限值。

表 2 新建企业水污染物排放浓度限值

单位：mg/L（pH 值、色度除外）

序号	污染物项目	限值			污染物排放监控位置
		直接排放		间接排放	
		综合油墨生产企业	其他油墨生产企业		
1	pH 值	6～9	6～9	6～9	企业废水总排放口
2	色度（稀释倍数）	70	50	80	
3	悬浮物	40	40	100	
4	五日生化需氧量（BOD_5）	25	20	50	
5	化学需氧量（COD）	120	80	300	
6	石油类	8	8	8	
7	动植物油	10	10	10	
8	挥发酚	0.5	0.5	0.5	
9	氨氮	15	10	25	
10	总氮	30	20	50	
11	总磷	0.5	0.5	2.0	
12	苯胺类	1.0	—	1.0[1)]	
13	总铜	0.5	—	0.5[1)]	
14	苯	0.05	0.05	0.05	
15	甲苯	0.2	0.2	0.2	
16	乙苯	0.4	0.4	0.4	
17	二甲苯	0.4	0.4	0.4	
18	总有机碳（TOC）	30	20	60	
19	总汞	0.002			车间或生产设施废水排放口
20	烷基汞	不得检出			
21	总镉	0.1			
22	总铬	0.5			
23	六价铬	0.2			
24	总铅	0.1			

注：1）仅适用于综合油墨生产企业。

4.4 根据环境保护工作的要求，在国土开发密度较高、环境承载能力开始减弱，或水环境容量较小、生态环境脆弱，容易发生严重水环境污染问题而需要采取特别保护措施的地区，应严格控制企业的污染排放行为，在上述地区的企业执行表 3 规定的水污染物特别排放限值。

执行水污染物特别排放限值的地域范围、时间，由国务院环境保护行政主管部门或省级人民政府规定。

4.5 基准水量排放浓度换算

4.5.1 生产不同类别油墨产品，其单位产品基准排水量见表 4。

表 3 水污染物特别排放限值

单位：mg/L（pH 值、色度除外）

<table>
<tr><th rowspan="3">序号</th><th rowspan="3">污染物项目</th><th colspan="3">限 值</th><th rowspan="3">污染物排放监控位置</th></tr>
<tr><th colspan="2">直接排放</th><th rowspan="2">间接排放</th></tr>
<tr><th>综合油墨生产企业</th><th>其他油墨生产企业</th></tr>
<tr><td>1</td><td>pH 值</td><td>6～9</td><td>6～9</td><td>6～9</td><td rowspan="18">企业废水总排放口</td></tr>
<tr><td>2</td><td>色度（稀释倍数）</td><td>30</td><td>30</td><td>70</td></tr>
<tr><td>3</td><td>悬浮物</td><td>20</td><td>20</td><td>40</td></tr>
<tr><td>4</td><td>五日生化需氧量（BOD_5）</td><td>10</td><td>10</td><td>25</td></tr>
<tr><td>5</td><td>化学需氧量（COD）</td><td>50</td><td>50</td><td>120</td></tr>
<tr><td>6</td><td>石油类</td><td>1.0</td><td>1.0</td><td>1.0</td></tr>
<tr><td>7</td><td>动植物油</td><td>1.0</td><td>1.0</td><td>1.0</td></tr>
<tr><td>8</td><td>挥发酚</td><td>0.2</td><td>0.2</td><td>0.2</td></tr>
<tr><td>9</td><td>氨氮</td><td>5</td><td>5</td><td>15</td></tr>
<tr><td>10</td><td>总氮</td><td>15</td><td>15</td><td>30</td></tr>
<tr><td>11</td><td>总磷</td><td>0.5</td><td>0.5</td><td>0.5</td></tr>
<tr><td>12</td><td>苯胺类</td><td>0.5</td><td>—</td><td>0.5[1)]</td></tr>
<tr><td>13</td><td>总铜</td><td>0.2</td><td>—</td><td>0.2[1)]</td></tr>
<tr><td>14</td><td>苯</td><td>0.05</td><td>0.05</td><td>0.05</td></tr>
<tr><td>15</td><td>甲苯</td><td>0.1</td><td>0.1</td><td>0.1</td></tr>
<tr><td>16</td><td>乙苯</td><td>0.4</td><td>0.4</td><td>0.4</td></tr>
<tr><td>17</td><td>二甲苯</td><td>0.4</td><td>0.4</td><td>0.4</td></tr>
<tr><td>18</td><td>总有机碳（TOC）</td><td>15</td><td>15</td><td>30</td></tr>
<tr><td>19</td><td>总汞</td><td colspan="3">0.001</td><td rowspan="6">车间或生产设施废水排放口</td></tr>
<tr><td>20</td><td>烷基汞</td><td colspan="3">不得检出</td></tr>
<tr><td>21</td><td>总镉</td><td colspan="3">0.01</td></tr>
<tr><td>22</td><td>总铬</td><td colspan="3">0.1</td></tr>
<tr><td>23</td><td>六价铬</td><td colspan="3">0.05</td></tr>
<tr><td>24</td><td>总铅</td><td colspan="3">0.1</td></tr>
</table>

注：1）仅适用于综合油墨生产企业。

表 4 油墨生产企业单位产品基准排水量

单位：m^3/t

<table>
<tr><th colspan="3">产品类型</th><th>单位产品基准排水量</th><th>排水量计量位置</th></tr>
<tr><td colspan="3">湿法平版油墨、基墨</td><td>4.0</td><td rowspan="7">排水量计量位置与污染物排放监控位置相同</td></tr>
<tr><td colspan="3">凹版油墨、柔版油墨、干法平版油墨以及其他类油墨</td><td>1.6</td></tr>
<tr><td rowspan="4">颜料</td><td colspan="2">偶氮类颜料
（颜料红、颜料黄）</td><td>100</td></tr>
<tr><td rowspan="2">酞菁类颜料
（颜料蓝）</td><td>盐析工艺</td><td>120</td></tr>
<tr><td>非盐析工艺</td><td>40</td></tr>
<tr><td colspan="2">其他颜料</td><td>120</td></tr>
<tr><td colspan="3">树脂类</td><td>1.6</td></tr>
</table>

4.5.2 水污染物排放浓度限值适用于单位产品实际排水量不高于单位产品基准排水量的情况。若单位产品实际排水量超过单位产品基准排水量，须按式（1）将实测水污染物浓度换算为水污染物基准水量排放浓度，并以水污染物基准水量排放浓度作为判定排放是否达标的依据。产品产量和排水量统计周期为一个工作日。

在企业的生产设施同时生产两种以上产品、可适用不同排放控制要求或不同行业国家污染物排放标准，且生产设施产生的污水混合处理排放的情况下，应执行排放标准中规定的最严格的浓度限值，并按式（1）换算水污染物基准水量排放浓度。

$$\rho_{基}=\frac{Q_{总}}{\sum Y_i \cdot Q_{i基}}\cdot \rho_{实} \qquad (1)$$

式中：$\rho_{基}$——水污染物基准水量排放浓度，mg/L；

$Q_{总}$——排水总量，m^3；

Y_i——第 i 种产品产量，t；

$Q_{i基}$——第 i 种产品的单位产品基准排水量，m^3/t；

$\rho_{实}$——实测水污染物浓度，mg/L。

若 $Q_{总}$ 与 $\sum Y_i \cdot Q_{i基}$ 的比值小于 1，则以水污染物实测浓度作为判定排放是否达标的依据。

5 水污染物监测要求

5.1 对企业排放废水的采样应根据监测污染物的种类，在规定的污染物排放监控位置进行，有废水处理设施的，应在该设施后监控。在污染物排放监控位置应设置永久性排污口标志。

5.2 新建企业和现有企业安装污染物排放自动监控设备的要求，按有关法律和《污染源自动监控管理办法》的规定执行。

5.3 对企业水污染物排放情况进行监测的频次、采样时间等要求，按国家有关污染源监测技术规范的规定执行。

5.4 企业产品产量的核定，以法定报表为依据。

5.5 企业须按照有关法律和《环境监测管理办法》的规定，对排污状况进行监测，并保存原始监测记录。

5.6 对企业排放水污染物浓度的测定采用表 5 所列的方法标准。

表 5 水污染物浓度测定方法标准

序号	污染物项目	方法标准名称	方法标准编号
1	pH 值	水质 pH 值的测定 玻璃电极法	GB/T 6920—1986
2	色度	水质 色度的测定 稀释倍数法	GB/T 11903—1989
3	悬浮物	水质 悬浮物的测定 重量法	GB/T 11901—1989
4	五日生化需氧量	水质 五日生化需氧量（BOD_5）的测定 稀释与接种法	HJ 505—2009
5	化学需氧量	水质 化学需氧量的测定 重铬酸盐法	GB/T 11914—1989
		水质 化学需氧量的测定 快速消解分光光度法	HJ/T 399—2007
6	石油类	水质 石油类和动植物油的测定 红外光度法	GB/T 16488—1996
7	动植物油	水质 石油类和动植物油的测定 红外光度法	GB/T 16488—1996
8	挥发酚	水质 挥发酚的测定 4-氨基安替比林分光光度法	HJ 503—2009
9	氨氮	水质 氨氮的测定 纳氏试剂分光光度法	HJ 535—2009
		水质 氨氮的测定 水杨酸分光光度法	HJ 536—2009
		水质 氨氮的测定 蒸馏-中和滴定法	HJ 537—2009
		水质 氨氮的测定 气相分子吸收光谱法	HJ/T 195—2005

序号	污染物项目	方法标准名称	方法标准编号
10	总氮	水质 总氮的测定 碱性过硫酸钾消解紫外分光光度法	GB/T 11894—1989
		水质 总氮的测定 气相分子吸收光谱法	HJ/T 199—2005
11	总磷	水质 总磷的测定 钼酸铵分光光度法	GB/T 11893—1989
12	苯胺类	水质 苯胺类化合物的测定 N-（1-萘基）乙二胺偶氮分光光度法	GB/T 11889—1989
13	总铜	水质 铜、锌、铅、镉的测定 原子吸收分光光度法	GB/T 7475—1987
14	苯	水质 苯系物的测定 气相色谱法	GB/T 11890—1989
15	甲苯	水质 苯系物的测定 气相色谱法	GB/T 11890—1989
16	乙苯	水质 苯系物的测定 气相色谱法	GB/T 11890—1989
17	二甲苯	水质 苯系物的测定 气相色谱法	GB/T 11890—1989
18	总有机碳	水质 总有机碳的测定 燃烧氧化-非分散红外吸收法	HJ 501—2009
19	总汞	水质 总汞的测定 冷原子吸收分光光度法	GB/T 7468—1987
		水质 总汞的测定 高锰酸钾-过硫酸钾消解法 双硫腙分光光度法	GB/T 7469—1987
		水质 汞的测定 冷原子荧光法	HJ/T 341—2007
20	烷基汞	水质 烷基汞的测定 气相色谱法	GB/T 14204—1993
21	总镉	水质 铜、锌、铅、镉的测定 原子吸收分光光度法	GB/T 7475—1987
		水质 镉的测定 双硫腙分光光度法	GB/T 7471—1987
22	总铬	水质 总铬的测定 高锰酸钾氧化-二苯碳酰二肼分光光度法	GB/T 7466—1987
23	六价铬	水质 六价铬的测定 二苯碳酰二肼分光光度法	GB/T 7467—1987
24	总铅	水质 铜、锌、铅、镉的测定 原子吸收分光光度法	GB/T 7475—1987
		水质 铅的测定 双硫腙分光光度法	GB/T 7470—1987

6 实施与监督

6.1 本标准由县级以上人民政府环境保护行政主管部门负责监督实施。

6.2 在任何情况下，企业均应遵守本标准规定的水污染物排放控制要求，采取必要措施保证污染防治设施正常运行。各级环保部门在对企业进行监督性检查时，可以现场即时采样或监测的结果，作为判定排污行为是否符合排放标准以及实施相关环境保护管理措施的依据。在发现企业耗水或排水量有异常变化的情况下，应核定企业的实际产品产量和排水量，按本标准规定，换算水污染物基准水量排放浓度。

中华人民共和国国家标准

汽车维修业水污染物排放标准

Discharge standard of water pollutants for motor vehicle maintenance and repair

GB 26877—2011

前　言

为贯彻《中华人民共和国环境保护法》、《中华人民共和国水污染防治法》、《国务院关于落实科学发展观　加强环境保护的决定》等法律、法规和《国务院关于编制全国主体功能区规划的意见》，保护环境，防治污染，加强对汽车维修业水污染物排放的控制和管理，制定本标准。

本标准规定了汽车维修企业水污染物排放限值、监测和监控要求。为促进区域经济与环境协调发展，推动经济结构的调整和经济增长方式的转变，引导汽车维修业工艺和污染治理技术的发展方向，本标准规定了水污染物特别排放限值。

本标准中的污染物排放浓度均为质量浓度。

汽车维修企业排放大气污染物（含恶臭污染物）、环境噪声适用相应的国家污染物排放标准，产生固体废物的鉴别、处理和处置适用国家固体废物污染控制标准。

本标准为首次发布。

自本标准实施之日起，汽车维修企业水污染物排放控制按本标准的规定执行，不再执行《污水综合排放标准》（GB 8978—1996）中的相关规定。

地方省级人民政府对本标准未作规定的污染物项目，可以制定地方污染物排放标准；对本标准已作规定的污染物项目，可以制定严于本标准的地方污染物排放标准。

本标准由环境保护部科技标准司组织制订。

本标准主要起草单位：北京市环境保护科学研究院、环境保护部环境标准研究所、北京汽车维修行业协会。

本标准环境保护部 2011 年 7 月 18 日批准。

本标准自 2012 年 1 月 1 日起实施。

本标准由环境保护部解释。

1　适用范围

本标准规定了汽车维修企业水污染物排放限值、监测和监控要求，以及标准的实施与监督等相关规定。

本标准适用于现有一类和二类汽车维修企业的水污染物排放管理。

本标准适用于对一类和二类汽车维修企业建设项目的环境影响评价、环境保护设施设计、竣工环境保护验收及其投产后的水污染物排放管理。

本标准适用于法律允许的污染物排放行为。新设立污染源的选址和特殊保护区域内现有污染源的管理，按照《中华人民共和国大气污染防治法》、《中华人民共和国水污染防治法》、《中华人民共和国海洋环境保护法》、《中华人民共和国固体废物污染环境防治法》、《中华人民共和国环境影响评价法》等法律、法规、规章的相关规定执行。

本标准规定的水污染物排放控制要求适用于企业直接或间接向其法定边界外排放水污染物的行为。

2 规范性引用文件

本标准引用了下列文件或其中的条款。

GB/T 6920—1986 水质 pH 值的测定 玻璃电极法

GB/T 7494—1987 水质 阴离子表面活性剂的测定 亚甲蓝分光光度法

GB/T 11893—1989 水质 总磷的测定 钼酸铵分光光度法

GB/T 11894—1989 水质 总氮的测定 碱性过硫酸钾消解紫外分光光度法

GB/T 11901—1989 水质 悬浮物的测定 重量法

GB/T 11914—1989 水质 化学需氧量的测定 重铬酸盐法

GB/T 16488—1996 水质 石油类和动植物油的测定 红外光度法

GB/T 16739.1—2004 汽车维修业开业条件 第 1 部分：汽车整车维修企业

HJ/T 195—2005 水质 氨氮的测定 气相分子吸收光谱法

HJ/T 199—2005 水质 总氮的测定 气相分子吸收光谱法

HJ/T 399—2007 水质 化学需氧量的测定 快速消解分光光度法

HJ 505—2009 水质 五日生化需氧量（BOD_5）的测定 稀释与接种法

HJ 535—2009 水质 氨氮的测定 纳氏试剂分光光度法

HJ 536—2009 水质 氨氮的测定 水杨酸分光光度法

HJ 537—2009 水质 氨氮的测定 蒸馏-中和滴定法

《污染源自动监控管理办法》（国家环境保护总局令 第 28 号）

《环境监测管理办法》（国家环境保护总局令 第 39 号）

3 术语和定义

下列术语和定义适用于本标准。

3.1 汽车维修企业

指从事汽车修理、维护和保养服务的企业。本标准中汽车维修企业指符合 GB/T 16739.1—2004 要求的一类和二类汽车整车维修企业，不包括从事油罐车、化学品运输车等危险品运输车辆维修的企业。

3.2 小型车

指车身总长不超过 6 m 的载客车辆和最大设计总质量不超过 3 500 kg 的载货车辆。

3.3 大、中型客车

指车身总长超过 6 m 的载客车辆。

3.4　大型货车

指最大设计总质量超过 3 500 kg 的载货车辆、挂车及专用汽车的车辆部分。

3.5　现有企业

指在本标准实施之日前已建成投产或环境影响评价文件通过审批的汽车维修企业。

3.6　新建企业

指本标准实施之日起环境影响评价文件通过审批的新建、改建和扩建的汽车维修业建设项目。

3.7　直接排放

指排污单位直接向环境排放水污染物的行为。

3.8　间接排放

指排污单位向公共污水处理系统排放水污染物的行为。

3.9　公共污水处理系统

指通过纳污管道等方式收集废水，为两家以上排污单位提供废水处理服务并且排水能够达到相关排放标准要求的企业或机构，包括各种规模和类型的城镇污水处理厂、区域（包括各类工业园区、开发区、工业聚集地等）废水处理厂等，其废水处理程度应达到二级或二级以上。

3.10　排水量

指生产设施或企业向企业法定边界以外排放的废水的量，包括与生产有直接或间接关系的各种外排废水（如厂区生活污水、冷却废水、厂区锅炉和电站排水等）。

3.11　单位基准排水量

指用于核定水污染物排放浓度而规定的维修每辆车的废水排放量上限值。

4　水污染物排放控制要求

4.1　自 2012 年 1 月 1 日起至 2012 年 12 月 31 日止，现有企业执行表 1 规定的水污染物排放限值。

表 1　现有企业水污染物排放浓度限值

单位：mg/L（pH 值除外）

序号	污染物项目	限值		污染物排放监控位置
		直接排放	间接排放	
1	pH	6～9	6～9	企业废水总排放口
2	悬浮物（SS）	30	100	
3	化学需氧量（COD）	100	300	
4	五日生化需氧量（BOD_5）	30	150	
5	石油类	5	10	
6	阴离子表面活性剂（LAS）	5	10	
7	氨氮	15	25	
8	总氮	25	30	
9	总磷	1	3	

4.2　自 2013 年 1 月 1 日起，现有企业执行表 2 规定的水污染物排放限值。

4.3　自 2012 年 1 月 1 日起，新建企业执行表 2 规定的水污染物排放限值。

表 2 新建企业水污染物排放浓度限值

单位：mg/L（pH 值除外）

序号	污染物项目	限值		污染物排放监控位置
		直接排放	间接排放	
1	pH	6～9	6～9	企业废水总排放口
2	悬浮物（SS）	20	100	
3	化学需氧量（COD）	60	300	
4	五日生化需氧量（BOD_5）	20	150	
5	石油类	3	10	
6	阴离子表面活性剂（LAS）	3	10	
7	氨氮	10	25	
8	总氮	20	30	
9	总磷	0.5	3	

4.4 根据环境保护工作的要求，在国土开发密度已经较高、环境承载能力开始减弱，或环境容量较小、生态环境脆弱，容易发生严重水环境污染问题而需要采取特别保护措施的地区，应严格控制企业的污染物排放行为，在上述地区的企业执行表 3 规定的水污染物特别排放限值。

执行水污染物特别排放限值的地域范围、时间，由国务院环境保护行政主管部门或省级人民政府规定。

表 3 水污染物特别排放限值

单位：mg/L（pH 值除外）

序号	污染物项目	限值		污染物排放监控位置
		直接排放	间接排放	
1	pH	6～9	6～9	企业废水总排放口
2	悬浮物（SS）	10	20	
3	化学需氧量（COD）	50	60	
4	五日生化需氧量（BOD_5）	10	20	
5	石油类	1	3	
6	阴离子表面活性剂（LAS）	1	3	
7	氨氮	5	10	
8	总氮	15	20	
9	总磷	0.5	0.5	

4.5 现有企业和新建企业单位基准排水量按表 4 的规定执行。

表 4 单位基准排水量

单位：m^3/辆

序号	车型	限值	污染物排放监控位置
1	小型客车	0.014	排水量计量位置与污染物排放监控位置相同
2	小型货车	0.05	
3	大、中型客车	0.06	
4	大型货车	0.07	

4.6 水污染物排放浓度限值适用于实际排水量不高于基准排水量的情况。若实际排水量超过基准排水量，须按式（1）将实测水污染物浓度换算为水污染物基准排水量排放浓度，并以水污染物基准水量排放浓度作为判定排放是否达标的依据。维修数量和排水量统计周期为一个工作日。

$$\rho_{基}=\frac{Q_{总}}{\sum Y_i Q_{i基}}\times\rho_{实} \tag{1}$$

式中：$\rho_{基}$——水污染物基准排水量下的排放浓度，mg/L；

$Q_{总}$——排水总量，m^3/d；

Y_i——维修某种车型汽车的数量，辆/d；

$Q_{i基}$——维修某种车型汽车的基准排水量，m^3/辆；

$\rho_{实}$——实测水污染物浓度，mg/L。

若$Q_{总}$与$\sum Y_i Q_{i基}$的比值小于1，则以水污染物实测浓度作为判定排放是否达标的依据。

5 水污染物监测要求

5.1 对企业排放废水的采样，应根据监测污染物的种类，在规定的污染物排放监控位置进行，有废水处理设施的，应在处理设施后监控。在污染物排放监控位置须设置永久性排污口标志。

5.2 新建企业和现有企业安装污染物排放自动监控设备的要求，按有关法律和《污染源自动监控管理办法》的规定执行。

5.3 对企业污染物排放情况进行监测的频次、采样时间等要求，按国家有关污染源监测技术规范的规定执行。

5.4 企业产品产量的核定，以法定报表为依据。

5.5 企业必须按照有关法律和《环境监测管理办法》的规定，对排污状况进行监测，并保存原始监测记录。

5.6 对企业排放水污染物浓度的测定采用表5所列的方法标准。

表5 水污染物浓度测定方法标准

序号	污染物项目	分析方法标准名称	标准编号
1	pH值	水质 pH值的测定 玻璃电极法	GB/T 6920—1986
2	悬浮物	水质 悬浮物的测定 重量法	GB/T 11901—1989
3	化学需氧量	水质 化学需氧量的测定 重铬酸盐法	GB/T 11914—1989
		水质 化学需氧量的测定 快速消解分光光度法	HJ/T 399—2007
4	五日生化需氧量	水质 生化需氧量（BOD_5）的测定 稀释与接种法	HJ 505—2009
5	石油类	水质 石油类和动植物油的测定 红外光度法	GB/T 16488—1996
6	阴离子表面活性剂	水质 阴离子表面活性剂的测定 亚甲蓝分光光度法	GB/T 7494—1989
7	氨氮	水质 氨氮的测定 气相分子吸收光谱法	HJ/T 195—2005
		水质 氨氮的测定 纳氏试剂分光光度法	HJ 535—2009
		水质 氨氮的测定 水杨酸分光光度法	HJ 536—2009
		水质 氨氮的测定 蒸馏-中和滴定法	HJ 537—2009
8	总氮	水质 总氮的测定 碱性过硫酸钾消解紫外分光光度法	GB 11894—1989
		水质 总氮的测定 气相分子吸收光谱法	HJ/T 199—2005
9	总磷	水质 总磷的测定 钼酸铵分光光度法	GB 11893—1989

6 实施与监督

6.1 本标准由县级以上人民政府环境保护行政主管部门负责监督实施。

6.2 在任何情况下，企业均应遵守本标准的污染物排放控制要求，采取必要措施保证污染防治设施正常运行。各级环保部门在对设施进行监督性检查时，可以现场即时采样或监测的结果，作为判定排污行为是否符合排放标准以及实施相关环境保护管理措施的依据。在发现排水量有异常变化的情况下，应核定企业的实际产品产量和排水量，按本标准的规定，换算水污染物基准排水量排放浓度。

中华人民共和国国家标准

发酵酒精和白酒工业水污染物排放标准

Discharge standard of water pollutants for fermentation alcohol and distilled spirits industry

GB 27631—2011

前　言

为贯彻《中华人民共和国环境保护法》《中华人民共和国水污染防治法》《中华人民共和国海洋环境保护法》《国务院关于落实科学发展观　加强环境保护的决定》等法律、法规和《国务院关于编制全国主体功能区规划的意见》，保护环境，防治污染，促进发酵酒精和白酒工业生产工艺和污染治理技术的进步，制定本标准。

本标准规定了发酵酒精和白酒工业企业水污染物排放限值、监测和监控要求。为促进区域经济与环境协调发展，推动经济结构的调整和经济增长方式的转变，引导发酵酒精和白酒工业生产工艺和污染治理技术的发展方向，本标准规定了水污染物特别排放限值。

本标准中的污染物排放浓度均为质量浓度。

发酵酒精和白酒工业企业排放大气污染物（含恶臭污染物）、环境噪声适用相应的国家污染物排放标准，产生固体废物的鉴别、处理和处置适用国家固体废物污染控制标准。

本标准为首次发布。

自本标准实施之日起，发酵酒精和白酒工业企业的水污染物排放控制按本标准的规定执行，不再执行《污水综合排放标准》（GB 8978—1996）中的相关规定。

地方省级人民政府对本标准未作规定的污染物项目，可以制定地方污染物排放标准；对本标准已作规定的污染物项目，可以制定严于本标准的地方污染物排放标准。

本标准由环境保护部科技标准司组织制订。

本标准主要起草单位：中国环境科学研究院、中国酿酒工业协会、环境保护部环境工程评估中心。

本标准环境保护部 2011 年 9 月 21 日批准。

本标准自 2012 年 1 月 1 日起实施。

本标准由环境保护部解释。

1　适用范围

本标准规定了发酵酒精和白酒工业企业或生产设施水污染物排放限值、监测和监控要求，以及标准的实施与监督等相关规定。

本标准适用于现有发酵酒精和白酒工业企业或生产设施的水污染物排放管理。

本标准适用于对发酵酒精和白酒工业建设项目的环境影响评价、环境保护设施设计、竣工环境保护验收及其投产后的水污染物排放管理。

本标准适用于法律允许的污染物排放行为。新设立污染源的选址和特殊保护区域内现有污染源的管理，按照《中华人民共和国大气污染防治法》《中华人民共和国水污染防治法》《中华人民共和国海洋环境保护法》《中华人民共和国固体废物污染环境防治法》《中华人民共和国放射性污染防治法》《中华人民共和国环境影响评价法》等法律、法规、规章的相关规定执行。

本标准规定的水污染物排放控制要求适用于企业直接或间接向其法定边界外排放水污染物的行为。

2 规范性引用文件

本标准内容引用了下列文件或其中的条款。

GB/T 6920—1986 水质 pH 值的测定 玻璃电极法

GB/T 11893—1989 水质 总磷的测定 钼酸铵分光光度法

GB/T 11894—1989 水质 总氮的测定 碱性过硫酸钾消解紫外分光光度法

GB/T 11901—1989 水质 悬浮物的测定 重量法

GB/T 11903—1989 水质 色度的测定

GB/T 11914—1989 水质 化学需氧量的测定 重铬酸盐法

HJ/T 195—2005 水质 氨氮的测定 气相分子吸收光谱法

HJ/T 199—2005 水质 总氮的测定 气相分子吸收光谱法

HJ/T 399—2007 水质 化学需氧量的测定 快速消解分光光度法

HJ 505—2009 水质 五日生化需氧量（BOD_5）的测定 稀释与接种法

HJ 535—2009 水质 氨氮的测定 纳氏试剂分光光度法

HJ 536—2009 水质 氨氮的测定 水杨酸分光光度法

HJ 537—2009 水质 氨氮的测定 蒸馏-中和滴定法

《污染源自动监控管理办法》（国家环境保护总局令 第 28 号）

《环境监测管理办法》（国家环境保护总局令 第 39 号）

3 术语和定义

下列术语和定义适用于本标准。

3.1 发酵酒精工业 fermentation alcohol industry

指以淀粉质、糖蜜或其他生物质等为原料，经发酵、蒸馏而制成食用酒精、工业酒精、变性燃料乙醇等酒精产品的工业。

3.2 白酒工业 distilled spirits industry

指以淀粉质、糖蜜或其他代用料等为原料，经发酵、蒸馏而制成白酒和用食用酒精勾兑成白酒的工业。

3.3 现有企业 existing facility

本标准实施之日前已建成投产或环境影响评价文件已通过审批的发酵酒精和白酒工

业企业或生产设施。

3.4 新建企业 new facility

本标准实施之日起环境影响评价文件通过审批的新建、改建和扩建的发酵酒精和白酒工业建设项目。

3.5 排水量 effluent volume

指生产设施或企业向企业法定边界以外排放的废水的量，包括与生产有直接或间接关系的各种外排废水（含厂区生活污水、冷却废水、厂区锅炉和电站排水等）。

3.6 单位产品基准排水量 benchmark effluent volume per unit product

指用于核定水污染物排放浓度而规定的生产单位酒精或原酒[原酒按65%（体积分数）折算]的废水排放量上限值。

3.7 公共污水处理系统 public wastewater treatment system

指通过纳污管道等方式收集废水，为两家以上排污单位提供废水处理服务并且排水能够达到相关排放标准要求的企业或机构，包括各种规模和类型的城镇污水处理厂、区域（包括各类工业园区、开发区、工业聚集地等）废水处理厂等，其废水处理程度应达到二级或二级以上。

3.8 直接排放 direct discharge

指排污单位直接向环境排放污染物的行为。

3.9 间接排放 indirect discharge

指排污单位向公共污水处理系统排放污染物的行为。

4 水污染物排放控制要求

4.1 自2012年1月1日起至2013年12月31日止，现有企业执行表1规定的水污染物排放限值。

表1 现有企业水污染物排放限值

单位：mg/L（pH值、色度除外）

序号	污染物项目	限值		污染物排放监控位置
		直接排放	间接排放	
1	pH值	6～9	6～9	企业废水总排放口
2	色度（稀释倍数）	60	80	
3	悬浮物	70	140	
4	五日生化需氧量（BOD_5）	40	80	
5	化学需氧量（COD_{Cr}）	150	400	
6	氨氮	15	30	
7	总氮	25	50	
8	总磷	1.0	3.0	
单位产品基准排水量/（m^3/t）	发酵酒精企业	40	40	排水量计量位置与污染物排放监控位置一致
	白酒企业	30	30	

4.2 自2014年1月1日起，现有企业执行表2规定的水污染物排放限值。

4.3 自2012年1月1日起，新建企业执行表2规定的水污染物排放限值。

表 2 新建企业水污染物排放限值

单位：mg/L（pH 值、色度除外）

序号	污染物项目	限值		污染物排放监控位置
		直接排放	间接排放	
1	pH 值	6～9	6～9	企业废水总排放口
2	色度（稀释倍数）	40	80	
3	悬浮物	50	140	
4	五日生化需氧量（BOD_5）	30	80	
5	化学需氧量（COD_{Cr}）	100	400	
6	氨氮	10	30	
7	总氮	20	50	
8	总磷	1.0	3.0	
单位产品基准排水量/（m^3/t）	发酵酒精企业	30	30	排水量计量位置与污染物排放监控位置一致
	白酒企业	20	20	

4.4 根据环境保护工作的要求，在国土开发密度较高、环境承载能力开始减弱，或水环境容量较小、生态环境脆弱，容易发生严重水环境污染问题而需要采取特别保护措施的地区，应严格控制企业的污染排放行为，在上述地区的企业执行表 3 规定的水污染物特别排放限值。

执行水污染物特别排放限值的地域范围、时间，由国务院环境保护行政主管部门或省级人民政府规定。

表 3 水污染物特别排放限值

单位：mg/L（pH 值、色度除外）

序号	污染物项目	限值		污染物排放监控位置
		直接排放	间接排放	
1	pH 值	6～9	6～9	企业废水总排放口
2	色度（稀释倍数）	20	40	
3	悬浮物	20	50	
4	五日生化需氧量（BOD_5）	20	30	企业废水总排放口
5	化学需氧量（COD_{Cr}）	50	100	
6	氨氮	5	10	
7	总氮	15	20	
8	总磷	0.5	1.0	
单位产品基准排水量/（m^3/t）	发酵酒精企业	20	20	排水量计量位置与污染物排放监控位置一致
	白酒企业	10	10	

4.5 水污染物排放浓度限值适用于单位产品实际排水量不高于单位产品基准排水量的情况。若单位产品实际排水量超过单位产品基准排水量，须按式（1）将实测水污染物浓度换算为水污染物基准水量排放浓度，并以水污染物基准水量排放浓度作为判定排放是否达标的依据。产品产量和排水量统计周期为一个工作日。

在企业的生产设施同时生产两种或两种以上类别的产品、可适用不同排放控制要求或不同行业国家污染物排放标准，且生产设施产生的污水混合处理排放的情况下，应执行排放标准中规定的最严格的浓度限值，并按式（1）换算水污染物基准水量排放浓度。

$$\rho_{基}=\frac{Q_{总}}{\sum Y_i \cdot Q_{i基}}\rho_{实} \quad (1)$$

式中：$\rho_{基}$——水污染物基准水量排放浓度，mg/L；

$Q_{总}$——排水总量，m^3；

Y_i——第 i 种产品产量，t；

$Q_{i基}$——第 i 种产品的单位产品基准排水量，m^3/t；

$\rho_{实}$——实测水污染物排放浓度，mg/L。

若 $Q_{总}$ 与 $\sum Y_i \cdot Q_{i基}$ 的比值小于 1，则以水污染物实测浓度作为判定排放是否达标的依据。

5 水污染物监测要求

5.1 对企业排放废水的采样应根据监测污染物的种类，在规定的污染物排放监控位置进行，有废水处理设施的，应在该设施后监控。企业应按国家有关污染源监测技术规范的要求设置采样口，在污染物排放监控位置应设置永久性排污口标志。

5.2 新建企业和现有企业安装污染物排放自动监控设备的要求，按有关法律和《污染源自动监控管理办法》的规定执行。

5.3 对企业水污染物排放情况进行监测的频次、采样时间等要求，按国家有关污染源监测技术规范的规定执行。

5.4 企业产品产量的核定，以法定报表为依据。

5.5 对企业排放水污染物的测定采用表 4 所列的方法标准。

表 4 水污染物测定方法标准

序号	污染物项目	方法标准名称	方法标准编号
1	pH 值	水质 pH 值的测定 玻璃电极法	GB/T 6920—1986
2	色度	水质 色度的测定	GB/T 11903—1989
3	悬浮物	水质 悬浮物的测定 重量法	GB/T 11901—1989
4	五日生化需氧量（BOD_5）	水质 五日生化需氧量（BOD_5）的测定 稀释与接种法	HJ 505—2009
5	化学需氧量（COD_{Cr}）	水质 化学需氧量的测定 重铬酸盐法	GB/T 11914—1989
		水质 化学需氧量的测定 快速消解分光光度法	HJ/T 399—2007
6	氨氮	水质 氨氮的测定 纳氏试剂分光光度法	HJ 535—2009
		水质 氨氮的测定 水杨酸分光光度法	HJ 536—2009
		水质 氨氮的测定 蒸馏-中和滴定法	HJ 537—2009
		水质 氨氮的测定 气相分子吸收光谱法	HJ/T 195—2005
7	总氮	水质 总氮的测定 碱性过硫酸钾消解紫外分光光度法	GB/T 11894—1989
		水质 总氮的测定 气相分子吸收光谱法	HJ/T 199—2005
8	总磷	水质 总磷的测定 钼酸铵分光光度法	GB/T 11893—1989

5.6 企业须按照有关法律和《环境监测管理办法》的规定，对排污状况进行监测，并保存原始监测记录。

6 实施与监督

6.1 本标准由县级以上人民政府环境保护行政主管部门负责监督实施。

6.2 在任何情况下，发酵酒精和白酒生产企业均应遵守本标准规定的水污染物排放控制要求，采取必要措施保证污染防治设施正常运行。各级环保部门在对企业进行监督性检查时，可以现场即时采样或监测的结果，作为判定排污行为是否符合排放标准以及实施相关环境保护管理措施的依据。在发现企业耗水或排水量有异常变化的情况下，应核定企业的实际产品产量和排水量，按本标准规定，换算水污染物基准水量排放浓度。

中华人民共和国国家标准

缫丝工业水污染物排放标准

Discharge standards of water pollutants for reeling industry

GB 28936—2012

前　言

为贯彻《中华人民共和国环境保护法》《中华人民共和国水污染防治法》《中华人民共和国海洋环境保护法》《国务院关于加强环境保护重点工作的意见》等法律、法规和《国务院关于编制全国主体功能区规划的意见》，保护环境，防治污染，促进缫丝工业生产工艺和污染治理技术的进步，制定本标准。

本标准规定了缫丝工业企业生产过程中水污染物排放限值、监测和监控要求。

为促进地区经济与环境协调发展，推动经济结构的调整和经济增长方式的转变，引导缫丝工业生产工艺和污染治理技术的发展方向，本标准规定了水污染物特别排放限值。

本标准中的污染物排放浓度均为质量浓度。

缫丝工业企业排放大气污染物（含恶臭污染物）、环境噪声适用相应的国家污染物排放标准，产生固体废物的鉴别、处理和处置适用国家固体废物污染控制标准。

本标准为首次发布。

自本标准实施之日起，缫丝工业企业水污染物排放按本标准执行，不再执行《污水综合排放标准》（GB 8978—1996）。

地方省级人民政府对本标准未作规定的污染物项目，可以制定地方污染物排放标准；对本标准已作规定的污染物项目，可以制定严于本标准的地方污染物排放标准。

本标准由环境保护部科技标准司组织制订。

本标准主要起草单位：中国纺织经济研究中心、浙江凯喜雅国际股份有限公司、中国丝绸协会、环境保护部环境标准研究所、山东泰安百川水业科技有限公司。

本标准环境保护部 2012 年 9 月 11 日批准。

本标准自 2013 年 1 月 1 日起实施。

本标准由环境保护部解释。

1　适用范围

本标准规定了缫丝工业企业或生产设施水污染物排放限值、监测和监控要求，以及标准的实施与监督等相关规定。

本标准适用于现有缫丝工业企业或生产设施的水污染物排放管理。

本标准适用于对缫丝工业企业建设项目的环境影响评价、环境保护设施设计、竣工环境保护验收及其投产后的水污染物排放管理。

本标准适用于法律允许的污染物排放行为。新设立污染源的选址和特殊保护区域内现有污染源的管理，按照《中华人民共和国水污染防治法》《中华人民共和国海洋环境保护法》《中华人民共和国环境影响评价法》等法律、法规、规章的相关规定执行。

本标准规定的水污染物排放控制要求适用于企业直接或间接向其法定边界外排放水污染物的行为。

2 规范性引用文件

本标准引用了下列文件或其中的条款。

GB/T 6920—86 水质 pH 值的测定 玻璃电极法

GB/T 11893—89 水质 总磷的测定 钼酸铵分光光度法

GB/T 11901—89 水质 悬浮物的测定 重量法

GB/T 11914—89 水质 化学需氧量的测定 重铬酸盐法

HJ/T 195—2005 水质 氨氮的测定 气相分子吸收光谱法

HJ/T 199—2005 水质 总氮的测定 气相分子吸收光谱法

HJ 505—2009 水质 五日生化需氧量（BOD_5）的测定 稀释与接种法

HJ 535—2009 水质 氨氮的测定 纳氏试剂分光光度法

HJ 536—2009 水质 氨氮的测定 水杨酸分光光度法

HJ 537—2009 水质 氨氮的测定 蒸馏-中和滴定法

HJ 636—2012 水质 总氮的测定 碱性过硫酸钾消解紫外分光光度法

HJ 637—2012 水质 石油类和动植物油的测定 红外分光光度法

《污染源自动监控管理办法》（国家环境保护总局令 第 28 号）

《环境监测管理办法》（国家环境保护总局令 第 39 号）

3 术语和定义

下列术语和定义适用于本标准。

3.1 缫丝企业 reeling facility

指以蚕茧为主要原料，经选剥、煮茧、缫丝、复摇、整理等工序生产生丝、土丝、双宫丝以及长吐、汰头、蚕蛹等副产品的企业，包括桑蚕缫丝企业和柞蚕缫丝企业。

3.2 现有企业 existing facility

指在本标准实施之日前，已建成投产或环境影响评价文件已通过审批的缫丝生产企业或生产设施。

3.3 新建企业 new facility

指在本标准实施之日起，环境影响评价文件通过审批的新建、改建、扩建的缫丝生产设施建设项目。

3.4 排水量 effluent volume

指生产设施或企业排出的、没有使用功能的污水的量。包括与生产有直接或间接关系的各种外排污水（含厂区生活污水、厂区锅炉和电站排水等）。

3.5 单位产品基准排水量 benchmark effluent volume per unit product

指用于核定水污染物排放浓度而规定的生产单位生丝产品的污水排放量上限值。

3.6 直接排放 direct discharge

指排污单位直接向环境排放水污染物的行为。

3.7 间接排放 indirect discharge

指排污单位向公共污水处理系统排放水污染物的行为。

3.8 公共污水处理系统 public wastewater treatment system

指通过纳污管道等方式收集废水，为两家以上排污单位提供废水处理服务并且排水能够达到相关排放标准要求的企业或机构，包括各种规模和类型的城镇污水处理厂、区域（包括各类工业园区、开发区、工业聚集地等）废水处理厂等，其废水处理程度应达到二级或二级以上。

4 污染物排放控制要求

4.1 自2013年1月1日起至2014年12月31日止，现有桑蚕缫丝企业执行表1规定的水污染物排放限值；自2015年1月1日起，现有柞蚕缫丝企业执行表1规定的水污染物排放限值。

表1 现有企业水污染物排放浓度限值及单位产品基准排水量

单位：mg/L（pH值除外）

序号	污染物项目	限值		污染物排放监控位置
		直接排放	间接排放	
1	pH值	6～9	6～9	企业废水总排放口
2	化学需氧量（COD_{Cr}）	100	200	
3	五日生化需氧量	40	80	
4	悬浮物	70	140	
5	氨氮	25	40	
6	总氮	30	50	
7	总磷	1.0	1.5	
8	动植物油	15	15	
单位产品基准排水量/（m^3/t）		1 200		排水量计量位置与污染物排放监控位置相同

4.2 自2015年1月1日起，现有桑蚕缫丝企业执行表2规定的水污染物排放限值。

4.3 自2013年1月1日起，新建企业执行表2规定的水污染物排放限值。

4.4 根据环境保护工作的要求，在国土开发密度已经较高、环境承载能力开始减弱，或环境容量较小、生态环境脆弱，容易发生严重环境污染问题而需要采取特别保护措施的地区，应严格控制企业的污染物排放行为，在上述地区的企业执行表3规定的水污染物特别排放限值。

执行水污染物特别排放限值的地域范围、时间，由国务院环境保护行政主管部门或省级人民政府规定。

表 2 新建企业水污染物排放浓度限值及单位产品基准排水量

单位：mg/L（pH 值除外）

序号	污染物项目	限值		污染物排放监控位置
		直接排放	间接排放	
1	pH 值	6～9	6～9	企业废水总排放口
2	化学需氧量（COD_{Cr}）	60	200	
3	五日生化需氧量	25	80	
4	悬浮物	30	140	
5	氨氮	15	40	
6	总氮	20	50	
7	总磷	0.5	1.5	
8	动植物油	3	3	
单位产品基准排水量/（m^3/t）		800		排水量计量位置与污染物排放监控位置相同

表 3 水污染物特别排放限值

单位：mg/L（pH 值除外）

序号	污染物项目	限值		污染物排放监控位置
		直接排放	间接排放	
1	pH 值	6～9	6～9	企业废水总排放口
2	化学需氧量（COD_{Cr}）	40	60	
3	五日生化需氧量	15	25	
4	悬浮物	10	30	
5	氨氮	5	15	
6	总氮	8	20	
7	总磷	0.5	0.5	
8	动植物油	1	1	
单位产品基准排水量/（m^3/t）		400		排水量计量位置与污染物排放监控位置相同

4.5 水污染物排放浓度限值适用于单位产品实际排水量不高于单位产品基准排水量的情况。若单位产品实际排水量超过单位产品基准排水量，须按式（1）将实测水污染物浓度换算为水污染物基准排水量排放浓度，并以水污染物基准水量排放浓度作为判定排放是否达标的依据。产品产量和排水量统计周期为一个工作日。

在企业的生产设施同时生产两种以上产品、可适用不同排放控制要求或不同行业国家污染物排放标准，且生产设施产生的污水混合处理排放的情况下，应执行排放标准中规定的最严格的浓度限值，并按式（1）换算水污染物基准排水量排放浓度。

$$\rho_{基} = \frac{Q_{总}}{\sum Y_i \cdot Q_{i基}} \times \rho_{实} \tag{1}$$

式中：$\rho_{基}$——水污染物基准排水量排放浓度，mg/L；

$Q_{总}$——排水总量，m^3；

Y_i——某种产品产量，t；

$Q_{i基}$——某种产品的单位产品基准排水量，m^3/t；

$\rho_{实}$——实测水污染物排放浓度，mg/L。

若$Q_{总}$与$\sum Y_i \cdot Q_{i基}$的比值小于1，则以水污染物实测浓度作为判定排放是否达标的依据。

5 污染物监测要求

5.1 对企业排放废水的采样，应根据监测污染物的种类，在规定的污染物排放监控位置进行，有废水处理设施的，应在处理设施后监控。企业应按照国家有关污染源监测技术规范的要求设置采样口，在污染物排放监控位置应设置排污口标志。

5.2 新建企业和现有企业安装污染物排放自动监控设备的要求，按有关法律和《污染源自动监控管理办法》的规定执行。

5.3 对企业污染物排放情况进行监测的频次、采样时间等要求，按国家有关污染源监测技术规范的规定执行。

5.4 企业产品产量的核定，以法定报表为依据。

5.5 企业应按照有关法律和《环境监测管理办法》的规定，对排污状况进行监测，并保存原始监测记录。

5.6 对企业排放水污染物浓度的测定采用表4所列的方法标准。

表4 水污染物浓度测定方法标准

序号	污染物项目	方法标准名称	方法标准编号
1	pH值	水质 pH值的测定 玻璃电极法	GB/T 6920—86
2	化学需氧量	水质 化学需氧量的测定 重铬酸盐法	GB/T 11914—89
3	五日生化需氧量	水质 五日生化需氧量（BOD_5）的测定 稀释与接种法	HJ 505—2009
4	悬浮物	水质 悬浮物的测定 重量法	GB/T 11901—89
5	氨氮	水质 氨氮的测定 纳氏试剂分光光度法	HJ 535—2009
		水质 氨氮的测定 水杨酸分光光度法	HJ 536—2009
		水质 氨氮的测定 蒸馏-中和滴定法	HJ 537—2009
		水质 氨氮的测定 气相分子吸收光谱法	HJ/T 195—2005
6	总氮	水质 总氮的测定 碱性过硫酸钾消解紫外分光光度法	HJ 636—2012
		水质 总氮的测定 气相分子吸收光谱法	HJ/T 199—2005
7	总磷	水质 总磷的测定 钼酸铵分光光度法	GB/T 11893—89
8	动植物油	水质 石油类和动植物油的测定 红外分光光度法	HJ 637—2012

6 实施与监督

6.1 本标准由县级及以上人民政府环境保护行政主管部门负责监督实施。

6.2 在任何情况下，企业均应遵守本标准的污染物排放控制要求，采取必要措施保证污染防治设施正常运行。各级环保部门在对设施进行监督性检查时，可以现场即时采样或监测的结果，作为判定排污行为是否符合排放标准以及实施相关环境保护管理措施的依据。在发现企业耗水或排水量有异常变化的情况下，应核定企业的实际产品产量和排水量，按本标准的规定，换算水污染物基准水量排放浓度。

中华人民共和国国家标准

毛纺工业水污染物排放标准

Discharge standards of water pollutants for woolen textile industry

GB 28937—2012

前　言

为贯彻《中华人民共和国环境保护法》《中华人民共和国水污染防治法》《中华人民共和国海洋环境保护法》《国务院关于加强环境保护重点工作的意见》等法律、法规和《国务院关于编制全国主体功能区规划的意见》，保护环境，防治污染，促进毛纺生产工艺和污染治理技术的进步，制定本标准。

本标准规定了毛纺工业企业生产过程中洗毛水污染物排放限值、监测和监控要求。为促进地区经济与环境协调发展，推动经济结构的调整和经济增长方式的转变，引导毛纺工业生产工艺和污染治理技术的发展方向，本标准规定了水污染物特别排放限值。

本标准中的污染物排放浓度均为质量浓度。

毛纺工业企业排放大气污染物（含恶臭污染物）、环境噪声适用相应的国家污染物排放标准，产生固体废物的鉴别、处理和处置适用国家固体废物污染控制标准。

本标准为首次发布。

本标准自实施之日起，毛纺工业企业洗毛水污染物排放控制按本标准规定执行，不再执行《污水综合排放标准》（GB 8978—1996），毛纺工业企业染整废水执行《纺织染整工业水污染物排放标准》（GB 4287—2012）。

地方省级人民政府对本标准未作规定的污染物项目，可以制定地方污染物排放标准；对本标准已作规定的污染物项目，可以制定严于本标准的地方污染物排放标准。

本标准由环境保护部科技标准司组织制订。

本标准主要起草单位：中国轻工业清洁生产中心、江苏阳光股份有限公司、环境保护部环境标准研究所。

本标准环境保护部 2012 年 9 月 11 日批准。

本标准自 2013 年 1 月 1 日起实施。

本标准由环境保护部解释。

1　适用范围

本标准规定了毛纺企业和拥有毛纺设施的企业的洗毛水污染物的排放限值、监测和监控要求，以及标准的实施与监督等相关规定。

本标准适用于现有毛纺企业的洗毛水污染物排放管理。

本标准适用于毛纺企业建设项目的环境影响评价、环境保护设施设计、竣工环境保护验收及其投产后的水污染物排放管理。

本标准适用于法律允许的水污染物排放行为。新设立污染源的选址和特殊保护区域内现有污染源的管理，按照《中华人民共和国水污染防治法》《中华人民共和国海洋环境保护法》《中华人民共和国环境影响评价法》等法律、法规、规章的相关规定执行。

本标准不适用于毛纺企业染整废水的排放控制。

本标准规定的水污染物排放控制要求适用于企业直接或间接向其法定边界外排放水污染物的行为。

2 规范性引用文件

本标准引用了下列文件或其中的条款。

GB/T 6920—86 水质 pH 值的测定 玻璃电极法

GB/T 11893—89 水质 总磷的测定 钼酸铵分光光度法

GB/T 11901—89 水质 悬浮物的测定 重量法

GB/T 11914—89 水质 化学需氧量的测定 重铬酸盐法

HJ/T 195—2005 水质 氨氮的测定 气相分子吸收光谱法

HJ/T 199—2005 水质 总氮的测定 气相分子吸收光谱法

HJ 505—2009 水质 五日生化需氧量（BOD_5）的测定 稀释与接种法

HJ 535—2009 水质 氨氮的测定 纳氏试剂分光光度法

HJ 536—2009 水质 氨氮的测定 水杨酸分光光度法

HJ 537—2009 水质 氨氮的测定 蒸馏-中和滴定法

HJ 636—2012 水质 总氮的测定 碱性过硫酸钾消解紫外分光光度法

HJ 637—2012 水质 石油类和动植物油的测定 红外分光光度法

《污染源自动监控管理办法》（国家环境保护总局令 第 28 号）

《环境监测管理办法》（国家环境保护总局令 第 39 号）

3 术语和定义

下列术语和定义适用于本标准。

3.1 毛纺企业 woolen textile facility

毛纺企业是指以羊毛纤维或其他动物毛纤维为主要原料，进行洗毛、梳条、染色、纺纱、织造、染整的生产企业。

3.2 洗毛废水 wool scouring wastewater

毛纺企业在洗毛过程中所产生的工业废水。

3.3 现有企业 existing facility

指本标准实施之日前，已建成投产或环境影响评价文件已通过审批的毛纺生产企业及生产设施。

3.4 新建企业 new facility

指本标准实施之日起，环境影响评价文件通过审批的新建、改建和扩建的毛纺生产设施建设项目。

3.5 排水量 effluent volume

指生产设施或企业向企业法定边界以外排放的废水的量，包括与生产有直接或间接关系的各种外排废水（含厂区生活污水、冷却废水、厂区锅炉和电站排水等）。

3.6 单位产品基准排水量 benchmark effluent volume per unit product

指用于核定水污染物排放浓度而规定的生产单位洗净毛、羊毛毛条和其他动物毛条的废水排放量上限值。

3.7 公共污水处理系统 public wastewater treatment system

指通过纳污管道等方式收集废水，为两家以上排污单位提供废水处理服务并且排水能够达到相关排放标准要求的企业或机构，包括各种规模和类型的城镇污水处理厂、区域（包括各类工业园区、开发区、工业聚集地等）废水处理厂等，其废水处理程度应达到二级或二级以上。

3.8 直接排放 direct discharge

指排污单位直接向环境排放水污染物的行为。

3.9 间接排放 indirect discharge

指排污单位向公共污水处理系统排放水污染物的行为。

4 污染物排放控制要求

4.1 自 2013 年 1 月 1 日起至 2014 年 12 月 31 日止，现有企业执行表 1 规定的水污染物排放限值。

表 1 现有企业水污染物排放浓度限值及单位产品基准排水量

单位：mg/L（pH 值除外）

序号	污染物项目	限值		污染物排放监控位置
		直接排放	间接排放	
1	pH 值	6～9	6～9	企业废水总排放口
2	悬浮物	70	100	
3	化学需氧量（COD_{Cr}）	120	200	
4	五日生化需氧量	30	50	
5	总磷	1.0	1.5	
6	总氮	25	40	企业废水总排放口
7	氨氮	15	25	
8	动植物油	15	15	
单位产品基准排水量/（m^3/t）		30		排水量计量位置与污染物排放监控位置相同

4.2 自 2015 年 1 月 1 日起，现有企业执行表 2 规定的水污染物排放限值。

4.3 自 2013 年 1 月 1 日起，新建企业执行表 2 规定的水污染物排放限值。

4.4 根据环境保护工作的要求，在国土开发密度已经较高、环境承载能力开始减弱，或环境容量较小、生态环境脆弱，容易发生严重环境污染问题而需要采取特别保护措施的地区，应严格控制企业的污染物排放行为，在上述地区的企业执行表 3 规定的水污染物特别排放限值。

执行水污染物特别排放限值的地域范围、时间，由国务院环境保护行政主管部门或省级人民政府规定。

表 2 新建企业水污染物排放浓度限值及单位产品基准排水量

单位：mg/L（pH 值除外）

序号	污染物项目	限值		污染物排放监控位置
		直接排放	间接排放	
1	pH 值	6～9	6～9	企业废水总排放口
2	悬浮物	60	100	
3	化学需氧量（COD_{Cr}）	80	200	
4	五日生化需氧量	20	50	
5	总磷	0.5	1.5	
6	总氮	20	40	
7	氨氮	10	25	
8	动植物油	10	10	
单位产品基准排水量/（m^3/t）		20		排水量计量位置与污染物排放监控位置相同

表 3 水污染物特别排放限值

单位：mg/L（pH 值除外）

序号	污染物项目	排放限值		污染物排放监控位置
		直接排放	间接排放	
1	pH 值	6～9	6～9	企业废水总排放口
2	悬浮物	20	60	
3	化学需氧量（COD_{Cr}）	60	80	
4	五日生化需氧量	15	20	
5	总磷	0.5	0.5	
6	总氮	15	20	
7	氨氮	8	10	
8	动植物油	3	3	
单位产品基准排水量/（m^3/t）		15		排水量计量位置与污染物排放监控位置相同

4.5 水污染物排放浓度限值适用于单位产品实际排水量不高于单位产品基准排水量的情况。若单位产品实际排水量超过单位产品基准排水量，须按式（1）将实测水污染物浓度换算为水污染物基准排水量排放浓度，并以水污染物基准排水量排放浓度作为判定排放是否达标的依据。产品产量和排水量统计周期为一个工作日。

在企业的生产设施同时生产两种以上产品、可适用不同排放控制要求或不同行业国家污染物排放标准，且生产设施产生的污水混合处理排放的情况下，应执行排放标准中规定的最严格的浓度限值，并按式（1）换算水污染物基准排水量排放浓度。

$$\rho_{基}=\frac{Q_{总}}{\sum Y_i \cdot Q_{i基}}\times \rho_{实} \tag{1}$$

式中：$\rho_{基}$——水污染物基准排水量排放浓度，mg/L；

$Q_{总}$——排水总量，m^3；

Y_i——第 i 种产品产量，t；

$Q_{i基}$——第 i 种产品的单位产品基准排水量，m^3/t；

$\rho_{实}$——实测水污染物排放浓度，mg/L。

若$Q_{总}$与$\sum Y_i \cdot Q_{i基}$的比值小于 1，则以水污染物实测浓度作为判定排放是否达标的依据。

5 污染物监测要求

5.1 对企业排放废水的采样，应根据监测污染物的种类，在规定的污染物排放监控位置进行，有废水处理设施的，应在处理设施后监控。企业应按照国家有关污染源监测技术规范的要求设置采样口，在污染物排放监控位置应设置排污口标志。

5.2 新建企业和现有企业安装污染物排放自动监控设备的要求，按有关法律和《污染源自动监控管理办法》的规定执行。

5.3 对企业污染物排放情况进行监测的频次、采样时间等要求，按国家有关污染源监测技术规范的规定执行。

5.4 企业产品产量的核定，以法定报表为依据。

5.5 企业应按照有关法律和《环境监测管理办法》的规定，对排污状况进行监测，并保存原始监测记录。

5.6 对企业排放水污染物浓度的测定采用表 4 所列的方法标准。

表 4 水污染物浓度测定方法标准

序号	污染物项目	方法标准名称	方法标准编号
1	pH 值	水质 pH 值的测定 玻璃电极法	GB/T 6920—86
2	悬浮物	水质 悬浮物的测定 重量法	GB/T 11901—89
3	化学需氧量	水质 化学需氧量的测定 重铬酸盐法	GB/T 11914—89
4	五日生化需氧量	水质 五日生化需氧量（BOD_5）的测定 稀释与接种法	HJ 505—2009
5	总磷	水质 总磷的测定 钼酸铵分光光度法	GB/T 11893—89
6	总氮	水质 总氮的测定 碱性过硫酸钾消解紫外分光光度法	HJ 636—2012
		水质 总氮的测定 气相分子吸收光谱法	HJ/T 199—2005
7	氨氮	水质 氨氮的测定 气相分子吸收光谱法	HJ/T 195—2005
		水质 氨氮的测定 纳氏试剂分光光度法	HJ 535—2009
		水质 氨氮的测定 水杨酸分光光度法	HJ 536—2009
		水质 氨氮的测定 蒸馏-中和滴定法	HJ 537—2009
8	动植物油	水质 石油类和动植物油的测定 红外分光光度法	HJ 637—2012

6 实施与监督

6.1 本标准由县级以上人民政府环境保护行政主管部门负责监督实施。

6.2 在任何情况下，企业均应遵守本标准的污染物排放控制要求，采取必要措施保证污染防治设施正常运行。各级环保部门在对设施进行监督性检查时，可以现场即时采样或监测结果，作为判定排污行为是否符合排放标准及实施相关环境保护管理措施的依据。在发现企业耗水或排水量有异常变化的情况下，应核定企业的实际产品产量和排水量，按本标准的规定，换算水污染物基准排水量排放浓度。

中华人民共和国国家标准

麻纺工业水污染物排放标准

Discharge standards of water pollutants for bast and leaf fibres textile industry

GB 28938—2012

前 言

为贯彻《中华人民共和国环境保护法》《中华人民共和国水污染防治法》《中华人民共和国海洋环境保护法》《国务院关于加强环境保护重点工作的意见》等法律、法规和《国务院关于编制全国主体功能区规划的意见》，保护环境，防治污染，促进麻纺生产工艺和污染治理技术的进步，制定本标准。

本标准规定了麻纺工业企业生产过程中水污染物排放限值、监测和监控要求。为促进区域经济与环境协调发展，推动经济结构的调整和经济增长方式的转变，引导麻纺工业生产工艺和污染治理技术的发展方向，本标准规定了水污染物特别排放限值。

本标准中的污染物排放浓度均为质量浓度。

麻纺工业企业排放大气污染物（含恶臭污染物）、环境噪声适用相应的国家污染物排放标准，产生固体废物的鉴别、处理和处置适用国家固体废物污染控制标准。

本标准为首次发布。

本标准自实施之日起，麻纺工业企业脱胶水污染物排放控制按本标准的规定执行，不再执行《污水综合排放标准》（GB 8978—1996），麻纺工业企业染整废水执行《纺织染整工业水污染物排放标准》（GB 4287—2012）。

地方省级人民政府对本标准未作规定的污染物项目，可以制定地方污染物排放标准；对本标准已作规定的污染物项目，可以制定严于本标准的地方污染物排放标准。

本标准由环境保护部科技标准司组织制订。

本标准主要起草单位：中国轻工业清洁生产中心、环境保护部环境标准研究所、湖南省沅江市明星麻业有限公司。

本标准环境保护部 2012 年 9 月 11 日批准。

本标准自 2013 年 1 月 1 日起实施。

本标准由环境保护部解释。

1 适用范围

本标准规定了麻纺企业和拥有麻纺设施的企业的脱胶水污染物的排放限值、监测和监控要求，以及标准的实施与监督等相关规定。

本标准适用于现有麻纺企业和拥有麻纺设施的企业（包括亚麻温水沤麻企业或场所）的水污染物排放管理。

本标准适用于对麻纺企业建设项目的环境影响评价、环境保护设施设计、竣工环境保护验收及其投产后的水污染物排放管理。

本标准适用于法律允许的水污染物排放行为。新设立污染源的选址和特殊保护区域内现有污染源的管理，按照《中华人民共和国水污染防治法》《中华人民共和国海洋环境保护法》《中华人民共和国环境影响评价法》等法律的相关规定执行。

本标准不适用于麻纺企业染整废水的排放控制。

本标准规定的水污染物排放控制要求适用于企业直接或间接向其法定边界外排放水污染物的行为。

2 规范性引用文件

本标准引用了下列文件或其中的条款。

GB/T 6920—86 水质 pH 值的测定 玻璃电极法

GB/T 11893—89 水质 总磷的测定 钼酸铵分光光度法

GB/T 11901—89 水质 悬浮物的测定 重量法

GB/T 11903—89 水质 色度的测定

GB/T 11914—89 水质 化学需氧量的测定 重铬酸盐法

GB/T 15959—1995 水质 可吸附有机卤素（AOX）的测定 微库仑法

HJ/T 195—2005 水质 氨氮的测定 气相分子吸收光谱法

HJ/T 199—2005 水质 总氮的测定 气相分子吸收光谱法

HJ 505—2009 水质 五日生化需氧量（BOD_5）的测定 稀释与接种法

HJ 535—2009 水质 氨氮的测定 纳氏试剂分光光度法

HJ 536—2009 水质 氨氮的测定 水杨酸分光光度法

HJ 537—2009 水质 氨氮的测定 蒸馏-中和滴定法

HJ 636—2012 水质 总氮的测定 碱性过硫酸钾消解紫外分光光度法

《污染源自动监控管理办法》（国家环境保护总局令 第 28 号）

《环境监测管理办法》（国家环境保护总局令 第 39 号）

3 术语和定义

下列术语和定义适用于本标准。

3.1 麻纺企业 bast and leaf fibres textile facility

指以苎麻、亚麻、红麻及黄麻、汉麻等纤维类农产品为主要原料进行脱胶和纺织加工的企业。

3.2 现有企业 existing facility

指本标准实施之日前，已建成投产或环境影响评价文件已通过审批的麻纺生产企业及生产设施。

3.3 新建企业 new facility

指本标准实施之日起，环境影响评价文件通过审批的新建、改建和扩建的麻纺生产设施建设项目。

3.4 排水量 effluent volume

指生产设施或企业向企业法定边界以外排放的废水的量，包括与生产有直接或间接关系的各种外排废水（含厂区生活污水、冷却废水、厂区锅炉和电站排水等）。

3.5 单位产品基准排水量 benchmark effluent volume per unit product

指用于核定水污染物排放浓度而规定的生产单位精干麻(纱)产品的废水排放量上限值。

3.6 公共污水处理系统 public wastewater treatment system

指通过纳污管道等方式收集废水，为两家以上排污单位提供废水处理服务并且排水能够达到相关排放标准要求的企业或机构，包括各种规模和类型的城镇污水处理厂、区域（包括各类工业园区、开发区、工业聚集地等）废水处理厂等，其废水处理程度应达到二级或二级以上。

3.7 直接排放 direct discharge

指排污单位直接向环境排放水污染物的行为。

3.8 间接排放 indirect discharge

指排污单位向公共污水处理系统排放水污染物的行为。

4 污染物排放控制要求

4.1 自 2013 年 1 月 1 日起至 2014 年 12 月 31 日止，现有企业执行表 1 规定的水污染物排放限值。

表 1 现有企业水污染物排放浓度限值及单位产品基准排水量

单位：mg/L（pH 值，色度除外）

序号	污染物项目	限值		污染物排放监控位置
		直接排放	间接排放	
1	pH 值	6～9	6～9	企业废水总排放口
2	色度（稀释倍数）	60	80	
3	悬浮物	70	100	
4	五日生化需氧量	45	70	
5	化学需氧量（COD_{Cr}）	150	250	
6	总磷	1.0	1.5	
7	总氮	20	30	
8	氨氮	15	25	
9	可吸附有机卤素（AOX）	12	12	
单位产品基准排水量[a]/（m^3/t）		500		排水量计量位置与污染物排放监控位置相同

[a] 苎麻厂单位产品为吨精干麻，亚麻和黄（红）麻厂单位产品为吨纱。

4.2 自 2015 年 1 月 1 日起，现有企业执行表 2 规定的水污染物排放限值。

4.3 自 2013 年 1 月 1 日起，新建企业执行表 2 规定的水污染物排放限值。

4.4 根据环境保护工作的要求，在国土开发密度已经较高、环境承载能力开始减弱，或环境容量较小、生态环境脆弱，容易发生严重环境污染问题而需要采取特别保护措施的地区，应严格控制企业的污染物排放行为，在上述地区的企业执行表 3 规定的水污染物特别排放限值。

执行水污染物特别排放限值的地域范围、时间，由国务院环境保护行政主管部门或省级人民政府规定。

表 2　新建企业水污染物排放浓度限值及单位产品基准排水量

单位：mg/L（pH 值，色度除外）

序号	污染物项目	限值		污染物排放监控位置
		直接排放	间接排放	
1	pH 值	6～9	6～9	企业废水总排放口
2	色度（稀释倍数）	50	80	
3	悬浮物	50	100	
4	五日生化需氧量	30	70	
5	化学需氧量（COD_{Cr}）	100	250	
6	总磷	0.5	1.5	
7	总氮	15	30	
8	氨氮	10	25	
9	可吸附有机卤素（AOX）	10	10	
单位产品基准排水量[a]/（m^3/t）		400		排水量计量位置与污染物排放监控位置相同

[a] 苎麻厂单位产品为吨精干麻，亚麻和黄（红）麻厂单位产品为吨纱。

表 3　水污染物特别排放限值

单位：mg/L（pH 值，色度除外）

序号	污染物项目	限值		污染物排放监控位置
		直接排放	间接排放	
1	pH 值	6～9	6～9	企业废水总排放口
2	色度（稀释倍数）	30	50	
3	悬浮物	20	50	
4	五日生化需氧量	20	30	
5	化学需氧量（COD_{Cr}）	60	100	
6	总磷	0.5	0.5	
7	总氮	10	15	
8	氨氮	5	10	
9	可吸附有机卤素（AOX）	8	8	
单位产品基准排水量[a]/（m^3/t）		300		排水量计量位置与污染物排放监控位置相同

[a] 苎麻厂单位产品为吨精干麻，亚麻和黄（红）麻厂单位产品为吨纱。

4.5　水污染物排放浓度限值适用于单位产品实际排水量不高于单位产品基准排水量的情况。若单位产品实际排水量超过单位产品基准排水量，须按式（1）将实测水污染物浓度换算为水污染物基准排水量排放浓度，并以水污染物基准排水量排放浓度作为判定排放是否达标的依据。产品产量和排水量统计周期为一个工作日。

在企业的生产设施同时生产两种以上产品、可适用不同排放控制要求或不同行业国家污染物排放标准，且生产设施产生的污水混合处理排放的情况下，应执行排放标准中规定的最严格的浓度限值，并按式（1）换算水污染物基准排水量排放浓度。

$$\rho_{基}=\frac{Q_{总}}{\sum Y_i \cdot Q_{i基}}\times \rho_{实} \tag{1}$$

式中：$\rho_{基}$——水污染物基准排水量排放浓度，mg/L；

$Q_{总}$——排水总量，m^3；

Y_i——第 i 种产品产量，t；

$Q_{i基}$——第 i 种产品的单位产品基准排水量，m^3/t；

$\rho_{实}$——实测水污染物浓度，mg/L。

若 $Q_{总}$ 与 $\sum Y_i \cdot Q_{i基}$ 的比值小于 1，则以水污染物实测浓度作为判定排放是否达标的依据。

5 污染物监测要求

5.1 对企业排放废水的采样，应根据监测污染物的种类，在规定的污染物排放监控位置进行，有废水处理设施的，应在处理设施后监控。企业应按照国家有关污染源监测技术规范的要求设置采样口，在污染物排放监控位置应设置排污口标志。

5.2 新建企业和现有企业安装污染物排放自动监控设备的要求，按有关法律和《污染源自动监控管理办法》的规定执行。

5.3 对企业污染物排放情况进行监测的频次、采样时间等要求，按国家有关污染源监测技术规范的规定执行。

5.4 企业产品产量的核定，以法定报表为依据。

5.5 企业应按照有关法律和《环境监测管理办法》的规定，对排污状况进行监测，并保存原始监测记录。

5.6 对企业排放水污染物浓度的测定采用表 4 所列的方法标准。

表 4 水污染物浓度测定方法标准

序号	污染物项目	方法标准名称	方法标准编号
1	pH 值	水质 pH 值的测定 玻璃电极法	GB/T 6920—86
2	化学需氧量	水质 化学需氧量的测定 重铬酸盐法	GB/T 11914—89
3	五日生化需氧量	水质 五日生化需氧量（BOD_5）的测定 稀释与接种法	HJ 505—2009
4	悬浮物	水质 悬浮物的测定 重量法	GB/T 11901—89
5	色度	水质 色度的测定	GB/T 11903—89
6	氨氮	水质 氨氮的测定 气相分子吸收光谱法	HJ/T 195—2005
		水质 氨氮的测定 纳氏试剂分光光度法	HJ 535—2009
		水质 氨氮的测定 水杨酸分光光度法	HJ 536—2009
		水质 氨氮的测定 蒸馏-中和滴定法	HJ 537—2009
7	总磷	水质 总磷的测定 钼酸铵分光光度法	GB/T 11893—89
8	总氮	水质 总氮的测定 碱性过硫酸钾消解紫外分光光度法	HJ 636—2012
		水质 总氮的测定 气相分子吸收光谱法	HJ/T 199—2005
9	可吸附有机卤素	水质 可吸附有机卤素（AOX）的测定 微库仑法	GB/T 15959—1995

6 实施与监督

6.1 本标准由县级以上人民政府环境保护行政主管部门负责监督实施。

6.2 在任何情况下，企业均应遵守本标准的污染物排放控制要求，采取必要措施保证污染防治设施正常运行。各级环保部门在对设施进行监督性检查时，可以现场即时采样或监测的结果，作为判定排污行为是否符合排放标准以及实施相关环境保护管理措施的依据。在发现企业耗水或排水量有异常变化的情况下，应核定企业的实际产品产量和排水量，按本标准的规定，换算水污染物基准排水量排放浓度。

中华人民共和国国家标准

制革及毛皮加工工业水污染物排放标准

Discharge standard of water pollutants for leather and fur making industry

GB 30486—2013

前　言

为贯彻《中华人民共和国环境保护法》《中华人民共和国水污染防治法》《中华人民共和国海洋环境保护法》等法律、法规，保护环境，防治污染，促进制革及毛皮加工企业生产工艺和污染治理技术的进步，制定本标准。

本标准规定了制革及毛皮加工企业水污染物排放限值、监测和监控要求，对重点区域规定了水污染物特别排放限值。制革及毛皮加工企业排放大气污染物（含恶臭污染物）、环境噪声适用相应的国家污染物排放标准，产生固体废物的鉴别、处理和处置适用国家固体废物污染控制标准。

本标准为首次发布。

制革及毛皮加工企业新建企业自2014年3月1日起，现有企业自2014年7月1日起，其水污染物排放控制按本标准的规定执行，不再执行《污水综合排放标准》（GB 8978—1996）中的相关规定。

本标准是制革工业水污染物排放控制的基本要求。地方省级人民政府对本标准未作规定的污染物项目，可以制定地方污染物排放标准；对本标准已作规定的污染物项目，可以制定严于本标准的地方污染物排放标准。环境影响评价文件要求严于本标准或地方标准时，按照批复的环境影响评价文件执行。

本标准由环境保护部科技标准司组织制订。

本标准主要起草单位：中国皮革协会、中国轻工业清洁生产中心、环境保护部环境标准研究所。

本标准环境保护部2013年12月16日批准。

本标准自2014年3月1日起实施。

本标准由环境保护部解释。

1　适用范围

本标准规定了制革及毛皮加工企业水污染物排放限值、监测和监控要求，以及标准的实施与监督等相关规定。

本标准适用于现有制革及毛皮加工企业的水污染物排放管理。

本标准适用于对制革及毛皮加工企业建设项目的环境影响评价、环境保护设施设计、竣工环境保护验收及其投产后的水污染物排放管理。

本标准适用于法律允许的水污染物排放行为；新设立污染源的选址和特殊保护区域内现有污染源的管理，按照《中华人民共和国水污染防治法》《中华人民共和国海洋环境保护法》《中华人民共和国环境影响评价法》等法律、法规和规章的相关规定执行。

本标准规定的水污染物排放控制要求适用于企业直接或间接向其法定边界外排放水污染物的行为。

2 规范性引用文件

本标准引用了下列文件或其中的条款。凡是未注明日期的引用文件，其最新版本适用于本标准。

GB/T 6920 水质 pH 值的测定 玻璃电极法
GB/T 7466 水质 总铬的测定 分光光度法
GB/T 7467 水质 六价铬的测定 二苯碳酰二肼分光光度法
GB/T 11893 水质 总磷的测定 钼酸铵分光光度法
GB/T 11901 水质 悬浮物的测定 重量法
GB/T 11903 水质 色度的测定 稀释倍数法
GB/T 11914 水质 化学需氧量的测定 重铬酸盐法
GB/T 16489 水质 硫化物的测定 亚甲基蓝分光光度法
HJ/T 60 水质 硫化物的测定 碘量法
HJ/T 84 水质 无机阴离子的测定 离子色谱法
HJ/T 132 高氯废水 化学需氧量的测定 碘化钾碱性高锰酸钾法
HJ/T 195 水质 氨氮的测定 气相分子吸收光谱法
HJ/T 199 水质 总氮的测定 气相分子吸收光谱法
HJ 505 水质 五日生化需氧量（BOD_5）的测定 稀释与接种法
HJ 535 水质 氨氮的测定 纳氏试剂分光光度法
HJ 536 水质 氨氮的测定 水杨酸分光光度法
HJ 537 水质 氨氮的测定 蒸馏-中和滴定法
HJ 636 水质 总氮的测定 碱性过硫酸钾消解紫外分光光度法
HJ 637 水质 石油类和动植物油类的测定 红外分光光度法
《污染源自动监控管理办法》（国家环境保护总局令 第 28 号）
《环境监测管理办法》（国家环境保护总局令 第 39 号）

3 术语和定义

下列术语和定义适用于本标准。

3.1 原料皮 hides and skins

指制革企业或毛皮加工企业加工皮革或毛皮所用的最初状态的皮料，包括成品革或成品毛皮之前的所有阶段的产品，如生皮、蓝湿皮、坯革等。

3.2 制革 leather making

把从猪、牛、羊等动物体上剥下来的皮（即生皮），进行系统的化学和物理处理，制作成适合各种用途的半成品革或成品革的过程。从半成品革经过整饰加工成成品革也属于制革的范畴。

3.3 毛皮加工 fur dressing and dyeing

把从毛皮动物体上剥下的皮（包括毛被和皮板），通过系统的化学和物理处理，制作成带毛的加工品的过程。

3.4 制革企业 tannery

以生皮或半成品革（包括蓝湿革和坯革）为原料进行制革的企业。

3.5 毛皮加工企业 fur dressing and dyeing plants

以羊皮、狐狸皮、水貂皮等生毛皮为原料生产成品毛皮或剪绒毛皮的企业。

3.6 现有企业 existing facility

指本标准实施之日前，已建成投产或环境影响评价文件已通过审批的制革和毛皮加工企业及生产设施。

3.7 新建企业 new facility

指本标准实施之日起，环境影响评价文件通过审批的新建、改建和扩建的制革和毛皮加工生产建设项目。

3.8 排水量

指生产设施或企业向企业法定边界以外排放的废水的量。包括与生产有直接或间接关系的各种外排废水（含厂区生活污水、冷却水、厂区锅炉和电站排水等）。

3.9 单位产品基准排水量 reference water discharge volume for per unit product

指用于核定水污染物排放质量浓度而规定的加工单位原料皮的废水排放量上限值。

3.10 公共污水处理系统

指通过纳污管道等方式收集废水，为两家以上排污单位提供废水处理服务并且排水能够达到相关排放标准要求的企业或机构，包括各种规模和类型的城镇污水处理厂、区域（包括各类工业园区、开发区、工业聚集地等）废水处理厂等，其废水处理程度应达到《城镇污水处理厂污染物排放标准》二级或二级以上。

3.11 直接排放 direct discharge

指排污单位直接向环境排放水污染物的行为。

3.12 间接排放 indirect discharge

指排污单位向公共污水处理系统排放水污染物的行为。

4 水污染物排放控制要求

4.1 自2014年7月1日起至2015年12月31日止，现有企业执行表1规定的水污染物排放限值。

4.2 自2016年1月1日起，现有企业执行表2规定的水污染物排放限值。

4.3 自2014年3月1日起，新建企业执行表2规定的水污染物排放限值。

4.4 根据环境保护工作的要求，在国土开发密度已经较高、环境承载能力开始减弱，或环境容量较小、生态环境脆弱，容易发生严重环境污染问题而需要采取特别保护措施的地区，应严格控制企业的污染物排放行为，排水到上述地区的企业执行表3规定的水污染物特别排放限值。

表1　现有企业水污染物排放质量浓度限值及单位产品基准排水量

单位：mg/L（pH、色度除外）

序号	污染物项目	直接排放限值		间接排放限值	污染物排放监控位置
		制革企业	毛皮加工企业		
1	pH 值	6～9	6～9	6～9	企业废水总排放口
2	色度	50	50	100	
3	悬浮物	80	80	120	
4	五日生化需氧量（BOD_5）	40	40	80	
5	化学需氧量（COD_{Cr}）	150	150	300	
6	动植物油	15	15	30	
7	硫化物	1	0.5	1.0	
8	氨氮	35	25	70	
9	总氮	70	50	140	
10	总磷	2	2	4	
11	氯离子	3 000	4 000	4 000	
12	总铬	1.5			车间或生产设施废水排放口
13	六价铬	0.2			
单位产品基准排水量（以原料皮计）/（m^3/t）		65	80	注 1	排水量计量位置与污染物排放监控位置相同

注 1：制革企业和毛皮加工企业的单位产品基准排水量的间接排放限值与各自的直接排放限值相同。

表2　新建企业水污染物排放质量浓度限值及单位产品基准排水量

单位：mg/L（pH、色度除外）

序号	污染物名称	直接排放限值		间接排放限值	污染物排放监控位置
		制革企业	毛皮加工企业		
1	pH 值	6～9	6～9	6～9	企业废水总排放口
2	色度	30	30	100	
3	悬浮物	50	50	120	
4	五日生化需氧量（BOD_5）	30	30	80	
5	化学需氧量（COD_{Cr}）	100	100	300	
6	动植物油	10	10	30	
7	硫化物	0.5	0.5	1.0	
8	氨氮	25	15	70	企业废水总排放口
9	总氮	50	30	140	
10	总磷	1	1	4	
11	氯离子	3 000	4 000	4 000	
12	总铬	1.5			车间或生产设施废水排放口
13	六价铬	0.1			
单位产品基准排水量（以原料皮计）/（m^3/t）		55	70	注 1	排水量计量位置与污染物排放监控位置相同

注 1：制革企业和毛皮加工企业的单位产品基准排水量的间接排放限值与各自的直接排放限值相同。

执行水污染物特别排放限值的地域范围、时间，由国务院环境保护行政主管部门或省级人民政府规定。

表 3　水污染物特别排放限值及单位产品基准排水量

单位：mg/L（pH、色度除外）

序号	污染物名称	排放限值		污染物排放监控位置
		直接排放	间接排放	
1	pH 值	6～9	6～9	企业废水总排放口
2	色度	20	30	
3	悬浮物	10	50	
4	五日生化需氧量（BOD_5）	20	30	
5	化学需氧量（COD_{Cr}）	60	100	
6	动植物油	5	10	
7	硫化物	0.2	0.5	
8	氨氮	15	25	
9	总氮	20	40	
10	总磷	0.5	1	
11	氯离子	1 000	1 000	
12	总铬	0.5		车间或生产设施废水排放口
13	六价铬	0.05		
单位产品基准排水量（以原料皮计）/（m^3/t）		40		排水量计量位置与污染物排放监控位置相同

4.5　水污染物排放浓度限值适用于单位产品实际排水量不高于单位产品基准排水量的情况。若单位产品实际排水量超过单位产品基准排水量，须按式（1）将实测水污染物浓度换算为水污染物基准排水量排放浓度，并以水污染物基准排水量排放浓度作为判定排放是否达标的依据。产品产量和排水量统计周期为一个工作日。

在企业的生产设施同时生产两种以上产品、可适用不同排放控制要求或不同行业国家污染物排放标准，且生产设施产生的污水混合处理排放的情况下，应执行排放标准中规定的最严格的质量浓度限值，并按式（1）换算水污染物基准排水量排放质量浓度。

$$\rho_{基} = \frac{Q_{总}}{\sum Y_i \cdot Q_{i基}} \cdot \rho_{实} \tag{1}$$

式中：$\rho_{基}$——水污染物基准水量排放质量浓度，mg/L；

$Q_{总}$——排水总量，m^3；

Y_i——产品产量，t；

$Q_{i基}$——单位产品基准排水量（以原料皮计），m^3/t；

$\rho_{实}$——实测水污染物质量浓度，mg/L。

若 $Q_{总}$与$\sum Y_i \cdot Q_{i基}$ 的比值小于等于 1，则以水污染物实测质量浓度作为判定排放是否达标的依据。

5　水污染物监测要求

5.1　企业应按照有关法律和《环境监测管理办法》等规定，建立企业监测制度，制订监测方案，对污染物排放状况开展自行监测，保存原始监测记录，并公布监测结果。

5.2　新建企业和现有企业安装污染物排放自动监控设备的要求，按有关法律和《污染源自动监控管理办法》的规定执行。

5.3　企业应按照环境监测管理规定和技术规范的要求，设计、建设、维护永久性采样口、采样测试平台和排污口标志。

5.4　应根据污染物的种类，在规定的污染物排放监控位置开展监测，有废水处理设施的，应在处理设施后监测。

5.5　企业产品产量的核定，以法定报表为依据。

5.6　对企业排放水污染物浓度的测定采用表 4 所列的方法标准。

表 4　水污染物浓度测定方法标准

序号	污染物项目	方法标准名称	方法标准编号
1	pH 值	水质　pH 值的测定　玻璃电极法	GB/T 6920
2	色度	水质　色度的测定　稀释倍数法	GB/T 11903
3	悬浮物	水质　悬浮物的测定　重量法	GB/T 11901
4	五日生化需氧量（BOD_5）	水质　五日生化需氧量（BOD_5）的测定　稀释与接种法	HJ 505
5	化学需氧量（COD_{Cr}）	水质　化学需氧量的测定　重铬酸盐法	GB/T 11914
		高氯废水　化学需氧量的测定　碘化钾碱性高锰酸钾法	HJ/T 132
6	动植物油	水质　石油类和动植物油类的测定　红外分光光度法	HJ 637
7	硫化物	水质　硫化物的测定　亚甲基蓝分光光度法	GB/T 16489
		水质　硫化物的测定　碘量法	HJ/T 60
8	氨氮	水质　氨氮的测定　气相分子吸收光谱法	HJ/T 195
		水质　氨氮的测定　纳氏试剂分光光度法	HJ 535
		水质　氨氮的测定　水杨酸分光光度法	HJ 536
		水质　氨氮的测定　蒸馏-中和滴定法	HJ 537
9	总氮	水质　总氮的测定　碱性过硫酸钾消解紫外分光光度法	HJ 636
		水质　总氮的测定　气相分子吸收光谱法	HJ/T 199
10	总磷	水质　总磷的测定　钼酸铵分光光度法	GB/T 11893
11	氯离子	水质　无机阴离子的测定　离子色谱法	HJ/T 84
12	总铬	水质　总铬的测定　分光光度法	GB/T 7466
13	六价铬	水质　六价铬的测定　二苯碳酰二肼分光光度法	GB/T 7467

6　实施与监督

6.1　本标准由县级以上人民政府环境保护行政主管部门负责监督实施。

6.2　在任何情况下，企业均应遵守本标准的污染物排放控制要求，采取必要措施保证污染防治设施正常运行。各级环保部门在对设施进行监督性检查时，可以现场即时采样或监测结果，作为判定排污行为是否符合排放标准及实施相关环境保护管理措施的依据。在发现设施耗水或排水量有异常变化的情况下，应核定企业的实际原料皮加工量和排水量，按本标准的规定，换算水污染物基准排水量排放质量浓度。

中华人民共和国国家标准

城市污水再生利用　分类

The reuse of urban recycling water — Classified standard

GB/T 18919—2002

前　言

为贯彻我国水污染防治和水资源开发利用的方针，提高城市污水利用效率,做好城市节约用水工作，合理利用水资源，实现城市污水资源化，减轻污水对环境的污染，促进城市建设和经济建设可持续发展，制定《城市污水再生利用》系列标准。

《城市污水再生利用》系列标准目前拟分为五项：

——《城市污水再生利用　分类》

——《城市污水再生利用　城市杂用水水质》

——《城市污水再生利用　景观环境用水水质》

——《城市污水再生利用　补充水源水质》

——《城市污水再生利用　工业用水水质》

本部分为第一项。

本标准为首次制定。

本标准的附录 A 为规范性附录。

本标准由中华人民共和国建设部提出。

本标准由建设部给水排水产品标准化技术委员会归口。

本标准由建设部标准定额研究所、上海沪标工程建设咨询公司、哈尔滨工业大学、建设部城市建设研究院、上海技源科技有限责任公司负责起草。

本标准主要起草人：黄金屏、周锡全、姜文源、王琳、吕士健、王超、张红彦、薛明。

1 范围

本标准规定了城市污水再生利用分类原则、类别和范围。

本标准适用于水资源利用的规划，城市污水再生利用工程设计和管理，并为制定城市污水再生利用各类水质标准提供依据。

2 规范性引用文件

下列文件中的条款通过本标准的引用而成为本标准的条款。凡是注日期的引用文件，其随后所有的修改单（不包括勘误的内容）或修订版均不适用于本标准，然而，鼓励根据本标准达成协议的各方研究是否可使用这些文件的最新版本。凡是不注日期的引用文件，其最新版本适用于本标准。

GB/T 4754—2002 国民经济行业分类与代码

3 术语和定义

本标准采用下列术语和定义。

3.1 城市污水

设市城市和建制镇排入城市污水系统的污水的统称。在河流制排水系统中，还包括生产废水和截流的雨水。

3.2 城市污水再生利用

以城市污水为再生水源，经再生工艺净化处理后，达到可用的水质标准，通过管道输送或现场使用方式予以利用的全过程。

4 城市污水再生利用分类

4.1 本标准按用途分类。

4.2 城市污水再生利用分类类别见表1。

表1 城市污水再生利用类别

序号	分类	范围	示例
1	农、林、牧、渔业用水	农田灌溉	种籽与育种、粮食与饲料作物、经济作物
		造林育苗	种籽、苗木、苗圃、观赏植物
		畜牧养殖	畜牧、家畜、家禽
		水产养殖	淡水养殖
2	城市杂用水	城市绿化	公共绿地、住宅小区绿化
		冲厕	厕所便器冲洗
		道路清扫	城市道路的冲洗及喷洒
		车辆冲洗	各种车辆冲洗
		建筑施工	施工场地清扫、浇洒、灰尘抑制、混凝土制备与养护、施工中的混凝土构件和建筑物冲洗
		消防	消火栓、消防水炮
3	工业用水	冷却用水	直流式、循环式
		洗涤用水	冲渣、冲灰、消烟除尘、清洗
		锅炉用水	中压、低压锅炉
		工艺用水	溶料、水浴、蒸煮、漂洗、水力开采、水力输送、增湿、稀释、搅拌、选矿、油田回注
		产品用水	浆料、化工制剂、涂料
4	环境用水	娱乐性景观环境用水	娱乐性景观河道、景观湖泊及水景
		观赏性景观环境用水	观赏性景观河道、景观湖泊及水景
		湿地环境用水	恢复自然湿地、营造人工湿地
5	补充水源水	补充地表水	河流、湖泊
		补充地下水	水源补给、防止海水入浸、防止地面沉降

4.3 城市污水再生利用分类类别与GB/T 4754—2002对照见附录A（规范性附录）。

附录 A（规范性附录）

本标准与《国民经济行业分类与代码》对照表

表 A.1

序号	本标准分类名称	《国民经济行业分类与代码》	
		大类	小类
1	农、林、牧、渔业用水	A	01～05
2	城镇杂用水	E N	47～50 80～81
3	工业用水	B～D	06～46
4	景观环境用水	N	79～80
5	补充水源水	—	—

参考文献

GB 1576—2001 工业锅炉水质

GB 3097—1997 海水水质标准

GB 3838—2002 地面水环境质量标准

GB 5084—1992 农田灌溉水质标准

GB 8978—1996 污水综合排放标准

GB 11607—1989 渔业水质标准

GB 12941—1991 景观娱乐用水水质标准

GB/T 14848—1993 地下水质量标准

CJ/T 3020—1993 生活饮用水水源水质标准

CJ/T 3025—1993 城市污水处理厂污泥排放标准

CJ/T 3070—1999 城市用水分类标准

CJ 3082—1999 污水排入城市下水道水质标准

《中国标准文献分类法》中国标准出版社（1989）

中华人民共和国国家标准

城市污水再生利用　城市杂用水水质

The reuse of urban recycling water —Water quality standard for urban miscellaneous water consumption

GB/T 18920—2002

前　言

为贯彻我国水污染防治和水资源开发方针，提高水利用率,做好城市节约用水工作，合理利用水资源，实现城市污水资源化，减轻污水对环境的污染，促进城市建设和经济建设可持续发展，制定《城市污水再生利用》系列标准。

《城市污水再生利用》系列标准目前拟分为五项：

——《城市污水再生利用　分类》

——《城市污水再生利用　城市杂用水水质》

——《城市污水再生利用　景观环境用水水质》

——《城市污水再生利用　补充水源水质》

——《城市污水再生利用　工业用水水质》

本标准为第二项。

本标准是在 CJ/T 48—1999《生活杂用水水质标准》基础上制定的。本标准主要变化如下：

（1）用水类别增加消防及建筑施工杂用水；

（2）水质项目增加溶解氧，删除了氯化物、总硬度、化学需氧量、悬浮物；

（3）水质类别由 2 个增加到 5 个；

（4）水质指标值进行了相应调整。

本标准自实施之日起，CJ/T 48—1999 同时废止。

本标准由中华人民共和国建设部提出。

本标准由建设部给水排水产品标准化技术委员会归口。

本标准由中国市政工程中南设计研究院负责起草。

本标准主要起草人：张怀宇、李树苑、杨文进、张小平、魏桂珍、张赐承。

1 范围

本标准规定了城市杂用水水质标准、采样及分析方法。

本标准适用于厕所便器冲洗、道路清扫、消防、城市绿化、车辆冲洗、建筑施工杂用水。

2 规范性引用文件

下列文件中的条款通过本标准的引用而成为本标准的条款。凡是注日期的引用文件，其随后所有的修改单（不包括勘误的内容）或修订版均不适用于本标准，然而，鼓励根据本标准达成协议的各方研究是否可使用这些文件的最新版本。凡是不注日期的引用文件，其最新版本适用于本标准。

GB/T 3181 漆膜颜色标准

GB/T 5750 生活饮用水标准检验法

GB/T 7488 水质 五日生化需氧量（BOD_5）的测定 稀释与接种法（neq ISO 5815）

GB/T 7489 水质 溶解氧的测定 碘量法（eqv ISO 5813）

GB/T 7494 水质 阴离子表面活性剂的测定 亚甲蓝分光光度法（neq ISO 7875-1）

GB/T 11898 水质 游离氯和总氯的测定 N,N-二乙基-1,4-苯二胺分光光度法（eqv ISO 7393—2）

GB/T 11913 水质 溶解氧的测定 电化学探头法（idt ISO 5814）

GB/T 12997 水质 采样方案设计技术规定（idt ISO 5667-1）

GB/T 12998 水质 采样技术指导（neq ISO 5667-2）

GB/T 12999 水质 采样 样品的保存和管理技术规定（neq ISO 5667-3）

JGJ 63 混凝土拌合用水标准

3 术语和定义

本标准采用下列术语和定义。

3.1 城市

设市城市和建制镇。

3.2 城市杂用水

用于冲厕、道路清扫、消防、城市绿化、车辆冲洗、建筑施工的非饮用水。

3.2.1 冲厕杂用水

公共及住宅卫生间便器冲洗的用水。

3.2.2 道路清扫杂用水

道路灰尘抑制、道路扫除的用水。

3.2.3 消防杂用水

市政及小区消火栓系统的用水。

3.2.4 城市绿化杂用水

除特种树木及特种花卉以外的公园、道边树及道路隔离绿化带、运动场、草坪，以及相似地区的用水。

3.2.5 建筑施工杂用水

建筑施工现场的土壤压实、灰尘抑制、混凝土冲洗、混凝土拌合的用水。

4 水质指标

城市杂用水的水质应符合表 1 的规定。混凝土拌合用水还应符合 JGJ 63 的有关规定。

表 1　城市杂用水水质标准

序号	项目	冲厕	道路清扫、消防	城市绿化	车辆冲洗	建筑施工
1	pH	6.0～9.0				
2	色（度）≤	30				
3	嗅	无不快感				
4	浊度（NTU）≤	5	10	10	5	20
5	溶解性总固体（mg/L）≤	1 500	1 500	1 000	1 000	—
6	五日生化需氧量（BOD_5）（mg/L）≤	10	15	20	10	15
7	氨氮（mg/L）≤	10	10	20	10	20
8	阴离子表面活性剂（mg/L）≤	1.0	1.0	1.0	0.5	1.0
9	铁（mg/L）≤	0.3	—	—	0.3	—
10	锰（mg/L）≤	0.1	—	—	0.1	—
11	溶解氧（mg/L）≥	1.0				
12	总余氯（mg/L）	接触 30 min 后≥1.0，管网末端≥0.2				
13	总大肠菌群（个/L）≤	3				

5 采样及分析方法

5.1　采样及保管

水质采样的设计、组织按 GB/T 12997 及 GB/T 12998 规定。样品的保管按 GB/T 12999 规定。

5.2　分析方法

分析方法按表 2 规定。

表 2　城市杂用水标准水质项目分析方法

序号	项目	测定方法	执行标准
1	pH	pH 电位法	GB/T 5750
2	色	铂-钴标准比色法	GB/T 5750
3	浊度	分光光度法 目视比浊法	GB/T 5750
4	溶解性总固体	重量法（烘干温度 180℃±1℃）	GB/T 5750
5	五日生化需氧量（BOD_5）	稀释与接种法	GB/T 7488
6	氨氮	纳氏试剂比色法	GB/T 5750
7	阴离子表面活性剂	亚甲蓝分光光度法	GB/T 7494
8	铁	二氮杂菲分光光度法 原子吸收分光光度法	GB/T 5750

序号	项目	测定方法	执行标准
9	锰	过硫酸铵分光光度法 原子吸收分光光度法	GB/T 5750
10	溶解氧	碘量法	GB/T 7489
		电化学探头法	GB/T 11913
11	总余氯	邻联甲苯铵比色法 邻联甲苯铵—亚砷酸盐比色法 N,N-二乙基对苯二胺—硫酸亚铁铵滴定法	GB/T 5750
		N,N-二乙基-1,4-苯二胺分光光度法	GB/T 11898
12	总大肠菌群	多管发酵法	GB/T 5750

5.3 水质监测

城市杂用水的采样检测频率应符合表 3 的规定。

表 3 城市杂用水采样检测频率

序号	项目	采样检测频率
1	pH	每日 1 次
2	色	每日 1 次
3	浊度	每日 2 次
4	嗅	每日 1 次
5	溶解性总固体	每周 1 次
6	五日生化需氧量（BOD_5）	每周 1 次
7	氨氮	每周 1 次
8	阴离子表面活性剂	每周 1 次
9	铁	每周 1 次
10	锰	每周 1 次
11	溶解氧	每日 1 次
12	总余氯	每日 2 次
13	总大肠菌群	每周 3 次

6 标准的实施与监督

6.1 本标准由县级以上人民政府城市杂用水行政主管部门及相关部门负责统一监督和检查执行情况。

6.2 城市杂用水的水质项目与水质标准，应符合本标准的规定。地方或行业标准不得宽于本标准或与本标准相抵触。

6.3 城市杂用水管道、水箱等设备外部应涂 PB09 天酞蓝色（见 GB/T 3181），并于显著位置标注“杂用水”字样，以免误饮、误用。

中华人民共和国国家标准

城市污水再生利用　景观环境用水水质

The reuse of urban recycling water—Water quality standard for scenic environment use

GB/T 18921—2002

前　言

为贯彻我国水污染防治和水资源开发方针，提高用水效率,做好城镇节约用水工作，合理利用水资源，实现城市污水资源化，减轻污水对环境的污染，促进城镇建设和经济建设可持续发展，制定《城市污水再生利用》系列标准。

《城市污水再生利用》系列标准目前拟分为五项：

——《城市污水再生利用　分类》

——《城市污水再生利用　城市杂用水水质》

——《城市污水再生利用　景观环境用水水质》

——《城市污水再生利用　补充水源水质》

——《城市污水再生利用　工业用水水质》

本标准为第三项。

本标准是在 CJ/T 95—2000《再生水回用于景观水体的水质标准》的基础上制定的。

本标准与 CJ/T 95—2000 相比主要变化如下：

——提出了再生水的使用准则。

——根据《城市污水再生利用　分类》将再生水的应用范围及使用方式进行了重新界定，以景观环境用水取代了原来的景观水体，明确了水景类作为景观环境用水的一部分的概念。

——细分了景观环境用水的类别，将原来的 CJ/T 95—2000 中的人体非直接接触和人体非全身性接触替换为观赏性景观环境用水和娱乐性景观环境用水两大类别，同时每个类别又根据水质要求的不同而被分为河道类、湖泊类与水景类用水。

——放宽了消毒途径，对于不需要通过管道输送再生水的现场回用情况，不限制采用加氯以外的其他消毒方式。

——考虑了与人群健康密切相关的毒理学指标。

——水质指标共计 14 项，对原来的 CJ/T 95—2000 中的水质指标进行了部分调整（增加了 3 项：浊度、溶解氧、氨氮；删减了 5 项：化学需氧量、溶解性铁、总锰、全盐量、氯化物；替换了 2 项；以粪大肠菌群替换了大肠菌群，以总氮替换了凯氏氮）。

——增加了“参考文献”。

本标准自实施之日起，CJ/T 95—2000 同时废止。

本标准由中华人民共和国建设部提出。

本标准由建设部给水排水产品标准化技术委员会归口。

本标准由中国市政工程华北设计研究院负责起草。

本标准主要起草人：陈立、杨坤、宋晓倩、何永平、范洁。

引　言

本标准制定的目的在于满足缺水地区对娱乐性水环境的需要。

再生水作为景观环境用水不同于天然景观水体（GB 3838—2002《地表水环境质量标准》中的Ⅴ类水域），它可以全部由再生水组成，或大部分由再生水组成；而天然景观水体只接受少量的污水，其污染物本底值很低，水体的稀释自净能力较强。因此，本标准的内容不仅包括水质指标，还包括了使用原则和控制措施。

本标准在水质指标的确定方面以考虑它的美学价值及人的感官接受能力为主，在控制措施上以增强水体的自净能力为主导思想，着重强调水体的流动性。

1 范围

本标准规定了作为景观环境用水的再生水水质指标和再生水利用方式。

本标准适用于作为景观环境用水的再生水。

2 规范性引用文件

下列文件中的条款通过本标准的引用而成为本标准的条款。凡是注日期的引用文件，其随后所有的修改单（不包括勘误的内容）或修订版均不适用于本标准，然而，鼓励根据本标准达成协议的各方研究是否可使用这些文件的最新版本。凡是不注日期的引用文件，其最新版本适用于本标准。

GB/T 6920　水质　pH 值的测定　玻璃电极法

GB/T 7466　水质　总铬的测定

GB/T 7467　水质　六价铬的测定　二苯碳酰二肼分光光度法

GB/T 7468　水质　总汞的测定　冷原子吸收分光光度法（eqv ISO 5666-1～3）

GB/T 7472　水质　锌的测定　双硫腙分光光度法

GB/T 7474　水质　铜的测定　二乙基二硫化氨基甲酸钠分光光度法

GB/T 7475　水质　铜、锌、铅、镉的测定　原子吸收分光光谱法

GB/T 7478　水质　铵的测定　蒸馏和滴定法

GB/T 7485　水质　总砷的测定　二乙基二硫代氨基甲酸银分光光度法（neq ISO 6595）

GB/T 7486　水质　氰化物的测定　第一部分：总氰化物的测定

GB/T 7488　水质　五日生化需氧量（BOD_5）的测定　稀释与接种法（neq ISO 5815）

GB/T 7489　水质　溶解氧的测定　碘量法（eqv ISO 5813）

GB/T 7490　水质　挥发酚的测定　蒸馏后 4-氨基安替比林分光光度法（eqv ISO 6439）

GB/T 7494　水质　阴离子表面活性剂的测定　亚甲蓝分光光度法（neq ISO 7875-1）

GB/T 8972 水质 五氯酚的测定 气相色谱法
GB/T 9803 水质 五氯酚的测定 藏红 T 分光光度法
GB/T 11889 水质 苯胺类化合物的测定 N-（1-萘基）乙二胺偶氮分光光度法
GB/T 11890 水质 苯系物的测定 气相色谱法
GB/T 11893 水质 总磷的测定 钼酸铵分光光度法
GB/T 11894 水质 总氮的测定 碱性过硫酸钾消解紫外分光光度法
GB/T 11895 水质 苯并[a]芘的测定 乙酰化滤纸层析荧光分光光度法
GB/T 11898 水质 游离氯和总氯的测定 N,N-二乙基-1,4-苯二胺分光光度法（eqv ISO 7393-2）
GB/T 11901 水质 悬浮物的测定 重量法
GB/T 11902 水质 硒的测定 2,3-二氨基萘荧光法
GB/T 11903 水质 色度的测定（neq ISO 7887）
GB/T 11906 水质 锰的测定 高碘酸钾分光光度法
GB/T 11907 水质 银的测定 火焰原子吸收分光光度法
GB/T 11910 水质 镍的测定 丁二酮肟分光光度法
GB/T 11911 水质 铁、锰的测定 火焰原子吸收分光光度法
GB/T 11912 水质 镍的测定 火焰原子吸收分光光度法
GB/T 11913 水质 溶解氧的测定 电化学探头法（idt ISO 5814）
GB/T 13192 水质 有机磷农药的测定 气相色谱法
GB/T 13194 水质 硝基苯、硝基甲苯、硝基氯苯、二硝基甲苯的测定 气相色谱法
GB/T 13197 水质 甲醛的测定 乙酰丙酮分光光度法
GB/T 13200 水质 浊度的测定（neq ISO 7027）
GB/T 14204 水质 烷基汞的测定 气相色谱法
GB/T 15959 水质 可吸附有机卤素（AOX）的测定 微库仑法
GB/T 16488 水质 石油类和动植物油的测定 红外光度法

3 术语与定义

本标准采用下列术语和定义。

3.1 再生水 reclaimed water

指污水经适当再生工艺处理后具有一定使用功能的水。

3.2 景观环境用水 scenic environment use

指满足景观需要的环境用水，即用于营造城市景观水体和各种水景构筑物的水的总称。

3.3 观赏性景观环境用水 aesthetic environment use

指人体非直接接触的景观环境用水，包括不设娱乐设施的景观河道、景观湖泊及其他观赏性景观用水。它们由再生水组成，或部分由再生水组成（另一部分由天然水或自来水组成）。

3.4 娱乐性景观环境用水 recreational environment use

指人体非全身性接触的景观环境用水，包括设有娱乐设施的景观河道、景观湖泊及其

他娱乐性景观用水。它们由再生水组成，或部分由再生水组成（另一部分由天然水或自来水组成）。

3.5 河道类水体 watercourse

指景观河道类连续流动水体。

3.6 湖泊类水体 impoundment

指景观湖泊类非连续流动水体。

3.7 水景类用水 waterscape

指用于人造瀑布、喷泉、娱乐、观赏等设施的用水。

3.8 水力停留时间 hydraulic rentention time

再生水在景观河道内的平均停留时间。

3.9 静止停留时间 withhold time

湖泊类水体非换水（即非连续流动）期间的停留时间。

4 技术内容

4.1 再生水作为景观环境用水时，其指标限值应满足表1的规定。

4.2 对于以城市污水为水源的再生水，除应满足表1各项指标外，其化学毒理学指标还应符合表2中的要求。

表1 景观环境用水的再生水水质指标 单位：mg/L

<table>
<tr><th rowspan="2">序号</th><th rowspan="2">项 目</th><th colspan="3">观赏性景观环境用水</th><th colspan="3">娱乐性景观环境用水</th></tr>
<tr><th>河道类</th><th>湖泊类</th><th>水景类</th><th>河道类</th><th>湖泊类</th><th>水景类</th></tr>
<tr><td>1</td><td>基本要求</td><td colspan="6">无漂浮物，无令人不愉快的嗅和味</td></tr>
<tr><td>2</td><td>pH 值（无量纲）</td><td colspan="6">6～9</td></tr>
<tr><td>3</td><td>五日生化需氧量（BOD_5） ≤</td><td colspan="2">10</td><td colspan="2">6</td><td colspan="2">6</td></tr>
<tr><td>4</td><td>悬浮物（SS） ≤</td><td colspan="2">20</td><td colspan="2">10</td><td colspan="2">—[a]</td></tr>
<tr><td>5</td><td>浊度（NTU） ≤</td><td colspan="3">—[a]</td><td colspan="3">5.0</td></tr>
<tr><td>6</td><td>溶解氧 ≥</td><td colspan="3">1.5</td><td colspan="3">2.0</td></tr>
<tr><td>7</td><td>总磷（以P计） ≤</td><td>1.0</td><td colspan="2">0.5</td><td>1.0</td><td colspan="2">0.5</td></tr>
<tr><td>8</td><td>总氮 ≤</td><td colspan="6">15</td></tr>
<tr><td>9</td><td>氨氮（以N计） ≤</td><td colspan="6">5</td></tr>
<tr><td>10</td><td>粪大肠菌群（个/L） ≤</td><td colspan="2">10 000</td><td>2 000</td><td colspan="2">500</td><td>不得检出</td></tr>
<tr><td>11</td><td>余氯[b] ≥</td><td colspan="6">0.05</td></tr>
<tr><td>12</td><td>色度（度） ≤</td><td colspan="6">30</td></tr>
<tr><td>13</td><td>石油类 ≤</td><td colspan="6">1.0</td></tr>
<tr><td>14</td><td>阴离子表面活性剂 ≤</td><td colspan="6">0.5</td></tr>
</table>

注 1：对于需要通过管道输送再生水的非现场回用情况采用加氯消毒方式；而对于现场回用情况不限制消毒方式。

注 2：若使用未经过除磷脱氮的再生水作为景观环境用水，鼓励使用本标准的各方在回用地点积极探索通过人工培养具有观赏价值水生植物的方法，使景观水体的氮磷满足表1的要求，使再生水中的水生植物有经济合理的出路。

a "—"表示对此项无要求。

b 氯接触时间不应低于30 min的余氯。对于非加氯消毒方式无此项要求。

表 2 选择控制项目最高允许排放浓度（以日均值计） 单位：mg/L

序号	选择控制项目	标准值	序号	选择控制项目	标准值
1	总汞	0.01	26	甲基对硫磷	0.2
2	烷基汞	不得检出	27	五氯酚	0.5
3	总镉	0.05	28	三氯甲烷	0.3
4	总铬	1.5	29	四氯化碳	0.03
5	六价铬	0.5	30	三氯乙烯	0.3
6	总砷	0.5	31	四氯乙烯	0.1
7	总铅	0.5	32	苯	0.1
8	总镍	0.5	33	甲苯	0.1
9	总铍	0.001	34	邻-二甲苯	0.4
10	总银	0.1	35	对-二甲苯	0.4
11	总铜	1.0	36	间-二甲苯	0.4
12	总锌	2.0	37	乙苯	0.1
13	总锰	2.0	38	氯苯	0.3
14	总硒	0.1	39	对-二氯苯	0.4
15	苯并[a]芘	0.000 03	40	邻-二氯苯	1.0
16	挥发酚	0.1	41	对硝基氯苯	0.5
17	总氰化物	0.5	42	2,4-二硝基氯苯	0.5
18	硫化物	1.0	43	苯酚	0.3
19	甲醛	1.0	44	间-甲酚	0.1
20	苯胺类	0.5	45	2,4-二氯酚	0.6
21	硝基苯类	2.0	46	2,4,6-三氯酚	0.6
22	有机磷农药（以 P 计）	0.5	47	邻苯二甲酸二丁酯	0.1
23	马拉硫磷	1.0	48	邻苯二甲酸二辛酯	0.1
24	乐果	0.5	49	丙烯腈	2.0
25	对硫磷	0.05	50	可吸附有机卤化物（以 Cl 计）	1.0

5 再生水利用方式

5.1 污水再生水厂的水源宜优先选用生活污水或不包含重污染工业废水在内的城市污水。

5.2 当完全使用再生水时，景观河道类水体的水力停留时间宜在 5 天以内。

5.3 完全使用再生水作为景观湖泊类水体，在水温超过 25℃时，其水体静止停留时间不宜超过 3 天；而在水温不超过 25℃时，则可适当延长水体静止停留时间，冬季可延长水体静止停留时间至一个月左右。

5.4 当加设表曝类装置增强水面扰动时，可酌情延长河道类水体水力停留时间和湖泊类水体静止停留时间。

5.5 流动换水方式宜采用低进高出。

5.6 应充分注意两类水体底泥淤积情况，进行季节性或定期性清淤。

6 其他规定

6.1 由再生水组成的两类景观水体中的水生动、植物仅可观赏，不得食用。

6.2 不应在含有再生水的景观水体中游泳和洗浴。

6.3 不应将含有再生水的景观环境水用于饮用和生活洗涤。

7 取样与监测

7.1 取样要求

水质取样点宜设在污水再生水厂总出水口，总出水口宜设再生水水量计量装置。在有条件的情况下，应逐步实现再生水比例采样和在线监测。

7.2 监测频率

其中，pH 值、BOD_5、悬浮物、总氮、氨氮、石油类、阴离子表面活性剂为周检项目；浊度、溶解氧、总磷、粪大肠菌群、余氯、色度为日检项目。

7.3 监测分析方法

本标准采用的监测分析方法见表 3，化学毒理学指标监测方法见表 4。

表 3 监测分析方法表

序号	项目	测定方法	方法来源
1	pH 值	玻璃电极法	GB/T 6920
2	五日生化需氧量（BOD_5）	稀释与接种法	GB/T 7488
3	悬浮物	重量法	GB/T 11901
4	浊度	比浊法	GB/T 13200
5	溶解氧	碘量法	GB/T 7489
		电化学探头法	GB/T 11913
6	总磷（TP）	钼酸铵分光光度法	GB/T 11893
7	总氮（TN）	碱性过硫酸钾消解紫外分光光度法	GB/T 11894
8	氨氮	蒸馏滴定法	GB/T 7478
9	粪大肠菌群	多管发酵法 滤膜法	水和废水监测分析方法[a]
10	余氯	N,N-二乙基-1,4-苯二胺分光光度法	GB/T 11898
11	色度	铂钴比色法	GB/T 11903
12	石油类	红外光度法	GB/T 16488
13	阴离子表面活性剂	亚甲蓝分光光度法	GB/T 7494

a：暂采用《水和废水监测分析方法》，中国环境科学出版社。待国家方法标准发布后，执行国家标准。

表 4 化学毒理学指标分析方法表

序号	控制项目	测定方法	方法来源
1	总汞	冷原子吸收光度法	GB/T 7468
2	烷基汞	气相色谱法	GB/T 14204
3	总镉	原子吸收分光光谱法	GB/T 7475
4	总铬	高锰酸钾氧化-二苯碳酸二肼分光光度法	GB/T 7466
5	六价铬	二苯碳酰二肼分光光度法	GB/T 7467
6	总砷	二乙基二硫代氨基甲酸银分光光度法	GB/T 7485
7	总铅	原子吸收分光光谱法	GB/T 7475
8	总镍	火焰原子吸收分光光度法	GB/T 11912
		丁二酮肟分光光度法	GB/T 11910

序号	控制项目	测定方法	方法来源
9	总铍	活性炭吸附—铬天菁 S 光度法	水和废水监测分析方法[a]
10	总银	火焰原子吸收分光光度法	GB/T 11907
11	总铜	原子吸收分光光谱法	GB/T 7475
		二乙基二硫化氨基甲酸钠分光光度法	GB/T 7474
12	总锌	原子吸收分光光谱法	GB/T 7475
		双硫腙分光光度法	GB/T 7472
13	总锰	火焰原子吸收分光光度法	GB/T 11911
		高碘酸钾分光光度法	GB/T 11906
14	总硒	2,3-二氨基萘荧光法	GB/T 11902
15	苯并[a]芘	乙酰化滤纸层析荧光分光光度法	GB/T 11895
16	挥发酚	蒸馏后用 4-氨基安替比林分光光度法	GB/T 7490
17	总氰化物	硝酸银滴定法	GB/T 7486
18	硫化物	碘量法（高浓度）	水和废水监测分析方法[a]
		对氨基二甲基苯胺光度法（低浓度）	水和废水监测分析方法[a]
19	甲醛	乙酰丙酮分光光度法	GB/T 13197
20	苯胺类	N-（1-萘基）乙二胺偶氮分光光度法	GB/T 11889
21	硝基苯类	气相色谱法	GB/T 13194
22	有机磷农药（以 P 计）	气相色谱法	GB/T 13192
23	马拉硫磷	气相色谱法	GB/T 13192
24	乐果	气相色谱法	GB/T 13192
25	对硫磷	气相色谱法	GB/T 13192
26	甲基对硫磷	气相色谱法	GB/T 13192
27	五氯酚	气相色谱法	GB/T 8972
		藏红 T 分光光度法	GB/T 9803
28	三氯甲烷	气相色谱法	水和废水监测分析方法[a]
29	四氯化碳	气相色谱法	水和废水监测分析方法[a]
30	三氯乙烯	气相色谱法	水和废水监测分析方法[a]
31	四氯乙烯	气相色谱法	水和废水监测分析方法[a]
32	苯	气相色谱法	GB/T 11890
33	甲苯	气相色谱法	GB/T 11890
34	邻-二甲苯	气相色谱法	GB/T 11890
35	对-二甲苯	气相色谱法	GB/T 11890
36	间-二甲苯	气相色谱法	GB/T 11890
37	乙苯	气相色谱法	GB/T 11890
38	氯苯	气相色谱法	水和废水监测分析方法[a]
39	对二氯苯	气相色谱法	水和废水监测分析方法[a]
40	邻二氯苯	气相色谱法	水和废水监测分析方法[a]
41	对硝基氯苯	气相色谱法	GB/T 13194
42	2,4-二硝基氯苯	气相色谱法	GB/T 13194
43	苯酚	气相色谱法	水和废水监测分析方法[a]
44	间-甲酚	气相色谱法	水和废水监测分析方法[a]
45	2,4-二氯酚	气相色谱法	水和废水监测分析方法[a]

序号	控制项目	测定方法	方法来源
46	2,4,6-三氯酚	气相色谱法	水和废水监测分析方法[a]
47	邻苯二甲酸二丁酯	气相、液相色谱法	水和废水监测分析方法[a]
48	邻苯二甲酸二辛酯	气相、液相色谱法	水和废水监测分析方法[a]
49	丙烯腈	气相色谱法	水和废水监测分析方法[a]
50	可吸附有机卤化物（AOX）（以Cl计）	微库仑法	GB/T 15959

a：暂采用《水和废水监测分析方法》，中国环境科学出版社。待国家方法标准发布后，执行国家标准。

7.4 跟踪监测

鼓励使用本标准的各方在回用地点对使用再生水的景观河道、景观湖泊和水景进行水体水质、底泥及周围空气的跟踪监测，及时发现再生水回用中的问题。

8 标准实施与监督

8.1 监督方法

本标准由各级建设管理部门负责监督实施与管理。

8.2 地方标准

鼓励使用本标准的各方根据各自的具体情况，开展再生水回用于景观环境的研究，必要时制定严于本标准的地方性标准，报国家主管部门备案。

中华人民共和国国家标准

城市污水再生利用　工业用水水质

The reuse of urban recycling water — Water quality standard for industrial uses

GB/T 19923—2005

前　言

为贯彻我国水污染防治和水资源开发利用方针，做好城镇节约用水工作，实现城镇污水资源化，防治污水对环境的污染，促进城镇建设和经济可持续发展，制定《城市污水再生利用》系列标准。

《城市污水再生利用》系列标准分为六项：

——《城市污水再生利用　分类》

——《城市污水再生利用　城市杂用水水质》

——《城市污水再生利用　景观环境用水水质》

——《城市污水再生利用　补充水源水质》

——《城市污水再生利用　工业用水水质》

——《城市污水再生利用　农业用水水质》

本标准为第五项。

本标准由中华人民共和国建设部提出。

本标准由建设部给水排水产品标准化技术委员会归口。

本标准负责起草单位：天津市市政工程设计研究院、天津水工业工程设备有限公司。

本标准参加起草单位：中国市政工程东北设计研究院、天津创业环保股份有限公司、天津中水有限公司、天津节水水处理技术研究会、天津艾杰环境工程项目管理有限公司负责起草。

本标准主要起草人：张大群、周彤、刘文亚、邓彪、张相臣、赵丽君、孙菁、朱爱祥、林文波、王洪云、王长生、朱雁伯、赵乐军、齐欣、房宏、张蓁、吕宝兴、吴晓光。

本标准为首次制定。

1　范围

本标准规定了作为工业用水的再生水的水质标准和再生水利用方式。

本标准适用于以城市污水再生水为水源，作为工业用水的下列范围：

冷却用水：包括直流式、循环式补充水；

洗涤用水：包括冲渣、冲灰、消烟除尘、清洗等；

锅炉用水：包括低压、中压锅炉补给水；

工艺用水：包括溶料、蒸煮、漂洗、水力开采、水力输送、增湿、稀释、搅拌、选矿、油田回注等；

产品用水：包括浆料、化工制剂、涂料等。

2 规范性引用文件

下列文件中的条款通过本标准的引用而成为本标准的条款。凡是注日期的引用文件，其随后所有的修改单（不包括勘误的内容）或修订版均不适用于本标准，然而，鼓励根据本标准达成协议的各方研究是否使用这些文件的最新版本。凡是不注日期的引用文件，其最新版本适用于本标准。

GB 1576—2001 工业锅炉水质

GB/T 5750 生活饮用水标准检验法

GB/T 6276.1—1996 工业用碳酸氢铵 总碱度的测定 容量法

GB/T 6920 水质 pH 的测定 玻璃电极法

GB/T 7478 水质 铵的测定 蒸馏和滴定法

GB/T 7477—1987 水质 钙和镁总量的测定 EDTA 滴定法

GB/T 7488 水质 五日生化需氧量（BOD_5）的测定 稀释与接种法（GB/T 7488—1987，neq ISO 5815：1983）

GB/T 7494 水质 阴离子表面活性剂的测定 亚甲蓝分光光度法（GB/T 7494—1987，neq ISO7875-1：1994）

GB/T 11893 水质 总磷的测定 钼酸铵分光光度法

GB/T 11896 水质 氯化物的测定 硝酸银滴定法

GB/T 11899 水质 硫酸盐的测定 重量法

GB/T 11901 水质 悬浮物的测定 重量法

GB/T 11903—1989 水质 色度的测定

GB/T 11911 水质 铁、锰的测定 火焰原子吸收分光光度法

GB/T 11914 水质 化学需氧量的测定 重铬酸钾法

GB 12145—1999 火力发电机组及蒸汽动力设备水汽质量

GB/T 13200 水质 浊度的测定（GB/T 13200—1991，neq ISO7027：1984）

GB/T 16633—1996 工业循环冷却水中 二氧化硅的测定 分光光度法

GB 18918 城镇污水处理厂污染物排放标准

GB/T 16488 水质 石油类和动植物油的测定 红外光度法

GB 50050 工业循环冷却水处理设计规范

3 术语和定义

下列术语和定义适用于本标准。

3.1 城市污水 municipal wastewater

设市城市和建制镇排入城市排水系统的水的统称，包括生活污水、生产废水和在合流制排水系统中截流的雨水。

3.2 再生水 reclaimed water，recycled water

再生水系指污水经适当再生工艺处理后，达到一定的水质标准，满足某种使用功能要求，可以进行有益使用的水。

3.3 新鲜水 fresh water

工厂使用的城镇市自来水或工厂自备水源水。

3.4 循环冷却水系统 recirculating cooling water system

以水作为冷却介质，由换热设备、冷却设备、水泵、管道及其他有关设备组成系统，水在系统中循环使用的一种冷却系统。

3.5 工业用水水源 raw water for industrial uses

系指锅炉补给水、工艺与产品用水、冷却用水、洗涤用水水源。作为锅炉补给水的水源，尚需再进行软化、除盐等处理的水；作为工艺与产品用水的水源，根据回用试验或参照相关行业或产品的水质指标，可以直接使用或补充处理后再用的水；作为冷却用水、洗涤用水水源参照相关的水质指标，可以直接使用或补充处理后再用的水。

4 技术内容

4.1 再生水用作工业用水水源时，基本控制项目及指标限值应满足表 1 的规定。

4.2 对于以城市污水为水源的再生水，除应满足表 1 各项指标外，其化学毒理学指标还应符合 GB 18918 中“一类污染物”和“选择控制项目”各项指标限值的规定。

表 1 再生水用作工业用水水源的水质标准

序号	控制项目	冷却用水		洗涤用水	锅炉补给水	工艺与产品用水
		直流冷却水	敞开式循环冷却水系统补充水			
1	pH 值	6.5～9.0	6.5～8.5	6.5～9.0	6.5～8.5	6.5～8.5
2	悬浮物（SS）（mg/L）	≤30	—	≤30	—	—
3	浊度（NTU）	—	≤5	—	≤5	≤5
4	色度（度）	≤30	≤30	≤30	≤30	≤30
5	生化需氧量（BOD_5）（mg/L）	≤30	≤10	≤30	≤10	≤10
6	化学需氧量（COD_{Cr}）（mg/L）	—	≤60	—	≤60	≤60
7	铁（mg/L）	—	≤0.3	≤0.3	≤0.3	≤0.3
8	锰（mg/L）	—	≤0.1	≤0.1	≤0.1	≤0.1
9	氯离子（mg/L）	≤250	≤250	≤250	≤250	≤250
10	二氧化硅（SiO_2）	≤50	≤50	—	≤30	≤30
11	总硬度（以 $CaCO_3$ 计/mg/L）	≤450	≤450	≤450	≤450	≤450
12	总碱度（以 $CaCO_3$ 计/mg/L）	≤350	≤350	≤350	≤350	≤350
13	硫酸盐（mg/L）	≤600	≤250	≤250	≤250	≤250
14	氨氮（以 N 计/mg/L）	—	≤10[a]	—	≤10	≤10
15	总磷（以 P 计/mg/L）	—	≤1	—	≤1	≤1
16	溶解性总固体（mg/L）	≤1 000	≤1 000	≤1 000	≤1 000	≤1 000
17	石油类（mg/L）	—	≤1	—	≤1	≤1
18	阴离子表面活性剂（mg/L）	—	≤0.5	—	≤0.5	≤0.5
19	余氯[b]（mg/L）	≥0.05	≥0.05	≥0.05	≥0.05	≥0.05
20	粪大肠菌群（个/L）	≤2 000	≤2 000	≤2 000	≤2 000	≤2 000

a 当敞开式循环冷却水系统换热器为铜质时，循环冷却系统中循环水的氨氮指标应小于 1 mg/L。

b 加氯消毒时管末梢值。

5 再生水利用方式

5.1 再生水用作冷却用水（包括直流冷却水和敞开式循环冷却水系统补充水）、洗涤用水时，一般达到表 1 中所列的控制指标后可以直接使用。必要时也可对再生水进行补充处理或与新鲜水混合使用。

5.2 再生水用作锅炉补给水水源时，达到表 1 中所列的控制指标后尚不能直接补给锅炉，应根据锅炉工况，对水源水再进行软化、除盐等处理，直至满足相应工况的锅炉水质标准。对于低压锅炉，水质应达到 GB 1576—2001 的要求；对于中压锅炉，水质应达到 GB 12145—1989 的要求；对于热水热力网和热采锅炉，水质应达到相关行业标准。

5.3 再生水用作工艺与产品用水水源时，达到表 1 中所列的控制指标后，尚应根据不同生产工艺或不同产品的具体情况，通过再生利用试验或者相似经验证明可行时，工业用户可以直接使用；当表 1 中所列水质不能满足供水水质指标要求，而又无再生利用经验可借鉴时，则需要对再生水作补充处理试验，直至达到相关工艺与产品的供水水质指标要求。

5.4 当再生水用作工业冷却时，循环冷却水系统监测管理参照 GB 50050 的规定执行。

6 其他要求

6.1 使用再生水的工业用户，应进行再生水的用水管理，包括杀菌灭藻、水质稳定、水质水量与用水设备监测控制等工作。

6.2 工业用户内再生水管道要按规定涂有与新鲜水管道相区别的颜色，并标注“再生水”字样。

6.3 再生水管道用水点处要有“禁止饮用”标志，防止误饮误用。

6.4 再生水不适用于食品和与人体密切接触的产品用水。

7 取样与监测

7.1 取样要求：水样取样点宜设在再生水厂总出水口。

7.2 表 1 中所列主要项目（pH、悬浮物、浊度、色度、生化需氧量、化学需氧量、氨氮、总磷、溶解性总固体、余氯、粪大肠菌群）的监测频率应每日一次。

7.3 监测分析方法按表 2 或国家认定的替代方法、等效方法执行。有争议时，则按本标准执行。

表 2 监测分析方法表

序号	项目	测定方法	方法来源
1	pH 值	玻璃电极法	GB/T 6920
2	悬浮物（SS）	重量法	GB/T 11901
3	浊度	比浊法	GB/T 13200
4	色度	稀释倍数法	GB/T 11903—1989
5	生化需氧量（BOD_5）	稀释与接种法	GB/T 7488
6	化学需氧量（COD_{Cr}）	重铬酸钾法	GB/T 11914
7	铁	火焰原子吸收分光光度法	GB/T 11911
8	锰	火焰原子吸收分光光度法	GB/T 11911
9	氯化物	硝酸银滴定法	GB/T 11896

序号	项目	测定方法	方法来源
10	二氧化硅	分光光度法	GB/T16633—1996
11	总硬度	乙二胺四乙酸二钠滴定法	GB/T 7477—1987
12	总碱度	容量法	GB/T 6276.1—1996
13	硫酸盐	重量法	GB/T 11899
14	氨氮	蒸馏和滴定法	GB/T 7478
15	总磷	钼酸铵分光光度法	GB/T 11893
16	溶解性总固体	重量法（建议温度为 180℃±1℃）	GB/T 5750
17	石油类	红外光度法	GB/T 16488
18	阴离子表面活性剂	亚甲蓝分光光度法	GB/T 7494
19	余氯	邻联甲苯铵比色法	GB/T 5750
20	粪大肠菌群	多管发酵法、滤膜法	GB/T 5750

中华人民共和国国家标准

城镇污水处理厂污泥处置　分类

Disposal of sludge from municipal wastewater treatment plant —Classification

GB/T 23484—2009

前　言

本标准由中华人民共和国住房和城乡建设部提出。

本标准由住房和城乡建设部给水排水产品标准化技术委员会归口。

本标准由上海市政工程设计研究总院、上海市城市排水有限公司和上海市园林科学研究所负责起草。

本标准主要起草人：张辰、王国华、孙晓、徐月江、方海兰、张善发、曹燕进、杭世珺、朱广汉。

本标准为首次发布。

1　范围

本标准规定了城镇污水处理厂污泥处置方式的分类。

本标准适用于城镇污水处理厂污泥处置工程的建设、运营和管理。

2　术语和定义

下列术语和定义适用于本标准。

2.1　城镇污水 municipal wastewater

城镇中排放的各种污水、废水的统称，它由综合生活污水、工业废水和入渗地下水三部分组成。在合流制排水系统中，还包括被截流的雨水。

2.2　城镇污水处理厂 municipal wastewater treatment plant

对进入城镇污水收集系统的污水进行净化处理的厂。

2.3　城镇污水处理厂污泥　sludge from municipal wastewater treatment piant

城镇污水处理厂在污水净化处理过程中产生的含水率不同的半固态或固态物质，不包括栅渣、浮渣和沉砂池砂砾。

2.4　污泥处理 sludge treatment

对污泥进行稳定化、减量化和无害化处理的过程，一般包括浓缩（调理）、脱水、厌氧消化、好氧消化、石灰稳定、堆肥、干化和焚烧等。

2.5 污泥处置 sludge disposal

污泥处理后的消纳过程，一般包括土地利用、填埋、建筑材料利用和焚烧等。

2.6 污泥土地利用 land application of sludge

将处理后的污泥作为肥料或土壤改良的材料，用于园林绿化、土地改良或农业等场合的处置方式。

2.7 污泥填埋 sludge laradfilling

采取工程措施将处理后的污泥集中进行堆、填、埋，置于受控制场地内的处置方式。

2.8 污泥建筑材料利用 making construction matenials with sludge

将污泥作为制作建筑材料部分原料的处置方式。

2.9 污泥焚烧 sludge incineration

利用焚烧炉将污泥完全矿化为少量灰烬的处理处置方式。

3 城镇污水处理厂污泥处置的分类

3.1 污泥处置按污泥的消纳方式进行分类。

3.2 城镇污水处理厂污泥处置分类见表 1。

表 1 城镇污水处理厂污泥处置分类

序号	分类	范围	备注
1	污泥土地利用	园林绿化	城镇绿地系统或郊区林地建造和养护等的基质材料或肥料原料
		土地改良	盐碱地、沙化地和废弃矿场的土壤改良材料
		农用[a]	农用肥料或农田土壤改良材料
2	污泥填埋	单独填埋	在专门填埋污泥的填埋场进行填埋处置
		混合填埋	在城市生活垃圾填埋场进行混合填埋（含填埋场覆盖材料利用）
3	污泥建筑材料利用	制水泥	制水泥的部分原料或添加料
		制砖	制砖的部分原料
		制轻质骨料	制轻质骨料（陶粒等）的部分原料
4	污泥焚烧	单独焚烧	在专门污泥焚烧炉焚烧
		与垃圾混合焚烧	与生活垃圾一同焚烧
		污泥燃料利用	在工业焚烧炉或火力发电厂焚烧炉中作燃料利用

a 农用包括进食物链利用和不进食物链利用两种。

中华人民共和国国家标准

城镇污水处理厂污泥处置　混合填埋用泥质

Disposal of sludge from nunicipal wastewater treatment plant
—Quality of sludge for co-landfilling

GB/T 23485—2009

前　言

本标准由中华人民共和国住房和城乡建设部提出。

本标准由住房和城乡建设部给水排水产品标准化技术委员会归口。

本标准由北京市市政工程设计研究总院负责起草。

本标准主要起草人：杭世珺、杨力、张成、何亮、方建民。

本标准为首次发布。

1　范围

本标准规定了城镇污水处理厂污泥进入生活垃圾卫生填埋场混合填埋处置和用作覆盖土的泥质指标及限值、取样和监测等。

本标准适用于城镇污水处理厂污泥的处置和污泥与生活垃圾的混合填埋。

2　规范性引用文件

下列文件中的条款通过本标准的引用而成为本标准的条款。凡是注日期的引用文件，其随后所有的修改单（不包括勘误的内容）或修订版均不适用于本标准，然而，鼓励根据本标准达成协议的各方研究是否可使用这些文件的最新版本。凡是不注日期的引用文件：其最新版本适用于本标准。

GB 7959　粪便无害化卫生标准

GB/T 14675　空气质量　恶臭的测定　三点比较式臭袋法

GB/T 17134　土壤质量　总砷的测定　二乙基二硫代氨基甲酸银分光光度法

GB/T 17135　土壤质量　总砷的测定　硼氢化钾-硝酸银分光光度法

GB/T 17136　土壤质量　总汞的测定　冷原子吸收分光光度法

GB/T 17137　土壤质量　总铬的测定　火焰原子吸收分光光度法

GB/T 17138　土壤质量　铜、锌的测定　火焰原子吸收分光光度法

GB/T 17139　土壤质量　镍的测定　火焰原子吸收分光光度法

GB/T 17141　土壤质量　铅、镉的测定　石墨炉原子吸收分光光度法

GB 18918　城镇污水处理厂污染物排放标准
GB/T 50123　土工试验方法标准
CJ/T 221　城市污水处理厂污泥检验方法

3 术语和定义

下列术语和定义适用于本标准。

3.1　城镇污水处理厂污泥　sludge from municipal wastewater treatment plant

城镇污水处理厂在污水净化处理过程中产生的含水率不同的半固态或固态物质，不包括栅渣、浮渣和沉砂池砂砾。

3.2　污泥处置　sludge disposal

污泥处理后的消纳过程，一般包括土地利用、填埋、建筑材料利用和焚烧等。

3.3　生活垃圾　domestic waste

人类在生活活动过程中产生的垃圾，是生活废物的重要组成部分。

3.4　卫生填埋　sanitary landfill

采取防渗、铺压压实、覆盖对城市生活垃圾进行处理和对气体、渗沥液、蝇虫等治理的垃圾处理方法。

3.5　覆盖土　material for cover

对填埋的垃圾进行覆盖时的用土。

3.6　混合填埋　co-landfilling

城镇污水处理厂污泥进入生活垃圾卫生填埋场与生活垃圾进行共同处置的过程。

3.7　混合填埋用泥质 quality of sludge for co-landfilling

进入生活垃圾卫生填埋场与生活垃圾进行共同处置的城镇污水处理厂污泥需达到的质量标准。

3.8　混合比例　proportion of sludge to the domestic waste

城镇污水处理厂污泥与生活垃圾混合填埋时，污泥与生活垃圾的质量比。

4 混合填埋用泥质

4.1　基本指标

污泥用于混合填埋时，其基本指标及限值应满足表1的要求。

表1　基本指标及限值

序号	基本指标	限值
1	污泥含水率 / %	＜60
2	pH	5～10
3	混合比例 / %	≤8

注：表中pH指标不限定采用亲水性材料（如石灰等）与污泥混合以降低其含水率措施。

4.2　污染物指标

污泥用于混合填埋时，其污染物指标及限值应满足表2的要求。

5 用作覆盖土的污泥泥质

5.1 污泥用作垃圾填埋场覆盖土添加料时，其污染物指标及限值应满足表 2 的要求、基本指标及限值应满足表 3 的要求。

表 2 污染物指标及限值 单位：mg/kg 干污泥

序号	污染物指标	限值
1	总镉	<20
2	总汞	<25
3	总铅	<1 000
4	总铬	<1 000
5	总砷	<75
6	总镍	<200
7	总锌	<4 000
8	总铜	<1 500
9	矿物油	<3 000
10	挥发酚	<40
11	总氰化物	<10

表 3 用作垃圾填埋场覆盖土添加料的污泥基本指标及限值

序号	基本指标	限值
1	含水率 / %	<45
2	臭气浓度	<2 级（六级臭度）
3	横向剪切强度 / （kN / m^2）	>25

5.2 污泥用作垃圾填埋场终场覆盖土添加料时，其生物学指标还需满足 GB 18918 中指标要求，见表 4。同时不得检测出传染性病原菌。

表 4 用作垃圾填埋场终场覆盖土的污泥生物学指标及限值

序号	生物学指标	限值
1	粪大肠菌群菌值	>0.01
2	蠕虫卵死亡率 / %	>95

6 取样和监测

6.1 取样方法

采取多点取样混合，样品应有代表性，样品质量不小于 1 kg。

6.2 监测分析方法

按表 5 执行。

表 5 监测分析方法

序号	指标	监测分析方法	采用标准
1	含水率	重量法	CJ/T 221
2	pH 值	玻璃电极法	CJ/T 221

序号	指标	监测分析方法	采用标准
3	总镉	石墨炉原子吸收分光光度法	GB/T 17141
		常压消解后原子吸收分光光度法[a] 常压消解后电感耦合等离子体发射光谱法 微波高压消解后原子吸收分光光度法 微波高压消解后电感耦合等离子体发射光谱法	CJ/T 221
4	总汞	冷原子吸收分光光度法	GB/T1 7136
		常压消解后原子荧光法[a]	CJ/T 221
5	总铅	石墨炉原子吸收分光光度法	GB/T17141
		常压消解后原子荧光法[a] 微波高压消解后原子荧光法 常压消解后原子吸收分光光度法 常压消解后电感耦合等离子体发射光谱法 微波高压消解后原子吸收分光光度法 微波高压消解后电感耦合等离子体发射光谱法	CJ/T 221
6	总铬	火焰原子吸收分光光度法[a]	GB/T 17137
		常压消解后电感耦合等离子体发射光谱法 微波高压消解后电感耦合等离子体发射光谱法 常压消解后二苯碳酰二肼分光光度法 微波高压消解后二苯碳酰二肼分光光度法	CJ/T 221
7	总砷	二乙基二硫代氨基甲酸银分光光度法	GB/T 17134
		硼氢化钾-硝酸银分光光度法	GB/T 17135
		常压消解后原子荧光法[a] 常压消解后电感耦合等离子体发射光谱法 微波高压消解后电感耦合等离子体发射光谱法	CJ/T 221
8	总镍	火焰原子吸收分光光度法	GB/T 17139
		常压消解后原子吸收分光光度法[a] 常压消解后电感耦合等离子体发射光谱法 微波高压消解后原子吸收分光光度法 微波高压消解后电感耦合等离子体发射光谱法	CJ/T 221
9	总锌	火焰原子吸收分光光度法	GB/T 17138
		常压消解后原子吸收分光光度法[a] 常压消解后电感耦合等离子体发射光谱法 微波高压消解后原子吸收分光光度法 微波高压消解后电感耦合等离子体发射光谱法	CJ/T 221
10	总铜	火焰原子吸收分光光度法	GB/T 17138
		常压消解后原子荧光法[a] 常压消解后原子吸收分光光度法 常压消解后电感耦合等离子体发射光谱法 微波高压消解后原子吸收分光光度法 微波高压消解后电感耦合等离子体发射光谱法	CJ/T 221
11	矿物油	红外分光光度法[a] 紫外分光光度法	CJ/T 221
12	挥发酚	蒸馏后 4-氨基安替比林分光光度法	CJ/T 221
13	总氰化物	蒸馏后吡啶-巴比妥酸光度法 蒸馏后异烟酸-吡唑啉酮分光光度法[a]	CJ/T 221
14	臭气浓度	三点比较式臭袋法	GB/T 14675
15	横向剪切强度	—	GB/T50123
16	粪大肠菌群菌值	发酵法	GB/T 7959
17	蠕虫卵死亡率	显微镜法	GB/T 7959

a 为仲裁方法

中华人民共和国国家标准

城镇污水处理厂污泥处置 园林绿化用泥质

Disposal of sludge from nunicipal wastewater treatment plant
—Quality of sludge used in gardens or parks

GB/T 23486—2009

前 言

本标准附录A为规范性附录。

本标准由中华人民共和国住房和城乡建设部提出。

本标准由住房和城乡建设部给水排水产品标准化技术委员会归口。

本标准由上海市政工程设计研究总院、上海市园林科学研究所、上海市城市排水有限公司和上海园林（集团）公司负责起草。

本标准主要起草人：张辰、王国华、方海兰、孙晓、陈伟良、徐月江、张琪、吕子文、张善发、曹燕进、朱广汉。

本标准为首次发布。

1 范围

本标准规定了城镇污水处理厂污泥园林绿化利用的泥质指标及限值、取样和监测等。

本标准适用于城镇污水处理厂污泥的处置和污泥园林绿化利用。

2 规范性引用文件

下列文件中的条款通过本标准的引用而成为本标准的条款。凡是注日期的引用文件，其随后所有的修改单（不包括勘误的内容）或修订版均不适用于本标准，然而，鼓励根据本标准达成协议的各方研究是否可使用这些文件的最新版本。凡是不注日期的引用文件，其最新版本适用于本标准。

GB 7959 粪便无害化卫生标准

GB/T 14848 地下水质量标准

GB 15618 土壤环境质量标准

GB/T 15959 水质 可吸附有机卤素（AOX）的测定 微库仑法

GB/T 17130 土壤质量 总砷的测定 硼氧化钾-硝酸银分光光度法

GB/T 17136 土壤质量 总汞的测定 冷原子吸收分光光度法

GB/T 17137　土壤质量　总铬的测定　火焰原子吸收分光光度法
GB/T 17138　土壤质量　铜、锌的测定　火焰原子吸收分光光度法
GB/T 17139　土壤质量　镍的测定　火焰原子吸收分光光度法
GB/T 17141　土壤质量　铅、镉的测定　石墨炉原子吸收分光光度法
GB 18918　城镇污水处理厂污染物排放标推
CJ/T 221　城市污水处理厂污泥检验方法
LY/T 1251　森林土壤水溶性盐分分析

3 术语和定义

下列术语和定义适用于本标准。

3.1　城镇污水处理厂污泥　sludge from municipal wastewater treatment plant

城镇污水处理厂在污水净化处理过程中产生的含水率不同的半同态或固态物质，不包括栅渣、浮渣和沉砂池砂砾。

3.2　污泥处置　sludge disposal

污泥处理后的消纳过程，一般包括土地利用、填埋、建筑材料利用和焚烧等。

3.3　污泥园林绿化利用　sludge using in a gardens or parks

将处理后污泥用于城镇绿地系统或郊区林地的建造和养护过程，一般用作栽培介质土、土壤改良材料，也可作为制作有机肥的原料。

3.4　污泥园林绿化用泥质　the quality of sludge used in gardens or parks

将处理后污泥用于城镇绿地系统或郊区林地的建造和养护过程时，污泥需达到的质量标准。

4 园林绿化用泥质

4.1 外观和嗅觉

比较疏松，无明显臭味。

4.2　稳定化要求

污泥园林绿化利用前，应满足 GB 18918 中的稳定化控制指标。

4.3　理化指标和养分指标

4.3.1　污泥园林绿化利用时，应控制污泥中的盐分，避免对园林植物造成损害。污泥施用到绿地后，要求对盐分敏感的植物根系周围土壤的 EC 值宜小于 1.0 mS/cm，对某些耐盐的园林植物可以适当放宽到小于 2.0 mS/cm。

4.3.2　污泥园林绿化利用时，其他理化指标应满足表 1 的要求。

表 1　其他理化指标及限值

序号	其他理化指标	限值	
1	pH	酸性土壤（pH＜6.5）	中性和碱性土壤（pH≥6.5）
		6.5～8.5	5.5～7.8
2	含水率/%	＜40	

4.3.3 污泥园林绿化利用时，其养分指标及限值应满足表 2 的要求。

表 2 养分指标及限值

序号	养分指标	限值
1	总养分[总氯（以 N 计）+总磷（以 P_2O_5 计）+总钾（以 K_2O 计）]（%）	≥3
2	有机物含量/%	≥25

4.4 生物学指标和污染物指标

4.4.1 污泥园林绿化利用与人群接触场合时，其生物学指标及限值应满足表 3 的要求。同时，不得检测出传染性病原菌。

表 3 生物学指标及限值

序号	生物学指标	限值
1	粪大肠菌群菌值	＞0.01
2	蠕虫卵死亡率/%	＞95

4.4.2 污泥园林绿化利用时，其污染物指标及限值应满足表 4 的要求。

表 4 污染物指标及限值　　单位：mg/kg 干污泥

序号	污染物指标	限值	
		酸性土壤（pH＜6.5）	中性和碱性土壤（pH≥6.5）
1	总镉	＜5	＜20
2	总汞	＜5	＜15
3	总铅	＜300	＜1 000
4	总铬	＜600	＜1 000
5	总砷	＜75	＜75
6	总镍	＜100	＜200
7	总锌	＜2 000	＜4 000
8	总铜	＜800	＜1 500
9	硼	＜150	＜150
10	矿物油	＜3 000	＜3 000
11	苯并[a]芘	＜3	＜3
12	可吸附有机卤化物（AOX）（以 Cl 计）	＜500	＜500

4.5 种子发芽指教要求

污泥园林绿化利用时，种子发芽指数应大于 70%。

5 其他规定

5.1 污泥园林绿化利用时，宜根据污泥使用地点的面积、土壤污染物本底值和植物的需氮量，确定合理的污泥使用量。

5.2 污泥使用后，有关部门应进行跟踪监测。污泥使用地的地下水和土壤的相关指标需满足 GB/T 14848 和 GB 15618 的规定。

5.3 为了防止对地表永和地下水的污染，在坡度较大或地下水水位较高的地点不应使用污泥，在饮用水水源保护地带严禁使用污泥。

6 取样和监测

6.1 取样方法

采取多点取样混合，样品应有代表性，样品重量不小于 lkg。

6.2 监测分析方法

按表 5 执行。

表 5 监测分析方法

序号	指标	监测分析方法	采用标准
1	pH 值	玻璃电极法	CJ/T 221
2	污泥含水率	重量法	CJ/T 221
3	总氮（以 N 计）	碱性过硫酸钾消解紫外分光光度法	CJ/T 221
4	总磷（以 P_2O_5 计）	氢氧化钠熔融后钼锑抗分光光度法	CJ/T 221
5	总钾（以 K_2O 计）	常压消解后火焰原子吸收分光光度法[a] 常压消解后电感耦台等离子体发射光谱法 微波高压消解后原子吸收分光光度法 微波高压消解后电感耦合等离子体发射光谱法	CJ/T 221
6	有机物含量	重量法	CJ/T 221
7	总镉	石墨炉原子吸收分光光度法	GB/T 17141
		常压消解后原子吸收分光光度法[a] 常压消解后原感耦台等离子体发射光谱法 微波高压消解后原子吸收分光光度法 微波高压消解后电感耦合等离子体发射光谱法	CJ/T 221
8	总汞	冷原子吸收分光光度法	GB/T 17136
		常压消解后原子荧光法[a]	CJ/T 221
9	总铅	石墨炉原子吸收分光光度法	GB/T 17141
		常压消解后原子荧光法 微波高压消解后原子荧光法 常压消解后原子吸收分光光度法 常压消解后电感耦合等离子体发射光谱法 微波高压消解后原子吸收分光光度法 微波高压消解后电感耦合等离子体发射光谱法	CJ/T 221
10	总铬	火焰原子吸收分光光度法[a]	GB/T 17137
		常压消解后电感耦合等离子体发射光谱法 微波高压消解后电感耦合等离子体发射光谱法 常压消解后二苯碳酰二肼分光光度法 微波高压消解后二苯碳酰二肼分光光度法	CJ/T 221
11	总砷	硼氢化钾一硝酸银分光光度法	GB/T 17135
		常压消解后原子荧光法[a] 常压消解后电感耦舍等离子件发射光谱法 微波高压消解后电感耦合等离子体发射光谱法	CJ/T 221
12	总镍	火焰原子吸收分光光度法	CB/T17139
		常压消解后原子吸收分光光度法[a] 常压消解后电感耦合等离子体发射光谱法 微波高压消解后原子吸收分光光度法 微波高压消解后电感耦合等离子体发射光谱法	CJ/T221

序号	指标	监测分析方法	采用标准
13	总锌	火焰原子吸收分光光度法	GB/T 17138
		常压消解后原子吸收分光光度法[a] 常压消解后电感耦合等离子体发射光谱法 微波高压消解后原子吸收分光光度法 微波高压消解后电感耦合等离子体发射光谱法	CJ/T 221
14	总铜	火焰原子吸收分光光度法	CB/T 17138
		常压消解后原于吸收分光光度法[a] 常压消解后电感耦合等离子体发射光谱法 微波高压消解后原子吸收分光光度法 微波高压消解后电感耦合等离子体发射光谱法	CJ/T 221
15	硼	姜黄素比色法[b]	—
16	矿物油	红外分光光度法	CJ/T 221
		紫外分光光度法	
17	苯并[a]芘	气相色谱法[b]	
18	可吸附有机卤化物（AOX）	微库仑法	GB/TI5959
19	粪大肠菌群菌值	发酵法	GB 7959
20	蠕虫卵死亡率	显微镜法	GB 7959
21	种子发芽指数		附录 A
22	EC 值	电导法	LY/T 1251

a 为仲裁方法。

b 暂采用《农用污泥监测分析方法》，待国家方法标准发布后，执行国家标准。

附录 A（规范性附录）

种子发芽指数测试方法

A.1 污泥样品滤液的配制

以污泥样品按水∶物料=3∶1 浸提，160 r/min 振荡 1 h 后过滤，过滤液即为污泥样品过滤液。

A.2 测试

吸取 5 mL 滤液于铺有滤纸的培养皿中，滤纸上放置 20 颗小白菜或水芹种子，25℃下避光培养 48 h 后，测定种子的根长，上述试验设置 5 组重复，同时用去离子水做空白对照。

计算公式见式（A.1）：

$$F = \frac{A_1 \times A_2}{B_1 \times B_2} \times 100 \qquad \text{(A.1)}$$

式中：F——表示种子发芽指数，%；

A_1——污泥滤液培养种子的发芽率，%；

A_2——污泥滤液培养种子的根长，mm；

B_1——去离子水种子的发芽率，%；

B_2——去离子水种子的根长，mm。

中华人民共和国国家标准

城镇污水处理厂污泥处置　土地改良用泥质

Disposal of sludge from nunicipal wastewater treatment plant
—Quality of sludge used in land improvement

GB/T 24600—2009

前　言

本标准由中华人民共和国住房和城乡建设部提出。

本标准由住房和城乡建设部给水排水产品标准化技术委员会归口。

本标准负责起草单位：天津水工业工程设备有限公司。

本标准参加起草单位：天津市市政工程设计研究院、天津艾杰环呆技术工程有限公司、天津创业环保股份有限公司、天津市节水水处理技术研究会、天津机电进出口有限公司、上海城环水务运营有限公司、江苏天雨环保集团有限公司。

本标准主要起草人：张大群、赵丽君、王洪云、张述超、赵乐军、顾其峰、刘瑶、王津利、周建芝、李玉庆、王秀朵、许洲、朱雁伯、姜亦增、孙菁、王立彤、张秦、于洪江、李光新、周丕仁、汪喜生、曹井国、王大华、方跃飞、邱娜、张蕾。

1 范围

本标准规定了城镇污水处理厂污泥土地改良利用的泥质指标及限值、取样和监测等。

本标准适用于城镇污水处理厂污泥的处置和污泥土地改良利用。

排水管道通挖污泥用于土地改良的泥质可参照本标准。

2 规范性引用文件

下列文件中的条款通过本标准的引用而成为本标准的条款。凡是注日期的引用文件，其随后所有的修改单（不包括勘误的内容）或修订版均不适用于本标准，然而，鼓励根据本标准达成协议的各方研究是否可使用这些文件的最新版本。凡是不注日期的引用文件，其最新版本适用于本标准。

GB 7959　粪便无害化卫生标准

GB 8978　污水综合排放标准

GB 13015　含多氯联苯废物污染控制标准

GB/T 14848　地下水质量标准

GB 15618　土壤环境质量标准

GB/T 15959 水质 可吸附有机卤素（AOX）的测定 微库仑法
GB/T 17134 土壤质量 总砷的测定 二乙基二硫代氨基甲酸银分光光度法
GB/T 17135 土壤质量 总砷的测定 硼氢化钾-硝酸银分光光度法
GB/T 17136 土壤质量 总汞的测定 冷原子吸收分光光度法
GB/T 17137 土壤质量 总铬的测定 火焰原子吸收分光光度法
GB/T 17138 土壤质量 铜、锌的测定 火焰原子吸收分光光度法
GB/T 17139 土壤质量 镍的测定 火焰原子吸收分光光度法
GB/T 17141 土壤质量 铅、镉的测定 石墨炉原子吸收分光光度法
GB 18918 城镇污水处理厂污染物排放标推
GB/T 23484 城镇污水处理厂污泥处置 分类
CJ/T 221 城市污水处理厂污泥检验方法
CJ 3082 污水排入城市下水道水质标准

3 术语和定义

GB/T 23484 确定的以及下列术语和定义适用于本标准。

下列术语和定义适用于本标准。

3.1 城镇污水处理厂污泥 sludge from municipal wastewater treatment plant

城镇污水处理厂在污水净化处理过程中产生的含水率不同的半同态或固态物质，不包括栅渣、浮渣和沉砂池砂砾。

3.2 排水管道通挖污泥 sludge from drainage pipe

城镇排水管道在养护、疏通过程中产生的污泥。

3.3 污泥土地改良 sludge used in land improvement

将处理后且满足本标准的污泥用于盐碱地、沙化地和废弃矿场土壤的改良，使之达到一定地功能的处置方式。

3.4 污泥土地改良用泥质 the quality of sludge used in land lmprovement

将处理后污泥用于盐碱地、沙化地和废弃矿场土壤的改良，使之达到一定用地功能的过程时，污泥需达到的质量标准。

4 土地改良用泥质要求

4.1 外观和嗅觉

有泥饼型感观，无明显臭味。

4.2 稳定化要求

污泥土地改良利用前，应满足 GB 18918 中的稳定化控制指标。

4.3 理化指标和养分指标

4.3.1 污泥土地改良利用时，其他理化指标应满足表 1 的要求。

表 1 其他理化指标及限值

序号	其他理化指标	限值
1	pH	5.5～10
2	含水率/%	＜65

4.3.2 污泥土地改良利用时，其养分指标及限值应满足表 2 的要求。

表 2　养分指标及限值

序号	养分指标	限值
1	总养分[总氯（以 N 计）+总磷（以 P_2O_5 计）+总钾（以 K_2O 计）]/%	≥1
2	有机物含量/%	≥10

4.4　生物学指标和污染物指标

4.4.1　污泥土地改良利用时，其生物学指标及限值应满足表 3 的要求。

表 3　生物学指标及限值

序号	生物学指标	限值
1	粪大肠菌群菌值	＞0.01
2	细菌总数/（MPN/kg 干污泥）	＜10^6
3	蠕虫卵死亡率/%	＞95

4.4.2　污泥土地改良利用时，其污染物指标及限值应满足表 4 的要求。

表 4　污染物指标及限值　　单位：mg/kg 干污泥

序号	污染物指标	限值	
		酸性土壤（pH＜6.5）	中性和碱性土壤（pH≥6.5）
1	总镉	5	20
2	总汞	5	15
3	总铅	300	1 000
4	总铬	600	1 000
5	总砷	75	75
6	总硼	100	150
7	总铜	800	1 500
8	总锌	2 000	4 000
9	总镍	100	200
10	矿物油	3 000	3 000
11	可吸附有机卤化物（AOX）（以 CI 计）	500	500
12	多氯联苯	0.2	0.2
13	挥发酚	40	40
14	总氰化物	10	10

5 其他规定

5.1 排入城镇污水处理厂的污水应符合 CJ 3082 的相关规定。

5.2　排入城镇污水处理厂的工业废水应符合 GB 8978 的相关规定。

5.3　在饮水水源保护区和地下水位较高处不宜将污泥用于土地改良。

5.4　在污泥用于土地改良后，其施用地的土壤和地下水相关指标应符合 GB 15618 和 GB/T 14848 中的相关规定。

5.5 污泥施用频率

每年每万平方米土地施用于污泥量不大于 30 000kg。

6 取样和监测

6.1 取样方法

采取多点取样混合，样品应有代表性，样品重量不小于 lkg。

6.2 监测频率

参照表 5 执行。

表 5 污泥土地利用时的监测频率

序号	干污泥量/（t/a）	频率
1	0≤干污泥量＜290	1 次/a
2	290≤干污泥量＜1 500	1 次/90 d
3	1 500≤干污泥量＜15 000	1 次/60 d
4	15 000≤干污泥量	1 次/30 d

6.3 监测分析方法

按表 6 执行。

表 6 监测分析方法

序号	指标	监测分析方法	采用标准
1	pH 值	玻璃电极法	CJ/T 221
2	含水率	重量法	CJ/T 221
3	总镉	石墨炉原子吸收分光光度法	GB/T 17141
		常压消解后原子吸收分光光度法[a] 常压消解后原感耦台等离子体发射光谱法 微波高压消解后原子吸收分光光度法 微波高压消解后电感耦合等离子体发射光谱法	CJ/T 221
4	总汞	冷原子吸收分光光度法	GB/T 17136
		常压消解后原子荧光法[a]	CJ/T 221
5	总铅	石墨炉原子吸收分光光度法	GB/T 17141
		常压消解后原子荧光法[a] 微波高压消解后原子荧光法 常压消解后原子吸收分光光度法 常压消解后电感耦合等离子体发射光谱法 微波高压消解后原子吸收分光光度法 微波高压消解后电感耦合等离子体发射光谱法	CJ/T 221
6	总铬	火焰原子吸收分光光度法[a]	GB/T 17137
		常压消解后电感耦合等离子体发射光谱法 微波高压消解后电感耦合等离子体发射光谱法 常压消解后二苯碳酰二肼肼分光光度法 微波高压消解后二苯碳酰二肼分光光度法	CJ/T 221
7	总砷	二乙基二硫代氨基甲酸银分光光度法	GB/T 17134
		硫氢化钾-硝酸银分光光度法	GB/T 17135
		常压消解后原子荧光法[a] 常压消解后电感耦合等离子体发射光谱法 微波高压消解后电感耦合等离子体发射光谱法	CJ/T 221

序号	指标	监测分析方法	采用标准
8	硼	常压消解后电感耦合等离子体发射光谱法[a] 微波高压消解后电感耦合等离子体发射光谱法	CJ/T 221
9	总铜	火焰原子吸收分光光度法	CB/T 17138
		常压消解后原于吸收分光光度法[a] 常压消解后电感耦合等离子体发射光谱法 微波高压消解后原子吸收分光光度法 微波高压消解后电感耦合等离子体发射光谱法	CJ/T 221
10	总锌	火焰原子吸收分光光度法	GB/T 17138
		常压消解后原子吸收分光光度法[a] 常压消解后电感耦合等离子体发射光谱法 微波高压消解后原子吸收分光光廛法 微波高压消解后电感耦合等离子体发射光谱法	CJ/T 221
11	总镍	火焰原子吸收分光光度法	CB/T17139
		常压消解后原子吸收分光光度法[a] 常压消解后电感耦合等离子体发射光谱法 微波高压消解后原子吸收分光光度法 微波高压消解后电感耦合等离子体发射光谱法	CJ/T221
12	矿物油	红外分光光度法 紫外分光光度法	CJ/T 221
13	可吸附有机卤化物（AOX）	微库仑法	GB/TI5959
14	多氯联苯（PCB）	气相色谱法	GB 13015
15	挥发酚	蒸馏后 4-氨基安替比林分光光度法	CJ/T 221
16	总氰化物	蒸馏后吡啶—巴比妥酸光度法 蒸馏后异烟酸-吡唑淋酮分光光度法[a]	CJ/T 221
17	粪大肠菌群菌值	发酵法	GB 7959
18	细菌总数	平皿计数法	CJ/T 221
19	蛔虫卵死亡率	显微镜法	GB 7959
20	总氮（以 N 计）	碱性过硫酸钾消解紫外分光光度法	CJ/T 221
21	总磷（以 P_2O_5 计）	氢氧化钠熔融后钼锑抗分光光度法	CJ/T 221
22	总钾（以 K_2O 计）	常压消解后火焰原子吸收分光光度法[a] 常压消解后电感耦台等离子体发射光谱法 微波高压消解后原子吸收分光光度法 微波高压消解后电感耦合等离子体发射光谱法	CJ/T 221
23	有机物含量	重量法	CJ/T 221

a 为仲裁方法。

中华人民共和国国家标准

城镇污水处理厂污泥处置　单独焚烧用泥质

Disposal of sludge from nunicipal wastewater treatment plant
—Quality of sludge used in sepqrate incineration

GB/T 24602—2009

前　言

本标准由中华人民共和国住房和城乡建设部提出。

本标准由住房和城乡建设部给水排水产品标准化技术委员会归口。

本标准负责起草单位：天津水工业工程设备有限公司。

本标准参加起草单位：天津市市政工程设计研究院、天津艾杰环保技术工程有限公司、天津创业环保股份有限公司、天津机电进出口有限公司、上海城环水务运营有限公司、重庆三峰卡万塔环境产业有限公司、江苏天雨环保集团有限公司。

本标准主要起草人：张大群、赵丽君、王立彤、金宏、邓彪、王秀朵、刘瑶、付睿、赵乐军、朱雁伯、许洲、张蓁、姜亦增、张健、曹井国、张蕾、邱娜、李杨、刘雯、王定国、周丕仁、汪喜生、王大华、方跃飞。

1 范围

本标准规定了城镇污水处理厂污泥单独焚烧利用的泥质指标及限值、取样和监测等。

本标准适用于城镇污水处理厂污泥的处置和污泥单独焚烧利用。

2 规范性引用文件

下列文件中的条款通过本标准的引用而成为本标准的条款。凡是注日期的引用文件，其随后所有的修改单（不包括勘误的内容）或修订版均不适用于本标准，然而，鼓励根据本标准达成协议的各方研究是否可使用这些文件的最新版本。凡是不注日期的引用文件，其最新版本适用于本标准。

GB 5085　（所有部分）危险废物鉴别标准

GB/T 5468　锅炉烟尘测试方法

GB 8978　污水综合排放标准

GB/T 12206　城镇燃气热值和相对密度测定方法

GB 12348　工业企业厂界噪声排放标准

GB/T 14204　水质　烷基汞的测定　气相色谱法

GB 14554　恶臭污染物排放标准

GB/T 16157　固定污染源排气中颗粒物测定与气态污染物采样方法

GB 16297　大气污染物综合排放标准

GB 18485　生活垃圾焚烧污染控制标准

GB/T 23484　城镇污水处理厂污泥处置　分类

CJ/T 221　城市污水处理厂污泥检验方法

HJ/T 27　固定污染源排气中氯化氢的测定　硫氰酸汞分光光度法

HJ/T 42　固定污染源排气中氮氧化物的测定　紫外分光光度法

HJ/T 43　固定污染源排气中氮氧化物的测定　盐酸萘乙二胺分光光度法

HJ/T 44　固定污染源排气中一氧化碳的测定　非色散红外吸收法

HJ/T 56　固定污染源排气中二氧化硫的测定　碘量法

HJ/T 57　固定污染源排气中二氧化硫的测定　定点位电解法

HJ/T 299　固体废物浸出毒性浸出方法　硫酸硝酸法

HJ 77.2　环境空气和废气　二噁英类的测定　同位素稀释高分辨气相色谱-高分辨质谱法

国家环境保护总局《空气和废气监测分析方法》编委会. 空气和废气监测分析方法（第四版）. 北京：中国环境科学出版社，2003.

3 术语和定义

GB/T 23484 确定的以及下列术语和定义适用于本标准。

3.1　城镇污水处理厂污泥　sludge from municipal wastewater treatment plant

城镇污水处理厂在污水净化处理过程中产生的含水率不同的半固态或固态物质，不包括栅渣、浮渣 GB/T 24602—2009 和沉砂池砂砾。

3.2　污泥处理　sludge treatment

对污泥进行稳定化、减量化和无害化处理的过程，一般包括浓缩（调理）、脱水、厌氧消化、好氧消化、石灰稳定、堆肥、干化和焚烧等。

3.3　污泥处置　sludge disposal

污泥处理后的消纳过程，一般包括土地利用、填埋、建筑材料利用和焚烧等。

3.4　污泥焚烧　sludge incineration

利用焚烧炉使污泥完全矿化为少量灰烬的处理处置方式。

3.5　单独焚烧　separate incineration

污泥单一的自持焚烧、助燃焚烧和干化焚烧叫做单独焚烧。

3.6　污泥单独焚烧用泥质　the quality of sludge used in separate incineration

将处理后的污泥用于单一的自持焚烧、助燃焚烧和干化焚烧过程时，污泥需达到的质量标准。

3.7　自持焚烧　incineration by restraining oneself

焚烧过程无需辅助燃料加入的焚烧。

3.8　助燃焚烧　incineration by combustion-supporting

焚烧过程需要辅助燃料加入的焚烧。

3.9　干化焚烧　incineration after drying

焚烧之前需进行干化处理的焚烧。

3.10 低位执值 lower heating value

单位质量污泥完全焚烧时，当燃烧产物回复到反应前污泥所处温度、压力状态，并扣除其中水分汽化吸热量后，放出的热量。

3.11 污泥焚烧炉 sludge incinerator

利用高温氧化作用处理污泥的装置。

3.12 二噁英类 dioxin

多氯代二苯并-对-二噁英和多氯代二苯并呋喃的总称。

3.13 炉渣 furnace cinder

污泥焚烧后从炉床直接排放的残渣。

3.14 飞灰 fly ash

焚烧污泥时，烟气中夹带的细小颗粒。

4 单独焚烧用泥质要求

4.1 外观

污泥单独焚烧利用时，其外观呈泥饼状。

4.2 理化指标

污泥单独焚烧利用时，其理化指标及限值应满足表 1 要求，在选择焚烧炉的炉型时要充分考虑污泥的含砂量。

表 1 理化指标及限值

序号	类别	控制项目及限值			
		pH	含水率/%	低位热值/（kJ/kg）	有机物含量/%
1	自持焚烧	5～10	＜50	＞5 000	＞50
2	助燃焚烧	5～10	＜80	＞3 500	＞50
3	干化焚烧[a]	5～10	＜80	＞3 500	＞50

a 干化焚烧含水率（＜80%）是指污泥进入干化系统的含水率。

4.3 污染物指标

污泥单独焚烧利用时，按照 HJ/T 299 制备的固体废物浸出液最高允许浓度指标应满足表 2 要求。

表 2 浸出液最高允许浓度指标

序号	控制项目	限值
1	烷基汞	不得检出[a]
2	汞（以总汞计）	≤0.1 mg/L
3	铅（以总铅计）	≤5 mg/L
4	镉（以总镉计）	≤1 mg/L
5	总铬	≤15 mg/L
6	六价铬	≤5 mg/L
7	铜（以总铜计）	≤100 mg/L
8	锌（以总锌计）	≤100 mg/L

序号	控制项目	限值
9	铍（以总铍计）	≤0.02 mg/L
10	钡（以总钡计）	≤100 mg/L
11	镍（以总镍计）	≤5 mg/L
12	砷（以总砷计）	≤5 mg/L
13	无机氟化物（不包括氟化钙）	≤100 mg/L
14	氰化物（以 CN^- 计）	≤5 mg/L

a “不得检出”指甲基汞＜10 ng/L，乙基汞＜20 ng/L。

5 其他要求

5.1 城镇污水处理厂污泥单独焚烧利用时，考虑燃烧设备的安全性和燃烧传递条件的影响，腐蚀性强的氯化铁类污泥调理剂应慎用。

5.2 污泥焚烧的烟气排放控制要求，应满足 GB 16297 的要求，其中二噁英控制应满足 GB 18485 的要求。

5.3 污泥焚烧炉大气污染物排放标准应符合表 3 的规定。

表 3 焚烧炉大气污染物排放标准

序号	控制项目	单位	数值含义	限值[a]
1	烟尘	mg/m^3	测定均值	80
2	烟气黑度	格林曼黑度，级，	测定值[b]	1
3	一氧化碳	mg/m^3	小时均值	150
4	氮氧化物	mg/m^3	小时均值	400
5	二氧化硫	mg/m^3	小时均值	260
6	氯化氢	mg/m^3	小时均值	75
7	汞	mg/m^3	测定均值	0.2
8	镉	mg/m^3	测定均值	0.1
9	铅	mg/m^3	测定均值	1.6
10	二噁英类	$ngTEQ/m^3$	测定均值	1.0

a 本表规定的各项标准限值，均以标准状态下含 11% O_2 的干烟气作为参考值换算。
b 烟气最高黑度时间，在任何 1 h 内累计不超过 5 min。

5.4 污泥焚烧厂恶臭厂界排放限值

氨、硫化氢、甲硫醇和臭气浓度厂界排放限值根据污泥焚烧厂所在区域，分别按照 GB 14554 相应级别的指标值执行。

5.5 污泥焚烧厂工艺废水排放限值

污泥焚烧厂工艺废水必须经过废水处理系统处理，处理后的水应优先考虑循环再利用。必需排放时，废水中污染物最高允许排放浓度接 GB 8978 执行。

5.6 焚烧残余物的处置要求

焚烧炉渣必须与除尘设备收集的焚烧飞灰分别收集、贮存、运输和处量。

焚烧炉渣按一般固体废物处置，焚烧飞灰应按危险废物处置。其他尾气净化装置排放的固体废物应按 GB 5085（所有部分）判断是否属于危险废物；当属危险废物时，则按危险废物处置。

5.7 污泥焚烧厂噪声控制限值

按 GB 12348 执行。

6 取样和监测

6.1 取样方法

采取多点取样混合，样品应有代表性，样品重量不小于 1kg。

6.2 监测频率

监测频率每季度一次（二噁英类根据需要进行监测）。

6.3 监测分析方法

按表 4 执行。

表 4 监测分析方法

序号	指标	监测分析方法	采用标准
1	pH 值	玻璃电极法	CJ/T 221
2	含水率	重量法	CJ/T 221
3	低位热值	热量计法	GB/T 12206
4	有机物含量	重量法	CJ/T 221
5	烷基汞	气相色谱法	GB/T 14204
6	总汞	电感耦合等离子体质谱法	GB 5085.3
7	总铅	电感耦合等离子体原子发射广谱法[b] 电感耦合等离子体质谱法 石墨炉原子吸收广谱法 火焰原子吸收广谱法	GB 5085.3
8	总镉	电感耦合等离子体原子发射广谱法[b] 电感耦舍等离子体质谱法 石墨炉原子吸收广谱法 火焰原子吸收广谱法	GB 5085.3
9	总铬	电感耦合等离子体原子发射广谱法[b] 电感耦合等离子体质谱法 石墨炉原子吸收广谱法 火焰原子吸收广谱法	GB 5085.3
10	六价铬	二苯碳酰二肼分光光度法	GB5085.3
11	总铜	电感耦合等离子体原子发射广谱法[b] 电感耦合等离子体质谱法 石墨炉原子吸收广谱法 火焰原子吸收广谱法	GB 5085.3
12	总锌	电感耦合等离子体原子发射广谱法[b] 电感耦合等离子体质谱法 石墨炉原子吸收广谱法 火焰原子吸收广谱法	GB 5085.3
13	总铍	电感耦合等离子体原子发射广谱法[b] 电感耦合等离子体质谱法 石墨炉原子吸收广谱法 火焰原子吸收广谱法	GB 5085.3
14	总钡	电感耦合等离子体原子发射广谱法[b] 电感耦合等离子体质谱法 石墨炉原子吸收广谱法 火焰原子吸收广谱法	GB 5085.3

序号	指标	监测分析方法	采用标准
15	总镍	电感耦合等离子体原子发射广谱法[b] 电感耦合等离子体质谱法 石墨炉原子吸收广谱法 火焰原子吸收广谱法	GB 5085.3
16	总砷	石墨炉原子吸收广谱法[b] 原子荧光法	GB 5085.3
17	无机氟化物	离子色谱法	GB 5085.3
18	总氰化物	离子色谱法	GB 5085.3
19	烟尘	重量法	GB/T 16157
20	烟气黑度	林格曼烟度法	GB/T 5468
21	氮氧化物	紫外分光光度法[b]	HJ/T 42
		盐酸萘乙二胺分光光度法	HJ/T 43
22	一氧化碳	非色散红外吸收法	HJ/T 44
23	二氧化硫	碘量法[b]	HJ/T 56
		定点位电解法	HJ/T 57
24	氯化氢	硫氰酸汞分光光度法	HJ/T 27
25	汞（气态）	冷原子吸收分光光度法[b]	—
26	镉（气态）	原子吸收分光光度法[b]	—
27	铅（气态）	原子吸收分光光度法[a]	—
28	二噁英类	同位素稀释高分辨气相色谱一高分辨质谱法	HJ77.2

a 暂采用《空气和废气监测分析方法》（第四版），待国家方法标准发布后，执行国家标准。
b 为仲裁方法。

中华人民共和国国家标准

城镇污水处理厂污泥处置　制砖用泥质

Disposal of sludge from nunicipal wastewater treatment plant
—Quality of sludge used in making brick

GB/T 25031—2010

前　言

本标准由中华人民共和国住房和城乡建设部提出。

本标准由住房和城乡建设部给水排水产品标准化技术委员会归口。

本标准起草单位：广州市城市排水监测站、天津市城市排水监测站、昆明市城市排水监测站、武汉市排水设施监督管理处、广州市二次供水技术咨询服务中心、中国科学院地理科学与资源研究所。

本标准主要起草人：林毅、李明、谈勇、卢宝光、孟庆强、孙雷、梁伟臻、杨建波、苏健成、郭彦娟、杨静、冼慧婷、李健槟、叶承明、王令凡、何洁、肖丹、黄艳、龚兵、陈同斌、杜姗姗、赵镜浩、陈婷婷、郑念耿、戴永康。

1 范围

本标准规定了城镇污水处理厂污泥制烧结砖利用的泥质、取样和监测。

本标准适用于城镇污水处理厂污泥的处置和污泥制烧结砖利用。

2 规范性引用文件

下列文件中的条款通过本标准的引用而成为本标准的条款。凡是注日期的引用文件，其随后所有的修改单（不包括勘误的内容）或修订版均不适用于本标准，然而，鼓励根据本标准达成协议的各方研究是否可使用这些文件的最新版本。凡是不注日期的引用文件，其最新版本适用于本标准。

GB 5101　烧结普通砖

GB 6566　建筑材料放射性核素限量

GB 7959　粪便无害化卫生标准

GB 13544　烧结多孔砖

GB 13545　烧结空心砖和空心砌块

GB/T 14675　空气质量　恶臭的测定　三点比较式臭袋法

GB/T 14678　空气质量　硫化氢、甲硫醇、甲硫醚和二甲二硫的测定　气相色谱法

GB/T 14679　空气质量　氨的测定　次氯酸钠-水杨酸分光光度法

GB/T 15263　环境空气　总烃的测定　气相色谱法

GB/T 17134　土壤质量　总砷的测定　二乙基二硫代氨基甲酸银分光光度法

GB/T 17135　土壤质量　总砷的测定　硼氰化钾-硝酸银分光光度法

GB/T 17136　土壤质量　总汞的测定　冷原子吸收分光光度法

GB/T 17137　土壤质量　总铬的测定　火焰原子吸收分光光度法

GB/T 17138　土壤质量　铜、锌的测定　火焰原子吸收分光光度法

GB/T 17139　土壤质量　镍的测定　火焰原子吸收分光光度法

GB/T 17141　土壤质量　铅、镉的测定　石墨炉原子吸收分光光度法

GB 18918　城镇污水处理厂污染物排放标准

GB/T 23484　城镇污水处理厂污泥处置　分类

GB/T 26402　城镇污水处理厂污泥处置　单独焚烧用泥质

CJ/T 221　城市污水处理厂污泥检验方法

3 术语和定义

GB/T23484 确立的以及下列术语和定义适用于本标准。

3.1　城镇污水处理厂污泥　sludge from municipal wastewater treatment plant

城镇污水处理厂在污水净化处理过程中产生的含水率不同的半固态或固态物质，不包括栅渣、浮渣和沉砂池砂砾。

3.2　污泥处置　slodge disposal

污泥处理后的消纳过程，一般包括土地利用、填埋、建筑材料利用和焚烧等。

3.3　污泥制砖利用　sludge using in making brick

将处理后污泥作为部分原料用于制烧结砖。

3.4　制砖用泥质　qnality of sludge used in making brick

将处理后污泥用于制烧结砖原料时，污泥应达到的质量标准。

4 制砖用泥质要求

4.1 嗅觉

无明显刺激性臭味。

4.2　稳定化指标

污泥制砖利用前，应满足 GB18918 中的稳定化指标。

4.3　理化指标

污泥用于制砖时，污泥理化指标应满足表 1 的要求。

表 1　理化指标

序号	控制项目	限值
1	pH	5～10
2	含水率	≤40%

4.4 烧失量和放射性核素指标

污泥用于制砖时，污泥烧失量和放射性核素指标应满足表 2 的要求。

表 2 烧失量和放射性核素指标

序号	控制项目	限值（干污泥）	
1	烧失量	≤50%	
2	放射性核素	I_{Ra}≤1.0	I_r≤1.0

4.5 污染物浓度限值

污泥用于制砖时，污泥污染物浓度限值应满足表 3 的要求。

表 3 污染物浓度限值 单位：mg/kg 干污泥

序号	控制项目	限值
1	总镉	＜20
2	总汞	＜5
3	总铅	＜300
4	总铬	＜1000
5	总砷	＜75
6	总镍	＜200
7	总锌	＜4 000
8	总铜	＜1 500
9	矿物油	＜3 000
10	挥发酚	＜40
11	总氰化物	＜10

4.6 卫生学指标

污泥用于制砖与人群接触场合时，污泥卫生学指标应满足表 4 的要求。同时，不能检测出传染性病原菌。

表 4 卫生学指标

序号	控制项目	限值
1	粪大肠菌群菌值	＞0.01
2	蠕虫卵死亡率	＞95%

4.7 大气污染物排放指标

污泥在运输和储存时，大气污染物排放最高允许浓度应满足表 5 的要求，标准分级、取样与监测需满足 GB 18918 要求。

污泥在制烧结砖时，大气污染物排放最高允许浓度应满足 GB/T 26402 的要求。

表 5 大气污染物排放最高允许浓度

序号	控制项目	一级标准	二级标准	三级标准
1	氨（mg/d）	1.0	1.5	4.0
2	硫化氢（mg/m^3）	0.03	0.06	0.32
3	臭气浓度（无量纲）	10	20	60
4	甲烷（厂区最高体积浓度）/%	0.5	1	1

5 其他要求

5.1 将处理后污泥与其他制砖原料混合时，污泥（以干污泥计）与制砖总原料的重量比（wt/%），即混合比例应小于或等于 10%。在工艺条件允许或产品需要的情况下，混合比例可适当提高。

5.2 利用污泥制备出的成品砖质量指标应满足国家标准 GB 5101、GB 13544 和 GB 13545 中的相关规定。

6 取样与监测

6.1 取样方法：应采取多点取样混合，样品应有代表性，样品重量不小于 1kg。

6.2 监测分析方法按表 6 执行。

表 6 监测分析方法

<table>
<tr><th>序号</th><th>项目</th><th>测定方法</th><th>采用标准</th></tr>
<tr><td>1</td><td>pH 值</td><td>玻璃电极法</td><td>CJ/T 221</td></tr>
<tr><td>2</td><td>污泥含水率</td><td>重量法</td><td>CJ/T 221</td></tr>
<tr><td>3</td><td>烧失量</td><td>重量法</td><td>GB 7876</td></tr>
<tr><td>4</td><td>放射性核素</td><td>低本底多道γ能谱仪法</td><td>GB 6566</td></tr>
<tr><td rowspan="2">5</td><td rowspan="2">总镉</td><td>石墨炉原子吸收分光光度法</td><td>GB/T 17141</td></tr>
<tr><td>常压消解后原子吸收分光光度法[a]
常压消解后电感耦合等离子体发射光谱法
微波高压消解后原子吸收分光光度法
微波高压消解后电感耦合等离子体发射光谱法</td><td>CJ/T 221</td></tr>
<tr><td rowspan="2">6</td><td rowspan="2">总汞</td><td>冷原子吸收分光光度法</td><td>GB/T 17136</td></tr>
<tr><td>常压消解后原子荧光法[b]</td><td>CJ/T 221</td></tr>
<tr><td rowspan="2">7</td><td rowspan="2">总铅</td><td>石墨炉原子吸收分光光度法</td><td>GB/T 17141</td></tr>
<tr><td>常压消解后原子荧光法[a]
微波高压消解后原子荧光法
常压消解后原子吸收分光光度法
常压消解后电感耦合等离子体发射光谱法
微波高压消解后原子吸收分光光度法
微波高压消解后电感耦合等离子体发射光谱法</td><td>CJ/T 221</td></tr>
<tr><td rowspan="2">8</td><td rowspan="2">总铬</td><td>火焰原子吸收分光光度法[a]</td><td>GB/T 17137</td></tr>
<tr><td>常压消解后电感耦合等离子体发射光谱法
微波高压消解后电感耦合等离子体发射光谱法
常压消解后二苯碳酰二肼分光光度法
微波高压消解后二苯碳酰二肼分光光度法</td><td>CJ/T 221</td></tr>
<tr><td rowspan="3">9</td><td rowspan="3">总砷</td><td>二乙基二硫代氨基甲酸银分光光度法</td><td>GB/T 17134</td></tr>
<tr><td>硼氧化钾-硝酸银分光光度法</td><td>GB/T 17135</td></tr>
<tr><td>常压消解后原子荧光法[a]
常压消解后电感耦合等离子体发射光谱法
微波高压消解后电感耦合等离子体发射光谱法</td><td>CJ/T 221</td></tr>
<tr><td rowspan="2">10</td><td rowspan="2">总镍</td><td>火焰原子吸收分光光度法</td><td>GB/T 17139</td></tr>
<tr><td>常压消解后原子吸收分光光度法[a]
常压消解后电感耦合等离子体发射光谱法
微波常压消解后原子吸收分光光度法
微波高压消解后电感耦合等离子体发射光谱法</td><td>CJ/T 221</td></tr>
</table>

序号	项目	测定方法	采用标准
11	总锌	火焰原子吸收分光光度法	GB/T 17138
		常压消解后原子吸收分光光度法[a] 常压消解后电感耦合等离子体发射光谱法 微波常压消解后原子吸收分光光度法 微波高压消解后电感耦合等离子体发射光谱法	CJ/T 221
12	总铜	火焰原子吸收分光光度法	GB/T 17138
		常压消解后原子吸收分光光度法[a] 常压消解后电感耦合等离子体发射光谱法 微波常压消解后原子吸收分光光度法 微波高压消解后电感耦合等离子体发射光谱法	CJ/T 221
13	矿物油	红外分光光度法[a]	CJ/T 221
		紫外分光光度法	
14	挥发酚	蒸馏后 4-氨基安替比林分光光度法	CJ/T 221
15	总氰化物	蒸馏后吡啶-巴比妥酸光度法[a]	CJ/T 221
		蒸馏后异烟酸—吡唑啉酮分光光度法	
16	粪大肠菌群菌值	发酵法	GB 7959
17	蠕虫卵死亡率	显微镜法	GB 7959
18	氨	次氯酸钠—水杨酸分光光度法	GB/T 14679
19	硫化氢	气相色谱法	GB/T 14678
20	臭气浓度	三点比较式臭袋法	GB/T 14675
21	甲烷	气相色谱法	GB/T 15263

[a] 为仲裁方法。

中华人民共和国城镇建设行业标准

污水排入城镇下水道水质标准

Wastewater quality standards for discharge to municipal sewers

CJ 343—2010
代替 CJ 3082—1999

前言

本标准第 4 章和 5.1.1、5.1.2 为强制性的，其余为推荐性的。

本标准是对《污水排入城市下水道水质标准》（CJ 3082—1999）的修订。

与 CJ 3082—1999 相比，主要技术内容变化如下：

——标准名称改为《污水排入城镇下水道水质标准》；

——控制项目名称温度、油脂、矿物油类、生化需氧量、磷酸盐、氰化物、挥发性酚、苯胺分别改为水温、动植物油、石油类、五日生化需氧量、总磷、总氰化物、挥发酚、苯胺类；

——新增控制项目总氮、总余氯、氯化物、总铍、总银、甲醛、三氯甲烷、四氯化碳、三氯乙烯、四氯乙烯、五氯酚、可吸附有机卤化物共 12 项；

——取消控制项目总锑；

——控制项目限值由两个等级改为三个等级；

——取消附录 A（标准的附录）和附录 B（标准的附录）。

本标准由住房和城乡建设部标准定额研究所提出。

本标准由住房和城乡建设部给水排水产品标准化技术委员会归口。

本标准负责起草单位：北京市市政工程管理处。

本标准参加起草单位：北京市市政工程设计研究总院、石家庄市城市排水监测站、杭州市城市排水监测站、成都市排水有限责任公司、厦门市城市排水监测站、哈尔滨市城市排水监测站、合肥市城市排水监测中心、西安市市政设施管理局、成都市排水设施管理处、北京城市排水集团有限责任公司高碑店污水处理厂、广州市京水水务有限公司。

本标准主要起草人：姬国明、单继革、张毅、王增义、王春顺、蒋兰、徐心沛、杨世荣、李艺、封勇、黄伟、曹佳红、戴兰华、沙启云、马先发、张东康、魏懿红、马文瑾、邹嘉乐。

本标准所代替的历次版本发布情况为：

——CJ 18—1986；

——CJ 3082—1999。

1 范围

本标准规定了排入城镇下水道污水的水质要求、取样与监测。

本标准适用于向城镇下水道排放污水的排水户的排水水质。

2 规范性引用文件

下列文件对于本文件的应用是必不可少的。凡是注日期的引用文件，仅注日期的版本适用于本文件。凡是不注日期的引用文件，其最新版本（包括所有的修改单）适用于本文件。

GB/T 6920 水质 pH 值的测定 玻璃电极法
GB/T 7466 水质 总铬的测定 高锰酸钾氧化-二苯碳酰二肼分光光度法
GB/T 7467 水质 六价铬的测定 二苯碳酰二肼分光光度法
GB/T 7468 水质 总汞的测定 冷原子吸收光度法
GB/T 7469 水质 总汞的测定 高锰酸钾—过硫酸钾消解法 双硫腙分光光度法
GB/T 7470 水质 铅的测定 双硫腙分光光度法
GB/T 7471 水质 镉的测定 双硫腙分光光度法
GB/T 7472 水质 锌的测定 双硫腙分光光度法
GB/T 7475 水质 铜、锌、铅、镉的测定 原子吸收分光光度法
GB/T 7484 水质 氟化物的测定 离子选择电极法
GB/T 7485 水质 总砷的测定 二乙基二硫代氨基甲酸银分光光度法
GB/T 7494 水质 阴离子表面活性剂的测定 亚甲基蓝分光光度法
GB/T 8972 水质 五氯酚的测定 气相色谱法
GB/T 9803 水质 五氯酚的测定 藏红 T 分光光度法
GB/T 11889 水质 苯胺类化合物的测定 N-（1-萘基）乙二胺偶氧分光光度法
GB/T 11890 水质 苯系物的测定 气相色谱法
GB/T 11893 水质 总磷的测定 钼酸铵分光光度法
GB/T 11894 水质 总氮的测定 碱性过硫酸钾消解紫外分光光度法
GB/T 11896 水质 氯化物的测定 硝酸银滴定法
GB/T 11897 水质 游离氯和总氯的测定 N,N-二乙基-1,4 苯二胺滴定法
GB/T 11898 水质 游离氯和总氯的测定 N,N-二乙基-1,4 苯二胺分光光度法
GB/T 11899 水质 硫酸盐的测定 重量法
GB/T 11901 水质 悬浮物的测定 重量法
GB/T 11903 水质 色度的测定 稀释倍数法
GB/T 11906 水质 锰的测定 高碘酸钾分光光度法
GB/T 11907 水质 银的测定 火焰原子吸收分光光度法
GB/T 11910 水质 镍的测定 丁二酮肟分光光度法
GB/T 11911 水质 铁、锰的测定 火焰原子吸收分光光度法
GB/T 11912 水质 镍的测定 火焰原子吸收分光光度法
GB/T 11914 水质 化学需氧量的测定 重铬酸钾法

GB/T 13192　水质　有机磷农药的测定　气相色谱法
GB/T 13194　水质　硝基苯、硝基甲苯、硝基氯苯、二硝基甲苯的测定　气相色谱法
GB/T 13195　水质　水温的测定　温度计或颠倒温度计测定法
GB/T 13197　水质　甲醛的测定　乙酰丙酮分光光度法
GB/T 13199　水质　阴离子洗涤剂的测定　电位滴定法
GB/T 15505　水质　硒的测定　石墨炉原子吸收分光光度法
GB/T 15959　水质　可吸附有机卤素（AOX）的测定　微库仑法
GB/T 16488　水质　石油类和动植物油的测定　红外光度法
GB/T 16489　水质　硫化物的测定　亚甲基蓝分光光度法
GB/T 17130　水质　挥发性卤代烃的测定　顶空气相色谱法
CJ/T 51　城市污水水质检验方法标准
HJ/T 59　水质　铍的测定　石墨炉原子吸收分光光度法
HJ/T 60　水质　硫化物的测定　碘量法
HJ/T 83　水质　可吸附有机卤素（AOX）的测定　离子色谱法
HJ 484　水质　氰化物的测定　容量法和分光光度法
HJ 488　水质　氟化物的测定　氟试剂分光光度法
HJ 489　水质　银的测定　3, 5-Br_2-PADAP 分光光度法
HJ 493　水质　样品的保存和管理技术规定
HJ 502　水质　挥发酚的测定　溴化容量法
HJ 503　水质　挥发酚的测定　4-氨基安替比林分光光度法
HJ 505　水质　五日生化需氧量（BOD_5）的测定　稀释与接种法
HJ 535　水质　氨氮的测定　纳氏试剂比色法
HJ 537　水质　氨氮的测定　蒸馏中和滴定法

3 术语和定义

下列术语和定义适用于本标准。

3.1　污水 wastewater

受一定污染的生活和生产过程的排出水。

3.2　城镇下水道 municipal sewers

城镇输送污水的管道和沟道　包括排污渠道、沟渠等。

3.3　排水户 wastewater discharger

向城镇下水道排放污水的单位或个人。

3.4　一级处理 primary treatment

去除污水中漂浮物和悬浮物的过程，主要为格栅截留和重力沉降，包括在此基础上增加化学混凝或不完全生物处理等单元，以提高处理效果的一级强化处理。

3.5　二级处理 secondary treatment，biological treatment

在一级处理基础上，用生物处理方法进一步去除污水中胶体和溶解性有机物的过程，主要为活性污泥法和生物膜法；包括具有除磷脱氮功能的二级强化处理。

3.6　再生处理 reclamation treatment，renovation treatment

使污水达到一定的回用水质标准、满足某种使用功能要求的净化过程。

4 要求

4.1 一般规定

4.1.1 严禁向城镇下水道排入具有腐蚀性的污水或物质。

4.1.2 严禁向城镇下水道排入剧毒、易燃、易爆、恶臭物质和有害气体、蒸汽或烟雾。

4.1.3 严禁向城镇下水道倾倒垃圾、粪便、积雪、工业废渣等物质和排入易凝聚、沉积、造成下水道堵塞的污水。

4.1.4 本标准未列入的控制项目，包括病原体、放射性污染物等，根据污染物的行业来源，其限值按相关行业标准执行。

4.1.5 水质超过本标准的污水，应进行预处理，不得用稀释法降低其浓度后排入城镇下水道。

4.2 水质标准

4.2.1 根据城镇下水道末端污水处理厂的处理程度，将控制项目限值分为 A、B、C 三个等级，见表 1。

a）下水道末端污水处理厂采用再生处理时，排入城镇下水道的污水水质应符合 A 等级的规定。

b）下水道末端污水处理厂采用二级处理时，排入城镇下水道的污水水质应符合 B 等级的规定。

c）下水道末端污水处理厂采用一级处理时，排入城镇下水道的污水水质应符合 C 等级的规定。

4.2.2 下水道末端无污水处理设施时，排入城镇下水道的污水水质不得低于 C 等级的要求，应根据污水的最终去向，执行国家现行污水排放标准。

表 1 污水排入城镇下水道水质等级标准（最高允许值，pH 值除外）

序号	控制项目名称	单位	A 等级	B 等级	C 等级
1	水温	℃	35	35	35
2	色度	倍	50	70	60
3	易沉固体	mL/（L • 15min）	10	10	10
4	悬浮物	mg/L	400	400	300
5	溶解性总固体	mg/L	1 600	2 000	2 000
6	动植物油	mg/L	100	100	100
7	石油类	mg/L	20	20	15
8	pH 值	—	6.5～9.5	6.5～9.5	6.5～9.5
9	生化需氧量（BOD_5）	mg/L	350	350	150
10	化学需氧量（COD）[a]	mg/L	500（800）	500（800）	300
11	氨氮（以 N 计）	mg/L	45	45	25
12	总氮（以 N 计）	mg/L	70	70	45
13	总磷（以 P 计）	mg/L	8	8	5
14	阴离子表面活性剂（LAS）	mg/L	20	20	10
15	总氰化物	mg/L	0.5	0.5	0.5
16	总余氯（以 Cl_2 计）	mg/L	8	8	8
17	硫化物	mg/L	1	1	1

18	氟化物	mg/L	20	20	20
19	氯化物	mg/L	500	600	800
20	硫酸盐	mg/L	400	600	600
21	总汞	mg/L	0.02	0.02	0.02
22	总镉	mg/L	0.1	0.1	0.1
23	总铬	mg/L	1.5	1.5	1.5
24	六价铬	mg/L	0.5	0.5	0.5
25	总砷	mg/L	0.5	0.5	0.5
26	总铅	mg/L	1	1	1
27	总镍	mg/L	1	1	1
28	总铍	mg/L	0.005	0.005	0.005
29	总银	mg/L	0.5	0.5	0.5
30	总硒	mg/L	0.5	0.5	0.5
31	总铜	mg/L	2	2	2
32	总锌	mg/L	5	5	5
33	总锰	mg/L	2	5	5
34	总铁	mg/L	5	10	10
35	挥发酚	mg/L	1	1	0.5
36	苯系物	mg/L	2.5	2.5	1
37	苯胺类	mg/L	5	5	2
38	硝基苯类	mg/L	5	5	3
39	甲醛	mg/L	5	5	2
40	三氯甲烷	mg/L	1	1	0.6
41	四氯化碳	mg/L	0.5	0.5	0.06
42	三氯乙烯	mg/L	1	1	0.6
43	四氯乙烯	mg/L	0.5	0.5	0.2
44	可吸附有机卤化物（AOX，以 Cl 计）mg/L	8	8	5	
45	有机磷农药（以 P 计）	mg/L	0.5	0.5	0.5
46	五氯酚	mg/L	5	5	5

[a] 括号内数值为污水处理厂新建或改、扩建，且 BOD_5/COD＞0.4 时控制指标的最高允许值。

5 取样与监测

5.1 取样

5.1.1 总汞、总镉、总铬、六价铬、总砷、总铅、总镍、总铍、总银以车间或车间处理设施的排水口抽检浓度为准，其他控制项目以排水户排水口的抽检浓度为准。

5.1.2 排水户的排放口应设置排水专用检测井，以便于采样，并应在井内设置污水水量计量装置 对重点排水户，应安装在线监测装置，对水温、pH、COD 等主要水质指标进行在线监测。

5.1.3 采样频率和采样方式（瞬时样或混合样）可由城镇排水监测部门根据排水户类别和排水量确定。样品的保存和管理按 HJ493 执行。

5.2 监测

5.2.1 城镇排水监测部门负责排入城镇下水道污水的水质监测工作。

5.2.2 控制项目检验方法应符合表 2 的规定。

表 2 控制项目检验方法

序号	控制项目	检验方法	执行标准
1	水温	温度计法或颠倒温度计测定法[a]	GB/T 13195
		温度计法	CJ/T51
2	色度	稀释倍数法[a]	GB/T11903
		稀释倍数法	CJ/T 51
3	易沉固体	体积法	CJ/T51
4	悬浮物	重量法[a]	GB/T 11901
		重量法	CJ/T51
5	溶解性固体	重量法	CJ/T51
6	动植物油	红外光度法[a]	GB/T 16488
		重量法	CJ/T51
7	石油类	红外分光法	GB/T 16488
		紫外分光光度法	CJ/T51
8	pH 值	玻璃电极法[a]	GB/T 6920
		电位计法	CJ/T51
9	生化需氧量（BOD_5）	稀释与接种法[a]	CJ/T 51
		稀释与接种法	HJ 505
10	化学需氧量（COD）	重铬酸钾法[a]	GB/T 11914
		重铬酸钾法	CJ/T51
11	氨氮	容量法[a]	CJ/T 51
		纳氏试剂分光光度法	HJ 535
		纳氏试剂比色法	CJ/T 51
		蒸馏-中和滴定法	HJ 537
12	总氮（以 N 计）	碱性过硫酸钾消解紫外分光光度法[a]	GB/T 11894
		蒸馏后滴定法	CJ/T 51
		蒸馏后分光光度法	CJ/T 51
13	总磷（以 P 计）	钼酸铵分光光度法[a]	GB/T 11893
		抗坏血酸还原钼蓝分光光度法	CJ/T 51
		氧化亚锡还原分光光度法	CJ/T 51
		过硫酸钾高压消解—氧化亚锡分光光度法	CJ/T 51
14	阴离子表面活性剂	亚甲基蓝分光光度法[a]	GB/T 7494
		电位滴定法	GB/T 13199
		亚甲基蓝分光光度法	CJ/T 51
		高效液相色谱法	CJ/T 51
15	总氰化物	异烟酸-吡唑啉酮分光光度法[a]	CJ/T 51
		银量法	CJ/T 51
		吡啶-巴比妥酸分光光度法	CJ/T 51
		容量法和分光光度法	HJ 484
16	总余氯（以 Cl_2 计）	N,N-二乙基-1,4 苯二胺分光光度法[a]	GB/T 11898
		N,N-二乙基-1,4 苯二胺滴定法	GB/T11897
17	硫化物	亚甲基蓝分光光度法[a]	GB/T 16489
		对氨基 N,N 二甲基苯胺分光光度法	CJ/T 51
		容量法	CJ/T 51
		碘量法	HJ/T 60
18	氟化物	离子色谱法[a]	CJ/T 51
		离子选择电极法	GB/T 7484
		氟试剂分光光度法	HJ 488
19	氯化物	硝酸银滴定法[a]	GB/T 11896
		离子色谱法	CJ/T51

序号	控制项目	检验方法	执行标准
20	硫酸盐	离子色谱法[a]	CJ/T 51
		重量法	GB/T 11899
		铬酸钡容量法	CJ/T 51
21	总汞	原子荧光光度法[a]	CJ/T 51
		冷原子吸收光度法	GB/T 7468
		高锰酸钾-过硫酸钾消解法　双硫腙分光光度法	GB/T 7469
22	总镉	原子吸收分光光度法[a]	GB/T 7475
		双硫腙分光光度法	GB/T 7471
		螯合萃取火焰原子吸收光谱法	CJ/T 51
		石墨炉原子吸收分光光度法	CJ/T 51
		电感耦合等离子体发射光谱法	CJ/T 51
23	总铬	火焰原子吸收分光光度法[a]	CJ/T 51
		高锰酸钾氧化-二苯碳酰二肼分光光度法	GB/T 7466
		二苯碳酰二肼分光光度法	CJ/T 51
		电感耦合等离子体发射光谱法	CJ/T 51
24	六价铬	二苯碳酰二肼分光光度法[a]	GB/T 7467
		二苯碳酰二肼分光光度法	CJ/T51
25	总砷	原子荧光光度法[a]	CJ/T 51
		二乙基二硫代氨基甲酸银分光光度法	GB/T 7485
		二乙基二硫代氨基甲酸银分光光度法	CJ/T 51
		电感耦合等离子体发射光谱法	CJ/T 51
26	总铅	原子吸收分光光度法[a]	GB/T 7475
		双硫腙分光光度法	GB/T 7470
		螯合萃取火焰原子吸收光谱法	CJ/T 51
		原子荧光光度法	CJ/T 51
		石墨炉原子吸收分光光度法	CJ/T 51
		电感耦合等离子体发射光谱法	CJ/T 51
27	总镍	火焰原子吸收分光光度法[a]	GB/T 11912
		丁二酮肟分光光度法	GB/T 11910
		直接火焰原子吸收光度法	CJ/T 51
		电感耦合等离子体发射光谱法	CJ/T 51
28	总铍	石墨炉原子吸收分光光度法	HJ/T59
29	总银	火焰原子吸收分光光度法[a]	GB/T 11907
		3,5-Br_2-PADAP 分光光度法	HJ489
30	总硒	原子荧光光度法[a]	CJ/T 51
		石墨炉原子吸收分光光度法	GB/T 15505
		电感耦合等离子体发射光谱法	CJ/T 51
31	总铜	原子吸收分光光度法[a]	GB/T 7475
		二乙基二硫代氨基甲酸钠分光光度法	CJ/T 51
		直接火焰原子吸收光度法	CJ/T 51
		螯合萃取火焰原子吸收光谱法	CJ/T 51
		电感耦合等离子体发射光谱法	CJ/T 51
32	总锌	原子吸收分光光度法[a]	GB/T 7475
		双硫腙分光光度法	GB/T 7472
		直接火焰原子吸收光度法	CJ/T 51
		螯合萃取火焰原子吸收光谱法	CJ/T 51
		电感耦合等离子体发射光谱法	CJ/T 51

序号	控制项目	检验方法	执行标准
33	总锰	火焰原子吸收分光光度法[a]	GB/T 11911
		高碘酸钾分光光度法	GB/T 11906
		直接火焰原子吸收光度法	CJ/T 51
		电感耦合等离子体发射光谱法	CJ/T 51
34	总铁	火焰原子吸收分光光度法[a]	GB/T 11911
		直接火焰原子吸收光度法	CJ/T 51
		电感耦合等离子体发射光谱法	CJ/T 51
35	挥发酚	蒸馏后 4-氨基安替比林分光光度法[a]	CJ/T 51
		溴化容量法	HJ 502
		4-氨基安替比林分光光度法	HJ 503
36	苯系物	气相色谱法[a]	GB/T 11890
		气相色谱法	CJ/T 51
37	苯胺类	N-(1-萘基)乙二胺偶氧分光光度法[a]	GB/T 11889
		偶氮分光光度法	CJ/T 51
38	硝基苯类	还原-偶氮分光光度法[a]	CJ/T 51
		气相色谱法	GB/T 13194
39	甲醛	乙酰丙酮分光光度法	GB/T 13197
40	三氯甲烷	顶空气相色谱法	GB/T 17130
41	四氯化碳	顶空气相色谱法	GB/T 17130
42	三氯乙烯	顶空气相色谱法	GB/T 17130
43	四氯乙烯	顶空气相色谱法	GB/T 17130
44	可吸附有机卤化物 AOX（以 Cl 计）	离子色谱法[a]	HJ/T 83
		微库仑法	GB/T 15959
45	有机磷农药（以 P 计）	气相色谱法	GB/T13192
		气相色谱法[a]	GB/T 8972
46	五氯酚	藏红 T 分光光度法	GB/T9803

a 为仲裁方法。

三、环境工程相关技术（设计）规范

中华人民共和国国家标准

室外排水设计规范（2014年版）

Code for design of outdoor wastewater engineering

GB 50014—2006

前 言

本规范根据建设部《关于印发“二〇〇二至二〇〇三年度工程建设国家标准制订、修订计划”的通知》（建标[2003]102 号），由上海市建设和交通委员会主管，由上海市政工程设计研究总院主编，对原国家标准《室外排水设计规范》（GBJ 14—87）（1997 年版）进行全面修订。

本规范修订的主要技术内容有：增加水资源利用（包括再生水回用和雨水收集利用）、术语和符号、非开挖技术和敷设双管、防沉降、截流井、再生水管道和饮用水管道交叉、除臭、生物脱氮除磷、序批式活性污泥法、曝气生物滤池、污水深度处理和回用、污泥处置、检测和控制的内容；调整综合径流系数、生活污水中每人每日的污染物产量、检查井在直线管段的间距、土地处理等内容；补充塑料管的粗糙系数、水泵节能氧化沟的内容；删除双层沉淀池。

本规范中以黑体字标志的条文为强制性条文，必须严格执行。

本规范由建设部负责管理和对强制性条文的解释，上海市建设和交通委员会负责具体管理，上海市政工程设计研究总院负责具体技术内容的解释。在执行过程中如有需要修改与补充的建议，请将相关资料寄送主编单位上海市政工程设计研究总院《室外排水设计规范》国家标准管理组（地址：上海市中山北二路 901 号，邮政编码：200092），以供今后修订时参考。

本规范主编单位、参编单位和主要起草人：

主编单位：上海市政工程设计研究总院
参编单位：北京市市政工程设计研究总院
中国市政工程东北设计研究院
中国市政工程华北设计研究院
中国市政工程西北设计研究院
中国市政工程中南设计研究院
中国市政工程西南设计研究院
天津市市政工程设计研究院

合肥市市政设计院
深圳市市政工程设计院
哈尔滨工业大学
同济大学
重庆大学

主要起草人：张　辰（以下按姓氏笔画为序）

王秀朵　孔令勇　厉彦松　刘广旭　刘莉萍
刘章富　刘常忠　朱广汉　李　艺　李成江
李春光　李树苑　吴济华　吴喻红　陈　芸
张玉佩　张　智　杨　健　罗万申　周克钊
周　彤　南　军　姚玉健　常　憬　蒋旨谨
蒋　健　雷培树　熊　杨

1 总 则

1.0.1　为使我国的排水工程设计贯彻科学发展观，符合国家的法律法规，达到防治水污染，改善和保护环境，提高人民健康水平和保障安全的要求，制定本规范。

1.0.2　本规范适用于新建、扩建和改建的城镇、工业区和居住区的永久性的室外排水工程设计。

1.0.3　排水工程设计应以批准的城镇总体规划和排水工程专业规划为主要依据，从全局出发，根据规划年限、工程规模、经济效益、社会效益和环境效益，正确处理城镇中工业与农业、城镇化与非城镇化地区、近期与远期、集中与分散、排放与利用的关系。通过全面论证，做到确能保护环境、节约土地、技术先进、经济合理、安全可靠，适合当地实际情况。

1.0.3 A 排水工程设计应依据城镇排水与污水处理规划，并与城市防洪、河道水系、道路交通、园林绿地、环境保护、环境卫生等专项规划和设计相协调。排水设施的设计应根据城镇规划蓝线和水面率的要求，充分利用自然蓄排水设施，并应根据用地性质规定不同地区的高程布置，满足不同地区的排水要求。

1.0.4　排水体制（分流制或合流制）的选择，应符合下列规定：

（1）根据城镇的总体规划，结合当地的地形特点、水文条件、水体状况、气候特征、原有排水设施、污水处理程度和处理后出水利用等综合考虑后确定。

（2）同一城镇的不同地区可采用不同的排水体制。

（3）除降雨量少的干旱地区外，新建地区的排水系统应采用分流制。

（4）现有合流制排水系统，应按城镇排水规划的要求，实施雨污分流改造。

（5）暂时不具备雨污分流条件的地区，应采取截流、调蓄和处理相结合的措施，提高截流倍数，加强降雨初期的污染防治。

1.0.4 A 雨水综合管理应按照低影响开发（LID）理念采用源头削减、过程控制、末端处理的方法进行，控制面源污染、防治内涝灾害、提高雨水利用程度。

1.0.4 B 城镇内涝防治应采取工程性和非工程性相结合的综合控制措施。

1.0.5　排水系统设计应综合考虑下列因素：

（1）污水的再生利用，污泥的合理处置。

（2）与邻近区域内的污水和污泥的处理和处置系统相协调。

（3）与邻近区域及区域内给水系统和洪水的排除系统相协调。

（4）接纳工业废水并进行集中处理和处置的可能性。

（5）适当改造原有排水工程设施，充分发挥其工程效能。

1.0.6 工业废水接入城镇排水系统的水质应按有关标准执行，不应影响城镇排水管渠和污水处理厂等的正常运行；不应对养护管理人员造成危害；不应影响处理后出水的再生利用和安全排放，不应影响污泥的处理和处置。

1.0.7 排水工程设计应在不断总结科研和生产实践经验的基础上，积极采用经过鉴定的、行之有效的新技术、新工艺、新材料、新设备。

1.0.8 排水工程宜采用机械化和自动化设备，对操作繁重、影响安全、危害健康的，应采用机械化和自动化设备。

1.0.9 排水工程的设计，除应按本规范执行外，尚应符合国家现行有关标准和规范的规定。

1.0.10 在地震、湿陷性黄土、膨胀土、多年冻土以及其他特殊地区设计排水工程时，尚应符合国家现行的有关专门规范的规定。

2 术语和符号

2.1 术 语

2.1.1 排水工程 wastewater engineeringe，sewerage

收集、输送、处理、再生和处置污水和雨水的工程。

2.1.2 排水系统 waste water engineering system

收集、输送、处理、再生和处置污水和雨水的设施以一定方式组合成的总体。

2.1.3 排水制度 sewerage system

在一个区域内收集、输送污水和雨水的方式，有合流制和分流制两种基本方式。

2.1.4 排水设施 wastewater facilities

排水工程中的管道、构筑物和设备等的统称。

2.1.5 合流制 combined system

用同一管渠系统收集、输送污水和雨水的排水方式。

2.1.5 A 合流制管道溢流 combined sewer overflow

合流制排水系统降雨时，超过截流能力的水排入水体的状况。

2.1.6 分流制 separate system

用不同管渠系统分别收集和输送各种城镇污水和雨水的排水方式。

2.1.7 城镇污水 urban wastewater，sewage

综合生活污水、工业废水和入渗地下水的总称。

2.1.8 城镇污水系统 urban wastewater system

收集、输送、处理、再生和处置城镇污水的设施以一定方式组合成的总体。

2.1.8 A 面源污染 diffuse pollution

通过降雨和地表径流冲刷，将大气和地表中的污染物带入受纳水体，使受纳水体遭受污染的现象。

2.1.8 B 低影响开发 low impact development，LID

强调城镇开发应减少对环境的冲击，其核心是基于源头控制和延缓冲击负荷的理念，构建与自然相适应的城镇排水系统，合理利用景观空间和采取相应措施对暴雨径流进行控制，减少城镇面源污染。

2.1.9 城镇污水污泥 urban wastewater sludge

城镇污水系统中产生的污泥。

2.1.10 旱流污水 dry weather flow，DWF

合流制排水系统晴天时的城镇污水。

2.1.11 生活污水 domestic wastewater，sewage

居民生活活动产生的污水。

2.1.12 综合生活污水 comprehensive sewage

居民生活和公共服务产生的污水。

2.1.13 工业废水 industrial wastewater

工业企业生产过程中产生的废水。

2.1.14 入渗地下水 infiltrated ground water

通过管渠和附属构筑物破损处进入排水管渠的地下水。

2.1.15 总变化系数 peak factor

最高日最高时污水量与平均日平均时污水量的比值。

2.1.16 径流系数 runoff coefficient

一定汇水面积内地面径流量与降雨量的比值。

2.1.16 A 径流量 runoff

降落到地面的雨水，由地面和地下汇流到管渠至受纳水体的流量的统称。径流包括地面径流和地下径流等。在排水工程中，径流量指降水超出一定区域内地面渗透、滞蓄能力后多余水量产生的地面径流量。

2.1.17 暴雨强度 rainfall intensity

单位时间内的降雨量。工程上常用单位时间单位面积内的降雨体积来计，其计量单位以 $L/cs \cdot hm^2$ 表示。

2.1.18 重现期 recurrence interval

在一定长的统计期间内，等于或大于某统计对象出现一次的平均间隔时间。

2.1.18 A 雨水管渠设计重现期 recurrence interval for storm sewer design

用于进行雨水管渠设计的暴雨重现期。

2.1.19 降雨历时 duration of rainfall

降雨过程中的任意连续时段。

2.1.20 汇水面积 catchment area

雨水管渠汇集降雨的流域面积。

2.1.20A 内涝 local flooding

强降雨或连续性降雨超过城镇排水能力，导致城镇地面产生积水灾害的现象。

2.1.20B 内涝防治系统 local flooding prevention and control system

用于防止和应对城镇内涝的工程性设施和非工程性措施以一定方式组合成的总体，包括雨水收集、输送、调蓄、行泄、处理和利用的天然和人工设施以及管理措施等。

2.1.20C 内涝防治设计重现期 recurrence interval for local flooding design

用于进行城镇内涝防治系统设计的暴雨重现期，使地面、道路等地区的积水深度不超过一定的标准。内涝防治设计重现期大于雨水管渠设计重现期。

2.1.21 地面集水时间 time of concentration

雨水从相应汇水面积的最远点地面流到雨水管渠入口的时间，简称集水时间。

2.1.22 截流倍数 interception ratio

合流制排水系统在降雨时被截流的雨水径流量与平均旱流污水量的比值。

2.1.23 排水泵站 drainage pumping station

污水泵站、雨水泵站和合流污水泵站的总称。

2.1.24 污水泵站 sewage pumping station

分流制排水系统中，提升污水的泵站。

2.1.25 雨水泵站 storm water pumping station

分流制排水系统中，提升雨水的泵站。

2.1.26 合流污水泵站 combined sewage pumping station

合流制排水系统中，提升合流污水的泵站。

2.1.27 一级处理 primary treatment

污水通过沉淀去降悬浮物的过程。

2.1.28 二级处理 secondary treatment

污水一级处理后，再用生物方法进一步去除污水中胶体和溶解性有机物的过程。

2.1.29 活性污泥法 activated sludge process，suspended growthprocess

污水生物处理的一种方法。该法是在人工条件下，对污水中的各类微生物群体进行连续混合和培养，形成悬浮状态的活性污泥。利用活性污泥的生物作用，以分解去除污水中的有机污染物，然后使污泥与水分离，大部分污泥回流到生物反应池，多余部分作为剩余污泥排出活性污泥系统。

2.1.30 生物反应池 biological reaction tank

利用活性污泥法进行污水生物处理的构筑物。反应池内能满足生物活动所需条件，可分厌氧、缺氧和好氧状态。池内保持污泥悬浮并与污水充分混合。

2.1.31 活性污泥 activated sludge

生物反应池中繁殖的含有各种微生物群体的絮状体。

2.1.32 回流污泥 returned sludge

由二次沉淀池分离，回流到生物反应池的活性污泥。

2.1.33 格栅 bar screen

拦截水中较大尺寸漂浮物或其他杂物的装置。

2.1.34 格栅除污机 bar screen machine

用机械的方法，将格栅截留的栅渣清捞出的机械。

2.1.35 固定式格栅除污机 fixed raking machine

对应每组格栅设置的固定式清捞栅渣的机械。

2.1.36 移动式格栅除污机 mobile raking machine

数组或超宽格栅设置一台移动式清捞栅渣的机械，按一定操作程序轮流清捞栅渣。

2.1.37 沉砂池 grit chamber

去除水中自重较大、能自然沉降的较大粒径砂粒或颗粒的构筑物。

2.1.38 平流沉砂池 horizontal flow grit chamber

污水沿水平方向流动分离砂粒的沉砂池。

2.1.39 曝气沉砂池 aerated grit chamber

空气沿池一侧进入、使水呈螺旋形流动分离砂粒的沉砂池。

2.1.40 旋流沉砂池 vortex-type grit chamber

靠进水形成旋流离心力分离砂粒的沉砂池。

2.1.41 沉淀 sedimentation，settling

利用悬浮物和水的密度差，重力沉降作用去除水中悬浮物的过程。

2.1.42 初次沉淀池 primary settling tank

设在生物处理构筑物前的沉淀池，用以降低污水中的固体物浓度。

2.1.43 二次沉淀池 secondary settling tank

设在生物处理构筑物后，用于污泥与水分离的沉淀池。

2.1.44 平流沉淀池 horizontal settling tank

污水沿水平方向流动，使污水中的固体物沉降的水池。

2.1.45 竖流沉淀池 vertical flow settling tank

污水从中心管进入，水流竖直上升流动，使污水中的固体物沉降的水池。

2.1.46 辐流沉淀池 radial flow settling tank

污水沿径向减速流动，使污水中的固体物沉降的水池。

2.1.47 斜管（板）沉淀池 inclined tube（plate） sedimentation tank

水池中加斜管（板），使污水中的固体物高效沉降的沉淀池。

2.1.48 好氧 aerobic，oxic

污水生物处理中有溶解氧或兼有硝态氮的环境状态。

2.1.49 厌氧 anaerobic

污水生物处理中没有溶解氧和硝态氮的环境状态。

2.1.50 缺氧 anoxic

污水生物处理中溶解氧不足或没有溶解氧但有硝态氮的环境状态。

2.1.51 生物硝化 bio-nitrification

污水生物处理中好氧状态下硝化细菌将氨氮氧化成硝态氮的过程。

2.1.52 生物反硝化 bio-denitrification

污水生物处理中缺氧状态下反硝化菌将硝态氮还原成氮气，去除污水中氮的过程。

2.1.53 混合液回流 mixed liquor recycle

污水生物处理工艺中，生物反应区内的混合液由后端回流至前端的过程。该过程有别于将二沉池沉淀后的污泥回流至生物反应区的过程。

2.1.54 生物除磷 biological phosphorus removal

活性污泥法处理污水时，通过排放聚磷菌较多的剩余污泥，去除污水中磷的过程。

2.1.55 缺氧/好氧脱氮工艺 anoxic/oxic process（A_NO）

污水经过缺氧、好氧交替状态处理，提高总氮去除率的生物处理。

2.1.56 厌氧/好氧除磷工艺 anaerobic/oxic process（A_PO）

污水经过厌氧、好氧交替状态处理，提高总磷去除率的生物处理。

2.1.57 厌氧/缺氧/好氧脱氮除磷工艺 anaerobic/anoxic/oxic process（AAO，又称 A^2/O）

污水经过厌氧、缺氧、好氧交替状态处理，提高总氮和总磷去除率的生物处理。

2.1.58 序批式活性污泥法 sequencing batch reactor（SBR）

活性污泥法的一种形式。在同一个反应器中，按时间顺序进行进水、反应、沉淀和排水等处理工序。

2.1.59 充水比 fill ratio

序批式活性污泥法工艺一个周期中，进入反应池的污水量与反应池有效容积之比。

2.1.60 总凯氏氮 total Kjeldahl nitrogen（TKN）

有机氮和氨氮之和。

2.1.61 总氮 total nitrogen（TN）

有机氮、氨氮、亚硝酸盐氮和硝酸盐氮的总和。

2.1.62 总磷 total phosphorus（TP）

水体中有机磷和无机磷的总和。

2.1.63 好氧泥龄 oxic sludge age

活性污泥在好氧池中的平均停留时间。

2.1.64 泥龄 sludge age，sludge retention time（SRT）

活性污泥在整个生物反应池中的平均停留时间。

2.1.65 氧化沟 oxidation ditch

活性污泥法的一种形式，其构筑物呈封闭无终端渠形布置，降解去除污水中有机污染物和氮、磷等营养物。

2.1.66 好氧区 oxlc zone

生物反应池的充氧区。微生物在好氧区降解有机物和进行硝化反应。

2.1.67 缺氧区 anoxic zone

生物反应池的非充氧区，且有硝酸盐或亚硝酸盐存在的区域。生物反应池中含有大量硝酸盐、亚硝酸盐，得到充足的有机物时，可在该区内进行脱氮反应。

2.1.68 厌氧区 anaerobic zone

生物反应池的非充氧区，且无硝酸盐或亚硝酸盐存在的区域。聚磷微生物在厌氧区吸收有机物和释放磷。

2.1.69 生物膜法 attached-growth process，biofilm process

污水生物处理的一种方法。该法利用生物膜对有机污染物的吸附和分解作用使污水得到净化。

2.1.70 生物接触氧化 bio-contact oxidation

由浸没在污水中的填料和曝气系统构成的污水处理方法。在有氧条件下，污水与填料表面的生物膜广泛接触，使污水得到净化。

2.1.71 曝气生物滤池 biological aerated filter（BAF）

生物膜法的一种构筑物。由接触氧化和过滤相结合，在有氧条件下，完成污水中有机物氧化、过滤、反冲洗过程，使污水获得净化。又称颗粒填料生物滤池。

2.1.72 生物转盘 rotating biological contactor（RBC）

生物膜法的一种构筑物。由水槽和部分浸没在污水中的旋转盘体组成，盘体表面生长的生物膜反复接触污水和空气中的氧，使污水得到净化。

2.1.73 塔式生物滤池 biotower

生物膜法的一种构筑物。塔内分层布设轻质塑料载体，污水由上往下喷淋，与载体上生物膜及自下向上流动的空气充分接触，使污水得到净化。

2.1.74 低负荷生物滤池 low-rate trickling filters

亦称滴滤池（传统、普通生物滤池）。由于负荷较低，占地较大，净化效果较好，五日生化需氧量去除率可达 85%～95%。

2.1.75 高负荷生物滤池 high-rate biological filters

生物滤池的一种形式。通过回流处理水和限制进水有机负荷等措施，提高水力负荷，解决堵塞问题。

2.1.76 五日生化需氧量容积负荷 BOD_5-volumetric loadingrate

生物反应池单位容积每天承担的五日生化需氧量千克数。其计量单位以 kg BOD_5/（m^3·d）表示。

2.1.77 表面负荷 hydraulic loading rate

一种负荷表示方式，指每平方米面积每天所能接受的污水量。

2.1.78 固定布水器 fixed distributor

生物滤池中由固定的布水管和喷嘴等组成的布水装置。

2.1.79 旋转布水器 rotating distributor

由若干条布水管组成的旋转布水装置。它利用从布水管孔口喷出的水流所产生的反作用力，推动布水管绕旋转轴旋转，达到均匀布水的目的。

2.1.80 石料滤料 rock filtering media

用以提供微生物生长的载体并起悬浮物过滤作用的粒状材料，有碎石、卵石、炉渣、陶粒等。

2.1.81 塑料填料 plastic media

用以提供微生物生长的载体，有硬性、软性和半软性填料。

2.1.82 污水自然处理 natural treatment of wastewater

利用自然生物作用的污水处理方法。

2.1.83 土地处理 land treatment

利用土壤、微生物、植物组成的生态污水处理方法。通过该系统营养物质和水分的循环利用，使植物生长繁殖并不断被利用，实现污水的资源化、无害化和稳定化。

2.1.84 稳定塘 stabilization pond，stabi lization lagoon

经过人工适当修整，设围堤和防渗层的污水池塘，通过水生生态系统的物理和生物作用对污水进行自然处理。

2.1.85 灌溉田 sewage farming

利用土地对污水进行自然生物处理的方法。一方面利用污水培育植物，另一方面利用土壤和植物净化污水。

2.1.86 人工湿地 artifical wetland，constructed wetland

利用土地对污水进行自然处理的一种方法。用人工筑成水池或沟槽，种植芦苇类维管束植物或根系发达的水生植物，污水以推流方式与布满生物膜的介质表面和溶解氧进行充分接触，使水得到净化。

2.1.87 污水再生利用 wastewater reuse

污水回收、再生和利用的统称，包括污水净化再用、实现水循环的全过程。

2.1.88 深度处理 advanced treatment

常规处理后设置的处理。

2.1.89 再生水 reclaimed water，reuse water

污水经适当处理后，达到一定的水质标准，满足某种使用要求的水。

2.1.90 膜过滤 membrane filtration

在污水深度处理中，通过渗透膜过滤去除污染物的技术。

2.1.91 颗粒活性炭吸附池 granular activated carbon adsorption tank

池内介质为单一颗粒活性炭的吸附池。

2.1.92 紫外线 ultraviolet（UV）

紫外线是电磁波的一部分，污水消毒用的紫外线波长为 200～310 nm（主要为 254nm）的波谱区。

2.1.93 紫外线剂量 ultraviolet dose

照射到生物体上的紫外线量（即紫外线生物验定剂量或紫外线有效剂量），由生物验定测试得到。

2.1.94 污泥处理 sludge treatment

对污泥进行减量化、稳定化和无害化的处理过程，一般包括浓缩、调理、脱水、稳定、干化或焚烧等的加工过程。

2.1.95 污泥处置 sludge disposal

对处理后污泥的最终消纳过程。一般包括土地利用、填埋和建筑材料利用等。

2.1.96 污泥浓缩 sludge thickening

采用重力、气浮或机械的方法降低污泥含水率，减少污泥体积的方法。

2.1.97 污泥脱水 sludge dewatering

浓缩污泥进一步去除大量水分的过程，普遍采用机械的方式。

2.1.98 污泥干化 sludge drying

通过渗滤或蒸发等作用，从浓缩污泥中去除大部分水分的过程。

2.1.99 污泥消化 sludge digestion

通过厌氧或好氧的方法，使污泥中的有机物进行生物降解和稳定的过程。

2.1.100 厌氧消化 anaerobic digestion

使污泥中有机物生物降解和稳定的过程。

2.1.101 好氧消化 aerobic digestion

有氧条件下污泥消化的过程。

2.1.102 中温消化 mesophilic digestion

污泥温度在 33～35℃时进行的消化过程。

2.1.103 高温消化 thermophilic digestion

污泥温度在53～55℃时进行的消化过程。

2.1.104 原污泥 raw sludge

未经处理的初沉污泥、二沉污泥（剩余污泥）或两者混合后的污泥。

2.1.105 初沉污泥 primary sludge

从初次沉淀池排出的沉淀物。

2.1.106 二沉污泥 secondary sludge

从二次沉淀池、生物反应池（沉淀区或沉淀排泥时段）排出的沉淀物。

2.1.107 剩余污泥 excess activated sludge

从二次沉淀池、生物反应池（沉淀区或沉淀排泥时段）排出系统的活性污泥。

2.1.108 消化污泥 digested sludge

经过厌氧消化或好氧消化的污泥。与原污泥相比，有机物总量有一定程度的降低，污泥性质趋于稳定。

2.1.109 消化池 digester

污泥处理中有机物进行生物降解和稳定的构筑物。

2.1.110 消化时间 digest time

污泥在消化池中的平均停留时间。

2.1.111 挥发性固体 volatile solids

污泥固体物质在600。C时所失去的重量，代表污泥中可通过生物降解的有机物含量水平。

2.1.112 挥发性固体去除率 removal percentage of volatile solids

通过污泥消化，污泥中挥发性有机固体被降解去除的百分比。

2.1.113 挥发性固体容积负荷 cubage load of volatile solids

单位时间内对单位消化池容积投入的原污泥中挥发性固体重量。

2.1.114 污泥气 sludge gas，marsh gas

俗称沼气。在污泥厌氧消化时有机物分解所产生的气体，主要成分为甲烷和二氧化碳，并有少量的氧、氮和硫化氢等。

2.1.115 污泥气燃烧器 sludge gas burner

污泥气燃烧消耗的装置。又称沼气燃烧器。

2.1.116 回火防止器 backfire preventer

防止并阻断回火的装置。在发生事故或系统不稳定的状况下，当管内污泥气压力降低时，燃烧点的火会通过管道向气源方向蔓延，称作回火。

2.1.117 污泥热干化 sludge heat drying

污泥脱水后，在外部加热的条件下，通过传热和传质过程，使污泥中水分随着相变化分离的过程。成为干化产品。

2.1.118 污泥焚烧 sludge incineration

利用焚烧炉将污泥完全矿化为少量灰烬的过程。

2.1.119 污泥综合利用 sludge integrated application

将污泥作为有用的原材料在各种用途上加以利用的方法，是污泥处置的最佳途径。

2.1.120 污泥土地利用 sludge land application

将处理后的污泥作为介质土或土壤改良材料，用于园林绿化、土地改良和农田等场合的处置方式。

2.1.121　污泥农用 sludge farm application

污泥在农业用地上有效利用的处置方式。一般包括污泥经过无害化处理后用于农田、果园、牧草地等。

2.2 符号

2.2.1　设计流量

Q——设计流量；

Q_d——设计综合生活污水量；

Q_m——设计工业废水量；

Q_s——雨水设计流量；

Q_{dr}——截流井以前的旱流污水量；

Q'——截流井以后管渠的设计流量；

Q'_s——截流井以后汇水面积的雨水设计流量；

Q'_{dr}——截流井以后的旱流污水量；

n_o——截流倍数；

H_1——堰高；

H_2——槽深；

H——槽堰总高；

Q_j——污水截流量；

d——污水截流管管径；

k——修正系数；

A_1，C，b，n——暴雨强度公式中的有关参数；

P——设计重现期；

t——降雨历时；

t_1——地面集水时间；

t_2——管渠内雨水流行时间；

m——折减系数；

q——设计暴雨强度；

Ψ——径流系数；

F——汇水面积；

Q_p——泵站设计流量。

V——调蓄池有效溶积；

t_i——调蓄池进水时间；

β——调蓄池溶积计算安全系数；

t_o——调蓄池放空时间；

η——调蓄池放空时的排放效率。

2.2.2　水力计算

Q——设计污水流量；

v——流速；

A——水流有效断面面积；

h——水流深度；

I——水力坡降；

n——粗糙系数；

R——水力半径。

2.2.3 污水处理

Q——设计污水流量；

V——生物反应池容积；

S_o——生物反应池进水五日生化需氧量；

S_e——生物反应池出水五日生化需氧量；

L_s——生物反应池五日生化需氧量污泥负荷；

L_v——生物反应池五日生化需氧量容积负荷；

X——生物反应池内混合液悬浮固体平均浓度；

X_v——生物反应池内混合液挥发性悬浮固体平均浓度；

y—— MLSS 中 MLVSS 所占比例；

Y——污泥产率系数；

Y_t——污泥总产率系数；

θ_c——污泥泥龄，活性污泥在生物反应池中的平均停留时间；

θ_{co}——好氧区（池）设计污泥泥龄；

K_d——衰减系数；

K_{dT}—— T℃时的衰减系数；

K_{d20}——20℃时的衰减系数；

θ_T——温度系数；

F——安全系数；

η——总处理效率；

T——温度；

f——悬浮固体的污泥转换率；

SS_o——生物反应池进水悬浮物浓度；

SS_e——生物反应池出水悬浮物浓度；

V_n——缺氧区（池）容积；

V_o——好氧区（池）容积；

V_P——厌氧区（池）容积；

N_k——生物反应池进水总凯氏氮浓度；

N_{ke}——生物反应池出水总凯氏氮浓度；

N_t——生物反应池进水总氮浓度；

N_a——生物反应池中氨氮浓度；

N_{te}——生物反应池出水总氮浓度；

N_{oe}——生物反应池出水硝态氮浓度；

ΔX——剩余污泥量；
ΔX_v——排出生物反应池系统的生物污泥量；
K_{de}——脱氮速率；
$K_{de(T)}$—— T℃时的脱氮速率；
$K_{de(20)}$—— 20℃时的脱氮速率；
μ——硝化菌比生长速率；
K_n——硝化作用中氮的半速率常数；
Q_R——回流污泥量；
Q_{Ri}——混合液回流量；
R——污泥回流比；
R_i——混合液回流比；
HRT——生物反应池水力停留时间；
t_p——厌氧区（池）水力停留时间；
O_2——污水需氧量；
O_S——标准状态下污水需氧量；
a——碳的氧当量，当含碳物质以 BOD_5 计时，取 1.47；
b——常数，氧化每公斤氨氮所需氧量，取 4.57；
c——常数，细菌细胞的氧当量，取 1.42；
E_A——曝气器氧的利用率；
G_S——标准状态下供气量；
t_F—— SBR 生物反应池每池每周期需要的进水时间；
t—— SBR 生物反应池一个运行周期需要的时间；
t_R——每个周期反应时间；
t_S—— SBR 生物反应池沉淀时间；
t_D—— SBR 生物反应池排水时间；
t_b—— SBR 生物反应池闲置时间；
m—— SBR 生物反应池充水比。

2.2.4 污泥处理

t_d——消化时间；
V——消化池总有效容积；
Q_o——每日投入消化池的原污泥量；
L_v——消化池挥发性固体容积负荷；
W_S——每日投入消化池的原污泥中挥发性干固体重量。

3 设计流量和设计水质

3.1 生活污水量和工业废水量

3.1.1 城镇旱流污水设计流量，应按下列公式计算：

$$Q_{dr} = Q_d + Q_m \tag{3.1.1}$$

式中：Q_{dr}—— 截留井以前的旱流污水设计流量，L/s；

Q_d—— 设计综合生活污水量，L/s；

Q_m—— 设计工业废水量，L/s。

在地下水位较高的地区，应考虑入渗地下水量，其量宜根据测定资料确定。

3.1.2 居民生活污水定额和综合生活污水定额应根据当地采用的用水定额，结合建筑内部给排水设施水平确定，可按当地相关用水定额的 80%～90%采用。

3.1.2 A 排水系统的设计规模应根据排水系统的规划和普及程度合理确定。

3.1.3 综合生活污水量总变化系数可根据当地实际综合生活污水量变化资料确定。无测定资料时，可按表 3.1.3 的规定取值。新建分流制排水系统的地区，宜提高综合生活污水量总变化系数；既有地区可结合城区和排水系统改建工程，提高综合生活污水量总变化系数。

表 3.1.3 综合生活污水量总变化系数

平均日流量/（L/s）	5	15	40	70	100	200	500	≥1 000
总变化系数	2.3	2.0	1.8	1.7	1.6	1.5	1.4	1.3

注：当污水平均日流量为中间数值时，总变化系数可用内插法求得。

3.1.4 工业区内生活污水量、沐浴污水量的确定，应符合现行国家标准《建筑给水排水设计规范》（GB 50015）的有关规定。

3.1.5 工业区内工业废水量和变化系数的确定，应根据工艺特点，并与国家现行的工业用水量有关规定协调。

3.2 雨水量

3.2.1 采用推理公式法计算雨水设计流量，应按下式计算。当汇水面积超过 $2km^2$ 时，宜考虑降雨在时空分布的不均匀性和管网汇流过程，采用数学模型法计算雨水设计流量。

$$Q_s = q\Psi F \tag{3.2.1}$$

式中：Q_s——雨水设计流量，L/s；

q—— 设计暴雨强度，L/（s · hm^2）；

Ψ ——径流系数；

F ——汇水面积，hm^2。

注：当有允许排入雨水管道的生产废水排入雨水管道时，应将其水量计算在内。

3.2.2 应严格执行规划控制的综合径流系数，综合径流系数高于 0.7 的地区应采用渗透、调蓄等措施。径流系数，可按本规范表 3.2.2-1 的规定取值，汇水面积的综合径流系数应按地面种类加权平均计算，可按表 3.2.2-2 的规定取值，并应核实地面种类的组成和比例。

表 3.2.2-1 径流系数

地 面 种 类	Ψ
各种屋面、混凝土或沥青路面	0.85～0.95
大块石铺砌路面或沥青表面处理的碎石路面	0.55～0.65
级配碎石路面	0.40～0.50
干砌砖石或碎石路面	0.35～0.40
非铺砌土路面	0.25～0.35
公园或绿地	0.10～0.20

表 3.2.2-2 综合径流系数

区域情况	Ψ
城镇建筑密集区	0.60～0.85
城镇建筑较密集区	0.45～0.60
城镇建筑稀疏区	0.20～0.45

3.2.2 A 当地区整体改建时，对于相同的设计重现期，改建后的径流量不得超过原有径流量。

3.2.3 设计暴雨强度，应按下式计算：

$$q=\frac{167A_1(1+C\lg P)}{(t+b)^n} \tag{3.2.3}$$

式中：q——设计暴雨强度，L/（s • hm^2）；

t——降雨历时，min；

P——设计重现期，年；

A_1，C，b，n—— 参数，根据统计方法进行计算确定。

具有 20 年以上自动雨量记录的地区，排水系统设计暴雨强度公式应采用年最大值法，并按本规范附录 A 的有关规定编制。

3.2.3 A 根据气候变化，宜对暴雨强度公式进行修订。

3.2.4 雨水管渠设计重现期，应根据汇水地区性质、城镇类型、地形特点和气候特征等因素，经技术经济比较后按表 3.2.4 的规定取值，并应符合下列规定：

（1）经济条件较好，旦人口密集、内涝易发的城镇，宜采用规定的上限。

（2）新建地区应按本规定执行，既有地区应结合地区政建、道路建设等更新排水系统，并按本规定执行。

（3）同一排水系统可采用不同的设计重现期。

表 3.2.4 商水管渠设计重现期　单位：年

且可	中心城区	非中心城区	中心城区的重要地区	中心城区地下通道和下沉式广场等
特大城市	3～5	2～3	5～10	30～50
大城市	2～5	2～3	5～10	20～30
中等城市和小城市	2～3	2～3	3～5	10～20

注：1 表中所列设计重现期，均为年最大值法；

2 雨水管渠应按重力流、满管流计算；

3 特大城市指市区人口在 500 万以上的城市；大城市指市区人口在 100 万～500 万的城市；中等城市和小城市指市区人口在 100 万以下的城市。

3.2.4 A 应采取必要的措施防止洪水对城镇排水系统的影响。

3.2.4 B 内涝防治设计重现期，应根据城镇类型、积水影响程度和内河水位变化等因素，经技术经济比较后按表 3.2.4B 的规定取值，并应符合下列规定：

（1）经济条件较好，且人口密集、内涝易发的城镇，宜采用规定的上限。

（2）日前不具备条件的地区可分期达到标准。

（3）当地面积水不满足表 3.2.4B 的要求时，应采取渗透、调蓄、设置雨洪行泄通道和内河整治等综合控制措施。

（4）超过内涝设计重现期的暴雨，应采取综合控制措施。

表 3.2.4B　内涝防治设计重现期　单位：年

城镇类型	重现期	地面积水设计标准
特大城市	50～100	1 居民住宅和工商业建筑物的底层不进水； 2 道路中一条车道的积水深度不超过 15cm。
大城市	30～50	
中等城市和小城市	20～30	

注：1 表中所列设计重现期，均为年最大值法；
2 特大城市指市区人口在 500 万以上的城市；大城市指市区人口在 100 万～500 万的城市；中等城市和小城市指市区人口在 100 万以下的城市。

3.2.5　雨水管渠的降雨历时，应按下式计算：

$$t=t_1+t_2 \tag{3.2.5}$$

式中：t——降雨历时，min；

t_1——地面集水时间，min，应根据汇水距离、地形坡度和地面种类计算确定，一般采用 5～15min；

t_2——管渠内雨水流行时间，min。

3.2.5 A 应采取雨水渗透、调蓄等措施，从源头降低雨水径流产生量，延缓出流时间。

3.2.6　当雨水径流量增大，排水管渠的输送能力不能满足要求时，可设雨水调蓄池。

3.3　合流水量

3.3.1　合流管渠的设计流量，应按下式计算：

$$Q=Q_d+Q_m+Q_s=Q_{dr}+Q_s \tag{3.3.1}$$

式中：Q——设计流量，L/s；

Q_d——设计综合生活污水设计流量，L/s；

Q_m——设计工业废水量，L/s；

Q_s——雨水设计流量，L/s；

Q_{dr}——截流井以前的旱流污水量，L/s。

3.3.2　截流井以后管渠的设计流量，应按下列公式计算：

$$Q'=(n_o+1)Q_{dr}+Q'_s+Q'_{dr} \tag{3.3.2}$$

式中：Q'—— 截流井以后管渠的设计流量，L/s；

n_o—— 截流倍数；

Q'_s—— 截流井以后汇水面积的雨水设计流量，L/s；

Q'_{dr}—— 截流井以后的旱流污水量，L/s。

3.3.3　截流倍数 n_o 应根据旱流污水的水质、水量、排放水体的环境容量、水文、气候、经济和排水区域大小等因素经计算确定，宜采用 2～5。同一排水系统中可采用不同截流倍数。

3.3.4　合流管道的雨水设计重现期可适当高于同一情况下的雨水管道设计重现期。

3.4　设计水质

3.4.1　城镇污水的设计水质应根据调查资料确定，或参照邻近城镇、类似工业区和居住区的水质确定。无调查资料时，可按下列标准采用：

（1）生活污水的五日生化需氧量可按每人每天 25～50 g 计算。

（2）生活污水的悬浮固体量可按每人每天40～65 g计算。

（3）生活污水的总氮量可按每人每天5～11 g计算。

（4）生活污水的总磷量可按每人每天0.7～1.4 g计算。

（5）工业废水的设计水质，可参照类似工业的资料采用，其五日生化需氧量、悬浮固体量、总氮量和总磷量，可折合人口当量计算。

3.4.2 污水厂内生物处理构筑物进水的水温宜为10～37℃，pH值宜为6.5～9.5，营养组合比（五日生化需氧量∶氮∶磷）可为100∶5∶1。有工业废水进入时，应考虑有害物质的影响。

4 排水管渠和附属构筑物

4.1 一般规定

4.1.1 排水管渠系统应根据城镇总体规划和建设情况统一布置，分期建设。排水管渠断面尺寸应按远期规划的最高日最高时设计流量设计，按现状水量复核，并考虑城镇远景发展的需要。

4.1.2 管渠平面位置和高程，应根据地形、土质、地下水位、道路情况、原有的和规划的地下设施、施工条件以及养护管理方便等因素综合考虑确定。排水干管应布置在排水区域内地势较低或便于雨污水汇集的地带。排水管宜沿城镇道路敷设，并与道路中心线平行，宜设在快车道以外。截流干管宜沿受纳水体岸边布置。管渠高程设计除考虑地形坡度外，还应考虑与其他地下设施的关系以及接户管的连接方便。

4.1.3 管渠材质、管渠构造、管渠基础、管道接口，应根据排水水质、水温、冰冻情况、断面尺寸、管内外所受压力、土质、地下水位、地下水侵蚀性、施工条件及对养护工具的适应性等因素进行选择与设计。

4.1.3 A 排水管渠的断面形状应符合下列要求：

（1）排水管渠的断面形状应根据设计流量、埋设深度、工程环境条件，同时结合当地施工、制管技术水平和经济、养护管理要求综合确定，宜优先选用成品管。

（2）大型和特大型管渠的断面应方便维修、养护和管理。

4.1.4 输送腐蚀性污水的管渠必须采用耐腐蚀材料，其接口及附属构筑物必须采取相应的防腐蚀措施。

4.1.5 当输送易造成管渠内沉析的污水时，管渠形式和断面的确定，必须考虑维护检修的方便。

4.1.6 工业区内经常受有害物质污染的场地雨水，应经预处理达到相应标准后才能排入排水管渠。

4.1.7 排水管渠系统的设计，应以重力流为主，不设或少设提升泵站。当无法采用重力流或重力流不经济时，可采用压力流。

4.1.8 雨水管渠系统设计可结合城镇总体规划，考虑利用水体调蓄雨水，必要时可建人工调蓄和初期雨水处理设施。

4.1.9 污水管道、合流污水管道和附属构筑物应保证其严密性，应进行闭水试验，防止污水外渗和地下水入渗。

4.1.10 当排水管渠出水口受水体水位顶托时，应根据地区重要性和积水所造成的后果，设置潮门、闸门或泵站等设施。

4.1.11 雨水管道系统之间或合流管道系统之间可根据需要设置连通管。必要时可在连通管处设闸槽或闸门。连通管及附近闸门井应考虑维护管理的方便。雨水管道系统与合流管道系统之间不应设置连通管道。

4.1.12 排水管渠系统中，在排水泵站和倒虹管前，宜设置事故排出口。

4.2 水力计算

4.2.1 排水管渠的流量，应按下式计算：

$$Q=Av \tag{4.2.1}$$

式中：Q——设计流量，m^3/s；

A——水流有效断面面积，m^2；

v——流速，m/s。

4.2.2 恒定流条件下排水管渠的流速，应按下列公式计算：

$$v=\frac{1}{n}R^{\frac{2}{3}}I^{\frac{1}{2}} \tag{4.2.2}$$

式中：v——流速，m/s；

R——水力半径，m；

I——水力坡降；

n——粗糙系数。

4.2.3 排水管渠粗糙系数，宜按表 4.2.3 的规定取值。

表 4.2.3 排水管渠粗糙系数

管 渠 类 别	粗糙系数 n	管 渠 类 别	粗糙系数 n
UPVC 管、PE 管、玻璃钢管	0.009～0.011	浆砌砖渠道	0.015
石棉水泥管、钢管	0.012	浆砌块石渠道	0.017
陶土管、铸铁管	0.013	干砌块石渠道	0.020～0.025
混凝土管、钢筋混凝土管、水泥砂浆抹面渠道	0.013～0.014	土明渠（包括带草皮）	0.025～0.030

4.2.4 排水管渠的最大设计充满度和超高，应符合下列规定：

（1）重力流污水管道应按非满流计算，其最大设计充满度，应按表 4.2.4 的规定取值。

表 4.2.4 最大设计充满度

管径或渠高/mm	最大设计充满度
200～300	0.55
350～450	0.65
500～900	0.70
≥1 000	0.75

注：在计算污水管道充满度时，不包括短时突然增加的污水量，但当管径小于或等于 300 mm 时，应按满流复核。

（2）雨水管道和合流管道应按满流计算。

（3）明渠超高不得小于 0.2 m。

4.2.5 排水管道的最大设计流速，宜符合下列规定非金属管道最大设计流速经过试验验证可适当提高。

（1）金属管道为 10.0 m/s。

（2）非金属管道为 5.0 m/s。

4.2.6 排水明渠的最大设计流速，应符合下列规定：

（1）当水流深度为 0.4～1.0 m 时，宜按表 4.2.6 的规定取值。

表 4.2.6 明渠最大设计流速

明 渠 类 别	最大设计流速/（m/s）
粗砂或低塑性粉质黏土	0.8
粉质黏土	1.0
黏土	1.2
草皮护面	1.6
干砌块石	2.0
浆砌块石或浆砌砖	3.0
石灰岩和中砂岩	4.0
混凝土	4.0

（2）当水流深度在 0.4～1.0 m 范围以外时，表 4.2.6 所列最大设计流速宜乘以下列系数：

$h<0.4$ m　　0.85；

$1.0<h<2.0$ m　　1.25；

$h\geq 2.0$ m　　1.40。

注：h 为水流深度。

4.2.7 排水管渠的最小设计流速，应符合下列规定：

（1）污水管道在设计充满度下为 0.6 m/s。

（2）雨水管道和合流管道在满流时为 0.75 m/s。

（3）明渠为 0.4 m/s。

4.2.8 污水厂压力输泥管的最小设计流速，可按表 4.2.8 的规定取值。

表 4.2.8 压力输泥管最小设计流速

污泥含水率/%	最小设计流速/（m/s）	
	管径 150～250 mm	管径 300～400 mm
90	1.5	1.6
91	1.4	1.5
92	1.3	1.4
93	1.2	1.3
94	1.1	1.2
95	1.0	1.1
96	0.9	1.0
97	0.8	0.9
98	0.7	0.8

4.2.9 排水管道采用压力流时，压力管道的设计流速宜采用 0.7～2.0 m/s。

4.2.10 排水管道的最小管径与相应最小设计坡度，宜按表 4.2.10 的规定取值。

表 4.2.10 最小管径与相应最小设计坡度

管道类别	最小管径/mm	相应最小设计坡度
污水管	300	塑料管 0.002，其他管 0.003
雨水管和合流管	300	塑料管 0.002，其他管 0.003
雨水口连接管	200	0.01
压力输泥管	150	—
重力输泥管	200	0.01

4.2.11 管道在坡度变陡处，其管径可根据水力计算确定由大改小，但不得超过 2 级，并不得小于相应条件下的最小管径。

4.3 管道

4.3.1 不同直径的管道在检查井内的连接，宜采用管顶平接或水面平接。

4.3.2 管道转弯和交接处，其水流转角不应小于 90°0

注：当管径小于或等于 300mm，跌水水头大于 0.3m 时，可不受此限制。

4.3.2A 埋地塑料排水管可采用硬聚氯乙烯管、聚乙烯管和玻璃纤维增强塑料夹砂管。

4.3.2B 埋地塑料排水管的使用，应符合下列规定：

（1）根据工程条件、材料力学性能和回填材料压实度，按环刚度复核覆土深度。

（2）设置在机动车道下的埋地塑料排水管道不应影响道路质量。

（3）埋地塑料排水管不应采用刚性基础。

4.3.2C 塑料管应直线敷设，当遇到特殊情况需折线敷设时，应采用柔性连接，其允许偏转角应满足要求。

4.3.3 管道基础应根据管道材质、接口形式和地质条件确定，对地基松软或不均匀沉降地段，管道基础应采取加固措施。

4.3.4 管道接口应根据管道材质和地质条件确定，污水和合流污水管道应采用柔性接口。当管道穿过粉砂、细砂层并在最高地下水位以下，或在地震设防烈度为 7 度及以上设防区时，必须采用柔性接口。

4.3.4A 当矩形钢筋混凝土箱涵敷设在软土地基或不均匀地层上时，宜采用钢带橡胶止水圈结合上下企口式接口形式。

4.3.5 设计排水管道时，应防止在压力流情况下使接户管发生倒灌。

4.3.6 污水管道和合流管道应根据需要设通风设施。

4.3.7 管顶最小覆土深度，应根据管材强度、外部荷载、土壤冰冻深度和土壤性质等条件，结合当地埋管经验确定。管顶最小覆土深度宜为：人行道下 0.6m，车行道下 0.7m。

4.3.8 一般情况下，排水管道宜埋设在冰冻线以下。当该地区或条件相似地区有浅埋经验或采取相应措施时，也可埋设在冰冻线以上，其浅埋数值应根据该地区经验确定，但应保证排水管道安全运行。

4.3.9 道路红线宽度超过 40m 的城镇干道，宜在道路两侧布置排水管道。

4.3.10 重力流管道系统可设排气和排空装置，在倒虹管、长距离直线输送后变化段宜设置排气装置。设计压力管道时，应考虑水锤的影响。在管道的高点以及每隔一定距离处，应设排气装置；排气装置有排气井、排气间等，排气井的建筑应与周边环境相协调。在管道的低点以及每隔一定距离处，应设排空装置。

4.3.11 承插式压力管道应根据管径、流速、转弯角度、试压标准和接口的摩擦力等因素，通过计算确定是否在垂直或水平方向转弯处设置支墩。

4.3.12 压力管接入自流管渠时，应有消能设施。

4.3.13 管道的施工方法，应根据管道所处土层性质、管径、地下水位、附近地下和地上建筑物等因素，经技术经济比较，确定采用开槽、顶管或盾构施工等。

4.4 检查井

4.4.1 检查井的位置，应设在管道交汇处、转弯处、管径或坡度改变处、跌水处以及直线管段上每隔一定距离处。

4.4.1A 污水管、雨水管和合流污水管的检查井井盖应有标识。

4.4.1B 检查井宜采用成品井，污水和合流污水检查井应进行闭水试验。

4.4.2 检查井在直线管段的最大间距应根据疏通方法等具体情况确定，一般宜按表 4.4.2 的规定取值。

表 4.4.2 检查井最大间距

管径或暗渠净高/mm	最大间距/m	
	污水管道	雨水（合流）管道
200～400	40	50
500～700	60	70
800～1 000	80	90
1 100～1 500	100	120
1 600～2 000	120	120

4.4.3 检查井各部尺寸，应符合下列要求：

（1）井口、井筒和井室的尺寸应便于养护和检修，爬梯和脚窝的尺寸、位置应便于检修和上下安全。

（2）检修室高度在管道埋深许可时宜为 1.8m，污水检查井由流槽顶算起，雨水（合流）检查井由管底算起。

4.4.4 检查井井底宜设流槽。污水检查井流槽顶可与 0.85 倍大管管径处相平，雨水（合流）检查井流槽顶可与 0.5 倍大管管径处相平。流槽顶部宽度宜满足检修要求。

4.4.5 在管道转弯处，检查井内流槽中心线的弯曲半径应按转角大小和管径大小确定，但不宜小于大管管径。

4.4.6 位于车行道的检查井，应采用具有足够承载力和稳定性良好的井盖与井座。

4.4.6A 设置在主干道上的检查井的井盖基座宜和井体分离。

4.4.7 检查井宜采用具有防盗功能的井盖。位于路面上的井盖，宜与路面持平；位于绿化带内的井盖，不应低于地面。

4.4.7A 排水系统检查井应安装防坠落装置。

4.4.8 在污水干管每隔适当距离的检查井内，需要时可设置闸槽。

4.4.9 接入检查井的支管（接户管或连接管）管径大于 300mm 时，支管数不宜超过 3 条。

4.4.10 检查井与管渠接口处，应采取防止不均匀沉降的措施。

4.4.10A 检查井和塑料管道应采用柔性连接。

4.4.11 在排水管道每隔适当距离的检查井内和泵站前一检查井内，宜设置沉泥槽，深度宜为 0.3～0.5m。

4.4.12 在压力管道上应设置压力检查井。

4.4.13 高流速排水管道坡度突然变化的第一座检查井宜采用高流槽排水检查井，并采取增强井筒抗冲击和冲刷能力的措施，井盖宜采用排气井盖。

4.5 跌水井

4.5.1 管道跌水水头为 1.0～2.0m 时，宜设跌水井；跌水水头大于 2.0m 时，应设跌水井。管道转弯处不宜设跌水井。

4.5.2 跌水井的进水管管径不大于 200mm 时，一次跌水水头高度不得大于 6m；管径为 300～600mm 时，一次跌水水头高度不宜大于 4m。跌水方式可采用竖管或矩形竖槽。管径大于 600mm 时，其一次跌水水头高度及跌水方式应按水力计算确定。

4.6 水封井

4.6.1 当工业废水能产生引起爆炸或火灾的气体时，真管道系统中必须设置水封井。水封井位置应设在产生上述废水的排出口处及其干管上每隔适当距离处。

4.6.2 水封深度不应小于 0.25m，井上宜设通风设施，井底应设沉泥槽。

4.6.3 水封井以及同一管道系统中的其他检查井，均不应设在车行道和行人众多的地段，并应适当远离产生明火的场地。

4.7 雨水口

4.7.1 雨水口的形式、数量和布置，应按汇水面积所产生的流量、雨水口的泄水能力和道路形式确定。立箅式雨水口的宽度和平箅式雨水口的开孔长度和开孔方向应根据设计流量、道路纵坡和横坡等参数确定。雨水口宜设置污物截留设施，合流制系统中的雨水口应采取防止臭气外溢的措施。

4.7.1A 雨水口和雨水连接管流量应为雨水管渠设计重现期计算流量的 1.5～3 倍。

4.7.2 雨水口间距宜为 25～50m。连接管串联雨水口个数不宜超过 3 个。雨水口连接管长度不宜超过 25m。

4.7.2A 道路横坡坡度不应小于 1.5%，平箅式雨水口的箅面标高应比周围路面标高低 3～5cm，立箅式雨水口进水处路面标高应比周围路面标高低 5cm。当设置于下凹式绿地中时，雨水口的箅面标高应根据雨水调蓄设计要求确定，且应高于周围绿地平面标高。

4.7.3 当道路纵坡大于 0.02 时，雨水口的间距可大于 50m，其形式、数量和布置应根据具体情况和计算确定。坡段较短时可在最低点处集中收水，其雨水口的数量或面积应适当增加。

4.7.4 雨水口深度不宜大于 1m，并根据需要设置沉泥槽。遇特殊情况需要浅埋时，应采取加固措施。有冻胀影响地区的雨水口深度，可根据当地经验确定。

4.8 截流井

4.8.1 截流井的位置，应根据污水截流干管位置、合流管渠位置、监流管下游水位高程和周围环境等因素确定。

4.8.2 截流井宜采用槽式，也可采用堰式或槽堰结合式。管渠高程允许时，应选用槽式，当选用堰式或槽堰结合式时，堰高和擅长应进行水力计算。

4.8.2A 当污水截流管管径为 300～600mm 时，堰式截流井内各类堰（正堰、斜堰、曲线堰）的堰高，可按 F 列公式计算：

$$d=300\text{mm},\ H_1=(0.233+0.013Q_j)\cdot d\cdot k \quad (4.8.2A\text{-}1)$$

$$d=400\text{mm},\ H_1=(0.226+0.007Q_j)\cdot d\cdot k \quad (4.8.2A\text{-}2)$$

$$d=500\text{mm},\ H_1=(0.219+0.004Q_j)\cdot d\cdot k \quad (4.8.2A\text{-}3)$$

$$d=600\text{mm},\ H_1=(0.202+0.003Q_j)\cdot d\cdot k \quad (4.8.2A\text{-}4)$$

$$Q_j=(1+n_0)\cdot Q_{dr} \quad (4.8.2A\text{-}5)$$

式中：H_1——堰高，mm；

Q——污水截流量，L/s；

d——污水截流管管径，mm；

k——修正系数，k=1.1～1.3；

n_0——截流倍数；

Q_{dr}——截流井以前的旱流污水量，L/s。

4.8.2B 当污水截流管管径为 300～600mm 时，槽式截流井的槽深、槽宽，应按下列公式计算：

$$H_2=63.9\cdot Q_j^{0.43}\cdot k \quad (4.8.2B\text{-}1)$$

式中：H_2——槽深，mm；

Q_j——污水截流量，L/s；

k——修正系数，k=1.1～1.3。

$$B=d \quad (4.8.2B\text{-}2)$$

式中：B——槽宽，mm；

d——污水截流管管径，mm。

4.8.2C 槽堰结合式截流井的槽深、堰高，应按下列公式计算：

（1）根据地形条件和管道高程允许降落的可能性，确定槽深 H_2。

（2）根据截流量，计算确定截流管管径 d。

（3）假设 H_1/H_2 比值，按表 4.8.2C 计算确定槽堰总高 H。

表 4.8.2C 槽堰结合式井的槽堰总高计算表

d/mm	$H_1/H_2\leqslant 1.3$	$H_1/H_2>1.3$
300	$H=(4.22Q_j+94.3)\cdot k$	$H=(4.08Q_j+69.9)\cdot k$
400	$H=(3.43Q_j+96.4)\cdot k$	$H=(3.08Q_j+72.3)\cdot k$
500	$H=(2.22Q_j+136.4)\cdot k$	$H=(2.42Q_j+124.0)\cdot k$

（4）堰高 H_1，可按下式计算：

$$H_1=H-H_2 \quad (4.8.2C)$$

式中：H_1——堰高，mm；

H——槽堰总高，mm；

H_2——槽深，mm。

（5）校核 H_1/H_2 是否符合本条第 3 款的假设条件，如不符合则改用相应公式重复上述计算。

（6）槽宽计算同式（4.8.2B-2）。

4.8.3 截流井溢流水位，应在设计洪水位或受纳管道设计水位以上，当不能满足要求时，应设置闸门等防倒灌设施。

4.8.4 截流井内宜设流量控制设施。

4.9 出水口

4.9.1 排水管渠出水口位置、形式和出口流速，应根据受纳水体的水质要求、水体的流量、水位变化幅度、水流方向、波浪状况、稀释自净能力、地形变迁和气候特征等因素确定。

4.9.2 出水口应采取防冲刷、消能、加固等措施，并视需要设置标志。

4.9.3 有冻胀影响地区的出水口，应考虑用耐冻胀材料砌筑，出水口的基础必须设在冰冻线以下。

4.10 立体交叉道路排水

4.10.1 立体交叉道路排水应排除汇水区域的地面径流水和影响道路功能的地下水，其形式应根据当地规划、现场水文地质条件、立交形式等工程特点确定。

4.10.2 立体交叉道路排水系统的设计，应符合下列规定：

（1）雨水管渠设计重现期不应小于 10 年，位于中心城区的重要地区，设计重现期应为 20～30 年，同一立体交叉道路的不同部位可采用不同的重现期。

（2）地面集水时间应根据道路坡长、坡度和路面粗糙度等计算确定，宜为 2～10min。

（3）径流系数宜为 0.8～1.0。

（4）下穿式立体交叉道路的地面径流，具备自流条件的，可采用自流排除，不具备自流条件的，应设泵站排除。

（5）当采用泵站排除地面径流时，应校核泵站及配电设备的安全高度，采取措施防止泵站受淹。

（6）下穿式立体交叉道路引道两端应采取措施，控制汇水面积，减少坡底聚水量。立体交叉道路宜采用高水高排、低水低排，且互不连通的系统。

（7）宜采取设置调蓄池等综合措施达到规定的设计重现期。

4.10.3 立体交叉地道排水应设独立的排水系统，其出水口必须可靠。

4.10.4 当立体交叉地道工程的最低点位于地下水位以下时，应采取排水或控制地下水的措施。

4.10.5 高架道路雨水口的间距宜为 20～30m。每个雨水口单独用立管引至地面排水系统。雨水口的人口应设置格网。

4.11 倒虹管

4.11.1 通过河道的倒虹管，不宜少于两条；通过谷地、旱沟或小河的倒虹管可采用一条。通过障碍物的倒虹管，尚应符合与该障碍物相交的有关规定。

4.11.2 倒虹管的设计，应符合下列要求：

（1）最小管径宜为 200mm。

（2）管内设计流速应大于 0.9m/s，并应大于进水管内的流速，当管内设计流速不能满足上述要求时，应增加定期冲洗措施，冲洗时流速不应小于 1.2m/s。

（3）倒虹管的管顶距规划河底距离一般不宜小于 1.0m，通过航运河道时，其位置和管顶距规划河底距离应与当地航运管理部门协商确定，并设置标志，遇冲刷河床应考虑防冲措施。

（4）倒虹管宜设置事故排出口。

4.11.3 合流管道设倒虹管时，应按旱流污水量校核流速。

4.11.4 倒虹管进出水井的检修室净高宜高于 2m。进出水井较深时，井内应设检修台，其宽度应满足检修要求。当倒虹管为复线时，井盖的中心宜设在各条管道的中心线上。

4.11.5 倒虹管进出水井内应设闸槽或闸门。

4.11.6 倒虹管进水井的前一检查井，应设置沉泥槽。

4.12 渠道

4.12.1 在地形平坦地区、埋设深度或出水口深度受限制的地区，可采用渠道（明渠或盖板渠）排除雨水。盖板渠宜就地取材，构造宜方便维护，渠壁可与道路侧石联合砌筑。

4.12.2 明渠和盖板渠的底宽，不宜小于 0.3m。元铺砌的明渠边坡，应根据不同的地质按表 4.12.2 的规定取值；用砖石或混凝土块铺砌的明渠可采用 1∶0.75～1∶1 的边坡。

表 4.12.2 明渠边坡值

地 质	边坡值
粉砂	1∶3～1∶3.5
松散的细砂、中砂和粗砂	1∶2～1∶2.5
密实的细砂、中砂、粗砂或粘质粉土	1∶1.5～1∶2
粉质黏土或黏土砾石或卵石	1∶1.25～1∶1.5
半岩性土	1∶0.5～1∶1
风化岩石	1∶0.25～1∶0.5
岩石	1∶0.1～1∶0.25

4.12.3 渠道和涵洞连接时，应符合下列要求：

（1）渠道接入涵洞时，应考虑断面收缩、流速变化等因素造成明渠水面壅高的影响。

（2）涵洞断面应按渠道水面达到设计超高时的泄水量计算。

（3）涵洞两端应设挡土墙，并护坡和护底。

（4）涵洞宜做成方形，如为圆管时，管底可适当低于渠底，其降低部分不计入过水断面。

4.12.4 渠道和管道连接处应设挡土墙等衔接设施。渠道接入管道处应设置格栅。

4.12.5 明渠转弯处，其中心线的弯曲半径不宜小于设计水面宽度的 5 倍；盖板渠和铺砌明渠可采用不小于设计水面宽度的 2.5 倍。

4.13 管道综合

4.13.1 排水管道与其他地下管渠、建筑物、构筑物等相互间的位置，应符合下列要求：

（1）敷设和检修管道时，不应互相影响。

（2）排水管道损坏时，不应影响附近建筑物、构筑物的基础，不应污染生活饮用水。

4.13.2 污水管道、合流管道与生活给水管道相交时，应敷设在生活给水管道的下面。

4.13.3 排水管道与其他地下管线（或构筑物）水平和垂直的最小净距，应根据两者的类型、高程、施工先后和管线损坏的后果等因素，按当地城镇管道综合规划确定，亦可按本规范附录 B 采用。

4.13.4 再生水管道与生活给水管道、合流管道和污水管道相交时，应敷设在生活给水管道下面，宜敷设在合流管道和污水管道的上面。

4.14 雨水调蓄池

4.14.1 需要控制面源污染、削减排水管道峰值流量防治地面积水、提高雨水利用程度时，宜设置雨水调蓄池。

4.14.2 雨水调蓄池的设置应尽量利用现有设施。

4.14.3 雨水调蓄池的位置，应根据调蓄目的、排水体制、管网布置、溢流管下游水位高程和周围环境等综合考虑后确定。

4.14.4 用于合流制排水系统的径流污染控制时，雨水调蓄池的有效容积，可按下式计算：

$$V=3600t_i(n-n_0)Q_{dr}\beta \tag{4.14.4}$$

式中：V——调蓄池有效容积，m^3；

t_i——调蓄池进水时间，h，宜采用 0.5～1h，当合流制排水系统雨天溢流污水水质在单次降雨事件中无明显初期效应时，宜取上限；反之，可取下限；

n——调蓄池建成运行后的截流倍数，由要求的污染负荷目标削减率、当地截流倍数和截流量占降雨量比例之间的关系求得；

n_0——系统原截流倍数；

Q_{dr}——截流井以前的旱流污水量，m^3/s；

β——安全系数，可取 1.1～1.50。

4.14.4A 用于分流制排水系统径流污染控制时，雨水调蓄池的有效容积，可按下式计算：

$$V=10DF\psi\beta \tag{4.14.4A}$$

式中：V——调蓄池有效容积，m^3；

D——调蓄量，mm，按降雨量计，可取 4～8mm；

F——汇水面积，hm^2；

ψ——径流系数；

β——安全系数，可取 1.1～1.5。

4.14.5 用于削减排水管道洪峰流量时，雨水调蓄池的有效容积可按下式计算：

$$V=\left[-\left(\frac{0.65}{n^{1.2}}+\frac{b}{t}\bullet\frac{0.5}{n+0.2}+1.10\right)\lg(\alpha+0.3)+\frac{0.215}{n^{0.15}}\right]\bullet Q\bullet t \tag{4.14.5}$$

式中：V——调蓄池有效容积，m^3；

α——脱过系数，取值为调蓄池下游设计流量和上游设计流量之比；

Q——调蓄池上游设计流量，m^3/min；

b、n——暴雨强度公式参数；

t——降雨历时，min，根据式（3.2.5）计算。其中，m=l。

4.14.6 用于提高雨水利用程度时，雨水调蓄池的有效容积应根据降雨特征、用水需求和经济效益等确定。

4.14.7 雨水调蓄池的放空时间，可按下式计算：

$$t_o=\frac{V}{3600Q'\eta} \tag{4.14.7}$$

式中：t_o——放空时间，h；

V——调蓄池有效容积，m^3；

Q'——下游排水管道或设施的受纳能力，m^3/s；

η——排放效率，一般可取 0.3～0.9。

4.14.8 雨水调蓄池应设置清洗、排气和除臭等附属设施和检修通道。

4.14.9 用于控制径流污染的雨水调蓄池出水应接入污水管网，当下游污水处理系统不能满足雨水调蓄池放空要求时，应设置雨水调蓄池出水处理装置。

4.15 雨水渗透设施

4.15.1 城镇基础设施建设应综合考虑雨水径流量的削减。人行道、停车场和广场等宜采用渗透性铺面，新建地区硬化地面中可渗透地面面积不宜低于40%，有条件的既有地区应对现有硬化地面进行透水性改建；绿地标高宜低于周边地面标高5～25cm，形成下凹式绿地。

4.15.2 当场地有条件时，可设置植草沟、渗透池等设施接纳地面径流；地区开发和改建时，宜保留天然可渗透性地面。

4.16 雨水综合利用

4.16.1 雨水综合利用应根据当地水资源情况和经济发展水平合理确定，并应符合下列规定：

（1）水资源缺乏、水质性缺水、地下水位下降严重、内涝风险较大的城市和新建地区等宜进行雨水综合利用。

（2）雨水经收集、储存、就地处理后可作为冲洗、灌概、绿化和景观用水等，也可经过自然或人工惨透设施渗入地下，补充地下水资源。

（3）雨水利用设施的设计、运行和管理应与城镇内涝防治相协调。

4.16.2 雨水收集利用系统汇水面的选择，应符合下列规定：

（1）应选择污染较轻的屋面、广场、人行道等作为汇水面；对屋面雨水进行收集时，宜优先收集绿化屋面和采用环保型材料屋面的雨水。

（2）不应选择厕所、垃圾堆场、工业污染场地等作为汇水面。

（3）不宜收集利用机动车道路的雨水径流。

（4）当不同汇水面的雨水径流水质差异较大时，可分别收集和储存。

4.16.3 对屋面、场地雨水进行收集利用时，应将降雨初期的雨水弃流。弃流的雨水可排入雨水管道，条件允许时，也可就近排入绿地。

4.16.4 雨水利用方式应根据收集量、利用量和卫生要求等综合分析后确定。雨水利用不应影响雨水调蓄设施应对城镇内涝的功能。

4.16.5 雨水利用设施和装置的设计应考虑防腐蚀、防堵塞等。

4.17 内涝防治设施

4.17.1 内涝防治设施应与城镇平面规划、竖向规划和防洪规划相协调，根据当地地形特点、水文条件、气候特征、雨水管渠系统、防洪设施现状和内涝防治要求等综合分析后确定。

4.17.2 内涝防治设施应包括源头控制设施、雨水管渠设施和综合防治设施。

4.17.3 采用绿地和广场等公共设施作为雨水调蓄设施时，应合理设计雨水的进出口，并应设置警示牌。

5 泵站

5.1 一般规定

5.1.1 排水泵站宜按远期规模设计，水泵机组可按近期规模配置。

5.1.2 排水泵站宜设计为单独的建筑物。

5.1.3 抽送产生易燃易爆和有毒有害气体的污水泵站，必须设计为单独的建筑物，并应采取相应的防护措施。

5.1.4 排水泵站的建筑物和附属设施宜采取防腐蚀措施。

5.1.5 单独设置的泵站与居住房屋和公共建筑物的距离，应满足规划、消防和环保部门的要求。泵站的地面建筑物造型应与周围环境协调，做到适用、经济、美观，泵站内应绿化。

5.1.6 泵站室外地坪标高应按城镇防洪标准确定，并符合规划部门要求；泵房室内地坪应比室外地坪高 0.2～0.3m；易受洪水淹没地区的泵站，其入口处设计地面标高应比设计洪水位高 0.5m 以上；当不能满足上述要求时，可在人口处设置闸槽等临时防洪措施。

5.1.7 雨水泵站应采用自灌式泵站。污水泵站和合流污水泵站宜采用自灌式泵站。

5.1.8 泵房宜有两个出入口，其中一个应能满足最大设备或部件的进出。

5.1.9 排水泵站供电应按二级负荷设计，特别重要地区的泵站，应按一级负荷设计。当不能满足上述要求时，应设置备用动力设施。

5.1.10 位于居民区和重要地段的污水、合流污水泵站，应设置除臭装置。

5.1.11 自然通风条件差的地下式水泵间应设机械送排风综合系统。

5.1.12 经常有人管理的泵站内，应设隔声值班室并有通信设施。对远离居民点的泵站，应根据需要适当设置工作人员的生活设施。

5.1.13 雨污分流不彻底、短时间难以改建的地区，雨水泵站可设置混接污水截流设施，并应采取措施排入污水处理系统。

5.2 设计流量和设计扬程

5.2.1 污水泵站的设计流量，应按泵站进水总管的最高日最高时流量计算确定。

5.2.2 雨水泵站的设计流量，应按泵站进水总管的设计流量计算确定。当立交道路设有盲沟时，其渗流水量应单独计算。

5.2.3 合流污水泵站的设计流量，应按下列公式计算确定。

（1）泵站后设污水截流装置时，按式（3.3.1）计算。

（2）泵站前设污水截流装置时，雨水部分和污水部分分别按式（5.2.31）和式（5.2.32）计算。

1）雨水部分：

$$Q_p = Q_s - n_o Q_{dr} \tag{5.2.3-1}$$

2）污水部分：

$$Q_p = (n_o + 1) Q_{dr} \tag{5.2.3-2}$$

式中：Q_p—— 泵站设计流量，m^3/s；

Q_s—— 雨水设计流量，m^3/s；

Q_{dr}—— 旱流污水设计流量，m^3/s；

n_o—— 截流倍数。

5.2.4 雨水泵的设计扬程，应根据设计流量时的集水池水位与受纳水体平均水位差和水泵管路系统的水头损失确定。

5.2.5 污水泵和合流污水泵的设计扬程，应根据设计流量时的集水池水位与出水管渠水位差和水泵管路系统的水头损失以及安全水头确定。

5.3 集水池

5.3.1 集水池的容积，应根据设计流量、水泵能力和水泵工作情况等因素确定，并应符合下列要求：

（1）污水泵站集水池的容积，不应小于最大一台水泵5min的出水量。

注：如水泵机组为自动控制时，每小时开动水泵不得超过6次。

（2）雨水泵站集水池的容积，不应小于最大一台水泵30s的出水量。

（3）合流污水泵站集水池的容积，不应小于最大一台水泵30s的出水量。

（4）污泥泵房集水池的容积，应按一次排入的污泥量和污泥泵抽送能力计算确定。活性污泥泵房集水池的容积，应按排入的回流污泥量、剩余污泥量和污泥泵抽送能力计算确定。

5.3.2 大型合流污水输送泵站集水池的面积，应按管网系统中调压塔原理复核。

5.3.3 流入集水池的污水和雨水均应通过格栅。

5.3.4 雨水泵站和合流污水泵站集水池的设计最高水位，应与进水管管顶相平。当设计进水管道为压力管时，集水池的设计最高水位可高于进水管管顶，但不得使管道上游地面冒水。

5.3.5 污水泵站集水池的设计最高水位，应按进水管充满度计算。

5.3.6 集水池的设计最低水位，应满足所选水泵吸水头的要求。自灌式泵房尚应满足水泵叶轮浸没深度的要求。

5.3.7 泵房应采用正向进水，应考虑改善水泵吸水管的水力条件，减少滞流或涡流。

5.3.8 泵站集水池前，应设置闸门或闸槽；泵站宜设置事故排出口，污水泵站和合流污水泵站设置事故排出口应报有关部门批准。

5.3.9 雨水进水管沉砂量较多地区宜在雨水泵站集水池前设置沉砂设施和清砂设备。

5.3.10 集水池池底应设集水坑，倾向坑的坡度不宜小于10%。

5.3.11 集水池应设冲洗装置，宜设清泥设施。

5.4 泵房设计

I 水泵配置

5.4.1 水泵的选择应根据设计流量和所需扬程等因素确定，且应符合下列要求：

（1）水泵宜选用同一型号，台数不应少于2台，不宜大于8台。当水量变化很大时，可配置不同规格的水泵，但不宜超过两种，或采用变频调速装置，或采用叶片可调式水泵。

（2）污水泵房和合流污水泵房应设备用泵，当工作泵台数不大于4台时，备用泵宜为1台。工作泵台数不小于5台时，备用泵宜为2台；潜水泵房备用泵为2台时，可现场备用1台，库存备用1台。雨水泵房可不设备用泵。立交道路的雨水泵房可视泵房重要性设置备用泵。

5.4.2 选用的水泵宜在满足设计扬程时在高效区运行；在最高工作扬程与最低工作扬程的整个工作范围内应能安全稳定运行。2台以上水泵并联运行合用一根出水管时，应根据水泵特性曲线和管路工作特性曲线验算单台水泵工况，使之符合设计要求。

5.4.3 多级串联的污水泵站和合流污水泵站，应考虑级间调整的影响。

5.4.4 水泵吸水管设计流速宜为0.7～1.5m/s。出水管流速宜为0.8～2.5m/s。

5.4.5 非自灌式水泵应设引水设备，并均宜设备用。小型水泵可设底阀或真空引水设备。

II 泵房

5.4.6 水泵布置宜采用单行排列。

5.4.7 主要机组的布置和通道宽度，应满足机电设备安装、运行和操作的要求，并应符合下列要求：

（1）水泵机组基础间的净距不宜小于 1.0m。

（2）机组突出部分与墙壁的净距不宜小于 1.2m。

（3）主要通道宽度不宜小于 1.5m。

（4）配电箱前面通道宽度，低压配电时不宜小于 1.5m，高压配电时不宜小于 2.0m。当采用在配电箱后面检修时，后面距墙的净距不宜小于 1.0m。

（5）有电动起重机的泵房内，应有吊运设备的通道。

5.4.8 泵房各层层高，应根据水泵机组、电气设备、起吊装置、安装、运行和检修等因素确定。

5.4.9 泵房起重设备应根据需吊运的最重部件确定。起重量不大于 3t，宜选用手动或电动葫芦；起重量大于 3t，宜选用电动单梁或双梁起重机。

5.4.10 水泵机组基座，应按水泵要求配置，并应高出地坪 0.1m 以上。

5.4.11 水泵间与电动机间的层高差超过水泵技术性能中规定的轴长时，应设中间轴承和轴承支架，水泵油箱和填料函处应设操作平台等设施。操作平台工作宽度不应小于 0.6m，并应设置栏杆。平台的设置应满足管理人员通行和不妨碍水泵装拆。

5.4.12 泵房内应有排除积水的设施。

5.4.13 泵房内地面敷设管道时，应根据需要设置跨越设施。若架空敷设时，不得跨越电气设备和阻碍通道，通行处的管底距地面不宜小于 2.0m。

5.4.14 当泵房为多层时，楼板应设吊物孔，其位置应在起吊设备的工作范围内。吊物孔尺寸应按需起吊最大部件外形尺寸每边放大 0.2m 以上。

5.4.15 潜水泵上方吊装孔盖板可视环境需要采取密封措施。

5.4.16 水泵因冷却、润滑和密封等需要的冷却用水可接自泵站供水系统，其水量、水压、管路等应按设备要求设置。当冷却水量较大时，应考虑循环利用。

5.5 出水设施

5.5.1 当 2 台或 2 台以上水泵合用一根出水管时，每台水泵的出水管上均应设置闸阀，并在闸阀和水泵之间设置止回阀。当污水泵出水管与压力管或压力井相连时，出水管上必须安装止回阀和闸阀等防倒流装置。雨水泵的出水管末端宜设防倒流装置，其上方宜考虑设置起吊设施。

5.5.2 出水压力井的盖板必须密封，所受压力由计算确定。水泵出水压力井必须设透气筒，筒高和断面根据计算确定。

5.5.3 敞开式出水井的井口高度，应满足水体最高水位时开泵形成的高水位，或水泵骤停时水位上升的高度。敞开部分应有安全防护措施。

5.5.4 合流污水泵站宜设试车水回流管，出水井通向河道一侧应安装出水闸门或考虑临时封堵措施。

5.5.5 雨水泵站出水口位置选择，应避让桥梁等水中构筑物，出水口和护坡结构不得影响航道，水流不得冲刷河道和影响航运安全，出口流速宜小于 0.5m/s，并取得航运、水利等部门的同意。泵站出水口处应设警示装置。

6 污水处理

6.1 厂址选择和总体布置

6.1.1 污水厂位置的选择，应符合城镇总体规划和排水工程专业规划的要求，并应根据下列因素综合确定：

（1）在城镇水体的下游。

（2）便于处理后出水回用和安全排放。

（3）便于污泥集中处理和处置。

（4）在城镇夏季主导风向的下风侧。

（5）有良好的工程地质条件。

（6）少拆迁，少占地，根据环境评价要求，有一定的卫生防护距离。

（7）有扩建的可能。

（8）厂区地形不应受洪涝灾害影响，防洪标准不应低于城镇防洪标准，有良好的排水条件。

（9）有方便的交通、运输和水电条件。

6.1.2 污水厂的厂区面积，应按项目总规模控制，并做出分期建设的安排，合理确定近期规模，近期工程投入运行一年内水量宜达到近期设计规模的60%。

6.1.3 污水厂的总体布置应根据厂内各建筑物和构筑物的功能和流程要求，结合厂址地形、气候和地质条件，优化运行成本，便于施工、维护和管理等因素，经技术经济比较确定。

6.1.4 污水厂厂区内各建筑物造型应简洁美观，节省材料，选材适当，并应使建筑物和构筑物群体的效果与周围环境协调。

6.1.5 生产管理建筑物和生活设施宜集中布置，其位置和朝向应力求合理，并应与处理构筑物保持一定距离。

6.1.6 污水和污泥的处理构筑物宜根据情况尽可能分别集中布置。处理构筑物的间距应紧凑、合理，符合国家现行的防火规范的要求，并应满足各构筑物的施工、设备安装和埋设各种管道以及养护、维修和管理的要求。

6.1.7 污水厂的工艺流程、竖向设计宜充分利用地形，符合排水通畅、降低能耗、平衡土方的要求。

6.1.8 厂区消防的设计和消化池、贮气罐、污泥气压缩机房、污泥气发电机房、污泥气燃烧装置、污泥气管道、污泥干化装置、污泥焚烧装置及其他危险品仓库等的位置和设计，应符合国家现行有关防火规范的要求。

6.1.9 污水厂内可根据需要，在适当地点设置堆放材料、备件、燃料和废渣等物料及停车的场地。

6.1.10 污水厂应设置通向各构筑物和附属建筑物的必要通道，通道的设计应符合下列要求：

（1）主要车行道的宽度：单车道为3.5～4.0m，双车道为6.0～7.0m，并应有回车道。

（2）车行道的转弯半径宜为6.0～10.0m。

（3）人行道的宽度宜为1.5～2.0m。

（4）通向高架构筑物的扶梯倾角宜采用30。，不宜大于45°。

（5）天桥宽度不宜小于1.0m。

（6）车道、通道的布置应符合国家现行有关防火规范的要求，并应符合当地有关部门的规定。

6.1.11 污水厂周围根据现场条件应设置围墙，其高度不宜小于2.0m。

6.1.12 污水厂的大门尺寸应能容许运输最大设备或部件的车辆出入，并应另设运输废渣的侧门。

6.1.13 污水厂并联运行的处理构筑物间应设均匀配水装置，各处理构筑物系统间宜设可切换的连通管渠。

6.1.14 污水厂内各种管渠应全面安排，避免相互干扰。管道复杂时宜设置管廊。处理构筑物间输水、输泥和输气管线的布置应使管渠长度短、损失小、流行通畅、不易堵塞和便于清通。各污水处理构筑物间的管渠连通，在条件适宜时，应采用明渠。

管廊内宜敷设仪表电缆、电信电缆、电力电缆、给水管、污水管、污泥管、再生水管、压缩空气管等，并设置色标。

管廊内应设通风、照明、广播、电话、火警及可燃气体报警系统、独立的排水系统、吊物孔、人行通道出人口和维护需要的设施等，并应符合国家现行有关防火规范的要求。

6.1.15 污水厂应合理布置处理构筑物的超越管渠。

6.1.16 处理构筑物应设排空设施，排出水应回流处理。

6.1.17 污水厂宜设置再生水处理系统。

6.1.18 厂区的给水系统、再生水系统严禁与处理装置直接连接。

6.1.19 污水厂的供电系统，应按二级负荷设计，重要的污水厂宜按一级负荷设计。当不能满足上述要求时，应设置备用动力设施。

6.1.20 污水厂附属建筑物的组成及其面积，应根据污水厂的规模，工艺流程，计算机监控系统的水平和管理体制等，结合当地实际情况，本着节约的原则确定，并应符合现行的有关规定。

6.1.21 位于寒冷地区的污水处理构筑物，应有保温防冻措施。

6.1.22 根据维护管理的需要，宜在厂区适当地点设置配电箱、照明、联络电话、冲洗水栓、浴室、厕所等设施。

6.1.23 处理构筑物应设置适用的栏杆、防滑梯等安全措施，高架处理构筑物还应设置避雷设施。

6.2 一般规定

6.2.1 城镇污水处理程度和方法应根据现行的国家和地方的有关排放标准、污染物的来源及性质、排入地表水域环境功能和保护目标确定。

6.2.2 污水厂的处理效率，可按表6.2.2的规定取值。

表6.2.2 污水处理厂的处理效率

处理级别	处理方法	主要工艺	处理效率/%	
			SS	BOD_5
一级	沉淀法	沉淀（自然沉淀）	40～55	20～30
二级	生物膜法	初次沉淀、生物膜反应、二次沉淀	60～90	65～90
	活性污泥法	初次沉淀、活性污泥反应、二次沉淀	70～90	65～95

注：1 表中SS表示悬浮固体量，BOD_5表示五日生化需氧量。

2 活性污泥法根据水质、工艺流程等情况，可不设置初次沉淀池。

6.2.3 水质和（或）水量变化大的污水厂，宜设置调节水质和（或）水量的设施。

6.2.4 污水处理构筑物的设计流量，应按分期建设的情况分别计算。当污水为自流进入时，应按每期的最高日最高时设计流量计算；当污水为提升进入时，应按每期工作水泵的最大组合流量校核管渠配水能力。生物反应池的设计流量，应根据生物反应池类型和曝气时间确定。曝气时间较长时，设计流量可酌情减少。

6.2.5 合流制处理构筑物，除应按本章有关规定设计外，尚应考虑截留雨水进入后的影响，并应符合下列要求：

（1）提升泵站、格栅、沉砂池，按合流设计流量计算。

（2）初次沉淀池，宜按旱流污水量设计，用合流设计流量校核，校核的沉淀时间不宜小于 30min。

（3）二级处理系统，按旱流污水量设计，必要时考虑一定的合流水量。

（4）污泥浓缩池、湿污泥池和消化池的容积，以及污泥脱水规模，应根据合流水量水质计算确定。可按旱流情况加大 10%～20%计算。

（5）管渠应按合流设计流量计算。

6.2.6 各处理构筑物的个（格）数不应少于 2 个（格），并应按并联设计。

6.2.7 处理构筑物中污水的出入口处宜采取整流措施。

6.2.8 污水厂应设置对处理后出水消毒的设施。

6.3 格栅

6.3.1 污水处理系统或水泵前，必须设置格栅。

6.3.2 格栅栅条间隙宽度，应符合下列要求：

（1）粗格栅：机械清除时宜为 16～25mm；人工清除时宜为 25～40mm。特殊情况下，最大间隙可为 100mm。

（2）细格栅：宜为 1.5～10mm。

（3）水泵前，应根据水泵要求确定。

6.3.3 污水过栅流速宜采用 0.6～1.0m/s。除转鼓式格栅除污机外，机械清除格栅的安装角度宜为 60°～90°。人工清除格栅的安装角度宜为 30°～60°。

6.3.4 格栅除污机，底部前端距井壁尺寸，钢丝绳牵引除污机或移动悬吊葫芦抓斗式除污机应大于 1.5m；链动刮板除污机或回转式固液分离机应大于 1.0m。

6.3.5 格栅上部必须设置工作平台，其高度应高出格栅前最高设计水位 0.5m，工作平台上应有安全和冲洗设施。

6.3.6 格栅工作平台两侧边道宽度宜采用 0.7～1.0m。工作平台正面过道宽度，采用机械清除时不应小于 1.5m，采用人工清除时不应小于 1.2m。

6.3.7 粗格栅栅渣宜采用带式输送机输送；细格栅栅渣宜采用螺旋输送机输送。

6.3.8 格栅除污机、输送机和压榨脱水机的进出料口宜采用密封形式，根据周围环境情况，可设置除臭处理装置。

6.3.9 格栅间应设置通风设施和有毒有害气体的检测与报警装置。

6.4 沉砂池

6.4.1 污水厂应设置沉砂池，按去除相对密度 2.65、粒径 0.2mm 以上的砂粒设计。

6.4.2 平流沉砂池的设计，应符合下列要求：

（1）最大流速应为 0.3m/s，最小流速应为 0.15m/s。

（2）最高时流量的停留时间不应小于 30s。

（3）有效水深不应大于 1.2m，每格宽度不宜小于 0.6m。

6.4.3 曝气沉砂池的设计，应符合下列要求：

（1）水平流速宜为 0.lm/s。

（2）最高时流量的停留时间应大于 2min。

（3）有效水深宜为 2.0～3.0m，宽深比宜为 11.50

（4）处理每立方米污水的曝气量宜为 0.lm30.2m3 空气。

（5）进水方向应与池中旋流方向一致，出水方向应与进水方向垂直，并宜设置挡板。

6.4.4 旋流沉砂池的设计，应符合下列要求：

（1）最高时流量的停留时间不应小于 30s。

（2）设计水力表面负荷宜为 150～200m^3/（m^2·h）。

（3）有效水深宜为 1.0～2.0m，池径与池深比宜为 2.0～2.5。

（4）池中应设立式桨叶分离机。

6.4.5 污水的沉砂量，可按每立方米污水 0.03L 计算；合流制污水的沉砂量应根据实际情况确定。

6.4.6 砂斗容积不应大于 2d 的沉砂量，采用重力排砂时，砂斗斗壁与水平面的倾角不应小于 55。

6.4.7 沉砂池除砂宜采用机械方法，并经砂水分离后贮存或外运。采用人工排砂时，排砂管直径不应小于 200mm。排砂管应考虑防堵塞措施。

6.5 沉淀池

I 一般规定

6.5.1 沉淀池的设计数据宜按表 6.5.1 的规定取值。斜管（板）沉淀池的表面水力负荷宜按本规范第 6.5.14 条的规定取值。合建式完全混合生物反应池沉淀区的表面水力负荷宜按本规范第 6.6.16 条的规定取值。

表 6.5.1 沉淀池设计数据

沉淀池类型		沉淀时间/h	表面水力负荷/[$m^3/(m^2·h)$]	每人每日污泥量/[g/(人·d)]	污泥含水率/%	固体负荷/[$kg/(m^2·d)$]
初次沉淀池		0.5～2.0	1.5～4.5	16～36	95～97	—
二次沉淀池	生物膜法后	1.5～4.0	1.0～2.0	10～26	96～98	≤150
	活性污泥法后	1.5～4.0	0.6～1.5	12～32	99.2～99.6	≤150

6.5.2 沉淀池的超高不应小于 0.3 m。

6.5.3 沉淀池的有效水深宜采用 2.0～4.0 m。

6.5.4 当采用污泥斗排泥时，每个污泥斗均应设单独的闸阀和排泥管。污泥斗的斜壁与水平面的倾角，方斗宜为 60°，圆斗宜为 55°。

6.5.5 初次沉淀池的污泥区容积，除设机械排泥的宜按 4 h 的污泥量计算外，宜按不大于 2 d 的污泥量计算。活性污泥法处理后的二次沉淀池污泥区容积，宜按不大于 2 h 的污泥量计算，并应有连续排泥措施；生物膜法处理后的二次沉淀池污泥区容积，宜按 4 h 的污泥量计算。

6.5.6 排泥管的直径不应小于 200 mm。

6.5.7 当采用静水压力排泥时，初次沉淀池的静水头不应小于 1.5 m；二次沉淀池的静水头，生物膜法处理后不应小于 1.2 m，活性污泥法处理池后不应小于 0.9 m。

6.5.8 初次沉淀池的出口堰最大负荷不宜大于 2.9 L/（s • m）；二次沉淀池的出水堰最大负荷不宜大于 1.7 L/（s • m）。

6.5.9 沉淀池应设置浮渣的撇除、输送和处置设施。

Ⅱ 沉淀池

6.5.10 平流沉淀池的设计，应符合下列要求：

（1）每格长度与宽度之比不宜小于 4，长度与有效水深之比不宜小于 8，池长不宜大于 60 m。

（2）宜采用机械排泥，排泥机械的行进速度为 0.3～1.2 m/min。

（3）缓冲层高度，非机械排泥时为 0.5 m，机械排泥时，应根据刮泥板高度确定，且缓冲层上缘宜高出刮泥板 0.3 m。

（4）池底纵坡不宜小于 0.01。

6.5.11 竖流沉淀池的设计，应符合下列要求：

（1）水池直径（或正方形的一边）与有效水深之比不宜大于 3。

（2）中心管内流速不宜大于 30 mm/s。

（3）中心管下口应设有喇叭口和反射板，板底面距泥面不宜小于 0.3 m。

6.5.12 辐流沉淀池的设计，应符合下列要求：

（1）水池直径（或正方形的一边）与有效水深之比宜为 6～12，水池直径不宜大于 50 m。

（2）宜采用机械排泥，排泥机械旋转速度宜为 1～3 r/h，刮泥板的外缘线速度不宜大于 3 m/min。当水池直径（或正方形的一边）较小时也可采用多斗排泥。

（3）缓冲层高度，非机械排泥时宜为 0.5 m；机械排泥时，应根据刮泥板高度确定，且缓冲层上缘宜高出刮泥板 0.3 m。

（4）坡向泥斗的底坡不宜小于 0.05。

Ⅲ 斜管（板）沉淀池

6.5.13 当需要挖掘原有沉淀池潜力或建造沉淀池面积受限制时，通过技术经济比较，可采用斜管（板）沉淀池。

6.5.14 升流式异向流斜管（板）沉淀池的设计表面水力负荷，可按普通沉淀池的设计表面水力负荷的 2 倍计；但对于二次沉淀池，尚应以固体负荷核算。

6.5.15 升流式异向流斜管（板）沉淀池的设计，应符合下列要求：

（1）斜管孔径（或斜板净距）宜为 80～100 mm。

（2）斜管（板）斜长宜为 1.0～1.2 m。

（3）斜管（板）水平倾角宜为 60°。

（4）斜管（板）区上部水深宜为 0.7～1.0 m。

（5）斜管（板）区底部缓冲层高度宜为 1.0 m。

6.5.16 斜管（板）沉淀池应设冲洗设施。

6.6 活性污泥法

I 一般规定

6.6.1 根据去除碳源污染物、脱氮、除磷、好氧污泥稳定等不同要求和外部环境条件，选择适宜的活性污泥处理工艺。

6.6.2 根据可能发生的运行条件，设置不同运行方案。

6.6.3 生物反应池的超高，当采用鼓风曝气时为 0.5～1.0 m；当采用机械曝气时，其设备操作平台宜高出设计水面 0.8～1.2 m。

6.6.4 污水中含有大量产生泡沫的表面活性剂时，应有除泡沫措施。

6.6.5 每组生物反应池在有效水深一半处宜设置放水管。

6.6.6 廊道式生物反应池的池宽与有效水深之比宜采用 1∶1～2∶1。有效水深应结合流程设计、地质条件、供氧设施类型和选用风机压力等因素确定，可采用 4.0～6.0 m。在条件许可时，水深尚可加大。

6.6.7 生物反应池中的好氧区（池），采用鼓风曝气器时，处理每立方米污水的供气量不应小于 3 m^3。好氧区采用机械曝气器时，混合全池污水所需功率不宜小于 25 W/m^3；氧化沟不宜小于 15 W/m^3。缺氧区（池）、厌氧区（池）应采用机械搅拌，混合功率宜采用 2～8 W/m^3。机械搅拌器布置的间距、位置，应根据试验资料确定。

6.6.8 生物反应池的设计，应充分考虑冬季低水温对去除碳源污染物、脱氮和除磷的影响，必要时可采取降低负荷、增长泥龄、调整厌氧区（池）及缺氧区（池）水力停留时间和保温或增温等措施。

6.6.9 原污水、回流污泥进入生物反应池的厌氧区（池）、缺氧区（池）时，宜采用淹没入流方式。

II 传统活性污泥法

6.6.10 处理城镇污水的生物反应池的主要设计参数，可按表 6.6.10 的规定取值。

表 6.6.10 传统活性污泥法去除碳源污染物的主要设计参数

类 别	L_S/ [kg/（kg·d）]	X/ （g/L）	L_V/ [kg/（m^3·d）]	污泥回流比/ %	总处理效率/ %
普通曝气	0.2～0.4	1.5～2.5	0.4～0.9	25～75	90～95
阶段曝气	0.2～0.4	1.5～3.0	0.4～1.2	25～75	85～95
吸附再生曝气	0.2～0.4	2.5～6.0	0.9～1.8	50～100	80～90
合建式完全混合曝气	0.25～0.5	2.0～4.0	0.5～1.8	100～400	80～90

6.6.11 当以去除碳源污染物为主时，生物反应池的容积，可按下列公式计算：

（1）按污泥负荷计算：

$$V=\frac{24Q(S_o-S_e)}{1\,000L_S X} \tag{6.6.11-1}$$

（2）按污泥泥龄计算：

$$V=\frac{24QY\theta_c(S_o-S_e)}{1\,000X_V(1+K_d\theta_c)} \tag{6.6.11-2}$$

式中：V—— 生物反应池容积，m^3；

S_o—— 生物反应池进水五日生化需氧量，mg/L；

S_e—— 生物反应池出水五日生化需氧量，mg/L（当去除率大于90%时可不计入）；

Q—— 生物反应池的设计流量，m^3/h；

L_S—— 生物反应池五日生化需氧量污泥负荷，$kgBOD_5$ /（kgMLSS • d）；

X—— 生物反应池内混合液悬浮固体平均浓度，gMLSS/L；

Y—— 污泥产率系数，$kgVSS/kgBOD_5$，宜根据试验资料确定，无试验资料时，一般取 0.4～0.8；

X_V—— 生物反应池内混合液挥发性悬浮固体平均浓度，gMLVSS/L；

θ_c—— 污泥泥龄（d），其数值为 0.2～15；

K_d—— 衰减系数，d^{-1}，20℃的数值为 0.04～0.075。

6.6.12 衰减系数 K_d 值应以当地冬季和夏季的污水温度进行修正，并按下列公式计算：

$$K_{dT} = K_{d20} \bullet (\theta_T)^{T-20} \tag{6.6.12}$$

式中：K_{dT}—— T ℃时的衰减系数，d^{-1}；

K_{d20}—— 20℃时的衰减系数，d^{-1}；

T—— 设计温度，℃；

θ_T—— 温度系数，采用 1.02～1.06。

6.6.13 生物反应池的始端可设缺氧或厌氧选择区（池），水力停留时间宜采用 0.5～1.0 h。

6.6.14 阶段曝气生物反应池宜采取在生物反应池始端 1/2～3/4 的总长度内设置多个进水口。

6.6.15 吸附再生生物反应池的吸附区和再生区可在一个反应池内，也可分别由两个反应池组成，并应符合下列要求：

（1）吸附区的容积，不应小于生物反应池总容积的 1/4，吸附区的停留时间不应小于 0.5 h。

（2）当吸附区和再生区在一个反应池内时，沿生物反应池长度方向应设置多个进水口；进水口的位置应适应吸附区和再生区不同容积比例的需要；进水口的尺寸应按通过全部流量计算。

6.6.16 完全混合生物反应池可分为合建式和分建式。合建式生物反应池的设计，应符合下列要求：

（1）生物反应池宜采用圆形，曝气区的有效容积应包括导流区部分。

（2）沉淀区的表面水力负荷宜为 0.5～1.0 m^3/（m^2 • h）。

III 生物脱氮、除磷

6.6.17 进入生物脱氮、除磷系统的污水，应符合下列要求：

（1）脱氮时，污水中的五日生化需氧量与总凯氏氮之比宜大于 4。

（2）除磷时，污水中的五日生化需氧量与总磷之比宜大于 17。

（3）同时脱氮、除磷时，宜同时满足前两款的要求。

（4）好氧区（池）剩余总碱度宜大于 70 mg/L（以 $CaCO_3$ 计），当进水碱度不能满足上述要求时，应采取增加碱度的措施。

6.6.18 当仅需脱氮时，宜采用缺氧/好氧法（A_NO 法）。

（1）生物反应池的容积，按本规范第 6.6.11 条所列公式计算时，反应池中缺氧区（池）的水力停留时间宜为 0.5～3 h。

（2）生物反应池的容积，采用硝化、反硝化动力学计算时，按下列规定计算。

1）缺氧区（池）容积，可按下列公式计算：

$$V_n = \frac{0.001Q(N_k - N_{te}) - 0.12\Delta X_V}{K_{de}X} \tag{6.6.18-1}$$

$$K_{de(T)} = K_{de(20)}1.08^{(T-20)} \tag{6.6.18-2}$$

$$\Delta X_V = yY_t\frac{Q(S_o - S_e)}{1000} \tag{6.6.18-3}$$

式中：V_n—— 缺氧区（池）容积，m^3；

Q—— 生物反应池的设计流量，m^3/d；

X—— 生物反应池内混合液悬浮固体平均浓度，gMLSS/L；

N_k—— 生物反应池进水总凯氏氮浓度，mg/L；

N_{te}—— 生物反应池出水总氮浓度，mg/L；

ΔX_V—— 排出生物反应池系统的微生物量，kgMLVSS/d；

K_{de}—— 脱氮速率[（$kgNO_3$-N）/（kgMLSS・d）]，宜根据试验资料确定。无试验资料时，20℃的 K_{de} 值可采用 0.03～0.06（$kgNO_3$-N）/（kgMLSS・d），并按本规范公式（6.6.18-2）进行温度修正；$K_{de(T)}$、$K_{de(20)}$ 分别为 T ℃和 20℃时的脱氮速率；

T—— 设计温度，℃；

Y_t—— 污泥总产率系数（kgMLSS/$kgBOD_5$），宜根据试验资料确定。无试验资料时，系统有初次沉淀池时取 0.3，无初次沉淀池时取 0.6～1.0；

y—— MLSS 中 MLVSS 所占比例；

S_o—— 生物反应池进水五日生化需氧量，mg/L；

S_e—— 生物反应池出水五日生化需氧量，mg/L。

2）好氧区（池）容积，可按下列公式计算：

$$V_o = \frac{Q(S_o - S_e)\theta_{co}Y_t}{1000X} \tag{6.6.18-4}$$

$$\theta_{co} = F\frac{1}{\mu} \tag{6.6.18-5}$$

$$\mu = 0.47\frac{N_a}{K_n + N_a}e^{0.098(T-15)} \tag{6.6.18-6}$$

式中：V_o—— 好氧区（池）容积，m^3；

θ_{co}—— 好氧区（池）设计污泥泥龄，d；

F—— 安全系数，为 1.5～3.0；

μ—— 硝化菌比生长速率，d^{-1}；

N_a—— 生物反应池中氨氮浓度，mg/L；

K_n—— 硝化作用中氮的半速率常数，mg/L；

T—— 设计温度，℃；

0.47—— 15℃时，硝化菌最大比生长速率，d^{-1}。

3）混合液回流量，可按下列公式计算：

$$Q_{Ri}=\frac{1\,000V_nK_{de}X}{N_t-N_{ke}}-Q_R \tag{6.6.18-7}$$

式中：Q_{Ri}—— 混合液回流量，m^3/d，混合液回流比不宜大于400%；

Q_R—— 回流污泥量，m^3/d；

N_{ke}—— 生物反应池出水总凯氏氮浓度，mg/L；

N_t—— 生物反应池进水总氮浓度，mg/L。

（3）缺氧/好氧法（A_NO 法）生物脱氮的主要设计参数，宜根据试验资料确定；无试验资料时，可采用经验数据或按表6.6.18的规定取值。

表6.6.18 缺氧／好氧法（A_NO 法）生物脱氮的主要设计参数

项　目	单 位	参数值
BOD_5污泥负荷 L_S	$kgBOD_5$/（kgMLSS・d）	0.05～0.15
总氮负荷率	kgTN/（kgMLSS・d）	≤0.05
污泥浓度（MLSS）X	g/L	2.5～4.5
污泥龄θ_c	d	11～23
污泥产率系数 Y	$kgVSS/kgBOD_5$	0.3～0.6
需氧量 O_2	$kgO_2/kgBOD_5$	1.1～2.0
水力停留时间 HRT	h	8～16
		其中缺氧段 0.5～3.0 h
污泥回流比 R	%	50～100
混合液回流比 R_i	%	100～400
总处理效率η	%	90～95（BOD_5）
	%	60～85（TN）

6.6.19 当仅需除磷时，宜采用厌氧/好氧法（A_PO 法）。

（1）生物反应池的容积，按本规范第6.6.11条所列公式计算时，反应池中厌氧区（池）和好氧区（池）之比，宜为1∶2～1∶3。

（2）生物反应池中厌氧区（池）的容积，可按下列公式计算：

$$V_P=\frac{t_PQ}{24} \tag{6.6.19}$$

式中：V_P—— 厌氧区（池）容积，m^3；

t_P—— 厌氧区（池）水力停留时间，h，宜为1～2；

Q—— 设计污水流量，m^3/d。

（3）厌氧/好氧法（A_PO 法）生物除磷的主要设计参数，宜根据试验资料确定；无试验资料时，可采用经验数据或按表6.6.19的规定取值。

（4）采用生物除磷处理污水时，剩余污泥宜采用机械浓缩。

（5）生物除磷的剩余污泥，采用厌氧消化处理时，输送厌氧消化污泥或污泥脱水滤液的管道，应有除垢措施。对含磷高的液体，宜先除磷再返回污水处理系统。

表 6.6.19　厌氧 / 好氧法（A_P/O 法）生物除磷的主要设计参数

项　目		单　位	参数值
BOD_5 污泥负荷 L_S		$kgBOD_5$/（kgMLSS·d）	0.4～0.7
污泥浓度（MLSS）X		g/L	2.0～4.0
污泥龄 θ_c		d	3.5～7
污泥产率系数 Y		$kgVSS/kgBOD_5$	0.4～0.8
污泥含磷率		kgTP/kgVSS	0.03～0.07
需氧量 O_2		$kgO_2/kgBOD_5$	0.7～1.1
水力停留时间 HRT		h	3～8 h
			其中厌氧段 1～2 h
			A_P：O=1：2～1：3
污泥回流比 R		%	40～100
总处理效率 η	BOD_5	%	80～90（BOD_5）
	TP	%	75～85（TP）

6.6.20　当需要同时脱氮除磷时，宜采用厌氧/缺氧/好氧法（AAO 法，又称 A^2O 法）。

（1）生物反应池的容积，宜按本规范第 6.6.11 条、第 6.6.18 条和第 6.6.19 条的规定计算。

（2）厌氧/缺氧/好氧法生物脱氮除磷的主要设计参数，宜根据试验资料确定；无试验资料时，可采用经验数据或按表 6.6.20 的规定取值。

表 6.6.20　厌氧/缺氧/好氧法生物脱氮除磷的主要设计参数

项　目		单　位	参数值
BOD_5 污泥负荷 L_S		$kgBOD_5$/（kgMLSS·d）	0.1～0.2
污泥浓度（MLSS）X		g/L	2.5～4.5
污泥龄 θ_c		d	10～20
污泥产率系数 Y		$kgVSS/kgBOD_5$	0.3～0.6
需氧量 O_2		$kgO_2/kgBOD_5$	1.1～1.8
水力停留时间 HRT		h	7～14
			其中厌氧 1～2 h
			缺氧 0.5～3 h
污泥回流比 R		%	20～100
混合液回流比 R_i		%	≥200
总处理效率 η	BOD_5	%	85～95（BOD_5）
	TP	%	50～75（TP）
	TN	%	55～80（TN）

（3）根据需要，厌氧/缺氧/好氧法的工艺流程中，可改变进水和回流污泥的布置形式，调整为前置缺氧区（池）或串联增加缺氧区（池）和好氧区（池）等变形工艺。

Ⅳ 氧化沟

6.6.21 氧化沟前可不设初次沉淀池。

6.6.22 氧化沟前可设置厌氧池。

6.6.23 氧化沟可按两组或多组系列布置，并设置进水配水井。

6.6.24 氧化沟可与二次沉淀池分建或合建。

6.6.25 延时曝气氧化沟的主要设计参数，宜根据试验资料确定，无试验资料时，可按表6.6.25的规定取值。

表 6.6.25 延时曝气氧化沟主要设计参数

项 目		单 位	参数值
污泥浓度（MLSS）X		g/L	2.5～4.5
污泥负荷 L_S		$kgBOD_5$/（kgMLSS·d）	0.03～0.08
污泥龄 θ_c		d	＞15
污泥产率系数 Y		$kgVSS/kgBOD_5$	0.3～0.6
需氧量 O_2		$kgO_2/kgBOD_5$	1.5～2.0
水力停留时间 HRT		h	≥16
污泥回流比 R		%	75～150
总处理效率 η	BOD_5	%	＞95

6.6.26 当采用氧化沟进行脱氮除磷时，宜符合本规范第6.6.17～6.6.20条的有关规定。

6.6.27 进水和回流污泥点宜设在缺氧区首端，出水点宜设在充氧器后的好氧区。氧化沟的超高与选用的曝气设备类型有关，当采用转刷、转碟时，宜为0.5 m；当采用竖轴表曝机时，宜为0.6～0.8 m，其设备平台宜高出设计水面0.8～1.2 m。

6.6.28 氧化沟的有效水深与曝气、混合和推流设备的性能有关，宜采用3.5～4.5 m。

6.6.29 根据氧化沟渠宽度，弯道处可设置一道或多道导流墙；氧化沟的隔流墙和导流墙宜高出设计水位0.2～0.3 m。

6.6.30 曝气转刷、转碟宜安装在沟渠直线段的适当位置，曝气转碟也可安装在沟渠的弯道上，竖轴表曝机应安装在沟渠的端部。

6.6.31 氧化沟的走道板和工作平台，应安全、防溅和便于设备维修。

6.6.32 氧化沟内的平均流速宜大于0.25 m/s。

6.6.33 氧化沟系统宜采用自动控制。

Ⅴ 序批式活性污泥法（SBR）

6.6.34 SBR反应池宜按平均日污水量设计；SBR反应池前、后的水泵、管道等输水设施应按最高日最高时污水量设计。

6.6.35 SBR反应池的数量宜不少于2个。

6.6.36 SBR反应池容积，可按下列公式计算：

$$V=\frac{24QS_o}{1\,000XL_St_R} \qquad (6.6.36)$$

式中：Q—— 每个周期进水量，m^3；

t_R—— 每个周期反应时间，h。

6.6.37 污泥负荷的取值，以脱氮为主要目标时，宜按本规范表 6.6.18 的规定取值；以除磷为主要目标时，宜按本规范表 6.6.19 的规定取值；同时脱氮除磷时，宜按本规范表 6.6.20 的规定取值。

6.6.38 SBR 工艺各工序的时间，宜按下列规定计算：

（1）进水时间，可按下列公式计算：

$$t_F = \frac{t}{n} \tag{6.6.38-1}$$

式中：t_F—— 每池每周期所需要的进水时间，h；

t—— 一个运行周期需要的时间，h；

n—— 每个系列反应池个数。

（2）反应时间，可按下列公式计算：

$$t_R = \frac{24S_o m}{1\,000L_S X} \tag{6.6.38-2}$$

式中：m—— 充水比，仅需除磷时宜为 0.25～0.5，需脱氮时宜为 0.15～0.3。

（3）沉淀时间 t_S 宜为 1 h。

（4）排水时间 t_D 宜为 1.0～1.5 h。

（5）一个周期所需时间可按下列公式计算：

$$t = t_R + t_S + t_D + t_b \tag{6.6.38-3}$$

式中：t_b—— 闲置时间，h。

6.6.39 每天的周期数宜为正整数。

6.6.40 连续进水时，反应池的进水处应设置导流装置。

6.6.41 反应池宜采用矩形池，水深宜为 4.0～6.0 m；反应池长度与宽度之比：间隙进水时宜为 1∶1～2∶1，连续进水时宜为 2.5∶1～4∶1。

6.6.42 反应池应设置固定式事故排水装置，可设在滗水结束时的水位处。

6.6.43 反应池应采用有防止浮渣流出设施的滗水器；同时，宜有清除浮渣的装置。

6.7 化学除磷

6.7.1 污水经二级处理后，其出水总磷不能达到要求时，可采用化学除磷工艺处理。污水一级处理以及污泥处理过程中产生的液体有除磷要求时，也可采用化学除磷工艺。

6.7.2 化学除磷可采用生物反应池的后置投加和同步投加、前置投加，也可采用多点投加。

6.7.3 化学除磷设计中，药剂的种类、剂量和投加点宜根据试验资料确定。

6.7.4 化学除磷的药剂可采用铝盐、铁盐，也可采用石灰。用铝盐或铁盐作混凝剂时，宜投加离子型聚合电解质作为助凝剂。

6.7.5 采用铝盐或铁盐作混凝剂时，其投加混凝剂与污水中总磷的摩尔比宜为 1.5～3。

6.7.6 化学除磷时，应考虑产生的污泥量。

6.7.7 化学除磷时，对接触腐蚀性物质的设备和管道应采取防腐蚀措施。

6.8 供氧设施

6.8.1 生物反应池中好氧区的供氧，应满足污水需氧量、混合和处理效率等要求，宜采用鼓风曝气或表面曝气等方式。

6.8.2 生物反应池中好氧区的污水需氧量，根据去除的五日生化需氧量、氨氮的硝化和除氮等要求，宜按下列公式计算：

$$O_2=0.001aQ(S_o-S_e)-c\Delta X_V+b[0.001Q(N_k-N_{ke})-0.12\Delta X_V]$$
$$-0.62b[0.001Q（N_t-N_{ke}-N_{oe}）-0.12\Delta X_V] \tag{6.8.2}$$

式中：O_2—— 污水需氧量，kgO_2/d；

Q—— 生物反应池的进水流量，m^3/d；

S_o—— 生物反应池进水五日生化需氧量，mg/L；

S_e—— 生物反应池出水五日生化需氧量，mg/L；

ΔX_V—— 排出生物反应池系统的微生物量，kg/d；

N_k—— 生物反应池进水总凯氏氮浓度，mg/L；

N_{ke}—— 生物反应池出水总凯氏氮浓度，mg/L；

N_t—— 生物反应池进水总氮浓度，mg/L；

N_{oe}—— 生物反应池出水硝态氮浓度，mg/L；

$0.12\Delta X_V$—— 排出生物反应池系统的微生物中含氮量，kg/d；

a—— 碳的氧当量，当含碳物质以 BOD_5 计时，取 1.47；

b—— 常数，氧化每公斤氨氮所需氧量（kgO_2/kgN），取 4.57；

c—— 常数，细菌细胞的氧当量，取 1.42。

去除含碳污染物时，去除每公斤五日生化需氧量可采用 0.7～1.2 kgO_2。

6.8.3 选用曝气装置和设备时，应根据设备的特性、位于水面下的深度、水温、污水的氧总转移特性、当地的海拔高度以及预期生物反应池中溶解氧浓度等因素，将计算的污水需氧量换算为标准状态下清水需氧量。

6.8.4 鼓风曝气时，可按下列公式将标准状态下污水需氧量，换算为标准状态下的供气量。

$$G_S=\frac{O_S}{0.28E_A} \tag{6.8.4}$$

式中：G_S—— 标准状态下供气量，m^3/h；

0.28—— 标准状态（0.1MPa、20℃）下的每立方米空气中含氧量，kgO_2/m^3；

O_S—— 标准状态下生物反应池污水需氧量，kgO_2/h；

E_A—— 曝气器氧的利用率，%。

6.8.5 鼓风曝气系统中的曝气器，应选用有较高充氧性能、布气均匀、阻力小、不易堵塞、耐腐蚀、操作管理和维修方便的产品，并应具有不同服务面积、不同空气量、不同曝气水深，在标准状态下的充氧性能及底部流速等技术资料。

6.8.6 曝气器的数量，应根据供氧量和服务面积计算确定。供氧量包括生化反应的需氧量和维持混合液有 2 mg/L 的溶解氧量。

6.8.7 廊道式生物反应池中的曝气器，可满池布置或池侧布置，或沿池长分段渐减布置。

6.8.8 采用表面曝气器供氧时，宜符合下列要求：

（1）叶轮的直径与生物反应池（区）的直径（或正方形的一边）之比：倒伞或混流型为 1∶3～1∶5，泵型为 1∶3.5～1∶7。

（2）叶轮线速度为 3.5～5.0 m/s。

（3）生物反应池宜有调节叶轮（转刷、转碟）速度或淹没水深的控制设施。

6.8.9 各种类型的机械曝气设备的充氧能力应根据测定资料或相关技术资料采用。

6.8.10 选用供氧设施时，应考虑冬季溅水、结冰、风沙等气候因素以及噪声、臭气等环境因素。

6.8.11 污水厂采用鼓风曝气时，宜设置单独的鼓风机房。鼓风机房可设有值班室、控制室、配电室和工具室，必要时尚应设置鼓风机冷却系统和隔声的维修场所。

6.8.12 鼓风机的选型应根据使用的风压、单机风量、控制方式、噪声和维修管理等条件确定。选用离心鼓风机时，应详细核算各种工况条件时鼓风机的工作点，不得接近鼓风机的湍振区，并宜设有调节风量的装置。在同一供气系统中，应选用同一类型的鼓风机。并应根据当地海拔高度，最高、最低空气的温度，相对湿度对鼓风机的风量、风压及配置的电动机功率进行校核。

6.8.13 采用污泥气（沼气）燃气发动机作为鼓风机的动力时，可与电动鼓风机共同布置，其间应有隔离措施，并应符合国家现行的防火防爆规范的要求。

6.8.14 计算鼓风机的工作压力时，应考虑进出风管路系统压力损失和使用时阻力增加等因素。输气管道中空气流速宜采用：干支管为 10～15 m/s；竖管、小支管为 4～5 m/s。

6.8.15 鼓风机设置的台数，应根据气温、风量、风压、污水量和污染物负荷变化等对供气的需要量而确定。

鼓风机房应设置备用鼓风机，工作鼓风机台数在 4 台以下时，应设 1 台备用鼓风机；工作鼓风机台数在 4 台或 4 台以上时，应设 2 台备用鼓风机。备用鼓风机应按设计配置的最大机组考虑。

6.8.16 鼓风机应根据产品本身和空气曝气器的要求，设置不同的空气除尘设施。鼓风机进风管口的位置应根据环境条件而设置，宜高于地面。大型鼓风机房宜采用风道进风，风道转折点宜设整流板。风道应进行防尘处理。进风塔进口宜设置耐腐蚀的百叶窗，并应根据气候条件加设防止雪、雾或水蒸气在过滤器上冻结冰霜的设施。

6.8.17 选择输气管道的管材时，应考虑强度、耐腐蚀性以及膨胀系数。当采用钢管时，管道内外应有不同的耐热、耐腐蚀处理，敷设管道时应考虑温度补偿。当管道置于管廊或室内时，在管外应敷设隔热材料或加做隔热层。

6.8.18 鼓风机与输气管道连接处，宜设置柔性连接管。输气管道的低点应设置排除水分（或油分）的放泄口和清扫管道的排出口；必要时可设置排入大气的放泄口，并应采取消声措施。

6.8.19 生物反应池的输气干管宜采用环状布置。进入生物反应池的输气立管管顶宜高出水面 0.5 m。在生物反应池水面上的输气管，宜根据需要布置控制阀，在其最高点宜适当设置真空破坏阀。

6.8.20 鼓风机房内的机组布置和起重设备宜符合本规范第 5.4.7 条和第 5.4.9 条的规定。

6.8.21 大中型鼓风机应设置单独基础，机组基础间通道宽度不应小于 1.5 m。

6.8.22 鼓风机房内、外的噪声应分别符合国家现行的《工业企业噪声卫生标准》和《城市区域环境噪声标准》（GB 3096）的有关规定。

6.9 生物膜法

Ⅰ 一般规定

6.9.1 生物膜法适用于中小规模污水处理。

6.9.2 生物膜法处理污水可单独应用，也可与其他污水处理工艺组合应用。

6.9.3 污水进行生物膜法处理前，宜经沉淀处理。当进水水质或水量波动大时，应设调节池。

6.9.4 生物膜法的处理构筑物应根据当地气温和环境等条件，采取防冻、防臭和灭蝇等措施。

Ⅱ 生物接触氧化池

6.9.5 生物接触氧化池应根据进水水质和处理程度确定采用一段式或二段式。生物接触氧化池平面形状宜为矩形，有效水深宜为 3～5 m。生物接触氧化池不宜少于两个，每池可分为两室。

6.9.6 生物接触氧化池中的填料可采用全池布置（底部进水、进气）、两侧布置（中心进气、底部进水）或单侧布置（侧部进气、上部进水），填料应分层安装。

6.9.7 生物接触氧化池应采用对微生物无毒害、易挂膜、质轻、高强度、抗老化、比表面积大和空隙率高的填料。

6.9.8 宜根据生物接触氧化池填料的布置形式布置曝气装置。底部全池曝气时，气水比宜为 8∶1。

6.9.9 生物接触氧化池进水应防止短流，出水宜采用堰式出水。

6.9.10 生物接触氧化池底部应设置排泥和放空设施。

6.9.11 生物接触氧化池的五日生化需氧量容积负荷，宜根据试验资料确定，无试验资料时，碳氧化宜为 2.0～5.0 $kgBOD_5/(m^3 \cdot d)$，碳氧化/硝化宜为 0.2～2.0 $kgBOD_5/(m^3 \cdot d)$。

Ⅲ 曝气生物滤池

6.9.12 曝气生物滤池的池型可采用上向流或下向流进水方式。

6.9.13 曝气生物滤池前应设沉砂池、初次沉淀池或混凝沉淀池、除油池等预处理设施，也可设置水解调节池，进水悬浮固体浓度不宜大于 60 mg/L。

6.9.14 曝气生物滤池根据处理程度不同可分为碳氧化、硝化、后置反硝化或前置反硝化等。碳氧化、硝化和反硝化可在单级曝气生物滤池内完成，也可在多级曝气生物滤池内完成。

6.9.15 曝气生物滤池的池体高度宜为 5～7 m。

6.9.16 曝气生物滤池宜采用滤头布水布气系统。

6.9.17 曝气生物滤池宜分别设置反冲洗供气和曝气充氧系统。曝气装置可采用单孔膜空气扩散器或穿孔管曝气器。曝气器可设在承托层或滤料层中。

6.9.18 曝气生物滤池宜选用机械强度和化学稳定性好的卵石作承托层，并按一定级配布置。

6.9.19 曝气生物滤池的滤料应具有强度大、不易磨损、孔隙率高、比表面积大、化学物理稳定性好、易挂膜、生物附着性强、比重小、耐冲洗和不易堵塞的性质，宜选用球形轻质多孔陶粒或塑料球形颗粒。

6.9.20 曝气生物滤池的反冲洗宜采用气水联合反冲洗，通过长柄滤头实现。反冲洗空气强度宜为 10～15 $L/(m^2 \cdot s)$，反冲洗水强度不应超过 8 $L/(m^2 \cdot s)$。

6.9.21 曝气生物滤池后可不设二次沉淀池。

6.9.22 在碳氧化阶段，曝气生物滤池的污泥产率系数可为 0.75 kgVSS/$kgBOD_5$。

6.9.23 曝气生物滤池的容积负荷宜根据试验资料确定，无试验资料时，曝气生物滤池的五日生化需氧量容积负荷宜为 3～6 $kgBOD_5/(m^3 \cdot d)$，硝化容积负荷（以 NH_3-N 计）宜为 0.3～0.8 $kgNH_3\text{-}N/(m^3 \cdot d)$，反硝化容积负荷（以 NO_3-N 计）宜为 0.8～4.0 $kgNO_3\text{-}N/(m^3 \cdot d)$。

Ⅳ 生物转盘

6.9.24 生物转盘处理工艺流程宜为：初次沉淀池，生物转盘，二次沉淀池。根据污水水量、水质和处理程度等，生物转盘可采用单轴单级式、单轴多级式或多轴多级式布置形式。

6.9.25 生物转盘的盘体材料应质轻、高强度、耐腐蚀、抗老化、易挂膜、比表面积大以及方便安装、养护和运输。

6.9.26 生物转盘的反应槽设计，应符合下列要求：

（1）反应槽断面形状应呈半圆形。

（2）盘片外缘与槽壁的净距不宜小于 150 mm；盘片净距：进水端宜为 25～35 mm，出水端宜为 10～20 mm。

（3）盘片在槽内的浸没深度不应小于盘片直径的 35%，转轴中心高度应高出水位 150 mm 以上。

6.9.27 生物转盘转速宜为 2.0～4.0 r/min，盘体外缘线速度宜为 15～19 m/min。

6.9.28 生物转盘的转轴强度和挠度必须满足盘体自重和运行过程中附加荷重的要求。

6.9.29 生物转盘的设计负荷宜根据试验资料确定，无试验资料时，五日生化需氧量表面有机负荷，以盘片面积计，宜为 0.005～0.020 $kgBOD_5/(m^2 \cdot d)$，首级转盘不宜超过 0.030～0.040 $kgBOD_5/(m^2 \cdot d)$；表面水力负荷以盘片面积计，宜为 0.04～0.20 $m^3/(m^2 \cdot d)$。

Ⅴ 生物滤池

6.9.30 生物滤池的平面形状宜采用圆形或矩形。

6.9.31 生物滤池的填料应质坚、耐腐蚀、高强度、比表面积大、空隙率高，适合就地取材，宜采用碎石、卵石、炉渣、焦炭等无机滤料。用作填料的塑料制品应抗老化，比表面积大，宜为 100～200 m^2/m^3；空隙率高，宜为 80%～90%。

6.9.32 生物滤池底部空间的高度不应小于 0.6 m，沿滤池池壁四周下部应设置自然通风孔，其总面积不应小于池表面积的 1%。

6.9.33 生物滤池的布水装置可采用固定布水器或旋转布水器。

6.9.34 生物滤池的池底应设 1%～2%的坡度坡向集水沟，集水沟以 0.5%～2%的坡度坡向总排水沟，并有冲洗底部排水渠的措施。

6.9.35 低负荷生物滤池采用碎石类填料时，应符合下列要求：

（1）滤池下层填料粒径宜为 60～100 mm，厚 0.2 m；上层填料粒径宜为 30～50 mm，厚 1.3～1.8 m。

（2）处理城镇污水时，正常气温下，水力负荷以滤池面积计，宜为 1～3 $m^3/(m^2 \cdot d)$；五日生化需氧量容积负荷以填料体积计，宜为 0.15～0.3 $kgBOD_5/(m^3 \cdot d)$。

6.9.36 高负荷生物滤池宜采用碎石或塑料制品作填料，当采用碎石类填料时，应符合下列要求：

（1）滤池下层填料粒径宜为 70～100 mm，厚 0.2 m；上层填料粒径宜为 40～70 mm，厚度不宜大于 1.8 m。

（2）处理城镇污水时，正常气温下，水力负荷以滤池面积计，宜为 10～36 $m^3/(m^2 \cdot d)$；五日生化需氧量容积负荷以填料体积计，宜大于 1.8 $kgBOD_5/(m^3 \cdot d)$。

Ⅵ 塔式生物滤池

6.9.37 塔式生物滤池直径宜为 1～3.5 m，直径与高度之比宜为 1∶6～1∶8；填料层厚度宜根据试验资料确定，宜为 8～12 m。

6.9.38 塔式生物滤池的填料应采用轻质材料。

6.9.39 塔式生物滤池填料应分层，每层高度不宜大于 2 m，并应便于安装和养护。

6.9.40 塔式生物滤池宜采用自然通风方式。

6.9.41 塔式生物滤池进水的五日生化需氧量值应控制在 500 mg/L 以下，否则处理出水应回流。

6.9.42 塔式生物滤池水力负荷和五日生化需氧量容积负荷应根据试验资料确定。无试验资料时，水力负荷宜为 80～200 $m^3/(m^2 \cdot d)$，五日生化需氧量容积负荷宜为 1.0～3.0 $kgBOD_5/(m^3 \cdot d)$。

6.10 回流污泥和剩余污泥

6.10.1 回流污泥设施，宜采用离心泵、混流泵、潜水泵、螺旋泵或空气提升器。当生物处理系统中带有厌氧区（池）、缺氧区（池）时，应选用不易复氧的回流污泥设施。

6.10.2 回流污泥设施宜分别按生物处理系统中的最大污泥回流比和最大混合液回流比计算确定。

回流污泥设备台数不应少于 2 台，并应有备用设备，但空气提升器可不设备用。

回流污泥设备，宜有调节流量的措施。

6.10.3 剩余污泥量，可按下列公式计算：

（1）按污泥泥龄计算

$$\Delta X = \frac{V \cdot X}{\theta_c} \tag{6.10.3-1}$$

（2）按污泥产率系数、衰减系数及不可生物降解和惰性悬浮物计算

$$\Delta X = YQ(S_o - S_e) - K_d V X_V + fQ(SS_o - SS_e) \tag{6.10.3-2}$$

式中：ΔX—— 剩余污泥量，kgSS/d；

V—— 生物反应池的容积，m^3；

X—— 生物反应池内混合液悬浮固体平均浓度，gMLSS/L；

θ_c—— 污泥泥龄，d；

Y—— 污泥产率系数（$kgVSS/kgBOD_5$），20℃时为 0.3～0.8；

Q—— 设计平均日污水量，m^3/d；

S_o—— 生物反应池进水五日生化需氧量，kg/m^3；

S_e—— 生物反应池出水五日生化需氧量，kg/m^3；

K_d—— 衰减系数，d^{-1}；

X_V—— 生物反应池内混合液挥发性悬浮固体平均浓度，gMLVSS/L；

f—— SS 的污泥转换率，宜根据试验资料确定，无试验资料时可取 0.5～

0.7gMLSS/gSS；

SS_o—— 生物反应池进水悬浮物浓度，kg/m^3；

SS_e—— 生物反应池出水悬浮物浓度，kg/m^3。

6.11 污水自然处理

Ⅰ 一般规定

6.11.1 污水量较小的城镇，在环境影响评价和技术经济比较合理时，宜审慎采用污水自然处理。

6.11.2 污水自然处理必须考虑对周围环境以及水体的影响，不得降低周围环境的质量，应根据区域特点选择适宜的污水自然处理方式。

6.11.3 在环境评价可行的基础上，经技术经济比较，可利用水体的自然净化能力处理或处置污水。

6.11.4 采用土地处理，应采取有效措施，严禁污染地下水。

6.11.5 污水厂二级处理出水水质不能满足要求时，有条件的可采用土地处理或稳定塘等自然处理技术进一步处理。

Ⅱ 稳定塘

6.11.6 有可利用的荒地和闲地等条件，技术经济比较合理时，可采用稳定塘处理污水。用作二级处理的稳定塘系统，处理规模不宜大于 5 000 m^3/d。

6.11.7 处理城镇污水时，稳定塘的设计数据应根据试验资料确定。无试验资料时，根据污水水质、处理程度、当地气候和日照等条件，稳定塘的五日生化需氧量总平均表面有机负荷可采用 1.5～10 gBOD$_5$/（m^2·d），总停留时间可采用 20～120 d。

6.11.8 稳定塘的设计，应符合下列要求：

（1）稳定塘前宜设置格栅，污水含砂量高时宜设置沉砂池。

（2）稳定塘串联的级数不宜少于 3 级，第一级塘有效深度不宜小于 3 m。

（3）推流式稳定塘的进水宜采用多点进水。

（4）稳定塘必须有防渗措施，塘址与居民区之间应设置卫生防护带。

（5）稳定塘污泥的蓄积量为 40～100 L/（年·人），一级塘应分格并联运行，轮换清除污泥。

6.11.9 在多级稳定塘系统的后面可设置养鱼塘，进入养鱼塘的水质必须符合国家现行的有关渔业水质的规定。

Ⅲ 土地处理

6.11.10 有可供利用的土地和适宜的场地条件时，通过环境影响评价和技术经济比较后，可采用适宜的土地处理方式。

6.11.11 污水土地处理的基本方法包括慢速渗滤法（SR）、快速渗滤法（RI）和地面漫流法（OF）等。宜根据土地处理的工艺形式对污水进行预处理。

6.11.12 污水土地处理的水力负荷，应根据试验资料确定，无试验资料时，可按下列范围取值：

（1）慢速渗滤 0.5～5 m/a。

（2）快速渗滤 5～120 m/a。

（3）地面漫流 3～20 m/a。

6.11.13 在集中式给水水源卫生防护带，含水层露头地区，裂隙性岩层和溶岩地区，不得使用污水土地处理。

6.11.14 污水土地处理地区地下水埋深不宜小于 1.5 m。

6.11.15 采用人工湿地处理污水时，应进行预处理。设计参数宜通过试验资料确定。

6.11.16 土地处理场地距住宅区和公共通道的距离不宜小于 100 m。

6.11.17 进入灌溉田的污水水质必须符合国家现行有关水质标准的规定。

6.12 污水深度处理和回用

Ⅰ 一般规定

6.12.1 污水再生利用的深度处理工艺应根据水质目标选择，工艺单元的组合形式应进行多方案比较，满足实用、经济、运行稳定的要求。再生水的水质应符合国家现行的水质标准的规定。

6.12.2 污水深度处理工艺单元主要包括：混凝、沉淀（澄清、气浮）、过滤、消毒，必要时可采用活性炭吸附、膜过滤、臭氧氧化和自然处理等工艺单元。

6.12.3 再生水输配到用户的管道严禁与其他管网连接，输送过程中不得降低和影响其他用水的水质。

Ⅱ 深度处理

6.12.4 深度处理工艺的设计参数宜根据试验资料确定，也可参照类似运行经验确定。

6.12.5 深度处理采用混合、絮凝、沉淀工艺时，投药混合设施中平均速度梯度值宜采用 300 s^{-1}，混合时间宜采用 30～120 s。

6.12.6 絮凝、沉淀、澄清、气浮工艺的设计，宜符合下列要求：

（1）絮凝时间为 5～20 min。

（2）平流沉淀池的沉淀时间为 2.0～4.0 h，水平流速为 4.0～12.0 mm/s。

（3）斜管沉淀池的上升流速为 0.4～0.6 mm/s。

（4）澄清池的上升流速为 0.4～0.6 mm/s。

（5）气浮池的设计参数宜根据试验资料确定。

6.12.7 滤池的设计，宜符合下列要求：

（1）滤池的构造、滤料组成等宜按现行国家标准《室外给水设计规范》（GB 50013）的规定采用。

（2）滤池的进水浊度宜小于 10 NTU。

（3）滤池的滤速应根据滤池进出水水质要求确定，可采用 4～10 m/h。

（4）滤池的工作周期为 12～24 h。

6.12.8 污水厂二级处理出水经混凝、沉淀、过滤后，仍不能达到再生水水质要求时，可采用活性炭吸附处理。

6.12.9 活性炭吸附处理的设计，宜符合下列要求：

（1）采用活性炭吸附工艺时，宜进行静态或动态试验，合理确定活性炭的用量、接触时间、水力负荷和再生周期。

（2）采用活性炭吸附池的设计参数宜根据试验资料确定，无试验资料时，可按下列标准采用：

1）空床接触时间为 20～30 min；

2）炭层厚度为 3～4 m；

3）下向流的空床滤速为 7～12 m/h；

4）炭层最终水头损失为 0.4～1.0 m；

5）常温下经常性冲洗时，水冲洗强度为 11～13 L/（m^2·s），历时 10～15 min，膨胀率 15%～20%，定期大流量冲洗时，水冲洗强度为 15～18 L/（m^2·s），历时 8～12 min，膨胀率为 25%～35%。活性炭再生周期由处理后出水水质是否超过水质目标值确定，经常性冲洗周期宜为 3～5 d。冲洗水可用砂滤水或炭滤水，冲洗水浊度宜小于 5 NTU。

（3）活性炭吸附罐的设计参数宜根据试验资料确定，无试验资料时，可按下列标准确定：

1）接触时间为 20～35 min；

2）吸附罐的最小高度与直径之比可为 2∶1，罐径为 1～4 m，最小炭层厚度为 3 m，宜为 4.5～6 m；

3）升流式水力负荷为 2.5～6.8 L/（m^2·s），降流式水力负荷为 2.0～3.3 L/（m^2·s）；

4）操作压力每 0.3 m 炭层 7 kPa。

6.12.10 深度处理的再生水必须进行消毒。

III 输配水

6.12.11 再生水管道敷设及其附属设施的设置应符合现行国家标准《室外给水设计规范》（GB 50013）的有关规定。

6.12.12 污水深度处理厂宜靠近污水厂和再生水用户。有条件时深度处理设施应与污水厂集中建设。

6.12.13 输配水干管应根据再生水用户的用水特点和安全性要求，合理确定干管的数量，不能断水用户的配水干管不宜少于两条。再生水管道应具有安全和监控水质的措施。

6.12.14 输配水管道材料的选择应根据水压、外部荷载、土壤性质、施工维护和材料供应等条件，经技术经济比较确定。可采用塑料管、承插式预应力钢筋混凝土管和承插式自应力钢筋混凝土管等非金属管道或金属管道。采用金属管道时应进行管道的防腐。

6.13 消 毒

I 一般规定

6.13.1 城镇污水处理应设置消毒设施。

6.13.2 污水消毒程度应根据污水性质、排放标准或再生水要求确定。

6.13.3 污水宜采用紫外线或二氧化氯消毒，也可用液氯消毒。

6.13.4 消毒设施和有关建筑物的设计，应符合现行国家标准《室外给水设计规范》（GB 50013）的有关规定。

II 紫外线

6.13.5 污水的紫外线剂量宜根据试验资料或类似运行经验确定；也可按下列标准确定：

（1）二级处理的出水为 15～22 mJ/cm^2。

（2）再生水为 24～30 mJ/cm^2。

6.13.6 紫外线照射渠的设计，应符合下列要求：

（1）照射渠水流均布，灯管前后的渠长度不宜小于 1 m。

（2）水深应满足灯管的淹没要求。

6.13.7 紫外线照射渠不宜少于 2 条。当采用 1 条时，宜设置超越渠。

III 二氧化氯和氯

6.13.8 二级处理出水的加氯量应根据试验资料或类似运行经验确定。无试验资料时，二级处理出水可采用 6～15 mg/L，再生水的加氯量按卫生学指标和余氯量确定。

6.13.9 二氧化氯或氯消毒后应进行混合和接触，接触时间不应小于 30 min。

7 污泥处理和处置

7.1 一般规定

7.1.1 城镇污水污泥，应根据地区经济条件和环境条件进行减量化、稳定化和无害化处理，并逐步提高资源化程度。

7.1.2 污泥的处置方式包括作肥料、作建材、作燃料和填埋等，污泥的处理流程应根据污泥的最终处置方式选定。

7.1.3 污泥作肥料时，其有害物质含量应符合国家现行标准的规定。

7.1.4 污泥处理构筑物个数不宜少于 2 个，按同时工作设计。污泥脱水机械可考虑 1 台备用。

7.1.5 污泥处理过程中产生的污泥水应返回污水处理构筑物进行处理。

7.1.6 污泥处理过程中产生的臭气，宜收集后进行处理。

7.2 污泥浓缩

7.2.1 浓缩活性污泥时，重力式污泥浓缩池的设计，应符合下列要求：

（1）污泥固体负荷宜采用 30～60 kg/（m^2·d）。

（2）浓缩时间不宜小于 12 h。

（3）由生物反应池后二次沉淀池进入污泥浓缩池的污泥含水率为 99.2%～99.6%时，浓缩后污泥含水率可为 97%～98%。

（4）有效水深宜为 4 m。

（5）采用栅条浓缩机时，其外缘线速度一般宜为 1～2 m/min，池底坡向泥斗的坡度不宜小于 0.05。

7.2.2 污泥浓缩池宜设置去除浮渣的装置。

7.2.3 当采用生物除磷工艺进行污水处理时，不应采用重力浓缩。

7.2.4 当采用机械浓缩设备进行污泥浓缩时，宜根据试验资料或类似运行经验确定设计参数。

7.2.5 污泥浓缩脱水可采用一体化机械。

7.2.6 间歇式污泥浓缩池应设置可排出深度不同的污泥水的设施。

7.3 污泥消化

I 一般规定

7.3.1 根据污泥性质、环境要求、工程条件和污泥处置方式，选择经济适用、管理方便的污泥消化工艺，可采用污泥厌氧消化或好氧消化工艺。

7.3.2 污泥经消化处理后，其挥发性固体去除率应大于 40%。

II 污泥厌氧消化

7.3.3 厌氧消化可采用单级或两级中温消化。单级厌氧消化池（两级厌氧消化池中的第一级）污泥温度应保持 33～35℃。

有初次沉淀池系统的剩余污泥或类似的污泥，宜与初沉污泥合并进行厌氧消化处理。

7.3.4 单级厌氧消化池（两级厌氧消化池中的第一级）污泥应加热并搅拌，宜有防止浮渣结壳和排出上清液的措施。

采用两级厌氧消化时，一级厌氧消化池与二级厌氧消化池的容积比应根据二级厌氧消化池的运行操作方式，通过技术经济比较确定；二级厌氧消化池可不加热、不搅拌，但应有防止浮渣结壳和排出上清液的措施。

7.3.5 厌氧消化池的总有效容积，应根据厌氧消化时间或挥发性固体容积负荷，按下列公式计算：

$$V = Q_o \cdot t_d \tag{7.3.5-1}$$

$$V = \frac{W_S}{L_V} \tag{7.3.5-2}$$

式中：t_d—— 消化时间，宜为 20～30 d；

V—— 消化池总有效容积，m^3；

Q_o—— 每日投入消化池的原污泥量，m^3/d；

L_V—— 消化池挥发性固体容积负荷，kgVSS/（$m^3 \cdot d$），重力浓缩后的原污泥宜采用 0.6～1.5 kgVSS/（$m^3 \cdot d$），机械浓缩后的高浓度原污泥不应大于 2.3 kgVSS/（$m^3 \cdot d$）；

W_S—— 每日投入消化池的原污泥中挥发性干固体重量，kgVSS/d。

7.3.6 厌氧消化池污泥加热，可采用池外热交换或蒸汽直接加热。厌氧消化池总耗热量应按全年最冷月平均日气温通过热工计算确定，应包括原生污泥加热量、厌氧消化池散热量（包括地上和地下部分）、投配和循环管道散热量等。选择加热设备应考虑 10%～20%的富余能力。厌氧消化池及污泥投配和循环管道应进行保温。厌氧消化池内壁应采取防腐措施。

7.3.7 厌氧消化的污泥搅拌宜采用池内机械搅拌或池外循环搅拌，也可采用污泥气搅拌等。每日将全池污泥完全搅拌（循环）的次数不宜少于 3 次。间歇搅拌时，每次搅拌的时间不宜大于循环周期的一半。

7.3.8 厌氧消化池和污泥气贮罐应密封，并能承受污泥气的工作压力，其气密性试验压力不应小于污泥气工作压力的 1.5 倍。厌氧消化池和污泥气贮罐应有防止池（罐）内产生超压和负压的措施。

7.3.9 厌氧消化池溢流和表面排渣管出口不得放在室内，并必须有水封装置。厌氧消化池的出气管上，必须设回火防止器。

7.3.10 用于污泥投配、循环、加热、切换控制的设备和阀门设施宜集中布置，室内应设置通风设施。厌氧消化系统的电气集中控制室不宜与存在污泥气泄漏可能的设施合建，场地条件许可时，宜建在防爆区外。

7.3.11 污泥气贮罐、污泥气压缩机房、污泥气阀门控制间、污泥气管道层等可能泄漏污泥气的场所，电机、仪表和照明等电器设备均应符合防爆要求，室内应设置通风设施和污泥气泄漏报警装置。

7.3.12 污泥气贮罐的容积宜根据产气量和用气量计算确定。缺乏相关资料时，可按 6～10 h

的平均产气量设计。污泥气贮罐内、外壁应采取防腐措施。污泥气管道、污泥气贮罐的设计，应符合现行国家标准《城镇燃气设计规范》（GB 50028）的规定。

7.3.13 污泥气贮罐超压时不得直接向大气排放，应采用污泥气燃烧器燃烧消耗，燃烧器应采用内燃式。污泥气贮罐的出气管上，必须设回火防止器。

7.3.14 污泥气应综合利用，可用于锅炉、发电和驱动鼓风机等。

7.3.15 根据污泥气的含硫量和用气设备的要求，可设置污泥气脱硫装置。脱硫装置应设在污泥气进入污泥气贮罐之前。

III 污泥好氧消化

7.3.16 好氧消化池的总有效容积可按本规范公式（7.3.5-1）或（7.3.5-2）计算。设计参数宜根据试验资料确定。无试验资料时，好氧消化时间宜为 10～20 d。挥发性固体容积负荷一般重力浓缩后的原污泥宜为 0.7～2.8 kgVSS/（m^3·d）；机械浓缩后的高浓度原污泥，挥发性固体容积负荷不宜大于 4.2 kgVSS/（m^3·d）。

7.3.17 当气温低于 15℃时，好氧消化池宜采取保温加热措施或适当延长消化时间。

7.3.18 好氧消化池中溶解氧浓度，不应低于 2 mg/L。

7.3.19 好氧消化池采用鼓风曝气时，宜采用中气泡空气扩散装置，鼓风曝气应同时满足细胞自身氧化和搅拌混合的需气量，宜根据试验资料或类似运行经验确定。无试验资料时，可按下列参数确定：剩余污泥的总需气量为 0.02～0.04 m^3 空气/（m^3 池容·min）；初沉污泥或混合污泥的总需气量为 0.04～0.06 m^3 空气/（m^3 池容·min）。

7.3.20 好氧消化池采用机械表面曝气机时，应根据污泥需氧量、曝气机充氧能力、搅拌混合强度等确定曝气机需用功率，其值宜根据试验资料或类似运行经验确定。当无试验资料时，可按 20～40 W/（m^3 池容）确定曝气机需用功率。

7.3.21 好氧消化池的有效深度应根据曝气方式确定。当采用鼓风曝气时，应根据鼓风机的输出风压、管路及曝气器的阻力损失确定，宜为 5.0～6.0 m；当采用机械表面曝气时，应根据设备的能力确定，宜为 3.0～4.0 m。好氧消化池的超高，不宜小于 1.0 m。

7.3.22 好氧消化池可采用敞口式，寒冷地区应采取保温措施。根据环境评价的要求，采取加盖或除臭措施。

7.3.23 间歇运行的好氧消化池，应设有排出上清液的装置；连续运行的好氧消化池，宜设有排出上清液的装置。

7.4 污泥机械脱水

I 一般规定

7.4.1 污泥机械脱水的设计，应符合下列规定：

（1）污泥脱水机械的类型，应按污泥的脱水性质和脱水要求，经技术经济比较后选用。

（2）污泥进入脱水机前的含水率一般不应大于 98%。

（3）经消化后的污泥，可根据污水性质和经济效益，考虑在脱水前淘洗。

（4）机械脱水间的布置，应按本规范第 5 章泵房中的有关规定执行，并应考虑泥饼运输设施和通道。

（5）脱水后的污泥应设置污泥堆场或污泥料仓贮存，污泥堆场或污泥料仓的容量应根据污泥出路和运输条件等确定。

（6）污泥机械脱水间应设置通风设施。每小时换气次数不应小于 6 次。

7.4.2 污泥在脱水前，应加药调理。污泥加药应符合下列要求：

（1）药剂种类应根据污泥的性质和出路等选用，投加量宜根据试验资料或类似运行经验确定。

（2）污泥加药后，应立即混合反应，并进入脱水机。

II 压滤机

7.4.3 压滤机宜采用带式压滤机、板框压滤机、箱式压滤机或微孔挤压脱水机，其泥饼产率和泥饼含水率，应根据试验资料或类似运行经验确定。泥饼含水率可为 75%～80%。

7.4.4 带式压滤机的设计，应符合下列要求：

（1）污泥脱水负荷应根据试验资料或类似运行经验确定，污水污泥可按表 7.4.4 的规定取值。

表 7.4.4 污泥脱水负荷

污 泥 类 别	初沉原生污泥	初沉消化污泥	混合原生污泥	混合消化污泥
污泥脱水负荷/[kg/(m·h)]	250	300	150	200

（2）应按带式压滤机的要求配置空气压缩机，并至少应有 1 台备用。

（3）应配置冲洗泵，其压力宜采用 0.4～0.6 MPa，其流量可按 5.5～11 m^3/[m（带宽）·h] 计算，至少应有 1 台备用。

7.4.5 板框压滤机和箱式压滤机的设计，应符合下列要求：

（1）过滤压力为 400～600 kPa。

（2）过滤周期不大于 4 h。

（3）每台压滤机可设污泥压入泵 1 台，宜选用柱塞泵。

（4）压缩空气量为每立方米滤室不小于 2 m^3/min（按标准工况计）。

III 离心机

7.4.6 离心脱水机房应采取降噪措施。离心脱水机房内外的噪声应符合《工业企业噪声控制设计规范》（GBJ 87）的规定。

7.4.7 污水污泥采用卧螺离心脱水机脱水时，其分离因数宜小于 3 000 *g*（*g* 为重力加速度）。

7.4.8 离心脱水机前应设置污泥切割机，切割后的污泥粒径不宜大于 8 mm。

7.5 污泥输送

7.5.1 脱水污泥的输送一般采用皮带输送机、螺旋输送机和管道输送三种形式。

7.5.2 皮带输送机输送污泥，其倾角应小于 20°。

7.5.3 螺旋输送机输送污泥，其倾角宜小于 30°，且宜采用无轴螺旋输送机。

7.5.4 管道输送污泥，弯头的转弯半径不应小于 5 倍管径。

7.6 污泥干化焚烧

7.6.1 在有条件的地区，污泥干化宜采用干化场；其他地区，污泥干化宜采用热干化。

7.6.2 污泥干化场的污泥固体负荷，宜根据污泥性质、年平均气温、降雨量和蒸发量等因素，参照相似地区经验确定。

7.6.3 污泥干化场分块数不宜少于 3 块；围堤高度宜为 0.5～1.0 m，顶宽 0.5～0.7 m。

7.6.4 污泥干化场宜设人工排水层。
7.6.5 除特殊情况外，人工排水层下应设不透水层，不透水层应坡向排水设施，坡度宜为0.01～0.02。
7.6.6 污泥干化场宜设排除上层污泥水的设施。
7.6.7 污泥的热干化和焚烧宜集中进行。
7.6.8 采用污泥热干化设备时，应充分考虑产品出路。
7.6.9 污泥热干化和焚烧处理的污泥固体负荷和蒸发量应根据污泥性质、设备性能等因素，参照相似设备运行经验确定。
7.6.10 污泥热干化和焚烧设备宜设置2套；若设1套，应考虑设备检修期间的应急措施，包括污泥贮存设施或其他备用的污泥处理和处置途径。
7.6.11 污泥热干化设备的选型，应根据热干化的实际需要确定。规模较小、污泥含水率较低、连续运行时间较长的热干化设备宜采用间接加热系统，否则宜采用带有污泥混合器和气体循环装置的直接加热系统。
7.6.12 污泥热干化设备的能源，宜采用污泥气。
7.6.13 热干化车间和热干化产品贮存设施，应符合国家现行有关防火规范的要求。
7.6.14 在已有或拟建垃圾焚烧设施、水泥窑炉、火力发电锅炉等设施的地区，污泥宜与垃圾同时焚烧，或掺在水泥窑炉、火力发电锅炉的燃料煤中焚烧。
7.6.15 污泥焚烧的工艺，应根据污泥热值确定，宜采用循环流化床工艺。
7.6.16 污泥热干化产品、污泥焚烧灰应妥善保存、利用或处置。
7.6.17 污泥热干化尾气和焚烧烟气，应处理达标后排放。
7.6.18 污泥干化场及其附近，应设置长期监测地下水质量的设施；污泥热干化厂、污泥焚烧厂及其附近，应设置长期监测空气质量的设施。
7.7 污泥综合利用
7.7.1 污泥的最终处置，宜考虑综合利用。
7.7.2 污泥的综合利用，应因地制宜，考虑农用时应慎重。
7.7.3 污泥的土地利用，应严格控制污泥中和土壤中积累的重金属和其他有毒物质含量。农用污泥，必须符合国家现行有关标准的规定。

8 检测和控制

8.1 一般规定
8.1.1 排水工程运行应进行检测和控制。
8.1.2 排水工程设计应根据工程规模、工艺流程、运行管理要求确定检测和控制的内容。
8.1.3 自动化仪表和控制系统应保证排水系统的安全和可靠，便于运行，改善劳动条件，提高科学管理水平。
8.1.4 计算机控制管理系统宜兼顾现有、新建和规划要求。
8.2 检测
8.2.1 污水厂进、出水应按国家现行排放标准和环境保护部门的要求，设置相关项目的检测仪表。
8.2.2 下列各处应设置相关监测仪表和报警装置：

（1）排水泵站：硫化氢 CH_2 日浓度。

（2）消化池：污泥气（含 CH_4）浓度。

（3）加氯间：氯气 CCl2）浓度。

8.2.3 排水泵站和污水厂各处理单元宜设置生产控制、运行管理所需的检测和监测仪表。

8.2.4 参与控制和管理的机电设备应设置工作与事故状态的检测装置。

8.2.5 排水管网关键节点应设置流量监测装置。

8.3 控制

8.3.1 排水泵站宜按集水池的液位变化自动控制运行，宜建立遥测、遥讯和遥控系统。排水管网关键节点流量的监控宜采用自动控制系统。

8.3.2 10 万 m^3/d 规模以下的污水厂的主要生产工艺单元，可采用自动控制系统。

8.3.3 10 万 m^3/d 及以上规模的污水厂宜采用集中管理监视、分散控制的自动控制系统。

8.3.4 采用成套设备时，设备本身控制宜与系统控制相结合。

8.4 计算机控制管理系统

8.4.1 计算机控制管理系统应有信息收集、处理、控制、管理和安全保护功能。

8.4.2 计算机控制系统的设计，应符合下列要求：

（1）宜对监控系统的控制层、监控层和管理层做出合理的配置。

（2）但根据工程具体情况，经技术经济比较后选择网络结构和通信速率。

（3）对操作系统和开发工具要从运行稳定、易于开发、操作界面方便等多方面综合考虑。

（4）根据企业需求和相关基础设施，宜对企业信息化系统做出功能设计。

（5）厂级中控事应就近设置电掘箱，供电电源应为双回路，直流电源设备应安全可靠。

（6）厂、站级控制室面积应视其使用功能设定，并应考虑今后的发展。

（7）防雷和接地保护应符合国家现行有关规范的规定。

附录 A

暴雨强度公式的编制方法

I 年多个样法取样

A.0.1 本方法适用于具有 10 年以上自动雨量记录的地区。

A.0.2 计算降雨历时采用 5min、10min、15min、20min、30min、45min、60min、90min、120min 共 9 个历时。计算降雨重现期宜按 0.25 年、0.33 年、0.5 年、1 年、2 年、3 年、5 年、10 年统计。资料条件较好时（资料年数二三 20 年、子样点的排列比较规律），也可统计高于 10 年的重现期。

A.0.3 取样方法宜采用年多个样法，每年每个历时选择 6～8 个最大值，然后不论年次，将每个历时子样按大小次序排列，再从中选择资料年数的 3～4 倍的最大值，作为统计的基础资料。

A.0.4 选取的各历时降雨资料，应采用频率曲线加以调整。当精度要求不太高时，可采用经验频率曲线；当精度要求较高时，可采用皮尔逊III型分布曲线或指数分布曲线等理论频率曲线。根据确定的频率曲线，得出重现期、降雨强度和降雨历时三者的关系，即 P、i，t 关系值。

A.0.5 根据 P、i、t 关系值求得 b、m、A_1、C 各个参数，可用解析法、图解与计算结合法或图解法等方法进行。将求得的各参数代入 $q=\frac{167A_1(1+C\lg P)}{(t+b)^n}$，即得当地的暴雨强度公式。

A.0.6 计算抽样误差和暴雨公式均方差。宜按绝对均方差计算，也可辅以相对均方差计算。计算重现期在 0.25～10 年时，在一般强度的地方，平均绝对方差不宜大于 0.05 mm/min。在较大强度的地方，平均相对方差不宜大于 5%。

II 年最大值法取样

A.0.7 本方法适用于具有 20 年以上自记雨量记录的地区，有条件的地区可用 30 年以上的雨量系列，暴雨样本选样方法可采用年最大值法。若在时段内任一时段超过历史最大值，宜进行复核修正。

A.0.8 计算降雨历时采用 5min、l0mir15min、20min、30min、45min、60min、90min、120min、150min、180min 共十一个历时。计算降雨重现期宜按 2 年、3 年、5 年、10 年、20 年、30 年、50 年、100 年统计。

A.0.9 选取的各历时降雨资料，应采用经验频率曲线或理论频率曲线加以调整，一般采用理论频率曲线，包括皮尔逊III型分布曲线、耿贝尔分布曲线和指数分布曲线。根据确定的频率曲线，得出重现期、降雨强度和降雨历时三者的关系，即 P、i、t 关系值。

A.0.10 根据 P、i、t 的关系值求得 A_1、b、C、n 各个参数。可采用图解法、解析法、图解与计算结合法等方法进行。为提高暴雨强度公式的精度，一般采用高斯—牛顿法。将求得的各个参数代入$q=\frac{167A_1(1+C\lg P)}{(t+b)^n}$，即得当地的暴雨强度公式。

A.0.11 计算抽样误差和暴雨公式均方差。宜按绝对均方差计算，也可辅以相对均方差计算。计算重现期在 2～20 年时，在一般强度的地方，平均绝对方差不宜大于 0.05mm/min 在较大强度的地方，平均相对方差不宜大于 5%。

附录 B

排水管道和其他地下管线（构筑物）的最小净距

表 B　排水管道和其他地下管线（构筑物）的最小净距

<table>
<tr><th colspan="3">名　　称</th><th>水平净距/m</th><th>垂直净距/m</th></tr>
<tr><td colspan="3">建 筑 物</td><td>见注 3</td><td></td></tr>
<tr><td rowspan="2" colspan="2">给水管</td><td>d≤200 mm</td><td>1.0</td><td rowspan="2">0.4</td></tr>
<tr><td>d>200 mm</td><td>1.5</td></tr>
<tr><td colspan="3">排水管</td><td></td><td>0.15</td></tr>
<tr><td colspan="3">再生水管</td><td>0.5</td><td>0.4</td></tr>
<tr><td rowspan="4">燃气管</td><td>低压</td><td>P≤0.05 MPa</td><td>1.0</td><td>0.15</td></tr>
<tr><td>中压</td><td>0.05＜P≤0.4 MPa</td><td>1.2</td><td>0.15</td></tr>
<tr><td rowspan="2">高压</td><td>0.4＜P≤0.8 MPa</td><td>1.5</td><td>0.15</td></tr>
<tr><td>0.8＜P≤1.6 MPa</td><td>2.0</td><td>0.15</td></tr>
<tr><td colspan="3">热力管线</td><td>1.5</td><td>0.15</td></tr>
<tr><td colspan="3">电力管线</td><td>0.5</td><td>0.5</td></tr>
<tr><td rowspan="2" colspan="3">电信管线</td><td rowspan="2">1.0</td><td>直埋 0.5</td></tr>
<tr><td>管块 0.15</td></tr>
<tr><td colspan="3">乔木</td><td>1.5</td><td></td></tr>
<tr><td rowspan="2" colspan="2">地上柱杆</td><td>通讯照明＜10 kV</td><td>0.5</td><td></td></tr>
<tr><td>高压铁塔基础边</td><td>1.5</td><td></td></tr>
<tr><td colspan="3">道路侧石边缘</td><td>1.5</td><td></td></tr>
<tr><td colspan="3">铁路钢轨（或坡脚）</td><td>5.0</td><td>轨底 1.2</td></tr>
<tr><td colspan="3">电车（轨底）</td><td>2.0</td><td>1.0</td></tr>
<tr><td colspan="3">架空管架基础</td><td>2.0</td><td></td></tr>
<tr><td colspan="3">油管</td><td>1.5</td><td>0.25</td></tr>
<tr><td colspan="3">压缩空气管</td><td>1.5</td><td>0.15</td></tr>
<tr><td colspan="3">氧气管</td><td>1.5</td><td>0.25</td></tr>
<tr><td colspan="3">乙炔管</td><td>1.5</td><td>0.25</td></tr>
<tr><td colspan="3">电车电缆</td><td></td><td>0.5</td></tr>
<tr><td colspan="3">明渠渠底</td><td></td><td>0.5</td></tr>
<tr><td colspan="3">涵洞基础底</td><td></td><td>0.15</td></tr>
</table>

注：1 表列数字除注明者外，水平净距均指外壁净距，垂直净距系指下面管道的外顶与上面管道基础底间净距。

2 采取充分措施（如结构措施）后，表列数字可以减小。

3 与建筑物水平净距，管道埋深浅于建筑物基础时，不宜小于 2.5 m，管道埋深深于建筑物基础时，按计算确定，但不应小于 3.0 m。

本规范用词说明

（1）为便于在执行本规范条文时区别对待，对要求严格程度不同的用词说明如下：

1）表示很严格，非这样做不可的：

正面词采用“必须”，反面词采用“严禁”；

2）表示严格，在正常情况下均应这样做的：

正面词采用“应”，反面词采用“不应”或“不得”；

3）表示允许稍有选择，在条件许可时首先应这样做的：

正面词采用“宜”，反面词采用“不宜”；

4）表示有选择，在一定条件下可以这样做的，采用“可”。

（2）条文中指明应按其他有关标准执行的写法为“应符合……的规定”或“应按……执行”。

中华人民共和国国家标准

污水再生利用工程设计规范

Code for design of wastewater reclamation and reuse

GB 50335—2002

前 言

本规范是根据建设部建标［2002］85 号文的要求，由中国市政工程东北设计研究院、上海市政工程设计研究院会同有关设计研究单位共同编制而成的。

在规范的编制过程中，编制组进行了广泛的调查研究，认真总结了我国污水回用的科研成果和实践经验，同时参考并借鉴了国外有关法规和标准，并广泛征求了全国有关单位和专家的意见，几经讨论修改，最后由建设部组织有关专家审查定稿。

本规范主要规定的内容有：方案设计的基本规定，再生水水源，回用分类和水质控制指标，回用系统，再生处理工艺与构筑物设计，安全措施和监测控制。

本规范中以黑体字排版的条文为强制性条文，必须严格执行。本规范由建设部负责管理和对强制性条文的解释，中国市政工程东北设计研究院负责具体技术内容的解释。在执行过程中，希望各单位结合工程实践和科学研究，认真总结经验，注意积累资料。如发现需要修改和补充之处，请将意见和有关资料寄交中国市政工程东北设计研究院（地址：长春市工农大路 8 号，邮编：130021，传真：0431-5652579），以供今后修订时参考。

本规范编制单位和主要起草人名单

主编单位：中国市政工程东北设计研究院

副主编单位：上海市政工程设计研究院

参编单位：建设部城市建设研究院

北京市市政工程设计研究总院

中国市政工程华北设计研究院

中国石化北京设计院

国家电力公司热工研究院

主要起草人：周 彤 张 杰 陈树勤 姜云海 卜义惠 厉彦松 洪嘉年

朱广汉 吕士健 杭世珺 方先金 陈 立 范 洁 林雪芸

杨宝红 齐芳菲 陈立学

1 总 则

1.0.1 为贯彻我国水资源发展战略和水污染防治对策，缓解我国水资源紧缺状况，促进污水资源化，保障城市建设和经济建设的可持续发展，使污水再生利用工程设计做到安全可靠，技术先进，经济实用，制定本规范。

1.0.2 本规范适用于以农业用水、工业用水、城镇杂用水、景观环境用水等为再生利用目标的新建、扩建和改建的污水再生利用工程设计。

1.0.3 污水再生利用工程设计以城市总体规划为主要依据，从全局出发，正确处理城市境外调水与开发利用污水资源的关系，污水排放与污水再生利用的关系，以及集中与分散、新建与扩建、近期与远期的关系。通过全面调查论证，确保经过处理的城市污水得到充分利用。

1.0.4 污水再生利用工程设计应做好对用户的调查工作，明确用水对象的水质水量要求。工程设计之前，宜进行污水再生利用试验，或借鉴已建工程的运转经验，以选择合理的再生处理工艺。

1.0.5 污水再生利用工程应确保水质水量安全可靠。

1.0.6 污水再生利用工程设计除应符合本规范外，尚应符合国家现行有关标准、规范的规定。

2 术 语

2.0.1 污水再生利用 wastewater reclamation and reuse，water recycling

污水再生利用为污水回收、再生和利用的统称，包括污水净化再用、实现水循环的全过程。

2.0.2 二级强化处理 upgraded secondary treatment

既能去除污水中含碳有机物，也能脱氮除磷的二级处理工艺。

2.0.3 深度处理 advanced treatment

进一步去除二级处理未能完全去除的污水中杂质的净化过程。深度处理通常由以下单元技术优化组合而成：混凝、沉淀（澄清、气浮）、过滤、活性炭吸附、脱氨、离子交换、膜技术、膜-生物反应器、曝气生物滤池、臭氧氧化、消毒及自然净化系统等。

2.0.4 再生水 reclamed water，recycled water

再生水系指污水经适当处理后，达到一定的水质指标，满足某种使用要求，可以进行有益使用的水。

2.0.5 再生水厂 water reclamation plant，water recycling plant

生产再生水的水处理厂。

2.0.6 微孔过滤 micro-porous filter

孔径为 0.1～0.2 μm 的滤膜过滤装置的统称，简称微滤（MF）。

3 方案设计基本规定

3.0.1 污水再生利用工程方案设计应包括：

（1）确定再生水水源；确定再生水用户、工程规模和水质要求；

（2）确定再生水厂的厂址、处理工艺方案和输送再生水的管线布置；

（3）确定用户配套设施；

（4 ）进行相应的工程估算、投资效益分析和风险评价等。

3.0.2 排入城市排水系统的城市污水，可作为再生水水源。严禁将放射性废水作为再生水水源。

3.0.3　再生水水源的设计水质，应根据污水收集区域现有水质和预期水质变化情况综合确定。

再生水水源水质应符合现行的《污水排入城市下道水质标准》（CJ 3082）、《生物处理构筑物进水中有害物质允许浓度》（GBJ 14）和《污水综合排放标准》（GB 8978）的要求。

当再生水厂水源为二级处理出水时，可参照二级处理厂出水标准，确定设计水质。

3.0.4　再生水用户的确定可分为以下三个阶段：

（1）调查阶段：收集可供再生利用的水量以及可能使用再生水的全部潜在用户的资料。

（2）筛选阶段：按潜在用户的用水量大小、水质要求和经济条件等因素筛选出若干候选用户。

（3）确定用户阶段：细化每个候选用户的输水线路和蓄水量等方面的要求，根据技术经济分析，确定用户。

3.0.5　污水再生利用工程方案中需提出再生水用户备用水源方案。

3.0.6　根据各用户的水量水质要求和具体位置分布情况，确定再生水厂的规模、布局，再生水厂的选址、数量和处理深度，再生水输水管线的布置等。再生水厂宜靠近再生水水源收集区和再生水用户集中地区。再生水厂可设在城市污水处理厂内或厂外，也可设在工业区内或某一特定用户内。

3.0.7　对回用工程各种方案应进行技术经济比选，确定最佳方案。技术经济比选应符合技术先进可靠、经济合理、因地制宜的原则，保证总体的社会效益、经济效益和环境效益。

4 污水再生利用分类和水质控制指标

4.1 污水再生利用分类

4.1.1　城市污水再生利用按用途分类见表 4.1.1。

表 4.1.1　城市污水再生利用类别

序号	分类	范围	示例
1	农、林、牧、渔业用水	农田灌溉	种子与育种、粮食与饲料作物、经济作物
		造林育苗	种子、苗木、苗圃、观赏植物
		畜牧养殖	畜牧、家畜、家禽
		水产养殖	淡水养殖
2	城市杂用水	城市绿化	公共绿地、住宅小区绿化
		冲厕	厕所便器冲洗
		道路清扫	城市道路的冲洗及喷洒
		车辆冲洗	各种车辆冲洗
		建筑施工	施工场地清扫、浇洒、灰尘抑制、混凝土制备与养护、施工中的混凝土构件和建筑物冲洗
		消防	消火栓、消防水炮
3	工业用水	冷却用水	直流式、循环式
		洗涤用水	冲渣、冲灰、消烟除尘、清洗
		锅炉用水	中压、低压锅炉
		工艺用水	溶料、水浴、蒸煮、漂洗、水力开采、水力输送、增湿、稀释、搅拌、选矿、油田回注
		产品用水	浆料、化工制剂、涂料

序号	分类	范围	示例
4	环境用水	娱乐性景观环境用水	娱乐性景观河道、景观湖泊及水景
		观赏性景观环境用水	观赏性景观河道、景观湖泊及水景
		湿地环境用水	恢复自然湿地、营造人工湿地
5	补充水源水	补充地表水	河流、湖泊
		补充地下水	水源补给、防止海水入侵、防止地面沉降

4.2 水质控制指标

4.2.1 再生水用于农田灌溉时，其水质应符合国家现行《农田灌溉水质标准》（GB 5084）的规定。

4.2.2 再生水用于工业冷却用水，当无试验数据与成熟经验时，其水质可按表 4.2.2 指标控制，并综合确定敞开式循环水系统换热设备的材质和结构形式、浓缩倍数、水处理药剂等。确有必要时，也可对再生水进行补充处理。

表 4.2.2 再生水用作冷却用水的水质控制指标

序号	项目 \ 标准值 \ 分类		直流冷却水	循环冷却系统补充水
1	pH		6.0～9.0	6.5～9.0
2	SS/（mg/L）	≤	30	—
3	浊度/（NTU）	≤	—	5
4	BOD_5/（mg/L）	≤	30	10
5	COD_{Cr}/（mg/L）	≤	—	60
6	铁/（mg/L）	≤	—	0.3
7	锰/（mg/L）	≤	—	0.2
8	Cl^-/（mg/L）	≤	300	250
9	总硬度（以 $CaCO_3$ 计）/（mg/L）	≤	850	450
10	总碱度（以 $CaCO_3$ 计）/（mg/L）	≤	500	350
11	氨氮/（mg/L）	≤	—	10①
12	总磷（以 P 计）/（mg/L）	≤	—	1
13	溶解性总固体/（mg/L）	≤	1 000	1 000
14	游离余氯/（mg/L）		末端 0.1～0.2	末端 0.1～0.2
15	粪大肠菌群/（个/L）	≤	2 000	2 000

①当循环冷却系统为铜材换热器时，循环冷却系统水中的氨氮指标应小于 1 mg/L。

4.2.3 再生水用于工业用水中的洗涤用水、锅炉用水、工艺用水、油田注水时，其水质应达到相应的水质标准。当无相应标准时，可通过试验、类比调查或参照以天然水为水源的水质标准确定。

4.2.4 再生水用于城市用水中的冲厕、道路清扫、消防、城市绿化、车辆冲洗、建筑施工等城市杂用水时，其水质可按表 4.2.4 指标控制。

表 4.2.4 城镇杂用水水质控制指标

序号	项目 指标		冲厕	道路清扫消防	城市绿化	车辆冲洗	建筑施工
1	pH		6.0～9.0				
2	色度/度	≤	30				
3	溴		无不快感				
4	浊度/（NTU）	≤	5	10	10	5	20
5	溶解性总固体/（mg/L）	≤	1 500	1 500	1 000	1 000	—
6	五日生化需氧量（BOD_5）/（mg/L）	≤	10	15	20	10	15
7	氨氮/（mg/L）	≤	10	10	20	10	20
8	阴离子表面活性剂/（mg/L）	≤	1.0	1.0	1.0	0.5	1.0
9	铁/（mg/L）	≤	0.3	—	—	0.3	—
10	锰/（mg/L）	≤	0.1	—	—	0.1	—
11	溶解氧/（mg/L）	≥	1.0				
12	总余氯/（mg/L）		接触 30 min 后≥1.0，管网末端≥0.2				
13	总大肠菌群/（个/L）	≤	3				

注：混凝土拌合用水还应符合 JGJ 63 的有关规定。

4.2.5 再生水作为景观环境用水时，其水质可按表 4.2.5 指标控制。

表 4.2.5 景观环境用水的再生水水质控制指标（mg/L）

序号	项目		观赏性景观环境用水			娱乐性景观环境用水		
			河道类	湖泊类	水景类	河道类	湖泊类	水景类
1	基本要求		无漂浮物，无令人不愉快的嗅和味					
2	pH		6～9					
3	五日生化需氧量（BOD_5）	≤	10	6		6		
4	悬浮物（SS）	≤	20	10		—		
5	浊度（NTU）	≤	—			5.0		
6	溶解氧	≥	1.5			2.0		
7	总磷（以 P 计）	≤	1.0	0.5		1.0	2.0	
8	总氮	≤	15					
9	氨氮（以 N 计）	≤	5					
10	粪大肠菌群（个/L）	≤	10 000		2 000	500		不得检出
11	余氯[①]	≥	0.05					
12	色度（度）	≤	30					
13	石油类	≤	1.0					
14	阴离子表面活性剂	≤	0.5					

①氯接触时间不应低于 30 min 的余氯。对于非加氯消毒方式无此项要求。

注：1 对于需要通过管道输送再生水的非现场回用情况必须加氯消毒；而对于现场回用情况不限制消毒方式。

2 若使用未经过除磷脱氮的再生水作为景观环境用水，鼓励使用本标准的各方在回用地点积极探索通过人工培养具有观赏价值水生植物的方法，使景观水体的氮磷满足表中 1 的要求，使再生水中的水生植物有经济合理的出路。

4.2.6 当再生水同时用于多种用途时，其水质标准应按最高要求确定。对于向服务区域内多用户供水的城市再生水厂，可按用水量最大的用户的水质标准确定；个别水质要求更高的用户，可自行补充处理，直至达到该水质标准。

5 污水再生利用系统

5.0.1 城市污水再生利用系统一般由污水收集、二级处理、深度处理、再生水输配、用户用水管理等部分组成，污水再生利用工程设计应按系统工程综合考虑。

5.0.2 污水收集系统应依靠城市排水管网进行，不宜采用明渠。

5.0.3 再生水处理工艺的选择及主要构筑物的组成，应根据再生水水源的水质、水量和再生水用户的使用要求等因素，宜按相似条件下再生水厂的运行经验，结合当地条件，通过技术经济比较综合研究确定。

5.0.4 出水供给再生水厂的二级处理的设计应安全、稳妥，并应考虑低温和冲击负荷的影响。当采用活性污泥法时，应有防止污泥膨胀措施。当再生水水质对氮磷有要求时，宜采用二级强化处理。

5.0.5 回用系统中的深度处理，应按照技术先进、经济合理的原则，进行单元技术优化组合。在单元技术组合中，过滤起保障再生水水质作用，多数情况下是必需的。

5.0.6 再生水厂应设置溢流和事故排放管道。当溢流排放排入水体时，应满足相应水体水质排放标准的要求。

5.0.7 再生水厂供水泵站内工作泵不得少于 2 台，并应设置备用泵。

5.0.8 水泵出口宜设置多功能水泵控制阀，以消除水锤和方便自动化控制。当供水量和水压变化大时，宜采取调控措施。

5.0.9 再生水厂产生的污泥，可由本厂自行处理，也可送往其他污水处理厂集中处理。

5.0.10 再生水厂应按相关标准的规定设置防爆、消防、防噪、抗震等设施。

5.0.11 污水处理厂和再生水厂厂内除职工生活用水外的自用水，应采用再生水。

5.0.12 再生水的输配水系统应建成独立系统。

5.0.13 再生水输配水管道宜采用非金属管道。当使用金属管道时，应进行防腐蚀处理。再生水用户的配水系统宜由用户自行设置。当水压不足时，用户可自行增建泵站。

5.0.14 再生水用户的用水管理，应根据用水设施的要求确定。当用于工业冷却时，一般包括水质稳定处理、菌藻处理和进一步改善水质的其他特殊处理，其处理程度和药剂的选择，可由用户通过试验或参照相似条件下循环水厂的运行经验确定。当用于城镇杂用水和景观环境用水时，应进行水质水量监测、补充消毒、用水设施维护等工作。

6 再生处理工艺与构筑物设计

6.1 再生处理工艺

6.1.1 城市污水再生处理，宜选用下列基本工艺：

（1）二级处理—消毒；

（2）二级处理—过滤—消毒；

（3）二级处理—混凝—沉淀（澄清、气浮）—过滤—消毒；

（4）二级处理—微孔过滤—消毒。

6.1.2 当用户对再生水水质有更高要求时，可增加深度处理其他单元技术中的一种或几种组合。其他单元技术有：活性炭吸附、臭氧-活性炭、脱氨、离子交换、超滤、纳滤、反渗透、膜-生物反应器、曝气生物滤池、臭氧氧化、自然净化系统等。

6.1.3 混凝、沉淀、澄清、气浮工艺的设计宜符合下列要求：

（1）絮凝时间宜为 10～15 min。

（2）平流沉淀池沉淀时间宜为 2.0～4.0 h，水平流速可采用 4.0～10.0 mm/s。

（3）澄清池上升流速宜为 0.4～0.6 mm/s。

（4）当采用气浮池时，其设计参数，宜通过试验确定。

6.1.4 滤池的设计宜符合下列要求：

（1）滤池的进水浊度宜小于 10 NTU。

（2）滤池可采用双层滤料滤池、单层滤料滤池、均质滤料滤池。

（3）双层滤池滤料可采用无烟煤和石英砂。滤料厚度：无烟煤宜为 300～400 mm，石英砂宜为 400～500 mm。滤速宜为 5～10 m/h。

（4）单层石英砂滤料滤池，滤料厚度可采用 700～1 000 mm，滤速宜为 4～6 m/h。

（5）均质滤料滤池，滤料厚度可采用 1.0～1.2 m，粒径 0.9～1.2 mm，滤速宜为 4～7 m/h。

（6）滤池宜设气水冲洗或表面冲洗辅助系统。

（7）滤池的工作周期宜采用 12～24 h。

（8）滤池的构造形式，可根据具体条件，通过技术经济比较确定。

（9）滤池应备有冲洗滤池表面污垢和泡沫的冲洗水管。滤池设在室内时，应设通风装置。

6.1.5 当采用曝气生物滤池时，其设计参数可参照类似工程经验或通过试验确定。

6.1.6 混凝沉淀、过滤的处理效率和出水水质可参照国内外已建工程经验确定。

6.1.7 城市污水再生处理可采用微孔过滤技术，其设计宜符合下列要求：

（1）微孔过滤处理工艺的进水宜为二级处理的出水。

（2）微滤膜前根据需要可设置预处理设施。

（3）微滤膜孔径宜选择 0.2 μm 或 0.1～0.2 μm。

（4）二级处理出水进入微滤装置前，应投加抑菌剂。

（5）微滤出水应经过消毒处理。

（6）微滤系统当设置自动气水反冲系统时，空气反冲压力宜为 600 kPa，并宜用二级处理出水辅助表面冲洗。也可根据膜材料，采用其他冲洗措施。

（7）微滤系统宜设在线监测微滤膜完整性的自动测试装置。

（8）微滤系统宜采用自动控制系统，在线监测过膜压力，控制反冲洗过程和化学清洗周期。

（9）当有除磷要求时宜在微滤系统前采用化学除磷措施。

（10）微滤系统反冲洗水应回流至污水处理厂进行再处理。

6.1.8 污水经生物除磷工艺后，仍达不到再生水水质要求时，可选用化学除磷工艺，其设计宜符合下列要求：

（1）化学除磷设计包括药剂和药剂投加点的选择，以及药剂投加量的计算。

（2）化学除磷的药剂宜采用铁盐或铝盐或石灰。

（3）化学除磷采用铁盐或铝盐时，可选用前置沉淀工艺、同步沉淀工艺或后沉淀工艺；采用石灰时，可选前置沉淀工艺或后沉淀工艺，并应调整 pH 值。

（4）铁盐作为絮凝剂时，药剂投加量为去除 1 mol 磷至少需要 1 mol 铁（Fe），并应乘以 2～3 倍的系数，该系数宜通过试验确定。

（5）铝盐作为絮凝剂时，药剂用量为去除 1 mol 磷至少需 1 mol 铝（Al），并应乘以 2～3 倍的系数，该系数宜通过试验确定。

（6）石灰作为絮凝剂时，石灰用量与污水中碱度成正比，并宜投加铁盐作助凝剂。石灰用量与铁盐用量宜通过试验确定。

（7）化学除磷设备应符合计量准确、耐腐蚀、耐用及不堵塞等要求。

6.1.9 污水处理厂二级出水经混凝、沉淀、过滤后，其出水水质仍达不到再生水水质要求时，可选用活性炭吸附工艺，其设计宜符合下列要求：

（1）当选用粒状活性炭吸附处理工艺时，宜进行静态选炭及炭柱动态试验，根据被处理水水质和再生水水质要求，确定用炭量、接触时间、水力负荷与再生周期等。

（2）用于污水再生处理的活性炭，应具有吸附性能好、中孔发达、机械强度高、化学性能稳定、再生后性能恢复好等特点。

（3）活性炭使用周期，以目标去除物接近超标时为再生的控制条件，并应定期取炭样检测。

（4）活性炭再生宜采用直接电加热再生法或高温加热再生法。

（5）活性炭吸附装置可采用吸附池，也可采用吸附罐。其选择应根据活性炭吸附池规模、投资、现场条件等因素确定。

（6）在无试验资料时，当活性炭采用粒状炭（直径 1.5 mm）情况下，宜采用下列设计参数：

接触时间≥10 min；

炭层厚度 1.0～2.5 m；

减速 7～10 m/h；

水头损失 0.4～1.0 m。

活性炭吸附池冲洗：经常性冲洗强度为 15～20 $L/m^2 \cdot s$，冲洗历时 10～15 min，冲洗周期 3～5 d，冲洗膨胀率为 30%～40%；除经常性冲洗外，还应定期采用大流量冲洗；冲洗水可用砂滤水或炭滤水，冲洗水浊度＜5NTU。

（7）当无试验资料时，活性炭吸附罐宜采用下列设计参数：

接触时间 20～35 min；

炭层厚度 4.5～6 m；

水力负荷 2.5～6.8 $L/m^2 \cdot s$（升流式），2.0～3.3 $L/m^2 \cdot s$（降流式）；

操作压力每 0.3 m 炭层 7 kPa。

6.1.10 深度处理的活性炭吸附、脱氨、离子交换、折点加氯、反渗透、臭氧氧化等单元过程，当无试验资料时，去除效率可参照相似工程运行数据确定。

6.1.11 再生水厂应进行消毒处理。可以采用液氯、二氧化氯、紫外线等消毒。当采用液氯消毒时，加氯量按卫生学指标和余氯量控制，宜连续投加，接触时间应大于 30 min。

6.2 构筑物设计

6.2.1 再生处理构筑物的生产能力应按最高日供水量加自用水量确定，自用水量可采用平均日供水量的 5%～15%。

6.2.2 各处理构筑物的个（格）数不应少于 2 个（格），并宜按并联系列设计。任一构筑物或设备进行检修、清洗或停止工作时，仍能满足供水要求。

6.2.3 各构筑物上面的主要临边通道，应设防护栏杆。
6.2.4 在寒冷地区，各处理构筑物应有防冻措施。
6.2.5 再生水厂应设清水池，清水池容积应按供水和用水曲线确定，不宜小于日供水量的10%。
6.2.6 再生水厂和工业用户，应设置加药间、药剂仓库。药剂仓库的固定储备量可按最大投药量的30 d用量计算。

7 安全措施和监测控制

7.0.1 污水回用系统的设计和运行应保证供水水质稳定、水量可靠和用水安全。再生水厂设计规模宜为二级处理规模的80%以下。工业用水采用再生水时，应以新鲜水系统作备用。
7.0.2 再生水厂与各用户应保持畅通的信息传输系统。
7.0.3 再生水管道严禁与饮用水管道连接。再生水管道应有防渗防漏措施，埋地时应设置带状标志，明装时应涂上有关标准规定的标志颜色和“再生水”字样。闸门井井盖应铸上“再生水”字样。再生水管道上严禁安装饮水器和饮水龙头。
7.0.4 再生水管道与给水管道、排水管道平行埋设时，其水平净距不得小于 0.5 m：交叉埋设时，再生水管道应位于给水管道的下面、排水管道的上面，其净距均不得小于0.5 m。
7.0.5 不得间断运行的再生水厂，其供电应按一级负荷设计。
7.0.6 再生水厂的主要设施应设故障报警装置。有可能产生水锤危害的泵站，应采取水锤防护措施。
7.0.7 在再生水水源收集系统中的工业废水接入口，应设置水质监测点和控制闸门。
7.0.8 再生水厂和用户应设置水质和用水设备监测设施，监测项目和监测频率应符合有关标准的规定。
7.0.9 再生水厂主要水处理构筑物和用户用水设施，宜设置取样装置，在再生水厂出厂管道和各用户进户管道上应设计计量装置。再生水厂宜采用仪表监测和自动控制。
7.0.10 回用系统管理操作人员应经专门培训。各工序应建立操作规程。操作人员应执行岗位责任制，并应持证上岗。

本规范用词用语说明

（1）为便于在执行本规范条文时区别对待，对要求严格程度不同的用词说明如下：

1）表示很严格，非这样做不可的：正面词采用“必须”，反面词采用“严禁”。

2）表示严格，在正常情况下均应这样做的：正面词采用“应”；反面词采用“不应”或“不得”。

3）表示允许稍有选择，在条件许可时首先应这样做的：正面词采用“宜”或“可”；反面词采用“不宜”。

（2）条文中指定应按其他有关标准执行的写法为：“应符合……的规定”或“应按……执行”。

中华人民共和国国家标准

油田采出水处理设计规范

Code for design of oil field produced water treatment

GB 50428—2015

前 言

本规范是根据住房和城乡建设部《关于印发2013年工程建设标准规范制订修订计划的通知》（建标[2013]6号）的要求，规范编制工作组经广泛调查研究，认真总结实践经验，并在广泛征求意见的基础上，由大庆油田工程有限公司会同有关在原国家标准《油田采出水处理设计规范》GB 50428—2007的基础上修订而成。

本规范共分10章和5个附录，主要内容包括：总则、术语、基本规定、处理站总体设计、处理构筑物及设备、排泥水处理及污泥处置、药剂投配与贮存、工艺管道、泵房、公用工程等。

本规范修订的主要技术内容是：

1．更新了本规范中所涉及的其他标准规范。

2．增加了特超稠油采出水除油罐及沉降罐的技术参数。

3．修订了气浮机（池）相关内容。

4．修订了过滤器反冲洗参数。

5．将“8.1.1 采出水的输送应采用管道，严禁采用明沟和带盖板的暗沟。”上升为强制性条文。

本规范以黑体字标志的条文为强制性条文，必须严格执行。

本规范由住房和城乡建设部负责管理和对强制性条文的解释，由石油工程建设专业标准化委员会设计分委会负责日常管理工作，由大庆油田工程有限公司负责具体技术内容的解释。本规范在执行过程中，希望各单位结合工程实践，认真总结经验，注意积累资料，随时将意见和有关资料反馈给大庆油田工程有限公司（地址：黑龙江省大庆市让胡路区西康路6号，邮政编码：163712），以供今后修订时参考。

本规范主编单位、参编单位、主要起草人和主要审查人：

主编单位：大庆油田工程有限公司（大庆油田建设设计研究院）

参编单位：中石化石油工程设计有限公司

中油辽河工程有限公司

西安长庆科技工程有限责任公司

新疆石油勘察设计研究院（有限公司）

主要起草人：陈忠喜 舒志明 何玉辉 杨清民 杨燕平 孙绳昆 潘新建
王爱军 丁　慧 宋尊剑 赵永军 黄文升 宋茂苍 郭志强
罗春林 崔峰花 古文革 刘洪达 种法国 杨萍萍 夏福军
赵秋实 王国柱 王　峰 张志庆 王　愔 那忠庆 孙宗海
景志远 李　庆 刘岩松 何文波 张立勋 王会军 李　超
主要审查人：王玉晶 胡玉涛 王小林 张巧玲 刘国良 石　磊 董　林
李悦然 何蓉云 陈文霞 杨　琳 付红亮 刁　星

1 总　则

1.0.1 为在油田采出水处理工程设计中贯彻执行国家现行的有关法律法规和方针政策，统一技术要求，保证质量，提高水平，做到技术先进、经济合理、安全适用，运行、管理及维护方便，制订本规范。

1.0.2 本规范适用于陆上油田和滩海陆采油田新建、扩建和改建的油田采出水处理工程设计。

1.0.3 油田采出水经处理后应优先用于油田注水。当用于其他用途或排放时，应严格执行国家的法律、法规和现行相关标准。

1.0.4 油田采出水处理工程应与原油脱水工程同时设计，同时建设。当原油脱水工程产生采出水时，采出水处理工程应投入运行。

1.0.5 油田采出水处理工程设计除应符合本规范的规定外，尚应符合国家现行标准的有关规定。

2 术　语

2.0.1 油田采出水 oilfield produced water

油田开采过程中产生的含有原油的水，简称采出水。

2.0.2 洗井废水 well-flushing waste water

注水井洗井作业返出地面的水。

2.0.3 原水 raw water

流往采出水处理站第一个处理构筑物或设备的水。

2.0.4 净化水 purified water

经处理后符合注水水质标准或达到其他用途及排放预处理水质要求的采出水。

2.0.5 污油 waste oil

采出水处理过程中分离出的含有水及其他杂质的原油。

2.0.6 排泥水 sludge water

采出水处理过程中分离出的含有少量污油、少量固体物质的水。

2.0.7 污泥 sludge

排泥水经浓缩脱水后的固体物质。

2.0.8 采出水处理 produced water treatment

对油田采出水（包括注水井洗井废水）进行回收和处理，使其符合注水水质标准、其他用途或排放预处理水质要求的过程。

2.0.9 污水回收 waste water recovery

在采出水处理过程中，过滤器反冲洗排水及其他构筑物排出废水的回收。

2.0.10 设计规模 design scale

采出水处理站接收、处理外部来水的设计能力。

2.0.11 气浮机（池） flotation unit（pond）

利用气浮原理将油和悬浮固体从水中分离脱除的处理设备或构筑物。

2.0.12 水力旋流器 hydrocyclone

采出水在一定压力下通过渐缩管段，使水流高速旋转，在离心力作用下，利用油水的密度差将油水分离的一种除油设备。

2.0.13 过滤器 filter

采用过滤方式去除水中原油及悬浮固体的水处理设备，包括重力过滤器、压力过滤器。

2.0.14 除油罐 oil removal tank

用于去除采出水中原油的构筑物。

2.0.15 沉降罐 settling tank

用于采出水中油、水、泥分离的构筑物。

2.0.16 调储罐（池） control-storage tank（pond）

用于调节采出水处理站原水水量或水质波动使之平稳的构筑物。

2.0.17 回收水罐（池） water-recovering tank（pond）

在采出水处理过程中，主要接收储存过滤器反冲洗排水的构筑物。

2.0.18 缓冲罐（池） buffer tank（pond）

确保提升泵能够稳定运行而设置的具有一定储存容积的构筑物。

2.0.19 密闭处理流程 airtight treatment process

采用压力式构筑物或液面上由气封或其他密封方式封闭，使介质不与大气相接触的常压构筑物组成的处理流程。

2.0.20 污泥浓缩罐（池） sludge thickening tank（pond）

采用重力、气浮或机械的方法降低污泥含水率，减少污泥体积的构筑物。

3 基本规定

3.0.1 采出水处理工程设计应按照批准的油田地面建设总体规划和设计委托书或设计合同规定的内容、范围和要求进行。工程建设规模的适应期宜为 10 年以上，可一次或分期建设。

3.0.2 采出水处理工程设计应积极采用国内外成熟适用的新工艺、新技术、新设备、新材料。

3.0.3 聚合物驱采出水处理站的原水含油量不宜大于 3 000mg/L；特稠油、超稠油的采出水处理站的原水含油量不宜大于 4 000mg/L；其他采出水处理站的原水含油量不应大于 1 000mg/L。

3.0.4 采出水处理后用于油田注水时，水质应符合该油田制定的注水水质标准。当油田尚未制定注水水质标准时，可按现行行业标准《碎屑岩油藏注水水质指标及分析方法》SY/T 5329 的有关规定执行。

3.0.5　处理工艺流程应充分利用余压，并应减少提升次数。有洗井废水回收时，洗井废水宜单独设置洗井废水回收水罐（池）进行预处理。

3.0.6　采出水处理站原水水量或水质波动较大时，应设调储设施。

3.0.7　采出水处理站的原水、净化水应设计量设施，各构筑物进出口应设水质监测取样口。

3.0.8　调储罐、除油罐、沉降罐顶部积油厚度不应超过 0.8m。

3.0.9　污油罐、调储罐、除油罐、沉降罐应设阻火器、呼吸阀和液压安全阀，寒冷地区应采用防冻呼吸阀。

3.0.10　采出水处理站的电气装置及厂房的防爆要求应根据防爆区域划分确定。

3.0.11　采出水处理站的主要构筑物和管道因检修、清洗等原因而部分停止工作时，应符合下列规定：

1　主要同类处理构筑物的数量不宜少于 2 座，并应能单独停产检修。

2　各构筑物的进出口管道应采取检修隔断措施。

3　有条件时站间原水管道宜互相连通。

3.0.12　采出水处理站产生污泥沉积的构筑物应设排泥设施，排泥周期应根据实际情况确定。排放的污泥应进行妥善处置，不得对环境造成污染。

3.0.13　采出水处理工艺应根据原水的特性、净化水质的要求，通过试验或相似工程经验，经技术经济对比后确定。采出水用于回注的处理工艺宜采用沉降、过滤处理流程。

3.0.14　低产油田采出水处理除应符合本规范第 3.0.1 条～第 3.0.13 条的规定外，还应符合下列规定：

1　宜依托邻近油田的已建设施。

2　应因地制宜采用先进适用的处理工艺，做到经济合理，建设周期短，能耗和生产费用低。

3　应结合本油田实际简化处理工艺，采用与原油脱水及注水紧密结合的设计布局。附属设施应统一设计、建设。

4　实行滚动开发的油田，开发初期可采用小型、简单的临时性撬装设备。

3.0.15　沙漠油田采出水处理除应符合本规范第 3.0.1 条～第 3.0.13 条的规定外，还应符合下列规定：

1　采出水处理工艺宜采用集中自动控制，减少现场操作人员或实现无人值守。

2　露天布置的设备和仪表，应根据防尘、防沙、防晒、防水和适应环境温度变化的要求进行选择。

3　采出水处理工艺宜采用组装化、模块化、撬装化设计，提高工厂预制化程度，减少现场施工量。

4　控制室应设置空调设施。

3.0.16　稠油油田采出水处理除应符合本规范第 3.0.1 条～第 3.0.13 条的规定外，还应符合下列规定：

1　净化水宜优先用于注汽锅炉给水，也可调至邻近注水开发的油田注水。

2　应根据稠油物性对运行的影响选择稠油采出水处理工艺和设备。

3　在稠油采出水处理工艺中，应充分利用采出水的热能。

4　稠油采出水处理系统产生的污油宜单独处理。

5 当净化水用于注汽锅炉给水设计时，还应符合现行行业标准《油田采出水用于注汽锅炉给水处理设计规范》SY/T 0097 的有关规定。

3.0.17 滩海陆采油田采出水处理除应符合本规范第 3.0.1 条～第 3.0.13 条的规定外，还应符合下列规定：

1 根据工作人员数量、所处的环境，站内应配备一定数量的救生设备。

2 选用的设备、阀门、管件、仪表及各种材料，应适应滩海环境条件。

3 应依托陆上油田的已建设施。

3.0.18 低渗与特低渗油田采出水处理除应符合本规范外，还应符合现行行业标准《油田采出水注入低渗与特低渗油藏精细处理设计规范》SY/T 7020 的有关规定。

3.0.19 强腐蚀性油田采出水处理除应符合本规范外，还应符合现行行业标准《油田含聚及强腐蚀性采出水处理设计规范》SY/T 6886 的有关规定。

3.0.20 采出水处理后外排时，宜采用生物处理工艺，并应符合现行行业标准《油田采出水生物处理工程设计规范》SY/T 6852 的有关规定。

4 处理站总体设计

4.1 设计规模及水量计算

4.1.1 采出水处理站设计规模应按下式计算：

$$Q=Q_1+Q_2 \tag{4.1.1}$$

式中：Q——采出水处理站设计规模（m^3/d）；

Q_1——原油脱水系统排出的水量（m^3/d）；

Q_2——送往采出水处理站的洗井废水等水量（m^3/d）。

4.1.2 采出水处理站设计计算水量应按下式计算：

$$Q_s=kQ_1+Q_2+Q_3+Q_4 \tag{4.1.2}$$

式中：Q_s——采出水处理站设计计算水量（m^3/h）；

k——时变化系数，k=1.00～1.15；

Q_1——原油脱水系统排出的水量（m^3/h）；

Q_2——送往采出水处理站的洗井废水等水量（m^3/h）；

Q_3——回收的过滤器反冲洗排水量（m^3/h）；

Q_4——站内其他排水量（m^3/h），主要指采出水处理站排泥水处理后回收的水量及其他零星排水量，当无法计算时可取 Q_1 的 2%～5%。

4.1.3 主要处理构筑物及工艺管道应按采出水处理站设计计算水量进行计算，并应按其中一个（或一组）停产时继续运行的同类处理构筑物应通过的水量进行校核。校核水量应按下式计算：

$$Q_x=Q_T/(n-1) \tag{4.1.3}$$

式中：Q_x——校核水量（m^3/h）；

Q_T——主要处理构筑物其中一个（或一组）停产时继续运行的同类处理构筑物应通

过的水量（m^3/h）；

n——同类构筑物个数或组数，$n \geqslant 2$。

4.2　站址选择

4.2.1　采出水处理站站址应根据已批准的油田地面建设总体规划以及所在地区的城镇规划，并应兼顾水处理站外部管道的走向确定。

4.2.2　站址的选择应节约用地。凡有荒地可利用的地区应不占或少占耕地。站址可适当预留扩建用地。

4.2.3　站址选择应符合下列规定：

1　应具有适宜的工程地质条件，且应避开断层、滑坡、塌陷区、溶洞地带。

2　宜选在地势较高或缓坡地区，宜避开河滩、沼泽、局部低洼地或可能遭受水淹的地区。

3　沙漠地区站址应避开风口和流动沙漠地段，并应采取防沙措施。

4.2.4　站址的面积应满足总平面布置的需要。采出水处理站宜与原油脱水站、注水站等联合建设。

4.2.5　当对已建站进行更新改造，原站址又无条件利用时，新建设施宜靠近已建站，并应充分利用原有工程设施。

4.2.6　站址宜靠近公路，并宜具备可靠的供水、排水、供电及通信等条件。

4.2.7　区域布置防火间距、噪声控制和环境保护，应符合现行国家标准《建筑设计防火规范》GB 50016、《石油天然气工程设计防火规范》GB 50183、《工业企业噪声控制设计规范》GB/T 50087 和《工业企业设计卫生标准》GBZ 1 的有关规定。

4.2.8　站址的选择除应符合本规范外，还应符合现行行业标准《石油天然气工程总图设计规范》SY/T 0048 的有关规定。

4.3　站场平面与竖向布置

4.3.1　总平面及竖向布置应符合国家现行标准《石油天然气工程设计防火规范》GB 50183 和《石油天然气工程总图设计规范》SY/T 0048 的有关规定。

4.3.2　总平面布置应结合气象、地形、工程地质、水文地质条件合理、紧凑布置，节约用地。采出水处理站的土地利用系数不应小于 60%。

4.3.3　总平面布置应保证工艺流程顺畅、物料流向合理、生产管理和维护方便。采出水处理站与油气处理站合建时，可对同类设备进行联合布置。

4.3.4　当站内附设变电室时，变电室应位于站场一侧，方便进出线，并宜靠近负荷中心。

4.3.5　站内应设生产及消防道路。道路宽度宜结合生产、防火与安全间距的要求和系统管道及绿化布置的需要，合理确定。

4.3.6　采出水处理站应设置围墙，站场围墙应采用非燃烧材料建造，围墙高度不宜低于 2.2m。

4.3.7　站内雨水宜采用有组织排水。对于年降雨量小于 200mm 的干旱地区，可不设排雨水系统。

4.3.8　在地质条件特殊的地区，竖向设计应符合下列规定：

1　湿陷性黄土地区，应有迅速排除雨水的地面坡度和排水系统，场地排水坡度不宜小于 0.5%，并应符合现行国家标准《湿陷性黄土地区建筑规范》GB 50025 的有关规定。

2 岩石地基地区、软土地区、地下水位高的地区，不宜进行挖方。

3 盐渍土地区，采用自然排水的场地设计坡度不宜小于 0.5%，并应符合现行行业标准《盐渍土地区建筑规范》SY/T 0317 的有关规定。

4.3.9 采出水处理站的防洪设计宜按重现期 25～50 年设计。

4.3.10 站内的防洪设计标高应比按防洪设计标准计算的设计洪水水位高 0.5m。

4.3.11 采出水处理工艺的水力高程设计宜充分利用地形。

4.4 站内管道布置

4.4.1 管道布置应与总平面、竖向布置及工艺流程统筹规划，管道的敷设力求短捷，并应使管道之间、管道与建（构）筑物之间在平面和竖向上相互协调；管道布置可按走向集中布置成管廊带，宜平行于道路和建（构）筑物。

4.4.2 管道敷设方式应根据场区工程地质和水文地质情况、组成处理工艺流程的各构筑物的水力高程条件和维护管理要求等因素确定。

4.4.3 站内架空油气管道与建（构）筑物之间最小水平间距应符合本规范附录 A 的要求。

4.4.4 站内埋地管道与电缆、建（构）筑物之间平行的最小间距应符合本规范附录 B 的要求。

4.4.5 地上管道的安装应符合下列规定：

1 架空管道管底距地面不宜小于 2.2m，管墩敷设的管道管底距地面不宜小于 0.3m。

2 管廊带下面有泵或其他设备时，管底距地面高度应满足机泵或设备安装和检修的要求。

4.4.6 架空管道跨越道路时，桁架底面或底层管线管底距主要道路路面（从路面中心算起）不宜小于 5.5m，距人行道路面不应小于 2.2m。

4.4.7 污油、蒸汽、热（回）水及其他管道的热补偿应与管网布置相互协调，宜利用自然补偿。需要设置补偿时，其形式可按管道管径、工作压力、空间位置大小等具体情况确定。

4.4.8 热管道宜在下列部位设置固定支座：

1 在构筑物前的适当部位。

2 露天安装机泵的进出口管道上。

3 穿越建筑物外墙时，在建筑物外的适当部位。

4 两组补偿器的中间部位。

4.4.9 管道布置除应符合本规范外，还应符合国家现行标准《石油天然气工程总图设计规范》SY/T 0048、《室外给水设计规范》GB 50013 和《室外排水设计规范》GB 50014 的有关规定。

4.5 水质稳定

4.5.1 当采出水具有强腐蚀性时，应根据技术经济比较采用相应的水质稳定工艺。由于溶解氧的存在而引起严重腐蚀的情况下，宜采用密闭处理流程；由于 pH 值低而引起严重腐蚀的情况下，宜调节 pH 值。

4.5.2 采用密闭处理流程时，应符合下列规定：

1 常压罐宜采用氮气作为密闭气体。采用天然气密闭时宜采用干气，若采用湿气时应采取脱水、防冻等措施。

2 密闭气体进入处理站，应设气体流量计量及调压装置，密闭气体运行压力不应超过常压罐的设计压力。运行压力上下限的设定值的选取应留有足够的安全余量。密闭系统的压力调节方式应经技术经济比较确定。

3 所有密闭的常压罐顶部透光孔应采用法兰型式，气体置换孔应加设阀门，并应与顶部密闭气源进口对称布置。

4 所有密闭的常压罐与大气相通的管道应设水封，水封深度不应小于 250mm。

5 通向密闭常压罐的气体管道应设置截断阀，应采取防止气体管道内积水的措施，并应在适当位置设置放水阀。

6 密闭系统最大补气量和排气量应根据处理流程按最不利工况计算确定。

7 常压罐应设置液位连续显示，液位上、下限报警及下限报警联锁停泵，其中除油罐、沉降罐应只设上限液位报警，同时应将信号传至值班室。

8 常压罐气相空间系统应设置压力上、下限报警，压力下降至设定值时应联锁停泵，同时信号应传至值班室。

4.5.3 当采用调节 pH 值工艺时，应符合下列规定：

1 应优先对注入区块地层做岩心碱敏性试验，确定注入水临界 pH 值。

2 pH 值调节范围宜为 7.0～8.0，不宜大于 8.5。

3 筛选出的 pH 值调节药剂应与混凝剂、絮凝剂等水处理药剂配伍性能好，产生的沉淀物量应少，并应易于投加。

5 处理构筑物及设备

5.1 调储罐

5.1.1 调储罐的有效容积应根据水量变化情况，经计算确定。缺少资料的情况下，可按相似工程经验确定。

5.1.2 调储罐不宜少于 2 座。

5.1.3 在调储罐内宜设加热设施，应设收油及排泥设施。

5.2 除油罐及沉降罐

5.2.1 除油罐及沉降罐的技术参数应通过试验确定，没有试验条件的情况下，水驱采出水除油罐及沉降罐技术参数可按表 5.2.1-1 确定，稠油采出水除油罐及沉降罐技术参数可按表 5.2.1-2 确定，特超稠油采出水除油罐及沉降罐技术参数可按表 5.2.1-3 确定，聚合物驱采出水除油罐及沉降罐技术参数可按表 5.2.1-4 确定。

表 5.2.1-1 水驱采出水除油罐及沉降罐技术参数

沉降罐种类	污水有效停留时间（h）	污水下降速度（mm/s）
除油罐	3～4	0.5～0.8
斜板除油罐	1.5～2	1.0～1.6
混凝沉降罐	2～3	1.0～1.6
混凝斜板沉降罐	1～1.5	2.0～3.2

表 5.2.1-2 稠油采出水除油罐及沉降罐技术参数

沉降罐种类	污水有效停留时间（h）	污水下降速度（mm/s）
除油罐	3～8	0.2～0.8
斜板除油罐	1.5～4	0.5～1.7
混凝沉降罐	2～5	0.5～1.7
混凝斜板沉降罐	1～3	1.0～2.2

表 5.2.1-3 特超稠油采出水除油罐及沉降罐技术参数

沉降罐种类	污水有效停留时间（h）	污水下降速度（mm/s）
除油罐	8～12	0.15～0.3
混凝沉降罐	3～5	0.4～0.8

表 5.2.1-4 聚合物驱采出水除油罐及沉降罐技术参数

沉降罐种类	污水有效停留时间（h）	污水下降速度（mm/s）
除油罐	7～9	0.2～0.4
混凝沉降罐	3～5	0.4—0.8

5.2.2 除油罐及沉降罐可采用加气浮技术提高分离效率，宜采用部分回流压力溶气气浮。回流比应通过试验确定，没有试验条件的情况下，可采用 20%～30%。

5.2.3 除油罐及沉降罐不宜少于 2 座。

5.2.4 除油罐及沉降罐内设置斜板（斜管）时，斜板（斜管）材质、厚度及斜板间距和斜管孔径应根据来水水质、水温及原油物性确定，并应符合下列规定：

1 斜板板间净距宜采用 50～80mm，安装倾角不应小于 45°。

2 斜管内径宜采用 60～80mm，安装倾角不应小于 45°。

3 斜板（斜管）表面应光洁，并应选用亲水疏油性材料。

4 斜板（斜管）与罐壁间应采取防止产生水流短路的措施。

5.2.5 除油罐及沉降罐应设收油设施，宜采用连续收油，间歇收油时应采取控制油层厚度的措施。

5.2.6 在寒冷地区或被分离出的油品凝固点高于罐内部环境温度时，除油罐及沉降罐的集油槽及油层内应设加热设施。

5.2.7 除油罐及沉降罐应设排泥设施。

5.2.8 除油罐及沉降罐的出流水头，应满足与后续构筑物水力衔接的要求。

5.2.9 压力构筑物的选择应根据采出水性质、处理后水质要求、处理站设计规模，通过试验或相似工程经验，经技术经济比较确定。没有试验条件的情况下，压力式混凝沉降器技术参数可按表 5.2.9 确定。

表 5.2.9 压力式混凝沉降器技术参数

斜板（管）沉降型式	液面负荷[m^3/（m^2·h）]	板（管）内流速（mm/s）
上（下）向流	5～9	2.5～3.5
侧（横）向流	6～12	10～20

5.2.10 除油罐设计除应符合本规范外，并应符合现行行业标准《除油罐设计规范》SY/T 0083 的有关规定。

5.3 气浮机（池）

5.3.1 气浮机（池）宜在下列情况采用：

1 水中原油粒径较小、乳化较严重。

2 油水密度差小的稠油、特稠油和超稠油采出水。

5.3.2 气浮机（池）的类型及气源应根据采出水的性质，并应通过试验或按相似工程经验，通过技术经济比较确定。

5.3.3 气浮机（池）不宜少于 2 座。

5.3.4 采用气浮机（池）时，应配套使用适宜的水处理药剂。

5.3.5 采出水处理系统中，气浮机（池）前，宜设置调储罐或除油罐。

5.3.6 气浮机（池）应设收油（渣）及排泥设施。

5.3.7 气浮机（池）的设计参数，应根据进出水水质等因素，通过试验确定，没有试验条件的情况下，可按相似条件下已有气浮机（池）的运行经验确定。

5.3.8 当气浮机（池）采用部分回流加压溶气气浮时，应符合下列规定：

1 采出水在气浮机（池）分离段停留时间宜为 10～30min。

2 矩形气浮池分离段水平流速不应大于 6mm/s。

3 采出水在溶气罐内的停留时间宜为 1n～3min。

4 回流比宜采用 30%～50%。

5.3.9 气浮机宜安装在户外并应设置顶盖。当气浮机室内安装时，机体顶部应设置气体排出室外设施。

5.4 水力旋流器

5.4.1 水力旋流器应在下列条件中使用：

1 油水密度差大于 $0.05g/cm^3$。

2 原水含油量高，且乳化程度较低。

3 场区面积小，采用其他沉降分离构筑物难以布置。

4 水力旋流器不宜单独使用。

5.4.2 水力旋流器的选择应根据采出水性质、处理后水质要求、设计水量，通过试验或相似工程经验，经技术经济比较确定。

5.4.3 水力旋流器配置不宜少于 2 组。

5.4.4 水力旋流器来水压力和流量应保持稳定。升压泵宜采用螺杆泵或低转速离心泵。

5.5 过滤器

5.5.1 过滤器类型的选择，应根据设计规模、运行管理要求、进出水水质和处理构筑物高程布置等因素，结合站场地形条件，通过技术经济比较确定。

5.5.2 过滤器的台数，应根据过滤器型式、设计水量、操作运行和维护检修等条件通过技术经济比较确定，但不宜少于 2 台。

5.5.3 过滤器的设计滤速宜按下式计算：

$$V=\frac{Q_s}{(n-1)F} \tag{5.5.3}$$

式中：V——过滤器滤速（m/h）；

Q_s——设计计算水量（m^3/h）；

n——过滤器数量，$n \geqslant 2$；

F——单个过滤器的过滤面积（m^2）。

5.5.4 过滤器滤速选择，应根据进出水水质等因素，通过试验确定，没有试验条件的情况下，可按相似条件下已有过滤器的运行经验确定。在缺乏资料的情况下，常用过滤器滤速宜按表 5.5.4 选用。

表 5.5.4 常用过滤器滤速

滤料类别	一级过滤滤速（m/h）	二级过滤滤速（m/h）
核桃壳	≤16	—
石英砂	≤8	≤4
石英砂+磁铁矿	≤10	≤6
改性纤维球（纤维束）	—	≤16

5.5.5 过滤器冲洗方式的选择，应根据滤料层组成、配水配气系统，通过试验确定，没有试验条件的情况下，可按相似条件下已有过滤器的经验确定。反冲洗水应为净化水，水温不宜低于采出水中原油凝固点。反冲洗时可加入清洗剂或对反冲洗水升温。

5.5.6 粒状滤料过滤器宜采用自动控制变强度反冲洗。反冲洗强度应通过试验确定。没有试验条件的情况下，反冲洗强度可按相似条件下已有过滤器的经验确定。在缺少资料的情况下，过滤器水反冲洗强度可按表 5.5.6-1 选用，气水反冲洗时反冲洗强度可按表 5.5.6-2 选用。

表 5.5.6-1 过滤器水反冲洗强度

滤料种类	一级过滤器冲洗强度[L/（m^2·s）]	二级过滤器冲洗强度[L/（m^2·s）]
核桃壳	6～7	
石英砂	14～15	12～13
石英砂+磁铁矿	15～16	13～14
改性纤维球	—	5～6
改性纤维束	—	8～10

表 5.5.6-2 气水反冲洗时反冲洗强度

滤料种类	气冲洗强度[L/（m^2·s）]	水冲洗强度[L/（m^2·s）]
石英砂滤料	13～20	10～15
石英砂+磁铁矿	13～20	10～15

5.5.7 滤料应具有良好的机械强度和抗腐蚀性，可采用石英砂、磁铁矿、核桃壳、改性纤维球（纤维束）等，并应进行检验。

5.5.8 滤料及垫料的组成及填装厚度，应根据进出水水质等因素，通过试验确定，没有试验条件的情况下，可按相似条件下已有过滤器的运行经验确定。在缺少资料的情况下，过滤器滤料、垫料填装规格及厚度宜按本规范附录 C 设计。

5.5.9 重力过滤器宜采用小阻力配水系统，压力过滤器宜采用大阻力配水系统。

5.5.10 过滤器设计除应符合本规范外，还应符合现行行业标准《油田水处理过滤器》SY/T 0523 的有关规定。

5.6 污油罐

5.6.1 污油罐有效容积可按下式确定：

$$W = \frac{Q(C_1 - C_2)\times 10^{-6}}{24(1-\eta)\rho_0} \tag{5.6.1}$$

式中：W——污油罐有效容积（m^3）；

Q——处理站设计规模（m^3/d）；

C_1——原水的含油量（mg/L）；

C_2——净化水的含油量（mg/L）；

t——储存时间（h）；

η——污油含水率，除油罐、沉降罐或其他油水分离构筑物间歇收油时按 40%～70% 计，沉降罐或其他油水分离构筑物连续收油时按 80%～95%计；

ρ_0——原油密度（t/m^3）。

5.6.2 污油罐宜保温，罐内宜设加热设施，罐底排水管宜设置排水看窗。

5.6.3 污油罐保温所需热量可按下式确定：

$$Q=KF(t_y-t_i) \tag{5.6.3}$$

式中：Q——罐中污油保温所需热量（W）；

F——罐的总表面积（m^2）；

t_y——罐内介质的平均温度（℃）；

t_i——罐周围介质的温度（℃），可取当地最冷月平均气温；

K——罐总散热系数[W/（m^2·℃）]。

5.6.4 污油宜连续均匀输送至原油脱水站。

5.6.5 污油罐宜设 1 座，公称容积不宜大于 200m^3，污油进罐管道宜设通往污油泵进口的旁路管道。

5.7 回收水罐（池）

5.7.1 回收水罐（池）的有效容积应根据过滤器反冲洗机制、回收水泵运行机制、反冲洗排水量及进入回收水罐（池）的其他水量等因素综合确定。

5.7.2 回收水池宜设 2 格，回收水罐宜设 2 座。

5.7.3 当压力过滤时，宜采用回收水罐；回收水罐（池）宜设排泥设施和收油设施。

5.7.4 反冲洗排水进入回收水罐（池）或进入排泥水处理系统处理后再回收，应根据水质通过试验或相似工程经验确定。

5.7.5 反冲洗排水采用回收水罐时，站内应设置各构筑物低位排水的接收池。

5.7.6 污水回收宜连续均匀输至调储罐或除油罐前。

5.8 缓冲罐（池）

5.8.1 缓冲罐（池）有效容积宜按 0.5～1.0h 的设计计算水量确定。当滤后水缓冲罐（池）兼作反冲洗储水罐（池）时，罐容积应包括反冲洗储水量所需容积。

5.8.2 缓冲罐（池）宜采用 2 座。

5.8.3 缓冲罐（池）可不做保温，当滤后水缓冲罐（池）兼作反冲洗储水罐（池）时，宜做保温。

5.8.4 缓冲罐（池）宜设收油设施。

6 排泥水处理及污泥处置

6.1 一般规定

6.1.1 采出水处理站排泥水处理应包括除油罐排泥水、沉降罐排泥水、反冲洗回收罐（池）排泥水或过滤器反冲洗排水。

6.1.2 排泥水处理系统设计处理的干泥量可按下式计算：

$$S=(C_0+KD)\times Q\times 10^{-6} \quad (6.1.2)$$

式中：S——干泥量（t/d）；

C_0——原水悬浮固体含量设计取值（mg/L）；

D——药剂投加量（mg/L）；

K——药剂转化成泥量的系数，经试验确定；

Q——设计规模（m^3/d）。

6.1.3 排泥水处理过程中分离出的清液应回收，回收水宜均匀连续输至除油罐（或调储罐）前或排入排泥水调节罐（池）进行处理。

6.1.4 排泥水处理工艺流程可由调节、浓缩、脱水及污泥处置四道工序或其中部分工序组成，工序应根据采出水处理站相应构筑物的排泥机制、排泥水量、排泥浓度及反冲洗排水去向确定。

6.1.5 排泥水平均含固率大于2%时，经调节后可直接进行脱水而不设浓缩工序。

6.2 调节池

6.2.1 调节池的有效容积应符合下列规定：

1 当调节池与回收水池合建时，有效容积按所有过滤器最大一次反冲洗水量及其他构筑物最大一次排泥水量之和确定。

2 当调节池单独建设时，有效容积应按构筑物最大一次排泥水量确定。

6.2.2 当调节池进行水质、水量调节时，池内应设扰流设施；当只进行水量调节时，池内应分别设沉泥和上清液取出设施。

6.2.3 当浓缩罐（池）为连续运行方式时，调节池出流流量宜均匀、连续。

6.3 浓缩罐（池）

6.3.1 排泥水浓缩宜采用重力浓缩。当采用离心浓缩等方式时，应通过技术经济比较确定。

6.3.2 浓缩后泥水的含固率应满足选用的脱水设备进机浓度要求，且不宜低于2%。

6.3.3 重力浓缩罐（池）面积可按固体通量计算，并应按液面负荷校核。固体通量、液面负荷及停留时间宜通过沉降浓缩试验，也可按相似排泥水浓缩数据确定。

6.3.4 重力浓缩罐（池）为间歇进水和间歇出泥时，可采用浮动收液设施收集上清液提高浓缩效果。

6.3.5 寒冷地区重力浓缩罐室外安装时应采取保温措施。

6.4 脱水

6.4.1 脱水工艺的选择应根据浓缩后泥水的性质，最终处置对脱水污泥的要求，经技术经济比较后选用，可采用压滤脱水、离心脱水。

6.4.2 脱水设备的台数应根据所处理的干泥量、设定的运行时间确定。

6.4.3 当泥水在脱水前若进行化学调质时，药剂种类及投加量宜由试验或按相同机型、相似排泥水性质的运行经验确定。

6.4.4 脱水机滤液及脱水机冲洗废水宜回流至排泥水调节池或浓缩罐（池）。

6.4.5 输送浓缩泥水的管道应适当设置管道冲洗进水口和排水口。

6.5 污泥处置

6.5.1 脱水后污泥的处置方式应根据污泥性质，通过技术经济比较确定。

6.5.2 脱水后污泥处理设计除应符合本规范外，还应符合现行行业标准《油田含油污泥处理设计规范》SY/T 6851 的有关规定。

7 药剂投配与贮存

7.1 药剂投配

7.1.1 采出水处理药剂种类的选择，应根据采出水的原水水质特性、处理后水质指标、工艺流程特点确定。

7.1.2 多种药剂投加时，应进行配伍性试验，合格后才可使用。

7.1.3 药剂品种的选择、投加量及混合、反应方式应通过试验确定，没有试验条件的情况下，可按相似条件下采出水处理站运行经验确定。

7.1.4 药剂投配宜采用固体药剂配制成液体后投加，可采用机械或其他方式进行搅拌。

7.1.5 药剂的配制次数应根据药剂品种、投加量和配制条件确定，每日不宜超过 3 次。

7.1.6 药剂投加宜采用加药装置，加药泵宜采用隔膜式计量泵。加药装置材质应根据药液的腐蚀性确定，并应设置排渣、疏通措施。

7.1.7 投药点的位置应根据采出水处理工艺要求，同时结合药剂的性质和配伍性试验，合理选择。尚未取得试验结果时，药剂的投加位置应符合下列规定：

1 絮凝剂、助凝剂应投加在沉降分离构筑物进口管道；采用接触过滤时，絮凝剂应投加在滤前水管道。

2 浮选剂应投加在气浮机进口管道。

3 杀菌剂应投加在原水、滤前，在不影响水质的情况下也可投加在净化水管道。

4 滤料清洗剂应投加在过滤器的反冲洗进水管道。

5 除油剂、缓蚀阻垢剂、pH 值调节剂应投加在原水管道。

7.1.8 当同一药剂多点投加时，应分别设计量设施。

7.1.9 当 pH 值调节剂采用酸时，应密闭贮存和密闭投加。

7.1.10 混凝剂宜采用流量比例投加。

7.2 药剂贮存

7.2.1 药剂仓库地坪高度应便于药剂的运输、装卸，当不具备条件时，可设置装卸设备。

7.2.2 药剂的储备量应根据药剂的供应和运输条件确定，固体药剂宜按 15～20d 用量计算，液体药剂宜按 5～7d 用量计算，偏远地区应根据实际情况定。

7.2.3 药库应根据贮存药剂的性质采取相应的防腐蚀、防粉尘、防潮湿、防火、防爆、防毒及通风措施。

8 工艺管道

8.1 一般规定

8.1.1 采出水应采用管道输送。严禁采用明沟和带盖板的暗沟输送。

8.1.2 管道材质的选择应根据采出水性质、水压、外部荷载、土壤腐蚀性、施工维护和材料供应等条件确定。

8.1.3 采出水处理站工艺管道严禁与生活饮用水管道连通。

8.1.4 沉降分离构筑物的收油管道应根据油品性质和敷设地区环境温度条件，采取经济合理的保温伴热措施。

8.1.5 地上敷设的工艺管道宜设放空口和扫线口。

8.1.6 含有原油的排水系统与生活排水系统必须分开设置。

8.1.7 加药管道材质选择应根据所投加化学药剂性质，合理选择。具有腐蚀性的药剂宜选择非金属管、金属内衬非金属管或不锈钢管。

8.1.8 站场内工艺管道埋地时，管顶最小覆土深度不宜小于0.7m。穿越道路时，应设套管。

8.2 管道水力计算

8.2.1 管道总水头损失，可按下式计算：

$$h_z=h_y+h_j \tag{8.2.1}$$

式中：h_z——管道总水头损失（m）；

h_y——管道沿程水头损失（m）；

h_j——管道局部水头损失（m）。

8.2.2 管道沿程水头损失，可按下式计算：

$$h_y=\lambda\frac{l}{d_j}\frac{v^2}{2g} \tag{8.2.2}$$

式中：λ——沿程阻力系数；

l——管段长度（m）：

d_j——管道计算内径（m）；

v——管道计算水流平均流速（m/s）；

g——重力加速度（m/s^2）。

注：λ与管道的相对当量粗糙度（Δ/d_j）、雷诺数（Re）有关，其中：Δ为管道当量粗糙度（mm）。

8.2.3 管道的局部水头损失宜按下式计算：

$$h_j=\sum\xi\frac{v^2}{2g} \tag{8.2.3}$$

式中：ξ——管道局部水头损失系数。

8.2.4 水头损失按本规范公式8.2.1计算后，宜增加10%～20%。

8.2.5 污油管道沿程摩阻宜按现行国家标准《油气集输设计规范》GB 50350中原油集输管道计算。

8.2.6 压力输泥管最小设计流速宜按表8.2.6的规定取值。

8.2.7 自流排泥管道管径不宜小于 200mm。

8.2.8 压力输送污泥管道的水头损失应通过试验确定，当缺少资料时，压力输泥管水头损失可按表 8.2.8 规定计算。

表 8.2.6 压力输泥管最小设计流速

污泥含水率（%）	流速（m/s）
90	1.5
91	1.4
92	1.3
93	1.2
94	1.1
95	1.0
96	0.9
97	0.8
98	0.7

表 8.2.8 压力输泥管水头损失

污泥含水率（%）	水头损失（相当于清水压力损失的倍数）
>99	1.3
98～99	1.3～1.6
97～98	1.6～1.9
96～97	1.9～2.5
95～96	2.5～3.4
94～95	3.4～4.4

9 泵　房

9.1 一般规定

9.1.1 工作水泵的型号及台数应根据水量变化、水压要求、水质情况、机组的效率和功率因素确定。当水量变化大且水泵台数较少时，应大小规格搭配，但型号不宜过多。

9.1.2 水泵的选择应符合节能要求。当水量和水压变化较大时，经过技术经济比较，可采用机组调速、更换叶轮等措施。

9.1.3 同类用途泵应设备用水泵。备用水泵型号宜与工作水泵中的大泵一致。

9.1.4 泵房设计宜进行停泵水锤计算，当停泵水锤压力值超过管道试验压力值时，应采取消除水锤的措施。

9.1.5 水泵宜采用正压吸水。当采用负压吸水时，水泵宜分别设置吸水管。

9.1.6 吸水管布置应避免形成气囊，吸入口的淹没深度应满足水泵运行的要求。

9.1.7 水泵安装高度应满足不同工况下必需气蚀余量的要求。

9.1.8 水泵吸水管及出水管的流速，宜符合表 9.1.8 的规定。

表 9.1.8 水泵吸水管及出水管的流速

管道名称	直径（mm）	流速（m/s）
吸水管	＜250	0.8～1.2
	≥250	1.0～1.5
出水管	＜250	1.2～1.5
	≥250	1.5～2.0

9.2 泵房布置

9.2.1 水泵机组的布置应满足设备的运行、维护、安装和检修的要求。

9.2.2 水泵机组的布置应符合下列规定：

1 水泵机组基础间的净距不宜小于 1.0m。

2 机组突出部分与墙壁的净距不宜小于 1.2m。

3 配电箱前面通道宽度，低压配电时，不宜小于 1.5m，高压配电时，不宜小于 2.0m。当采用在配电箱后面检修时，后面距墙的净距不宜小于 1.0m。

9.2.3 泵房的主要通道宽度不应小于 1.5m。

9.2.4 泵房内的架空管道不应阻碍通道和跨越电气设备。

9.2.5 泵房应设一个可搬运最大尺寸设备的门。

10 公用工程

10.1 仪表及自动控制

10.1.1 采出水处理站仪表及计算机控制系统的设计应符合现行国家标准《油气田及管道工程仪表控制系统设计规范》GB/T 50892 和《油气田及管道工程计算机控制系统设计规范》GB/T 50823 的有关规定。

10.1.2 站场内检测控制点应符合下列规定：

1 调储罐、除油罐、沉降罐、缓冲水罐、污油罐、回收水罐（池）应设置液位显示及报警；

2 除油罐、沉降罐宜设置油水界面指示；

3 过滤器的反冲洗宜实现顺序逻辑自动控制，且过滤器反冲洗水流量宜设置闭环变频控制；

4 当采用计算机控制系统时，应远程显示所有泵的运行状态。

10.1.3 操作独立的橇块装置，宜采用 PLC 或 RTU 控制。PLC、RTU 与站场控制系统应进行数据通信，通信协议应一致。

10.2 供配电

10.2.1 电力负荷等级应按二级负荷设计。

10.2.2 油田采出水处理站场内用电设备负荷等级应符合表 10.2.2 的规定。

表 10.2.2　油田采出水处理站内用电设备负荷等级

单体名称	主要用电设备	负荷等级	备　注
泵房、阀室、污泥处理间、加药间、气浮间、配电值班室、管道电伴热	升压泵、反冲洗泵、污水回收泵、污油泵、排泥泵、加药泵、电伴热带	二	
仪表间	自控仪表、通信设备	二	须设事故电源
化验室、值班室、维修间、车库、材料及设备库	照明灯具、维修机具、化验仪器	三	

10.3　给排水

10.3.1　给排水系统应利用已有的系统工程设施，统一规划，分期实施。对于不宜分期建设的工程，可一次实施。

10.3.2　生活饮用水管道不应与非饮用水的管道直接连接。

10.3.3　用于配制药剂的进水管应从溶药罐（池）最高液位以上进入，并留有空气间隙。最小空气间隙不应小于出水口直径的 2.5 倍。

10.3.4　含有可燃液体的生产污水宜单独回收至采出水处理系统。

10.4　供热

10.4.1　采出水处理站用热宜依托周围站场供热热源。无依托时，可新建锅炉房或加热炉。

10.4.2　采出水处理站最大热负荷应按下式计算：

$$Q_{max}=K\left(K_1Q_1+K_2Q_2\right) \tag{10.4.2}$$

式中：Q_{max}——最大计算热负荷（kW 或 t/h）；

K——供热管网热损失系数，取 1.05～1.10；

K_1——生产热负荷同时使用系数，取 0.5～1.0；

K_2——采暖热负荷同时使用系数，取 1.0；

Q_1、Q_2——依次为生产、采暖最大热负荷（kW 或 t/h）。

10.4.3　锅炉或加热炉供热介质应选用热水。在热水供热不能满足要求时，可选用蒸汽或其他供热介质。

10.4.4　站场内采暖与工艺伴热热网管线宜分别由热源或供热干管接出。

10.5　暖通空调

10.5.1　站场内各类房间的冬季采暖室内计算温度宜符合表 10.5.1 的规定。

表 10.5.1　室内采暖计算温度

房间名称	室温（℃）
污水泵房、污油泵房、库房、水罐阀室、气浮间、污泥处理间	5
加药间、维修间	14
值班室、化验室、更衣室	18

10.5.2　通风方式宜采用自然通风。当自然通风不能达到卫生或生产要求时，应采用机械通风方式或自然与机械相结合的联合通风方式。站场内建筑的通风方式及换气次数宜符合

表 10.5.2 的规定。

表 10.5.2 站场内建筑的通风方式及换气次数

厂房名称	通风要求	通风方式	换气次数（次/h）
加药间（药库）	排除有害气体	机械通风	8
污水泵房	排除有害气体	有组织的自然通风	5～8
污油泵房	排除有害气体	有组织的自然通风或机械通风或联合通风	6～10
气浮间、污泥处理间	排除有害气体	机械通风或联合通风	6～10
阀室	排除有害气体	有组织的自然通风	3～5
操作间	排除有害气体	有组织的自然通风或机械通风或联合通风	5～8

10.5.3 化验室通风应采用局部通风柜或局部通风柜与全面通风共用的通风方式。通风柜应采用防腐型。通风柜的吸入速度宜为 0.4～0.5m/s。

10.5.4 放散到厂房内的有害气体密度比空气重（相对密度大于 0.75），且室内放散的显热不足以形成稳定的上升气流而沉积在下部区域时，宜从下部区域排除总排风量的 2/3，上部区域排除总排风量的 1/3。

10.5.5 沙漠地区采出水处理站内建筑物的通风设计应满足防沙要求。

10.6 通信

10.6.1 通信系统应纳入油田区域通信网络统一规划实施，并应利用已建资源。

10.6.2 通信系统应满足油田采出水处理各生产管理部门对通信业务的需求，并应提供可靠的通信通道。

10.6.3 油田较集中地区宜采用有线通信。油田较分散及边远地区采宜采用无线通信。

10.6.4 通信电缆管道和直埋电缆与地下管道或建（构）筑物的最小间距应符合本规范附录 D 的要求。通信架空线路与其他设备或建（构）筑物的最小间距应符合本规范附录 E 的要求。

10.7 建筑及结构

10.7.1 室外管墩、管架及设备平台宜采用混凝土结构，管架及设备平台也可采用钢结构。室内操作平台及室内小型管架宜采用钢结构。

10.7.2 调储罐、除油罐、沉降罐、单（无）阀滤罐等对罐底板不均匀沉降要求严格的立式储罐，宜采用钢筋混凝土板式基础。

10.7.3 卧式罐基础数不宜超过 2 个，且不应浮放。基础的底面积应满足地基承载力要求。鞍座下基础竖板或框架的强度应满足水平滑动推力和地震作用等要求。

10.7.4 药库、加药间、卸药台的地面、墙面及药品能接触的部位，应根据不同的药品腐蚀等级采取相应的防腐蚀措施。

10.8 道路

10.8.1 油田采出水处理站场道路的设计应满足生产管理、维修维护和消防等通车的需要。站场道路宽度应符合下列规定：

1 主干道宜为 6m；

2 次干道宜为 3.5m 或 4m；

3 人行道宜为 1m 或 1.5m。

10.8.2　站内道路的最小圆曲线半径不宜小于12m，交叉口路面内缘转弯半径宜为9～12m，消防路以及消防车必经之路，其交叉口或弯道的路面内缘转弯半径不应小于12m。

10.8.3　当消防路如不能与其他道路相通时，应在端点设回车场。

10.9　防腐及保温

10.9.1　油田采出水处理站钢质储罐、容器、管道的防腐，应根据其应用环境、使用要求及介质的腐蚀性确定防腐蚀措施。

10.9.2　油田采出水处理站钢质储罐、容器、管道的保温设计应符合现行国家标准《工业设备及管道绝热工程设计规范》GB 50264的有关规定。

附录A 站内架空油气管道与建（构）筑物之间最小水平间距

表A 站内架空油气管道与建（构）筑物之间最小水平间距

建（构）筑物		最小水平间距（m）
建（构）筑物墙壁外缘或突出部分外缘	有门窗	3.0
	无门窗	1.5
场区道路		1.0
人行道路外缘		0.5
场区围墙（中心线）		1.0
照明或电信杆柱（中心）		1.0
电缆桥架		0.5
避雷针杆、塔根部外缘		3.0
立式罐		1.6

注：1 表中尺寸均自管架、管墩及管道最突出部分算起。道路为城市型时，自路面外缘算起；道路为公路型时，自路肩外缘算起。

2 架空管道与立式罐之间的距离，是指立式罐与其圆周切线平行的架空管道管壁的距离。

附录B 站内埋地管道与电缆、建（构）筑物平行的最小间距

表B 站内埋地管道与电缆、建（构）筑物之间平行的最小间距

建（构）筑物名称		通信电缆及35kV以下直埋电力电缆（m）	管架基础（或管墩）外缘（m）	电杆中心线（m）	建筑物基础外缘（m）	道路	
						路面或路边石外缘（m）	边沟外缘（m）
管道名称	污油管道	2.0	1.5	1.5	2.0	1.5	1.0
	污水管道	2.0	1.5	1.5	2.0	1.5	1.0
	压缩空气管道	1.0	1.0	1.0	1.5	1.0	1.0
	热力管道	2.0	1.5	1.0	1.5	1.0	1.0
	消防水管道	1.0	1.0	1.0	1.5	1.0	1.0
	清水管道	1.0	1.0	1.0	1.5	1.0	1.0
	加药管道	1.0	1.0	1.0	1.5	1.0	1.0

注：1 表中所列净距应自管壁或保护设施外缘算起。

2 管道埋深大于邻近建（构）筑物的基础埋深时，应采用土壤安息角校正表中所列数值。

3 有可靠根据或措施时，可减少表中所列数值。

附录 C 过滤器滤料、垫料填装规格及厚度

C.0.1 核桃壳过滤器滤料填装规格及厚度应符合表 C.0.1 的规定。

表 C.0.1 核桃壳过滤器滤料填装规格及厚度

名 称	粒径规格（mm）	填装厚度（mm）
核桃壳滤层	0.6～1.2	1 200～1 400

C.0.2 纤维球过滤器滤料填装规格及厚度应符合表 C.0.2 的规定。

表 C.0.2 纤维球过滤器滤料填装规格及厚度

名 称	粒径规格（mm）	填装厚度（mm）
纤维球滤层	30±5	1 000～1 200

C.0.3 重力单阀过滤器滤料、垫料填装规格及厚度应符合表 C.0.3 的规定。

表 C.0.3 重力单阀过滤器滤料、垫料填装规格及厚度

序 号	名 称	粒径规格（mm）	填装厚度（mm）
1	石英砂滤层	0.5～1.2	700～800
2	砾石垫料层	1～2	50
3		2～4	100
4		4～8	100
5		8～16	100
6		16～32	200

注：采用滤头配水（气）系统时，垫料层可采用粒径为 2～4mm 的粗砂，其厚度宜为 50～100mm。

C.0.4 石英砂压力过滤器滤料、垫料填装规格及厚度应符合表 C.0.4 的规定。

表 C.0.4 石英砂压力过滤器滤料、垫料填装规格及厚度

序 号	名 称	粒径规格（mm）	填装厚度（mm）
1	石英砂滤层	0.5～1.2	700～800
2	砾石垫料层	1～2	100
3		2～4	100
4		4～8	100
5		8～16	100
6		16～32	200
7		32～64	至配水管管顶上面 100

C.0.5 双层压力过滤器滤料、垫料填装规格及厚度应符合表 C.0.5 的规定。

表 C.0.5 双层压力过滤器滤料、垫料填装规格及厚度

序号	名　称	一次滤料规格（mm）	二次滤料规格（mm）	填装厚度（mm）
1	石英砂滤层	0.8～1.2	0.5～0.8	400～600
2	磁铁矿滤层	0.4～0.8	0.25～0.5	400～200
3	磁铁矿垫料层	—	0.5～1.0	50
4		1～2	1～2	100
5		2～4	2～4	100
6		4～8	4～8	100
7		8～16	8～16	100
8	砾石垫料层	16～32	16～32	200
9		32～64	32～64	至配水管管顶上面 100

附录D 通信电缆管道和直埋电缆与地下管道或建（构）筑物的最小间距

表D 通信电缆管道和直埋电缆与地下管道或建（构）筑物的最小间距

地下管道及建筑物		最小水平净距（m）		最小垂直净距（m）	
		电缆管道	直埋电缆	电缆管道	直埋电缆
给水管道	75～150mm	0.5	0.5	0.15	0.5
	200～400mm	1.0	1.0	0.15	0.5
	＞400mm	2.0	1.5	0.15	0.5
天然（煤）气管道	压力≤0.3MPa	1.0	1.0	0.3[①]	0.5
	0.3MPa＜压力≤0.8MPa	2.0	2.0	0.3[①]	0.5
电力线	35kV 以下电力电缆	0.5[②]	1.5[②]	0.5[②]	0.5[②]
	10kV 及以下电力线电杆	1.0			
建筑物	散水边缘	2.0	1.0	—	—
	无散水时		1.0	—	—
	基础		1.0	—	—
绿化	高大树木	2.0	—	—	—
	小型绿化树	1.0	—	—	—
输油管道			2.0		0.5
热力管道		1.0	2.0	0.25	0.5
排水管道		1.0	1.0	0.15	0.5
道路边石		1.0	—	—	—
排水沟		—	0.8	—	0.5
广播线		—	0.1	—	—

注：①交越处2m内天然（煤）气管道不得有接口，否则电缆及电缆管道应加包封。

②电力电缆加有保护套管时，净距可减至0.15m。

附录E 通信架空线路与其他设备或建（构）筑物的最小间距

表E 通信架空线路与其他设备或建（构）筑物的最小间距

<table>
<tr><th>序号</th><th colspan="2">净距说明</th><th>最小净距（m）</th></tr>
<tr><td>1</td><td colspan="2">杆路与油（气）井或地面露天油池的水平间距</td><td>20</td></tr>
<tr><td>2</td><td colspan="2">杆路与地下管道的水平距离，杆路与消火栓的水平距离</td><td>2.0</td></tr>
<tr><td>3</td><td colspan="2">杆路与火车轨道的水平距离</td><td>地面杆高的1⅓</td></tr>
<tr><td>4</td><td colspan="2">杆路与人行道边石的水平距离</td><td>0.6</td></tr>
<tr><td>5</td><td colspan="2">导线与建筑物的最小水平距离</td><td>2.0</td></tr>
<tr><td>6</td><td colspan="2">最低导线或电缆与最高农作物之间</td><td>0.6</td></tr>
<tr><td rowspan="5">7</td><td rowspan="5">与线路方向平行时</td><td>市内街道</td><td>4.5</td></tr>
<tr><td>市内里弄（胡同）</td><td>4.0</td></tr>
<tr><td>铁路</td><td>3.0</td></tr>
<tr><td>公路</td><td>3.0</td></tr>
<tr><td>土路</td><td>3.0</td></tr>
<tr><td rowspan="2">8</td><td rowspan="2">任一导线与树枝间</td><td>市区树木树枝间最近垂直距离</td><td>1.5</td></tr>
<tr><td>郊区树木树枝间最近垂直距离</td><td>1.5</td></tr>
<tr><td rowspan="2">9</td><td rowspan="2">跨越河流</td><td>通航河流最低电缆或导线与最高洪水时船舶或船帆最高点间距</td><td>1.0</td></tr>
<tr><td>不通航河流最低电缆或导线距最高洪水位</td><td>2.0</td></tr>
<tr><td rowspan="5">10</td><td rowspan="5">电缆或导线穿越有防雷保护装置的架空电力线路（最高线缆到电力线条）</td><td>10kV 以下电力线</td><td>2.0</td></tr>
<tr><td>35～110kV 电力线（含 110kV）</td><td>3.0</td></tr>
<tr><td>110～220kV 电力线（含 220kV）</td><td>4.0</td></tr>
<tr><td>220～330kV 电力线（含 330kV）</td><td>5.0</td></tr>
<tr><td>330～500kV 电力线（含 500kV）</td><td>8.5</td></tr>
<tr><td rowspan="3">11</td><td rowspan="3">电缆或导线穿越无防雷保护装置的架空电力线路（最高线缆到电力线条）</td><td>10kV 以下电力线</td><td>4.0</td></tr>
<tr><td>35～110kV 电力线（含 110kV）</td><td>5.0</td></tr>
<tr><td>110～220kV 电力线（含 220kV）</td><td>6.0</td></tr>
<tr><td>12</td><td colspan="2">与带有绝缘层的低压电力线交越时</td><td>0.6</td></tr>
<tr><td>13</td><td colspan="2">供电线接户线</td><td>0.6[①]</td></tr>
<tr><td>14</td><td colspan="2">两通信线（或与广播线）交越最近两导线的垂直距离</td><td>0.6[②]</td></tr>
<tr><td>15</td><td colspan="2">电缆或导线与直流电气铁道馈电线交越时</td><td>2.0[③]</td></tr>
<tr><td>16</td><td colspan="2">与电气铁道与电车滑接线交越时</td><td>1.25[④]</td></tr>
<tr><td>17</td><td colspan="2">电缆或导线与霓虹灯及其铁架交越时</td><td>1.6</td></tr>
<tr><td>18</td><td colspan="2">跨越房屋时最低电缆或导线距房屋平顶/屋脊</td><td>1.5/0.6</td></tr>
<tr><td>19</td><td colspan="2">跨越乡村大道、城市人行道和居民区胡同最低电缆或导线距路面</td><td>5.0</td></tr>
<tr><td>20</td><td colspan="2">跨越公路、通卡车的大车路和城市街道最低电缆或导线距路面</td><td>5.5</td></tr>
<tr><td>21</td><td colspan="2">跨越铁路最低电缆或导线距轨面</td><td>7.5</td></tr>
<tr><td>22</td><td colspan="2">与同杆已有线缆间，线缆到线缆</td><td>0.4</td></tr>
</table>

注：①供电线为被覆线时，光（电）缆也可以在供电线上方交越。

②两通信线交越时，一级线路应在二级线路上面通过，且交越角不得小于30°，广播线路为三级线路。

③通信线路与25kV交流电气铁道的馈电线不允许跨越，必要时应采用直埋电缆穿过。

④光（电）缆必须在上方交越时，跨越档两侧电杆及吊线安装应做加强保护装置。

本规范用词说明

1 为便于在执行本规范条文时区别对待，对要求严格程度不同的用词说明如下：

1）表示很严格，非这样做不可的：

正面词采用“必须”，反面词采用“严禁”；

2）表示严格，在正常情况下均应这样做的：

正面词采用“应”，反面词采用“不应”或“不得”；

3）表示允许稍有选择，在条件许可时首先应这样做的：

正面词采用“宜”，反面词采用“不宜”；

4）表示有选择，在一定条件下可以这样做的，采用“可”。

2 条文中指明应按其他有关标准执行的写法为：“应符合……的规定”或“应按……执行”。

引用标准名录

《室外给水设计规范》GB 50013

《室外排水设计规范》GB 50014

《建筑设计防火规范》GB 50016

《湿陷性黄土地区建筑规范》GB 50025

《石油天然气工程设计防火规范》GB 50183

《工业设备及管道绝热工程设计规范》GB 50264

《油气集输设计规范》GB 50350

《工业企业噪声控制设计规范》GB/T 50087

《油气田及管道工程计算机控制系统设计规范》GB/T 50823

《油气田及管道工程仪表控制系统设计规范》GB/T 50892

《工业企业设计卫生标准》GBZ 1

《石油天然气工程总图设计规范》SY/T 0048

《除油罐设计规范》SY/T 0083

《油田采出水用于注汽锅炉给水处理设计规范》SY/T 0097

《盐渍土地区建筑规范》SY/T 0317

《油田水处理过滤器》SY/T 0523

《碎屑岩油藏注水水质指标及分析方法》SY/T 5329

《油田含油污泥处理设计规范》SY/T 6851

《油田采出水生物处理工程设计规范》SY/T 6852

《油田含聚及强腐蚀性采出水处理设计规范》SY/T 6886

《油田采出水注入低渗与特低渗油藏精细处理设计规范》SY/T 7020

中华人民共和国国家标准

城镇给水排水技术规范

Technical code for water supply and sewerage of urban

GB 50788—2012

前言

根据原建设部《关于印发 2007 年工程建设标准规范制订、修订计划（第一批）的通知》（建标[2007]125 号文）的要求，规范编制组经广泛调查研究，认真总结实践经验，参考有关国际标准和国外先进标准，并在广泛征求意见的基础上，编制了本规范。

本规范是以城镇给水排水系统和设施的功能和性能要求为主要技术内容，包括：城镇给水排水工程的规划、设计、施工和运行管理中涉及安全、卫生、环镜保护、资源节约及其他社会公共利益方面的相关技术要求。规范共分 7 章：1. 总则；2. 基本规定；3. 城镇给水；4. 城镇排水；5. 污水再生利用与雨水利用；6. 结构；7.机械、电气与自动化。

本规范全部条文为强制性条文，必须严格执行。

本规范由住房和城乡建设部负责管理和解释。由住房和城乡建设部标准定额研究所负责具体技术内容的解释。执行过程中如有意见或建议，请寄送住房和城乡建设部标准定额研究所（地址：北京市海淀区三里河路 9 号，邮编：100835），

本规范主编单位：住房和城乡建设部标准定额研究所城市建设研究院
本规范参编单位：中国市政工程华北设计研究总院
上海市政工程设计研究总院（集团）有限公司
北京市市政工程设计研究总院
中国建筑设计研究院机电专业设计研究院
上海市城市建设设计研究总院
北京首创股份有限公司
深圳市水务（集团）有限公司
北京市节约用水管理中心
德安集团
本规范主要起草人员：宋序彤 高 鹏 陈国义 李 铮
吕士健 陈 冰 陈湧城 牛树勤
徐扬纲 李 晶 朱广汉 李春光
赵 锂 假振印 沈世杰 刘雨生

戴孙放　王家华　张金松　韩　伟
汪宏玲　饶文华

本规范主要审查人员：杨榕　罗万申　章林伟　刘志琪
厉彦松　王洪臣　朱雁伯　左亚洲
刘建华　郑克白　葛春辉　王长祥
石　泉　刘百德　焦永达

1 总则

1.0.1　为保障城镇用水安全和城镇水环境质量，维护水的健康循环，规范城镇给水排水系统和设施的基本功能和技术性能，制定本规范。

1.0.2　本规范适用于城镇给水、城镇排水、污水再生利用和雨水利用相关系统和设施的规划、勘察、设计、施工、验收、运行、维护和管理等。

城镇给水包括取水、输水、净水、配水和建筑给水等系统和设施；城镇排水包括建筑排水，雨水和污水的收集、输送、处理和处置等系统和设施；污水再生利用和雨水利用包括城镇污水再生利用和雨水利用系统及局部区域、住区、建筑中水和雨水利用等设施。

1.0.3　城镇给水排水系统和设施的规划、勘察、设计、施工、运行、维护和管理应遵循安全供水、保障服务功能、节约资源、保护环境、同水的自然循环协调发展的原则。

1.0.4　城镇给水排水系统和设施的规划、勘察、设计、施工、运行、维护和管理除应符合本规范的规定外，尚应符合国家现行有关标准的规定；当有关现行标准与本规范的规定不一致时，应按本规范的规定执行。

2 基本规定

2.0.1　城镇必须建设与其发展需求相适应的给水排水系统，维护水环境生态安全。

2.0.2　城镇给水、排水规划，应以区域总体规划、城市总体规划和镇总体规划为依据，应与水资源规划、水污染防治规划、生态环境保护规划和防灾规划等相协调。城镇排水规划与城镇给水规划应相互协调。

2.0.3　城镇给水排水设施应具备应对自然灾害、事故灾难、公共卫生事件和社会安全事件等突发事件的能力。

2.0.4　城镇给水排水设施的防洪标准不得低于所服务城镇设防的相应要求，并应留有适当的安全裕度。

2.0.5　城镇给水排水设施必须采用质量合格的材料与设备。城镇给水设施的材料与设备还必须满足卫生安全要求。

2.0.6　城镇给水排水系统应采用节水和节能型工艺、设备、器具和产品。

2.0.7　城镇给水排水系统中有关生产安全、环境保护和节水设施的建设，应与主体工程同时设计、同时施工、同时投产使用。

2.0.8　城镇给水排水系统和设施的运行、维护、管理应制定相应的操作标准，并严格执行。

2.0.9　城镇给水排水工程建设和运行过程中必须做好相关设施的建设和管理，满足生产安全、职业卫生安全、消防安全和安全保卫的要求。

2.0.10 城镇给水排水工程建设和运行过程产生的噪声、废水、废气和固体废弃物不应对周边环境和人身健康造成危害，并应采取措施减少温室气体的排放。
2.0.11 城镇给水排水设施运行过程中使用和产生的易燃、易爆及有毒化学危险品应实施严格管理，防止人身伤害和灾害性事故发生。
2.0.12 设置于公共场所的城镇给水排水相关设施应采取安全防护措施，便于维护，且不应影响公众安全。
2.0.13 城镇给水排水设施应根据其储存或传输介质的腐蚀性质及环境条件，确定构筑物、设备和管道应采取的相应防腐蚀措施。
2.0.14 当采用的新技术、新工艺和新材料无现行标准予以规范或不符合工程建设强制性标准时，应按相关程序和规定予以核准。

3 城镇给水

3.1 一般规定
3.1.1 城镇给水系统应具有保障连续不间断地向城镇供水的能力，满足城镇用水对水质、水量和水压的用水需求。
3.1.2 城镇给水中生活饮用水的水质必须符合国家现行生活饮用水卫生标准的要求。
3.1.3 给水工程规模应保障供水范围规定年限内的最高日用水量。
3.1.4 城镇用水量应与城镇水资源相协调。
3.1.5 城镇给水规划应在科学预测城镇用水量的基础上，合理开发利用水资源、协调给水设施的布局、正确指导给水工程建设。
3.1.6 城镇给水系统应具有完善的水质监测制度，配备合格的检测人员和仪器设备，对水质实施严格有效的监管。
3.1.7 城镇给水系统应建立完整、准确的水质监测档案。
3.1.8 供水、用水必须计量。
3.1.9 城镇给水系统需要停水时，应提前或及时通告。
3.1.10 城镇给水系统进行改、扩建工程时，应保障城镇供水安全，并应对相邻设施实施保护。
3.2 水源和取水
3.2.1 城镇给水水源的选择应以水资源勘察评价报告为依据，应确保取水量和水质可靠，严禁盲目开发。
3.2.2 城镇给水水源地应划定保护区，并应采取相应的水质安全保障措施。
3.2.3 大中城市应规划建设城市备用水源。
3.2.4 当水源为地下水时，取水量必须小于允许开采量。当水源为地表水时，设计枯水流量保证率和设计枯水位保证率不应低于 90%。
3.2.5 地表水取水构筑物的建设应根据水文、地形、地质、施工、通航等条件，选择技术可行、经济合理、安全可靠的方案。
3.2.6 在高浊度江河、人海感潮江河、湖泊和水库取水时，取水设施位置的选择及采取的避沙、防冰、避咸、除藻措施应保证取水水质安全可靠。
3.3 给水泵站

3.3.1 给水泵站的规模应满足用户对水量和水压的要求。

3.3.2 给水泵站应设置备用水泵。

3.3.3 给水泵站的布置应满足设备的安装、运行、维护和检修的主要求。

3.3.4 给水泵站应具备可靠的排水设施。

3.3.5 对可能发生水锤的给水泵站应采取消除水锤危害的措施。

3.4 输配管网

3.4.1 输水管道的布置应符合城镇总体规划，应以管线短、占地少、不破坏环境、施工和维护方便、运行安全为准则。

3.4.2 输配水管道的设计水量和设计压力应满足使用要求。

3.4.3 事故用水量应为设计水量的70%。当城镇输水采用2条以上管道时，应按满足事故用水量设置连通管；在多水源或设置了调蓄设施并能保证事故用水量的条件下，可采用单管。

3.4.4 长距离管道输水系统的选择应在输水线路、输水方式、管材、管径等方面进行技术、经济比校和安全论证。并应对管道系统进行水力过渡过程分析，采取水锤综合防护措施。

3.4.5 城镇配水管网干管应成环状布置。

3.4.6 应减少供水管网漏损率，并应控制在允许范围内。

3.4.7 供水管网严禁与非生活饮用水管道连通，严禁擅自与自建供水设施连接，严禁穿过毒物污染区；通过腐蚀地段的管道应采取安全保护措施。

3.4.8 供水管网应进行优化设计，优化调度管理，降低能耗。

3.4.9 输配水管道与建（构）筑物及其他管线的距离、位置应保证供水安全。

3.4.10 当输配水管道穿越铁路、公路和城市道路时，应保证设施安全；当埋设在河底时，管内水流速度应大于不淤流速，并应防止管道被洪水冲刷破坏和影响航运。

3.4.11 敷设在有冰冻危险地区的管道应采取防冻措施。

3.4.12 压力管道竣工验收前应进行水压试验。生活饮用水管道运行前应冲洗、消毒。

3.5 给水处理

3.5.1 城镇水厂对原水进行处理，出厂水水质不得低于现行国家生活饮用水卫生标准的要求，并应留有必要的裕度。

3.5.2 城镇水厂平面布置和竖向设计应满足各建（构）筑物的功能、运行和维护的要求，主要建（构）筑物之间应通行方便、保障安全。

3.5.3 生活饮用水必须消毒。

3.5.4 城镇水厂中储存生活饮用水的调蓄构筑物应采取卫生防护措施，确保水质安全。

3.5.5 城镇水厂的工艺排水应回收利用。

3.5.6 城镇水厂产生的泥浆应进行处理并合理处置。

3.5.7 城镇水厂处理工艺中所涉及的化学药剂，在生产、运输、存储、运行的过程中应采取有效防腐、防泄漏、防毒、防爆措施。

3.6 建筑给水

3.6.1 民用建筑与小区应根据节约用水的原则，结合当地气候和水资源条件、建筑标准、卫生器具完善程度等因素合理确定生活用水定额。

3.6.2 设置的生活饮用水管道不得受到污染，应方便安装与维修，并不得影响结构的安全和建筑物的使用。
3.6.3　生活饮用水不得因管道、设施产生回流而受污染，应根据回流性质、回流污染危害程度，采取可靠的防回流措施。
3.6.4　生活饮用水水池、水箱、水塔的设置应防止污水、废水等非饮用水的渗入和污染，并应采取保证储水不变质、不冻结的措施。
3.6.5　建筑给水系统应充分利用室外给水管网压力直接供水，竖向分区应根据使用要求、材料设备性能、节能、节水和维护管理等因素确定。
3.6.6　给水加压、循环冷却等设备不得设置在居住用房的上层、下层和毗邻的房间内，不得污染居住环境。
3.6.7　生活饮用水的水池（箱）应配置消毒设施，供水设施在交付使用前必须清洗和消毒。
3.6.8　消防给水系统和灭火设施应根据建筑用途、功能、规模、重要性及火灾特性、火灾危险性等因素合理配置。
3.6.9　消防给水水源必须安全可靠。
3.6.10　消防给水系统的水量、水压应满足使用要求。
3.6.11　消防给水系统的构筑物、站室、设备、管网等均应采取安全防护措施，其供电应安全可靠。
3.7　建筑热水和直饮水
3.7.1　建筑热水定额的确定应与建筑给水定额匹配，建筑热水热源应根据当地可再生能源、热资源条件并结合用户使用要求确定。
3.7.2　建筑热水供应应保证用水终端的水质符合现行国家生活饮用水水质标准的要求。
3.7.3　建筑热水水温应满足使用要求，特殊建筑内的热水供应应采取防烫伤措施。
3.7.4　水加热、储热设备及热水供应系统应保证安全、可靠地供水。
3.7.5　热水供水管道系统应设置秘要的安全设施。
3.7.6　管道直饮水系统用户端的水质应符合现行行业标准《饮用净水水质标准》CJ 94 的规定。且应采取严格的保障措施。

4 城镇排水

4.1　一般规定
4.1.1　城镇排水系统应只有有效收集、输送、处理、处置和利用城镇雨水和污水，减少水污接物排放，并防止城镇被雨水、污水淹渍的功能。
4.1.2　城镇排水规划应合理确定排水系统的工程规模、总体布局和综合径流系数等，正确指导排水工程建设。城镇排水系统应与社会经济发展和相关基础设施建设相协调。
4.1.3　城镇排水体制的确定必须遵循因地制宜的原则，应综合考虑原有排水管网情况、地区降水特征、受纳水体环境容量等条件。
4.1.4　合流制排水系统应设置污水截流设施，合理确定截流倍数。
4.1.5　城镇采用分流制排水系统时，严禁雨、污水管渠混接。
4.1.6　城镇雨水系统的建设应利于雨水就近入渗、调蓄或收集利用，降低雨水径流总量和峰值流量。减少对水生态环境的影响。
4.1.7　城镇所有用水过程产生的污染水必须进行处理，不得随意排放。

4.1.8 排入城镇污水管渠的污水水质必须符合国家现行标准的规定。

4.1.9 城镇排水设施的选址和建设应符合防灾专项规划。

4.1.10 对于产生有毒有害气体或可燃气体的泵站、管道、检查井、构筑物或设备进行放空清理或维修时，必须采取确保安全的措施。

4.2 建筑排水

4.2.1 建筑排水设备、管道的布置与敷设不得对生活饮用水、食品造成污染，不得危害建筑结构和设备的安全，不得影响居住环境。

4.2.2 当不自带水封的卫生器具与污水管道或其他可能产生有害气体的排水管道连接时，应采取有效措施防止有害气体的泄漏。

4.2.3 地下室、半地下室中的卫生器具和地漏不得与上部排水管道连接，应采用压力排水系统，并应保证污水、废水安全可靠的排出。

4.2.4 下沉式广场、地下车库出入口等不能采用重力流排出雨水的场所，应设置压力流雨水排水系统，保证雨水及时安全排出。

4.2.5 化粪池的设置不得污染地下取水构筑物及生活储水池。

4.2.6 医疗机构的污水应根据污水性质、排放条件采取相应的处理工艺，并必须进行消毒处理。

4.2.7 建筑屋面雨水排除，溢流设施的设置和排水能力不得影响屋面结构、墙体及人员安全，并应保证及时排除设计重现期的雨水量。

4.3 排水管渠

4.3.1 排水管渠应经济合理地输送雨水、污水，并应具备下列性能：

（1）排水应通畅，不应堵塞；

（2）不应危害公众卫生和公众健康；

（3）不应危害附近建筑物和市政公用设施；

（4）重力流污水管道最大设计充满度应保障安全。

4.3.2 立体交叉地道应设置独立的排水系统。

4.3.3 操作人员下井作业前，必须采取自然通风或人工强制通风使易爆或有毒气体浓度降至安全范围；下井作业时，操作人员应穿戴供压编空气的隔离式防护服；井下作业期间，必须采用连续的人工通风。

4.3.4 应建立定期巡视、检查、维护和更新排水管渠的制度，并应严格执行。

4.4 排水泵站

4.4.1 排水泵站应安全、可靠、高效地提升、排除雨水和污水。

4.4.2 排水泵站的水泵应满足在最高使用频率时处于高效区运行，在最高工作扬程和最低工作扬程的整个工作范围内应安全稳定运行。

4.4.3 抽送产生易燃易爆和有毒有害气体的室外污水泵站，必须独立设置，并采取相应的安全防护措施。

4.4.4 排水泵站的布置应满足安全防护、机电设备安装、运行和检修的要求。

4.4.5 与立体交叉地道合建的雨水泵站的电气设备应有不被淹渍的措施。

4.4.6 污水泵站和合流污水泵站应设置备用泵。道路立体交叉地道雨水泵站和为大型公共地下设施设置的雨水泵站应设置备用泵。

4.4.7 排水泵站出水口的设置不得影响受纳水体的使用功能，并应按当地航运、水利、港务和市政等有关部门要求设置消能设施和警示标志。

4.4.8 排水泵站集水池应有清除沉积泥砂的措施。

4.5 污水处理

4.5.1 污水处理厂应具有有效减少城镇水污染物的功能，排放的水、泥和气应符合国家现行相关标准的规定。

4.5.2 污水处理厂应根据国家排放标准、污水水质特征、处理后出水用途等科学确定污水处理程度，合理选择处理工艺。

4.5.3 污水处理厂的总体设计应有利于降低运行能耗，减少臭气和噪声对操作管理人员的影响。

4.5.4 合流制污水处理厂应具有处理截流初期雨水的能力。

4.5.5 污水采用自然处理时不得降低周围环境的质量，不得污染地下水。

4.5.6 城镇污水处理厂出水应清毒后排放，污水消毒场所应有安全防护措施。

4.5.7 污水处理厂应设置水量计量和水质监测设施。

4.6 污泥处理

4.6.1 污泥应进行减量化、稳定化和无害化处理并安全、有效处置。

4.6.2 在污泥消化池、污泥气管道、储气罐、污泥气燃烧装置等具火灾或爆炸危险的场所，应采取安全防范措施。

4.6.3 污泥气应综合利用，不得擅自向大气排放。

4.6.4 污泥浓缩脱水机房应通风良好，溶药场所应采取防滑措施。

4.6.5 污泥堆肥地应采取防渗和收集处理渗沥液等措施，防止水体污染。

4.6.6 污泥热干化车间和污泥料仓应采取通风防爆的安全措施。

4.6.7 污泥热干化、污泥焚烧车间必须具有烟气净化处理设施。经净化处理后，排放的烟气应符合国家现行相关标准的规定。

5 污水再生利用与雨水利用

5.1 一般规定

5.1.1 城镇应根据总体规划和水资源状况编制城镇再生水与雨水利用规划。

5.1.2 城镇再生水与雨水利用工程应满足用户对水质、水量、水压的要求。

5.1.3 城镇再生水与雨水利用工程应保障用水安全。

5.2 再生水水源和水质

5.2.1 城镇再生水水源应保障水源水质和水量的稳定、可靠、安全。

5.2.2 重金属、有毒有害物质超标的污水、医疗机构污水和放射性废水严禁作为再生水水源。

5.2.3 再生水水质应符合国家现行相关标准的规定。对水质要求不同时，应首先满足用水量大、水质标准低的用户。

5.3 再生水利用安全保障

5.3.1 城镇再生水工程应设置溢流和事故排放管道。当溢流排入管道或水体时应符合国家排放标准的规定；当事故排放时应采取相关应急措施。

5.3.2 城镇再生水利用工程应设置再生水储存设施，并应做好卫生防护工作，保障再生水水质安全。

5.3.3 城镇再生水利用工程应设置消毒设施。

5.3.4 城镇再生水利用工程应设置水量计量和水质监测设施。

5.3.5 当将生活饮用水作为再生水的补水时，应采取可靠有效的防回流污染措施。

5.3.6 再生水用水点和管道应有防止误接或误用的明显标志。

5.4 雨水利用

5.4.1 雨水利用工程建设应以拟建区域近期历年的降雨量资料及其他相关资料作为依据。

5.4.2 雨水利用规划应以雨水收集回用、雨水入渗、调蓄排放等为重点。

5.4.3 雨水利用设施的建设应充分利用城镇及周边区域的天然湖塘洼地、沼泽地、湿地等自然水体。

5.4.4 雨水收集、调蓄、处理和利用工程不应对周边土壤环境、植物的生长、地下含水层的水质和环境景观等造成危害和隐患。

5.4.5 根据雨水收集回用的用途，当有细菌学指标要求时，必须消毒后再利用。

6 结构

6.1 一般规定

6.1.1 城镇给水排水工程中各厂站的地面建筑物，其结构设计、施工及质量验收应符合同家现行工业与民用建筑标准的相应规定。

6.1.2 城镇给水排水设施中主要构筑物的主体结构和地下干管，其结构设计使用年限不应低于 50 年；安全等级不应低于二级。

6.1.3 城镇给水排水工程中构筑物和管道的结构设计，必须依据岩土工程勘察报告，确定结构类型、构造、基础形式及地基处理方式。

6.1.4 构筑物和管道结构的设计、施工及管理应符合下列要求：

（1）结构设计应计入在正常建造、正常运行过程中可能发生的各种工况的组合荷载、地震作用（位于地震区）和环境影响（温、湿度变化，周围介质影响等）；并正确建立计算模型，进行相应的承载力和变形、开裂控制等计算。

（2）结构施工应按照相应的国家现行施工及质量验收标准执行。

（3）应制定并执行相应的养护护操作规程。

6.1.5 构筑物和管道结构在各项组合作用下的内力分析，应按弹性体计算，不得考虑非弹性变形引起的内力重分布。

6.1.6 对位于地表水或地下水以下的构筑物和管道，应核算施工及使用期间的抗浮稳定性；相应核算水位应依据勘察文件提供的可能发生的最高水位。

6.1.7 构筑物和管道的结构材料，其强度标准不应低于 95%的保证率；当位于抗震设防地区时，结构所用的钢材应符合抗震性能要求。

6.1.8 应控制混凝土中的氧离子量；当使用碱活性骨料时，尚应限制混凝土中的碱含量。

6.1.9 城镇给水排水工程中的构筑物和地下管道，不应采用通水浸蚀材料制成的砌块和空芯砌块。

6.1.10 对钢筋混凝土构筑物和管道进行结构设计时，当构件载面处于中心受拉或小偏心受拉时，应按控制不出现裂缝设计；当构件截面处于受弯或大偏心受拉（压）时，应按控制裂缝宽度设计，允许的裂缝宽度应满足正常使用和耐久性要求。

6.1.11 对平面尺寸超长的钢筋混凝土构筑物和管道，应计入混凝土成型过程中水化热及运行期间季节温差的作用，在设计和施工过程中均应制定合理、可靠的应对措施。

6.1.12 进行基坑开挖、支护和降水时，应确保结构自身及其周边环境的安全。

6.1.13 城镇给水排水工程结构的施工及质量验收应符合下列要求：

（1）工程采用的成品、半成品和原材料等应符合国家现行相关标准和设计要求，进入施工现场时应进行进场验收，并按国家有关标准规定进行复验。

（2）对非开挖施工管道、跨越或穿越江河管道等特殊作业，应制定专项施工方案。

（3）对工程施工的全过程应按国家现行相应施工技术标准进行质量控制；每项工程完成后，必须进行检验，相关各分项工程间，必须进行交接验收。

（4）所有隐藏分项工程，必须进行隐蔽验收；未经检验或验收不合格时，不得进行下道分项工程。

（5）对不合格分项、分部工程通过退修或加固仍不能满足结构安全或正常使用功能要求时，严禁验收。

6.2 构筑物

6.2.1 盛水构筑物的结构设计，应计入施工期间的水密性试验和运行期间（分区运行、养护维修等）可能发生的各种工况组合作用，包括温度、湿度作用等环境影响。

6.2.2 对预应力混凝土构筑物进行结构设计时，在正常运行时各种组合作用下，应控制构件截面处于受压状态。

6.2.3 盛水构筑物的混凝土材料应符合下列要求：

（1）应选用合适的水泥品种和水泥用量。

（2）混凝土的水胶比应控制在不大于 0.5。

（3）应根据运行条件确定混凝土的抗渗等级。

（4）应根据环境条件（寒冷或严寒地区）确定混凝土的抗冻等级。

（5）应根据环境条件（大气、土壤、地表水或地下水）和运行介质的侵蚀性，有针对性地选用水泥品种和水泥用量，满足抗侵蚀要求。

6.3 管道

6.3.1 城镇给水排水工程中，管道的管材及其接口连接构造等的选用，应根据管道的运行功能、施工敷设条件、环境条件，经技术经济比较确定。

6.3.2 埋地管道的结构设计，应鉴别设计采用管材的刚、柔性。在组合荷载的作用下，对刚性管道应进行强度和裂缝控制核算；对柔性管道，应按管土共同工作的模式进行结构内力分析，核算截面强度、截面环向稳定及变形量。

6.3.3 对开槽敷设的管道，应对管道周围不同部位回填土的压实度分别提出设计要求。

6.3.4 对非开挖顶进施工的管道，管顶承受的竖向土压力应计入上部土体极限平衡裂面上的剪应力对土压力的影响。

6.3.5 对跨越江湖架空敷设的拱形成折线形钢管道，应核算其在侧向荷载作用下，出平面变位引起的 P-Δ效应。

6.3.6 对塑料管进行结构核算时，其物理力学性能指标的标准值，应针对材料的长期效应，按设计使用年限内的后期数值采用。

6.4 结构抗震

6.4.1 抗震设防烈度为 6 度及高于 6 度地区的城镇给水排水工程，其构筑物和管道的结构必须进行抗震设计。相应的抗震设防类别及设防标准，应按现行国家标准《建筑工程抗震设防分类标准》（GB 50223）确定。

6.4.2 抗震设防裂度必须按国家规定的权限审批及颁发的文件（图件）确定。

6.4.3 城镇给水排水工程中构筑物和管道的结构，当遭遇本地区抗震设防烈度的地震影响时，应符合下列要求：

（1）构筑物不需修理或经一般修理后应仍能继续使用；

（2）管道震害在管网中应控制在局部范围内，不得造成较严重次生灾害。

6.4.4 抗震设计中，采用的抗震设防烈度和设计基本地震加速度取值的对应关系，应为 6 度：0.05g；7 度：0.1g（0.15g）；8 度：0.2g（0.3g）；9 度：0.4g。g 为重力加速度。

6.4.5 构筑物的结构抗震验算，应对结构的两个主轴方向分别计算水平地震作用（结构自重惯性力、动水压力、动土压力等），并由该方向的抗侧力构件全部承担。当设防烈度为 9 度时，对盛水构筑物尚应计算竖向地震作用效应，并与水平地震作用效应组合。

6.4.6 当需要对埋地管道结构进行抗震验算时，应计算在地震作用下，剪切波行进时管道结构的位移或应变。

6.4.7 结构抗震体系应符合下列要求：

（1）应具有明确的结构计算简图和合理的地震作用传递路线；

（2）应避免部分结构或构件破坏面导致整个体系丧失承载力；

（3）同一结构单元应具有良好的整体性；对局部薄弱部位应采取加强措施；

（4）对埋地管道除采用延性良好的管材外，沿线应设置柔性连接措施。

6.4.8 位于地震液化地基上的构筑物和管道，应根据地基土液化的严重程度，采取适当的消除或减轻液化作用的措施。

6.4.9 埋地管道傍山区边坡和江、湖、河道岸边敷设时，应对该处边坡的稳定性进行验算并采取抗震措施。

7 机械、电气与自动化

7.1 一般规定

7.1.1 机电设备及其系统应能安全、高效、稳定地运行，且应便于使用和维护。

7.1.2 机电设备及其系统的效能应满足生产工艺和生产能力要求，并且应满足维护或故障情况下的生产能力要求。

7.1.3 机电设备的易损件、消耗材料配备，应保障正常生产和维护保养的需要。

7.1.4 机电设备在安装、运行和维护过程中均不得对工作人员的健康或周边环境造成危害。

7.1.5 机电设备及其系统应能为突发事件情况下所采取的各项应对措施提供保障。

7.1.6 在爆炸性危险气体或爆炸性危险粉尘环境中，机电设备的配置和使用应符合国家现行相关标准的规定。

7.1.7 机电设备及其系统应定期进行专业的维护保养。

7.2 机械设备

7.2.1 机械设备各组成部件的材质，应满足卫生、环保和耐久性的要求。

7.2.2　机械设备的操作和控制方式应满足工艺和自动化控制系统的要求。

7.2.3　起重设备、锅炉、压力容器、安全阀等特种设备必须检验合格，取得安全认证。运行期间应按国家相关规定进行定期检验。

7.2.4　机械设备基础的抗震设防烈度不应低于主体构筑物的抗震设防烈度。

7.2.5　机械设备有外露运动部件或走行装置时，应采取安全防护措施，并应对危险区域进行警示。

7.2.6　机械设备的临空作业场所应具有安全保障措施。

7.3　电气系统

7.3.1　电源和供电系统应满足城镇给水排水设施连续、安全运行的要求。

7.3.2　城镇给水排水设施的工作场所和主要道路应设置照明，需要继续工作或安全撤离人员的场所应设置应急照明。

7.3.3　城镇给水排水构筑物和机电设备应按国家现行相关标准的规定采取防雷保护措施。

7.3.4　盛水构筑物上所有可触及的导电部件和构筑物内部钢筋等都应作等电位连接，并应可靠接地。

7.3.5　城镇给水排水设施应具有安全的电气和电磁环境，所采用的机电设备不应对周边电气和电磁环境的安全和稳定构成损害。

7.3.6　机电设备的电气控制装置应能够提供基本的、独立的运行保护和操作保护功能。

7.3.7　电气设备的工作环境应满足其长期安全稳定运行和进行常规维护的要求。

7.4　信息与自动化控制系统

7.4.1　存在或可能积聚毒性、爆炸性、腐蚀性气体的场所，应设置连续的监测和报警装置，该场所的通风、防护、照明设备应能在安全位置进行控制。

7.4.2　爆炸性危险气体、有毒气体的检测仪表必须定期进行检验和标定。

7.4.3　城镇给水厂站和管网应设置保障供水安全和满足工艺要求的在线式监测仪表和自动化控制系统。

7.4.4　城镇污水处理厂应设置在线监测污染物排放的水质、水量检测仪表。

7.4.5　城镇给水排水设施的仪表和自功化控制系统应能够监视与控制工艺过程参数和工艺设备的运行，应能够监视供电系统设备的运行。

7.4.6　应采取自动监视和报警的技术防范措施，保障城镇给水设施的安全。

7.4.7　城镇给水排水系统的水质化验检测设备的配置应满足正常生产条件下质量控制的需要。

7.4.8　城镇给水排水设施的通信系统设备应满足日常生产管理和应急通信的需要。

7.4.9　城镇给水排水系统的生产调度中心应能够实时监控下属设施，实现生产调度，优化系统运行。

7.4.10　给水排水设施的自动化控制系统和调度中心应安全可靠，连续运行。

7.4.11　城镇给水排水信息系统应具有数据采集与处理、事故预警、应急处置等功能，应作为数字化城市信息系统的组成部分。

本规范用词说明

（1）为便于在执行本规范条文时区别对待，对要求严格程度不同的用词说明如下：

1）表示很严格，非这样做不可的：

正面词采用“必须”，反面词采用“严禁”；

2）表示严格，在正常情况下均应这样做的：

正面词采用“应”，反面词采用“不应”或“不得”；

3）表示允许稍有选择，在条件许可时首先应这样做的：

正面词采用“宜”，反面词采用“不宜”；

4）表示有选择，在一定条件下可以这样做的，采用“可”。

（2）条文中指明应按其他有关标准执行的写法为：“应符合……的规定”或“应按……执行”。

引用标准名录

（1）《建筑工程抗震设防分类标准》（GB 50223）

（2）《饮用净水水质标准》（CJ 94）

中华人民共和国国家标准

煤炭工业给水排水设计规范

Code for design of water supply and drainage of coal industry

GB 50810—2012

前　言

本规范是根据原建设部《关于印发〈2006年工程建设标准规范制订、修订计划（第二批）〉的通知》（建标[2006]136 号）的要求，由中国煤炭建设协会勘察设计委员会和中煤西安设计工程有限责任公司会同中煤科工集团武汉设计研究院、中煤国际工程集团北京华宇工程有限公司、煤炭工业郑州设计研究院有限公司、煤炭工业济南设计研究院有限公司共同编制完成。

在本规范编制过程中，编制组结合近几年给水排水技术和煤炭工业的发展情况，经调查研究和收集资料，广泛征求各设计、建设、施工等单位的意见。最后经审查定稿。

本规范共分 5 章和 1 个附录，主要内容包括：总则、给水、排水、建筑给水排水、热水及饮用水供应等。

本规范中以黑体字标志的条文为强制性条文，必须严格执行。

本规范由住房和城乡建设部负责管理和对强制性条文的解释，由中国煤炭建设协会勘察设计委员会负责日常管理，由中煤西安设计工程有限责任公司负责具体技术内容的解释。本规范在执行过程中，希望各单位结合工程实践，认真总结经验，注意积累资料，如有意见或建议，请反馈至中煤西安设计工程有限责任公司《煤炭工业给水排水设计规范》编制组（地址：西安市雁塔路北段 64 号，邮政编码：710054，传真：029-87853497，E-mail: xmssz@126.com），以供今后修订时参考。

本规范主编单位、参编单位、主要起草人和主要审查人：

主编单位：中国煤炭建设协会勘察设计委员会
　　　　　中煤西安设计工程有限责任公司
参编单位：中煤科工集团武汉设计研究院
　　　　　中煤国际工程集团北京华宇工程有限公司
　　　　　煤炭工业郑州设计研究院有限公司
　　　　　煤炭工业济南设计研究院有限公司
主要起草人：王亚平　刘珉瑛　张孔思　李　茜　荆波湧　程吉宁　王小强
　　　　　　刘春玲　胡君宝　李爱民　魏年顺
主要审查人：毕孔耜　刘　毅　鲍巍超　李奇斌　张世和　赵　民　宋恩民
　　　　　　袁存忠　李　燕　祝怡虹　万小清　崔　玲　李东阳

1 总 则

1.0.1 为统一煤炭工业给水、排水设计原则和标准，适应煤炭行业给水、排水技术的发展和变化，为煤炭工业给水、排水工程设计提供科学依据，制定本规范。
1.0.2 本规范适用于新建、扩建、改建的矿井、露天矿、选煤厂、矿区机电设备修理厂、煤炭集装站、矿区辅助、附属企业的给水、排水工程的设计。
1.0.3 本规范不适用于地震、湿陷性黄土、膨胀土、永冻土以及其他地质特殊地区的给水、排水工程的设计。
1.0.4 煤炭工业给水、排水工程的设计，除应符合本规范外，尚应符合国家现行有关标准的规定。

2 给 水

2.1 水 源

2.1.1 永久供水水源的选择应符合现行国家标准《室外给水设计规范》GB 50013 的有关规定，并应根据用水量、用水水质要求及水资源条件等因素，经技术经济比较后确定，且应符合下列规定：

1 应征得当地水行政主管部门的同意并取得“取水许可证”。

2 生活用水水源宜选择符合饮用水卫生标准的地下水。

3 选择矿区井田范围内或井田边界附近地下水作为水源，在计算供水量时，应根据矿井开采对水源供水量的影响程度，在供水水源水文地质勘察报告所提供的可靠供水量的基础上乘以小于 1.0 的衰减系数。

4 在干旱、易沙化等生态脆弱区，采用地下水作为水源时，应避免地下水开采对当地生态环境的影响。

5 井下水、疏干水、矿坑排水及生产、生活污废水应作为生产用水水源进行利用。经过处理后达到生活饮用水卫生标准的井下水可作为生活用水水源。

6 在严重缺水地区，宜对雨水进行综合利用。

2.1.2 永久供水水源工程设计，应有相应的水文和水文地质资料，并应符合下列规定：

1 当采用地下水作水源时，可行性研究阶段应有经过审批的供水水文地质普查报告；初步设计阶段应有经过审批的供水水文地质详查报告；施工图设计阶段应有经过审批的供水水文地质勘探资料。水源勘探勘察资料应符合现行国家标准《供水水文地质勘察规范》GB 50027 的有关规定。确无相关资料时，可按煤田地质报告中的水文地质内容和本区内相同水文地质条件的其他企业的水源勘察资料或利用本区域已有的水资源论证资料，进行探采结合的取水工程设计。

2 当采用地表水作水源时，应有多年连续实测的水文资料，其设计枯水流量的年保证率宜采用 90%～97%。当缺乏水文资料时，可采用近期 1～2 年的实测资料或利用本区域已有的水资源论证资料。在严重缺水地区，设计枯水流量的年保证率可适当降低。

3 当以城市市政供水为水源时，应有与当地供水部门签订的“供水协议”。

4 当采用井下水、疏干水、矿坑排水作为供水水源时，其可靠利用量应按正常涌水量的 50%～70%确定。

2.1.3 水源的日供水能力宜按供水对象最高日用水量的 1.2～1.5 倍计算。

2.1.4 水源地应采取防止污染和人为破坏的措施，并应有对外的道路和通信线路。

2.2 给水量、水质及水压

2.2.1 工业场地行政公共建筑区生活用水指标，应采用现行国家标准《室外给水设计规范》GB 50013 和《建筑给水排水设计规范》GB 50015 中相应的生活用水定额，并应按表 2.2.1 计算，同时应符合下列规定：

1 职工食堂用水，日用水量应按全日出勤人数每人两餐计。

2 浴室用水，矿井及露天矿日用水量宜按最大班用水量的 3～4 倍计算，选煤厂、机修厂等日用水量宜按最大班用水量的 2.5 倍计算。淋浴延续时间宜取每班 1h。当淋浴用水直接由室外管网供水时，每班用水时间应取 1h；当淋浴用水由屋顶水箱供水时，水箱充水时间应按 2h 计算；池浴每日用水应为 3～4 次，每次充水时间应为 0.5～1h。

3 洗衣房用水，矿井井下及露天矿生产人员可按每人每天 1.5kg 干衣计算；矿井地面及选煤厂工作人员可按每人每次 1.2～1.5kg 干衣，每人每周洗 2 次计算。

4 井下避难系统人员用水量，应按井下避难人员每人每天 8～10L 计算，每天用水时间应为 24h。

5 井下（地面）制冷站、瓦斯抽采（放）站、井下灌浆站等生产用水量，应按工艺要求确定。井下（地面）制冷站、空气压缩机、真空泵等设备冷却用水，应循环使用或重复利用。循环补充水量可按表 2.2.1 的规定计算，用水时间应按工艺要求确定。选用循环给水系统的冷却设备时，其计算参数应根据工艺要求及气象条件确定。

6 洗车用水，应按每天冲洗的车辆数计算，其用水量应按表 2.2.1 的规定计算，冲洗水应循环使用。

7 液压支架及其他矿山设备冲洗用水，应按工艺要求确定，设备冲洗用水应循环使用。

表 2.2.1 用水量定额

<table>
<tr><th>序号</th><th colspan="2">用水项目</th><th>指 标</th><th>用水定额或占总水量百分数</th><th>用水时间（h）</th><th>小时变化系数</th></tr>
<tr><td>1</td><td colspan="2">职工生活</td><td>每人每班</td><td>30～50L</td><td>8</td><td>1.5～2.5</td></tr>
<tr><td>2</td><td colspan="2">职工食堂</td><td>每人每餐</td><td>20～25L</td><td>12</td><td>1.5</td></tr>
<tr><td>3</td><td colspan="2">单身宿舍</td><td>每人每日</td><td>150～200L</td><td>24</td><td>3.0～2.5</td></tr>
<tr><td>4</td><td colspan="2">承建制人员（外包队）生活用水</td><td>每人每日</td><td>100～150L</td><td>24</td><td>3.0～2.5</td></tr>
<tr><td rowspan="3">5</td><td rowspan="3">浴室</td><td>淋浴器</td><td>每个每小时</td><td>540 L</td><td>1.0</td><td>1.0</td></tr>
<tr><td>洗脸盆</td><td>每个每小时</td><td>80 L</td><td>1.0</td><td>1.0</td></tr>
<tr><td>浴池</td><td>每平方米</td><td>700 L</td><td>1.0</td><td>1.0</td></tr>
<tr><td>6</td><td colspan="2">洗衣房</td><td>每千克干衣</td><td>80 L</td><td>12</td><td>1.5</td></tr>
<tr><td rowspan="3">7</td><td rowspan="3">锅炉补充水</td><td>蒸汽锅炉</td><td>总蒸发量</td><td>20%～40%</td><td>16</td><td>—</td></tr>
<tr><td>热水锅炉</td><td>总循环水量</td><td>2%～4%</td><td>16</td><td>—</td></tr>
<tr><td>非采暖蒸汽锅炉</td><td>总蒸发量</td><td>60%～80%</td><td>16</td><td>—</td></tr>
<tr><td>8</td><td>循环冷却补充水</td><td>空压机真空泵</td><td>循环水量</td><td>10%</td><td>—</td><td>—</td></tr>
<tr><td rowspan="2">9</td><td rowspan="2">洗车</td><td>矿山大型车辆</td><td>每辆每次</td><td>1 000～2 000L</td><td>10min</td><td>—</td></tr>
<tr><td>其他载重车辆</td><td>每辆每次</td><td>400～500L</td><td>10min</td><td>—</td></tr>
</table>

2.2.2 各生产车间防尘洒水用水量应根据洒水器数量、洒水器用水定额及每天用水时间进行计算。喷雾降尘设施用水时间应根据各生产环节工作时间确定。降尘装置用水量应根据其厂家设备参数确定。

2.2.3 生产车间冲洗地面用水量宜按 5～10L/（m^2・d）计算，每天冲洗应为 1～2 次，每次冲洗时间应为 1～2h。

2.2.4 浇洒道路用水量可采用 2.0～3.0L/（m^2•d），绿化用水量可采用 1.0～3.0L/（m^2•d），每天应按 1～2 次计算。

2.2.5 矿区机修厂、辅助、附属企业用水量定额可根据生产性质，按各自行业的用水标准选取。

2.2.6 当煤矿开采影响农村用水时，应将受影响的农村居民用水量和牲畜用水量计入矿井用水总量中。农村居民用水量标准可根据其所处地域、用水习惯等，按现行国家标准《农村生活饮用水量卫生标准》GB 11730 的有关规定执行。牲畜用水量标准可按本规范附录 A 的规定执行。

2.2.7 未预见水量及管网漏失水量可按最高日用水量的 15%～25%计算。

2.2.8 煤炭工业企业生活用水水质应符合现行国家标准《生活饮用水卫生标准》GB 5749 的有关规定。

2.2.9 井下避难系统应急供水水质应符合现行国家标准《生活饮用水卫生标准》GB 5749 的有关规定。

2.2.10 洒水除尘用水水质应符合表 2.2.10 的要求。

表 2.2.10 洒水除尘用水水质标准

项　目	标　准
悬浮物含量（mg/L）	≤30
悬浮物粒度（mm）	＜0.3
pH 值	6.5～8.5
总大肠菌群	每 100mL 水样中不得检出
粪大肠菌群	每 100mL 水样中不得检出

2.2.11 煤矿井下用水水质应按现行国家标准《煤矿井下消防、洒水设计规范》GB 50383 的有关规定执行，井下设备用水水质应根据设备对水质的不同要求选取。选煤及水力采煤的用水水质应分别符合表 2.2.11-1 和表 2.2.11-2 的要求。

循环水悬浮物含量的取值还应符合现行行业标准《选煤厂洗水闭路循环等级》MT/T 810 的有关规定。

表 2.2.11-1 选煤用水水质标准

项　目		标　准
悬浮物含量	洗煤生产补充水（mg/L）	≤400
	循环水（g/L）	50～100
悬浮物粒度（mm）		＜0.7
pH 值		6～9
总硬度（水洗工艺）（mg/L）		＜500

表 2.2.11-2 水力采煤用水水质标准

用水设备		标准		
		悬浮物（mg/L）	pH 值	嗅和味
高压密封泵		≤10	≥7	不得有异嗅异味
高压供水泵	高转速	≤30	≥7	不得有异嗅异味
	低转速	≤150	≥7	不得有异嗅异味
	污水泵	≤500	≥7	不得有异嗅异味

2.2.12 设备冷却用水水质应符合表 2.2.12 的要求。

表 2.2.12 设备冷却用水水质标准

项目	标准
悬浮物含量（mg/L）	100～150
暂时硬度（以 $CaCO_3$ 计）（mg/L）	≤214
pH 值	6.5～9.5
油（mg/L）	5
BOD_5（mg/L）	25
进出水温差（℃）	≤25
排水温度（℃）	≤40

注：当进水温度低时，暂时硬度指标可适当提高。

2.2.13 洗车及机修厂冲洗设备用水水质应符合表 2.2.13 的要求。

表 2.2.13 洗车及机修厂冲洗设备用水水质标准

项目	标准
pH 值	6.0～9.0
色度（度）	≤30
浊度（NTU）	≤5
悬浮物（mg/L）	≤10
嗅味	无不快感
BOD_5（mg/L）	≤10
COD_{Cr}（mg/L）	≤50
氨氮（mg/L）	≤10
阴离子表面活性剂（mg/L）	≤0.5
铁（mg/L）	≤0.3
锰（mg/L）	≤0.1
溶解性总固体（mg/L）	≤1 000
溶解氧（mg/L）	≥1.0
总余氯（mg/L）	接触 30min 后，≥1.0； 管网末端，≥0.2
总大肠菌群（个/L）	≤3
石油类（mg/L）	＜0.5

2.2.14 当采用处理后的井下水、生活污水作为煤炭企业生产用水、杂用水、景观环境用水、农田灌溉等时，除应符合本规范第 2.2.10 条～第 2.2.13 条的规定外，还应符合现行国

家标准《污水再生利用工程设计规范》GB 50335 及《农田灌溉水质标准》GB 5084 的有关规定。

2.3 输水及配水

2.3.1 输水管（渠）的定线、走向除应符合现行国家标准《室外给水设计规范》GB 50013 的有关规定外，还应符合下列要求：

1 输水管（渠）线路的走向宜沿井田边界敷设，并应避开采空区、露天矿排土场，可沿已有或规划的公路、铁路、矿区输电线路等留设煤柱的区域敷设。

2 输水管（渠）宜少占农田，且不应占用基本农田。在穿过农田时，应结合农田水利等规划进行设计。穿越农田的管道不应妨碍耕作。农田内埋地敷设的管道，管顶最小覆土厚度不宜小于 1.0m。

3 矿区输水管（渠）的线路走向宜靠近大用户和重要用户。

2.3.2 输水及配水管道应埋地敷设，当确有困难时，也可明设。在寒冷地区明设管道应采取防冻措施。

2.3.3 埋地敷设的输水管道宜在管道的转弯、分支、阀门以及直线管段每隔 500m 处的地面上设置标示设施。

2.3.4 长距离输水管道宜每隔 1.0km 左右设置一个检修阀门。

2.3.5 输水及配水管道宜敷设在地表不变形或变形较小的地带。当给水管道通过采空区或露天矿排土场高填方区时，应采取防止管道损坏和确保供水安全的技术措施和防护措施。

2.3.6 输水管道的设计流量应根据供水量大小，结合调节构筑物的调节容量和水处理厂的处理能力、工作时间，经计算确定。

2.3.7 给水系统的选择和管网的布置，除应符合现行国家标准《室外给水设计规范》GB 50013、《建筑给水排水设计规范》GB 50015、《建筑设计防火规范》GB 50016 及《高层民用建筑设计防火规范》GB 50045 的有关规定外，还应符合下列规定：

1 应根据不同的水质要求，采用分质给水管道系统。

2 当场区内供水压力相差较大时，应根据技术经济合理性，采用分压给水管道系统。

3 工业场地消防管网宜独立设置或采用与生产合用的管道系统。当采用合用系统时，应采取确保消防用水不被动用的措施。

4 当采用生活给水与消防给水合并管网时，生活给水系统应采取防超压措施和水质防污染措施。

2.3.8 工业场地给水管道应在下列位置设置阀门：

1 区域供水管道与工业场地给水管道的连接处。

2 水池、水塔的进水管、出水管及泄水管上。

3 水泵房出水管与给水管网连接处。

4 在环状管网上，应按管网在检修时主要建筑物和不允许间断供水的建筑物仍能保证供水的原则设置阀门。

5 铁路及汽车水鹤的进水口处。

2.4 储存、调节构筑物

2.4.1 煤炭企业应根据外部供水情况，设置储存、调节构筑物。调节容量应按供水曲线和用水曲线确定，在缺乏资料时，可按不小于表 2.4.1 中的规定计算确定。

表 2.4.1 水池调节容量

最高日用水量（m^3/d）	调节容量占最高日用水量（%）
≤500	50～30
500～1 000	30～25
＞1 000	25～20

2.4.2 当供水水源、输水管道或外部供水能力不能满足煤炭企业消防用水要求时，应在工业场地设置消防储水池。当与生产、生活调节水池合建时，水池容积应能满足储存消防历时内生产、生活用水量、调节容量及全部消防用水量的要求。日用消防储水池容积可按下式计算：

$$V=Q_1+Q_2+Q_3+Q \cdot A \tag{2.4.2}$$

式中：V——日用消防储水池容积（m^3）；

Q_1——室外消防用水量（m^3）；

Q_2——室内消防用水量（m^3）；

Q_3——消防时生产、生活用水量（m^3）；

Q——工业场地最高日生产、生活用水量（m^3/d）；

A——调节容量占日用水量百分率（按表 2.4.1 执行）（%）。

2.4.3 有条件时，日用消防水池宜采用高位水池。

2.4.4 消防水池与生产、生活水池合建时。应采取确保消防水量不作他用的措施。

2.4.5 输水系统的传输水池容量，可按 0.5～1h 的设计输水流量计算确定。

2.4.6 当输水管道为单管时，应结合输水管道的长度、维护检修条件、取水水源的可靠程度等因素，在靠近用水点处设置事故储水构筑物。事故储水量可按 8～12h 日平均时流量计算。

2.4.7 生活饮用水水池应按现行国家标准《建筑给水排水设计规范》GB 50015 的有关规定采取防污染措施和设置安全防护设施。

2.4.8 水池、水塔应设置水位指示、信号显示及消防水位报警装置。

2.4.9 当室外消防采用临时高压制时，应采取防止由消防水泵供给的消防水进入高位水池、水塔或水箱的措施。

2.5 加压设备

2.5.1 加压设备的选型应满足系统内各用水点的水量、水压要求。

2.5.2 当给水压力不能满足个别建筑物用水压力要求时，应采取局部加压方式供水。

2.5.3 给水加压设备应有备用。备用泵的能力不应小于工作泵中最大一台的能力。

2.5.4 生产、生活水泵的总出水管上应设置计量装置。

2.5.5 水泵总扬程计算时，泵房内管道的总水头损失应经计算确定。当向水池或水塔供水时，管道出口自由水头可采用 0.02MPa。

2.5.6 当水泵房噪声不能满足环境噪声要求时，应采取隔音、降噪措施。

2.6 消防给水

2.6.1 消防给水系统应根据所在区域的消防条件，确定采用高压、临时高压或低压制给水系统。当附近有消防站且消防车从接警起在 5min 内可到达失火点时，可采用低压制给水系统。

2.6.2 矿井地面和井下消防给水系统应分开设置。

2.6.3 煤炭企业的消防用水量计算，应按现行国家标准《建筑设计防火规范》GB 50016的有关规定执行。

2.6.4 煤矿筒仓宜按单个仓体体积与仓上建筑体积之和确定室外消防水量；封闭式储煤场宜根据其储量按室外堆场计算室外消防水量。

2.6.5 建筑物室内消防给水系统的设置，应符合下列规定：

1 下列建筑物或部位应设置室内消火栓给水系统：

1）主、副井井口房，井塔，选矸车间，筛分车间，破碎车间，主厂房原煤生产层及相邻层，原煤仓，混煤仓，封闭储煤场，原煤带式输送机栈桥及暗道，原煤缓冲仓；原煤转载点，准备车间，干燥车间，原煤翻车机房，原煤装车仓，瓦斯抽采（放）站。

2）坑木加工房、器材库（棚）、机修车间。

3）超过五层或建筑体积超过 10 000m^3 的办公楼、单身宿舍、井口浴室、矿灯房任务交代室联合建筑，锅炉房原煤给煤层。

4）建筑体积超过 5 000m^3 的宾馆、招待所、探亲房。

5）按现行国家标准《建筑设计防火规范》GB 50016 的有关规定要求设置室内消火栓的其他建筑。

2 下列建筑物或部位可不设置室内消火栓给水系统：

1）煤样室、化验室、制浆车间、内燃机车库、电机车库。

2）选煤厂主厂房水洗部分、浓缩车间、压滤车间、洗后产品的输送机栈桥和产品煤装车仓。

3）主、副井提升机房，压缩空气机房，地面制氮站，非燃烧材料库（棚），油脂库。

4）矸石仓、矸石输送机栈桥、运矸地道、不通行的封闭罩带式原煤输送机栈桥、场地范围外的原煤带式输送机栈桥。

5）换热站、空气加热室、锅炉房（原煤给煤层除外）、水泵房、变电所。

6）给水排水工程的各种建、构筑物。

3 建筑物内自动喷水灭火系统的设置，应按现行国家标准《建筑设计防火规范》GB 50016 的有关规定执行。高层原煤生产车间可不设置自动喷水灭火系统。

4 与主井井口房、翻车机房、选矸车间、筛分车间、主厂房、原煤仓、原煤转载点等生产系统连接的原煤输送机栈桥接口处，应设置消防水幕。

5 本条第 1 款～第 4 款中未包括的建筑物，其室内消防给水的设置应按现行国家标准《建筑设计防火规范》GB 50016 的有关规定执行。

6 汽车库室内消防给水的设置，应按现行国家标准《汽车库、修车库、停车场设计防火规范》GB 50067 的有关规定执行。

7 其他自动灭火系统的设置，应按现行国家标准《建筑设计防火规范》GB 50016 的有关规定执行。

2.6.6 封闭式储煤场应设置固定灭火器、消火栓或自动消防炮灭火系统。当采用消火栓系统时，消火栓用水量应采用 10L/s、2 股水柱。

2.6.7 室内消火栓用水量应根据水枪充实水柱长度和同时使用水枪数量经计算确定，但不应小于表 2.6.7 的规定。

表 2.6.7 室内消火栓用水量

建筑物名称	消火栓（炮）用水量（L/s）	同时使用水枪（炮）数量（支）	每根竖管最小流量（L/s）	水枪充实水柱长度（m）
立井井塔	10	2	10	10
原煤仓（缓冲仓、产品仓等）	10	2	10	10
准备车间（筛分、破碎等）	10	2	10	10
原煤输送机栈桥	5	1	5	7

注：表中未列出的建筑物室内消防用水量按现行国家标准《建筑设计防火规范》GB 50016 的有关规定执行。

2.6.8 室内消火栓间距应经计算确定。原煤输送机栈桥，室内消火栓的间距不应超过 50m。当输送机栈桥两端连接的建筑物内的消火栓可满足其消防需要时，栈桥内可不设置室内消火栓。

2.6.9 同一建筑物内应设置统一规格的消火栓、水枪和水龙带，且每条水龙带长度不应大于 25m。

2.6.10 爆炸材料库应有安全、可靠的消防供水水源。消防水池的补水时间不应超过 48h。

2.6.11 爆炸材料库区的消防设计，应按国家现行标准《民用爆破器材工程设计安全规范》GB 50089 或《小型民用爆炸物品储存库安全规范》GA 838 的有关规定执行。

2.6.12 设有专用消防泵的给水系统，各建筑物室内消火栓处应设置直接启动消防泵的按钮，且应设置保护设施。

2.7 给水处理

2.7.1 煤炭企业生产、生活供水水质不符合相应的水质标准要求时，应进行处理。

2.7.2 给水处理工程设计应按现行国家标准《室外给水设计规范》GB 50013 的有关规定执行。

2.7.3 给水处理站的设计水量，应按供水对象的最高日用水量及水处理站自用水量之和确定。自用水量应由计算确定，也可采用最高日用水量的 5%～10%。

2.7.4 给水处理的方法及工艺流程，应根据原水水质、水量、处理后的水质要求，并结合当地材料、药剂供应条件及施工和运行管理水平等，经技术经济比较确定。

2.7.5 生产用水和生活用水应按不同的水质要求进行处理。

2.7.6 井下水作为生活饮用水水源时，应以具备资质的化验部门提供的水质全分析资料作为依据，确定处理工艺。

2.7.7 给水处理构筑物和设备的处理能力，宜按 16～20h 处理设计水量计算确定。

2.7.8 给水处理设施采用构筑物或设备，应通过技术经济比较确定。

2.7.9 给水处理构筑物或设备的数量，应按检修时不间断供水的需要设置。沉淀池、澄清池、滤池的个数或分格数不宜少于两个，并可单独工作，可不设备用。

2.7.10 给水处理过程中所产生的废水、废渣，应作适当处理及处置。

2.7.11 给水处理站的监测与控制，应根据给水处理规模和管理水平等，按现行国家标准《室外给水设计规范》GB 50013 的有关规定执行。

2.7.12 寒冷地区的给水处理构筑物和设备宜建在室内或采取加盖措施。当采暖时，室内采暖计算温度不应小于 5℃。加药间、化验室、值班室和经常有人停留的房间，室内采暖计算温度不应小于 15℃。

2.7.13 给水处理站可根据给水处理规模，按现行行业标准《城镇给水厂附属建筑和附属设备设计标准》CJJ 41 的有关规定，确定附属、辅助建筑面积和设备数量。当有条件时，附属、辅助建筑府依托于企业。

3 排 水

3.1 排水量及水质

3.1.1 生活污水和生产废水排水量应符合下列规定：

1 工业场地生活污水量应按表 3.1.1 计算。

表 3.1.1 工业场地生活污水量

排水项目	占用水量比例（%）	时变化系数	备 注
工业场地建筑一般排水	95	1.5～2.5	—
食堂	85	1.5	—
浴室	95	1.0	—
洗衣房	95	1.0	—
单身宿舍	95	2.5～3.0	—
锅炉房	10	—	也可按工艺生产情况确定
未预见部分排水量	按场地各项排水量之和的 20%～30%计算	—	—

注：当无单项给水量时，生活污水总量宜为相应的生活给水总量的 85%～95%，时变化系数与相应的给水系统时变化系数相同。

2 工业废水量应按工艺要求确定，并应符合下列规定：

1）井下排水按井下正常涌水量确定，有灌浆、井下制冷系统时还应包括灌浆析出水量和井下制冷系统产生的废水量；灌浆析出水量按工艺专业资料计算，确无资料时可按 30%～50%的灌浆量计算。

2）露天矿疏干井排水量按工艺生产要求确定，矿坑排水量按正常涌水量确定。

3）选煤厂洗煤废水应闭路循环，按零排放计算废水量。

4）机修厂生产废水、矿区辅助、附属企业废水、爆炸器材工厂生产废水等应按工艺特点和要求确定。

3.1.2 生活污水和生产废水水质应按实测水质资料或按类似矿区已有同类工程实测水质资料设计。当缺乏资料时，可按下列规定执行：

1 工业场地生活污水水质应按下列数据设计：

1）SS 为 120～200mg/L。

2）BOD_5 为 60～150mg/L。

3）COD_{Cr} 为 100～300mg/L。

4）NH_3-N 为 15～20mg/L。

2 井下排水常规性指标应按下列数据设计，设计时可根据矿井涌水量大小、煤质、井下运输情况等因素选取高值或低值：

1）SS 为 600～3 000mmg/L。

2）油为 1.0～20.0mg/L。

3）COD_{Cr} 为 100～400mg/L。

3 露天矿矿坑排水常规性指标可按下列数据设计：

1）SS 为 600～3 000mg/L。

2）油为 1.0～20.0mg/L。

3）COD_{Cr} 为 100～300mg/L。

4 井下排水、露天矿矿坑排水特殊水质指标，可按实测或按煤田地质勘查报告中相关水质参数设计。

5 露天矿疏干排水水质应按本矿实测资料设计，无实测资料时，可按煤田地质勘察报告中所提水质资料确定。

6 其他工业废水可按本矿区或类似矿区已有同类型工程工业废水水质资料设计。

3.2 排水系统

3.2.1 工业场地排水系统应采用分流制，生活污水、场地雨水分别独立排放。生产废水可根据具体情况采用分流制或与生活污水合流排放。

3.2.2 井下排水、露天矿疏干水、矿坑排水及生活污水，应作为水资源用于生产、生活和农田灌溉。多余水量排放时，必须分别达到现行国家标准《煤炭工业污染物排放标准》GB 20426、《污水综合排放标准》GB 8978 和当地环保主管部门规定的排放标准要求。

3.2.3 选煤厂洗煤废水和机修厂水爆清砂废水应采用闭路循环系统。

3.2.4 煤炭筛选加工车间及储装运系统冲洗地板废水应进行处理，并应循环使用。

3.2.5 机修厂电镀废水及其他含油生产废水应先进行单独处理，并应达到现行行业标准《污水排入城市下水道水质标准》CJ 3082 的有关规定后，再排入场区污、废水排水管网。

3.2.6 爆炸器材工厂（库）废水应按现行国家标准《民用爆破器材工程设计安全规范》GB 50089 的有关规定进行排水系统设计，并应采取处理措施。

3.3 生活污水处理

3.3.1 工业场地的生活污水处理，应按现行国家标准《室外排水设计规范》GB 50014 的有关规定执行。

3.3.2 工业场地生活污水处理，应统一规划、合理布局，有条件时生活污水应集中处理。

3.3.3 生活污水处理规模宜按计算排水量的 1.2～1.5 倍确定，可根据企业发展的需要，预留一定的扩建场地。

3.3.4 选择污水处理工艺时，应根据出水水质的要求，结合地区特点和运行管理水平等因素确定。处理后的污水应回用，有条件时应全部回用。

3.3.5 污泥应按现行国家标准《室外排水设计规范》GB 50014 的有关规定进行妥善处理及处置。当污泥量较小时，污泥处理设施可不设备用。

3.3.6 工业场地生活污水处理宜设置调节池。调节池容积可按 4～8h 日平均小时水量计算。调节池应采取防止污泥沉淀的措施。

3.3.7 污水处理站的附属建筑和附属设备，可根据处理水量，按现行行业标准《城镇污水处理厂附属建筑和附属设备设计标准》CJJ 31 的有关规定执行，当有条件时，附属建筑和附属设备应依托于企业。有井下水处理站时，化验室宜与井下水处理站合建。

3.4 井下水处理

3.4.1 井下水处理应按现行国家标准《室外给水设计规范》GB 50013 的有关规定执行。

3.4.2 井下水处理规模宜按正常涌水量的 1.2～1.5 倍确定。有条件时，可预留一定的扩建场地。

3.4.3 选择井下水处理工艺，应根据原水水质及对处理后水质的要求，并结合地区特点和企业运行管理水平，经技术经济比较确定。处理后的井下水应回用，有条件时应全部回用。

3.4.4 污泥处理及处置应符合下列要求：

1 污泥处理应有污泥浓缩环节。

2 污泥脱水机械宜设一台备用。当污泥量较小时可不设备用。

3 当污泥浓缩池采用间歇运行时，污水处理构筑物的排泥宜直接排入污泥浓缩池。

4 污泥泵、污泥管道上宜设置冲洗设施。

5 带式污泥脱水机滤布冲洗水应采用过滤后的清水。

6 污泥脱水设备的类型应与煤泥性质及颗粒大小相适应。有条件时，可按类似矿井已运行的成熟经验选择脱水机类型。

3.4.5 井下水处理应设置调节预沉池，调节容积应根据处理规模、正常涌水量，并结合井下排水泵工作制度确定。在缺乏资料时，可按 6～10h 的正常涌水量计算。调节预沉池不应少于两座或至少分成可单独排空的两格，并应设置排泥设施。

3.4.6 各井下水处理构筑物或设备，宜设计成平行且能同时工作的两组或两组以上，可不设备用。

3.4.7 井下水处理站的附属建筑和附属设备，可根据处理水量、水质等，按现行行业标准《城镇给水厂附属建筑和附属设备设计标准》CJJ 41 和《城镇污水厂附属建筑和附属设备设计标准》CJJ 31 的有关规定执行。当有条件时，应依托于矿井有关设施。

4 建筑给水排水

4.1 建筑给水

4.1.1 工业场地建筑给水设计，应按现行国家标准《建筑给水排水设计规范》GB 50015、《建筑设计防火规范》GB 50016 及《高层民用建筑设计防火规范》GB 50045 的有关规定执行。

4.1.2 各建筑物内用水点对水质、水压的要求不同时，可采用分质、分压供水系统。

4.1.3 室内给水管道的敷设方式应便于检修。

4.1.4 各用水建筑物人户管均应设水表，住宅楼、探亲楼及设有独立卫生间的单身宿舍，应每户单设水表。

4.1.5 浴室的给水设计应符合下列要求：

1 当淋浴给水系统中设有贮热水箱时，水箱有效容积应按最大小时热水量确定。

2 当淋浴给水系统中设有冷水定压水箱时，水箱有效容积应按热水箱有效容积的 10%确定，但不应小于 1.0m^3。

3 淋浴系统的控制阀门和水位、水温指示装置，宜集中设在浴室管理室内。

4 宜使用节水型感应淋浴器和水嘴。

4.1.6 煤炭原煤生产系统各车间应设置冲洗地面用给水栓，洗后煤生产系统、机修厂及其他辅助生产车间应根据工艺要求设置冲洗地面用给水栓，给水栓服务半径不应大于20m。

4.1.7 在原煤筛分、破碎、转载、装卸、储运等产生粉尘的生产环节，宜设置湿式喷雾降尘装置。

4.2 建筑排水

4.2.1 工业场地建筑排水设计应按现行国家标准《建筑给水排水设计规范》GB 50015 的有关规定执行。

4.2.2 室内压力生产废水管道应采用符合要求的管材，其余排水管宜采用柔性接口机制排水铸铁管或建筑排水塑料管。

4.2.3 浴池水的排空时间宜按0.5～1h计算。

4.2.4 在经常需要冲洗地面煤尘的厂房内，利用地漏排除冲洗废水时，地漏的服务半径应符合下列规定：

1 地漏直径为100mm时，应采用6～8m。

2 地漏直径为150mm时，应采用10～12m。

4.2.5 煤炭原煤生产系统各车间的冲洗地面含煤废水，应设置独立排水系统，并应就近排至集水坑后，以压力排水方式排至处理系统。

4.2.6 翻车机房、受煤坑、半地下煤仓及其他建（构）筑物的地下部分有可能积水时，应设置排水设施。

5 热水及饮用水供应

5.1 热水供应

5.1.1 单身宿舍（公寓）、探亲楼、招待所、食堂、办公楼等建筑物热水用水量标准及水温，应符合现行国家标准《建筑给水排水设计规范》GB 50015的有关规定。

5.1.2 在条件允许的地区，应充分采用太阳能作为浴室、单身宿舍（公寓）等建筑物热水供应的热源。

5.1.3 热水供应系统的选择，应符合现行国家标准《建筑给水排水设计规范》GB 50015的有关规定，并应根据使用对象、耗热量、用水规律、用水点分布及操作管理条件，结合热源条件按下列原则确定：

1 单身宿舍（公寓）、探亲楼、招待所等可采用全日制或定时供水系统。

2 浴室灯房联合建筑宜采用开式定时供水系统，淋浴宜采用定时循环供水系统。

3 用水点分散、耗热量不大的建筑物宜采用局部供水系统。利用电能为热源的局部供水系统宜采用贮热式电热水器。

5.1.4 单身宿舍（公寓）、探亲楼、招待所及浴室灯房联合建筑的淋浴等，宜根据使用要求采用单管、双管或其他节水型供水系统。

5.1.5 浴室灯房联合建筑淋浴供水与池浴供水系统应分别设置；淋浴器冷水配水管上不宜分支供给其他用水点用水。

5.1.6 开式热水供应系统冷、热水箱设置高度应保证最不利淋浴器的流出水头要求。

5.1.7 浴室灯房联合建筑中热水供应对温度、压力有特殊要求的个别用水点，可采用局部加热、加压措施。

5.1.8 定时热水供应系统不宜采用塑料热水管。

5.1.9 浴室灯房联合建筑强淋系统应设置温控、稳压装置。

5.2 饮用水供应

5.2.1 饮用水定额及小时变化系数，应符合现行国家标准《建筑给水排水设计规范》GB 50015 的有关规定。

5.2.2 开水制备宜采用电源加热。

5.2.3 饮用水系统设置应符合现行国家标准《建筑给水排水设计规范》GB 50015 的有关规定。

附录 A 禽畜用水量标准

表 A 禽畜用水量标准

序号	名称		单位	用水指标（L）
1	牛	育成牛	每头每日	50～60
		犊牛	每头每日	30～50
		奶牛	每头每日	70～120
2	马、驴、骡		每匹每日	40～50
3	猪	育肥猪	每口每日	30～40
		母猪	每口每日	60～90
		幼猪	每口每日	15～25
4	羊		每头每日	5～10
5	骆驼		每匹每日	10～25
6	兔		每只每日	2～3
7	鸡		每只每日	0.5～1.0
8	鸭		每只每日	1.0
9	鹅		每只每日	1.25

本规范用词说明

1 为便于在执行本规范条文时区别对待，对要求严格程度不同的用词说明如下：

1）表示很严格，非这样做不可的：

正面词采用“必须”，反面词采用“严禁”；

2）表示严格，在正常情况下均应这样做的：

正面词采用“应”，反面词采用“不应”或“不得”；

3）表示允许稍有选择，在条件许可时首先应这样做的：

正面词采用“宜”，反面词采用“不宜”；

4）表示有选择，在一定条件下可以这样做的，采用“可”。

2 条文中指明应按其他有关标准执行的写法为：“应符合……的规定”或“应按……执行”。

引用标准名录

《室外给水设计规范》GB 50013

《室外排水设计规范》GB 50014

《建筑给水排水设计规范》GB 50015

《建筑设计防火规范》GB 50016

《供水水文地质勘察规范》GB 50027

《高层民用建筑设计防火规范》GB 50045
《汽车库、修车库、停车场设计防火规范》GB 50067
《民用爆破器材工程设计安全规范》GB 50089
《污水再生利用工程设计规范》GB 50335
《煤矿井下消防、洒水设计规范》GB 50383
《农田灌溉水质标准》GB 5084
《生活饮用水卫生标准》GB 5749
《污水综合排放标准》GB 8978
《农村生活饮用水量卫生标准》GB 11730
《煤炭工业污染物排放标准》GB 20426
《城镇污水处理厂附属建筑和附属设备设计标准》CJJ 31
《城镇给水厂附属建筑和附属设备设计标准》CJJ 41
《镇（乡）村给水工程技术规程》CJJ 123
《小型民用爆炸物品储存库安全规范》GA 838
《污水排入城市下水道水质标准》CJ 3082
《选煤厂洗水闭路循环等级》MT/T 810

中华人民共和国国家标准

硫酸、磷肥生产污水处理设计规范

Code for design of wastewater treatment in sulfuric acid and phosphate fertilizer production

GB 50963—2014

前 言

本规范是根据住房城乡建设部印发的《2010年工程建设标准规范制订、修订计划（第二批）》（建标[2010]43号）的要求，由中国石油和化工勘察设计协会和中国石化集团南京工程有限公司会同有关单位共同编制完成。

在本规范的编制过程中，规范编制组进行了广泛的调研，认真总结了我国二十多年来硫酸、磷肥生产污水处理的科研、设计和运行管理方面的实践经验，在广泛征求意见的基础上，经审查定稿。

本规范共分12章，主要技术内容包括：总则，术语，污水处理系统，硫酸生产污水处理工艺，磷肥生产污水处理工艺，污水处理站（场）的选址及布置，污水处理主要设施，药剂制备系统，管道设计，监测与控制，节水、节能与环境保护，安全与卫生。

本规范中以黑体字标志的条文为强制性条文，必须严格执行。

本规范由住房城乡建设部负责管理和对强制性条文的解释，由中国工程建设标准化协会化工分会负责日常管理，由中国石化集团南京工程有限公司负责具体技术内容的解释。执行过程中如有意见和建议，请寄送中国石化集团南京工程有限公司（地址：江苏省南京市江宁区科建路1189号，邮政编码：211100），以便今后修订时参考。

本规范主编单位、参编单位、参加单位、主要起草人和主要审查人：

主编单位：中国石油和化工勘察设计协会
中国石化集团南京工程有限公司

参编单位：东华工程科技股份有限公司
中国五环工程有限公司
贵州东华工程股份有限公司
瓮福（集团）有限责任公司磷肥厂
哈尔滨工业大学深圳研究生院

参加单位：江苏舜天机械机电工程有限公司

主要起草人：蒋少军 韩 玲 俞守业 贾秀芹 张 俊 刘彩珍 张道马 梁永祥
耿思清 李 继 杨 毅

主要审查人：毕喜成 蒋晓明 韩艳萍 伍芬元 胡连江 吴桂荣 孙国超 张一麟 沙业汪 王丽琼

1 总 则

1.0.1 为保护水环境，节约水资源，防止硫酸、磷肥生产污水排放引起的水体污染，使硫酸、磷肥生产污水处理工程设计安全可靠、技术先进、经济合理，制定本规范。

1.0.2 本规范适用于新建、改建和扩建的硫酸、磷肥生产污水处理工程的设计，不适用于石油、天然气、炼焦、电力等工业产生的含硫烟气制酸的污水处理工程设计。

1.0.3 硫酸、磷肥生产污水处理工程设计应贯彻综合利用、节能降耗、节水减排的原则。

1.0.4 硫酸、磷肥生产污水处理工程应与主体工程同时设计、同时施工、同时投产使用。

1.0.5 硫酸、磷肥生产污水处理工程设计应结合工程情况，在成熟、可靠的前提下，积极采用经生产实践验证的新工艺、新设备、新材料。

1.0.6 硫酸、磷肥生产污水处理工艺在无成熟经验时，应通过试验验证确定工艺流程及设计参数。

1.0.7 硫酸、磷肥生产污水采用分质和分级处理时，处理工艺应根据污染物的特性以及处理要求确定。处理设施宜分区、分类集中设置。

1.0.8 硫酸、磷肥生产污水处理后的排放水水质应符合现行国家标准《硫酸工业污染物排放标准》GB 26132、《磷肥工业水污染物排放标准》GB 15580、《铅、锌工业污染物排放标准》GB 25466、《铜、镍、钴工业污染物排放标准》GB 25467 的有关规定和环境影响评价报告书（表）及批复文件的要求。

1.0.9 硫酸、磷肥生产污水处理工程的设计，除应符合本规范外，尚应符合国家现行有关标准的规定。

2 术 语

2.0.1 硫酸生产污水 wastewater from sulfuric acid production

硫酸生产过程中产生的污水。

2.0.2 磷肥生产污水 wastewater from phosphate fertilizerproduction

磷肥生产过程中产生的污水以及磷石膏渣场的排水。

2.0.3 分质处理 separated treatment

根据硫酸、磷肥生产污水不同的水质特性，采用不同的处理工艺。

2.0.4 分级处理 stage treatment

根据硫酸、磷肥生产污水污染物浓度的高低采取的分级处理工艺。

2.0.5 酸性污染区域 acid contaminated area

硫酸、磷肥生产装置中受到酸性物质污染的区域。

2.0.6 间断小时排水量 intermittent hourly effluent quantity

硫酸、磷肥生产装置的间断排水量按历时折算最大一组的小时排水量。

3 污水处理系统

3.1 一般规定

3.1.1 生产过程的排水应遵循以下原则：

1 清污分流，污污分流；

2 分质处理，重复利用。

3.1.2 污水处理系统应满足稳定运行的要求，污水量操作弹性范围宜取最高日平均时流量的60%～115%。

3.1.3 污水处理站（场）应设置调节池及事故池。

3.1.4 污水处理站（场）各处理设施应设置排净设施，其排净液不得直接排放。

3.1.5 寒冷地区污水处理站（场）的设计应采取防冻、保温及采暖措施。

3.1.6 排往化工园区、城镇污水处理厂等公共污水处理系统的污水，其水质应符合现行国家标准《硫酸工业污染物排放标准》GB 26132、《磷肥工业水污染物排放标准》GB 15580、《铅、锌工业污染物排放标准》GB 25466、《铜、镍、钴工业污染物排放标准》GB 25467中间接排放限值的规定以及现行行业标准《污水排入城镇下水道水质标准》CJ 343的接管要求。

3.1.7 硫酸、磷肥生产企业的生活污水不应与硫酸、磷肥生产污水合并处理。

3.1.8 调节池的容积宜根据进水水量、水质变化资料来确定。当无法取得资料时，调节池的容积宜按8～12h最高日平均时污水量确定。

3.1.9 污水处理站（场）事故池的容积可按12～24h最高日平均时污水量来确定。

3.1.10 沉淀池（槽）设计参数宜根据污泥沉降试验确定，当不具备试验条件时，竖流式沉淀池（槽）污泥沉降速度宜为0.10～0.30mm/s，幅流式沉淀池水力负荷宜为0.6～1.0m^3/（m^2·h）。

3.1.11 沉淀池（槽）底部应设置污泥回流设施使污泥回流至絮凝池（槽），其回流比宜为10%。

3.1.12 含砷、铅及其他重金属污染物的硫酸生产污水，当其水质符合现行国家标准《硫酸工业污染物排放标准》GB 26132、《铅、锌工业污染物排放标准》GB 25466和《铜、镍、钴工业污染物排放标准》GB 25467的规定时，可与磷肥生产污水合并处理。

3.2 设计水量、水质

3.2.1 污水处理站（场）的设计规模应按最高日平均时污水量确定，污水量应包括：最高日平均时生产污水量、初期污染雨水量和未预见污水量。各种污水量的确定应符合下列规定：

1 最高日平均时生产污水量应按各生产装置最大连续小时排水量与经调节后的间断小时排水量之和确定；

2 初期污染雨水量宜按酸性污染区域面积与15～30mm降水深度的乘积计算，初期污染雨水量应根据初期污染雨水总量和污染雨水收集池排净时间确定，初期污染雨水收集池的有效容积不应小于初期污染雨水总量，排净时间宜为72～120h；

3 未预见污水量宜按最高日平均时生产污水量的10%～20%计算。

3.2.2 污水处理构筑物及设施的设计流量宜按最高日平均时流量确定。

3.2.3 污水处理站（场）设计水质应按各装置最高日平均时污水量和水质加权平均计算确定，当设计资料不齐全时，可按同类企业的运行水质确定。

4 硫酸生产污水处理工艺

4.1 一般规定

4.1.1 硫酸生产污水处理工艺应根据硫酸生产原料的特点、污水水量、水质特性及处理出水要求，并结合当地自然条件，经过技术经济比较后确定。

4.1.2 含砷、铅及其他重金属污染物的硫酸生产污水应在车间内单独进行预处理，其排出水水质应符合现行国家标准《污水综合排放标准》GB 8978 中第一类污染物的排放标准。

4.1.3 硫酸装置净化系统产出的稀硫酸和酸泥宜综合利用。

4.1.4 硫酸生产污水经处理后宜回到硫酸装置中循环利用。矿渣增湿器除尘设施洗涤水宜单独处理后循环使用。

4.1.5 硫酸尾气脱硫吸收后的尾液应综合利用，且不应进入污水处理站（场）。

4.1.6 以硫铁矿和冶炼烟气为原料的硫酸装置的污水处理站（场）应设置开车事故水池。开车事故水池的容积宜按 24～48h 开车排水流量确定。开车事故水池可作为污水处理站（场）的事故池使用。

4.1.7 中和、沉淀处理单元不宜少于两个系列，且每个系列应能独立运行。

4.2 处理工艺与控制参数

4.2.1 硫酸生产污水处理工艺、控制参数宜通过试验确定，当不具备试验条件时，处理工艺、控制参数宜符合下列规定：

1 含砷浓度不大于 4mg/L 的污水宜采用石灰或电石渣一级中和处理工艺，中和后的 pH 信宜为 6～9；

2 含砷浓度大于 4mg/L 且不大于 100mg/L 的污水宜采用石灰或电石渣二级中和、氧化、沉淀处理工艺，除砷剂宜采用硫酸亚铁，控制参数宜符合卜列规定：

1）第一级中和后的 pH 值宜为 3～4，Fe/As 摩尔比宜为 2～4：

2）第二级中和后的 pH 值宜为 7～8，Fe/As 摩尔比宜为 20。

3 含砷浓度大于 100mg/L 且不大于 500mg/L 的污水宜采用石灰或电石渣三级中和、氧化、沉淀处理工艺，除砷剂宜采用硫酸亚铁，控制参数宜符合下列规定：

1）第一级中和后的 pH 值宜为 2；

2）第二级中和后的 pH 值宜为 3～4，Fe/As 摩尔比宜为 2～4；

3）第三级中和后的 pH 值宜为 7～8，Fe/As 摩尔比宜为 20。

4 含砷浓度大于 500mg/L 的污水宜采用石灰铁盐法及硫化钠法组合处理工艺。采用硫化钠除砷反应停留时间不宜少于 2h，反应 pH 值宜为 1.5～2.0，氧化还原电位宜小于 50mV。

4.2.2 以硫化氢为原料生产硫酸的污水宜选用氢氧化钠作中和药剂。

4.2.3 中和反应搅拌方式宜采用机械搅拌，机械搅拌型式宜采用折叶桨搅拌机，搅拌机叶轮的外缘线速度宜为 2～4m/s，转速宜为 30～60r/min。

4.2.4 采用石灰或电石渣为中和剂时，对于冶炼烟气制酸污水，每级中和反应时间不宜少于 1.0h，对于其他原料的硫酸生产污水，每级中和反应时间不宜少于 0.5h。

4.2.5 氧化池（槽）的搅拌方式宜采用机械搅拌，辅助空气氧化。机械搅拌的设计参数应符合本规范第 4.2.3 条的规定，空气用量应满足氧化反应所需要的氧气量，可按下式计算：

$$G_s=\frac{O_S}{0.28E_A}\times 100 \tag{4.2.5}$$

式中：G_s——标准状态（0.1MPa、20℃）下的空气用量（m^3/h）；

O_S——标准状态下的污水需氧量（kg/h）；

0.28——标准状态下每立方米空气中的含氧量（kg/m^3）；

E_A——氧的利用率（%）。

4.2.6 氧化反应时间应通过试验确定。当不具备试验条件时，每级氧化反应时间不宜少于0.5h。

4.2.7 絮凝反应时间宜取 10～20min。絮凝反应宜采用机械搅拌，搅拌机叶轮的外缘线速度宜为 1～2m/s，搅拌机的转速宜为 15～30r/min。

5 磷肥生产污水处理工艺

5.1 一般规定

5.1.1 磷肥生产污水处理工艺应根据磷肥品种、污水水量、水质特性及处理出水要求，结合当地自然条件，经过技术经济比较后确定。

5.1.2 磷铵生产装置产生的氨氮污水应回用到磷铵生产系统中。

5.1.3 以硫酸钠和氟硅酸为原料生产氟硅酸钠的污水宜回收利用。

5.2 处理工艺与控制参数

5.2.1 磷肥生产污水处理工艺、控制参数宜通过试验确定，当不具备试验条件时，处理工艺、控制参数宜符合下列规定：

1 含氟浓度不大于 1 000mg/L 的污水宜采用二级中和、二级絮凝沉淀法处理工艺。一级中和后的 pH 值宜为 3～5，二级中和后的 pH 值宜为 6～9；

2 含氟浓度大于 1 000mg/L 的污水宜采用二级中和、二级絮凝沉淀以及出水加酸回调法处理工艺。一级中和后的 pH 值宜为 3～5，二级中和后的 pH 值不宜小于 12，出水加酸回调后的 pH 值宜为 6～9；

3 氟硅酸钠生产污水可采用三级中和、三级絮凝沉淀，最后一级中和出水加酸回调法处理工艺。一级中和后的 pH 值宜为 3～5，二级中和后的 pH 值宜为 6～9，三级中和后的 pH 值不宜小于 12，出水加酸回调后的 pH 值宜为 6～9。

5.2.2 当中和池（槽）采用机械搅拌时，设计参数应符合本规范第 4.2.3 条的规定。

5.2.3 中和池（槽）的数量每级不宜少于 2 个，每级中和反应时间不宜少于 lh。

5.2.4 中和池（槽）后宜设置絮凝池（槽）。絮凝反应时间宜根据试验确定，也可根据同类型污水处理运行经验数据选取，在无资料时，宜取 20～30min。絮凝反应宜采用机械搅拌，搅拌机的设计参数应符合本规范第 4.2.7 条的规定。

6 污水处理站（场）的选址及布置

6.1 选 址

6.1.1 污水处理站（场）的选址原则应根据处理工艺及流程的要求，结合地形、地质、气象条件、防火、卫生防护距离等因素，经技术经济综合比较后确定。

6.1.2 污水处理站（场）宜位于厂区或生活区全年最小频率风向的上风侧，宜紧邻工艺装置主要污水排放工段布置，并符合地方环境保护主管部门的要求。

6.1.3 污水排放口的设置应符合现行国家标准《化工建设项目环境保护设计规范》GB 50483 的有关规定，并应符合当地环境保护、规划等部门的要求。

6.2 布 置

6.2.1 根据污水处理工艺的特点，污水处理站（场）宜划分为药剂制备区、中和处理区、污泥处理区、辅助生产区及管理区。新建工程平面布置宜适当留有改、扩建的余地。

6.2.2 污水处理站（场）内的办公室、控制室及分析室宜位于全年最大频率风向的上风侧。

6.2.3 污水处理站（场）处理构筑物的高程布置应充分利用自然地形，污水的输送宜采用重力流，各构筑物的高程和连接管（渠）的水头损失应根据水力计算确定，并应留有10%～20%的余量。

6.2.4 配电间宜紧邻用电负荷中心，并应远离石灰仓储间。

6.2.5 石灰储存及化灰系统应紧邻中和系统布置，控制室、分析室与化灰、中和系统之间宜用绿化带隔开。

6.2.6 污水处理站（场）的绿化应高于全厂绿化的标准，绿化面积不宜小于污水处理站（场）总面积的30%。

6.2.7 污水处理站（场）每个区域之间的车行道、人行道宜隔开，建（构）筑物之行道的管架净空高度不应小于4.5m。

6.2.8 应设置临时堆场堆放硫酸生产污水处理系统中产生的含砷、含重金属废渣，临时堆场不应露天布置。

6.2.9 酸、碱贮存区应设置围堰，并应进行防腐处理，围堰的容积应大于最大贮罐的容积。

6.2.10 药剂的储存应符合下列规定：

1 化学药剂宜集中管理和储存，药剂仓库可与加药间合建；

2 药剂堆存区域的地面宜高出加药间地面0.2～0.3m，且地面和墙裙应进行防腐、防潮的处理；

3 药剂储存量应根据药剂使用量、市场供应和运输条件确定，宜按7～15d最大日用药量确定。固体药剂堆放高度宜为1.5～2.0m。

7 污水处理主要设施

7.1 调节设施

7.1.1 硫酸、磷肥生产污水处理的调节池不宜少于2格，且每格应能单独运行。

7.1.2 调节池宜采用机械搅拌，机械搅拌设施应进行防腐蚀处理。

7.1.3 调节池、事故池内壁可采用碳砖、耐酸砖、花岗岩等防腐材料。

7.2 中和反应与絮凝反应设施

7.2.1 中和池（槽）、絮凝池（槽）可采用钢筋混凝土结构或钢制结构。钢筋混凝土池内壁可采用碳砖、耐酸砖、花岗岩等防腐材料，钢制结构可采用衬胶或衬玻璃钢。

7.2.2 中和池（槽）、絮凝池（槽）应设置搅拌设施。搅拌设施宜采用桨式或框式机械搅拌机，搅拌机的材质可采用钢衬胶或316L不锈钢。

7.2.3 中和池（槽）、絮凝池（槽）顶超高不应小于0.5m，其最低液位应满足配套搅拌设施安全运行的要求。

7.3 沉淀及过滤设施

7.3.1 沉淀池（槽）的直径小于8m时宜采用竖流式沉淀池（槽），直径不小于8m时宜采用辐流式沉淀池。

7.3.2 竖流式沉淀池（槽）可采用钢筋混凝土结构或钢结构，辐流式沉淀池宜采用钢筋混凝土结构。钢筋混凝土沉淀池内壁防腐可衬玻璃钢或贴耐酸砖，钢结构沉淀槽内壁防腐可衬玻璃钢或衬胶，沉淀池内部设施及构件应进行防腐蚀处理。

7.3.3 竖流式沉淀池（槽）的有效沉降面积应按下式计算：

$$A=\frac{Q}{3.6UK} \quad (7.3.3)$$

式中：A——沉淀池（槽）有效沉降面积（m^2）；

Q——设计污水量（m^3/h）；

U——污泥沉降速度（mm/s）；

K——沉淀池（槽）中因上升水流等分布不均匀的修正系数，宜取 0.5～0.7。

7.3.4 辐流式沉淀池的有效沉降面积应按下式计算：

$$A=\frac{Q}{q} \quad (7.3.4)$$

式中：q——表面水力负荷[m^3/（m^2 • h）]，宜取 0.6～1.0m^3/（m^2 • h）。

7.3.5 沉淀池（槽）的排泥方式可采用重力排泥或泵抽吸排泥，污泥泵应选用防腐、耐磨泵。

7.3.6 硫酸生产污水处理的固液分离可采用膜过滤器。膜过滤器选型应根据水量、进出水水质、膜的通量、单根膜滤袋的面积等参数确定。膜过滤器膜的材质宜采用膨化聚四氟乙烯（PTFE），壳体宜采用碳钢衬胶。

7.3.7 过滤设备的选择宜符合下列规定：

1 进水悬浮物浓度小于 300mg/L 时，宜采用砂过滤器；

2 进水悬浮物浓度为 300～1 000mg/L 时，宜采用膜过滤器；

3 进水悬浮物浓度大于 1 000mg/L 时，宜先沉淀再采用膜过滤器。

7.4 污泥处理设施

7.4.1 日处理污泥量较少的污泥处理设施可选用板框、厢式压滤机；日处理污泥量较大的污泥处理设施可选用折带式真空转鼓脱水机、离心机、带式过滤机。

7.4.2 进入脱水设备的污泥含水率不宜大于 95%。污泥脱水设备的处理能力应通过污泥脱水试验确定，当无试验数据时，污泥脱水负荷的选取宜符合下列规定：

1 带式过滤机污泥脱水负荷以干基计宜为 160～200kg/（m • h）；

2 板框压滤机污泥脱水负荷以干基计宜为 5～15kg/（m^2 • h）。

7.4.3 脱水后的泥饼含水率不宜大于 80%。

7.4.4 污泥脱水机的过流部件应选用耐腐蚀材料。

7.4.5 污泥量应按下式计算：

$$N=(N_a-QC)+N_b+Q(S-D) \quad (7.4.5)$$

式中：N——以干基计污泥量（kg/h）；

N_a——中和反应产生沉淀物的理论计算量（kg/h）；

C——中和反应产生的沉淀物在水中的溶解盐含量（kg/m^3）；

N_b——中和药剂中的不溶性杂质含量（kg/h）；

S——中和前污水悬浮物含量（kg/m^3）；

D——沉淀后排放水中带走的悬浮物含量（kg/m^3）。

8 药剂制备系统

8.1 一般规定

8.1.1 硫酸、磷肥生产污水一级中和药剂可采用石灰、石灰石、电石渣，二、三级中和药剂可采用石灰、电石渣。

8.1.2　采用石灰为中和药剂时，宜采用湿法投加，石灰乳以氧化钙计的投加浓度宜为5%～10%。

8.1.3　硫酸、磷肥生产污水的絮凝剂可采用聚丙烯酰胺（PAM）、聚合氯化铝（PAC）、聚合硫酸铝（PAS）或聚合硫酸铁（PFS）。聚丙烯酰胺（PAM）絮凝剂应选用阴离子型，配制浓度不宜大于0.2%，硫酸污水的投加量宜为5～8mg/L，磷肥污水的投加量宜为5～10mg/L；聚合氯化铝（PAC）的配制浓度宜为5%～10%，投加量宜为15～50mg/L。

8.1.4　采用硫酸亚铁或硫化钠作除砷剂时，配制浓度宜为10%。

8.2　中和药剂配制

8.2.1　石灰乳制备系统的设计规模应根据石灰的用量及来源确定。当石灰的用量不大于8t/d时，宜采用间断配制方式，可采用熟石灰粉加水制备；当石灰的用量大于8t/d时，宜采用连续配制方式，可先采用球磨机研磨，再加水制备或采用消石灰机制备。

8.2.2　石灰石宜用于初级中和，石灰石的投加方式可采用干投或湿投。

8.2.3　生石灰的储存方式宜采用干法储存。干法储存宜采用密封仓储存的方式。生石灰的储量应按当地供应、运输等条件确定，并宜按7～10d的最大日用量计算。

8.2.4　生石灰输送至密封仓时，宜采用斗式提升机输送或气力输送，投料系统宜采用机械投料方式，密封仓、输送系统及投料系统应密闭，并应设置除尘系统。

8.2.5　消化后的石灰乳应过滤除砂，浓浆槽的石灰乳控制浓度以氧化钙计宜为20%～30%，石灰乳贮槽控制浓度以氧化钙计宜为5%～10%。石灰乳贮槽应设置两座，以便交替使用。

8.2.6　石灰作为中和药剂时，其用量应按下式计算：

$$N_z=\frac{K\cdot N_s}{b} \tag{8.2.6}$$

式中：N_z——石灰用量（t/d）；

N_s——石灰理论计算用量（t/d）；

b——以氧化钙计的石灰纯度（%）；

K——反应不均匀系数，宜取1.10～1.40。

8.2.7　石灰乳贮槽的总有效容积应按下式计算：

$$V=\frac{N_z}{d\cdot c\cdot a} \tag{8.2.7}$$

式中：V——石灰乳储槽总有效容积（m^3）；

d——石灰乳的密度（t/m^3），宜取1.05～1.08t/m^3；

c——以氧化钙计石灰乳的浓度（%），宜取5%～10%；

a——每天配制的次数。

8.2.8　浓浆槽及石灰乳槽宜采用框式机械搅拌，搅拌机转速不宜大于30r/min。

8.2.9　石灰乳可采用石灰乳泵直接投加，也可采用高位石灰乳计量槽重力自流投加。

8.3　絮凝剂、除砷剂的配制

8.3.1　絮凝剂、除砷剂的配制次数宜每班1次。

8.3.2　固体药剂投加可采用人工上料或机械输送上料。溶解槽可兼作溶液槽，溶液槽应设置备用槽。

8.3.3　聚丙烯酰胺（PAM）、聚合氯化铝（PAC）絮凝剂的溶解槽、溶液槽宜采用玻璃钢材质，其搅拌机宜采用不锈钢材质。硫酸亚铁或硫化钠的溶解槽、溶液槽可采用钢衬胶或玻璃钢材质，其搅拌机宜采用不锈钢材质。

8.3.4 溶解池设置在地下时，宜采用钢筋混凝土池体，内壁防腐宜采取衬玻璃钢、贴耐酸砖等措施，池顶应高出地面 0.2m，底部坡度不宜小于 2%，池底应有排渣口。

8.3.5 投药设备宜采用计量泵。

8.3.6 加药间药剂制备和投加区应设置围堰或集水池，其容积应大于最大贮槽的容积。

9 管道设计

9.1 管道布置

9.1.1 污水处理站（场）内的主要管道应根据污水处理站（场）的总平面布置并结合远期规划统一布置。构筑物分期施工时，管道布置应满足分期施工的要求，并合理设置超越管。

9.1.2 污水处理站（场）的排水管出水口受接纳水体水位顶托时，应设置防倒灌的设施。

9.1.3 输送污水、污泥、石灰乳的压力流管道的敷设，应避免出现气袋、液袋，当不可避免出现气袋、液袋时，应在气袋部位设置排气阀，在液袋部位设置排净阀。

9.1.4 污水管道、石灰乳管道不宜埋地敷设。

9.1.5 管道上的阀门、仪表应安装在便于操作、拆卸和维护的位置，仪表应便于观察。

9.1.6 污泥输送管道的转弯半径不宜小于管径的 4 倍。自流管道敷设坡度宜为 3%～5%。有压力的水平管的坡度不宜小于 0.5%，并坡向输送方向。石灰乳管道的转弯半径不宜小于管径的 5 倍，管道坡度不宜小于 1.2%。

9.1.7 输送石灰乳、污泥的压力流管道应在管道的弯头、三通及变径的适当位置设置水或空气的接入口，且应在管道的适当位置设置放空的设施。在污水管道的适当位置，应留有吹扫和冲洗接口。

9.1.8 中和后的污水管内液体的流速不宜小于 1.0m/s。污泥管内介质的流速不宜小于 1.5m/s，且最小管径不宜小于 100mm。石灰乳管内介质的流速不宜小于 0.8m/s，管径不宜小于 40mm，管件宜采用法兰连接。

9.2 管道材料

9.2.1 管道的材料选择应结合介质的特性、输送压力、敷设方式等因素确定。

9.2.2 硫酸、磷肥生产污水处理管道材料的选择应符合下列规定：

1 石灰乳管可采用碳钢管或塑料管；

2 生产污水管可采用钢衬塑管、钢衬胶管或塑料管；

3 加药管可采用不锈钢管或塑料管；

4 酸性污泥管不应采用碳钢管。

10 监测与控制

10.1 监　测

10.1.1 污水处理站（场）进、出水应设置计量及监测设施。监测仪表的设置应符合下列规定：

1 硫酸、磷肥生产污水处理站（场）进、出水总管（渠）应设置流量、pH 值在线监测仪表；

2 其他污染物项目的监测应根据项目环境影响评价书（表）的要求设置。

10.1.2 进、出污水处理站（场）的其余物料的管道应设置流量在线监测仪表。

10.1.3 各级处理构筑物的出口处应设置取样口，并应考虑取样点处的排水收集。

10.1.4 硫酸、磷肥污水处理站（场）的水质分析项目与分析方法应符合有关国家标准的规定。

10.1.5 污水处理分析化验项目及分析频率的确定应符合下列规定：

1 分析化验项目应根据生产硫酸、磷肥所用的原料种类和执行的排放标准决定，总进水和总出水的 pH 值、悬浮物、砷、氟化物、硫化物、铅、总磷、铜、镍、锌、镉、铬应每天分析一次；

2 每级中和池（槽）构筑物进出水的 pH 值应两小时分析一次；

3 污泥含水率和滤液含固量应根据生产需要确定分析频率；

4 污泥的重金属离子应做不定时分析，工艺原料发生变化时应重新分析。

10.2 控 制

10.2.1 污水处理站（场）宜集中控制，并应与全厂控制系统连接。

10.2.2 主要设备的运行状态宜在控制室显示，并可进行远程控制。

10.2.3 仪表选型应根据污水特性、工艺流程、运行管理和管道敷设条件等因素确定，并宜与全厂仪表控制系统相统一。

10.2.4 污水管、药剂管、污泥管的流量参数宜集中显示。

10.2.5 调节池、污泥池、回用水池、溶液槽、酸（碱）贮槽、石灰乳槽应设置液位测量仪表及高低液位报警仪表，石灰仓应设置料位测量及高低料位报警仪表，并宜集中到控制室显示。

10.2.6 中和药剂的投加宜与中和池（槽）出水 pH 计联锁，pH 值宜集中到控制室显示。

11 节水、节能与环境保护

11.0.1 处理后的硫酸、磷肥生产污水宜回用。

11.0.2 污水处理站（场）应设置回用水池及回用设施。回用水池的容积宜按 6～8h 回用水量确定。

11.0.3 厂外磷石膏湿法渣场回水可作为磷酸反应尾气洗涤水、过滤洗涤水、调浆用水及磷酸循环水补充水。渣场不平衡的污水应排入污水处理站（场）处理。

11.0.4 污水处理站（场）处理后的出水可作为中和药剂配水、管线、设备及地面冲洗用水，也可作为硫酸装置矿渣增湿器用水、水膜除尘器补充水、磷酸装置酸性循环水站补充水。

11.0.5 污水处理站（场）应选用节能型设备，水泵的选型及台数的确定应满足不同水量变化的要求。

11.0.6 硫酸生产污水处理中产生的含砷、含重金属的伺体废物应与一般固体废弃物分开处置，其填埋处置方法应符合现行国家标准《危险废物填埋污染控制标准》GB 18598 的有关规定。

11.0.7 硫酸生产污水处理中，含砷、重金属的固体废渣的临时贮存设施应设置围堰，并应做防渗处理。

11.0.8 污水处理站（场）冲洗设备和地坪的污水应收集、处置。

11.0.9 污水处理构筑物应有防止渗漏的措施。

12 安全与卫生

12.1 一般规定

12.1.1 污水处理站（场）设置的安全设施与卫生设施应与主体工程同时设计、同时施工、同时投入使用。

12.1.2 污水处理站（场）内道路、平面布置间距、建（构）筑物耐火等级、火灾分类应按现行国家标准《建筑设计防火规范》GB 50016 的有关规定执行，爆炸危险分区应按现行国家标准《爆炸和火灾危险环境电力装置设计规范》GB 50058 的有关规定执行。

12.1.3 污水处理站（场）内卫生防护设施的设置应按现行国家标准《工业企业设计卫生标准》GBZ 1 的有关规定执行。

12.1.4 建（构）筑物的防腐措施应按现行国家标准《工业建筑防腐蚀设计规范》GB 50046 和《建筑防腐蚀工程施工及验收规范》GB 50212 的有关规定执行。

12.1.5 污水处理站（场）灭火器的配置应按现行国家标准《建筑灭火器配置设计规范》GB 50140 的有关规定执行。

12.2 安全设施

12.2.1 处理构筑物应设置栏杆、防滑梯、逃生通道等安全设施。高架处理建（构）筑物应设置避雷设施。

12.2.2 调节池、事故池、中和池、氧化池、絮凝池、沉淀池等有耐腐蚀要求的水池内不宜设置固定爬梯。

12.2.3 硫酸生产污水处理站（场）散发硫化氢及其他有害气体的设备与构筑物应封闭和设置气体收集及处理设施，并应设置有毒、有害气体检测及报警设施。

12.2.4 酸、碱的装卸和投加不应采用压缩空气输送。

12.2.5 对操作人员来说有危险的机械设备裸露传动部分或运转部分应设置防护罩或防护栏杆。

12.2.6 脱水机房的吊装孔在非吊装作业时应铺设坚实盖板或设置防护栏杆。

12.2.7 易产生静电的设备及管道应采取静电接地措施。

12.2.8 有腐蚀性介质、粉尘、蒸汽和潮湿的工作场所，应使用密闭防护型电气设备，照明及通风设备的开关应设置在室外。

12.2.9 有火灾和爆炸危险的工作场所应根据危险等级和使用条件，按有关规定选用防爆型电气及仪表设备。

12.3 卫生防护设施

12.3.1 污泥脱水间宜设置冲洗设施。石灰乳的输送宜在封闭系统中进行，石灰库及中和剂配制间应设置通风、除尘设施，通风换气次数不宜少于 6 次/h，含砷污泥脱水间应设置通风设施，通风换气次数不宜少于 8 次/h。

12.3.2 动设备宜选用低噪声型设备，高噪声型设备宜集中布置，并应采取消音、隔声等措施。

12.3.3 酸、碱等腐蚀性介质的操作岗位应配置洗眼器。

12.3.4 酸、碱和石灰贮存及消化工段应配置防护面具、个人防尘器具、抢救器材、工具箱等防护用品。

本规范用词说明

1 为便于在执行本规范条文时区别对待，对要求严格程度不同的用词说明如下：

1）表示很严格，非这样做不可的：

正面词采用“必须”，反面词采用“严禁”；

2）表示严格，在正常情况下均应这样做的：

正面词采用“应”，反面词采用“不应”或“不得”；

3）表示允许稍有选择，在条件许可时首先应这样做的：

正面词采用“宜”，反面词采用“不宜”；

4）表示有选择，在一定条件下可以这样做的，采用“可”。

2 条文中指明应按其他有关标准执行的写法为：“应符合……的规定”或“应按……“执行”。

引用标准名录

《建筑设计防火规范》GB 50016

《工业建筑防腐蚀设计规范》GB 50046

《爆炸和火灾危险环境电力装置设计规范》GB 50058

《建筑灭火器配置设计规范》GB 50140

《建筑防腐蚀工程施工及验收规范》GB 50212

《化工建设项目环境保护设计规范》GB 50483

《污水综合排放标准》GB 8978

《磷肥工业水污染物排放标准》GB 15580

《危险废物填埋污染控制标准》GB 18598

《铅、锌工业污染物排放标准》GB 25466

《铜、镍、钴工业污染物排放标准》GB 25467

《硫酸工业污染物排放标准》GB 26132

《污水排入城镇下水道水质标准》CJ 343

《工业企业设计卫生标准》GBZ 1

中华人民共和国国家标准

工业循环水冷却设计规范

Code for design of cooling for industrial recirculating water

GB 50102—2014

前 言

本规范是根据住房城乡建设部《关于印发〈2012年工程建设标准规范制订、修订计划〉的通知》（建标[2012]5号）的要求，由中国电力工程顾问集团东北电力设计院会同有关单位，经广泛调查研究，认真总结实践经验，吸取最新研究成果，并参考有关国际标准和国外先进标准，在广泛征求意见的基础上修订了本规范。

本规范共分5章和2个附录，主要技术内容包括：总则、术语、冷却塔、喷水池和水面冷却。

本规范修订的主要技术内容是：

1. 增加了超大型冷却塔、海水冷却塔、排烟冷却塔的设计内容；
2. 删除了开放式冷却塔内容；
3. 根据近年科研和实践成果，对原条文中的一些数据做了修改；
4. 在修订条文的同时，对增加和修改的条文均相应增加和修改了条文说明。

本规范由住房城乡建设部负责管理，由中国电力企业联合会负责日常管理，由中国电力工程顾问集团东北电力设计院负责具体技术内容的解释。执行过程中如有意见或建议，请寄送至中国电力工程顾问集团东北电力设计院（地址：吉林省长春市人民大街4368号，邮政编码：130021），以供今后修订时参考。

本规范主编单位、参编单位、主要起草人和主要审查人：

主编单位：中国电力工程顾问集团东北电力设计院

参编单位：中国电力工程顾问集团西北电力设计院

中国电力工程顾问集团西南电力设计院

中国电力工程顾问集团华北电力设计院工程有限公司

中国能源建设集团广东省电力设计研究院

中国水利水电科学研究院

金坛市塑料厂

江苏海鸥冷却塔股份有限公司

北京玻璃钢研究设计院有限公司

主要起草人：王　威　李敬生　龙　健　王伟民　孟令国　钱永丰　姚友成

李元梅 侯宪安 吴浪洲 李绍仲 冯王景 王宝福 龙国庆
赵顺安 纪 平 姜晓荣 包冰国 尹 证
主要审查人：李武全 高 玲 徐海云 李志悌 华钟南 刘 智 陆 灏
王明韧 李武申 刘志刚 彭德刚 胡三季 孙 文 张开军
李学志 韩红琪 刘扬帆

1 总 则

1.0.1 为了在工业循环水冷却设施设计中贯彻执行国家的技术经济政策，做到技术先进、安全适用、经济合理、节能环保、确保质量，制定本规范。

1.0.2 本规范适用于敞开式工业循环水冷却设施的工艺和结构设计。

1.0.3 工业循环水冷却设施的类型选择，应根据生产工艺对循环水的水量、水温、水质和供水系统的运行方式等使用要求，并结合下列因素，通过技术经济比较确定：

1 当地的水文、气象、地形和地质等自然条件；

2 材料、设备、电能和补给水的供应情况；

3 场地布置和施工条件；

4 工业循环水冷却设施与周围环境的相互影响；

5 建（构）筑物的安全可靠性。

1.0.4 工业循环水冷却设施的设计除应执行本规范外，尚应符合国家现行有关标准的规定。

2 术 语

2.0.1 敞开式工业循环水冷却设施 open recirculating water cooling facilities

工业循环冷却水（以下简称循环水）直接暴露于大气的冷却设施。

2.0.2 蒸发损失 evaporation loss

由于液体表面汽化造成的循环水损失。

2.0.3 风吹损失 drift and blow-out loss

由于气流裹挟作用带走水滴造成的循环水损失。

2.0.4 排水损失 purge loss

从循环水系统中排放一定的水量以维持确定的循环水浓缩倍率，由此造成的循环水损失。

2.0.5 蒸发损失水率 rate of evaporation water loss

冷却塔、冷却池、喷水池等冷却设施的蒸发损失水量占进入这些冷却设施循环水量的百分比。

2.0.6 风吹损失水率 rate of drift and blow-out water loss

冷却塔、喷水池等冷却设施的风吹损失水量占进入这些冷却设施循环水量的百分比。

2.0.7 循环水浓缩倍率 concentration cycle of recirculating water

循环水含盐量与补充水含盐量的比值。

2.0.8 海水盐度 seawater salinity

海水中总溶解性固体质量与海水质量之比，单位为 g/kg。

2.0.9 导风装置 air deflector

安装于冷却塔进风口用于引导气流的装置。

2.0.10 超大型冷却塔 super large-scale cooling tower

淋水面积大于或等于 10000m^2 的自然通风逆流式冷却塔。

2.0.11 海水冷却塔 seawater cooling tower

循环水为海水的湿式冷却塔。

2.0.12 排烟冷却塔 flue gas discharged cooling tower

兼有排放烟气功能的自然通风冷却塔。

2.0.13 塔内烟道出口流速 velocity of flue gas at outlet pipein cooling tower

烟气在塔内烟道出口处气流平均速度。

2.0.14 冷却塔出口流速 outlet velocity of cooling tower

混合气体在冷却塔出口处气流平均速度。

2.0.15 防腐体系 anticorrosion coating system

包含涂刷分区、采用防腐涂料品种、涂料分层及厚度、涂刷工艺要求等内容的防腐方案统称。

2.0.16 淋水面积 area of water drenching

逆流式冷却塔淋水填料顶部标高处的塔壁内缘包围的面积。

2.0.17 进风口面积 area of air inlet

以进风口上檐处控制半径计算出的周长乘以进风口垂直高度所得到的面积。

3 冷却塔

3.1 一般规定

3.1.1 冷却塔在厂区总平面规划中的位置应根据生产工艺流程的要求，结合冷却塔与周围环境之间的相互影响及工业企业的发展扩建规模等因素综合考虑确定，并应符合下列规定：

1 寒冷地区冷却塔宜布置在厂区主要建（构）筑物及露天配电装置的冬季主导风向的下风侧或侧风侧；

2 冷却塔宜布置在贮煤场等粉尘污染源的全年主导风向的上风侧或侧风侧；

3 冷却塔宜远离厂内露天热源；

4 冷却塔之间或冷却塔与其他建（构）筑物之间的距离除应满足冷却塔的通风要求外，还应满足管、沟、道路、建（构）筑物的防火和防爆要求，以及冷却塔和其他建（构）筑物的施工和检修场地要求；

5 冷却塔的位置宜远离对噪声敏感的区域；

6 冷却塔宜靠近主要用水车间；

7 排烟冷却塔宜布置于炉后区域，靠近脱硫吸收塔；

8 冷却塔布置时宜避开地质不均匀地段。

3.1.2 自然通风逆流式冷却塔的塔体规模可按表 3.1.2 规定划分。

表 3.1.2 自然通风逆流式冷却塔塔体规模划分表

淋水面积 S（m^2）	S<4 000	4 000≤S<8 000	8 000≤S<10 000	S≥10 000
塔体规模	小型	中型	大型	超大型

3.1.3 冷却塔结构设计使用年限应为 50 年。

3.1.4 当需要降低冷却塔噪声影响时，可选用下列措施：

1 可在冷却塔外设隔声屏障；

2 可在进风口处设降噪装置；

3 机械通风冷却塔可选用低噪声型的电机、风机设备，可在塔顶设降噪装置；

4 可在集水池水面处设降噪装置。

3.1.5 冷却塔的集中或分散布置方案的选择，应根据使用循环水的车间数量、分布位置及各车间生产工艺的用水要求，通过技术经济比较后确定。

3.1.6 冷却塔可不设备用；冷却塔检修时应有不影响生产的措施。

3.1.7 冷却塔的热力计算宜采用焓差法或经验方法。

3.1.8 冷却塔的热力计算采用焓差法时，宜符合下列规定：

1 逆流式冷却塔热力计算宜按下列公式计算，公式（3.1.8-1）右侧可采用辛普森（Simpson）近似积分法或其他方法求解。当采用辛普森近似积分法求解时，对水温 t_2 至 t_1 的积分区域宜分为不少于 4 的等份；当水温差小于 15℃时，水温 t_2 至 t_1 的积分区域也可分为 2 等份：

$$\frac{KK_{a}V}{Q}=\int_{t_2}^{t_1}\frac{C_{w}\mathrm{d}t}{h''-h} \tag{3.1.8-1}$$

$$K=1-\frac{C_{w}t_{2}}{r_{t2}} \tag{3.1.8-2}$$

式中：V——淋水填料的体积（m^3）；

Q——进入冷却塔的循环水流量（kg/s）；

K——计入蒸发水量散热的修正系数；

r_{t2}——与冷却后水温相应的水的汽化热（kJ/kg）；

K_a——与含湿量差有关的淋水填料的散质系数[kg/（m^3 • s）]；

C_w——循环水的比热[kJ/（kg • ℃）]；

t_1——进入冷却塔的水温（℃）；

t_2——冷却后的水温（℃）；

h——湿空气的比焓（kJ/kg）；

h''——与水温 t 相应的饱和空气比焓（kJ/kg）。

2 圆形横流式冷却塔可从圆形横流式冷却塔环形淋水填料中切取中心角为θ的填料单元，水从上面淋下，空气从周向进入，宜采用柱坐标系，坐标原点宜为塔的中轴线与淋水填料顶面延长线的交点，z 向下为正，r 向外为正。圆形横流式冷却塔热力计算宜按下式计算，下式可采用解析法或差分法求解：

$$C_{w}q\frac{\partial t}{\partial z}=g_{i}\frac{r_{1}}{r}\cdot\frac{\partial h}{\partial r}=-K_{a}\left(h''-h\right) \tag{3.1.8-3}$$

式中：q——淋水密度[kg/（m^2 • s）]；

g_i——进风口断面的平均质量风速[kg/（m^2 • s）]；

r——塔半径（m）；

r_1——塔进风口半径（m）；

h——进入冷却塔的湿空气比焓（kJ/kg）。

注：式中边界条件为 z=0，t=t_1；r=r_1；h=h_1。

3 矩形横流式冷却塔可从矩形横流式冷却塔切取一填料单元。水从上面淋下，空气从进风口进入，进风口宜在左边。宜采用直角坐标系，坐标原点宜为淋水填料顶面与进风口的交点，z 向下为正，z 沿气流流向为正。矩形横流式冷却塔热力计算宜按下式计算，下式可采用解析法或差分法求解。矩形横流式冷却塔也可利用本规范公式（3.1.8-3）进行热力计算，此时可设塔的内半径为一极大的数值。

$$-C_{\mathrm{w}}q\frac{\partial t}{\partial z}=g_{\mathrm{i}}\frac{\partial h}{\partial x}=-K_{\mathrm{a}}\left(h''-h\right) \tag{3.1.8-4}$$

注：式中边界条件为 z=0，t=t_1；x=0，h=h_1。

4 排烟冷却塔、海水冷却塔的热力计算可按本规范公式（3.1.8-1）与式（3.1.8-2）计算。

3.1.9 冷却塔热力计算中的其他参数计算宜符合下列规定：

1 湿空气的比焓宜按下式计算：

$$h=C_{\mathrm{d}}\theta+X\left(r_0+C_{\mathrm{v}}\theta\right) \tag{3.1.9-1}$$

式中：C_{d}——干空气的比热，可取 1.005kJ/（kg·℃）；

C_{v}——水蒸气的比热，可取 1.842kJ/（kg·℃）；

θ——空气的干球温度（℃）；

r_0——水在 0℃时的汽化热，可取 2500.8kJ/kg；

X——空气的含湿量（kg/kg）。

2 饱和水蒸气压力宜按下式计算：

$$\begin{aligned}\lg P''=&2.0057173-3.142305\left(\frac{10^3}{T}-\frac{10^3}{373.16}\right)\\&+8.2\lg\frac{373.16}{T}-0.0024804\left(373.16-T\right)\end{aligned} \tag{3.1.9-2}$$

式中：P''——饱和水蒸气压力（kPa）；

T——开尔文温度（K）。

3 湿空气密度宜按下式计算：

$$\rho=\frac{1}{T}\left(0.003483P_{\mathrm{A}}-0.001316\varphi P''_{\mathrm{V}\theta}\right) \tag{3.1.9-3}$$

式中：ρ——湿空气密度（kg/m^3）；

φ——空气的相对湿度；

P_{A}——大气压力（Pa）；

$P''_{\mathrm{V}\theta}$——温度为θ时的饱和水蒸气压力（Pa）。

4 出口的空气为饱和湿空气时，出塔空气干球温度宜按下式计算：

$$\theta_2=\theta_1+\left(t_{\mathrm{m}}-\theta_1\right)\frac{h_2-h_1}{h''_{\mathrm{m}}-h_1} \tag{3.1.9-4}$$

式中：θ_2——出塔空气干球温度（℃）；

θ_1——进塔空气干球温度（℃）；

t_m——进、出冷却塔水温的算术平均值（℃）；

h_2——排出冷却塔的湿空气比焓（kJ/kg）；

h''_m——与水温 t_m 相应的饱和空气比焓（kJ/kg）。

5 出塔空气比焓宜按下式计算：

$$h_2 = h_1 + \frac{C_W \Delta t}{K\lambda} \tag{3.1.9-5}$$

式中：Δt——进、出冷却塔的水温差（℃）；

λ——气水比，进入冷却塔的干空气和循环水的质量比。

3.1.10 淋水填料的热交换特性宜采用原型塔的实测数据。当缺乏原型塔的实测数据时，可采用模拟塔的试验数据，并应根据模拟塔的试验条件与设计的冷却塔的运行条件之间的差异，对模拟塔的试验数据进行修正。

3.1.11 海水冷却塔热力计算所采用的淋水填料热交换特性，应采用与工程情况相近的海水冷却塔实测数据。当缺乏海水冷却塔实测数据时，可利用淡水冷却塔淋水填料热交换特性按下式修正：

$$N_s = N \times A_s \tag{3.1.11}$$

式中：N_s——海水冷却塔的冷却数；

N——淡水冷却塔的冷却数；

A_s——海水冷却塔热力计算时淋水填料热交换特性修正系数，宜通过试验确定。

3.1.12 海水循环水盐度可按下式计算：

$$C_s = C_0 \times n_1 \tag{3.1.12}$$

式中：C_s——海水循环水盐度（g/kg）；

C_0——海水补给水的盐度（g/kg）；

n_1——海水循环水设计浓缩倍率。

3.1.13 计算海水冷却塔的冷却水温时，海水补给水设计盐度宜符合下列规定：

1 当计算最高冷却水温时，宜按近期连续不少于 5 年，每年最热 3 个月时期的月平均海水补给水盐度进行设计；

2 计算冷却塔各月的月平均水温时，宜采用近期连续不少于 5 年的相应各月的月平均气象条件及相应条件下海水补给水盐度进行设计。

3.1.14 冷却塔的通风阻力宜按下式计算：

$$H = \xi \rho_m \frac{v_m^2}{2} \tag{3.1.14}$$

式中：H——冷却塔的全部或局部通风阻力（Pa）；

v_m——计算风速。当计算全塔总阻力时，v_m 为淋水填料计算断面的平均风速；当计算冷却塔的局部阻力时，v_m 为该处的计算风速（m/s）；

ρ_m——计算空气密度。当计算全塔总阻力时，ρ_m 为进、出冷却塔的湿空气平均密度；当计算冷却塔的局部阻力时，ρ_m 为该处的湿空气平均密度（kg/m^3）；

ξ——冷却塔的总阻力系数或局部阻力系数。

3.1.15 冷却塔的通风阻力系数应符合下列规定：

1 应采用与所设计的冷却塔相同的原型塔的实测数据。

2 当缺乏实测数据时，应采用与所设计的冷却塔相似的模型塔的试验数据。

3 当缺乏实测数据或试验数据时，可按经验方法计算。

4 自然通风逆流式冷却塔的总阻力系数宜按下列公式计算：

$$\xi = \xi_a + \xi_b + \xi_c \tag{3.1.15-1}$$

$$\xi_a = \left(1 - 3.47\varepsilon + 3.65\varepsilon^2\right)\left(85 + 2.51\xi_f - 0.206\xi_f^2 + 0.009\,6\xi_f^3\right) \tag{3.1.15-2}$$

$$\xi_b = 6.72 + 0.654D + 3.5q + 1.43v_m - 60.61\varepsilon - 0.36v_m D \tag{3.1.15-3}$$

$$\xi_e = \left(\frac{F_m}{F_e}\right)^2 \tag{3.1.15-4}$$

式中：ξ——总阻力系数；

ξ_a——从塔的进风口至塔喉部的阻力系数（不包括雨区淋水阻力）；

ξ_b——淋水时雨区阻力系数；

ξ_f——淋水时的填料、收水器、配水系统的阻力系数；

ε——塔进风口面积与进风口上缘塔面积之比，$0.35 < \varepsilon < 0.45$；

D——淋水填料底部塔内径（m）；

v_m——淋水填料计算断面的平均风速（m/s）；

ξ_e——塔筒出口阻力系数；

F_m——冷却塔淋水面积（m^2）；

F_e——塔筒出口面积（m^2）。

5 排烟冷却塔的总阻力系数宜按下列公式计算：

$$\xi = \xi_a + \xi_b + \xi_e + \xi_d \tag{3.1.15-5}$$

$$\xi_e = \left(\frac{F_m}{F_e}\right)^2\left(\frac{G_3 + G}{G}\right)^2 \tag{3.1.15-6}$$

式中：ξ_d——烟道的局部阻力系数，可通过物理模型试验给出，当无实验结果时可忽略不计；

G——填料处的通风量（m^3/s）；

G_3——烟气量（m^3/s）。

6 冷却塔的外区配水总阻力系数宜按下列公式计算：

$$\xi = \xi_{a1} + \xi_{b1} + \xi_e \tag{3.1.15-7}$$

$$\xi_{a1} = \left(1 - 3.47\varepsilon + 3.65\varepsilon^2\right)\left(85 + 2.51\xi_{f1} - 0.206\xi_{f1}^2 f1 + 0.00962\xi_{f1}^3\right) \tag{3.1.15-8}$$

$$\xi_{b1} = \left(6.72 + 0.654D + 3.5q + 1.43v_m - 60.61\varepsilon - 0.36v_m D\right)\frac{F_0}{F_f} \tag{3.1.15-9}$$

$$\xi_{f1} = \frac{G_h\xi_h + G_c\xi_c}{G_h + G_c} \tag{3.1.15-10}$$

式中：ξ_{a1}——外区淋水时从塔的进风口至塔喉部的阻力系数（不包括雨区淋水阻力）；

ξ_{b1}——外区淋水时雨区阻力系数；

F_f——冷却塔内外区淋水面积之和（m^2）；

F_0——外区淋水面积（m^2）；

ξ_{f1}——外区淋水时的填料、收水器、配水系统的阻力系数；

G_c——内区通风量（m^3/s）；

G_h——外区通风量（m^3/s）；

ξ_h——外区填料淋水时阻力系数；

ξ_c——内区填料不淋水时阻力系数。

7 海水冷却塔的总阻力系数可按本规范公式（3.1.15-1）、（3.1.15-2）、（3.1.15-3）、（3.1.15-4）计算。

8 机械通风冷却塔的总阻力系数计算应按现行国家标准《机械通风冷却塔工艺设计规范》GB/T 50392 的有关规定执行。

9 当有降噪措施时，应计入降噪措施对冷却塔阻力系数的影响。

3.1.16 冷却塔的冷却水温不应超过生产工艺允许的最高值；计算冷却塔的设计最高冷却水温的气象条件应符合下列规定；

1 根据生产工艺的要求，宜采用按湿球温度频率统计方法计算的频率为 5%～10%的日平均气象条件；

2 气象资料应采用近期连续不少于 5 年，每年最热时期 3 个月的日平均值；

3 当产品或设备对冷却水温的要求极为严格或要求不高时，根据具体要求，可提高或降低气象条件标准。

3.1.17 计算冷却塔的各月的月平均冷却水温时，应采用近期连续不少于 5 年的相应各月的月平均气象条件。

3.1.18 气象资料应选用能代表冷却塔所在地气象特征的气象台、站的资料，必要时宜在冷却塔所在地设气象观测站。

3.1.19 冷却塔的水量损失应根据蒸发、风吹和排水各项损失水量确定。

3.1.20 冷却塔的蒸发损失水率计算应符合下列规定：

1 当不进行冷却塔的出口气态计算时，蒸发损失水率可按下式计算：

$$P_e=K_{ZF}\cdot\Delta t\times100\% \qquad (3.1.20\text{-}1)$$

式中：P_e——蒸发损失水率；

K_{2F}——系数（1/℃），可按表 3.1.20 规定取值；当进塔干球空气温度为中间值时可采用内插法计算。

表 3.1.20 系数 K_{ZF}

进塔干球空气温度（℃）	−10	0	10	20	30	40
K_{ZF}（1/℃）	0.0008	0.0010	0.0012	0.0014	0.0015	0.0016

2 对进入和排出冷却塔的空气状态进行详细的计算时，蒸发损失水率可按下式计算：

$$P_e=\frac{G_d}{Q}\left(X_2-X_1\right)\times100\% \qquad (3.1.20\text{-}2)$$

式中：G_d——进入冷却塔的干空气质量流量（kg/s）；

X_1——进塔空气的含湿量（kg/kg）；

X_2——出塔空气的含湿量（kg/kg）。

3.1.21 冷却塔的风吹损失水率，应按冷却塔的通风方式和收水器的逸出水率以及横向穿越风从塔的进风口吹出的水损失率确定。当缺乏收水器的逸出水率等数据时，可按表 3.1.21 规定取值。

表 3.1.21 风吹损失水率（%）

通风方式	机械通风冷却塔	自然通风冷却塔
有收水器	0.10	0.05
无收水器	1.20	0.80

3.1.22 循环冷却水系统排水损失水量应根据对循环水水质的要求计算确定，可按下式计算：

$$Q_b = \frac{Q_e - (n-1)Q_w}{n-1} \tag{3.1.22}$$

式中：Q_b——循环冷却水系统排水损失水量（m^3/h）；

Q_e——冷却塔蒸发损失水量（m^3/h）；

Q_w——冷却塔风吹损失水量（m^3/h）；

n——循环水设计浓缩倍率。

3.1.23 淋水填料的型式和材料的选择应根据下列因素综合确定：

1 冷却塔的类型及冷却塔运行维护条件；

2 循环水的水温和水质；

3 填料的热力特性和阻力性能；

4 填料的物理力学性能、化学性能和稳定性；

5 填料的价格和供需情况；

6 施工和检修方便；

7 填料的支承方式和结构；

8 用于海水的填料宜采用海生物不易附着和积聚的填料类型。

3.1.24 机械通风冷却塔和自然通风冷却塔均应装设收水器。收水器应选用除水效率高、通风阻力小、经济、耐用的型式和材质。

3.1.25 冷却塔的配水系统应满足在同一设计淋水密度区域内配水均匀、通风阻力小和便于维修等要求，并应根据塔的类型、循环水质和水量等条件按下列规定选择：

1 逆流式冷却塔宜采用管式或管槽结合的配水型式；

2 横流式冷却塔宜采用池式或管式。

3.1.26 管式配水系统应符合下列规定：

1 配水干管起始断面设计流速宜为 1.0～1.5m/s：

2 可利用支管使配水干管连通成环网；

3 配水干管或压力配水槽的末端必要时应设通气管及排污措施。

3.1.27 槽式配水系统应符合下列要求：

1 主水槽的起始断面设计流速宜为 0.8～1.2m/s；配水槽的起始断面设计流速宜为 0.5～0.8m/s；

2 配水槽夏季的正常设计水深应大于溅水喷嘴内径的 6 倍，且不应小于 0.15m；

3 配水槽的超高不应小于 0.1m；在可能出现的超过设计水量工况下，配水槽不应溢流；

4 配水槽断面净宽不应小于 0.12m；

5 主水槽、配水槽均宜水平设置，水槽连接处应圆滑，水流转弯角不应大于 90°。

3.1.28 横流式冷却塔的配水池应符合下列要求：

1 池内水流应平稳，夏季正常设计水深应大于溅水喷嘴内径或配水底孔直径的 6 倍；

2 池壁超高不宜小于 0.1m，在可能出现的超过设计水量工况下不应溢流；

3 池底宜水平设置，池顶宜设盖板或采取防止光照下滋长菌藻的措施。

3.1.29 喷溅装置应选用结构合理、流量系数适宜、喷溅均匀和不易堵塞的型式。

3.1.30 配水竖井或竖管应有放空措施。配水竖井内应保持水流平稳，不应产生旋流。同一单元循环水系统中各冷却塔的竖井水位或竖管水头高程应一致。

3.1.31 逆流式冷却塔的进风口高度应结合进风口空气动力阻力、塔内空气流场分布、冷却塔塔体的各部分尺寸及布置、淋水填料的型式和空气动力阻力等因素，通过技术经济比较确定。冷却塔的进风口面积与淋水面积之比宜符合下列规定：

1 自然通风逆流式冷却塔宜为 0.30～0.45；

2 机械通风冷却塔宜按现行国家标准《机械通风冷却塔工艺设计规范》GB/T 50392 的有关规定执行。

3.1.32 横流式冷却塔的淋水填料的高和径深应根据工艺对冷却水温的要求、冷却塔的通风措施、淋水填料的型式、塔的投资和运行费等因素，通过技术经济比较确定。淋水填料高和径深的比宜符合下列规定：

1 机械通风冷却塔宜为 2.0～3.0；

2 自然通风冷却塔当淋水面积不大于 1000m^2 时，宜为 1.5～2.0；当淋水面积大于 1000m^2 时，宜为 1.2～1.8。

3.1.33 冷却塔的集水池应符合下列要求：

1 集水池的深度可为 2.0m，当集水池有其他贮备水量要求时深度可适当增加。当循环水采用阻垢剂、缓蚀剂处理时，集水池的容积应满足水处理药剂在循环水系统内允许停留时间的要求。

2 集水池应有溢流、排空及排泥措施。

3 池壁的超高不宜小于 0.3m，小型机械通风冷却塔不宜小于 0.15m。

4 出水口和集水池四周应设安全防护设施。

5 集水池周围应设回水台，其宽度宜为 1.0～3.0m，坡度宜为 3%～5%。回水台外围应有防止周围地表水流入池内的措施。

6 同一单元循环水系统中，各冷却塔集水池水位高程应一致。

7 敷设在集水池内的管沟应满足抗浮要求.

8 当集水池兼作水泵吸水池时，局部水深应满足水泵吸水要求。

9 服务于炼油装置的循环水冷却塔集水池宜设溢流排污槽。

3.1.34 冷却塔进风口处的支柱和冷却塔内空气通流部位的构件，应采用气流阻力较小的断面及型式。

3.1.35 冷却塔内外与水汽接触的金属构件、管道和机械设备均应采取防腐蚀措施。

3.1.36 根据不同塔的类型和具体条件，冷却塔应有下列设施：

1 通向塔内的塔门或人孔；

2 从地面通向塔门和塔顶的扶梯或爬梯；

3 配水系统顶部的人行道和栏杆；

4 避雷保护装置；

5 航空警示设施；

6 运行监测的仪表；

7 机械通风冷却塔上塔扶梯和塔顶平台照明；

8 海水冷却塔内可设置填料淡水冲洗装置。

3.1.37 寒冷和严寒地区的冷却塔，根据具体条件应按下列规定采取防冻措施：

1 在冷却塔的进风口上缘沿塔内壁可设置向塔内斜下方喷射热水的防冻管，喷射热水的总量可为冬季进塔总水量的 20%～30%。

2 淋水填料内外围宜采用分区配水，冬季可采用外围配水运行。

3 当同一循环冷却水系统中冷却塔的数量较多时，可减少运行的塔数。停止运行的塔的集水池应保持一定量的热水循环或采取其他保温措施。

4 塔的进水阀门及管道应有防冻放水管或其他保温措施。

5 机械通风冷却塔可采取减小风机叶片安装角，采用变速电动机驱动风机，或停止风机运行等措施减少进入冷却塔的冷空气量；也可选用允许倒转的风机设备，当冬季塔内填料结冰时，可倒转风机融冰。

6 机械通风冷却塔的风机减速器有润滑油循环系统时，应有对润滑油的加热设施。

7 自然通风逆流式冷却塔的进风口上缘内壁宜设挡水檐，檐宽宜为 0.3～0.4m。

8 自然通风冷却塔可在进风口设置挡风装置。

9 自然通风逆流式冷却塔的进水干管上宜设置能通过部分或全部循环水量的旁路水管，当循环水系统冬季冷态运行或热负荷较低时，循环水可通过旁路直接进入塔的集水池。

3.1.38 冷却塔设计文件中宜对施工、运行及维护提出要求。

3.1.39 新设计的冷却塔应有供验收测试使用的仪器和仪表的安装位置和设施。

3.1.40 自然通风冷却塔的塔筒宜采用双曲线型钢筋混凝土薄壳结构，寒冷地区也可采用钢架镶板结构。

3.2 自然通风冷却塔工艺

3.2.1 相邻自然通风冷却塔的塔间净距应符合下列规定：

1 塔间净距的计算点应为塔底（0.0m）标高斜支柱中心处。塔间净距不宜小于塔底（0.0m）标高斜支柱中心处塔体直径的 0.5 倍。对于逆流式冷却塔且不应小于 4 倍进风口高度，对于横流式冷却塔且不应小于 3 倍进风口高度。

2 当相邻两塔几何尺寸不同时应按较大塔计算。

3.2.2 根据冷却塔的通风要求，自然通风冷却塔与机械通风冷却塔之间的净距不宜小于自然通风冷却塔进风口高度的2倍加0.5倍机械通风冷却塔或塔排的长度，且不应小于40～50m，必要时可通过模型试验确定其间距；自然通风冷却塔与其他建（构）筑物的净距不应小于2倍冷却塔进风口高度。

3.2.3 自然通风冷却塔的抽力宜按下式计算：

$$Z=H_e g（\rho_1-\rho_2） \tag{3.2.3}$$

式中：Z——塔抽力（Pa）；

H_e——塔的有效抽风高度，宜采用淋水填料中部至塔顶的高差（m）；

g——重力加速度（m/s^2）；

ρ_1——进塔湿空气密度（kg/m^3）；

ρ_2——出塔湿空气密度（kg/m^3）。

3.2.4 自然通风冷却塔的外区配水的抽力计算可按下式计算：

$$\begin{aligned} Z &= \int_0^{H_e} g\left(\rho_1-\rho_h-\frac{\rho_2-\rho_h}{H_e}z\right)dz \\ &= H_e g(\rho_1-\rho_h)-\frac{1}{2}(\rho_2-\rho_h)gH_e \end{aligned} \tag{3.2.4}$$

式中：ρ_h——塔外区填料上的平均湿空气密度（kg/m^3）。

3.2.5 自然通风冷却塔的塔顶应设检修步道及栏杆，检修步道上应设检修孔。检修孔平时应封盖。

3.2.6 自然通风冷却塔从地面至塔门平台的扶梯应设护栏；从塔门平台至塔顶的爬梯应设护笼；当冷却塔总高度大于100m时，从塔门平台至塔顶的爬梯应设休息平台。

3.2.7 在大风地区建造的自然通风逆流式冷却塔，其填料底部至集水池水面间宜在两相互垂直的直径方向设挡风隔板或其他措施。

3.2.8 排烟冷却塔设计应满足循环水冷却和烟气排放要求，应符合烟气排放高度、扩散等环境保护标准。

3.2.9 排烟冷却塔塔型参数优化设计时，塔高与塔底零米直径的比值宜采用本规范表3.4.1规定的较大值，并应满足环境保护及周围环境的限制要求。

3.2.10 排烟冷却塔烟道出口的烟气流速宜控制在15～25m/s，混合气体在冷却塔顶部出口处的平均流速不宜小于3m/s。

3.2.11 排烟冷却塔的烟道布置应符合下列规定：

1 进塔烟道宜采用高位布置，其标高应根据脱硫塔出口标高确定。

2 排烟口宜布置在收水器上部和冷却塔中央，竖井及配水方式宜计入烟道支撑结构的影响。当采用双烟道时，排烟口宜对称布置。

3 烟道上应设置人孔、除灰孔、泄水孔和检测孔。

4 脱硫装置与冷却塔间的烟道宜设置不小于1%的纵向坡度，且坡向脱硫装置。

3.3 机械通风冷却塔工艺

3.3.1 机械通风冷却塔宜采用抽风式塔。当循环水对风机的侵蚀性较强时，可采用鼓风式塔。

3.3.2 机械通风冷却塔的平面宜符合下列规定：

1 单格的机械通风冷却塔的平面宜为圆形或正多边形；

2 多格毗连的机械通风冷却塔的平面宜采用正方形或矩形；

3 当塔格的平面为矩形时，边长比不宜大于 4∶3，进风口宜设在矩形的长边。

3.3.3 逆流抽风式冷却塔的淋水填料顶面至风机风筒的进口之间的气流收缩段宜符合下列规定：

1 当塔顶盖板为平顶且未装导流装置时，从填料顶面算起的气流收缩段的顶角不宜大于 90°；当塔顶设有导流圈时，从收水器顶面算起的气流收缩段的顶角可采用 90°～110°；

2 当塔顶盖板自收水器以上为收缩型时，收缩段盖板的顶角宜采用 90°～110°。

3.3.4 抽风式塔的风机风筒进口应采用流线型，风筒的出口应采用减少动能损失的措施，宜设扩散筒。扩散筒的高度不宜小于风机半径，扩散筒的边壁宜采用曲线扩散型，边壁扩散角沿程逐渐加大，风筒的扩散中心角宜采用 14°～18°。风机叶片尖端至风筒内壁的间隙不应大于风机厂推荐的间隙值，不宜大于 30mm。

3.3.5 机械通风横流式冷却塔的淋水填料从顶部至底部应有向塔的垂直中轴线的收缩倾角。点滴式淋水填料的收缩倾角宜为 9°～11°；薄膜式淋水填料的收缩倾角宜为 5°～6°。

3.3.6 单侧进风塔的进风面宜面向夏季主导风向；双侧进风塔的进风面宜平行于夏季主导风向。

3.3.7 当塔的格数较多时，宜分成多排布置。每排的长度与宽度之比不宜大于 5∶1。

3.3.8 两排以上的塔排布置应符合下列要求：

1 长轴位于同一直线上的相邻塔排净距不应小于 4m；

2 长轴不在同一直线上相互平行布置的塔排净距不应小于塔的进风口高度的 4 倍。

3.3.9 周围进风的机械通风冷却塔之间的净距不应小于冷却塔的进风口高度的 4 倍。

3.3.10 根据冷却塔的通风要求，塔的进风口侧与其他建（构）筑物的净距不应小于塔的进风口高度的 2 倍。

3.3.11 设计机械通风冷却塔时，应分析冷却塔排出的湿热空气回流和干扰对冷却效果的影响，必要时应对设计气象条件进行修正。

3.3.12 机械通风冷却塔格数较多且布置集中时，冷却塔的风机宜集中控制；各台风机必须有可切断电源的转换开关及就地控制风机启、停的操作设施。

3.3.13 风机设备应采用效率高、噪声小、安全可靠、材料耐腐蚀、安装及维修方便、符合国家现行相关标准的产品。

3.3.14 风机的设计运行工况点应根据冷却塔的设计风量和计算的全塔总阻力确定。风机在设计运行工况点应有较高的效率。

3.3.15 风机的减速器应配有油温监测和报警装置，当采用稀油润滑时应配有油位指示装置；大型风机应配有振动监测、报警和防振保护装置。

3.3.16 机械通风冷却塔应有固定或临时起吊风机设备的设施。

3.3.17 双侧进风的逆流式机械通风冷却塔填料底部至集水池水面之间宜在塔中心平行于进风口的轴线上设挡风隔板。

3.3.18 机械通风横流式冷却塔进风口应设百叶窗式导风装置。

3.3.19 采用工厂生产的冷却塔时，应根据该型产品实测的热力特性曲线进行选用。选用的产品应符合国家现行有关产品标准。

3.4 冷却塔结构设计基本要求及材料

3.4.1 塔筒的几何尺寸应满足循环水的冷却要求，并应结合结构合理、施工方便等因素通过技术经济比较确定。当采用双曲线型钢筋混凝土塔筒时，湿式冷却塔塔筒的几何尺寸宜按表 3.4.1 的规定取值：

表 3.4.1 双曲线型钢筋混凝土塔筒几何尺寸

塔高与塔底（0.0m）直径的比	喉部面积与壳底面积的比	喉部高度与塔高的比	塔顶扩散角 α_t	壳底子午线倾角 α_D
1.2～1.6	0.30～0.50	0.75～0.85	2°～8°	15°～20°

3.4.2 双曲线型自然通风冷却塔塔筒基础型式应根据塔型及地基条件确定，并宜符合下列规定：

1 超大型、大中型塔宜采用环板型基础；

2 中、小型塔在天然地基较差的条件下，可采用倒 T 型基础；

3 当地基为岩石时，可采用单独基础。

3.4.3 机械通风冷却塔宜采用现浇或预制的钢筋混凝土框架结构，围护结构可采用钢筋混凝土墙板或其他轻质墙板。

3.4.4 自然通风和机械通风冷却塔的钢筋混凝土结构强度计算与裂缝宽度验算，应按现行国家标准《混凝土结构设计规范》GB 50010 的有关规定执行。冷却塔塔筒、框架、斜支柱和池壁等构件的裂缝宽度不应大于 0.2mm。

3.4.5 自然通风和机械通风冷却塔的地基基础设计应按现行国家标准《建筑地基基础设计规范》GB 50007 的有关规定执行。

3.4.6 自然通风和机械通风冷却塔的荷载除应符合本规范的规定外，尚应按现行国家标准《建筑结构荷载规范》GB 50009 的有关规定执行。

3.4.7 自然通风和机械通风冷却塔的抗震设计，应按现行国家标准《构筑物抗震设计规范》GB 50191 和《建筑抗震设计规范》GB 50011 的有关规定执行。

3.4.8 冷却塔应采用水工混凝土，并应符合下列要求：

1 水泥品种宜采用普通硅酸盐水泥，其熟料中铝酸三钙含量不宜超过 8%。

2 混凝土最小强度等级可按表 3.4.8 的规定确定。

表 3.4.8 混凝土最小强度等级

结构部位	混凝土最小强度等级			
	常规冷却塔	超大型冷却塔	排烟冷却塔	海水冷却塔
塔筒	C30	C35	C40	C40
斜支柱	C30	C35	C45	C45
集水池壁，倒 T 型、环板型基础	C30	C30	C30	C30
单独基础及水池底板	C30	C30	C30	C30
淋水装置构架、框架及墙板	C30	C35	C35	C40
垫层	C15	C15	C15	C15

注：本表混凝土最小强度等级适用于一般环境和冻融环境。

3 在混凝土中可掺塑化剂、减水剂等外加剂。当有抗冻要求时，应掺加引气剂。

4 水工混凝土不得掺用氯盐。

3.4.9 冷却塔宜使用热轧钢筋，不得使用冷拉钢筋。

3.4.10 排烟冷却塔设计应符合下列要求：

1 塔筒洞口应采取加固措施；

2 应计入风荷载和地震荷载作用方向对塔筒结构安全的影响；

3 开孔大小应满足烟道安装要求，斜支柱布置宜满足烟道安装要求。

3.5 自然通风冷却塔的荷载及内力计算

3.5.1 自然通风冷却塔塔筒内力计算应选用下列荷载：

1 结构自重；

2 风荷载；

3 温度作用；

4 地震作用；

5 施工荷载；

6 地基不均匀沉降影响；

7 烟道对塔筒的作用。

3.5.2 计算自重时，钢筋混凝土重度可采用 $25kN/m^3$。

3.5.3 作用在双曲线冷却塔外表面上的等效风荷载标准值应按下式计算：

$$w_{(Z,\theta)} = \beta C_g C_p(\theta) \mu_Z w_0 \quad (3.5.3)$$

式中：$w_{(Z,\theta)}$——作用在塔外表面上的等效风荷载标准值（kPa）；

β——风振系数；

C_g——塔间干扰系数，大于或等于 1.0；

$C_p(\theta)$——平均风压分布系数；

μ_z——风压高度变化系数；

w_0——基本风压（kPa）。

3.5.4 冷却塔风荷载计算时相关参数的选用应符合下列规定：

1 基本风压 w_0 应以当地较为空旷平坦地貌离地面 10m 高、重现期为 50 年的 10min 平均最大风速 $v/$（m/s）计算，可按下式计算。对于大、中、小型冷却塔不得小于 0.3kPa，对于超大型冷却塔不得小于 0.35kPa.

$$w_0 = \frac{1}{2}\rho v_0^2 \quad (3.5.4\text{-}1)$$

式中：ρ——空气密度（t/m^3）；

v_0——基本风速（m/s）。

2 当冷却塔建在不同地形处，其基本风压值应按现行国家标准《建筑结构荷载规范》GB 50009 的有关规定执行。

3 风压高度变化系数应按现行国家标准《建筑结构荷载规范》GB 50009 的有关规定

执行。

4 双曲线冷却塔平均风压分布系数可按下式计算：

$$C_p(\theta)=\sum_{k=0}^{m}\alpha_k\cos k\theta \tag{3.5.4-2}$$

式中：α_k——系数，外表面无肋条的双曲线冷却塔可按表 3.5.4-1 规定取值；外表面有肋条的双曲线冷却塔可按表 3.5.4-2 和表 3.5.4-3 规定取值；

m——项数。

表 3.5.4-1 无肋塔系数α_k

α_k	无肋双曲面
α_0	−0.4426
α_1	0.2451
α_2	0.6752
α_3	0.5356
α_4	0.0615
α_5	−0.1384
α_6	0.0014
α_7	0.0650

注：未包括内吸力。

表 3.5.4-2 有肋塔曲线选用表

塔筒外表面粗糙度系数 $\frac{h_R}{a_R}$	0.025～0.1	0.016～0.025	0.010～0.016
曲线编号	K1.0	K1.1	K1.2

注：h_R和a_R为 1/3 塔筒高度处的平均肋高和平均肋间距（见图 3.5.4）。a_R不应大于塔筒平均周长的 1/50，塔筒平均周长可取 1/3 塔筒高度处的周长。

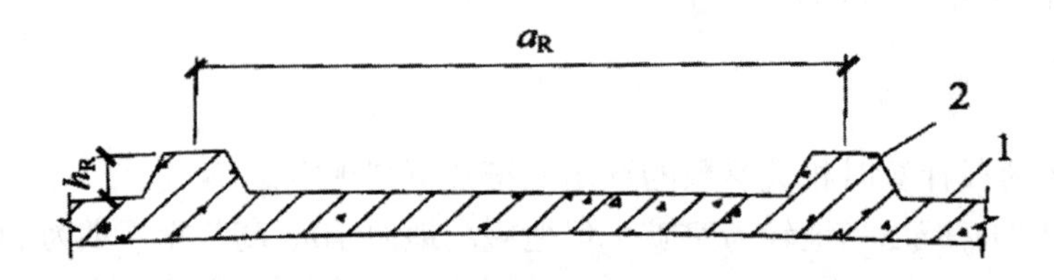

图 3.5.4 h_R和a_R

1—筒壁；2—肋条

表 3.5.4-3 有肋塔不同曲线系数a_k

曲线系数	曲线编号 K1.0	曲线编号 K1.1	曲线编号 K1.2
α_0	−0.31816	−0.34387	−0.37142
α_1	0.42197	0.40025	0.37801
α_2	0.48519	0.51139	0.54039
α_3	0.38374	0.41500	0.44613
α_4	0.13956	0.13856	0.13427

曲线系数	曲线编号 K1.0	曲线编号 K1.1	曲线编号 K1.2
α_5	−0.05178	−0.06904	−0.08635
α_6	−0.07171	−0.07317	−0.07074
α_7	0.00106	0.01357	0.02727
α_8	0.03127	0.03466	0.03500
α_9	−0.00025	−0.00851	−0.01798

注：未包括内吸力。

5 塔高为 190m 及以下的双曲线冷却塔，在不同地面粗糙度类别条件下的风振系数β值，可按表 3.5.4-4 规定取值；对于超大型冷却塔必要时可进行研究论证。

表 3.5.4-4 风振系数β

地面粗糙度类别	A	B	C
风振系数	1.6	1.9	2.3

6 冷却塔塔间干扰系数可通过风洞试验确定。

3.5.5 内吸力标准值应按下列公式计算：

$$w_i = C_{pi} \cdot q_{(H)} \tag{3.5.5-1}$$

$$q_{(H)} = \mu_H \cdot \beta \cdot C_g \cdot w_0 \tag{3.5.5-2}$$

式中：$q_{(H)}$——塔顶处的风压设计值；

μ_H——塔顶标高处风压高度变化系数；

C_{pi}——内吸力系数，可取−0.5。

3.5.6 当计算冬季运行工况筒壁温度应力时，其筒壁内外温差计算应符合下列要求：

1 冬季塔外计算气温应按 30 年一遇极端最低气温计算；

2 冬季塔内计算温度应按进风口、淋水填料及淋水填料以上不同部位分别确定，并应按本规范附录 A 取值；

3 塔筒筒壁内外表面温度差应按下列公式计算：

$$\Delta t_b = \frac{h}{\lambda_b} K_{ch} \Delta t \tag{3.5.6-1}$$

$$\frac{1}{K_{ch}} = \frac{1}{\alpha_o} + \frac{h}{\lambda_b} + \frac{1}{\alpha_i} \tag{3.5.6-2}$$

式中：α_o、α_i——筒壁外、内面向空气的换热系数，可取$\alpha_o = \alpha_i = 23.26\text{W/(m}^3 \cdot ℃)$；

h——筒壁厚度（m）；

λ_b——混凝土的热传导系数，可取 $1.98\text{W/(m}^3 \cdot ℃)$；

Δt_b——筒壁内外表面温度差（℃）；

Δt——筒壁内外空气温度差（℃）；

K_{ch}——传热系数[W/（m^2·℃）]。

3.5.7 当需要验算夏季日照下的温度应力时，日照筒壁温差可按沿塔高为恒值，宜采用半圆分布按下式计算：

$$\Delta t_{b(\theta)} = \Delta t_{b0} \sin\theta \tag{3.5.7}$$

式中：$\Delta t_{b(\theta)}$——计算点处日照筒壁温差（℃），$\Delta t_{b(\theta)}=0\sim\Delta t_{b0}$；

θ——计算点与日照筒壁温差为 0 处的夹角（°），$\theta=0°\sim180°$逆时针增大；

Δt_{b0}——日照筒壁温差最大值，位于$\theta=90°$处，可采用 10～15℃，热带取较大值，温带如计算可取较小值，寒冷及严寒地区可不考虑日照温度应力。

3.5.8 施工所引起的塔筒附加荷载必要时应进行验算。当施工荷载较大，引起塔筒厚度变化或材料增加过多时，应采用更为合理的施工方式以减小施工荷载对塔筒的影响，或采取临时措施解决，不宜过度增大塔筒厚度。

3.5.9 当遇有不均匀地基时，应复核地基不均匀沉降对塔筒、斜支柱及基础的承载能力和裂缝宽度的影响。

3.5.10 设计双曲线冷却塔塔筒时，应对承载能力和正常使用两种极限状态分别进行荷载效应组合，并应分别取其最不利工况进行设计。

3.5.11 按承载能力极限状态设计时，荷载效应组合选用应符合下列规定：

1 基本组合应满足$\gamma_0 S\leqslant R$，荷载效应组合的设计值应按下列公式计算：

$$S=\gamma_G S_{GK}+\gamma_W S_{WK}+\gamma_t\psi_t S_{TK} \tag{3.5.11-1}$$

$$S=\gamma_G S_{GK}+\gamma_W\psi_W S_{WK}+\gamma_t S_{TK} \tag{3.5.11-2}$$

2 地震作用组合应满足 $S\leqslant R/\gamma_{RE}$，荷载效应组合的设计值应按下式计算：

$$S=\gamma_G S_{GE}+\gamma_W\psi_{WE}S_{WK}+\gamma_t\psi_t S_{TK}+\gamma_E S_E \tag{3.5.11-3}$$

式中：S——荷载效应组合的设计值；

R——结构构件抗力的设计值；

γ_{RE}——承载力抗震调整系数，取 0.85；

γ_0——结构重要性系数，取 1.0；

S_{GK}——按永久荷载标准值计算的荷载效应值；

S_{WK}——按风荷载标准值计算的荷载效应值；

S_{TK}——按计入徐变系数的温度作用标准值计算的效应值；

S_{GE}——重力荷载代表值的效应；

S_E——按地震作用标准值计算的效应值；

γ_G——永久荷载分项系数，当其效应对结构有利时取 1.0；当其效应对结构不利时，在基本组合中对由可变荷载效应控制的组合应取 1.2；对由永久荷载效应控制的组合，应取 1.35；在地震作用组合中取 1.2；

γ_W——风荷载分项系数，取 1.4；

γ_E——地震作用分项系数，取 1.3；

γ_t——温度作用分项系数，取 1.0；

ψ_W——风荷载的组合值系数，一般地区可取 0.6，对于历年最大风速出现在最冷季节即 12 月、1 月、2 月的地区，按气象统计资料确定，取 30 年一遇最低气温时相应的风荷载与 50 年一遇最大风荷载的比值且不小于 0.6；

ψ_t——温度作用组合值系数，一般地区可取 0.6，对于历年最大风速出现在最冷季节即 12 月、1 月、2 月的地区，按气象统计资料确定，取 50 年一遇最大风荷载时相应的低气温与 30 年一遇最低气温的比值且不小于 0.6；

ψ_{WE}——与地震作用效应组合时，风荷载的组合值系数取 0.25。

3.5.12 按正常使用极限状态计算时，裂缝验算应符合下列规定：

1 短期效应组合应按下列公式计算：

$$S_K = S_{GK} + S_{WK} + \psi_t S_{TK} \tag{3.5.12-1}$$

$$S_K = S_{GK} + \psi_W S_{WK} + S_{TK} \tag{3.5.12-2}$$

式中：S_K——荷载效应标准组合的设计值。

2 短期最大裂缝宽度应按下式计算：

$$\omega_{s\max} = \frac{1}{\tau_1}\omega_{\max} \tag{3.5.12-3}$$

式中：ω_{smax}——短期最大裂缝宽度（mm），$\omega_{smax} \leqslant 0.2$mm；

ω_{max}——最大裂缝宽度（mm），应按现行国家标准《混凝土结构设计规范》GB 50010 的相关规定计算；

τ_1——长期作用扩大系数，对于塔筒取 1.5；对于斜支柱及环基取 1.0。

3 塔筒上、下刚性环环向验算时，可按照正常使用极限状态下裂缝对刚度的影响，温度效应可乘以 0.6 的折减系数后再进行验算。

3.5.13 计算筒壁温度作用时，混凝土可取徐变系数 C_t=0.5。

3.5.14 双曲线冷却塔塔筒内力计算，应按有限单元法或旋转壳体有矩理论计算。塔筒的支承条件可按离散支承计算。

3.5.15 双曲线冷却塔塔筒的弹性稳定验算应符合下列规定：

1 塔筒整体稳定验算应按下列公式计算：

$$q^{cr} = CE\left(\frac{h}{r_0}\right)^{2.3} \tag{3.5.15-1}$$

$$K_B = \frac{q_{cr}}{\omega} \tag{3.5.15-2}$$

$$\omega = \mu_H \bullet \beta \bullet C_g \bullet\ w_0 \tag{3.5.15-3}$$

式中：K_B——弹性稳定安全系数，应满足 $K_B \geqslant 5$；

q_{cr}——塔筒屈曲临界压力值（kPa）；

w——塔顶风压标准值（kPa）；

C——经验系数，其值为 0.052；

E——混凝土弹性模量（kPa）；

r_0——塔筒喉部半径（m）；

h——塔筒喉部处壁厚（m）。

2 塔筒局部弹性稳定安全系数应满足 $K_B \geqslant 5$，并应按下列公式计算：

$$0.8K_B\left(\frac{\sigma_1}{\sigma_{cr1}} + \frac{\sigma_2}{\sigma_{cr2}}\right) + 0.2K_B^2\left[\left(\frac{\sigma_1}{\sigma_{cr1}}\right)^2 + \left(\frac{\sigma_2}{\sigma_{cr2}}\right)^2\right] = 1 \tag{3.5.15-4}$$

$$\sigma_{cr1}=\frac{0.985E}{\sqrt[4]{\left(1-v^2\right)^3}}\left(\frac{h}{r^0}\right)^{4/3}K_1 \tag{3.5.15-5}$$

$$\sigma_{cr2}=\frac{0.612E}{\sqrt[4]{\left(1-v^2\right)^3}}\left(\frac{h}{r^0}\right)^{4/3}K_2 \tag{3.5.15-6}$$

式中：σ_1、σ_2——由 $G+w_e+w_i$ 组合产生的环向、子午向压力（kPa），其中 w_i 为内吸力引起的压力；

σ_{cr1}、σ_{cr2}——环向、子午向的临界压力（kPa）；

h——筒壁厚度（m）；

v——混凝土泊松比；

K_1、K_2——几何参数，应按表 3.5.15 规定取值。

表 3.5.15 几何参数表

r_0/Z_r		r_0/r_u						
		0.571	0.600	0.628	0.667	0.715	0.800	0.833
K_1	0.250	0.105	0.102	0.098	0.092	0.081	0.063	0.056
	0.333	0.162	0.157	0.150	0.138	0.124	0.096	0.085
	0.416	0.222	0.216	0.210	0.198	0.185	0.163	0.151
K_2	0.250	1.280	1.330	1.370	1.450	1.560	1.760	1.850
	0.333	1.200	1.250	1.300	1.370	1.490	1.730	1.830
	0.416	1.130	1.170	1.230	1.310	1.430	1.680	1.820

注：r_0 为喉部半径（m）；r_u 为壳底半径（m）；Z_r 为喉部至壳底的垂直高度（m）。

3 超大型冷却塔宜进行施工期稳定验算。

3.5.16 冷却塔斜支柱应对塔筒下传至柱上、下端的内力进行组合计算，并分别取其最不利情况进行设计。当需要复核冬季停运状态时，斜支柱内力可按下列公式计算，并应与塔筒自重及实际风荷载作用下传至柱上、下端的内力进行组合计算：

$$S=\gamma_G S_{GK}+\gamma_W \psi_W S_{WKK}+\gamma_t S_{TKK} \tag{3.5.16-1}$$

$$M_K=\frac{6EI_{\alpha 1}\Delta t_K \gamma_u}{L^2} \tag{3.5.16-2}$$

$$Q_K=\frac{2M_K}{L} \tag{3.5.16-3}$$

式中：S_{WKK}——冬季停运时实际风荷载（计入风振系数）的标准值效应；

S_{TKK}——冬季停运时柱端产生的内力（M_K、Q_K）。其中力矩为 M_K（kN·m），切力为 Q_K（kN）；

α_1——混凝土的线膨胀系数，取α_1=1.0×10^{-5}（℃$^{-1}$）；

t_K——斜支柱上、下端温度差（斜支柱上端温度即停运时气温；下端温度，当为环板基础时即为停运时柱下端实际温度，当为倒 T 型基础时取池壁内外平均温度）（℃）；

I——斜支柱断面惯性矩（m^4）；

r_u——塔筒底部半径（m）；

L——斜支柱长度（m）。

3.5.17 计算塔筒斜支柱纵向弯曲长度时，斜支柱可按下端固定上端铰支。斜支柱纵向弯曲计算长度 L_0 径向应取 $0.9L$，环向应取 $0.7L$。

3.5.18 冷却塔地基承载力计算时，其荷载组合应按下式计算：

$$S=1.1S_{GK}+S_{WK}/\beta+\psi_t S_{TK} \tag{3.5.18}$$

3.5.19 塔体基础内力应按塔筒、斜支柱、基础和地基整体分析计算，并宜考虑基础与地基的变形协调。

3.5.20 塔体基础上拔力平衡验算应符合下列规定：

1 对于环板型和倒 T 型基础，基础底面出现上拔力的平面范围应控制圆心角不大于 30°，验算时承载能力极限状态荷载组合应按下式计算：

$$S=S_{GK}+1.2S_{WK} \tag{3.5.20}$$

2 对于单独基础，基础底面不应出现净上拔力，且自重 G 产生的压力与风荷载 W 产生的上拔力之比不应小于 1.2。

3.6 机械通风冷却塔的荷载及内力计算

3.6.1 机械通风冷却塔塔体应选用下列荷载进行计算：

1 结构和设备自重；

2 顶板活荷载和检修荷载；

3 风荷载；

4 风机和电动机振动荷载；

5 淋水装置支承于塔体结构上的荷载；

6 降噪装置作用于塔体结构上的荷载；

7 地震作用。

3.6.2 计算塔顶梁板结构时，顶板的活荷载可取 $4kN/m^2$；顶板的检修荷载可按设备检修情况确定，但不应小于 $5kN/m^2$。这两项荷载不应同时组合。

3.6.3 计算框架时，顶板的活荷载或检修荷载可乘 0.7 的折减系数。

3.6.4 风机和电动机的振动荷载可按本规范附录 B 计算。

3.6.5 对于采用旋转壳体结构的机械通风冷却塔，结构计算可按本规范第 3.5 节自然通风冷却塔的荷载及内力计算的规定进行。

3.6.6 多格的机械通风冷却塔的纵、横向可按框架计算。

3.6.7 按承载能力极限状态计算框架时，荷载组合应符合下列规定：

1 基本组合荷载应包括：结构和设备自重、顶板活荷载或检修荷载、风机和电动机振动荷载、淋水填料支承于框架上的荷载和风荷载。

2 地震作用组合荷载应包括：结构和设备自重、顶板活荷载或检修荷载、风机和电动机振动荷载、淋水填料支承于框架上的荷载和地震力。地震作用组合在地震设计烈度 7 度及 7 度以上时应计算。

3 荷载分项系数、组合效应系数应按现行国家标准《建筑结构荷载规范》GB 50009 的有关规定执行。

3.6.8 按正常使用极限状态验算裂缝宽度时，应按荷载准永久组合下的荷载效应标准值进行。

3.6.9 对于地震作用组合，塔体框架应进行振幅计算，最大振幅不宜超过 0.5mm。

3.7 淋水装置构架

3.7.1 自然通风冷却塔的淋水装置构架，宜采用钢筋混凝土结构。机械通风冷却塔的淋水装置构架，可采用钢筋混凝土结构或复合材料结构。

3.7.2 冷却塔采用槽式和池式配水时，水槽和配水池宜采用钢筋混凝土结构或复合材料结构。当采用槽管式或管式配水时，其管材宜采用塑料或玻璃钢。

3.7.3 淋水装置构架设计，应符合下列要求：

1 结构体系布置应稳定，构件类型应较少；

2 构件间距、截面尺寸及形状所造成的气流阻力应较小，应有利于通风；

3 构件应有足够的强度和刚度；

4 应便于塔内材料或装置的安装和检修。

3.7.4 冷却塔淋水装置构架，应选用下列荷载及相应取值规定进行计算：

1 淋水装置及构架自重。

2 配水槽、管、池内的水重。

3 淋水填料表面结垢重。淋水填料每侧的结垢厚度对于洁净原淡水可取 0.5mm；对偏于浑浊原淡水、再生水、海水可取 1.0mm；结垢容重可按 $20kN/m^3$ 计算。

4 淋水填料表面水膜重。淋水填料每侧的水膜厚度可取 1.0mm。

5 挂冰荷载。寒冷或严寒地区淋水填料下层构件的挂冰荷载，寒冷地区可采用 $1.5kN/m^2$；严寒地区可采用 $2.5kN/m^2$，气候类型的划分参见表 3.9.1 注的规定。

6 风筒检修荷载。自然通风逆流式冷却塔塔筒检修时，作用在水槽、上层梁构件自身顶面范围内的检修荷载，可采用 $2kN/m^2$。风筒检修荷载与挂冰荷载不同时组合；风筒检修荷载与配水槽、管、池内的水重不同时组合。

7 烟道作用。

8 地震作用。

3.8 构造要求

3.8.1 自然通风冷却塔筒壁厚度应根据强度、稳定性及施工条件确定，筒壁最小厚度应符合表 3.8.1 的规定。

表 3.8.1 自然通风冷却塔筒壁最小厚度

淋水面积 S（m^2）	常规淡水冷却塔（mm）	排烟淡水冷却塔（mm）	排烟或不排烟海水冷却塔（mm）
$S<2500$	140	160	170
$2500 \leqslant S<4000$	150	170	180
$4000 \leqslant S<8000$	160	180	190
$8000 \leqslant S<10000$	180	200	210
$S \geqslant 10000$	200	210	230

3.8.2 自然通风冷却塔塔顶应设置刚性环，塔顶刚性环可兼作塔顶检修步道。分析计算时应计入塔顶刚性环对冷却塔结构的影响。

3.8.3 自然通风冷却塔塔筒在子午向及环向均应双层配筋，钢筋截面应按计算确定。子午向及环向的内层和外层的最小配筋率分别不应小于混凝土计算截面的 0.2%。

3.8.4 塔筒的双层配筋间应设置拉筋，拉筋直径不应小于 6mm，间距不应大于 700mm。

3.8.5 筒壁子午向及环向受力钢筋接头的位置应相互错开，在任一搭接长度的区段内，有接头的受力钢筋截面面积与受力钢筋总截面面积之比，子午向不应大于 1/3，环向不应大于 1/4。

3.8.6 塔筒基础、斜支柱及环梁的钢筋接头处宜采用机械连接、焊接或绑扎连接，受力筋直径不小于 25mm 时，宜采用机械连接、焊接。

3.8.7 塔筒斜支柱钢筋伸入环梁的长度应采用 60～80 倍钢筋直径；伸入基础的长度应采用 40～60 倍钢筋直径。

3.8.8 塔筒及基础池壁上开孔处应设置加强钢筋，在孔洞四周加设水平筋、垂直筋和对角处斜钢筋，每侧水平筋或垂直筋的截面不应小于开孔处被切断钢筋截面的 0.75 倍。排烟冷却塔筒壁上孔洞宜按本规范第 3.4.10 条规定的计算原则确定。

3.8.9 冷却塔钢筋保护层最小厚度应符合表 3.8.9-1、表 3.8.9-2 和表 3.8.9-3 的规定：

表 3.8.9-1 常规及超大型冷却塔钢筋保护层最小厚度

部 位	钢筋保护层最小厚度（mm）
塔筒、墙板（机械塔）	25
塔筒斜支柱	35
环板型、倒 T 型、单独基础	40
框架（机械塔）	30
集水池壁、水池底板	25
淋水装置构架	25

表 3.8.9-2 排烟冷却塔钢筋保护层最小厚度

部 位	钢筋保护层最小厚度（mm）
塔筒内壁	45
塔筒外壁	35
塔筒斜支柱	45
环板型、倒 T 型、单独基础	40
淋水装置构架	40

表 3.8.9-3 海水冷却塔钢筋保护层最小厚度

<table>
<tr><th>部 位</th><th>环境
划分</th><th>循环水
盐度（mg/L）</th><th>钢筋保护层
最小厚度（mm）</th></tr>
<tr><td rowspan="2">塔筒内壁</td><td rowspan="2">重度
盐雾区</td><td>55</td><td>50</td></tr>
<tr><td>100</td><td>55</td></tr>
<tr><td>塔筒外壁</td><td colspan="2">海洋大气区</td><td>≥35</td></tr>
<tr><td rowspan="2">斜支柱、淋水装置构架</td><td rowspan="2">淋水区</td><td>55</td><td>55</td></tr>
<tr><td>100</td><td>60</td></tr>
<tr><td rowspan="2">环基、水池及底板内壁</td><td rowspan="2">水下区</td><td>55</td><td>50</td></tr>
<tr><td>100</td><td>55</td></tr>
<tr><td rowspan="2">环基、水池及底板外壁</td><td colspan="2">有地下水</td><td>50</td></tr>
<tr><td colspan="2">无地下水</td><td>40</td></tr>
</table>

注：基础的外壁钢筋保护层厚厦应根据地基土及地下水的腐蚀特性调整。

3.8.10 塔筒的水平施工缝应按现行国家标准《双曲线冷却塔施工与质量验收规范》GB 50573、《混凝土结构工程施工质量验收规范》GB 50204 的有关规定执行。

3.8.11 冷却塔集水池底板与混凝土垫层间宜设防水层。当水池底板与柱基为分离式时，其底板厚度不宜小于 150mm，底板上层宜设 $\phi 8$ 构造钢筋，间距宜为 200～250mm。

3.8.12 冷却塔集水池应有直接或间接的溢流放空设施。进出集水池可搭设临时坡道，也可设永久坡道。

3.8.13 自然通风冷却塔水池底板宜设伸缩缝。集水池底板与塔筒基础和配水竖井等荷重差异较大的结构间应设沉降缝。伸缩缝与沉降缝宜采用止水带或填柔性防水填料。

3.8.14 自然通风冷却塔进水管穿越水池池壁时，宜设置套管或波纹补偿器，回水沟与塔基础之间应设沉降缝。

3.8.15 自然通风冷却塔塔筒基础在环向应设不少于 4 个沉降观测点；当地基较差时，配水竖井应设置沉降观测点。当地基较差时，机械通风冷却塔，宜设置沉降观测点。

3.8.16 自然通风冷却塔环形基础宜采用分段跳仓浇筑混凝土，分段长度宜为 25～40m，分段断面宜留设在相邻柱底支墩间环基跨度的 1/4 处。

3.8.17 环形基础施工完毕应及时回填。寒冷地区未投入运行前如要越冬，则水池应采取保温措施。冬季冷却塔停止运行时，水池应用热水循环或对水池及环形基础采取保温措施。

3.8.18 预制淋水装置钢筋混凝土构架的接头宜避免外露铁件。如有外露铁件，应采取可靠的防腐蚀措施。

3.8.19 冷却塔塔外的金属爬梯及栏杆，宜采用镀锌防腐；塔内的爬梯及栏杆，宜采用非金属材料。

3.8.20 当冷却塔外表面加肋（见图 3.8.20）时，肋条横断面高度 h_R 宜取 100～200mm，底部宽度 b 宜取 250mm，坡度 m 宜取 0.25，顶部宽度 a 宜取 150～200mm。肋高及肋间距应按所选风压分布曲线对粗糙度的要求确定。肋条应配置构造筋。

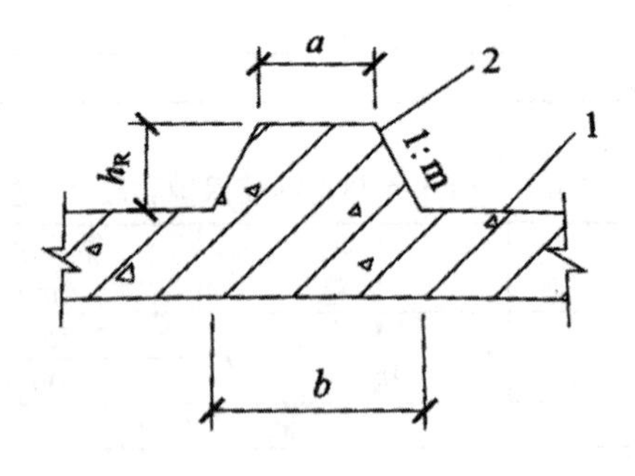

图 3.8.20 塔筒外表面子午向肋条

1—筒壁；2—肋条

3.9 冷却塔耐久性

3.9.1 混凝土最低抗冻等级和抗渗等级可按表 3.9.1 的规定确定。

表 3.9.1　混凝土的最低抗冻和抗渗等级

结构部位	最小抗冻等级												最小抗渗等级
	淡水环境						海水环境						
	微冻地区冻融次数		寒冷地区冻融次数		严寒地区冻融次数		微冻地区冻融次数		寒冷地区冻融次数		严寒地区冻融次数		
	≤100	>100	≤100	>100	≤100	>100	≤100	>100	≤100	>100	≤100	>100	
塔筒	F100	F150	F150	F200	FZ00	F300	F250	F250	F250	F300	F300	F350	W_8
斜支柱	F100	F150	F150	F200	F200	F300	F250	FZ50	F250	F300	F300	F350	W_8
环板型、倒T型基础、集水池壁	F50	F100	F100	F150	F150	F200	F250	F250	F250	F250	F250	F300	W_6
单独基础及水池底板	F50	F50	F50	F50	F50	F100	F250	F250	F250	F250	F250	F300	W_4
淋水装置构架、框架及墙板	F100	F150	F150	F200	F200	F300	F250	F250	F250	F300	F300	F350	W_8

注：1　低温地区的划分：微冻地区指最冷月月平均气温在2～−3℃；寒冷地区指最冷月月平均气温在−3～−8℃；严寒地区指最冷月月平均气温低于−8℃。对于地区最冷月月平均气温低于−25%的酷寒地区，混凝土抗冻等级应根据具体情况研究确定。

2　冻融次数的划分：与水池水面接触且近距离直接接触冷空气的构件，如水池壁、压力沟、构架柱，可能挂冰的构件，如外区下层梁，相对重要构件，如塔筒、斜支柱，视为冻融次数>100。中央竖井及内区梁等远距离接触冷空气的构件，环基等间接接触冷空气的构件，视为冻融次数≤100。

3.9.2　混凝土的水胶比可按表3.9.2的规定确定。

表 3.9.2　混凝土的最大水胶比

结构部位	最大水胶比 W/C			
	常规冷却塔	超大型冷却塔	排烟冷却塔	海水冷却塔
塔筒	0.5	0.45	0.4	0.4
斜支柱	0.5	0.45	0.4	0.34
环板型、倒T型基础、集水池壁	0.5	0.5	0.4	0.4
单独基础及水池底板	0.5	0.5	0.5	0.4
淋水装置构架、框架及墙板	0.5	0.5	0.45	0.34

3.9.3　冷却塔防水防腐涂层应采用成熟、安全、可靠的技术和材料，免维护使用期不宜少于10年。

3.9.4　冷却塔混凝土表面防水防腐层应满足下列规定：

1　淡水冷却塔塔筒内表面应设防水层；对于再生水应根据水质确定防腐设计标准；

2　排烟冷却塔、海水冷却塔防腐材料可采用环氧类、聚氨酯类、硅烷类等。可根据不同区域设置防腐层，可按表3.9.4的规定划分。

表 3.9.4 排烟冷却塔及海水冷却塔不同区域防腐层最小厚度

区　域	排烟冷却塔防腐层干膜最小厚度（μm）	海水冷却塔防腐层干膜最小厚度（μm）
塔壁内表面喉部以上	400	400
塔壁内表面喉部以下至收水器	350	350
塔壁内表面收水器至壳底	350	400
塔壁外表面自壳顶向下 15m	300	350
塔壁外表面自壳底向上 6m	200	300
斜支柱及支墩	350	350
塔体基础（环型或倒 T 型）	根据地下水侵蚀性确定	300
中央竖井、水槽、淋水构架、压力进水沟、水池内壁	300	400

3.9.5 排烟塔、海水塔塔内栏杆及爬梯宜采用非金属材料，塔内烟道支座爬梯、冷却塔塔顶栏杆及上塔爬梯喉部以上部分宜采用不锈钢结构。护笼、上塔爬梯喉部以下部分可采用碳钢结构，但应镀锌或喷涂可靠的防腐涂料。

4 喷水池

4.1 喷水池工艺设计

4.1.1 当循环水量较小，工艺对冷却水温要求不严格，且场地开阔，环境允许时可采用喷水池；在大风、多沙地区不宜采用喷水池。

4.1.2 喷水池可按经验曲线进行热力计算。

4.1.3 计算喷水池的冷却水温时，选用的气象条件应符合本规范第 3.1.16 条、第 3.1.17 条和第 3.1.18 条的规定。

4.1.4 喷水池的损失水量应符合下列规定：

1 蒸发损失水量应符合本规范第 3.1.20 条第 1 款的规定；

2 风吹损失水量占循环水量的百分数可取 1.5%～3.5%；

3 排水损失水量应根据对循环水质的要求经计算确定。

4.1.5 喷水池的淋水密度应根据当地气象条件和工艺要求的冷却水温确定；可采用 0.7～1.2m^3/（m^2 • h）。

4.1.6 喷水池不宜少于两格，当允许间断运行时亦可为单格。

4.1.7 喷水池的喷嘴应符合下列要求：

1 喷水池的喷嘴宜选用渐伸线型或 C-6 型；

2 喷嘴前的水头：渐伸线型应为 5～7m；C-6 型不应小于 6m；

3 喷嘴布置宜高出水面 1.2m 以上。

4.1.8 喷水池内的设计水深宜为 1.5～2.0m。

4.1.9 喷水池的超高不应小于 0.25m；池底应有坡向放空管的适当坡度。

4.1.10 喷水池宽不宜大于 60m；最外侧喷嘴距池边不宜小于 7m。喷水池的长边应与夏季主导风向垂直布置。

4.1.11 喷水池应有排污、放空和溢流设施。出水口前应设置拦污设施。

4.1.12 配水管末端应装设放水管。配水管应有坡向放水管 0.1%～0.2%的坡度。

4.1.13 寒冷和严寒地区的喷水池，根据具体条件应按下列规定采取防冻措施：

1 在进水干管上宜设旁路水管，旁路水管的排水口应位于水池出水口的对面一侧；

2 干管及配水管上的闸门应装设防冻放水管或采取其他保温措施。

4.2 喷水池结构设计

4.2.1 喷水池的设计应以工程地质和水文地质资料为依据，结合土质特点进行防水层设计，并应满足放空时抗浮稳定要求。

4.2.2 喷水池建在不透水土壤上时，可不另做防水层。如建在透水性土壤上时，则应根据当地材料供应情况和工程地质条件等，可选择黏土、卷材或土工膜作为防水层材料，卷材或土工膜上应设置保护层。

4.2.3 用黏土做防水层时，其塑性指数宜为 15～17，厚度不宜小于 300mm。黏土防水层压实系数不应小于 0.96，其表面应做混凝土板护面，厚度不宜小于 100mm。

4.2.4 喷水池底层混凝土强度等级不应低于 C15，面层混凝土强度等级不应低于 C20，喷水池水位经常变化的部分，应适当提高其混凝土的强度等级。抗渗等级宜为 W_4。在寒冷地区应根据气候条件提出相应的抗冻性要求。

4.2.5 喷水池冬季施工或冬季停止使用放空时，应有防止土壤冻胀导致防水层损坏的措施。

4.2.6 喷水池宜采用下挖式，边坡应满足稳定要求。

4.2.7 喷水池边缘应有回水台，回水台的宽度不宜小于 3m。回水台倾向水池的坡度宜为 2%～5%。回水台外围应有防止周围地表水流入池内的措施。

5 水面冷却

5.1 一般规定

5.1.1 利用水面冷却循环水时，宜利用已有水库、湖泊、河道或海湾等水体，也可根据自然条件新建冷却池。

5.1.2 利用水库、湖泊、河道或海湾等水体冷却循环水时，水体的水量、水质和水温应满足工业企业取水和冷却的要求。

5.1.3 利用水库、湖泊、河道或海湾等水体冷却循环水时，应征得水利、农业、渔业、航运、海洋、海事和环境保护等有关部门的同意。

5.1.4 设计水面冷却工程，应满足排水对环境影响和冷却水体综合利用的要求。

5.1.5 工业企业使用综合利用水库或水利工程设施冷却循环水，应取得水利工程管理单位的供水协议。

5.1.6 取水、排水建（构）筑物的布置和型式应有利于冷水的吸取和热水的扩散冷却。有条件时，宜采用深层取水。排水口应使出流平顺，排水水面与受纳水体水面宜平缓衔接。

5.1.7 设计取水建（构）筑物的进水口应注意进口水流的均匀、平顺性。当漂浮物较多时，取水口进口流速宜小于该区域的天然流速，但不宜小于 0.2m/s，并应满足航道、航运等部门要求。必要时，可通过模型试验确定进水口流速。

5.1.8 有条件时，宜采用冷热水通道分开的差位式取、排水口布置。当采用重叠的差位取、排水口布置时，受热水体应有足够的水深。设计应计入各种不利因素对设计最低水位和表面热水层厚度的影响。

5.1.9 水面蒸发系数和水面综合散热系数宜按下列公式计算：

$$\alpha = \left(22.0 + 12.5v^2 + 2.0\Delta T\right)^{1/2} \tag{5.1.9-1}$$

$$K_{\mathrm{m}} = (b+k)\alpha + 4\varepsilon\sigma\left(T_{\mathrm{s}} + 273\right)^3 + (1/\alpha)(b\Delta T + \Delta e) \tag{5.1.9-2}$$

$$\Delta T = T_{\mathrm{s}} - T_{\mathrm{a}} \tag{5.1.9-3}$$

$$\Delta e = e_{\mathrm{s}} - e_{\mathrm{a}} \tag{5.1.9-4}$$

$$k = \frac{\partial e_{\mathrm{s}}}{\partial T_{\mathrm{s}}} \tag{5.1.9-5}$$

$$b = 0.66\frac{P}{1000} \tag{5.1.9-6}$$

式中：α——水面蒸发系数（$W \cdot m^{-2} \cdot hPa^{-1}$）；

K_m——水面综合散热系数（$W \cdot m^{-2} \cdot ℃^{-1}$）；

b——系数（$hPa \cdot ℃^{-1}$）；

k——e_s–T_s 曲线的斜率；

P——水面以上 1.5m 处大气压（hPa）；

v——水面以上 1.5m 处的风速（m/s）；

ε——水面辐射系数，可取 0.97；

σ——Stefan-Boltzman 常数，其值为 5.67×10^{-8}（$W \cdot m^{-2} \cdot ℃^{-4}$）；

T_a——水面以上 1.5m 处的气温（℃）；

T_s——水面水温（℃）；

e_s——水温为 T_s 时的相应水面饱和水汽压（hPa）；

e_a——水面以上 1.5m 处的水汽压（hPa）。

5.1.10 自然水温应根据实测资料或条件相似水体的观测资料确定。当缺乏资料时，可按热量平衡方程或经验公式计算确定。

5.1.11 当水体的冷却能力不足或需要降低排水温度时，可根据综合技术经济分析，选用辅助的冷却设施。

5.1.12 冷却水体中有渔业生产时，取水建（构）筑物的卷吸效应不应影响鱼类，取水建（构）筑物应设拦鱼设施。

5.1.13 取水口和排水口应装设测量水温和冷却水体水位的仪表。

5.1.14 取、排水工程布置应与受纳水体环境功能区划要求相协调，应避开环境敏感区。取水口和排水口应避开水生物养殖场和天然水生物保护区。

5.1.15 利用水库、湖泊、河道、海湾或建设新的冷却池冷却循环水时，视工程具体条件和设计阶段，应通过物理模型试验或数学模型计算以及其他方法，确定不同设计条件下水体的冷却能力、取水温度、水体表面和深层的水温分布、温排水的扩散范围等，并应结合技术经济分析，优化取水口和排水口的布置。

5.2 冷却池

5.2.1 新建冷却池设计应采取防止池岸和堤坝冲刷及崩坍的措施；还应采取措施，防止因冷却池附近地下水位升高对农田和建（构）筑物造成不良影响。

5.2.2 利用水库或湖泊冷却循环水，应根据水域的水文气象条件、水利计算、运行方式和水工建（构）筑物的防洪及结构安全要求进行设计。

5.2.3 冷却池的设计最低水位，应根据水体的自然条件、冷却要求的水面面积和最小水深、泥沙淤积和取水口的布置等条件确定。

5.2.4 冷却池在夏季最低水位时，水流循环区的水深不宜小于 2m。

5.2.5 冷却池的正常水位和洪水位，应根据水量平衡和调洪计算成果、循环水系统对水位的要求和池区淹没损失等条件，通过技术经济分析确定。

5.2.6 新建冷却池，应根据冷却、取水、卫生和其他方面的要求，对池底进行清理。

5.2.7 新建冷却池，初次灌水至运行要求的最低水位所需的时间，应满足工业企业投入生产的要求。

5.2.8 从冷却池取水的最高计算温度，不应超过生产工艺允许的最高值。计算冷却池的设计冷却能力或取水的最高温度的水文气象条件，应根据生产工艺的要求确定，并宜符合下列规定：

1 深水型冷却池，宜采用多年平均的年最热月月平均自然水温和相应的气象条件；

2 浅水型冷却池，宜采用多年平均的年最炎热连续 15 天平均自然水温和相应的气象条件。

5.2.9 计算冷却池的各月月平均取水水温，应采用多年相应各月的月平均水文和气象条件。

5.2.10 冷却池必须有可靠的补充水源。冷却池补充水源的设计标准，应根据工业企业的重要性和生产工艺的要求确定。可采用保证率为 95%～97%的枯水年水量。

5.2.11 冷却池的损失水量应按自然蒸发、附加蒸发、渗漏和排污等各项计算的损失水量确定。

5.2.12 冷却池的自然蒸发率宜按下列公式计算：

$$E = \frac{86400}{\rho_{\mathrm{w}}\gamma_{\mathrm{ts}}}\alpha\left(e_{\mathrm{s}} - e_{\mathrm{a}}\right) \qquad (5.2.12\text{-}1)$$

$$r_{\mathrm{ts}} = 2500 - 2.39T_{\mathrm{s}} \qquad (5.2.12\text{-}2)$$

式中：E——水面自然蒸发率（mm/d）；

ρ_{w}——水的密度，可近似采用 1000kg/m^3；

r_{ts}——与水面水温 T_{s} 相应的水汽化热（kJ/kg）。

5.2.13 自然蒸发水量的计算应符合下列规定：

1 年调节水量的冷却池，当为地表径流补给时，应采用与补充水源同一设计标准的枯水年；人工补水时，可按历年中蒸发量与降水量的差值最大年份确定；

2 多年调节水量的冷却池，可采用多年平均值；

3 蒸发量年内各月分配可采用设计枯水年的年内月分配。

5.2.14 冷却池的附加蒸发水量宜按下列公式计算：

$$q_{\mathrm{e}} = K_{\mathrm{e}} \cdot \Delta t \cdot Q \qquad (5.2.14\text{-}1)$$

$$K_{\mathrm{e}} = \frac{C_{\mathrm{w}}\left[\alpha k = \left(e_{\mathrm{s}} - e_{\mathrm{a}}\right)/\alpha\right]}{K_{\mathrm{m}} r_{\mathrm{ts}}} \qquad (5.2.14\text{-}2)$$

式中：q_e——附加蒸发水量（m^3/h）；

Q——循环水流量（m^3/h）；

Δt——循环水的排水与取水温差（℃）；

K_e——附加蒸发系数（1/℃）。

5.2.15 冷却池的渗漏水量可根据池区的水文地质条件和水工建（构）筑物的型式等因素确定。必要时，冷却池应采取防渗漏的措施。

5.2.16 冷却池的排水水量，应根据对循环水水质的要求计算确定。

5.2.17 冷却池应分析泥沙和各种污物对取、排水和冷却能力的影响，必要时应采取防止或控制淤积发展的措施。

5.2.18 当冷却池有地表径流补给水时，宜设置向冷却池下游排放热水的旁路设施。

5.2.19 冷却池取水口和排水口方位的选择，应分析风向对取水温度和热水扩散的影响。

5.2.20 新建冷却池形状、水深宜符合下列要求：

1 宜有利于散热；

2 宜减少风生浪影响；

3 宜取得底层低温水。

5.2.21 可采用导流堤、潜水堰和挡热墙等工程措施提高冷却池的冷却能力或降低取水温度。

5.2.22 地表径流补水的冷却池，应有排泄洪水的建（构）筑物。人工补水的冷却池，应根据需要，设置溢流和放水等设施。

5.2.23 工业企业自建的冷却池，应设专人管理。

5.2.24 冷却池工程的等级以及冷却池的堤坝、进排水沟渠和泄水构筑物等水工建（构）筑物的级别应按现行行业标准《水利水电工程等级划分及洪水标准》SL 252 的有关规定执行。

5.3 河道冷却

5.3.1 计算河道的设计冷却能力或冷却水最高温度的水文气象条件，应根据生产工艺的要求确定。可采用历年最热时期 3 个月频率为 5%～10%的日平均水温和相应的水文气象条件。冷却水的最高计算温度，不应超过生产工艺允许的最高值。

5.3.2 利用河网冷却循环水，应根据河网的规划设计，论证和选择设计最低水位。

5.3.3 排水口宜设在取水口下游。有条件时，宜采用水体底层排放方式。当排水门设在上游时，应采取减少进入取水口的热水量的措施。

5.3.4 应分析泥沙冲淤引起的河床地形变化对温排水扩散及取水温升等的影响。河口区域还应分析海水入侵对温排水扩散以及取水温升等的影响。

5.3.5 感潮河段应采取避免和减少排水热量在水体中积蓄对取水温度影响的措施。

5.3.6 利用河道或河网冷却循环水时，应校核在不利水文条件下的可取水量。必要时应采取措施，保证工业企业取得必需的循环冷却水量。 ，

5.4 海湾冷却

5.4.1 工程海域设计冷却能力或冷却水最高温度的水文气象条件，应根据生产工艺的要求确定。可采用历年最热时期 3 个月频率为 5%～10%的日平均水温和相应的典型潮水文条件、气象条件。冷却水的最高计算温度，不应超过生产工艺允许的最高值。

5.4.2 利用海湾冷却循环水时，宜结合海域内海流流向和温跃层的分布进行取、排水设计。

当取水口海域有温跃层时，宜采用深层取水方式；当有合适的深层排放条件时，宜采用水体底层出流方式，必要时可根据工程的具体条件经模型研究确定。

5.4.3 利用河口、海湾冷却循环水时，宜结合海水盐度垂直分布不均匀特性对取水水温和温排水扩散进行论证。当可能出现这种影响时，应重视取、排水高程的选定。采用重叠式取、排水口布置应有试验核定。

5.4.4 无化冰要求的环抱式港池内不宜同时设置循环冷却水的取、排水口。

5.4.5 当用于冷却循环水的海湾泥沙和海流运动活跃时，应首先研究和论证泥沙对取、排水设施的淤积和海流对取、排水设施的冲刷影响，并应根据有利于吸取冷水和温排水的扩散以及排水消能、消泡的要求，确定取、排水设施的位置和型式。

附录 A 自然通风冷却塔通风筒内侧设计气温取值

附表 A 自然通风冷却塔通风筒内侧设计气温取值

气温取值位置示意图	环梁有挡水设施				环梁无挡水设施	
	大气温为-15℃地区		大气温为-25℃地区		单元系统	母管系统
	单元系统	母管系统	单元系统	母管系统		
a 淋水装置顶部 b c 底部 d 进风口上缘	a 10℃ b 10℃ c d 0℃	a 15℃ b 15℃ c d 0℃	a 10℃ b 10℃ c d -5℃	a 15℃ b 15℃ c d -5℃	a 10℃ b 15℃ c d 0℃	a 15℃ b 20℃ c d 0℃

注：1 环梁有（无）挡水设施，指淋水装置范围有（无）挡水板等防止热水直接溅到塔壁上的设施。

2 单元系统指一机一塔供水，冬季运行时不能调整水塔座数的情况。

3 母管系统指多机多塔供水，冬季运行时能调整水塔座数（如二机一塔）的情况。

4 大气温度为其他值的地区，塔内壁气温可参照表中数值研究确定。

附录 B 机械通风冷却塔风机和电动机当量静荷载计算方法

B.0.1 竖向当量静荷载，可按下式计算：

$$G_V=K_VW \tag{B.0.1}$$

式中：G_V——竖向当量静荷载（kN）；

W——风机或电动机自重（重力）（kN）；

K_V——竖向动力系数，风机可取 2.0，电动机可取 1.5。

B.0.2 水平当量静荷载计算应符合下列规定：

1 风机正常运行时产生的扰力，可按下式计算：

$$F_g=\frac{W_1Sn^2}{250} \tag{B.0.2-1}$$

式中：F_g——水平扰力（kN）；

W_1——风机转动部分重量（重力）（kN）；

S——风机转动部件的偏心距，可按实际情况取值，可取 1mm；

n——风机转速（s^{-1}）。

2 计算框架时，每台风机的水平当量静荷载可按下列公式计算：

$$G_H=K_HF_g\beta_i \tag{B.0.2-2}$$

$$\beta_i=\frac{1}{\left(1-\frac{n}{f}\right)^2\left(1-C_\mu\right)C_\mu}+\frac{0.07}{\left(1-0.4\frac{n}{f}\right)^2+C_\mu} \tag{B.0.2-3}$$

式中：G_H——每台风机水平当量静荷载（kN）；

K_H——风机水平动力系数，可取 4.0；

β_i——风机对塔体的动性能系数；

n——风机转速（s^{-1}）；

f——塔体自振频率（Hz）；

G_μ——材料非弹性阻力系数，可取 0.1；

F_g——每台风机的水平扰力（kN）。

3 电动机的水平当量静荷载可不计入。

本规范用词说明

1 为便于在执行本规范条文时区别对待，对要求严格程度不同的用词说明如下：

1）表示很严格，非这样做不可的：

正面词采用“必须”，反面词采用“严禁”；

2）表示严格，在正常情况下均应这样做的：

正面词采用“应”，反面词采用“不应”或“不得”；

3）表示允许稍有选择，在条件许可时首先应这样做的：

正面词采用“宜”，反面词采用“不宜”；

4）表示有选择，在一定条件下可以这样做的，采用“可”。

2 条文中指明应按其他有关标准执行的写法为：“应符合……的规定”或“应按……执行”。

引用标准名录

《建筑地基基础设计规范》GB 50007

《建筑结构荷载规范》GB 50009

《混凝土结构设计规范》GB 50010

《建筑抗震设计规范》GB 50011

《构筑物抗震设计规范》GB 50191

《混凝土结构工程施工质量验收规范》GB 50204

《机械通风冷却塔工艺设计规范》GB/T 50392

《双曲线冷却塔施工与质量验收规范》GB 50573

《水利水电工程等级划分及洪水标准》SL 252

中华人民共和国国家标准

工业用水软化除盐设计规范

Design code for softening and demineralization of industrial water

GB/T 50109—2014

前 言

本规范是根据住房和城乡建设部《关于印发〈2012 年工程建设国家标准制订修订计划〉的通知》（建标[2012]5 号）的要求，由中国电力工程顾问集团西北电力设计院会同有关单位共同在原国家标准《工业用水软化除盐设计规范》GB/T 50109—2006 的基础上修订而成。

本规范共分 6 章和 2 个附录。主要技术内容包括：总则、术语、水处理站、软化和除盐、药品贮存和计量、控制及仪表等。

本规范修订的主要技术内容是：

1．删除了电渗析的相关内容；

2．在总则中增加节能、节水、减排，体现职业健康安全的要求；

3．增加了纳滤的相关内容；

4．增加了膜加药系统和清洗系统的相关内容；

5．增加和修订了仪表控制内容。

本规范由住房和城乡建设部负责管理，中国电力企业联合会负责日常管理，中国电力工程顾问集团西北电力设计院负责具体技术内容的解释。在执行过程中，请各单位结合工程实践，认真总结经验，如发现需要修改或补充之处，请将意见和建议寄送中国电力工程顾问集团西北电力设计院（地址：西安市高新区团结南路 22 号，邮政编码：710075），以供今后修订时参考。

本规范主编单位、参编单位、主要起草人和主要审查人：

主编单位：中国电力工程顾问集团西北电力设计院

参编单位：中国电力工程顾问集团华北电力设计院工程有限公司
中国电力工程顾问集团华东电力设计院
中国能源建设集团广东省电力设计研究院

主要起草人：关秀彦 刘军梅 张 赢 陈晓玮 花立存 张 乔

主要审查人：王 健 杜红纲 蔡冠萍 常爱国 董广文 林建中 和慧勇
高万霞 孟 烨 田 宝 王爱玲 石 宇 姚兴华 杨铁荣
周红梅 张富收 张 岚

1 总 则

1.0.1 为提高工业用水软化除盐设计水平，做到安全可靠、技术先进、经济合理，制定本规范。

1.0.2 本规范适用于新建、扩建和改建的工业用水软化、除盐系统的设计。本规范不适用于水的预处理和废水处理系统的设计。

1.0.3 工业用水软化、除盐系统的设计应遵守下列原则：

1 系统选择及其布置应根据主体工程规划容量、生产特点等进行并经技术经济比较确定。当分期建设时设计应预留扩建条件。

2 应配套建设废水处理设施。

3 工业用水软化除盐处理站的扩建或改建设计，应合理利用原有设施。

4 应结合工程具体情况，积极、慎重地采用新工艺、新技术、新材料、新设备。

1.0.4 工业用水软化、除盐设计除应执行本规范外，尚应符合国家现行有关标准的规定。

2 术 语

2.0.1 纳滤 nanofiltration

膜的筛分过滤技术，过滤精度为 0.001～0.01μm。

2.0.2 电除盐 electrodeionization

在电渗析器的淡水室中装填阴、阳混合离子交换树脂，将电渗析与离子交换结合，去除水中离子含量并利用电渗析过程中极化现象对离子交换树脂进行电化学再生的方法。

2.0.3 软化水 softened water

除掉大部分或全部钙、镁离子后的水。

3 水处理站

3.1 一般规定

3.1.1 水处理站在厂区总平面布置中应符合下列规定：

1 应靠近主要用水对象，同时应考虑水源来水管线的敷设；

2 交通运输应方便；

3 应远离煤场、灰场等有粉尘飞扬的场所，并应位于散发有害气体、烟尘、水雾的构筑物常年主导风向的上风侧。

3.1.2 水处理站宜采用独立建筑，有条件时，也可与其他建筑物合建。

3.1.3 水处理站宜设置仪表控制、化学分析、设备维修、药品贮存和辅助房间。当设有中心化验室和维修车间时，辅助房间的面积可相应减少。

3.1.4 扩建工程应结合原有各系统、设备布置情况和运行实际情况统筹设计和布置。

3.1.5 酸碱设备布置区域应设置防止化学伤害的设施。

3.2 设备布置

3.2.1 水处理站设备布置应符合下列规定：

1 应按工艺流程有序排列；

2 应节约用地；

3 应减少对主操作区的噪声干扰；

4 宜便于操作和维修。

3.2.2 澄清池（器）、过滤池（器）和各种水箱可布置在室外，顶部宜设人行通道或操作平台。寒冷或风沙大的地区澄清、过滤设备应布置在室内。

3.2.3 软化除盐离子交换设备宜布置在室内。当水处理设备布置在室外时，其运行操作部位及仪表、取样装置、阀门等宜集中布置，并应有防雨、防冻、防晒的措施。

3.2.4 软化除盐离子交换设备面对面布置时，阀门全开后的操作通道净间距不宜小于2m，并应满足设备的检修需要。巡回检查通道净宽不宜小于0.8m，设备之间的净距离不宜小于0.4m。

3.2.5 经常检修的水处理设备和阀门，宜按其结构型式、数量、起吊件重量，设检修平台、叉车或起吊装置。

3.2.6 酸碱贮存槽可布置在室外，寒冷地区碱贮存槽应布置在室内。酸碱贮存槽宜靠近废水中和池。

3.2.7 酸碱贮存槽、水处理用药剂存储位置应靠近水处理室，且方便运输。

3.2.8 药品贮存设备、加药设备宜布置在单独的区域或房间内，应有防腐、安全防护等措施，室内应设强制通风设施。

3.2.9 空气压缩机、罗茨风机、水泵宜布置在单独的房间内，并应采取减噪措施。

3.2.10 控制室和化验室应有采光照明，控制室、精密仪器室应装设空气调节装置，其他化验室宜装设空气调节装置。

3.2.11 纳滤、反渗透、电除盐装置应布置在室内，当受场地限制，需要两层布置时，其给水泵宜布置在底层。

3.2.12 保安过滤器布置应有滤芯更换空间，纳滤、反渗透膜壳两端应留有不小于单支膜元件长度1.5倍的换膜空间。

3.2.13 电除盐装置应根据其结构型式合理布置，且便于检修和模块更换。电除盐装置给水箱宜布置于室内。

3.3 管道布置

3.3.1 管道布置应符合下列要求：

1 宜管线短，附件少，整齐美观；

2 宜便于安装、检修；

3 不应影响设备的起吊和搬运；

4 宜采用标准管件；

5 不应布置在配电盘和控制盘的上方。

3.3.2 管道埋地敷设时，埋地敷设深度应根据地面荷载、冻土层深度等条件确定，管顶距地面不宜小于0.7m。强腐蚀性介质的管道不应埋地敷设。

3.3.3 石灰乳液管道敷设应符合下列规定：

1 自流管坡度不应小于5%；

2 管内流速不宜小于2.5m/s；

3 管道应减少弯头、U形管等；

4 管道的弯头、三通和穿墙处管段应设法兰；

5 水平直管长度超过3m时，应分段用法兰连接。

3.3.4 输送浓酸、碱液等腐蚀性介质的管道不宜布置在人行通道和转动设备的上方，需要架空敷设时，应设保护罩或挡板遮护。

3.3.5 手动操作阀门的布置高度不宜超过 1.6m，高于 2m 的阀门应有传动装置或操作平台。

4 软化和除盐

4.1 一般规定

4.1.1 工业用水软化和除盐系统设计前应取得全部可利用水源的水量、水质等资料，水质全分析报告应符合本规范附录 A 的规定。应选择有代表性的水质分析资料作为设计依据，所需水源资料宜符合下列规定：

1 地表水、再生水宜为近年的逐月资料，且不宜少于 12 份；

2 地下水、矿井排水、海水宜为近年的逐季资料，宜为 4 份。

4.1.2 对于地表水，应了解历年丰水期和枯水期的水质变化规律以及可能被污染的情况，取得相应的水质全分析资料；对受海水倒灌或农田排灌影响的水源，还应掌握由此引起的水质变化情况；对于矿井排水、石灰岩地区的地下水，应了解其水质的稳定性；对于再生水，应掌握其来源和组成，了解再生水深度处理的情况。

4.1.3 工业用水软化和除盐系统设计时，应掌握用户对外供水量和水质的要求，还应了解环境影响评价和水资源论证中关于用水和排水的要求。

4.1.4 工业用水软化和除盐系统的工艺选择应根据水源类型、水质特点、外供水质要求、厂址条件及环保要求等因素，经技术经济比较后确定。

4.1.5 软化除盐设备的进水应进行预处理，应满足后续工艺进水水质的要求.

4.1.6 预处理工艺应根据水源水质、后续处理工艺对水质的要求、处理水量和试验资料，并应参考类似工程的运行经验，结合当地条件，通过技术经济比较后确定。软化除盐装置的进水水质要求应符合表 4.1.6 的规定。

4.1.7 当来水水温影响处理效果时，应采取加热或降温措施。

4.1.8 对于不同水质的水源，应合理选择处理工艺，并应符合下列规定：

1 当以海水为水源时，应符合现行国家标准《火力发电厂海水淡化工程设计规范》GB/T 50619 的有关规定；

2 当以再生水为水源时，应符合现行国家标准《污水再生利用工程设计规范》GB 50335 的有关规定；

3 当以矿井排水为水源时，应根据详细的水质资料确定具体的处理工艺；

4 对于铁、锰含量高的地下水，宜采用曝气、沉淀、过滤等处理工艺；

5 反渗透工艺进水经混凝澄清等预处理后，再采用细砂过滤、超滤或微滤膜过滤等工艺。

4.1.9 软化和除盐系统设计时，应掌握防腐材料、药剂、滤料、各类膜、离子交换树脂、阀门及仪表等的供应情况，以及质量、价格、包装和运输方式等。

4.1.10 软化和除盐系统的产水量应根据供水量加系统的自用产品水量确定。

4.1.11 离子交换树脂的工作交换容量，宜按树脂的性能参数或参照类似条件下的运行经验确定。

表 4.1.6 软化除盐装置进水水质要求

项　目		离子交换	纳滤或反渗透	电除盐
淤泥密度指数（SDI_{15}）		—	＜5	—
浊度 NTU	对流再生	＜2	＜1.0	—
	顺流再生	＜5		
水温（℃）		5～40[注1]	5～35[注2]	5～40
pH（25℃）		—	3～11	5～9
化学耗氧量（mg/L）（$KMnO_4$法）		＜2[注3]	—	—
游离余氯（mg/L）		＜0.1	＜0.1[注4]，控制为 0	0.05
铁（mg/L）		＜2[注5]	＜0.05（溶氧＞5mg/L）[注6]	＜0.01
锰（mg/L）		—	＜0.3	＜0.01
电导率（25℃，μS/cm）		—	—	＜40[注7]
总可交换阴离子（mg/L，$CaCO_3$计）		—	—	25
硬度（mg/L，$CaCO_3$计）		—	—	＜1
二氧化碳（mg/L）		—	—	＜5
二氧化硅（mg/L）		—	—	≤0.5

注：1　强碱Ⅱ型树脂、丙烯酸树脂的进水水温不应大于 35℃；

2　反渗透装置的最佳设计水温宜为 20℃～25℃；

3　离子交换除盐装置进水化学耗氧量指标系指使用凝胶型强碱阴树脂的要求，对弱酸及弱碱树脂，可适当放宽；

4　在膜寿命期内耐受氯离子的总剂量应小于 1000h · mg/L；

5　盐酸、硫酸再生的离子交换设备进水的含铁量应小于 2mg/L，对钠软化离子交换设备进水的含铁量应小于 0.3mg/L；

6　铁的氧化速度取决于铁的含量、水中溶氧浓度和水的 pH 值，当 pH＜6、溶氧应小于 0.5mg/L 时，允许最大 Fe^{2+}应小于 4mg/L；

7　电除盐装置的进水宜为反渗透装置的产水，电导率（25℃）包括二氧化碳的当量电导率，期望值应小于 20μS/cm。

4.1.12　反渗透膜的产水通量应根据进水水质、预处理方式及膜元件特性确定，复合膜反渗透装置的设计膜通量宜按表 4.1.12 的规定选取。

表 4.1.12　复合膜反渗透装置的设计膜通量

给水类型	地下水	地表水		循环水排水或再生水		反渗透产水
		经超/微滤	经介质过滤	经超/微滤	经介质过滤	
设计膜通量 [L/（m^2 • h）]	23～27	21～24	17～21	16～20	14～17	29～34

4.1.13　软化除盐系统和设备选择，应减少废酸、废碱、废渣及其他有害物质的排放量，并应采取处理和处置措施，满足相关的环保要求。

4.1.14　软化除盐系统的废水应根据废水水质特性分类收集。

4.2　软化及预脱盐系统

4.2.1　当原水溶解固形物大于 400mg/L 时，宜采用反渗透等预脱盐装置；当小于 400mg/L 时，应经技术经济比较确定。

4.2.2　软化系统选择可按表 4.2.2 执行。

表 4.2.2 软化系统选择

系统名称及代号	进水水质			出水水质	
	总硬度 [mg/L（$CaCO_3$）]	碳酸盐硬度 [mg/L（$CaCO_3$）]	碳酸盐硬度与总硬度比值	硬度 [mg/L（$CaCO_3$）]	碱度 [mg/L（$CaCO_3$）]
石灰—钠 CaO—Na	—	＞150	＞0.5	＜2	60～40
单钠 Na	≤325	—	—	＜2	与进水相同
氢、钠串联 H—D—Na	—	＞50	＜0.5	＜0.25	25～15
氢、钠并联 H、Na并联—D	—	—	＞0.5	＜2	25～15
二级钠 Na—Na	—	—	—	＜0.25	与进水相同
弱酸 Hw	—	—	＞0.5	—	＜50

注：1 表中符号：H—强酸阳离子交换器；D—除二氧化碳器；Hw—弱酸阳离于交换器；Na—钠离子交换器；CaO—石灰处理装置；

2 弱酸阳离子交换器单独用于去除碳酸盐硬度；

3 弱酸阳离子交换器出水硬度等于原水非碳酸盐硬度与出水碱度之和，出水碱度指平均出水碱度。

4.2.3 石灰软化处理时，原水宜加热至 30～40℃，宜采用铁盐作为混凝剂。

4.2.4 对于硬度高的水源可采用纳滤软化系统。

4.3 除盐系统

4.3.1 除盐系统应根据进水水质及除盐水水质要求，采用离子交换化学除盐或电除盐。

4.3.2 除盐系统选择可按表 4.3.2 执行。

表 4.3.2 除盐系统选择

序号	系统名称及代号		进水水质				出水水质	
			碱度 [mg/L（$CaCO_3$）]	碳酸盐硬度 [mg/L（$CaCO_3$）]	强酸阴离子 [mg/L（$CaCO_3$）]	SiO_2（mg/L）	电导率（25℃，μS/cm）	SiO_2（μg/L）
1	一级除盐 H→D→OH	顺流再生	＜200	—	＜100	—	＜10	＜100
		对流再生					＜5	
2	一级除盐→混床 H→D→OH→H/OH		＜200	—	—	—	＜0.10	＜10
3	弱酸一级除盐 Hw→H→D→OH	顺流再生	—	＞150	＜100	—	＜10	＜100
		对流再生					＜5	
4	弱酸一级除盐→混床 Hw→H→D→OH→H/OH		—	＞150	＜100	—	＜0.10	＜10
5	弱碱一级除盐 H→D→OHw→OH 或 H→OHw→D→OH	顺流再生	＜200	—	＞100	—	＜10	＜100
		对流再生					＜5	
6	弱碱一级除盐→混床 H→D→OHw→OH→H/OH 或 H→OHw→D→OH→H/OH		＜200	—	＞100	—	＜0.10	＜10

序号	系统名称及代号	进水水质				出水水质	
		碱度 [mg/L（$CaCO_3$）]	碳酸盐硬度 [mg/L（$CaCO_3$）]	强酸阴离子 [mg/L（$CaCO_3$）]	SiO_2（mg/L）	电导率（25℃，μS/cm）	SiO_2（μg/L）
7	弱酸、弱碱一级除盐 Hw→H→D→OHw→OH	—	＞150	＞100	—	＜10	＜100
8	弱酸、弱碱一级除盐→混床 Hw→H→D→OHw→OH→H/OH	—	＞150	＞100	—	＜0.10	＜10
9	两级除盐 H→D→OH→H→OH	＞200	—	＞100	—	＜1	＜20
10	两级除盐→混床 H→D→OH→H→OH→H/OH	＞200	—	＞100	—	＜0.10	＜10
11	强酸弱碱→混床 H→OHw→D→H/OH 或 H→D→OHw→H/OH	＜200	＞150	＞100	＜1	＜0.20	＜100
12	反渗透→一级除盐→混床 RO→H→（D）→OH→H/OH RO→D→H→OH→H/OH	—	—	—	—	＜0.10	＜10
13	两级反渗透→电除盐 RO→RO→电除盐	—	—	—	—	＜0.10	＜10
14	两级反渗透→一级除盐→混床 RO（海水膜）→RO→H→OH→H/OH	适用于海水				＜0.10	＜10
15	蒸馏→一级除盐→混床 MSF 或 MED→H→OH→H/OH	适用于海水，允许蒸馏装置产水含盐量有较大范围的变化				＜0.10	＜10
16	蒸馏→混床 MSF 或 MED→H/OH	适用于海水，蒸馏装置产水含盐量～5mg/L				＜0.10	＜10
17	蒸馏→反渗透→电除盐 MSF 或 MED→RO→电除盐	适用于海水				＜0.10	＜10

注：1 表中符号：H—强酸阳离子交换器；Hw—弱酸阳离子交换器；OH—强碱阴离子交换器；OHw—弱碱阴离子交换器；D—除二氧化碳器；RO—反渗透装置；H/OH—阴阳混合离子交换器；电除盐—电除盐装置；MSF—多级闪蒸装置；MED—低温多效蒸馏装置；

2 对出水质量要求不严格时，可控制混床出水的电导率应小于 0.20μS/cm；当 SiO_2 小于 20μg/L 时，应延长混床运行周期。

4.3.3 当进水水质中的强酸、弱酸阴离子比值较稳定时，一级除盐系统中阳、阴离子交换器可采用单元制串联系统，阴离子交换器的树脂体积宜为计算值加 10%～15%富余量。

4.3.4 当进水水质中的强酸、弱酸阴离子比值变化大时，一级除盐系统中阳、阴离子交换器宜采用母管制并联系统，每台离子交换器进出口应设手动隔离阀。当同一种离子交换器的数量为 6 台及以上时宜分组。

4.3.5 出水装置采用多孔板加水帽的离子交换器出水管道上应设树脂捕捉器。

4.3.6 阴离子交换器进水硅含量高时，碱再生液应加热。

4.4 石灰软化和离子交换设备

4.4.1 石灰软化澄清设备宜选用澄清池（器）或沉淀池。澄清设备设计应符合下列要求：

1 澄清设备不宜少于 2 台，当有 1 台设备检修时，其余设备的最大出力应满足正常供水量的要求；

2 澄清设备的上升流速应根据其型式、原水水质、水温、处理药剂和加药量，以及类似工程的运行经验或通过试验确定；

3 选用澄清池时，应注意进水温度波动对处理效果的影响；当设有原水加热器时，宜设温度自动调节装置和澄清池的水温监测仪；

4 澄清设备进水应单独设置流量测量装置及本体取样装置。

4.4.2 过滤池（器）不宜少于 2 格（台），应设有空气和水的反洗设施，每台设备每昼夜的反洗次数可为 1～2 次。过滤池（器）设计应满足下列要求：

1 过滤池（器）的反洗、正洗进水及排水宜有限流阀或限流孔板；

2 过滤池（器）填料应满足设备运行要求，填料品质应符合现行行业标准《水处理用滤料》CJ 43 的有关规定。

4.4.3 各种离子交换器的台数不宜少于 2 台，当 1 台（套）设备检修时，其余设备和水箱应能满足正常供水和自用水的要求。

4.4.4 一级除盐系统中阳、阴离子交换器的运行周期不宜小于 24h；阳、阴离子交换器在最差水质时的运行周期不应小于 16h；混合离子交换器运行周期不宜小于 168h。

4.4.5 一级除盐系统中，顺流再生固定床、逆流再生固定床、浮动床的选型应满足下列要求：

1 强型树脂离子交换器宜采用对流再生，弱型树脂离子交换器宜采用顺流再生；

2 连续制水量大时，宜采用浮动床离子交换器。

4.4.6 一级除盐系统应根据水质情况合理选用弱型离子交换系统，并应符合下列要求：

1 碳酸盐硬度不小于 150mg/L（$CaCO_3$）、碳酸盐硬度与总阳离子之比大于 0.5 的进水可选用弱酸离子交换处理系统；

2 强酸阴离子含量大于 100mg/L（$CaCO_3$）、强酸阴离子与弱酸阴离子之比大于 2 或有机物含量高的进水可选用弱碱阴离子交换处理系统；

3 双层或双室固定床离子交换器强、弱型离子交换树脂总层高不宜大于 2.5m；当采用双室浮动床离子交换器时，树脂总层高不宜大于 3.6m。

4.4.7 用于软化的离子交换器设计参考数据可按本规范表 B.0.1、表 B.0.2、表 B.0.3 的规定选用。

4.4.8 用于除盐的离子交换器设计参考数据可按本规范表 B.0.1、表 B.0.2、表 B.0.3、表 B.0.4 的规定选用。

4.4.9 离子交换器的交换树脂层高，应通过计算确定，树脂层高度不宜低于 1.0m。混合离子交换器的阳、阴树脂比例宜为 1∶2。

4.4.10 离子交换器采用硫酸分步再生时，硫酸分步再生数据可按本规范表 B.0.5 的规定选用。

4.4.11 单室固定离子交换器的树脂反洗膨胀高度宜为树脂层高的 75%～100%。双室固定床、浮动床应分别设置阳、阴树脂体外清洗罐，树脂清洗罐反洗膨胀高度宜为树脂层高的 75%～100%。

4.4.12 双室床离子交换器的下室树脂层上部及浮动床离子交换器的树脂层上部应有 200～300mm 高度的惰性填料，逆流再生固定床离子交换器树脂层上部应有 200～300mm

高度的压脂层，压脂层可选用同型号树脂或惰性填料。双室床离子交换器的下室或浮动床离子交换器内的膨胀态离子交换树脂和惰性树脂的填充率应达到 98%～100%。惰性树脂的高度应满足填充水帽高度层的空间。

4.4.13 除二氧化碳器或真空除气器的填料层高度，应根据填料品种和尺寸，进、出水二氧化碳含量，水温以及所选定淋洒密度下的实际解析系数等因素经计算确定。

4.4.14 软化除盐系统的各类水箱容积配置应符合下列要求：

1 除二氧化碳器水箱的有效容积，单元制系统宜为单元设备出力 5min 的贮水量且不小于 $2m^3$；母管制系统宜为并联设备总出力的 15～30min 的贮水量；

2 原水箱（生水箱）、清水箱的有效容积宜为满足连续运行的最大一台水泵 2～3h 出力要求，同时应满足单台设备反洗或清洗一次的用水量要求；

3 除盐水箱、软化水箱的总有效容积应根据用户的用水量要求及行业标准确定，不应少于 1h 的补水量，同时应满足工艺系统需要的最大一次自用水量的要求。

4.4.15 各类软化除盐工艺设备应选用与介质相适应的耐腐蚀材质或衬里。

4.5 膜处理装置

4.5.1 纳滤、反渗透装置的出力及套数应根据进水水质、后续水处理设备的配置、系统对外供水的特点以及工程投资等因素，经技术经济比较后确定。电除盐装置的出力及套数应根据系统对外供水的特点以及工程投资等因素，经技术经济比较后确定。

4.5.2 纳滤、反渗透、电除盐装置不宜少于 2 套，当有 1 套设备化学清洗或检修时，其余设备应能满足正常用水量的需求。

4.5.3 纳滤、反渗透、电除盐装置的保安过滤器、给水泵应独立设置，应与纳滤、反渗透、电除盐装置串联连接。

4.5.4 纳滤、反渗透、电除盐装置宜设置停运冲洗措施。

4.5.5 纳滤、反渗透、电除盐装置的进水水温低于 10℃时宜采取加热措施。

4.5.6 纳滤、反渗透装置应有流量、压力、温度等监控措施。当几台纳滤、反渗透装置的出水并联连接时，每台装置的出水管上应设置止回阀，并应设爆破膜或压力释放阀，纳滤、反渗透装置出口背压不宜过高。

4.5.7 纳滤、反渗透装置浓水管上应设置控制水回收率的浓水流量控制阀，但不应选用背压阀控制浓水流量。

4.5.8 二级反渗透装置的浓水宜回用至一级反渗透装置的进水侧。

4.5.9 反渗透装置中的每一段应能独立清洗，并宜设置化学清洗固定管道。

4.5.10 纳滤、反渗透、电除盐装置应设置加药和清洗设施。当反渗透装置产品水用于食品、药品等特殊行业时，应根据进水水质及用水要求可不设置加药设施。

4.5.11 纳滤、反渗透、电除盐装置的保安过滤器、给水泵宜选用不锈钢材质。

4.5.12 纳滤、反渗透装置的水回收率应根据进水水质、膜元件的特性及配置经计算后确定，且宜符合下列要求：

1 纳滤装置的水回收率宜为 85%～90%；

2 第一级反渗透装置的水回收率宜为 60%～80%；

3 第二级反渗透装置的水回收率宜为 85%～90%。

4.5.13 纳滤、反渗透装置设计应符合下列要求：

1 给水泵宜采取变频控制或出口设置电动慢开门等稳压装置；

2 纳滤、反渗透保安过滤器的滤芯过滤孔径不应大于 5μm；

3 纳滤、反渗透产水宜设置产水箱，产水箱的容积应与后续处理水量相匹配，宜按 15～30min 总产水量确定；后续处理采用电除盐工艺时，宜按 5～15min 总产水量确定；

4 冲洗水泵流量不宜小于单套纳滤、反渗透装置的产水流量，冲洗水压力不宜小于 0.3MPa。

4.5.14 电除盐装置设计应符合下列要求：

1 给水泵宜采取变频控制；

2 保安过滤器的滤芯过滤孔径不应大于 3μm；

3 电除盐回收率应根据进水水质经计算确定，宜为 90%～95%；

4 每个电除盐模块的给水管、浓水进水管、极水进水管与产水管、浓水出水管、极水出水管均宜设置隔离阀，每个模块的产水管上宜设置取样阀；

5 电除盐装置宜设置停用后的延时自动冲洗系统；清洗系统可通过固定管道与电除盐装置连接；

6 每套电除盐装置应设有不合格给水、产水排放或回收措施，浓水宜回收至前级处理的进水贮水箱，极水和浓水排放管上应有气体释放至室外的措施；

7 电除盐模块设计应确保给水不断流，并应设有断流时自动断电的保护措施；设备及本体管道均应有可靠的接地设计；

8 电除盐装置设计宜采用每一模块单独直流供电方式，当模块数量多时，也可 4～6 块模块配置 1 台整流装置；每一个电除盐模块应设置电流表。

5 药品贮存和计量

5.1 一般规定

5.1.1 化学药品贮存量应根据药品性质、消耗量、供应、运输和贮存条件等因素确定，宜按 15～30d 的消耗量设计。药品由本地供应时，可适当减少贮存天数；当药品采用铁路运输时，应满足贮存一槽车或一车皮容积加 10d 消耗量的要求。

5.1.2 固体药品和桶装液体药品的贮存应设置装卸设施，药品设计堆放高度应符合下列要求：

1 袋装药品宜为 1.5～2.0m；

2 散装药品宜为 1.0～1.5m；

3 桶装液体药品的堆放应考虑药液桶的承重能力，且不宜超过 2 层。

5.1.3 药品贮存设施宜靠近铁路或厂区道路，卸药地点及药品贮存区内部通道应满足车辆通行及药品装卸的要求。

5.1.4 药品贮存间和计量间设计应符合下列规定：

1 药品贮存间内应有防水、防腐、通风、除尘、采暖和冲洗措施；

2 酸碱贮存间应设置安全淋浴器等安全防护设施。

5.1.5 单台溶液箱的有效容积不应小于 8h 的正常消耗量。连续加药或需要现场配药的溶液箱应设备用。

5.1.6 连续加药的计量泵应设备用，计量泵出力应为最大加药量的 1.25 倍。计量泵入口宜设过滤装置，出口应设安全阀和脉冲阻尼器。靠近加药点的加药管应安装隔离阀，并宜安装止回阀。

5.1.7 药品贮存和加药设施宜相对集中并靠近加药点布置，室外布置时应设置顶棚。

5.1.8 挥发性药品贮存设备的呼吸口应设置中和、吸收处理设施。

5.2 石灰系统

5.2.1 石灰药剂宜采用粉状氢氧化钙，其品质应符合现行行业标准《工业氢氧化钙》HG/T 4120 规定的合格品的要求。

5.2.2 粉状石灰或氢氧化钙应采用气力输送、干法贮存和计量，厂房内应设置除尘设施。石灰粉和氢氧化钙纯度宜大于 80%。

5.2.3 石灰消化及石灰乳液配制应采用软化水。设备、管道应有除渣和冲洗设施，冲洗水宜用软化水。

5.2.4 石灰计量设备设计应符合下列规定：

1 石灰乳计量宜采用柱塞计量泵。每台澄清设备宜设 2 台计量泵，其中 1 台备用。泵入口应有捕渣设施。

2 当石灰原料为氢氧化钙粉时，石灰计量可采用干粉计量方式，投药泵可采用渣浆泵或螺杆泵，每台澄清设备配置 1 套干粉计量及投药泵设备。当采用湿法计量时，投药泵可采用计量泵。

3 石灰乳液箱宜采用机械搅拌。石灰乳液浓度以氧化钙计，宜为 2%～3%。

5.2.5 石灰加药量可根据澄清池进水流量或澄清池出水 pH 控制。

5.3 混凝剂及助凝剂系统

5.3.1 混凝剂及助凝剂种类、加药量应根据浊度、pH 值、碱度、有机物含量等原水水质指标、水温、处理后水质要求及澄清设备类型等因素经试验确定。

5.3.2 混凝剂及助凝剂的溶解宜采用机械搅拌方式。

5.3.3 混凝剂及助凝剂加药量宜根据澄清设备进水流量自动控制。加药泵宜采用计量泵，加药泵应设备用。

5.4 酸、碱系统

5.4.1 盐酸品质应满足现行国家标准《工业用合成盐酸》GB 320 的相应等级要求；硫酸品质应满足现行国家标准《工业硫酸》GB/T 534 的相应等级要求；氢氧化钠品质应满足现行国家标准《工业用氢氧化钠》GB 209 的相应等级要求。

5.4.2 装卸浓酸、碱液体宜采用泵输送、重力自流或负压抽吸，不应采用压缩空气压送。采用固体碱时，应有起吊设施和溶解装置。

5.4.3 酸、碱贮存设备不宜少于 2 台；如水处理系统非经常连续运行或酸、碱用量不大时，酸、碱贮存设备可各设置 1 台。

5.4.4 酸、碱再生液宜采用喷射器输送，也可采用计量泵输送。硫酸宜采用计量泵输送。

5.4.5 酸、碱计量箱设计应符合下列要求：

1 单台计量箱的有效容积，宜根据 1 台离子交换器一次再生药量的 1.3～1.5 倍确定；当有可能两台离子交换器同时再生时，应设 2 台计量箱；

2 再生设备数量应根据离子交换器数量、再生频率及再生时间等因素确定；

3 阳、阴及混合离子交换器宜分别设置再生设备。

5.4.6 浓硫酸、浓碱液贮存设备应有防止低温凝固的措施。

5.4.7 盐酸贮存罐及计量箱的排气应引至酸雾吸收装置；浓硫酸贮存罐排气口应设置除湿器；高纯度碱贮存罐和计量箱排气口宜设置二氧化碳吸收器。

5.4.8 酸、碱贮存和计量区域应设置安全通道、淋浴及洗眼装置、围堰等安全防护设施；围堰内容积应大于最大一台贮存设备的容积，当围堰有排放措施时可适当减小。

5.5 氯化钠贮存及溶解系统

5.5.1 氯化钠宜采用湿式贮存，氯化钠溶解槽不宜少于2台。氯化钠溶解系统宜设起吊设施。

5.5.2 单台氯化钠计量箱的有效容积应满足1台钠离子交换器一次最大再生剂用量的要求。

5.5.3 氯化钠溶液应采用软化水配制，并应进行无烟煤或石英砂过滤。

5.5.4 氯化钠再生液宜采用喷射器输送，也可采用计量泵输送。

5.6 纳滤、反渗透加药系统

5.6.1 纳滤、反渗透系统的加药品种、加药量应根据进水水质、运行条件、药品来源等因素确定。

5.6.2 杀菌剂宜采用氧化性药品，并宜采用计量泵投加。

5.6.3 还原剂宜采用亚硫酸氢钠，并宜采用计量泵投加，加药点后应设置氧化还原检测仪。

5.6.4 阻垢剂加药应采用计量泵。

5.6.5 还原剂和阻垢剂加药量应根据纳滤、反渗透进水流量自动控制。

5.7 膜清洗系统

5.7.1 纳滤、反渗透和电除盐装置的化学清洗系统可共用。

5.7.2 清洗水箱容积不应小于单套装置最大清洗回路容积的1.2倍。

5.7.3 化学清洗泵出口压力宜为0.3～0.4MPa。

5.7.4 清洗系统应有加热设施，清洗液温度不应高于膜或树脂的允许温度。

6 控制及仪表

6.0.1 软化和除盐系统控制方式，应根据工艺系统、系统投资、处理水量、运行维护等因素，经技术经济比较确定。

6.0.2 软化和除盐系统采用自动控制时，应符合下列要求：

1 澄清设备排泥，过滤池（器）反洗，离子交换器再生、投运、停运，纳滤、反渗透及电除盐等设备运行宜采用程序控制；

2 软化、除盐系统（或设备）出水量、水温、澄清设备、反渗透等设备加药量，再生碱液温度，除二氧化碳器水箱液位及气源压力等宜采用在线监测或自动调节；

3 主要水泵应能自启动和连锁保护。

6.0.3 石灰软化处理系统的在线监测仪表设置宜符合下列要求：

1 澄清设备进水宜设流量计、温度计；

2 澄清设备出水宜设浊度计；

3 石灰软化系统出口宜设pH值计、余氯计；

4 石灰筒仓宜设料位计。

6.0.4 各类储罐、计量箱、水箱、溶液池应设有液位计

6.0.5 离子交换除盐系统控制仪表的设置，应根据系统连接和控制方式等按下列要求确定：

1 除盐系统或设备应根据工艺系统和工艺要求，对进、出水水质采用在线监测；

2 单元制串联除盐系统，应在阴离子交换器出口安装电导率表，阳、阴离子交换器出口应分别安装累积流量表监督失效终点；

3 母管制并联除盐系统，阳、阴离子交换器出口应分别装设监督失效终点的表计，阳离子交换器出口宜安装适用于酸性溶液的钠表，阴离子交换器出口宜安装电导率表，每台离子交换器出口应安装累积流量表监督失效终点；

4 混合离子交换器出口宜安装电导率表、硅表、累积流量表监督失效终点，可采用多通道式硅表用于多台离子交换器；

5 钠离子交换器和弱酸离子交换器出水应设有累积流量表监督失效终点；

6 酸、碱、盐再生液管道上应装设再生液浓度指示计，再生稀释水管道上应设有流量计，水箱、贮存槽、计量箱及废水池应设有液位计；

7 废水中和池出水管宜设 pH 表。

6.0.6 膜处理系统的在线监测仪表设置应符合下列要求：

1 纳滤装置及反渗透装置进水、产水及浓水应设流量计、压力表，各段进出口应设差压表。反渗透系统进水应设电导率表、pH 表（酸、碱调节后）、余氯表（或氧化还原电位表）、温度计，产品水应设电导率表。

2 电除盐装置进水、浓水、极水及产水应设压力表、流量表，进水应设电导率表、pH 值表、温度表，产品水应设电导率表、硅表，浓水应设电导率表，浓水进口与产水应设有差压表。

6.0.7 气动阀门的操作气源应安全可靠，工作气体应有稳压装置，并应经过除油和干燥。

附录 A 水质全分析报告格式

表 A 水质全分析报告格式

工程名称： 化验编号：

取水地点： 取水部位：

取水时气温： ℃ 取水日期： 年 月 日

取水时水温： ℃ 分析日期： 年 月 日

水样种类：

透明度				嗅味			
项目		mg/L	mmol/L	项目		mg/L	mmol/L
阳离子	K^++Na^+			硬度	总硬度		
	Ca^{2+}				非碳酸盐硬度		
	Mg^{2+}				碳酸盐硬度		
	Fe^{2+}				负硬度		
	Fe^{3+}			酸碱度	甲基橙碱度		
	Al^{3+}				酚酞碱度		
	NH^+_4				pH（25℃）		
	Ba^{2+}			其他	氨氮		
	Sr^{2+}				游离 CO_2		
	合计				$COD_{Mn/Cr}$		
阴离子	Cl^-				BOD_5		
	SO_4^{2-}				溶解固形物		
	HCO_3				全固形物		
	CO_3^{2-}				悬浮物		
	NO_3^-				灼烧减量		
	NO_2^-				总磷		
	OH^-				全硅（SiO_2）		
	合计				非活性硅（SiO_2）		
其他	细菌含量（个/mL）				TOC		
	浊度（NTU）				游离氯		
离子分析误差							
溶解固体误差							
pH 值分析误差							

注：表中的部分水质分析项目，可根据水源情况及预计要采用的水处理工艺情况选择取舍，对于再生水或受到污染的水源，应检测氨氮、TOC、BOD_5、细菌含量等项目，对于需要采用反渗透工艺的水源，应检测 Ba、Sr 含量。

B.0.1 顺流再生离子交换器应符合表 B.0.1 的规定。

表 B.0.1 顺流再生离子交换器

设备名称		强酸阳离子交换器		强碱阴离子交换器	混合离子交换器		钠离子交换器	二级钠离子交换器	弱酸阳离子交换器		弱碱阴离子交换器
运行滤速（m/h）		20～30		20～30	40～60		20～30	≤60	20～30		20～30
反洗	流速（m/h）	15		6～10	10		15	15	15		5～8
反洗	时间（mln）	15		15	15		15	15	15		15～30
再生	药剂	H_2SO_4	HCl	NaOH	HCl	NaOH	NaCl	NaCl	H_2SO_4	HCl	NaOH
再生	耗量（g/mol）	100～150	70～80	100～120	—	—	100～120	400	60	40	40～50
再生	再生水平（kg/m^3）	—	—	—	80	100	—	—	—	—	—
再生	浓度（%）	注 1	2～4	2～3	5	4	5～8	5～8	1	2～2.5	2
再生	流速（m/h）	注 2	4～6	4～6	5	5	4～6	4～6	>10	4～5	4～5
置换	时间（min）	25～30		25～40	—		—	—	20～40		40～60
置换	流速（m/h）	8～10		4～6	4～6		5	5	4～6		4～6
正洗	水耗[m^3/m^3（R）]	5～6		10～12	—		3～6	—	2～2.5		2.5～5
正洗	流速（m/h）	12		10～15	—		15～20	20～30	15～20		10～20
正洗	时间（min）	30		60	—		30	—	10～20		25～30
工作交换容量[mol/m^3（R）]		500～650	800～1000	250～300	—		900～1000	—	1800～2300		800～1200
再生步序特殊要求		—	—	再生时间不少于 30min	正洗前与空气混合，空气压力：0.98×10^5～1.47×10^5 Pa；空气量：2～3m^3/（m^2·min）；混合时间：0.5～1min		—	—	—		—

注：1 硫酸分步再生时的浓度、酸量分配和再生流速，可视原水中钙离子含量占总阳离子的比例不同，经计算或试验确定。分步再生数据可参考表 B.0.5 选择；

2 进再生液时间不宜过短，宜达到 30min，如时间过短，可降低再生液流速或适当增加再生剂量。

B.0.2 对流再生离子交换器（逆流再生固定床）应符合表 B.0.2 的规定。

表 B.0.2 对流再生离子交换器（逆流再生固定床）

设备名称		强酸阳离子交换器		强碱阴离子交换器	钠离子交换器
运行滤速（m/h）		20～30		20～30	20～30
小反洗	流速（m/h）	5～10		5～10	5～10
	时间（min）	15		15	3～5
放水		至树脂层之上		至树脂层之上	至树脂层之上
顶压	无顶压	—		—	—
	气顶压（MPa）	0.03～0.05		0.03～0.05	0.03～0.05
	水顶压（MPa）	0.05（流量为再生流量的0.4～1.0）		0.05（流量为再生流量的0.4～1.0）	0.05（流量为再生流量的0.4～1.0）
再生	药剂	H_2SO_4	HCl	NaOH	NaCl
	耗量（g/mol）	≤70	50～55	60～65	80～100
	浓度（%）	注 4	1.5～3	1～3	5～8
	流速（m/h）	注 4	≤5	≤5	≤5
置换（逆洗）	流速（m/h）	8～10	≤5	≤5	≤5
	时间（min）	30		30	—
小正洗	流速（m/h）	10～15		7～10	10～15
	时间（min）	5～10		5～10	5～10
正洗	流速（m/h）	10～15		10～15	15～20
	水耗 [m^3/m^3（R）]	1～3		1～3	3～6
工作交换容量 [mol/m^3（R）]		500～650	800～900	250～300	800～900
出水质量		Na^+<50μg/L		SiO_2<100μg/L	—

注：1 大反洗的间隔时间与进水浊度、周期制水量等因素有关，一般约 10～20d 进行一次。大反洗后可视具体情况增加再生剂量 50%～100%。

2 顶压空气量以上部空间体积计算，一般约为 0.2～0.3m^3/（m^3·min）；压缩空气应有稳压装置。

3 为防止再生乱层，应避免再生液将空气带入离子交换器.

4 硫酸分步再生时的浓度、酸量分配和再生流速，可视原水中钙离子含量占总阳离子的比例不同，经计算或试验确定。分步再生数据可参考表 B.0.5 选择.

5 再生、置换（逆洗）应用水质较好的水，如阳离子交换器用除盐水、氢型水或软化水，阴离子交换器用除盐水。

6 进再生液时间不宜过短，宜达到 30min，如时间过短，可降低再生液流速或适当增加再生剂量。

B.0.3 对流再生离子交换器（浮动床）应符合表 B.0.3 的规定。

表 B.0.3 对流再生离子交换器（浮动床）

设备名称		强酸阳离子交换器		强碱阴离子交换器	钠离子交换器
运行滤速（m/h）		30～50		30～50	30～50
再生	药剂	H_2SO_4	HCl	NaOH	NaCl
	耗量（g/mol）	55～65	40～50	60	80～100
	浓度（%）	注 2	1.5～3	0.5～2	5～8
	流速（m/h）	注 2	5～7	4～6	2～5
置换	时间（min）	20		30	15～20
	流速（m/L）	同再生流速			
正洗	时间（min）	计算确定			
	流速（m/h）	15		15	15
	水耗 [m^3/m^3（R）]	1～2		1～2	1～2
成床	流速（m/h）	15～20		15～20	15～20
	时间（min）	—		—	—
	顺洗时间（min）	3～5		3～5	3～5
工作交换容量 [mol/m^3（R）]		500～650	800～900	250～300	800～900
出水质量		Na^+＜50μg/L		SiO_2＜50μg/L	—
反洗	周期	体外定期反洗		体外定期反洗	—
	流速（m/h）	10～15		10～15	—
	时间（min）	—		—	—

注：1 最低滤速（防止落床、乱层）：阳离子交换器大于 10m/h，阴离子交换器大于 7m/h；树脂输送管内流速为 1～2m/s。

2 硫酸分步再生时的浓度、酸量分配和再生流速，可视原水中钙离子含量占总阳离子的比例不同，经计算或试验确定。分步再生数据可参考表 B.0.5 选择.

3 本表中离子交换树脂的工作交换容量为参考数据。

4 反洗周期一般与进水浊度、周期制水量等因素有关。反洗在清洗罐中进行，每次反洗后可视具体情况增加再生剂量 50%～100%。

5 进再生液时间不宜过短，宜达到 30min，如时间过短，可降低再生液流速或适当增加再生剂量。

B.0.4 对流再生离子交换器（逆流再生双室固定床、双室浮动床）应符合表 B.0.4 的规定。

表 B.0.4 对流再生离子交换器（逆流再生双室固定床、双室浮动床）

设备名称		双室阳、阴离子交换器（双室床）			双室浮动阳、阴离子交换器（双室浮动床）		
		阳离子交换器		阴离子交换器	阳离子交换器		阴离子交换器
运行流速（m/h）		20～30		20～30	30～50		30～50
再生	药剂	H_2SO_4	HCl	NaOH	H_2SO_4	HCl	NaOH
	耗量（g/mol）	≤60	40～50	≤50	≤60	40～50	≤50
	浓度（%）	注 2	1.5～3	1～3	—	1.5～3	0.5～2
	流速（m/h）	注 2	≤5	≤5	—	5～7	4～6
置换（逆洗）	流速（m/h）	8～10	≤5	≤5	同再生流速		
	时间（min）	30		30	20		30
正洗	时间（min）	—		—	计算确定		
	流速（m/h）	10～15		10～15	15		15
	水耗 [m^3/m^3（R）]	1～3		1～3	1～2		1～2
成床	流速（m/h）	—		—	15～20		15～20
	时间（min）	—		—	—		—
	顺洗时间（min）	—		—	3～5		3～5
工作交换容量 [mol/m^3（R）]	强	1800～2300	1800～2300	600～900	1800～2300	1800～2300	600～900
	弱	600～750	900～1300	350～450	600～750	900～1300	350～450
出水质量		Na^+＜50μg/L		SiO_2＜100μg/L	Na^+＜50μg/L		SiO_2＜100μg/L
反洗	周期	体外定期反洗		体外定期反洗	体外定期反洗		体外定期反洗
	流速（m/h）	10～15		10～15	10～15		10～15
	时间（min）	—		—	—		—

注：1 最低滤速（防止落床、乱层）：阳离子交换器大于 10m/h，阴离子交换器大于 7m/h；树脂输送管内流速为 1～2m/s。

2 硫酸分步再生时的浓度、酸量分配和再生流速，可视原水中钙离子含量占总阳离子的比例不同，经计算或试验确定。分步再生数据可参考表 B.0.5 选择。

3 本表中离子交换树脂的工作交换容量为参考数据。

4 反洗周期一般与进水浊度、周期制水量等因素有关。反洗在清洗罐中进行，每次反洗后可视具体情况增加再生剂量 50%～100%。

5 进再生液时间不宜过短，宜达到 30min，如时间过短，可降低再生液流速或适当增加再生剂量。

B.0.5 硫酸分步再生数据选择应符合表 B.0.5 的规定。

表 B.0.5 硫酸分步再生数据选择

再生方式	第一步			第二步			第三步		
	浓度（%）	流速（m/h）	再生剂占总量百分率（%）	浓度（%）	流速（m/h）	再生剂占总量百分率（%）	浓度（%）	流速（m/h）	再生剂占总量百分率（%）
二步再生	0.8～1.0	7～10	≤40	2～3	5～7	≤60	—	—	—
三步再生	＜1	8～10	33	2～4	5～7	33	4～6	4～6	34

本规范用词说明

1　为便于在执行本规范条文时区别对待，对要求严格程度不同的用词说明如下：

1）表示很严格，非这样做不可的：

正面词采用“必须”，反面词采用“严禁”；

2）表示严格，在正常情况下均应这样做的：

正面词采用“应”，反面词采用“不应”或“不得”；

3）表示允许稍有选择，在条件许可时首先应这样做的：

正面词采用“宜”，反面词采用“不宜”；

4）表示有选择，在一定条件下可以这样做的，采用“可”。

2　条文中指明应按其他有关标准执行的写法为：“应符合……的规定”或“应按……执行”。

引用标准名录

《污水再生利用工程设计规范》GB 50335

《火力发电厂海水淡化工程设计规范》GB/T 50619

《工业用氢氧化钠》GB 209

《工业用合成盐酸》GB 320

《工业硫酸》GB/T 534

《水处理用滤料》CJ 43

《工业氢氧化钙》HG/T 4120

中华人民共和国国家标准

硝化甘油生产废水处理设施技术规范

Technical code for wastewater treatmcnt facilities
from nitroglycerine production

GB/T 51146—2015

前 言

本规范是根据住房和城乡建设部《关于印发 2011 年工程建设标准规范制订、修订计划的通知》（建标〔2011〕17 号）的要求，由中国兵器工业标准化研究所会同有关单位共同编制而成。

本规范在编制过程中，编制组进行了广泛深入的调查研究，认真总结了多年来的实践经验，吸收了近年来在硝化甘油废水安全处理和达标处理技术应用的新工艺和新方法，并在广泛征求意见的基础上，反复讨论、修改和完善，最后经审查定稿。

本规范共分 9 章，主要内容包括总则，术语，设计水量、水质，废水处理，二次污染控制措施，总体要求，主要辅助工程，劳动安全与职业卫生，工程施工与验收。

本规范由住房和城乡建设部负责管理，由中国兵器工业集团公司负责日常管理，由中国兵器工业标准化研究所负责具体技术内容的解释。在执行过程中如有需要修改与补充的建议，请将有关资料寄送中国兵器工业标准化研究所（地址：北京市海淀区车道沟 10 号，邮政编码：100089），以供今后修订时参考。

本规范主编单位、参编单位、主要起草人和主要审查人：

主编单位：中国兵器工业标准化研究所
参编单位：北京北方节能环保有限公司
宜宾北方川安化工有限公司
山西北方兴安化学工业有限公司
辽宁庆阳特种化工有限公司
主要起草人：谷振华　王海玉　冯晋民　杨永安　姜　鑫　赵同军
王永红　彭许光　武春艳　武志成
主要审查人：王连军　姚芝茂　周岳溪　李玉平　杨铁荣　靳建永
李建军　蒋旭东　李相龙　赵芦奎

1 总 则

1.0.1 为规范硝化甘油生产废水处理，统一建设标准，提高工程质量，确保装置运行安全，制定本规范。

1.0.2 本规范适用于新建、扩建和改建的硝化甘油废水处理设施的设计、施工和验收。

1.0.3 硝化甘油生产废水应进行安全处理后，再进行后续处理。

1.0.4 处理后的水质应符合现行国家标准《污水综合排放标准》GB 8978 及《兵器工业水污染物排放标准 火炸药》GB 14470.1 的有关规定。有地方污染物排放标准时，还应满足地方污染物排放标准要求。

1.0.5 硝化甘油废水处理应遵循节能降耗、节水减排的原则，并应提高废水回用率。

1.0.6 在污染物排放标准提高、无成熟工程经验时，应通过小试或中试确定处理工艺及参数。

1.0.7 硝化甘油废水处理设施的设计、施工和验收除应符合本规范外，尚应符合国家现行有关标准的规定。

2 术 语

2.0.1 硝化甘油 nitroglyccrine

一种液体高能炸药，广泛应用于火炸药生产。化学名称为 1,2,3-丙三醇三硝基酯或甘油三硝基酯，分子式为 $C_3H_5N_3O_9$，代号为 NG，结构式为

$$\begin{array}{l} CH_2—ONO_2 \\ | \\ CH—ONO_2 \\ | \\ CH_2—ONO_2 \end{array}$$

2.0.2 硝化甘油废水 wastewater of nitroglycerine

硝化甘油生产过程中排出的含有硝化甘油成分的废水。

2.0.3 曲道器 labyrinth

内设折流板，用于分离硝化甘油废水中游离硝化甘油的设备。

2.0.4 安全处理 safe opcration

为确保硝化甘油废水处理过程的安全，在排入废水处理站前对废水中的硝化甘油成分进行分解处理的过程。

3 设计水量、水质

3.1 设计水量

3.1.1 实际排水量可按工艺设计或实测确定，也可按下列方法进行计算：

1 每吨硝化甘油产品最高排水量应符合现行国家标准《兵器工业水污染物排放标准 火炸药》GB 14470.1 的有关规定。

2 有多套硝化甘油生产装置，安全处理装置日处理能力应按每个生产装置日最大排水量之和计算。

3.1.2 废水处理构筑物设计应符合下列规定：

1 废水安全处理装置前及调节池进水管路硝化甘油废水流量，应按生产装置最大排水量计算；

2 调节池后处理构筑物应按调节后废水平均流量设计；

3 已有设计水量宜按实际排水量的110%～115%计算，新建装置宜按同类企业废水水量类比确定。

3.1.3 安全处理装置应具有生产异常状态时的应急处理能力，并应确保能够将全部生产装置内的硝化甘油废水进行安全处置。

3.2 设计水质

3.2.1 废水处理装置设计水质宜按各硝化甘油生产装置排放废水水质确定，也可按同类企业废水水质类比确定。

3.2.2 安全处理后出水水质应满足 pH 值为 9～10 的要求，废水中硝化甘油浓度不应大于 80mg/L。

3.2.3 废水生化单元进水水质 COD_{Cr} 浓度宜为 1 000～1 300mg/L，BOD_5 浓度宜为 200～300mg/L。

4 废水处理

4.1 一般规定

4.1.1 废水安全处理前水温不应低于 15℃。

4.1.2 废水安全处理基本工艺宜为曲道器分离→中和皂化。

4.1.3 废水处理站基本工艺宜为安全处理出水→调节均质→中和→水解酸化→生化接触氧化→沉淀→出水。

4.1.4 废水处理站应符合现行国家标准《室外排水设计规范》GB 50014 的有关规定，并应按本规范第 4.3 节的规定执行。

4.2 废水安全处理

4.2.1 废水收集应符合下列规定：

1 硝化甘油生产单元与安全处理单元布置应相对独立，在保证安全的前提下宜靠近布置，生产废水不宜远距离输送；

2 生产废水应统一收集，并应通过专用管路输送至废水安全处理工序；

3 生产废水安全处理前，废水管路坡度宜为 2%～5%；

4 生产废水安全处理单元及管路宜进行保温。

4.2.2 废水输送及管路设计应符合下列规定：

1 硝化甘油废水至安全处理装置的排放管道宜使用明铺不锈钢管。安全处理后的废水可采用不锈钢管或其他耐腐蚀管线。

2 硝化甘油废水管道焊接或法兰连接应光滑平整，接口处密封应牢固可靠。

3 硝化甘油废水管道基础应平稳、坚固。

4 铺设在地下的硝化甘油废水管道应在冻土层以下，管路上面不得建造其他建筑和设施。

5 硝化甘油废水管道明铺时宜安装在便于检查的保温廊道中，明铺的硝化甘油废水管道较长时，保温廊道应至少每隔 30m 设一个检查窗，并应设置热胀冷缩补偿装置。

4.2.3 硝化甘油废水贮存应符合下列规定：

1 收集的硝化甘油废水应贮存在不锈钢容器内；

2 未经安全处理的硝化甘油废水储存时间不应超过 24h。

4.2.4 曲道器单元设置应符合下列规定：

1 曲道器不应少于 2 台，数量及大小应根据废水的水量确定；

2 废水在每台曲道器内的停留时间不应小于 0.5h；

3 曲道器宜选用不锈钢材质，曲道器底部应装设胶管阀；

4 曲道器应定期检查，底部的硝化甘油应每天从曲道器底部胶管阀排出，并应用胶皮桶回收处理，每次不应超过 5kg。

4.2.5 皂化单元设置应符合下列规定：

1 碱液宜选用氢氧化钠配制，浓度宜为 10%～15%；

2 废水经曲道器排出后宜自流进入皂化装置，并应加入碱液进行皂化，中和后的废水可通过蛇形管夹套以蒸汽间接加热或在蒸煮器内进一步皂化；

3 中和皂化装置应设置搅拌装置，宜采用 pH 自动控制加药系统；

4 中和皂化装置中废水 pH 值应控制在 10～12，蒸煮时间不应少于 3h，蒸煮温度应控制在 95℃以上；

5 中和皂化装置应设置自来水冲洗和碳酸钠溶液冲洗系统，冲洗后废水应排入废水处理站。

4.3 废水处理站

4.3.1 废水处理站宜设置事故池，事故池容积应按一次事故最大排水量计算，并应满足环境影响文件及其批复的相关规定，废水处理设备故障时废水不应外排。

4.3.2 废水处理系统应设调节池，并宜采用搅拌措施，调节池容积可按 24h 累积流量设计，当有进水水量、水质变化资料时，宜通过同类企业类比调查确定。

4.3.3 中和单元设置应符合下列规定：

1 中和过程加酸宜采用 pH 自动控制计量泵进行投加；

2 中和后 pH 值应为 7～9；

3 中和反应时间可采用 10～15min，当有原水水质资料时，宜按类似条件废水处理工程的运行经验或通过实验确定；

4 中和反应宜采用机械搅拌或空气搅拌。

4.3.4 混凝设计应符合现行行业标准《污水混凝与絮凝处理工程技术规范》HJ 2006 的有关规定，并应符合下列规定：

1 混凝剂宜选用聚合氯化铝或聚合硫酸铁，助凝剂宜选用聚丙烯酰胺，用量应按类似水质的处理经验或混凝沉淀试验结果；

2 絮凝反应时间可采用 15～30min，当有原水水质资料时，宜根据类似条件废水处理工程的运行经验或通过实验确定。

4.3.5 一级沉淀池设计应符合下列规定：

1 一级沉淀池宜根据处理水量选择平流式、竖流式或斜管沉淀池。地下水位高、施工困难地区不宜采用竖流式沉淀池。

2 一级沉淀池的沉淀时间宜为 1.0～2.0h，表面水力负荷宜为 1.5～3.5m^3/（m^2·h）。当有原水水质资料时，宜按相似废水运行数据或通过试验确定。

3 沉淀池进、出水应采取均匀布水措施。

4.3.6 水解酸化反应器设计应符合下列规定：

1 水解酸化反应器水力停留时间可为16～36h，水力停留时间在北方可取36h，在南方可取16h。当有原水浓度和出水指标时，宜通过实验或类比确定。

2 水解酸化反应器应设均匀配水装置，宜内挂生物填料并设污泥、好氧出水回流，并应设搅拌装置。

4.3.7 生物接触氧化池设计应符合现行行业标准《生物接触氧化法污水处理工程技术规范》HJ 2009的有关规定，并应符合下列规定：

1 生物接触氧化池宜设2组；

2 生物接触氧化池填料容积负荷宜按BOD_5负荷0.2～0.5kg/（m^3·d）选取，也可按同类企业相似水质运行经验数据或通过试验确定；

3 接触氧化池营养应配置营养液；

4 生物接触氧化池溶解氧浓度应为3～4mg/L，供气量应根据供氧设备效率及需氧量通过计算确定；

5 生物接触氧化池进、出水应防止短流。

4.3.8 二级沉淀池设计应符合下列规定：

1 二级沉淀池池型选择宜根据处理水量选择平流式、竖流式或斜管沉淀池。地下水位高、施工困难地区不宜采用竖流式沉淀池。

2 二级沉淀池沉淀时间宜为1.5～4.0h，表面水力负荷宜为0.75～1.0m^3/（m^2·h），当有原水水质资料时，应按相似废水运行数据或通过试验确定。

3 沉淀池进、出水应采取均匀布水措施。

4.3.9 曝气生物滤池设计应符合现行行业标准《生物滤池法污水处理工程技术规范》HJ 2014的相关规定，并应符合下列规定：

1 曝气生物滤池填料容积负荷宜根据不同的废水浓度、要求的排放标准以及生物填料种类，并按同类企业相同工艺的水质运行经验数据或通过试验确定；

2 曝气生物滤池可选用填陶粒滤料或其他新型生物滤料；

3 处理水质要求较高时可多级串联使用。

5 二次污染控制措施

5.1 污泥处理

5.1.1 污泥处理应遵循减量化、稳定化、无害化的原则。

5.1.2 污泥量应根据各处理单元排泥量或按类似废水处理工艺的运行数据确定。

5.1.3 曲道器排放的无法回收的硝化甘油应按废火炸药进行管理，宜采用木粉吸收后，送销毁场焚烧处理。

5.1.4 清理含硝化甘油污泥的设备、管道应采用不发火材料工具，不应采用气割、电气焊操作，需搅拌时，应采用压缩空气进行搅拌。

5.1.5 污泥机械脱水前，宜先进行重力浓缩或化学浓缩脱水。

5.1.6 污泥脱水宜选用厢式压滤机，过滤压力宜为0.4～0.8MPa，并宜设置压缩空气反吹系统。

5.1.7 污泥处理过程中分离出的废水应回流到调节池进行再处理。

5.1.8 生化处理污泥应按固体废物处置。

5.2 废气及噪声处理

5.2.1 硝化甘油生产废水生物处理过程中，应采取防止臭气扩散的措施，污泥处理间应采取通风措施，并应满足环境影响报告书相关规定。

5.2.2 硝化甘油废水处理站内噪声源控制应符合现行国家标准《工业企业噪声控制设计规范》GB/T 50087 的有关规定，厂界噪声应符合现行国家标准《工业企业厂界环境噪声排放标准》GB 12348 的有关规定。

5.2.3 鼓风机宜选用节能型低噪声设备，风机房宜在远离厂界的区域设置，并应采取减震、隔音和降噪措施。

6 总体要求

6.1 一般规定

6.1.1 硝化甘油生产企业应采用清洁生产技术。

6.1.2 新建、改建及扩建硝化甘油生产企业或生产线，其废水处理工程应与主体工程同时设计、同时施工、同时投入使用。

6.1.3 废水处理工程在建设和运行中应满足消防管理要求。

6.1.4 废水处理工程应设置规范化废水排放口，并应安装污染物排放连续监测设备。

6.2 场址选择及平面布置

6.2.1 废水处理站场址的设置应符合现行国家标准《工业企业总平面设计规范》GB 50187、《厂矿道路设计规范》GBJ 22 和《室外排水设计规范》GB 50014 的有关规定。

6.2.2 废水处理站应满足火炸药工厂安全要求，并宜布置在生产车间下游，且全年最小频率风向的上风侧，并宜远离生活区。

6.2.3 安全处理后废水宜重力流入废水处理站。

6.2.4 废水处理建筑物宜采用多层立体布置，办公场所宜置于全年最小频率风向的下风侧。

6.2.5 废水处理构筑物应按流程布置，平行系列的构筑物宜成几何对称或水力对称布置。建（构）筑物间的间距应紧凑、合理，并应满足各建（构）筑物的施工、设备安装和埋设各种管道以及养护维修管理的要求。

6.2.6 废水处理建（构）筑物的高程布置宜采用重力输送。

6.2.7 配电室应设置在用电量集中场所的附近。

6.2.8 在寒冷地区，废水处理构筑物采取覆土防冻或保温时，应满足覆土或保温层等对占地的需要。

6.2.9 废水处理站应留有设备、药剂运输和消防通道，并应留有美化和绿化用地。

6.2.10 对分期建设或有改建、扩建可能的废水处理站，应预留建设用地及联络接口。

6.3 检测和控制

6.3.1 废水处理过程应进行检测和控制，并应保障废水处理系统安全、稳定运行。

6.3.2 废水处理站应设置控制间，并应配备运行控制与管理所需的监测和检测仪表。

6.3.3 废水处理站应设置化验室。废水处理站化验室应配备常规的分析仪器，并应具备 pH 值、COD_{Cr}、BOD_5、NH_3-N、总氮、硝化甘油、溶解氧等指标的测定能力。

7 主要辅助工程

7.1 电 气

7.1.1 电气系统设计应符合现行国家标准《建筑照明设计标准》GB 50034、《供配电系统设计规范》GB 50052 和《低压配电设计规范》GB 50054 的有关规定。

7.1.2 废水处理工程供电宜按二级负荷设计。

7.1.3 安全处理工房内的电机、电器和照明等均应符合防爆要求。

7.2 给排水与消防

7.2.1 给排水和消防系统应与生产过程统筹确定。

7.2.2 生活用水、生产用水及消防设施应符合现行国家标准《建筑给水排水设计规范》GB 50015 和《建筑设计防火规范》GB 50016 的有关规定。

7.3 采暖通风与空调

7.3.1 废水处理工程建筑物内应有采暖通风与空气调节系统，并应符合现行国家标准《工业建筑供暖通风与空气调节设计规范》GB 50019 和《通风与空调工程施工质量验收规范》GB 50243 的有关规定。

7.3.2 废水处理工程采暖系统设计应与生产采暖系统统一规划，热源宜由厂区供热系统提供，远离厂区时，可采用空调。

7.3.3 各类建筑物、构筑物的通风设计应符合下列规定：

1 加盖构筑物应设通风或排气设施，每个构筑物通风口不应少于 2 个；

2 加药间、污泥脱水间和化验室等应满足所需换气次数的要求；

3 安全处理工房应设事故通风，事故风机应为防爆型；

4 控制室宜设空调装置。

7.4 建筑与结构

7.4.1 构筑物设计、施工及验收应符合现行国家标准《给水排水工程构筑物结构设计规范》GB 50069、《给水排水构筑物工程施工及验收规范》GB 50141 和《地下防水工程质量验收规范》GB 50208 的有关规定。

7.4.2 厂房建筑的防腐、采光和结构应符合现行国家标准《工业建筑防腐蚀设计规范》GB 50046、《建筑采光设计标准》GB 50033、《建筑结构荷载规范》GB 50009、《构筑物抗震设计规范》GB 50191 和《建筑设计防火规范》GB 50016 的有关规定，调节池、中和池等处理构筑物应采取防腐蚀、防渗漏措施。

8 劳动安全与职业卫生

8.1 劳动安全

8.1.1 废水处理站应配备安全防护措施和报警装置，并应符合下列规定：

1 应在调节池、水解酸化池、污泥池等可能产生沼气的区域设置禁烟、防火标志；

2 水处理构筑物周边应设置防护栏杆、走道板、防滑梯等安全措施，设置应符合现行国家标准《固定式钢梯及平台安全要求 第 3 部分：工业防护栏杆及钢平台》GB 4053.3 的有关规定，栏杆高度和强度应符合国家现行有关劳动安全卫生规定，地势较高处的构筑物和设备还应设置避雷设施；

3 各种机械设备裸露的传动部分或运动部分应设置防护罩或防护栏杆，并应确保周围的操作活动空间；

4 在加药间的相应区域应设置紧急淋浴冲洗及应急洗眼装置。

8.1.2 废水处理站应建立劳动安全管理制度，并应符合下列规定：

1 劳动安全管理应符合现行国家标准《生产过程安全卫生要求总则》GB/T 12801 的有关规定；

2 应制定易燃、爆炸、自然灾害等意外事件的应急预警预案；

3 应按危险化学品安全管理要求管理和使用工艺过程中的化学药剂；

4 应建立并执行安全检查制度。

8.2 职业卫生

8.2.1 操作室应设置通风设施。

8.2.2 废水处理站内宜设置卫生间、更衣柜等卫生设施。

8.2.3 加药间、污泥脱水间、风机房等粉尘、有异味、高噪声的环境，应设置隔声、减震、通风、防毒等设施，并应配备劳动保护用具。

9 工程施工与验收

9.1 工程施工

9.1.1 工程施工应符合施工设计文件、设备技术文件的要求，工程变更应取得设计变更文件后再进行。

9.1.2 工程施工中所使用的设备、材料、器件等取得产品合格证后，关键设备还应具有产品出厂检验报告等技术文件。

9.1.3 设备安装应按产品说明书进行设备安装，安装后应进行单机调试。

9.2 工程调试与验收

9.2.1 配套建设的废水在线监测系统应与废水处理工程同时进行建设项目竣工环境保护验收，验收程序和内容应符合现行行业标准《水污染源在线监测系统安装技术规范（试行）》HJ/T 353、《水污染源在线监测系统验收技术规范（试行）》HJ/T 354 和《水污染源在线监测系统运行和考核技术规范（试行）》HJ/T 355 的有关规定。

9.2.2 废水处理工程相关专业验收的程序和内容应符合现行国家标准《自动化仪表工程施工及质量验收规范》GB 50093、《给水排水构筑物工程施工及验收规范》GB 50141、《电气装置安装工程 电缆线路施工及验收规范》GB 50168、《电气装置安装工程 接地装置施工及验收规范》GB 50169、《混凝土结构工程施工质量验收规范》GB 50204、《机械设备安装工程施工及验收通用规范》GB 50231、《现场设备、工业管道焊接工程施工规范》GB 50236、《电气装置安装工程 低压电器施工及验收规范》GB 50254、《电气装置安全工程 爆炸和火灾危险环境电气装置施工及验收规范》GB 50257、《给水排水管道工程施工及验收规范》GB 50268、《风机、压缩机、泵安装工程施工及验收规范》GB 50275 和《建筑电气工程施工质量验收规范》GB 50303 的有关规定。

9.2.3 废水处理工程应依据主管部门的批准（核准）文件、经批准的设计文件和设计变更文件、工程合同、设备供货合同和合同附件、项目环境影响评价及其审批文件、废水处理工程的性能评估报告、试运行期连续检测数据、完整的启动试运行操作记录、设施运行管理制度和岗位操作规程等技术文件进行验收。

9.2.4 废水污染处理工程进行性能评估时，应进行系统调试运行和性能试验。性能试验应包括下列内容：

1 耗电量测试，应分别测量各主要设备单体运行和设施系统运行的电能消耗。

2 充氧效果试验，应测试氧转移系数、氧利用率、充氧量等参数，分析供氧效果。

3 风机运行试验，应测试单台风机运行和全部风机联动运行的供气量、风压、噪声等参数，应包括启动和运行时的参数。

4 满负荷运行测试，应向处理系统通入设计流量和浓度的废水，并应考察各工艺单元、构筑物和设备的运行工况。因生产原因暂时水量或浓度不能满足设计要求时，验收时的负荷不应低于设计负荷的75%。

5 污泥测试，应引种、培育并驯化污泥，并应调整各反应器的运行工况和运行参数，检测各项参数，观察污泥性状，直至污泥运行正常。

6 剩余污泥量测试，应测定剩余污泥产生量和污泥脱水效率等工艺参数。

7 水质检测，应在工艺要求的各个重要部位，按规定频次、指标和测试方法进行水质检测，并应分析污染物去除效果。

8 物化处理性能测试，工艺流程有物化处理单元时应测试其运行参数。

本规范用词说明

1 为便于在执行本规范条文时区别对待，对要求严格程度不同的用词说明如下：

1）表示很严格，非这样做不可的：

正面词采用“必须”，反面词采用“严禁”；

2）表示严格，在正常情况下均应这样做的：

正面词采用“应”，反面词采用“不应”或“不得”；

3）表示允许稍有选择，在条件许可时首先应这样做的：

正面词采用“宜”，反面词采用“不宜”；

4）表示有选择，在一定条件下可以这样做的，采用“可”。

2 条文中指明应按其他有关标准执行的写法为：“应符合……的规定”或“应按……执行”。

引用标准名录

《建筑结构荷载规范》GB 50009

《室外排水设计规范》GB 50014

《建筑给水排水设计规范》GB 50015

《建筑设计防火规范》GB 50016

《工业建筑供暖通风与空气调节设计规范》GB 50019

《厂矿道路设计规范》GBJ 22

《建筑采光设计标准》GB 50033
《建筑照明设计标准》GB 50034
《工业建筑防腐蚀设计规范》GB 50046
《供配电系统设计规范》GB 50052
《低压配电设计规范》GB 50054
《给水排水工程构筑物结构设计规范》GB 50069
《工业企业噪声控制设计规范》GB/T 50087
《自动化仪表工程施工及质量验收规范》GB 50093
《给水排水构筑物工程施工及验收规范》GB 50141
《电气装置安装工程　电缆线路施工及验收规范》GB 50168
《电气装置安装工程　接地装置施工及验收规范》GB 50169
《工业企业总平面设计规范》GB 50187
《构筑物抗震设计规范》GB 50191
《混凝土结构工程施工质量验收规范》GB 50204
《地下防水工程质量验收规范》GB 50208
《机械设备安装工程施工及验收通用规范》GB 50231
《现场设备、工业管道焊接工程施工规范》GB 50236
《通风与空调工程施工质量验收规范》GB 50243
《电气装置安装工程　低压电器施工及验收规范》GB 50254
《电气装置安全工程　爆炸和火灾危险环境电气装置施工及验收规范》GB 50257
《给水排水管道工程施工及验收规范》GB 50268
《风机、压缩机、泵安装工程施工及验收规范》GB 50275
《建筑电气工程施工质量验收规范》GB 50303
《固定式钢梯及平台安全要求　第 3 部分：工业防护栏杆及钢平台》GB 4053.3
《污水综合排放标准》GB 8978
《工业企业厂界环境噪声排放标准》GB 12348
《生产过程安全卫生要求总则》GB/T 12801
《兵器工业水污染物排放标准　火炸药》GB 14470.1
《水污染源在线监测系统安装技术规范（试行）》HJ/T 353
《水污染源在线监测系统验收技术规范（试行）》HJ/T 354
《水污染源在线监测系统运行与考核技术规范（试行）》HJ/T 355
《污水混凝与絮凝处理工程技术规范》HJ 2006
《生物接触氧化法污水处理工程技术规范》HJ 2009
《生物滤池法污水处理工程技术规范》HJ 2014

中华人民共和国国家标准

硝胺类废水处理设施技术规范

Technical code for wastewater treatment facilities from nitroamine explosives

GB/T 51147—2015

前　言

本规范是根据住房城乡建设部《关于印发〈2010年工程建设标准规范制订、修订计划〉的通知》（建标〔2010〕43号）的要求，由中国兵器工业标准化研究所会同有关单位共同编制完成。

本规范编制过程中，编制组进行了广泛深入的调查研究，认真总结了多年来的实践经验，吸收了近年来在硝胺类废水污染控制技术应用的新工艺和新方法，并在广泛征求意见的基础上，反复讨论、修改和完善，最后经审查定稿。

本规范共分9章，主要内容包括：总则，术语，设计水量、水质，废水处理，二次污染控制措施，总体要求，主要辅助工程，劳动安全与职业卫生，工程施工与验收等。

本规范由住房城乡建设部负责管理，由中国兵器工业集团公司负责日常管理，由中国兵器工业标准化研究所负责具体技术内容的解释。在执行过程中如需要修改与补充的建议，请将有关资料寄送中国兵器工业标准化研究所（地址：北京市海淀区车道沟10号，邮政编码：100089），以供今后修订时参考。

本规范主编单位、参编单位、主要起草人和主要审查人：

主编单位：中国兵器工业标准化研究所

参编单位：北京北方节能环保有限公司

甘肃银光化学工业集团有限公司

贵州九联民爆器材发展股份有限公司

主要起草人：谷振华　周光伟　王海玉　赵伟宾　刘岩龙　姜　鑫

李伟跃　于丽莉　武春艳　卫诗嘉　彭文林　聂　煜

主要审查人：王连军　姚芝茂　周岳溪　李玉平　杨铁荣　靳建永

李建军　蒋旭东　李相龙

1　总　则

1.0.1　为统一工程建设标准，提高工程建设质量，规范硝胺类生产废水处理，制定本规范。

1.0.2　本规范适用于新建、改建、扩建的黑索今、奥克托今等火炸药行业硝胺类废水处理设施的设计、施工和验收。

1.0.3 在污染物排放标准提高、无成熟工程经验时，应通过小试或中试确定处理工艺及参数。

1.0.4 硝胺类废水处理应遵循节能降耗、节水减排的原则，并应提倡废水回用。

1.0.5 奥克托今生产排放的硝酸铵母液宜单独降温结晶处理，不应排入废水处理系统。

1.0.6 硝胺类废水处理后的水质应符合现行国家标准《兵器工业水污染物排放标准 火炸药》GB 14470.1 或《污水综合排放标准》GB 8978 的有关规定。有地方污染物排放标准时，应满足地方污染物排放标准的要求。

1.0.7 硝胺类废水处理设施的设计、施工和验收，除应符合本规范外，尚应符合国家现行有关标准的规定。

2 术 语

2.0.1 黑索今 hexogen

化学名称为环三亚甲基三硝胺，又称 1,3,5-三硝基-1,3,5-三氮杂环己烷；分子式为 $C_3H_6N_6O_6$；代号为 RDX；结构式为：

```
            H2
            C
          /   \
   O2N—N       N—NO2
        |       |
       H2C     CH2
          \   /
            N
            |
           NO2
```

2.0.2 奥克托今 octogen

化学名称为环四亚甲基四硝胺。又称 1,3,5,7-四硝基-1,3,5,7-四氮杂环辛烷；分子式为 $C_4H_8N_8O_8$；代号为 HMX；结构式为：

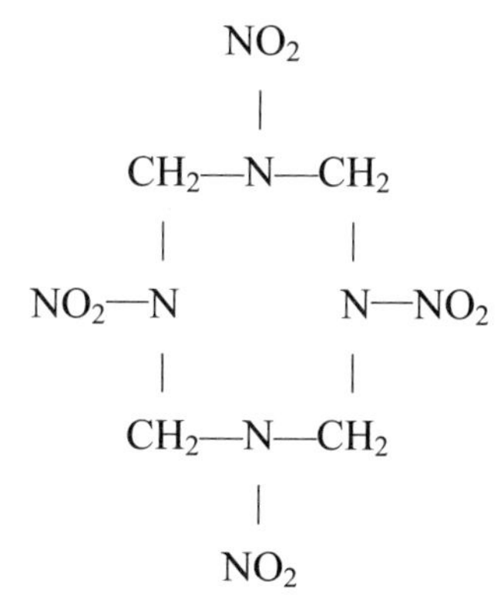

2.0.3 硝胺类废水 wastewater from nitroamine explosives production

生产黑索今、奥克托今等硝胺类炸药过程中产生的废水。

3 设计水量、水质

3.1 设计水量

3.1.1 实际排水量可按工艺设计或实测确定，也可按下列方法进行计算：

1 吨产品最高排水量应符合现行国家标准《兵器工业水污染物排放标准 火炸药》GB 14470.1 的有关规定；

2 有多套生产装置，废水处理站日处理能力应按每个生产装置日最大排水量之和计算。

3.1.2 设计水量宜按实际排水量的 110%～115%计算。

3.1.3 废水处理构筑物设计应符合下列规定：

1 废水进入事故池及调节池的进水管路流量，应按生产装置最大小时排水量计算；

2 调节池后处理构筑物及管路应按调节后废水平均流量设计。

3.2 设计水质

3.2.1 已有生产装置排放废水水质宜实测确定，新建装置宜按同类企业废水水质类比调查确定。

3.2.2 无实测或类比调查数据时，设计水质可按表 3.2.2 确定。

表 3.2.2 硝胺类生产废水设计水质

产品名称	废水组成			
	酸度（%）	COD_{Cr}（mg/L）	氨氮（mg/L）	硝胺类化合物（mg/L）
RDX	0.5～1.0	4000～6000	70～150	30～120
HMX	0.5～1.5	10000～20000	1	30～60

4 废水处理

4.1 一般规定

4.1.1 废水处理选择的工艺应能脱除生产废水中所含的硝胺类化合物、酸度、COD_{Cr}和氨氮。

4.1.2 废水处理基本工艺宜为进水→调节→预处理→生物处理→深度处理→出水。

4.1.3 预处理宜采用活性炭吸附、中和、混凝、沉淀等手段。

4.1.4 处理水质要求较高时，可增加深度处理单元。

4.1.5 管道宜选用不锈钢或 PVC 等材质。

4.1.6 废水处理站应符合现行国家标准《室外排水设计规范》GB 50014 的有关规定，并应按本规范第 4.2 节的规定执行。

4.2 废水处理站

4.2.1 废水处理站宜设置事故池。事故池容积应按一次事故最大排水量计算，并应满足环境影响评价文件及其批复的有关规定。

4.2.2 废水处理系统应设调节池，调节池容积可按 24h 累积流量设计，宜根据进水水量、水质变化资料或通过同类企业类比调查确定。

4.2.3 活性炭吸附装置设计应符合下列规定：

1 活性炭用量可通过静态吸附实验进行确定，并可在静态吸附试验基础上通过动态吸附试验确定各设计参数，静态吸附实验应以出水黑索今或奥克托今浓度不超过 10mg/L 计；

2 活性炭吸附装置可采用固定床或移动床；

3 活性炭吸附柱采用钢制设备时，其内壁宜涂覆环氧玻璃钢树脂衬层，衬层厚度不应小于 5mm；

4 活性炭吸附装置宜采用体内再生，再生试剂可采用浓度为 5%碱液，再生液应排入收集池，并应均匀排入调节池；

5 有 2 个及以上活性炭吸附设备时，宜设置活性炭水力装卸设备。

4.2.4 中和设计应符合下列规定：

1 中和药剂可选用石灰石或石灰或氢氧化钠；

2 选用石灰石中和时，宜选用滚筒并采用脱气池除去废水中的二氧化碳，滚筒宜采用不锈钢设备；选用石灰或氢氧化钠中和时，宜选用中和池并采用机械搅拌；

3 中和后 pH 值应为 6～8；

4 石灰或氢氧化钠中和反应时间宜为 10～15min。当有原水水质数据时应通过实验确定。

4.2.5 混凝设计应符合现行行业标准《污水混凝与絮凝处理工程技术规范》HJ 2006 的有关规定，并应符合下列规定：

1 混凝剂宜选用聚合氯化铝或聚合硫酸铁，助凝剂宜选用聚丙烯酰胺；混凝剂用量应按类似水质的处理经验或混凝沉淀试验结果确定；

2 混凝反应时间宜为 15～30min，当有原水水质数据时应通过实验确定。

4.2.6 一级沉淀池设计应符合下列规定：

1 一级沉淀池池型宜选用辐流式或竖流式沉淀池，地下水位高、施工困难地区不宜采用竖流式沉淀池；

2 一级沉淀池的沉淀时间宜为 1.0～2.0h，表面水力负荷设计参数宜为 1.5～3.5$m^3/(m^2 \cdot h)$，当有原水水质资料时，应按相似废水运行数据或通过试验确定；

3 沉淀池进、出水应采取均匀布水措施；

4 采用石灰或石灰石中和时，沉淀池宜选用机械排泥。

4.2.7 生物处理设计应符合下列规定：

1 生物处理宜选用厌氧—缺氧—好氧组合处理工艺。在实验验证的基础上，也可采用其他生物处理工艺。

2 厌氧生物处理宜选用升流式厌氧污泥床反应器（UASB）处理工艺。

3 好氧生物处理宜采用活性污泥法—曝气生物滤池组合处理工艺。

4 厌氧生物处理水温宜控制在 25～35℃，冬季生化池末端水温不应低于 15℃。

4.2.8 升流式厌氧污泥床反应器工艺设计应符合现行行业标准《升流式厌氧污泥床反应器污水处理工程技术规范》HJ 2013 的有关规定，并应符合下列规定：

1 升流式厌氧污泥床水力停留时间不宜少于 48h，具体工艺参数宜根据原水浓度和出水指标实验或类比确定；

2 升流式厌氧污泥床反应器宜设置进水加温设施和进出水均匀布水装置，并宜设置出水至进水口的回流设施，回流比宜为 100%～300%；

3 应设有向厌氧反应器投加污泥的设施。

4.2.9 缺氧池设计应符合现行行业标准《厌氧—缺氧—好氧活性污泥法污水处理工程技术

规范》HJ 576 的有关规定，并应符合下列规定：

1 缺氧池的水力停留时间宜为 8～12h；当有原水水质和出水指标时，宜通过实验或类比确定；

2 缺氧池应设均匀配水装置，并设置污泥回流、好氧废水回流和搅拌装置。

4.2.10 活性污泥池设计应符合下列规定：

1 活性污泥池容积负荷宜按同类企业相似水质运行经验数据或通过试验确定；当无资料时，宜按 BOD_5 负荷 0.1～0.25kg/（m^3·d）选取，并应用停留时间进行校核，校核的停留时间宜为 12～36h；

2 活性污泥池营养应配制营养液的投加；

3 活性污泥池内溶解氧宜为 3～4mg/L，供气量应根据供氧设备效率及需氧量计算确定；

4 活性污泥池应设置沉淀池污泥回流设施；污泥回流比宜为 60%～100%，生化池中污泥浓度应为 3～5g/L；

5 当出水水质要求总氮达标时，活性污泥池出水应回流到缺氧池，污水回流比宜为 100%～300%。

4.2.11 二级沉淀池设计应符合下列规定：

1 二级沉淀池池型宜选择平流式、辐流式或竖流式沉淀池，地下水位高、施工困难地区不宜采用竖流式沉淀池；

2 二级沉淀池沉淀时间宜为 1.5～4.0h，表面水力负荷宜为 0.5～0.75m^3/（m^2·h），固体负荷不宜大于 80kg/（m^2·d），当有原水水质资料时，应按相似废水运行数据或通过试验确定；

3 沉淀池进、出水应采取均匀布水措施。

4.2.12 曝气生物滤池（BAF）设计应符合现行行业标准《生物滤池法污水处理工程技术规范》HJ 2014 的有关规定。当处理水质要求较高时，可多级串联使用。曝气生物滤池可装填陶粒滤料或其他新型生物滤料。

5 二次污染控制措施

5.1 污泥处理

5.1.1 污泥处理应遵循减量化、稳定化、无害化的原则。

5.1.2 污泥量应根据各处理单元排出的污泥量确定或按类似废水及处理工艺的运行数据确定。

5.1.3 污泥机械脱水前宜先进行重力浓缩脱水或化学浓缩脱水。

5.1.4 污泥脱水宜选用厢式压滤机，过滤压力宜为 0.4～0.8MPa，并宜设压缩空气反吹系统。

5.1.5 污泥处理过程中分离出的废水应回流到调节池进行再处理。

5.1.6 生化处理污泥应按国家固体废物处置规定执行。

5.2 废气及噪声处理

5.2.1 硝胺类废水和污泥处理过程中所产生的废气，应采用喷淋吸收等措施进行集中处理，厌氧段产生的废气应进行处置，并应符合现行行业标准《升流式厌氧污泥床反应器污水处理工程技术规范》HJ 2013 的有关规定。

5.2.2 硝胺类废水处理站内噪声源控制应符合现行国家标准《工业企业噪声控制设计规

范》GB/T 50087 的有关规定，厂界噪声应符合现行国家标准《工业企业厂界环境噪声排放标准》GB 12348 的有关规定。

5.2.3 鼓风机宜选用节能型低噪声设备，鼓风机室宜在远离厂界的区域设置，并应采取减震、隔音和降噪措施。

6 总体要求

6.1 一般规定

6.1.1 黑索今、奥克托今等火炸药生产企业应采用清洁生产技术。

6.1.2 新建、改建及扩建黑索今、奥克托今等火炸药生产企业或生产线，其废水处理工程应与主体工程同时设计、同时施工、同时投入使用。

6.1.3 废水处理工程在建设和运行中应满足消防管理要求。

6.1.4 废水处理工程应设置规范化废水排放口，并应安装污染物排放连续监测设备。

6.2 场址选择及平面布置

6.2.1 废水处理站场址设置应符合现行国家标准《工业企业总平面设计规范》GB 50187、《厂矿道路设计规范》GBJ 22 和《室外排水设计规范》GB 50014 的有关规定。

6.2.2 废水处理站应满足火炸药工厂安全要求，并宜布置在生产车间下游，且全年最小频率风向的上风侧，同时宜远离生活区。

6.2.3 废水宜重力流入废水处理站。

6.2.4 废水处理建筑物宜采用多层立体布置，办公场所宜置于全年最小频率风向的下风侧。

6.2.5 废水处理构筑物应按流程布置，平行系列的构筑物宜成几何对称或水力对称布置。建（构）筑物间的间距应紧凑、合理，并应满足各建（构）筑物的施工、设备安装和埋设各种管道，以及养护维修管理的要求。

6.2.6 废水处理建（构）筑物的高程布置，宜采用重力输送。

6.2.7 配电室应设置在电量较集中场所的附近。

6.2.8 在寒冷地区，废水处理构筑物采取覆土防冻或保温时，应满足覆土或保温层等对占地的需要。

6.2.9 废水处理站应留有设备、药剂运输和消防通道，并应留有美化和绿化用地。

6.2.10 对分期建设或有改建、扩建可能的废水处理站，应预留建设用地及联络接口。

6.3 检测和控制

6.3.1 废水处理过程应进行检测和控制，并应保障废水处理系统安全、稳定运行。

6.3.2 废水处理站应设置控制间，并应配备运行控制与管理所需的监测和检测仪表。

6.3.3 废水处理站应设置化验室。废水处理站化验室应配备常规的分析仪器，并应具备 pH 值、COD_{Cr}、BOD_5、NH_3-N、总氮、硝化甘油、溶解氧等指标的测定能力。

7 主要辅助工程

7.1 电气

7.1.1 电气系统设计应符合现行国家标准《建筑照明设计标准》GB 50034、《供配电系统设计规范》GB 50052 和《低压配电设计规范》GB 50054 的有关规定。

7.1.2 废水处理工程供电宜按二级负荷设计，其电源可独立设置。规模较小时，也可由企业变配电室接入。

7.1.3 厌氧单元宜选用防腐、防潮电气设备。

7.2 给排水与消防

7.2.1 给排水和消防系统应与生产过程统筹确定，生活用水、生产用水及消防设施，应符合现行国家标准《建筑给水排水设计规范》GB 50015和《建筑设计防火规范》GB 50016的有关规定。

7.2.2 厌氧单元的火灾危险性应为甲类，防火等级应按一级耐火等级设计，并应安装沼气泄漏报警装置。

7.3 采暖通风与空调

7.3.1 废水处理工程建筑物内应有采暖通风与空气调节系统，并应符合现行国家标准《工业建筑供暖通风与空气调节设计规范》GB 50019和《通风与空调工程施工质量验收规范》GB 50243的有关规定。

7.3.2 废水处理工程采暖系统设计应与生产采暖系统统一规划，热源宜由厂区供热系统提供，远离厂区时，可采用空调。

7.3.3 各类建（构）筑物的通风设计应符合下列规定：

1 加盖构筑物应设通风或排气设施，每个构筑物通风口不应少于2个；

2 加药间、污泥脱水间和化验室等，应满足所需换气次数的要求；

3 控制室宜设空调装置。

7.4 建筑与结构

7.4.1 构筑物设计、施工及验收应符合现行国家标准《给水排水工程构筑物结构设计规范》GB 50069、《给水排水构筑物工程施工及验收规范》GB 50141和《地下防水工程质量验收规范》GB 50208的有关规定。

7.4.2 厂房建筑的防腐、采光和结构应符合现行国家标准《工业建筑防腐蚀设计规范》GB 50046、《建筑采光设计标准》GB 50033、《建筑结构荷载规范》GB 50009和《构筑物抗震设计规范》GB 50191的有关规定，调节池、中和池等处理构筑物，应采取防腐蚀、防渗漏措施。

8 劳动安全与职业卫生

8.1 劳动安全

8.1.1 废水处理站应配备安全防护措施和报警装置，并应符合下列规定：

1 应在调节池、UASB反应器、污泥池等可能产生沼气的区域设置禁烟、防火标志；

2 水处理构筑物周边应设置防护栏杆、走道板、防滑梯等安全措施，安全措施的设置，应符合现行国家标准《固定式钢梯及平台安全要求 第3部分：工业防护栏杆及钢平台》GB 4053.3的有关规定，栏杆高度和强度应符合国家现行有关劳动安全卫生的规定，地势较高处的构筑物和设备还应设置避雷设施；

3 各种机械设备裸露的传动部分或运动部分，应设置防护罩或防护栏杆，并应保持周围有操作活动空间；

4 在加药间的相应区域应设置紧急淋浴冲洗及应急洗眼装置。

8.1.2 废水处理站应建立劳动安全管理制度，并应符合下列规定：

1 劳动安全管理应符合现行国家标准《生产过程安全卫生要求总则》GB/T 12801的

有关规定；

2 应制定易燃、爆炸、自然灾害等意外事件的应急预警预案；

3 应按危险化学品安全管理要求管理和使用工艺过程中的化学药剂；

4 应建立并执行安全检查制度。

8.2 职业卫生

8.2.1 操作室应设置通风设施。

8.2.2 废水处理站内宜设置卫生间、更衣柜等卫生设施。

8.2.3 加药间、污泥脱水间、风机房等高粉尘、有异味、高噪声的环境，应设置隔声、减震、通风、防毒等设施，并应配备劳动保护用具。

9 工程施工与验收

9.1 工程施工

9.1.1 工程施工应符合施工设计文件、设备技术文件的要求，工程变更应取得设计变更文件后再进行。

9.1.2 一次沉淀池采用石灰石或石灰中和时，泥斗宜铺装瓷砖。

9.1.3 工程施工中所使用的设备、材料、器件等应具有产品合格证，关键设备还应具有产品出厂检验报告等技术文件。

9.1.4 设备安装应按产品说明书进行，安装后应进行单机调试。

9.2 工程验收

9.2.1 配套建设的废水在线监测系统应与废水处理工程同时进行建设项目竣工环境保护验收，验收程序和内容应符合现行行业标准《水污染源在线监测系统安装技术规范（试行）》HJ/T 353、《水污染源在线监测系统验收技术规范（试行）》HJ/T 354 和《水污染源在线监测系统运行与考核技术规范（试行）》HJ/T 355 的有关规定。

9.2.2 废水处理工程相关专业验收的程序和内容，应符合现行国家标准《自动化仪表工程施工及质量验收规范》GB 50093、《给水排水构筑物工程施工及验收规范》GB 50141、《电气装置安装工程电缆线路施工及验收规范》GB 50168、《电气装置安装工程接地装置施工及验收规范》GB 50169、《混凝土结构工程施工质量验收规范》GB 50204、《机械设备安装工程施工及验收通用规范》GB 50231、《现场设备、工业管道焊接工程施工规范》GB 50236、《电气装置安装工程 低压电器施工及验收规范》GB 50254、《电气装置安全工程 爆炸和火灾危险环境电气装置施工及验收规范》GB 50257、《给水排水管道工程施工及验收规范》GB 50268、《风机、压缩机、泵安装工程施工及验收规范》GB 50275 和《建筑电气工程施工质量验收规范》GB 50303 的有关规定。

9.2.3 废水处理工程应依据主管部门的批准（核准）文件、经批准的设计文件和设计变更文件、工程合同、设备供货合同和合同附件、项目环境影响评价及其审批文件、废水处理工程的性能评估报告、试运行期连续检测数据、完整的启动试运行操作记录、设施运行管理制度和岗位操作规程等技术文件进行验收。

9.2.4 废水污染处理工程进行性能评估时，应进行系统调试运行和性能试验。性能试验应包括下列内容：

1 耗电量测试，应分别测量各主要设备单体运行和设施系统运行的电能消耗；

2 充氧效果试验，应测试氧转移系数、氧利用率、充氧量等参数，并应分析供氧效果；

3 风机运行试验，应测试单台风机运行和全部风机连动运行的供气量、风压、噪声等参数，应包括启动和运行时的参数；

4 满负荷运行测试，应向处理系统通入设计流量和浓度的废水，并应考察各工艺单元、构筑物和设备的运行工况；因生产原因暂时水量或浓度不能满足设计要求时，验收时的负荷不应低于设计负荷的75%；

5 污泥测试，应引种、培育并驯化污泥，并应调整各反应器的运行工况和运行参数，检测各项参数，观察污泥性状，直至污泥运行正常；

6 剩余污泥量测试，应测定剩余污泥产生量和污泥脱水效率等工艺参数；

7 水质检测，应在工艺要求的各个重要部位，按规定频次、指标和测试方法进行水质检测，并应分析污染物去除效果；

8 物化处理性能测试，工艺流程有物化处理单元时应测试其运行参数。

本规范用词说明

1 为便于在执行本规范条文时区别对待，对要求严格程度不同的用词说明如下：

1）表示很严格，非这样做不可的：

正面词采用“必须”，反面词采用“严禁”；

2）表示严格，在正常情况下均应这样做的：

正面词采用“应”，反面词采用“不应”或“不得”；

3）表示允许稍有选择，在条件许可时首先应这样做的：

正面词采用“宜”，反面词采用“不宜”；

4）表示有选择，在一定条件下可以这样做的，采用“可”。

2 条文中指明应按其他有关标准执行的写法为：“应符合……的规定”或“应按……执行”。

引用标准名录

《建筑结构荷载规范》GB 50009

《室外排水设计规范》GB 50014

《建筑给排水设计规范》GB 50015

《建筑设计防火规范》GB 50016

《工业建筑供暖通风与空气调节设计规范》GB 50019

《厂矿道路设计规范》GBJ 22

《建筑采光设计标准》GB 50033

么建筑照明设计标准》GB 50034

《工业建筑防腐蚀设计规范》GB 50046

《供配电系统设计规范》GB 50052

《低压配电设计规范》GB 50054

《给水排水工程构筑物结构设计规范》GB 50069
《自动化仪表工程施工及质量验收规范》GB 50093
《给水排水构筑物工程施工及验收规范》GB 50141
《电气装置安装工程电缆线路施工及验收规范》GB 50168
《电气装置安装工程接地装置施工及验收规范》GB 50169
《工业企业总平面设计规范》GB 50187
《构筑物抗震设计规范》GB 50191
《混凝土结构工程施工质量验收规范》GB 50204
《地下防水工程质量验收规范》GB 50208
《机械设备安装工程施工及验收通用规范》GB 50231
《现场设备、工业管道焊接工程施工规范》GB 50236
《通风与空调工程施工质量验收规范》GB 50243
《电气装置安装工程低压电器施工及验收规范》GB 50254
《电气装置安全工程　爆炸和火灾危险环境电气装置施工及验收规范》GB 50257
《给水排水管道工程施工及验收规范》GB 50268
《风机、压缩机、泵安装工程施工及验收规范》GB 50275
《建筑电气工程施工质量验收规范》GB 50303
《工业企业噪声控制设计规范》GB/T 50087
《固定式钢梯及平台安全要求　第 3 部分：工业防护栏杆及钢平台》GB 4053.3
《污水综合排放标准》GB 8978
《工业企业厂界环境噪声排放标准》GB 12348
《生产过程安全卫生要求总则》GB/T 12801
《兵器工业水污染物排放标准　火炸药》GB 144701
《水污染源在线监测系统安装技术规范（试行）》HJ/T 353
《水污染源在线监测系统验收技术规范（试行）》HJ/T 354
《水污染源在线监测系统运行与考核技术规范（试行）》HJ/T 355
《厌氧—缺氧—好氧活性污泥法污水处理工程技术规范》HJ 576
《污水混凝与絮凝处理工程技术规范》HJ 2006
《升流式厌氧污泥床反应器污水处理工程技术规范》HJ 2013
《生物滤池法污水处理工程技术规范》HJ 2014

中华人民共和国国家环境保护标准

纺织染整工业废水治理工程技术规范

Waste water treatment project technical specification for dyeing and finishing of textile industry

HJ 471—2009

前 言

为贯彻《中华人民共和国环境保护法》和《中华人民共和国水污染防治法》，执行GB 4287，规范纺织染整工业废水治理工程设施建设和运行，改善环境质量，制定本标准。

本标准对纺织染整工业废水治理工程设计、施工、验收和运行管理提出了技术要求。

本标准为首次发布。

本标准由环境保护部科技标准司组织制订。

本标准主要起草单位：中国环境保护产业协会（水污染治理委员会）、东华大学、中国印染行业协会（环境保护技术专业委员会）。

本标准环境保护部2009年6月24日批准。

本标准自2009年9月1日起实施。

本标准由环境保护部解释。

1 适用范围

本标准对纺织染整工业废水治理工程设计、施工、验收和运行管理提出了技术要求。

本标准适用于纺织染整工业企业的新建、改建和扩建废水治理工程的设计、设备采购、施工及安装、调试、验收和运行管理，可作为环境影响评价、设计、施工、环境保护验收及建成后运行与管理的技术依据。

2 规范性引用文件

本标准内容引用了下列文件中的条款。凡是不注日期的引用文件，其有效版本适用于本标准。

GB 3096　声环境质量标准

GB 4287　纺织染整工业水污染物排放标准

GB 12348　工业企业厂界环境噪声排放标准

GB 14554　恶臭污染物排放标准

GB 18599　一般工业固体废物贮存、处置场污染控制标准

GB 50009　建筑结构荷载规范
GB 50014　室外排水设计规范
GB 50016　建筑设计防火规范
GB 50052　供配电系统设计规范
GB 50054　低压配电设计规范
GB 50191　构筑物抗震设计规范
GB 50194　建设工程施工现场供用电安全规范
GB 50303　建筑电气工程施工质量验收规范
GB 50335　污水再生利用工程设计规范
GB 50336　建筑中水设计规范
GBJ 22　厂矿道路设计规范
GBJ 87　工业企业噪声控制设计规范
GB/T 18920　城市污水再生利用　城市杂用水水质
CJ 25.1　生活杂用水水质标准
FZ/T 01002　印染企业综合能耗计算导则
HJ/T 212　污染源在线自动监控（监测）系统数据传输标准
HJ/T 242　环境保护产品技术要求　污泥脱水用带式压榨过滤机
HJ/T 245　环境保护产品技术要求　悬挂式填料
HJ/T 246　环境保护产品技术要求　悬浮填料
HJ/T 247　环境保护产品技术要求　竖轴式机械表面曝气装置
HJ/T 250　环境保护产品技术要求　旋转式细格栅
HJ/T 251　环境保护产品技术要求　罗茨鼓风机
HJ/T 252　环境保护产品技术要求　中、微孔曝气器
HJ/T 259　环境保护产品技术要求　转刷曝气装置
HJ/T 260　环境保护产品技术要求　鼓风式潜水曝气机
HJ/T 262　环境保护产品技术要求　格栅除污机
HJ/T 263　环境保护产品技术要求　射流曝气器
HJ/T 278　环境保护产品技术要求　单级高速曝气离心鼓风机
HJ/T 280　环境保护产品技术要求　转盘曝气装置
HJ/T 281　环境保护产品技术要求　散流式曝气器
HJ/T 283　环境保护产品技术要求　厢式压滤机和板框压滤机
HJ/T 335　环境保护产品技术要求　污泥浓缩带式脱水一体机
HJ/T 336　环境保护产品技术要求　潜水排污泵
HJ/T 353　环境保护产品技术要求　水污染源在线监测系统安装技术规范（试行）
HJ/T 354　环境保护产品技术要求　水污染源在线监测系统验收技术规范（试行）
HJ/T 355　环境保护产品技术要求　水污染源在线监测系统运行与考核技术规范（试行）
HJ/T 369　环境保护产品技术要求　水处理用加药装置
《建设项目（工程）竣工验收办法》（计建设[1990]1215 号）

《建设项目环境保护竣工验收管理办法》（国家环境保护总局令　第 13 号）

《污染源自动监控管理办法》（国家环境保护总局令　第 28 号）

《印染行业清洁生产评价指标体系》（发改委 2006 年　第 87 号公告）

3 术语和定义

下列术语和定义适用于本标准。

3.1　天然纤维　natural fiber

指棉、麻、丝、毛等自然生长产生的非人工制造纤维。

3.2　化学纤维　chemical fiber

指以天然的或合成的高分子化合物为原料，经化学方法处理加工制成的纤维。依据原料来源的不同分为合成纤维和人造纤维。

3.3　合成纤维　synthetic fiber

指用合成的高分子化合物制成的纤维，包括涤纶、腈纶、氨纶、锦纶、维纶、丙纶等。

3.4　人造纤维　rayon

指用天然的高分子化合物制成的纤维，包括粘胶（利用棉短绒和木质纤维加工而成）、醋酸纤维、牛奶纤维、大豆纤维、竹纤维等。

3.5　染整　dyeing and finishing

指对以天然纤维、化学纤维以及天然纤维和化学纤维按不同比例混纺为原料的纺织材料（纤维、纱、线和织物）进行的以化学处理为主的染色和整理过程，又称印染。典型的染整过程一般包括前处理、印染和后整理三道工序。

3.6　前处理　pre-treatment of dyeing and finishing

指去除纺织品上的天然杂质，以及浆料、助剂和其他沾污物，以提高纺织品的润滑性、白度、光泽和尺寸稳定性，利于进一步加工的工序。

3.7　煮练　degumming

指用化学方法去除棉布上的天然杂质，精练提纯纤维素的过程。

3.8　退浆　desizing

指去除织物上的浆料，以利于染整后续加工的工艺过程。

3.9　丝光　mercerizing

指棉纱线、织物在一定张力下，经冷而浓的烧碱溶液处理，获得蚕丝样光泽和较高吸附能力的加工过程。

3.10　碱减量　alkali decrement

指将涤纶纤维织物置于 80～90℃、8%左右的碱液中，使其表面单体不规则地部分溶出，以改善织物透气性和手感的处理工艺。

3.11　麻脱胶　degumming of flax

从麻纤维及其制品中去除果胶、半纤维素和木质素的工艺过程，是麻类初步加工的主要工序。

3.12　洗毛　wool scouring

用物理化学方法除去羊毛上的油脂、羊汗、沙土等杂质的过程，是原毛初步加工的主要工序。

3.13 缫丝 reeling

将若干根茧丝从煮熟茧的茧层上离解、合并，抱合成符合一定质量要求的生丝的过程。

3.14 染色 dyeing

指对纤维和纤维制品施加色彩的过程。

3.15 印花 printing

指把循环性花纹图案施于织物、纱片、纤维网或纤维条的方法，又称局部染色。

3.16 整理 finishing

指除前处理、染色、印花以外，使坯布转变为商品形态的加工处理，俗称后整理。如：改善纺织品外观质量、手感和服用性能的末道加工处理。

3.17 染整废水 dyeing and finishing waste water

指纺织材料（纤维、纱、线和织物）在染整过程中所产生的废水，又称印染废水。

3.18 染整废水回用 reclamation of dyeing and finishing waste water

指以染整废水为原水，经收集、处理，实现再利用的过程。

4 废水的水量与水质

4.1 废水水量

4.1.1 以纤维产量估算时，应根据纤维特点、织物阔幅、厚度进行。不同织物、不同生产工艺单位产量产生的废水水量参见表 1。

表 1 不同织物的废水量

产品名称	机织棉及棉混纺织物/（m^3/100 m）	针织棉及棉混纺织物/（m^3/t）	毛纺织物/（m^3/t）	丝绸织物/（m^3/t）
废水量	2.5～3.5	150～200	200～350	250～350

注 1：织物标幅 91.4 cm。

注 2：不同阔幅、厚度产品采用吨纤维产生量计算染整废水量时，可参照《印染行业清洁生产评价指标体系》的有关规定，《染整企业综合能耗计算导则》（FZ/T 01002—1991）附录 B，根据织物阔幅和厚度进行折算。

4.1.2 以全厂用水量估算时，废水量宜取全厂用水量的 85%。

4.2 废水水质

4.2.1 机织棉及棉混纺织物染整废水水质可参考表 2。

表 2 机织棉及棉混纺织物染整废水水质

产品种类	pH 值	色度/倍	五日生化需氧量/（mg/L）	化学需氧量/（mg/L）	悬浮物/（mg/L）
纯棉染色、印花产品	9～10	200～500	300～500	1 000～2 500	200～400
棉混纺染色、印花产品	8.5～10	200～500	300～500	1 200～2 500	200～400
纯棉漂染产品	10～11	150～250	150～300	400～1 000	200～300
棉混纺漂染产品	9～11	125～250	200～300	700～1 000	100～300

4.2.2 针织棉及棉混纺织物染整废水水质可参考表 3。

表 3 针织棉及棉混纺织物染整废水水质

产品种类	pH 值	色度/倍	五日生化需氧量/（mg/L）	化学需氧量/（mg/L）	悬浮物/（mg/L）
纯棉衣衫	9～10.5	100～500	200～350	500～850	150～300
涤棉衣衫	7.5～10.5	100～500	200～450	500～1 000	150～300
棉为主，少量腈纶	9～11	100～400	150～300	400～850	150～300
弹力袜	6～7.5	100～200	100～200	400～700	100～300

4.2.3 毛纺织染整废水水质可参考表 4。

表 4 毛染整废水水质

废水类型	pH 值	色度/倍	五日生化需氧量/（mg/L）	化学需氧量/（mg/L）	悬浮物/（mg/L）
洗毛	9～10	—	6 000～12 000	15 000～30 000	8 000～12 000
炭化后中和	5～6	—	80～150	300～400	1 250～4 800
毛粗纺染色	6～7	100～200	150～300	450～850	200～500
毛精纺染色	6～7	50～80	60～180	250～400	80～300
绒线染色	6～7	100～200	50～100	200～350	100～300

4.2.4 单纯缫丝企业水质可参考表 5。当缫丝废水和丝绸染整废水混合处理时，其水质按混合比例确定。

表 5 缫丝废水水质

废水类型	pH 值	五日生化需氧量/（mg/L）	化学需氧量/（mg/L）	悬浮物/（mg/L）	氨氮/（mg/L）	水温/℃
煮茧	9	700～1 000	1 500～2 000	150～300	6～27	80
缫丝	7～8.5	70～80	150～200	80～110	—	40

4.2.5 丝绸染整废水水质可参考表 6。

表 6 丝绸染整废水水质

废水类型	pH 值	色度/倍	五日生化需氧量/（mg/L）	化学需氧量/（mg/L）	悬浮物/（mg/L）
真丝绸染色	7.5～8	100～200	200～300	500～800	100～150
真丝绸印花	6～7.5	50～250	150～250	400～600	100～150
混纺丝绸印花	6.5～7.5	200～500	100～200	500～700	100～150
混纺染丝	7～8.5	300～400	90～140	500～650	100～150
真丝绸精练	7.5～8	—	200～300	500～800	100～180

4.2.6 绢纺精练废水水质可参考表 7。

表 7　绢纺精练废水水质

废水类型	pH 值	五日生化需氧量/（mg/L）	化学需氧量/（mg/L）	氨氮/（mg/L）	悬浮物/（mg/L）
高质量浓度废水	9～11	2 400～3 000	4 000～5 000	—	—
低质量浓度废水	7～8	150～300	400～700	15～20	600～800

4.2.7　麻或麻混纺织物染整废水水质可参考表 2 和表 3，麻脱胶废水水质可参考表 8。当脱胶废水和麻染整废水混合处理时，其水质按混合比例确定。

表 8　麻脱胶废水水质

工序	煮练	浸酸	水洗	拷麻、漂白、酸洗、水洗
化学需氧量/（mg/L）	11 000～14 000	4 000～5 000	800～2 000	＜100

4.2.8　化学纤维染整废水水质可参考表 9。

表 9　化学纤维染整废水水质

废水类型	pH 值	色度/倍	五日生化需氧量/（mg/L）	化学需氧量/（mg/L）	悬浮物/（mg/L）	总氮/（mg/L）
涤纶（含碱减量）	10～13	100～200	350～750	1 200～2 500	100～300	—
涤纶	8～10	100～200	100～150	500～800	50～100	—
腈纶	5～6	—	240～260	1 000～1 200	—	140～160

4.2.9　蜡染废水水质可参考表 10。

表 10　蜡染废水水质

水质指标	pH 值	五日生化需氧量/（mg/L）	化学需氧量/（mg/L）	悬浮物/（mg/L）	氨氮/（mg/L）
数值	7～9	100～300	500～1 500	100～200	100～150
注：废水经一般生化处理（无脱氮工艺）后，由于尿素分解，氨氮可以升高到 200～300 mg/L。					

4.2.10　染整废水氮、磷含量很低，处理工艺中一般不考虑脱氮除磷。蜡染和部分使用尿素的工艺废水含氮量较高，应采用脱氮工艺或加强生化污泥回流比；个别采用磷酸钠为助剂的工艺，则宜清浊分流，在浓废水中加氢氧化钙溶液沉淀磷酸钙。

4.2.11　好氧生物处理以五日生化需氧量值进行设计计算，化学需氧量值作参考；除丝绸废水外，一般 B/C 值为 0.2 左右，且水解酸化部分使部分难降解有机物转化为可生化降解的五日生化需氧量，设计时应予以考虑。

5 总体设计

5.1　一般规定

5.1.1　染整废水处理应符合《印染行业废水污染防治技术政策》和其他有关规定。企业应优先采用清洁生产技术，提高资源、能源利用率，减少污染物的产生和排放。

5.1.2　染整废水治理工程建设，除应符合本标准规定外，还应遵守国家基本建设程序以及国家、纺织行业有关强制性标准的规定。

5.1.3 染整废水治理工程的排放水质、水量应符合 GB 4287 和环境影响评价审批文件要求。

5.1.4 染整废水治理工程建设、运行过程中应采取防治二次污染的措施，恶臭和固体废物的处理处置应分别符合 GB 14554 和 GB 18599 的规定。

5.1.5 处理厂（站）的噪声排放应符合 GB 3096 和 GB 12348 的规定，对建筑物内部设施噪声源控制应符合 GBJ 87 中的有关规定。

5.1.6 鼓励多个企业染整废水集中治理，或企业预处理后排入城镇污水处理厂集中处理。

5.1.7 鼓励染整废水经处理后实现资源化，提高回用率。

5.1.8 对含碱质量浓度 40～50 g/L 的丝光废液，应设置碱回收装置，实现再回用；含碱质量浓度 10 g/L 左右的丝光废液应在生产过程中套用，套用后的废水宜采用低流量连续进水方式进入调节池，以保证水质稳定。

5.2 设计规模

5.2.1 染整废水处理厂（站）设计规模，应根据不同织物、不同生产工艺及产量进行确定。

5.2.2 染整废水的水质、水量应以实测数据为准，没有实测数据的应参照同类企业资料或参考本标准第 4 章确定。

5.3 总平面布置

5.3.1 处理厂（站）总体布置应根据各构筑物的功能和处理流程要求，结合地形、地质条件等因素，经技术经济比较后确定，并应便于施工、维护和管理。

5.3.2 各处理单元平面布置应力求紧凑、合理，满足施工、设备安装、各类管线连接简捷、维修管理方便的要求。

5.3.3 设计中应合理布置超越管线和维修放空设施。

5.3.4 处理单元的竖向设计应充分利用原有地形和高差，尽可能做到土方平衡、重力排放、降低能耗的要求。

5.3.5 处理厂（站）可根据需要，设置存放材料、药剂、污泥、废渣等的场所，不得露天堆放，污泥和废渣存放场应进行防渗处理。

5.3.6 当处理厂（站）分期建设时，处理厂（站）占地面积应按总体处理规模预留场地，并进行总体布置。管网和地下构筑物宜一次建成。

5.3.7 处理厂（站）应设置生产辅助建筑物，并满足处理工艺和日常管理需要，其面积应根据处理厂（站）规模、处理工艺、管理体制等结合实际情况确定。

5.3.8 集中处理厂（站）是否设置围墙视具体需要确定，围墙高度不宜小于 2 m。

5.3.9 集中处理厂（站）大门尺寸应满足最大设备进出需要，并设废渣、化学药品外运侧门。

6 废水处理工艺设计

6.1 工艺选择原则

6.1.1 在工艺设计前，应对废水的水质、水量及变化规律进行全面调查，并进行必要的分析试验。

6.1.2 染整废水处理应采用生物处理为主、物化处理为辅的综合处理工艺。

6.1.3 工艺路线的选择应根据废水的水质特征、处理后水的去向、排放标准，并进行技术经济比较后确定。

6.1.4 应考虑当地的自然条件选择工艺。环境温度低的北方地区，不宜采用生物滤池或生物转盘等生物膜技术；地下水位高、地质条件差的场所，一般不宜选用构筑物深度较大、施工难度较高的工艺。

6.2 各类染整废水的处理工艺

6.2.1 棉及棉混纺染整废水可选用以下处理工艺。

（1）混合废水处理工艺：格栅—pH 调整—调节池—水解酸化—好氧生物处理—物化处理。

（2）废水分质处理工艺：煮练、退浆等高浓度废水经厌氧或水解酸化后再与其他废水混合处理；碱减量的废碱液经碱回收再利用后再与其他废水混合处理。

6.2.2 毛染整废水宜采用的处理工艺为：格栅—调节池—水解酸化—好氧生物处理。

洗毛废水应先回收羊毛脂再采用厌氧生物处理＋好氧生物处理，然后混入染整废水合并处理或进入城镇污水处理厂。

6.2.3 丝绸染整废水宜采用的处理工艺为：格栅—调节池—水解酸化—好氧生物处理。

绢纺精炼废水宜采用的处理工艺为：格栅—凉水池（可回收热量）—调节池—厌氧生物处理—好氧生物处理。

缫丝废水应先回收丝胶等有价值物质再进行处理，处理工艺：格栅、栅网—调节池—好氧生物处理—沉淀或气浮。

6.2.4 麻染整废水处理根据生物脱胶废水、化学脱胶废水、洗麻废水的水质水量以及与染整废水混合后的实际水质，宜采用的处理工艺为：格栅—沉沙池—pH 调整—厌氧生物处理—水解酸化—好氧生物处理—物化处理—生物滤池。

若麻脱胶废水比例较高，则应单独进行厌氧生物处理或者物化处理后再与染整废水混合处理。

6.2.5 涤纶为主的化纤染整废水可选用以下处理工艺：

（1）对含碱减量的涤纶染整废水：格栅—pH 调整—调节池—物化处理—好氧生物处理。其中，碱减量废水应先收对苯二甲酸再混入染整废水。

（2）对涤纶染色废水：格栅—pH 调整—调节池—好氧生物处理—物化处理。

6.2.6 蜡染工艺过程中应减少尿素用量。由于废水中污染物浓度较高，且含氮量也较高，通常采用水解酸化＋具有脱氮功能的兼氧、好氧生物处理工艺，具体参数应通过试验确定。

6.2.7 采用磷酸盐助剂时，工艺过程中产生的废水应单独进行化学除磷，如进行氢氧化钙（石灰水）沉淀等。

6.2.8 当要求执行特别排放限值时，应进行深度处理。

6.3 主体处理单元技术要求

6.3.1 格栅、格网

6.3.1.1 格栅栅距应按最大小时废水量设计，粗、细格栅至少各一道。

6.3.1.2 处理废水量较大时，宜采用具有自动清洗功能的机械格栅。

6.3.1.3 机械格栅应有便于维修时起吊的设施、出渣平台和栏杆。

6.3.1.4 棉毛短绒、纤维、纤维凝絮物较多时，应采用具有清洗功能的滤网设备。

6.3.1.5 废水中纤维物很多时，应在车间排水口就地去除。

6.3.1.6 处理含细粉和短纤维的牛仔服染整、水洗废水时，应先通过沉沙池和滤网设备进行沉沙和过滤处理。

6.3.2 调节池

6.3.2.1 调节池的有效容积宜按平均小时流量的 6～12 h 水量设计。

6.3.2.2 调节池宜设计为敞开式，若为封闭式应有通排风设施。

6.3.2.3 调节池内应设置水力混合或动力搅拌装置。

6.3.2.4 当调节池采用空气搅拌时，每 100 m^3 有效池容的气量宜按 1.0～1.5 m^3/min 设计；当采用射流搅拌时，功率应不小于 10 W/m^3；当采用液下（潜水）搅拌器时，设计流速宜采用 0.15～0.35 m/s。

6.3.2.5 调节池应设排空集水坑，池底应有坡向集水坑的坡度。

6.3.3 pH 调整

6.3.3.1 当废水 pH 值小于 6 或大于 9 时应采取 pH 调整措施。

6.3.3.2 pH 调整池宜分成粗调和微调两部分，每部分停留时间宜按 20～30 min 设计，可采用水力搅拌、机械搅拌或空气搅拌，以满足后续生物处理的要求。

6.3.3.3 pH 调整池应在出口处安装 pH 计。

6.3.4 厌氧生物处理

6.3.4.1 对生物降解性良好的高浓度洗毛废水、绢丝精练废水、麻纺脱胶废水等应采用厌氧生物处理，去除废水中 70%～90%的污染负荷，减轻后续好氧生物处理的负担。

6.3.4.2 厌氧生物处理通常可选用升流式厌氧污泥床（UASB）或厌氧生物滤池（AF），有关参数应通过试验确定。

6.3.4.3 厌氧生物处理产生的沼气应妥善收集，经脱硫等净化过程后用于锅炉燃烧或其他用途，防止沼气排放对环境的污染。

6.3.5 水解酸化

6.3.5.1 水解酸化容积负荷（COD_{Cr}）宜按 0.7～1.5 kg/（m^3·d）设计。根据主要污染物浓度和成分确定水解酸化容积负荷时，停留时间应根据难降解污染物性质和浓度确定，对于牛仔水洗废水，停留时间不小于 6 h；对于丝绸、毛、针织废水，停留时间不小于 8 h；对于较高浓度的棉及涤纶染色废水，停留时间不小于 12 h。

6.3.5.2 水解酸化池有效水深一般不小于 4 m，温度控制在 20～30℃，内设布水和泥水混合设备，防止污泥沉淀。

6.3.6 好氧生物处理

6.3.6.1 根据处理水量可选用活性污泥法和生物膜法。

6.3.6.2 采用活性污泥法计算有效池容时，污泥负荷（BOD_5/MLSS）宜按 0.10～0.25 kg/（kg·d）设计；采用生物接触氧化法计算有效池容时，容积负荷（BOD_5/填料）宜按 0.4～0.8 kg/（m^3·d）设计，并按废水停留时间进行校核。

6.3.6.3 需氧量应按照水解酸化出水的五日生化需氧量计算，并按照气水比 15∶1～30∶1 校核。

6.3.6.4 污泥回流比一般为 60%～100%，保证生化池中污泥质量浓度为 2～4 g/L。

6.3.7 二沉池

二沉池宜按表面负荷 0.7 m^3/（m^2·h）、上升流速 0.20～0.25 m/s、停留时间不小于 4 h 设计。

6.3.8 物化处理

6.3.8.1 混凝剂和助凝剂的选择和加药量应参照同类已建工程的运行情况确定。

6.3.8.2 废水中难生物降解物质或不溶性悬浮物质（染料、助剂等）含量较高时，应根据实验和经济评估，在生物处理之前进行化学投药等物化处理以改善水质，但应满足后续生物处理的入水要求。

6.3.8.3 当末端治理工艺采用化学投药时，宜选用铝盐类混凝剂。

6.4 深度处理

6.4.1 当采用 6.2 中规定的工艺后仍不能满足排放标准要求时，应进行深度处理。

6.4.2 深度处理应根据废水水质、排放标准要求，将常规处理单元和深度处理单元合理选择、统筹考虑。

6.4.3 当排放要求化学需氧量为 60～80 mg/L 时，深度处理工艺一般可采用化学投药法、生物接触氧化法、曝气生物滤池法、生物活性炭法等。

6.4.4 深度处理应根据水质、水量进行技术经济比较选择后选择 2～3 种单元技术组合，其技术参数应通过小试、中试确定。

6.4.5 中试宜选择两种以上工况，规模一般为常规处理水量的 3%～5%。中试应至少稳定运行三个月以上，才能确定工程的技术参数。

6.5 污泥处理单元技术要求

6.5.1 污泥产生量可根据工艺条件计算也可参照同类企业确定。其中，生化污泥产生量应根据有机物浓度、污泥产率系数计算，物化污泥量根据废水质量浓度、悬浮物、药品投加量、有机物的去除率等进行计算。

6.5.2 当缺乏资料时，常规情况可按以下数据进行污泥量估算：

（1）采用活性污泥法时，产泥量（DS/BOD_5）可按 0.5～0.7 kg/kg 设计，并按产泥量为废水处理量的 1.5%～2.0%校核。污泥含水率为 99.3%～99.4%。

（2）采用生物接触氧化法时，产泥量（DS/BOD_5）可按 0.3～0.5 kg/kg 设计，并按产泥量为废水处理量的 1.0%～2.0%校核。污泥含水率为 99.3%～99.4%。

（3）混凝沉淀处理在生物处理之后时，产泥量可按废水处理量的 3%～5%设计；混凝沉淀处理在生物处理之前时，产泥量可按废水处理量的 4%～6%设计。污泥含水率为 99.6%～99.7%。

（4）采用混凝气浮时，产泥量可按废水处理量的 1%～2%设计。污泥含水率为 98%～99%。

6.5.3 采用重力式污泥浓缩池时，污泥浓缩时间宜按 16～24 h 设计，浓缩后污泥含水率应不大于 98%。

6.5.4 污泥脱水前应进行污泥加药调理。药剂种类应根据污泥性质和干污泥的处理方式选用，投加量通过实验或参照同类型污泥脱水的数据确定。

6.5.5 污泥脱水机类型应根据污泥性质、污泥产量、脱水要求等，经技术经济比较后确定。脱水污泥含水率宜小于 80%。

6.5.6 应设置脱水污泥堆场。污泥堆场的大小按污泥产量、运输条件等确定。污泥堆场地面和四周应有防渗、防漏、防雨水等措施。

6.5.7 列入《国家危险废物名录》的污泥应按危险废物有关规定处置；其他污泥应按 GB 18599 的规定，根据当地条件，因地制宜妥善处置。

6.6 事故池

6.6.1 处理厂（站）内应设置事故池。

6.6.2 因操作失误、非正常工况、停电等事故造成废水排放数量和浓度异常时，应排入事故池。

6.6.3 事故池容积应大于一个生产周期的废水量，或大于 4 h 排放的废水量。

7 废水回用工艺设计

7.1 设计要求

7.1.1 鼓励采用逆流漂洗工艺，回用部分生产用水。

7.1.2 在废水处理工艺设计时，宜采用清浊分流，将轻污染废水作为回用水原水。经处理达到排放标准的染整废水也可作为回用水原水。

7.1.3 回用水原水水质，应通过调研、取样分析测试或参照同类型工厂予以确定。若缺乏资料，可参照表 11。

表 11 回用水原水水质表

原水类型	pH 值	色度/倍	五日生化需氧量/（mg/L）	化学需氧量/（mg/L）	悬浮物/（mg/L）
轻污染废水	6～10	40～80	30～40	150～300	60～100
达标排放的染整废水	6～9	40	25	100	70

7.1.4 根据回用水质要求，回用水处理工艺可选用活性炭吸附、离子交换、微滤、陶瓷膜、超滤、反渗透和膜生物反应器等深度处理单元及其组合。

7.1.5 回用水系统工艺设计可参照 GB 50335 和 GB 50336 的相关规定。

7.2 回用水用途和水质要求

7.2.1 回用水的回用应以本厂为主，厂外区域为辅。

7.2.2 回用水用作厂区冲洗地面、冲厕、冲洗车辆、绿化、建筑施工等时，其水质应符合 GB/T 18920、CJ 25.1 的规定。

7.2.3 回用水用于工艺用水时，可以直接使用，也可以掺一定比例新鲜水使用，使用前应先进行实验，保证色牢度等质量指标满足要求时，才能正式回用。

7.2.4 回用水用作漂洗生产用水时，其水质应符合漂洗生产用水水质要求。生产企业无特殊要求时，可参照表 12 确定水质。

表 12　漂洗用回用水水质

序号	项目	数值	序号	项目	数值
1	色度（稀释倍数）	25	6	透明度/cm	≥30
2	总硬度（以 $CaCO_3$ 计）/（mg/L）	450	7	悬浮物/（mg/L）	≤30
3	pH 值	6.0～9.0	8	化学需氧量/（mg/L）	≤50
4	铁/（mg/L）	0.2～0.3	9	电导率/（μS/cm）	≤1 500
5	锰/（mg/L）	≤0.2			

7.2.5　回用水用作染色生产用水时，其水质应符合染色生产用水水质要求。生产企业无特殊要求时，可参照表 13 确定水质。

表 13　染色用水水质

序号	项目	数值	序号	项目	数值
1	色度（稀释倍数）	≤10	5	锰/（mg/L）	≤0.1
2	总硬度（以 $CaCO_3$ 计）/（mg/L）	（见注）	6	透明度/（cm）	≥30
3	pH 值	6.5～8.5	7	悬浮物/（mg/L）	≤10
4	铁/（mg/L）	≤0.1			

注：原水硬度小于 150 mg/L 可全部用于生产。
原水硬度在 150～325 mg/L，大部分可用于生产，但溶解性染料应使用小于或等于 17.5 mg/L 的软水，皂洗和碱液用水硬度最高为 150 mg/L。
喷射冷凝器冷却水一般采用总硬度小于或等于 17.5 mg/L 的软水。

7.2.6　回用水不宜用于退浆、煮练、染色和漂洗等工序的最后一道漂洗。

7.2.7　回用水同时作多种用途时，其水质应按最高水质标准确定。个别水量较小、水质要求更高的用水，宜单独进行深度处理，以达到用水要求。

8 机械设备选型

8.1　风机

8.1.1　风机的供风量和风压应考虑如下因素确定：

（1）废水五日生化需氧量；

（2）当废水水温较高时应进行温度系数修正；

（3）空气密度和含氧量应根据当地大气压进行修正；

（4）当废水中还原性物质较多且曝气时间较长时，应考虑附加需氧量；

（5）采用罗茨风机时，应根据气态方程式计算风量影响系数，一般可按罗茨风机进口风量的 80%考虑；

（6）采用微孔曝气设备等，应考虑产品性能中氧利用系数，一般取低值；

（7）风压应根据风机特性、风管损失、空气扩散装置的阻力、曝气水深（指扩散装置至液面距离）等计算确定；

（8）当采用离心风机时应考虑室外气温与标准温度（20℃）引起离心风机风压损失（一般每升高 1℃，风压损失 200 Pa），离心风机工作点不得接近风机的喘振区，宜设风量调节装置；由于风机风量分级的限制，选用风机额定风量不得小于经修正后供氧量的 95%。

8.1.2　选用风机时，应选用符合国家或行业标准规定的产品，具体要求如下：

（1）单级高速曝气离心鼓风机应符合 HJ/T 278 的规定。

（2）罗茨鼓风机应符合 HJ/T 251 的规定。

8.1.3 应至少设置 1 台备用风机。

8.2 曝气设备

8.2.1 应选用氧利用系数高、混合效果好、质量可靠、阻力损失小、容易安装维修的产品。

8.2.2 应选用符合国家或行业标准规定的产品，具体要求如下：

（1）机械表面曝气机应符合 HJ/T 47 的规定。

（2）中、微孔曝气器应符合 HJ/T 252 的规定。

（3）转刷曝气装置应符合 HJ/T 259 的规定。

（4）鼓风式潜水曝气机应符合 HJ/T 260 的规定。

（5）射流曝气器应符合 HJ/T 263 的规定。

（6）转盘曝气装置应符合 HJ/T 280 的规定。

（7）散流式曝气器应符合 HJ/T 281 的规定。

8.3 格栅

8.3.1 旋转式细格栅应符合 HJ/T 250 的规定。

8.3.2 格栅除污机应符合 HJ/T 262 的规定。

8.4 脱水机

8.4.1 污泥脱水用厢式压滤机和板框压滤机应符合 HJ/T 283 的规定。

8.4.2 污泥脱水用带式压榨过滤机应符合 HJ/T 242 的规定。

8.4.3 污泥浓缩带式脱水一体机应符合 HJ/T 335 的规定。

8.5 加药设备

加药设备应符合 HJ/T 369 的规定。

8.6 泵

潜水排污泵应符合 HJ/T 336 的规定。

8.7 填料

悬挂式填料应符合 HJ/T 245 的规定，悬浮填料应符合 HJ/T 246 的规定。

8.8 其他设备、材料

其他机械、设备、材料应符合国家或行业标准的规定。

9 配套工程

9.1 检测和控制

9.1.1 废水处理厂（站）应根据工艺的要求设置 pH 计、溶解氧仪、流量计等检测装置，并根据需要在控制室增加显示装置。

9.1.2 新建纺织染整企业废水处理厂（站）应按照《污染源自动监控管理办法》的规定安装水质在线监测系统，并与监控中心联网。现有纺织染整企业废水处理厂（站）安装水质在线监测系统的要求由省级环境保护行政主管部门规定。监测参数应至少包括水量、pH 值、化学需氧量。

9.2 构筑物

9.2.1 主要处理构筑物及主要设备应不少于两组，并将总负荷分配到各组。

9.2.2 处理构筑物应符合 GB 50014、GB 50009、GB 50191 的有关规定，并采取防腐蚀、防渗漏措施，确保处理效果，安全耐用，操作方便，有利于操作人员的劳动保护。
9.2.3 废水处理构筑物应设排空设施，排出的水应流入调节池重新处理。
9.2.4 废水处理厂（站）应设规范化排污口。
9.3 电气
9.3.1 独立处理厂（站）供电宜按二级负荷设计，染整厂内处理厂（站）供电等级，应与生产车间相等。
9.3.2 低压配电设计应符合 GB 50054 的规定。
9.3.3 供配电系统应符合 GB 50052 的规定。
9.3.4 建设工程施工现场供用电安全应符合 GB 50194 的规定。
9.4 空调与暖通
9.4.1 地下构筑物应有通风设施。
9.4.2 在寒冷地区，处理构筑物应有防冻措施。当采暖时，处理构筑物室内温度可按 5℃设计；加药间、检验室和值班室等的室内温度可按 15℃设计。
9.5 给排水与消防
9.5.1 废水处理厂（站）排水一般宜采用重力流排放；当潮汛、暴雨可能使排水口标高低于地表水水位时，应设防潮闸和排水泵站。
9.5.2 给水管与处理装置衔接时应采取防止污染给水系统的措施。
9.5.3 废水处理厂（站）消防设计应符合 GB 50016 的有关规定，易燃易爆的车间或场所应按消防部门要求设置消防器材。
9.6 道路与绿化
9.6.1 废水处理厂（站）内道路应符合 GBJ 22 的有关规定。
9.6.2 废水处理厂（站）绿化面积，大型独立厂（站）绿化面积不宜小于厂（站）总占地面积的 30%，染整工厂内的处理厂（站），可根据实际情况确定。

10 安全与职业卫生

10.1 处理构筑物周边应设置防护栏杆、走道板防滑梯等安全措施，栏杆高度和强度应符合国家有关劳动安全卫生规定，高架处理构筑物还应设置避雷设施。
10.2 存放有害物质的构筑物应有良好的通风设施和阻隔防护设施。
10.3 地下构筑物应有清理、维修工作时的安全防护措施。
10.4 所有电气设备的金属外壳均应采取接地或接零保护，钢结构、排气管、排风管和铁栏杆等金属物应采用等电位联接。
10.5 主要通道处应设置安全应急灯。
10.6 各种机械设备裸露的传动部分或运动部分应设置防护罩或防护栏杆，并保持周围有一定的操作活动空间，以免发生机械伤害事故。
10.7 处理厂（站）内应有必要的安全、报警等装置。
10.8 处理厂（站）应为职工配备必要的劳动安全卫生设施和劳动防护用品，各种设施及防护用品应由专人维护保养，保证其完好、有效；各岗位操作人员上岗时必须穿戴相应的劳保用品。

11 工程施工与验收

11.1 工程施工

11.1.1 染整废水处理工程设计、施工单位应具有国家相应工程设计、施工资质。

11.1.2 染整废水处理工程设施施工应符合国家和行业施工程序及管理文件的要求。

11.1.3 染整废水处理工程应按设计进行建设，对工程的变更应取得设计单位的设计变更文件后再进行施工。

11.1.4 染整废水处理工程施工中所使用的设备、材料、器件等应符合相关的国家标准，并取得供货商的产品合格证后方可以使用。

11.1.5 水污染源在线监测系统的安装应符合 HJ/T 353 的规定。

11.1.6 染整废水处理工程施工单位除应遵守相关的技术规范外，还应遵守国家有关部门颁布的劳动安全及卫生、消防等国家强制性标准。

11.2 工程竣工验收

11.2.1 染整废水处理工程验收应按《建设项目（工程）竣工验收办法》、相应专项验收规范和本标准的有关规定进行组织。工程竣工验收前，不得投入生产性使用。

11.2.2 建筑电气工程施工质量验收应符合 GB 50303 的规定。

11.2.3 染整废水处理工程验收应依据：主管部门的批准文件、经批准的设计文件和设计变更文件、工程合同、设备供货合同和合同附件、设备技术文件和技术说明书，专项设备施工验收及其他文件。

11.2.4 各设备、构筑物、建筑物单体按国家或行业的有关标准（规范）验收后，应进行清水联通启动验收和整体调试。

11.2.5 试运行应在系统通过整体调试、各环节运转正常、技术指标达到设计和合同要求后启动。

11.3 环境保护验收

11.3.1 染整废水处理工程环境保护验收应按《建设项目环境保护竣工验收管理办法》的规定进行。

11.3.2 染整废水处理工程环境保护验收除应满足《建设项目环境保护竣工验收管理办法》规定的条件外，在生产试运行期还应对废水处理工程进行性能试验。性能试验报告应作为环境保护验收的重要内容。

11.3.3 废水处理工程性能试验项目至少应包括：

—— 各构筑物的渗水试验；

—— 电能消耗；

—— 氧转移系数；

—— 单个风机供气量和全部风机同时启动的情况和供气量；

—— 最大运行水量；

—— 污泥产生量和脱水效率等。

11.3.4 水污染源在线监测系统的验收应按 HJ/T 354 的规定进行。

11.3.5 染整废水处理工程环境保护验收的主要技术文件应包括：

—— 项目环境影响评价报告书审批文件；

——批准的设计文件和设计变更文件；
——废水处理工程性能试验报告；
——具有资质的环境监测部门出具的废水处理验收监测报告；
——试运行期连续监测报告（一般不少于1个月）；
——完整的启动试运行、生产试运行记录等；
——废水处理设施运行管理制度、岗位操作规程等。

11.3.6 环境保护竣工验收合格后，废水处理工程方可正式投入使用。

12 运行与维护

12.1 一般规定

12.1.1 未经当地环境保护行政主管部门批准，废水处理设施不得停止运行。由于紧急事故造成设施停止运行时，应立即报告当地环境保护行政主管部门。

12.1.2 废水处理厂（站）应按规定配备运行维护专业人员和设备。

12.1.3 废水处理厂（站）由第三方运营时，运营方应具有运营资质。

12.1.4 废水处理厂（站）应建立健全规章制度、岗位操作规程和质量管理等文件。

12.2 人员与运行管理

12.2.1 运行管理应实施质量控制，保证废水处理厂（站）正常运行及运行质量。

12.2.2 运行人员应定期进行岗位培训，持证上岗。

12.2.3 各岗位人员应严格按照操作规程作业，如实填写运行记录，并妥善保存。

12.2.4 电气设备的运行与操作须执行供电管理部门的安全操作规程。

12.2.5 风机工作时，操作人员不得贴近联轴器等旋转部件。

12.2.6 严禁非本岗位人员擅自启、闭本岗位设备，管理人员不得违章指挥。

12.2.7 废水处理厂（站）的运行应达到以下技术指标：运行率 100%（以实际天数计），达标率大于95%（以运行天数和主要水质指标计），设备的综合完好率大于90%。

12.2.8 废水处理厂（站）设备的日常维护、保养应纳入正常的设备维护管理工作，根据工艺要求，定期对构筑物、设备、电气及自控仪表进行检查维护，确保处理设施稳定运行。

12.2.9 调节池内的沉积物应1～2年清理一次。

12.3 水质管理

12.3.1 废水处理厂（站）运行过程应定期采样分析，常规指标包括：化学需氧量、五日生化需氧量、悬浮物、pH值、镜检、色度等。

12.3.2 水污染源在线监测系统的运行和数据传输应执行HJ/T 355和HJ/T 212的规定。

12.3.3 已安装在线监测系统的，也应定期进行取样，进行人工监测，比对监测数据。

12.3.4 生产周期内每间隔4 h采一次样，每日采样次数不少于3次，可分别分析或混合分析，其中化学需氧量、悬浮物、pH 值、镜检、色度等每日至少分析 1 次，五日生化需氧量1周至少分析1次。

12.3.5 应在废水处理设施排放口和根据处理工艺选取的控制点进行水质取样。

12.3.6 回用水质量监测，除常规指标外，还应增加透明度、铁、锰、总硬度、电导率等指标。

12.3.7 作为冷源的地下水使用后不得直接排放，应按规定进行处理。

12.4　应急措施

12.4.1　根据废水处理厂（站）生产及周围环境实际情况，考虑各种可能的突发性事故，做好应急预案，配备人力、设备、通讯等资源，预留应急处置的条件。

12.4.2　废水处理厂（站）发生异常情况或重大事故时，应及时分析解决，并按规定向有关部门报告。

中华人民共和国国家环境保护标准

水质采样　样品的保存和管理技术规范

Water quality—Technical regulation of the preservation and handling of samples

HJ 493—2009
代替 GB 12999—91

前　言

为了贯彻《中华人民共和国环境保护法》和《中华人民共和国水污染防治法》，保护环境，保障人体健康，规范水质样品的保存和管理，制定本标准。

本标准规定了水样从容器的准备到添加保护剂等各环节的保存措施以及样品的标签设计、运输、接收和保证样品保存质量的条款。

本标准对《水质采样　样品的保存和管理技术规定》（GB 12999—91）进行了修订，原标准起草单位为中国环境监测总站，首次发布于 1991 年，本次是第一次修订。

主要修订内容如下：

——增加单项样品的最少采样量及量化部分保存剂的加入量。

——增加分析项目的容器洗涤方法。删除“分析地点”和“建议”合并为“备注”。

——增加待测项目，其中理化和化学指标 33 项，如高锰酸盐指数、凯氏氮、总氮、甲醛、挥发性有机物、农药类、除草剂类、邻苯二甲酸酯类等；增加生物指标 4 项；增加放射学指标 10 项。

自本标准实施之日起，原国家环境保护局 1991 年 1 月 25 日批准、发布的国家环境保护标准《水质采样　样品的保存和管理技术规定》（GB 12999—91）废止。

本标准由环境保护部科技标准司组织制订。

本标准主要起草单位：中国环境监测总站、辽宁省环境监测中心站。

本标准环境保护部 2009 年 9 月 27 日批准。

本标准自 2009 年 11 月 1 日起实施。

本标准由环境保护部解释。

1　适用范围

本标准规定了水样从容器的准备到添加保护剂等各环节的保存措施以及样品的标签设计、运输、接收和保证样品保存质量的通用技术。

本标准适用于天然水、生活污水及工业废水等。当所采集的水样（瞬时样或混合样）不能立即在现场分析，必须送往实验室测试时，本标准所提供的样品保存技术与管理程序是适用的。

2 样品保存

各种水质的水样，从采集到分析这段时间内，由于物理的、化学的、生物的作用会发生不同程度的变化，这些变化使得进行分析时的样品已不再是采样时的样品，为了使这种变化降低到最小的程度，必须在采样时对样品加以保护。

2.1 水样变化的原因

2.1.1 物理作用：光照、温度、静置或震动，敞露或密封等保存条件及容器材质都会影响水样的性质。如温度升高或强震动会使得一些物质如氧、氰化物及汞等挥发，长期静置会使 $Al(OH)_3$、$CaCO_3$、$Mg_3(PO_4)_2$ 等沉淀。某些容器的内壁能不可逆地吸附或吸收一些有机物或金属化合物等。

2.1.2 化学作用：水样及水样各组分可能发生化学反应，从而改变某些组分的含量与性质。例如空气中的氧能使二价铁、硫化物等氧化，聚合物解聚，单体化合物聚合等。

2.1.3 生物作用：细菌、藻类，以及其他生物体的新陈代谢会消耗水样中的某些组分，产生一些新组分，改变一些组分的性质，生物作用会对样品中待测的一些项目如溶解氧、二氧化碳、含氮化合物、磷及硅等的含量及浓度产生影响。

2.2 样品保存环节的预防措施

水样在贮存期内发生变化的程度主要取决于水的类型及水样的化学性和生物学性质，也取决于保存条件、容器材质、运输及气候变化等因素。

这些变化往往非常快。样品常在很短的时间里明显地发生变化，因此必须在一切情况下采取必要的保存措施，并尽快地进行分析。保存措施在降低变化的程度或缓慢变化的速度方面是有作用的，但到目前为止所有的保存措施还不能完全抑制这些变化。而且对于不同类型的水，产生的保存效果也不同，饮用水很易贮存，因其对生物或化学的作用很不敏感，一般的保存措施对地面水和地下水可有效的贮存，但对废水则不同。废水性质或废水采样地点不同，其保存的效果也就不同，如采自城市排水管网和污水处理厂的废水其保存效果不同，采自生化处理厂的废水及未经处理的废水其保存效果也不同。

分析项目决定废水样品的保存时间，有的分析项目要求单独取样，有的分析项目要求在现场分析，有些项目的样品能保存较长时间。由于采样地点和样品成分的不同，迄今为止还没有找到适用于一切场合和情况的绝对准则。在各种情况下，存储方法应与使用的分析技术相匹配，本标准规定了最通用的适用技术。

2.2.1 容器的选择

采集和保存样品的容器应充分考虑以下几方面（特别是被分析组分以微量存在时）：

2.2.1.1 最大限度地防止容器及瓶塞对样品的污染。一般的玻璃在贮存水样时可溶出钠、钙、镁、硅、硼等元素，在测定这些项目时应避免使用玻璃容器，以防止新的污染。一些有色瓶塞含有大量的重金属。

2.2.1.2 容器壁应易于清洗、处理，以减少如重金属或放射性核类的微量元素对容器的表面污染。

2.2.1.3 容器或容器塞的化学和生物性质应该是惰性的，以防止容器与样品组分发生反应。如测氟时，水样不能贮于玻璃瓶中，因为玻璃与氟化物发生反应。

2.2.1.4　防止容器吸收或吸附待测组分，引起待测组分浓度的变化。微量金属易于受这些因素的影响，其他如清洁剂、杀虫剂、磷酸盐同样也受到影响。

2.2.1.5　深色玻璃能降低光敏作用。

2.2.2　容器的准备

2.2.2.1　一般规则

所有的准备都应确保不发生正负干扰。

尽可能使用专用容器。如不能使用专用容器，那么最好准备一套容器进行特定污染物的测定，以减少交叉污染。同时应注意防止以前采集高浓度分析物的容器因洗涤不彻底污染随后采集的低浓度污染物的样品。

对于新容器，一般应先用洗涤剂清洗，再用纯水彻底清洗。但是，用于清洁的清洁剂和溶剂可能引起干扰，例如当分析富营养物质时，含磷酸盐的清洁剂的残渣污染。如果使用，应确保洗涤剂和溶剂的质量。如果测定硅、硼和表面活性剂，则不能使用洗涤剂。所用的洗涤剂类型和选用的容器材质要随待测组分来确定。测磷酸盐不能使用含磷洗涤剂；测硫酸盐或铬则不能用铬酸—硫酸洗液。测重金属的玻璃容器及聚乙烯容器通常用盐酸或硝酸（c=1 mol/L）洗净并浸泡 1～2 天后用蒸馏水或去离子水冲洗。

2.2.2.2　清洁剂清洗塑料或玻璃容器

此程序如下：

a）用水和清洗剂的混合稀释溶液清洗容器和容器帽；

b）用实验室用水清洗两次；

c）控干水并盖好容器帽。

2.2.2.3　溶剂洗涤玻璃容器

此程序如下：

a）用水和清洗剂的混合稀释溶液清洗容器和容器帽；

b）用自来水彻底清洗；

c）用实验室用水清洗两次；

d）用丙酮清洗并干燥；

e）用与分析方法匹配的溶剂清洗并立即盖好容器帽。

2.2.2.4　酸洗玻璃或塑料容器

此程序如下：

a）用自来水和清洗剂的混合稀释溶液清洗容器和容器帽；

b）用自来水彻底清洗；

c）用 10%硝酸溶液清洗；

d）控干后，注满 10%硝酸溶液；

e）密封，贮存至少 24 h；

f）用实验室用水清洗，并立即盖好容器帽。

2.2.2.5　用于测定农药、除草剂等样品的容器的准备

因聚四氟乙烯外的塑料容器会对分析产生明显的干扰，故一般使用棕色玻璃瓶。按一般规则清洗（即用水及洗涤剂—铬酸-硫酸洗液—蒸馏水）（见 2.2.2.4）后，在烘箱内 180 ℃下 4 h 烘干。冷却后再用纯化过的己烷或石油醚冲洗数次。

2.2.2.6 用于微生物分析的样品

用于微生物分析的容器及塞子、盖子应经高温灭菌，灭菌温度应确保在此温度下不释放或产生出任何能抑制生物活性、灭活或促进生物生长的化学物质。

玻璃容器，按一般清洗原则（见 2.2.2.3）洗涤，用硝酸浸泡再用蒸馏水冲洗以除去重金属或铬酸盐残留物。在灭菌前可在容器里加入硫代硫酸钠（$Na_2S_2O_3$）以除去余氯对细菌的抑制作用（以每 125 ml 容器加入 0.1 ml 的 10 mg/L $Na_2S_2O_3$ 计量）。

2.2.3 容器的封存

对需要测定物理-化学分析物的样品，应使水样充满容器至溢流并密封保存，以减少因与空气中氧气、二氧化碳的反应干扰及样品运输途中的振荡干扰。但当样品需要被冷冻保存时，不应溢满封存。

2.2.4 生物检测的处理保存

用于化学分析的样品和用于生物分析的样品是不同的。加入到生物检测的样品中的化学品能够固定或保存样品，“固定”是用于描述保存形态结构，而“保存”是用于防止有机质的生物化学或化学退化。保存剂，从定义上说，是有毒的，而且保存剂的添加可能导致生物的死亡。死亡之前，振动可引起那些没有强核壁的脆弱生物，在“固定”完成之前就瓦解。为使这种影响降低到最低，保存剂快速进入核中是非常重要的，有一些保存剂，例如卢格氏溶液可导致生物分类群的丢失，在特定范围的特定季节内可能就成为问题。如在夏季，当频繁检测硅-鞭毛虫时，就可以通过添加防腐剂，如卢格氏碱性溶液来解决。

生物检测样品的保存应符合下列标准：

a）预先了解防腐剂对预防生物有机物损失的效果；

b）防腐剂至少在保存期间，能够有效地防止有机质的生物退化；

c）在保存期内，防腐剂应保证能充分研究生物分类群。

2.2.5 放射化学分析样品的处理、保存

用于化学分析的样品和用于放射化学分析的样品是不同的。安全措施依赖于样品的放射能的性质。这类样品的保存技术依赖放射类型和放射性核素的半衰期。

2.2.6 样品的冷藏、冷冻

在大多数情况下，从采集样品后到运输到实验室期间，在 1～5℃冷藏并暗处保存，对保存样品就足够了。冷藏并不适用长期保存，对废水的保存时间更短。

–20℃的冷冻温度一般能延长贮存期。分析挥发性物质不适用冷冻程序。如果样品包含细胞，细菌或微藻类，在冷冻过程中，会破裂、损失细胞组分，同样不适用冷冻。冷冻需要掌握冷冻和融化技术，以使样品在融化时能迅速地、均匀地恢复其原始状态，用干冰快速冷冻是令人满意的方法。一般选用塑料容器，强烈推荐聚氯乙烯或聚乙烯等塑料容器。

2.2.7 过滤和离心

采样时或采样后，用滤器（滤纸、聚四氟乙烯滤器、玻璃滤器）等过滤样品或将样品离心分离都可以除去其中的悬浮物、沉淀、藻类及其他微生物。滤器的选择要注意与分析方法相匹配、用前清洗及避免吸附、吸收损失。因为各种重金属化合物、有机物容易吸附在滤器表面，滤器中的溶解性化合物如表面活性剂会滤到样品中。一般测有机项目时选用砂芯漏斗和玻璃纤维漏斗，而在测定无机项目时常用 0.45 μm 的滤膜过滤。

过滤样品的目的就是区分被分析物的可溶性和不可溶性的比例（如可溶和不可溶金属

部分）。

2.2.8 添加保存剂

（1）控制溶液 pH 值：测定金属离子的水样常用硝酸酸化至 pH 1～2，既可以防止重金属的水解沉淀，又可以防止金属在器壁表面上的吸附，同时在 pH 1～2 的酸性介质中还能抑制生物的活动。用此法保存，大多数金属可稳定数周或数月。测定氰化物的水样需加氢氧化钠调至 pH 12。测定六价铬的水样应加氢氧化钠调至 pH 8，因在酸性介质中，六价铬的氧化电位高，易被还原。保存总铬的水样，则应加硝酸或硫酸至 pH 1～2。

（2）加入抑制剂：为了抑制生物作用，可在样品中加入抑制剂。如在测氨氮、硝酸盐氮和 COD 的水样中，加氯化汞或加入三氯甲烷、甲苯作防护剂以抑制生物对亚硝酸盐、硝酸盐、铵盐的氧化还原作用。在测酚水样中用磷酸调溶液的 pH 值，加入硫酸铜以控制苯酚分解菌的活动。

（3）加入氧化剂：水样中痕量汞易被还原，引起汞的挥发性损失，加入硝酸—重铬酸钾溶液可使汞维持在高氧化态，汞的稳定性大为改善。

（4）加入还原剂：测定硫化物的水样，加入抗坏血酸对保存有利。含余氯水样，能氧化氰离子，可使酚类、烃类、苯系物氯化生成相应的衍生物，为此在采样时加入适当的硫代硫酸钠予以还原，除去余氯干扰。样品保存剂如酸、碱或其他试剂在采样前应进行空白试验，其纯度和等级必须达到分析的要求。

加入一些化学试剂可固定水样中的某些待测组分，保存剂可事先加入空瓶中，亦可在采样后立即加入水样中。所加入的保存剂不能干扰待测成分的测定，如有疑义应先做必要的试验。当加入保存剂的样品，经过稀释后，在分析计算结果时要充分考虑。但如果加入足够浓的保存剂，因加入体积很小，可以忽略其稀释影响。固体保存剂，因会引起局部过热，相反的影响样品，应该避免使用。

所加入的保存剂有可能改变水中组分的化学或物理性质，因此选用保存剂时一定要考虑到对测定项目的影响。如待测项目是溶解态物质，酸化会引起胶体组分和固体的溶解，则必须在过滤后酸化保存。

必须要做保存剂空白试验，特别对微量元素的检测。要充分考虑加入保存剂所引起待测元素数量的变化。例如，酸类会增加砷、铅、汞的含量。因此，样品中加入保存剂后，应保留做空白试验。

3 样品标签设计

水样采集后，往往根据不同的分析要求，分装成数份，并分别加入保存剂，对每一份样品都应附一张完整的水样标签。水样标签应事先设计打印，内容一般包括：采样目的，项目唯一性编号，监测点数目、位置，采样时间，日期，采样人员，保存剂的加入量等。标签应用不退色的墨水填写，并牢固地粘贴于盛装水样的容器外壁上。对于未知的特殊水样以及危险或潜在危险物质如酸，应用记号标出，并将现场水样情况作详细描述。

对需要现场测试的项目，如 pH、电导率、温度、流量等应按下表进行记录，并妥善保管现场记录。

采样现场数据记录

项目名称：										
样品描述：										
采样地点	样品编号	采样日期	时　间		pH	温度	其他参量			备 注
			采样开始	采样结束						

采样人：　　　　交接人：　　　　复核人：　　　　审核人：

注：备注中应根据实际情况填写如下内容：水体类型、气象条件（气温、风向、风速、天气状态）、采样点周围环境状况、采样点经纬度、采样点水深、采样层次等。

4　样品运输

水样采集后必须立即送回实验室，根据采样点的地理位置和每个项目分析前最长可保存时间，选用适当的运输方式，在现场工作开始之前，就要安排好水样的运输工作，以防延误。

水样运输前应将容器的外（内）盖盖紧。装箱时应用泡沫塑料等分隔，以防破损。同一采样点的样品应装在同一包装箱内，如需分装在两个或几个箱子中时，则需在每个箱内放入相同的现场采样记录表。运输前应检查现场记录上的所有水样是否全部装箱。要用醒目色彩在包装箱顶部和侧面标上“切勿倒置”的标记。

每个水样瓶均需贴上标签，内容有采样点位编号、采样日期和时间、测定项目、保存方法，并写明用何种保存剂。

装有水样的容器必须加以妥善的保存和密封，并装在包装箱内固定，以防在运输途中破损。保存方法见表 1～表 3，除了防震、避免日光照射和低温运输外，还要防止新的污染物进入容器和沾污瓶口使水样变质。

在水样运送过程中，应有押运人员，每个水样都要附有一张管理程序管理卡。在转交水样时，转交人和接受人都必须清点和检查水样并在登记卡上签字，注明日期和时间。

管理程序登记卡是水样在运输过程中的文件，应防止差错并妥善保管以备查。尤其是通过第三者把水样从采样地点转移到实验室分析人员手中时，这张管理程序登记卡就显得更为重要了。

在运输途中如果水样超过了保质期，管理员应对水样进行检查。如果决定仍然进行分析，那么在出报告时，应明确标出采样和分析时间。

5　样品接收

水样送至实验室时，首先要检查水样是否冷藏，冷藏温度是否保持 1～5℃。其次要验明标签，清点样品数量，确认无误时签字验收。如果不能立即进行分析，应尽快采取保存措施，防止水样被污染。

6　样品质量控制规定

样品保存剂如酸、碱或其他试剂在采样前应进行空白试验，其纯度和等级必须达到分析的要求。

7 常用样品保存技术

表 1～表 3 列出的是有关水样保存技术的要求。样品的保存时间，容器材质的选择以及保存措施的应用都要取决于样品中的组分及样品的性质，而现实中的水样又是千差万别的，因此表 1 所列的要求不可能是绝对的准则。因此每个分析者都应结合具体工作验证这些要求是否适用，在制定分析方法标准时也应明确指出样品采集和保存的方法。

此外，如果要采用的分析方法和使用的保存剂及容器之间有不相容的情况。则常需从同一水体中取数个样品，按几种保存措施分别进行分析以找出最适宜的保存方法和容器。

表 1～表 3 内容只是保存样品的一般要求。由于天然水和废水的性质复杂，在分析之前，需要验证一下按照下述方法处理过的每种类型样品的稳定性。

表 1 物理、化学及生化分析指标的保存技术

序号	测试项目/参数	采样容器	保存方法及保存剂用量	可保存时间	最少采样量/ml	容器洗涤方法	备注
1	pH	P 或 G		12 h	250	I	尽量现场测定
2	色度	P 或 G		12 h	250	I	尽量现场测定
3	浊度	P 或 G		12 h	250	I	尽量现场测定
4	气味	G	1～5℃冷藏	6 h	500		大量测定可带离现场
5	电导率	P 或 BG		12 h	250	I	尽量现场测定
6	悬浮物	P 或 G	1～5℃暗处	14 d	500	I	
7	酸度	P 或 G	1～5℃暗处	30 d	500	I	
8	碱度	P 或 G	1～5℃暗处	12 h	500	I	
9	二氧化碳	P 或 G	水样充满容器，低于取样温度	24 h	500		最好现场测定
10	溶解性固体（干残渣）	见“总固体（总残渣）”					
11	总固体（总残渣，干残渣）	P 或 G	1～5℃冷藏	24 h	100		
12	化学需氧量	G	用 H_2SO_4 酸化，pH≤2	2 d	500	I	
		P	–20℃冷冻	1 月	100		最长 6 m
13	高锰酸盐指数	G	1～5℃暗处冷藏	2 d	500	I	尽快分析
		P	–20℃冷冻	1 月	500		
14	五日生化需氧量	溶解氧瓶	1～5℃暗处冷藏	12 h	250	I	
		P	–20℃冷冻	1 月	1 000		冷冻最长可保持 6 m（质量浓度小于 50 mg/L 保存 1 m）
15	总有机碳	G	用 H_2SO_4 酸化，pH≤2；1～5℃	7 d	250	I	
		P	–20℃冷冻	1 月	100		
16	溶解氧	溶解氧瓶	加入硫酸锰，碱性 KI 叠氮化钠溶液，现场固定	24 h	500	I	尽量现场测定
17	总磷	P 或 G	用 H_2SO_4 酸化，HCl 酸化至 pH≤2	24 h	250	IV	
		P	–20℃冷冻	1 月	250		

序号	测试项目/参数	采样容器	保存方法及保存剂用量	可保存时间	最少采样量/ml	容器洗涤方法	备注
18	溶解性正磷酸盐	见“溶解磷酸盐”					
19	总正磷酸盐	见“总磷”					
20	溶解磷酸盐	P 或 G 或 BG	1～5℃冷藏	1 月	250		采样时现场过滤
		P	−20℃冷冻	1 月	250		
21	氨氮	P 或 G	用 H_2SO_4 酸化，pH≤2	24 h	250	Ⅰ	
22	氨类（易释放、离子化）	P 或 G	用 H_2SO_4 酸化，pH 1～2；1～5℃	21 d	500		保存前现场离心
		P	−20℃冷冻	1 月	500		
23	亚硝酸盐氮	P 或 G	1～5℃冷藏避光保存	24 h	250	Ⅰ	
24	硝酸盐氮	P 或 G	1～5℃冷藏	24 h	250	Ⅰ	
		P 或 G	用 HCl 酸化，pH 1～2	7 d	250		
		P	−20℃冷冻	1 月	250		
25	凯氏氮	P 或 BG	用 H_2SO_4 酸化，pH 1～2，1～5℃避光	1 月	250		
		P	−20℃冷冻	1 月	250		
26	总氮	P 或 G	用 H_2SO_4 酸化，pH 1～2	7 d	250	Ⅰ	
		P	−20℃冷冻	1 月	500		
27	硫化物	P 或 G	水样充满容器。1 L 水样加 NaOH 至 pH 9，加入 5%抗坏血酸 5 ml，饱和 EDTA 3 ml，滴加饱和 $Zn(Ac)_2$，至胶体产生，常温避光	24 h	250	Ⅰ	
28	硼	P	水样充满容器密封	1 月	100		
29	总氰化物	P 或 G	加 NaOH 到 pH≥9 1～5℃冷藏	7 d，如果硫化物存在，保存 12 h	250	Ⅰ	
30	pH 6 时释放的氰化物	P	加 NaOH 到 pH＞12；1～5℃暗处冷藏	24 h	500		
31	易释放氰化物	P	加 NaOH 到 pH＞12；1～5℃暗处冷藏	7 d	500		24 h（存在硫化物时）
32	F^-	P	1～5℃，避光	14 d	250	Ⅰ	
33	Cl^-	P 或 G	1～5℃，避光	30 d	250	Ⅰ	
34	Br^-	P 或 G	1～5℃，避光	14 h	250	Ⅰ	
35	I^-	P 或 G	NaOH，pH 12	14 h	250	Ⅰ	
36	SO_4^{2-}	P 或 G	1～5℃，避光	30 d	250	Ⅰ	
37	PO_4^{3-}	P 或 G	NaOH，H_2SO_4 调 pH=7，$CHCl_3$ 0.5%	7 d	250	Ⅳ	
38	NO_2，NO_3	P 或 G	1～5℃冷藏	24 h	500		保存前现场过滤
		P	−20℃冷冻	1 月	500		
39	碘化物	G	1～5℃冷藏	1 月	500		
40	溶解性硅酸盐	P	1～5℃冷藏	1 月	200		现场过滤

序号	测试项目/参数	采样容器	保存方法及保存剂用量	可保存时间	最少采样量/ml	容器洗涤方法	备注
41	总硅酸盐	P	1～5℃冷藏	1月	100		
42	硫酸盐	P或G	1～5℃冷藏	1月	200		
43	亚硫酸盐	P或G	水样充满容器。100 ml加1 ml 2.5% EDTA溶液，现场固定	2 d	500		
44	阳离子表面活性剂	G甲醇清洗	1～5℃冷藏	2 d	500		不能用溶剂清洗
45	阴离子表面活性剂	P或G	1～5℃冷藏，用H_2SO_4酸化，pH 1～2	2 d	500	Ⅳ	不能用溶剂清洗
46	非离子表面活性剂	G	水样充满容器。1～5℃冷藏，加入37%甲醛，使样品成为含1%的甲醛溶液	1月	500		不能用溶剂清洗
47	溴酸盐	P或G	1～5℃	1月	100		
48	溴化物	P或G	1～5℃	1月	100		
49	残余溴	P或G	1～5℃避光	24 h	500		最好在采集后5 min内现场分析
50	氯胺	P或G	避光	5 min	500		
51	氯酸盐	P或G	1～5℃冷藏	7 d	500		
52	氯化物	P或G		1月	100		
53	氯化溶剂	G，使用聚四氟乙烯瓶盖	水样充满容器。1～5℃冷藏；用HCl酸化，pH 1～2 如果样品加氯，250 ml水样加20 mg $Na_2S_2O_3 \cdot 5H_2O$	24 h	250		
54	二氧化氯	P或G	避光	5 min	500		最好在采集后5 min内现场分析
55	余氯	P或G	避光	5 min	500		最好在采集后5 min内现场分析
56	亚氯酸盐	P或G	避光1～5℃冷藏	5 min	500		最好在采集后5 min内现场分析
57	氟化物	P（聚四氟乙烯除外）		1月	200		
58	铍	P或G	1 L水样中加浓HNO_3 10 ml酸化	14 d	250	酸洗Ⅲ	
59	硼	P	1 L水样中加浓HNO_3 10 ml酸化	14 d	250	酸洗Ⅰ	
60	钠	P	1 L水样中加浓HNO_3 10 ml酸化	14 d	250	Ⅱ	
61	镁	P G或	1 L水样中加浓HNO_3 10 ml酸化	14 d	250	酸洗Ⅱ	
62	钾	P	1 L水样中加浓HNO_3 10 ml酸化	14 d	250	酸洗Ⅱ	
63	钙	P或G	1 L水样中加浓HNO_3 10 ml酸化	14 d	250	Ⅱ	
64	六价铬	P或G	NaOH，pH 8～9	14 d	250	酸洗Ⅲ	

序号	测试项目/参数	采样容器	保存方法及保存剂用量	可保存时间	最少采样量/ml	容器洗涤方法	备注
65	铬	P 或 G	1 L 水样中加浓 $HNO_3$10 ml 酸化	1 月	100	酸洗	
66	锰	P 或 G	1 L 水样中加浓 $HNO_3$10 ml 酸化	14 d	250	III	
67	铁	P 或 G	1 L 水样中加浓 $HNO_3$10 ml 酸化	14 d	250	III	
68	镍	P 或 G	1 L 水样中加浓 $HNO_3$10 ml 酸化	14 d	250	III	
69	铜	P	1 L 水样中加浓 $HNO_3$10 ml 酸化	14 d	250	III	
70	锌	P	1 L 水样中加浓 $HNO_3$10 ml 酸化	14 d	250	III	
71	砷	P 或 G	1 L 水样中加浓 $HNO_3$10 ml（DDTC 法，HCl 2 ml）	14 d	250	III	使用氢化物技术分析砷用盐酸
72	硒	P 或 G	1 L 水样中加浓 HCl 2 ml 酸化	14 d	250	III	
73	银	P 或 G	1 L 水样中加浓 HNO_3 2 ml 酸化	14 d	250	III	
74	镉	P 或 G	1 L 水样中加浓 HNO_3 10 ml 酸化	14 d	250	III	如用溶出伏安法测定，可改用 1 L 水样中加浓 $HClO_4$ 19 ml
75	锑	P 或 G	HCl，0.2%（氢化物法）	14 d	250	III	
76	汞	P 或 G	HCl，1%，如水样为中性，1 L 水样中加浓 HCl 10 ml	14 d	250	III	
77	铅	P 或 G	HNO_3，1%，如水样为中性，1 L 水样中加浓 HNO_3 10 ml	14 d	250	III	如用溶出伏安法测定，可改用 1 L 水样中加浓 $HClO_4$ 19 ml
78	铝	P 或 G 或 BG	用 HNO_3 酸化，pH 1～2	1 月	100	酸洗	
79	铀	酸洗 P 或酸洗 BG	用 HNO_3 酸化，pH 1～2	1 月	200		
80	钒	酸洗 P 或酸洗 BG	用 HNO_3 酸化，pH 1～2	1 月	100		
81	总硬度	见“钙”					
82	二价铁	P 酸洗或 BG 酸洗	用 HCl 酸化，pH 1～2，避免接触空气	7 d	100		
83	总铁	P 酸洗或 BG 酸洗	用 HNO_3 酸化，pH 1～2	1 月	100		
84	锂	P	用 HNO_3 酸化，pH 1～2	1 月	100		
85	钴	P 或 G	用 HNO_3 酸化，pH1～2	1 月	100	酸洗	
86	重金属化合物	P 或 BG	用 HNO_3 酸化，pH 1～2	1 月	500		最长 6 m
87	石油及衍生物	见“碳氢化合物”					
88	油类	溶剂洗 G	用 HCl 酸化至 pH≤2	7 d	250	II	

序号	测试项目/参数	采样容器	保存方法及保存剂用量	可保存时间	最少采样量/ml	容器洗涤方法	备注
89	酚类	G	1～5℃避光。用磷酸调至 pH≤2，加入抗坏血酸 0.01～0.02 g 除去残余氯	24 h	1 000	Ⅰ	
90	苯酚指数	G	添加硫酸铜，磷酸酸化至 pH<4	21 d	1 000		
91	可吸附有机卤化物	P 或 G	水样充满容器。用 HNO_3 酸化，pH 1～2；1～5℃避光保存	5 d	1 000		
		P	–20℃冷冻	1 月	1 000		
92	挥发性有机物	G	用 1+10 HCl 调至 pH≤2，加入抗坏血酸 0.01～0.02 g 除去残余氯；1～5℃避光保存	12 h	1 000		
93	除草剂类	G	加入抗坏血酸 0.01～0.02 g 除去残余氯；1～5℃避光保存	24 h	1 000	Ⅰ	
94	酸性除草剂	G（带聚四氟乙烯瓶塞或膜）	HCl，pH 1～2，1～5℃冷藏 如果样品加氯，1 000 ml 水样加 80 mg $Na_2S_2O_3 \cdot 5H_2O$	14 d	1 000	萃取样品同时萃取采样容器	不能用水样冲洗采样容器，不能水样充满容器
95	邻苯二甲酸酯类	G	加入抗坏血酸 0.01～0.02 g 除去残余氯；1～5℃避光保存	24 h	1 000	Ⅰ	
96	甲醛	G	加入 0.2～0.5 g/L 硫代硫酸钠除去残余氯；1～5℃避光保存	24 h	250	Ⅰ	
97	杀虫剂（包含有机氯、有机磷、有机氮）	G（溶剂洗，带聚四氟乙烯瓶盖）或 P（适用草甘膦）	1～5℃冷藏	萃取 5 d	1 000～3 000 不能用水样冲洗采样容器，不能水样充满容器		萃取应在采样后 24 h 内完成
98	氨基甲酸酯类杀虫剂	G 溶剂洗	1～5℃	14 d	1 000		如果样品被加氯，1 000 ml 水加 80 mg $Na_2S_2O_3 \cdot 5H_2O$
		P	–20℃冷冻	1 月	1 000		
99	叶绿素	P 或 G	1～5℃冷藏	24 h	1 000		棕色采样瓶
		P	用乙醇过滤萃取后，–20℃冷冻 过滤后–80℃冷冻	1 月	1 000		
100	清洁剂	见“表面活性剂”					
101	肼	G	用 HCl 酸化到 pH=1，避光	24 h	500		
102	碳氢化合物	G 溶剂（如戊烷）萃取	用 HCl 或 H_2SO_4 酸化，pH 1～2	1 月	1 000		现场萃取不能用水样冲洗采样容器，不能水样充满容器
103	单环芳香烃	G（带聚四氟乙烯薄膜）	水样充满容器。 用 H_2SO_4 酸化，pH 1～2 如果样品加氯，采样前 1 000 ml 样加 80 mg $Na_2S_2O_3 \cdot 5H_2O$	7 d	500		
104	有机氯	见“可吸附有机卤化物”					

序号	测试项目/参数	采样容器	保存方法及保存剂用量	可保存时间	最少采样量/ml	容器洗涤方法	备注
105	有机金属化合物	G	1～5℃冷藏	7 d	500		萃取应带离现场
106	多氯联苯	G溶剂洗，带聚四氟乙烯瓶盖	1～5℃冷藏	7 d	1 000		尽可能现场萃取。不能用水样冲洗采样容器，如果样品加氯，采样前1 000 ml样加80 mg $Na_2S_2O_3 \cdot 5H_2O$
107	多环芳烃	G溶剂洗，带聚四氟乙烯瓶盖	1～5℃冷藏	7 d	500		尽可能现场萃取。如果样品加氯，采样前 1 000 ml 样加 80 mg $Na_2S_2O_3 \cdot 5H_2O$
108	三卤甲烷类	G，带聚四氟乙烯薄膜的小瓶	1～5℃冷藏，水样充满容器	14 d	100		如果样品加氯，采样前100 ml样加8 mg $Na_2S_2O_3 \cdot 5H_2O$

注：1）P为聚乙烯瓶（桶），G为硬质玻璃瓶，BG为硼硅酸盐玻璃瓶，表2、表3同此。

2）d表示天，h 表示小时，min 表示分。

3）Ⅰ、Ⅱ、Ⅲ、Ⅳ表示四种洗涤方法。如下：

Ⅰ：洗涤剂洗一次，自来水洗三次，蒸馏水洗一次。对于采集微生物和生物的采样容器，须经160℃干热灭菌2 h。经灭菌的微生物和生物采样容器必须在两周内使用，否则应重新灭菌。经121℃高压蒸汽灭菌15 min的采样容器，如不立即使用，应于60℃将瓶内冷凝水烘干，两周内使用。细菌检测项目采样时不能用水样冲洗采样容器，不能采混合水样，应单独采样2 h后送实验室分析。

Ⅱ：洗涤剂洗一次，自来水洗二次，（1+3）HNO_3荡洗一次，自来水洗三次，蒸馏水洗一次。

Ⅲ：洗涤剂洗一次，自来水洗二次，（1+3）HNO_3荡洗一次，自来水洗三次，去离子水洗一次。

Ⅳ：铬酸洗液洗一次，自来水洗三次，蒸馏水洗一次。如果采集污水样品可省去用蒸馏水、去离子水清洗的步骤。

表2 生物、微生物指标的保存技术

待测项目	采样容器	保存方法及保存剂用量	最少采样量/ml	可保存时间	容器洗涤方法	备注
一、微生物分析						
细菌总数 大肠菌总数 粪大肠菌 粪链球菌 沙门氏菌 志贺氏菌等	灭菌容器 G	1～5℃冷藏		尽快（地表水、污水及饮用水）		取氯化或溴化过的水样时，所用的样品瓶消毒之前，按每125 ml加入0.1 ml 10%（质量分数）的硫代硫酸钠以消除氯或溴对细菌的抑制作用。对重金属含量高于0.01的水样，应在容器消毒之前，按每125 ml容积加入0.3 ml的15%（质量分数）EDTA

待测项目	采样容器	保存方法及保存剂用量	最少采样量/ml	可保存时间	容器洗涤方法	备注
二、生物学分析（本表所列的生物分析项目，不可能包括所有的生物分析项目，仅仅是研究工作所常涉及的动植物种群）						
鉴定和计数						
底栖无脊椎动物类——大样品	P 或 G	加入 70%乙醇	1 000	1 年		样品中的水应先倒出以达到最大的防腐剂的浓度
	P 或 G	加入 37%甲醛（用硼酸钠或四氮六甲圜调节至中性）用 100 g/L 福尔马林溶液稀释到 3.7%甲醛（相应的 1～10 的福尔马林稀释液）	1 000	3 月		
底栖无脊椎动物类——小样品（如参考样品）	G	加入防腐溶液，含 70%乙醇，37%甲醛和甘油（比例是 100∶2∶1）	100	不确定		对无脊椎群，如扁形动物，须用特殊方法，以防止被破坏
藻类	G 或 P 盖紧瓶盖	每 200 份，加入 0.5～1 份卢格氏溶液 1～5℃暗处冷藏	200	6 月		碱性卢格氏溶液适用于新鲜水，酸性卢格氏溶液适用于带鞭毛虫的海水。如果退色，应加入更多的卢格氏溶液
浮游植物	G	见“海藻”	200	6 月		暗处
浮游动物	P 或 G	加入 37%甲醛（用硼酸钠调节至中性）稀释至 3.7%，海藻加卢格氏溶液	200	1 年		如果退色，应加入更多的卢格氏溶液
湿重和干重						
底栖大型无脊椎动物 大型植物 藻类 浮游植物 浮游动物 鱼	P 或 G	1～5℃冷藏	1 000	24 h		不要冷冻到–20℃，尽快分析，不得超过 24 h
	P 或 G	加入 37%甲醛（用硼酸钠或四氮六甲圜调节至中性）用 100 g/L 福尔马林溶液稀释到 3.7%甲醛（相应的 1～10 的福尔马林稀释液）	1 000	3 月		水生附着生物和浮游植物的干重湿重测量通常以计数和鉴定环节测量的细胞体积为基础
灰分重量						
底栖大型无脊椎动物 大型植物 藻类 浮游植物	P 或 G	加入 37%甲醛（用硼酸钠或四氮六甲圜调节至中性）用 100 g/L 福尔马林溶液稀释到 3.7%甲醛（相应的 1～10 的福尔马林稀释液）	1 000	3 月		水生附着生物和浮游植物的干重湿重测量通常以计数和鉴定环节测量的细胞体积为基础
干重和灰分重量						
浮游动物		玻璃纤维滤器过滤并–20℃冷冻	200	6 月		
毒性试验						
	P 或 G	1～5℃冷藏	1 000	24 h		保存期随所用分析方法不同
	P	–20℃冷冻	1 000	2 周		

表3 放射学分析的保存技术

待测项目	采样容器	保存方法及保存剂用量	最少采样量/ml	可保存时间	备注
α放射性	P	用 HNO_3 酸化，pH 1～2	2 000	1 月	如果样品已蒸发，不酸化
	P	1～5℃暗处冷藏	2 000	1 月	
β放射性（放射碘除外）	P	用 HNO_3 酸化，pH 1～2	2 000	1 月	如果样品已蒸发，不酸化
	P		2 000	1 月	
γ放射性	P		5 000	2 d	
放射碘	P		3 000	2 d	1 L 水样加入 2～4 ml 次氯酸钠溶液（10%），确保过量氯
氡 同位素 镭（氡生长测定法）	BG		2 000	2 d	最少 4 周
其他方法镭	P		2 000	2 月	最少 4 周
			2 000	2 月	
放射性锶	P		1 000	1 月	最少 2 周
放射性铯	P		5 000	2 d	
含氚水	P		250	2 月	样品需分析前蒸馏
铀	P		2 000	1 月	
			2 000	1 月	
钚	P		2 000	1 月	
			2 000	1 月	

中华人民共和国国家环境保护标准

农村生活污染控制技术规范

Technical specifications of domestic pollution control for town and village

HJ 574—2010

前 言

为贯彻《中华人民共和国环境保护法》、《中华人民共和国水污染防治法》、《中华人民共和国大气污染防治法》和《中华人民共和国固体废物污染环境防治法》，指导农村生活污染控制工作，改善农村环境质量，促进新农村建设，制定本标准。

本标准规定了农村生活污染控制的技术要求。

本标准为首次发布。

本标准由环境保护部科技标准司组织制订。

本标准主要起草单位：北京市环境保护科学研究院、清华大学。

本标准环境保护部 2010 年 7 月 9 日批准。

本标准自 2011 年 1 月 1 日起实施。

本标准由环境保护部解释。

1 适用范围

本标准规定了农村生活污染控制的技术要求。

本标准适用于指导农村生活污染控制的监督与管理。

2 规范性引用文件

本标准内容引用了下列文件中的条款。凡不注明日期的引用文件，其有效版本适用于本标准。

GB 4284 农用污泥中污染物控制标准

GB 5084 农田灌溉水质标准

GB 7959 粪便无害化卫生标准

GB 8172 城镇垃圾农用控制标准

GB 9958 农村家用沼气发酵工艺规程

GB 13271 锅炉大气污染物排放标准

GB 16889 生活垃圾填埋污染控制标准

GB 19379 农村户厕卫生标准

GB 50014　室外排水设计规范

GB/T 4750　户用沼气池标准图集

GB/T 16154　民用水暖煤炉热性能试验方法

GBJ 125—89　给水排水设计基本术语标准

CJJ/T 65—2004　市容环境卫生术语标准

SL 310　村镇供水工程技术规范

3 术语和定义

CJJ/T 65—2004、GBJ 125—89 中界定的以及下列术语和定义适用于本标准。

3.1　农村生活污染 village and township domestic pollution

指在农村居民日常生活或为日常生活提供服务的活动中产生的生活污水、生活垃圾、废气、人（畜）粪便等污染。不包括为日常生活提供服务的工业活动（如农产品加工、集中畜禽养殖）产生的污染物。

3.2　黑水 blackwater

指厕所冲洗粪便的高浓度生活污水。

3.3　灰水 greywater

指除冲厕用水以外的厨房用水、洗衣和洗浴用水等的低浓度生活污水。

3.4　分散处理 decentralized treatment

指以就地的处理方式，对农户、街区或独立建筑物产生的生活污染物进行处理，不需要大范围的管网或者收集运输系统。

3.5　集中处理 centralized treatment

指对一定区域内产生的生活污染物（污水或垃圾）通过管道或车辆收集，输（运）送至指定地点，并进行处理处置的方式。

3.6　低能耗分散污水处理技术 low energy consumption and decentralized wastewater treatment

以人工湿地、土地处理、氧化塘、净化沼气池、小型污水处理装置（地埋式）等为主的能耗低的处理技术，适合于小范围污水集中收集处理以及黑水单独处理。

4 农村分类

为了便于农村生活污染控制分类指导，本标准根据各地农村的经济状况、基础设施、环境自然条件，把农村划分为 3 种不同类型：

a）发达型农村，是指经济状况好[人均纯收入＞6 000 元/（人·a）]，基础设施完备，住宅建设集中、整齐、有一定比例楼房的集镇或村庄。

b）较发达型农村，是指经济状况较好[人均纯收入 3 500～6 000 元/（人·a）]，有一定基础设施或具备一定发展潜力，住宅建设相对集中、整齐、以平房为主的集镇或村庄。

c）欠发达型农村，是指经济状况差[人均纯收入＜3 500 元/（人·a）]，基础设施不完备，住宅建设分散、以平房为主的集镇或村庄。

5 农村生活污水污染控制

5.1 源头控制技术

5.1.1 农村生活污水源头控制可采用图 1 的技术路线。

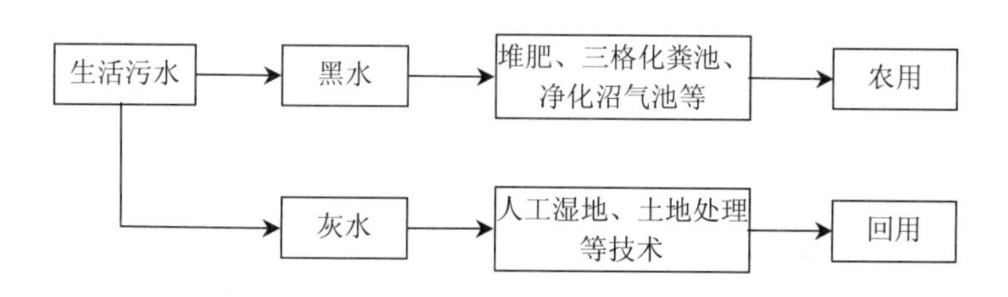

图 1 源头控制技术路线

5.1.2 宜采用非水冲卫生厕所，选用如粪尿分集式厕所、双瓮漏斗式厕所。厕所建造可参照 GB 19379，或直接采用设备化产品。

5.1.3 粪尿分集式卫生厕所使用应符合以下要求：

（1）覆盖物建议使用草木灰、锯末、碎干树叶等湿度<20%的有机物，用量为粪便量的 2～3 倍[成人粪便量按 0.1～2 L/（d • 人次），尿液按 1～1.5 L/（d • 人次）]；

（2）储粪池/箱静置时间不得低于 3 个月，采用移动式储粪箱，数量不得少于 2 个，粪便需进行二次堆肥；

（3）粪便与尿液最终处理应与农业无害化利用相结合，如粪便堆肥产品、尿液农业利用等。粪便堆肥农用标准应符合 GB 7959 的规定。

5.1.4 灰水可采用就地生态处理技术进行处理，净化后污水可农田利用或回用。就地生态处理技术包括小型的人工湿地以及土地处理等，利用碎石、砂砾等级配的填料水力负荷一般为 10～30 cm/d，可利用庭院和街道空地等作为小型生态处理技术的场地。相关技术参数参照 5.3.1 条。

5.1.5 采用水冲式厕所时，在有污水处理设施的农村应设化粪池；无污水处理设施的农村，污水处理可采用净化沼气池、三格化粪池等方式处理。净化沼气池工艺设计可参照 5.3.4 条。三格化粪池厕所建设可参照 GB 19379。三格化粪池出水作为农业灌溉应满足 GB 5084 的要求。

5.2 户用沼气池技术

5.2.1 以户为单元的生活污水处理，因其水量小、排水间歇性明显，宜采用户用沼气池处理粪便或庭院式湿地处理生活污水，产生的沼气作为可再生能源利用，污水经处理排出后与各种类型自然处理相结合（参照 5.3 条）。户用沼气池可消纳人畜粪便、厨余垃圾、作物秸秆、黑水等生活污染物。

5.2.2 小规模畜禽散养户应逐步实现人畜分离，沼气池建造应结合改圈、改厕、改厨；人畜粪便自流入池，也可采用沼液冲洗入池。采用水冲式厕所，沼液应有消纳用地。

5.2.3 粪便原料不必进行预处理，秸秆、厨余垃圾应铡短或粉碎，正常运行的沼气池进料量可按 1～8 kg/d 计算。其中粪便量按 1.5 kg/(人 •d)计算，生活垃圾量按 0.25～1.25 kg/（人 • d）计算，农村各地区生活用水量可参照 SL 310，农村地区人口少、居住分散，生活污水变化系数大，其排水量的最高时变化系数可选择 2.0～4.0，日变化系数宜控制在1.3～1.6 范围内，污水收集系数可取 0.5～0.8 之间值。黑水按生活用水量的 30%计算。

5.2.4 沼液、沼渣不得直接排入水体。沼气池沼渣沼液利用应与种植产业相结合，根据农业生产用肥季节每年大换料 1～2 次。

5.2.5 沼气池建造可按 GB/T 4750 执行。户用沼气池产生沼气需收集利用。沼气池应尽量背风向阳，应有保温或增温措施。

5.2.6 户用沼气池有效容积为 6～10 m^3，沼气池内有机物总固体浓度应控制在 4%～10%。沼气池设计可参考 GB 9958。

5.3 低能耗分散式污水处理技术

5.3.1 人工湿地

人工湿地适用于当地拥有废弃洼地、低坑及河道等自然条件，常年气温适宜的农村地区。人工湿地主要有表面流人工湿地、潜流人工湿地和垂直流人工湿地。

（1）人工湿地应远离饮用水水源保护区，一般要求土壤质地为黏土或壤土，渗透性为慢或中等，土壤渗透率为 0.025～0.35 cm/h。如不能满足条件的应有防渗措施。

（2）人工湿地系统应根据污水性质及当地气候、地理实际状况，选择适宜的水生植物。不同湿地主要设计参数：

a）表面流人工湿地水力负荷 2.4～5.8 cm/d；

b）潜流人工湿地水力负荷 3.3～8.2 cm/d；

c）垂直流人工湿地水力负荷 3.4～6.7 cm/d。

（3）冬季寒冷地区可采用潜流人工湿地，冬季保温措施可采用秸秆或芦苇等植物覆盖的方式。

（4）湿地植物应选择本地生长、耐污能力强、具有经济价值的水生植物。观赏类湿地植物应当定期打捞和收割，不得随意丢弃掩埋，形成二次污染。

5.3.2 土地处理

土地处理系统适用于有可供利用的、渗透性能良好的砂质土壤和河滩等场地条件的农村地区，其土地渗透性好，地下水位深（＞1.5 m）。土地处理技术包括慢速渗滤、快速渗滤、地表漫流等处理技术。

（1）主要设计参数：

a）慢速渗滤系统年水力负荷 0.5～5 m/a，地下水最浅深度大于 1.0 m，土壤渗透系数宜为 0.036～0.36 m/d；

b）快速渗滤系统年水力负荷 5～120 m/a，淹水期与干化期比值应小于 1；

c）地表漫流系统年水力负荷 3～20 m/a。

（2）土地处理设计时，应根据应用场地的土质条件进行土壤颗粒组成、土壤有机质含量调整等。

（3）在集中供水水源防护带，含水层露头地区，裂隙性岩层和溶岩地区，不得使用土地处理系统。

5.3.3 稳定塘

稳定塘适用于有湖、塘、洼地及闲置水面可供利用的农村地区。选择类型以常规处理塘为宜，如厌氧塘、兼性塘、好氧塘等。曝气塘宜用于土地面积有限的场合。

（1）稳定塘应采取必要的防渗处理，且与居民区之间设置卫生防护带。

不同种类稳定塘的主要设计参数：

a）厌氧塘表面负荷（BOD_5）15～100 g/（m^2·d）；

b）兼性塘表面负荷（BOD_5）3～10 g/（m^2·d）；

c）好氧塘表面负荷（BOD_5）2～12 g/（m^2·d），总停留时间可采用 20～120 d；

d）曝气塘表面负荷（BOD_5）3～30 g/（m^2·d）。

年平均温度高的地区采用高 BOD_5 表面负荷，年平均温度低的地区采用低 BOD_5 表面负荷。

（2）稳定塘污泥的污泥蓄积量为 40～100 L/（a·人），应分格并联运行，轮换清除污泥。稳定塘地址宜选饮用水水源下游；应妥善处理塘内污泥，污泥脱水宜采用污泥干化床自然风干；污泥作为农田肥料使用时，应符合 GB 4284 中的相关规定。

5.3.4 净化沼气池

生活污水净化沼气池可用于以下场合：农村集中住宅区域公共厕所；没有污水收集或管网不健全的农村、民俗旅游村等。

（1）采用净化沼气池，应保证冬季水温保持在 6～9℃，可结合温室建造以辅助升温。

有效池容计算如下：

$$v_1 = \frac{na \times q \times t}{24 \times 1\,000} \tag{1}$$

式中：v_1——有效池容，m^3；

n——服务人口；

a——卫生设备安装率，住宅区、旅馆、集体宿舍取 1，办公楼、教学楼取 0.6；

q——人均污水量，L/d；

t——污水滞留期，d，停留时间按 2～3 d。

（2）净化沼气池功能区应包括：预处理区、前处理区和后处理区。预处理区须设置格栅、沉砂池，格栅间隙取 1～3 cm 为宜。前处理区为厌氧池，混合污水收集的前处理区为一级厌氧消化，粪污单独收集的前处理区为二级消化。前处理区厌氧池有效池容应占总有效池容的 50%～70%。前处理区应放置软性或半软性填料，填料的容积应占总池容积的 15%～25%。后处理区应用上流式过滤器，各池需与大气相通，各段间安放聚氨酯泡沫板作为过滤层。通常每 4～5 年应更换聚氨酯过滤泡沫板，每 10 年应更换软填料。

（3）净化沼气池内污泥随发酵时间的延长而增加，1～2 年需清掏一次。净化池所产沼气应收集利用。沼气利用应严格按照 GB 9958 中规定执行。

5.3.5 小型污水处理装置

小型污水处理装置适用于发达型农村中几户或几十户相对集中、新建居住小区且没有集中收集管线及集中污水处理厂的情况。

小型污水处理装置又称净化槽或地埋式处理装置，分为厌氧、好氧处理装置：

a）厌氧生物处理装置（或称无动力地埋式污水处理设施），可依照 5.3.4 条中规定。

b）好氧生物处理装置（或称有动力地埋式污水处理设施）。设有初沉池预处理的其水力停留时间（HRT）一般为 1.5 h，好氧处理宜使用接触氧化、SBR 等工艺，工艺参数选取应符合本标准 5.4 条的规定。

小型污水处理设备材质可选钢筋混凝土结构、玻璃钢以及钢结构等。选用钢结构反应器需做好防腐工作，其使用寿命应该保证在 15 年以上。

5.4 集中污水处理技术

5.4.1 发达型农村，根据水量大小考虑建设集中污水处理设施，工艺可采用活性污泥法、氧化沟法、生物膜法等。采用集中处理技术为主体工艺的农村，应根据不同处理技术的要求结合相应的预处理工艺和后处理工艺。

5.4.2 采用集中处理技术，可在保证处理效果的前提下，通过以下方法降低投资和运行费用：

（1）占地面积、绿化率、辅助设施及人员编制等配制可低于设计手册中相关规定标准；

（2）厂址选择时优先考虑利用地形，减少动力提升；

（3）采用简单易行的自动运转或手、自动联动运转方式；

（4）水处理构筑物可采用非混凝土的建筑，如土堤、砖砌等，以及简易防渗的废弃坑塘等替代。

5.4.3 传统活性污泥法：

（1）传统活性污泥工艺的污泥负荷（BOD_5/MLSS）宜采用中高负荷：0.15～0.3 kg/（kg • d）；

（2）增加脱氮要求时，采用缺氧/好氧法（A/O）生物处理工艺，缺氧段水力停留时间（HRT）一般控制在 0.5～2 h，污泥负荷（BOD_5/MLSS）宜为 0.1～0.15 kg/（kg • d）；

（3）增加除磷要求时，厌氧段 HRT 一般控制在 1～2 h，污泥负荷（BOD_5/MLSS）为 0.1～0.25 kg/（kg • d）；

（4）同时脱氮除磷采用厌氧/缺氧/好氧法（A^2/O），HRT 一般控制在厌氧段 1～2 h，缺氧段 0.5～2 h，污泥负荷（BOD_5/MLSS）宜为 0.1～0.2 kg/（kg • d）。

5.4.4 氧化沟。氧化沟系统前可不设初沉池，一般由沟体、曝气设备、进水分配井、出水溢流堰和导流装置等部分组成。氧化沟主要设计参数见表 1。

表 1 延时曝气氧化沟主要设计参数

项目	单位	数值
污泥负荷（BOD_5/MLSS）	kg/（kg • d）	0.05～0.10
污泥浓度	g/L	2.5～5
污泥龄	d	15～30
污泥回流比	%	75～150
总处理效率	%	＞95

（1）氧化沟一般建为环状沟渠型，其平面可为圆形和椭圆形或与长方形的组合型。其四周池壁可根据土质情况挖成斜坡并衬砌，也可为钢筋混凝土直墙。处理构筑物应根据当地气温和环境条件，采取防冻措施。

（2）氧化沟的渠宽、有效水深视占地、氧化沟的分组和曝气设备性能等情况而定。一般情况下，当采用曝气转刷时，有效水深为 2.6～3.5 m；当采用曝气转碟时，有效水深为 3.0～4.5 m；当采用表面曝气机时，有效水深为 4.0～5.0 m。

（3）在氧化沟所有曝气器的上、下游应设置横向的水平挡板和导流板，以保证水平、垂直方向的混合。在弯道处应该设置导流墙，导流墙应设于偏向弯道的内侧。可根据沟宽确定导流墙的数量，在只有一道导流墙时可设在内壁 1/3 处（两道导流墙时外侧渠道宽为池宽的一半）。导流墙应高出水位 0.2～0.3 m。

（4）氧化沟内流速不得小于 0.25 m/s。

（5）当采用脱氮除磷时，氧化沟内应设置厌氧区和缺氧区，各区之间的设计应符合 5.4.3 条中规定。

5.4.5 生物接触氧化法：

（1）接触氧化反应池一般为矩形池体，由下至上应包括构造层、填料层、稳水层和超高组成，填料层高度宜采用 2.5～3.5 m，有效水深宜为 3～5 m，超高不宜小于 0.5 m。反应池一般不宜少于两个，每池分为两室。

（2）生物接触氧化池进水应防止短流，出水采用堰式出水，集水堰过堰负荷宜为 2.0～3.0 L/（s·m），池底部应设置排泥和放空设施。

（3）接触氧化池的 BOD_5 容积负荷，生物除碳时宜为 0.5～1.0 kg/（m^3·d），硝化时宜为 0.2～0.5 kg/（m^3·d）。反应池全池曝气时，曝气强度宜采用 10～20 m^3/（m^2·h），气水比宜控制为 8∶1。

（4）生物接触氧化系统产生的污泥量可按每千克 BOD_5 产生 0.35～0.4 kg 干污泥量计算。

5.4.6 污泥脱水和处理时优先考虑自然干化和堆肥处理。污泥干化场建设需要考虑污泥性质、产量以及当地的气候、地质及经济发展等方面因素。干化场宜建在干燥、蒸发量大的地区。

（1）污泥干化场的污泥固体负荷量，宜根据污泥性质、年平均气温、降雨量和蒸发量等因素确定。

（2）污泥干化场宜分两块以上块数；围堤高度宜为 0.3～0.7 m，顶宽 0.5～0.7 m。干化场平均污泥的深度为 20 cm。寒冷地区或雨水较多的地方，应当适当加大干化场面积。

（3）污泥干化厂宜设人工排水层。排水层下宜设不透水层，不透水层宜采用黏土，其厚度宜为 0.2～0.4 m，也可采用厚度为 0.1～0.15 m 的低标准号混凝土或厚度为 0.15～0.30 m 的灰土。上层宜采用细矿渣或砂层，其均匀系数不超过 4.0，粒径介于 0.3～0.75 mm，铺设厚度 200～460 mm；下层宜采用粗矿渣或砾石，其粒径介于 3～25 mm，铺设厚度为 200～460 mm。

（4）干化场应设置有排除上层污泥水的设施，对干化场排出的废水应进行收集，排回污水处理设施处理。

（5）露天干化场应防止雨天产生的污泥淋滤液对周边环境的影响。封闭或半封闭环境进行自然干化过程，应保持良好的通风条件。

5.4.7 污泥堆肥宜采用静态堆肥，并设顶棚设施，不宜露天堆肥。污泥堆肥设计参数可参照 6.2.2 条垃圾堆肥处置的相关规定。

5.4.8 污泥处置应考虑综合利用。综合利用方式包括绿化种植、农肥、填埋、废弃坑塘覆土等。

5.5 雨污水收集和排放

5.5.1 农村污水收集应根据经济水平、排水系统现状合理选择排水体制。雨水和处理后污水可采用合流制，选择边沟和自然沟渠输送。采用截留式合流制，选择较小的截流倍数（1～

2 倍），以节约截流管的投资和后续处理费用。

5.5.2 农村雨水流量计算如下：

$$Q=\varphi\times q\times F \tag{2}$$

式中：Q——雨水流量，L/s；

φ——径流系数，根据各地情况不同选取 0.3～0.6；

q——降雨强度，L/（s·hm^2），参照 GB 50014；

F——汇水面积，hm^2。

5.5.3 农村雨水及处理后污水宜利用边沟和自然沟渠等进行收集和排放，沟渠砌筑可根据各地实际选用混凝土、砖石或黏土夯实。沟渠的宽度、深度及纵坡应根据各地降雨量和污水量确定。边沟的宽度不宜小于 200 mm，深度不小于 200 mm，纵坡应不小于 0.3%，沟渠最小设计流速满流时不宜小于 0.60 m/s。

5.5.4 农村处理过的雨污水应考虑资源化利用，其排放应结合当地自然条件，首先通过坑塘、洼地、农田等进入当地水循环，避免直接排入国家规定的功能区水体。进入当地地表水体的雨污水，水体集蓄能力应大于汇水区初期降雨量（3～5 min），确保初期雨水和处理后污水排放量小于当地地表水体储水容积。

5.5.5 农村雨水收集前应设置简易平流沉沙设施，停留时间控制在 30～60 s，水平流速控制在 0.15～0.3 m/s，并设计相应的除沙措施。

5.5.6 鼓励雨水就地净化利用，依赖植物、绿地或土壤的自然净化作用进行处理，当地水循环系统包括天然水体和土壤系统，设计参数可分别参考稳定塘设计和人工湿地设计。

5.5.7 为促进地区经济与环境协调发展，推动经济结构的调整和经济增长方式的转变，引导工业生产工艺和污染治理技术的发展方向，在功能水体、环境容量小、生态环境脆弱容易发生严重环境污染问题而需要采取特别保护措施的地区，应严格控制农村生活污染的排放。

6 农村生活垃圾污染控制

6.1 垃圾收集与转运

6.1.1 依据减量化、资源化、无害化的原则，生活垃圾应实现分类收集，并且分类收集应该与处理方式相结合。农村生活垃圾宜采用分为农业果蔬、厨余和粪便等有机垃圾和剩余以无机垃圾为主的简单分类的方式收集。有机垃圾进入户用沼气池或堆肥利用，剩余无机垃圾填埋或进入周边城镇垃圾处理系统。

6.1.2 执行“户分类、村收集、镇转运、县市处置”的垃圾收集运输处理模式的农村，合理设置转运站和服务半径。用人力收集车收集垃圾的小型转运站，服务半径不宜超过 1.0 km；用小型机动车收集垃圾的小型转运点，服务半径不宜超过 3.0 km。垃圾运输距离不应超过 20 km。

6.1.3 结合当地废弃物收购体系，对可分类收集循环利用垃圾（纸类、金属、玻璃、塑料等）应回收利用。有害、危险废弃物的处理按相关标准执行。

6.1.4 农村生活垃圾收集容器（垃圾箱、垃圾槽）应做到密封和防渗漏，取消露天垃圾槽，有条件的农村推广垃圾袋装化收集方式。

6.2 农村生活垃圾处理工艺

6.2.1 填埋处理：

（1）农村地区一般不适宜建设卫生填埋场，如确有需要，选址、建设、填埋作业、管理、监测等应依照 GB 16889 和相关标准的规定执行。

（2）镇一级的生活垃圾填埋处理应首先进行有机垃圾分离，有机垃圾含量高、水分大的垃圾，不应进行卫生填埋处置，而应采用堆肥处理方式。卫生填埋应确保分类后无机垃圾成分控制在 80%以上。

（3）采用就地填埋处理的村庄，应该实行更为严格的垃圾分类制度。严格控制分类后剩余无机垃圾有机物的含量在 10%以下。以砖瓦、渣土、清扫灰等无机垃圾为主的垃圾，可用作农村废弃坑塘填埋、道路垫土等材料使用。

（4）填埋场应进行防渗处理防止对地下水和地表水的污染，同时还应防止地下水进入填埋区。填埋区防渗系统应铺设渗沥液收集和处理系统，并宜设置疏通设施。

（5）根据农村经济水平，填埋场的防渗可按下述标准：填埋场底部自然黏性土层厚度不小于 2 m、边坡黏性土层厚度大于 0.5 m，且黏性土渗透系数不大于 1.0×10^{-5} cm/s，填埋场可选用自然防渗方式。不具备自然防渗条件的填埋场宜采用人工防渗。在库底和 3 m 以下（垂直距离）边坡设置防渗层，采用厚度不小于 1 mm 高密度聚乙烯土工膜、6 mm 膨润土衬垫或不小于 2 m 后黏性土（边坡不小于 0.5 m）作为防渗层，膜上下铺设的土质保护层厚度不应小于 0.3 m。库底膜上隔离层土工布不应大于 200 g/m^2，边坡隔离层土工布不应大于 300 g/m^2。

（6）地下水位高、土壤渗滤系数高、重点水源地或丘陵地区，除非有条件做防渗处理，否则不适宜建设填埋场，垃圾处置应纳入城市收集运输处置系统。

6.2.2 堆肥处理。农村宜选用规模小、机械化程度低、投资及运行费用低的简易高温堆肥技术。垃圾堆肥应基本做到以下几点：

a）有机物质含量≥40%；

b）保证堆体内物料温度在 55℃以上保持 5～7 d；

c）堆肥过程中的残留物应农田回用。

6.2.3 发达型农村可建设机械通风静态堆肥场。根据发酵方式，一次性发酵工艺的发酵周期不宜少于 30 d；二次性发酵工艺的初级发酵不少于 5～7 d，次级发酵周期均不宜少于 10 d。

6.2.4 较发达和欠发达型农村，从降低成本角度考虑，宜建设自然通风静态堆肥场。自然通风时，堆层高度宜在 1.0～1.2 m。

6.2.5 有机垃圾堆肥原则上应作为农用基肥，不作为追肥施用，可参照 GB 8172 执行。

6.2.6 有机垃圾进入户用沼气池厌氧处理可参照 5.2 条，有机垃圾应堆沤预处理或铡碎。

7 农村空气污染控制

7.1 一般规定

7.1.1 农村应逐步减少使用散煤和劣质煤，推广使用型煤及清洁煤，包括低氟煤、低硫煤、固氟煤、固硫煤、固砷煤等，煤炉必须加设排烟道。

7.1.2 实施改炉改灶，采用改良炉灶替代传统炉灶，推广使用高效低污染炉灶，如低排放煤炉、改良柴灶、改良炕连灶、气化半气化炉，并注意加设排烟道。

7.1.3 发达、较发达型农村可采用气化、电气化等清洁能源或可再生能源代替燃煤，实行集中供气、供暖，取代分散炉具的使用。

7.1.4 合理配置房屋结构，畜禽舍与居室应分离建设，防止人畜共患病和畜禽舍臭味等影响。

7.2 农村用能结构优化工艺

7.2.1 优化农村生活用能结构，既要遵循节能、清洁化，又要考虑各地区自然条件、经济条件、生活习惯等，因地制宜，积极发展生物质、太阳能、风能、小水电等可再生能源利用。

7.2.2 燃煤低排放炉具。炉具结构应设计合理，操作方便，易采用正、反烧和气化原理。民用水暖炉热效率$\eta \geq 60\%$，封火能力应大于 10 h，封火结束后应能正常燃烧；具有炊事功能的民用水暖炉除了达到上述要求外，上火速度$v \geq 0.6$℃/min，炊事火力强度$P \geq 0.7$ kW。民用燃煤技术要求参照 GB/T 16154。炉具污染物排放参考 GB 13271 的规定。

7.2.3 改良柴灶。适用于直接燃用生物质的农村，可燃用秸秆、薪柴、动物干粪等生物质燃料。

采取降低吊火高度（根据燃料品种不同，炉箅到锅脐的距离为 14～18 cm 缩小灶门尺寸，加设挡板，缩小灶膛容积，并有拦火圈和回烟道，增加炉箅子、通风道和烟囱。烟囱高度应在 3 m 以上，热效率应达到 30%以上。

7.2.4 改良炕连灶。适用于中国北方寒冷地区，具有取暖、炊事双重功能。

7.2.5 生物质气化炉、半气化炉。生物质资源丰富的地区可燃用密致成型的颗粒或棒状燃料。

（1）发达型农村可建设集中供气，替代分散炉具的使用，集中供气工程执行相关国家或行业标准。

（2）较发达和欠发达型农村，可从成本角度考虑，宜采用小型户用气化、半气化炉。

7.2.6 户用沼气工程。适合沼气发酵的地区，利用户用沼气池产生的沼气作替代燃料，参照 5.2 条。

8 农村生活污染监督管理措施

8.1 积极开展农村生活污水和垃圾治理、畜禽养殖污染治理等示范工程，解决农村突出的环境问题。以生态示范创建为载体，积极推进农村环境保护。

8.2 制定生活垃圾收集、处置与农村发展相一致的发展规划，采取政府支持与市场运作相结合的原则。

8.3 提倡圈养、适度规模化养殖。做好散养畜禽卫生防疫工作，对于疾病死亡的家禽、牲畜，应严格按照动物防疫要求执行。

8.4 充分利用广播、电视、报刊、网络等媒体，广泛宣传和普及农村环境保护知识，及时报道先进典型和成功经验，揭露和批评违法行为，提高农民群众的环保意识，调动农民群众参与农村环境保护的积极性和主动性。

中华人民共和国国家环境保护标准

酿造工业废水治理工程技术规范

Technical specifications for brewing industry wastewater treatment

HJ 575—2010

前 言

为贯彻《中华人民共和国环境保护法》和《中华人民共和国水污染防治法》，防止酿造工业废水污染，规范酿造工业废水治理工程设施建设和运行管理，防止环境污染，保护环境和人体健康，制定本标准。

本标准规定了酿造工业废水治理工程的技术要求。

本标准由环境保护部科技标准司组织制订。

本标准起草单位：中国环境保护产业协会（水污染治理委员会）、天津市环境保护科学研究院、北京市环境保护科学研究院。

本标准环境保护部 2010 年 10 月 12 日批准。

本标准自 2011 年 1 月 1 日起实施。

本标准由环境保护部解释。

1 适用范围

本标准规定了酿造工业废水治理工程的污染负荷、总体要求、工艺设计、设计参数与技术要求、工艺设备与材料、检测与过程控制、构筑物及辅助工程、劳动安全与职业卫生、施工与验收、运行与维护等技术要求。

本标准适用于酿造工业废水治理工程建设全过程的环境管理，可作为项目环境影响评价，工程的可行性研究、设计、施工、竣工、环境保护验收以及设施建成后运行等环境管理的技术依据。

2 规范性引用文件

本标准内容引用了下列文件中的条款。凡是不注日期的引用文件，其有效版本适用本标准。

GB 3836.1～17　爆炸性气体环境用电气设备

GB 8978　污水综合排放标准

GB 12348　工业企业厂界噪声标准

GB/T 12801　生产过程安全卫生要求总则

HJ 493—2009 水质采样 样品的保存和管理技术规定
GB 14554 恶臭污染物排放标准
GB 50011 建筑抗震设计规范
GB 50014 室外排水设计规范
GB 50015 建筑给水排水设计规范
GB 50016 建筑设计防火规范
GB 50040 动力机器基础设计规范
GB 50046 工业建筑防腐蚀设计规范
GB 50052 供配电系统设计规范
GB 50053 10 kV 及以下变电所设计规范
GB 50054 低压配电设计规范
GB 50057 建筑物防雷设计规范
GB 50069 给水排水工程构筑物结构设计规范
GB 50194 建设工程施工现场供用电安全规范
GB 50222 建筑内部装修设计防火规范
GB/T 18883 室内空气质量标准
GB/T 18920 城市污水再生利用 城市杂用水水质
GBJ 19 工业企业采暖通风及空气调节设计规范
GBJ 22 厂矿道路设计规范
GBJ 87 工业企业厂界噪声控制设计规范
GBZ 1 工业企业设计卫生标准
CJJ 31—89 城镇污水处理厂附属建筑和附属设备设计标准
CJJ 60 污水处理厂运行、维护及其安全技术规程
HJ/T 91 地表水和污水监测技术规范
HJ/T 242 环境保护产品技术要求 污泥脱水用带式压榨过滤机
HJ/T 245 环境保护产品技术要求 悬挂式填料
HJ/T 246 环境保护产品技术要求 悬浮填料
HJ/T 247 环境保护产品技术要求 竖轴式机械表面曝气装置
HJ/T 250 环境保护产品技术要求 旋转式细格栅
HJ/T 251 环境保护产品技术要求 罗茨鼓风机
HJ/T 252 环境保护产品技术要求 中、微孔曝气器
HJ/T 259 环境保护产品技术要求 转刷曝气装置
HJ/T 260 环境保护产品技术要求 鼓风式潜水曝气机
HJ/T 262 环境保护产品技术要求 格栅除污机
HJ/T 263 环境保护产品技术要求 射流曝气器
HJ/T 277 环境保护产品技术要求 旋转式滗水器
HJ/T 278 环境保护产品技术要求 单级高速曝气离心鼓风机
HJ/T 279 环境保护产品技术要求 推流式潜水搅拌机
HJ/T 280 环境保护产品技术要求 转盘曝气装置

HJ/T 281　环境保护产品技术要求　散流式曝气器
HJ/T 283　环境保护产品技术要求　厢式压滤机和板框压滤机
HJ/T 335　环境保护产品技术要求　污泥浓缩带式脱水一体机
HJ/T 336　环境保护产品技术要求　潜水排污泵
HJ/T 369　环境保护产品技术要求　水处理用加药装置
NY/T 1220.1　沼气工程技术规范　第 1 部分：工艺设计
NY/T 1220.2　沼气工程技术规范　第 2 部分：供气设计
《建设项目（工程）竣工验收办法》（计建设[1990]215 号）
《建设项目环境保护竣工验收管理办法》（国家环境保护总局令　第 13 号）

3 术语和定义

3.1　酿造　brewing
指利用微生物或酶的发酵作用将农产品原料制成风味食品饮料的过程。
3.2　酿造工业　brewing industry
指食品工业中从事啤酒、白酒、黄酒、葡萄酒、酒精等酒类和醋、酱、酱油等调味品制造的工业行业。
3.3　酿造废水　brewing wastewater
指酿造工业排放的生产废水，以及固体、半固体废弃物和废液等综合利用时产生的废渣水。
酿造过程中特定生产工艺的某一生产工序排放的尚未与其他废水混合的废水称为酿造工艺废水（brewing process wastewater）。
酿造产品生产过程中排放的各类废水的混合废水称为酿造综合废水（brewing comprehensive wastewater）。
酿造废水根据酿造产品的不同，可分为啤酒废水、白酒废水、黄酒废水、葡萄酒废水、酒精废水等，以及制醋废水、制酱废水和制酱油废水等。
3.4　洗涤废水　washing wastewater
指清洗酿造产品包装瓶、糖化锅、发酵罐等容器及管路时产生的废水。
3.5　锅底水　bottom pot water
指白酒生产中蒸酒工序产生的蒸煮锅底残液。

4 污染负荷

4.1　废水收集
4.1.1　酿造废水应遵循“清污分流，浓淡分家”的原则，根据污染物浓度进行分类收集。
4.1.2　酿造废水可参照表 1 的规定进行收集。
4.2　污染负荷
4.2.1　确定酿造废水的污染负荷应符合以下规定：
（1）各个生产工序排放的各种工艺废水应逐一进行废水排放量测量和水质取样化验；
（2）在工厂废水排放总口对综合废水排放总量和废水水质进行实际测量和取样化验；
（3）根据实际测量和检测取得的数据，分别计算各个生产工序的污染负荷和工厂排放总口的污染总负荷。

表 1　酿造废水分类收集要求

产品种类	需单独收集并进行回收处理或预处理的高浓度工艺废水	可混合收集并进行集中处理的中低浓度工艺废水
啤酒	麦糟滤液，废酵母滤液，容器管路一次洗涤废水	浸麦、容器管路洗涤废水、冷却等废水
白酒	锅底水、黄水、一次洗锅水	原料浸泡废水，容器管路洗涤废水、冷凝水
黄酒	米浆水（包括浸米水）、一次冲米水、酒糟滤液、洗带糟坛水等	洗滤布水、过滤水、淘米水、杀菌水、容器管路洗涤废水
葡萄酒	糟渣滤液、蒸馏残液，一次洗罐水	容器管路洗涤废水等
酒精	废醪液、酒精糟滤液、一次洗罐水	原料浸泡水、酒精糟蒸馏水、酒精蒸馏及 DDGS 蒸发冷凝水、容器管路洗涤废水等
酱油等	发酵滤液，一次洗罐水	原料浸泡水，洗罐和包装容器管路洗涤废水

注：高浓度工艺废水也包括酒糟渣液经固液分离综合利用后排出的滤液。综合利用或预处理后，其处理出水可混入综合废水。

4.2.2　酿造废水也可根据生产实际进行物料平衡和水平衡测试确定污染负荷。

4.2.3　酿造废水排放量测量和水质取样化验应符合 HJ/T 91 的要求。

4.2.4　新建的酿造废水治理工程，可类比现有同等生产规模和相同生产工艺酿造工厂的排放数据确定酿造废水污染负荷。

4.2.5　在无法取得污染数据时，可参照表 2 中的数据取值。

表 2　各类酿造废水的污染负荷

产品种类	废水种类	单位产品废水产生量/（m^3/t）	废水中各类污染物的质量浓度						备注
			pH 值	COD/（mg/L）	BOD_5/（mg/L）	NH_3-N/（mg/L）	TN/（mg/L）	TP/（mg/L）	
啤酒	高浓度废水	0.2～0.6	4.0～5.0	20 000～40 000	9 000～26 000	—	280～385	5～7	
	综合废水	4～12	5.0～6.0	1 500～（2）500	900～（1）500	90～170	125～250	5～8	
白酒	高浓度废水	3～6	3.5～4.5	10 000～100 000	6 000～70 000	—	230～（1）000	160～700	
	综合废水	48～63	4.0～6.0	4 300～（6）500	2 500～（4）000	30～45	80～150	20～120	
黄酒	高浓度废水	0.2～0.8	3.5～7.0	9 000～60 000	8 000～40 000	—	—	—	
	综合废水	4～14	5.0～7.5	1 500～（5）000	1 000～（3）500	30～35	—	—	
葡萄酒	高浓度废水	0.2～0.4	6.0～6.5	3 000～（5）000	2 000～（3）500	—	—	—	白兰地与其他果酒
	综合废水	4～10	6.5～7.5	1 700～（2）200	1 000～（1）500	10～25	—	—	
酒精	高浓度废水	7～12	3.0～4.5	70 000～150 000	30 000～65 000	80～250	1 000～10 000	—	糖蜜为原料
	高浓度废水	2～5	3.5～5.0	30 000～65 000	20 000～40 000	—	2 800～（3）200	200～500	玉米与薯类为原料
	综合废水	18～35	5.0～7.0	14 000～28 500	8 000～17 000	20～36	—	—	

产品种类	废水种类	单位产品废水产生量/（m^3/t）	废水中各类污染物的质量浓度						备注
			pH 值	COD/（mg/L）	BOD_5/（mg/L）	NH_3-N/（mg/L）	TN/（mg/L）	TP/（mg/L）	
酱油、酱、醋	高浓度废水	0.3～1.0	6.0～7.5	3 000～（6）000	1 400～（2）500	—	300～（1）500	60～350	盐 1%～5% 色度 80～300
	综合废水	1.8～2.8	7.0～8.0	250～550	120～300	—	30～150	15～30	

注 1：高浓度废水指表 1 列举的各类高浓度工艺废水的混合废水。

注 2：综合废水指表 1 列举的各类中、低浓度工艺废水的混合废水，以及高浓度工艺废水经厌氧预处理后排出的消化液和生产厂家自身排放的生活污水等。

注 3：本表中的污染物负荷数据是根据《第一次全国污染源普查工业污染源排污系数手册》和酿造工业污染物排放实际情况综合评估给出，仅供在工程设计前无法取得实际测试数据时参考。

4.3　水量和水质的设计参数确定

4.3.1　设计水量和进水水质等设计参数应根据污染负荷的加权统计数据确定，或类比同等同类工厂确定。

4.3.2　酿造综合废水治理设施的出水水质，应根据当地人民政府环境保护行政主管部门的环境管理要求和处理出水排放去向，选择适用的排放标准，如：GB 8978、相关地方排放标准和酿造行业污染排放标准等，并符合标准的规定。

4.3.3　本标准的技术基础支持酿造废水污染治理设施的处理出水满足 GB 8978 一级（B）标准规定的各项水质限值。当排放要求严于 GB 8978 的规定时，可调整废水处理工艺流程、增加处理单元。

4.3.4　设计水量、设计水质的取值宜在污染负荷原数值上增加设计裕量。处理出水的各项水质指标的运行控制值宜低于相应排放标准限值的 10%～20%。

5 总体要求

5.1　一般规定

5.1.1　酿造废水治理工程设计除应遵守本标准外，还应符合国家现行的有关标准和技术规范的规定。

5.1.2　酿造生产工序排放的酒糟、废酵母、废硅藻土等固体物和废渣水严禁直接混入综合废水处理设施，应另行进行综合利用或减量化与无害化处理处置。

5.2　项目构成

5.2.1　酿造废水处理厂（站）的工程项目主要由废水处理构（建）筑物与设备、辅助工程和配套设施等构成。

5.2.2　废水处理构（建）筑物与设备包括：前处理、厌氧处理、好氧处理、沼气处置与利用、污泥处理、恶臭处理、排放与监测、废水回用等单元。

5.2.3　辅助工程和配套设施包括：厂（站）区道路、围墙、绿地工程，独立的供电工程和供排水工程等；专用的化验室、控制室、仓库、修理车间等工程和办公室、休息室、浴室、食堂、卫生间等生活设施。

5.2.4　废水处理厂（站）应按照国家和地方的有关规定设置规范化排污口。

5.3　建设规模

5.3.1　酿造废水治理工程的建设规模以处理设施每日处理的综合废水量（m^3/d）计。

5.3.2 酿造废水治理工程的建设规模按以下规则分类：

——小型酿造废水治理工程的日处理能力<1 000 m^3/d；

——中型酿造废水治理工程的日处理能力 1 000～3 000 m^3/d；

——大型酿造废水治理工程的日处理能力 3 000～10 000 m^3/d；

——特大型酿造废水治理工程的日处理能力≥10 000 m^3/d。

5.3.3 应根据建设规模确定酿造废水治理工程的建设要求，并符合表 3 的规定。

表 3 酿造废水治理工程建设要求

酿造废水治理工程建设规模	废水治理工程主体构（建）筑物与设备	废水治理工程一般构（建）筑物与设备	厂站辅助工程	厂站配套设施
小型	按规范设计建设	根据需要选择	—	—
中型	按规范设计建设	根据需要选择	—	—
大型	按规范设计建设	按规范设计建设	根据需要选择	—
特大型	按规范设计建设	按规范设计建设	按规范设计建设	根据需要选择

注 1：本表中的“规范”指本标准、CJJ 31—89 和 GB 50014。

注 2：“一般构（建）筑物与设备”指废水处理构（建）筑物与设备中生物处理以外的构（建）筑物。

5.4 厂（站）选址和总平面布置

5.4.1 大型和特大型新建酿造废水治理工程选址应符合 GB 50014 中的相关规定。

5.4.2 工程的平面布置应布局合理、节约用地；高程设计应降低水头损失，减少提升次数。

5.4.3 工程宜按双系列布置，构筑物及设备之间应留有一定空间。

5.4.4 废水处理厂（站）周围可根据场地条件进行适当的绿化或设置隔离带。

5.4.5 沼气利用等需要防火防爆的设施应设置在相对独立的区域，并考虑一定的防护距离。

6 工艺设计

6.1 酿造废水污染治理技术路线

6.1.1 依靠先进的管理技术、实用的治理技术和资源综合利用技术，实现全过程控制。

（1）贯彻全过程控制，从源头削减污染负荷，控制污染物的产生并减少排放；

（2）优先采用处理效率高、节省建设投资的处理工艺，追求运行费用、能耗、物耗最小化；

（3）保证酿造废水治理设施稳定达标、可靠、安全运行，且易于操作和维护；

（4）保证处理工艺流程完整，不减少处理单元、简化工程设计、缺省污染治理工程，工程设计应按照当地环境保护管理要求设置在线监测系统；

（5）重视防治二次污染，工程设计应考虑生产事故等非正常工况的污染防治应急措施。

6.1.2 实行清洁生产，加强生产工艺的用水管理和排放管理，减少废水产生量和排放量。

（1）加强对冷却水和冲洗水等低浓度工艺废水的循环利用和工艺套用；

（2）冲洗罐、釜、槽、坛、瓶等设备、容器和管路时，应采用“少量、多次”的冲洗方法或逆流漂洗方法；

（3）浓度高的酸性废液和碱性废液应单独收集并处置，不得形成冲击性排放；

（4）尽可能利用酸性工艺废水与碱性工艺废水之间的酸碱度实现废水的自然中和，并使混合后形成的综合废水的 pH 值符合系统进水要求。

6.1.3 采取削减有机污染负荷的工艺废水单独收集、处理措施，控制综合废水处理系统的进水水质。

（1）含有大量固体物质（糟渣、酵母）的固态、半固态污染物应单独收集并回收处理；

（2）浓度较高且具有资源回收价值的工艺废水应单独收集并优先进行回收处理；

（3）浓度较高、但没有资源回收价值且超出综合废水集中处理系统进水要求的工艺废水应分别收集，在混入综合废水之前应进行污染负荷削减的处理；

（4）回收处理产生的尾水如污染物浓度仍较高，宜经过预处理后再混入综合废水进行集中处理；

（5）符合综合废水集中处理系统进水要求的工艺废水，应直接混入综合废水进行集中处理；

（6）酸性、碱性洗水应优先用于综合废水的 pH 调整，或经过中和处理后混入综合废水进行集中处理；

（7）数量少、非间歇排放，或不易分别收集的高浓度工艺废水（如啤酒行业的麦糟滤液、废酵母滤液、一次洗涤水等），在不影响综合废水处理系统进水水质要求的前提下，宜直接混入综合废水集中处理。

6.1.4 酿造废水总体上应采取“资源回收—厌氧生物处理—生物脱氮除磷处理—回用或排放”的分散与集中相结合的综合治理技术路线，其各部分的技术选用原则如下：

（1）资源回收一般采用固液分离、干燥等处理技术；

（2）厌氧生物处理宜采用两级厌氧处理技术，其中，一级厌氧发酵处理针对高浓度有机废水和废渣水，二级厌氧消化处理针对酿造综合废水；

（3）生物脱氮除磷处理一般采用“厌氧+缺氧+好氧+二沉/过滤”的污水活性污泥处理技术；

（4）废水回用的深度处理宜采用凝聚、过滤、膜分离等物化处理技术；

（5）污染负荷较低的啤酒等行业的酿造综合废水，宜采用一级厌氧生物处理；当两级厌氧生物处理不能满足酿造综合废水的处理要求时，应组合不同厌氧处理技术形成“多级厌氧”的厌氧组合工艺；

（6）资源回收产生的滤液、生物处理产生的剩余污泥、厌氧处理产生的沼气、沼液和沼渣，均应妥善处置和利用。

6.2 酿造废水污染治理工艺流程组合

6.2.1 各类酿造制品产生的工艺废水的水质差异较大，应结合生产实际，根据废水水质、污染性质和污染物浓度，决定资源回收的需要，选择厌氧生物处理的级数，优化酿造综合废水污染治理工艺流程和适宜的废水处理单元技术。

6.2.2 酿造废水污染治理工艺流程组合总框架图

针对某一特定酿造废水进行工艺设计时，应依据图 1 进行有取舍的专门设计。

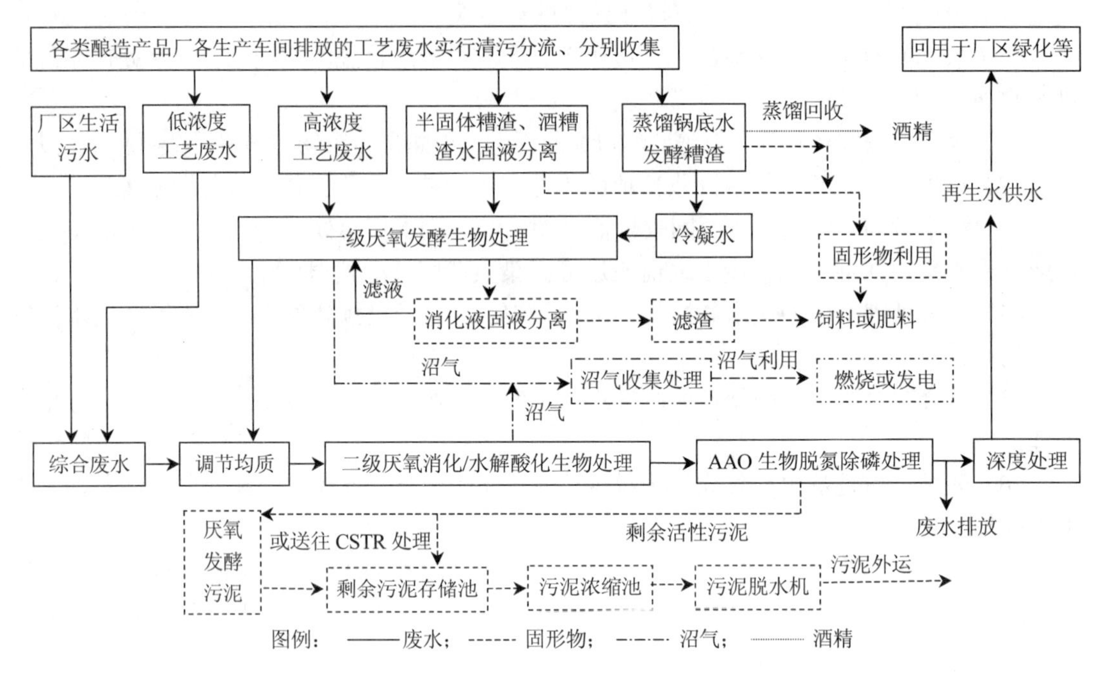

图 1 酿造废水治理工艺流程组合总框架图

6.3 废水的资源回收与循环利用

6.3.1 固形物回收

固形物回收处理工艺流程见图 2。

（1）各类酒糟、葡萄酒渣和白酒锅底水等宜采用“蒸馏”工艺优先回收酒精；

（2）啤酒废水应回收麦糟和酵母，酵母废水和麦糟液应采取“离心”或“压榨”或“过滤”等固液分离方法回收酵母和麦糟并干燥制成饲料；

（3）采用固态发酵的白酒和酒精行业应回收固体酒糟，应采用“压榨+干燥”等工艺制高蛋白饲料；

（4）半固态发酵工艺产生的酒糟渣水，可采用“过滤+离心/压榨+干燥”工艺制高蛋白饲料；

（5）液态发酵工艺产生的废醪液，尤其是以糖蜜为原料的酒精废醪液，宜采用“蒸发/浓缩+干燥/焚烧”工艺制有机肥或无机肥；

（6）悬浮物浓度较高的工艺废水（如一次洗水），宜采用“混凝+气浮/沉淀”工艺进行固液分离，固形物经干燥，可回收利用制作饲料；

（7）葡萄渣皮、酒泥等经发酵可回收利用制成肥料；

（8）各类酒糟、酒糟渣水如不适宜回收饲料、肥料，可采取厌氧发酵技术集中回收沼气能源，沼气可替代酿造工厂燃煤的动力消耗；

（9）回收固形物产生的压榨滤液应送往一级厌氧反应器进行处理，湿酒糟等含水固形物可以采用厌氧生物处理产生的沼气进行烘干；

（10）冷凝水可以根据其污染物（COD）浓度，或按工艺废水单独处理，或混入综合废水进行集中处理。

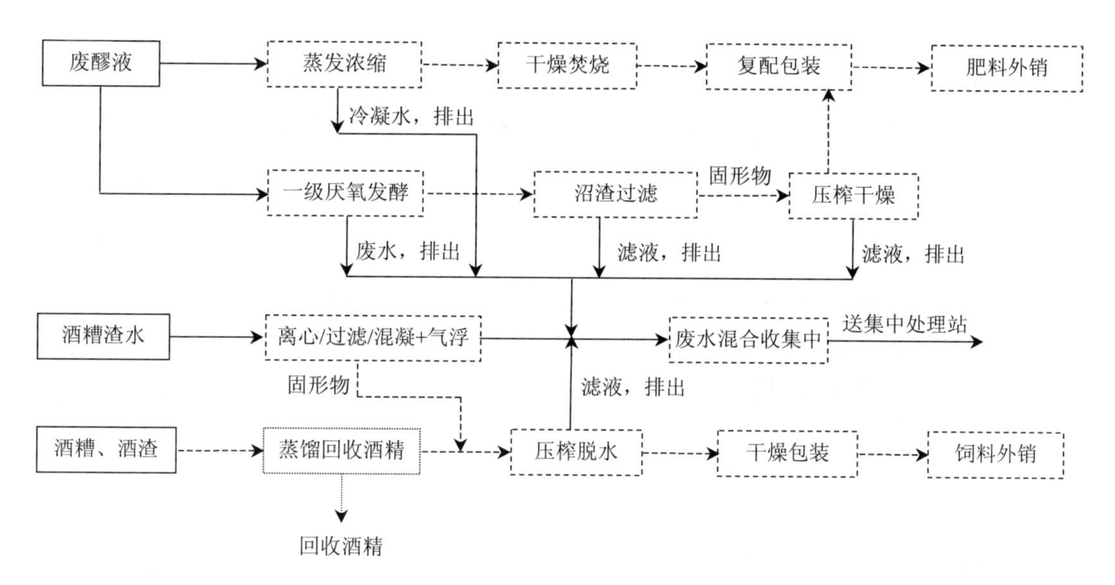

图 2 固形物回收处理工艺流程图

6.3.2 废水循环利用

适宜循环利用的低浓度工艺废水的 COD 一般不超过 100 mg/L。此类废水的循环利用途径和方法如下（图 3）：

（1）冷却水宜采用“混凝+过滤+膜分离（除盐）”工艺进行循环处理，加强循环利用，提高浓缩倍数，减少新鲜水补充量和废水排放量；

（2）酒瓶洗涤废水宜通过采用“混凝+气浮/沉淀”或“过滤+膜分离”工艺的在线处理，实现闭路循环；

（3）原料洗涤废水宜采用“过滤/沉淀”工艺实现循环利用或套用于其他生产工序。

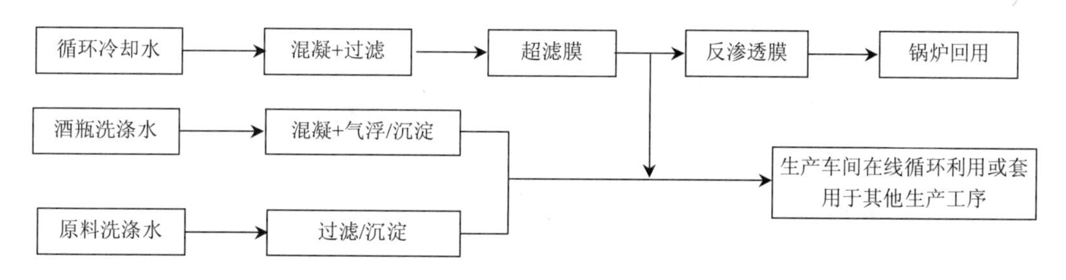

图 3 低浓度工艺废水循环利用工艺流程图

6.3.3 污染物浓度较高的原料浸泡水、容器冲洗的一次洗水和蒸发、蒸馏的冷凝水不宜于循环利用，应混入综合废水进行集中处理。

6.3.4 酿造行业各类高浓度工艺废水选用回收处理技术和循环利用技术时，应进行处理工艺试验和技术经济比较。

6.4 高浓度工艺废水的一级厌氧发酵处理

6.4.1 一般规定

6.4.1.1 污染物浓度超过综合废水集中处理系统进水要求的各类高浓度工艺废水和回收固

形物产生的各种滤液（酒糟压榨清液或废醪液的滤液），应单独收集并进行削减污染负荷的一级厌氧发酵处理，符合综合废水处理系统的进水要求后方可混入综合废水。

6.4.1.2 对计划混入综合废水的各股工艺废水应测算其 COD 总量，根据其对综合废水进水水质和处理出水稳定达标可能造成的潜在影响，确定其污染负荷削减程度，或确定其是否需要采取一级厌氧发酵处理措施以削减污染负荷。

6.4.1.3 一级厌氧发酵处理应优先采用完全混合式厌氧发酵反应器（CSTR），也可以采用其他厌氧生物处理技术；厌氧生物处理宜根据污水悬浮物的浓度、自然气候条件和污水特性，以及与后续综合废水处理使用的相关厌氧工艺的匹配性，确定适宜的厌氧反应器。

6.4.1.4 当厌氧生物处理对进水悬浮固体（SS）浓度有要求时，宜采用物化处理工艺进行预处理；混凝剂和助凝剂的选择和加药量应通过试验筛选和确定，同时应考虑药剂对厌氧处理和综合废水集中处理系统中微生物的影响。

6.4.2 一级厌氧发酵处理

6.4.2.1 作为一级厌氧发酵处理，可供选择的厌氧反应器包括：完全混合式厌氧反应器（CSTR）、升流式厌氧污泥床（UASB）、厌氧颗粒污泥膨胀床（EGSB）、气提式内循环厌氧反应器（IC）等技术。

6.4.2.2 薯类酒精和糖蜜酒精的废醪液、黄酒的浸米水和洗米水、白酒的锅底水和黄水、葡萄酒渣水，以及上述酒类生产设备的一次洗水和酒糟等固形物回收的压榨滤液等高浓度有机物、高浓度悬浮物的工艺废水，应优先选用"完全混合式厌氧反应器（CSTR）"。

6.4.2.3 玉米、小麦酒精，啤酒、酱、酱油、醋等行业的高浓度工艺废水，可以选用厌氧颗粒污泥膨胀床（EGSB）等类型的厌氧反应器，或者选用"混凝+气浮/沉淀+厌氧"的"物化+生化"的组合处理技术。

6.4.3 高浓度工艺废水一级厌氧发酵处理工艺流程如图 4 所示。

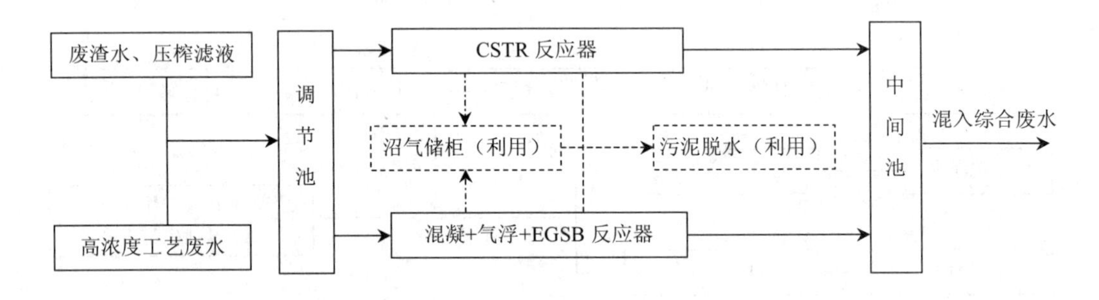

图 4 高浓度工艺废水一级厌氧发酵处理工艺流程图

6.4.4 各类高浓度工艺废水进入一级厌氧发酵处理系统前，应对进水水质进行必要的调整，使水温、pH、SS、SO_4^{2-}等指标满足厌氧生化反应的要求。

6.4.5 一级厌氧处理出水的 COD 应符合酿造综合废水集中处理系统中二级厌氧处理的进水要求。

6.4.6 一级厌氧处理的设计参数应根据废水处理工艺试验确定，应考虑与后续集中处理的衔接。

6.5 综合废水的集中处理

6.5.1 酿造综合废水集中处理应根据进水水质和排放要求，采用“前处理+厌氧消化处理+生物脱氮除磷处理+污泥处理”的单元组合工艺流程。

6.5.2 前处理

6.5.2.1 前处理包括中和、匀质（调节）、拦污、混凝、气浮/沉淀等处理单元。其中，匀质（调节）处理单元是必选的前处理单元技术，其他前处理单元技术的取舍应根据综合废水的水质特性和设施建设要求确定。

6.5.2.2 酿造废水的 pH 调节应尽可能依靠各类工艺废水与酸、碱废水混合后的自然中和，混合后废水的 pH 值如仍不符合进水要求，可以利用废碱液进行中和。

6.5.2.3 前处理工艺流程图如图 5 所示。

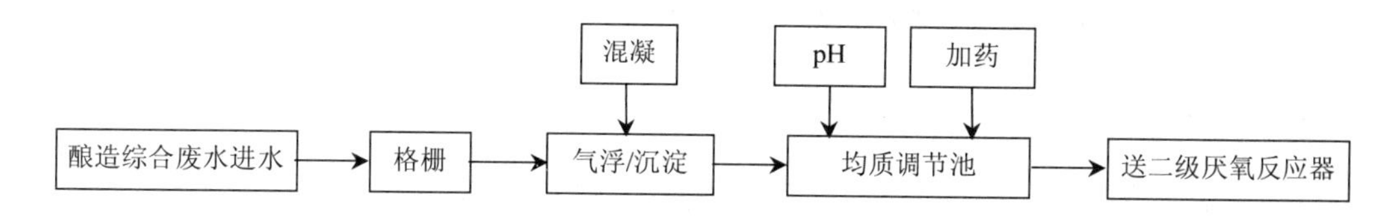

图 5 综合废水前处理系统工艺流程图

6.5.3 二级厌氧消化处理

6.5.3.1 相对于高浓度工艺废水厌氧预处理，酿造综合废水处理的厌氧系统是二级厌氧消化处理。

6.5.3.2 “二级厌氧消化处理”适用于处理高浓度工艺废水的一级厌氧处理出水，也适于直接处理啤酒、葡萄酒、酱、酱油、醋等酿造制品的酿造综合废水。

6.5.3.3 采用“二级厌氧消化处理”工艺应根据系统的进水水质选择适宜的厌氧反应器。

6.5.3.4 二级厌氧消化处理工艺流程如图 6 所示。

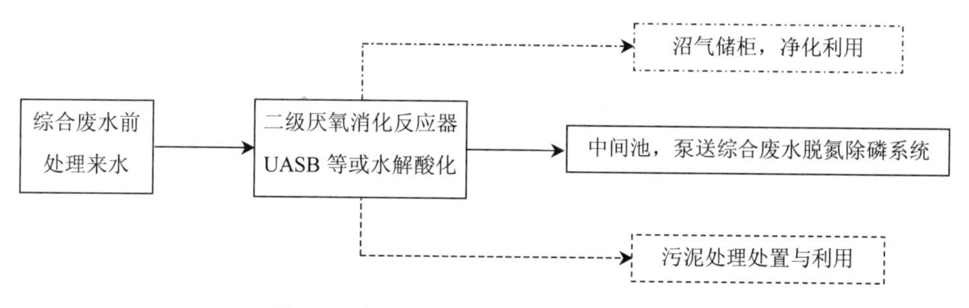

图 6 二级厌氧消化处理系统工艺流程图

6.5.4 生物脱氮除磷处理

6.5.4.1 酿造综合废水的生物脱氮除磷处理系统包括：厌氧段（除磷时）、缺氧段（脱氮时）、好氧曝气反应池、二沉池等，宜根据有机碳、氮、磷等污染物去除要求，选择相关处理单元技术。

6.5.4.2 可选用缺氧/好氧法（A/O）、厌氧/缺氧/好氧法（A/A/O）、序批式活性污泥法（SBR）、氧化沟法、膜生物反应器法（MBR）等活性污泥法污水处理技术，也可选用接触氧化法、曝气生物滤池法（BAF）和好氧流化床法等生物膜法污水处理技术。

6.5.4.3 综合废水的污染负荷超过系统进水要求时，应通过调节厌氧处理效率、增加厌氧或好氧的级数等措施削减污染物；废水性质（B/C、C/N 等）不符合进水要求时，应采取技术措施调整或者增加化学法高级氧化处理单元。

6.5.4.4 综合废水中含有较高的氮、磷污染物时，应选用具有较高脱氮除磷功能的兼氧工艺：

（1）脱氮处理时，可采用“缺氧/好氧”工艺；

（2）需要进行除磷脱氮处理时，应采用“厌氧/缺氧/好氧”工艺，也可根据废水水质情况采用化学除磷方法。

6.5.4.5 中型以上规模处理设施的二沉池宜采用辐流式，小规模的二沉池宜采用竖流式沉淀池。

6.5.4.6 生物脱氮除磷处理工艺流程如图 7 所示。

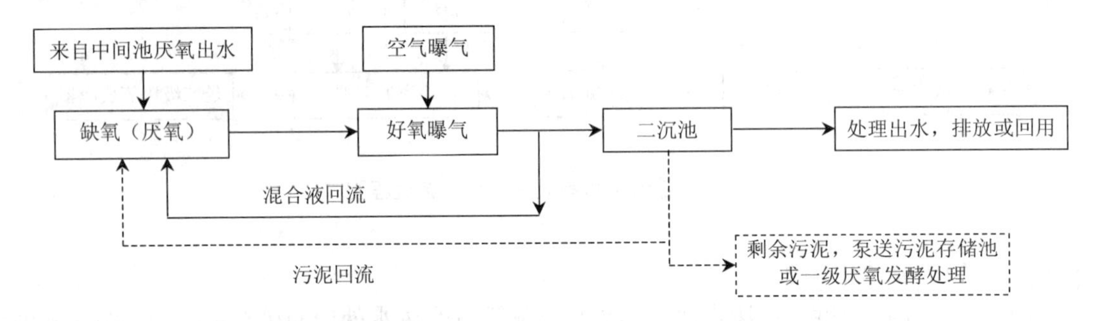

图 7 综合废水生物脱氮除磷处理系统工艺流程图

6.6 深度处理

6.6.1 一般规定

6.6.1.1 酿造综合废水需要回用时，应根据回用途径在综合废水二级生化处理出水的基础上进行深度处理。

6.6.1.2 当地人民政府环境保护行政主管部门对酿造废水排放有更高要求时[达到一级（A）标准]，也可通过废水的深度处理提高出水水质。

6.6.1.3 深度处理工艺技术的选用，应进行处理工艺试验，并进行技术经济比较后确定。

6.6.1.4 深度处理出水宜优先选择作为厂区绿地浇灌和景观用水等回用途径，也可回用于冲洗水、原料洗涤水和浸泡水等水质要求不高的酿造产品生产工艺。

6.6.1.5 应根据回用途径确定相应的回用水水质标准，但最低用水要求不得低于 GB/T 18920 的规定。

6.6.2 工艺组合

6.6.2.1 深度处理可采用完全物化工艺，如“混凝+沉淀”，或“混凝+气浮+吸附”，或“高级氧化”，或“膜分离”工艺；也可采用“生化+物化”的单元组合工艺，如“膜生物反应器（MBR）”或“曝气生物滤池（BAF）+过滤”等。

6.6.2.2 对水质要求不高的生产工艺用水或绿化用水等一般性回用处理可选择混凝沉淀、混凝气浮和高效过滤等单元技术或单元技术组合流程。

6.6.2.3 涉及酿造工艺控制用水的回用水处理应采用吸附处理、高级氧化处理、膜分离处理等单元技术或单元技术组合流程。

6.7 污泥处理

6.7.1 酿造综合废水的污泥处理包括污泥浓缩、污泥脱水、污泥处置等处理单元。

6.7.2 污泥浓缩宜采用浓缩池工艺，也可以采用机械浓缩工艺。

6.7.3 污泥脱水可根据污泥产生量选用离心机、板框压滤机或带式压榨过滤机。

6.7.4 污泥的处置途径

（1）一级厌氧采用完全混合厌氧反应器（CSTR）的情况下，好氧污泥经浓缩后可以送往完全混合厌氧反应器（CSTR）进行厌氧消化处理；

（2）脱水的厌氧消化污泥堆肥烘干后可以作为肥料利用；

（3）脱水污泥无利用途径时应送往指定的垃圾填埋场进行填埋处置；

（4）洗瓶废水沉淀产生的化学污泥脱水处理后宜送往动力锅炉与煤混烧处置。

6.8 沼气利用

6.8.1 厌氧处理的沼气利用系统包括：沼气贮存柜、沼气净化器、沼气燃烧/换热器等。大型沼气利用系统应包括沼气锅炉、沼气发电机等。

6.8.2 大型和特大型规模的酿造废水治理设施，其厌氧产生的沼气宜进行发电利用，达到一定发电规模时应鼓励沼气电并入电网。替代和补偿酿造工业生产及废水治理设施的自用电力时，宜遵循“以沼定电”、“尽产尽用”的原则。

6.8.3 中、小型规模的酿造废水治理设施应结合生产实际情况进行沼气利用，如用于厌氧换热的热源、回收固形物的干燥，或作为补充燃料供给动力锅炉直接燃烧，或设置火炬以排空燃烧，不得将沼气以直排方式排放。

6.8.4 宜根据沼气利用途径，对沼气进行脱硫和脱水的净化处理。脱硫宜采用装填脱硫剂的脱硫塔净化法或生物脱硫法。

6.9 二次污染防治

6.9.1 恶臭治理

6.9.1.1 格栅间、调节池、水解酸化池、生物处理池、污泥储池、污泥脱水处理间等位置应设置臭气收集装置，并进行除臭处理。

6.9.1.2 大型和特大型酿造废水处理厂（站）的构筑物宜采取密闭收集措施。

6.9.1.3 除臭工艺宜采用物理、化学和生物法相结合的组合技术，常用的除臭工艺包括：吸附、臭氧氧化或光催化氧化、碱吸收、生物吸附或生物过滤等。

6.9.1.4 废水处理设施的恶臭气体排放浓度应符合 GB 14554 的规定。

6.9.1.5 酿造工厂排放的各类废渣应堆放在密闭车间，并设置废气收集、处理装置。可采取喷洒化学药剂、生物制剂的方法进行除臭。

6.9.2 噪声和振动防治

6.9.2.1 应采取隔声、消声、绿化等降低噪声的措施，厂界噪声应达到 GB 12348 的规定。

6.9.2.2 设备间、鼓风机房的噪声和振动控制的设计应符合 GB 50040 和 GBJ 87 的规定。

6.9.2.3 设备间应具有良好的隔声和消声设计，选用性能良好的声学材料进行防护。

6.9.2.4 机械设备的安装应考虑隔振、隔声、消声等噪声和振动控制措施，特大噪声发生源，如鼓风机和水泵等应专门配置消声装置。

6.10 事故与应急处理

6.10.1 酿造废水处理设施应单独设置事故池。调节池不得作为事故池使用。发生事故时，应将废水输送到事故池储存。

6.10.2 发生事故时，可采取如下应急处理技术：

（1）采取向事故池曝气的方式进行空气氧化处理；

（2）投加混凝药剂进行凝聚分离处理；

（3）投加特效工程生物菌剂进行生物氧化处理等。

6.10.3 生产恢复正常或废水处理设施排除故障后，可将事故池存放的废水均量输送到综合废水处理系统进行达标排放的处理。不得从事故池直接向厂外排放废水。

6.10.4 酿造工厂停产维修期间，如废水处理设施也相应停运，应采用事故池收集处理设施停运维修期间企业所排放的生活污水和其他废水。

7 工程设计参数与技术要求

7.1 前处理

7.1.1 格栅

7.1.1.1 调节池前应分别设置粗、细格栅，或水力筛、旋转筛网。粗、细格栅的栅条间隙宜分别为 3.0～10.0 mm 和 0.5～3.0 mm。

7.1.1.2 格栅渠的设计应符合 GB 50014 中的相关规定。

7.1.1.3 中、小型规模的酿造综合废水治理设施的格栅渠可与调节池合并设计。

7.1.2 调节池

7.1.2.1 酿造综合废水治理设施应设置调节池，应具备均质、均量、防止沉淀、调节 pH、补加碱度等功能。

7.1.2.2 调节池的水力停留时间（HRT）宜为 6～12 h，中、小型规模的综合废水治理设施设置的调节池的有效容积不宜低于日排水量的 50%。

7.1.2.3 调节池宜采用预曝气或机械搅拌方式实现水质均质功能，曝气量宜为 0.6～0.9 $m^3/(m^3 \cdot h)$，或控制气水比为 7∶1～10∶1。机械搅拌功率宜根据水质波动程度采用 4～8 W/m^3。

7.1.2.4 调节池可视水质情况和处理工艺需要，在出水端设置去除浮渣和清除杂物的处理装置，并安装补碱药剂等自动投加设备。

7.1.2.5 调节池中废水的 pH 应控制在 6.5～7.8。应设置在线 pH 自动检测仪和中和剂的自动投加装置。

7.1.3 进水悬浮物高时，应另设置“混凝+沉淀/气浮”处理单元，并增设自动投药装置。混凝剂选择与药剂投加量由工艺试验确定。混凝搅拌池的水力停留时间≥0.5 h，沉降/气浮的水力停留时间≥1.0 h。混凝单元的 COD 去除率宜控制在 20%～50%，SS 去除率≥95%。

7.1.4 当综合废水中 SO_4^{2-}超过 4 500 mg/L 时，宜对废水进行脱硫处理。

7.2 厌氧生物处理

7.2.1 厌氧反应器的进水应符合以下条件：

7.2.1.1 一级厌氧反应器：

（1）工艺废水的 COD＜100 000 mg/L、悬浮物（SS）＜50 000 mg/L 时，宜选用完全混合式厌氧发酵反应器（CSTR）；

（2）工艺废水的 COD＜30 000 mg/L、悬浮物（SS）＜500 mg/L 时，宜选用厌氧颗粒污泥膨胀床反应器（EGSB）。

7.2.1.2　二级厌氧反应器：

（1）综合废水的 COD＜3 000 mg/L、悬浮物（SS）＜500 mg/L 时，宜选用升流式厌氧污泥床反应器（UASB）；

（2）综合废水的 COD＜1 000 mg/L 时，宜选用水解酸化厌氧反应器。

7.2.2　厌氧生物处理单元的污染物（COD）去除率应符合如下规定：

7.2.2.1　高浓度工艺废水的 COD 去除率

（1）一级厌氧处理选用 CSTR 时，COD 去除率应＞80%；

（2）一级厌氧处理选用 EGSB 时，COD 去除率应＞85%。

7.2.2.2　综合废水的 COD 去除率

（1）二级厌氧处理选用 UASB 时，COD 去除率应＞90%；

（2）二级厌氧处理选用水解酸化工艺时，COD 去除率应＞35%。

7.2.3　应根据工艺试验结果确定各类厌氧反应器的设计、运行参数。当缺少试验资料时可参考表 4 的数据进行工程设计。

表 4　厌氧反应器的设计、运行参数

厌氧工艺方法	容积负荷（COD）/[kg/（m^3•d）]	反应温度/℃	污泥产率（MLSS/COD）/（kg/kg）	沼气产率（COD）/（m^3/kg）	有效水深/m	上升流速/（m/h）
一级厌氧处理（CSTR）	6～10	55±2	—	0.45～0.55	—	—
一级厌氧处理（EGSB）	15～40	55±2	0.05～0.10	0.35～0.45	14～18	5～15
二级厌氧处理（UASB）	5～7	35±2	0.05～0.10	0.35～0.45	4～8	0.5～1.0
二级厌氧处理（水解）	2.3～4.5	25±2	—	—	4～6	1.5～3.0

7.2.4　厌氧反应器后宜设置缓冲池，水力停留时间（HRT）宜为 1.0～1.5 h。

7.2.5　厌氧反应器的设计应符合相应的工程技术规范。厌氧反应器可采用钢筋混凝土结构或钢结构，钢结构需要采取保温措施。厌氧反应器应根据设计进水流量，设置 2 个或 2 个以上的反应器。单体厌氧反应器的容积不宜大于 2 000 m^3。

7.2.6　采用厌氧颗粒污泥膨胀床反应器（EGSB）和升流式厌氧污泥床反应器（UASB）时，如进水悬浮物（SS）浓度过高，应增设“混凝+气浮/沉淀”的预处理单元。

7.2.7　采用水解酸化厌氧反应器应从底部进水，布水系统应保证布水均匀。应在底部设置潜水搅拌器，以防止污泥沉降。潜水搅拌器的机械搅拌功率宜采用 2～4 W/m^3。

7.2.8　完全混合式厌氧消化反应器（CSTR）的高径比宜为（1.5～2）：1；宜采用连续搅拌，搅拌功率宜为 0.001～0.005 W/m^3。反应器处理高浓度酿造废水时，其水力停留时间（HRT）宜按 4～10 d 设计，或污泥浓度宜按 4～10 g/L 控制。

7.3　生物脱氮除磷处理

7.3.1　生物脱氮除磷处理系统的进水应符合以下要求：

（1）系统进水化学需氧量（COD）宜≤1 000 mg/L；

（2）水温宜为12～37℃、pH宜为6.5～9.5、营养组合比（碳∶氮∶磷）宜为100∶5∶1；

（3）污水中五日生化需氧量（BOD_5）与化学需氧量（COD）之比（B/C）宜>0.3；

（4）去除氨氮时，进水总碱度（以$CaCO_3$计）与氨氮（NH_3-N）的比值宜>7.14；

（5）去除总氮时，五日生化需氧量（BOD_5）与总凯氏氮（TN）之比（C/N）宜>4，总碱度（以$CaCO_3$计）与氨氮（NH_3-N）的比值宜>3.6；

（6）去除总磷时，五日生化需氧量（BOD_5）与总磷（TP）之比（C/P）宜>17；

（7）好氧池（区）的剩余碱度宜>70 mg/L。

7.3.2 生物脱氮除磷处理系统的污染物去除率应符合以下要求：

（1）生物脱氮除磷处理系统的COD去除率应>90%；

（2）BOD_5去除率应>95%；

（3）氨氮（NH_3-N）去除率应>80%；

（4）总磷（TP）去除率应>80%。

7.3.3 应根据工艺试验结果确定各类设计、运行参数，其工程设计应符合相应的工程技术规范要求和GB 50014中的相关规定。当缺少试验资料时可参考表5的数据设计。

表5 好氧反应器的设计、运行参数

工艺方法	污泥负荷（BOD_5/MLVSS）/[kg/（kg·d）]	需氧量（O_2/BOD_5）/（kg/kg）	污泥浓度（MLSS）/（kg/m^3）	污泥产率系数（VSS/BOD_5）（kg/kg）	有效水深/m	总水力停留时间/h
厌氧、缺氧、好氧活性污泥法	0.05～0.20	1.1～2.0	2.0～4.0	0.4～0.8	4～6	A：1～3 O：7～15
序批式活性污泥法（SBR）	0.05～0.10	1.5～2.0	2.0～4.0	0.3～0.6	4～6	20～30
氧化沟活性污泥法	0.05～0.15	1.1～2.0	2.0～6.0	0.2～0.6	4～8	A：1～3 O：9～23
膜生物反应器法（MBR）	0.10～0.40	1.5～2.0	6.0～12.0 10～40（外置）	0.47～1.0	4～6	4～12
接触氧化法*	0.6～1.0 [kg/（m^3·d）]	1.2～1.4	0.5～4.0	0.35～0.40	3～5	8～20

注：* 接触氧化法污泥负荷为每天单位体积填料的BOD_5的量。

7.3.4 采用生物膜法的接触氧化工艺时，其技术要求如下：

（1）应选用性能优良的高效生物膜填料，固定生物膜填料的钢架应选用314不锈钢材质；

（2）应采取底部进水的方式，并设置布水器使废水均匀进入反应池，废水上升流速宜为0.5～1.0 m/h；

（3）好氧池应保持足够的充氧曝气，溶解氧（DO）应大于2.0 mg/L，气水比宜控制在5∶1～20∶1。

7.3.5 酿造综合废水进水水质不符合7.3.1的各项要求时，应采取相应的水质改善措施进行调整，如进行补碱，或增加水解酸化处理单元对大分子物质进行生物降解，或采用高级氧化技术予以化学分解。

7.3.6 脱氮时，混合液的回流比宜为 100%～400%；除磷时，污泥的回流比宜为 50%～100%。

7.4 污泥处理

7.4.1 污泥处理工程设计应符合 GB 50014 的相关规定。

7.4.2 生化污泥产生量应根据有机物浓度、污泥产率系数进行计算；当缺乏资料时，可参考表 5 的数值。物化污泥量应根据废水浓度、悬浮物、药品投加量、有机物的去除率等进行计算。

7.4.3 脱水生化污泥的含水率应≤80%。脱水化学污泥的含水率应≤75%。

7.4.4 污泥浓缩脱水投加药剂的种类和投药量应根据试验确定，不宜过量投加。

7.4.5 污泥浓缩池的水力停留时间（HRT）应根据除磷的需要确定，一般宜为 2～4 h。

7.5 沼气利用

7.5.1 应根据厌氧反应器进水水质和沼气产率确定建设规模，其工程设计应符合 NY/T 1220.1 和 NY/T 1220.2 的规定。

7.5.2 沼气利用应设计隔离区，实行封闭管理，严格防火、防爆、防毒。

7.5.3 沼气利用系统应建设沼气储柜，储气柜的容积设计应根据不同的用途确定，沼气用于发电时储气柜的储存容量应满足 72 h 的沼气产生量，或符合有关标准的要求。

7.6 事故应急处理

7.6.1 事故池有效容积应大于发生事故时的最大废水产生量，或大于酿造工厂 24 h 的综合废水排放总量。

7.6.2 事故池应设置以备应急处理使用的表曝机、污水泵等设备。

7.6.3 事故池的池体超高宜为 700～1 000 mm。事故池应设置排泥设施和排泥泵。

8 主要工艺设备和材料

8.1 选型要求

8.1.1 酿造综合废水治理设施的关键设备和材料包括：格栅除污机、水泵、污泥泵、鼓风机、曝气机械和曝气装置、潜水推流搅拌机、自动加药装置、污泥浓缩脱水机械、生物膜填料、滗水器等。

8.1.2 所有关键设备和材料均应从工程设计、招标采购、施工安装、运行维护、调试验收等环节给予严格控制，选择满足工艺要求、符合相应标准的产品。

8.1.3 格栅除污机应优先选用回转式或钢索式，栅间隙应符合设计规定，负载运转下不得产生卡阻。

8.1.4 水泵、污泥泵应选用节能型，泵效率应大于 80%。应根据工艺要求选用潜水泵或干式泵。潜水污水泵应优先选用首次无故障时间大于 12 000 h 的产品，机械密封应无渗漏。

8.1.5 鼓风机应优先选用低噪声、低能耗、高效率的产品，运转噪声应小于等于 83 dB（A），出口风压应稳定。

8.1.6 表面曝气机械的理论动力效率应大于 3.5 kg/（kW·h），鼓风式曝气器的理论动力效率应大于 4.5 kg/（kW·h）。在满足工艺要求的前提下应优先选用竖轴式表面曝气机和鼓风式射流曝气器。

8.1.7 潜水推流搅拌机应密封良好、无渗漏，运转时保持反应池底边流速≥0.3 m/s。

8.1.8 加药装置应实现自动化运行控制。自动加药装置的计量精度应不低于1‰。

8.1.9 中小型规模的酿造废水治理设施宜选用浓缩池浓缩污泥、板框（厢）式压滤机脱水的污泥处理模式，大型和特大型酿造废水治理设施宜选用污泥浓缩一体机的机械处理模式。

8.1.10 生物膜填料应优先选用技术性能高、使用寿命长的产品。填料的比表面积应大于1 500 m^2/m^3。反应器的填料填充率应依据污泥容积负荷进行确定，宜控制在20%～70%。

8.1.11 滗水器应启闭灵活，旋转接头无渗漏，匀速升降，并具有阻挡浮渣的功能。

8.2 性能要求

8.2.1 旋转式细格栅应符合HJ/T 250的规定，格栅除污机应符合HJ/T 262的规定。

8.2.2 潜水排污泵应符合HJ/T 336的规定。潜水推流搅拌机应符合HJ/T 279的规定。

8.2.3 采用鼓风曝气系统时，单级高速曝气离心鼓风机应符合HJ/T 278的规定，罗茨鼓风机应符合HJ/T 251的规定；鼓风式潜水曝气机应符合HJ/T 260的规定，鼓风式中、微孔曝气器应符合HJ/T 252的规定，鼓风式射流曝气器应符合HJ/T 263的规定，鼓风式散流曝气器应符合HJ/T 281的规定。

8.2.4 采用表面曝气机械时，竖轴式机械表面曝气机应符合HJ/T 247的规定，横轴式转刷曝气机应符合HJ/T 259的规定，转盘曝气机应符合HJ/T 280的规定。

8.2.5 加药设备应符合HJ/T 369的规定。污泥脱水用厢式压滤机和板框压滤机应符合HJ/T 283的规定，带式压榨过滤机应符合HJ/T 242的规定，污泥浓缩带式脱水一体机应符合HJ/T 335的规定。

8.2.6 悬挂式填料应符合HJ/T 245的规定，悬浮填料应符合HJ/T 246的规定。

8.2.7 滗水器应符合HJ/T 277的规定。

8.2.8 水泵、污泥泵、鼓风机、表面曝气机、潜水推流搅拌机的首次无故障时间应大于等于10 000 h，使用寿命应大于等于10年；格栅除污机、污泥浓缩脱水机、滗水器的首次无故障时间应大于等于6 000 h，使用寿命应大于等于8年；曝气装置、生物膜填料、自动加药装置的首次无故障时间应大于等于4 000 h，使用寿命应大于等于5年。水质在线监测仪的测量与人工检测的偏差应不大于5%。

8.3 配置要求

8.3.1 格栅除污机、污泥浓缩脱水机械、表面曝气机、滗水器等设备应按双系列或多系列生产线分别配置。

8.3.2 加药设备应按加入药液的种类和处理系列分别配置。每台加药设备应保持专机专用，且应配置备用的药液计量泵。

8.3.3 水泵、污泥泵、鼓风机、潜水推流搅拌机应设置备用设备。

8.3.4 曝气装置、生物膜填料、自动加药装置应储备核心部件和易损部件。

9 检测与过程控制

9.1 检测

9.1.1 大型和特大型酿造废水治理设施应设标准化验室，中、小型的酿造废水治理设施可在废水处理车间内设置化验室或化验台。

9.1.2 化验室或化验台应按照检测项目配备相应的检测仪器和设备。
9.1.3 厌氧处理单元宜检测废水进、出口的pH（或挥发酸）、COD、BOD_5和沼气产生量，以及反应器内的碱度和污泥性状、污泥浓度等指标。
9.1.4 水解酸化处理单元宜检测废水进口的pH（或挥发酸）、COD和BOD_5，以及废水出口的NH_3-N、DO、污泥性状、污泥浓度等指标。
9.1.5 好氧处理单元宜检测废水进口的pH、COD、BOD_5、TP、DO、NH_3-N、TN，以及反应池内的污泥性状、污泥浓度等指标。
9.1.6 二沉池处理单元宜检测出水SS、COD、BOD_5、TP、NH_3-N、TN。
9.2 自动控制
9.2.1 酿造废水治理工程应根据工程的实际情况选用适合的自动控制方式。
9.2.2 应根据工程规模、工艺流程和运行管理要求确定控制要求和参数。
9.2.3 应采用集中管理、分散控制的自动化控制模式，设一套PLC控制器，必要时可下设现场I/O模块。
9.2.4 关键设备附近应设置独立的控制箱。同时保有“手动/自动”的运行控制切换功能。
9.2.5 现场检测仪表应具备防腐、防爆、抗渗漏、防结垢、自清洗等功能。
9.2.6 采用计算机控制管理系统时应符合GB 50014中的有关规定。

10 构筑物及辅助工程

10.1 污水处理厂（站）应采用单路供电加柴油发电机组的供电方式。柴油发电机组的容量应大于全厂（站）计算负荷的50%。
10.2 低压配电设计应符合GB 50054的规定。
10.3 供配电系统应符合GB 50052的规定。
10.4 工程施工现场供用电安全应符合GB 50194的规定。
10.5 供电工程设计应符合GB 50053的规定。
10.6 防腐工程设计应符合GB 50046的规定。
10.7 防爆工程设计应符合GB 50222和GB 3836的规定。厌氧处理的沼气利用工程应列为重点防护，电气设备应符合GB 3836的规定。
10.8 抗震等级设计应符合GB 50011的规定。
10.9 防雷设计应符合GB 50057的规定。
10.10 构筑物结构设计应符合GB 50069的规定。
10.11 供水工程设计应符合GB 50015的规定。
10.12 排水工程设计应符合GB 50014的规定。
10.13 采暖通风工程设计应符合GBJ 19的规定。
10.14 厂区道路与绿化等工程设计应符合GBJ 22的规定。

11 劳动安全与职业卫生

11.1 劳动安全
11.1.1 酿造废水治理工程在建设和运行期间，应采取有效措施保护人身安全和身体健康。
11.1.2 安全管理应符合GB 12801中的有关规定。

11.1.3 应建立定期安全检查制度，及时消除事故隐患，防止事故发生。
11.1.4 劳动卫生与安全要求应符合 GBZ 1 的规定。
11.1.5 水处理构筑物应按照有关规定设置防护栏杆、防滑梯和救生圈等安全措施。
11.1.6 人员进入密闭的水处理构筑物检修时，应先进行不小于 1 h 的强制通风，经过仪器检测，确定符合安全条件时，人员方可进入。
11.1.7 机械设备的所有运转部位都应设置防护罩，检修时应断电，不得带电检修。
11.1.8 防火与消防工程设计应符合 GB 50016 的规定。
11.2 职业卫生
11.2.1 室内空气应保持清新。臭气浓度应符合 GB/T 18883 的规定。操作室空气环境应适合操作人员长期在岗工作。
11.2.2 应对直接接触污水的器具建立清洗和消毒的作业程序。
11.2.3 应向操作人员提供必要的劳动保护用品，以及浴室、更衣室等卫生设施。
11.2.4 应加强作业场所的职业卫生防护，做好隔声、减震和防暑、防毒等预防工作。

12 施工与验收

12.1 工程施工
12.1.1 酿造废水治理工程的施工应符合有关工程施工程序及管理文件的要求，执行国家相关强制性标准和技术规范。
12.1.2 酿造废水治理工程应按工程设计施工，工程变更应取得设计变更文件后再进行。
12.1.3 酿造废水治理工程施工中所使用的设备、材料、器件等应符合相关的国家和行业标准，在取得供应商的产品合格证后方可使用。关键设备还应向供应商索取产品出厂检验报告、型式检验报告和环保产品认证证书等技术文件。
12.1.4 应按照产品说明书进行设备安装，安装后应进行单机调试。
12.2 工程验收
12.2.1 酿造废水治理工程的竣工验收应按《建设项目（工程）竣工验收办法》的有关规定进行，竣工验收合格前不得投入生产性使用。
12.2.2 竣工验收应依据主管部门的批准文件、经批准的设计文件和设计变更文件、工程合同、设备供货合同和合同附件、设备技术文件和技术说明书及其他文件等进行。
12.2.3 竣工验收应分阶段进行，工程的设备安装、构筑物、建筑物等单项工程可随竣工随验收，工程全部竣工后应进行整体工程的竣工验收。
12.2.4 单项工程中的设备安装工程应在验收前进行单体设备调试和试运行；池体等构筑物建设工程的验收应事先进行注水试验；管道安装工程应在工程验收前先进行压力试验。
12.2.5 整体工程竣工验收前，应进行进清水联动试车和整体调试。联动试车应持续 48 h 以上，各系统应运转正常，自动化控制系统应符合运行实际控制要求，各项技术指标均应达到设计要求和合同要求。
12.2.6 酿造废水治理工程的单项工程验收和整体工程竣工验收的任一环节出现问题都应进行整改，直至全部合格。
12.2.7 整体工程竣工验收合格后，方可进行酿造废水处理试运行。
12.3 环境保护验收

12.3.1 酿造废水污染治理工程环境保护竣工验收应按《建设项目环境保护竣工验收管理办法》的规定进行。

12.3.2 环境保护竣工验收应提交以下技术文件：

（1）《建设项目环境保护竣工验收管理办法》规定的所有文件；

（2）酿造废水治理工程的性能评估报告；

（3）试运行期连续检测数据（一般不少于1个月）；

（4）完整的启动试运行、生产试运行操作记录。

12.3.3 通过系统调试运行和性能试验，对酿造废水污染治理工程进行性能评估。性能试验至少应包括：

（1）耗电量测试，分别测量各主要设备单体运行和设施系统运行的电能消耗；

（2）充氧效果试验，测试氧转移系数、氧利用率、充氧量等参数，分析供氧效果；

（3）风机运行试验，测试单台风机运行和全部风机联动运行的供气量、风压、噪声等参数，包括启动和运行时的参数；

（4）满负荷运行测试，向处理系统通入最大流量的废水，考察各工艺单元、构筑物和设备的运行工况；

（5）活性污泥测试，引种、培育并驯化活性污泥，调整各反应器的运行工况和运行参数，检测各项参数，观察反应池污泥性状，直至污泥运行正常；

（6）剩余污泥量测试，测定剩余污泥产生量和污泥脱水效率等工艺参数；

（7）水质检测，在工艺要求的各个重要部位，按照规定频次、指标和测试方法进行水质检测，分析污染物去除效果；

（8）物化处理性能测试，工艺流程有物化处理单元的应按有关规定测试其运行参数；

（9）出水指标达标的环境监测，处理出水符合达标验收要求。

13 运行与维护

13.1 一般规定

13.1.1 酿造废水处理设施的运行管理除应符合本标准的规定外，还应符合国家现行有关法律、法规和标准的规定。

13.1.2 酿造废水处理设施的运行管理宜参照CJJ 60和相应工程技术规范的有关规定执行。

13.1.3 运行管理人员应具有相应的职业教育背景，并经过技术培训合格后方可上岗操作。

13.1.4 应制定运行管理、维护保养制度和岗位操作规程，执行运行、维护记录。

13.1.5 各处理单元、设备应按照设计要求运行，发现设备存在运转异常情况应及时采取维护修理措施，必要时应更换受损的部件。

13.1.6 设备进行现场大修或出厂大修时应提前制定替代运行预案。

13.1.7 酿造废水治理设施的设备完好率应达到100%。

13.2 水质检测

13.2.1 酿造废水处理设施应配备专职水质分析化验人员，且具有相应环境监测职业资格并定期接受技术培训。

13.2.2 取样、样品处理与保存和分析化验等应符合HJ/T 91和HJ 493—2009的规定。

13.2.3 酿造废水处理设施正常运行时，pH、COD、DO、SS、ORP 等常规监测项目的取样和分析化验应每班不少于一次；污泥浓度、NH_3-N、TP、TN 等监测项目的取样和分析化验应每天不少于一次；BOD_5等项目的取样和分析化验应每周不少于一次。

13.2.4 调试、停车后重新启动和发生突发事故时应增加监测项目的分析化验频率。

13.2.5 检验仪器应按规定由计量检验机构定期进行检验和校准。

13.3 厌氧处理单元的运行管理

13.3.1 进水 pH 值应控制在 6.5～8.0。

13.3.2 应控制进水碱度，可根据检测数据及时调整系统负荷或采取其他相应措施。

13.3.3 进水温度较低时应采取适当的加热措施，进水温度应符合反应条件（中温发酵：35℃，高温发酵：55℃，允许温差±2℃）。

13.3.4 厌氧反应器溢流管应保持畅通，并保持足够的水封高度。冬季应采取防止水封结冰的措施，每班检查一次。

13.3.5 液面下 1.0 m 处 DO 应小于 0.1 mg/L。

13.3.6 污泥浓度应大于 20 g/L。

13.4 水解酸化池的运行管理

13.4.1 进水 pH 应控制在 6.5～7.5。

13.4.2 污泥界面应控制在液面下 0.5～1.5 m。

13.4.3 污泥床的高度应控制在 2.0～2.5 m。

13.4.4 液面下 0.5 m 处 DO 宜＜0.3 mg/L，污泥床底部的 DO 宜＜0.2 mg/L。

13.4.5 污泥不能达到规定的要求时应加大污泥回流量。

13.5 生物脱氮除磷处理单元的运行管理

13.5.1 脱氮除磷处理单元运行管理应符合相应的工程技术规范。

13.5.2 缺氧段应搅拌，保持液面下 0.5 m 处 DO＜0.3 mg/L，液面下 1.0 m 处 DO＜0.2 mg/L。

13.5.3 好氧段反应区内 DO 不宜＜2.5 mg/L。如溶解氧不足应增加曝气量，反应池底部的曝气器应保持完好，如有损坏应及时修复或更换。

13.5.4 对活性污泥应加强观察，污泥出现不正常现象应及时采取调整措施。

13.5.5 应根据总氮去除效果，在 100%～400%范围内调整混合液的回流比。

13.5.6 应加强水质检测，发现 C/N 比不符合运行要求时，应补加碳源营养物。

13.6 恶臭控制系统的运行管理

13.6.1 臭气收集系统、处理系统应保持密闭和足够的风压，保证正常工作。

13.6.2 生物膜滤床应维持适宜的湿度，保证生物菌适合的生存繁殖条件。

13.6.3 滤床排放口应设置检测仪表，当废气不符合排放要求时应调整运行工况和参数。

中华人民共和国国家环境保护标准

厌氧–缺氧–好氧活性污泥法
污水处理工程技术规范

Technical specifications for Anaerobic-Anoxic-Oxic activated sludge process

HJ 576—2010

前 言

为贯彻《中华人民共和国水污染防治法》，防治水污染，改善环境质量，规范厌氧缺氧好氧活性污泥法在污水处理工程中的应用，制定本标准。

本标准规定了采用厌氧-缺氧-好氧活性污泥法的污水处理工程工艺设计、电气、检测与控制、施工与验收、运行与维护的技术要求。

本标准的附录 A 为规范性附录。

本标准为首次发布。

本标准由环境保护部科技标准司组织制订。

本标准主要起草单位：中国环境保护产业协会（水污染治理委员会）、机科发展科技股份有限公司、北京城市排水集团有限责任公司、北京市市政工程设计研究总院。

本标准由环境保护部 2010 年 10 月 12 日批准。

本标准自 2011 年 1 月 1 日起实施。

本标准由环境保护部解释。

1 适用范围

本标准规定了采用厌氧-缺氧-好氧活性污泥法的污水处理工程工艺设计、电气、检测与控制、施工与验收、运行与维护的技术要求。

本标准适用于采用厌氧缺氧好氧活性污泥法的城镇污水和工业废水处理工程，可作为环境影响评价、设计、施工、验收及建成后运行与管理的技术依据。

2 规范性引用文件

本标准内容引用了下列文件中的条款。凡不注明日期的引用文件，其有效版本适用于本标准。

GB 3096　声环境质量标准

GB 12348　工业企业厂界环境噪声排放标准

GB 12523　建筑施工场界噪声限值
GB 12801　生产过程安全卫生要求总则
GB 18599　一般工业固体废物贮存、处置场污染控制标准
GB 18918　城镇污水处理厂污染物排放标准
GB 50014　室外排水设计规范
GB 50015　建筑给水排水设计规范
GB 50040　动力机器基础设计规范
GB 50053　10 kV 及以下变电所设计规范
GB 50187　工业企业总平面设计规范
GB 50204　混凝土结构工程施工质量验收规范
GB 50222　建筑内部装修设计防火规范
GB 50231　机械设备安装工程施工及验收通用规范
GB 50268　给水排水管道工程施工及验收规范
GB 50352　民用建筑设计通则
GBJ 16　建筑设计防火规范
GBJ 87　工业企业噪声控制设计规范
GB 50141　给水排水构筑物工程施工及验收规范
GBZ 1　工业企业设计卫生标准
GBZ 2　工作场所有害因素职业接触限值
CJ 3025　城市污水处理厂污水污泥排放标准
CJJ 60　城市污水处理厂运行、维护及其安全技术规程
CJ/T 51　城市污水水质检验方法标准
HJ/T 91　地表水和污水监测技术规范
HJ/T 242　环境保护产品技术要求　污泥脱水用带式压榨过滤机
HJ/T 251　环境保护产品技术要求　罗茨鼓风机
HJ/T 252　环境保护产品技术要求　中、微孔曝气器
HJ/T 278　环境保护产品技术要求　单级高速曝气离心鼓风机
HJ/T 279　环境保护产品技术要求　推流式潜水搅拌机
HJ/T 283　环境保护产品技术要求　厢式压滤机和板框压滤机
HJ/T 335　环境保护产品技术要求　污泥浓缩带式脱水一体机
HJ/T 353　水污染源在线监测系统安装技术规范（试行）
HJ/T 354　水污染源在线监测系统验收技术规范（试行）
HJ/T 355　水污染源在线监测系统运行与考核技术规范（试行）
《建设项目竣工环境保护验收管理办法》（国家环境保护总局，2001）

3 术语和定义

下列术语和定义适用于本标准。

3.1　厌氧-缺氧-好氧活性污泥法　anaerobicanoxicoxic activated sludge process

指通过厌氧区、缺氧区和好氧区的各种组合以及不同的污泥回流方式来去除水中有机

污染物和氮、磷等的活性污泥法污水处理方法，简称 AAO 法。主要变形有改良厌氧缺氧好氧活性污泥法、厌氧缺氧缺氧好氧活性污泥法、缺氧厌氧缺氧好氧活性污泥法等。

3.2 厌氧池（区） anaerobic zone

指非充氧池（区），溶解氧质量浓度一般小于 0.2 mg/L，主要功能是进行磷的释放。

3.3 缺氧池（区） anoxic zone

指非充氧池（区），溶解氧质量浓度一般为 0.2～0.5 mg/L，主要功能是进行反硝化脱氮。

3.4 好氧池（区） oxic zone

指充氧池（区），溶解氧质量浓度一般不小于 2 mg/L，主要功能是降解有机物、硝化氨氮和过量摄磷。

3.5 硝化 nitrification

指污水生物处理工艺中，硝化菌在好氧状态下将氨氮氧化成硝态氮的过程。

3.6 反硝化 denitrification

指污水生物处理工艺中，反硝化菌在缺氧状态下将硝态氮还原成氮气的过程。

3.7 生物除磷 biological phosphorus removal

指污泥中聚磷菌在厌氧条件下释放出磷，在好氧条件下摄取更多的磷，通过排放含磷量高的剩余污泥去除污水中磷的过程。

3.8 污泥停留时间 sludge retention time

指活性污泥在反应池（区）中的平均停留时间，也称作泥龄。

3.9 预处理 pretreatment

指进水水质能满足 AAO 的生化要求时，在 AAO 反应池前设置的常规处理措施。如格栅、沉砂池、初沉池、气浮池、隔油池、纤维及毛发捕集器等。

3.10 前处理 preprocessing

指进水水质不能满足 AAO 的生化要求时，根据调整水质的需要，在 AAO 反应池前设置的处理工艺。如水解酸化池、混凝沉淀池、中和池等。

3.11 标准状态 standard state

指大气压为 101 325 Pa、温度为 293.15 K 的状态。

4 总体要求

4.1 AAO 宜用于大、中型城镇污水和工业废水处理工程。

4.2 AAO 污水处理厂（站）应遵守以下规定：

a）污水处理厂厂址选择和总体布置应符合 GB 50014 的有关规定。总图设计应符合 GB 50187 的有关规定。

b）污水处理厂（站）的防洪标准不应低于城镇防洪标准，且有良好的排水条件。

c）污水处理厂（站）区建筑物的防火设计应符合 GBJ 16 和 GB 50222 的规定。

d）污水处理厂（站）区堆放污泥、药品的贮存场应符合 GB 18599 的规定。

e）在污水处理厂（站）建设、运行过程中产生的废气、废水、废渣及其他污染物的治理与排放，应执行国家环境保护法规和标准的有关规定，防止二次污染。

f）污水处理厂（站）的设计、建设应采取有效的隔声、消声、绿化等降低噪声的措施，噪声和振动控制的设计应符合 GBJ 87 和 GB 50040 的规定，机房内、外的噪声应分别符合 GBZ 2 和 GB 3096 的规定，厂界噪声应符合 GB 12348 的规定。

g）污水处理厂（站）的设计、建设、运行过程中应重视职业卫生和劳动安全，严格执行 GBZ 1、GBZ 2 和 GB 12801 的规定。污水处理工程建成运行的同时，安全和卫生设施应同时建成运行，并制定相应的操作规程。

4.3 城镇污水处理厂应按照 GB 18918 的有关规定安装在线监测系统，其他污水处理工程应按照国家或当地的环境保护管理要求安装在线监测系统。在线监测系统的安装、验收和运行应符合 HJ/T 353、HJ/T 354 和 HJ/T 355 的有关规定。

5 设计流量和设计水质

5.1 设计流量

5.1.1 城镇污水设计流量

5.1.1.1 城镇旱流污水设计流量应按式（1）计算。

$$Q_{dr} = Q_d + Q_m \tag{1}$$

式中：Q_{dr}——旱流污水设计流量，L/s；

Q_d——综合生活污水设计流量，L/s；

Q_m——工业废水设计流量，L/s。

5.1.1.2 城镇合流污水设计流量应按式（2）计算：

$$Q = Q_{dr} + Q_s \tag{2}$$

式中：Q——污水设计流量，L/s；

Q_{dr}——旱流污水设计流量，L/s；

Q_s——雨水设计流量，L/s。

5.1.1.3 综合生活污水设计流量为服务人口与相对应的综合生活污水定额之积。综合生活污水定额应根据当地的用水定额，结合建筑物内部给排水设施水平和排水系统普及程度等因素确定，可按当地相关用水定额的 80%～90%设计。

5.1.1.4 综合生活污水量总变化系数应根据当地实际综合生活污水量变化资料确定，没有测定资料时，可按 GB 50014 中相关规定取值，见表 1。

表 1 综合生活污水量总变化系数

平均日流量/（L/s）	5	15	40	70	100	200	500	≥1 000
总变化系数	2.3	2.0	1.8	1.7	1.6	1.5	1.4	1.3

5.1.1.5 排入市政管网的工业废水设计流量应根据城镇市政排水系统覆盖范围内工业污染源废水排放统计调查资料确定。

5.1.1.6 雨水设计流量参照 GB 50014 的有关规定。

5.1.1.7 在地下水位较高的地区，应考虑入渗地下水量，入渗地下水量宜根据实际测定资料确定。

5.1.2 工业废水设计流量

5.1.2.1 工业废水设计流量应按工厂或工业园区总排放口实际测定的废水流量设计。测试方法应符合 HJ/T 91 的规定。

5.1.2.2 工业废水流量变化应根据工艺特点进行实测。

5.1.2.3 不能取得实际测定数据时可参照国家现行工业用水量的有关规定折算确定，或根据同行业同规模同工艺现有工厂排水数据类比确定。

5.1.2.4 在有工业废水与生活污水合并处理时，工厂内或工业园区内的生活污水量、沐浴污水量的确定，应符合 GB 50015 的有关规定。

5.1.2.5 工业园区集中式污水处理厂设计流量的确定可参照城镇污水设计流量的确定方法。

5.1.3 不同构筑物的设计流量

5.1.3.1 提升泵房、格栅井、沉砂池宜按合流污水设计流量计算。

5.1.3.2 初沉池宜按旱流污水流量设计，并用合流污水设计流量校核，校核的沉淀时间不宜小于 30 min。

5.1.3.3 反应池宜按日平均污水流量设计；反应池前后的水泵、管道等输水设施应按最高日最高时污水流量设计。

5.2 设计水质

5.2.1 城镇污水的设计水质应根据实际测定的调查资料确定，其测定方法和数据处理方法应符合 HJ/T 91 的规定。无调查资料时，可按下列标准折算设计：

a）生活污水的五日生化需氧量按每人每天 25～50 g 计算；

b）生活污水的悬浮固体量按每人每天 40～65 g 计算；

c）生活污水的总氮量按每人每天 5～11 g 计算；

d）生活污水的总磷量按每人每天 0.7～1.4 g 计算。

5.2.2 工业废水的设计水质，应根据工业废水的实际测定数据确定，其测定方法和数据处理方法应符合 HJ/T 91 的规定。无实际测定数据时，可参照类似工厂的排放资料类比确定。

5.2.3 生物反应池的进水应符合下列条件：

a）水温宜为 12～35℃、pH 值宜为 6～9、BOD_5/COD_{Cr} 的值宜不小于 0.3；

b）有去除氨氮要求时，进水总碱度（以 $CaCO_3$ 计）/氨氮（NH_3-N）的值宜≥7.14，不满足时应补充碱度；

c）有脱总氮要求时，进水的 BOD_5/总氮（TN）的值宜≥4.0，总碱度（以 $CaCO_3$ 计）/NH_3-N 的值宜≥3.6，不满足时应补充碳源或碱度；

d）有除磷要求时，进水的 BOD_5/总磷（TP）的值宜≥17；

e）要求同时脱氮除磷时，宜同时满足 c）和 d）的要求。

5.3 污染物去除率

AAO 污染物去除率宜按照表 2 计算。

6 工艺设计

6.1 一般规定

6.1.1 出水直接排放时，应符合国家或地方排放标准要求；排入下一级处理单元时，应符合下一级处理单元的进水要求。

表 2　AAO 污染物去除率

污水类别	主体工艺	污染物去除率/%					
		化学耗氧量（COD_{Cr}）	五日生化需氧量（BOD_5）	悬浮物（SS）	氨氮（NH_3-N）	总氮（TN）	总磷（TP）
城镇污水	预（前）处理+AAO反应池+二沉池	70～90	80～95	80～95	80～95	60～85	60～90
工业废水	预（前）处理+AAO反应池+二沉池	70～90	70～90	70～90	80～90	60～80	60～90

6.1.2　工艺设计在空间上宜具有明确的界限。

6.1.3　应根据进水水质特性和处理要求，选择适宜的工艺类型，在同等条件下，宜优先采用非变形 AAO 法。

6.1.4　进水水质、水量变化较大时，宜设置调节水质和水量的设施。

6.1.5　工艺设计应考虑具备可灵活调节的运行方式。

6.1.6　工艺设计应考虑水温的影响。

6.1.7　各处理构筑物的个（格）数不宜少于 2 个（格），并宜按并联设计。

6.1.8　进水泵房、格栅、沉砂池、初沉池和二沉池的设计应符合 GB 50014 中的有关规定。

6.2　预处理和前处理

6.2.1　进水系统前应设置格栅，城镇污水处理工程还应设置沉砂池。

6.2.2　生物反应池前宜设置初沉池。

6.2.3　当进水水质不符合 5.2.3 规定的条件或含有影响生化处理的物质时，应根据进水水质采取适当的前处理工艺。

6.3　厌氧好氧工艺设计

6.3.1　工艺流程

当以除磷为主时，应采用厌氧/好氧工艺，基本工艺流程如图 1 所示。

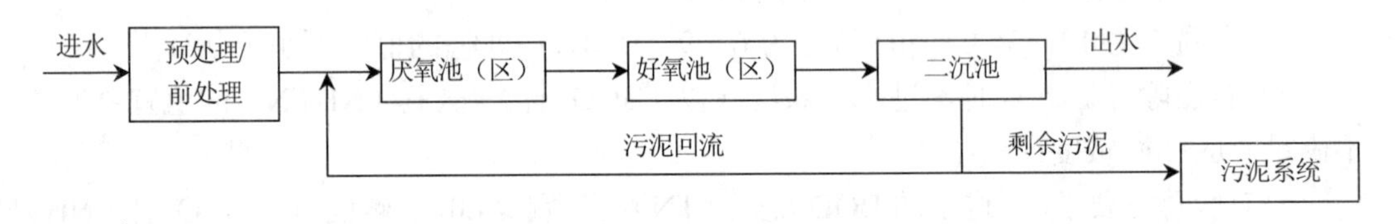

图 1　厌氧好氧工艺流程图

6.3.2　厌氧池（区）容积

厌氧池（区）的有效容积可按式（3）计算：

$$V_p = \frac{t_p Q}{24} \tag{3}$$

式中：V_p——厌氧池（区）容积，m^3；

t_p——厌氧池（区）水力停留时间，h；

Q——污水设计流量，m^3/d。

6.3.3　好氧池（区）容积

a）按污泥负荷计算：

$$V_0 = \frac{Q(S_0 - S_e)}{1\,000 L_s X} \tag{4}$$

$$X_v = y \cdot X \tag{5}$$

式中：V_0——好氧池（区）的容积，m^3；

Q——污水设计流量，m^3/d；

S_0——生物反应池进水五日生化需氧量，mg/L；

S_e——生物反应池出水五日生化需氧量，mg/L，当去除率大于 90%时可不计；

X——生物反应池内混合液悬浮固体（MLSS）平均质量浓度，g/L；

X_v——生物反应池内混合液挥发性悬浮固体（MLVSS）平均质量浓度，g/L；

L_s——生物反应池的五日生化需氧量污泥负荷（BOD_5/MLSS），kg/（kg·d）；

y——单位体积混合液中，MLVSS 占 MLSS 的比例，g/g。

b）按污泥泥龄计算：

$$V_0 = \frac{QY\theta_c(S_0 - S_e)}{1\,000 X_v (1 + K_{dT}\theta_c)} \tag{6}$$

$$K_{dT} = K_{d20} \cdot (\theta_T)^{T-20} \tag{7}$$

式中：V_0——好氧池（区）的容积，m^3；

Q——污水设计流量，m^3/d；

Y——污泥产率系数（VSS/BOD_5），kg/kg；

θ_c——设计污泥泥龄，d；

S_0——生物反应池进水五日生化需氧量，mg/L；

S_e——生物反应池出水五日生化需氧量，mg/L，当去除率大于 90%时可不计；

X_v——生物反应池内混合液挥发性悬浮固体（MLVSS）平均质量浓度，g/L；

K_{dT}——T℃时的衰减系数，d^{-1}；

K_{d20}——20℃时的衰减系数，d^{-1}，宜取 0.04～0.075；

θ_T——水温系数，宜取 1.02～1.06；

T——设计水温，℃。

6.3.4 工艺参数

厌氧/好氧工艺处理城镇污水或水质类似城镇污水的工业废水时，主要设计参数宜按表 3 的规定取值。工业废水的水质与城镇污水水质相差较大时，设计参数应通过试验或参照类似工程确定。

6.4 缺氧好氧工艺设计

6.4.1 工艺流程

当以除氮为主时，应采用缺氧好氧工艺，基本工艺流程如图 2 所示。

表 3　厌氧好氧工艺主要设计参数

项目名称		符号	单位	参数值
反应池五日生化需氧量污泥负荷	BOD_5/MLVSS	L_s	kg/（kg·d）	0.30～0.60
	BOD_5/MLSS		kg/（kg·d）	0.20～0.40
反应池混合液悬浮固体（MLSS）平均质量浓度		X	g/L	2.0～4.0
反应池混合液挥发性悬浮固体（MLVSS）平均质量浓度		X_v	g/L	1.4～2.8
MLVSS 在 MLSS 中所占比例	设初沉池	y	g/g	0.65～0.75
	不设初沉池		g/g	0.5～0.65
设计污泥泥龄		θ_c	d	3～7
污泥产率系数（VSS/BOD_5）	设初沉池	Y	kg/kg	0.3～0.6
	不设初沉池		kg/kg	0.5～0.8
厌氧水力停留时间		t_p	h	1～2
好氧水力停留时间		t_0	h	3～6
总水力停留时间		HRT	h	4～8
污泥回流比		R	%	40～100
需氧量（O_2/BOD_5）		O_2	kg/kg	0.7～1.1
BOD_5 总处理率		η	%	80～95
TP 总处理率		η	%	75～90

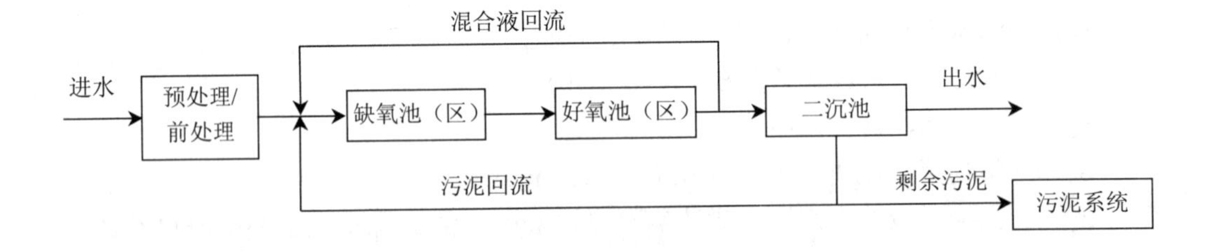

图 2　缺氧好氧工艺流程图

6.4.2　缺氧池（区）容积

缺氧池（区）有效容积可按式（8）计算：

$$V_n=\frac{0.001Q(N_k-N_{te})-0.12\Delta X_v}{K_{de(T)}X} \tag{8}$$

$$K_{de(T)}=K_{de(20)}1.08^{(T-20)} \tag{9}$$

$$\Delta X_v=yY_t\frac{Q(S_0-S_e)}{1\,000} \tag{10}$$

式中：V_n——缺氧池（区）容积，m^3；

Q——污水设计流量，m^3/d；

N_k——生物反应池进水总凯氏氮质量浓度，mg/L；

N_{te}——生物反应池出水总氮质量浓度，mg/L；

ΔX_v—排出生物反应池系统的微生物量，kg/d；

$K_{de(T)}$——T℃时的脱氮速率（NO_3-N/MLSS），kg/（kg·d），宜根据试验资料确定，无试验资料时按式（9）计算；

X——生物反应池内混合液悬浮固体（MLSS）平均质量浓度，g/L；

$K_{de(20)}$——20℃时的脱氮速率（NO_3-N/MLSS），kg/（kg·d），宜取0.03～0.06；

T——设计水温，℃；

y——单位体积混合液中，MLVSS占MLSS的比例，g/g；

Y_t——污泥总产率系数（MLSS/BOD_5），kg/kg，宜根据试验资料确定，无试验资料时，系统有初沉池时取0.3～0.5，无初沉池时取0.6～1.0；

S_0——生物反应池进水五日生化需氧量浓度，mg/L；

S_e——生物反应池出水五日生化需氧量浓度，mg/L。

6.4.3 好氧池（区）容积

好氧池（区）容积可按式（11）计算：

$$V_0 = \frac{Q(S_0 - S_e)\theta_{c0} Y_t}{1\,000X} \tag{11}$$

$$\theta_{c0} = F\frac{1}{\mu} \tag{12}$$

$$\mu = 0.47\frac{N_a}{K_N + N_a}e^{0.098(T-15)} \tag{13}$$

式中：V_0——好氧池（区）容积，m^3；

Q——污水设计流量，m^3/d；

S_0——生物反应池进水五日生化需氧量质量浓度，mg/L；

S_e——生物反应池出水五日生化需氧量质量浓度，mg/L；

θ_{c0}——好氧池（区）设计污泥泥龄值，d；

Y_t——污泥总产率系数（MLSS/BOD_5），kg/kg，宜根据试验资料确定，无试验资料时，系统有初沉池时取0.3～0.5，无初沉池时取0.6～1.0；

X——生物反应池内混合液悬浮固体（MLSS）平均浓度，g/L；

F——安全系数，取1.5～3.0；

μ——硝化菌生长速率，d^{-1}；

N_a——生物反应池中氨氮质量浓度，mg/L；

K_N——硝化作用中氮的半速率常数，mg/L，一般取1.0；

T——设计水温，℃。

6.4.4 混合液回流量

混合液回流量可按式（14）计算：

$$Q_{Ri} = \frac{1\,000V_n K_{de(T)} X}{N_t - N_{ke}} - Q_R \tag{14}$$

式中：Q_{Ri}——混合液回流量，m^3/d；

V_n——缺氧池（区）容积，m^3；

$K_{de(T)}$——T℃时的脱氮速率（NO_3-N/MLSS），kg/（kg·d），宜根据试验资料确定，无试验资料时按式（9）计算；

X——生物反应池内混合液悬浮固体（MLSS）平均质量浓度，g/L；

N_t——生物反应池进水总氮质量浓度，mg/L；

N_{ke}——生物反应池出水总凯氏氮质量浓度，mg/L；

Q_R——回流污泥量，m^3/d。

6.4.5 工艺参数

缺氧好氧工艺处理城镇污水或水质类似城镇污水的工业废水时，主要设计参数宜按表4的规定取值。工业废水的水质与城镇污水水质相差较大时，设计参数应通过试验或参照类似工程确定。

表4 缺氧好氧工艺设计参数

项目名称		符号	单位	参数值
反应池五日生化需氧量污泥负荷	BOD_5/MLVSS	L_s	kg/（kg·d）	0.07～0.21
	BOD_5/MLSS		kg/（kg·d）	0.05～0.15
反应池混合液悬浮固体（MLSS）平均质量浓度		X	kg/L	2.0～4.5
反应池混合液挥发性悬浮固体（MLVSS）平均质量浓度		X_v	kg/L	1.4～3.2
MLVSS在MLSS中所占比例	设初沉池	y	g/g	0.65～0.75
	不设初沉池		g/g	0.5～0.65
设计污泥泥龄		θ_c	d	10～25
污泥产率系数（VSS/BOD_5）	设初沉池	Y	kg/kg	0.3～0.6
	不设初沉池		kg/kg	0.5～0.8
缺氧水力停留时间		t_n	h	2～4
好氧水力停留时间		t_0	h	8～12
总水力停留时间		HRT	h	10～16
污泥回流比		R	%	50～100
混合液回流比		R_i	%	100～400
需氧量（O_2/BOD_5）		O_2	kg/kg	1.1～2.0
BOD_5总处理率		η	%	90～95
NH_3-N总处理率		η	%	85～95
TN总处理率		η	%	60～85

6.5 厌氧缺氧好氧工艺设计

6.5.1 需要同时脱氮除磷时，应采用厌氧缺氧好氧工艺，基本工艺流程如图3所示。

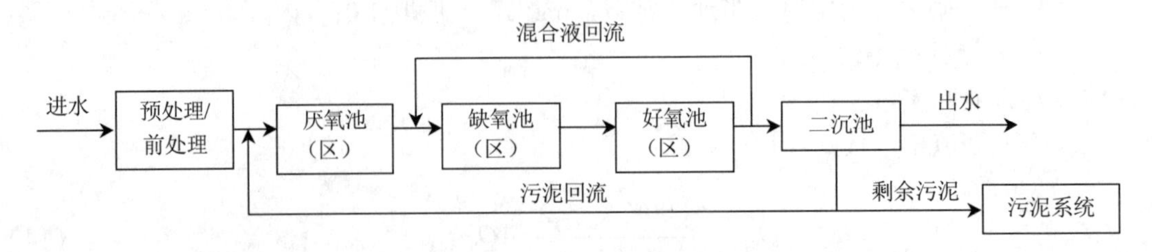

图3 厌氧缺氧好氧工艺流程图

6.5.2 反应池的容积，宜按本标准第 6.3.2 条、第 6.4.2 条及第 6.4.3 条的规定计算。

6.5.3 厌氧缺氧好氧工艺处理城镇污水或水质类似城镇污水的工业废水时，主要设计参数宜按表 5 的规定取值。工业废水的水质与城镇污水水质相差较大时，设计参数应通过试验或参照类似工程确定。

表 5 厌氧缺氧好氧工艺主要设计参数

项目名称		符号	单位	参数值
反应池五日生化需氧量污泥负荷	BOD_5/MLVSS	L_s	kg/（kg·d）	0.07～0.21
	BOD_5/MLSS		kg/（kg·d）	0.05～0.15
反应池混合液悬浮固体（MLSS）平均质量浓度		X	kg/L	2.0～4.5
反应池混合液挥发性悬浮固体（MLVSS）平均质量浓度		X_v	kg/L	1.4～3.2
MLVSS 在 MLSS 中所占比例	设初沉池	y	g/g	0.65～0.7
	不设初沉池		g/g	0.5～0.65
设计污泥泥龄		θ_c	d	10～25
污泥产率系数（VSS/BOD_5）	设初沉池	Y	kg/kg	0.3～0.6
	不设初沉池		kg/kg	0.5～0.8
厌氧水力停留时间		t_p	h	1～2
缺氧水力停留时间		t_n	h	2～4
好氧水力停留时间		t_0	h	8～12
总水力停留时间		HRT	h	11～18
污泥回流比		R	%	40～100
混合液回流比		R_i	%	100～400
需氧量（O_2/BOD_5）		O_2	kg/kg	1.1～1.8
BOD_5 总处理率		η	%	85～95
NH_3-N 总处理率		η	%	80～90
TN 总处理率		η	%	55～80
TP 总处理率		η	%	60～80

6.6 曝气系统

6.6.1 需氧量的计算

a）好氧池（区）的污水需氧量，根据 BOD_5 去除率、氨氮的硝化及除氮等要求确定，并按式（15）计算：

$$O_2 = 0.001aQ（S_0 - S_e）- c\Delta X_v + b[0.001Q（N_k - N_{ke}）- 0.12\Delta X_v] - 0.62b[0.001Q(N_t - N_{ke} - N_{0e}) - 0.12\Delta X_v] \quad (15)$$

式中：O_2——设计污水需氧量（O_2），kg/d；

a——碳的氧当量，当含碳物质以 BOD_5 计时，取 1.47；

Q——污水设计流量，m^3/d；

S_0——生物反应池进水五日生化需氧量，mg/L；

S_e——生物反应池出水五日生化需氧量，mg/L；

c——细菌细胞的氧当量，取 1.42；

ΔX_v——排出生物反应池系统的微生物量（MLVSS），kg/d；

b——氧化每千克氨氮所需氧量，kg/kg，取 4.57；

N_k——生物反应池进水总凯氏氮质量浓度，mg/L；

N_{ke}——生物反应池出水总凯氏氮质量浓度，mg/L；

N_t——生物反应池进水总氮质量浓度，mg/L；

N_{0e}——生物反应池出水硝态氮质量浓度，mg/L。

b）选用曝气设备时，应根据不同设备的特征、位于水面下的深度、污水的氧总转移特性、当地的海拔高度以及预期生物反应池中的水温和溶解氧浓度等因素，将计算的污水需氧量按下列公式换算为标准状态下污水需氧量：

$$O_s = K_0 \cdot O_2 \tag{16}$$

其中：

$$K_0 = \frac{C_s}{\alpha(\beta C_{sm} - C_0) \times 1.024^{(T-20)}} \tag{17}$$

$$C_{sm} = C_{sw}\left(\frac{O_t}{42} + \frac{10 \times P_b}{2.068}\right) \tag{18}$$

$$O_t = \frac{21(1-E_A)}{79 + 21(1-E_A)} \times 100 \tag{19}$$

式中：O_s——标准状态下污水需氧量（O_2），kg/d；

K_0——需氧量修正系数，采用鼓风曝气装置时按式（17）、式（18）、式（19）计算；

O_2——设计污水需氧量（O_2），kg/d；

C_s——标准状态下清水中饱和溶解氧质量浓度，mg/L，取 9.17；

α——混合液中总传氧系数与清水中总传氧系数之比，一般取 0.8～0.85；

β——混合液的饱和溶解氧值与清水中的饱和溶解氧值之比，一般取 0.9～0.97；

C_{sw}——T℃、实际计算压力时，清水表面饱和溶解氧，mg/L；

C_0——混合液剩余溶解氧，mg/L，一般取 2；

T——设计水温，℃；

C_{sm}——T℃、实际计算压力时，曝气装置所在水下深处至池面的清水中平均溶解值，mg/L；

O_t——曝气池逸出气体中含氧，%；

P_b——曝气装置所处的绝对压力，MPa；

E_A——曝气设备氧的利用率，%。

c）采用鼓风曝气装置时，可按式（20）将标准状态下污水需氧量换算为标准状态下的供气量。

$$G_s = \frac{O_s}{0.28 E_A} \tag{20}$$

式中：G_s——标准状态下的供气量，m^3/h；

O_s——标准状态下污水需氧量（O_2），kg/h；

E_A——曝气设备氧的利用率，%。

6.6.2 曝气方式的选择

6.6.2.1 曝气方式应结合供氧效率、能耗、维护检修、气温和水温等因素进行综合比较后确定。

6.6.2.2 大、中型污水处理厂宜选择鼓风式中、微孔水下曝气系统，小型污水处理厂可根据实际情况选择适当的曝气系统。

6.6.3 鼓风机与鼓风机房

6.6.3.1 应根据风量和风压选择鼓风机。大、中型污水处理厂宜选择单级高速离心鼓风机或多级低速离心鼓风机，小型污水处理厂和工业废水处理站可选择罗茨鼓风机。

6.6.3.2 单级高速离心鼓风机、罗茨鼓风机应分别符合 HJ/T 278 和 HJ/T 251 的规定。

6.6.3.3 鼓风机的备用应符合 GB 50014 的有关规定。

6.6.3.4 鼓风机及鼓风机房应采取隔音降噪措施，并符合 GB 12523 的规定。

6.6.4 曝气器

6.6.4.1 曝气器材质和形式的选择应考虑污水水质、工艺要求、操作维修等因素。

6.6.4.2 中、微孔曝气器的技术性能应符合 HJ/T 252 的规定。

6.6.4.3 好氧池（区）的曝气器应布置合理，不留有死角和空缺区域。

6.6.4.4 曝气器的数量应根据曝气池的供气量和单个曝气器的额定供气量及服务面积确定。

6.6.4.5 AAO 曝气池的供气主管道和供气支管道的配置应当合理，末梢支管连接曝气器组的供气压力应满足曝气器的工作压力。

6.7 搅拌系统

6.7.1 厌氧池（区）和缺氧池（区）宜采用机械搅拌，宜选用安装角度可调的搅拌器。

6.7.2 机械搅拌器的选择应考虑设备转速、桨叶尺寸和性能曲线等因素。

6.7.3 机械搅拌器布置的间距、位置，应根据试验确定或由供货厂方提供。

6.7.4 应根据反应池的池形选配搅拌器，搅拌器应符合 HJ/T 279 的规定。

6.7.5 搅拌器的轴向有效推动距离应大于反应池的池长，并且应考虑径向搅拌效果。

6.7.6 每个反应池内宜设置 2 台以上的搅拌器，反应池若分割成若干廊道，每条廊道至少应设置 1 台搅拌器。

6.8 加药系统

6.8.1 外加碳源

6.8.1.1 当进入反应池的 BOD_5/总凯氏氮（TKN）小于 4 时，宜在缺氧池（区）中投加碳源。

6.8.1.2 投加碳源量按式（21）计算：

$$BOD_5 = 2.86 \times \Delta N \times Q \qquad (21)$$

式中：BOD_5——投加的碳源对应的 BOD_5 量，g/d；

ΔN——硝态氮的脱除量，mg/L；

Q——污水设计流量，m^3/d。

6.8.1.3 碳源储存罐容量应为理论加药量的 7～14 d 投加量，投加系统不宜少于 2 套，应采用计量泵投加。

6.8.2 化学除磷

6.8.2.1 当出水总磷不能达到排放标准要求时，宜采用化学除磷作为辅助手段。

6.8.2.2 最佳药剂种类、投加量和投加点宜通过试验或参照类似工程确定。

6.8.2.3 化学药剂储存罐容量应为理论加药量的4～7 d投加量，加药系统不宜少于2套，应采用计量泵投加。

6.8.2.4 接触铝盐和铁盐等腐蚀性物质的设备和管道应采取防腐措施。

6.9 回流系统

6.9.1 回流设施应采用不易产生复氧的离心泵、混流泵、潜水泵等设备。

6.9.2 回流设施宜分别按生物处理工艺系统中的最大污泥回流比和最大混合液回流比设计。

6.9.3 回流设备不应少于2台，并应设计备用设备。

6.9.4 回流设备宜具有调节流量的功能。

6.10 消毒系统

消毒系统的设计应符合GB 50014的有关规定。

6.11 污泥系统

6.11.1 污泥量设计应考虑剩余污泥和化学除磷污泥。

6.11.2 剩余污泥量应按式（22）计算：

a）按污泥泥龄计算：

$$\Delta X = \frac{V \cdot X}{\theta_c} \tag{22}$$

式中：ΔX——剩余污泥量（SS），kg/d；

V——生物反应池的容积，m^3；

X——生物反应池内混合液悬浮固体（MLSS）平均质量浓度，g/L；

θ_c——设计污泥泥龄，d。

b）按污泥产率系数、衰减系数及不可生物降解和惰性悬浮物计算：

$$\Delta X = YQ(S_0 - S_e) - K_d VX_v + fQ(SS_0 - SS_e) \tag{23}$$

式中：ΔX——剩余污泥量（SS），kg/d；

Y——污泥产率系数（VSS/BOD_5），kg/kg；

Q——污水设计流量，m^3/d；

S_0——生物反应池进水五日生化需氧量，kg/m^3；

S_e——生物反应池出水五日生化需氧量，kg/m^3；

K_d——衰减系数，d^{-1}；

V——生物反应池的容积，m^3；

X_v——生物反应池内混合液挥发性悬浮固体（MLVSS）平均质量浓度，g/L；

f——SS的污泥转换率（MLSS/SS），g/g，宜根据试验资料确定，无试验资料时可取0.5～0.7；

SS_0——生物反应池进水悬浮物质量浓度，kg/m^3；

SS_e——生物反应池出水悬浮物质量浓度，kg/m^3。

6.11.3 化学除磷污泥量应根据药剂投加量计算。

6.11.4 污泥系统宜设置计量装置，可采用湿污泥计量和干污泥计量两种方式。

6.11.5 大型污水处理厂宜采用污泥消化方式实现污泥稳定，中小型污水处理厂（站）可采用延时曝气方式实现污泥稳定。

6.11.6 污泥处理和处置应符合 GB 50014 的规定，经处理后的污泥应符合 CJ 3025 的规定。

6.11.7 污泥脱水设备可选用厢式压滤机和板框压滤机、污泥脱水用带式压榨过滤机、污泥浓缩带式脱水一体机，所选用的设备应符合 HJ/T 283、HJ/T 242、HJ/T 335 的规定。

6.11.8 污泥脱水系统设计时宜考虑污泥处置的要求，并考虑脱水设备的备用。

7 检测与控制

7.1 一般规定

7.1.1 AAO 污水处理厂（站）运行应进行检测和控制，并配置相关的检测仪表和控制系统。

7.1.2 AAO 污水处理厂（站）应根据工程规模、工艺流程、运行管理要求确定检测和控制的内容。

7.1.3 自动化仪表和控制系统应保证 AAO 污水处理厂（站）的安全和可靠，方便运行管理。

7.1.4 计算机控制管理系统宜兼顾现有、新建和规划要求。

7.1.5 参与控制和管理的机电设备应设置工作和事故状态的检测装置。

7.2 过程检测

7.2.1 预处理单元宜设 pH 计、液位计、液位差计等，大型污水处理厂宜增设化学需氧量检测仪、悬浮物检测仪和流量计等。

7.2.2 宜设溶解氧检测仪和氧化还原电位检测仪等，大型污水处理厂宜增设污泥浓度计等。

7.2.3 宜设回流污泥流量计，并采用能满足污泥回流量调节要求的设备。

7.2.4 宜设剩余污泥宜设流量计，条件允许时可增设污泥浓度计，用于监测和统计污泥排出量。

7.2.5 总磷检测可采用实验室检测方式，除磷药剂根据检测设定值自动投加。

7.2.6 大型污水处理厂宜设总氮和总磷的在线监测仪，检测值用于指导工艺运行。

7.3 过程控制

7.3.1 AAO 污水处理厂（站）应根据其处理规模，在满足工艺控制条件的基础上合理选择集散控制系统（DCS）或可编程控制器（PLC）自动控制系统。

7.3.2 采用成套设备时，成套设备自身的控制宜与 AAO 污水处理厂（站）设置的控制系统结合。

7.4 自动控制系统

7.4.1 自动控制系统应具有数据采集、处理、控制、管理和安全保护功能。

7.4.2 自动控制系统的设计应符合下列要求：

a）宜对控制系统的监测层、控制层和管理层做出合理配置；

b）应根据工程具体情况，经技术经济比较后选择网络结构和通信速率；

c）对操作系统和开发工具要从运行稳定、易于开发、操作界面方便等多方面综合考虑；

d）厂级中控室应就近设置电源箱，供电电源应为双回路，直流电源设备应安全可靠；

e）厂、站级控制室面积应视其使用功能设定，并应考虑今后的发展；

f）防雷和接地保护应符合国家现行标准的要求。

8 电气

8.1 供电系统

8.1.1 工艺装置的用电负荷应为二级负荷。

8.1.2 中央控制室的自控系统电源应配备在线式不间断供电电源设备。

8.1.3 接地系统宜采用三相五线制系统。

8.2 低压配电

变电所及低压配电室的变配电设备布置，应符合国家标准 GB 50053 的有关规定。

8.3 二次线

8.3.1 工艺装置区的电气设备宜在中央控制室集中监控与管理，并纳入自动控制系统。

8.3.2 电气系统的控制水平应与工艺水平相一致，宜纳入计算机控制系统，也可采用强电控制。

9 施工与验收

9.1 一般规定

9.1.1 工程施工单位应具有国家相应的工程施工资质；工程项目宜通过招投标确定施工单位和监理单位。

9.1.2 应按工程设计图纸、技术文件、设备图纸等组织工程施工，工程的变更应取得设计单位的设计变更文件后方可实施。

9.1.3 施工前，应进行施工组织设计或编制施工方案，明确施工质量负责人和施工安全负责人，经批准后方可实施。

9.1.4 施工过程中，应做好设备、材料、隐蔽工程和分项工程等中间环节的质量验收；隐蔽工程应经过中间验收合格后，方可进行下一道工序施工。

9.1.5 管道工程的施工和验收应符合 GB 50268 的规定；混凝土结构工程的施工和验收应符合 GB 50204 的规定；构筑物的施工和验收应符合 GB 50141 的规定。

9.1.6 施工使用的设备、材料、半成品、部件应符合国家现行标准和设计要求，并取得供货商的合格证书，不得使用不合格产品。设备安装应符合 GB 50231 的规定。

9.1.7 工程竣工验收后，建设单位应将有关设计、施工和验收的文件立卷归档。

9.2 施工

9.2.1 土建施工

9.2.1.1 在进行土建施工前应认真阅读设计图纸和设备安装对土建的要求，了解预留预埋件的准确位置和做法，对有高程要求的设备基础应严格控制在设备要求的误差范围内。

9.2.1.2 生物反应池宜采用钢筋混凝土结构，应按设计图纸及相关设计文件进行施工，土建施工应重点控制池体的抗浮处理、地基处理、池体抗渗处理，满足设备安装对土建施工的要求。

9.2.1.3 需要在软弱地基上施工、且构筑物荷载不大时，应采取适当的措施对地基进行处理，当地基下有软弱下卧层时，应考虑其沉降的影响，必要时可采用桩基。

9.2.1.4　模板、钢筋、混凝土分项工程应严格执行 GB 50204 的规定，并符合以下要求：

a）模板架设应有足够强度、刚度和稳定性，表面平整无缝隙，尺寸正确；

b）钢筋规格、数量准确，绑扎牢固并应满足搭接长度要求，无锈蚀；

c）混凝土配合比、施工缝预留、伸缩缝设置、设备基础预留孔及预埋螺栓位置均应符合规范和设计要求，冬季施工应注意防冻。

9.2.1.5　现浇钢筋混凝土水池施工允许偏差应符合表 6 有关规定。

表 6　现浇钢筋混凝土水池施工允许偏差

项次	项目		允许偏差/mm
1	轴线位置	底板	15
		池壁、柱、梁	8
2	高程	垫层、底板、池壁、柱、梁	±10
3	平面尺寸（混凝土底板和池体长、宽或直径）	$L \leqslant 20$ m	±20
		20 m$<L\leqslant$50 m	±L/1 000
		50 m$<L\leqslant$250 m	±50
4	截面尺寸	池壁、柱、梁、顶板	+10 −5
		洞、槽、沟净空	±10
5	垂直度	$H\leqslant$5 m	8
		5 m$<H\leqslant$20 m	1.5H/1 000
6	表面平整度（用 2 m 直尺检查）		10
7	中心位置	预埋件、预埋管	5
		预留洞	10

注：L 为底板和池体的长、宽或直径；H 为池壁、柱的高度。

9.2.1.6　处理构筑物应根据当地气温和环境条件，采取防冻措施。

9.2.1.7　处理构筑物应设置必要的防护栏杆，并采取适当的防滑措施，符合 GB 50352 的规定。

9.2.2　设备安装

9.2.2.1　设备基础应按照设计要求和图纸规定浇筑，混凝土标号和基面位置高程应符合说明书和技术文件规定。

9.2.2.2　混凝土基础应平整坚实，并有隔振措施。

9.2.2.3　预埋件水平度及平整度应符合 GB 50231 的规定。

9.2.2.4　地脚螺栓应按照原机出厂说明书的要求预埋，位置应准确，安装应稳固。

9.2.2.5　安装好的机械应严格符合外形尺寸的公称允许偏差，不允许超差。

9.2.2.6　机电设备安装后试车应满足下列要求：

a）启动时应按照标注箭头方向旋转，启动运转应平稳，运转中无振动和异常声响；

b）运转啮合与差动机构运转应按产品说明书的规定同步运行，没有阻塞和碰撞现象；

c）运转中各部件应保持动态所应有的间隙，无抖动晃摆现象；

d）试运转用手动或自动操作，设备全程完整动作 5 次以上，整体设备应运行灵活；

e）各限位开关运转中，动作及时，安全可靠；

f）电机运转中温升在正常值内；

g）各部轴承注加规定润滑油，应不漏、不发热，温升小于 60℃。

9.3 验收

9.3.1 工程验收

9.3.1.1 工程验收包括中间验收和竣工验收；中间验收应由施工单位会同建设单位、设计单位和质量监督部门共同进行；竣工验收应由建设单位组织施工、设计、管理、质量监督及有关单位联合进行。

9.3.1.2 中间验收包括验槽、验筋、主体验收、安装验收、联动试车。中间验收时应按相应的标准进行检验，并填写中间验收记录。

9.3.1.3 竣工验收应提供以下资料：

a）施工图及设计变更文件；

b）主要材料和制品的合格证或试验记录；

c）施工测量记录；

d）混凝土、砂浆、焊接及水密性、气密性等试验和检验记录；

e）施工记录；

f）中间验收记录；

g）工程质量检验评定记录；

h）工程质量事故处理记录。

9.3.1.4 竣工验收时应核实竣工验收资料，进行必要的复查和外观检查，并对下列项目做出鉴定，填写竣工验收鉴定书。竣工验收鉴定书应包括以下项目：

a）构筑物的位置、高程、坡度、平面尺寸、设备、管道及附件等安装的位置和数量；

b）结构强度、抗渗、抗冻等级；

c）构筑物的水密性；

d）外观，包括构筑物的裂缝、蜂窝、麻面、露筋、空鼓、缺边、掉角以及设备和外露的管道安装等是否影响工程质量。

9.3.1.5 生物池土建施工完成后应按照 GB 50141 的规定进行满水试验，地面以下渗水量应符合设计规定，最大不得超过 2 L/（m^2·d）。

9.3.1.6 泵房和风机房等都应按设计的最多开启台数进行 48 h 运转试验，测定水泵和污泥泵的流量和机组功率，有条件的应对其特性曲线进行检测。

9.3.1.7 鼓风曝气系统安装应平整牢固，曝气头无漏水现象，曝气管内无杂质，曝气量满足设计要求，曝气稳定均匀；曝气管应设有吹扫、排空装置。

9.3.1.8 闸门、闸阀不得有漏水现象。

9.3.1.9 排水管道应做闭水试验，上游充水管保持在管顶以上 2 m，外观检查应 24 h 无漏水现象。

9.3.1.10 空气管道应做气密性试验，24 h 压力降不超过允许值为合格。

9.3.1.11 进口设备除参照国内标准外，必要时应参照国外标准和其他相关标准进行验收。

9.3.1.12 仪表、化验设备应有计量部门的确认。

9.3.1.13 变电站高压配电系统应由供电局组织电检和验收。

9.3.2 环境保护验收

9.3.2.1 AAO 污水处理厂（站）验收前应进行调试和试运行，解决出现的问题，实现工艺设计目标，建立各设备和单元的操作规程，确定符合实际进水水量和水质的各项控制参数。

9.3.2.2　AAO 污水处理厂（站）在正式投入生产或使用之前，建设单位应向环境保护行政主管部门提出环境保护验收申请。

9.3.2.3　AAO 污水处理厂（站）竣工环境保护验收应按《建设项目竣工环境保护验收管理办法》的规定和环境影响评价报告的批复进行。

9.3.2.4　AAO 污水处理厂（站）验收前应结合试运行进行性能试验，性能试验报告可作为竣工环境保护验收的技术支持文件。性能试验内容包括：

a）各组建筑物都应按设计负荷，全流程通过所有构筑物；

b）测试并计算各构筑物的工艺参数；

c）测定全厂的格栅垃圾量、沉砂量和污泥量；

d）统计全厂进出水量、用电量和各单元用电量；

e）水质化验；

f）计算全厂技术经济指标，如 BOD_5 去除总量、BOD_5 去除单位能耗（kW·h/kg）、污水处理成本（元/kg）。

10　运行与维护

10.1　一般规定

10.1.1　AAO 污水处理设施的运行、维护及安全管理应参照 CJJ 60 执行。

10.1.2　污水处理厂（站）的运行管理应配备专业人员。

10.1.3　污水处理厂（站）在运行前应制定设备台账、运行记录、定期巡视、交接班、安全检查等管理制度，以及各岗位的工艺系统图、操作和维护规程等技术文件。

10.1.4　操作人员应熟悉本厂（站）处理工艺技术指标和设施设备的运行要求，经过技术培训和生产实践，并考试合格后方可上岗。

10.1.5　各岗位的工艺系统图、操作和维护规程等应示于明显部位，运行人员应按规程进行系统操作，并定期检查构筑物、设备、电气和仪表的运行情况。

10.1.6　工艺设施和主要设备应编入台账，定期对各类设备、电气、自控仪表及建（构）筑物进行检修维护，确保设施稳定可靠运行。

10.1.7　运行人员应遵守岗位职责，坚持做好交接班和巡视。

10.1.8　应定期检测进出水水质，并定期对检测仪器、仪表进行校验。

10.1.9　运行中应严格执行经常性的和定期的安全检查，及时消除事故隐患，防止事故发生。

10.1.10　各岗位人员在运行、巡视、交接班、检修等生产活动中，应做好相关记录。

10.2　水质检验

10.2.1　污水处理厂（站）应设水质化验室，配备检测人员和仪器。

10.2.2　水质化验室内部应建立健全水质分析质量保证体系。

10.2.3　化验检测人员应经培训后持证上岗，并应定期进行考核和抽检。

10.2.4　化验检测方法应符合 CJ/T 51 的规定。

10.3　运行控制

10.3.1　运行中应定期检测各池的溶解氧（DO）和氧化还原电位（ORP）。

10.3.2　应经常观察活性污泥生物相、上清液透明度、污泥颜色、状态、气味等，定时检测和计算反映污泥特性的有关参数。

10.3.3 应根据观察到的现象和检测数据，及时调整进水量、曝气量、污泥回流量、混合液回流量、剩余污泥排放量等，保证出水稳定达标。

10.3.4 剩余污泥排放量应根据污泥沉降比、混合液污泥浓度和泥龄及时调整。

10.3.5 曝气池发生污泥膨胀、污泥上浮等不正常现象时，应分析原因，并针对具体情况，采取适当措施，调整系统运行工况。

10.3.6 当曝气池水温低时，可采用提高污泥浓度、增加泥龄等方法，保证污水的处理效果。

10.3.7 曝气池产生泡沫和浮渣时，应根据泡沫和浮渣的颜色、数量等分析原因，采取相应措施。

10.3.8 当出水氨氮超标时应通过以下方式进行调节：

a）减少剩余污泥排放量，提高泥龄；

b）提高好氧段 DO；

c）系统碱度不够时适当补充碱度。

10.3.9 当出水总氮超标时应通过以下方式进行调节：

a）降低缺氧段 DO；

b）提高进水中 BOD_5/TN 的比值；

c）增大好氧混合液回流量。

10.3.10 当出水总磷超标时应通过以下方式进行调节：

a）降低厌氧段 DO；

b）提高进水中 BOD_5/TP；

c）增大剩余污泥排放量；

d）采取化学除磷措施。

10.4 维护保养

10.4.1 应将生物反应池的维护保养作为全厂（站）维护的重点。

10.4.2 应定期检查曝气设备曝气均匀性，曝气不均匀、风机阻力升高时，应对曝气管路进行清洗；风机阻力减小时，应注意观察曝气头损坏情况，影响工艺运行时应更换。

10.4.3 当采用微孔曝气时，应经常排放空气管路中的存水。

10.4.4 曝气池应定期放空清理，检查构筑物完好情况。

10.4.5 应按照设备说明书要求，对曝气池中的设备定期进行维护保养。

10.4.6 应定期检查搅拌设备的运行状况，当搅拌设备振动较大时应提出水面进行检查维修。

10.4.7 应定期对生物反应池中的 DO 测定仪、ORP 计、NH_3-N 测定仪、硝态氮测定仪、污泥浓度计、污泥界面仪等仪表进行校正和维修保养。

10.4.8 操作人员应严格执行设备操作规程，定时巡视设备运转是否正常，包括温升、响声、振动、电压、电流等，发现问题应尽快检查排除。

10.4.9 应保持设备各运转部位良好的润滑状态，及时添加润滑油、除锈；发现漏油、渗油情况，应及时解决。

10.4.10 运行中应防止由于潜水搅拌机叶轮损坏或堵塞、表面空气吸入形成涡流、不均匀水流等引起的振动。

10.4.11 应做好设备维修保养记录。

附录 A（规范性附录）

AAO 法的主要变形及参数

A.1 改良厌氧缺氧好氧活性污泥法（UCT）

A.1.1 工艺流程

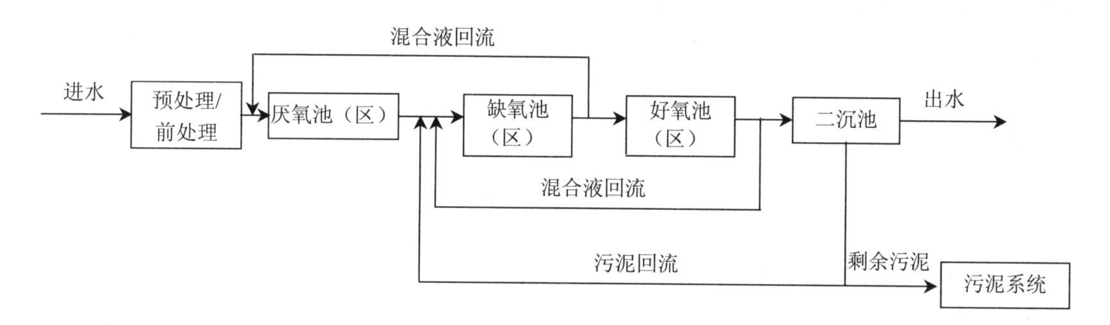

图 A.1 UCT 工艺流程图

A.1.2 工艺参数

A.1.2.1 污泥负荷（BOD_5/MLSS）：0.05～0.15 kg/（kg·d）。

A.1.2.2 污泥质量浓度：2 000～4 000 mg/L。

A.1.2.3 污泥泥龄：10～18 d。

A.1.2.4 污泥回流：40%～100%，好氧池（区）混合液回流：100%～400%，缺氧池（区）混合液回流：100%～200%。

A.1.2.5 厌氧池（区）水力停留时间：1～2 h，缺氧池（区）水力停留时间：2～3 h，好氧池（区）水力停留时间：6～14 h。

A.2 厌氧缺氧/缺氧好氧活性污泥法（MUCT）

A.2.1 工艺流程

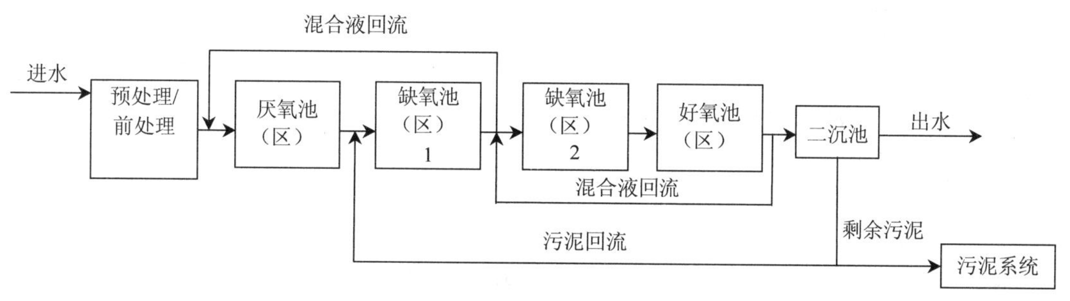

图 A.2 MUCT 工艺流程图

A.2.2 工艺参数

A.2.2.1 污泥负荷（BOD_5/MLSS）：0.05～0.2 kg/（kg·d）。

A.2.2.2 污泥质量浓度：2 000～4 500 mg/L。

A.2.2.3 污泥泥龄：10～16 d。

A.2.2.4 污泥回流：40%～100%，好氧池（区）混合液回流：200%～400%，缺氧池（区）混合液回流：100%～200%。

A.2.2.5 厌氧池（区）水力停留时间：1～2 h，缺氧池（区）1 水力停留时间：0.5～1 h，缺氧池（区）2 水力停留时间：1～2 h，好氧池（区）水力停留时间：6～14 h。

A.3 缺氧/厌氧缺氧好氧活性污泥法（JHB）

A.3.1 工艺流程

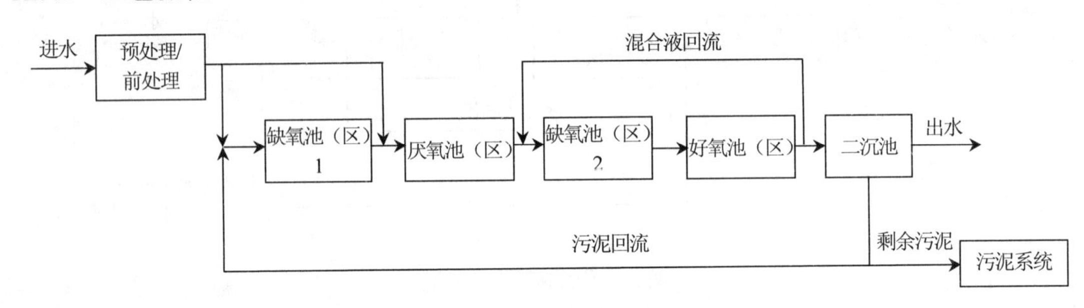

图 A.3 JHB 工艺流程图

A.3.2 工艺参数

A.3.2.1 污泥负荷（BOD_5/MLSS）：0.05～0.2 kg/（kg·d）。

A.3.2.2 污泥质量浓度：2 000～4 500 mg/L。

A.3.2.3 污泥泥龄：10～16 d。

A.3.2.4 污泥回流：40%～110%，好氧池（区）混合液回流：200%～400%。

A.3.2.5 进水分配比例：进缺氧池（区）10%～30%，进厌氧池（区）70%～90%。

A.3.2.6 缺氧池（区）1 水力停留时间：0.5～1 h，厌氧池（区）水力停留时间：1～2 h，缺氧池（区）2 水力停留时间：2～4 h，好氧池（区）水力停留时间：6～14 h。

A.4 缺氧/厌氧/好氧活性污泥法（RAAO）

A.4.1 工艺流程

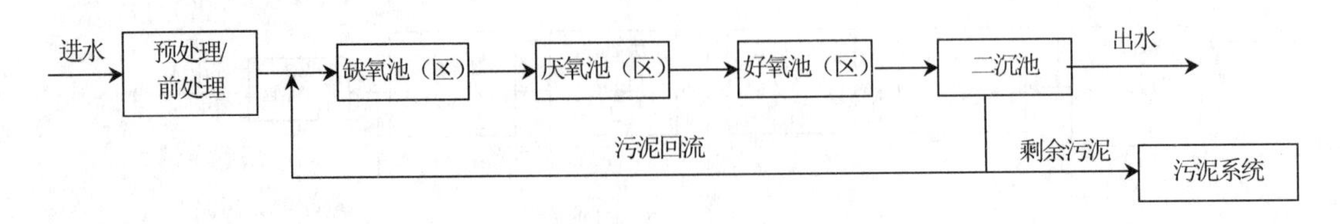

图 A.4 RAAO 工艺流程图

A.4.2 工艺参数

A.4.2.1 污泥负荷（BOD_5/MLSS）：0.05～0.15 kg/（kg·d）。

A.4.2.2 污泥质量浓度：2 000～5 000 mg/L。

A.4.2.3 好氧污泥泥龄：10～18 d。

A.4.2.4 污泥回流：40%～120%。

A.4.2.5 缺氧池（区）水力停留时间：2～4 h，厌氧池（区）水力停留时间：1～2 h，好氧池（区）水力停留时间：6～12 h。

A.5 多级缺氧好氧活性污泥法（MAO）

A.5.1 工艺流程

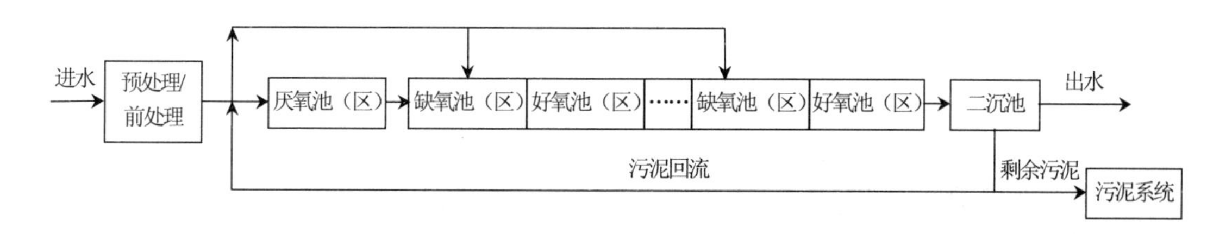

图 A.5 MAO 工艺流程图

A.5.2 工艺参数

A.5.2.1 污泥负荷（BOD_5/MLSS）：0.05～0.15 kg/（kg·d）。

A.5.2.2 污泥质量浓度：2 000～5 000 mg/L。

A.5.2.3 好氧污泥泥龄：10～18 d。

A.5.2.4 污泥回流：40%～100%。

A.5.2.5 进水分配比例：进厌氧池（区）30%～50%，进缺氧池（区）50%～70%。

A.5.2.6 厌氧池（区）水力停留时间：1～2 h，缺氧池（区）水力停留时间：2～4 h，好氧池（区）水力停留时间：6～12 h。

中华人民共和国国家环境保护标准

序批式活性污泥法污水处理工程技术规范

Technical specifications for sequencing batch reactor activated sludge process

HJ 577—2010

前 言

为贯彻《中华人民共和国水污染防治法》，防治水污染，改善环境质量，规范序批式活性污泥法在污水处理工程中的应用，制定本标准。

本标准规定了采用序批式活性污泥法的污水处理工程工艺设计、主要工艺设备、检测与控制、施工与验收、运行与维护的技术要求。

本标准的附录A为资料性附录。

本标准为首次发布。

本标准由环境保护部科技标准司组织制订。

本标准主要起草单位：中国环境保护产业协会（水污染治理委员会）、天津市环境保护科学研究院、安徽国祯环保节能科技股份有限公司。

本标准由环境保护部2010年10月12日批准。

本标准自2011年1月1日起实施。

本标准由环境保护部解释。

1 适用范围

本标准规定了采用序批式活性污泥法的污水处理工程工艺设计、主要工艺设备、检测与控制、施工与验收、运行与维护的技术要求。

本标准适用于采用序批式活性污泥法的城镇污水和工业废水处理工程，可作为环境影响评价、设计、施工、环境保护验收及设施运行管理的技术依据。

2 规范性引用文件

本标准内容引用了下列文件中的条款。凡是不注日期的引用文件，其有效版本适用于本标准。

GB 3096　声环境质量标准

GB 12348　工业企业厂界环境噪声排放标准

GB 12801　生产过程安全卫生要求总则

GB 18599　一般工业固体废物贮存、处置场污染控制标准

GB 18918 城镇污水处理厂污染物排放标准
GB 50014 室外排水设计规范
GB 50015 建筑给水排水设计规范
GB 50040 动力机器基础设计规范
GB 50053 10 kV 及以下变电所设计规范
GB 50187 工业企业总平面设计规范
GB 50204 混凝土结构工程施工质量验收规范
GB 50222 建筑内部装修设计防火规范
GB 50231 机械设备安装工程施工及验收通用规范
GB 50254 电气装置安装工程低压电器施工及验收规范
GB 50268 给水排水管道工程施工及验收规范
GB 50334 城市污水处理厂工程质量验收规范
GB 50352 民用建筑设计通则
GBJ 16 建筑设计防火规范
GBJ 87 工业企业噪声控制设计规范
GB 50141 给水排水构筑物工程施工及验收规范
GBZ 1 工业企业设计卫生标准
GBZ 2 工作场所化学有害因素职业接触限值
CJJ 60 城市污水处理厂运行、维护及其安全技术规程
HJ/T 91 地表水和污水监测技术规范
HJ/T 247 环境保护产品技术要求 竖轴式机械表面曝气装置
HJ/T 251 环境保护产品技术要求 罗茨鼓风机
HJ/T 252 环境保护产品技术要求 中、微孔曝气器
HJ/T 260 环境保护产品技术要求 鼓风式潜水曝气机
HJ/T 277 环境保护产品技术要求 旋转式滗水器
HJ/T 278 环境保护产品技术要求 单级高速曝气离心鼓风机
HJ/T 279 环境保护产品技术要求 推流式潜水搅拌机
HJ/T 353 水污染源在线监测系统安装技术规范（试行）
HJ/T 354 水污染源在线监测系统验收技术规范（试行）
HJ/T 355 水污染源在线监测系统运行与考核技术规范（试行）
《建设项目竣工环境保护验收管理办法》（国家环境保护总局，2001）

3 术语和定义

下列术语和定义适用于本标准。

3.1 序批式活性污泥法 sequencing batch reactor activated sludge process

指在同一反应池（器）中，按时间顺序由进水、曝气、沉淀、排水和待机五个基本工序组成的活性污泥污水处理方法，简称 SBR 法。其主要变形工艺包括循环式活性污泥工艺（CASS 或 CAST 工艺）、连续和间歇曝气工艺（DAT-IAT 工艺）、交替式内循环活性污泥工艺（AICS 工艺）等。

3.2 运行周期 treatment cycle

指一个反应池按顺序完成一次进水、曝气、沉淀、排水、待机工作程序的周期。一个运行周期所经历的时间称为周期时间。

3.3 进水工序 fill

指从反应池最低水位开始，充水至反应池最高水位停止的工序。进水工序可分为非限制曝气进水（进水同时曝气）和限制曝气进水（进水期不曝气）。一个运行周期内进水工序所经历的时间称为进水时间。

3.4 曝气工序 aeration/react

指对反应池中的污水进行曝气处理的工序。曝气工序可根据需要选择连续曝气或间歇曝气方式。一个运行周期内曝气所经历的时间称为曝气时间。

3.5 沉淀工序 settle

指反应池在停止曝气后进行静置沉淀，使泥水分离的工序。一个运行周期内沉淀工序所经历的时间称为沉淀时间。

3.6 排水工序 drawn

指将沉淀后的上清液撇除，至反应池最低水位的工序。一个运行周期内排水工序所经历的时间称为排水时间。

3.7 滗水 decanting

指在不扰动沉淀后的污泥层、挡住水面的浮渣不外溢的情况下，将上清液从水面撇除的操作。

3.8 待机时间 idle

指从一个周期停止排水到下一个周期开始进水所经历的时间。

3.9 反应时间 reaction time

指一个运行周期内进水工序和曝气工序中曝气停止所经历的时间。

3.10 生物选择区 biological selector

指设置在反应池的前端，使回流污泥和未被稀释的污水混合接触的预反应区。生物选择区的类型有好氧、缺氧和厌氧。

3.11 主反应区 main reaction zone

指 CASS 或 CAST 反应池内生物选择区以后的好氧反应区。

3.12 预处理 pretreatment

指进水水质能满足 SBR 工艺生化要求时，在 SBR 反应池前设置的处理措施。如格栅、沉砂池、初沉池、气浮池、隔油池、纤维及毛发捕集器等。

3.13 前处理 preprocessing

指进水水质不能满足 SBR 工艺生化要求时，根据调整水质的需要，在 SBR 反应池前设置的处理工艺。如水解酸化池、混凝沉淀池、中和池等。

3.14 标准状态 standard state

指大气压为 101 325 Pa、温度为 293.15 K 的状态。

4 总体要求

4.1 SBR 法宜用于中、小型城镇污水和工业废水处理工程。

4.2　应根据去除碳源污染物、脱氮、除磷、好氧污泥稳定等不同要求和外部环境条件，选择适宜的 SBR 法及其变形工艺。

4.3　应充分考虑冬季低温对 SBR 工艺去除碳源污染物、脱氮和除磷的影响，必要时可采取如下措施：降低负荷、减少排泥（增长泥龄）、调整厌氧及缺氧时段的水力停留时间、保温或增温等。

4.4　应根据可能发生的运行条件，设置不同的 SBR 工艺运行方案。

4.5　SBR 污水处理厂（站）应遵守以下规定：

a）污水处理厂厂址选择和总体布置应符合 GB 50014 的有关规定。总图设计应符合 GB 50187 的有关规定。

b）污水处理厂（站）的防洪标准不应低于城镇防洪标准，且有良好的排水条件。

c）污水处理厂（站）建筑物的防火设计应符合 GBJ 16 和 GB 50222 的规定。

d）污水处理厂（站）区堆放污泥、药品的贮存场应符合 GB 18599 的规定。

e）污水处理厂（站）建设、运行过程中产生的废气、废水、废渣及其他污染物的治理与排放，应执行国家环境保护法规和标准的有关规定，防止二次污染。

f）污水处理厂（站）的噪声和振动控制设计应符合 GBJ 87 和 GB 50040 的规定，机房内、外的噪声应分别符合 GBZ 2 和 GB 3096 的规定，厂界噪声应符合 GB 12348 的规定。

g）污水处理厂（站）的设计、建设、运行过程中应重视职业卫生和劳动安全，严格执行 GBZ 1、GBZ 2 和 GB 12801 的规定。污水处理工程建成运行的同时，安全和卫生设施应同时建成运行，并制定相应的操作规程。

4.6　城镇污水处理厂应按照 GB 18918 的相关规定安装在线监测系统，其他污水处理工程应按照国家或当地的环境保护管理要求安装在线监测系统。在线监测系统的安装、验收和运行应符合 HJ/T 353、HJ/T 354 和 HJ/T 355 的相关规定。

5 设计流量和设计水质

5.1　设计流量

5.1.1　城镇污水设计流量

5.1.1.1　城镇旱流污水设计流量应按下式计算。

$$Q_{dr} = Q_d + Q_m \tag{1}$$

式中：Q_{dr}——旱流污水设计流量，L/s；

Q_d——综合生活污水设计流量，L/s；

Q_m——工业废水设计流量，L/s。

5.1.1.2　城镇合流污水设计流量应按下式计算。

$$Q = Q_{dr} + Q_s \tag{2}$$

式中：Q——污水设计流量，L/s；

Q_{dr}——旱流污水设计流量，L/s；

Q_s——雨水设计流量，L/s。

5.1.1.3　综合生活污水设计流量为服务人口与相对应的综合生活污水定额之积。综合生活污水定额应根据当地的用水定额，结合建筑物内部给排水设施水平和排水系统普及程度等因素确定，可按当地相关用水定额的 80%～90%设计。

5.1.1.4 综合生活污水量总变化系数应根据当地实际综合生活污水量变化资料确定，没有测定资料时，可按 GB 50014 中的相关规定取值，见表 1。

表 1 综合生活污水量总变化系数

平均日流量/（L/s）	5	15	40	70	100	200	500	≥1 000
总变化系数	2.3	2.0	1.8	1.7	1.6	1.5	1.4	1.3

5.1.1.5 排入市政管网的工业废水设计流量应根据城镇市政排水系统覆盖范围内工业污染源废水排放统计调查资料确定。

5.1.1.6 雨水设计流量参照 GB 50014 的有关规定。

5.1.1.7 在地下水位较高的地区，应考虑入渗地下水量，入渗地下水量宜根据实际测定资料确定。

5.1.2 工业废水设计流量

5.1.2.1 工业废水设计流量应按工厂或工业园区总排放口实际测定的废水流量设计。测试方法应符合 HJ/T 91 的规定。

5.1.2.2 工业废水流量变化应根据工艺特点进行实测。

5.1.2.3 不能取得实际测定数据时可参照国家现行工业用水量的有关规定折算确定，或根据同行业同规模同工艺现有工厂排水数据类比确定。

5.1.2.4 在有工业废水与生活污水合并处理时，工厂内或工业园区内的生活污水量、沐浴污水量的确定，应符合 GB 50015 的有关规定。

5.1.2.5 工业园区集中式污水处理厂设计流量的确定可参照城镇污水设计流量的确定方法。

5.1.3 不同构筑物的设计流量

5.1.3.1 提升泵房、格栅井、沉砂池宜按合流污水设计流量计算。

5.1.3.2 初沉池宜按旱流污水流量设计，并用合流污水设计流量校核，校核的沉淀时间不宜小于 30 min。

5.1.3.3 反应池宜按日平均污水流量设计；反应池前后的水泵、管道等输水设施应按最高日最高时污水流量设计。

5.2 设计水质

5.2.1 城镇污水的设计水质应根据实际测定的调查资料确定，其测定方法和数据处理方法应符合 HJ/T 91 的规定。无调查资料时，可按下列标准折算设计：

a）生活污水的五日生化需氧量按每人每天 25～50 g 计算；

b）生活污水的悬浮固体量按每人每天 40～65 g 计算；

c）生活污水的总氮量按每人每天 5～11 g 计算；

d）生活污水的总磷量按每人每天 0.7～1.4 g 计算。

5.2.2 工业废水的设计水质，应根据工业废水的实际测定数据确定，其测定方法和数据处理方法应符合 HJ/T 91 的规定。无实际测定数据时，可参照类似工厂的排放资料类比确定。

5.2.3 SBR 进水应符合下列条件：

a）水温宜为 12～35℃、pH 值宜为 6～9、BOD_5/COD 的值宜不小于 0.3；

b）有去除氨氮要求时，进水总碱度（以 $CaCO_3$ 计）/氨氮（NH_3-N）的值宜不小于 7.14，不满足时应补充碱度；

c）有脱氮要求时，进水的 BOD_5/总氮（TN）的值宜不小于 4.0，总碱度（以 $CaCO_3$ 计）/氨氮的值宜不小于 3.6，不满足时应补充碳源或碱度；

d）有除磷要求时，进水的 BOD_5/总磷（TP）的值宜不小于 17；

e）要求同时脱氮除磷时，宜同时满足 c）和 d）的要求。

5.3 污染物去除率

SBR 污水处理工艺的污染物去除率按照表 2 计算。

表 2 SBR 污水处理工艺的污染物去除率设计值

污水类别	主体工艺	污染物去除率/%					
		悬浮物（SS）	五日生化需氧量（BOD_5）	化学耗氧量（COD）	氨氮 NH_3-N	总氮 TN	总磷 TP
城镇污水	初次沉淀*+SBR	70～90	80～95	80～90	85～95	60～85	50～85
工业废水	预处理+SBR	70～90	70～90	70～90	85～95	55～85	50～85

注：* 应根据水质、SBR 工艺类型等情况，决定是否设置初次沉淀池。

6 工艺设计

6.1 一般规定

6.1.1 SBR 工艺系统出水直接排放时，应符合国家或地方排放标准要求；排入下一级处理单元时，应符合下一级处理单元的进水要求。

6.1.2 应保证 SBR 反应池兼有时间上的理想推流和空间上的完全混合的特点。

6.1.3 应保证 SBR 反应池具有静置沉淀功能和良好的泥水分离效果。

6.1.4 应根据 SBR 工艺运行要求设置检测与控制系统，实现运行管理自动化。

6.1.5 SBR 反应池应设置固定式事故排水装置，可设在滗水结束时的水位处。

6.1.6 SBR 反应池排水应采用有防止浮渣流出设施的滗水器。

6.1.7 限制曝气进水的反应池，进水方式宜采用淹没式入流。

6.1.8 水质和（或）水量变化大的污水处理厂，宜设置调节水质和（或）水量的设施。

6.1.9 污水处理厂应设置对处理后出水消毒的设施。

6.1.10 进水泵房、格栅、沉砂池、初沉池和二沉池的设计应符合 GB 50014 中的有关规定。

6.2 预处理和前处理

6.2.1 SBR 污水处理工程进水应设格栅，城镇污水预处理还应设沉砂池。

6.2.2 根据水质和 SBR 工艺类型的需要，确定 SBR 污水处理工程是否设置初次沉淀池。设初沉池时可以不设超细格栅。

6.2.3 当进水水质不符合 5.2.3 规定的条件或含有影响生化处理的物质时，应根据进水水质采取适当的前处理工艺。

6.3 SBR 工艺设计

6.3.1 SBR 工艺的运行方式

SBR 工艺由进水、曝气、沉淀、排水、待机五个工序组成，基本运行方式分为限制曝气进水和非限制曝气进水两种，如图 1、图 2 所示。

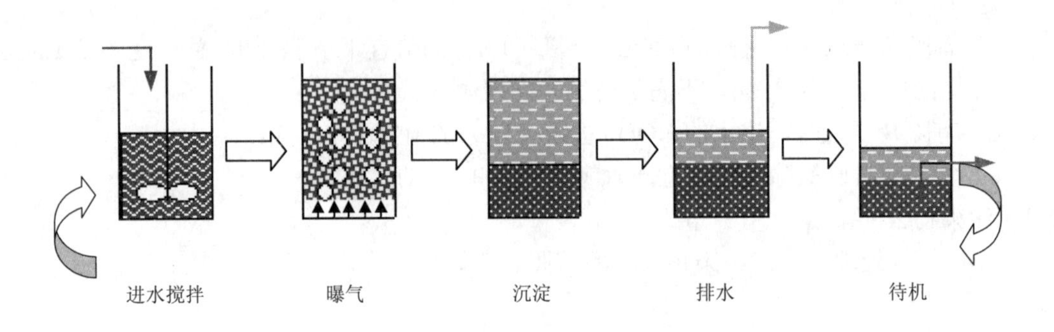

图 1 SBR 工艺运行方式——限制曝气进水

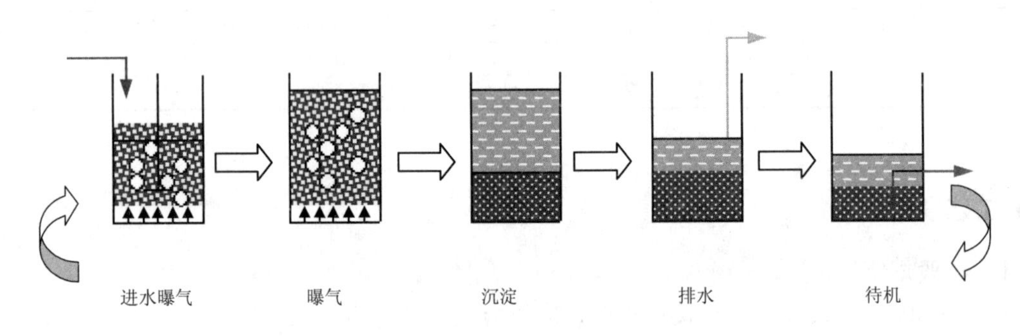

图 2 SBR 工艺运行方式——非限制曝气进水

6.3.2 反应池设计计算

6.3.2.1 反应池有效反应容积

SBR 反应池容积，可按下式计算。

$$V=\frac{24Q'S_0}{1\,000XL_st_R} \tag{3}$$

式中：V——反应池有效容积，m^3；

Q'——每个周期进水量，m^3；

S_0——反应池进水五日生化需氧量，mg/L；

L_s——反应池的五日生化需氧量污泥负荷（BOD_5/MLSS），kg/（kg·d）；

X——反应池内混合液悬浮固体（MLSS）平均质量浓度，kg/m^3；

t_R——每个周期反应时间，h。

6.3.2.2 SBR 工艺各工序的时间，宜按下列规定计算。

a）进水时间，可按下式计算：

$$t_F=\frac{t}{n} \tag{4}$$

式中：t_F——每池每周期所需要的进水时间，h；

t——一个运行周期需要的时间，h；

n——每个系列反应池个数。

b）反应时间，可按下式计算：

$$t_R = \frac{24S_0 m}{1\,000 L_s X} \quad (5)$$

式中：m——充水比，可参照表 3～表 7 取值。

S_0——反应池进水五日生化需氧量，mg/L；

L_s——反应池的五日生化需氧量污泥负荷（BOD_5/MLSS），kg/（kg·d）；

X——反应池内混合液悬浮固体（MLSS）平均质量浓度，kg/m^3。

c）沉淀时间 t_s 宜为 1 h。

d）排水时间 t_D 宜为 1.0～1.5 h。

e）一个周期所需时间可按下式计算：

$$t = t_R + t_s + t_D + t_b \quad (6)$$

式中：t_b——闲置时间，h。

6.3.2.3　SBR 法的每天周期数宜为整数，如：2、3、4、5、6。

6.3.2.4　反应池水深宜为 4.0～6.0 m，当采用矩形池时，反应池长宽比宜为 1∶1～2∶1。

6.3.2.5　反应池设计超高一般取 0.5～1.0 m。

6.3.2.6　反应池的数量不宜少于 2 个，并且均为并联设计。

6.3.3　工艺参数的取值与计算

6.3.3.1　SBR 工艺处理城镇污水或水质类似城镇污水的工业废水去除有机污染物时，主要设计参数宜按表 3 的规定取值。工业废水的水质与城镇污水水质差异较大时，设计参数应通过试验或参照类似工程确定。

表 3　去除碳源污染物主要设计参数

项目名称		符号	单位	参数值
反应池五日生化需氧量污泥负荷	BOD_5/MLVSS	L_s	kg/（kg·d）	0.25～0.50
	BOD_5/MLSS		kg/（kg·d）	0.10～0.25
反应池混合液悬浮固体（MLSS）平均质量浓度		X	kg/m^3	3.0～5.0
反应池混合液挥发性悬浮固体（MLVSS）平均质量浓度		X_v	kg/m^3	1.5～3.0
污泥产率系数（VSS/BOD_5）	设初沉池	Y	kg/kg	0.3
	不设初沉池		kg/kg	0.6～1.0
总水力停留时间		HRT	h	8～20
需氧量（O_2/BOD_5）		O_2	kg/kg	1.1～1.8
活性污泥容积指数		SVI	ml/g	70～100
充水比		m		0.40～0.50
BOD_5 总处理率		η	%	80～95

6.3.3.2　SBR 工艺处理城镇污水或水质类似城镇污水的工业废水去除有机污染物时，主要

设计参数宜按表 4 的规定取值。工业废水的水质与城镇污水水质差异较大时，设计参数应通过试验或参照类似工程确定。

表 4 去除氨氮污染物主要设计参数

项目名称		符号	单位	参数值
反应池五日生化需氧量污泥负荷	$BOD_5/MLVSS$	L_s	kg/（kg·d）	0.10～0.30
	$BOD_5/MLSS$		kg/（kg·d）	0.07～0.20
反应池混合液悬浮固体（MLSS）平均质量浓度		X	kg/m^3	3.0～5.0
污泥产率系数（VSS/BOD_5）	设初沉池	Y	kg/kg	0.4～0.8
	不设初沉池		kg/kg	0.6～1.0
总水力停留时间		HRT	h	10～29
需氧量（O_2/BOD_5）		O_2	kg/kg	1.1～2.0
活性污泥容积指数		SVI	ml/g	70～120
充水比		m		0.30～0.40
BOD_5 总处理率		η	%	90～95
NH_3-N 总处理率		η	%	85～95

6.3.3.3 SBR 工艺处理城镇污水或水质类似城镇污水的工业废水去除有机污染物时，主要设计参数宜按表 5 的规定取值。工业废水的水质与城镇污水水质差异较大时，设计参数应通过试验或参照类似工程确定。

表 5 生物脱氮主要设计参数

项目名称		符号	单位	参数值
反应池五日生化需氧量污泥负荷	$BOD_5/MLVSS$	L_s	kg/（kg·d）	0.06～0.20
	$BOD_5/MLSS$		kg/（kg·d）	0.04～0.13
反应池混合液悬浮固体（MLSS）平均质量浓度		X	kg/m^3	3.0～5.0
总氮负荷率（TN/MLSS）			kg/（kg·d）	≤0.05
污泥产率系数（VSS/BOD_5）	设初沉池	Y	kg/kg	0.3～0.6
	不设初沉池		kg/kg	0.5～0.8
缺氧水力停留时间占反应时间比例			%	20
好氧水力停留时间占反应时间比例			%	80
总水力停留时间		HRT	h	15～30
需氧量（O_2/BOD_5）		O_2	kg/kg	0.7～1.1
活性污泥容积指数		SVI	ml/g	70～140
充水比		m		0.30～0.35
BOD_5 总处理率		η	%	90～95
NH_3-N 总处理率		η	%	85～95
TN 总处理率		η	%	60～85

6.3.3.4 SBR 工艺处理城镇污水或水质类似城镇污水的工业废水去除有机污染物时，主要设计参数宜按表 6 的规定取值。工业废水的水质与城镇污水水质差异较大时，设计参数应通过试验或参照类似工程确定。

表 6　生物脱氮除磷主要设计参数

项目名称		符号	单位	参数值
反应池五日生化需氧量污泥负荷	$BOD_5/MLVSS$	L_s	kg/（kg·d）	0.15～0.25
	$BOD_5/MLSS$		kg/（kg·d）	0.07～0.15
反应池混合液悬浮固体（MLSS）平均质量浓度		X	kg/m^3	2.5～4.5
总氮负荷率（TN/MLSS）			kg/（kg·d）	≤0.06
污泥产率系数（VSS/BOD_5）	设初沉池	Y	kg/kg	0.3～0.6
	不设初沉池		kg/kg	0.5～0.8
厌氧水力停留时间占反应时间比例			%	5～10
缺氧水力停留时间占反应时间比例			%	10～15
好氧水力停留时间占反应时间比例			%	75～80
总水力停留时间		HRT	h	20～30
污泥回流比（仅适用于 CASS 或 CAST）		R	%	20～100
混合液回流比（仅适用于 CASS 或 CAST）		R_i	%	≥200
需氧量（O_2/BOD_5）		O_2	kg/kg	1.5～2.0
活性污泥容积指数		SVI	ml/g	70～140
充水比		m		0.30～0.35
BOD_5 总处理率		η	%	85～95
TP 总处理率		η	%	50～75
TN 总处理率		η	%	55～80

6.3.3.5　SBR 工艺处理城镇污水或水质类似城镇污水的工业废水去除有机污染物时，主要设计参数宜按表 7 的规定取值。工业废水的水质与城镇污水水质差异较大时，设计参数应通过试验或参照类似工程确定。

表 7　生物除磷主要设计参数

项目名称	符号	单位	参数值
反应池五日生化需氧量污泥负荷（$BOD_5/MLSS$）	L_s	kg/（kg·d）	0.4～0.7
反应池混合液悬浮固体（MLSS）平均质量浓度	X	kg/m^3	2.0～4.0
反应池污泥产率系数（VSS/BOD_5）	Y	kg/kg	0.4～0.8
厌氧水力停留时间占反应时间比例		%	25～33
好氧水力停留时间占反应时间比例		%	67～75
总水力停留时间	HRT	h	3～8
需氧量（O_2/BOD_5）	O_2	kg/kg	0.7～1.1
活性污泥容积指数	SVI	ml/g	70～140
充水比	m		0.30～0.40
污泥含磷率（TP/VSS）		kg/kg	0.03～0.07
污泥回流比（仅适用于 CASS 或 CAST）		%	40～100
TP 总处理率	η	%	75～85

6.3.4 供氧系统

6.3.4.1 供氧系统污水需氧量按下式计算。

$$O_2 = 0.001aQ(S_0 - S_e) - c\Delta X_V + b[0.001Q(N_k - N_{ke}) - 0.12\Delta X_V] - 0.62b[0.001Q(N_t - N_{ke} - N_{0e}) - 0.12\Delta X_V] \tag{7}$$

式中：O_2——污水需氧量，kg/d；

Q——污水设计流量，m^3/d；

S_0——反应池进水五日生化需氧量（BOD_5），mg/L；

S_e——反应池出水五日生化需氧量（BOD_5），mg/L；

ΔX_V——排出反应池系统的微生物量（MLVSS），kg/d；

N_k——反应池进水总凯氏氮质量浓度，mg/L；

N_{ke}——反应池出水总凯氏氮质量浓度，mg/L；

N_t——反应池进水总氮质量浓度，mg/L；

N_{0e}——反应池出水硝态氮质量浓度，mg/L；

a——碳的氧当量，当含碳物质以 BOD_5 计时，取 1.47；

b——氧化每千克氨氮所需氧量（kg/kg），取 4.57；

c——细菌细胞的氧当量，取 1.42。

6.3.4.2 标准状态下污水需氧量按下式计算。

$$O_S = K_0 \cdot O_2 \tag{8}$$

$$K_0 = \frac{C_S}{\alpha(\beta C_{SW} - C_0) \times 1.024^{(T-20)}} \tag{9}$$

式中：O_S——标准状态下污水需氧量，kg/d；

K_0——需氧量修正系数；

O_2——污水需氧量，kg/d；

C_S——标准状态下清水中饱和溶解氧浓度，mg/L，取 9.17；

α——混合液中总传氧系数与清水中总传氧系数之比，一般取 0.80～0.85；

β——混合液的饱和溶解氧值与清水中的饱和溶解氧值之比，一般取 0.90～0.97；

C_{SW}——T℃、实际压力时，清水饱和溶解氧浓度，mg/L；

C_0——混合液剩余溶解氧，mg/L，一般取 2；

T——设计水温，℃。

6.3.4.3 鼓风曝气时，可按下式将标准状态下污水需氧量，换算为标准状态下的供气量。

$$G_s = \frac{O_s}{0.28E_A} \tag{10}$$

$$E_A = \frac{100}{21}\frac{(21 - O_t)}{(100 - O_t)} \tag{11}$$

式中：G_s——标准状态下的供气量，m^3/d；

O_s——标准状态下污水需氧量，kg/d；

E_A——曝气设备的氧利用率，%；

O_t——曝气后反应池水面逸出气体中氧的体积百分比，%。

6.3.5 加药系统

6.3.5.1 污水生物除磷不能达到要求时，可采用化学除磷。药剂种类、剂量和投加点宜通过试验或参照类似工程确定。

6.3.5.2 化学除磷时，对接触腐蚀性物质的设备和管道应采取防腐措施。

6.3.5.3 硝化碱度不足时，应设置加碱系统，硝化段 pH 值宜控制在 8.0～8.4。

6.3.6 污泥系统

6.3.6.1 污泥量设计应考虑剩余污泥和化学除磷污泥。

6.3.6.2 剩余污泥量的计算

按污泥产率系数、衰减系数及不可生物降解和惰性悬浮物计算。

$$\Delta X = YQ(S_0 - S_e) - K_d V X_V + fQ(SS_0 - SS_e) \tag{12}$$

式中：ΔX——剩余污泥量，kg/d；

Y——污泥产率系数，按表 3、表 4、表 5、表 6、表 7 选取；

Q——设计平均日污水量，m^3/d；

S_0——反应池进水五日生化需氧量，kg/m^3；

S_e——反应池出水五日生化需氧量，kg/m^3；

K_d——衰减系数，d^{-1}；

V——反应池的总容积，m^3；

X_V——反应池混合液挥发性悬浮固体（MLVSS）平均质量浓度，kg/m^3；

f——进水悬浮物的污泥转换率（MLSS/SS），kg/kg，宜根据试验资料确定，无试验资料时可取 0.5～0.7；

SS_0——反应池进水悬浮物质量浓度，kg/m^3；

SS_e——反应池出水悬浮物质量浓度，kg/m^3。

6.3.6.3 化学除磷污泥量应根据药剂投加量计算。

6.3.6.4 污泥处理和处置应符合 GB 50014 的规定。

6.4 SBR 法主要变形工艺设计

6.4.1 循环式活性污泥工艺（CASS 或 CAST）由进水/曝气、沉淀、滗水、闲置/排泥四个基本过程组成，CASS 或 CAST 工艺流程见图 3、图 4。

6.4.2 CASS 或 CAST 仅要求脱氮时，反应池设计应符合下列规定：

a）反应池一般分为两个反应区，一区为缺氧生物选择区、二区为好氧区（见图 3）；

b）反应池缺氧区内的溶解氧小于 0.5 mg/L，进行反硝化反应；

c）反应池缺氧区的有效容积宜占反应池总有效容积的 20%；

d）反应池内好氧区混合液回流至缺氧区，回流比应根据试验确定，不宜小于 20%。

6.4.3 CASS 或 CAST 要求除磷脱氮时，反应池设计应符合下列规定：

a）反应池一般分为三个反应区，一区为厌氧生物选择区、二区为缺氧区、三区为好氧区（见图 4），反应池也可以分为两个反应区，一区为缺氧（或厌氧）生物选择区、二区为好氧区；

b）反应池缺氧区内的溶解氧小于 0.5 mg/L，进行反硝化反应，其有效容积宜占反应池总有效容积的 20%；

c）反应池厌氧生物选择区溶解氧为 0，嗜磷菌释放磷，其有效容积宜占反应池总有效容积的 5%～10%；

d）反应池内好氧区混合液回流至厌氧生物选择区，回流比应根据试验确定，不宜小于 20%。

6.4.4 CASS 或 CAST 工艺曝气系统的计算及设计参照本标准 6.3.4。

6.4.5 反应池内混合液回流系统设计时，应在反应池末端设置回流泵，将主反应区混合液回流至生物选择区。

6.4.6 一个系统内反应池的个数不宜少于 2 个。

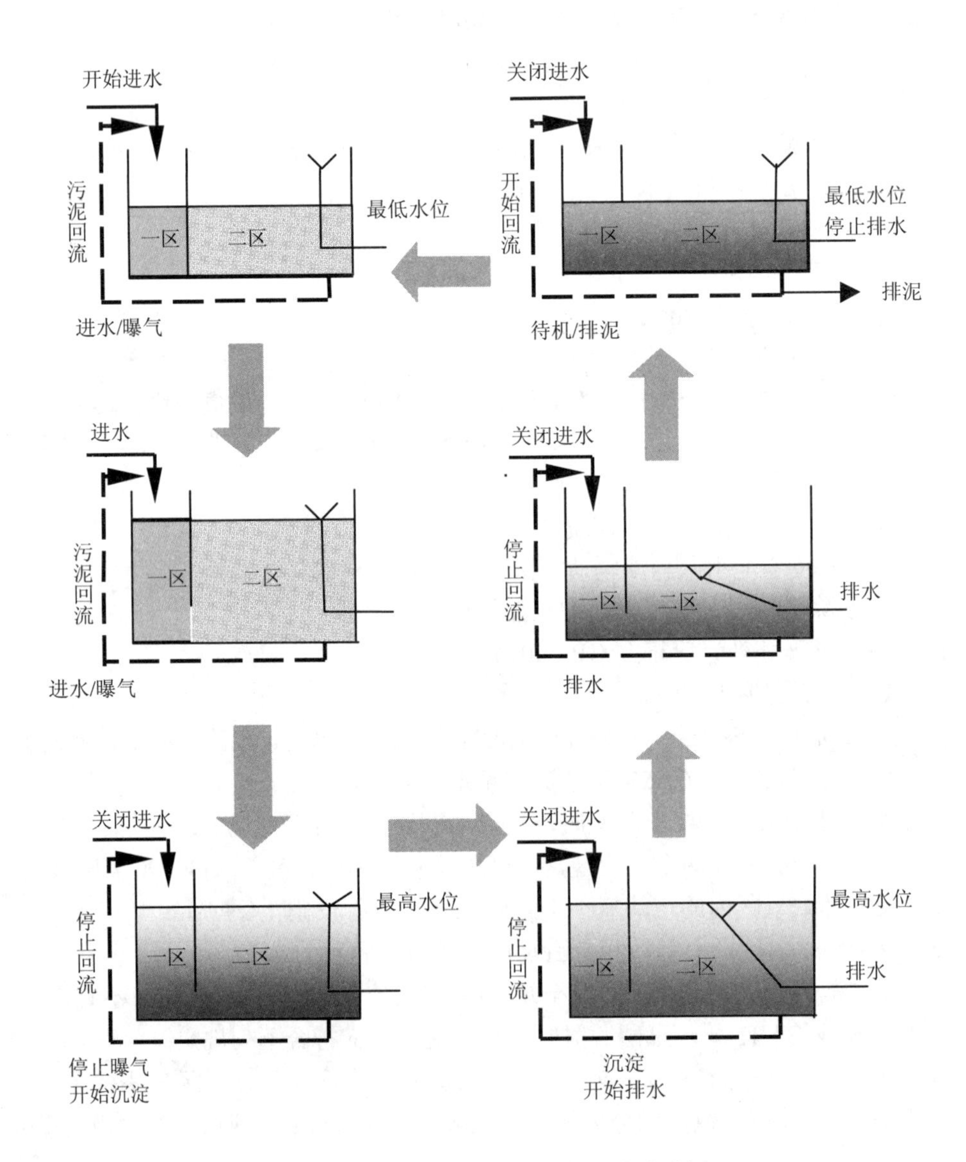

图 3 CASS 或 CAST 工艺流程（脱氮或除磷脱氮）

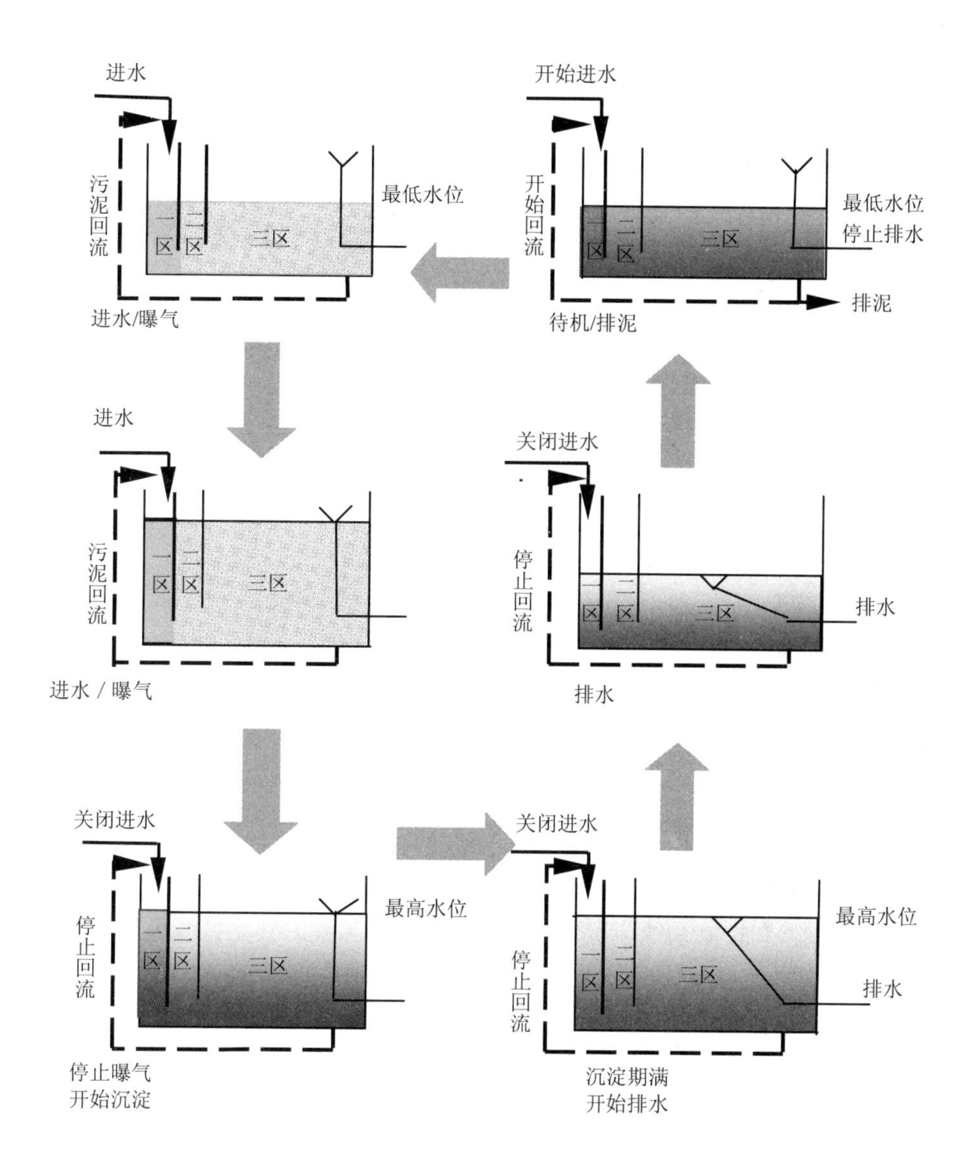

图 4 CASS 或 CAST 工艺流程（除磷脱氮）

7 主要工艺设备

7.1 排水设备

7.1.1 SBR 工艺反应池的排水设备宜采用滗水器，包括旋转式滗水器、虹吸式滗水器和无动力浮堰虹吸式滗水器等。滗水器性能应符合相应产品标准的规定，若采用旋转式滗水器应符合 HJ/T 277 的规定。

7.1.2 滗水器的堰口负荷宜为 20～35 L/（m·s），最大上清液滗除速率宜取 30 mm/min，滗水时间宜取 1.0 h。

7.1.3 滗水器应有浮渣阻挡装置和密封装置。滗水时不应扰动沉淀后的污泥层，同时挡住水面的浮渣不外溢。

7.2 曝气设备

7.2.1 SBR 工艺选用曝气设备时，应根据设备类型、位于水面下的深度、水温、在污水中氧总转移特性、当地的海拔高度以及生物反应池中溶解氧的预期浓度等因素，将计算的污水需氧量换算为标准状态下污水需氧量，并以此作为设备设计选型的依据。

7.2.2 曝气方式应根据工程规模大小及具体条件选择。恒水位曝气时，鼓风式微孔曝气系统宜选择多池共用鼓风机供气方式，或采用机械表面曝气。变水位曝气时，鼓风式微孔曝气系统宜采用反应池与鼓风机一对一供气方式，或采用潜水式曝气系统。

7.2.3 曝气设备和鼓风机的选择以及鼓风机房的设计参照 GB 50014 的有关规定执行。

7.2.4 单级高速曝气离心鼓风机应符合 HJ/T 278 的规定。

7.2.5 罗茨鼓风机应符合 HJ/T 251 的规定。

7.2.6 微孔曝气器应符合 HJ/T 252 的规定。

7.2.7 机械表面曝气装置应符合 HJ/T 247 的规定。

7.2.8 潜水曝气装置应符合 HJ/T 260 的规定。

7.3 混合搅拌设备

7.3.1 混合搅拌设备应根据好氧、厌氧等反应条件选用，混合搅拌功率宜采用 2~8 W/m^3。

7.3.2 厌氧和缺氧宜选用潜水式推流搅拌器，搅拌器性能应符合 HJ/T 279 的要求。

8 检测与控制

8.1 一般规定

8.1.1 SBR 污水处理工程应进行过程检测和控制，并配置相应的检测仪表和控制系统。

8.1.2 检测和控制内容应根据工程规模、工艺流程、运行管理要求确定。

8.1.3 自动化仪表和控制系统应保证 SBR 污水处理工程的安全性和可靠性，方便运行管理。

8.1.4 计算机控制管理系统宜兼顾现有、新建和规划的要求。

8.1.5 参与控制和管理的机电设备应设置工作和事故状态的检测装置。

8.2 过程检测

8.2.1 进水泵房、格栅、沉砂池宜设置 pH 计、液位计、液位差计、流量计、温度计等。

8.2.2 SBR 反应池内宜设置温度计、pH 计、溶解氧（DO）仪、氧化还原电位计、污泥浓度计、液位计等。

8.2.3 为保证污水处理厂（站）安全运行，按照下列要求设置监测仪表和报警装置：

a）进水泵房：宜设置硫化氢（H_2S）浓度监测仪表和报警装置；

b）污泥消化池：应设置甲烷（CH_4）、硫化氢（H_2S）浓度监测仪表和报警装置；

c）加氯间：应设置氯气（Cl_2）浓度监测仪和报警装置。

8.3 过程控制

8.3.1 SBR 污水处理工程的主要构筑物应按照液位变化自动控制运行。

8.3.2 10 万 m^3/d 规模以下的 SBR 污水处理工程的主要生产工艺单元宜采用自动控制系统。

8.3.3 10 万 m^3/d 规模以上的 SBR 污水处理工程宜采用集中监视、分散控制的自动控制系统。

8.3.4 采用成套设备时，设备本身控制宜与系统控制相结合。

8.4 计算机控制管理系统

8.4.1 计算机管理系统应有信息收集、处理、控制、管理和安全保护功能。

8.4.2 控制管理系统的控制层、监控层和管理层应合理配置。

8.4.3 污水处理工艺过程宜采用集中与分散控制模式，实现工艺过程自动控制、运行工况的监视和调整、停机和故障处理。

8.4.4 全厂的控制系统宜划分为若干个单元，采用可编程序控制（PLC），根据工艺参数自动监控各运行设备。

8.4.5 中央控制室计算机应与各单元 PLC 联网，实时显示运行工况、实时向 PLC 传送调整设备运行状态的指令、建立数据库并记录、储存运行参数、指标等资料。

8.4.6 中央控制室计算机应能设置所有运行参数，并可预先设置多套运行模式，根据实际水量、水质、水温等检测参数自动选择。

8.4.7 现场控制设备通过“手动/自动”选择开关进行切换，可由现场开关直接控制设备，同时应将现场控制模式作为最高优先级的控制模式以保证现场操作的安全。

9 电气

9.1 供电系统

9.1.1 工艺装置的用电负荷应为二级负荷。

9.1.2 高、低压用电设备的电压等级应与其供电电网电压等级相一致。

9.1.3 中央控制室的仪表电源应配备在线式不间断供电电源设备。

9.1.4 接地系统宜采用三相五线制系统。

9.2 低压配电

变电所低压配电室的变配电设备布置，应符合国家标准 GB 50053 的规定。

9.3 二次线

9.3.1 工艺线上的电气设备宜在中央控制室集中监控管理，并纳入自动控制。

9.3.2 电气系统的控制水平应与工艺水平相一致，宜纳入计算机控制系统，也可采用强电控制。

10 施工与验收

10.1 一般规定

10.1.1 工程施工单位应具有国家相应的工程施工资质；工程项目宜通过招投标确定施工单位和监理单位。

10.1.2 应按工程设计图纸、技术文件、设备说明书等组织工程施工，工程的变更应取得设计单位的设计变更文件后再实施。

10.1.3 施工使用的设备材料、半成品、部件应符合国家现行标准和设计要求，并取得供货商的合格证书，不得使用不合格产品。设备安装应符合 GB 50231 的规定。

10.1.4 施工前，应进行施工组织设计或编制施工方案，明确施工质量负责人和施工安全负责人，经批准后方可实施。

10.1.5 施工过程中，应做好设备、材料、隐蔽工程和分项工程等中间环节的质量验收。

10.1.6 管道工程施工和验收应符合 GB 50268 的规定；混凝土结构工程的施工和验收应符合 GB 50204 的规定；构筑物的施工和验收应符合 GB 50141 的规定。

10.1.7 工程竣工验收后，建设单位应将有关设计、施工和验收的文件立卷归档。

10.2 施工

10.2.1 土建施工

10.2.1.1 施工前应参照 GB 50141 做好施工准备，认真阅读设计图纸和设备安装对土建的要求，了解预留预埋件的准确位置和做法，对有高程要求的设备基础要严格控制在设备要求的误差范围内。

10.2.1.2 反应池宜采用钢筋混凝土结构，土建施工应重点控制池体的抗浮处理、地基处理、池体抗渗处理，满足设备安装对土建施工的要求。

10.2.1.3 按照设计要求采取适当的措施确保池体的抗浮稳定性。

10.2.1.4 需要在软弱地基上施工、且构筑物荷载不大时，应采取适当的措施对地基进行处理，当地基下有软弱下卧层时，应考虑其沉降的影响，必要时可采用桩基。

10.2.1.5 施工过程中应加强建筑材料和施工工艺的控制，杜绝出现裂缝和渗漏。出现渗漏处，应会同设计单位等有关方面确定处理方案，彻底解决问题。

10.2.1.6 模板、钢筋、混凝土分项工程应严格执行 GB 50204 的规定，并符合以下要求：

a）模板架设应有足够强度、刚度和稳定性，表面平整无缝隙，尺寸正确；

b）钢筋规格、数量准确，绑扎牢固应满足搭接长度要求，无锈蚀；

c）混凝土配合比、施工缝预留、伸缩缝设置、设备基础预留孔及预埋螺栓位置均应符合规范和设计要求，冬季施工应注意防冻。

10.2.1.7 现浇钢筋混凝土水池施工允许偏差应符合表 8 的规定。

表 8 现浇钢筋混凝土水池施工允许偏差

项次	项目		允许偏差/mm
1	轴线位置	底板	15
		池壁、柱、梁	8
2	高程	垫层、底板、池壁、柱、梁	±10
3	平面尺寸（混凝土底板和池体长、宽或直径）	$L \leqslant 20$ m	±20
		20 m$<L\leqslant$50 m	$\pm L/1\ 000$
		50 m$<L\leqslant$250 m	±50
4	截面尺寸	池壁、柱、梁、顶板	+10，-5
		洞、槽、沟净空	±10
5	垂直度	$H \leqslant 5$ m	8
		5 m$<H\leqslant$20 m	$1.5H/1\ 000$
6	表面平整度（用 2 m 直尺检查）		10
7	中心位置	预埋件、预埋管	5
		预留洞	10

注：L 为底板和池体的长、宽或直径；H 为池壁、柱的高度。

10.2.1.8 处理构筑物应根据当地气温和环境条件，采取防冻措施。

10.2.1.9　处理构筑物应设置必要的防护栏杆，并采取适当的防滑措施，符合 GB 50352 的规定。

10.2.1.10　其他建筑物施工应执行有关建筑工程测量与施工组织技术规范。

10.2.2　设备安装

10.2.2.1　设备安装前应检查下列文件：

a）设备安装说明、电路原理图和接线图；

b）设备使用说明书、运行和保养手册；

c）防护及油漆标准；

d）产品出厂合格证书、性能检测报告、材质证明书；

e）设备开箱验收记录。

10.2.2.2　设备基础应符合以下规定：

a）设备基础应按照设计要求和图纸规定浇筑，混凝土标号、基面位置高程应符合说明书和技术文件规定；

b）混凝土基础应平整坚实，并有隔振措施；

c）预埋件水平度及平整度应符合 GB 50231 的规定；

d）地脚螺栓应按照原机出厂说明书的要求预埋，位置应准确，安装应稳固。

10.2.2.3　安装好的机械应严格符合外形尺寸的公称允许偏差，不允许超差。

10.2.2.4　应按照产品技术文件要求进行设备安装和试运转，并做好设备试运转记录、中间交验记录、施工记录和监理检验记录。

10.2.2.5　机电设备安装后试车应满足下列要求：

a）启动时应按照标注箭头方向旋转，启动运转应平稳，运转中无振动和异常声响；

b）运转啮合与差动机构运转应按产品说明书的规定同步运行，没有阻塞、碰撞现象；

c）运转中各部件应保持动态所应有的间隙，无抖动晃摆现象；

d）试运转用手动或自动操作，设备全程完整动作五次以上，整体设备应运行灵活；

e）各限位开关运转中动作及时，安全可靠；

f）电机运转时温升在正常值内；

g）各部轴承加注规定润滑油脂，应不漏、不发热，温升小于 60℃。

10.2.2.6　滗水器安装应符合下列规定：

a）旋转式滗水器安装应保持机组运转平稳、灵活、不卡阻；

b）滗水器堰口的水平度应不大于 0.3/1 000，运转时不应倾斜；

c）滗水器排水支、干管应垂直，偏差应不大于±1 mm；

d）滗水器排气管上端开口应高于水面 200 mm，管内不应有堵塞现象；

e）滗水器排水立管螺栓应固定牢固；

f）滗水器的电气控制系统安装质量验收应符合 GB 50254 的规定。

10.2.2.7　其他设备及管道工程宜参照 GB 50334 的有关规定进行安装施工。

10.3　工程验收

10.3.1　工程验收参照 GB 50334 执行。

10.3.2　工程验收包括中间验收和竣工验收；中间验收应由施工单位会同建设单位、设计单位、质量监督部门共同进行；竣工验收应由建设单位组织施工、设计、管理、质量监督及有关单位联合进行。

10.3.3 构筑物各施工工序完工后均应经过中间验收；隐蔽工程应经过中间验收后，方可进入下一道工序。

10.3.4 中间验收包括验槽、验筋、主体验收、安装验收、联动试车。中间验收时，应按规定的质量标准进行检验，并填写中间验收记录。

10.3.5 滗水器安装完成后应按下列要求进行空转运行和充水试运行试验：

a）采用水平仪检测滗水器的水平程度，分别进行空转和充水试验，滗水器堰口应保持水平状态；

b）采用检查施工记录和尺量检查的方法，检测滗水器排水支、干管垂直偏差；

c）采用检查施工记录和尺量检查的方法检查排气管，保证滗水器排气管上端开口应高于水面 200 mm，管内不应有堵塞现象；

d）在滗水器空转和充水状态下运转，分别检查滗水器排水立管螺栓固定牢固程度，保持滗水器排水装置的稳固。

10.3.6 竣工验收应提供下列资料：

a）竣工图及设计变更文件；

b）主要材料和设备的合格证或试验记录；

c）施工测量记录；

d）混凝土、砂浆、焊接及水密性、气密性等试验、检验记录；

e）施工记录；

f）中间验收记录；

g）工程质量检验评定记录；

h）工程质量事故处理记录；

i）设备安装及联合试车记录；

j）工程试运行记录。

10.3.7 竣工验收时，应核实竣工验收资料，并应进行必要的复验和外观检查，对下列项目应作出鉴定，并填写竣工验收鉴定书。

a）构筑物的位置、数量，高程、坡度、平面尺寸的误差；

b）管道及其附件等安装的位置和数量；

c）结构强度、抗渗、抗冻的标号；

d）构筑物的水密性；

e）外观，包括构筑物有无裂缝、蜂窝、麻面、露筋、空鼓、缺边、掉角，以及设备、外露的管道等安装工程的质量；

f）其他。

10.4 环境保护验收

10.4.1 污水处理工程在正式投入使用之前，建设单位应向县级以上人民政府环境保护行政主管部门提出环境保护设施竣工验收申请。

10.4.2 污水处理工程竣工环境保护验收应按照《建设项目竣工环境保护验收管理办法》的规定进行。

10.4.3 水质在线监测系统的验收应符合 HJ/T 354 的规定。

10.4.4 SBR 污水处理厂（站）验收前应进行试运行，测定设施的工艺性能数据和经济指标数据，填写试运行记录作为验收资料之一，内容包括：

a）试运行应按照设计流量全流程通过所有构筑物，以考核各构筑物高程布置是否有问题；

b）测试并计算各构筑物的工艺参数；

c）测定沉砂池的沉砂量，含水率及灰分；

d）测定沉砂池进水、出水的 SS 值；

e）设有初次沉淀池时，测定沉淀池的污泥量、含水率及灰分；

f）测定 SBR 反应池活性污泥 MLSS 值；

g）测定 SBR 反应池活性污泥的 MLVSS/MLSS 比值；

h）测定剩余污泥量、含水率及灰分；

i）SBR 进出水水质化验项目包括：pH、SS、色度、COD、BOD_5、氨氮、总氮、总磷、细菌总数、大肠菌群、石油类、挥发酚、汞、镉、铅、砷、总铬（或六价铬）、氰化物；

j）污水处理厂（站）内有毒、有害气体的测定；

k）统计全厂进出水量、用电量和各分项用电量；

l）计算全厂技术经济指标：BOD_5 去除总量、BOD_5 去除电耗（kW·h/kg）、污水处理运行成本（元/kg）。

11 运行与维护

11.1 一般规定

11.1.1 污水处理厂（站）的运行、维护及安全生产参照 CJJ 60 执行。

11.1.2 污水处理厂（站）的运行管理应保证设施连续正常运行，污染物排放能达到国家和地方排放标准以及总量控制的要求。

11.1.3 污水处理厂（站）在运行前应制定工艺系统图、设施操作和维护规程，建立设备台账、运行记录、定期巡视、交接班、安全检查等管理制度。

11.1.4 污水处理厂（站）的工艺设施和主要设备应编入台账，定期对各类设备、电气、自控仪表及建（构）筑物进行维护、检修、检验，确保设施稳定可靠运行。

11.1.5 污水处理厂（站）的运行操作和管理人员应熟悉本厂处理工艺及技术指标和设施、设备的运行要求，经过技术培训和生产实践，并考试合格后方可上岗。

11.1.6 运行操作人员应按岗位操作规程进行系统操作，定期检查构筑物、设备、电器和仪表的运行情况。

11.1.7 运行操作人员应严格履行岗位职责，做好巡视和交接班。各岗位的运行操作人员在运行、巡视、交接班、检修等生产活动中应做好相关记录。

11.1.8 应定期检测运行控制指标和进、出水水质。

11.1.9 污水处理厂（站）在运行中应严格执行经常性的和定期的安全检查制度，及时消除事故隐患，防止事故发生。

11.2 运行

11.2.1 排水比（或充水比）调节

在设定运行周期不变的情况下，当实际运行进水流量发生变化时，可用调整排水比（或充水比）的方法保证各反应池的配水均匀。

11.2.2 运行周期调节

处理水量变化较大时，需按高峰期日处理水量、低谷期日处理水量、日均处理水量调整运行周期。

11.2.3 进水流量调节

一天中设施进水流量随时间变化较大时，可以调节进水流量，保证排水比（充水比）相对稳定、反应池处于良好运行状态。

11.2.4 排水调节

排水时要求水面匀速下降，下降速度宜小于或等于 30 mm/min。

11.2.5 滗水器管理

每班对滗水器巡视一次，发现故障及时处理。滗水器因故障停运时可临时用事故排水管排水。

11.2.6 曝气调节

11.2.6.1 鼓风曝气系统曝气开始时，应排放管路中的存水，并经常检查自动排水阀的可靠性。

11.2.6.2 曝气工序结束时，反应池主反应区溶解氧浓度不宜小于 2 mg/L。

11.2.7 污泥观察与调节

11.2.7.1 污水处理系统运行中，应经常观察活性污泥的颜色、状态、气味、生物相以及上清液的透明度，定时测试，发现问题应及时解决。

11.2.7.2 污水处理系统运行中，应经常观察沉淀工序结束时的污泥界面下降距离，污泥界面至最低水面距离不宜小于 500 mm。

11.2.7.3 反应池的排泥量可根据污泥沉降比、混合液污泥浓度、静置沉淀结束时（或排水结束时）的污泥层高确定。

11.3 维护

11.3.1 SBR 反应池的维护保养应作为全厂维护的重点。

11.3.2 操作人员应严格执行设备操作规程，定时巡视设备运转是否正常，包括温升、响声、振动、电压、电流等，发现问题应尽快检查排除。

11.3.3 各设备的转动部件应保持良好的润滑状态，及时添加润滑油、清除污垢；若发现漏油、渗油，应及时解决。

11.3.4 应定期检查滗水器排水的均匀性、灵活性、自动控制的可靠性，发现问题及时解决。

11.3.5 鼓风曝气系统曝气开始时应排放管路中的存水，并经常检查自动排水阀的可靠性。

11.3.6 SBR 反应池内微孔曝气器容易堵塞，应定时检查曝气器堵塞和损坏情况，及时更换破损的曝气器，保持曝气系统运行良好。

11.3.7 推流式潜水搅拌机无水工作时间不宜超过 3 min。

11.3.8 运行中应防止由于推流式潜水搅拌机叶轮损坏或堵塞、表面空气吸入形成涡流、不均匀水流等原因引起的振动。

11.3.9 定期检查、更换不合格的零部件和易损件。

附录 A（资料性附录）

序批式活性污泥法的其他变形工艺

A.1 连续和间歇曝气工艺 DAT-IAT）

A.1.1 DAT-IAT 工艺

A.1.1.1 DAT-IAT 反应池由一个连续曝气池（DAT）和一个间歇曝气池（IAT）串联而成，工艺如图 A.1。

A.1.1.2 DAT 连续进水、连续曝气、连续出水，出水经配水导流墙流入 IAT。DAT 的溶解氧控制在 1.5～2.5 mg/L。

A.1.1.3 IAT 连续进水，曝气、沉淀、滗水三个阶段循环，一般采用 3 h 周期，每个阶段 1 h，在曝气、沉淀阶段进行混合液回流，回流比 1∶200～1∶400；曝气阶段可进行剩余污泥的排除。

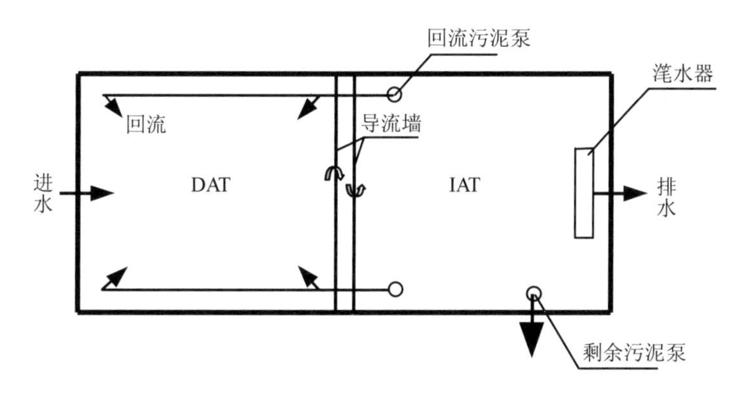

图 A.1 DAT-IAT 工艺流程

A.1.2 DAT-IAT 工艺设计

A.1.2.1 主要设计参数见表 A.1。

A.1.2.2 反应池容积的设计计算

按 BOD-SS 负荷计算反应池总容积。

$$V=\frac{QS_0}{eL_S X} \tag{A.1}$$

式中：V——反应池总容积，m^3；

Q——反应池设计流量，m^3/d；

S_0——反应池进水 BOD_5 质量浓度，mg/L；

L_S——污泥负荷（BOD_5/MLVSS），kg/（kg·d）；

X——混合液挥发性悬浮固体浓度，mg/L；

e——SBR 曝气时间比，当 DAT 与 IAT 的容积为 1∶1 时，e=0.67。

A.1.2.3 曝气系统中，DAT 的供氧量占 60%～70%，IAT 占 30%～40%。

表 A.1 DAT-IAT 主要设计参数

项目	符号	单位		主要设计参数			
				去除含碳有机物	要求硝化	要求硝化、反硝化	污泥好氧稳定
反应池五日生化需氧量污泥负荷（BOD_5/MLVSS）	L_s	kg/（kg·d）		0.1[a]	0.07～0.09	0.07	0.05
混合液悬浮固体（MLSS）浓度	X	kg/m³	DAT	2.5～4.5	2.5～4.5	2.5～4.5	2.5～4.5
			IAT	3.5～5.5	3.5～5.5	3.5～5.5	3.5～5.5
			平均值	3.0～5.0[a]	3.0～5.0	3.0～5.0	3.0～5.0
混合液回流比	R	%		100～400	100～400	400～600	100～400
污泥龄	θ_c	d		>6～8	>10	>12	>20
DAT/IAT 的容积比				1	>1	>1	>1
充水比	m			0.17～0.33[a]	0.17～0.33	0.17～0.33	0.17～0.33
IAT 周期时间	t	h		3	3	3	3

注：a）高负荷时 L_s 为 0.1～0.4 kg/（kg·d），MLSS 平均浓度为 1.5～2.0 kg/m³，充水比 m 为 0.25～0.5。

A.1.2.4 回流系统设计时，在 IAT 两侧距导流墙一定距离处设混合液回流泵，将混合液回流至 DAT 池与进水进行混合搅拌。

A.1.2.5 在设计计算排水装置时，应考虑排水时同时进水。

A.2 交替式内循环活性污泥法 AICS

A.2.1 AICS 工艺流程

A.2.1.1 AICS 基本工艺由一个四格连通的反应池组成，如图 A.2 所示。各格反应池进水、曝气、沉淀和出水的工作按图中 A、B、C、D 四个程序进行。

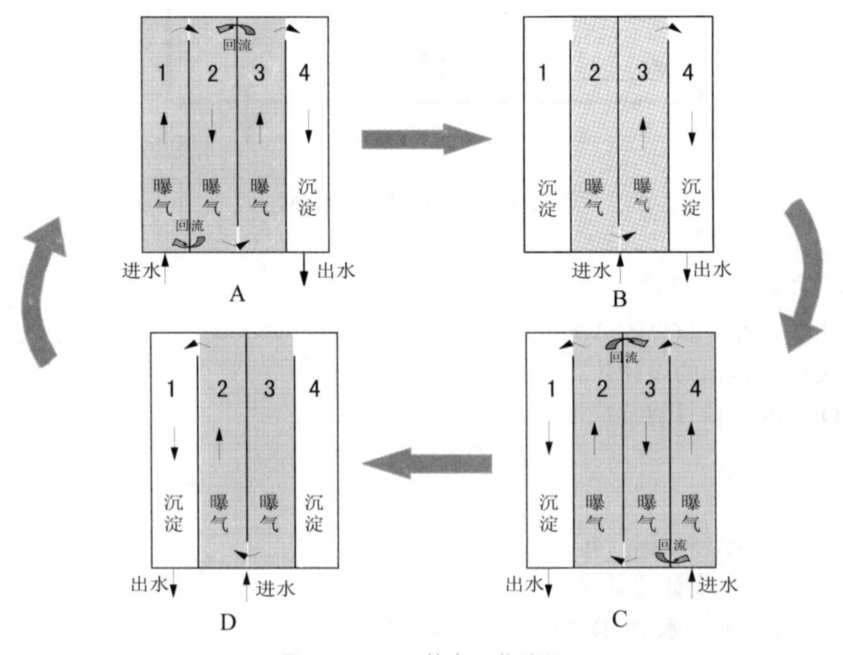

图 A.2 AICS 基本工艺流程

A.2.1.2 AICS 脱氮组合工艺在反应池进水端设置缺氧区，进行反硝化脱氮，如图 A.3 所示。

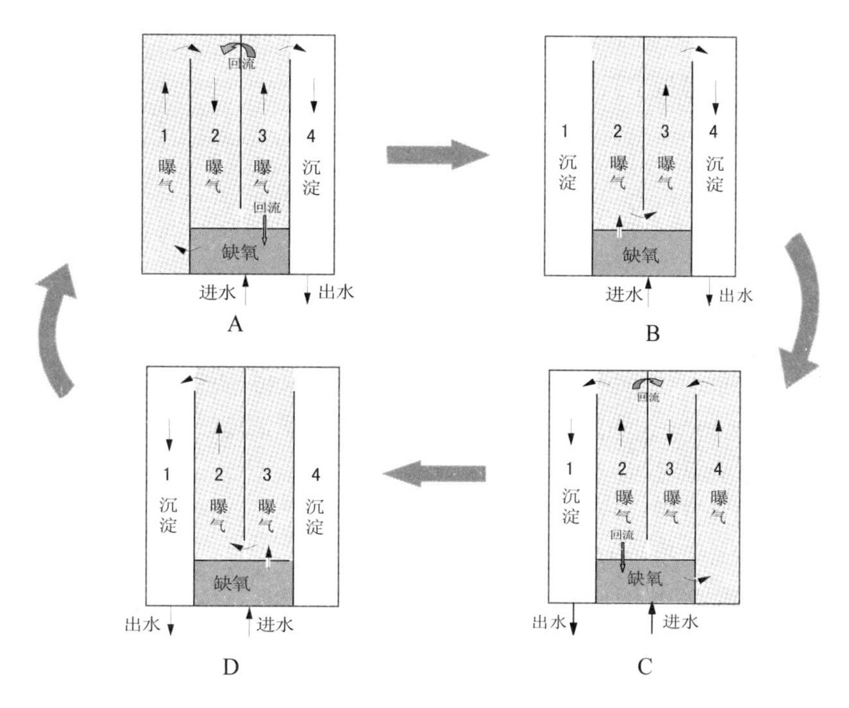

图 A.3 AICS 脱氮组合工艺流程

A.2.1.3 AICS 同步脱氮除磷组合工艺是污水先进入厌氧区释放磷，再进入缺氧区进行反硝化脱氮，然后流入好氧区，完成硝化、吸磷和去除有机物的过程，如图 A.4 所示。

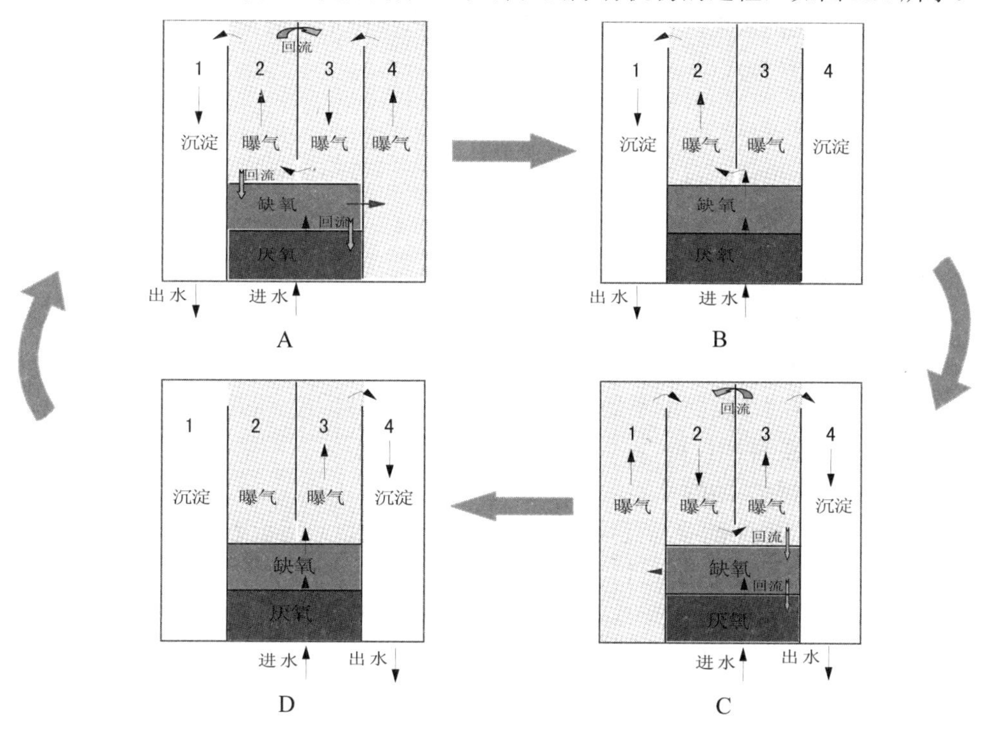

图 A.4 AICS 同步脱氮除磷组合工艺流程

A.2.2 AICS 工艺设计

A.2.2.1 池容利用率可按下式计算。

$$f_a = \frac{\sum_{i=1}^{2} V_{si} X_{si} t_{si} + \sum_{i=1}^{n-2} V_{mi} X_{mi} t_{mi}}{\sum_{i=1}^{2} V_{si} X_{si} t + \sum_{i=1}^{n-2} V_{mi} X_{mi} t} \tag{A.2}$$

式中：f_a——池容利用率；

X_{mi}——中间曝气池参与反应的平均污泥（MLVSS）质量浓度，g/L；

X_{si}——边池参与反应的平均污泥（MLVSS）质量浓度，g/L；

t_{si}——边池反应时间，h；

t_{mi}——中间曝气池反应时间，h；

t——SBR 反应池一个运行周期需要的时间，h；

V_{si}——边池的体积，m^3；

V_{mi}——中间曝气池的体积，m^3；

n——反应池个数。

A.2.2.2 以去除有机物为主的 AICS 工艺沉淀区的负荷宜在 1.5～2.5 m^3/（m^2·h）；硝化脱氮组合工艺和同步脱氮除磷工艺沉淀区的负荷宜在 1.0～2.0 m^3/（m^2·h）。

A.2.2.3 AICS 工艺的水头损失宜控制在 1.0 m 以下。

A.2.2.4 AICS 工艺宜采用微孔曝气的方式。

A.2.2.5 AICS 工艺的周期时间应根据污水水量、水质确定。通常采用 4 h、6 h 或 8 h。

A.2.2.6 污泥龄计算公式：

$$\theta_c = \frac{\sum_{i=1}^{2} V_{si} X_{si} + \sum_{i=1}^{n-2} V_{mi} X_{mi}}{\Delta X \cdot f_a} \tag{A.3}$$

式中：θ_c——污泥龄；

ΔX——剩余污泥量，kg/d；

f_a——池容利用率；

X_{si}——边池参与反应的平均污泥（MLVSS）质量浓度，g/L；

V_{si}——边池的体积，m^3；

V_{mi}——中间曝气池的体积，m^3；

X_{mi}——中间曝气池参与反应的平均污泥（MLVSS）质量浓度，g/L。

A.2.2.7 AICS 脱氮组合工艺设计

A.2.2.7.1 好氧区污泥负荷（BOD_5/MLVSS）0.10～0.15 kg/（kg·d）；污泥龄 13～25 d（作为设计校核参数，扣除污泥沉淀部分）。

A.2.2.7.2 缺氧区停留时间 1～2 h；反硝化速率（N/MLVSS）0.05～0.15 kg/（kg·d）；混合液回流比为 200%～300%。

A.2.2.7.3 沉淀区表面负荷 1.0～2.0 m^3/（m^2·h）。

A.2.2.8 AICS 同步脱氮除磷组合工艺设计

A.2.2.8.1 好氧区污泥负荷（BOD_5/MLVSS）0.10～0.15 kg/（kg·d）；污泥龄 12～18 d（作为设计校核参数，扣除污泥沉淀部分）。

A.2.2.8.2 缺氧区停留时间 1～2 h；反硝化速率（N/MLVSS）为 0.05～0.15 kg/（kg·d）。

A.2.2.8.3 厌氧区停留时间 1～1.5 h；来自缺氧区的混合液回流比 50%～100%。

中华人民共和国国家环境保护标准

氧化沟活性污泥法污水处理工程技术规范

Technical specification for oxidation ditch activated sludge process

HJ 578—2010

前 言

为贯彻《中华人民共和国水污染防治法》，防治水污染，改善环境质量，规范氧化沟活性污泥法在污水处理工程中的应用，制定本标准。

本标准规定了采用氧化沟活性污泥法的污水处理工程工艺设计、主要设备、检测和控制、电气、施工与验收、运行与维护的技术要求。

本标准的附录 A 为规范性附录，附录 B 为资料性附录。

本标准为首次发布。

本标准由环境保护部科技标准司组织制订。

本标准主要起草单位：中国环境保护产业协会（水污染治理委员会）、安徽国祯环保节能科技股份有限公司、湖南省建筑设计院、武汉市武控系统工程有限公司。

本标准由环境保护部 2010 年 10 月 12 日批准。

本标准自 2011 年 1 月 1 日起实施。

本标准由环境保护部解释。

1 适用范围

本标准规定了采用氧化沟活性污泥法的污水处理工程工艺设计、主要设备、检测和控制、电气、施工与验收、运行与维护的技术要求。

本标准适用于采用氧化沟活性污泥法的城镇污水和工业废水处理工程，可作为环境影响评价、设计、施工、验收及建成后运行与管理的技术依据。

2 规范性引用文件

本标准内容引用了下列文件中的条款。凡不注明日期的引用文件，其有效版本适用于本标准。

GB 3096　声环境质量标准

GB 12348　工业企业厂界环境噪声排放标准

GB 12801　生产过程安全卫生要求总则

GB 18599　一般工业固体废物贮存、处置场污染控制标准

GB 18918　城镇污水处理厂污染物排放标准
GB 50014　室外排水设计规范
GB 50015　建筑给水排水设计规范
GB 50016　建筑设计防火规范
GB 50040　动力机器基础设计规范
GB 50053　10 kV 及以下变电所设计规范
GB 50187　工业企业总平面设计规范
GB 50204　混凝土结构工程施工质量验收规范
GB 50222　建筑内部装修设计防火规范
GB 50231　机械设备安装工程施工及验收通用规范
GB 50268　给水排水管道工程施工及验收规范
GB 50352　民用建筑设计通则
GBJ 87　工业企业噪声控制设计规范
GB 50141　给水排水构筑物工程施工及验收规范
GBZ 1　工业企业设计卫生标准
GBZ 2　工作场所有害因素职业接触限值
CJ/T 51　城市污水水质检验方法标准
CJJ 60　城市污水处理厂运行、维护及其安全技术规程
HJ/T 91　地表水和污水监测技术规范
HJ/T 242　环境保护产品技术要求　污泥脱水用带式压榨过滤机
HJ/T 247　环境保护产品技术要求　竖轴式机械表面曝气装置
HJ/T 259　环境保护产品技术要求　转刷曝气装置
HJ/T 260　环境保护产品技术要求　鼓风式潜水曝气机
HJ/T 279　环境保护产品技术要求　推流式潜水搅拌机
HJ/T 280　环境保护产品技术要求　转盘曝气装置
HJ/T 283　环境保护产品技术要求　厢式压滤机和板框压滤机
HJ/T 335　环境保护产品技术要求　污泥浓缩带式脱水一体机
HJ/T 353　水污染源在线监测系统安装技术规范（试行）
HJ/T 354　水污染源在线监测系统验收技术规范（试行）
HJ/T 355　水污染源在线监测系统运行与考核技术规范（试行）
《建设项目竣工环境保护验收管理办法》（国家环保总局，2001）
《城市污水处理工程项目建设标准（修订）》（建设部、国家发改委，2001）

3 术语和定义

下列术语和定义适用于本标准。

3.1　氧化沟　oxidation ditch activated sludge process

指反应池呈封闭无终端循环流渠形布置，池内配置充氧和推动水流设备的活性污泥法污水处理方法。主要工艺包括单槽氧化沟、双槽氧化沟、三槽氧化沟、竖轴表曝机氧化沟和同心圆向心流氧化沟，变形工艺包括一体化氧化沟、微孔曝气氧化沟。

3.2 好氧区（池） oxic zone

指氧化沟的充氧区（池），溶解氧浓度一般不小于 2 mg/L，主要功能是降解有机物、硝化氨氮和过量摄磷。

3.3 缺氧区（池） anoxic zone

指氧化沟的非充氧区（池），溶解氧浓度一般为 0.2～0.5 mg/L，主要功能是进行反硝化脱氮。

3.4 厌氧区（池） anaerobic zone

指氧化沟的非充氧区（池），溶解氧浓度一般小于 0.2 mg/L，主要功能是进行磷的释放。

3.5 机械表面曝气装置 mechanical surface aerator

指利用设在曝气池水面的叶轮或转刷（盘）进行曝气的装置，包括竖轴式机械表面曝气装置、转盘表面曝气装置、转刷表面曝气装置等。

3.6 搅拌机 mixer

指螺旋桨叶片小于 1 m，转速为中高转速（一般大于 300 r/min），使介质搅拌均匀的装置。

3.7 推流器 flowmaker

指螺旋桨叶片大于 1 m，转速为低转速（一般小于 100 r/min），产生层面推流作用的装置。

3.8 预处理 pretreatment

指进水水质能满足氧化沟生化需要时，在氧化沟前设置的处理措施。如格栅、沉砂池等。

3.9 前处理 preprocessing

指进水水质不能满足氧化沟生化需要时，根据调整水质的需要，在氧化沟前设置的处理工艺。如初沉池、水解酸化池、气浮池、均化池、事故池等。

3.10 内回流门 internal reflux gate

指氧化沟系统某些沟型所特有的、可使混合液从好氧区（池）到缺氧区（池）实现无动力回流的廊道和设备。

3.11 标准状态 standard state

指大气压为 101 325 Pa、温度为 293.15 K 的状态。

4 总体要求

4.1 氧化沟宜用于《城市污水处理工程项目建设标准（修订）》中规定的Ⅱ～Ⅴ类的城市污水处理工程，以及有机负荷相当于此类城市污水的工业废水处理工程。

4.2 氧化沟污水处理厂（站）应遵守以下规定：

1）污水处理厂厂址选择和总体布置应符合 GB 50014 的相关规定。总图设计应符合 GB 50187 的规定。

2）污水处理厂（站）的防洪标准不应低于城镇防洪标准，且有良好的排水条件。

3）污水处理厂（站）建筑物的防火设计应符合 GB 50016 和 GB 50222 等规范的规定。

4）污水处理厂（站）堆放污泥、药品的贮存场应符合 GB 18599 的规定。

5）污水处理厂（站）建设、运行过程中产生的废气、废水、废渣及其他污染物的治理与排放，应贯彻执行国家现行的环境保护法规和标准的有关规定，防止二次污染。

6）污水处理厂（站）的设计、建设应采取有效的隔声、消声、绿化等降低噪声的措施，噪声和振动控制的设计应符合 GBJ 87 和 GB 50040 的规定，机房内、外的噪声应分别符合 GBZ 2 和 GB 3096 的规定，厂界环境噪声排放应符合 GB 12348 的规定。

7）污水处理厂（站）的设计、建设、运行过程中应重视职业卫生和劳动安全，严格执行 GBZ 1、GBZ 2 和 GB 12801 的规定。在氧化沟建成运行的同时，安全和卫生设施应同时建成运行，并制定相应的操作规程。

4.3 污水处理厂（站）应按照 GB 18918 的规定安装在线监测系统，其他污水处理工程应按照国家或当地的环境保护管理要求安装在线监测系统。在线监测系统的安装、验收和运行应符合 HJ/T 353、HJ/T 354 和 HJ/T 355 的规定。

5 设计流量和设计水质

5.1 设计流量

5.1.1 城镇污水设计流量

5.1.1.1 城镇旱流污水设计流量应按式（1）计算：

$$Q_{dr} = Q_d + Q_m \tag{1}$$

式中：Q_{dr}——旱流污水设计流量，L/s；

Q_d——综合生活污水设计流量，L/s；

Q_m——工业废水设计流量，L/s。

5.1.1.2 城镇合流污水设计流量应按式（2）计算：

$$Q = Q_{dr} + Q_s \tag{2}$$

式中：Q——污水设计流量，L/s；

Q_{dr}——旱流污水设计流量，L/s；

Q_s——雨水设计流量，L/s。

5.1.1.3 综合生活污水设计流量为服务人口与相对应的综合生活污水定额之积，综合生活污水定额应根据当地的用水定额，结合建筑内部给排水设施水平和排水系统普及程度等因素确定，可按当地相关用水定额的 80%～90%设计。

5.1.1.4 综合生活污水量总变化系数应根据当地综合生活污水实际变化量的测定资料确定，没有测定资料时，可按 GB 50014 中的相关规定取值，如表 1。

表 1 综合生活污水量总变化系数

平均日流量/（L/s）	5	15	40	70	100	200	500	≥1 000
总变化系数	2.3	2.0	1.8	1.7	1.6	1.5	1.4	1.3

5.1.1.5 排入市政管网的工业废水设计流量应根据城镇市政排水系统覆盖范围内工业污染源废水排放统计调查资料确定。

5.1.1.6 雨水设计流量参照 GB 50014 相关章节内容确定。

5.1.1.7 在地下水位较高的地区，应考虑入渗地下水量，入渗地下水量宜根据实际测定资料确定。

5.1.2 工业废水设计流量

5.1.2.1 工业废水设计流量应按工厂或工业园区总排放口实际测定的废水流量设计。测试方法应符合 HJ/T 91 的规定。

5.1.2.2 工业废水流量变化应根据工艺特点进行实测。

5.1.2.3 不能取得实际测定数据时可参照国家现行工业用水量的有关规定折算确定，或根据同行业同规模同工艺现有工厂排水数据类比确定。

5.1.2.4 有工业废水与生活污水合并处理时，工厂内或工业园区内的生活污水量、沐浴污水量的确定，应符合 GB 50015 的有关规定。

5.1.2.5 工业园区集中式污水处理厂设计流量的确定可参照城镇污水设计流量的确定方法。

5.1.3 不同构筑物的设计流量

5.1.3.1 提升泵房、格栅井、沉砂池宜按合流污水设计流量计算。

5.1.3.2 初沉池宜按旱流污水流量设计，并用合流污水设计流量校核，校核的沉淀时间不宜小于 30 min。

5.1.3.3 反应池和二沉池按旱流污水量计算，必要时考虑一定的合流水量。

5.1.3.4 反应池后的管道等输水设施应按最高日最高时污水流量设计。

5.2 设计水质

5.2.1 城镇污水的设计水质应根据实际测定的调查资料确定，其测定方法和数据处理方法应符合 HJ/T 91 的规定。无调查资料时，可按下列标准折算设计：

1）生活污水的五日生化需氧量（BOD_5）按每人每天 25～50 g 计算；

2）生活污水的悬浮固体量按每人每天 40～65 g 计算；

3）生活污水的总氮量按每人每天 5～11 g 计算；

4）生活污水的总磷量按每人每天 0.7～1.4 g 计算。

5.2.2 工业废水的设计水质，应根据进入污水处理厂的工业废水的实际测定数据确定，其测定方法和数据处理方法应符合 HJ/T 91 的规定。无实际测定数据时，可参照类似工厂的排放资料类比确定。

5.2.3 生物反应池的进水应符合下列条件：

1）水温宜为 12～35℃、pH 宜为 6.0～9.0、BOD_5/COD_{Cr} 值宜大于 0.3；

2）有去除氨氮要求时，进水总碱度（以 $CaCO_3$ 计）/氨氮（NH_3-N）的比值宜大于等于 7.14，不满足时应补充碱度；

3）有脱总氮要求时，进水的 BOD_5/总氮（TN）值宜大于等于 4.0，总碱度（以 $CaCO_3$ 计）/氨氮值宜大于等于 3.6，不满足时应补充碳源或碱度；

4）有除磷要求时，污水中的 BOD_5 与总磷（TP）之比宜大于等于 17；

5）要求同时除磷、脱氮时，宜同时满足 3）和 4）的要求。

5.3 污染物去除率

氧化沟的污染物去除率可按照表 2 计算。

表 2 氧化沟污染物去除率

污水类别	主体工艺	污染物去除率/%					
		悬浮物（SS）	五日生化需氧量（BOD_5）	化学耗氧量（COD_{Cr}）	TN	NH_3-N	TP
城镇污水	预（前）处理+氧化沟、二沉池	70～90	80～95	80～90	55～85	85～95	50～75
工业废水	预（前）处理+氧化沟、二沉池	70～90	70～90	70～90	45～85	70～95	40～75

注：根据水质、工艺流程等情况，可不设置初沉池，根据沟型需要可设置二沉池。

6 工艺设计

6.1 一般规定

6.1.1 出水直接排放时，应符合国家或地方排放标准要求；排入下一级处理单元时，应符合下一级处理单元的进水要求。

6.1.2 沟内流态应呈现整体混合、局部推流，进水量远低于池内循环混合液量，形成溶解氧（DO）梯度。

6.1.3 进水水质、水量变化较大时，宜设置调节水质、水量的设施。

6.1.4 沟内污泥浓度宜维持在 2 000～4 500 mg/L。

6.1.5 沟底最低流速不宜小于 0.3 m/s。

6.1.6 根据脱氮除磷要求，可设置单独的厌氧区（池）、缺氧区（池）。

6.1.7 工艺设计应考虑具备可灵活调节的运行方式。

6.1.8 工艺设计应考虑水温的影响。

6.1.9 氧化沟可按两组或多组系列布置，多组布置时宜设置进水配水井。

6.1.10 进水泵房、格栅、沉砂池、初沉池和二沉池的设计应符合 GB 50014 中的有关规定。

6.2 预处理和前处理

6.2.1 进水系统前应设置格栅，城镇污水处理工程应设置沉砂池。

6.2.2 悬浮物（SS）高于 BOD_5 设计值 1.5 倍时，生物反应池前宜设置初沉池。

6.2.3 当进水水质不符合 5.2.3 规定的条件或含有影响生化处理的物质时，应根据进水水质采取适当的前处理工艺。

6.3 工艺流程

6.3.1 氧化沟宜采用以下流程：

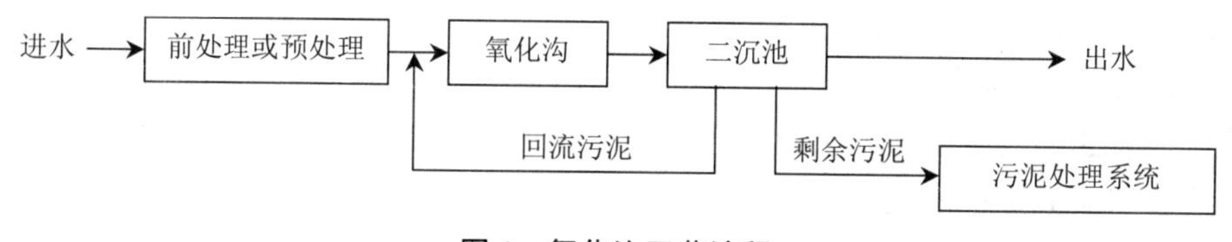

图 1 氧化沟工艺流程

6.3.2 可根据场地、水质、水量等因素采用不同的沟型，主要工艺类型详见附录 A，变形工艺详见附录 B。

6.3.3 单槽氧化沟、双槽氧化沟、竖轴表曝机氧化沟、同心圆向心流氧化沟、微孔曝气氧化沟宜单独设置二沉池；三槽氧化沟不宜设置单独的二沉池。二沉池的设计应符合 GB 50014 的规定。

6.4 池容计算和主要设计参数

6.4.1 去除碳源污染物

6.4.1.1 当以去除碳源污染物为主时，生物反应池的容积可按下式计算。

1）按污泥负荷计算：

$$V = \frac{24Q(S_o - S_e)}{1\,000 L_s X} \tag{3}$$

2）按污泥泥龄计算：

$$V = \frac{24QY\theta_c(S_o - S_e)}{1\,000 X_v (1 + K_{dT}\theta_c)} \tag{4}$$

$$X_v = yX \tag{5}$$

$$K_{dT} = K_{d20} \cdot (\theta_T)^{T-20} \tag{6}$$

式中：V——生物反应池的容积，m^3；

S_o——生物反应池进水 BOD_5 质量浓度，mg/L；

S_e——生物反应池出水 BOD_5 质量浓度，mg/L，当去除率大于 90%时可不计；

Q——生物反应池的设计流量，m^3/h；

X——生物反应池内混合液悬浮固体（MLSS）平均质量浓度，g/L；

X_v——生物反应池内混合液挥发性悬浮固体（MLVSS）平均质量浓度，g/L；

L_s——生物反应池的 BOD_5 污泥负荷，kg/（kg·d）；

y——单位体积混合液中，MLVSS 占 MLSS 的比例，g/g；

Y——污泥产率系数（VSS/BOD_5），kg/kg；

θ_c——设计污泥泥龄，d；

K_{dT}——T℃时的衰减系数，d^{-1}；

K_{d20}——20℃时的衰减系数，d^{-1}，宜取 0.04～0.075；

T——设计温度，℃；

θ_T——温度系数，宜取 1.02～1.06。

6.4.1.2 氧化沟处理城镇污水或水质类似城镇污水的工业废水去除碳源污染物时，主要设计参数可按表 3 的规定取值。工业废水的水质与城镇污水水质差距较大时，设计参数应通过试验或参照类似工程确定。

表 3 去除碳源污染物主要设计参数

项目名称		符号	单位	参数值
反应池 BOD_5 污泥负荷	BOD_5/MLVSS	L_s	kg/（kg·d）	0.14～0.36
	BOD_5/MLSS		kg/（kg·d）	0.10～0.25
反应池混合液悬浮固体（MLSS）平均质量浓度		X	kg/L	2.0～4.5
反应池混合液挥发性悬浮固体（MLVSS）平均质量浓度		X_V	kg/L	1.4～3.2
MLVSS 在 MLSS 中所占比例	设初沉池	y	g/g	0.7～0.8
	不设初沉池		g/g	0.5～0.7
BOD_5 容积负荷		L_v	kg/（m^3·d）	0.20～2.25
设计污泥泥龄（供参考）		θ_c	d	5～15
污泥产率系数（VSS/BOD_5）	设初沉池	Y	kg/kg	0.3～0.6
	不设初沉池		kg/kg	0.6～1.0
总水力停留时间		HRT	h	4～20
污泥回流比		R	%	50～100
需氧量（O_2/BOD_5）		O_2	kg/kg	1.1～1.8
BOD_5 总处理率		η	%	75～95

6.4.2 脱氮

6.4.2.1 当需要脱氮时，宜设置缺氧区（池）。

6.4.2.2 生物反应池的容积采用 6.4.1.1 规定的公式计算时，缺氧区（池）的水力停留时间宜为 1.0～4.0 h。

6.4.2.3 生物反应池的容积采用硝化、反硝化动力学计算时，应按下列规定计算。

1）缺氧区（池）容积可按下式计算：

$$V_n = \frac{0.001Q(N_k - N_{te}) - 0.12\Delta X_v}{K_{deT}X} \tag{7}$$

$$K_{deT} = K_{de20}1.08^{(T-20)} \tag{8}$$

$$\Delta X_v = yY_t\frac{Q(S_o - S_e)}{1\,000} \tag{9}$$

式中：V_n——缺氧区（池）容积，m^3；

Q——生物反应池的设计流量，m^3/d；

X——生物反应池内混合液悬浮固体（MLSS）平均质量浓度，g/L；

N_k——生物反应池进水总凯氏氮质量浓度，mg/L；

N_{te}——生物反应池出水总氮质量浓度，mg/L；

ΔX_v——排出生物反应池系统的微生物量（MLVSS），kg/d；

K_{deT}——T℃时的脱氮速率（NO_3-N/MLSS），kg/（kg·d），宜根据试验资料确定，无试验资料时按式（8）计算；

K_{de20}——20℃时的脱氮速率（NO_3-N/MLSS），kg/（kg·d），取 0.03～0.06；

T——设计温度，℃；

Y_t——污泥总产率系数（MLSS/BOD_5），kg/kg；宜根据试验资料确定，无试验资料时，有初沉池时取 0.3，无初沉池时取 0.6～1.0；

y——单位体积混合液中，MLVSS 占 MLSS 的比例，g/g；

S_o——生物反应池出水 BOD_5 质量浓度，mg/L；

S_e——生物反应池出水 BOD_5 质量浓度，mg/L。

2）好氧区（池）容积可按下式计算：

$$V_O = \frac{Q(S_o - S_e)\theta_{co} Y_t}{1\,000X} \tag{10}$$

$$\theta_{co} = F\frac{1}{\mu} \tag{11}$$

$$\mu = 0.47\frac{N_a}{K_N + N_a}e^{0.098(T-15)} \tag{12}$$

式中：V_o——好氧区（池）容积，m^3；

Q——生物反应池的设计流量，m^3/d；

S_o——生物反应池出水 BOD_5 质量浓度，mg/L；

S_e——生物反应池出水 BOD_5 质量浓度，mg/L；

θ_{co}——好氧区（池）设计污泥龄值，d；

Y_t——污泥总产率系数（$MLSS/BOD_5$），kg/kg；宜根据试验资料确定，无试验资料时，有初沉池时取 0.3，无初沉池时取 0.6～1.0；

X——生物反应池内混合液悬浮固体（MLSS）平均质量浓度，g/L；

F——安全系数，取 1.5～3.0；

μ——硝化菌生长速率，d^{-1}；

N_a——生物反应池中氨氮质量浓度，mg/L；

K_N——硝化作用中氮的半速率常数，mg/L，一般取 1.0；

T——设计温度，℃。

3）混合液回流量可按下式计算：

$$Q_{Ri} = \frac{1\,000V_n K_{deT} X}{N_t - N_{ke}} - Q_R \tag{13}$$

式中：Q_{Ri}——混合液回流量，m^3/d，混合液回流比不宜大于 400%；

V_n——缺氧区（池）容积，m^3；

K_{deT}——T℃时的脱氮速率（NO_3-N/MLSS），kg/（kg·d），宜根据试验资料确定，无试验资料时按式（8）计算；

X——生物反应池内混合液悬浮固体（MLSS）平均质量浓度，g/L；

Q_R——回流污泥量，m^3/d；

N_{ke}——生物反应池出水总凯氏氮质量浓度，mg/L；

N_t——生物反应池进水总氮质量浓度，mg/L。

6.4.2.4 生物脱氮氧化沟处理城镇污水或水质类似城镇污水的工业废水时，主要设计参数可按表 4 的规定取值。工业废水的水质与城镇污水水质差距较大时，设计参数应通过试验或参照类似工程确定。

表 4　生物脱氮主要设计参数

项目名称		符号	单位	参数值
反应池 BOD_5 污泥负荷	$BOD_5/MLVSS$	L_s	kg/（kg·d）	0.07～0.21
	$BOD_5/MLSS$		kg/（kg·d）	0.05～0.15
反应池混合液悬浮固体（MLSS）平均质量浓度		X	kg/L	2.0～4.5
反应池混合液挥发性悬浮固体（MLVSS）平均质量浓度		X_V	kg/L	1.4～3.2
MLVSS 在 MLSS 中所占比例	设初沉池	y	g/g	0.65～0.75
	不设初沉池		g/g	0.5～0.65
BOD_5 容积负荷		L_v	kg/（m^3·d）	0.12～0.50
总氮负荷率（TN/MLSS）		L_{TN}	kg/（kg·d）	≤0.05
设计污泥泥龄（供参考）		θ_c	d	12～25
污泥产率系数（VSS/BOD_5）	设初沉池	Y	kg/kg	0.3～0.6
	不设初沉池		kg/kg	0.5～0.8
污泥回流比		R	%	50～100
缺氧水力停留时间		t_n	h	1～4
好氧水力停留时间		t_o	h	6～14
总水力停留时间		HRT	h	7～18
混合液回流比		R_i	%	100～400
需氧量（O_2/BOD_5）		O_2	kg/kg	1.1～2.0
BOD_5 总处理率		η	%	90～95
NH_3-N 总处理率		η	%	85～95
TN 总处理率		η	%	60～85

6.4.3　同时脱氮除磷

6.4.3.1　当同时脱氮除磷时，宜设置厌氧区（池）、缺氧区（池）。

6.4.3.2　生物反应池缺氧区（池）、好氧区（池）的容积，宜按本标准第 6.4.1 节、第 6.4.2 节的规定计算。厌氧区（池）的容积，可按下式计算。

$$V_p = \frac{t_p Q}{24} \tag{14}$$

式中：V_p——厌氧区（池）容积，m^3；

t_p——厌氧区（池）停留时间，h；

Q——设计污水流量，m^3/d。

6.4.3.3　生物脱氮除磷氧化沟处理城镇污水或水质类似城镇污水的工业废水时主要设计参数，可按表 5 的规定取值。工业废水的水质与城镇污水水质差距较大时，设计参数应通过试验或参照类似工程确定。

6.4.4　延时曝气氧化沟

延时曝气氧化沟处理城镇污水或水质类似城镇污水的工业废水时，主要设计参数可按表 6 的规定取值。工业废水的水质与城镇污水水质差距较大时，设计参数应通过试验或参照类似工程确定。

表 5 生物脱氮除磷主要设计参数

项目名称		符号	单位	参数值
反应池 BOD_5 污泥负荷	$BOD_5/MLVSS$	L_s	kg/（kg·d）	0.10～0.21
	$BOD_5/MLSS$		kg/（kg·d）	0.07～0.15
反应池混合液悬浮固体（MLSS）平均质量浓度		X	kg/L	2.0～4.5
反应池混合液挥发性悬浮固体（MLVSS）平均质量浓度		X_V	kg/L	1.4～3.2
MLVSS 在 MLSS 中所占比例	设初沉池	y	g/g	0.65～0.7
	不设初沉池		g/g	0.5～0.65
BOD_5 容积负荷		L_v	kg/（m^3·d）	0.20～0.7
总氮负荷率（TN/MLSS）		L_{TN}	kg/（kg·d）	≤0.06
设计污泥泥龄（供参考）		θ_c	d	12～25
污泥产率系数（VSS/BOD_5）	设初沉池	Y	kg/kg	0.3～0.6
	不设初沉池		kg/kg	0.5～0.8
厌氧水力停留时间		t_p	h	1～2
缺氧水力停留时间		t_n	h	1～4
好氧水力停留时间		t_o	h	6～12
总水力停留时间		HRT	h	8～18
污泥回流比		R	%	50～100
混合液回流比		R_i	%	100～400
需氧量（O_2/BOD_5）		O_2	kg/kg	1.1～1.8
BOD_5 总处理率		η	%	85～95
TP 总处理率		η	%	50～75
TN 总处理率		η	%	55～80

表 6 延时曝气氧化沟主要设计参数

项目名称		符号	单位	参数值
反应池 BOD_5 污泥负荷	$BOD_5/MLVSS$	L_s	kg/（kg·d）	0.04～0.11
	$BOD_5/MLSS$		kg/（kg·d）	0.03～0.08
反应池混合液悬浮固体（MLSS）平均质量浓度		X	kg/L	2.0～4.5
反应池混合液挥发性悬浮固体（MLVSS）平均质量浓度		X_V	kg/L	1.4～3.2
MLVSS 在 MLSS 中所占比例	设初沉池	y	g/g	0.65～0.7
	不设初沉池		g/g	0.5～0.65
BOD_5 容积负荷		L_v	kg/（m^3·d）	0.06～0.36
设计污泥泥龄（供参考）		θ_c	d	＞15
污泥产率系数（VSS/BOD_5）	设初沉池	Y	kg/kg	0.3～0.6
	不设初沉池		kg/kg	0.4～0.8
污泥回流比		R	%	75～150
混合液回流比		R_i	%	100～400
需氧量（O_2/BOD_5）		O_2	kg/kg	1.5～2.0
总水力停留时间		HRT	h	≥16
BOD_5 总处理效率		η	%	95

6.5 氧化沟沟型设计

6.5.1 氧化沟的直线长度不宜小于 12 m 或水面宽度的 2 倍(不包括同心圆向心流氧化沟)。氧化沟的宽度应根据场地要求、曝气设备种类和规格确定。

6.5.2 氧化沟的超高应根据曝气设备确定，当选用曝气转刷、曝气转盘时，超高宜为 0.5 m；当采用垂直轴表面曝气机时，在放置曝气机的弯道附近，超高宜为 0.6～0.8 m，其设备平台宜高出设计水面 1.0～1.7 m。

6.5.3 氧化沟内宜设置导流墙与挡流板。导流墙与挡流板的设置应符合以下规定：

1）导流墙宜设置成偏心导流墙，导流墙的圆心一般设在水流进弯道一侧。导流墙（一道）的设置参考数据见表 7。

表 7 导流墙（一道）的设置参考数据

转刷长度（直径 1 m）/m	氧化沟沟宽/m	导流墙偏心距/m	导流墙半径/m
3.0	4.15	0.35	2.25
4.5	5.56	0.50	3.00
6.0	7.15	0.65	3.75
7.5	8.65	0.60	4.50
9.0	10.15	0.95	5.25

2）导流墙的数量一般根据沟宽确定，沟宽小于 7.0 m 时，可只设一道导流墙，沟宽大于 7.0 m 时，宜设两道或多道导流墙，设两道导流墙时外侧渠道宽为沟宽的 1/2。

3）导流墙在下游方向宜延伸一个沟宽的长度。

4）导流墙宜高出设计水位 0.3 m。

5）曝气转刷上游和下游宜设置挡流板，挡流板宜设在水面下。上游挡流板高 1.0～2.0 m，垂直安装于曝气转刷上游 2～5 m 处。下游挡流板通常设置于曝气转刷下游 2.0～3.0 m 处，与水平成 60°角倾斜放置，顶部在水面下 150 mm，挡板下部宜超过 1.8 m 水深。

6）竖轴式机械表曝机设在氧化沟转弯处时，该转弯处不应设导流墙。

7）椭圆形氧化沟不宜设置挡流板。

6.6 需氧量计算

6.6.1 氧化沟好氧区（池）的污水需氧量，根据 BOD_5 去除率、氨氮的硝化及除氮等要求确定，宜按下式计算。

$$O_2=0.001aQ(S_o-S_e)-c\Delta X_v+b[0.001Q(N_k-N_{ke})-0.12\Delta X_v]$$
$$-0.62b[0.001Q(N_t-N_{ke}-N_{oe})-0.12\Delta X_v] \quad (15)$$

式中：O_2——设计污水需氧量，kg/d；

a——碳的氧当量，当含碳物质以 BOD_5 计时，取 1.47；

Q——生物反应池的设计流量，m^3/d；

S_o——生物反应池进水 BOD_5，mg/L；

S_e——生物反应池出水 BOD_5，mg/L；

ΔX_v——生物反应池排出系统的微生物量，kg/d；

b——常数，氧化每千克氨氮所需氧量，kg/kg，取 4.57；

N_k——生物反应池进水总凯氏氮质量浓度，mg/L；

N_{ke}——生物反应池出水总凯氏氮质量浓度，mg/L；

N_t——生物反应池进水总氮质量浓度，mg/L；

N_{oe}——生物反应池出水硝态氮质量浓度，mg/L。

6.6.2 去除碳源污染物时，每千克 BOD_5 的需氧量可取 0.7～1.2 kg。缺氧除氮时，每千克 BOD_5 的需氧量可取 1.1～1.8 kg。延时曝气时，每千克 BOD_5 的需氧量可取 1.5～2.0 kg。

6.6.3 标准状态下污水需氧量的计算

1）选用曝气装置和设备时，应根据不同的设备的特征、位于水面下的深度、水温、污水的氧总转移特性，当地的海拔高度以及预期生物反应池中溶解氧浓度等因素，将计算的污水需氧量换算为标准状态下污水需氧量，计算公式如下：

$$O_s=K_o \cdot O_2 \tag{16}$$

式中：O_s——标准状态下污水需氧量，kg/d；

K_o——需氧量修正系数；

O_2——污水需氧量，kg/d。

2）采用表曝机时的需氧量修正系数按式（17）计算，采用鼓风曝气装置时的需氧量修正系数按式（18）、（19）、（20）计算。

$$K_o=\frac{C_s}{\alpha(\beta C_{sw}-C_o)\times 1.024^{(T-20)}} \tag{17}$$

$$K_o=\frac{C_s}{\alpha(\beta C_{sm}-C_o)\times 1.024^{(T-20)}} \tag{18}$$

$$C_{sm}=C_{sw}\left(\frac{O_t}{42}+\frac{10\times P_b}{2.068}\right) \tag{19}$$

$$O_t=\frac{21\times(1-E_A)}{79+21\times(1-E_A)}\times 100 \tag{20}$$

式中：K_o——需氧修正系数；

C_s——标准条件下清水中饱和溶解氧质量浓度，mg/L，取 9.17；

α——混合液中总传氧系数与清水中总传氧系数之比，一般取 0.80～0.85；

β——混合液的饱和溶解氧值与清水中的饱和溶解氧值之比，一般取 0.90～0.97；

C_{sw}——T℃、实际计算压力时，清水表面饱和溶解氧，mg/L；

C_o——混合液剩余溶解氧，mg/L，一般取 2；

T——混合液温度，℃，一般取 5～30；

C_{sm}——T℃、实际计算压力时，曝气装置所在水下深处至池面的清水中平均溶解值，mg/L；

O_t——曝气池逸出气体中含氧，%；

P_b——曝气装置所处的绝对压力，MPa；

E_A——曝气设备氧的利用率，%。

6.6.4 采用鼓风曝气时，应按下列公式将标准状态下污水需氧量换算为标准状态下的供气量。

$$G_S=\frac{O_S}{0.28E_A} \tag{21}$$

式中：G_S——标准状态下的供气量，m^3/h；

O_S——标准状态下污水需氧量，kg/h；

E_A——曝气设备氧的利用率，%。

6.7 消毒系统

消毒系统的设计应符合 GB 50014 的规定。

6.8 化学除磷系统

6.8.1 当出水总磷不能达到排放标准要求时，宜采用化学除磷作为辅助手段。

6.8.2 最佳药剂种类、剂量和投加点宜通过试验确定。

6.8.3 化学除磷的药剂可采用铝盐、铁盐，也可采用石灰。用铝盐或铁盐作混凝剂时，宜投加离子型聚合电解质作为助凝剂。

6.8.4 采用铝盐或铁盐作混凝剂时，其投加混凝剂与污水中总磷的摩尔比宜为 1.5～3。

6.8.5 化学药剂储存罐容量应为理论加药量的 4～7 d 投加量，加药系统不宜少于 2 个，宜采用计量泵投加。

6.8.6 接触铝盐和铁盐等腐蚀性物质的设备和管道应采取防腐蚀措施。

6.9 回流系统

6.9.1 混合液回流可通过设置内回流设施使氧化沟好氧区（池）混合液回流至缺氧区（池）。

6.9.2 污泥回流设施可采用离心泵、混流泵、潜水泵、螺旋泵或空气提升器。当生物处理系统中带有厌氧区（池）、缺氧区（池）时，应选用不易复氧的污泥回流设施。

6.9.3 污泥回流设施宜分别按生物处理系统中的最大污泥回流比计算确定。

6.9.4 污泥回流设备应不少于 2 台，并设置备用设备，空气提升器可不设备用。

6.9.5 混合液回流和污泥回流设备宜有调节流量的措施。

6.10 污泥处理系统

6.10.1 污泥量设计应考虑剩余污泥和化学除磷污泥。

6.10.2 剩余污泥量可按下式计算。

1）按污泥泥龄计算：

$$\Delta X=\frac{V\cdot X}{\theta_c} \tag{22}$$

式中：ΔX——剩余污泥（SS）量，kg/d；

V——生物反应池的容积，m^3；

X——生物反应池内混合液悬浮固体（MLSS）平均质量浓度，g/L；

θ_c——污泥泥龄，d。

2）按污泥产率系数、衰减系数及不可生物降解和惰性悬浮物计算：

$$\Delta X=YQ(S_o-S_e)-K_dVX_v+fQ(SS_o-SS_e) \tag{23}$$

式中：ΔX——剩余污泥（SS）量，kg/d；

V——生物反应池的容积，m^3；

Q——设计平均日污水量，m^3/d；

S_o——生物反应池进水 BOD_5，kg/m^3；

S_e——生物反应池出水 BOD_5，kg/m^3；

K_d——衰减系数，d^{-1}；

Y——污泥产率系数（VSS/BOD_5），kg/kg；

X_v——生物反应池内混合液挥发性悬浮固体（MLSS）平均质量浓度，g/L；

f——SS 的污泥转换率（MLSS/SS），g/g；宜根据试验资料确定，无试验资料时可取 0.5～0.7；

SS_o——生物反应池进水悬浮物质量浓度，kg/m^3；

SS_e——生物反应池出水悬浮物质量浓度，kg/m^3。

6.10.3 化学除磷污泥量应根据药剂投加量计算。

6.10.4 污泥系统宜设置计量装置，可采用湿污泥计量和干污泥计量两种方式。

6.10.5 大型污水处理厂宜采用污泥消化等方式实现污泥稳定，中小型污水处理厂（站）可采用延时曝气方式实现污泥稳定。

6.10.6 污泥脱水系统设计时宜考虑污泥处置的要求。

6.10.7 污泥处理和处置应符合 GB 50014 的规定。

7 主要设备

7.1 曝气设备

7.1.1 氧化沟应根据污水特性、去除效率及运行条件等计算标准状态下污水需氧量，再根据曝气设备的充氧能力、动力效率选择满足充氧要求的曝气设备。

7.1.2 曝气设备宜兼有供氧、推流、混合等功能，可选用竖轴式机械表面曝气、转刷曝气、转盘曝气、鼓风式潜水曝气等。

7.1.3 竖轴式机械表面曝气装置、转刷曝气器、转盘曝气器、鼓风式潜水曝气器应分别符合 HJ/T 247、HJ/T 259、HJ/T 280、HJ/T 260 的规定。

7.1.4 竖轴式机械表面曝气机可按不小于需氧量的20%备用，并有不少于 1 台采用变频调速控制。转刷和转盘曝气机宜备用 1～2 台。鼓风机房应设置备用鼓风机，工作鼓风机台数在 4 台以下时，应设 1 台备用鼓风机；工作鼓风机台数在 4 台或 4 台以上时，应设 2 台备用鼓风机。备用鼓风机应按设计配置的最大机组考虑。

7.1.5 转刷应布置在进弯道前一定长度（氧化沟的沟宽加 1.6 m）的直线段上。出弯道时，转刷应位于弯道下游直线段 5.0 m 处。在直线段上的曝气转刷最小间距不宜小于 15 m。转刷的淹没深度一般为 0.15～0.30 m。转刷或转盘应在整个沟宽上满布，并有足够安装轴承的位置。曝气转碟也可安装在沟渠的弯道上；转盘的浸深一般为 0.40～0.55 m。

7.1.6 竖轴式机械表面曝气机应设在弯道处，安装时设备应向出水端偏移。叶轮升降行程为±100 mm，叶轮线速度采用 3.5～5 m/s。

7.1.7 曝气设备应易于维修，易于排除故障。

7.1.8 氧化沟宜有调节叶轮、转刷或转盘速度的控制设备。

7.2 进出水装置

7.2.1 氧化沟的进水和回流污泥进入点一般宜设在曝气器的下游。有脱氮要求时，进水和回流污泥宜设在氧化沟的缺氧区（池），与曝气设备保持一定的距离。氧化沟的出水点应设在进水点的另一侧，并与进水点和回流污泥进入点足够远，以避免短流。有除磷要求时，从二沉池引出的回流污泥可通至厌氧区（池）或缺氧区（池），并可根据运行情况调整污泥回流量。

7.2.2 氧化沟宜在进水管上设置闸板或闸阀。

7.2.3 氧化沟宜设置放空管和清液排放管。

7.2.4 氧化沟的出水口宜设置溢流堰。双沟式、三槽氧化沟应设可调溢流堰，并设自动控制，与进水阀门的自动启闭相互呼应。当作为沉淀池出水堰时，堰上水深不宜大于

50 mm。微孔曝气氧化沟可设固定溢流堰，其它氧化沟反应池出水宜采用可调溢流堰。

7.3 搅拌、推流装置

7.3.1 氧化沟应确保沟底不产生沉泥。池内介质距池底 0.3 m，水平平均流速宜控制在 0.25～0.30 m/s。

7.3.2 氧化沟选择的曝气设备不能满足推动和混合要求时，宜增设搅拌、推流装置。为使介质混合均匀宜设搅拌机，为使介质循环流动、产生层面推流作用宜设推流器。

7.3.3 搅拌机选型时应考虑池型，搅拌机设置的容积功率宜控制在 3～10 W/m^3。

7.3.4 推流器选型时的推力选择应考虑池型、导流墙设置、曝气机设置、曝气量等因素，推流器设置的容积功率宜控制在 1～3 W/m^3。

7.3.5 推流器的设置宜符合 HJ/T 279 的规定。

7.4 内回流门

竖轴表曝机氧化沟利用其流速将混合液回流至缺氧区（池）时，可设置内回流门。内回流门的设计应根据混合液回流量计算确定。

7.5 污泥脱水设备

污泥脱水设备可选用厢式压滤机和板框压滤机、污泥脱水用带式压榨过滤机、污泥浓缩带式脱水一体机等，所选用的设备应符合 HJ/T 283、HJ/T 242、HJ/T 335 的规定。

8 检测和控制

8.1 一般规定

8.1.1 氧化沟污水处理厂（站）运行应进行过程检测和控制，并配置相关的检测仪表和控制系统。

8.1.2 氧化沟污水处理厂（站）设计应根据工程规模、工艺流程、运行管理要求确定检测和控制的内容。

8.1.3 自动化仪表和控制系统应保证氧化沟污水处理厂（站）的安全和可靠，方便运行管理。

8.1.4 计算机控制管理系统宜兼顾现有、新建和规划要求。

8.1.5 根据沟型的需要，可采用时间程序自动控制方式，也可采用溶解氧和氧化还原电位控制方式。

8.1.6 参与控制和管理的机电设备应设置工作和事故状态的检测装置。

8.2 过程检测

8.2.1 预处理检测

8.2.1.1 预处理宜设酸碱度计、水位计、水位差计，大型污水处理厂宜增设化学需氧量检测仪、悬浮物检测仪、流量计。

8.2.1.2 pH 值应控制在 6.0～9.0。

8.2.1.3 水位计、水位差计用于水位监测控制。

8.2.1.4 化学需氧量、悬浮物、流量等检测数据宜参与后续工艺控制。

8.2.2 氧化沟检测

8.2.2.1 氧化沟宜设溶解氧检测仪和水位计，大型污水处理厂宜增设污泥浓度计。污泥浓度计宜设于好氧区（池）平稳段。

8.2.2.2 厌氧区（池）的溶解氧浓度应控制在 0.2 mg/L 以下，缺氧区（池）的溶解氧浓度应控制在 0.2～0.5 mg/L，好氧区（池）的浓度不宜小于 2.0 mg/L。

8.2.2.3 好氧区（池）污泥浓度宜根据处理要求控制在表 3、表 4、表 5 和表 6 的设计参数范围内，超过表中参数值时，宜加大排泥量。

8.2.3 回流污泥及剩余污泥检测

8.2.3.1 回流污泥宜设流量计，并采取能满足污泥回流量调节要求的措施。

8.2.3.2 剩余污泥宜设流量计，条件允许时可增设污泥浓度计，用于监测、统计污泥排出量。

8.2.4 加药系统检测

8.2.4.1 总磷监测可采用实验室检测方式，药剂根据检测设定值自动投加。

8.2.4.2 大型污水处理厂条件允许时可设总磷在线监测仪，检测值用于自动控制药剂投加系统。

8.3 过程控制

8.3.1 氧化沟污水处理厂（站）应根据其处理规模，在满足工艺控制条件的基础上合理选择配置集散控制系统（DCS）或可编程序控制（PLC）自动控制系统。

8.3.2 采用成套设备时，成套设备自身的控制宜与氧化沟污水处理厂（站）设置的控制系统结合。

8.4 自动控制系统

8.4.1 自动控制系统应具有信息收集、处理、控制、管理和安全保护功能。

8.4.2 自动控制系统的设计应符合下列要求：

1）宜对控制系统的监测层、控制层和管理层做出合理配置；

2）应根据工程具体情况，经技术经济比较后选择网络结构和通信速率；

3）对操作系统和开发工具要从运行稳定、易于开发、操作界面方便等多方面综合考虑；

4）根据企业需求和相关基础设施，宜对企业信息化系统做出功能设计；

5）厂（站）级中央控制室宜设专用配电箱，并由变配电系统引专用回路供电；

6）厂（站）级控制室面积应视其使用功能设定，并应考虑今后的发展；

7）防雷和接地保护应符合国家现行标准的要求。

9 电气

9.1 供电系统

9.1.1 工艺装置的用电负荷应为二级负荷。

9.1.2 高、低压用电设备的电压等级应与其供电系统的电压等级一致。

9.1.3 中央控制室主要设备应配备在线式不间断供电电源供电。

9.1.4 低压配电系统的接地型式宜采用 TN-S 系统。

9.2 低压配电

变电所及低压配电室的变配电设备布置，应符合国家标准 GB 50053 的规定。

9.3 二次线

9.3.1 电气设备宜在中心控制室控制，并纳入所选择的控制系统。

9.3.2 电气系统的控制水平应与工艺水平相一致，宜纳入计算机控制系统，也可采用强电控制。

10 施工与验收

10.1 一般规定

10.1.1 工程施工单位应具有国家相应的工程施工资质；工程项目宜通过招投标确定施工单位和监理单位。

10.1.2 应按工程设计图纸、技术文件、设备图纸等组织工程施工，工程的变更应取得设计单位的设计变更文件后再实施。

10.1.3 施工前，应进行施工组织设计或编制施工方案，明确施工质量负责人和施工安全负责人，经批准后方可实施。

10.1.4 施工过程中，应做好设备、材料、隐蔽工程和分项工程等中间环节的质量验收；隐蔽工程应经过中间验收合格后，方可进行下一道工序施工。

10.1.5 管道工程的施工和验收应符合 GB 50268 的规定；混凝土结构工程的施工和验收应符合 GB 50204 的规定；构筑物的施工和验收应符合 GB 50141 的规定。

10.1.6 施工使用的设备、材料、半成品、部件应符合国家现行标准和设计要求，并取得供货商的合格证书，不得使用不合格产品。设备安装应符合 GB 50231 的规定。

10.1.7 工程竣工验收后，建设单位应将有关设计、施工和验收的文件立卷归档。

10.2 施工

10.2.1 土建施工

10.2.1.1 在进行土建施工前应认真阅读设计图纸，了解结构型式、基础（或地基处理）方案、池体抗浮措施以及设备安装对土建的要求，土建施工应事先预留预埋，设备基础应严格控制在设备要求的误差范围内。

10.2.1.2 土建施工应重点控制池体的抗浮处理、地基处理、池体抗渗处理，满足设备安装对土建施工的要求。

10.2.1.3 对于软弱地基上的工程，需对地基进行处理时，应确保地基处理的可靠性，严防池体因不均匀沉降而导致开裂。

10.2.1.4 模板、钢筋、混凝土分项工程应严格执行 GB 50204 规定，并符合以下要求：

1）模板架设应有足够强度、刚度和稳定性，表面平整无缝隙，尺寸正确；

2）钢筋规格、数量准确，绑扎牢固应满足搭接长度要求，无锈蚀；

3）混凝土配合比、施工缝预留、伸缩缝设置、设备基础预留孔及预埋螺栓位置均应符合规范和设计要求，冬季施工应注意防冻。

10.2.1.5 现浇钢筋混凝土水池施工允许偏差应符合表 8 的规定。

10.2.1.6 处理构筑物应根据当地气温和环境条件，采取防冻措施。

10.2.1.7 污水处理厂（站）构筑物应设置必要的防护栏杆并采取适当的防滑措施，应符合 GB 50352 的规定。

10.2.2 设备安装

表 8 现浇钢筋混凝土水池施工允许偏差

项次	项目		允许偏差/mm
1	轴线位置	底板	15
		池壁、柱、梁	8
2	高程	垫层、底板、池壁、柱、梁	±10
3	平面尺寸（混凝土底板和池体长、宽或直径）	L≤20 m	±20
		20 m＜L≤50 m	±L/1 000
		50 m＜L≤250 m	±50
4	截面尺寸	池壁、柱、梁、顶板	+10 −5
		洞、槽、沟净空	±10
5	垂直度	H≤ 5 m	8
		5 m＜H≤20 m	1.5H/1 000
6	表面平整度（用 2 m 直尺检查）		10
7	中心位置	预埋件、预埋管	5
		预留洞	10

注：L 为底板和池体的长、宽或直径；H 为池壁、柱的高度。

10.2.2.1 设备基础应按照设计要求和图纸规定浇筑，混凝土强度等级、基面位置高程应符合说明书和技术文件规定。

10.2.2.2 混凝土基础应平整坚实，并有隔振措施。

10.2.2.3 预埋件水平度及平整度应符合 GB 50231 的规定。

10.2.2.4 地脚螺栓应按照原机出厂说明书的要求预埋，位置应准确，安装应稳固。

10.2.2.5 安装好的机械应严格符合外形尺寸的公称允许偏差，不允许超差。

10.2.2.6 机电设备安装后试车应满足下列要求：

1）启动时应按照标注箭头方向旋转，启动运转应平稳，运转中无振动和异常声响；

2）运转啮合与差动机构运转应按产品说明书的规定同步运行，没有阻塞、碰撞现象；

3）运转中各部件应保持动态所应有的间隙，无抖动晃摆现象；

4）试运转用手动或自动操作，设备全程完整动作 5 次以上，整体设备应运行灵活；

5）各限位开关运转中动作及时，安全可靠；

6）电机运转中温升在正常值内；

7）各部轴承注加规定润滑油，应不漏、不发热，温升小于 60℃。

10.3 工程验收

10.3.1 工程验收包括中间验收和竣工验收；中间验收应由施工单位会同建设单位、设计单位、质量监督部门共同进行；竣工验收应由建设单位组织施工、设计、管理、质量监督及有关单位联合进行。

10.3.2 中间验收包括验槽、验筋、主体验收、安装验收、联动试车。中间验收时应按相应的标准进行检验，并填写中间验收记录。

10.3.3 竣工验收应至少提供以下资料：

1）施工图及设计变更文件；

2）主要材料和设备的合格证或试验记录；

3）施工测量记录；

4）混凝土、砂浆、焊接及水密性、气密性等试验、检验记录；

5）施工记录；

6）中间验收记录；

7）工程质量检验评定记录；

8）工程质量事故处理记录。

10.3.4 竣工验收时应核实竣工验收资料，进行必要的复查和外观检查，并对下列项目做出鉴定，填写竣工验收鉴定书。竣工验收鉴定书应包括以下项目：

1）构筑物的位置、高程、坡度、平面尺寸，设备、管道及附件等安装的位置和数量；

2）结构强度、抗渗、抗冻的等级；

3）构筑物的水密性；

4）外观，包括构筑物的裂缝、蜂窝、麻面、露筋、空鼓、缺边、掉角以及设备、外露的管道安装等是否影响工程质量。

10.3.5 构筑物土建施工完成后应按照 GB 50141 的规定进行满水试验，地面以下渗水量应符合设计规定，最大不得超过 2 L/（m^2·d）。

10.3.6 泵房和风机房等都应按设计的最多开启台数进行 48 h 运转试验，测定水泵和污泥泵的流量和机组功率，有条件的应测定其特性曲线。

10.3.7 机械曝气设备应进行运行性能和机械性能的测试，叶轮或盘片的转速、浸没深度、充氧能力、动力效率满足设计要求，运转时间应达到 72 h。

10.3.8 鼓风曝气系统安装应平整牢固，布置均匀，曝气头无漏水现象，曝气管内无杂质，曝气量满足设计要求，曝气稳定均匀。

10.3.9 导流板的安装强度应符合设计要求，不得有振动现象。

10.3.10 闸门、闸阀和溢流堰不得有漏水现象。

10.3.11 排水管道应做闭水试验，上游充水管保持在管顶以上 2 m，外观检查应 24 h 无漏水现象。

10.3.12 空气管道应做气密性试验，24 h 压力降不超过允许值为合格。

10.3.13 进口设备除参照国内标准外，必要时应参照国外标准和其他相关标准进行验收，调试时应有外商指定人员现场参加指导。

10.3.14 仪表、化验设备应有计量部门的确认。

10.3.15 变电站高压配电系统应由供电局组织电检、验收。

10.4 环境保护验收

10.4.1 氧化沟污水处理厂（站）应进行纳污养菌调试，在正式投入生产或使用之前，建设单位应向环境保护行政主管部门提出环境保护竣工验收申请。

10.4.2 氧化沟污水处理厂（站）竣工环境保护验收应按照《建设项目竣工环境保护验收管理办法》的规定和工程环境影响评价报告的批复进行。

10.4.3 氧化沟污水处理厂（站）验收前应结合试运行进行性能试验，性能试验报告可作为竣工环境保护验收的技术支持文件。性能试验内容包括：

1）各组建筑物都应按设计负荷，全流程通过所有构筑物；

2）测试并计算各构筑物的工艺参数；

3）统计全厂进出水量、用电量和各分项用电量；

4）水质化验；

5）计算全厂技术经济指标：BOD_5去除总量、BOD_5去除单耗（kW·h/kg）、污水处理成本（元/kg）。

11 运行与维护

11.1 一般规定

11.1.1 氧化沟工艺污水处理设施的运行、维护及安全管理应参照 CJJ 60 执行。

11.1.2 污水处理厂（站）的运行管理应配备专业人员和设备。

11.1.3 污水处理厂（站）在运行前应制定设备台账、运行记录、定期巡视、交接班、安全检查等管理制度，以及各岗位的工艺系统图、操作和维护规程等技术文件。

11.1.4 操作人员应熟悉本厂（站）处理工艺技术指标和设施、设备的运行要求；经过技术培训和生产实践，并考试合格后方可上岗。

11.1.5 各岗位的工艺系统图、操作和维护规程等应示于明显部位，运行人员应按规程进行系统操作，并定期检查设备检查构筑物、设备、电器和仪表的运行情况。

11.1.6 工艺设施和主要设备应编入台账，定期对各类设备、电气、自控仪表及建（构）筑物进行检修维护，确保设施稳定可靠运行。

11.1.7 运行人员应遵守岗位职责，坚持做好交接班和巡视。

11.1.8 应定期检测进出水水质，并对检测仪器、仪表进行校验。

11.1.9 运行中应严格执行经常性的和定期的安全检查，及时消除事故隐患，防止事故发生。

11.1.10 各岗位人员在运行、巡视、交接班、检修等生产活动中，应做好相关记录。

11.2 水质检验

11.2.1 污水处理厂（站）应设水质检验室，配备检验人员和仪器。

11.2.2 水质检验室内部应建立健全水质分析质量保证体系。

11.2.3 检验人员应经培训后持证上岗，并应定期进行考核和抽检。

11.2.4 检验方法应符合 CJ/T 51 的规定。

11.3 运行控制

11.3.1 应根据系统所需氧量和氧化沟供氧设备的性能，确定曝气设备运行的数量和时间。

11.3.2 运行过程中应定期检测各区（池）的溶解氧浓度和混合液悬浮固体浓度，当浓度值超出 8.2.2.2 和 8.2.2.3 规定的范围时，应及时调节曝气量。

11.3.3 机械曝气设备可通过调节曝气转刷、转碟、叶轮转速或淹没深度来调节供氧量；当采用射流曝气、微孔曝气等鼓风曝气系统时，可通过鼓风机加以调节。

11.3.4 有机负荷（F/M）宜根据处理要求控制在表 3、表 4、表 5 和表 6 的设计参数范围内，运行人员应结合本厂（站）的运行实践，选择最佳的 F/M。

11.3.5 应根据实际运行的进水水量和水质，调节系统的污泥回流比。

11.3.6 剩余污泥排放量应根据污泥沉降比、混合液污泥浓度和泥龄及时调整。

11.3.7 出水氨氮不能达到排放标准时，应通过以下方式进行调整：

1）减少剩余污泥排放量，提高好氧污泥龄；

2）提高好氧段溶解氧水平；

3）系统碱度不够时宜适当补充碱度。

11.3.8 出水总氮不能达到排放标准时，应通过以下方式进行调整：

1）使缺氧区（池）出水硝态氮小于 1 mg/L；

2）增大好氧混合液回流；

3）投加甲醛或食物酿造厂等排放的高浓度有机废水，维持污水的碳氮比，满足反硝化细菌对碳源的需要。

11.3.9 出水总磷不能达到排放标准时，应通过以下方式进行调整：

1)控制系统的溶解氧,好氧区(池)溶解氧应大于2 mg/L,厌氧区(池)应小于0.2 mg/L;

2）控制二沉池的泥层，一般为 1 m 左右；

3）增大剩余污泥的排放；

4）增加化学除磷设施。

11.4 污泥观察与调节

11.4.1 应经常观察活性污泥的颜色、状态、气味、生物相以及上清液的透明度。

11.4.2 定时测试、计算混合液悬浮固体浓度、混合液挥发性悬浮固体浓度、污泥沉降比、污泥指数、污泥龄等技术指标。

11.4.3 发现污泥有异常膨胀、上浮和产生泡沫等现象应及时查明原因，采取相应的技术措施，尽快恢复正常运行。

11.5 维护

11.5.1 应将生物反应池的维护保养作为全厂（站）维护的重点。

11.5.2 操作人员应严格执行设备操作规程，定时巡视设备运转是否正常，包括温升、响声、振动、电压、电流等，发现问题应尽快检查排除。

11.5.3 应保持设备各运转部位和可调堰门良好的润滑状态，及时添加润滑油、除锈；发现漏油、渗油情况，应及时解决。

11.5.4 应定期检查可调堰门溢流口、叶轮、转碟或转刷勾带污物情况，及时清理。

11.5.5 鼓风曝气系统曝气开始时应排放管路中的存水，并经常检查自动排水阀的可靠性。

11.5.6 应及时检查曝气器堵塞和损坏情况，保持曝气系统状态良好。

11.5.7 推流式潜水搅拌机无水工作时间不宜超过 3 min。

11.5.8 运行中应防止由于推流式潜水搅拌机叶轮损坏或堵塞、表面空气吸入形成涡流、不均匀水流等引起的振动。

11.5.9 定期检查及更换不合格的零部件和易损件，必要时更换叶轮、导流罩和提升机构。

11.5.10 经常检查可调堰门的螺杆、密封条、门框等有无变形、老化或损坏，堰门调节是否受影响。

附录 A（规范性附录）

氧化沟活性污泥法的主要工艺类型

A.1 单槽氧化沟系统

A.1.1 单槽氧化沟系统由一座氧化沟和独立的二沉池组成。沉淀污泥一部分通过回流污泥设施提升至氧化沟进水处与污水混合，剩余污泥通过剩余污泥设施提升至剩余污泥处理系统处理。典型工艺流程见图 A.1。

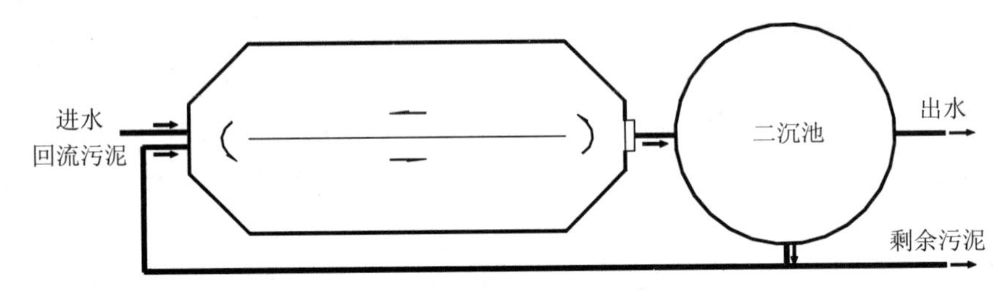

图 A.1 单槽氧化沟工艺流程

A.1.2 单槽氧化沟系统适用于以去除碳源污染物为主，对脱氮、除磷要求不高和小规模污水处理系统。

A.2 双槽氧化沟系统

A.2.1 双槽氧化沟系统由厌氧池、两座串联的氧化沟和独立的二沉池组成。沉淀污泥一部分通过回流污泥设施提升至厌氧池进水处与污水混合，剩余污泥通过剩余污泥设施提升至剩余污泥处理系统处理。典型工艺流程见图 A.2。

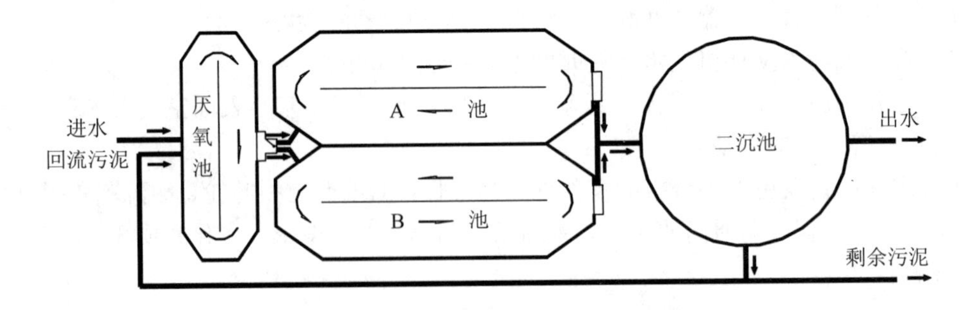

图 A.2 双槽氧化沟工艺流程

A.2.2 双槽氧化沟系统可实现生物脱氮除磷，当除磷要求不高时，可不设厌氧池。

A.2.3 污水和回流污泥混合液进入氧化沟之前应设切换设备，氧化沟出水井处应设可调堰门。

A.2.4 双槽氧化沟一个周期的运行过程可分为三个阶段：

1）一阶段：A 池进水、缺氧运行，B 池好氧运行、出水；

2）二阶段：进水井切换进水，出水井延时切换出水堰门；

3）三阶段：B 池进水、缺氧运行，A 池好氧运行、出水。

A.3 三槽氧化沟系统

A.3.1 三槽氧化沟系统由厌氧池和三座串联的氧化沟组成。沉淀污泥一部分通过回流污泥设施提升至厌氧池进水处与污水混合，剩余污泥通过剩余污泥设施提升至剩余污泥处理系统处理。典型工艺流程见图 A.3。

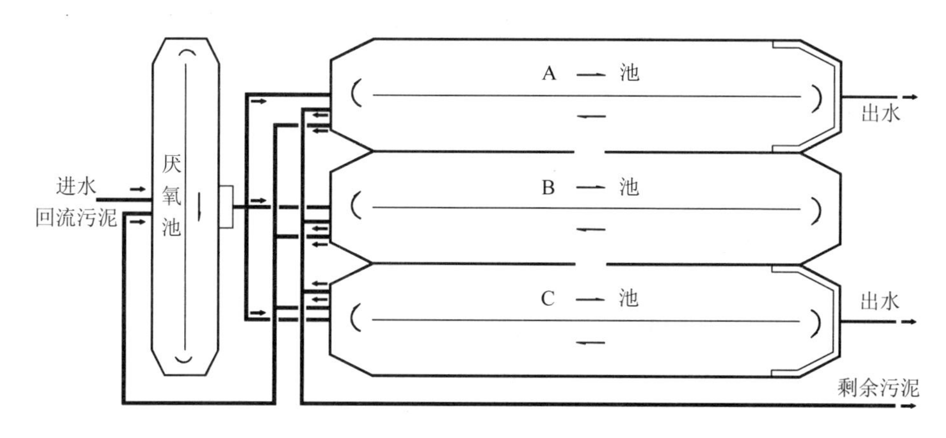

图 A.3 三槽氧化沟工艺流程

A.3.2 当系统不设厌氧池时，可不设污泥回流系统。

A.3.3 三槽氧化沟系统可实现生物脱氮除磷，当除磷要求不高时，可不设厌氧池和污泥回流系统。

A.3.4 污水或污水和回流污泥混合液进入氧化沟之前应设切换设备，A 池和 C 池出水处应设可调堰门。

A.3.5 三槽氧化沟一个周期的运行过程包括六阶段，每个周期可设为 8 h：

1）一阶段（1.5 h）：A 池进水、缺氧运行，B 池好氧运行，C 池沉淀出水；

2）二阶段（1.5 h）：A 池好氧运行，B 池进水、好氧运行，C 池沉淀出水；

3）三阶段（1.0 h）：A 池静沉，B 池进水、好氧运行，C 池沉淀出水；

4）四阶段（1.5 h）：A 池沉淀出水，B 池好氧运行，C 池进水、缺氧运行；

5）五阶段（1.5 h）：A 池沉淀出水，B 池进水、好氧运行，C 池好氧运行；

6）六阶段（1.0 h）：A 池沉淀出水，B 池进水、好氧运行，C 池静沉。

A.3.6 三槽氧化沟宜采用曝气转刷充氧。仅采用转盘的氧化沟工作水深宜为 3.0～3.5 m。

A.3.7 三槽氧化沟容积计算应考虑沉淀所需容积。

A.4 竖轴表曝机氧化沟系统

A.4.1 竖轴表曝机氧化沟系统由厌氧池、缺氧池和多沟串联的氧化沟（即好氧池）和独立的二沉池组成。好氧池混合液宜通过内回流门回流至缺氧池。沉淀污泥一部分通过回流污泥设施提升至厌氧池进水处与污水混合，剩余污泥通过剩余污泥设施提升至剩余污泥处理系统处理。典型工艺流程见图 A.4。

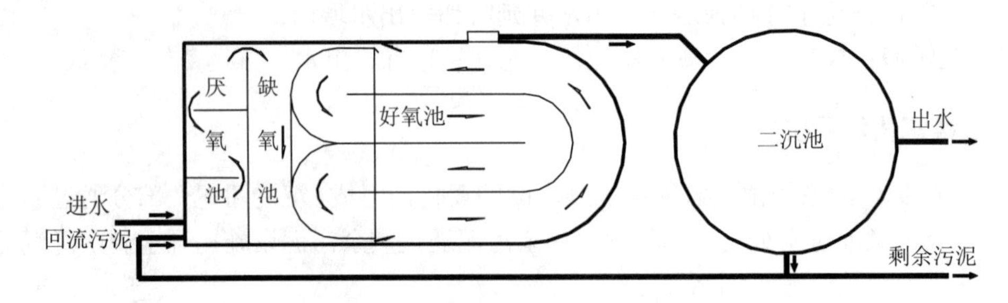

图 A. 4 竖轴表曝机氧化沟工艺流程

A.4.2 竖轴表曝机氧化沟系统可实现生物脱氮除磷。

A.4.3 竖轴表曝机氧化沟系统可根据去除碳源污染物、脱氮、除磷等不同要求选择不同组合：

1）主要去除碳源污染物时可只设好氧池；

2）生物除磷时可采用厌氧池＋好氧池；

3）生物脱氮时可采用缺氧池＋好氧池。

A.4.4 竖轴表曝机氧化沟宜采用竖轴表曝机充氧。仅采用竖轴表曝机的氧化沟工作水深宜为 3.5～5.0 m。

A.5 同心圆向心流氧化沟系统

A.5.1 同心圆向心流氧化沟系统由多个同心的圆形或椭圆形沟渠和独立的二沉池组成。污水和回流污泥先进入外沟渠，在与沟内混合液不断混合、循环的过程中，依次进入相邻的内沟渠，最后由中心沟渠排出。沉淀污泥一部分通过回流污泥设施提升至厌氧池进水处与污水混合，剩余污泥通过剩余污泥设施提升至剩余污泥处理系统处理。典型工艺流程见图 A.5。

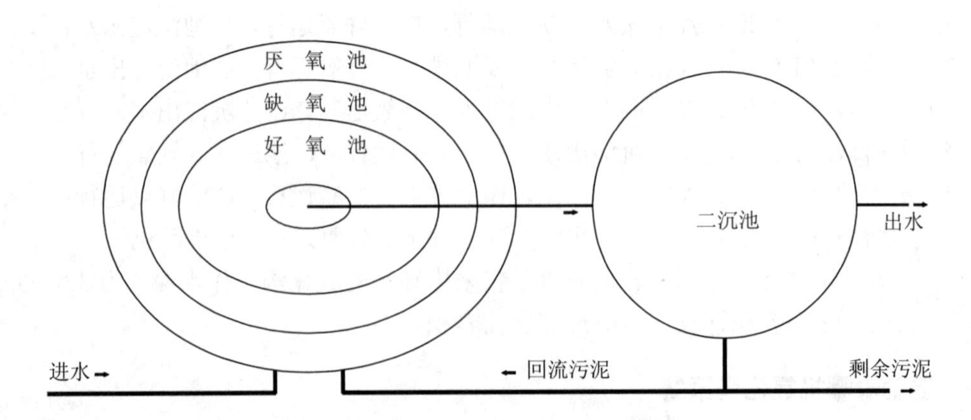

图 A. 5 同心圆向心流氧化沟工艺流程

A.5.2　同心圆向心流氧化沟系统可实现生物脱氮除磷。

A.5.3　外沟宜设为厌氧状态，中沟宜设为缺氧状态，内沟宜设为好氧状态。

A.5.4　同心圆向心流氧化沟宜采用曝气转盘充氧。仅采用转盘的氧化沟工作水深不宜超过 4.0 m。

附录 B（资料性附录）

氧化沟活性污泥法的其它变形工艺类型

B.1 一体化氧化沟

一体化氧化沟指将二沉池设置在氧化沟内，用于进行泥水分离，出水由上部排出，污泥则由沉淀区底部的排泥管直接排入氧化沟内。一体化氧化沟不设污泥回流系统。典型工艺流程见图 B.1。

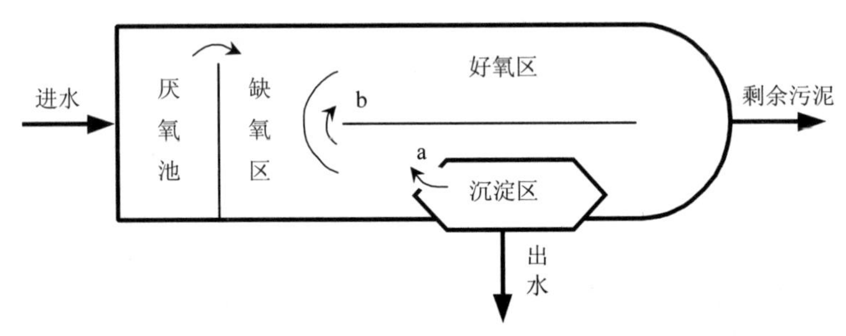

图 B.1 一体化氧化沟工艺流程

B.2 微孔曝气氧化沟

微孔曝气氧化沟系统由采用微孔曝气的氧化沟和分建的沉淀池组成。氧化沟内采用水下推流的方式，水深宜为 6 m。供氧设备宜为鼓风机。典型工艺流程见图 B.2。

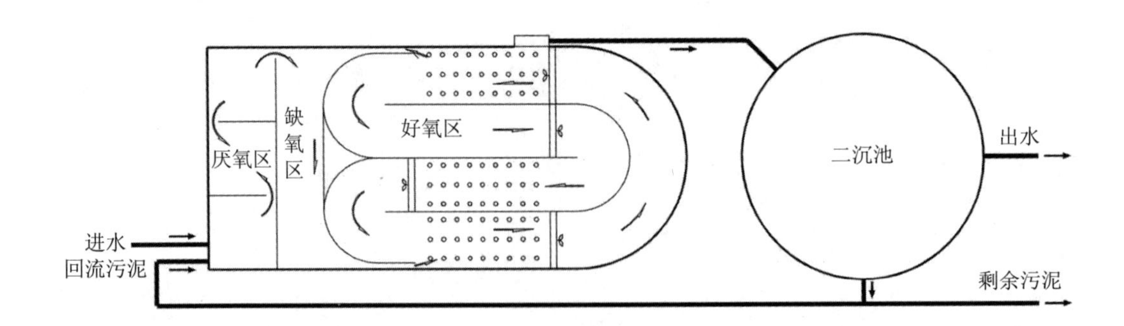

图 B.2 微孔曝气氧化沟工艺流程

中华人民共和国国家环境保护标准

膜分离法污水处理工程技术规范

Technical specifications for membrane separation process in wastewater treatment

HJ 579—2010

前 言

为贯彻《中华人民共和国环境保护法》和《中华人民共和国水污染防治法》，规范膜分离法污水处理工程建设与运行管理，防治环境污染，保护环境和人体健康，制定本标准。

本标准规定了膜分离法污水处理工程的设计参数、系统安装与调试、工程验收、运行管理以及预处理、后处理工艺的选择。

本标准的附录 A～附录 C 为资料性附录。

本标准由环境保护部科技标准司组织制订。

本标准主要起草单位：江西金达莱环保研发中心有限公司、华中科技大学、北京市环境保护科学研究院。

本标准环境保护部 2010 年 10 月 12 日批准。

本标准自 2011 年 1 月 1 日起实施。

本标准由环境保护部解释。

1 适用范围

本标准规定了膜分离法污水处理工程的设计参数、系统安装与调试、工程验收、运行管理，以及预处理、后处理工艺的选择。

本标准适用于以膜分离法进行污水处理及深度处理回用的工程，可作为环境影响评价、环境保护设施设计与施工、建设项目竣工环境保护验收及建成后运行与管理的技术依据。本标准所指膜分离法为：微滤、超滤、纳滤及反渗透膜分离技术。

本标准不适用于以膜生物反应器法和荷电膜进行污水处理及回用的膜分离工程。

2 规范性引用文件

本标准内容引用了下列文件中的条款。凡是不注日期的引用文件，其有效版本适用于本标准。

GB 50235　工业金属管道工程施工及验收规范

GB/T 985.1　气焊、焊条电弧焊、气体保护焊和高能束焊的推荐坡口

GB/T 1804　一般公差　未注公差的线性和角度尺寸的公差

GB/T 3797 电器控制设备

GB 5226.1 机械电气安全 机械电器设备 第 1 部分：通用技术条件

GB/T 19249 反渗透水处理设备

GB/T 20103 膜分离技术 术语

HJ/T 270 环境保护产品技术要求 反渗透水处理装置

JB/T 2932 水处理设备技术条件

HG 20520 玻璃钢/聚氯乙烯（FRP/PVC）复合管道设计规定

《建设项目竣工环境保护验收管理办法》（国家环境保护总局令 第 13 号）

3 术语和定义

《膜分离技术 术语》（GB/T 20103）规定的术语及下列术语和定义适用于本标准。

3.1 膜分离法 membrane separation

以压力为驱动力，以膜为过滤介质，实现溶剂与溶质分离的方法。

3.2 膜降解 membrane degradation

指膜被氧化或水解造成膜性能下降的过程。

3.3 膜堵塞 membrane fouling

指膜因有机污染物、微生物及其代谢产物的沉积造成膜性能下降的过程。

3.4 膜结垢 membrane scaling

指盐类的浓度超过其溶度积在膜面上的沉淀。

4 设计水质与膜单元适宜性

4.1 进水水质要求

4.1.1 在设计膜系统时，应符合进水要求，选择合适的膜元件。

4.1.2 内压式中空纤维微滤、超滤系统进水，水质要求可参考表 1。

表 1 内压式中空纤维微滤、超滤系统进水参考值

膜材质	参考值		
	浊度/NTU	SS/（mg/L）	矿物油含量/（mg/L）
聚偏氟乙烯（PVDF）	≤20	≤30	≤3
聚乙烯（PE）	<30	≤50	≤3
聚丙烯（PP）	≤20	≤50	≤5
聚丙烯腈（PAN）	≤30	（颗粒物粒径<5 μm）	不允许
聚氯乙烯（PVC）	<200	≤30	≤8
聚醚砜（PES）	<200	<150	≤30

进水水质超过表 1 参考值时，须增加预处理工艺。

4.1.3 外压式中空纤维微滤、超滤组件品种较少，进水要求可参考表 2。

表 2　外压式中空纤维微滤、超滤系统进水参考值

膜材质	参考值		
	浊度/NTU	SS/（mg/L）	矿物油含量/（mg/L）
聚偏氟乙烯（PVDF）	≤50	≤300	≤3
聚丙烯（PP）	≤30	≤100	≤5

4.1.4　设计卷式膜微滤、超滤系统进水时，可参照表 3 的规定。

4.1.5　纳滤、反渗透系统进水，应符合表 3 的规定。

表 3　纳滤、反渗透系统进水限值

膜材质	限值		
	浊度/NTU	SDI	余氯/（mg/L）
聚酰胺复合膜（PA）	≤1	≤5	≤0.1
醋酸纤维膜（CA/CTA）	≤1	≤5	≤0.5

在设计纳滤、反渗透膜分离系统时，应对进水水质进行分析，常规分析项目见附录 A。进水水质超过表 3 限值时，须增加预处理工艺。

4.2　膜单元适宜性

各种膜单元功能适宜性见表 4。

表 4　各种膜单元功能适宜性

膜单元种类	过滤精度/μm	截留分子量质量/u	功能	主要用途
微滤（MF）	0.1～10	＞100 000	去除悬浮颗粒、细菌、部分病毒及大尺度胶体	饮用水去浊，中水回用，纳滤或反渗透系统预处理
超滤（UF）	0.002～0.1	10 000～100 000	去除胶体、蛋白质、微生物和大分子有机物	饮用水净化，中水回用，纳滤或反渗透系统预处理
纳滤（NF）	0.001～0.003	200～1 000	去除多价离子、部分一价离子和分子量 200～1 000 Daltons 的有机物	脱除井水的硬度、色度及放射性镭，部分去除溶解性盐。工艺物料浓缩等
反渗透（RO）	0.000 4～0.000 6	＞100	去除溶解性盐及分子量大于 100 Daltons 的有机物	海水及苦咸水淡化，锅炉给水、工业纯水制备，废水处理及特种分离等

5 预处理

5.1　一般规定

5.1.1　为防止膜降解和膜堵塞，须对进水中的悬浮固体、尖锐颗粒、微溶盐、微生物、氧化剂、有机物、油脂等污染物进行预处理。

5.1.2　预处理的深度应根据膜材料、膜组件的结构、原水水质、产水的质量要求及回收率确定。

5.1.3　进水温度范围：当 pH 2～10 时，运行温度 5～45℃；当 pH 值大于 10 时，运行

温度应小于 35℃。

5.2 微滤、超滤系统的预处理

5.2.1 去除进水中悬浮颗粒物和胶体物，可采取混凝－沉淀－过滤工艺。可加入有利于提高膜通量，并与膜材料有兼容性的絮凝剂。

5.2.2 微滤、超滤系统之前宜安装细格栅及盘式过滤器。在内压式膜系统之前，盘式过滤器过滤精度应小于 100 μm；在外压式膜系统之前，盘式过滤器过滤精度应小于 300 μm。

5.2.3 当进水含矿物油超过表 1 数值或动植物油超过 50 mg/L 时，应增加除油工艺。

5.3 纳滤、反渗透系统的预处理

5.3.1 防止膜化学氧化损伤，可采用活性炭吸附或在进水中添加还原剂（如亚硫酸氢钠）去除余氯或其他氧化剂，控制余氯含量小于等于 0.1 mg/L。

5.3.2 预防铁、铝腐蚀物形成的胶体、黏泥和颗粒污堵，可采用以无烟煤和石英砂为过滤介质的双介质过滤器去除。

5.3.3 预防微生物污染，可对进水进行物理法或化学法杀菌消毒处理。

5.3.4 控制结垢，加酸可有效控制碳酸盐结垢；投加阻垢剂或强酸阳离子树脂软化，可有效控制硫酸盐结垢。

5.3.5 微滤或超滤能除去所有的悬浮物、胶体粒子及部分有机物，出水达到淤泥密度指数（SDI）≤3，浊度≤1 NTU，可有效预防胶体、颗粒物污染和堵塞膜组件。

6 膜分离法污水处理系统设计

6.1 一般规定

6.1.1 应依据原水水量、水质和产水要求、回收率等资料，选择膜分离法污水处理工艺。设计资料调查表见附录 B。

6.1.2 采用接触过滤工艺处理低浊度污水时，投药点与过滤器入口应有 1.0 m 距离。

6.1.3 采用活性炭吸附工艺时，活性炭过滤器的进口处应投加杀菌剂。

6.1.4 还原剂和（或）阻垢剂，应投加在保安（过滤精度小于等于 5 μm）过滤器之前。保安过滤器须安装压力表。

6.1.5 为防止预处理加酸、加氯造成管道及设备的腐蚀，在纳滤、反渗透系统的低压侧，应采用 PVC 管材及连接件，在高压侧应采用不锈钢管材及连接件。

6.1.6 膜分离系统浓水，应处理后达标排放。

6.1.7 一级多段纳滤、反渗透系统压力容器排列比，宜为 2∶1 或 3∶2 或 4∶2∶1 或按比例增加。

6.2 微滤、超滤系统设计

6.2.1 工艺设计参数包括：

1）处理水量，m^3/d；

2）处理水质；

3）膜通量，$m^3/(m^2 \cdot d)$；

4）操作压力，MPa；

5）反洗周期，h；

6）每次反洗时间，min。

6.2.2 工艺流程：微滤、超滤系统的运行方式可分为间歇式和连续式；组件排列形式宜为一级一段，并联安装。推荐基本工艺流程如图 1。

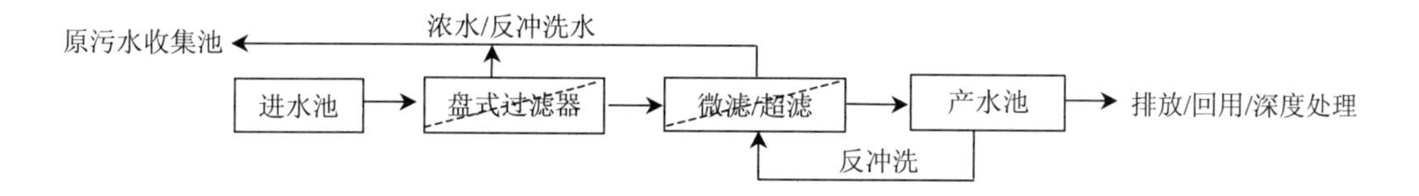

图 1 微滤、超滤系统基本工艺流程图

6.2.3 基本设计计算

6.2.3.1 产水量按式（1）计算：

$$q_s = C_m \times S_m \times q_o \quad (1)$$

式中：q_s——单支膜元件的稳定产水量，L/h；

q_o——单支膜元件的初始产水量，L/h；

C_m——组装系数，取值范围为 0.90～0.96；

S_m——稳定系数，取值范围为 0.6～0.8。

设计温度 25℃，实际温度的波动，可用式（2）修正产水量的计算：

$$q_{st} = q_s \times (1 + 0.021\,5)^{t-25} \quad (2)$$

6.2.3.2 膜组件数按式（3）计算：

$$n = \frac{Q}{q_s} \quad (3)$$

式中：Q——设计产水量，L/h。

6.2.3.3 浓缩液的浓度、体积可按式（4）计算：

$$\frac{\rho}{\rho_0} = \left(\frac{V_0}{V}\right)^R \quad (4)$$

式中：ρ——浓缩液的质量浓度，mg/L；

ρ_0——进料液的质量浓度，mg/L；

V——浓缩液的体积，L；

V_0——进料液的体积，L；

R——污染物去除率。

6.3 纳滤、反渗透系统设计

6.3.1 工艺流程

6.3.1.1 一级一段系统工艺流程：进水一次通过纳滤或反渗透系统即达到产水要求。有一级一段批处理式、一级一段连续式。推荐基本工艺流程如图 2、图 3。

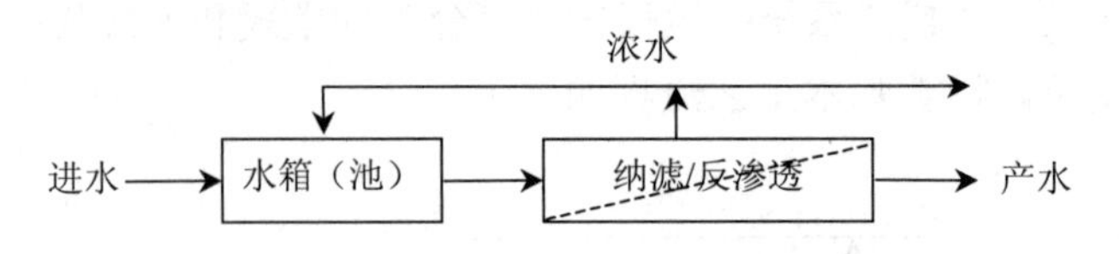

图 2　一级一段批处理式基本工艺流程图

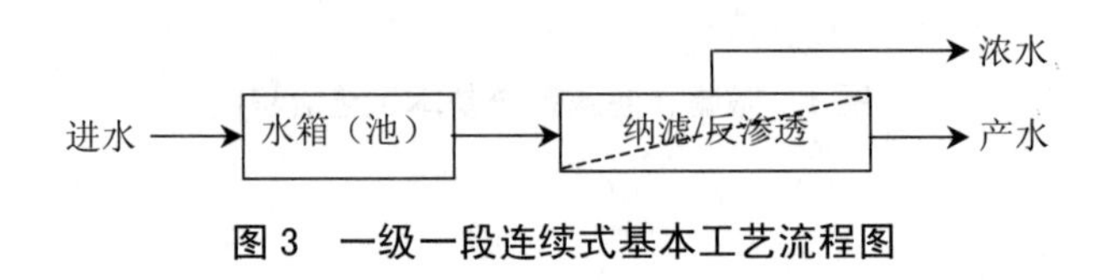

图 3　一级一段连续式基本工艺流程图

6.3.1.2　一级多段系统工艺流程：一次分离产水量达不到回收率要求时，可采用多段串联工艺，每段的有效横截面积递减，推荐基本工艺流程如图 4、图 5、图 6。

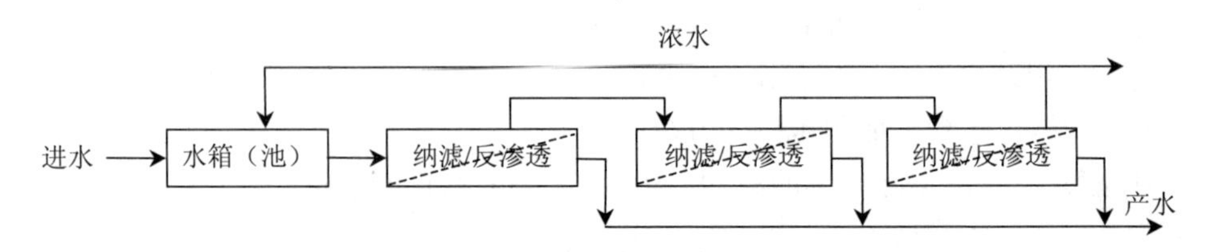

图 4　一级多段循环式系统基本工艺流程图

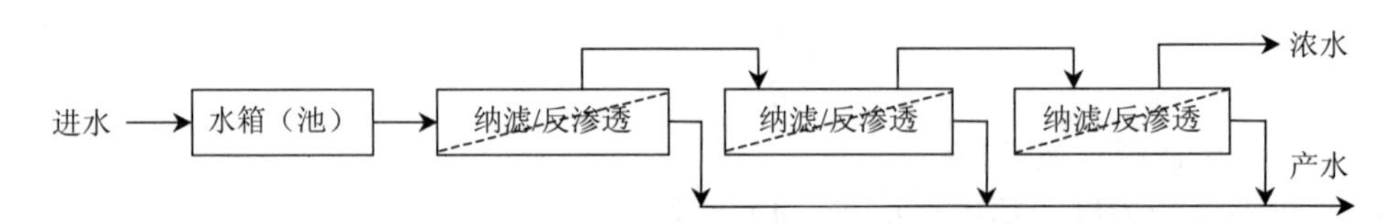

图 5　一级多段连续式系统基本工艺流程图

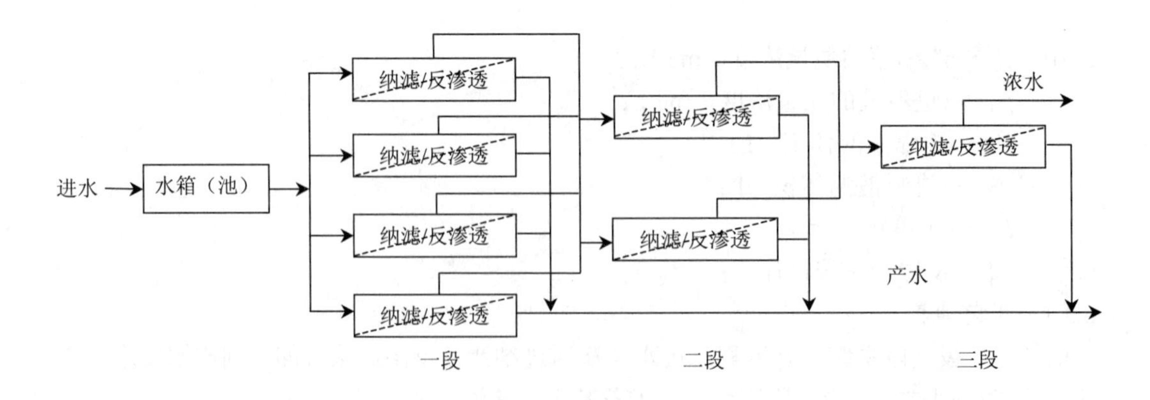

图 6　一级多段系统基本工艺流程图

6.3.1.3　多级系统工艺流程：当一级系统产水不能达到水质要求时，将一级系统的产水再送入另一个反渗透系统，继续分离直至得到合格产水。推荐基本工艺流程如图 7。

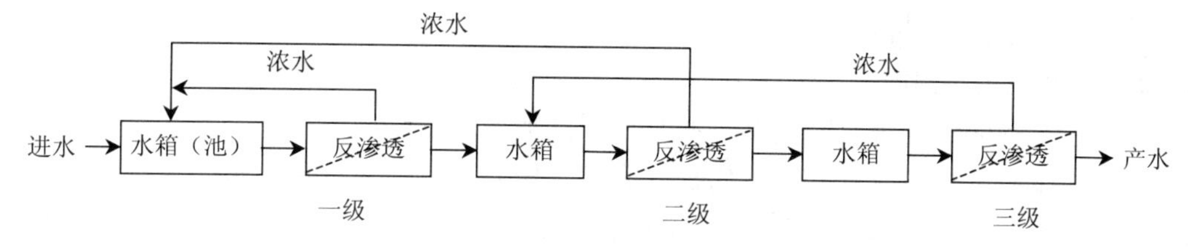

图 7　多级系统基本工艺流程图

膜组件的排列形式可分为串联式和并联式。

6.3.2　基本设计计算

6.3.2.1　单支膜元件产水量

设计温度 25℃时单支膜元件产水量，m^3/h。应按温度修正系数进行修正。也可以 25℃为设计温度，每升、降 1℃，产水量增加或减少 2.5%计算。

6.3.2.2　膜元件数量按式（5）计算：

$$N_e = \frac{Q_p}{q_{max} \times 0.8} \tag{5}$$

式中：Q_p——设计产水量，m^3/h；

q_{max}——膜元件最大产水量，m^3/h；

0.8——设计安全系数。

6.3.2.3　压力容器（膜壳）数量按式（6）计算：

$$N_v = \frac{N_e}{n} \tag{6}$$

式中：N_v——压力容器数；

N_e——设计元件数；

n——每个容器中的元件数。

6.3.3　管道设计

6.3.3.1　产水量大于等于 50 m^3/h 的纳滤、反渗透系统，进水干管设计流量应等于每只压力容器进水设计流量的总和。

6.3.3.2　产水支管和干管的流速宜小于等于 1.0 m/s。

6.3.3.3　各段产水宜直接输入产水箱。如各段产水管应并联到一根总管时，则应在每段产水支管上安装止回阀。

6.3.4　加药系统，应设置带有温度计的药液箱，将药剂配制成一定浓度的溶液。加药方式宜采用计量泵输送，也可使用安装在进水管道上的水射器投加。

6.3.5　自动控制系统和仪表

6.3.5.1　自控系统的监控项目应包括：

1）进水压力，MPa；

2）进水电导率，μS/cm；

3）产水流量，m^3/h；

4）产水电导率，μS/cm；

5）浓水流量，m^3/h；

6）浓水压力，MPa。

6.3.5.2 进水管应设置余氯监测器，并与还原剂加药装置联动运行。

6.3.5.3 高压泵进水口应设置低压保护开关；高压泵出水口应设置高压保护开关。

6.3.5.4 当加酸调节进水 pH 值时，应设置 pH 上、下限值切断开关；如进水设有升温措施，则应设置高温切断开关。

6.4 膜分离浓水的处理

6.4.1 浓水处理的技术要求

污水处理过程产生的膜分离浓水可并入污水生化处理系统；亦可与化学清洗废水、介质过滤器和活性炭过滤器反冲洗废水一并进行收集处理。

6.4.2 推荐浓水处理基本工艺流程如图 8。

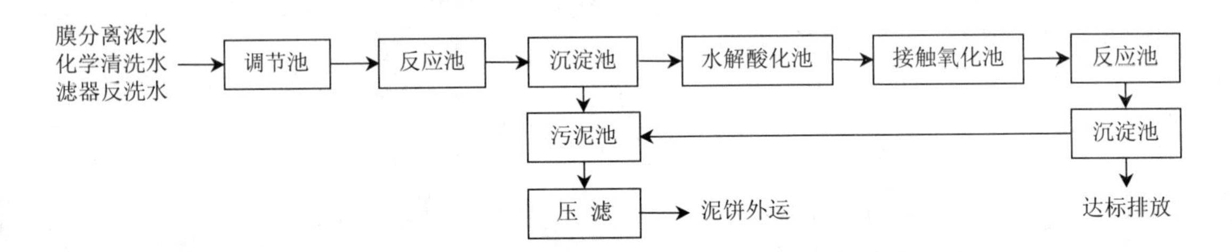

图 8 浓水处理基本工艺流程图

6.4.3 浓水处理排放应符合国家或地方污水排放标准的规定。

7 系统安装与调试

7.1 微滤、超滤系统安装与调试

7.1.1 微滤、超滤系统安装

应按照设计要求进行安装。

7.1.2 微滤、超滤系统调试

7.1.2.1 系统启动时，应开启浓水排放管阀门和产水管阀门，用自来水冲洗膜组件内的保护液，直到冲洗水无泡沫为止。

7.1.2.2 进水压力 0.1～0.4 MPa，工作温度为 15～35℃。

7.1.2.3 调试项目应包括：

1）进水压力，MPa；

2）进水流量，m^3/h；

3）产水流量，m^3/h；

4）浓水流量，m^3/h；

5）浓水压力，MPa。

7.1.2.4 系统每连续运行 30 min，应反冲洗一次，反冲洗时间宜为 30 s。

7.2 纳滤、反渗透膜系统安装与调试

7.2.1 纳滤、反渗透系统安装

7.2.1.1 设备主机架及水泵安装应符合 GB/T 19249 和 HJ/T 270 的规定。

7.2.1.2 管道安装应符合 GB 50235 和 HG 20520 的规定。

7.2.1.3 仪器、仪表安装应符合 GB/T 985.1 和 GB/T 1804 的规定。

7.2.1.4 压力容器两端，应留有不小于膜元件长度 1.2 倍的空间。设备应安装于室内。

7.2.1.5 电控柜安装应符合 GB/T 3797 的规定。

7.2.2 纳滤、反渗透系统调试

7.2.2.1 膜系统启动前，应彻底冲洗预处理设备和管道，清除杂质和污物。

7.2.2.2 膜系统进水管阀门和浓水管调节阀门须完全打开。用低压、低流量合格预处理出水赶走膜系统内空气，冲洗压力为 0.2～0.4 MPa，φ100 mm 压力容器冲洗流量为 0.6～3.0 m^3/h，φ200 mm 压力容器冲洗流量为 2.4～12.0 m^3/h。

7.2.2.3 内有保护液的膜元件低压冲洗时间应不少于 30 min，干膜元件低压冲洗时间应不少于 6 h。在冲洗过程中，检查渗漏点，立即紧固。

7.2.2.4 第一次启动高压泵，须将进水阀门调到接近全关状态，缓慢开大进水阀门，缓慢关小浓水排放管阀门，调节浓水流量和系统进水压力直至系统产水流量达到设计值。升压速率应低于每秒 0.07 MPa。

7.2.2.5 系统连续运行 24～48 h，记录运行参数作为系统性能基准数据。运行参数应包括：

1）进水压力，MPa；

2）进水流量，m^3/h；

3）进水电导率，μS/cm；

4）产水流量，m^3/h；

5）产水电导率，μS/cm；

6）浓水压力，MPa；

7）浓水流量，m^3/h；

8）系统回收率，%。

系统实际运行参数与系统设计参数比较。

7.2.2.6 上述调节在手动操作模式下进行，待运行稳定后将系统切换到自动控制运行模式。

7.2.2.7 系统运行第一周内，应定期检测系统性能，确保系统性能在运行初始阶段处于合适的范围内。

8 工程验收

8.1 一般规定

8.1.1 目测结构是否合理，各部件安装应符合设计图纸及 JB/T 2932 的要求。

8.1.2 油漆涂层应符合 GB 5226.1 的要求。

8.1.3 用水平仪（或尺）测量主机框架、压力容器、泵体及相应管线，应符合 GB/T 19249 和 HJ/T 270 的规定。

8.1.4 凡有自动控制装置的，应设有手动控制装置，应符合 GB/T 3797 的规定。

8.1.5 通风设备运行正常，应符合 JB/T 2932 的要求。

8.1.6 各报警装置齐全，运行灵敏、准确，应符合 GB/T 3797 的规定。

8.2　工程验收

8.2.1　预验收

8.2.1.1　工程竣工后，环保验收前进行预验收，由建设单位组织设计、施工单位，并报请当地环保部门联合进行。

8.2.1.2　预验收包括：按污水处理工程设计方案验收主体工程、设备及安装部位。应按相应的标准进行检验，并填写预验收记录。

8.2.1.3　预验收应复查并核实以下资料：

1）设计图纸及设计变更文件；

2）主要材料和制品的合格证或试验记录；

3）膜组件及仪器仪表检验记录；

4）机械构件焊接及检验记录；

5）设备安装记录；

6）膜分离系统调试记录和 48 h 运行记录。

8.2.2　环境保护验收

污水处理工程投入使用之前，建设单位应向环境保护行政主管部门提出环境保护设施竣工验收申请。

环境保护验收应按照《建设项目竣工环境保护验收管理办法》的规定进行。

9 运行管理

9.1　启动

9.1.1　检查进水水质是否符合要求。

9.1.2　在低压和低流速下排除系统内空气。

9.1.3　检查系统是否渗漏。

9.2　运行

9.2.1　调节浓水管调节阀门，缓慢增加进水压力直至产水流量达到设计值。

9.2.2　检查和试验所有在线监测仪器仪表，设定信号传输及报警。

9.2.3　系统稳定运行后，记录操作条件和性能参数。

9.3　停机

9.3.1　先降压后停机，当需要停机时，缓慢开大浓水管调节阀门，使系统压力下降至最低点再切断电源。

9.3.2　停机时，应对膜系统进行冲洗，用预处理水大流量低压冲洗整个系统 3～5 min。

9.3.3　膜分离系统停机后，其他辅助系统也应停机。

注：膜元件污染与化学清洗、膜元件保存方法，参见附录 C。

附录 A（资料性附录）

原水分析表

检测单位：________________________________ 分析人：__________

原水概况：________________________________ 日　期：__________

电导率：__________________ pH 值：________ 水样温度：________℃

组成分析（分析项目标注单位，如 mg/L，以 $CaCO_3$ 计等）：

铵离子（NH_4^+）______________　　钾离子（K^+）______________

钠离子（Na^+）______________　　镁离子（Mg^{2+}）______________

钙离子（Ca^{2+}）______________　　钡离子（Ba^{2+}）______________

锶离子（Sr^{2+}）______________　　总铁（Fe^{2+}/Fe^{3+}）______________

锰离子（Mn^{2+}）______________　　铝离子（Al^{3+}）______________

铜离子（Cu^{2+}）______________　　活性二氧化硅（SiO_2）______________

锌离子（Zn^{2+}）______________　　胶体二氧化硅（SiO_2）______________

总固体含量（TDS）______________　　生物耗氧量（BOD）______________

总有机碳（TOC）______________　　化学耗氧量（COD）______________

氨氮（NH_3-N）______________　　总磷（TP）______________

氯离子（Cl）______________

总碱度（甲基橙碱度）：

碳酸根碱度（酚酞碱度）：

总硬度：

浊度（NTU）：

污染指数（SDI_{15}）：

细菌/（个数/ml）：

备注（异味、颜色、生物活性等）：

注：当阴阳离子存在较大不平衡时，应重新分析测试。相差不大时，可添加钠离子或氯离子进行人工平衡。

附录 B（资料性附录）

系统设计资料

用户名称：________________ 地址：________________

工程所在地：________________________________

联系人：____________ 电话：__________ 传真：____________

E-mail：________________________________

处理水量（m^3/d）：__________ 回用水量（m^3/d）：________________

原水特性：

□市政废水 □工业废水

水温情况：最低_____℃ 最高_____℃ 平均_____℃ 设计_____℃

预处理情况：

投加药剂：□絮凝剂 □杀菌剂

□还原剂 □阻垢剂

现有预处理：□无 □有 □SDI_{15} 值（如有预处理）

现有预处理设备名称：________________________

____

____

现场综合情况：________________________

____

系统用途：□电力行业 □石化行业 □冶金行业

□电子行业 □食品行业（纯净水） □医药行业

□锅炉给水（高、中、低） □废水处理及回用

后处理设备及流程：________________________________

系统运行方式：□24 h 连续 □8 h 连续 □24 h 断续 □8 h 断续

其他要求及说明：

附录 C（资料性附录）

膜元件污染与化学清洗

C.1 微滤/超滤系统污染与清洗

C.1.1 系统进水压力超过初始压力 0.05 MPa 时，可采用等压大流量冲洗水冲洗，如无效，应进行化学清洗。

C.1.2 化学清洗剂的选择应根据污染物类型、污染程度、组件的构型和膜的物化性质等来确定。常用的化学清洗剂有：氢氧化钠、盐酸、1%～2%的柠檬酸溶液、加酶洗涤剂、双氧水水溶液、三聚磷酸钠、次氯酸钠溶液等。

C.1.3 杀菌消毒的常用药剂为：浓度 1%～2%的过氧化氢或 500～1 000 mg/L 的次氯酸钠水溶液，浸泡 30 min，循环 30 min，再冲洗 30 min。

C.2 纳滤/反渗透系统污染与清洗

C.2.1 出现下列情形之一时，应进行化学清洗：

1）产水量下降 10%；

2）压力降增加 15%；

3）透盐率增加 5%。

C.2.2 化学清洗剂的选择应根据污染物类型、污染程度和膜的物化性质等来确定。常用的化学清洗剂有：氢氧化钠、盐酸、1%～2%的柠檬酸溶液、Na-EDTA、加酶洗涤剂等。

C.2.3 化学清洗液的最佳温度：碱洗液 30℃，酸洗液 40℃。

C.2.4 复合清洗时，应采用先碱洗再酸洗的方法。常用的碱洗液为 0.1%（质量分数）NaOH（氢氧化钠）水溶液；常用的酸洗液为 0.2%（质量分数）HCl（盐酸）水溶液。

C.2.5 废清洗液和清洗废水排入膜分离浓水收集池处理，应符合 6.4 的规定。

C.3 膜元件的保存方法

C.3.1 短期存放（5～30 d）操作：

1）清洗膜元件，排除内部气体；

2）用 1%亚硫酸氢钠保护液冲洗膜元件，浓水出口处保护液浓度达标；

3）全部充满保护液后，关闭所有阀门，使保护液留在压力容器内；

4）每 5 天重复 2）、3）步骤。

C.3.2 长期存放操作：存放温度 27℃以下时，每月重复 2）、3）步骤一次；存放温度 27℃以上时，每 5 天重复 2）、3）步骤一次。

C.3.3 恢复使用时，应先用低流量进水冲洗 1 h，再用大流量进水（浓水管调节阀全开）冲洗 10 min。

中华人民共和国国家环境保护标准

含油污水处理工程技术规范

Technical specification for oil-contained wastewater treating process

HJ 580—2010

前　言

为贯彻《中华人民共和国环境保护法》和《中华人民共和国水污染防治法》，规范含油污水处理工程的建设与运行管理，防治环境污染，保护环境和人体健康，制定本标准。

本标准规定了含油污水处理工程中工艺设计、安全与环保、施工与验收的技术要求。

本标准的附录 A 为资料性附录。

本标准由环境保护部科技标准司组织制订。

本标准主要起草单位：江西金达莱环保研发中心有限公司、华中科技大学、北京市环境保护科学研究院。

本标准环境保护部 2010 年 10 月 12 日批准。

本标准自 2011 年 1 月 1 日起实施。

本标准由环境保护部解释。

1 适用范围

本标准规定了含油污水处理工程的设计、施工、验收、运行及维护管理工作的基本要求。

本标准适用于以油污染为主的污水处理工程，可作为环境影响评价、环境保护设施设计与施工、建设项目竣工环境保护验收及建成后运行与管理的技术依据。

2 规范性引用文件

本标准内容引用了下列文件中的条款。凡是不注日期的引用文件，其有效版本适用于本标准。

GB 50014　室外排水设计规范

CJJ 60　污水处理运行维护及其安全技术规程

《建设项目（工程）竣工验收办法》（计建设[1990]215 号）

《建设项目竣工环境保护验收管理办法》（国家环境保护总局令　第 13 号）

3 术语和定义

下列术语和定义符合本标准。

3.1 油脂 oil and grease

指乙醇或甘油（丙三醇）与脂肪酸的化合物，称为脂肪酸甘油酯。在常温下，液态脂肪酸甘油酯，称为油；固态脂肪酸甘油酯，称为脂。

3.2 含油污水 oil wastewater

指主要污染物为油的污水。

3.3 浮油 floating oil

指油珠粒径大于 100 μm，静置后能较快上浮，以连续相的油膜漂浮在水面。

3.4 分散油 dispersed oil

指油珠粒径为 10～100 μm，以微小油珠悬浮于污水中，不稳定，静置后易形成浮油。

3.5 乳化油 emulsified oil

指油珠粒径小于 10 μm，一般为 0.1～2 μm，形成稳定的乳化液。且油滴在污水中分散度愈大愈稳定。

3.6 溶解油 dissolved oil

指以分子状态或化学方式分散于污水中，形成稳定的均相体系，粒径一般小于 0.1 μm。

3.7 调节隔油池 water adjusting and oil separation tank

指用于调节水质、水量并配置有隔油功能的污水处理构筑物。

3.8 隔油池 oil separation tank

指专门用于隔除浮油的污水处理构筑物。

3.9 气浮 air floatation

指空气微气泡与油污颗粒结合，增大油污颗粒的浮力，使含油污水中的油污迅速分离的处理方法。

3.10 粗粒化 coalescence of oil water

指利用油水两相对聚结材料亲和力的不同，使微细油珠在聚结材料表面集聚成为较大颗粒或油膜，从而达到油水分离的过程。

3.11 一级除油处理 primary treatment of oil wastewater

指采用隔油池进行油水分离的处理阶段。

3.12 二级除油处理 secondary treatment of oil wastewater

指采用气浮、粗粒化、板结、过滤等方法或组合工艺进行油水分离的处理阶段。

4 设计水量及设计水质

4.1 设计水量

设计水量应按国家现行工业用水量的规定确定或按式（1）计算。

$$Q=K\times q\times S \quad (1)$$

式中：Q——每日产生的含油污水总水量，m^3/d；

q——单位产品污水产生量，m^3/件；

S——每日生产产品总数量，件；

K——变化系数，根据生产工艺或经验决定。

4.2 设计水质

4.2.1 金属加工工业、油脂化工等行业产生的含油污水，其污染物有油脂、表面活性剂及悬浮杂质。

4.2.2 屠宰及肉食品加工业和餐饮业产生的含油污水，含有可生化性较强的动植物油脂。

4.2.3 设计水质应根据调查资料确定，或参照类似工业水质确定。

5 总体设计

5.1 一般规定

5.1.1 对含油污水应进行单独除油处理，以保证城市污水处理系统或者后续污水处理工艺过程正常运行。

5.1.2 含油污水处理工程应根据不同行业含油污水的水质特点，选择适合的处理工艺，并根据污水排放去向和当地的环境保护要求，经技术经济比较后确定。

5.1.3 含油污水最终处理效果应满足国家或地方污水排放标准的要求。

5.1.4 含油污水处理深度分为一级除油处理和二级除油处理。一级除油处理出水含油量应控制在 30 mg/L 以下。

5.1.5 应根据工厂生产工艺，实现生产用水的循环利用，以减少污水处理水量。

5.1.6 含油污水处理工程检测及控制设备的设置应参照 GB 50014 的规定。同时，仪表的选型应根据污水中油类及悬浮物的含量、腐蚀性物质的特性和管道敷设条件等因素确定。

5.2 厂址选择

5.2.1 含油污水处理设施应设在工业区夏季主导风向下方；尽可能选在工业区下游地区。

5.2.2 应结合工业厂区总体规划，考虑远景发展，并应考虑交通运输、水电供应、水文地质等条件。应参照 GB 50014 中相关规定。

5.3 总体布置

含油污水处理工程总体布置应参照 GB 50014 中相关规定。

5.4 污水处理工艺流程

5.4.1 金属加工工业、油脂化工行业含油污水处理推荐工艺流程如图 1。

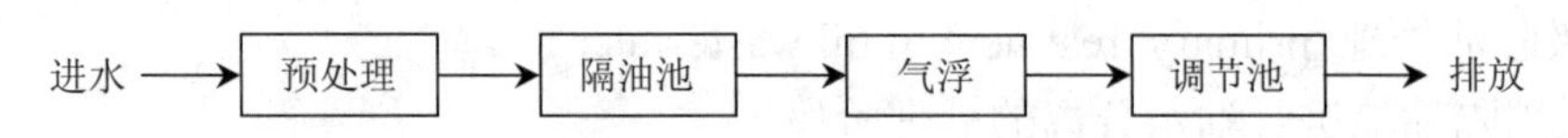

图 1 金属加工、轻工、油脂化工行业含油污水处理基本工艺流程图

5.4.2 屠宰、肉食品加工和餐饮业含油污水处理推荐工艺流程如图 2。

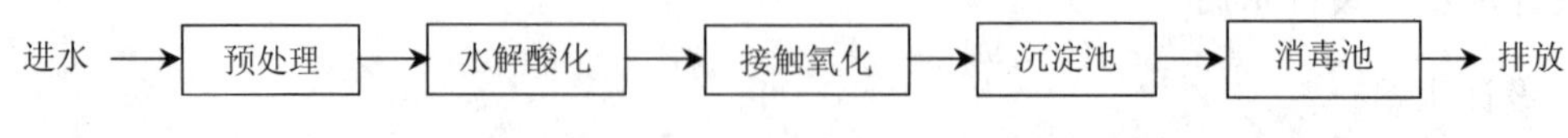

图 2 屠宰、肉食品加工和餐饮业含油污水处理基本工艺流程图

6 含油污水处理单元工艺设计

6.1 平流式隔油池

6.1.1 平流式隔油池宜用于去除粒径大于等于 150 μm 的油珠。

6.1.2 含油污水应该以基本无冲击状态进入隔油池进水配水间，进水配水间的前置构筑物出水水头应小于等于 0.2 m。

6.1.3 进水配水间应为垂直折流式，二室配置，二室隔墙下部 0.5 m 悬空。第一室下向流，第二室上向流。第二室与隔油段用配水墙间隔。

6.1.4 进水配水墙配水孔应设置于水面下 0.5 m，池底上 0.8 m 处。配水孔孔口流速应为 20～50 mm/s。

6.1.5 含油污水在隔油段的计算水平流速应为 2～5 mm/s。

6.1.6 单格池宽应小于等于 6 m，隔油段长宽比应不小于 4。

6.1.7 隔油段的有效水深应小于等于 2 m，池体超高应小于等于 0.4 m。

6.1.8 隔油段后应接出水间，出水间为单室配置。出水间与隔油段以出水配水墙间隔，以隔油段出水堰保持隔油段液面。隔油段之后接集水槽和出水管。

6.1.9 出水配水墙配水孔应设置于水面下 0.8 m，池底上 0.5 m 处。配水孔孔口流速应为 20～50 mm/s。

6.1.10 隔油段池底宜设刮油刮泥机，刮板移动速度应小于 2 m/min。

6.1.11 隔油段排泥管直径应大于 200 mm，管端可接压力水管用以冲洗排泥管。

6.1.12 污泥斗深度一般为 0.5 m，底宽宜大于 0.4 m，侧面倾角 45°～60°，且池底向污泥斗坡度为 0.01～0.02。

6.1.13 集油管宜为 Φ200～300 mm，当池宽在 4.5 m 以上时，集油管串联不应超过 4 根。

6.1.14 在寒冷地区，集油管及隔油池宜设置加热设施。隔油池附近应有蒸汽管道接头，以备需要时清理管道或灭火。

6.1.15 隔油池宜设非燃烧材料制成的盖板，并应设置蒸汽灭火设施。

6.2 斜板隔油池

6.2.1 斜板隔油池宜用于去除粒径大于 80 μm 的油珠。

6.2.2 含油污水应该以基本无冲击状态进入斜板隔油池进水配水区，进水配水区的前置构筑物出水水头应小于等于 0.2 m。

6.2.3 上浮段表面水力负荷宜为 0.6～0.8 $m^3/(m^2 \cdot h)$。

6.2.4 斜板净距离宜采用 40 mm，倾角应小于等于 45°，板间流速宜为 3～7 mm/s，板间水力条件为雷诺数 Re 小于 500；弗劳德数 Fr 大于 10。

雷诺数根据式（2）计算：

$$Re = \frac{V \cdot R}{\gamma} \tag{2}$$

弗劳德数根据式（3）计算：

$$Fr = \frac{V^2}{Rg} \tag{3}$$

式中：V——水平流速，m/s；

R——水力半径，m；

γ——水的运动黏度，m/s^2；

g——重力加速度，9.81 m^2/s。

6.2.5 池内应设浮油收集、斜板清洗和池底排泥等设施。

6.2.6 斜板材料应耐腐蚀、光洁度好、不沾油。

6.2.7 池内刮油泥速度宜小于等于 15 mm/s，板体间和池壁间应严密无缝隙，不渗漏。

6.2.8 排泥管直径应大于等于 200 mm，管端可接压力水管用以冲洗排泥管。

6.3 溶气气浮

6.3.1 溶气气浮除油宜用于含油量和表面活性物质低的含油污水，用来去除污水中比重接近于1的微细悬浮物和粒径大于 0.05 μm 油污。进水 pH 值 6.5～8.5，含油量小于 100 mg/L。

6.3.2 溶气气浮装置应由池体和溶气系统两部分组成。设计应符合下列要求：

6.3.2.1 溶气气浮法宜一间气浮池，配一个溶气罐。

6.3.2.2 溶气罐工作压力宜采用 0.3～0.5 MPa。

6.3.2.3 空气量以体积计，可按污水量 5%～10%计算，设计空气量应按照 25%过量考虑。

6.3.2.4 污水在溶气罐内停留时间应根据罐的型式确定，一般宜为 1～4 min，罐内应有促进气、水充分混合的措施。

6.3.2.5 采用部分回流的溶气罐宜选用动态式，并应有水位控制措施。

6.3.2.6 溶气释放器的选用应根据含油污水水质、处理流程和释放器性能确定。

6.3.3 加药反应

6.3.3.1 凝聚剂应在含油污水进入溶气反应段之前投加，并可适量投加助凝剂。

6.3.3.2 溶气反应段反应时间宜为 10～15 min。

6.3.3.3 投加药剂品种及数量应根据进水水质确定，不得造成二次污染。

6.3.3.4 药剂溶解池须防腐，应并联两间，交替使用。

6.3.4 气浮池

6.3.4.1 根据水量大小气浮池可采用矩形或圆形。

6.3.4.2 矩形气浮池每格池宽应小于等于 4.5 m，长宽比宜为 3～4。

6.3.4.3 矩形气浮池有效水深宜为 2.0～2.5 m，超高应大于等于 0.4 m。

6.3.4.4 污水在气浮池分离段停留时间宜小于等于 1 h。

6.3.4.5 污水在矩形气浮池内的水平流速宜小于等于 10 mm/s。

6.3.4.6 气浮池应配备液位自动控制装置，保障浮沫挡板的适宜位置。

6.3.4.7 气浮池端部应设置集沫槽和废油储槽。

6.3.4.8 气浮池顶部应设置刮泡沫机，刮泡沫机的移动速度宜为 1～5 m/min。

6.3.4.9 气浮池底部应设排泥管。

6.3.5 全溶气气浮和部分加压溶气气浮

6.3.5.1 推荐全溶气气浮和部分加压溶气气浮基本工艺流程如图 3。

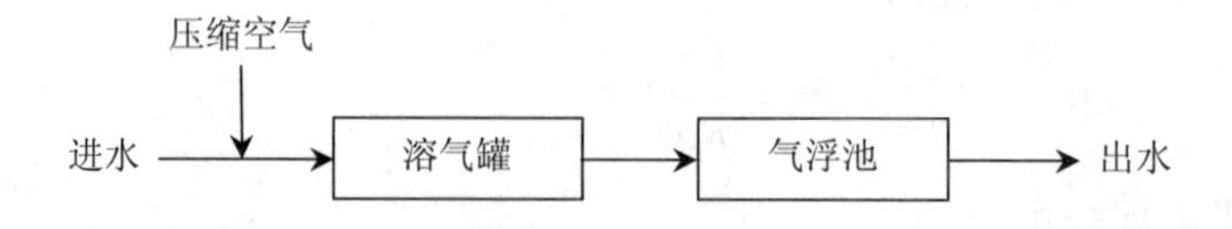

图 3 全溶气气浮和部分加压溶气气浮基本工艺流程图

6.3.5.2 投加药剂：药剂的品种和数量应根据进水水质经试验确定：聚合铝 25～35 mg/L；硫酸铝 60～80 mg/L；聚合铁 15～30 mg/L；有机高分子凝聚剂 1～10 mg/L。

6.3.5.3 混凝反应：宜采用管道混合器，可不设反应室。

6.3.6 部分回流溶气气浮

6.3.6.1 推荐部分回流溶气气浮基本工艺流程如图 4。

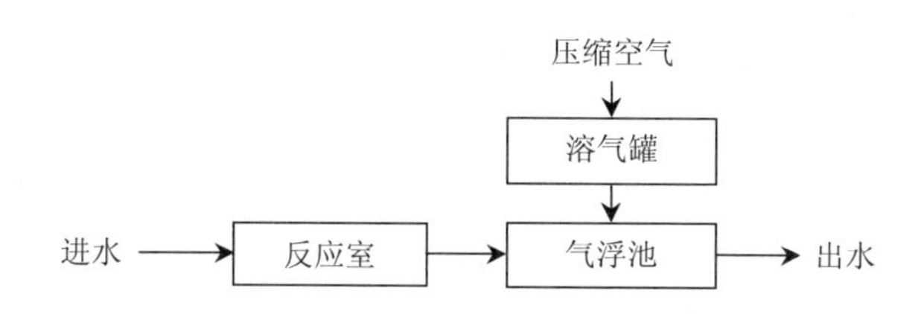

图 4 部分回流溶气气浮基本工艺流程图

6.3.6.2 回流比宜为进水的 25%～50%。但当水质较差，且水量不大时，可适当加大回流比。

6.3.6.3 投加药剂：药剂的品种和数量应根据进水水质经试验确定：聚合铝 15～25 mg/L；硫酸铝 40～60 mg/L；聚合铁 10～20 mg/L；有机高分子凝聚剂 1～8 mg/L。

6.3.6.4 混凝反应：管道混合，阻力损失小于等于 0.3 m；机械混合，搅拌桨叶速度宜为 0.5 m/s 左右，混合时间宜为 30 s。机械反应室（一级机械搅拌）、平流反应室、旋流反应室或涡流反应室水流线速度从 0.5～1.0 m/s 降至 0.3～0.5 m/s，反应时间 3～10 min。

6.4 粗粒化

6.4.1 粗粒化技术适用于预处理分散油和乳化油。粗粒化法可把水中 5～10 μm 的油珠完全分离，对 1～2 μm 的油珠有最佳的分离效果。

6.4.2 粗粒化聚结器通常设在重力除油工艺之前，它利用粗粒化材料的聚结性能，使细小的油粒在其表面聚结成较大油粒或油膜，使其更有利于重力法除油。

6.4.3 聚结材料宜采用相对密度大于 1、粒径 3～5 mm、亲油疏水性强、比表面积大、强度高且容易再生的材料；应根据可聚结性实验确定。

6.4.4 粗粒化除油装置组成：壳体、分离段、聚结床、多孔材料承托层。

6.4.5 聚结除油装置壳体可采用碳钢防腐。承压能力应通过工艺计算，一般可采用 0.6 MPa。

6.4.6 聚结床下应加承托垫层。承托材料一般采用卵石，其级配见表 1。

表 1 承托材料级配表

层次	粒径/mm	厚度/mm
下	16～32	100
中	8～16	100
上	4～8	100
总厚度 H		300

6.4.7 当采用聚结材料相对密度小于 1 时，须在上部设置不锈钢格栅及卵石层以防跑料。卵石粒径选用 16～32 mm，厚度一般为 0.3 m。

6.5 过滤

6.5.1 滤池

6.5.1.1 单池面积不宜超过 50 m^2。进水含油量宜小于 30 mg/L。

6.5.1.2 滤池高度根据滤层厚度、承托层高度、反冲洗滤料膨胀系数（40%～50%）以及超高等因素确定，高度一般在 3.5～4.5 m。

6.5.1.3 滤池底部宜设有排空管，管口处设栅罩；池底坡度约为 0.005，坡向排空管。

6.5.1.4 每间滤池均应安装水头损失计或水位尺、取样设备等。

6.5.1.5 滤池间数较少时，直径小于 400 mm 的阀门可采用手动阀门；但反冲洗阀门，宜采用电动或液动阀门。

6.5.1.6 滤池池壁与砂层接触处应拉毛，避免短流。

6.5.1.7 在配水系统干管末端，应安装排气管，当滤池面积小于 25 m^2 时，管径为 40 mm；当滤池面积为 25～100 m^2 时，管径为 50 mm。排气管伸出滤池，顶处应加截止阀。

6.5.1.8 各密封渠道上应有 1～2 个人孔。

6.5.1.9 滤池管廊内应有良好的防水、排水措施和适当的通风、照明等措施。

6.5.2 滤料

6.5.2.1 滤料宜选择亲水、疏油型材料，同时应具有一定的机械强度和抗蚀性能。

6.5.2.2 砂滤滤速宜取 8～10 m/h，反冲洗强度为 12～17 L/（m^2·s），反冲洗时间宜为 15 min。

6.5.3 轻质滤料

纤维类滤料滤速最高可取 25 m/h，反冲洗强度可小于 5 L/（m^2·s），反冲洗时间宜控制在 15～20 min。

6.6 混凝

6.6.1 混凝工艺在控制 pH 的条件下对乳化液具有良好的破乳效果，可保障良好的油水分离效果。

6.6.2 含油污水处理中常用混凝剂有无机混凝剂、有机混凝剂及复合混凝剂，应针对不同的水质选用合适的絮凝剂及助凝剂。

6.6.3 混合

6.6.3.1 药剂混合时间一般为 10～30 s，不宜强烈搅拌及长时间混合。

6.6.3.2 混合设备与后续处理设备中间管道不宜超过 120 m。

6.6.3.3 混合方式分为水力混合和机械混合。

6.6.4 反应

6.6.4.1 反应池型式的选择和絮凝时间的采用，应根据水质情况和相似条件下的运行经验或通过试验确定。

6.6.4.2 药剂在反应池内应有充分的反应时间，一般为 10～30 min，控制反应时的速度梯度 G，一般为 30～60 s^{-1}，GT 值为 10^4～10^5。

6.6.5 加药系统

6.6.5.1 药剂的投配方式宜采用液体投加方式。

6.6.5.2 加药系统应设置投药计量设备，以控制加药量，应尽可能采用自动投药系统。

6.6.5.3 自动投药方式应采用前馈式或后馈式单因子自控投药技术。自控系统由传感器、智能测控仪和执行机构（变频调速装置、投药泵等）组成，它们构成单回路反馈控制系统。

6.6.5.4 用泵投加高分子聚合物药剂溶液时，应采用容积泵输送。

6.7 生物处理

6.7.1 当采用生物法处理时，应考虑油在水中的存在形态，含油的种类和性质等各种影响因素，经技术经济比较后选择适合的处理工艺。

6.7.2 含油污水经除油处理后，应根据再生水利用和出水排放对水质的要求进一步处理。

6.7.3 进入生化处理系统含油污水的油含量不得超过 30 mg/L。

6.7.4 用于处理以油污染为主的含油污水的活性污泥法、序批式活性污泥法、接触氧化法、膜生物法的主要工艺设计参数可参考相应的工程技术规范。

6.8 污泥浓缩

6.8.1 气浮浮渣的浓缩应根据含油污泥乳化程度，选择自然浓缩或加药浓缩。自然浓缩时间以 8～12 h 为宜。

6.8.2 生化污泥的浓缩可参照 GB 50014 的规定。

6.9 污泥处置

6.9.1 含油污泥应进行资源化、减量化、稳定化和无害化处理，逐步提高资源化水平。

6.9.2 干化场适用于气候较为干燥的地区，尤适用于沙漠地区含油污泥的处理。

6.9.3 含油量 5%～10%的污泥宜焚烧处理。焚烧温度 800～850℃。

6.9.4 含油量低的污泥可优先考虑采用固化法进行无害化处置。

6.9.5 含油污泥的处置应符合危险废物的有关规定。

7 劳动安全与职业卫生

7.1 消防

含油污水处理构筑物间距及现场消防设施应符合国家现行防火规范的规定。

7.2 安全

7.2.1 压力式装置、容器的安全措施应遵照相关规定及产品使用说明的要求。

7.2.2 加热器温度设定值为 45℃；电加热器热态绝缘电阻应不低于 0.5 MΩ。

7.3 卫生

7.3.1 含油污水处理构筑物、管渠、设备应有防腐蚀和防渗漏的措施。

7.3.2 处理设备应尽量选择封闭式，以避免影响周围环境。

7.3.3 妥善处置油水分离过程废弃的元件或材料，应避免对环境产生二次污染。

8 施工与验收

8.1 工程施工

8.1.1 工程施工前，应进行施工组织设计或编制施工方案，明确施工质量负责人和施工安全负责人，经批准后方可实施。

8.1.2 含油污水处理工程施工单位应具有国家相应的工程施工资质。

8.1.3 含油污水处理工程的设备安装应符合设计文件的规定。

8.1.4 工程变更应按照经批准的设计变更文件进行。

8.2 工程验收

8.2.1 含油污水处理工程验收应按照设计文件及《建设项目（工程）竣工验收办法》的

规定和要求进行。

8.2.2 含油污水处理工程的环境保护验收应按照《建设项目竣工环境保护验收管理办法》执行。

9 运行维护管理

9.1 一般规定

9.1.1 含油污水处理工程的运行过程应制定详细的运行管理、维护保养制度和操作规程，各类设施、设备应按照设计的工艺要求使用。

9.1.2 含油污水处理工程的运行维护管理应符合 CJJ 60 的规定。

9.1.3 含油污水处理工程的运行、维护及其安全，除应符合本标准外，尚应符合国家现行有关标准的规定。

9.2 运行管理

9.2.1 运行管理人员及操作人员应经过严格培训，了解含油污水处理工艺、设备操作章程及各项设计指标。

9.2.2 各岗位应有工艺系统网络图、安全操作规程等，并应示于明显部位。

9.2.3 各岗位的操作人员应按时做好运行记录。数据应准确无误。当发现运行不正常时，应及时处理或上报主管部门。

9.2.4 应根据不同设备要求，定期进行检查，保证设备的正常运行。

9.3 安全操作

9.3.1 各岗位操作人员和维修人员应经过技术培训并考试合格后方可上岗。

9.3.2 电源电压大于或小于额定电压 5%时，不宜启动电机。

9.3.3 储油罐和集油池附近，应按消防部门的有关规定设置消防器材。

9.4 水质管理

9.4.1 含油污水处理厂污水、污泥处理正常运行检测的项目与周期应符合 CJJ 60 的规定。

9.4.2 已安装在线监测系统的，也应定期进行取样，进行人工监测，比对监测数据。

9.4.3 水质取样应在污水处理排放口和根据处理工艺控制点取样。

9.5 应急预案

9.5.1 应编制事故应急预案（包括环境风险突发事故应急预案）。

9.5.2 污水处理设施发生异常情况或重大事故时，应及时分析解决，并按应急预案中的规定向上级主管部门报告。

聚结除油装置主要工艺参数及计算公式

A.1 装置直径

$$D=\sqrt{\frac{4Q_1}{\pi q}} \qquad (A.1)$$

式中：D——装置直径，m；

Q_1——单罐设计水量，m^3；

q——负荷，m^3/（$h\cdot m^2$），一般为 15～35 m^3/（$h\cdot m^2$）。

A.2 聚结材料体积

$$W=f\times h\frac{\pi D^2}{4} \qquad (A.2)$$

式中：W——聚结材料体积，m^3；

h——聚结材料高度，m；

f——修正系数。

A.3 聚结材料高度

$$h=vt \qquad (A.3)$$

式中：h——聚结材料高度，m；

v——聚结材料段流速，m/h；

t——接触时间，h。

A.4 聚结材料重量

$$G=W\cdot\rho \qquad (A.4)$$

式中：G——聚结材料重量，kg；

ρ——聚结材料密度，kg/m^3。

中华人民共和国国家环境保护标准

电镀废水治理工程技术规范

Technical specifications for electroplating industry wastewater treatment

HJ 2002—2010

前 言

为贯彻执行《中华人民共和国环境保护法》、《中华人民共和国水污染防治法》、《中华人民共和国海洋污染防治法》、《建设项目环境保护管理条例》和《电镀污染物排放标准》，规范电镀废水治理工程建设与运行管理，防治环境污染，保护环境和人体健康，制定本标准。

本标准规定了电镀废水治理工程设计、施工、验收和运行的技术要求。

本标准为首次发布。

本标准的附录 A 为资料性附录。

本标准由环境保护部科技标准司组织制订。

本标准主要起草单位：北京中兵北方环境科技发展有限责任公司、中国兵器工业集团公司。

本标准环境保护部 2010 年 12 月 17 日批准。

本标准自 2011 年 3 月 1 日起实施。

本标准由环境保护部解释。

1 适用范围

本标准规定了电镀废水治理工程设计、施工、验收和运行的技术要求。

本标准适用于电镀废水治理工程的技术方案选择、工程设计、施工、验收、运行等的全过程管理和已建电镀废水治理工程的运行管理，可作为环境影响评价、环境保护设施设计与施工、建设项目竣工环境保护验收及建成后运行与管理的技术依据。

2 规范性引用文件

本标准内容引用了下列文件中的条款。凡是不注日期的引用文件，其有效版本适用于本标准。

GB 12348　工业企业厂界环境噪声排放标准

GB 15562.2　环境保护图形标志　固体废物贮存（处置）场

GB 18597　危险废物贮存污染控制标准

GB 21900 电镀污染物排放标准
GB 50009 建筑结构荷载规范
GB 50016 建筑设计防火规范
GB 50052 供配电系统设计规范
GB 50054 低压配电设计规范
GB 50141 给水排水构筑物施工及验收规范
GB 50191 构筑物抗震设计规范
GB 50194 工程施工现场供用电安全规范
GB 50204 混凝土结构工程施工质量验收规范
GB 50231 机械设备安装工程施工及验收通用规范
GB 50268 给水排水管道工程施工及验收规范
GB 50303 建筑电气工程施工质量验收规范
GBJ 13 室外给水设计规范
GBJ 22 厂矿道路设计规范
GBJ 87 工业企业噪声控制设计规范
GBJ 136 电镀废水治理设计规范
HJ/T 212 污染源在线自动监控（监测）系统数据传输标准
HJ/T 283 环境保护产品技术要求 厢式压滤机和板框压滤机
HJ/T 353 水污染源在线监测系统安装技术规范（试行）
HJ/T 355 废水在线监测系统的运行维护技术规范
HJ/T 314 清洁生产标准 电镀行业
《建设项目（工程）竣工验收办法》（计建设[1990]1215 号）
《建设项目竣工环境保护验收管理办法》（国家环境保护总局令 第 13 号）

3 术语和定义

下列术语和定义适用于本标准。

3.1 电镀废水 wastewater of electroplating

指电镀生产过程中排放的各种废水，包括镀件酸洗废水、漂洗废水、钝化废水、刷洗地坪和极板的废水、由于操作或管理不善引起的“跑、冒、滴、漏”产生的废水，废水处理过程中自用水以及化验室排水等。

3.2 重金属废水 wastewater containing heavy metals

指电镀生产中排放的含有镉、铬、铅、镍、银、铜、锌等金属离子的废水。根据废水中所含重金属元素，又分别称为含镉废水、含铬废水、含铅废水、含镍废水、含银废水、含铜废水、含锌废水等。

3.3 电镀混合废水 mix-wastewater of electroplating

指电镀生产排放的不同镀种和不同污染物混合在一起的废水。包括经过预处理的含氰废水和含铬废水。

3.4 电镀污泥 electroplating sludge

指电镀废水治理过程中产生的化学污泥。

4 污染物和污染负荷

4.1 电镀废水分类

电镀废水一般按废水所含污染物类型或重金属离子的种类分类，如酸碱废水、含氰废水、含铬废水、含重金属废水等。当废水中含有一种以上污染物时（如氰化镀镉，既有氰化物又有镉），一般仍按其中一种污染物分类；当同一镀种有几种工艺方法时，也可按不同工艺再分成小类，如焦磷酸镀铜废水、硫酸铜镀铜废水等。将不同镀种和不同污染物混合在一起的废水统称为电镀混合废水。

4.2 主要污染物和浓度范围

电镀废水的主要污染物及其质量浓度范围可参考附录 A。

4.3 设计水量和设计水质

4.3.1 新建电镀废水处理工程的设计水量和设计水质应根据批准的环境影响评价文件，并考虑一定的设计余量确定。

设计水量水质也可采取实测数据，其中设计水量可按实测值的 110%～120%进行确定。没有实测条件的，可采用类比调查数据；无类比数据时，也可按电镀车间（生产线）总用水量的 85%～95%估算废水的处理量。无水质数据的，可参考表 1 给出的主要污染物浓度范围确定。

4.3.2 进入治理设施的废水进水浓度，应满足设计进水要求，达不到要求的应进行预处理。

4.3.3 废水处理后，需回用的应满足回用工序的用水水质要求。废水排放应符合 GB 21900 或地方排放标准规定，或满足环境影响评价审批文件要求。

5 总体要求

5.1 一般规定

5.1.1 电镀企业应推行清洁生产，提高清洗效率，减少废水产生量。有条件的企业，废水处理后应回用。

5.1.2 新建电镀企业（或生产线），其废水处理工程应与主体工程同时设计、同时施工、同时投入使用。

5.1.3 电镀废水治理工程的建设规模应根据废水设计水量确定；工艺配置应与企业生产系统相协调；分期建设的应满足企业总体规划的要求。

5.1.4 电镀废水应分类收集、分质处理。其中，规定在车间或生产设施排放口监控的污染物，应在车间或生产设施排放口收集和处理；规定在总排放口监控的污染物，应在废水总排放口收集和处理。含氰废水和含铬废水应单独收集与处理。电镀溶液过滤后产生的滤渣和报废的电镀溶液不得进入废水收集和处理设施。

5.1.5 电镀废水治理工程在建设和运行中，应采取消防、防噪、抗震等措施。处理设施、构（建）筑物等应根据其接触介质的性质，采取防腐、防漏、防渗等措施。

5.1.6 废水总排放口应安装在线监测系统，并符合 HJ/T 353、HJ/T 355 和 HJ/T 212 的要求。

5.1.7 电镀污泥属于危险废物，应按规定送交有资质的单位回收处理或处置。电镀污泥在企业内的临时贮存应符合 GB 18597 的规定。

5.1.8 电镀废水处理站应设置应急事故水池，应急事故水池的容积应能容纳 12～24 h 的废水量。

5.1.9 电镀废水处理工程建设项目，除应遵循本规范和环境影响评价审批文件要求外，还应符合国家基本建设程序以及国家有关标准、规范和规划的规定。

5.2 工程构成

5.2.1 电镀废水治理工程项目主要包括：废水处理构（建）筑物与设备，辅助工程和配套设施等。

5.2.2 废水处理构（建）筑物与设备包括：废水收集、调节、提升、预处理、处理、回用与排放、污泥浓缩与脱水和药剂配制、自动检测控制等。

5.2.3 辅助工程包括：厂（站）区道路、围墙、绿地工程；独立的供电工程和供排水工程、供压缩空气；专用的化验室、控制室、仓库、维修车间、污泥临时堆放场所等。

5.2.4 配套设施包括：办公室、休息室、浴室、卫生间等。

5.2.5 废水处理站应按照国家和地方的有关规定设置规范排污口。

5.3 工程选址与总体布置

5.3.1 废水处理工程选址应符合规划要求并具有良好的工程地质条件；宜靠近电镀生产车间，废水可自流进入废水处理站；便于施工、维护和管理；处理后的废水有良好的排放条件。

5.3.2 废水处理站平面布置应满足各处理单元的功能和处理流程要求，建（构）筑物及设施的间距应紧凑、合理，并满足施工、安装的要求；各类管线连接应简捷，避免相互干扰；通道设置宜方便维修管理及药剂和污泥运送。

5.3.3 废水处理站工艺设备宜按处理流程和废水性质分类布置，设备、装置排列整齐合理，便于操作和维修。寒冷地区，其室外管道和装置应保温。

5.3.4 废水处理所用的材料、药剂等不应露天堆放。应根据需要设置存放场所，废水处理站应设污泥临时堆放场地，采取相应的防腐、防渗、防雨淋等措施，并符合 GB 18597 的规定。

5.3.5 废水处理站应设地面冲洗水和设备渗漏水的收集系统，并排入废水调节池。

5.3.6 废水处理站的建筑造型应简洁美观，与周围环境相协调。废水处理站周围应绿化。

6 工艺设计

6.1 酸、碱废水

6.1.1 酸、碱废水的处理应首先利用酸、碱废水本身的自然中和或利用酸、碱废液、废渣等相互中和处理。

6.1.2 电镀预处理工序的酸、碱废水混合后，一般呈酸性，宜以中和酸为主。处理酸性废水，当没有碱性废物可利用时，可采用碱性药剂中和或过滤中和。当废水中含有多种金属离子时，宜采用药剂中和。

6.1.3 中和反应会产生大量沉渣，应通过沉淀予以去除。当沉渣量少时，可采用竖流式沉淀池和连续排渣；当沉渣量大，重力排泥困难时，可采用平流式沉淀池，沉渣用吸泥机排出。

6.1.4 酸、碱废水中和反应后所产生的干污泥量，宜通过试验确定。当无条件试验时，可按处理废水体积的 0.1%～0.25%估算。

6.2 含氰废水

6.2.1 一般规定

6.2.1.1 含氰废水应单独处理。在处理前，不得与其他废水混合。

6.2.1.2 废水中氰离子质量浓度小于 50 mg/L 时，宜采用碱性氯化法处理；废水中氰离子质量浓度大于 50 mg/L 时，宜采用电解处理技术。臭氧处理含氰废水，对进水氰离子质量浓度没有限制，但含有络合氰根离子的废水，不宜采用臭氧处理。

6.2.1.3 含氰废水处理应避免铁、镍离子混入。

6.2.1.4 含氰废水经过处理，游离氰达到控制要求后可进入混合废水处理系统，去除重金属离子。

6.2.1.5 处理过程可能产生少量 CNCl 气体，故应在密闭和通风条件下操作，并采取防护措施。收集的气体应经过处理后，通过排气筒排放。

6.2.2 碱性氯化处理技术

6.2.2.1 废水处理量较小、水质浓度变化不大的，宜采用间歇式一级氧化处理；废水处理量较大、水质浓度变化幅度较大，而且对排放水质要求较高的，宜采用连续式二级氧化处理。

6.2.2.2 含氯氧化剂宜选用次氯酸钠、二氧化氯、液氯等。选取氧化剂既要考虑经济性，也要注重安全性。

6.2.2.3 采用碱性氯化处理含氰废水时，宜采用图 1 所示的基本工艺流程：

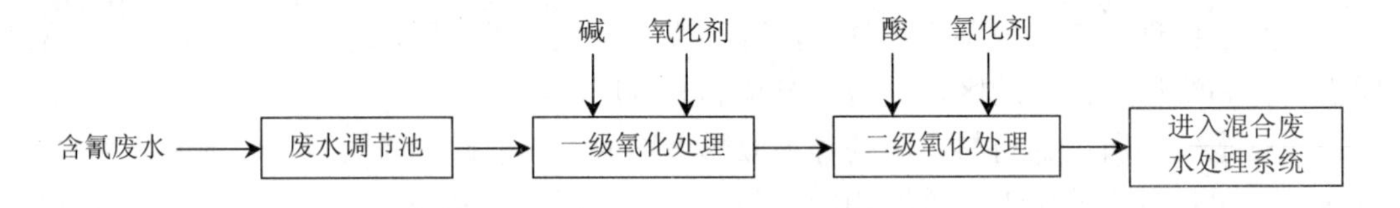

图 1 碱性氯化处理含氰废水基本工艺流程

6.2.2.4 采用碱性氯化处理含氰废水时，应满足以下技术条件和要求：

a）氧化剂的投入量应通过试验确定。当无条件试验时，其投入量宜按氰离子与活性氯的重量比计算确定。其重量比：当一级氧化处理时宜为 1∶3～1∶4；二级氧化处理时宜为 1∶7～1∶8。一级氧化和二级氧化所需氧化剂应分阶段投加，投加比为 1∶1；

b）pH 值控制和反应时间：一级氧化的 pH 值应控制在 10～11，反应时间宜为 10～15 min；二级氧化的 pH 值应控制在 6.5～7.0，反应时间宜为 10～15 min；

c）有效氯的投加量可采用氧化还原电位（ORP）自动控制。一级处理，ORP 达到 300 mV 时反应基本完成；二级处理，ORP 需达到 650 mV；

d）废水温度宜控制在 15～50℃。反应后废水中余氯量应在 2～5 mg/L 范围内。

6.2.3 臭氧氧化处理技术

6.2.3.1 臭氧氧化处理含氰废水时，宜采用图 2 所示的基本工艺流程：

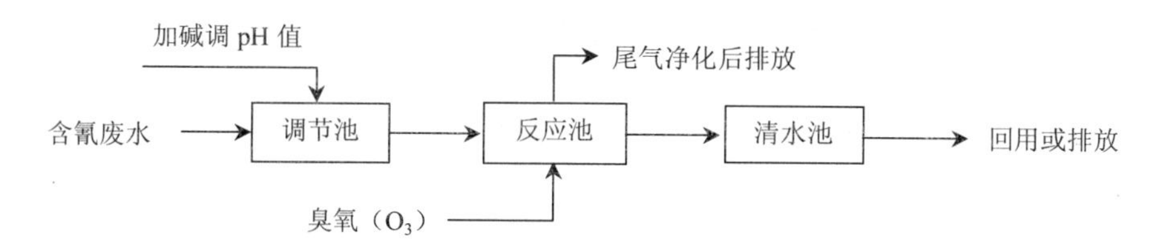

图 2 臭氧氧化处理含氰废水基本工艺流程

6.2.3.2 臭氧氧化处理含氰废水时，应满足以下技术条件和要求：

a）臭氧投量：一级氧化反应理论投量质量比为 $m(CN^-):m(O_3)=1:1.85$；二级氧化反应理论投量质量比为 $m(CN^-):m(O_3)=1:4.61$。实际投药比要比理论值大，应根据实验确定；

b）对游离氰根，去除率达 97%时，接触时间不宜少于 15 min；去除率达 99%时，接触时间不宜少于 20 min。反应池尾气应收集并经碱液吸收后排放；

c）pH 值应控制在 9～11；

d）如采用亚铜离子为催化剂，可缩短反应时间。

6.2.4 电解处理技术

6.2.4.1 电解处理含氰废水宜采用图 3 所示的基本工艺流程：

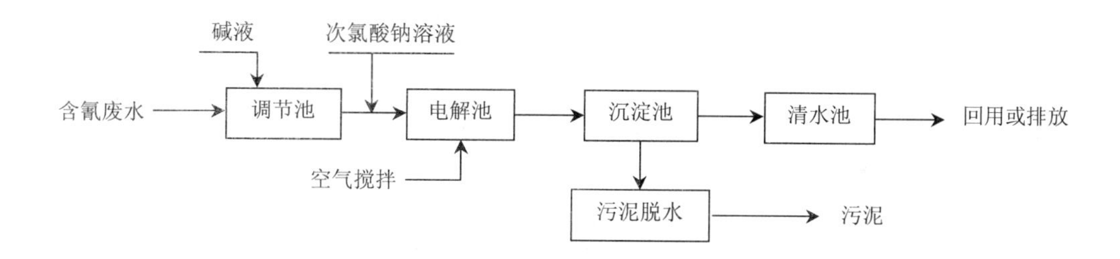

图 3 电解处理含氰废水基本工艺流程

6.2.4.2 采用电解处理含氰废水，宜满足以下技术条件和要求：

a）废水的 pH 值宜控制在 9～10，可用 NaOH 溶液进行调节；

b）NaCl 投加量可按氰浓度的 30～60 倍估算；

c）电解槽净极距宜采用 20～30 cm；

d）阳极电流密度宜控制在 0.3～0.5 A/dm^2，槽电压宜为 6～8.5V；

e）采用空气搅拌，用气量为 0.1～0.5 $m^3/(min \cdot m^3)$，空气压力为（0.5～1.0）$\times 10^5$ Pa；

f）产生的沉淀物沉淀困难时，可投加混凝剂。

6.3 含铬废水

6.3.1 一般规定

6.3.1.1 含铬废水应单独收集处理，不得将其他废水混入。将六价铬还原为三价铬后，可与其他重金属废水混合处理。

6.3.1.2 沉淀污泥脱水后，应用塑料袋包装，防止因漏、滴或散落而污染环境。

6.3.1.3 用离子交换处理镀铬清洗废水，六价铬离子质量浓度不宜大于 200 mg/L；镀黑铬和镀含氰铬的清洗废水不宜采用离子交换处理。

6.3.2 亚硫酸盐还原处理技术

6.3.2.1 亚硫酸盐还原法处理含铬废水，宜采用图 4 所示的基本工艺流程：

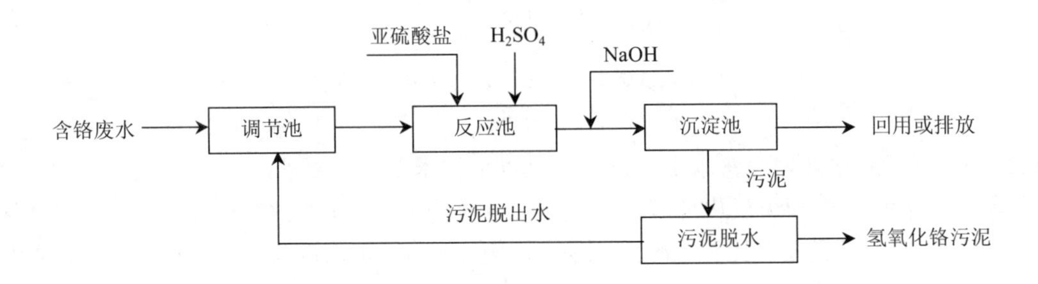

图 4 亚硫酸盐还原处理含铬废水基本工艺流程

6.3.2.2 亚硫酸盐还原法处理含铬废水，应满足以下技术条件和要求：

a）可采用间歇式及连续式处理。采用间歇处理时，调节池容积按平均每小时废水流量的 4～8 h 计算；采用连续式处理时，可适当减小调节池容量，并设置自动检测与投药装置；

b）亚硫酸盐宜选用亚硫酸氢钠、亚硫酸钠、焦亚硫酸钠等；

c）进水 pH 值宜控制在 2.5～3.0；ORP 宜控制在 230～270 mV；反应时间宜控制在 20～30 min；

d）亚硫酸盐的投加量应通过试验确定，亦可按表 1 给出的参考值选择；

表 1 亚硫酸盐与六价铬的投量比（质量比）

亚硫酸盐种类	理论值投量比	实际使用量
六价铬：亚硫酸氢钠	1：3	1：4～5
六价铬：亚硫酸钠	1：3.6	1：4～5
六价铬：焦亚硫酸钠	1：2.74	1：3.5～4

e）废水经还原反应后，宜加碱调废水 pH 值 7～8，使三价铬沉淀，反应时间应大于 20 min，反应后的沉淀时间宜为 1.0～1.5 h；

f）沉淀剂宜为氢氧化钠、氢氧化钙、碳酸钙等。通常根据价格、沉淀速率、污泥生成量、脱水效果和污泥是否回收进行选择。

6.3.2.3 亚硫酸盐还原的反应池应满足处理一次的周期时间。反应池内宜采用机械搅拌，不宜采用空气搅拌。反应池和沉淀池宜设于地面，同时加盖，并设通风装置。

6.3.3 硫酸亚铁-石灰处理技术

6.3.3.1 含铬废水采用硫酸亚铁-石灰处理时，基本工艺流程见图 4。其中还原剂采用硫酸亚铁，中和剂采用石灰。

6.3.3.2 采用硫酸亚铁-石灰处理含铬废水时，应满足以下技术条件和要求：

a）运行条件应符合表 2 的基本要求；

表 2 硫酸亚铁处理含铬废水的运行条件

六价铬质量浓度/（mg/L）	加药前调 pH 值	投药量（质量比）六价铬：硫酸亚铁	反应后调 pH 值	搅拌时间/min
＜25	2～3	1：（40～50）	7.5～8.5	搅拌混匀即可
25～50		1：（35～40）		5～10
50～100		1：（30～35）		10～20
＞100		1：30		20

b）连续处理时，反应时间应大于 30 min；间歇处理时，反应时间宜为 2～4 h；

c）反应时宜采用空气搅拌或机械搅拌；

d）石灰的投加量宜控制为：$m(Cr^{6+})$：$m[Ca(OH)_2]$＝1：（8～15）。

6.3.4 微电解处理技术

6.3.4.1 采用微电解处理含铬废水时，宜采用图 5 所示的基本工艺流程：

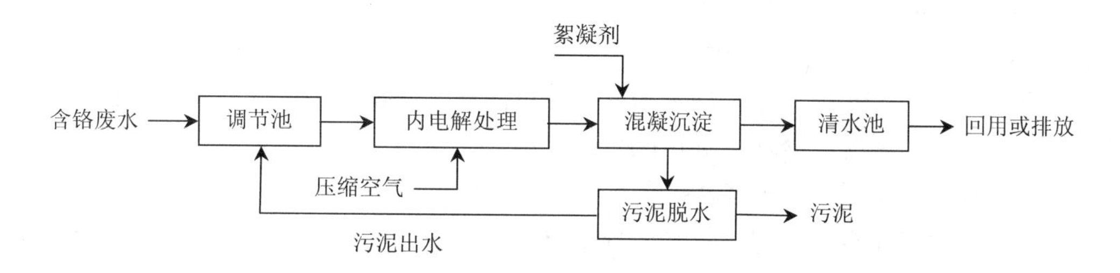

图 5 微电解处理含铬废水基本工艺流程

6.3.4.2 采用微电解处理含铬废水时，应满足以下技术条件和要求：

a）处理废水量大于或等于 5 m^3/h 时，可采用连续式处理；小于 5 m^3/h 时，宜采用间歇式处理；

b）进水 pH 值宜控制在 2～4，微电解装置的出水应加碱调 pH 值为 8～9。

6.3.4.3 铁屑在填装设备前，应进行除杂、除油和除锈处理。在运行过程中，为防止铁屑结块，应定时对其进行气水联合反冲，反冲洗水应进入污泥沉淀池。

6.3.4.4 在设施检修或停运期间，微电解装置内的铁屑填料层必须保持用水浸没，防止空气氧化和板结。

6.3.5 离子交换处理技术

6.3.5.1 离子交换处理含铬废水宜采用图 6 所示的基本工艺流程。

6.3.5.2 离子交换处理含铬废水的设计、运行除符合 GBJ 136 中的条件外，还应满足以下技术条件和要求：

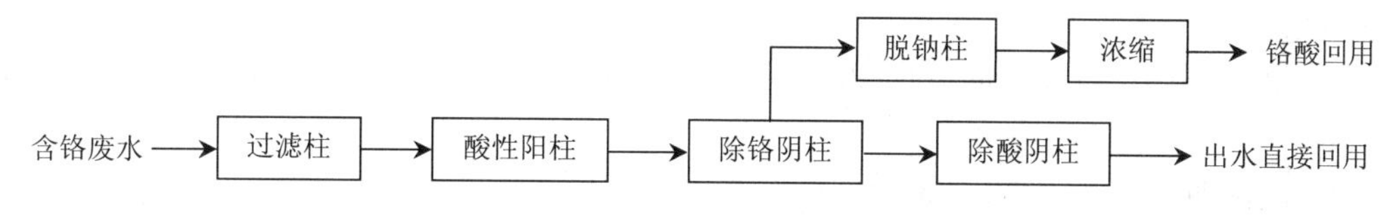

图 6 离子交换处理含铬废水基本工艺流程

a）进水六价铬离子质量浓度不宜大于 200 mg/L；

b）进入阴柱废水的 pH 值应控制在 5 以下；

c）阴柱的再生剂宜选用工业用氢氧化钠，再生液用除盐水配制；阴柱的清洗水宜用除盐水。清洗终点 pH 值应控制在 8～10；

d）阳柱的再生剂宜用工业用盐酸；阳柱的清洗水可用自来水。清洗终点 pH 值为 2～3。

6.3.5.3 离子交换树脂再生时的淋洗水，含六价铬离子部分应返回调节池；含酸、碱和重金属离子部分应经处理达标后回用或排放。

6.4 重金属废水

6.4.1 一般规定

6.4.1.1 当废水中含有氰化物时，应先去除氰化物；如废水中含有六价铬离子，应将六价铬还原为三价铬，再处理废水中的重金属离子。

6.4.1.2 离子交换处理某类重金属废水时，不得将其他镀种废水、冲刷地坪等废水混入。离子质量浓度不宜大于 200 mg/L。离子交换处理重金属废水的设计、运行控制技术条件和参数，应符合 GBJ 136 中的相关规定和要求。过滤柱、交换柱的反洗、淋洗等排水应全部进入电镀废水处理系统，处理达标后回用或排放。

6.4.1.3 采用反渗透装置处理重金属废水，应采取杀菌消毒和控制结垢的预处理措施。反渗透装置产生的浓缩水，应通过生化处理系统，处理达标后排放。

6.4.2 含镉废水

6.4.2.1 氢氧化物沉淀处理技术

6.4.2.1.1 当废水中的镉以离子形式存在时，可采用氢氧化物沉淀处理技术。

6.4.2.1.2 采用氢氧化物沉淀处理含镉废水时，宜采用图 7 所示的基本工艺流程：

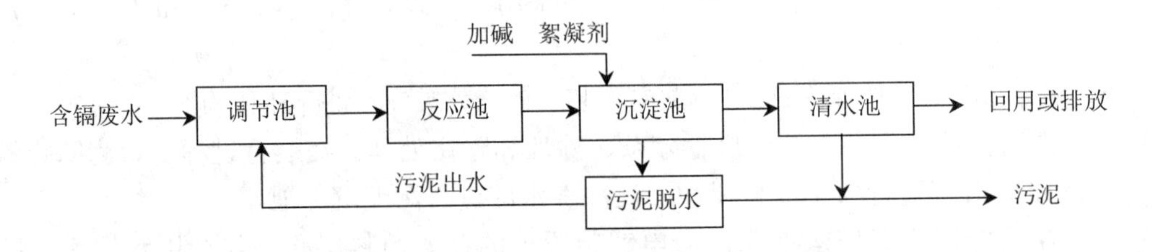

图 7 化学沉淀处理含镉废水基本工艺流程

6.4.2.1.3 采用氢氧化物沉淀处理含镉废水时，应满足以下技术条件和要求：

a）废水中镉离子质量浓度不宜大于 50 mg/L；

b）可采用聚合硫酸铁为絮凝剂，聚丙烯酰胺或硫化铁为助凝剂。絮凝剂的投加量宜为 40 mg/L；

c）反应池宜设搅拌。混合反应时，废水 pH 值宜控制在 9 左右；反应时间宜为 10～15 min；

d）沉淀时间应大于 30 min。

6.4.2.2 硫化物沉淀处理技术

6.4.2.2.1 采用硫化物沉淀处理含镉废水时，宜采用图 8 所示的基本工艺流程：

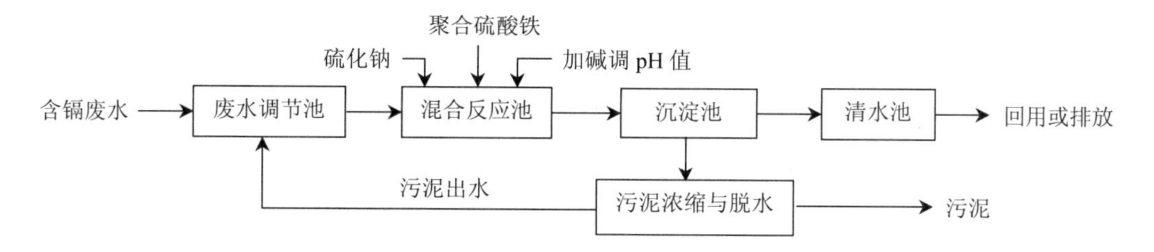

图 8　硫化物沉淀处理含镉废水基本工艺流程

6.4.2.2.2　采用硫化镉沉淀处理含镉废水时，应满足以下技术条件和要求：

a）硫化钠投加量宜为 100 mg/L 左右；

b）聚合硫酸铁或其他铁盐投加量为 30～40 mg/L；

c）反应 pH 值范围为 7～9；

d）反应搅拌时间 10 min；沉淀时间为 30 min。

6.4.2.3　离子交换处理技术

6.4.2.3.1　氰化镀镉废水宜采用图 9 所示的基本工艺流程；无氰镀镉废水宜采用图 10 所示的基本工艺流程：

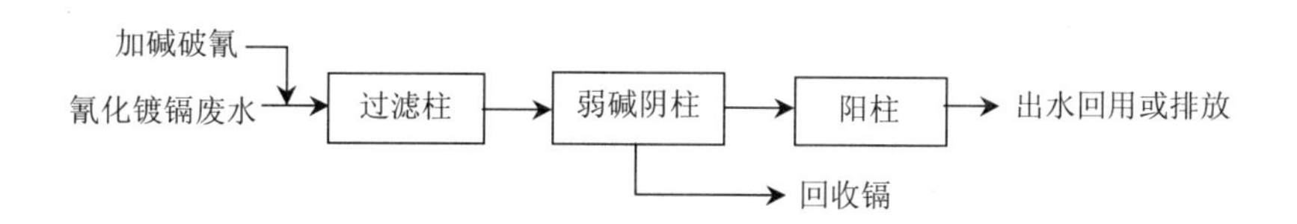

图 9　氰化镀镉废水离子交换处理基本工艺流程

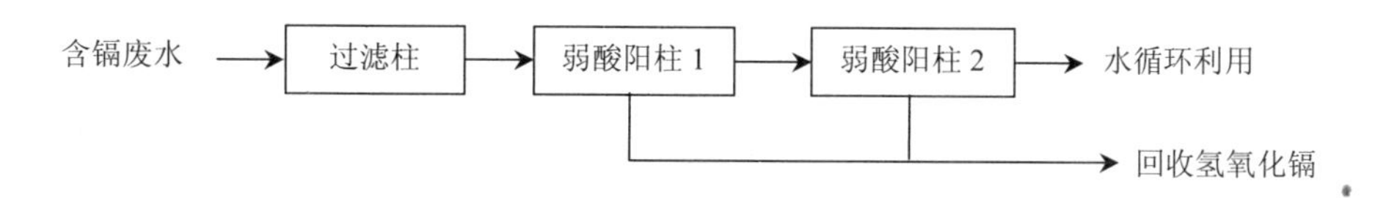

图 10　无氰镀镉废水离子交换处理基本工艺流程

6.4.2.3.2　采用离子交换处理含镉废水，应满足以下技术条件和要求：

a）进水中镉离子质量浓度不宜大于 100 mg/L；

b）废水中的镉以 Cd^{2+}形式存在时，宜用酸性阳离子交换树脂处理；废水中的镉以各种络合阴离子形式存在时，宜选用阴离子交换树脂处理；

c）吸附饱和后的阴离子交换树脂，宜选用 NH_4NO_3 和氨水混合液作为再生剂进行再生，每小时用量为 4 倍于树脂体积，再生速度用 1～2 倍每小时树脂体积；

d）阳离子树脂交换柱应与阴离子树脂交换柱同步再生。再生剂为 2 mol/L 的盐酸，再生流速为 0.5 m/h，再生剂用量为 2 倍于树脂体积。阳离子树脂交换柱洗脱液进入中和池处理。

6.4.2.4　化学沉淀-反渗透处理技术

6.4.2.4.1 化学沉淀-反渗透组合技术适宜于氰化镀镉槽中清洗废水的处理，基本工艺流程见图 11：

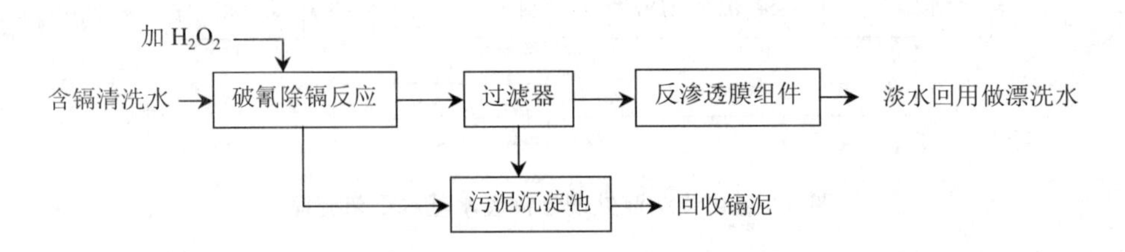

图 11 化学沉淀-反渗透联合处理氰化镀镉废水基本工艺流程

6.4.2.4.2 采用反渗透处理含镉清洗水时，应符合以下技术条件和要求：

a）对单纯的硫酸镉废水，宜采用醋酸纤维膜进行反渗透分离；

b）对氰化镀镉漂洗废水，宜选用稳定性、抗氧化性、抗酸性和抗碱性良好的反渗透膜；

c）废水进入反渗透器前，需采用 H_2O_2 进行破氰和镉沉淀，废水经反应沉淀后，上清液再通过反渗透浓缩分离；

d）投加 H_2O_2 时，应不断搅拌。H_2O_2 的投量为理论值的 1.3～1.5 倍。

6.4.3 含镍废水

6.4.3.1 化学沉淀处理技术

采用化学沉淀处理含镍废水时，宜采用图 4 所示的基本处理单元。同时，应满足以下技术条件和要求：

a）在废水中投加氢氧化钠，反应 pH 值应大于 9；

b）反应时间不宜少于 20 min，并采用机械搅拌；

c）为加快悬浮物沉淀，可投加铁盐混凝剂。

6.4.3.2 离子交换处理技术

6.4.3.2.1 离子交换处理镀镍清洗废水，宜采用图 12 所示的双阳柱全饱和基本工艺流程：

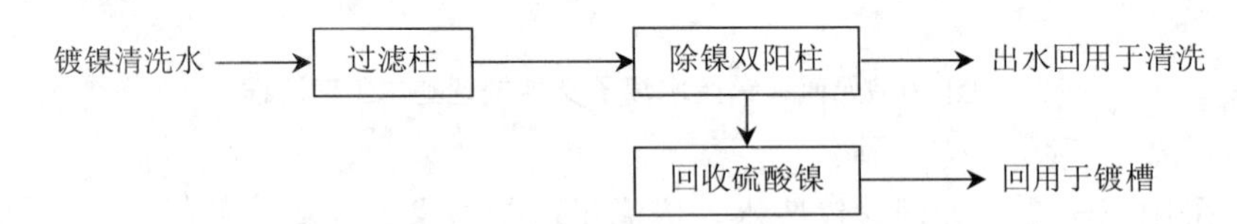

图 12 离子交换处理镀镍清洗水基本工艺流程

6.4.3.2.2 采用离子交换处理镀镍清洗水时，应满足以下技术条件和要求：

a）进水镍离子质量浓度不宜大于 200 mg/L。

b）阳离子交换剂宜采用凝胶型强酸阳离子交换树脂、大孔型弱酸阳离子交换树脂或凝胶型弱酸阳离子交换树脂，均应以钠型投入运行。

c）强酸阳离子交换树脂在交换、再生等过程中胀缩率较小，而弱酸阳离子交换树脂的胀缩率很大，当树脂由 Na 型转化为 Ni 型或 H 型时，其体积比（Ni 型/Na 型或 H 型/Na 型）达 0.5～0.6，因此，在设计交换柱时，树脂层上部应留有足够的空间。

d）当进水中悬浮物质量浓度超过 10 mg/L 时，应设置过滤柱。

e）离子交换处理含镍废水回收的硫酸镍溶液，宜作为镀镍槽的蒸发损失的补充液或作为调整镀镍槽槽液 pH 值的调整液使用。其中，镀光亮镍生产工艺的清洗水经处理后回收的硫酸镍溶液，应返回镀光亮镍镀槽，不可回用于半光亮镍镀槽。

f）当回收的硫酸镍溶液中含有的硫酸钙、硫酸镁、硫酸钠等杂质超过镀镍槽液允许限值时，应进行净化后才能回用。

6.4.3.3 反渗透处理技术

6.4.3.3.1 采用反渗透处理镀镍清洗水时，宜采用图 13 所示的基本工艺流程。

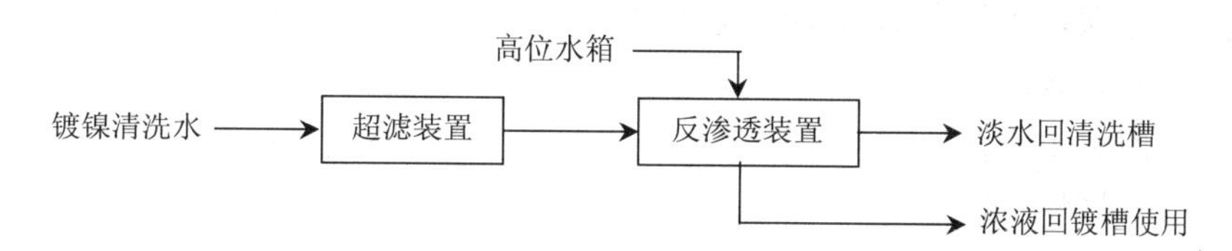

图 13 反渗透处理含镍清洗水基本工艺流程

6.4.3.3.2 采用反渗透处理镀镍清洗水时，应满足以下技术条件和要求：

a）采用反渗透膜分离处理镀镍清洗水时，镀件的清洗方式必须采用二级、三级或多级逆流漂洗，以减少反渗透装置的容量。

b）在反渗透装置上方应设一个高位水箱，当高压泵停止工作时，水就自动从高压水箱流经管膜内，使膜保持湿润；高压水管路上应装有安全阀门，并设旁通管路。一旦压力超过工作压力，安全阀自动降压，原液经旁通管路流回原液槽。

c）为防止反渗透膜的化学损伤，进水中余氯含量应小于 0.1 mg/L。去除氧化剂的方法可采用颗粒活性炭吸附，也可投加还原剂（如亚硫酸氢钠），并通过 ORP 进行监控。

d）采用反渗透装置处理后的淡水可用于镀件漂洗，浓液可直接返回镀镍槽使用。

6.4.4 含铜废水

6.4.4.1 离子交换处理技术

6.4.4.1.1 离子交换处理氰化镀铜和铜锡合金废水时，宜采用图 14 所示的基本工艺流程。如废水中含钙、镁离子浓度较高时，可在阴离子交换柱前增设 H 型弱酸阳离子交换柱。

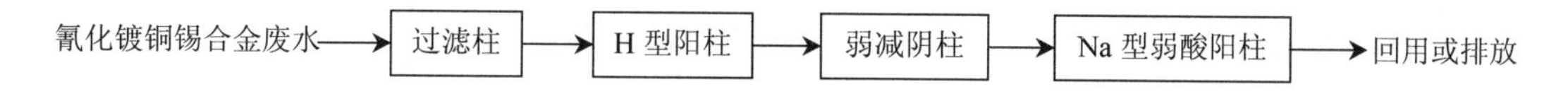

图 14 离子交换处理氰化镀铜锡合金废水基本工艺流程

6.4.4.1.2 采用离子交换处理氰化镀铜和铜锡合金废水时，应满足以下技术条件和要求：

a）进水中总氰离子质量浓度不宜大于 100 mg/L。

b）阴树脂饱和后，应在负压条件下加酸进行再生。阴树脂再生柱下方应设置一个敞口碱槽，槽内贮存溶液量应大于 1/2 树脂量、碱液浓度不低于 10 mol/L。

c）处理装置所在场地应有每小时换气 8～12 次的机械通风设施。通风设施的电气开关应安装在门外或门口。

d）阴树脂再生，应严格遵守以下规定：

①在树脂再生的整个过程中，非特殊情况不得中断。操作人员必须完成再生、淋洗等全过程后才能离开岗位；

②在再生过程中，不准停止负压系统，特殊情况需要停止时，必须首先关闭树脂再生柱、碱液吸收罐、破氰反应罐所有阀门；

③碱液吸收罐内氢氧化钠溶液浓度应不小于 2.8 mol/L，负压系统的循环水箱内循环水应呈碱性。

e）在运行和再生等过程排出的反洗水、淋洗水、废再生液以及更新后排出的循环水等，均含有氰离子，应经破氰处理。

6.4.4.1.3 采用离子交换处理硫酸铜镀铜废水时，宜采用图 15 所示的双阳柱全饱和基本工艺流程，并满足以下技术条件和要求：

a）可与电解联合使用，从再生洗脱液中回收铜；

b）处理系统循环水的补充水应用除盐水；

c）阳柱再生宜采用硫酸作为再生液，同时避免循环水中混入钙、镁离子。如再生洗脱液中有硫酸钙、硫酸镁白色沉淀时，应通过静止沉淀和过滤除去；

d）处理后水应循环利用。

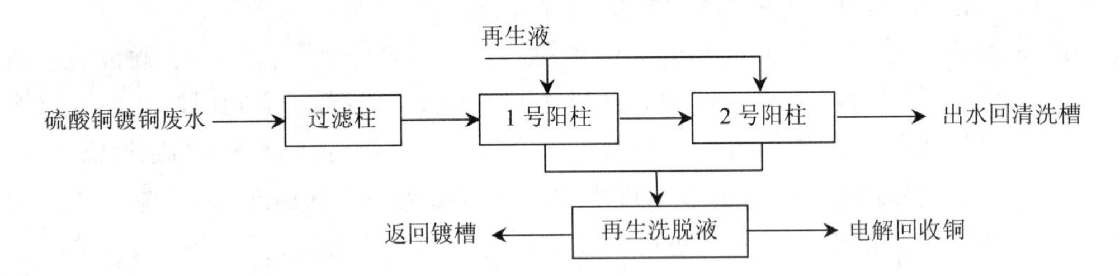

图 15 离子交换处理硫酸铜镀铜废水基本工艺流程

6.4.4.1.4 采用离子交换处理焦磷酸铜镀铜废水时，宜采用图 16 所示的双阴柱全饱和基本工艺流程，并应满足以下技术条件和要求：

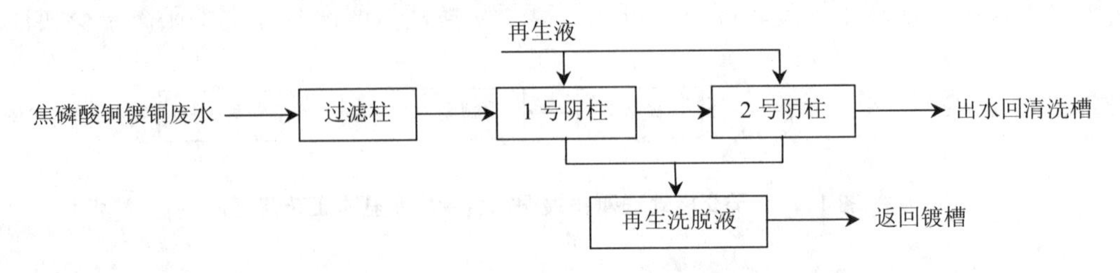

图 16 离子交换处理焦磷酸铜镀铜废水基本工艺流程

a）再生柱的洗脱液，含有较高浓度的铜离子，可直接回镀槽作为补充液使用；

b）如运行中循环水和补充水采用自来水，由于自来水中钙、镁等离子形成白色沉淀，加重了过滤柱负荷，所以，应在过滤柱前增设一个阳柱。

6.4.4.2 电解处理技术

采用电解处理含铜废水并回收铜时，宜采用图 17 所示基本工艺流程，并满足以下技术条件和要求：

a）电解槽宜采用无隔膜、单极性平板电极。电解槽电源可采用直流电源。电解槽和电源设备均应可靠接地；

b）电解槽的阳极材料宜采用不溶性材质，阴极材料宜采用不锈钢板或铜板，并宜设置 2 套；

c）当废水含铜质量浓度大于 700 mg/L 时，阴极电流密度宜采用 0.5～1.0 A/dm^2；当废水含铜质量浓度小于 700 mg/L 时，阴极电流密度宜采用 0.1～0.5 A/dm^2，硫酸铜废水的电流密度可略高于氰化镀铜废水。

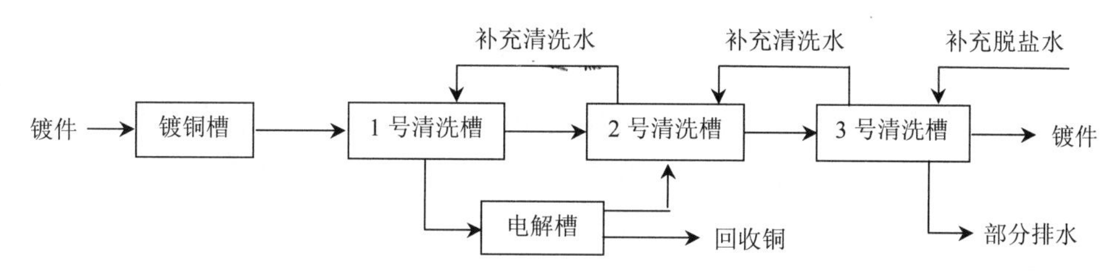

图 17 电解处理镀铜废水基本工艺流程

6.4.5 含锌废水

6.4.5.1 化学沉淀处理技术

6.4.5.1.1 采用化学沉淀处理碱性锌酸盐镀锌清洗废水时，宜采用图 18 所示的基本工艺流程，并满足以下技术条件和要求：

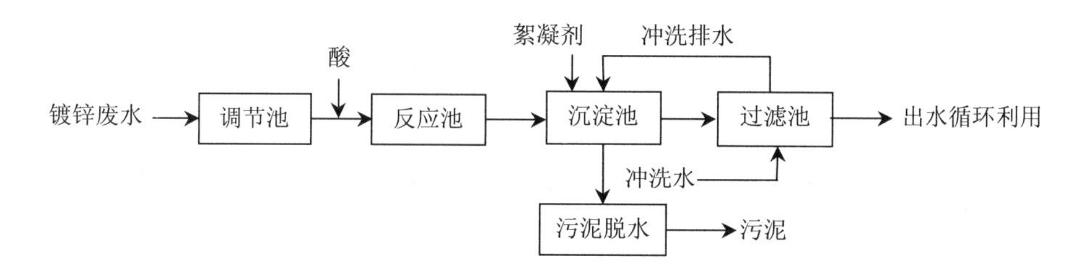

图 18 化学沉淀处理碱性锌酸盐镀锌废水基本工艺流程

a）废水中锌离子含量不宜大于 50 mg/L；

b）废水进水的 pH 值宜控制在 9～12；

c）反应时间宜采用 5～10 min；

d）絮凝剂宜采用碱式氯化铝，其投加量宜为 15 mg/L（以铝离子计）；

e）经处理后的清洗水可循环利用，但每天应补充 10%～15%的新鲜水量；

f）含锌污泥（含水率 99.7%）的体积宜按处理废水体积的 4%～8%确定。

6.4.5.1.2 采用化学沉淀处理铵盐镀锌废水时，宜采用图 19 所示的基本工艺流程，并满足以下技术条件和要求：

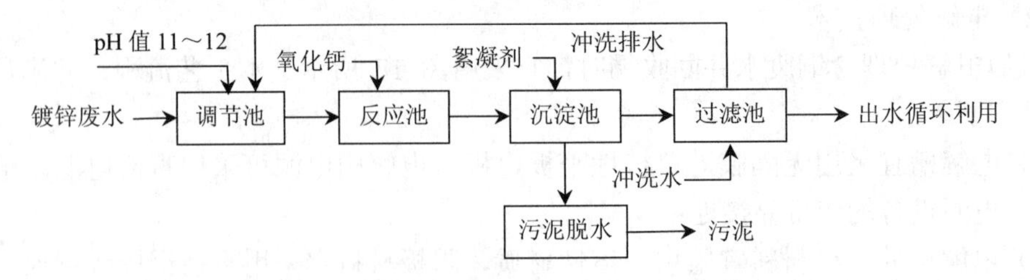

图 19　化学沉淀处理铵盐镀锌废水基本工艺流程

a）采用石灰处理铵盐镀锌废水时，石灰宜先调制成石灰乳后投加；氧化钙投加量（质量比）宜为 $m(Ca^{2+})$ ∶ $m(Zn^{2+})$＝3∶1～4∶1；

b）处理时可用石灰（按计算量）和氢氧化钠调整废水 pH 值 11～12，pH 值不能超过 13，搅拌 10～20 min；

c）如废水中含有六价铬离子，宜投加硫酸亚铁，将六价铬还原为三价铬，硫酸亚铁的投加量根据六价铬离子浓度及废水中存在的亚铁离子总量确定，助凝剂宜采用阴离子型或非离子型的聚丙烯酰胺，投加量为 5～10 mg/L。

6.4.5.2　离子交换处理技术

6.4.5.2.1　采用离子交换处理钾盐镀锌废水时，宜采用图 20 所示的双阳柱全饱和基本工艺流程：

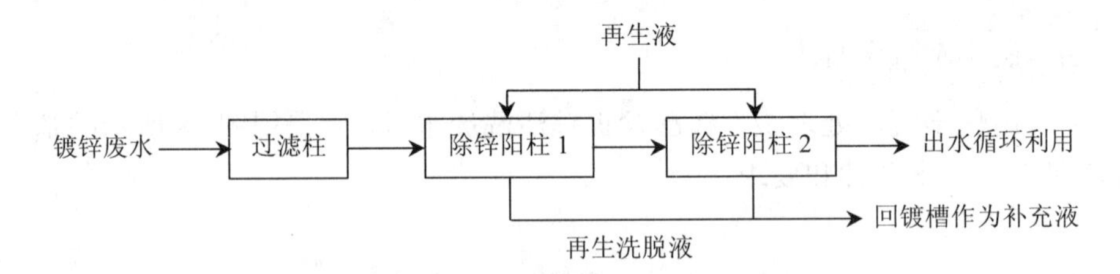

图 20　离子交换处理钾盐镀锌废水基本工艺流程

6.4.5.2.2　采用离子交换处理钾盐镀锌废水时，应满足以下技术条件和要求：

a）过滤柱滤料采用活性炭时，宜用 3.0 mol/L HCl 活性炭体积量的 2 倍用量再生，再生时间为 50 min，再生后用自来水清洗到出水 pH 值为 7 左右即可投入运行；

b）交换柱再生洗脱液含有较高浓度的锌离子，可直接回镀槽作为补充液使用。若洗脱液中带有铁离子量过多时，可用氢氧化钠调整 pH 值到 3 以上，使氢氧化铁沉淀后再回用。

6.4.6　含铅废水

采用磷酸盐沉淀处理含铅废水时，宜采用图 21 所示的基本工艺流程，并满足以下技术条件和要求：

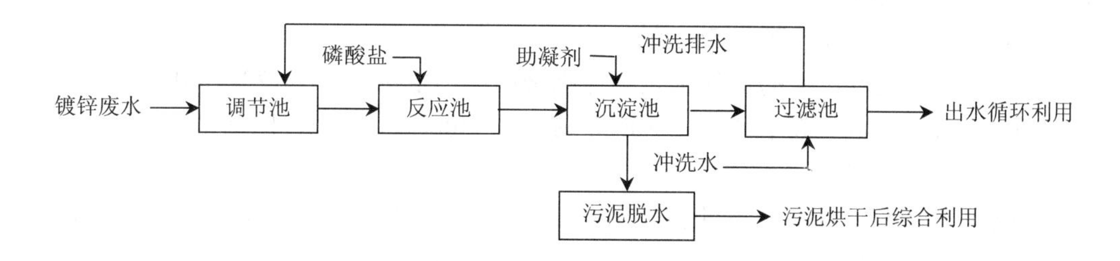

图 21　磷酸盐沉淀处理含铅废水基本工艺流程

a）沉淀剂宜采用磷酸钠；磷酸钠的投加量应根据试验确定；

b)反应时可投加助凝剂,助凝剂宜选用聚丙烯酰胺(PAM),其投加量宜控制在 5 mg/L;

c）磷酸钠和 PAM 不宜同时加入，应先加磷酸钠，0.5 min 后再加入 PAM;

d）沉淀后的沉渣经烘干脱水后，可用作塑料稳定剂。

6.4.7　含银废水

6.4.7.1　用电解回收银时，一级回收槽内废水中银离子质量浓度宜在 200～600 mg/L。

6.4.7.2　用电解处理氰化镀银废水时，可采用图 22 所示基本工艺流程。当清洗槽排水中氰离子浓度超过排放标准时，应经化学处理。

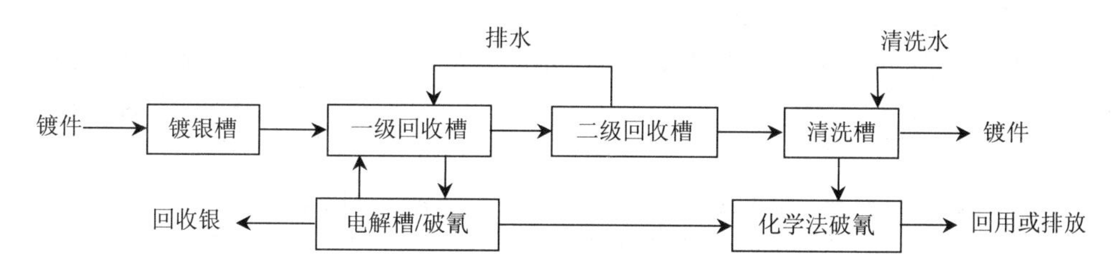

图 22　镀银废水处理基本工艺流程

6.4.7.3　回收槽的补充水应采用除盐水。

6.4.7.4　电解槽宜采用无隔膜、单极性平板电极电解槽或同心双筒电极旋流式电解槽。电解槽的电源，可采用直流电源或脉冲电源，但应通过技术经济比较确定。电解槽和电源设备应可靠接地。

6.4.7.5　电解槽的阴极材料可采用不锈钢，并宜设两套。阳极材料应根据废水性质和电解槽形式确定。

6.4.7.6　电解设备的选择应根据每小时镀件带出槽液银（或氰）离子量来确定。电解设备阴极析出银量可按式（1）计算：

$$M_x = IK\eta \tag{1}$$

式中：M_x——电解设备阴极析出银量，g/h；

I——采用的电流值，A；

K——银的电化当量，$K = 4.025$ g/（A·h）；

η——阴极电流效率，按设备给出值选（一般应为 20%～50%）。

电解设备阴极析出银量，应大于 1.3 倍的每小时镀件带出槽液银离子量。

6.4.7.7 采用旋流电解处理含银废水并回收银时，还应满足以下技术条件和要求：

a）阴、阳极间距宜控制在 5～10 mm；

b）旋流电解提取白银的最佳工艺条件宜采用：槽电压 1.8～2.2 V，电流密度 0.17～0.6 A/dm^3，电流效率 70%～80%，旋流量 400～600 L/h，阴离子起始质量浓度为 0.5～5 g/L；

c）电解破氰的最佳工艺条件宜采用：槽电压 3～4 V，电流密度 10～13 A/dm^3，氯化钠质量分数 3%～5%，氰酸根去除率大于 99%；

d）镀银漂洗水或老化液经回收白银，完成破氰后，若氰离子浓度仍不符合排放标准，可使用化学法破氰。

6.4.8 含氟废水的处理

对含氟废水宜采用石灰-硫酸铝处理，先向废水中投加石灰乳，调节废水 pH 值到 6～7.5，然后再投加硫酸铝或碱式氯化铝，其投加量与除氟效果成正比，具体投加量应通过试验确定。由于电镀工艺中使用氢氟酸量不多，一般不单独处理。

6.5 电镀混合废水

6.5.1 电镀混合废水中的特征污染物铬、镉、铅、镍、银、铜、锌、铁、铝等金属离子和氰化物应在车间排水口处理；COD、BOD、总磷、总氮、氨氮、色度、石油类、悬浮物、氟化物等污染物宜在总排放口处理。

6.5.2 微电解-膜分离联合处理技术

6.5.2.1 微电解-膜分离联合处理电镀混合废水时，宜采用图 23 所示的基本工艺流程：

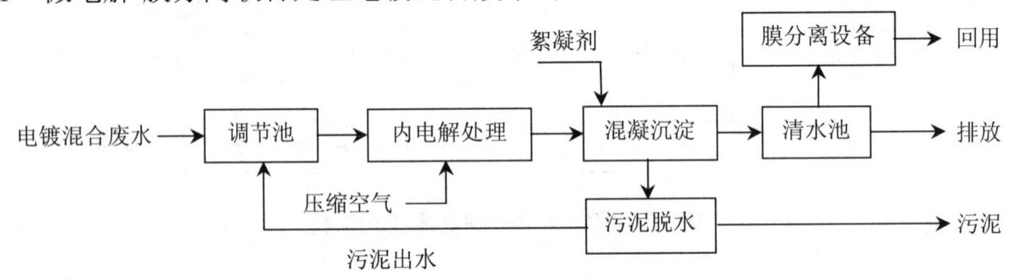

图 23 微电解-膜分离联合处理含铬废水基本工艺流程

6.5.2.2 采用微电解-膜分离联合处理电镀混合废水时，宜满足以下技术条件和要求：

a）微电解处理设备的材质宜选用不锈钢或碳钢，内壁应做防腐处理。

b）铸铁屑粒径宜大于 5 mm；装填高度不宜小于 1.5 m。

c）进水 pH 值宜控制在 2～5；废水与铁屑填料的接触时间不宜少于 20 min。

d）处理系统在运行期间，应定时向微电解设备自动通入压缩空气。空气通入量为 0.1～0.13 m^3/（min·m^2）；压力为 0.3～0.7 MPa；通气时间为 1～3 min；脉冲频率宜为 2～5 s；周期宜为 1～2 h。如采用溶气水，溶气水与原水的比例可为 30%～50%，或视溶气水对反应器填料层冲击强度确定。溶气罐的水力停留时间宜设置为 3 min 左右。

e）微电解设备出水应用碱（或石灰乳）调 pH 值为 8～11 进行固液分离，为加快污泥沉淀，可适当投加助凝剂。

f）当采用连续式处理时，宜设水质自动检测和投药自动控制装置；间歇循环式处理废水，内电解设备内的流速不宜低于 20 m/h，填料的装填高度不宜低于 1.5 m。间歇循环处理以六价铬达标为终点，调整循环池内废水 pH 值为 8～11 进行固液分离。

h）微电解设备在检修或不运行期间，应保持设备内的水位始终浸没铁屑填料。如设备维修需将废水排空时，其设备维修和注满水的时间间隔应不超过 4 h。

g）微电解与膜分离联合处理电镀混合废水时，应根据回用水水质、水量要求，选择膜分离工艺形式。对膜分离产生的浓水，宜进入有机废水生化处理系统，经处理达标后排放。

6.5.3 凝聚沉淀处理技术

6.5.3.1 电镀混合废水中含有三价铬、铜、镍、锌、铁以及少量的铅时，宜采用硫酸亚铁作为还原剂，每种重金属离子质量浓度不宜超过 30～40 mg/L。废水中的悬浮物总量不宜超过 600 mg/L。

6.5.3.2 电镀混合废水中含有铬、铜、镍、锌时，处理过程中 pH 值宜控制在 8～9 范围内；当有镉离子时，废水 pH 值应大于或等于 10.5，同时应防止混合废水中两性金属的再溶解。

6.5.3.3 处理过程中，可根据需要投加絮凝剂和助凝剂，其品种和投加量应通过实验确定。

6.5.3.4 处理后出水一般可用于作镀前预处理用水，可作为冲洗地坪或冲洗厕所卫生设备等用水。

6.5.4 生物处理技术

6.5.4.1 电镀废水中的 COD、石油类、总磷、氨氮与总氮等污染物，应采用生物处理达标后排放。

6.5.4.2 生物处理电镀混合废水，宜采用图 24 所示的基本工艺流程：

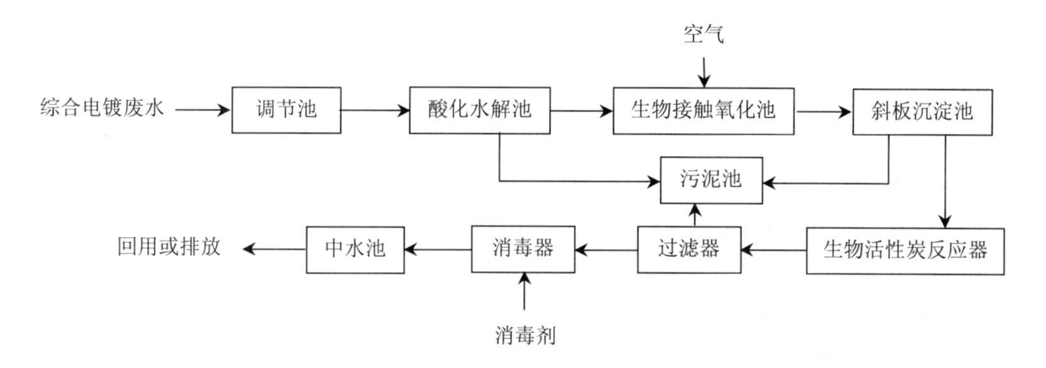

图 24　生物处理综合电镀废水基本工艺流程

6.5.4.3 由于铬、铅、镉、铜、锌、铁等重金属对微生物均有毒害作用，所以，进入生物处理系统的重金属离子应经过预处理。

6.5.4.4 宜根据综合电镀废水的水质，合理选用酸化水解池作为初级处理、生物活性炭作为二级处理，高效过滤器、药剂消毒作为深度处理工艺。

6.5.4.5 处理过程中所产生的污泥，经管道汇集后自流入污泥浓缩池，经浓缩、脱水后外运集中处理，上清液重新流回调节池。

6.5.4.6 为保证整个处理系统的安全可靠运行，生物接触氧化池和高效过滤器应设有反冲洗管路，反冲洗水来自自来水或该流程处理后的出水。

6.5.4.7 生物接触氧化池宜按一级、二级两格串联布置，水力停留时间不小于 4 h（一级 2.6 h、二级 1.4 h）。池中应设有立体弹性填料，框架为碳钢结构，内外涂防腐涂料，池底应设有微孔曝气软管布气，气水比宜按（10～15）∶1 考虑。

6.5.4.8 生物活性炭的主要设计和运行参数宜满足以下要求：

a）活性炭粒径：0.9～1.2 mm；床高：2～4 m；空床停留时间：20～30 min；体积负荷（BOD）：0.25～0.75 kg/（$m^3 \cdot d$）；水力负荷：8～10 m^3/（$m^2 \cdot h$）；

b）生物活性炭的有效体积（活性炭体积）宜按式（2）计算：

$$V = \frac{Q(S_0 - S_e)}{N_V} \tag{2}$$

式中：V——有效体积，m^3；

Q——废水平均日流量，m^3/d；

S_0——进水 BOD 值，mg/L；

S_e——出水 BOD 值，mg/L；

N_V——容积去除负荷（BOD），g/（$m^3 \cdot d$），一般取 0.5～1 g/（$m^3 \cdot d$）。

c）生物活性炭的总面积宜按式（3）计算：

$$A = \frac{V}{H} \tag{3}$$

式中：A——生物活性炭的总面积，m^2；

H——活性炭总高度，m。

7 污泥浓缩与脱水

7.1 一般规定

7.1.1 电镀废水处理过程中产生的污泥属于危险废物。电镀污泥的处理处置要体现资源化、减量化和无害化。应首先考虑回收其中的重金属，不能回收利用时，应妥善保管，防止二次污染。

7.1.2 电镀污泥的回收和综合利用应优先利用本单位的生产工艺。污泥脱水、干燥程度及其构筑物和设备的选择，应根据回收和综合利用的要求确定。

7.1.3 不具备综合利用条件、需要对电镀污泥进行处理处置的，应按照国家有关危险废物转移联单管理办法的规定办理相应的手续，交由有资质的单位进行处理与处置。

7.1.4 电镀污泥的浓缩、固液分离构筑物和设备的排水，应收集到废水调节池。

7.2 污泥浓缩

7.2.1 沉淀池排出的污泥，在脱水前宜先进行浓缩。

7.2.2 沉淀池排出的污泥含水率，如无试验资料或类似处理运行数据可参考时，石灰法可按 99.5%～98.0%选用。同一处理方法有污泥回流时，沉淀池排出的污泥较无污泥回流时的污泥含水率要小。浓缩后污泥在无试验资料或类似处理运行数据可参考时，含水率可按 98%～96%选用。

7.2.3 浓缩池的排泥可采用水力排泥和斗式排泥。其中，斗式排泥时污泥斗壁与水平面夹角为 55°～60°。多斗排泥时应每斗设单独的排泥管和排泥阀。

7.2.4 间歇式浓缩池应在不同高度设置排出澄清水的设施。浓缩池位于地下时宜加盖。

7.3 污泥脱水

7.3.1 污泥脱水可采用污泥脱水设备进行机械脱水，也可通过污泥干化场自然脱水。污泥脱水设备的选型应根据污泥性能和脱水要求，经技术经济比较后确定。

7.3.2 污泥脱水设备可采用各种类型的压滤机，其过滤强度和滤饼含水率可由试验或参照类似污泥脱水运行数据确定。当缺乏有关资料时，对石灰法处理废水，有沉渣回流且脱水前不加絮凝剂，压滤后的滤饼含水量可为 82%～80%，过滤强度可为 6～8 kg/（m^2·h）（干基）。当沉渣中硫酸钙含量高时，滤饼含水率可取 75%或更小。

污泥脱水用厢式压滤机和板框压滤机的选用，应符合 HJ/T 283 的规定。

7.3.3 污泥脱水设备的配置应符合以下要求：

a）压滤机宜单列布置；

b）有滤饼贮斗或滤饼堆放场地，其容积或面积根据滤饼外运条件确定；

c）应考虑滤饼外运的设施和通道。

7.3.4 脱水后的污泥，应用塑料袋进行包装后，存放在具有防雨淋、防渗、防扬散、防流失的场所，并应按照 GB 15562.2 的规定，设置明显标识，按 GB 18597 要求进行管理。

7.3.5 压滤机的设计工作时间每班不宜大于 6 h。

7.3.6 污泥在脱水前是否投加絮凝剂，可通过试验和技术经济比较后确定。

8 主要工艺设备（设施）和材料

8.1 一般规定

8.1.1 废水处理主要工艺设备（设施）和材料应根据处理基本工艺流程设计和选型，其设计参数应满足基本工艺流程对设备（设施）处理效果的要求。

8.1.2 主要设备和材料，属于已颁布产品标准的，其性能要求应符合其产品标准要求。对于非标设备和材料，其加工质量要求和使用寿命不得低于产品说明书规定的技术指标与使用期限，且应具有良好的防腐蚀性。

8.1.3 主要设备或处理构筑物应不少于 2 个（或分成 2 格）。当废水流量小，调节池容量大，且每天工作时间较少的废水处理站，也可考虑只设 1 个。

8.2 格栅

8.2.1 在废水进入废水处理站或水泵集水池前应设置格栅。

8.2.2 格栅栅条空隙宽度一般可采用 10～15 mm，水泵集水池前的格栅空隙宽度应满足水泵要求。格栅采用人工或机械清理。

8.2.3 当废水呈酸性时，格栅应采用不锈钢或其他耐腐蚀材料。

8.3 废水调节池

8.3.1 连续处理的废水处理站应设置废水调节池。调节池容积应根据废水量变化规律计算确定，一般能收集 4～8 h 废水量。当废水处理站需要处理初期雨水时，调节池还应考虑初雨水量，其调节池容积按电镀生产厂区污染面积和降雨量计算。

8.3.2 调节池应方便沉渣清理，悬浮物较多的废水宜采用机械清理。

8.3.3 调节池应根据废水的性质采取相应的防腐措施。

8.4　污水泵

8.4.1　水泵的选型和台数应与废水的水质、水量及处理系列相适应，宜按每个系列的处理水量选 1 台工作泵，1 台备用泵。

8.4.2　抽升腐蚀性废水，应选用耐腐蚀的水泵、管道和配件。泵房地面应防腐。

8.4.3　抽升可能产生有毒、有害气体的污水泵房，应设计为单独的建筑物，并有可靠的通风设施。

8.5　混合反应池

8.5.1　水处理药剂与废水的混合与反应，宜采用机械搅拌或水力搅拌。间歇处理废水可采用压缩空气搅拌。

8.5.2　药剂与废水混合时间为 3～5 min，反应时间为 10～30 min。

8.5.3　药剂与废水混合反应过程中，如产生有害气体，则混合池和反应池应加盖密闭，设通风设施。混合池和反应池不宜采用压缩空气搅拌。

8.5.4　混合和反应池都应设排空管，排空管应通向调节池。

8.5.5　混合和反应池应根据废水水质采取相应的防腐措施。

8.6　沉淀池

8.6.1　沉淀池的设计参数应根据废水处理试验数据或参照类似废水处理的沉淀池运行资料确定。当没有试验条件和缺乏有关资料时，其设计参数可参考表 3。

表 3　工业废水沉淀池设计参数

池型	表面负荷/[m^3/（m^2·h）]	沉淀时间/h	固体通量/[kg/（m^2·d）]	出水堰负荷/[m^3/（d·m）]	池深/m
竖流式	0.7～1.2	1.5～2.0	40～60	100～130	＞5
辐流式	1.2～1.5	1.0～1.5	50～70	100～150	3～3.5
斜管式	3～4	1.0～1.5	50～70	100～300	＞5.5
澄清池	1.2～1.5	1.5	70～80	100～200	＞5

8.6.2　斜板（管）设计一般采用斜板间距（斜管直径）50～80 mm，其斜长不小于 1.0 m，倾角 60°。

8.6.3　有污泥回流的斜板（管）沉淀池，回流污泥根据工艺要求可与药剂同时加入到废水混合池，或与药剂混合后加入到废水中，或先与废水混合后再投加药剂。其计算流量应为废水和回流污泥之和。

8.6.4　斜板（管）沉淀池的排泥宜采用机械排泥或排泥斗。沉淀池排泥斗的斗壁与水平面的夹角，园斗不宜小于 55°，方斗不宜小于 60°，每个泥斗应设单独的排泥管和排泥阀。

8.7　过滤池

8.7.1　废水经加药沉淀后，是否需要过滤，应根据出水水质要求确定。

8.7.2　当需要设计过滤池时，可参照 GBJ 13 中有关规定。

8.7.3　过滤池的反冲洗水应返回废水调节池，不得直接外排。

9　检测与过程控制

9.1　电镀废水治理工程应根据工艺要求，在调节池、中间水池、污泥浓缩池、清水池等水池设液位控制仪，并有高/低位接点输出，可自动及手动控制泵的启停。

9.2 废水处理站的处理水量宜采用流量计控制；pH 值调节宜采用 pH 计；加药系统宜采用氧化还原电位仪（ORP）等控制加药量，缺药时可自动报警。

9.3 自动控制系统应设配电柜和控制柜。控制分自动和手动互切换双回路控制系统，并具有自动保护和声光报警功能。

9.4 有条件的企业，应在含氰废水处理单元和含铬废水处理单元安装游离氰和六价铬在线检测系统。

9.5 电镀废水处理站应设水质监测化验室，应具备监测分析所有需要控制的污染项目（如六价铬、总铬、总铅、总镉、总镍、总银、铜、锌、铁、铝、氰化物、pH 值、COD、总磷、总氮、氨氮、氟化物、色度、悬浮物等）的能力。并按照检测项目配置相应的监测分析仪器和玻璃器皿。

10 辅助工程

10.1 电气

10.1.1 废水处理站的供电等级，应与生产车间相同。独立的废水处理站供电宜按二级负荷设计。

10.1.2 低压配电设计应符合 GB 50054 的规定。

10.1.3 供配电系统应符合 GB 50052 的规定。

10.1.4 建设工程施工现场供用电安全应符合 GB 50194 的规定。

10.2 给水、排水和消防

10.2.1 废水处理站排水宜采用重力流排放。

10.2.2 给水管与处理装置衔接时应采取防止污染给水系统的措施。

10.2.3 废水处理站消防设计应符合 GB 50016 的有关规定，并配置消防器材。

10.3 采暖通风

10.3.1 地下构筑物应有通风设施。

10.3.2 在寒冷地区，处理构筑物和管线应有防冻措施。当采暖时，处理构筑物室内温度可按 5℃设计；加药间、化验室和操作室等的室内温度可按 15℃设计。

10.4 建筑、结构、道路与绿化

10.4.1 处理构筑物应符合 GB 50009 和 GB 50191 的有关规定，并采取防腐蚀、防渗漏措施。

10.4.2 处理水池等构筑物应设排空设施，排出的水应回流到调节池。

10.4.3 废水处理站内道路应符合 GBJ 22 的有关规定。

10.4.4 废水处理站的绿化面积，可根据实际情况确定。

11 劳动安全与职业卫生

11.1 劳动安全

11.1.1 高架处理构筑物应设置栏杆、防滑梯、照明和避雷针等安全设施。各构筑物应设有便于行走的操作平台、走道板、安全护栏和扶手，栏杆高度和强度应符合国家有关劳动安全规定。

11.1.2 所有正常不带电的电气设备的金属外壳均应采取接地或接零保护；钢结构、排气管、排风管和铁栏杆等金属物应采用等电位联接。

11.1.3 各种机械设备裸露的传动部分应设置防护罩，不能设置防护罩的应设置防护栏杆，周围应保持一定的操作活动空间。

11.1.4 地下构筑物应有清理、维修工作时的安全措施。主要通道处应设置安全应急灯。在设备安装和检修时应有相应的保护设施。

11.1.5 存放有害化学物质的构筑物应有良好的通风设施和阻隔防护设施。有害或危险化学品的贮存应符合国家相关规定的要求。

11.1.6 废水调节池如需顶盖，则应留有排气孔。

11.1.7 废水处理站危险部位应有安全警示标志。并配置必要的消防、安全、报警与简单救护等设施。

11.2 职业卫生

11.2.1 废水处理设施在建设、运行过程中产生的废气、废水、废渣、噪声及其他污染物排放应严格执行国家环境保护法规、标准和批复的环境影响评价文件的有关规定。

11.2.2 废水处理设备的噪声应符合 GB 12348 的规定，对建筑物内部设施噪声源控制应符合 GBJ 87 中的有关规定。

11.2.3 噪声控制应优先采取噪声源控制措施。废水处理站不宜采用高噪声风机。

11.2.4 加药设施附近应有保障工作人员卫生安全的设施。

11.2.5 加氯间的设计应符合 GBJ 13 的有关规定。

11.2.6 加药间宜与药剂库毗邻，根据具体情况设置搬运、起吊设备和计量设施。

11.2.7 药剂贮量一般不少于 15 d 的投药量，也可根据药剂用量和当地药剂供应条件等合理确定。

12 工程施工与验收

12.1 一般规定

12.1.1 承担电镀废水治理工程的设计单位、施工单位应具备相应的工程设计资质或施工资质。

12.1.2 施工单位应按照设计图纸、技术文件、设备图纸等组织施工。施工过程中，应做好材料设备、隐蔽工程和分项工程等中间环节的质量验收；隐蔽工程应经过中间验收合格后，方可进行下一道工序施工。

12.1.3 施工中所使用的设备、材料、器件等应符合现行国家标准和设计要求，并取得供货商的产品合格证书。不得使用不合格产品。设备安装应符合 GB 50231 的规定。

12.1.4 管道工程的施工和验收应符合 GB 50268 的规定；混凝土结构工程的施工和验收应符合 GB 50204 的规定；构筑物的施工和验收应符合 GB 50141 的规定。

12.1.5 施工单位除应遵守相关的技术规范外，还应遵守国家有关部门颁布的劳动安全及卫生、消防等国家强制性标准。

12.1.6 电镀废水治理工程施工与验收应有施工监理单位参加。

12.2 工程施工

12.2.1 土建施工

12.2.1.1 在土建施工前，应认真了解设计图纸和设备安装对土建的要求，了解预留预埋件的位置和做法，对有高程要求的设备基础要严格控制在设备要求的误差范围内。

12.2.1.2 在进行结构设计时应充分考虑池体的抗浮，施工过程中应计算池体的抗浮稳定性及各施工阶段的池体自重与水的浮力之比，检查池体能否满足抗浮要求。

12.2.1.3 各类水池宜采用钢筋混凝土结构。土建施工应重点控制池体的抗浮处理、地基处理、池体抗渗处理，满足设备安装对土建施工的要求。

12.2.1.4 在软弱地基上施工、且构筑物荷载不大时，应采取适当的措施对地基进行处理，必要时可采用桩基。

12.2.1.5 施工过程中应加强建筑材料和施工工艺的控制，杜绝出现裂缝和渗漏。出现渗漏处，应会同设计等有关方面确定处理方案，彻底解决问题。

12.2.1.6 模板、钢筋、混凝土分项工程应严格执行 GB 50204 规定。其中，模板架设应有足够强度、刚度和稳定度，表面平整无缝隙，尺寸正确；钢筋规格、数量准确，绑扎牢固应满足搭接长度要求，无锈蚀；混凝土配合比、施工缝预留、伸缩缝设置、设备基础预留孔及预埋螺栓位置均应符合规范和设计要求，冬季施工应注意防冻。

12.2.2 设备安装

12.2.2.1 设备基础应按照设计要求和图纸规定浇筑，混凝土标号、基面位置高程应符合说明书和技术文件规定。混凝土基础应平整坚实，并有隔振措施。预埋件水平度及平整度应符合 GB 50231 规定。地脚螺栓应按照原机出厂说明书的要求预埋，位置应准确，安装应稳定。安装好的机械应严格符合外型尺寸的公称允许偏差，不允许超差。

12.2.2.2 各种机电设备安装后应进行试车。试车应满足下列要求：

a）启动时应按照标注箭头方向旋转，启动运转应平稳，运转中无振动和异常声响；

b）运转齿合与差动机构运转应按产品说明书的规定同步运行，没有阻塞、碰撞现象；

c）运转中各部件应保持动态所应有的间隙，无抖动晃摆现象；

d）试运转用手动或自动操作，设备全程完整动作 5 次以上，整体设备应运行灵活，并保持紧张状态；

e）各限位开关运转中应动作及时，安全可靠；

f）电极运转中温升应在正常值范围内；

g）各部轴承注加规定润滑油，应不漏、不发热，温升小于 60℃。

12.3 工程验收

12.3.1 电镀废水治理工程竣工验收应按《建设项目（工程）竣工验收办法》、相应专业验收规范和本标准的有关规定进行。

12.3.2 建筑电气工程施工质量验收应符合 GB 50303 的规定。各设备、构（建）筑物单体按国家或行业的有关标准、规范验收后，应进行清水联通启动验收和整体调试。

12.3.3 试运行应在系统通过整体调试、各环节运转正常、技术指标达到设计和合同要求后启动。

12.3.4 电镀废水治理工程验收应提供以下资料：主管部门的批准文件；经批准的设计文件和设计变更文件；工程合同；设备供货合同和合同附件；设备技术文件和技术说明书；专项设备施工验收文件和工程监理报告。

12.4 环境保护验收

12.4.1 电镀废水治理工程试运行期应进行性能试验。废水处理工程性能试验应包括以下内容：最大处理水量试验；最大处理效率试验；污泥脱水试验；电能和药剂消耗试验；运行稳定性试验。

12.4.2 电镀废水治理工程环境保护验收应按《建设项目环境保护竣工验收管理办法》的规定进行，并提供以下技术资料：项目审批文件；批准的设计文件和设计变更文件；性能试验报告；验收监测报告；试运行期连续运行报告（一般不少于30个工作日）及完整的试运行记录；管理制度与岗位操作规程。

12.4.3 电镀废水治理设施经环境保护竣工验收合格后，可正式投入使用。

13 运行与维护

13.1 一般规定

13.1.1 电镀废水处理站应建立操作规程、运行记录、水质检测、设备检修、人员上岗培训、应急预案、安全注意事项等处理设施运行与维护的相关制度，适时监控运行效果，加强处理设施的运行、维护与管理。

13.1.2 电镀企业应将废水处理设施作为生产系统的组成部分进行管理，应配备专职人员负责废水处理设施的操作、运行和维护。废水处理设备设施每年进行一次检修，其日常维护与保养应纳入企业正常的设备维护管理工作。

13.1.3 电镀企业不得擅自停止电镀废水治理设施的正常运行。因维修、维护致使处理设施部分或全部停运时，应事先征得当地环保部门的批准。

13.1.4 电镀废水处理站的运行记录和水质检测报告作为原始记录，应妥善保存，不得丢失或撕毁。

13.2 人员与运行管理

13.2.1 废水处理站的操作人员应经过岗位技能培训，熟悉废水处理的整体工艺、相关技术条件和设施、运行操作的基本要求，能够合理处置运行过程中出现的各种故障与技术问题。

13.2.2 废水处理站的操作人员应严格按照操作规程要求，运行、维护和管理废水处理设施，检查记录处理构筑物、设备、电器和仪表的运行状况。

13.2.3 操作人员应遵守岗位职责，如实填写运行记录。运行记录的内容应包括：水泵及相关处理设备/设施的启动-停止时间、处理水量、水温、pH值；电器设备的电流、电压、检测仪器的适时检测数据；投加药剂名称、调配浓度、投加量、投加时间、投加点位；处理设施运行状况与处理后出水情况等。

13.2.4 废水处理站的操作人员应做好交接班记录。非操作人员不得擅自启动、关闭废水处理设备。

13.2.5 废水处理站的操作人员应根据处理设施、设备的使用情况，提出检修内容与检修周期；对可能出现故障的设备和装置应提出具体的维护与维修措施。

13.2.6 当发现废水处理设施运行不正常或处理效果出现较大波动，不能满足排放要求时，应及时采取措施，进行调整。

13.2.7 废水处理站的操作人员应负责应急事故水池等应急设施的日常管理，并根据处理工艺特点与污染物特性，制定出生产事故、废水污染物负荷突变等突发情况下的应急调节措施。

13.3 水质检测

13.3.1 电镀废水处理站应设置水质监控点，适时检测与监控处理设施的运行状况与处理效果。

13.3.2 水质监控点应符合以下要求：当对废水处理系统的整体效率进行监控时，水质监控点应设在废水处理设施的总进水口和总排水口；当对处理设施各单元的处理效率进行监控时，监控点应设在处理单元的进水口和单元的排水口。

13.3.3 电镀废水处理站在运行期间，每天均应根据设施的运行状况，对处理水质进行检测，并建立水质检测报告制度。检测项目、采样点、采样频率、采用的监测分析方法应按照 GB 21900 所规定的要求进行。已安装在线监测系统的，也应定期取样，进行人工检测，比对数据。

13.3.4 在检测分析过程中，应及时、真实填写原始记录，不得凭追忆事后补填或抄填。

13.3.5 检测报告应执行三级审核制。第一级审核应校对原始记录的完整性和规范性，仪器设备、分析方法的适用性和有效性，检测数据和计算结果的准确性，校对人员应在原始记录上签名；第二级审核应校核检测报告和原始记录的一致性，报告内容完整性、数据准确性和结论正确性；第三级审核应检查检测报告是否经过了校核，报告内容的完整性和符合性，监测结果的合理性和结论的正确性。第二、第三级校核、审核后，均应在检测报告上签名。

附录 A（资料性附录）

电镀废水的来源、主要成分及其质量浓度范围

表 A.1 电镀废水的来源、主要成分及其质量浓度范围

废水种类	废水来源	废水主要成分	主要污染物质量浓度范围
酸碱废水	镀前处理、冲洗地坪	各种酸类和碱类等	酸、碱废水混合后，一般呈酸性，pH 值 3～6
含氰废水	氰化镀工序	氰络合金属离子、游离氰等	pH 值 8～11，总氰根离子 10～50 mg/L
含铬废水	粗化、镀铬、钝化、化学镀铬、阳极化处理	六价铬、铜等金属离子	pH 值 4～6，六价铬离子 10～200 mg/L
含镉废水	无氰镀镉、氰化镀镉	镉离子、游离氰离子	pH 值 8～11，镉离子≤50 mg/L，游离氰离子 10～50 mg/L
含镍废水	镀镍、化学镀镍	镀镍：硫酸镍、氯化镍、硼酸、添加剂 化学镍：硫酸镍、络合剂、还原剂	镀镍：pH 值 6 左右，镍离子≤100 mg/L 化学镍：pH 值取决于溶液类型，镍离子≤50 mg/L
含铜废水	酸性镀铜、焦磷酸盐镀铜、氰化镀铜、镀铜锡合金、镀铜锌合金	酸性镀铜废水：硫酸铜、硫酸 焦磷酸盐镀铜：焦磷酸铜、焦磷酸钾、柠檬酸钾、氨三乙酸以及添加剂	酸性铜：pH 值 2～3，铜离子≤100 mg/L 焦磷酸铜：pH 值 7 左右，铜离子≤50 mg/L
含锌废水	碱性锌酸盐镀锌	锌离子、氢氧化钠和部分添加剂等	pH 值＞9，锌离子≤50 mg/L
	钾盐镀锌	锌离子、氯化钾、硼酸和部分光亮剂	pH 值 6 左右，锌离子≤50 mg/L
	硫酸锌镀锌	硫酸锌、部分光亮剂	pH 值 6～8，锌离子≤50 mg/L
	铵盐镀锌	氯化锌、氯化铵、锌的络合物和添加剂	pH 值 6～9，锌离子≤50 mg/L
含铅废水	氟硼酸盐镀铅、镀铅锡铜合金	氟硼酸铅、氟硼酸根、氟离子	pH 值 3 左右，铅离子 150 mg/L 左右，氟离子 60 mg/L 左右
含银废水	氰化镀银、硫代硫酸盐镀银	银离子、游离氰离子	pH 值 8～11，银离子≤50 mg/L，游离氰离子 10～50 mg/L
含氟废水	冷封闭	镍离子、氟离子	pH 值 6 左右，镍离子≤20 mg/L，氟离子≤20 mg/L
混合废水	电镀前处理和清洗	铜、锌、镍、三价铬等重金属离子	pH 值 4～6，铜、锌、镍、三价铬等重金属离子均≤100 mg/L